책 구입 시 드리는 혜택

❶ 전 과목 이론 동영상 강의 평생 제공
❷ CBT 시험 복원 문제 수록
❸ 우수회원 인증 후 2017년 ~ 2019년 3개년
   추가 기출문제(해설 포함) 제공

2026 개정 17판

평생무료

평생 무료 동영상과 함께하는 D^aum

가스산업기사 필기

이론+6개년기출문제 +필기무료강의

가스연구회 편

2025년 1회·2회 3회 복원 기출문제 수록

전 과목 핵심 이론 동영상 강의 평생 제공 / 전 과목 이론 상세 해설
최근 기출문제 수록 및 완벽 해설 / 빠른 합격을 위한 상세한 이론 구성
문제 해설을 이해하기 쉽도록 자세히 설명

무료 동영상 강의

Daum 인터넷 가스 무료 교육 방송 🔍 http://cafe.daum.net/gaslicense

SEJIN Books
세진북스
www.sejinbooks.kr

머 리 말

우리나라의 가스사용은 너무 빠르게 진행되었다. 가정용 가스 사용가구수가 2000만 가구 이상, LPG차량 200만대 이상으로 세계 1위이며, 천연가스차량[N.G.V] 사용과 사용기술의 발전, 가스보일러 사용 등 최근 20년 사이에 급격히 늘어난 것이 오늘의 현실이다.

이와 같이 가스사용은 취사용, 난방용, 연료용뿐만이 아니라 의료용, 공업용, 반도체 분야 등에서도 용도가 날로 증가되고 있으나 가스를 이용하는 것에 비해 안전한 관리부분에서의 교육은 너무 미비한 현실이다.

특히 가스3법[고압가스안전관리법, 액화석유가스의 안전관리 및 사용법, 도시가스 사업법]에서 규정한 국가기술자격증 교육 및 취득은 공교육에서는 외면하고, 사설학원 등에서 이루어져 온 것이 사실이고 현실이다.

필자가 어느덧 이 분야에 들어 선지도 30년이 되었다. 나름대로의 가스분야 국가기술자격증 취득에 있어서 일조를 했음을 자부하여 본다. 필자는 여기에서 만족하지 않고 자격증취득의 길잡이 역할은 물론이고 현장 실무자들과 연계하여 이론과 실무와 상호 보완할 수 있는 통로역할을 계속 할 것임을 다짐한다.

본서가 가스분야 국가기술자격증 취득의 역할을 할 것임을 확신하며 기존 출판사의 관행을 벗어나 뉴미디어 시대에 맞는 경영방식과 현실에 맞는 출판경영법으로 2009년 창설한 세진북스에 가스시리즈 책자를 집필하게 된 것을 기쁘게 생각하며 감사를 드린다.

저자 드림

출제기준

1. 필 기

| 직무분야 | 안전관리 | 중직무분야 | 안전관리 | 자격종목 | 가스산업기사 | 적용기간 | 2024. 01. 01. ~ 2027. 12. 31. |

• 직무내용 : 가스 및 용기제조의 공정관리, 가스의 사용방법 및 취급요령 등을 위해 예방을 위한 지도 및 감독업무와 저장, 판매, 공급 등의 과정에서 안전관리를 위한 지도 및 감독 업무를 수행하는 직무이다.

| 필기검정방법 | 객관식 | 문제수 | 80 | 시험시간 | 2시간 |

필기과목명	문제수	주요항목	세부항목	세세항목
연소공학	20	1. 연소이론	1. 연소기초	1. 연소의 정의　2. 열역학 법칙 3. 열전달　4. 열역학의 관계식 5. 연소속도　6. 연소의 종류와 특성
			2. 연소계산	1. 연소현상 이론　2. 이론 및 실제 공기량 3. 공기비 및 완전연소 조건 4. 발열량 및 열효율　5. 화염온도 6. 화염전파 이론
		2. 가스의 특성	1. 가스의 폭발	1. 폭발 범위　2. 폭발 및 확산 이론 3. 폭발의 종류
		3. 가스안전	1. 가스화재 및 폭발방지 대책	1. 가스폭발의 예방 및 방호 2. 가스화재 소화이론　3. 방폭구조의 종류 4. 정전기 발생 및 방지대책
가스설비	20	1. 가스설비	1. 가스설비	1. 가스제조 및 충전설비　2. 가스기화장치 3. 저장설비 및 공급방식　4. 내진설비 및 기술사항
			2. 조정기와 정압기	1. 조정기 및 정압기의 설치 2. 정압기의 특성 및 구조 3. 부속설비 및 유지관리
			3. 압축기 및 펌프	1. 압축기의 종류 및 특성 2. 펌프의 분류 및 각종 현상 3. 고장원인과 대책 4. 압축기 및 펌프의 유지관리
			4. 저장장치	1. 저온생성 및 냉동사이클, 냉동장치 2. 공기액화사이클 및 액화 분리장치
			5. 배관의 부식과 방식	1. 부식의 종류 및 원리　2. 방식의 원리 3. 방식시설의 설계, 유지관리 및 측정
			6. 배관재료 및 배관설계	1. 배관설비, 관이음 및 가공법 2. 가스관의 용접·융착 3. 관경 및 두께계산 4. 재료의 강도 및 기계적 성질 5. 유량 및 압력손실 계산 6. 밸브의 종류 및 기능
		2. 재료의 선정 및 시험	1. 재료의 선정	1. 금속재료의 강도 및 기계적 성질 2. 고압장치 및 저압장치재료
			2. 재료의 시험	1. 금속재료의 시험　2. 비파괴 검사
		3. 가스용기기	1. 가스사용기기	1. 용기 및 용기밸브　2. 연소기 3. 콕 및 호스　4. 특정설비 5. 안전장치　6. 차단용밸브 7. 가스누출경보/차단장치
가스안전 관리	20	1. 가스에 대한 안전	1. 가스제조 및 공급, 충전 등에 관한 안전	1. 고압가스 제조 및 공급·충전 2. 액화석유가스 제조 및 공급·충전 3. 도시가스 제조 및 공급·충전 4. 수소 제조 및 공급·충전
		2. 가스사용시설 관리 및 검사	1. 가스저장 및 사용에 관한 안전	1. 저장 탱크　2. 탱크로리 3. 용기　4. 저장 및 사용시설
		3. 가스사용 및 취급	1. 용기, 냉동기, 가스용품, 특정설비 등 제조 및 수리 등에 관한 안전	1. 고압가스 용기제조 수리 검사 2. 냉동기기 제조, 특정설비 제조 수리 3. 가스용품 제조
			2. 가스사용·운반·취급 등에 관한 안전	1. 고압가스　2. 액화석유가스 3. 도시가스　4. 수소

필기과목명	문제수	주요항목	세부항목	세세항목
가스계측	20		3. 가스의 성질에 관한 안전	1. 가연성가스 2. 독성가스 3. 기타가스
		4. 가스사고 원인 및 조사, 대책수립	1. 가스안전사고 원인 조사 분석 및 대책	1. 화재사고 2. 가스폭발 3. 누출사고 4. 질식사고 등 5. 안전관리 이론, 안전교육 및 자체검사
		1. 계측기기	1. 계측기기의 개요	1. 계측기 원리 및 특성 2. 제어의 종류 3. 측정과 오차
			2. 가스계측기기	1. 압력계측 2. 유량계측 3. 온도계측 4. 액면 및 습도계측 5. 밀도 및 비중의 계측 6. 열량계측
		2. 가스분석	1. 가스분석	1. 가스 검지 및 분석 2. 가스 기기분석
		3. 가스미터	1. 가스미터의 기능	1. 가스미터의 종류 및 계량 원리 2. 가스미터의 크기선정 3. 가스미터의 고장처리
		4. 가스시설의 원격감시	1. 원격감시장치	1. 원격감시장치의 원리 2. 원격감시장치의 이용 3. 원격감시 설비의 설치·유지

2. 실 기

| 직무분야 | 안전관리 | 중직무분야 | 안전관리 | 자격종목 | 가스산업기사 | 적용기간 | 2024. 01. 01. ~ 2027. 12. 31 |

- **직무내용**: 가스 및 용기제조의 공정관리, 가스의 사용방법 및 취급요령 등을 위해 예방을 위한 지도 및 감독업무와 저장, 판매, 공급 등의 과정에서 안전관리를 위한 지도 및 감독 업무를 수행하는 직무이다.
- **수행준거**: 1. 가스제조에 대한 전문적인 지식 및 기능을 가지고 각종 가스를 제조, 설치 및 정비작업을 할 수 있다.
  2. 가스설비, 운전, 저장 및 공급에 대한 취급과 가스장치의 고장 진단 및 유지관리를 할 수 있다.
  3. 가스기기 및 설비에 대한 검사업무 및 가스안전관리에 관한 업무를 수행할 수 있다.

| 실기검정방법 | 복합형 | 시험시간 | 필답형 : 1시간 30분, 작업형 : 1시간 30분 정도 |

실기과목명	주요항목	세부항목	세세항목
가스 실무	1. 가스설비 실무	1. 가스 설비 설치하기	1. 고압가스 설비를 설계·설치관리 할 수 있다. 2. 액화석유가스 설비를 설계·설치관리 할 수 있다. 3. 도시가스 설비를 설계·설치관리 할 수 있다. 4. 수소 설비를 설계·설치관리 할 수 있다.
		2. 가스 설비 유지관리 하기	1. 고압가스 설비를 안전하게 유지관리 할 수 있다. 2. 액화석유가스 설비를 안전하게 유지관리 할 수 있다. 3. 도시가스 설비를 안전하게 유지관리 할 수 있다. 4. 수소 설비를 안전하게 유지관리 할 수 있다.
	2. 안전관리 실무	1. 가스안전 관리하기	1. 용기, 가스용품, 저장탱크 등 가스설비 및 기기의 취급운반에 대한 안전 대책을 수립할 수 있다. 2. 가스폭발 방지를 위한 대책을 수립하고, 사고발생시 신속히 대응할 수 있다. 3. 가스시설의 평가, 진단 및 검사를 할 수 있다.
		2. 가스 안전검사 수행하기	1. 가스관련 안전인증대상 기계·기구와 자율안전 확인 대상 기계·기구 등을 구분할 수 있다. 2. 가스관련 의무안전인증 대상 기계·기구와 자율안전 확인 대상 기계·기구 등에 따른 위험성의 세부적인 종류, 규격, 형식의 위험성을 적용할 수 있다. 3. 가스관련 안전인증 대상 기계·기구와 자율안전 대상 기계·기구 등에 따른 기계·기구에 대하여 측정장비를 이용하여 정기적인 시험을 실시할 수 있도록 관리계획을 작성할 수 있다. 4. 가스관련 안전인증 대상 기계·기구와 자율안전 대상 기계·기구 등에 따른 기계·기구 설치방법 및 종류에 의한 장단점을 조사할 수 있다. 5. 공정진행에 의한 가스관련 안전인증 대상 기계·기구와 자율안전 확인 대상 기계·기구 등에 따른 기계기구의 설치, 해체, 변경 계획을 작성할 수 있다.

차 례

제 1 편 가스의 기초

제01장 용어와 단위

1.1 고압가스의 적용범위 13
1.2 성질에 의한 분류 13
1.3 용어의 정의 13
1.4 기본 단위 14
1.5 기초 공식 및 법칙 17

제02장 주요 가스의 특성

2.1 아세틸렌(C_2H_2) 21
2.2 수소(H_2) 22
2.3 산소(O_2) 23
2.4 질소(N_2) 24
2.5 희가스 25
2.6 염소(Cl_2) 26
2.7 암모니아(NH_3) 27
2.8 이산화탄소(CO_2) 28
2.9 일산화탄소(CO) 28
2.10 메탄(CH_4) 29
2.11 액화석유가스 30
2.12 시안화수소(HCN) 32
2.13 산화에틸렌(C_2H_4O) 32
2.14 프레온 33
2.15 아황산가스(SO_2 : 이산화황) .. 33
2.16 황화수소(H_2S) 33

✪ 기출문제와 예상문제 34

제 2 편 가스 안전 관리

제01장 고압가스
69

제02장 액화석유가스
80

제03장 도시가스
86

✪ 기출문제와 예상문제 90

제 3 편 가스설비

제01장 고압장치의 종류
1.1 압축기   181
1.2 펌프(pump)   197

제02장 고압장치의 요소
2.1 고압가스 용기   208
2.2 용기용 밸브   209
2.3 용기의 내용적 계산   210
2.4 용기의 두께 계산(용접용기)   211
2.5 용기의 각종시험   212
2.6 용기의 검사와 표시방법   213

제03장 고압가스 저장탱크
3.1 구성요소   216
3.2 구형 저장탱크   217
3.3 저장설비의 계산   219

제04장 안전밸브와 고압장치 재료
4.1 안전밸브의 종류와 특징   220
4.2 안전밸브의 조건 및 구경   221
4.3 고압장치 재료   222

제05장 저온장치
5.1 공기액화 분리장치   227
5.2 도면 해설   230
5.3 냉동사이클   231

제06장 가스설비
6.1 LPG 소비설비   233
6.2 LPG 배관설비 및 계산식   239
6.3 LPG 제조 및 부대설비   240
6.4 도시가스 공급방식   242
6.5 도시가스 공급설비   244

○ 기출문제와 예상문제 ·················· 256

제 4 편 연소공학

제01장 연소와 연료
1.1 연 소   323
1.2 연 료   325

제02장 연소와 연료폭발과 폭굉
2.1 폭발과 폭굉   328
2.2 폭발등급과 폭발범위   329
2.3 연소성에 따른 가스의 분류   331
2.4 고압가스의 사고 분류   332
2.5 고압가스 용기의 파열사고   332
2.6 가스 분출과 분진사고   333
2.7 가스 중량에 대한 주의사항   334
2.8 고압가스 용기와 밸브의 안전관리   334

제03장 연소 계산과 고압가스의 특성

3.1 연소 계산 337
3.2 중요한 고압가스의 기본특성 340

제04장 연소공학 핵심정리

4.1 고위발열량과 저위발열량 344
4.2 산소량 344
4.3 공기량 345
4.4 연소생성수증기량 345
4.5 공기비 345
4.6 연소가스량 346
4.7 탄산가스최대량 346
4.8 착화온도 346
4.9 연료의 시험방법 347
4.10 연료의 특징 348
4.11 연소의 형태 349
4.12 연료의 특성 350
4.13 단위 해설 351
4.14 냉동사이클 353
4.15 전 열 355
4.16 안전관리체계 356
4.17 소화설비 358
4.18 안전을 위한 설비 359

● 기출문제와 예상문제 363

제 5 편 계측기기

제01장 계측과 단위

1.1 계측의 목적 419
1.2 계측기의 구비조건 419
1.3 계측단위 419
1.4 기 타 420
1.5 힘(force) 422
1.6 압 력 422
1.7 연속방정식 423

제02장 측정기기

2.1 온도계 424
2.2 압력계 426
2.3 힘(force) 428

제03장 유량계와 가스분석계

3.1 유량계 431
3.2 가스분석계 435

제04장 자동제어와 가스미터

4.1 자동제어 437
4.2 불연속 동작 439
4.3 연속동작 439
4.4 가스미터 440
4.5 gas chromatography(G.C) 443

제05장 계측기기 핵심정리

5.1 온도계 446
5.2 압력계 447
5.3 액면계 448
5.4 유량계 448
5.5 가스분석계 449

● 기출문제와 예상문제 451

제 6 편 과년도 출제문제

- 2020년 6월 26일 시행 ·········· 503
- 2020년 8월 22일 시행 ·········· 519
- 2020년 9월 CBT 시행 ·········· 533

- 2021년 3월 CBT 시행 ·········· 544
- 2021년 5월 CBT 시행 ·········· 557
- 2021년 9월 CBT 시행 ·········· 571

- 2022년 3월 CBT 시행 ·········· 584
- 2022년 5월 CBT 시행 ·········· 600
- 2022년 9월 CBT 시행 ·········· 614

- 2023년 3월 CBT 시행 ·········· 629
- 2023년 5월 CBT 시행 ·········· 643
- 2023년 9월 CBT 시행 ·········· 657

- 2024년 2월 CBT 시행 ·········· 670
- 2024년 5월 CBT 시행 ·········· 682
- 2024년 7월 CBT 시행 ·········· 697

- 2025년 2월 CBT 시행 ·········· 711
- 2025년 5월 CBT 시행 ·········· 728
- 2025년 8월 CBT 시행 ·········· 746

PART 01
가스의 기초

❶ 용어와 단위
❷ 주요 가스의 특성
　✴ 기출문제와 예상문제

01 가스의 기초

1 용어와 단위

1.1 고압가스의 적용범위

① 상용의 온도, 35℃에서 1 MPa (10 kg/cm^2) 이상인 압축가스
② 상용의 온도, 35℃ 이하에서 0.2 MPa (2 kg/cm^2) 이상인 액화가스
③ 35℃에서 0 Pa (0 kg/cm^2)을 초과하는 액화 시안화수소, 액화브롬화메탄 및 액화산화에틸렌가스
④ 15℃에서 0 Pa을 초과하는 아세틸렌가스

1.2 성질에 의한 분류

① 가연성 가스 : 폭발범위 하한이 10 % 이하이거나 상한과 하한의 차가 20 % 이상인 가스
② 독성 가스 : 허용 농도가 200 ppm 이하인 가스 (1 ppm = $\frac{1}{10^6}$)
③ 불연성 가스 : 산화작용을 일으키지 않는 것 (CO_2, N_2, Ar 등)
④ 불활성 가스 : 반응을 하지 않는 가스 (Ar, He, Ne, Xe, Kr 등)
⑤ 지연성 가스 : 연소를 도와주는 가스 (O_2, O_3, air 등)

1.3 용어의 정의

① 액화석유가스 (LPG) : 주성분은 C_3H_8 (프로판)과 C_4H_{10} (부탄)이며, 탄소수가 3~4개인 탄화수소를 말한다.
② 액화천연가스 (LNG) : 주성분은 CH_4 (메탄)이며, 도시가스에 주로 쓰인다.

③ 저장탱크 : 가스를 충전·저장하는 것으로 지상이나 지하에 고정 설치된 것
④ 용기 : 가스를 충전·저장하는 것으로 이동 운반 가능한 것
⑤ 가스용품 : 가스를 사용하기 위한 것으로 밸브, 압력 조정기, 호스, 호스 밴드, 콕, 연소기, 다기능 계량기, 연료전지 등
⑥ 특정 설비 : 저장 탱크 및 자동차용 주입기, 안전밸브, 역류 방지 밸브, 긴급 차단장치, 역화 방지 밸브, 기화 장치 등을 말한다.
⑦ 폭발범위 : 가연성 가스가 공기 또는 산소와 혼합되었을 때 폭발할 수 있는 가연성 가스의 부피
⑧ 허용 농도 : 건강한 성인남자가 1일 8시간 근무해도 인체에 해를 끼치지 않는 농도
⑨ 임계압력 : 가스를 압력에 의해 액화시킬 때 가해야 할 최소의 압력
⑩ 임계온도 : 가스를 압력에 의해 액화시킬 수 있는 최고의 온도

1.4 기본 단위

(1) 온도 (차고 따뜻한 정도)

① 섭씨온도 (℃) : 표준 대기압하에서 물의 빙점 0℃, 비점을 100℃로 하여 그 사이를 100등분한 것
② 화씨온도 (°F) : 표준 대기압하에서 물의 빙점 32°F, 비점을 212°F로 하여 그 사이를 180등분한 것
③ 절대온도 : 이상기체의 분자 운동이 완전 정지된 온도를 0으로 정하고 그 이상을 나타낸 온도 (0 K = -273℃, 0°R = -460°F)

> **요점정리** ✿ 관계식
>
> $$°F = \frac{9}{5}°C + 32 \quad °C = \frac{5}{9}(°F - 32)$$
> $$K = °C + 273$$
> $$°R = K \times 1.8 \quad °R = °F + 460$$

(2) 압력 (단위면적당 작용하는 힘)

① 게이지 압력 : 압력계가 지시하는 압력. 표준 대기압을 0으로 정하고 그 이상을 나타낸다.

　　단위 : $kg/cm^2 \cdot g$, $lb/in^2 \cdot g$ (psig), 0 Pa

② 절대압력 : 완전 진공일 때를 0으로 정한 압력

　　단위 : $kg/cm^2 a$, $lb/in^2 a$ (psia)

③ 표준 대기압 : 대기권에서 지구의 평균 표면까지 공기가 누르는 힘

　　　　수은주 760 mmHg이며, $1.033\,kg/cm^2 \cdot a$가 된다.

　　단위 : $14.7\,lb/in^2 \cdot a$, 1 atm, 30 inHg, 101325 Pa

④ 진공압력 : 대기압보다 낮은 압력. 수은주로 표기한다.

✿ 관계식
절대압력 = 게이지 압력 + 대기압
게이지 압력 = 절대압력 - 대기압
$1\,kg/cm^2 = 14.2\,lb/in^2$

(3) 열 량

① 1 kcal : 표준 대기압하에서 물 1 kg을 1℃ 변화시키는 열량

② 1 BTU : 표준 대기압하에서 물 1 lb를 1℉ 변화시키는 열량

③ 1 CHU : 표준 대기압하에서 물 1 lb를 1℃ 변화시키는 열량

④ 비열 : 어떤 물질 1kg을 1℃ 변화시킬 수 있는 열량

　　단위 : $kcal/kg \cdot ℃$, 1 cal = 4.2 J, 1 J = 1 N · m

　㉮ 정압비열 : 기체의 압력을 일정하게 하고 측정한 비열 (C_p)

　㉯ 정적비열 : 기체의 체적을 일정하게 하고 측정한 비열 (C_v)

✿ 비열비
$K = C_p/C_v$ (C_p는 C_v보다 크다.)

⑤ 열량식

감열 : $Q = W \cdot C \cdot \Delta T$

여기서, Q : 열량 [kcal], W : 질량 [kg], C : 비열상수 [kcal/kg · ℃]
ΔT : 온도차 (7℃), γ : 잠열 [kcal/kg]

잠열 : $Q = W \cdot \gamma$

㉮ 감열 : 상태는 변하지 않고 온도 변화에 필요한 열
㉯ 잠열 : 온도는 변하지 않고 상태 변화에 필요한 열

> ✿ **열역학**
> • 제 1 법칙 : 에너지 불변의 법칙이며, 열과 일 사이에는 일정한 관계가 있다.
>   즉, $1\,\text{kcal} = 427\,\text{kg} \cdot \text{m}$
> • 제 2 법칙 : 열은 고온에서 저온으로 흐른다.
>   일은 열로 바꾸기 쉬우나 열을 일로 바꾸기 위해서는 장치가 필요하다.
>
> ✿ **관계식**
> $Q = A \cdot W$ Q : 열량 [kcal]
> $W = J \cdot Q$ W : 일량 [kg · m]
> A : 일의 열당량 $1/427$ [kcal/kg · m]
> J : 열의 일당량 427 [kg · m/kcal]

⑥ 엔탈피 : 단위중량당 열에너지

$I = U + APV$

여기서, I : 엔탈피 [kcal/kg], U : 내부 에너지 [kcal/kg]
A : 일의 열당량 [kcal/kg · m], P : 압력 [kg/m^2], V : 비체적 [m^3/kg]

⑦ 엔트로피 : 일정 온도하에 얻은 열량을 절대온도로 나눈 값. 단위는 kcal/kg · K이다.

(4) 가스 밀도 (단위체적당 질량)

STP에서 가스 밀도 $= \dfrac{\text{분자량}}{22.4}$

(표준상태)

단위는 g/L, kg/m^3

* 액밀도는 물이 기준이다.

(5) 가스 비중

STP에서 공기의 질량을 1로 하고 동일 체적의 가스 질량과의 비

가스 비중 = $\dfrac{\text{가스 분자량}}{29}$ (단위는 없다)

(6) 가스 비체적 (단위질량당 체적)

표준상태에서 비체적 = $\dfrac{22.4}{\text{분자량}}$

단위는 L/g, m^3/kg

* 밀도와의 역수이다.

1.5 기초 공식 및 법칙

(1) 아보가드로의 법칙

STP 하에서 모든 기체 1몰(mol)의 부피는 22.4L이다.

$$PV = nRT \text{(이상기체 상태 방정식)}$$

- 기체상수 $R = \dfrac{PV}{nT} = \dfrac{1\,\text{atm} \times 22.4\,\text{L}}{1\,\text{mol} \times 273\text{K}} = 0.082\,\text{L} \cdot \text{atm/mol} \cdot \text{K}$

여기서 n은 몰 수이므로 $n = \dfrac{W}{M}$ (W: 질량)

* $PV = \dfrac{WRT}{M}$ → $PVM = WRT$ (M: 분자량)

그러므로, $M = WRT/PV = dRT/P$

밀도 $d = MP/RT = g/L$

그러므로 $d = MP/RT$

(2) 보일의 법칙

일정 온도하에서 기체의 체적은 절대압력에 반비례한다.

T 일정시 $P'V' = PV$

여기서, P, V : 최초의 압력, 체적
P', V' : 변화 후의 압력, 체적

제 1 편 가스의 기초

* 이때 P는 반드시 절대압력이어야 한다.

$$V' = \frac{PV}{P'}$$

(3) 샤를의 법칙

정압하에서 기체의 부피는 절대온도에 비례한다.

P 일정시 $V/T = V'/T'$

여기서, T, V : 최초의 온도, 체적
T', V' : 변화 후의 온도, 체적

* 이때 T는 절대온도 K이다.

$$V' = \frac{T'V}{T}$$

(4) 보일 · 샤를의 법칙

기체의 체적은 압력에 반비례하고 온도에 비례한다.

$$PV/T = P'V'/T'$$

여기서, P, V, T : 최초의 압력, 체적, 온도
P', V', T' : 변화 후의 압력, 체적, 온도

* $V' = \dfrac{PVT'}{TP'}$

(5) 실제기체 상태식 (반데르발스 식)

$$(P + a/V^2)(V - b) = RT$$

여기서, a : 기체 분자간 인력. 반데르발스 정수 [$L^2 \cdot atm/mol^2$]
b : 기체 자신이 차지하는 부피 [L/mol]

$$P = \frac{nRT}{V - nb} - \frac{n^2 a}{V^2}$$

* a와 b값은 실전 문제에서 주어짐.

(6) 기체의 압축계수

등온 등압하에서 이상기체 체적과 실제기체 체적과의 비
(실제기체는 저온에서 압력이 증가하면 작아진다.)

- 실제기체 = 이상기체 × 압축계수

$$PV = ZnRT$$
$$Z = \frac{PV}{nRT}$$

여기서, Z : 압축계수

(7) 가스정수

$$PV = GRT$$

여기서, R : 가스정수. 848/분자량, G : 가스질량 [kg]

$$R = \frac{1033 \text{ kg/cm}^2 \cdot a \times 10^4 \times 22.4 \text{ m}^3}{1 \text{ kmol} \times 273 \text{K}} = 848 \text{ kg} \cdot \text{m/kmol} \cdot \text{K}$$

(8) 팽창계수

정압하에서 물체 팽창의 비율은 온도에 비례한다.

- 팽창계수 $a = \dfrac{\Delta V}{Vt}$

여기서, ΔV : 늘어난 부피, V : 최초 부피, t : 상승된 온도 [℃], a : 팽창계수 1/℃

(9) 압축률

압력이 증가하면 액체의 체적은 감소된다.

- $V/V = BP$

$$B = \frac{\Delta V}{VP}$$

여기서, V : 최초 부피, ΔV : 압축시 줄어든 부피, P : 증가된 압력 [atm], B : 압축률 1/atm

따라서 일정 공간 하에서

$a/B = \text{atm}/℃$ 즉, 1℃ 상승시 상승된 압력이 계산된다.

(10) 기체의 용해도 (헨리의 법칙)

정온하에서 액체에 용해되는 기체의 무게는 압력에 비례한다.

$$P = HX$$

여기서, P : 기체의 분압 [atm], H : 전압, X : 액체 중에 용해된 몰분율

(11) 돌턴의 분압 법칙

혼합기체가 나타내는 전압은 각 기체의 분압의 합과 같다.

$$P = P_1 + P_2 + P_3$$

여기서, P : 혼합기체의 전압, $P_1 + P_2 + P_3$: 각 단독 성분의 분압

몰분율 $= \dfrac{N_1}{N_1 + N_2 + N_3}$ 몰 $\% = V\% = P\%$

(12) 증기압

용기에 액체 충전시 액의 증발이 정지되었을 때의 증기의 압력
(C_3H_8 20℃ 8.6 kg/cm·a)

(13) 그레이엄의 확산 속도

기체의 확산 속도는 분자량의 제곱근에 반비례한다.

$$\dfrac{V_B}{V_A} = \sqrt{\dfrac{M_A}{M_B}}$$

여기서, V_A : A 기체의 확산 속도, V_B : B 기체의 확산 속도
M_A : A 기체의 분자량, M_B : B 기체의 분자량

2 주요 가스의 특성

2.1 아세틸렌 (C_2H_2)

(1) 성 질

① 무색 기체로서 순수한 것은 에테르와 같은 향기가 있으나 불순물(H_2S, PH_3, NH_3, SiH_4 등)로 인하여 악취가 난다.

② 융점과 비점이 비슷하여 고체 아세틸렌은 융해하지 않고 승화한다.

③ 액체 아세틸렌보다 고체 아세틸렌이 안전하다.

④ 물에는 15℃에서 1.5배, 아세톤에서는 25℃에서 25배 용해한다.

⑤ 산소와 연소시키면 3000℃ 이상의 고열을 얻을 수 있다.

$$C_2H_2 + 2\frac{1}{2}O_2 \rightarrow 2CO_2 + H_2O \text{ (폭발범위 2.5~81 \%)}$$

⑥ 흡열 화합물이므로 압축하면 폭발을 일으킬 우려가 있다 (분해 폭발).

$$C_2H_2 \rightarrow 2C + H_2 + 24.1 \text{ kcal}$$

⑦ 아세틸렌을 500℃ 정도로 가열된 철관을 통과시키면 3분자가 중합하여 벤젠으로 된다.

$$3C_2H_2 \xrightarrow{\text{니켈}} C_6H_6$$
(아세틸렌)　　(벤젠)

⑧ 염화제1구리의 암모니아 용액에 아세틸렌을 통하면 황색의 구리아세틸라이드 (Cu_2C_2)가 침전한다 (동 또는 62 % 이상 동합금은 사용 금지).

⑨ 암모니아성 질산은용액에 아세틸렌을 통하면 백색 침전하며 은아세틸라이드 (Ag_2C_2)를 얻는다.

⑩ 황산수은을 촉매로 하여 수화하면 아세트알데히드가 된다.

$$C_2H_2 + H_2O \xrightarrow{\text{황색수은}} CH_3CHO$$
(아세틸렌) (물)　　　　(아세트알데히드)

⑪ 염화철 등의 촉매를 사용하여 액상으로 반응을 억제하면서 아세틸렌과 염소를 반응시키면 사염화에탄을 얻는다.

$$C_2H_2 + 2Cl_2 \xrightarrow{\text{염화철}} CHCl_2CHCl_2$$
(아세틸렌)(염소)　　　(사염화에탄)

(2) 제조법

① 칼슘카바이드에 물을 작용시켜 제조한다.

$CaC_2 + 2\,H_2O \longrightarrow Ca(OH)_2 + C_2H_2$

② 탄화수소에서의 제조 메탄 또는 나프타를 열분해함으로써 얻어진다.

(3) 용 도

① 산소 아세틸렌 불꽃으로 금속의 절단, 용접에 사용된다.

② 화학 공업용 원료로 이용된다.

1. 충전 중의 압력은 $25\,kg/cm^2$ 이하로 할 것[2.5MPa]
2. 충전 후의 압력은 15℃에서 $15.5\,kg/cm^2$ 이하로 할 것[1.5MPa]
3. 충전 후 24시간 정치할 것
4. 분해 폭발을 방지하기 위해 CH_4, CO, C_2H_4, N_2, H_2, C_3H_8 등의 안정제를 첨가할 것

2.2 수소 (H_2)

(1) 성 질

① 상온에서 무색, 무미, 무취의 기체이며, 모든 가스 중에서 가장 가볍다.

② 폭발범위 : 4~75 %

③ 수소폭명기 : 산소와 혼합하여 점화하면 격렬히 폭발하며 물을 생성한다.

수소와 산소가 2 : 1로 혼합된 가스를 수소 폭명기라 한다.

$2\,H_2 + O_2 \rightarrow 2\,H_2O + 136.6\,kcal$

④ 염소폭명기 : 상온에서 염소와 촉매에 의해 격렬히 반응한다.

$H_2 + Cl_2 \rightarrow 2\,HCl + 44\,kcal$

$H_2 + F_2 \rightarrow 2\,HF$

[참고] 이 식은 실험에 의해 만들어진 것이면 kg 또는 g의 의미가 없다.

⑤ 수소는 고온 고압에서 탈탄 작용을 일으켜 수소취성을 일으킨다.

$Fe_3C + 2\,H_2 \rightarrow CH_4 + 3\,Fe$

(2) 제조법

① 물의 전기분해법 : 농도 20 % 정도의 수산화나트륨 (NaOH) 용액을 전해액으로 하여 물을 전기분해시키면 음극에서 수소가 생성된다.

$2\,NaOH + 2\,H_2O \rightarrow 2\,NaOH + Cl_2 + H_2$

② 수성가스법 : 1400℃ 정도로 적열된 코크스에 수증기를 통과시킨다.

$C + H_2O \rightarrow CO + H_2 - 31.4\,kcal$

③ 천연가스 분해법

④ 석유 분해법

⑤ 일산화탄소 전화법 : $CO + H_2O \rightarrow H_2 + CO_2$

(3) 용 도

① 암모니아 제조, 메탄올 제조, 경화유 제조

② 나프타, 등유, 중유의 수소화 탈황, 윤활유의 정제

③ 환원성을 이용한 금속 제련 (텅스텐, 몰리브덴)

④ 산소, 수소 불꽃을 이용한 인조 보석 및 석영유리 제조·가공

2.3 산소 (O_2)

(1) 성 질

① 상온에서 무색, 무미, 무취의 기체이며, 공기 속에 21 % 함유되어 생물의 생존과 연료의 연소에 필요하다.

② 스스로 연소하지 않으나 가연물질의 연소를 돕는 지연성 (조연성) 가스이다.

㉮ 산소 농도가 높아짐에 따라 연소속도의 증가, 발화 온도의 저하, 화염 온도의 상승, 화염 길이의 증가를 가져온다.

㉯ 폭발 한계 및 폭굉 한계도 공기에 비해 산소 중에서 현저하게 넓고, 물질의 점화 에너지도 저하하여 폭발 위험성이 증대된다.

㉰ 산소 용기나 그 기구류에는 기름, 그리스가 묻지 않도록 해야 하며, 묻어 있을 때는 사염화탄소로 세척한다.

▶ 유지류, 용제 등이 혼입하면 폭발 위험이 있다.

③ 산소 부족 현상은 18 % 이하에서 일어나므로 그 이상 유지해야 한다.
④ 금속은 산소와 작용하여 산화물을 만든다. 내산화성이 강한 재료에는 30 % 크롬강이 적당하다.

(2) 제조법

① 물의 전기분해법 : 양극에서 산소가 생성된다 (수소 제조법 참조).
② 공기의 액화 분리
　㉮ 액체 공기의 비점은 −194℃, 질소는 −195.8℃, 산소는 −183℃이므로, 비점이 낮은 질소를 먼저 쫓아낸 후 산소를 얻는 것이 공기의 액화 분리 방법이다.
　㉯ 제조 공정은 일반적으로 다음과 같다.
　　먼지 여과 → CO_2 흡수 → 공기 압축 → 건조 → 냉각 액화 → 정류

(3) 용 도

산소 용접 및 절단, 제철, 산소 호흡용기 등에 사용된다.

2.4 질소 (N_2)

(1) 성 질

① 공기의 주성분으로서 78.1 %를 차지하며, 상온에서 무색, 무미, 무취의 기체이다.
② 상온에서 대단히 안정된 불연성 가스이다.
③ 고온 고압 (550℃, 250 atm) 하에서 수소와 작용하여 암모니아를 생성한다.
　$N_2 + 3H_2 \rightarrow 2NH_3$
④ 전기 불꽃 등으로 극히 높은 온도에서는 산소와 화합하여 산화질소를 만든다.
　$N_2 + O_2 \rightarrow 2NO$

(2) 제조법

액체 공기 분리법 (산소 제조법 참고)

(3) 용 도

① 암모니아 합성에 대부분 사용된다.
② 가연성 가스 장치의 치환용 가스로 쓰인다.

③ 극저온 냉동기의 냉매로 쓰인다.

공기의 조성

성 분	부피 (%)	무게 (%)	성 분	부피 (%)	무게 (%)
질 소	78.03	75.47	이산화탄소	0.03	0.046
산 소	20.99	23.20	수소	0.01	0.001
아르곤	0.933	1.28			

2.5 희가스

(1) 성 질

① 주기율표의 0족에 속하며, 다른 원소와는 거의 화합하지 않는 불활성 기체이다.
② 상온에서 무색, 무미, 무취이다.
③ 희가스를 방전관 속에서 방전시키면 특유의 빛을 발한다.
   (He : 황백색, Ne : 주황색, Ar : 적색, Kr : 녹자색, Xe : 청자색, Rn : 청록색)

희가스의 종류 및 성질

원소명	기호	분자량	공기중 존재 비율 (부피 %)	융점(℃)	비점(℃)	임계온도(℃)	임계압력(atm)
아르곤	Ar	39.94	0.93	−189.2	−185.87	−122.0	40
네 온	Ne	20.18	0.0015	−248.67	−245.9	−228.3	26.9
헬 륨	He	4.033	0.0005	−272.2	−268.9	−267.9	2.26
크립톤	Kr	83.7	0.00011	−157.2	−152.9	−63	54.3
크세논	Xe	131.3	0.000009	−111.8	−108.1	16.6	58.2
라 돈	Rn	222	−	−71	−62	104.0	66

(2) 제조법

① 아르곤 : 공기 액화 분리
② 네온 : 액체 공기에서 얻은 불순한 아르곤을 다시 정류하여 얻는다.

(3) 용도

① 네온 가스로 사용된다.
② 전구용 봉입 가스 (아르곤), 형광등의 방전관용 가스로 사용된다.
③ 열처리 용접에서 공기와의 접촉을 방지하는 보호 가스로 쓰인다.
④ 헬륨은 가스 크로마토그래피 분석용 캐리어 가스로 쓰인다.

2.6 염소 (Cl_2)

(1) 성 질

① 상온에서 강한 자극성 냄새가 나는 황록색의 기체로, $-34℃$ 이하로 냉각시키거나 6~8 기압의 압력을 가하면 액화하여 갈색의 액체가 된다.
② 극히 유독하다 (허용 농도 1 ppm).
③ 수분이 포함된 염소가스는 철 등의 금속을 부식시킨다.
④ 수소와 염소가 1 : 1로 혼합된 기체를 염소 폭명기라고 하며, 직사광선, 점화 등의 변화를 주면 격렬히 폭발한다.
$$H_2 + Cl_2 \rightarrow 2\,HCl$$

(2) 제조법

① 수은법에 의한 소금의 전기분해
② 격막법에 의한 소금의 전기분해
③ 염산의 전기분해

(3) 용 도

① 상수도의 살균, 염화비닐의 원료, 표백분 제조, 펄프 제조 등에 사용된다.
② 금속 티탄, 알루미늄 공업에 이용된다.

2.7 암모니아 (NH₃)

(1) 성 질

① 상온 상압에서 강한 자극성이 있고 무색의 기체로서 물에 잘 녹는다 (상온 상압에서 물의 약 800배, 0℃ 1기압에서 물의 약 1146배 정도 녹는다).
② 공기와 혼합하면 폭발하는 경우가 있다 (폭발범위 15~28 %).
③ 유독하다 (허용 농도 25 ppm).
④ 증발 잠열이 크므로 냉매로 이용된다 (기화열 : 301.8 cal/g).
⑤ 동이나 동합금을 부식시킨다 (철 및 철 합금 사용).
⑥ 금속 이온 (Zn, Cu, Ag 등)과 반응하면 착이온을 생성한다.

(2) 제조법

① 합성법 (하버법) : 반응 압력에 따라 세 가지로 나눈다.

$$3H_2 + N_2 \rightleftarrows 2NH_3 + 23 \text{ kcal}$$

㉮ 고압법 : 600~1000 kg/cm^2이며 클로드법, 카자레법이 있다.
㉯ 중압법 : 300 kg/cm^2 전후이며, IG법, 뉴 파우더법, 뉴우데법, 케미크법, JCI법이 있다.
㉰ 저압법 : 150 kg/cm^2 전후이며 구데법, 켈로그법이 있다.
② 석화질소법이 있으나 거의 사용되지 않는다.

(3) 용 도

① 질소 비료 제조, 요소 제조에 쓰인다.
② 냉동용 냉매로 이용된다.
③ 나일론 및 각종 아민류의 원료로 쓰인다.

2.8 이산화탄소 (CO_2)

(1) 성 질

① 무색, 무미, 무취의 기체로 공기 중에 약 0.03% 함유되어 있으며 불연성 가스이다.
② 액화시켜 저장·운반할 수 있으며, 더 냉각시켜 드라이아이스를 얻을 수도 있다.
③ 석회수 $Ca(OH)_2$ 중에 불어 넣으면 흰 침전이 생기므로 이산화탄소 검출에 쓰인다.
④ 물에 녹으면 약산성을 나타낸다.

(2) 제조법

① 수소 가스 제조시 부산물로 얻어진다. $CO + H_2O \rightarrow CO_2 + H_2$
② 알코올 발효시 부산물로 얻어진다.
③ 석회석을 가열하여 얻을 수 있다. $CaCO_3 \rightarrow CaO + CO_2 \uparrow$
④ 코크스를 연소시켜 연소가스로 얻어진다.
⑤ 드라이아이스는 이산화탄소를 100기압까지 압축한 뒤에 $-25℃$까지 냉각시키고 단열 팽창시키면 얻어진다 (이론수율 47%, 실제수율 36%).

(3) 용 도

① 청량음료에 사용된다.
② 액체 탄산으로 하여 소화기에 쓰인다.
③ 냉매 또는 한제로 쓰인다.

2.9 일산화탄소 (CO)

(1) 성 질

① 무색, 무취의 독성가스이며, 공기 중에서 잘 연소한다 (허용 농도 50 ppm, 폭발범위 12.5~74.2%).
② 철족의 금속과 반응하여 금속 카르보닐을 생성한다.
  $Ni + 4 CO \rightarrow Ni(CO)_4$
  $Fe + 5 CO \rightarrow Fe(CO)_5$

③ 염소와 반응하여 독가스인 포스겐을 만든다.

$CO + Cl_2 \rightarrow COCl_2$

(2) 제조법

① 천연가스에서 채취한다.
② 석탄의 고압 건류에 의해 제조된다.
③ 석유 정제의 분해가스에서 얻어진다.

(3) 용도

메탄올 합성 원료, 아크릴산·부탄올 합성, 포스겐 합성

2.10 메탄 (CH_4)

(1) 성질

① 무색, 무취의 기체로서 잘 연소하며 액화천연가스 (LNG)의 주성분이다 (폭발범위 5~15 %).

$CH_4 + 2\,O_2 \rightarrow CO_2 + 2\,H_2O\,(L) + 212.8\,kcal$ (발열량 : 12402 kcal/kg)

② 고온에서 수증기와 작용하여 일산화탄소와 수소를 발생시킨다.
③ 염소와 반응시키면 염소화합물을 만든다 (CH_3Cl, CH_2Cl_2, $CHCl_3$, CCl_4 등).

(2) 제조법

① 천연가스에서 직접 얻는다.
② 석유 정제의 분해가스에서 얻는다.
③ 석탄의 고압 건류에서 얻는다.
④ 유기물의 발효에 의하여 얻는다.

(3) 용도

연료로 대부분 사용하며, 아세틸렌 및 카본 블랙 제조 등에 사용된다.

2.11 액화석유가스 (LPG, Liquified Petroleum Gas)

액화석유가스란 프로판, 부탄, 프로필렌, 부틸렌 등을 주성분으로 하는 석유계 저급 탄화수소의 혼합물을 말하며, 통상 LPG는 프로판과 부탄을 지칭한다.

프로판 · 부탄 · 프로필렌 · 부틸렌의 특성

가스명 \ 구 분		프로판	부 탄	프로필렌	부틸렌
분자식		C_3H_8	C_4H_{10}	C_3H_6	C_4H_8
분자량		44	58	42	56
가스 비중		1.5	2	1.4	1.9
비점 (0℃)		-42.1	-0.5	-47.7	-6.26
임계온도 (0℃)		96.8	152	91.9	146.4
임계압력 (atm)		42	37	45.4	39.7
임계밀도 (kg/L)		0.220	0.228	0.233	0.238
증발잠열 (kcal/kg)		101.8	92	104.6	93.3
폭발범위 (%)	상한	9.5	8.4	10.3	9.3
	하한	2.1	1.8	2.4	1.6

(1) 성 질

① 일반적 성질
  ㉮ 공기보다 무거우므로 누설시 대기중으로 확산되지 않고 낮은 곳으로 모여 인화하기 쉽다.
  ㉯ 액체 상태의 LPG는 물보다 가볍다.
  ㉰ 기화, 액화가 용이하다.
  ㉱ 기화하면 체적이 커진다 (프로판은 약 250배, 부탄은 약 230배).
  ㉲ 증발 잠열 (기화열)이 크다.
  ㉳ 온도가 상승하면 용기 내의 증기압은 상승한다.

㈏ 온도 상승에 따라 액체 체적이 커지므로 용기는 40℃를 넘지 않게 한다.

㈎ LPG는 무색, 무취, 무독하나 많은 양을 흡입하면 중추신경 마비를 일으킨다.

㈏ 천연고무를 용해시키므로 합성고무 (Si 고무)를 사용해야 한다.

② 연소성

㉮ 발화점이 다른 연료보다 높으므로 안전성이 있다.

㉯ 발열량이 크다 (12000 kcal/kg).

㉰ 연소시 많은 공기가 필요하다.

$C_3H_8 + 5\,O_2 \rightarrow 3\,CO_2 + 4\,H_2O + 530$ kcal

$C_4H_{10} + 6.5\,O_2 \rightarrow 4\,CO_2 + 5\,H_2O + 700$ kcal

프로판은 약 24배, 부탄은 약 31배의 공기가 필요하다.

㉱ 폭발범위가 좁다.

㉲ 연소속도가 늦다.

(2) 제조법

① 습성 천연가스 및 원유에서의 제조 : 유전 지대에 채취되는 습성 천연가스 및 원유에서 액화가스를 회수하는 방법이다.

㉮ 압축 냉각법 (진한 가스에 응용된다.)

㉯ 흡수유 (경유)에 의한 흡수법

㉰ 활성탄에 의한 흡착법 (희박 가스에 응용된다.)

② 정유소 제조 : 석유 정제 공정에서 상압 증류 장치, 접촉 분해 장치, 수소화 탈황 장치, 코킹 장치, 비스브레이킹 장치에서 발생하는 수소 및 저급 탄화수소를 분리하여 얻는다.

③ 나프타 분해 생성물에서 얻는다.

④ 나프타의 수소화 분해 생성물에서 얻는다.

(3) 용 도

가정용 연료, 자동차용 연료, 용접용, 연료 가스, 공업용 연료 등으로 사용된다.

2.12 시안화수소 (HCN)

(1) 성 질
① 독성이 강하고 쉽게 액화되며 무색투명하다 (허용 농도 : 10 ppm, 복숭아 냄새).
② 오래된 시안화수소는 급격한 중합에 의해 폭발의 위험이 있으므로 충전 후 60일을 넘지 않게 한다 (폭발범위 6~41 %, 순도 98 % 이상, 즉 수분이 2 % 이상 있어서는 안 된다).
③ 중합을 방지하는 안정제로 황산, 염화칼슘, 인산, 오산화인, 동망 등이 있다.

(2) 제조법
① 앤드루소법 : 메탄과 암모니아 및 공기의 혼합가스를 약 1100℃의 온도에서 백금, 로듐 촉매에 통과시켜 제조한다.
② 포름아미드법 : 일산화탄소와 암모니아에서 포름아미드를 거쳐 제조하는 것이며 포름아미드의 생성과 탈수 공정으로 되어 있다.

(3) 용 도
살충용, 메타크릴 수지 합성용 (MMA) 원료, 아크릴계 합성섬유의 원료

2.13 산화에틸렌 (C_2H_4O)

(1) 성 질
① 상온에서 무색, 유독한 기체이며, 10℃ 이하에서는 액체이다 (허용 농도 : 50 ppm).
② 폭발범위가 3~100 %이므로 공기가 혼입되지 않아도 열이나 충격에 의해 폭발을 하며, 액체일 때는 분해 폭발하지 않는다.
③ 용기 내에 질소, 이산화탄소, 수증기를 희석제로 하여 미리 충전해 두면 폭발범위가 좁아져 폭발을 피할 수 있다 (45℃에서 4 kg/cm^2 이상의 압력).

(2) 용 도
폴리에스테르 섬유 공업에 이용되고, 메탄올아민의 원료로 쓰인다.

2.14 프레온

(1) 성질
① 불소 (F) 또는 불소와 수소를 함유한 탄화수소이며, 무색, 무취, 무독, 불연성이다.
② 액화하기 쉽고 증발 잠열이 크고 화학적으로 안정하여 200℃ 이하에서는 대부분의 금속과 반응하지 않는다.
③ 800℃ 불꽃에 접촉하면 포스겐 ($COCl_2$)이라는 맹독 가스를 발생시킨다.
④ 천연고무, 수지를 용해시키므로 인조고무를 사용한다. 수분이 있으면 불산 (HF)이 되어 유리를 녹임.

(2) 용도
① 냉동 장치의 냉매로 쓰인다.
② 테플론 제조에 이용된다.

2.15 아황산가스 (SO_2 : 이산화황)

① 강한 자극성 냄새를 가진 독성 가스이다 (허용 농도 5 ppm).
② 물에 용해되어 산성을 나타 낸다. $SO_2 + H_2O \rightarrow H_2SO_2$
③ 황을 연소시키면 발생한다. $S + O_2 \rightarrow SO_2$
④ 대부분 황산 제조에 쓰인다.
⑤ 장치 부식과 공해의 원인

2.16 황화수소 (H_2S)

① 무색이며 계란 썩은 냄새가 나는 독성 가스이다 (허용 농도 10 ppm).
② 공기 중에서 잘 연소된다 (폭발범위 4.3~45.5 %).
③ 습기를 함유한 공기 중에서 금, 백금 이외의 모든 금속과 반응한다.
④ 탈황 장치에서 얻어진다.

제1편 기출문제와 예상문제

01 LPG의 장점이 아닌 것은?

㉮ 점화, 소화가 용이하며 온도의 조절이 간단하다.
㉯ 발열량이 높다.
㉰ 직화식으로 사용할 수 있다.
㉱ 열효율이 낮다.

① C_3H_8의 발열량 12000 kcal/kg
   24000 kcal/m^3
② 열효율＝연소효율×전열효율
   LPG의 열효율은 높다.

02 가연성 가스의 연소에 대하여 옳은 것은?

㉮ 공기는 없어도 가스만으로 잘 연소된다.
㉯ 폭발하한계 이하에서 공기가 존재하면 연소된다.
㉰ 산소가 없는 상태에서 온도가 높으면 연소된다.
㉱ 폭발한계 내에서만 연소된다.

① 연소 : 가연성 가스＋지연성 가스＋점화원
② 빛과 열을 동시에 수반
③ 화염의 전파 속도에 따라
   연소 → 폭발 → 폭굉

03 LPG 충전용기 안전밸브는 주로 무슨 형식인가?

㉮ 중추식 ㉯ 스프링식
㉰ 수동식 ㉱ 가용전식

① 스프링식 안전밸브
   안전밸브 작동압력 : TP×0.8 이하
   안전밸브 정지압력 : 작동압력×0.8 이상
② 중추식 : 대형 보일러
③ 가용전식 : C_2H_2 용기의 안전밸브
   가용전의 주성분은 Pb, Sn 등으로 녹아서 가스가 빠져 나가는 것이다.
   C_2H_2에서는 105±5℃에서 가용전이 녹는다.

정답 1. ㉱ 2. ㉱ 3. ㉯

04 어느 액체에 가해지고 있는 압력이 감소할 때 증발온도는?
㉮ 상승한다.　　　　　　　　㉯ 저하한다.
㉰ 변하지 않는다.　　　　　　㉱ 상승했다 저하한다.

　📌 반대로 압력이 상승하면 액체의 증발온도는 상승된다.

05 용기에 안전밸브를 붙이는 이유 중 옳은 것은?
㉮ 가스 충전구가 막혔을 때 대신 사용한다.
㉯ 용기 내의 가스압력의 이상상승시 용기의 파열을 방지한다.
㉰ 용기 내의 가스압력을 일정하게 유지한다.
㉱ 용기가 충격을 받을 때 가스가 안 나오도록 안전하게 조정한다.

　📌 안전장치

06 다음 열거한 가스 중 공기 속에서 폭발한계가 가장 넓은 것은?
㉮ 프로판　　　　　　　　㉯ 수소
㉰ 아세틸렌　　　　　　　㉱ 부탄

　📌 C_3H_8 (2.1~9.5 %), H_2 (4~75 %), C_2H_2 (2.5~81 %), C_4H_{10} (1.8~8.4 %)
　폭발한계가 가장 넓은 순서대로는 $C_2H_2 > C_2H_4O > H_2 > CO$ 등이다.

07 독성 가스와 그 허용 농도를 표시한 것으로 틀린 것은?
㉮ HCN (시안화수소) 1 ppm　　　㉯ Cl_2 (염소) 1 ppm
㉰ C_2H_4O (산화에틸렌) 50 ppm　㉱ NH_3 (암모니아) 25 ppm

　📌 HCN : 10 ppm

08 아세틸렌가스의 폭발범위는 2.5~81 %이다. 위험도는?
㉮ 39.25　　　　　　　　㉯ 31.4
㉰ 26　　　　　　　　　　㉱ 19

　📌 $H = \dfrac{U-L}{L}$　　여기서, H : 위험도, U : 폭발범위 상한, L : 폭발범위 하한
　C_2H_2 (2.5~8.1 %)
　$H = \dfrac{81-2.5}{2.5} = 31.4$

정답　4. ㉯　5. ㉯　6. ㉰　7. ㉮　8. ㉯

09 액체 LPG가 손 같은 피부에 닿으면 어떻게 될까?
㉮ 동상을 입는다.　　㉯ 화상을 입는다.
㉰ 아무렇지 않다.　　㉱ 뜨겁다.

📌 LPG는 기화열이 크다.

10 가연성 가스가 공기 또는 산소에 혼합되었을 때 폭발위험은?
㉮ 공기보다 산소에 혼합했을 때 폭발범위가 넓어진다.
㉯ 공기보다 산소에 혼합했을 때 폭발범위가 좁아진다.
㉰ 공기와 산소가 동일하다.
㉱ 가스의 종류에 따라 그 범위가 좁아지는 경우도 있고 넓어지는 경우도 있다.

📌 하한보다는 상한이 커진다.

11 가스시설 중에서 가스가 누설되고 있을 때의 조치 순서는?

1. 용기밸브를 잠근다.　　2. 중간밸브를 잠근다.
3. 창문을 열어 통풍시킨다.　　4. 판매점에 연락한다.

㉮ 1 - 2 - 3 - 4　　㉯ 3 - 4 - 2 - 1
㉰ 2 - 3 - 4 - 1　　㉱ 1 - 3 - 2 - 4

📌 제일 먼저 주밸브를 잠근다.

12 고압가스의 적용 범위 규정에서 제외되는 고압가스는?
㉮ 상용의 온도에서 압력이 10 kg/cm² 이상 되는 압축가스
㉯ 35℃의 온도에서 압력이 0 kg/cm² 넘는 아세틸렌가스
㉰ 상용의 온도에서 압력이 2 kg/cm² 이상 되는 액화가스
㉱ 상용의 온도에서 압력이 0 kg/cm² 넘는 액화가스 중 액화 브롬화메탄

📌 상용의 온도에서 압력이 0 kg/cm²를 넘는 아세틸렌가스 → 고압가스

정답　9. ㉮　10. ㉮　11. ㉮　12. ㉯

13 고압가스 종류의 제조자가 아닌 자는?

㉮ 일반고압가스 제조자 ㉯ 특정가스 제조자
㉰ 냉동 제조자 ㉱ 일반도매가스 제조자

14 특정고압가스 중에서 흡수장치 및 재해장치를 해야 할 가스만으로 된 것은?

㉮ H_2, Cl_2 ㉯ 액화 암모니아, 염소
㉰ LPG, 염소 ㉱ 산소, 액화 암모니아

> 📌 특정고압가스
> H_2 (4~75 %) ⎤ 압축가스
> O_2 ⎦
> Cl_2 독성 (1 ppm) ⎤
> NH_3 (15~28 %), 독성 (25 ppm) ⎦ 액화가스
> C_2H_2 (2.5~81 %) − 용해가스

15 처리설비 또는 감압설비의 처리용적에서 처리능력의 기준은?

㉮ 0℃, 1 kg/cm² · g ㉯ 20℃, 0 kg/cm²
㉰ 0℃, 0 kg/cm² ㉱ 20℃, 0 kg/cm² · a

16 LPG 저장탱크에 가스를 충전할 때 공간용적은?

㉮ 90 % ㉯ 60 %
㉰ 30 % ㉱ 10 %

> 📌 LPG는 액체의 온도에 의한 부피 변화가 크므로 액의 팽창률을 고려하여 용기에 충전할 때 안전공간을 둔다.
> ┌ 대형 : 10 % 이상
> └ 소형 : (3 TON 미만) : 15 % 이상

정답 13. ㉱ 14. ㉯ 15. ㉰ 16. ㉱

17 가연성 및 독성 가스에 각각 색깔을 표시하는데 수소용기의 표시는?
㉮ 적색 ㉯ 녹색
㉰ 황색 ㉱ 흰색

> 보통 가연성 가스의 '연'자는 적색으로 표시하지만 LPG는 쓰지 않고 수소용기의 경우는 흰색으로 '연'자를 표시한다. 수소용기의 도색은 주황색이다.

18 가연성 물질을 공기로 연소시키는 경우 공기 중의 산소 농도를 높게 하면 연소속도와 발화온도는 어떻게 되는가?
㉮ 연소속도는 증가하고 발화온도도 상승한다.
㉯ 연소속도는 증가하고 발화온도는 낮아진다.
㉰ 연소속도는 감소하고 발화온도는 상승한다.
㉱ 연소속도는 감소하고 발화온도도 낮아진다.

> 공기 중의 산소 농도를 높게 하면 연소할 때 연소속도 증가, 발화온도 저하, 화염온도 상승, 화염길이의 증가 등을 일으킨다.

19 LPG는 무엇으로 생기는가?
㉮ 석유의 열분해 ㉯ 석유의 화학분해
㉰ 석유의 응축 ㉱ 석유의 약품처리

> 원유 정제시 나프타, 가솔린, 등유, 경유, 중유 등으로 분리된다. 이때 발생되는 가스가 석유가스, 즉 LPG이다.

20 LPG 사용자는 LPG의 성질을 잘 알고 있어야 한다. 다음 중 맞는 것은?
㉮ 공기보다 가벼워 위로 올라간다.
㉯ 공기보다 무거워 바닥면에 고인다.
㉰ 누설되면 즉시 날아간다.
㉱ 바람이 없는 한 공중에 구름같이 떠 있다.

> LPG는 공기보다 무거워 누설할 경우 낮은 곳에 체류하여 화재의 위험이 있다. 따라서, 가스 누설 검지장치는 지면에서 30 cm 이내에 설치한다.

정답 17. ㉱ 18. ㉯ 19. ㉮ 20. ㉯

기출문제와 예상문제

21 다음 가스용기 밸브 중 충전구 나사를 '왼나사'로 정한 것은?

① C_2H_2 ② H_2 ③ N_2 ④ O_2
⑤ C_3H_8 ⑥ Cl_2 ⑦ N_2O

㉮ ①, ②, ③   ㉯ ④, ⑤
㉰ ①, ②, ⑤   ㉱ ③, ④, ⑦

> 가연성 가스 → 왼나사
> 예외) NH_3, CH_3Br

22 다음 가스 중 폭발범위가 가장 넓은 것은?

㉮ 프로판   ㉯ C_2H_2
㉰ 메탄   ㉱ NH_3

> C_3H_8 (2.1~9.5 %) C_2H_2 (2.5~81 %)
> CH_4 (5~15 %) NH_3 (15~28 %)

23 용기에서 탄소, 인 및 황의 함유량은 각각 얼마인가?

㉮ 0.33 % (이음새 없는 용기는 0.55 %), 0.04 %, 0.05 %
㉯ 0.55 % (이음새 없는 용기는 0.33 %), 0.04 %, 0.05 %
㉰ 0.1 %, 0.04 %, 0.05 %
㉱ 0.1 %, 0.33 %, 0.05 %

> 탄소는 저온취성, 인은 상온취성, 황은 적열취성이 있으므로 용기에 있어서 함유량을 제한한다.

구 분	탄 소	인	황
계 목	0.33 %	0.04 %	0.05 %
무계목	0.55 %	0.04 %	0.05 %

24 독성 가스임이면서 동시에 가연성 가스인 것은?

㉮ 벤젠, 시안화수소, 일산화탄소, 석탄가스
㉯ 메탄, 시안화수소, 일산화탄소, 석탄가스
㉰ 메탄, 시안화수소, 아세틸렌, 에틸렌
㉱ 벤젠, 시안화수소, 아세틸렌, 에틸렌

정답 21. ㉰ 22. ㉯ 23. ㉮ 24. ㉮

제1편 가스의 기초

25 내용적 117.5 L의 LPG 용기에 상온에서 액화 프로판 50 kg을 충전하였다. 이 용기 내의 안전공간은 대개 몇 % 정도인가? (단, 액화 LPG 비중은 20℃에서 약 0.5 %이다.)

㉮ 10 % ㉯ 15 %
㉰ 20 % ㉱ 24 %

$\dfrac{50 \text{ kg}}{0.5 \text{ kg/L}} = 100 \text{ L}$

∴ 117.5 − 100 L = 약 15 %
  용기 내의 안전공간은
  ┌대형 : 10 % 이상
  └소형 (3 t 미만) : 15 % 이상

26 냉매 (R − 22) 500 kg을 내용적 50 L 용기에 충전하려면 최저 몇 개의 용기가 필요한가? (단, 가스정수 0.98)

㉮ 8개 ㉯ 9개
㉰ 10개 ㉱ 11개

$w = \dfrac{V}{c}$, $V = wc$ $\dfrac{500 \times 0.98}{50} = 9.8$

∴ 10개

27 고온, 고압의 수소설비에 탄소강을 쓸 수 없는 이유는?

㉮ 분해폭발 ㉯ 중합폭발
㉰ 탈탄작용 ㉱ 연소반응

$Fe_3C + 2H_2 \rightarrow CH_4 + 3Fe$
고온, 고압에서 탈탄작용으로 취성이 생긴다.
방지 : W, V, Cr, Ti, Mo

28 수소와 산소의 비가 얼마일 때 폭명기라고 부르는가?

㉮ 2 : 1 ㉯ 1 : 1
㉰ 1 : 2 ㉱ 3 : 2

$2H_2 + O_2 \rightarrow 2H_2O$
550℃에서 폭발
• 염소 폭명기 (1 : 1)
  $H_2 + Cl_2 \rightarrow 2HCl$
         ↑ 직사광선

정답 25. ㉯ 26. ㉰ 27. ㉰ 28. ㉮

29 위험도를 내는 공식 중 맞는 것은? (H : 위험도, U : 상한, L : 하한)

㉮ $H = \dfrac{U-L}{U}$ ㉯ $H = \dfrac{U-L}{L}$

㉰ $H = \dfrac{U+L}{U}$ ㉱ $H = \dfrac{U+L}{L}$

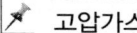 $H = \dfrac{U-L}{L}$ (H : 위험도, U : 상한, L : 하한)

보기) C_2H_2 (2.5~81 %)

$H = \dfrac{81-2.5}{2.5} = 31.4$

---

30 고압가스 관계법으로 규정하는 고압가스는 35℃ 이하의 온도에서 압력이 ( ) 이상이 되는 액화가스를 말한다. ( ) 안에 맞는 것은?

㉮ 0 Pa ㉯ 0.2 Pa
㉰ 5 Pa ㉱ 10 Pa

고압가스
① 상용의 온도나 35℃에서 1 MPa 이상이 되는 압축가스
② 상용의 온도나 35℃ 이하에서 0.2 MPa 이상이 되는 액화가스
③ 15℃에서 0 Pa을 초과하는 아세틸렌가스
④ 35℃에서 0 Pa을 초과하는 액화가스 중 액화 시안화수소, 액화 브롬화메탄, 액화 산화에 틸렌가스
※ 0.2 MPa 이상 [액화가스], 1 MPa [압축가스] 이상시 고압

---

31 다음 중 올바르게 연결되어 있는 것은?

㉮ 아세틸렌 - C_2H_4 - 가연성 ㉯ 암모니아 - NH_3 - 불연성, 독성
㉰ 일산화탄소 - CO_2 - 독성 ㉱ 메탄 - CH_4 - 가연성

C_2H_2 - 아세틸렌, 가연성
NH_3 - 암모니아, 가연성
CO - 일산화탄소, 독성

정답 29. ㉯ 30. ㉯ 31. ㉱

32 고압가스는 가연성 가스, 조연성 가스, 독성 가스로 분류할 수 있다. 다음 중 가연성 가스가 아닌 것은?

㉮ 부탄 ㉯ 포스겐
㉰ 메탄 ㉱ 프로판

> 포스겐은 독성 가스로 허용 농도는 0.1 ppm이다.

33 다음 열거한 가스 중 폭발한계가 가장 넓은 것은?

㉮ 프로판 ㉯ 수소
㉰ 아세틸렌 ㉱ 부탄

> C_2H_2 (2.5~81 %)

34 다음 가스 중 불연성 가스가 아닌 것은?

㉮ 아르곤 ㉯ 이산화탄소
㉰ 질소 ㉱ 일산화탄소

> CO는 가연성 가스
> 폭발 범위 (12.5~74 %)

35 일반가스를 액화시키는 데 필요한 조건으로 옳은 것은?

㉮ 임계온도 이상으로 가열해 주고 압력은 낮추어 준다.
㉯ 임계압력 이하로 압축 후 냉각제를 사용한다.
㉰ 임계온도 이상이라도 고압이면 가스는 액화된다.
㉱ 임계온도 이하로 온도를 낮추고 임계압력 이상으로 압축한다.

> 액화조건 : 임계온도 이하로 낮추고 임계압력 이상으로 압축한다.

36 내용적 50 L인 산소용기에 150 기압의 산소가 들어 있다. 1시간에 300 L를 소모하는 토치를 사용하여 중성불꽃으로 작업하면 몇 시간이나 사용할 수 있겠는가?

㉮ 5시간 ㉯ 10시간
㉰ 20시간 ㉱ 25시간

> $50 \times 150 = 300 \times h$
> ∴ $h = 25$

정답 32. ㉯ 33. ㉰ 34. ㉱ 35. ㉱ 36. ㉱

37 다음 가스 중에서 공기 중에 누설되면 낮은 곳으로 흘러 고이는 가스로만 된 것은?

㉮ 프로판, 수소, 아세틸렌 ㉯ 프로판, 염소, 포스겐
㉰ 아세틸렌, 염소, 암모니아 ㉱ 아세틸렌, 포스겐, 암모니아

> 비중이 1보다 큰 것 [공기(29) 기준]
> 프로판 : $\frac{44}{29} = 1.52$
> 염소 : $\frac{71}{29} = 2.45$
> 포스겐 : $\frac{99}{29} = 3.41$

38 온도와 관계가 적은 것은?

㉮ 0℃ ㉯ 32°F
㉰ 273.15K ㉱ 459.69°R

> 0℃ = 32°F = 273.15K = 491.69°R

39 다음 식은 온도를 환산할 때 사용하는 식이다. 맞지 않는 식은?

㉮ K = 273.15 + ℃ ㉯ °R = 459.69 + °F
㉰ ΔK = 1.8Δ°R ㉱ ℃ = 459.69 + °F

> °F = 1.8℃ + 32

40 순수한 액체 프로판 92 kg의 부피는 표준상태에서 얼마인가?

㉮ 53.2 m³ ㉯ 48.5 m³
㉰ 46.8 m³ ㉱ 41.2 m³

> C_3H_8 ─ 44 kg
>   ─ 22.4 m³
> 44 : 22.4 = 92 : x
> ∴ 46.8 m³

정답 37. ㉯ 38. ㉱ 39. ㉱ 40. ㉰

41 비중이 0.8인 어느 액체의 높이가 8 m이면 수은주로 몇 mm가 되겠는가? (단, 수은의 비중은 13.6이다.)

㉮ 320 mmHg
㉯ 48.5 mmHg
㉰ 460 mmHg
㉱ 471 mmHg

$$\frac{800 \times 8}{13600} = 471 \text{ mmHg}$$

42 수은을 U자 관에 넣었더니 그림과 같았다. 이때, P_2의 절대압력은 몇 kg/cm²인가? (단, P_1 : 1 kg/cm² 절대압력, H : 500 mmHg)

㉮ 1 kg/cm²
㉯ 1.7 kg/cm²
㉰ 2 kg/cm²
㉱ 2.5 kg/cm²

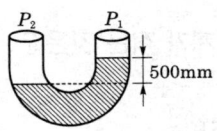

$$P_2 = P_1 + H$$
$$= 1 + 1.033 \times \frac{500}{760} = 1.679 \text{ kg/cm}^2$$

43 500 kg의 액화가스를 내용적 50 L들이 용기에 충전할 때, 용기 몇 개가 필요한가? (단, 가스정수 : 0.8)

㉮ 5개
㉯ 7개
㉰ 8개
㉱ 10개

$W = \dfrac{V}{C}$ 에서 $V = 500 \times 0.8 = 400$ L

$\dfrac{400}{50} = 8$ ∴ 8개

44 어떤 액의 비중이 2.5이다. 이 액의 높이가 6 m이면 압력은 얼마인가?

㉮ 1.5 kg/cm²
㉯ 120 cmHg
㉰ 17 mHg
㉱ 1.7 atm

$2.5 \times 6 = 15 \text{ mH}_2\text{O} = 1.5 \text{ kg/cm}^2$

정답 41. ㉱ 42. ㉯ 43. ㉰ 44. ㉮

45 다음은 압력에 관한 사항이다. 이 중 틀린 것은?

㉮ 1 기압은 1.033 kg/cm² 이다.   ㉯ 물기둥 10 m의 압력은 1 kg/cm² 이다.
㉰ 용기압력 = 게이지 압력 + 대기압   ㉱ 게이지 압력 = 절대압력 + 대기압

> 절대압력 = 대기압 + 게이지 압력

46 1 kg중은 몇 dyne인가?

㉮ 9.8   ㉯ 980
㉰ 9.8×10^5 ㉱ 9.8×10

> 1 kg중 = 9.8 N = 9.8×10^5 dyne

47 열역학 제 1 법칙에 어긋나는 것은?

㉮ 에너지보존의 법칙이다.
㉯ 열은 고온체에서 저온체로 흐른다.
㉰ 계가 한 일은 계가 받은 참열량과 같다.
㉱ 열량은 내부에너지와 절대일과의 합이다.

> 열은 고온에서 저온으로 흐른다 : 열역학 제 2 법칙

48 일의 열상당량은?

㉮ 1/427 kcal/kg · m   ㉯ 427 kcal/kg · m
㉰ 632.3 kcal/kg · m   ㉱ 860 kcal/kg · m

> 1 kcal = 427 kg · m
> ∴ 일의 열상당량은 $\frac{1}{427}$ kcal/kg · m

49 이상기체에서 정적비열과 정압비열과의 관계는? (단, R은 기체상수이다.)

㉮ $C_p / C_v = R$ ㉯ $C_v / C_p = R$
㉰ $C_p - C_v = R$ ㉱ $C_v / C_p = R$

> $C_p - C_v = AR$ (A : 일의 열당량, R : 가스정수)

정답 45. ㉱ 46. ㉰ 47. ㉯ 48. ㉮ 49. ㉰

50 3 kg/cm²는 몇 lb/in²인가?

㉮ 44.1 lb/in² ㉯ 42.66 lb/in²
㉰ 43.07 lb/in² ㉱ 41.627 lb/in²

> 1.033 kg/cm² : 14.7 PSI = 3 kg/cm² : x
> ∴ 42.66 PSI (1b/in²)

51 26 cmHgV인 압력은 몇 kg/cm²·a인가?

㉮ 0.676 kg/cm²·a ㉯ 0.353 kg/cm²·a
㉰ 0.134 kg/cm²·a ㉱ 1.911 kg/cm²·a

> 절대압력 = 대기압 − 진공압
> ∴ $1.033 - \dfrac{260 \text{ cmHg}}{} \times \dfrac{1 \text{ in}}{2.54 \text{ cm}} \times \dfrac{1.033 \text{ kg/cm}^2}{29.92 \text{ inHg}}$
> $1.033 - 0.353 ≒ 0.676$ kg/cm²·a

52 표준대기압은?

㉮ 1.033 kg/cm² ㉯ 0 kg/cm²·a
㉰ 14.7 lb/in² ㉱ 0 mmHgV

53 복합압력계가 20 inHg를 가리키고 있다. 이때의 압력 lb/in²·a은?

㉮ 4.9 lb/in²·a ㉯ 0.34 lb/in²·a
㉰ 8.89 lb/in²·a ㉱ 9.8 lb/in²·a

> 절대압력 = 대기압 − 진공압력
> ∴ $14.7 - 14.7 \times \dfrac{20}{30} ≒ 4.9$ lb/in²·a

54 각 압력과의 관계가 맞는 것은?

㉮ 절대압력 = 게이지 압력 − 대기압
㉯ 절대압력 = 대기압 − 게이지 압력
㉰ 게이지 압력 = 대기압 − 절대압력
㉱ 게이지 압력 = 절대압력 − 대기압

정답 50. ㉯ 51. ㉮ 52. ㉮㉰ 53. ㉮ 54. ㉱

> 절대압력＝대기압＋게이지 압력

55 다음은 진공도에 관한 문제이다. 틀린 것은?
- ㉮ 38 cmHgV＝0.5 lbkg/cm² · a
- ㉯ 10 cmHg＝0.136 kg/cm² · a
- ㉰ 30 inHgV＝0 lb/in² · a
- ㉱ 30 inHg＝14.2 lb/in²

> 30 inHg＝76 cmHg＝1.033 kg/cm²＝14.7 PSI

56 절대압력과 게이지 압력에 대한 설명으로 옳은 것은?
- ㉮ 게이지 압력 0 kg/cm²은 완전진공이다.
- ㉯ 게이지 압력 1 kg/cm²은 수은주 76 cmHg이다.
- ㉰ 절대압력 0.76 kg/cm²은 복합 게이지 눈금으로 약 20 cmHg이다.
- ㉱ 절대압력 1.033 kg/cm²은 게이지 압력으로 2.033 kg/cm²이다.

> 절대압력이 0.76 kg/cm²이면 진공압력은 대기압－절대압력이므로
> $$1.033\left(1-\frac{20}{76}\right)=0.76 \text{ kg/cm}^2 \cdot a$$

57 밀폐형 용기 속에 있는 기체를 압축하여 그 용적을 1/2로 하면 압력은 어떻게 변하는가?
- ㉮ 1/4이 된다.
- ㉯ 1/2이 된다.
- ㉰ 변하지 않는다.
- ㉱ 2배가 된다.

> 일정한 온도에서 기체의 체적은 압력에 반비례하므로 압력은 2배가 된다.

58 일정한 압력에서 20℃인 기체의 부피가 2배 되었을 때의 온도는?
- ㉮ 313℃
- ㉯ 329℃
- ㉰ 586℃
- ㉱ 600℃

> $\frac{V}{T}=\frac{V'}{T'}$ 에서 $\frac{1}{293}=\frac{2}{273+x}$
> ∴ 313℃

정답 55. ㉱ 56. ㉰ 57. ㉱ 58. ㉮

59 대기압에서 1.5 m³의 용적을 가진 기체를 동일온도에서 용적 40 L의 용기에 충전한다면 그 압력은? (단, 대기압은 1 kg/cm² · a로 한다.)

㉮ 35.5 kg/cm² · a　　㉯ 37.5 kg/cm² · a
㉰ 39.5 kg/cm² · a　　㉱ 41.5 kg/cm² · a

$PV = P'V'$
$1.5 \times 10^3 = 40 \times x$
∴ $37.5 \text{kg/cm}^2 \cdot a$

60 다음 중 가장 압력이 큰 것은?

㉮ 1000 g/mm²　　㉯ 1 g/mm²
㉰ 10 kg/mm²　　㉱ 수주 10 m

1000 g/mm² = 100 kg/cm²,　　1 g/mm² = 0.1 kg/cm²
10 g/mm² = 1000 kg/cm²　　10 mH₂O = 1 kg/cm²

61 LPG의 액체 1 L는 약 250 L의 가스가 된다. 20 kg의 LPG를 가스로 고치면 다음의 어느 것에 해당되는가? (단, 액비중은 0.5라고 한다.)

㉮ 1 m³　　㉯ 5 m³
㉰ 7.5 m³　　㉱ 10 m³

$\dfrac{20}{0.5} = 40$ L에서 $1 : 250 = 40 : x$
∴ $x = 10000$ L $= 10$ m³

62 15℃, 1기압의 기체를 정압에서 가열할 때 체적의 2배가 되게 하려면 액을 몇 ℃까지 가열해야 하는가?

㉮ 180℃　　㉯ 203℃
㉰ 253℃　　㉱ 303℃

$\dfrac{V}{T} = \dfrac{V'}{T'}$ 에서 $\dfrac{1}{273+15} = \dfrac{2}{273+x}$
∴ $x = 303$ ℃

정답　59. ㉯　60. ㉰　61. ㉱　62. ㉱

63 다음 중 옳은 것은?

㉮ 절대압력 = 대기압 − 게이지 압력 ㉯ 절대압력 = 게이지 압력 + 대기압
㉰ 대기압 = 게이지 압력 + 상대압력 ㉱ 대기압 = 게이지 압력 − 절대압력

64 내압시험 압력 350 kg/cm² · abs의 오토클레이브에 20℃로 수소가 100 kg/cm² · abs으로 충전되어 있다. 이것을 가열하자 안전밸브가 (작동압력은 내압시험 압력의 8/10배) 분출하였다면, 이때의 온도는?

㉮ 737℃   ㉯ 682℃
㉰ 614℃   ㉱ 547℃

📌 $\dfrac{P}{T} = \dfrac{P'}{T'}$ 에서 $\dfrac{100}{293} = \dfrac{350 \times 8/10}{273+x}$ ∴ $x = 547$℃

65 내용적 50 L인 산소용기에 150 기압의 산소가 들어있다. 1시간에 300 L를 소모하는 토치를 사용하여 중성불꽃으로 작업하면 몇 시간이나 사용할 수 있겠는가?

㉮ 5시간   ㉯ 10시간
㉰ 20시간   ㉱ 25시간

📌 $\dfrac{50 \times 150}{300} = 25\,h$

66 고압용기에 산소가 충전되어 있다. 이 용기의 온도가 15℃일 때의 압력이 130 kg/cm² · a이 되었다. 이 용기가 직사광선을 받아서 용기의 온도가 50℃로 상승되었다면 그 때의 압력은?

㉮ 146 kg/cm² · a   ㉯ 165 kg/cm² · a
㉰ 180 kg/cm² · a   ㉱ 220 kg/cm² · a

📌 $\dfrac{P}{T} = \dfrac{P'}{T'}$ 에서 $\dfrac{130}{273+15} = \dfrac{P'}{273+50}$
∴ 145.8 kg/cm² · a

67 20℃의 어느 가스용기를 80℃로 가열하면 압력은 몇 배로 높아지는가?

㉮ 1배   ㉯ 1.2배
㉰ 1.4배 ㉱ 1.8배

📌 $\dfrac{353}{293} = 1.2$배

정답 63. ㉯ 64. ㉱ 65. ㉱ 66. ㉮ 67. ㉯

68 일반가스를 액화시키는 데 필요한 조건은?

㉮ 임계온도 이상으로 가열해 주고 압력은 내려 준다.
㉯ 임계압력 이하로 압축 후 냉각제를 사용한다.
㉰ 임계온도 이상이라도 고압이면 가스는 액화된다.
㉱ 임계온도 이하로 해주고 임계압력 이상으로 압축한다.

69 고압가스 중 가장 액화되기 힘든 것은?

㉮ 산소
㉯ LPG
㉰ 수소
㉱ 질소

70 기체가 상압일 때에는 거의 이상기체법칙에 따르는 데 반하여 고압의 기체는 이상기체의 법칙에 어긋나는 이유로서 가장 알맞은 것은?

㉮ 기체가 일부 액화되기 때문이다.
㉯ 기체분자의 운동에너지가 커지기 때문이다.
㉰ 기체분자의 모양이 변형되기 때문이다.
㉱ 기체분자 사이에 충돌이 심하기 때문이다.

71 200 kg의 철괴(비열 0.113 kcal/kg·℃)를 온도 20℃에서 85℃까지 높이는 데 소용되는 열량은?

㉮ 1469 kcal
㉯ 1732 kcal
㉰ 1836 kcal
㉱ 1845 kcal

$Q = W \cdot C \cdot \Delta T$
$= 0.113 \times 200 \times (85 - 20)$
$= 1469 \text{ kcal}$

정답 68. ㉱ 69. ㉰ 70. ㉮ 71. ㉮

72 10 atm의 공기 중의 질소와 산소의 분압은? (단, 산소와 질소의 체적비는 1 : 4로 한다.)

㉮ 질소 6 atm, 산소 4 atm ㉯ 질소 8 atm, 산소 2 atm
㉰ 질소 4 atm, 산소 6 atm ㉱ 질소 5 atm, 산소 5 atm

질소 : $10 \times \dfrac{4}{5} = 8$기압   산소 : $10 \times \dfrac{1}{5} = 2$기압

부피 % = 몰 % = 압력 %

73 1 kcal에 대한 정의로 맞는 것은?

㉮ 물 1 kg을 1℃ 높이는 데 필요한 열량
㉯ 순수한 물 1 g을 14.5℃에서 15.5℃까지 높이는 데 필요한 열량
㉰ 물 1 cm³를 1 g만큼 변화시키는 데 필요한 열량
㉱ 순수한 물 1 kg을 14.5℃에서 15.5℃까지 높이는 데 필요한 열량

74 다음 세 종류의 물질에 동일한 양의 열량을 흡수시켰을 때 그 최종온도가 높은 것으로부터 낮은 것의 순으로 나열된 것은? (단, 최초온도는 모두 동일한 것으로 본다.)

① 비열 0.8인 물질 50 kg
② 비열 1인 물질 10 kg
③ 비열 1.3인 물질 2 kg

㉮ ① – ② – ③   ㉯ ③ – ② – ①
㉰ ① – ③ – ②   ㉱ ② – ① – ③

① $0.8 \times 50 = 40$
② $1 \times 10 = 10$
③ $1.3 \times 2 = 2.6$
$Q = W \cdot C \cdot \Delta T$에서 Q는 같으므로 ΔT는 $W \cdot C$에 반비례한다.
∴ $W \cdot C$값이 작은 것이 온도 변화가 가장 크다.

정답 72. ㉯   73. ㉱   74. ㉯

75 −15℃의 얼음 10 kg을 1기압에서 증기로 변화시킬 때, 필요한 열량은? (단, 얼음의 비열은 0.5 kcal/kg · ℃, 물은 1 kcal/kg · ℃이다.)

㉮ 5375 kcal ㉯ 5465 kcal
㉰ 5990 kcal ㉱ 7265 kcal

📌 $Q = 10 \times 0.5 \times 15 + 10 \times 80 + 10 \times 1 \times 100 + 10 \times 539$
$\quad = 7265$ kcal

76 어느 액체에 걸리는 압력이 감소할 때 증발온도는?

㉮ 상승한다. ㉯ 저하한다.
㉰ 변하지 않는다. ㉱ 상승했다 저하한다.

📌 압력감소시 증발온도는 감소하며 대기압에서 증발온도 100℃ 기준으로 한다.

77 액화 프로판 16 kg을 −42.6℃에서 기화시키는데 도시가스 몇 kg 이 소요되는가? (단, 도시가스 발열량 : 700 kcal/kg, 프로판가스 기화열 : 95 kcal/kg, 80 g %)

㉮ 13.7 kg ㉯ 25.7 kg
㉰ 1.7 kg ㉱ 2.7 kg

📌 $\dfrac{16 \times 95}{700 \times 0.8} = 2.7$ kg

78 온도 T_2인 저온체에서 열량 Q_A를 흡수해서 온도가 T_1인 고온체로 열량 Q_B를 방출할 때 냉동기의 성능계수는?

㉮ $\dfrac{Q_A - Q_B}{Q_A}$ ㉯ $\dfrac{T_2 - T_1}{T_1}$

㉰ $\dfrac{T_2}{T_1 - T_2}$ ㉱ $\dfrac{Q_A}{Q_A - Q_B}$

📌 또는 $\dfrac{Q_A}{Q_B - Q_A}$

79 산소가스가 20℃에서 120 kg/m² · g의 압력으로 100 kg이 충전되어 있다. 이때의 체적은 몇 m³인가? (단, 산소의 가스정수는 26.5이다.)

㉮ 0.2 m³ ㉯ 0.64 m³
㉰ 1.2 m³ ㉱ 1.64 m³

> $PV = GRT$
> $V = \dfrac{GRT}{P} = \dfrac{100 \times 26.5 \times 293}{121.033 \times 10^4} = 0.64 \text{ m}^3$

80 공기 20 kg과 수증기 5 kg이 혼합하여 20 m³의 탱크에 들어 있다. 이 혼합기체의 온도를 80℃라고 하면 탱크 내의 압력은 얼마나 되는가?

㉮ 1.030 kg/cm² ㉯ 0.415 kg/cm²
㉰ 1.445 kg/cm² ㉱ 2.475 kg/cm²

> $P = \dfrac{GRT}{V} = \dfrac{\left(20 \times \dfrac{848}{29} + 5 \times \dfrac{848}{18}\right) \times 353}{20 \times 10^4} = 1.44 \text{ kg/cm}^2$

81 이상기체를 단열팽창시켰을 때 온도는 어떻게 되는가?

㉮ 알 수 없다. ㉯ 변하지 않는다.
㉰ 올라간다.   ㉱ 내려간다.

> ① 이상기체는 단열팽창시에는 온도가 내려간다.
> ② 이상기체는 단열과정에서는 엔트로피의 변화가 없다.

82 반데르발스 식을 나타낸 것은?

㉮ $\left(P + \dfrac{a}{V^2}\right)(V-b) = RT$ ㉯ $\left(P - \dfrac{a}{V^2}\right)(V-b) = RT$

㉰ $\left(P + \dfrac{V^2}{a}\right)(V-b) = RT$ ㉱ $\left(P - \dfrac{V^2}{a}\right)(V-b) = RT$

> 반데르발스 식
> $\left\{P + n\left(\dfrac{a}{V}\right)^2\right\}(V - bn) = nRT$

정답 79. ㉯ 80. ㉰ 81. ㉱ 82. ㉮

제1편 가스의 기초

83 포화온도에 대한 설명으로 알맞은 것은?
㉮ 액체가 증발현상 없이 기체로 변하기 시작할 때의 온도
㉯ 액체와 증기가 공존할 때 그 압력에 상당한 일정한 값의 온도
㉰ 액체가 증발하여 어떤 용기 안이 증기로 꽉 차 있을 때의 온도
㉱ 액체가 증발하기 시작할 때의 온도

84 임계압력에 대한 설명으로 알맞은 것은?
㉮ 액체가 끓는점에 도달했을 때의 압력
㉯ 액체와 증기가 공존할 때의 모든 압력
㉰ 액체가 증발하기 시작할 때의 압력
㉱ 액체가 증발현상 없이 기체로 변할 때의 압력

📌 액체밀도와 증기밀도가 같을 때의 압력이다.

85 고압가스의 범위에 들어가는 것은?
㉮ 가연성 가스와 액화가스   ㉯ 지연성 가스와 독성 가스
㉰ 압축가스와 액화가스   ㉱ 독성 가스와 압축가스

📌 압축가스와 액화가스 : 고압가스 안전관리법

86 프로판의 공기 중 1 atm에 대한 폭발범위는 몇 %인가?
㉮ 2.5~81.0 %   ㉯ 4.0~75.0 %
㉰ 2.1~9.5 %   ㉱ 3.0~8.0 %

📌 프로판의 연소 범위 : 2.1~9.5

87 액체공기 50 kg 속에는 산소가 몇 kg 정도 들어 있는가?
㉮ 11.6 kg   ㉯ 10.5 kg
㉰ 43.1 kg   ㉱ 37.8 kg

📌 $\dfrac{32}{29} \times 0.21 = 0.232$ $0.232 \times 50 = 11.6$ kg

88 일정한 온도에서 5 기압이 차지하는 부피는 20 L이었다. 부피가 60 L가 되려면 압력은 몇 기압이 되어야 하겠는가?

정답 83. ㉯ 84. ㉯ 85. ㉰ 86. ㉰ 87. ㉮ 88. ㉮

㉮ 1.67기압   ㉯ 2.5기압
㉰ 3기압   ㉱ 3.5기압

> $PV = P'V'$
> $5 \times 20 = P' \times 60$
> $P' = 1.67$ 기압

89 25℃, 4 기압에서 100 L인 산소는 25℃, 2 기압에서 그 부피는 몇 L가 되겠는가?

㉮ 100 L   ㉯ 200 L
㉰ 250 L   ㉱ 300 L

> $PV = P'V'$ 에서 $4 \times 100 = 2 \times V'$
> $\therefore 200$ L

90 27℃에서 60 mL의 부피를 차지하는 기체의 경우 온도를 127℃로 하면 부피는 몇 mL가 되겠는가? (단, 압력은 일정하다.)

㉮ 500 mL   ㉯ 600 mL
㉰ 700 mL   ㉱ 800 mL

> $\dfrac{V}{T} = \dfrac{V'}{T'}$ 에서, $\dfrac{600}{273+27} = \dfrac{x}{273+127}$
> $\therefore x = 800$ mL

91 27℃, 2 기압하에 있는 4 L의 산소 (기체)를 0℃, 1 기압으로 변화시켜 주면 그 부피는?

㉮ 4 L   ㉯ 5 L
㉰ 6.23 L   ㉱ 7.28 L

> $\dfrac{PV}{T} = \dfrac{P'V'}{T'}$ 에서, $\dfrac{2 \times 4}{273+27} = \dfrac{1 \times x}{273}$
> $\therefore x = 7.28$ L

92 28.3 L의 용기에 수소 26 g이 충전되어 있다. 10℃에서 그 압력은 몇 기압이 되겠는가?

㉮ 10.7 기압   ㉯ 10.4 기압
㉰ 20.7 기압   ㉱ 20.4 기압

> $PV = \dfrac{w}{M}RT$ 에서, $P = \dfrac{wRT}{MV} = \dfrac{26 \times 0.082 \times 283}{2 \times 28.3} \fallingdotseq 10.7$ 기압

정답   89. ㉮   90. ㉯   91. ㉱   92. ㉱

93 질소 8.4 g과 수소 2 g을 혼합하여 내용적 1 L의 고압용기에 충전할 때 용기의 온도가 200℃이면 그 때의 압력은?

㉮ 60.2 기압 ㉯ 50 기압
㉰ 60.8 기압 ㉱ 55 기압

전체 몰수는 $\frac{8.4}{28} + \frac{2}{2} = 1.3$ 몰

$PV = nRT$에서, $P = \frac{nRT}{V} = \frac{1.3 \times 0.082 \times 473}{1}$

≒ 50 기압

94 1 atm, 20℃에서 어느 기체 10 L의 질량이 30 g이다. 이 기체의 분자량은?

㉮ 37 ㉯ 72
㉰ 118 ㉱ 180

$PV = \frac{w}{M} RT$

$M = \frac{wRT}{pV} = \frac{30 \times 0.082 \times 293}{1 \times 10} = 72$

95 기체의 물에 대한 용해도가 가장 좋은 상태는?

㉮ 온도가 높고 압력이 높을 때 ㉯ 온도가 높고 압력이 낮을 때
㉰ 온도가 낮고 압력이 높을 때 ㉱ 온도가 낮고 압력도 낮을 때

기체의 용해도는 온도가 낮고 압력이 높을 때 가장 좋다.

96 압력 1 atm, 온도 27℃에서 어느 기체의 밀도가 1.3 g/L였다면, 이 기체의 종류는?

㉮ 산소 ㉯ 질소
㉰ 이산화탄소 ㉱ 일산화탄소

$PV = \frac{w}{M} RT$에서, $P = \frac{\rho}{M} RT$

$M = \frac{\rho RT}{P} = \frac{1.3 \times 0.082 \times (273 + 27)}{1} ≒ 32$

∴ 산소, O_2 (32)

정답 93. ㉯ 94. ㉯ 95. ㉰ 96. ㉮

97 압축기와 고압가스 충전장소 사이에 설치해야 하는 것은?

㉮ 가스방출장치   ㉯ 방호벽
㉰ 안전밸브   ㉱ 압력계와 액면계

> 📌 방호벽 설치장소
> ① 압축기와 충전장소 사이 (압축가스 $100\,kg/cm^2$ 이상)
> ② 압축기와 용기보관실 사이

98 아세틸렌가스를 $25\,kg/cm^2$의 압력으로 압축할 때에 필요한 조치는?

㉮ 용기의 온도를 $-5°$ 이하로 유지한다.
㉯ 수소, 에틸렌 등의 희석제를 첨가한다.
㉰ 압축기의 회전을 고속으로 한다.
㉱ 충전 후 30시간 정치한다.

> 📌 CH_4, N_2, CO, C_2H_4, CH_2, C_3H_8

99 아세틸렌 용기의 기밀시험압력에 대한 설명으로 맞는 것은?

㉮ 내압시험압력의 8/10의 압력   ㉯ 최고충전압력으로 한다.
㉰ 최고충전압력의 1.1배 압력   ㉱ 최고충전압력의 1.8배 압력

> 📌 C_2H_2 용기
> 내압시험 : $F_p \times 3$
> 기밀시험 : $F_p \times 1.8$

100 동일 차량에 적재하여 운반할 수 없는 사항은?

㉮ 질소와 수소   ㉯ 산소와 암모니아
㉰ 액화석유가스와 염소   ㉱ 염소와 아세틸렌

정답 97. ㉯ 98. ㉯ 99. ㉱ 100. ㉱

101 시안화수소를 장기간 저장하지 못하게 하는 이유와 관계있는 것은?

㉮ 중합폭발 ㉯ 산화폭발
㉰ 분해폭발 ㉱ 기타 일반폭발

> HCN : 수분 2 % 또는 소량의 알칼리성 물질과 중합폭발, 희석제 첨가 (인, 인산, 오산화인, 염화칼슘, 구리, 동망, 아황산가스, 황산 등)

102 품질검사를 할 때에 C_2H_2와 O_2의 순도는?

㉮ 98 % 이상, 99.5 % 이상   ㉯ 99 % 이상, 98.5 % 이상
㉰ 97.5 % 이상, 98.5 % 이상 ㉱ 97 % 이상, 99.9 % 이상

> 품질검사 – 1일 1회 이상
> ① O_2 : 99.5 % 이상, 동암모니아 시약 → 35℃ 120 kg/cm²
> ② H_2 : 98.5 %, 피로갈롤히드로술파이트 → 35℃ 120 kg/cm²
> ③ C_2H_2 : 98 %, 발연황산 → 3 kg 이상

103 보통의 용기에는 동판의 두께를 표시하지 않으나 내용적이 몇 L 이상인 경우에 두께를 표시하는가?

㉮ 120 L ㉯ 380 L
㉰ 480 L ㉱ 500 L

104 초저온 용기의 열침입량 계산식 $Q= Wq/H \cdot \triangle t \cdot V$이다. 각 기호의 설명이 잘못된 것은?

㉮ Q : 침입 열량 (kcal/h · ℃ · L)
㉯ W : 측정 중의 증발잠열 (kg/kcal)
㉰ $\triangle t$: 시험용 저온액화가스의 비점과 외기와의 온도차 (℃)
㉱ q : 시험용 액화가스의 기화잠열 (kcal/kg)

> $Q = \dfrac{Wq}{H\triangle tV}$ (kcal/h · ℃ · L)
> 여기서, W : 증발량 (kg), 여기서, q : 증발잠열 (kcal/kg), H : 측정시간 (h)
> $\triangle t$: 비점과 외기온도차 (℃)
> V : 내용적 (L)

정답 101. ㉮ 102. ㉮ 103. ㉱ 104. ㉯

105 다음 경계표지를 설명한 것 중 틀린 것은 ?

㉮ 용기보관소 또는 용기보관실의 출입구마다 표시한다.
㉯ 가스의 성질에 따라 '연' 자 또는 '독' 자를 부기하거나 성질을 별도로 표시하고, 빈 용기와 충전용기를 구분한다.
㉰ 운반차량의 경계표지는 차량 전후에서 '고압가스'라 표시하고, 황색 삼각기를 운전석 외부의 보기 쉬운 곳에 게양한다.
㉱ 도로를 따라 지하에 설치된 도관의 경우 1000m 간격을 표준으로 하여 필요한 수의 표지판을 설치한다.

> 경계표시 : '위험 고압가스' 황색 바탕에 적색 글씨. 발광도료 KS M 5334호
> 가로치수는 차체폭의 30 % 이상
> 세로치수는 가로치수의 20 % 이상 → 직사각형
> 삼각형 : 면적이 600 cm² 이상
> A : 30 cm, B : 40 cm

106 그림과 같은 적색 삼각기 (경계 표시)의 크기를 옳게 나타낸 것은 ?

㉮ A : 20 cm, B : 30 cm
㉯ A : 20 cm, B : 40 cm
㉰ A : 30 cm, B : 40 cm
㉱ A : 10 cm, B : 20 cm

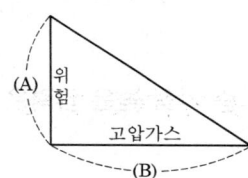

107 독성 가스의 위험표지 문자 크기와 식별 가능거리는 ?

㉮ 가로 세로 10 cm 이상 30 m
㉯ 가로 세로 5 cm 이상 10 m
㉰ 가로 세로 10 cm 이상 10 m
㉱ 가로 세로 5 cm 이상 30 m

> 독성 가스 제조설비는 식별표지 및 위험표지를 할 것

	문자 크기	식별 가능거리	적 색
식별표지	가로세로 10 cm 이상	30 m	가스명
위험표지	가로세로 5 cm 이상	10 m	주의

정답 105. ㉰ 106. ㉰ 107. ㉯

108 사무소와 사무소 간에 구비해야 할 통신설비로 맞지 않는 것은? (단, 1500 m² 이상인 사업소)

㉮ 구내 방송설비 ㉯ 구내전화
㉰ 페이징설비 ㉱ 메가폰

> 📌 긴급사태 발생시를 대비하여 통신시설 구비 : 구내전화, 방송설비, 인터폰, 페이징설비, 사이렌, 메가폰 (1500 m² 미만)

109 압력의 단위가 아닌 것은?

㉮ PSIA ㉯ PSIG
㉰ dyne/cm² ㉱ dyne·cm

> 📌 ㉮ 14.7 PSIA = 14.7 1b/in²A
> ㉯ 14.7 PSIG = 14.7 1b/in²G
> ㉰ 힘/면적 = 압력
> ㉱ 힘 × 거리 = 일

110 다음 압력 중 가장 높은 압력은?

㉮ 8 mH₂O ㉯ 0.82 kg/cm²
㉰ 9000 kg/m² ㉱ 600 mmHg

> 📌 ㉮ 8 mH₂O = 0.8 kg/cm²
> ㉯ 0.82 kg/cm²
> ㉰ 9000 kg/m² = 0.9 kg/cm²
> ㉱ $X = \dfrac{600 \times 1.033}{760} = 0.815$ kg/cm²

111 다음 중 옳은 것은?

㉮ 절대압력 = 대기압 − 게이지 압력 ㉯ 절대압력 = 게이지 압력 + 대기압
㉰ 대기압 = 상대압력 + 게이지 압력 ㉱ 대기압 = 게이지 압력 − 절대압력

> 📌 절대압력 = 게이지 압력 + 대기압
> 게이지 압력 = 절대압력 − 대기압

112 76 [cmHgV]는 어느 압력과 같은가?

㉮ 0 kg/cm² ㉯ 1.033 kg/cm²
㉰ 0 kg/cm²·a ㉱ 14.7 lb/in²·a

📌 76 cmHgV = 완전진공을 의미한다.

113 대기압을 0으로 하여 측정한 압력은?

㉮ 대기압 ㉯ 절대압력
㉰ 진공도 ㉱ 계기압력

114 다음 중 맞는 것은?

㉮ 절대압력 = 대기압 - 게이지 압력
㉯ 게이지 압력 = 절대압력 - 대기압
㉰ 절대압력 = 게이지 압력 - 대기압
㉱ 게이지 압력 = 절대압력 + 대기압

📌 절대압력 = 게이지 압력 + 대기압

115 대기압이 700 mmHg이고 진공압력이 0.8 kg/cm²일 때 진공도는 몇 %인가?

㉮ 90 % ㉯ 84 %
㉰ 80 % ㉱ 74 %

📌 진공도 = $\dfrac{진공압}{대기압} \times 100$

$\dfrac{0.8}{0.951} \times 100 = 84.12 \%$

116 다음 온도 중 서로 같지 않은 것은?

㉮ 0 ℃ ㉯ 270 K
㉰ 32 °F ㉱ 460 °R

📌 0 ℃ = 273 K = 32 °F = 492 °R

정답 112. ㉰ 113. ㉱ 114. ㉯ 115. ㉯ 116. ㉱

117 다음 온도 중 가장 높은 온도는?
- ㉮ -40 ℃
- ㉯ -40 ℉
- ㉰ 420 °R
- ㉱ 234 K

118 4.5 kg의 0 ℃ 얼음을 융해하기 위해서는 얼마의 잠열이 필요한가?
- ㉮ 320 kcal
- ㉯ 360 kcal
- ㉰ 380 kcal
- ㉱ 400 kcal

📌 4.5 × 80 = 360 kcal

119 다음 중 제일 값이 큰 것은?
- ㉮ 물의 증발잠열
- ㉯ 얼음의 비열
- ㉰ 얼음의 융해잠열
- ㉱ 물의 응고잠열

📌 ㉮ 539 kcal/g ㉯ 0.5
　㉰, ㉱ 79.68 kcal/kg

120 열에 대한 설명 중에서 틀린 것은?
- ㉮ 고체에서 액체로 변화 시 가해 줄 열량을 융해열이라 한다.
- ㉯ 고체에서 기체로 변화 시 가해 줄 열량을 승화열이라 한다.
- ㉰ 기체에서 액체로 변화 시 제거해 줄 열량을 증발열이라 한다.
- ㉱ 액체에서 고체로 변화 시 제거해 줄 열량을 응고열이라 한다.

📌 ㉰ 응축열

121 다음 중 비열의 단위를 나타내는 것은?
- ㉮ kcal/kg · K
- ㉯ kcal/m · h · ℃
- ㉰ kcal/kg · ℃
- ㉱ kcal/kg

📌 ㉮ 엔트로피 ㉯ 열전도율 ㉰ 비열 ㉱ 엔탈피

122 동력을 나타낸 것 중 틀린 것은?
- ㉮ 힘×거리/시간
- ㉯ 일÷시간
- ㉰ 힘×속도
- ㉱ 일×힘

123 10 kW는 몇 kcal/h인가?
- ㉮ 6420 kcal/h
- ㉯ 750 kcal/h
- ㉰ 8600 kcal/h
- ㉱ 1020 kcal/h

> $860 \times 10 = 8600$

124 절대습도의 단위는?
- ㉮ %
- ㉯ kg/℃
- ㉰ kg/kg DA
- ㉱ 없다.

> 절대습도 : 건조공기 1 kg에 대한 수증기량

125 온도가 상승하면 감소하는 것은?
- ㉮ 상대습도
- ㉯ 절대습도
- ㉰ 엔탈피
- ㉱ 엔트로피

> 상대습도의 단위는 %이다.

126 1몰의 기체의 압력을 P, 체적을 V, 절대온도를 T로 나타내면 이상기체 상태식은?
- ㉮ $\dfrac{PV}{T} = $ 일정
- ㉯ $\dfrac{TV}{T} = $ 일정
- ㉰ $\dfrac{PT}{V} = $ 일정
- ㉱ 정답이 없다.

> $\dfrac{PV}{T} = R$ (일정)

127 1기압하에서 10 L의 기체가 300 L로 팽창하는 경우의 압력은 몇 기압이 될까? (단, 온도 변화는 없는 것으로 한다.)

㉮ 1/10 atm ㉯ 10 atm
㉰ 1/30 atm ㉱ 30 atm

$P = \dfrac{10}{300} = \dfrac{1}{30}$ atm

128 1기압에서 100 L를 차지하는 공기를 부피가 5 L 되는 용기에 넣으면 압력은 몇 기압이 되겠는가? (단, 온도는 일정하다.)

㉮ 2기압 ㉯ 20기압
㉰ 0.2기압 ㉱ 200기압

$P_1V_1 = P_2V_2 \rightarrow 1 \times 100 = P_2 \times 5$ [L]
$P_2 = \dfrac{100}{5} = 20$기압

129 일정량의 기체가 차지하는 부피는 온도가 일정할 때 여기에 가해지는 압력에 반비례하여 변한다. 이 법칙은?

㉮ 보일의 법칙 ㉯ 샤를의 법칙
㉰ 보일-샤를의 법칙 ㉱ 헨리의 법칙

㉮ 보일의 법칙 : 정온하에서 부피는 절대압력에 반비례한다.
㉯ 샤를의 법칙 : 정압하에서 부피는 절대온도에 비례한다.
㉱ 헨리의 법칙 : 용해하는 기체의 질량은 압력에 비례한다.

130 0 ℃, 1 atm에서 4 L이던 기체가 273 ℃, 1 atm일 때, 몇 L가 되는가?

㉮ 4 L ㉯ 8 L
㉰ 2 L ㉱ 12 L

샤를의 법칙
$V_2 = \dfrac{4 \times 546}{273} = 8$ L

정답 127. ㉰ 128. ㉯ 129. ㉮ 130. ㉯

131 2atm의 N_2 4L와 3atm의 O_2 4L를 5L의 통에 넣었을 때 이 혼합기체가 나타내는 전압력은?

㉮ 2 atm ㉯ 3 atm
㉰ 4 atm ㉱ 5 atm

> 전압력 = $\dfrac{(2\times 4)+(3\times 4)}{5} = 4$ atm

132 공기로부터 질소와 산소를 잘 분리하는 방법은 어느 차이를 이용한 것인가?

㉮ 밀도 ㉯ 반응성
㉰ 굴절률 ㉱ 비등점

> N_2의 비점 : -196 ℃
> O_2의 비점 : -183 ℃

133 20 L들이 봄베(bomb)에 채워진 200기압의 산소를 1기압으로 했을 때 (같은 온도에서) 차지하는 체적은 얼마인가?

㉮ 100 L ㉯ 200 L
㉰ 2000 L ㉱ 4000 L

> $P_1 V_1 = P_2 V_2 \rightarrow 200 \times 20 = 1 \times V_2$
> $V_2 = 4000$ L

134 내용적 45 L의 용기에 온도 30 ℃, 절대압력 110 atm으로 충전되어 있는 가스의 온도가 올라가 압력이 130 atm이 되었다. 용기 내 온도는 약 몇 ℃인가?

㉮ 25 ℃ ㉯ 45 ℃
㉰ 55 ℃ ㉱ 85 ℃

> $T_2 = \dfrac{303 \times 130}{110} = 358.09°K - 273 = 85$ ℃

135 0℃, 2기압하에서 3 L의 산소와 0℃ 3기압에서 5 L의 질소를 혼합하여 3 L로 하면 압력은 몇 기압으로 되겠는가?

㉮ 5기압 ㉯ 3기압
㉰ 7기압 ㉱ 6.5기압

> $\dfrac{(2\times 3)+(3\times 5)}{3} = 7$기압

정답 131. ㉰ 132. ㉱ 133. ㉱ 134. ㉱ 135. ㉰

136 열역학 1법칙을 나열한 것 중 맞는 것은?

㉮ 열은 절대로 없어지거나 파괴되지 않는다.
㉯ 일은 열로 변하기 쉬우나 열이 일로 변하기는 어렵다.
㉰ 기계적 일은 열로 변하고 열은 기계적 일로 변하는 비율은 일정하다.
㉱ 열은 어떠한 경우에도 그 절대온도에 도달할 수 없다.

> **열역학 제1법칙**(The first law of thermodynamics)
> ① 열과 일은 모두 하나의 에너지 형태로서 서로 교환하는 것이 가능하다. 이 법칙을 에너지 보존의 법칙이라고도 한다.
> ② 그때의 열량과 일량과의 관계는 일정하다.

137 30°C, 2기압에서 80 L를 차지하고 있는 공기를 15°C 내용적 4 L의 용기에 넣으면 용기 내의 압력은 몇 기압인가?

㉮ 15   ㉯ 20
㉰ 38   ㉱ 44

> $$\frac{P_1 V_1}{T_1} = \frac{P_2 V_2}{T_2}$$
> $$P_2 = \frac{(2 \times 80 \times 288)}{303 \times 4} = 38$$

138 기체를 완전가스라 가정했을 때 온도 1°C 변화에 0°C, 1기압일 때의 체적에 비하여 얼마씩 변하는가?

㉮ 273배   ㉯ 237배
㉰ 1/273배   ㉱ 1/237배

정답 136. ㉮ 137. ㉰ 138. ㉰

PART 02

가스 안전 관리

❶ 고압가스
❷ 액화석유가스
❸ 도시가스
 ✽ 기출문제와 예상문제

가스 안전 관리

1 고압가스

(1) 안전거리

저장 및 처리 설비 외면으로부터 1종 2종 보호 시설과 유지해야 할 거리를 말한다.

구 분	처리 및 저장 능력/clay	1종 보호 시설(m)	2종 보호 시설(m)
산 소	1만 이하	12	8
	1만 초과~2만 이하	14	9
	2만 초과~3만 이하	16	11
	3만 초과~4만 이하	18	13
	4만 초과	20	14
독성, 가연성	1만 이하	17	12
	1만 초과~2만 이하	21	14
	2만 초과~3만 이하	24	16
	3만 초과~4만 이하	27	18
	4만 초과	30	20
	5만 초과~99만 이하	30	20
	가연성 가스 저온 저장, 탱크	$\frac{3}{25} \times \sqrt{X+10000}$	$\frac{2}{25} \times \sqrt{X+10000}$
	99만 초과	30	20
	가연성 가스 저온저장 탱크	120	80
기타 가스	1만 이하	8	5
	1만 초과~2만 이하	9	7
	2만 초과~3만 이하	11	8
	3만 초과~4만 이하	13	9
	4만 초과	14	10

☞ 단위 및 X는 압축가스 m^3
　　　　액화가스 kg

(2) 저장 능력 선정기준

① $Q = (10P+1)V$ 　　　$(10P+1)$일 때의 P는 MPa
　　여기서, Q : 저장 능력 [m^3], P : 충전 압력 [kg/cm^2]

② $W = \dfrac{V_2}{C}$ 여기서, V : 내용적 [m³]

③ $W = 0.9\, dV_2$ 여기서, V_2 : 내용적[L], W : 저장능력[kg], d : 액비중[kg/L], C : 충전지수

 C의 값 C_3H_8 : 2.35 C_4H_{10} : 2.05 NH_3 : 1.86 CO_2 : 1.34 N_2 : 1.47
　　　　　　　　　　　　　　　　　　　　　　　　　　　　　　　　　　　R－12 : 0.86
　　　　　　　　　　　　　　　　　　　　　　　　　　　　　　　　　　　R－22 : 0.98

④ 냉동 능력 선정 기준

　㉮ 원심식 : 정격 출력 1.2 kW를 1톤

　㉯ 흡수식 : 발생기 가열량 시간당 6640 kcal를 1톤

　㉰ 나머지 R(톤) = $\dfrac{V}{C}$

 ※ C 의 값은 기통의 체적이 5000 cm³ 기준으로 하여 정해진다.
　예 NH_3 5000 초과 7.9
　　　　　　　이하 8.4
※ 다단 압축 방식이나 다원 냉동 설비 $V_H + 0.08 V_L$
• 회전식 압축기 $60 \times 0.785 \times t \times n \times (D_2 - d_2)$
• 스크루 압축기 $K \times D_3 \times \dfrac{L}{D} \times n \times 60$
　여기서, V_H : 최종단 최종 원기통의 압축기 배출량 [m³/h]
　　　　　V_L : 최종단 최종 원기통 앞의 압축기 배출량 [m³/h]
　　　　　t : 회전 피스톤의 두께 [m], n : rpm
　　　　　D : 기통의 내경 (스크루는 로터 직경) [m]
　　　　　d : 회전자 외경 [m], L : 로터의 유효한 거리 [m], K : 치형계수

(3) 가스 제조 시설

특정 가스 제조 · 기술 기준

① 안전 구역 내의 설비 사이 거리 30 m 이상 유지

② 제조 설비는 제조소의 경계까지 20 m 이상 유지

③ 가연성 탱크는 20만 m³ 이상 압축기와 30 m 이상 유지

④ 가연성가스 저장탱크(저장능력이 300m³ 또는 3톤 이상인 탱크만을 말한다)와 다른 가연성가스 저장탱크 또는 산소저장탱크 사이에는 두 저장탱크 최대지름을 더한 길이의 4분의 1 이상의 거리를 유지하며, 1m 미만일 때는 1m를 유지한다(탱크를 지하에 설치시 1m 이상을 유지한다).

⑤ 폭발 가능성이 큰 반응 설비는 온도, 압력, 유량을 감시할 수 있는 장치
⑥ 가연성 독성 가스는 누설 경보 장치를 설치
　㉮ 체류의 우려가 있는 장소
　㉯ 설치 수는 신속하게 감지할 수 있는 숫자
　㉰ 기능은 가스 종류에 적합할 것
⑦ 밴트스택 : 폐기 가스를 그대로 방출 (속도 : 150m/s 이상)
　㉮ 벤트스택의 착지농도가 폭발하한계(가연성가스)또는 허용농도(독성가스) 미만이 되도록 충분한 높이가 되어야 한다.
　㉯ 긴급용 벤트스택 : 10m
　㉰ 기타 벤트스택 : 5m
　㉱ 기액분리기 설치 : 액화가스 방출, 급랭될 우려가 있는 장소
⑧ 플레어스택 : 폐기 가스를 연소시켜 방출 (복사열이 4000 kcal/m^2·h 이하로 되게 높이 조절)
⑨ 방류둑 설치 : 액화가스 유출 방지
　㉮ 특정 제조 : 연 : 500 t 이상　　독 : 5 t 이상　　O_2 : 1000 t 이상
　㉯ 일반 제조 : O_2 : 1000 t 이상　독 : 5 t 이상
　㉰ 냉동기는 독성인 수액기 10000 L 이상
　㉱ LPG tank 연 1000 t 이상
　㉲ 일반 도시가스사업 : 저장능력 1000톤 이상
　　 가스 도매사업 : 저장능력 500톤 이상
⑩ 공기보다 무거운 가스 계기실은 이중문으로 할 것 (입구 위치가 지상에서 2.5 m 이하인 경우)
⑪ 배관 접합부는 용접으로 하고 지하에 매설할 것
　㉮ 독 : 건축물 1.5 m 수평 거리
　　　　 지하 터널 10 m 수평 거리
　　　　 수도 시설 300 m 수평 거리
　㉯ 다른 시설물 0.3 m 유지
　㉰ 지면과의 거리 : 산, 들 1 m 이상, 나머지 1.2 m
　㉱ 도로 밑 매설시 배관 외경 +10 cm 두께의 판을 배관 정상 +30 cm 이상 직상부에 설치

㉮ 시가지 도로 밑 매설시 1.5 m 유지 (방호 구조물 1.2 m)
㉯ 시가지 외는 1.2 m
㉰ 포장 차도 0.5 m
㉱ 철도 부지는 궤도 중심과 4 m 이상 부지 경계와 1 m 이상 유지 (지하 1.2 m)
㉲ 지상 설치

2 kg/cm³ 미만 공지 폭	5 m 이상	▶ 공업 전용 지역의 경우는 1/3
2 이상 10 kg/cm³ 미만	9 m 이상	▶ 2 kg/cm² = 0.2 MPa
10 kg/cm³ 이상	15 m 이상	▶ 10 kg/cm² = 1 MPa로 환산

㉳ 해저 설치시 30 m 이상 유지
㉴ 피뢰 설비 KS C 9609

일반 가스 제조 · 기술 기준

① 가연성 가스 저장 탱크는 은백색으로 하고 가스 명칭은 적색으로 표시할 것
② 5 m³ 이상 탱크는 가스 방출 장치 설치
③ 저장 탱크 지하 설치시
　㉮ 천장, 벽, 바닥 두께 30 cm 이상
　㉯ 주위는 모래, 정상부와 지면 60 cm 이상
　㉰ 탱크 사이 1 m 이상 유지, 지상에 경계표지
　㉱ 지상에서 5 m 이상 방출구
④ 긴급 차단 장치 (5000 L 미만 제외)
　5 m 이상에서 조작, 3곳에 설치 (작동원 : 전기식, 공기압, 유압)
⑤ 설비의 내압시험은 상용 압력×1.5배
　기밀시험은 상용압력 이상으로 할 것
⑥ 설비와 화기와의 거리 8 m 이상 유지
⑦ 설비 두께는 상용 압력×2배에서 항복을 일으키지 않는 두께로 할 것
⑧ 지반 침하 방지 조치 (100 m³, 1 t 이상 탱크)
⑨ 압력계 눈금 범위는 상용 압력의 1.5~2배로 설치
⑩ 가스 방출구 높이는 지상에서 5 m나 탱크 정상부에서 2 m 중 높은 위치에 설치
⑪ 가연성 제조 설비와 다른 가연성 제조 설비와는 5 m 이상 유지

가연성 제조 설비와 산소 제조 시설과는 10 m 이상 유지
⑫ 가연성 제조 설비는 방폭 구조로 할 것 (NH_3, CH_3Br 제외)
⑬ 독성 가스설비는 중화 장치나 흡수 장치 설치
⑭ C_2H_2 압축기 또는 100 kg/cm^2 (9.8 MPa) 이상인 압축기와 충전 장소 사이, 충전 용기 보관 장소 사이, 충전 장소와 용기 보관 장소 사이, 충전 장소와 충전용 주간 밸브 사이에 방호벽 설치
⑮ 정전기 제거 조치 (가연성 설비)
⑯ 긴급 사태 발생시를 대비하여 통신 시설 (구내전화, 방송 설비, 인터폰, 페이징 설비, 사이렌 등)을 갖출 것
⑰ 안전밸브의 작동 압력은 $TP \times 0.8$배 이하에서 작동하도록 설치 (액화 산소 탱크는 상용 압력 $\times 1.5$배이다.)
⑱ 역류 방지 밸브 설치
  ㉮ 가연성 가스 압축기와 충전용 주관 사이
  ㉯ C_2H_2 유 분리기와 고압 건조기 사이
  ㉰ NH_3, CH_3OH 합성탑 또는 정제탑과 압축기 사이
⑲ 역화 방지 밸브 설치
  ㉮ 가연성 압축기와 오토클레이브 사이
  ㉯ C_2H_2 고압 건조기와 충전용 교체 밸브 사이, 충전용 지관
⑳ 독성가스 제조 설비는 식별표지 및 위험표지를 할 것
㉑ 독성가스 배관은 용접 이음을 원칙으로 할 것 (부득이한 경우 플랜지로 갈음)
㉒ 독성가스 배관은 가스의 종류에 따라 이중관으로 할 것
㉓ 1일 처리 능력이 100 m^3 이상인 사업소는 표준 압력계 2개 이상 설치
㉔ 액화공기 탱크와 액화산소 증발기 사이에는 석유류나 유지를 제거하는 여과기를 설치할 것 (1000 m^3/h 이하인 압축기는 제외)
㉕ 살수 장치 설치 – C_2H_2 충전 장소나 용기 보관소
㉖ C_2H_2 접촉 부분은 동 함유량이 62 % 미만의 강 사용 (충전용 지관은 C 함유량 0.1 % 이하의 강 사용)
㉗ 에어로졸 누설 시험 46℃ 이상 50℃ 미만 온수 탱크
㉘ C_2H_2 발생 장치는 25 kg/cm^2 (2.5 MPa) 이하로 하고 CH_4, N_2, CO, C_2H_4 등의 희석제 첨가 (습식 C_2H_2 발생기는 70℃ 이하 유지)

> * 용기 충전시 다공 물질의 다공도는 75 % 이상 92 % 미만이 되어야 하며, 아세톤이나 DMF (디메틸포름아미드)를 침윤시킨 후 충전
>
> $$다공도 = \frac{V-E}{V} \times 100$$
>
> V : 다공물의 용적
> E : 침윤 잔용적 아세톤이나 DMF의 비중은 0.795 이하로 한다.
>
> * **충전 중 압력은 25 kg/cm² 이하[2.5MPa]**
> 충전 후 압력은 15℃, 15.5 kg/cm² 이하가 되도록 24시간 정지[1.5MPa]

㉙ 가연성 가스나 산소 제조시 1일 1회 이상 분석

㉚ 압축 금지 사항 : 가연성 가스 중 산소 4 % 이상 (상대적), 산소 중에 H_2, C_2H_2, C_2H_4 2 % 이상 (상대적)

㉛ 공기 액화 분리장치 1일 1회 이상 분석 (1000 m³/h 이하, 압축기는 제외)

액화산소 5 L 중 C_2H_2 5 mg, 탄화수소 중 탄소의 질량이 500 mg 초과시 압축 중지

C의 질량이 1 % 이하	인화점 200℃ 이상	170℃에서 8시간 교반시 분해되지 않아야 함.
C의 질량이 1 % 초과 1.5 % 미만	인화점 230℃ 이상	170℃에서 12시간 교반시 분해되지 않을 것

㉜ 공기 압축기 윤활유

㉝ 충전용 주관 압력계는 매월 1회 이상 기능 검사, 그 밖의 압력계는 3월에 1회 이상 기능 검사

㉞ 안전밸브 : 압축기 최종단 것은 6개월, 그 밖의 것은 1년에 1회 이상 작동, 압력 조정

㉟ HCN (시안화수소)

   ㉮ 순도 98 % 이상이고 SO_2, H_2SO_4 등의 안정제 첨가

   ㉯ 용기 충전 후 24시간 정지하고 60일이 경과하기 전에 다른 용기에 충전

㊱ C_2H_4O (산화에틸렌) : 탱크 내부를 N_2, CO_2로 치환 후 N_2, CO_2가스 충전 후 5℃ 이하로 유지

㊲ 용기 충전시 45℃에서 4 kg/cm² (0.4 MPa) 이상이 되도록 N_2, CO_2 충전

㊳ 무계목 용기에 충전시 음향 검사 → 조명 검사 후 충전

㊴ 차량 정지목 설치 내용적 = 2000 L 이상시 (LPG 로리는 5000 L 이상)

㊵ 충전용기

   ㉮ 40℃ 이하 유지

㉯ 주위 2 m 이내 화기 금지

㉰ 프로텍터 및 캡 설치 (5 L 미만 제외)

㉱ 가열시 40℃ 이하 열습포 사용

㊷ 에어로졸

㉮ 내용적이 1 L 미만 $100 cm^3$ 초과 용기는 강이나 경금속 사용

㉯ 금속제 용기 두께 0.125 mm 이상 사용

㉰ $13kg/cm^2$(1.3MPa) 변형, $15kg/cm^2$(1.5MPa) 파열 불합격 : 50℃에서 용기 내 압력 ×1.5했을 때 변형되지 말아야 하고, 용기 내 압력×1.8했을 때 파열되지 말 것

㉱ $300 cm^3$ 이상 용기는 재사용된 일이 없는 것이어야 하며, $100 cm^3$ 초과 용기는 제조자 명칭이나 기호를 표시할 것

㉲ 인화성, 발화성 물질과는 8 m 이상 우회 거리 유지

㉳ 용기 내압은 35℃에서 $8 kg/cm^2$ 이하로 하고, 용량이 90 % 이하로 할 것

㉴ 온수 시험 탱크 수온 46℃ 이상 50℃ 미만

㉵ $300 cm^3$ 이상 용기는 제조자 성명, 기호 등 표시

㉶ 인체에서 거리 20cm 이상 유지하여 사용한다.

㊸ O_2, H_2, C_2H_2 품질 검사 : 1일 1회 이상 ▶ $120 kg/cm^2$=11.8 MPa

구 분	시 약	순 도	충전 P, W
O_2	동, 암모니아 (오르자트법)	99.5 %	35℃에서 $120 kg/cm^2$ 이상
C_2H_2	발연황산 (오르자트법), 브롬 시약 (뷰렛법), 질산은 시약 (정성법)	98 % 이상	3 kg 이상
H_2	피로카롤 하이드로설파이드 시약	98.5 %	35℃에서 $120 kg/cm^2$ 이상

냉동 제조 시설 기준

① 가연성, 독성 냉매인 경우 지상에서 5 m 이상 높이로 방출구 설치

② 가연성, 독성 냉매 설비 중 수액기는 환형 유리관 액면계를 사용하지 말 것

③ 방류둑 설치 : 독성인 냉매 수액기의 내용적이 10000 L 이상

④ TP=설계 압력×1.5

   기밀시험=설계 압력 이상

⑤ 가연성 독성인 수액기 액면계는 상하에 자동이나 수동 스톱 밸브를 설치할 것

⑥ 안전밸브는 압축기용 : 1년에 1회 이상 TP×0.8 이하에서 작동하도록 할 것

압축 천연가스 자동차 충전소 고정식 자동차 충전소 (배관, 탱크로 공급)

① 설비 외면은 사업소 경계까지 10 m 이상 안전거리 유지, 방호벽 설치시는 5 m
② 설비 30 m 이내에 보호 시설이 있을 시는 방호벽을 설치할 것
③ 충전 설비는 도로 경계로부터 5 m 유지
④ 모든 설비는 철도로부터 30 m 유지
⑤ 설비는 고압 전선 (직류 750 V, 교류 600 V 초과)과 5 m 유지, 저압 전선과는 1 m 이상 유지
⑥ 모든 설비는 화기 취급 장소와 8 m 우회 거리 유지
⑦ 모든 설비는 가연성·인화성 물질과는 8 m 유지
⑧ 설비 및 부속품 주위 1 m 안전 공간 확보
⑨ 설비의 환기구 면적은 바닥 1 m² 당 300 cm², 환기 능력은 0.5 m³/분 이상일 것

액화천연가스 자동차 충전

① 안전거리

저장 능력 [kg]	사업소 경계와 안전거리 [m]
25 t 이하	10
25 t 초과 50 t 이하	15
50 t 초과 100 t 이하	25
100 t 초과	40

$W = 0.9dV$ 여기서, W : 용량 [kg], d : 액비중 [kg/L], v : 내용적 [L]

② 설비는 사업소 경계까지 10 m 유지
　방호벽 설치시는 5 m
③ "충전 중 엔진 정지" 표지는 황색 바탕에 흑색으로
　"화기 엄금" 표지는 백색 바탕에 적색으로
④ 호스 길이는 8 m 이내
⑤ 5000 L 이상 차량 탱크는 정지목 설치
⑥ 설비 외면으로부터 8 m 이내에는 화기 취급을 금할 것
⑦ 충전 설비 작동 상황을 1일 1회 이상 점검 확인

(4) 저장 시설

① 저장 탱크 지하 설치시 안전거리를 유지하지 않아도 된다.
② 경계 표시 : 탱크 외부는 백색 도료, 가스 명칭은 적색으로 표시
③ 1, 2종 시설과의 사이에 방호벽 설치
④ 가연성, 독성, 산소 시설은 구분하고, 지붕은 난연성의 가벼운 재료로 설치
⑤ 저장실 주위 2 m, 산소, 가연성은 8 m 우회 거리 → 인화성 물질 보관 금지
⑥ 100 m^3, 1 t 이상인 탱크는 지반 침하 방지 조치
⑦ 용기는 40℃ 이하 유지
⑧ HCN은 1일 1회 이상 질산구리 벤젠 등의 시험지로 누설 검사를 할 것

(5) 판매 시설

① 방호벽 : 용기 보관실 벽
　안전거리 : 300 m^3, 3 t 이상시 유지
② 압력계 및 계량기 설치
③ 용기 보관실 주위 2 m 이상 화기와의 거리 유지
④ 용기 보관실은 휴대용 손전등만 휴대
⑤ 용기 기간 경과시, 도색 불량시 충전자에게 반송

(6) 용기 제조

① 노내 용기 가열시 각부 온도차가 25℃ 이하가 되도록 유지
② V가 250 L 미만인 경우 자동 용접 설비
③ V가 125 L인 LPG 용기는 자동 부식 방지 도장 설비

구 분	C	P	S
무계목	0.55%	0.04%	0.05%
계목	0.33%	0.04%	0.05%

④ 탄소, 인, 황 : 취성의 원인
⑤ 용기 동판의 두께 차는 평균 두께의 20 % 이하로 할 것
⑥ 초저온 용기는 오스테나이트계 STS강이나 Al 합금으로 할 것
⑦ 용접 용기 동판 두께는 3.2~3.6 mm 철판 사용 (20 L 이상~125 L 미만)

⑧ 동판 두께 계산식

$$t = \frac{PD}{2S\eta - 1.2P} + C \Rightarrow \frac{PD}{2S\eta - 1.2P} + C \text{일 때는}$$

여기서, t : 두께 [mm], P : 최고충전압력 [MPa], S : N/mm²

D : 내경 [mm], S : 재료의 허용 응력 [N/mm²] = 인장강도 × $\frac{1}{4}$

η : 용접 효율, C : 부식 여유 수치 [mm]

⑨ LPG 20 L 이상 125 L 미만 용기는 스커트 부착
⑩ 프로텍터, 캡은 고정식이나 체인식 (재료는 KS D 3503)
⑪ 납붙임, 접합용기는 1 L 미만에만 사용

(7) 냉동기 제조

① 용접부는 인장, 굽힘 시험 등을 할 것 (필요한 부분은 방사선 투과 시험)
② 진동의 우려가 되는 배관은 방진 조치 (플렉시블 관등)를 할 것

(8) 기타 사항

① 두께 8 mm 이상 판은 펀칭 가공으로 하지 않을 것 (펀칭 가공시 가장자리를 1.5 mm 깎을 것)
② 두께 13 mm 이상의 용기는 충격 시험을 행한다 (초저온 용기는 1.3 mm 이상).
③ 용기 내압시험시 영구 증가율 10 % 이하가 합격 (5 L 미만 용기는 가압 시험)
④ V가 500 L 이상인 용접 용기는 매 용기마다 방사선 검사
⑤ 초저온 용기 단열 성능 시험 합격 기준
  ㉮ 1000 L 이상 0.002 kcal/h · ℃ [L] 이하
  ㉯ 1000 L 미만 0.0005 kcal/h · ℃ [L] 이하
⑥ 용기 부속품의 충격 시험은 5 kg · m/cm² (50 J/cm²) 이상을 합격으로 한다 (인장강도 32 kg/mm² (313.6 N/mm²) 이상 연신율 15 % 이상).
⑦ 용기 재검사시 질량은 최초 질량의 95 % 이상을 합격으로 한다 (팽창률이 6 % 이하인 것은 최초 질량의 90 % 이상을 합격).
⑧ C_2H_2 용기 다공물질 충전시 용기 직경의 1/200 또는 3 mm의 틈을 초과해서는 안 됨.
⑨ 비열처리 재료 : 오스테나이트계 스테인리스강, 내식성 Al 합금판, 내식성 알루미늄 합금 단조품 외 유사한 것

구 분	TP (내압시험)	기밀시험
압축가스 액화가스 용기	FP×5/3	FP 이상
초저온 저온 용기	FP×5/3	FP×1.1
C_2H_2 용기	FP×3	FP×1.8

⑩ 각종 용기의 압력 시험

⑪ 비파괴 : 방사선 투과 시험, 초음파 탐상 시험, 자분 탐상 시험, 형광 침투 탐상 시험, 음향 검사, 외관검사 등

⑫ 액화염소 500 kg 이상의 시설은 안전거리 유지

⑬ 액화가스 300 kg, 압축가스 60 m³ 이상인 용기 보관실 벽은 방호벽으로 할 것

⑭ H_2, O_2, C_2H_2 화염 시설, 배관에는 역화 방지를 설치할 것

⑮ 차량 적재 운반시 "위험 고압가스"라는 경계표지를 차량 전후에 설치 (RTC 차량은 좌우)

⑯ 자전거나 오토바이로 이동시 20 kg 이하 1개만 가능

⑰ 혼합 적재 금지 : Cl_2, NH_3, C_2H_2, H_2

독 성	100 m³ 1000 kg 이상
가연성	300 m³ 3000 kg 이상
지연성	600 m³ 6000 kg 이상

⑱ 운반 책임자 동승

⑲ 차량 탱크 내용적 제한

㉮ 가연성, O_2 : 18000 L (LPG 제외)

㉯ 독성 : 12000 L (NH_3 제외)

⑳ 주밸브 설치

㉮ 주밸브 : 후범퍼와 수평 거리 40 cm 이상

㉯ 후부 취출식 이외 : 후범퍼와 수평 거리 30 cm 이상

㉰ 조작상자 설치시 : 후범퍼와 수평 거리 20 cm 이상

1. 독성가스

(1) 독성가스의 정의

"독성가스"란 아크릴로니트릴·아크릴알데히드·아황산가스·암모니아·일산화탄소·이황화탄소·불소·염소·브롬화메탄·염화메탄·염화프렌·산화에틸렌·시안화수소·황화수소·모노메틸아민·디메틸아민·트리메틸아민·벤젠·포스겐·요오드화수소·브롬화수소·염화수소·불화수소·겨자가스·알진·모노실란·디실란·디보레인·세렌화수소·포스핀·모노게르만 및 그 밖에 공기 중에 일정량 이상 존재하는 경우 인체에 유해한 독성을 가진 가스로서 허용농도(해당 가스를 성숙한 흰쥐 집단에게 대기 중에서 1시간 동안 계속하여 노출시킨 경우 14일 이내에 그 흰쥐의 2분의 1 이상이 죽게 되는 가스의 농도를 말한다.)가 100만분의 5000 이하인 것을 말한다.

(2) 독성가스 : LC50 허용농도 5000ppm 이하

가스명	허용 농도(ppm) TLV-TWA	허용 농도(ppm) LC 50
이산화황	10	2520
요오드화수소	0.1	2860
모노메틸아민	10	7000
디에틸아민	5	11100
염소	1	293
염화수소	5	3120
불화수소	3	966
황화수소	10	712
브롬화메탄	20	850
암모니아	25	7338
일산화탄소	50	3760
산화에틸렌	50	2900

(3) 맹독성 가스 : LC50 허용농도 200ppm 이하

가스명	허용 농도(ppm) TLV-TWA	허용 농도(ppm) LC 50
디보레인	0.1	80
세렌화수소	0.05	2
불소	0.1	185
시안화수소	10	140
알진	0.05	20
포스겐	0.1	5
니켈카르보닐		35
포스핀	0.3	20
오존	0.1	9

2. 고압가스 특정제조 설비의 물분무장치의 설치기준

저장탱크의 내화 구조상 구분 시설비		노출된 경우	준내화구조 저장탱크 (암면 : 두께 25mm 이상)	내화구조 저장탱크 주변 화재를 고려하여 충분한 내화성능을 갖는 것	비고
저장탱크 간의 간격이 1m 이내 또는 최대직경을 합산한 것이 1/4 중 큰 치수 이상을 이격하지 않은 경우	물분무장치(표면적 1m² 당의 분무량)	8l/분	6.5l/분	4l/분	• 소화전 ㉮ 호스 끝 수압은 0.35MPa 이상 ㉯ 방수능력은 400l/분 이상 ㉰ 최대수량은 40m 이내에 설치 • 물분무장치 ㉮ 탱크외면(방류제 외측) 15m 이상의 위치에서 조작 ㉯ 최대 수량은 동시방사 30분 이상의 수원에 접속
	소화전(소화전 1개 당의 표면적)	30m²	38m²	60m²	
저장탱크 간이 인접한 경우 또는 산소저장탱크와 인접하여 두 탱크의 최대직경을 합한 것의 1/4보다 적게(위 ①에 해당하면 제외) 이격한 경우	물분무장치(표면적 1m² 당의 분무량)	7l/분	4.5l/분	2l/분	
	소화전(소화전 1개 당의 표면적)	350m²	55m²	125m²	

2 액화석유가스

(1) 용어의 정의

① LPG : C_3H_8, C_4H_{10} 주성분으로 하는 액화가스 (기화된 것도 포함)
② 저장탱크 : 액화가스를 저장하기 위한 것으로 지상, 지하에 설치된 것 (3 t 미만은 소형탱크)
③ 충전용기 : 질량이 1/2 이상인 용기 (1/2 미만은 잔가스용기)
④ 가스설비 : 배관을 제외한 충전, 공급, 사용을 하기 위한 설비

⑤ 불연 재료 : 콘크리트, 벽돌, 기와, 철재, 알루미늄, 유리, 모르타르 등
⑥ LPG 충전업 : 용기에 충전하는 사업 (1 L 미만 용기나 라이터 제외)
⑦ LPG 집단 공급시설 : 배관을 통하여 연료로 공급하는 사업 (가스미터까지)
⑧ LPG 판매업 : 충전된 가스를 판매하는 업 (1 L 미만 제외)
⑨ LPG 저장소 : 5 t 이상을 저장하는 장소 (1 L 미만 용기에 충전된 질량의 합이 250 kg 이상도 해당)
⑩ 가스용품 제조업 : 가스를 사용하기 위한 기기 제조업 (LPG, 도시가스용 포함, 연소기, 조정기, 밸브, 호스, 콕, 기화기 등)

(2) 시설 기술 기준

① 지상 탱크 지주는 내열성 구조로 하고 5 m 이상에서 조작 가능한 살수 장치 설치
② 지하 탱크 기준은 고압가스와 동일 (강제 통풍 장치 설치)
③ 탱크 외부는 은백색 도료를 칠하고, LPG, 액화석유가스라고 적색으로 표시
④ 배관 지하 매설시 1 m 이하 깊이
⑤ 배관에 설치된 안전밸브 분출 면적은 배관 지름 최대 단면적의 1/10 이상
⑥ 충전시설의 탱크 능력은 연간 10,000m^3 이상 처리할 수 있는 시설로 해야 하며 탱크 능력은 1/50 이상일 것
⑦ 지상에 설치된 10 t 이상 탱크에는 폭발 방지 장치를 할 것
⑧ 자동차 용기 충전시설에는 황색 바탕에 흑색 글씨로 "충전 중 엔진 정지"라는 표지판과 백색 바탕에 적색 글씨로 "화기 엄금"이라고 쓴 게시판 설치
⑨ 충전기는 원터치형으로 하고, 호스 길이는 5 m 이내로(배관 중 호스 길이 3m) 할 것
⑩ 충전기 상부에는 닫집 차양을 하고, 크기는 공지 면적의 1/2 이하
⑪ 공기 중 비율이 1/1000 상태에서 감지하도록 부취제를 첨가할 것
⑫ 충전용 주관의 압력계는 매월 1회 (나머지는 3월에 1회)
⑬ 차량 탱크 내용적이 5000 L 이상시 차량 정지목 설치
⑭ 설비 치환시 불활성가스 → 공기 재치환 후 산소 농도가 18 % 이상으로 할 것
⑮ 충전용기는 전도, 전락 방지 조치 (5 L 이하 제외)
⑯ 탱크로리는 저장 탱크에서 3 m 이상 떨어져 정차할 것
⑰ 납붙임 접합 용기에 충전시 35℃에서 4 kg/cm^3 (0.4 MPa) 이하가 되도록 할 것
⑱ 저장 설비 주위에는 1.5 m 이상의 경계책 설치
⑲ 배관 지하 매설시 폴리에틸렌 피복 강관이나 가스용 폴리에틸렌관을 사용할 것

⑳ 지상 배관은 황색, 매몰관은 적색이나 황색으로 할 것 (황색 띠로 표시할 경우 바닥에서 1 m 높이에 폭 3 cm 띠를 이중으로 할 것)
㉑ 지하 매몰시 1 m 이상 깊이 (도로 밑 1.2 m나 이중관)
㉒ 배관 고정 장치
  지름 13 mm 미만 : 1 m마다
  13 이상 33 mm 미만 : 2 m마다
  33 mm 이상 : 3 m마다 설치
㉓ 탱크는 내용적의 90 %를 넘지 않도록 할 것 (소형 85 %)
㉔ 조정기에서
  Q : 용량 [kg/h]
  P : 입구 압력 [MPa]
  R : 조정 압력 [MPa, kPa]
㉕ 볼 밸브는 90° 회전시 완전히 개폐되는 구조일 것
㉖ 밸브 수압 시험 30 kg/cm² (3 MPa), 밸브 기밀 시험 18 kg/cm² (1.8 MPa) (공기, 질소)
㉗ 염화비닐 호스 : 안지름 6.3 mm (1종), 안지름 9.5 mm (2종), 안지름 12.7 mm (3종) 허용차는 ±0.7 mm
㉘ 연소기와 용기는 직결되지 않는 구조로 할 것 (3 kg 이하 이동식은 제외)
㉙ 안전밸브는 TP × 0.8 이하에서 작동되도록 1년에 1회 이상 조정
㉚ 저장 능력 300 kg 이상시 압력 상승 방지를 위한 안전 장치 구비
㉛ 20 L 이상 용기 이동시 견고한 조치
㉜ 가스 사용 시설 내압시험 저압부 8 kg/cm², 고압측 용기 내압시험과 동일
㉝ 가스 사용 시설의 호스 길이는 3 m 이내로 하고, 호스는 T형으로 접속하지 말 것
㉞ 액화석유가스 기화 장치는 직화식으로 하지 말 것
㉟ 가스 사용시설의 기밀 시험 조정기 → 연소기 840~1000 mmH$_2$O, 준저압 조정기는 3500 mmH$_2$O (3.5 kPa)
㊱ 가스계량기와 화기는 2 m 이상 우회 거리를 유지하고, 설치 높이는 1.6 m 이상 2 m 이내에 수직·수평으로 설치

■ 액화석유가스
(1) ① LPG는 탄화수소 중 탄소수가 3~4개인 것을 총칭한 것으로 프로판, 부탄 이외에 C$_4$H$_8$ (부틸렌), C$_4$H$_6$ (부타디엔), C$_3$H$_6$ (프로필렌)이 있다.

※ C_3H_8 (프로판)은 가정에서 주로 쓰이며 자동차, 가스라이터 (소형)에는 C_4H_{10} (부탄)이 사용된다.
② 압축가스는 충전 압력의 1/2을 기준으로 구분된다.
③ 가스미터에서 콕, 연소기 등은 사용자 시설이다.
④ 조정기는 조정 압력에 따라 여러 가지가 있으나 가정용 단단 감압 저압 조정기는 출구 압력이 280 ± 50 mmH$_2$O 범위이다 (2.8 ± 0.5 kPa).
㉠ 콕은 90° 회전시 개폐되는 구조로 해야 되며, 배관과 수평일 때에 열리는 것이다.
㉡ 기화기는 절대 직화식으로 해서는 안 된다.
　　C_3H_8 : 자연 기화, C_4H_{10} : 강제 기화
(2) ※ 안전거리는 고압가스의 가연성과 같고, 탱크 설치 기준 등도 LPG가 가연성이므로 고압가스의 가연성과 모든 기준이 같다.
① 소화전 호스 수압은 0.35MPa 이상, 방수 능력 400 L/분, 30분 이상 방사할 수 있는 능력을 갖추어야 한다.
② 통풍구 면적은 바닥 면적 1 m^{2}당 300 cm^3, 통풍 능력은 1 m^{2}당 0.5 m^3/분 이상
③ 단면적 $A\,\text{cm}^2 = \dfrac{\pi D^2}{4}$
　㉮ 최대 지름부의 직경이 10 cm일 때 안전밸브의 분출 면적은?
　　$\dfrac{3.14 \times 10^2}{4} \times 0.1 = 7.85$ cm^3
④ 정전기 제거 조치를 해야 한다 (접지선 단면적 5.5 mm^2 이상 저항치 100 Ω 이하, 피뢰 설비 설치시 10 Ω 이하).
⑤ 부취제 구비 조건
　㉠ 독성이 없을 것
　㉡ 일상 생활의 냄새와 구분되고 저농도에서도 식별 가능할 것
　㉢ 완전 연소 후 유해가스를 발생시키지 말고 응축되지 않을 것
　㉣ 부식성이 없고 화학적으로 안정할 것
　㉤ 물에 녹지 않고 토양에 대해 투과성이 있을 것
　㉥ 종 류
　　㉠ THT (테트라히드로티오펜) : 석탄가스 냄새
　　㉡ TBM (터시어리부틸메르캅탄) : 양파 썩는 냄새
　　㉢ DMS (디메틸설파이드) : 마늘 냄새
⑥ 가연성 LPG인 경우 폭발 하한의 1/4 농도 이하
⑦ 프로텍터나 캡을 설치

각종 가스의 내압

① 내압시험이란 기기, 기구 등 압력 용기에 대하여 제작 회사에서 완성 제품에 대하여 최초로 행하는 시험으로 액체 (물, 오일)로써 가압하며, 그 시험 압력에서 누설, 파괴, 변형 등이 없어야 합격하는 것으로 다음과 같이 각각 다르다.

가스명	내압시험압력 (kg/cm³)	가스명	내압시험압력 (kg/cm³)
산소	250	액화염소	26
수소	250	액화석유가스	30
질소	250	액화산화에틸렌	10
액화탄산가스	200	액화부탄	9
아세틸렌	46.5	액화시안화수소	6
액화암모니아	37		

TP (내압) = FP (최고충전압력)의 5/3 배

∴ FP = TP × 3/5

※ C_2H_2 는 제외 : TP = FP × 3

산소의 경우 FP = 250 × 3/5 = 150 kg/cm² 이 된다.

기밀시험 : FP 이상, C_2H_2 FP × 1.8배, 저온 초저온 용기 FP × 1.1배

② 모든 가스는 임계온도 이하에서 액화한다.

액화 가능한 가스의 임계온도와 임계압

구 분	임계온도	임계압
탄산가스 (CO_2)	31℃	72.9kg/cm²
암모니아 (NH_3)	132.3℃	111.3kg/cm²
에탄 (C_2H_6)	32.2℃	48.2kg/cm²
에틸렌 (C_2H_4)	9.2℃	50kg/cm²
프로판 (C_3H_8)	96.8℃	42kg/cm²
부탄 (C_4H_{10})	152℃	37.5kg/cm²
염소 (Cl_2)	144℃	76.1kg/cm²
시안화수소 (HCN)	183.5℃	53kg/cm²
프레온 12 (CCl_2F_2)	111.7℃	39.6kg/cm²
포스겐 ($COCl_2$)	183℃	56kg/cm²

③ 임계온도가 높은 가스가 액화 범위가 넓은 것이기 때문에 임계온도가 높은 가스가 액화가 용이하다. 반대로 임계압력이 낮은 가스는 적은 동력으로 액화시킬 수 있는 것이므로 임계압력이 낮은 가스가 액화하기 쉽다.

가스명	검지법	흡수 (중화)제
암모니아	① 염산에 의한 백염 ② 유황 불꽃에 의한 백염 ③ 리트머스 시험지 ④ 검지관, 청색(물色) 시약품(검지색)	① 물 ② 황산이나 희염산

가스명	검지법	흡수 (중화)제
염 소	① 암모니아에 의한 백염 ② 요오드화칼륨 전분지 ③ 검지관, 청색 시약품 (검지색)	① 소석회 ② 석회유 ③ 가성소다 용액 ④ 경우에 따라서 물 또는 티오화산 소다액
시안화수소	① 초산벤젠 검지기 ② 메틸오렌지, 염화제2수은 검지기 ③ 알칼리 피크 레드 검지기 ④ 검지관, 청색 시약품 (검지색) ⑤ 전기전도법	① 다량의 물 ② 황산철의 가성소다 용액
포스겐	① 암모니아 용액에 의한 백염 ② 해리슨씨 시약지 ③ 검지관, 청색 시약품 (검지색)	① 가성소다 또는 탄산소다의 알칼리 용액 ② 물
황화수소	① 초산염 검지기 ② 유광 광도법	① 다량의 물 ② 가성소다의 알칼리 용액

요점정리

1. 충전시설 중 저장설비의 경계거리

① 액화석유가스 충전시설 중 저장설비는 그 외면으로부터 사업소경계(사업소경계가 바다·호수·하천·도로 등과 접한 경우에는 그 반대편 끝을 경계로 본다. 이하 같다)까지 다음 표에 따른 거리 이상을 유지할 것

저장능력	사업소경계와의 거리
10톤 이하	24 m
10톤 초과 20톤 이하	27 m
20톤 초과 30톤 이하	30 m
30톤 초과 40톤 이하	33 m
40톤 초과 200톤 이하	36 m
200톤 초과	39 m

② 액화석유가스 충전시설 중 충전설비는 그 외면으로부터 사업소경계까지 24 m 이상을 유지할 것

2. LPG 시설과 화기의 우회거리

저장능력	화기와의 우회거리
1톤 미만	2m
1톤 이상 3톤 미만	5m
3톤 이상	8m

비고: 2개 이상의 저장설비가 있는 경우에는 그 설비별로 각각 거리를 유지하여야 한다.

3. LPG 판매설비
 (1) 배관이음매(용접이음매 제외)와 안전거리
  ① 60cm : 배관이음부 ⇔ 전기계량기, 전기 개폐기
  ② 30cm : 배관이음부 ⇔ 굴뚝,전기점멸기,전기접속기,절연조치를 하지 않는 전선
  ③ 10cm : 배관이음부 ⇔ 절연조치를 한 전선

4. LPG 사용시설
 (1) 배관이음매(용접이음매 제외)와 안전거리
  ① 60cm : 배관이음부 ⇔ 전기계량기, 전기 개폐기
  ② 30cm : 배관이음부 ⇔ 굴뚝,전기점멸기, 전기접속기, 콘센트
  ③ 15cm : 배관이음부 ⇔ 절연조치를 하지 않는 전선
 (2) 가스계량기
  ① 60cm : 가스계량기 ⇔ 전기계량기, 전기 개폐기 ,전기 안전기
  ② 30cm : 가스계량기 ⇔ 굴뚝, 전기점멸기, 콘센트
  ③ 15cm : 가스계량기 ⇔ 절연조치를 하지 않는 전선

3. 도시가스

(1) 용어의 정의

① 도시가스 사업 : 수요자에게 연료용 가스를 배관에 의해 공급하는 사업
  ㉮ 도매 사업 : 일반 가스 사업자나 대량 사용자에게 공급하는 업
  ㉯ 일반 사업 : 제조하거나 공급받아 배관으로 수요자에게 직접 공급하는 업
② 시설 구분
  ㉮ 공급 시설 : 제조·공급을 위한 시설 (가스미터까지)
  ㉯ 사용 시설 : 사용자 시설
③ 배관의 구분
  ㉮ 본관 : 사업소에서 정압기까지
  ㉯ 공급관 : 정압기에서 사용자의 토지 경계까지
  ㉰ 내관 : 토지 경계에서 연소기까지
④ 압력 구분
  ㉮ 고압 : 1 MPa 이상, 기화된 액화가스 0.2 MPa 이상
  ㉯ 중압 : 0.1 MPa 이상 1 MPa 미만, 기화된 액화가스 0.01 MPa 이상 0.2 MPa 미만
    A : 3 이상 10 kg/cm² 미만[0.3~1MPa]
    B : 1 이상 3 kg/cm² 미만[0.3MPa]
  ㉰ 저압 : 1 kg/cm² 미만, 기화된 액화가스 0.1 kg/cm² 미만

(2) 시설·기술

[도매가스 사업]

제조소 외면으로부터 50 m, $L = C^3\sqrt{143000\,W}$ 중 큰 폭과 동등 이상 안전거리 유지 (52500 m³/day 이하인 펌프 압축기, 응축기, 기화기 제외)

여기서, L : 유지해야 할 거리 [m], C : 지하 탱크는 0.24 이외는 0.576
W : 저장 탱크톤의 제곱근 이외는 t

  ㉮ 500 t 이상 방류둑 설치
  ㉯ 5000 L 이상 탱크는 10 m 이상에서 조작 가능한 긴급 차단 장치 설치
  ㉰ 배관 해저에 설치시 30 m 수평 거리 유지

[일반가스 사업]

 ㉮ 안전거리 : 고압 20 m 이상 유지, 중압 10 m 이상 유지, 저압 5 m 이상 유지 발생기 홀더에서 사업소 경계까지
 ㉯ 시 험
   ㉠ 내압시험 : 최고 사용 압력×1.5
   ㉡ 기밀시험 : 최고 사용 압력×1.1
 ㉰ 300 m^2 이상인 홀더는 안전거리 유지
 ㉱ 긴급 차단 장치 5 m 이상 조작
 ㉲ 100 mm 이상의 노출 배관은 충격 손상 방지 조치
 ㉳ 누설 검사 : 매몰된 배관은 3년에 1회 이상, 고압인 경우는 1년에 1회 이상 (특정 가스 시설)
 ㉴ 가스 계량기는 최대 소비량의 1.2배 이상일 것 (화기는 2 m, 전선과는 15 cm, 개폐기 안전기 60 cm 거리 유지)
 ㉵ 가스 사용 시설은 최고 사용 압력의 1.1배나 840 mmH₂O (8.4 kPa)

(3) 기타 사항

① 정압기 입출구에는 차단 장치, 출구에는 압력 상승시를 대비해서 경보 장치, 지하설치시 침수 방지 조치를 할 것 (입구측에는 수분이나 불순물 제거 장치)
② 일반 도시가스 사업의 정압기(도시가스사업법 시행규칙 [별표6])
 정압기는 설치 후 2년에 1회 분해점검, 일주일에 1회 이상 작동 상황 점검
 [참고] 도시가스 사용시설의 정압기 필터(도시가스사업법시행규칙 제17조 [별표7])
③ 열량 측정 (융커스식) : 매일 오전 6시 30~9시, 오후 17시~20시 30분
④ 압력 측정
 • 위치 : 가스홀더 출구, 정압기 출구, 공급 시설의 끝부분
  ▶ 100~250 mmH₂O(1kPa~2.5kPa)
⑤ 연소성 측정
 • 매일 6시 30분~9시, 17시~20시 30분

$$C_P = K \frac{1.0H_2 + 0.6(CO + C_mH_n) + 0.3CH_4}{\sqrt{d}}$$

  여기서, C_P : 연소속도, H_2 : 수소 함유율 %
    CO : 일산화탄소 함유율 [용량 %], C_mH_n : 탄화수소 함유율 [용량 %]

CH_4 : 메탄 함유율 [용량 %], d : 도시가스 비중

K : 산소 함유율에 따른 수치. 값이 클수록 연소속도가 빠르다.

> ✿ 웨버지수
>
> $$W_I = \frac{H_g}{\sqrt{d}}$$ 여기서, W_I : 웨버지수
> H_g : 총발열량 [kcal/m³]
> d : 도시가스의 공기에 대한 비중
>
> 수치가 클수록 속도가 빠른 것이며, 표준 웨버지수의 ±4.5% 이내로 유지

⑥ 정압기, 필터는 설치 후 3년까지는 1회 이상, 그 이후에는 4년에 1회 이상 분해점검을 실시하고 사고예방설비는 점검분해 및 작동상황을 주기적으로 점검한다.

유해성분 (주 1회 측정)

㉮ 가스홀더나 정압기 출구에서 측정

㉯ 0℃, 1.013250bar의 압력에서 건조한 가스 1 m³당 S : 0.5 g, NH_3 : 0.2 g, H_2S : 0.02 g을 초과하면 안 된다.

⑦ 압력조정기기는 매 1년에 1회 이상(필터나 스트레이너의 청소는 설치 후 3년까지는 1회 이상, 그 이후에는 4년에 1회 이상) 안전점검을 실시한다.

[참고] 일반도시가스 사업의 정압기와 도시가스 사용시설의 정압기 필터는 다름(별표6과 별표7 차이가 있음)

> (1) ① 의 도매 가스 사업자는 한국가스공사이며, 일반 사업자는 각 지역의 도시가스 회사들
> ※ 대량 사용자 : 월 10만 m³ 이상 사용자, 발전용으로 사용하는 자, LNG 탱크를 설치하고 사용하는 자
> (2) 중압 구분
> ㉮ A : 3 이상 10 미만   ㉯ B : 1 이상 3 미만

> **1. 압력조정기 설치 기준**
> (1) 도시가스 공동주택의 압력조정기 설치 기준
> ① 중압인 경우 : 150세대 미만
> ② 저압인 경우 : 250세대 미만
> (2) 도시가스 배관의 설치 안전 기준
> ① 배관을 매설하는 경우에는 설치 환경에 따라 다음 기준에 따른 적절한 매설 깊이나 설치간격을 유지할 것
> ㉮ 공동주택등의 부지 안에서는 0.6m 이상

㉯ 폭 8m 이상의 도로에서는 1.2m 이상. 다만, 도로에 매설된 최고사용압력이 저압인 배관에서 횡으로 분기하여 수요가에게 직접 연결되는 배관의 경우에는 1m 이상으로 할 수 있다.
㉰ 폭 4m 이상 8m 미만인 도로에서는 1m 이상으로 한다.
(다만, 다음 어느 하나에 해당하는 경우에는 0.8m 이상으로 할 수 있다.)

2. 도시가스 사용시설 안전 거리 기준

(1) 배관이음매(용접이음매 제외)와 안전거리
  ① 60cm : 배관이음부 ⇔ 전기계량기, 전기 개폐기
  ② 30cm : 배관이음부 ⇔ 굴뚝, 전기점멸기, 전기접속기, 콘센트
  ③ 15cm : 배관이음부 ⇔ 절연조치를 하지 않는 전선
  ④ 10cm : 배관이음부 ⇔ 절연조치를 한 전선

(2) 가스계량기
  ① 60cm : 가스계량기 ⇔ 전기계량기, 전기 개폐기
  ② 30cm : 가스계량기 ⇔ 굴뚝, 전기점멸기, 콘센트, 전기접속기
  ③ 15cm : 가스계량기 ⇔ 절연조치를 하지 않는 전선

(3) 도시가스공급시설 기준(배관이음매(용접이음매 제외)와 안전거리)
  ① 30cm : 배관이음부 ⇔ 절연조치를 하지 않는 전선
  ② 10cm : 배관이음부 ⇔ 절연조치를 한 전선

✿ 법령관련 자료

(1) 정압기/압력조정기 분해점검 관련법
  ① 도시가스사업법 시행규칙 제17조 [별표 7]
  ② 가스사용시설의 시설 · 기술 · 검사기준

(2) 압력조정기 안전점검 관련 규정
  ① 압력조정기 안전점검 관련 규정
    1. 배관 및 배관설비
      나. 기술기준
        2) 가스사용시설에 설치된 압력조정기는 매 1년에 1회 이상(필터나 스트레이너의 청소는 설치 후 3년까지는 1회 이상, 그 이후에는 4년에 1회 이상) 압력조정기의 유지 · 관리에 적합한 방법으로 안전점검을 실시할 것
  ② 정압기 분해점검 관련 규정
    1. 정압기
      나. 기술기준
        2) 정압기와 필터의 경우에는 설치 후 3년까지는 1회 이상, 그 이후에는 4년에 1회 이상 분해점검을 실시하고, 사고예방설비 중 도시가스의 안전을 확보하기 위하여 필요한 시설이나 설비에 대하여는 분해 및 작동상황을 주기적으로 점검하고, 이상이 있을 경우에는 그 시설이나 설비가 정상적으로 작동될 수 있도록 필요한 조치를 할 것

제 2 편 기출문제와 예상문제

01 LPG 용기 보관실의 바닥면적이 30 m²이라면 통풍구의 크기는 얼마로 하여야 하는가?

㉮ 3000 cm²   ㉯ 6000 cm²
㉰ 8000 cm²   ㉱ 9000 cm²

> 통풍구의 크기는 바닥면적의 3 % 이상으로 한다.
> 300000 × 0.03 = 9000 cm²

02 고압가스 취급장치로부터 미량의 가스가 대기 중에 누설됨을 감지하기 위하여 사용되는 시험지와 변색이 옳게 연결된 것은?

㉮ NH₃ – KI 전분지 – 적변   ㉯ CO – 염화팔라듐지 – 청변
㉰ C₂H₂ – 염화제일구리 착염지 – 적변   ㉱ Cl₂ – 적색 리트머스지 – 청변

> 누설검사
> NH₃ : 적색 리트머스지 → 청변, CO : 염화팔라듐지 → 흑색
> Cl₂ : KI전분지 → 청변, HCN : 질산구리벤젠 → 청변

03 독성 가스 검지방법 중 암모니아수로 검지하는 가스는?

㉮ SO₂   ㉯ HCN
㉰ NH₃   ㉱ CO

> 암모니아수로 검지할 수 있는 가스는 SO₂와 HCl이다. → 흰 연기 발생

04 다음 가연성 가스 중 순수한 단일가스만으로 분해폭발을 일으키지 않는 것은?

㉮ C₂H₂   ㉯ C₂H₄
㉰ C₂H₄O   ㉱ HCN

05 가스누설검지 경보장치의 설계기준 중 틀리는 것은?

㉮ 통풍이 잘 되는 곳에 설치할 것
㉯ 설치 수는 가스의 누설을 신속하게 검지하고 경보하기에 충분한 수일 것

정답 1. ㉱   2. ㉰   3. ㉮   4. ㉯   5. ㉮

㉰ 그 기능은 가스의 종류에 적절한 것일 것
㉱ 체류할 우려가 있고 장소에 적절하게 설치할 것

> 가스누설 검지경보장치의 설치장소는 가스가 누설될 때 체류할 우려가 있는 장소이다.

06 고압가스 안전관리법 시행규칙에서 사용하는 용어의 정의이다. 잘못된 것은?

㉮ '감압설비'라 함은 고압가스의 압력을 낮추는 설비를 말한다.
㉯ '고압가스설비'란 가스설비 중 고압가스가 통하는 부분을 말한다.
㉰ '방호벽'이란 높이 1.5 m 이상, 두께 10 m 이상의 구조의 벽을 말한다.
㉱ '저장탱크'란 고압가스를 충전, 저장하기 위하여 지상 또는 지하에 고정 설치된 탱크를 말한다.

> 방호벽은 높이 2 m 이상, 두께 12 cm 이상의 구조의 벽을 말한다.

07 흡수식 냉동설비에서 1일 냉동능력 1 t으로 보는 것은 발생기를 가열하는 1시간의 입열량이 몇 kcal인 것으로 하는가?

㉮ 5540 ㉯ 6640
㉰ 7200 ㉱ 3400

> 냉동능력 산정
> 원심식 : 정격출력 1.2kW → 1 t
> 흡수식 : 발생기 가열량 6640 kcal/h → 1 t
> 기타 : $R = \dfrac{V}{C}$
> NH_3 5000 cm^3
> 초과 : $C = 7.9$
> 이하 : $C = 8.4$

08 고압가스 제조장치의 취급에 관한 설명으로 틀린 것은?

㉮ 압력계의 지변은 서서히 연다.
㉯ 액화가스를 탱크에 최초로 통과할 때에는 당해 가스 상용압력의 1/2의 압력 정도로 서서히 올려놓고 서서히 넣는다.
㉰ 안전밸브는 서서히 작동한다.
㉱ 제조장치의 압력을 상승시키는 경우 서서히 상승시킨다.

09 가스설비의 개방검사의 가스치환에 관한 설명이 맞지 않는 것은?

㉮ 가연성 가스일 때는 불활성 가스로 치환하여 잔류가스가 폭발하한계 이하이어야 한다.
㉯ 독성 가스일 때는 질소로 치환하여 가스농도가 허용 농도 이하이어야 한다.
㉰ 산소일 때는 공기로 치환하여 산소농도가 21 % 이하이어야 한다.
㉱ 질소와 다른 불활성 가스일 때는 공기로 치환하여 산소농도가 18 % 이하이어야 한다.

📌 산소 농도가 18 % 이상 22 % 이내

10 고압가스 일반제조시설의 충전용 주관압력계는 매월 (①) 회 이상, 기타의 압력계는 3월에 (②) 회 이상 표준압력계로 그 기능을 검사하여야 하는가?

㉮ ① : 1, ② : 1
㉯ ① : 1, ② : 3
㉰ ① : 2, ② : 6
㉱ ① : 1, ② : 2

11 다음은 용접용기의 동판 최소두께를 구하는 공식이다. 여기서 아세틸렌가스 용기인 경우 P는 얼마인가?

$$t = \frac{PD}{200S\eta - 1.2P} + C$$

㉮ 최고충전압력
㉯ 최고충전압력의 1.5배
㉰ 최고충전압력의 1.62배
㉱ 최고충전압력의 2배

📌 용접용기의 동판 두께
$t = \dfrac{PD}{200S\eta - 1.2P} + C$
S : 허용응력 (kg/mm²) = $\dfrac{1}{4}$ 인장 강도, η : 용접효율
D : 안지름 (mm), P : 최고충전압력 (kg/cm²)[단, C_2H_2일 때는 FP×1.62배]
C : 부식 여유수치
※ 과거 공식이나 기출문제 등에 있음. 값은 같은 것임

12 액화 석유가스 저장탱크 2기의 최대지름이 각각 2 m, 1 m일 때 상호간의 이격거리는?

㉮ 0.75 m
㉯ 0.8 m
㉰ 1 m
㉱ 3 m

📌 가연성 탱크와 가연성 탱크 (산소탱크)와의 거리는 1 m나 두 지름의 합의 $\dfrac{1}{4}$ 중 큰 거리를 유지한다.

정답 9. ㉱ 10. ㉮ 11. ㉰ 12. ㉰

13 고압설비에 압력계를 설치하려고 한다. 상용압력이 200 kg/cm² 이라면 게이지의 최고눈금은 어떤 것이 가장 좋은가?

㉮ 200~250 kg/cm² ㉯ 300~400 kg/cm²
㉰ 400~500 kg/cm² ㉱ 100~200 kg/cm²

> 📌 압력계의 눈금범위는 상용압력의 1.5~2배로 한다.

14 소형 저장탱크에 설치하는 액면계의 표시눈금의 최소눈금은 용적의 몇 % 범위로 표시하는가?

㉮ 10 % 이하 ㉯ 5 % 이하
㉰ 10 % 이상 ㉱ 5 % 이상

15 용기 부속품의 기밀시험시 기밀시험압력에 도달한 후 몇 초 이상 유지해야 하는가?

㉮ 10초 ㉯ 20초
㉰ 30초 ㉱ 60초

16 1.64 g의 산화구리 (CuO)를 수소로 환원한 결과 1.31 g의 구리를 얻었다. 이 산화물에서 구리 1 g당량은 몇 g인가?

㉮ 6.35 g ㉯ 63.5 g
㉰ 3.175 g ㉱ 31.75 g

> 📌 0.33 : 1.31 = 8 : x
> ∴ 31.75 g (1 g 당량 : 산소 8 g과 결합하는 물질의 질량)

17 고압가스를 운반하는 차량의 경계표시 크기의 가로치수는 차체 폭의 몇 % 이상으로 하는가?

㉮ 5 % ㉯ 10 %
㉰ 20 % ㉱ 30 %

> 📌 차량의 경계표시 크기
> ① 가로치수는 차체 폭의 30 % 이상
> ② 세로치수는 가로치수의 20 % 이상

18 내화구조의 가연성 가스의 저장탱크 상호간의 거리가 1 m 또는 두 저장탱크의 최대지름을 합산한 길이의 1/4 길이 중 큰 쪽의 거리를 유지하지 아니한 경우 물 분무장치의 수량으로서

정답 13. ㉯ 14. ㉮ 15. ㉰ 16. ㉱ 17. ㉱ 18. ㉮

옳은 것은?

㉮ 4 L/m² · min ㉯ 5 L/m² · min
㉰ 6 L/m² · min ㉱ 7 L/m² · min

> 8 L/min · m²
> (내화구조 : 4 L, 준내화구조 : 6.5 L)

19 아세틸렌의 정성시험에 사용되는 시약은?

㉮ 구리암모니아 시약 ㉯ 질산은 시약
㉰ 발연황산 시약 ㉱ 피로갈롤 시약

20 가연성 가스를 압축하는 압축기와 오토클레이브와의 사이의 배관에 설치하여야 하는 설비는?

㉮ 가스방출장치 ㉯ 역류방지밸브
㉰ 역화방지장치 ㉱ 안전밸브

> 역화방지장치 설치장소
> ① 가연성 가스 저장탱크와 충전구 주관
> ② 아세틸렌 충전용 지관
> ③ 가연성 가스 압축기와 오토클레이브 사이
> ④ C_2H_2 고압건조기와 충전용 교체밸브 사이
> ⑤ 수소, 산소, 아세틸렌 화염시설

21 고압가스 안전관리법상 방호벽의 규격은?

㉮ 높이 2 m 이상, 두께 12 cm 이상의 철근 콘크리트
㉯ 높이 2.5 m 이상, 두께 15 cm 이상의 철근 콘크리트
㉰ 높이 2.5 m 이상, 두께 12 cm 이상의 철근 콘크리트
㉱ 높이 2 m 이상, 두께 15 cm 이상의 철근 콘크리트

> 방호벽 – 높이 2 m 이상
> ① 철근 콘크리트 12 cm 두께
> ② 콘크리트 블록 15 cm 두께 9 mm 철근
> ③ 박강판 3.2 mm 이상 (30×30 앵글강)
> ④ 후강판 6 mm 이상, 지주 1.8 m 이하

정답 19. ㉯ 20. ㉰ 21. ㉮

22 특정 고압가스가 아닌 것은?

㉠ 수소 ㉡ 산소
㉢ 질소 ㉣ 액화 암모니아

> 특정 고압가스 : H_2, O_2, Cl_2, C_2H_2, NH_3

23 도시가스사업법에서 고압 또는 중압의 가스 공급의 내압시험압력은 얼마로 규정되어 있는가?

㉠ 최고사용압력의 1.1배 이상 ㉡ 최고사용압력의 1.2배 이상
㉢ 최고사용압력의 1.5배 이상 ㉣ 최고사용압력의 1.8배 이상

> 도시가스사업법
> ① 내압시험압력 : $FP \times 1.5$배 이상
> ② 기밀시험압력 : $FP \times 1.1$배 이상

24 부식 여유의 두께가 올바르게 된 것은?

㉠ 암모니아를 충전하는 용기 내용적이 600 L인 것은 2 mm
㉡ 염소를 충전하는 용기 내용적이 600 L인 것은 2 mm
㉢ 암모니아를 충전하는 용기 내용적이 1500 L인 것은 2 mm
㉣ 염소를 충전하는 용기 내용적이 1500 L인 것은 2 mm

> 부식 여유 수치
> ① NH_3 1000 L 이하 : 1 mm ② Cl_2 1000 L 이하 : 3 mm
>   초과 : 2 mm   초과 : 5 mm

25 액화석유가스 사용시설의 압력이 230~330 mmH₂O인 경우 기밀시험압력으로 옳은 것은?

㉠ 420 mmH₂O 이상 ㉡ 420~840 mmH₂O 이상
㉢ 840~1000 mmH₂O 이상 ㉣ 2 kg/cm² 이상

26 고압가스 안전관리법상 공기액화분리기의 (압축량이 1000 m³ 초과의) 액화 산소통 내의 액화산소 5 L 중 아세틸렌 또는 탄화수소의 탄소의 질량이 규정값을 넘을 때에는 그 액화산소를 방출하도록 규정한 바, 다음 중 규정값으로 옳은 것은?

㉠ 아세틸렌의 질량이 5 mg 초과
㉡ 탄화수소의 탄소의 질량이 50 mg 초과

정답 22. ㉢ 23. ㉢ 24. ㉢ 25. ㉢ 26. ㉠

㉰ 아세틸렌의 질량이 2.5 mg 초과
㉱ 탄화수소의 탄소의 질량이 100 mg 초과

> 액화산소 5 L 중
> ① C_2H_2의 질량이 5 mg 초과
> ② 탄화수소 중 탄소의 질량이 500 mg 초과시에는 압축 금지

27 고압가스 용기를 내압시험한 결과 전 증가량은 200 mL이고, 영구증가량은 18 mL였다. 항구증가율을 계산하고, 그 값에 의거해 내압시험에 합격 가능 여부를 판단한다면?

㉮ 항구증가율 : 11.1 % 불합격 ㉯ 항구증가율 : 0.09 % 합격
㉰ 항구증가율 : 9 % 합격 ㉱ 항구증가율 : 11.1 % 합격

> 항구증가율 = $\dfrac{\text{항구증가량}}{\text{전증가량}} \times 100$
> 10 % 이하 → 합격
> ∴ $\dfrac{18}{200} \times 100 = 9$ ∴ 합격

28 안전관리자가 상주하는 사무소와 현장사무소와의 사이 또는 현장사무소 상호간 신속히 통보할 수 있도록 통신시설을 갖추어야 하는데, 다음 중 이에 해당되지 않는 것은?

㉮ 구내 방송시설 ㉯ 메가폰
㉰ 인터폰 ㉱ 페이징 설비

> 긴급사태 발생시를 대비하여 통신시설 (구내전화, 방송설비, 인터폰, 페이징설비, 사이렌 등)을 갖춘다. 단, 사업소면적이 1500 m² 이하일 때는 메가폰을 설치한다 (단, 메가폰은 한 사무소 안에서 사용).

29 프로판가스의 위험도 (H)는 얼마인가? (단, 폭발범위는 공기와의 용량)

㉮ 3.5 ㉯ 3.3
㉰ 31.4 ㉱ 17.7

> $H = \dfrac{U - L}{L}$
> 여기서, H : 위험도, U : 폭발범위 상한, L : 폭발범위 하한
> C_3H_8 (프로판)의 폭발범위는 (2.1~9.5 %)
> 따라서, $H = \dfrac{9.5 - 2.1}{2.1} = 3.5$

30 도시가스 배관의 접합시공방법 중 원칙적인 접합 시공방법은 ?
- ㉮ 나사접합
- ㉯ 용접접합
- ㉰ 기계적 접합
- ㉱ 플랜지접합

> 배관접합부는 용접으로 하는 것이 원칙이다.

31 액화석유가스 사용시설의 가스계량기 설치에 있어서 굴뚝과의 최소이격거리는 얼마인가 ?
- ㉮ 25 cm
- ㉯ 30 cm
- ㉰ 15 cm
- ㉱ 20 cm

> 굴뚝이나 콘센트는 30 cm 이상

32 고압가스를 제조하는 경우 압축하여도 되는 것은 ?
- ㉮ 가연성 가스 (아세틸렌, 에틸렌, 수소 제외) 중 산소 용량이 전용량의 4 % 이상
- ㉯ 산소 중의 가연성 가스 (아세틸렌, 에틸렌, 수소 제외)의 용량이 전용량의 4 % 이상
- ㉰ 아세틸렌, 에틸렌 또는 수소 중의 산소용량이 전용량의 2 % 미만
- ㉱ 산소 중의 아세틸렌, 에틸렌 및 수소의 용량합계가 전용량의 2 % 이상

> 압축 금지사항
>
> 가연성 가스 $\underset{4\%}{\overset{4\%}{\rightleftarrows}}$ 산소
>
> 산소 $\underset{2\% \, C_2H_2 \, C_2H_4}{\overset{2\%}{\rightleftarrows}}$ H_2 각각 또는 합이
>
> 액화산소 5 L당 ─ C_2H_2 5 mg
>   └ 탄화수소 중 탄소의 질량 50 mg

정답 30. ㉯ 31. ㉯ 32. ㉰

33 액화석유가스 저장설비의 강제통풍시설에 관한 기준에 적합하지 않은 것은?

㉮ 환기구의 면적은 바닥면적 $1\,m^2$마다 $300\,cm^2$의 비율로 계산한 면적 이상이어야 한다.
㉯ 통풍능력은 바닥면적 $1\,m^2$마다 $0.5\,m^3$/분 이상으로 한다.
㉰ 흡입구는 바닥면 가까이에 설치한다.
㉱ 배기가스 방출구는 지면에서 $5\,m$ 이상의 높이에 설치한다.

> 자연통풍 : 환기구의 면적은 바닥면적의 3% 이상

34 아세틸렌가스 압축기의 냉각에 사용되는 냉각수의 온도는?

㉮ 20℃ 이하 ㉯ 30℃ 이하
㉰ 40℃ 이하 ㉱ 50℃ 이하

35 특정설비의 범위에 해당되지 않는 것은?

㉮ 저장탱크 ㉯ 저장탱크의 안전밸브
㉰ 조정기 ㉱ 저장탱크의 긴급차단장치

> 특정설비 : 저장탱크, 안전밸브, 역화방지밸브, 긴급차단장치, 기화기

36 정전기 제거기준 중 가연성 가스 제조설비의 접지저항값은 총합 몇 Ω 이하이어야 하는가? (단, 피뢰설비를 설치한 것이다.)

㉮ 10 Ω 이하 ㉯ 20 Ω 이하
㉰ 50 Ω 이하 ㉱ 100 Ω 이하

> 접지선
> 단면적 : $5.5\,mm^2$ 이상
> 저항 : 100 Ω 이하 (피뢰설비가 있을 경우는 10 Ω 이하)

37 포스겐의 허용한도 (ppm)는?

㉮ 0.5 ㉯ 1
㉰ 0.1 ㉱ 5

> 허용한도 (ppm)
> 포스겐 (0.1), 염소 (1), 황화수소 (10), 시안화수소 (10), 암모니아 (25), 벤젠 (25), 산화에틸렌 (50), 일산화탄소 (50)

정답 33. ㉮ 34. ㉮ 35. ㉰ 36. ㉮ 37. ㉰

38 배관을 철도부지 밑에 매설할 경우 배관의 외면과 지면과의 거리는 몇 m인가?
- ㉮ 1.5 m 이상
- ㉯ 1.4 m 이상
- ㉰ 1.3 m 이상
- ㉱ 1.2 m 이상

39 액화석유가스 저장설비와 제1종 보호시설까지의 안전거리는? (단, 이 저장설비 내의 액화석유가스는 부탄 (C_4H_{10})으로 비중 0.52, 저장탱크의 내용적은 50 m³이다.)
- ㉮ 12 m
- ㉯ 14 m
- ㉰ 16 m
- ㉱ 24 m

> 저장량 : $0.9 \times 0.52 \times 50 \times 10^3 = 23400$
> 3만 이하

40 일산화탄소의 경우 가스누설 검지경보장치의 검지에서 발신까지 걸리는 시간은 경보농도의 1.6배 농도에서 몇 초 이내이어야 하는가?
- ㉮ 10초
- ㉯ 20초
- ㉰ 30초
- ㉱ 60초

> CO, NH_3 - 60초, 일반적인 것은 30초 이내에 경보

41 다음 시설 중 양호한 통풍구조로 하여야 할 곳은?
- ㉮ 산소저장소
- ㉯ 공기액화분리기 설치실
- ㉰ 아세틸렌가스의 발생장치
- ㉱ 공기액화실

42 허용농도의 수치가 옳지 않은 것은?
- ㉮ CH_3Cl - 100 ppm
- ㉯ 브롬화메틸 - 25~40 ppm
- ㉰ 산화에틸렌 - 50 ppm
- ㉱ C_6H_6 (벤젠) - 50 ppm

> 벤젠의 허용농도 : 25 ppm

정답 38. ㉱ 39. ㉱ 40. ㉱ 41. ㉰ 42. ㉱

43 액화석유가스 저장용 저장탱크에 가스를 충전하고자 한다. 내용적이 10 t인 탱크에 안전하게 충전할 수 있는 가스의 최대용량은?

㉮ 10 t ㉯ 9 t
㉰ 8.5 t ㉱ 7 t

📌 내용적의 90 % 이하 ∴ 9 t

---

44 다음 가스의 성분 중 흡수제로서 틀린 것은?

순 서	가스명	흡수제
㉮	CO_2	33 % KOH 용액
㉯	에틸렌	진한 질산
㉰	산 소	피로갈롤의 알칼리 용액
㉱	CO	염화제일구리암모니아 용액

📌 C_2H_2의 흡수제 - 발연황산 ($H_2SO_4 + SO_3$)

---

45 압력 250 kg/cm²로 내압시험을 하는 용기에 가스를 충전할 때 그 최고충전압력은 얼마인가?

㉮ 417 kg/cm² ㉯ 313 kg/cm²
㉰ 150 kg/cm² ㉱ 200 kg/cm²

📌
$$FP \xrightleftharpoons[TP \times \frac{5}{3}]{FP \times \frac{5}{3}} TP$$

$$FP = 250 \times \frac{3}{5} = 150 \text{ kg/cm}^2$$

---

46 안전밸브 점검사항이 아닌 것은?

㉮ 가스분출 파이프의 지름 ㉯ 분출전개압력
㉰ 분출정지압력 ㉱ 안전밸브의 누설

정답 43. ㉯ 44. ㉯ 45. ㉰ 46. ㉮

47 1일 처리할 수 있는 산소의 용적이 200 m³인 사업소에 설치될 표준압력계는 최저 몇 개 이상이어야 하는가?

㉮ 2개 ㉯ 1개
㉰ 4개 ㉱ 3개

> 📌 100 m³ 이상 - 표준압력계 2개 이상 설치

48 액화석유가스 제조시설기준 중 고압가스 설비의 기초는 부동침하하여 당해 고압가스 설비에 유해한 영향을 끼치지 않도록 해야 하는데, 이 경우 저장탱크의 저장능력이 몇 t 이상일 때를 말하는가?

㉮ 1 t 이상 ㉯ 2 t 이상
㉰ 5 t 이상 ㉱ 10 t 이상

49 상용압력이 15.6 kg/cm²인 액화석유가스가 통하는 배관에 안전밸브를 설치할 경우 안전밸브의 작동압력은 몇 kg/cm² 이하인가?

㉮ 10.61 kg/cm² ㉯ 28.42 kg/cm²
㉰ 18.72 kg/cm² ㉱ 20.80 kg/cm²

> 📌 안전밸브 작동압력 = $TP \times 0.8$
> ∴ $15.6 \times 1.5 \times 0.8 = 18.72$ kg/cm²

50 저장탱크의 용접시공 후의 용접검사법으로서 적당하지 않은 것은?

㉮ 기밀시험 ㉯ 수압시험
㉰ 방사선 검사 ㉱ 초음파 탐상검사

51 특정설비에 해당되지 않는 것은?

㉮ 안전밸브 ㉯ 기화장치
㉰ 용기용 밸브 ㉱ 자동차용 가스자동주입기

> 📌 특정설비 : 저장탱크, 안전밸브, 역화방지밸브, 긴급차단장치, 기화기, 자동차용 주입기

정답 47. ㉮ 48. ㉮ 49. ㉰ 50. ㉯ 51. ㉰

52 납붙임 및 접합용기의 고압가압시험은 동일 용기 제조소에서 동일 연월일에 납붙임 또는 접합된 용기로서 두께 및 동체의 바깥지름과 형상이 동일한 것 몇 개 이하를 1조로 하여, 그 조에서 임의로 채취한 1개의 용기에 대하여 실시하는가?

㉮ 5000개 ㉯ 3000개
㉰ 1500개 ㉱ 1000개

53 차량에 고정된 용기의 내용적은 독성 가스에서는 ( )를 초과하지 아니하여야 한다. ( )에 맞는 것은?

㉮ 18000 L ㉯ 15000 L
㉰ 12000 L ㉱ 10000 L

> ※ 내용적 제한 (철도차량 제외)
> ① 독성 : 12000 L (예외 : NH_3)
> ② 가연성 : 18000 L (예외 : LPG)

54 고압가스 운반기준 중 후부취출식 탱크에서는 탱크의 후면 및 차량의 후면과 후 범퍼와의 수평거리가 몇 이상이 되도록 탱크를 차량에 고정시켜야 하는가?

㉮ 40 cm ㉯ 30 cm
㉰ 20 cm ㉱ 10 cm

55 압축가스 중 가연성 가스는 ( ), 독성 가스는 ( ) 이상의 고압가스를 운반할 때는 운반책임자를 동승시켜 운반에 대한 감독을 해야 한다. 다음 중 ( ) 내에 알맞은 것은?

㉮ 300 m³, 100 m³ ㉯ 200 m³, 500 m³
㉰ 100 m³, 300 m³ ㉱ 500 m³, 200 m³

> 고압가스 운반시 운반책임자 동승
> 독성 - 100 m³ (1000 kg)
> 가연성 - 300 m³ (3000 kg)
> 지연성 - 600 m³ (6000 kg)

56 액화석유가스의 집단공급 시설기준에서 저장 설비의 주위에는 높이 얼마 이상의 경계책을 설치하여 외부인의 출입을 방지하는가?

㉮ 1 m ㉯ 1.5 m
㉰ 2 m ㉱ 3 m

정답 52. ㉮ 53. ㉰ 54. ㉮ 55. ㉮ 56. ㉯

57 냉동제조시설기준을 설명한 것 중 틀린 것은 ?
㉮ 냉매설비에는 압력계를 달아야 한다.
㉯ 독성 가스를 사용하는 냉동제조설비에서 흡수장치가 되어 있으면 안전거리 유지가 필요없다.
㉰ 압축기, 유분리기와 이들 사이의 배관은 화기를 취급하는 곳에 인접 설치하지 않는다.
㉱ 방호벽이나 자동 제어장치를 설치한 경우에는 안전거리 12 m 이상을 유지한다.

> 방호벽이나 자동제어장치를 설치한 경우에는 안전거리를 유지할 필요가 없다.

58 액화석유가스를 용기 보관장소에 보관할 때의 기준을 설명한 것으로 틀린 것은 ?
㉮ 화기 또는 인화성 물질은 2 m 이상 격리할 것
㉯ 가스충전용기는 직사광선을 받지 않도록 조치할 것
㉰ 휴대용 전등 이외의 등화를 휴대하고 들어가지 않도록 할 것
㉱ 작업에 필요한 물건 이외에는 두지 말 것

> 화기 또는 인화성 물질은 8 m (우회거리) 이상 격리할 것

59 염화비닐호스의 안지름이 2종이라 함은 몇 mm인가 ?
㉮ 9.0 mm   ㉯ 8.5 mm
㉰ 9.5 mm   ㉱ 10 mm

> 염화비닐 호스
> 1종 : 안지름 6.3 mm, 2종 : 안지름 9.5 mm, 3종 : 안지름 12.7 mm

60 에어로졸 제조용 용기는 ( ) 이상의 압력으로 행하는 가압시험에 합격한 것일 것 ( ) 내에 맞는 것은 ?
㉮ 1000 kg/cm^2 ㉯ 100 kg/cm^2
㉰ 15.5 kg/cm^2 ㉱ 13 kg/cm^2

61 용접용기의 신규검사 항목에 해당하지 않는 것은 ? (단, 용기의 재질은 강으로 제조한 것)
㉮ 인장시험   ㉯ 압궤시험
㉰ 기밀시험   ㉱ 파열시험

> 외관검사, 재료시험, 인장시험 및 연신율, 충격시험, 성분검사, 내압시험, 기밀시험, 성능시험

정답   57. ㉱   58. ㉮   59. ㉰   60. ㉱   61. ㉱

62 공기액화분리기에 설치된 액화 산소탱크 내의 액화산소는 월간 몇 회 이상 검사를 실시해야 하는가?

㉮ 1일 1회 이상으로 30회
㉯ 1주일에 3회 정도로 약 12회 이상
㉰ 격일에 1회 정도로 하여 15회 전후
㉱ 1주일에 3회 정도로 연간 약 60회 이상

63 내용적이 500 L인 초저온용기의 단열성능시험은 용기마다 행하는데, 그 침입열량이 매시 몇 kcal/h · ℃ · L 이하인 경우에만 합격한 것으로 하는가?

㉮ 0.0005
㉯ 0.001
㉰ 0.002
㉱ 0.01

📌 초저온용기 단열성능시험 합격기준
1000 L 이상 : 0.002 이하
1000 L 미만 : 0.0005 이하

64 고압가스 특정제조시설에서 배관을 해저에 설치하는 경우 다음 기준에 적합하지 않은 것은?

㉮ 배관은 매설할 것
㉯ 배관은 원칙적으로 다른 배관과 교차하지 아니할 것
㉰ 배관은 원칙적으로 다른 배관과 수평거리로 20 m 이상을 유지할 것
㉱ 배관의 입상부에는 보호시설물을 설치할 것

📌 30 m

65 고압인 가스공급시설 중 설비에서 발생한 사고가 즉시 다른 설비에 파급될 우려가 있는 것에는 무엇을 설치해야 하는가?

㉮ 경보기
㉯ 긴급차단장치
㉰ 역화방지기
㉱ 역류방지밸브

66 눈에 프레온가스가 들어갔을 때의 응급 치료법은?

㉮ 약한 수산화나트륨 용액으로 씻는다.
㉯ 100 % 산소로 불어 씻는다.
㉰ 레몬주스 또는 20 %의 식초로 씻는다.
㉱ 약한 붕산수 또는 2 %의 소금물로 씻는다.

정답 62. ㉮ 63. ㉮ 64. ㉰ 65. ㉯ 66. ㉱

67 용기 신규검사기준에 해당하지 않는 것은?

㉮ 용기가 부식되어 있지 않을 것
㉯ 금이 있거나 주름이 없을 것
㉰ 다듬질이 매끈할 것
㉱ 반드시 열처리 가공할 것

> 📌 열처리가공 → 용접용기

68 고압가스를 운반할 때 운반책임자 또는 운전자에게 휴대시키지 않아도 되는 것은?

㉮ 고압가스 성질
㉯ 고압가스 명칭
㉰ 소방서 위치 도면
㉱ 재해방지 주의사항

69 다음 배관의 매설에 대한 설명 중 틀리는 것은?

㉮ 배관은 그 외면으로부터 도로의 경계와 수평거리로 1 m 이상을 유지할 것
㉯ 배관의 외면과 지면과의 거리는 산이나 들에서는 1.2 m 이상으로 할 것
㉰ 배관은 지반의 동결에 의하여 손상을 받지 않도록 적절한 깊이에 매설할 것
㉱ 배관은 자동차 하중의 영향이 적은 곳에 매설할 것

> 📌 배관의 외면과 지면과의 거리는 산과 들에서는 1 m 이상으로 할 것

70 35℃에서 게이지 압력이 0.5 kg/cm² 인 액화가스로서 고압가스안전관리법의 저촉을 받지 않는 것은?

㉮ 시안화수소
㉯ 에틸렌
㉰ 브롬화메탄
㉱ 산화에틸렌

71 가스설비의 배관을 2중관으로 해야 할 가스의 대상이 아닌 것은?

㉮ 암모니아 (NH_3)
㉯ 불소 (F_2)
㉰ 산화에틸렌 (C_2H_4O)
㉱ 염화메탄 (CH_3Cl)

> 📌 독성 가스 중 2중 배관을 해야 할 것 : SO_2, Cl_2, $COCl_2$, H_2S, NH_3, HCN, C_2H_4O, CH_3Cl
> 내관의 바깥지름(d)과 외관의 안지름(D) 비가 $d : D = 1 : 1.2$가 되도록 한다.

정답 67. ㉱ 68. ㉰ 69. ㉯ 70. ㉯ 71. ㉯

72 물 분무장치에서 소화전의 방수능력 및 호스 끝 수압에 대한 설명으로 맞는 것은?

㉮ 방수능력 : 300 L/min, 호스 끝 수압 : 4.5 kg/cm² 이상
㉯ 방수능력 : 400 L/min, 호스 끝 수압 : 3.5 kg/cm² 이상
㉰ 방수능력 : 200 L/min, 호스 끝 수압 : 4.5 kg/cm² 이상
㉱ 방수능력 : 300 L/min, 호스 끝 수압 : 3.5 kg/cm² 이상

> 방수능력 : 400 L/min
> 호스 끝 수압 : 3.5 kg/cm² 이상
> 30분 동안 분무

73 고압가스 용기를 보수할 때의 주의사항으로 옳지 않은 것은?

㉮ 가스를 안전한 방법으로 방출할 것
㉯ 가스 방출 후 가연성 가스로 치환할 것
㉰ 용기 보수 전에 공기로 다시 치환할 것
㉱ 보수 후 가스 충전 전에 불활성 가스로 치환할 것

> 방출 → 치환 (N_2, CO_2) → 공기로 재치환 → 농도 분석 → 수리
> • 농도 분석
>   가연성 : 폭발범위 하한의 $\frac{1}{4}$ 이하
>   독 성 : 허용농도 이하
>   산 소 : 18 % 이상 22 % 미만

74 정전기 제거기준과 틀린 것은?

㉮ 접지저항값의 총합 : 100 Ω 이하
㉯ 피뢰 설비를 설치할 경우 접지저항값의 총합 : 10 Ω 이하
㉰ 본딩용 접속선 및 접지접속선 : 단면적 5.5 mm² 이상인 것
㉱ 적용대상은 LPG, 독성 가스 제조시설이다.

> 정전기 제거기준
> ① 대상 : 가연성 가스
> ② 접지선의 단면적 5.5 mm² 이상
>   접지저항값의 총합은 100 Ω 이하 (피뢰 설비 있을 경우는 10 Ω 이하)

75 액화석유가스의 저장설비 바닥면적이 90 m²일 때 통풍구의 전체면적과 강제통풍능력은 얼마 이상이어야 하는가?

㉮ 9 m² 이상과 9 m³/min 이상 ㉯ 4.5 m² 이상과 8.1 m³/min 이상
㉰ 2.7 m² 이상과 45 m³/min 이상 ㉱ 9 m² 이상과 18 m³/min 이상

> ① 통풍구 : 바닥면적의 3 % 이상, 강제 통풍일 경우 0.5 m³/m² · min (가스농도 0.5 % 이상시 누설로 간주)
> ② 방출구 : 지상에서 5 m 이상인 안전한 위치

76 다음 가스 중 물을 재해제로 사용하는 가스가 아닌 것은?

㉮ 암모니아 ㉯ 염화메탄
㉰ 산화에틸렌 ㉱ 시안화수소

77 초저온 용기의 기밀시험용 저온 액화가스가 아닌 것은?

㉮ 액화아르곤 ㉯ 액화공기
㉰ 액화산소 ㉱ 액화질소

78 내용적 300 L인 액화질소의 초저온용기에 단열성능시험을 하기 위하여 최초에 1500 kg을 충전하여 2시간이 경과한 후 잔량이 1448 kg이었다면 이 용기의 침입열량에 따른 합격 여부로 옳은 것은? (단, 시험시 외기의 온도는 20℃이며, 액화질소의 비등점은 −196℃, 기화잠열 48 kcal/kg이다.)

㉮ 0.0032 kcal/h · ℃ · L로 합격 ㉯ 0.019 kcal/h · ℃ · L로 불합격
㉰ 0.0019 kcal/h · ℃ · L로 합격 ㉱ 0.0024 kcal/h · ℃ · L로 불합격

> 초저온용기 단열성능시험
> $$Q = -\frac{Wq}{H \triangle TV} \text{ (kcal/h · ℃ · L)}$$
> W : 기화량 (kg), q : 기화잠열 (kcal/kg)
> H : 측정시간 (h), V : 내용적 (L)
> $\triangle T$: 비점과 외기 온도차 (℃)
> 합격 → 1000 L 초과 : 0.002 이하
>   이하 : 0.0005 이하
> $$Q = \frac{(1500-1448) \times 48}{2 \times (20+196) \times 300} = 0.019$$
> ∴ 불합격

정답 75. ㉰ 76. ㉱ 77. ㉯ 78. ㉯

제 2 편 가스 안전 관리

79 긴급차단밸브의 동력원이 아닌 것은?
- ㉮ 액압
- ㉯ 기압
- ㉰ 전기
- ㉱ 차압

> 동력원 : 액압, 기압, 전기, 스프링식 (수동식)

80 기화장치의 성능기준에 맞지 않는 것은?
- ㉮ 온수가열방식의 온수는 80℃ 이하
- ㉯ 증기가열방식의 온도는 100℃ 이하
- ㉰ 접지저항값은 10 Ω 이하
- ㉱ 안전장치는 내압시험 (TP)의 8/10 이하에서 작동

> 증기가열방식의 온도는 120℃ 이하

81 당해 설비 내의 압력이 사용압력을 초과할 경우, 즉시 사용압력 이하로 되돌릴 수 있는 안전장치의 종류에 해당하지 않는 것은?
- ㉮ 안전밸브
- ㉯ 바이패스 밸브
- ㉰ 파열판
- ㉱ 감압밸브

> 고압설비의 안전장치 : 안전밸브, 파열판, by-pass 밸브, 자동제어장치

82 부취제의 구비조건으로 맞지 않는 것은?
- ㉮ 화학적으로 안정할 것
- ㉯ 가스배관, 가스미터 중에 흡착되지 않을 것
- ㉰ 물에 잘 녹고 독성이 없을 것
- ㉱ 가격이 저렴할 것

> 부취제는 1/1000 누설시 감지할 수 있어야 하며, 물에 흡수되지 않고 토양 투과성이 좋으며 연소 후 유해가스가 발생되지 않아야 한다.

83 배관재료의 구비조건에 해당되지 않는 것은?
- ㉮ 배관의 가스유통이 원활할 것
- ㉯ 절단가공이 용이할 것
- ㉰ 토양 지하수에 대하여 내식성을 가질 것
- ㉱ 관의 접합이 용이하고 가스의 누설을 방지할 수 없을 것

정답 79. ㉱ 80. ㉯ 81. ㉱ 82. ㉰ 83. ㉱

84 C₂H₂ 압축기에서 사용하는 희석제가 아닌 것은?

㉮ N_2 ㉯ CH_4
㉰ O_2 ㉱ CO

> C₂H₂ 압축시의 희석제 : CH_4, N_2, CO, C_2H_4, H_2, C_3H_8

85 구형 저조(球刑貯槽)의 특징에 관한 사항 중 틀린 것은? (단, 동일용량의 가스를 동일압력 및 재료하에서 저장하는 경우)

㉮ 형태가 아름답다.
㉯ 기초 구조가 단순하며 공사가 용이하다.
㉰ 보존이 유리하고 누설을 완전히 방지할 수 있다.
㉱ 표면적이 크므로 강도가 높다.

86 고압액의 배관 위치는?

㉮ 증발기에서 압축기까지   ㉯ 압축기에서 응축기까지
㉰ 응축기에서 팽창밸브까지   ㉱ 팽창밸브에서 증발기까지

> 응축기 → 팽창밸브 : 고압액체관   팽창밸브 → 증발기 : 저압액체관
> 증발기 → 압축기 : 저압기체관   압축기 → 응축기 : 고압기체관

87 다음 가스 중 폭발범위가 넓은 것부터 좁은 쪽으로 순서가 나열된 것은?

㉮ H_2, C_2H_2, CH_4, CO ㉯ CH_4, CO, C_2H_2, H_2
㉰ C_2H_2, H_2, CO, CH_4 ㉱ C_2H_2, CO, H_2, CH_4

> C_2H_2 (2.5~81 %)
> C_2H_4O (3~80 %)
> H_2 (4~75 %)
> CO (12.5~74 %)
> CH_4 (5~15 %)

정답 84. ㉰ 85. ㉱ 86. ㉰ 87. ㉰

제 2 편 가스 안전 관리

88 용기 부속품의 종류별 기호를 표시한 것 중 압축가스를 충전하는 용기의 부속품을 나타낸 것은?

㉮ LG ㉯ PG
㉰ LT ㉱ AG

> 📌 ㉮ 액화가스
> ㉯ 초저온 및 저온용기
> ㉱ C_2H_2 용기를 충전하는 용기의 부속품

89 고압가스 저장능력 산출계산식이다. 잘못된 것은?

> V_1 : 내용적 (m^3)
> V_2 : 내용적 (L)
> Q : 저장능력 (m^3)
> P : 35℃에서의 최고충전압력 (kg/cm^2)
> W : 저장능력 (kg)
> C : 가스의 종류에 따르는 정수
> d : 상용온도에서 액화 가스의 비중 (kg/L)

㉮ 압축가스의 저장탱크 : $Q = \dfrac{(P+1)}{V_2}$

㉯ 액화가스의 저장탱크 : $W = 0.9dV_2$

㉰ 액화가스의 용기 및 차량에 고정된 탱크 : $W = \dfrac{V_2}{C}$

㉱ 압축가스의 저장탱크 및 용기 : $Q = (P+1)V_1$

> 📌 ㉯ 액화가스탱크
> ㉰ 액화가스 용기

90 암모니아 냉매누설 검지법으로 잘못된 것은?

㉮ 불쾌한 냄새로 발견 ㉯ 황을 태우면 흰 연기가 발생
㉰ 페놀프탈레인을 홍색으로 변화 ㉱ 적색 리트머스 시험지를 갈색으로 변화

> 📌 NH_3는 적색 리트머스지를 청색으로 변화시킴.

91 큰 고압용기나 탱크 및 라인(line) 등의 퍼지(purge)용에 쓰이는 기체는?

㉮ 질소 또는 산소
㉯ 산소 또는 수소
㉰ 이산화탄소 또는 산화질소
㉱ 질소 또는 이산화탄소

92 같은 강도이고 같은 두께의 재료로 원통형 용기를 만들 경우 원통 부분의 내압성능에 관한 설명으로 옳은 것은?

㉮ 지름이 작을수록 강하다.
㉯ 지름이 클수록 강하다.
㉰ 길이가 길수록 강하다.
㉱ 길이와 지름에 무관하다.

93 웨버지수의 산식을 옳게 나타낸 것은? (단, H_g : 도시가스의 총 발열량, d : 도시가스의 공기에 대한 비중)

㉮ $W_I = \dfrac{H_g}{\sqrt{d}}$
㉯ $W_I = \sqrt{H_g}\, over\, d$
㉰ $W_I = 1 - \dfrac{H_g}{\sqrt{d}}$
㉱ $W_I = 1 + \dfrac{H_g}{\sqrt{d}}$

94 일반 공업용 용기의 도색 중 잘못된 것은?

㉮ 액화염소 — 갈색
㉯ 액화 암모니아 — 백색
㉰ 아세틸렌 — 황색
㉱ 수소 — 회색

> 수소용기는 주황색

95 폭발 종류의 관계가 틀린 것은?

㉮ 화학적 폭발 : 화약의 폭발
㉯ 압력폭발 : 보일러의 폭발
㉰ 촉매폭발 : C_2H_2의 폭발
㉱ 중합폭발 : HCN의 폭발

> C_2H_2 폭발
> • 산화폭발 : $C_2H_2 + 2\frac{1}{2}O_2 \rightarrow 2CO_2 + H_2O$
> • 분해폭발 : $C_2H_2 \rightarrow 2C + H_2 + 54.1\,kcal/mol$
>   온도 — 110℃ 이상 ┐ 폭발
>   압력 — 1.5 기압 이상 ┘
> • 화학폭발 : $C_2H_2 + 2Cu \rightarrow Cu_2C_2 + H_2$
>   폭발성이 강한 구리아세틸라이트 생성

정답 91. ㉱ 92. ㉮ 93. ㉮ 94. ㉱ 95. ㉰

96 0℃, 1 atm에서 4 L이던 기체가 273℃, 1 atm일 때 몇 L가 되는가?

㉮ 4 L ㉯ 8 L
㉰ 2 L ㉱ 12 L

$\dfrac{PV}{T} = \dfrac{P'V'}{T'}$ 에서 $P = P' = \text{const.}$

$V' = \left(\dfrac{T'}{T}\right) \times V = 4 \times \dfrac{546}{273} = 8\,\text{L}$

97 내용적 45 L의 용기에 온도 30℃, 절대압력 110 ata으로 충전되어 있는 가스의 온도가 올라가 압력이 130 ata이 되었다. 용기 내 온도는 약 몇 ℃인가?

㉮ 25℃ ㉯ 45℃
㉰ 55℃ ㉱ 85℃

$\dfrac{P}{T} = \dfrac{P'}{T'}$

$T' = \left(\dfrac{P'}{P}\right) \times T = 303 \times \dfrac{130}{110} \fallingdotseq 358\,\text{K}$

∴ $358 - 273 = 85\,℃$

98 액화석유가스 고압설비를 기밀시험하려고 할 때 사용해서는 안 되는 가스는?

㉮ Ar ㉯ CO_2
㉰ O_2 ㉱ N_2

99 응축기용 냉각수로 적당한 것은?

㉮ 상수도 ㉯ 보일러 폐수
㉰ 바닷물 ㉱ 혼탁된 하천수

100 일산화탄소는 상온에서 염소와 반응하여 무엇을 생성하는가?

㉮ 포스겐 ㉯ 카르보닐
㉰ 카르복실산 ㉱ 사염화탄소

$CO + Cl_2 \rightarrow COCl_2$ (포스겐 생성) : 촉매는 활성탄

정답 96. ㉯ 97. ㉱ 98. ㉰ 99. ㉮ 100. ㉮

101 안지름 10 cm인 파이프를 플랜지이음 하였다. 이 파이프 내에 50 kg/cm²의 압력을 걸었을 때 볼트 1개에 걸리는 힘을 400 kg 이하로 하고 싶다면 볼트의 수는 최소한 몇 개 소요 되겠는가?

㉮ 6개 ㉯ 8개
㉰ 10개 ㉱ 12개

$P\,[\text{kg/cm}^2] = \dfrac{F}{A}$

$F = P \times A = 50 \times \dfrac{\pi}{4}(10)^2 = 3925 \text{ kg}$

$\dfrac{3925}{400} = 9.8 \quad \therefore \ 10개$

102 LPG가 충전된 납붙임 용기 또는 접합용기는 몇 도의 온도에서 가스누설시험을 할 수 있는 누설시험장치를 설치하여야 하는가?

㉮ 20~32℃ ㉯ 35~45℃
㉰ 46~50℃ ㉱ 52~60℃

103 공기 중에 78 %가 존재하고 −195.8℃의 비점을 가진 기체는?

㉮ 산소 ㉯ 질소
㉰ CO ㉱ 수소

104 20 kg LPG 용기의 내용적 (L)은 얼마인가? (단, 충전상수 C는 2.35)

㉮ 47 ㉯ 30
㉰ 25 ㉱ 43

$W\,[\text{kg}] = \dfrac{V[\text{L}]}{C}$

$V = 2.35 \times 20 = 47 \text{ L}$

정답 101. ㉰ 102. ㉱ 103. ㉯ 104. ㉮

105 가스미터의 기밀시험압력은 얼마인가?

㉮ 1000 mmH₂O 이내   ㉯ 840~1000 mmH₂O 이내
㉰ 420~550 mmH₂O 이내   ㉱ 420 mmH₂O 이내

> 가스사용시설의 기밀시험압력
> ① 조정기 → 연소기 : 840~1000 mmH₂O
> ② 준저압조정기 : 3500 mmH₂O

106 액화석유가스 사용시설의 저압 부분의 배관은 몇 kg/cm² 이상의 압력으로 하는 내압시험에 합격한 것이어야 하는가?

㉮ 8 kg/cm² 이상   ㉯ 26 kg/cm² 이상
㉰ 15 kg/cm² 이상   ㉱ 3 kg/cm² 이상

> 호스는 2 kg/cm² 이상

107 도시가스 연소성의 측정시기는?

㉮ 매일 1회 이상   ㉯ 매일 2회 이상
㉰ 매주 1회 이상   ㉱ 매월 1회 이상

> 웨버지수
> 매일 6시 30분부터 9시 사이와 17시부터 20시 30분 사이에 각각 1회씩 가스홀더 또는 압송기 출구에서 연소속도 및 웨버지수를 다음 산식에 의해 측정하되 웨버지수가 표준 웨버지수의 ±4.5% 이내를 유지할 것
>
> $$W_I = \frac{H_g}{\sqrt{d}}$$
>
> H_g : 총발열량 [kcal/m³], d : 공기에 대한 가스의 비중

108 도시가스는 무색, 무취, 무미이기 때문에 누설시 가스중독이나 폭발사고를 미연에 방지하기 위하여 부취제를 혼합시킨다. 부취제의 공기 중 용량은?

㉮ 1/200   ㉯ 1/500
㉰ 1/700   ㉱ 1/1000

> 부취제는 공급하는 가스에 공기 중의 혼합비율이 1/1000인 상태에서 감지할 수 있어야 한다.

109 다음 중 도시가스 부취제가 아닌 것은?

㉮ 티시어리부틸메르카부탄 (TBM)   ㉯ 테트라히드로티오펜 (THT)
㉰ 디메틸술파이드 (DMS)   ㉱ 아우터터믹프로세스 (ATP)

물질명	냄새	취기	화학적 안정성	토양투과성	부식성
THT	석탄가스 냄새	보통	안정화합물	보통(흡착용이)	가스 중 H_2O가 존재시 부식
TBM	양파썩는 냄새	강함	내산화성	좋다(흡착난이)	배관(강철, 동합금) 부식
DMS	마늘 냄새	약간 약함	안정화합물	좋다(흡착난이)	H_2O, O_2 부재시 부식이 안 일어남

110 LPG 저장탱크 긴급차단장치에 대한 설명 중 잘못된 것은?

㉮ 동력원은 전기식, 스프링식, 유압식, 공기압식 등이 있다.
㉯ 온도에 의해 작동되는 온도는 110°C
㉰ 조작위치는 10 m 이상
㉱ 액 인입관의 긴급차단밸브는 역지밸브로도 가능

> 긴급차단장치
> 500L 이상의 저장탱크에 설치 조작위치 : 5m 이상(특정, 도매 : 10m 이상)

111 도시가스 제조에서 정기적으로 검사해야 할 사항이 아닌 것은?

㉮ 열량 측정   ㉯ 압력 측정
㉰ 연소성 측정   ㉱ 온도 측정

112 도시가스 유해성분의 측정은 얼마마다 실시하는가?

㉮ 1일 1회 이상   ㉯ 1일 2회 이상
㉰ 매월 1회 이상   ㉱ 매주 1회 이상

> 유해성분 검사 – 1주에 1번 이상
> 0°C 101325 Pa에서 건조한 도시가스 1 m^3당 H_2S : 0.02 g ─┐
> NH_3 : 0.2 g ├ 초과 금지
> S : 0.5 g ─┘

113 비중이 0.55이며 총 발열량이 9000 kcal/m³일 때 웨버지수는?

㉮ 9000 ㉯ 9500
㉰ 12100 ㉱ 13100

$$W_I = \frac{H_g}{\sqrt{d}} = \frac{9000}{\sqrt{0.55}} = 12100$$

114 액화염소가스의 1일 처리능력이 38000 kg일 때, 수용 정원이 350명인 공연장과의 안전거리는 얼마를 유지해야 하는가?

㉮ 11 m ㉯ 18 m
㉰ 27 m ㉱ 30 m

독성 1종 1일 처리능력이 4만 kg 이하이므로 안전거리는 27 m

115 지하에 저장탱크를 설치할 때의 시설기준으로 옳지 않은 것은?

㉮ 지하에 묻는 저장탱크의 외면에는 부식방지 코팅을 할 것
㉯ 저장탱크의 주위에는 마른 모래를 채울 것
㉰ 저장탱크의 정상부와 지면과의 거리는 50 cm 이상으로 할 것
㉱ 저장탱크를 묻는 곳의 주위에는 지상에 경계를 표시할 것

저장탱크 지하 설치시
① 천장, 벽, 바닥두께 30 cm 이상
② 주위는 모래, 정상부와 지면 60 cm 이상
③ 탱크 사이 1 m 이상 유지, 지상에 경계표지
④ 지상에서 5 m 이상 방출구

116 고압가스 사용시설 및 액화석유가스 사용시설의 기술상 기준에 맞는 항목은?

㉮ 산소의 저장설비 주위 10 m 이내에서는 화기를 취급해서는 안된다.
㉯ 고압가스 충전용기는 항상 50℃ 이하를 유지한다.
㉰ 액화석유가스 사용시설 중 배관과 절연 조치를 하지 않은 전선과 30 cm 간격을 유지한다.
㉱ 액화석유가스 사용 신고시설 중 호스의 길이는 3 m 이내로 한다.

㉮ 산소의 저장설비 주위 8 m 이내 화기 금지
㉯ 고압가스 충전용기는 40℃ 이하 유지
㉰ LPG 사용시설 중 배관과 절연조치를 하지 않은 전선과 15 cm 간격 유지, 굴뚝이나 콘센트와 30 cm 이상 유지, 전기계량기나 개폐기, 안전기와 60 cm 이상 유지

정답 113. ㉰ 114. ㉰ 115. ㉰ 116. ㉱

117 LPG 저장설비나 가스설비를 수리 또는 청소할 때 내부의 LPG를 질소 또는 물 등으로 치환하고, 치환에 사용된 가스나 액체를 공기로 재치환하여야 하는데, 이때 공기에 의한 재치환 결과가 산소농도 측정기로 측정하여 산소의 농도가 얼마의 범위 내에 있을 때까지 공기로 치환하여야 하는가?

㉮ 4~6 %
㉯ 7~11 %
㉰ 12~16 %
㉱ 18~22 %

118 액화석유가스 충전시설의 점검주기로 잘못된 것은?

㉮ 충전용 주관의 압력계 : 매월 1회 이상
㉯ 충전용 주관의 압력계 : 6월에 1회 이상
㉰ 안전밸브 작동압력 : 매년 1회 이상
㉱ 충전설비의 작동상황 : 매일 1회 이상

> 📌 충전용 주관 압력계는 매월 1회 이상, 그 밖의 압력계는 3개월에 1회 이상 - 기능검사

119 용어의 정의에서 잔가스용기는 액화석유가스가 용기에 충전질량이 얼마만큼 들어 있는 경우인가?

㉮ 1/2 미만
㉯ 쓰고 난 후 소량 들어 있을 때
㉰ 1/2 이상
㉱ 최고충전량이 아닌 때

> 📌 충전질량 $\frac{1}{2}$ 미만이 잔가스용기이다.

120 도시가스용 가스계량기의 설치 위치는?

㉮ 바닥으로부터 1 m 이상, 1.6 m 이내
㉯ 바닥으로부터 1.6 m 이상, 2 m 이내
㉰ 바닥으로부터 2 m 이상, 2.6 m 이내
㉱ 바닥으로부터 2 m 이상, 3 m 이내

> 📌 가스계량기 설치 높이 : 건물 외부에 1.6 m 이상 2 m 이내로 수직, 수평 설치, 밴드로 고정

121 콘크리트 블록제 방호벽의 규격은?

㉮ 두께 15 cm 이상, 높이 2 m 이상
㉯ 두께 18 cm 이상, 높이 2 m 이상
㉰ 두께 19 cm 이상, 높이 3 m 이상
㉱ 두께 20 cm 이상, 높이 4 m 이상

> 📌 방호벽 - 높이 2 m 이상
> ① 철근 콘크리트 12 cm 두께
> ② 콘크리트 블록 15 cm 두께
> ③ 박강판 3.2 mm 이상 (30×30 앵글강)
> ④ 후강판 6 mm 이상

122 고압가스 설비는 상용압력의 몇 배 이상의 압력에서 항복을 일으키지 아니하는 두께를 가져야 하는가?

㉮ 상용압력×2배 이상 ㉯ 상용압력×1.5배 이상
㉰ 상용압력 이상 ㉱ 상용압력×3배 이상

123 배관공사 후에 실시하는 검사는?

㉮ 가스압력을 언제나 수주 100 mm 이하로 한다.
㉯ 조정기와 연소기 사이의 배관은 수주 100 mm의 기밀시험을 한다.
㉰ 접합부를 성냥불로 점검한다.
㉱ 접합부에 비눗물을 칠하여 누설을 점검한다.

124 안전밸브 분출 최소면적을 구하는 공식은? [단, a : 분출부의 유효면적 (cm^2), W : 안전밸브에서 1시간 동안 분출해야 할 양 (kg), P : 안전밸브 작동압력 (kg/cm^2), M : 가스의 분자량, T : 분출 직전의 가스의 절대온도이다.]

㉮ $a = \dfrac{230P\sqrt{\dfrac{M}{T}}}{W}$ ㉯ $a = \dfrac{W\sqrt{\dfrac{M}{T}}}{230P}$

㉰ $a = \dfrac{W}{230P\sqrt{\dfrac{M}{T}}}$ ㉱ $a = \dfrac{M}{230P\sqrt{\dfrac{W}{T}}}$

125 다음 가스 중 품질검사시 순도가 잘 기술된 것은?

㉮ 산소 : 98 %, 아세틸렌 : 99.5 %, 수소 : 98.5 %
㉯ 산소 : 99.5 %, 아세틸렌 : 98 %, 수소 : 98.5 %
㉰ 산소 : 98.4 %, 아세틸렌 : 98 %, 수소 : 99.5 %
㉱ 산소 : 98.5 %, 아세틸렌 : 98.5 %, 수소 : 99.5 %

> 품질검사 – 1일 1회 이상
> ① O_2 : 99.5 % 이상, 구리암모니아 시약
> ② H_2 : 98.5 % 피로갈롤 하이드로술파이드 시약 → 35℃, 120 kg/cm^2
> ③ C_2H_2 : 98 % 발연황산 3 kg 이상

정답 122. ㉮ 123. ㉱ 124. ㉰ 125. ㉯

126 LPG 용기 보관장소에 설치해야 하는 것은?
㉮ 긴급차단장치　　㉯ 가스누설경보기
㉰ 자동차단밸브　　㉱ 역화방지장치

127 충전기 충전호스의 길이는 얼마로 해야 하는가?
㉮ 1 m 이내　　㉯ 2 m 이내
㉰ 3 m 이내　　㉱ 5 m 이내

　　충전기는 원터치형으로 하고 호스 길이는 5 m 이내로 할 것

128 다음과 같은 LPG 용기 보관소 경계표지의 ㉰자 표시의 색상은?

LPG 용기 저장실　　㉰

㉮ 흑색　　㉯ 적색
㉰ 노란색　　㉱ 흰색

　　충전 중 엔진정지 – 황색 바탕, 흑색 글씨

129 다음 기술 중 틀린 것은?
㉮ 충전시 용기는 용기 재검사기간이 지나지 않았음을 확인한다.
㉯ LPG 용기나 밸브를 가열할 때는 뜨거운 물(40℃ 이상)을 사용해야 한다.
㉰ 충전한 후는 용기밸브의 누설 여부를 꼭 확인한다.
㉱ 용기 내에 잔유물이 있을 때에는 이것을 제거하고 충전한다.

　　충전용기 가열시 40℃ 이하 열습포 사용

130 고압가스 충전용기를 차량에 적재할 때 경계표지는 보기 쉬운 곳에 어떤 색으로 어떻게 표시하는가?
㉮ '황색'으로 '고압가스'　　㉯ '적색'으로 '위험'
㉰ '적색'으로 '위험 고압가스'　　㉱ '청색'으로 '위험 고압가스'

정답　126. ㉯　127. ㉱　128. ㉯　129. ㉯　130. ㉰

131 도시가스 열량은 측정하는 시간대로 옳은 것은 ?
㉮ 2시 30분~4시 사이, 15~18시 30분
㉯ 6시 30분~9시 사이, 17시~20시 30분
㉰ 1시~2시 30분, 10시 30분~15시 사이
㉱ 11시 30분~13시 사이, 17시~20시 30분

132 습식 아세틸렌가스 발생기의 표면은 몇 ℃ 이하로 온도를 유지하여야 하는가 ?
㉮ 80℃ ㉯ 70℃
㉰ 60℃ ㉱ 45℃

📌 최적온도는 50~60℃

133 에어로졸 충전용기의 누설시험시 온수온도는 어느 정도인가 ?
㉮ 25℃ 이상, 35℃ 미만 ㉯ 36℃ 이상, 45℃ 미만
㉰ 46℃ 이상, 50℃ 미만 ㉱ 51℃ 이상, 60℃ 미만

134 충전된 용기를 운반할 때 용기 사이에 목재 칸막이 또는 고무패킹을 사용해야 하는 가스는?
㉮ 가연성 가스 ㉯ 산소
㉰ 독성 가스 ㉱ 액화석유가스

135 고압가스의 양을 차량에 적재하여 운반할 때 운반책임자를 동승시키지 않아도 되는 것은?
㉮ 아세틸렌가스 400 m³ ㉯ 일산화탄소 700 m³
㉰ 액화석유가스 2000 kg ㉱ 액화염소 1500 kg

136 아세틸렌용기에 고루 채우는 다공질물의 다공도는 ?
㉮ 60 % 이상, 80 % 미만 ㉯ 75 % 이상, 92 % 미만
㉰ 70 % 이상, 92 % 미만 ㉱ 62 % 이상, 72 % 미만

📌 아세틸렌 저장시 다공물질 (숯, 석면, 목탄, 규조토)을 채운 후에 아세톤이나 디메틸포름아미드를 넣고 아세틸렌을 넣으면 아세톤이나 DMF에 아세틸렌이 용해된다. 이때, 다공물질의 다공도는 75~92 %이다.

137 의료용 가스용기의 도색 구분 표시로 틀리는 것은?

㉮ 산소 – 백색　　　　　　　㉯ 질소 – 청색
㉰ 헬륨 – 갈색　　　　　　　㉱ 에틸렌 – 자색

> 📌 의료용 가스용기 도색
> O_2 – 백색, 아산화질소 – 청색
> CO_2 – 회색, 시클로프로판 – 주황색
> H_3 – 갈색, C_2H_4 – 자주색, N_2 – 흑색

138 용기판의 최대두께와 최소두께의 차이는 평균 두께의 몇 % 이하로 해야 하는가?

㉮ 20 % 이하　　　　　　　㉯ 30 % 이하
㉰ 40 % 이하　　　　　　　㉱ 50 % 이하

139 용기의 재검사기준 중 내용적 500 L 이하인 용기로서 내압시험에서 영구팽창률이 6 % 이하인 것은 몇 %의 질량을 합격품으로 규정하는가?

㉮ 86 %　　　　　　　㉯ 90 %
㉰ 95 %　　　　　　　㉱ 98 %

140 내용적이 3000 L인 용기에 액화 암모니아를 저장하려고 한다. 동 저장설비의 저장능력은?

㉮ 1613 kg　　　　　　　㉯ 2324 kg
㉰ 2796 kg　　　　　　　㉱ 5588 kg

> 📌 $W = \dfrac{V}{C}$ (NH_3의 충전상수 $C = 1.86$)
> $\therefore W = \dfrac{3000}{1.86} = 1613$ kg

141 C_2H_2 용기의 가스 명칭 색은?

㉮ 백색　　　　　　　㉯ 적색
㉰ 흑색　　　　　　　㉱ 황색

> 📌 용기의 가스 명칭 표시 : 7 mm × 7 mm, 백색
> 예외) 적색 – LPG, 흑색 – NH_3, C_2H_2

정답 137. ㉯　138. ㉮　139. ㉯　140. ㉮　141. ㉰

142 수소용기에 표시하는 '연' 자의 색깔은?
㉮ 적색 ㉯ 백색
㉰ 황색 ㉱ 흑색

> 📌 가연성 가스일 때 '연' : 지름 10 cm, 문자 크기 1 cm, 적색으로 표시
>   예외) LPG – 쓰지 않는다.
> H_2 – 백색

143 시안화수소(HCN)의 안정제가 아닌 것은?
㉮ H_2SO_4 ㉯ H_2PO_5
㉰ $MgCl_2$ ㉱ P_2O_5

> 📌 HCN의 안정제 : 인, 인산, 오산화인, 염화칼슘, 구리, 동망, 아황산가스, 황산

144 가스누설경보기의 기능에 대하여 서술한 것 중 옳지 않은 것은?
㉮ 가스 누설을 검지하여 그 농도를 지시함과 동시에 경보를 울린다.
㉯ 폭발하한계의 1/2 이하에서 자동적으로 경보를 울린다.
㉰ 경보를 울린 후에 가스농도가 변하더라도 계속 경보를 한다.
㉱ 담배연기 등의 잡가스에 울리지 아니한다.

> 📌 가스누설경보장치의 성능기준
>   ① 지시범위 : 0~폭발범위
>   ② 검지부에 도달하면 30초 내에 작동할 것
>   ③ 정전 때를 대비하여 보안전력장치를 설치할 것
>   ④ 전압이나 전원이 ±10 범위 내에서도 정상으로 작동될 것
>   ⑤ 온도의 변화 때 성능이 저하되지 않을 것

145 최고충전압력 50 kg/cm², 사용하는 안지름 65 cm의 용접제 원통형 고압설비의 동판 두께는 최소한 얼마가 필요한가? (단, 재료는 인장강도 60 kg/mm²의 강을 사용하고 용접효율은 0.75, 부식 여유는 1 mm로 한다.)
㉮ 12 mm ㉯ 14 mm
㉰ 16 mm ㉱ 17 mm

> 📌 용접용기 동판 두께
> $$t = \frac{PD}{200S\eta - 1.2P} + C$$

정답 142. ㉯ 143. ㉰ 144. ㉯ 145. ㉰

S : 허용응력 (kg/mm²) = $\frac{1}{4}$ 인장강도

η : 용접효율
P : 최고충전압력 (kg/cm²)
D : 안지름 (mm)
C : 부식 여유수치

$$\therefore t = \frac{50 \times 650}{200 \times \frac{60}{4} \times 0.75 - 1.2 \times 50} + 1 = 16 \text{ mm}$$

146 암모니아 충전용기로서 내용적이 1000 L 이하인 것은 부식 여유 수치가 A이고, 1000 L를 초과하는 것은 B이다. A, B는 각각 몇 m인가?

㉮ A = 1, B = 2　　　　　　㉯ A = 2, B = 3
㉰ A = 0.5, B = 1　　　　　　㉱ A = 1, B = 2.5

> 부식 여유 수치
> NH_3 1000 L 이하 : 1 mm, 초과 : 2 mm
> Cl_2 1000 L 이하 : 3 mm, 초과 : 5 mm

147 액화산소의 저장탱크 방류둑은 저장능력 상당용적의 몇 % 이상으로 하는가?

㉮ 40 %　　　　　　㉯ 60 %
㉰ 80 %　　　　　　㉱ 100 %

148 내부용적이 25000 L인 액화산소 저장탱크의 저장능력은? (단, 비중은 1.14)

㉮ 24780 kg　　　　　　㉯ 25650 kg
㉰ 26460 kg　　　　　　㉱ 27520 kg

> $W = 0.9 dV = 0.9 \times 1.14 \times 25000 = 25650$ kg

149 냉동기의 수리시설기준이 아닌 것은?

㉮ 용접설비　　　　　　㉯ 공작기계설비
㉰ 제관설비　　　　　　㉱ 다공도 측정설비

> 다공도 측정설비는 C_2H_2 용기

146. ㉮　147. ㉯　148. ㉯　149. ㉱

150 다음 독성 가스 중에서 2중관으로 하지 않아도 되는 것은?
㉮ 포스겐 ㉯ 벤젠
㉰ 시안화수소 ㉱ 암모니아

> 이중 배관을 해야 할 독성 가스
> SO₂, Cl₂, COCl₂, H₂S, NH₃, HCN, C₂H₄O, CH₃Cl
> 내관의 바깥지름 : 외관의 안지름 = 1 : 1.2

151 내용적 5 m³ 이상의 일반고압가스로 종류 여하를 불문하고 반드시 설치해야 하는 것은?
㉮ 드레인 세퍼레이터 ㉯ 가스방출장치
㉰ 역류방지밸브 ㉱ 역화방지장치

152 일반 도시가스사업의 가스공급시설 중 폭 10 m 도로의 도시가스 배관의 깊이는?
㉮ 80 cm 이상 ㉯ 100 cm 이상
㉰ 120 cm 이상 ㉱ 140 cm 이상

> 8 m 이상일 때는 → 1.2 m 이상

153 액화석유가스의 충전량을 표시하는 증지를 붙여야 하는 용기의 종류는?
㉮ 내용적 10 L 이상 125 L 미만 ㉯ 내용적 20 L 이상 125 L 미만
㉰ 내용적 125 L 미만 ㉱ 내용적 125 L 이상

> ① 증지 : 10 L 이상 125 L 미만 용기에
> ┌ 봉인증지 : 충전연월, 상호, 기관
> └ 실량증지 : 빈 용기의 무게, 가스무게, 총무게, 충전소명, 전화번호
> ② 5 L 초과 용기 : 캡이나 프로텍터 등 밸브 손상 방지장치
> ③ 20 L 이상 125 L 미만 : 스커트

154 어느 고압가스 제조공장의 예이다. 고압배관의 상용압력이 100 kg/cm² 일 때 기밀시험을 하고자 한다. 몇 kg/cm² 이상의 압력을 가하여야 하는가?
㉮ 190 kg/cm² 이상 ㉯ 150 kg/cm² 이상
㉰ 100 kg/cm² 이상 ㉱ 80 kg/cm² 이상

> 내압시험 : 상용압력 × 1.5배
> 기밀시험 : 상용압력 이상

정답 150. ㉯ 151. ㉯ 152. ㉰ 153. ㉮ 154. ㉰

155 액화 암모니아 50 kg을 충전하기 위한 용기의 내용적은? (단, C = 1.86)
㉮ 27 L ㉯ 40 L
㉰ 70 L ㉱ 93 L

> $V = WC = 50 \times 1.86 = 93$ L

156 아세틸렌은 온도에 불구하고 25 kg/cm^{2}의 압력으로 압축할 때에는 희석제를 첨가하여야 하는데, 이와 같은 희석제로 적당하지 않은 것은?
㉮ 질소 ㉯ 메탄
㉰ 산소 ㉱ 일산화탄소

> C_2H_2 희석제 – 에틸렌, 메탄, 일산화탄소, 질소 등

157 LPG 1단 감압식 저압조정기 입구압력은?
㉮ 0.7~15.6 kg/cm^2 ㉯ 1.0~15.6 kg/cm^2
㉰ 0.25~3.5 kg/cm^2 ㉱ 0.32~0.83 kg/cm^2

158 아세틸렌을 용기에 충전할 때 충전 중의 최고압력은? (단, 온도에 관계없이)
㉮ 150 kg/cm^2 ㉯ 100 kg/cm^2
㉰ 50 kg/cm^2 ㉱ 25 kg/cm^2

159 공기액화 분리장치에 취입되는 원료공기 중 불순물이 아닌 것은?
㉮ 아세틸렌 탄화수소류 ㉯ 질소산화물
㉰ 염소 ㉱ 질소

> 공기액화 때 흡입공기에 함유되면 안 되는 물질 : 탄화수소류, 질소산화물, 염소나 아황산가스, 먼지 등

정답 155. ㉱ 156. ㉰ 157. ㉮ 158. ㉱ 159. ㉱

제 2 편 가스 안전 관리

160 가연성 가스 저장탱크의 외부에는 도료를 바르고 주위에서 보기 쉽도록 가스의 명칭을 표시하여야 하는데, 이 저장탱크의 외부도료의 색깔은?
㉮ 녹색 ㉯ 청색
㉰ 황색 ㉱ 은백색

161 고압가스용기의 재료에 탄소, 인, 황의 함유량이 제한되어 있는데, 그 이유 중 틀린 것은?
㉮ 탄소량이 많으면 충격값이 감소하기 때문이다.
㉯ 인이 많으면 취성이 생기므로 적어야 한다.
㉰ 황은 황화철이 되어 강을 약하게 한다.
㉱ 황에 수분이 함유되면 강을 부식시킨다.

구 분	탄 소	인	황
계 목	0.33 %	0.04 %	0.05 %
무계목	0.55 %	0.04 %	0.05 % 이하

고압가스용기의 재료로 탄소, 인, 황의 함유량이 제한되어 있는 이유는 탄소는 저온에서, 인은 상온에서, 황은 적열시 취성 (깨지는 성질)이 있기 때문이다.

162 고압가스 제조장치의 일상점검으로서 옳은 것은?

① 상용압력 이상의 압력으로 기밀시험을 한다.
② 안전밸브의 작동시험을 한다.
③ 압력계, 온도계, 유량계 등의 이상 유무를 조사한다.
④ 회전기계, 고압밸브 등의 가스 누설을 점검한다.

㉮ ①, ③, ④ ㉯ ①, ④
㉰ ②, ③ ㉱ ③, ④

163 LPG 충전사업 시설의 배관에는 적당한 곳에 안전밸브를 설치하여야 하는데, 안전밸브의 분출면적은 배관의 최대지름부의 단면적의 얼마 이상으로 하여야 하는가?
㉮ 1/2 이상 ㉯ 1/4 이상
㉰ 1/8 이상 ㉱ 1/10 이상

정답 160. ㉱ 161. ㉱ 162. ㉱ 163. ㉱

📌 안전밸브의 최소구경
① 압축기 안전밸브

$$a = \frac{w}{230P\sqrt{\dfrac{M}{T}}}$$

a : 유효면적 (cm²), w : 시간당 가스분출량 (kg/h), M : 분자량, T : 분출할 때의 절대온도, P : 분출할 때의 압력

② 압력용기 : $d = C\sqrt{DL}$

d : 최소구경 (mm), C : 정수, D : 바깥지름 (m), L : 길이 (m)

164 액화석유가스 시설 중 저장설비 및 충전설비는 그 외면으로부터 제 1 종 보호시설은 다음과 같이 안전거리 이상을 유지해야 한다. 잘못된 항목은?

㉠ 저장능력 10 t 이하는 16 m
㉡ 저장능력 10 t 초과 20 t 이하는 21 m
㉢ 저장능력 20 t 초과 30 t 이하는 24 m
㉣ 저장능력 30 t 초과 40 t 이하는 27 m

📌 ㉠의 경우 17 m를 유지하여야 한다.

165 액화석유가스를 사용하기 위한 가스용품이 아닌 것은?

㉠ 고무호스, 압력조정기 (용량 5 kg/h)
㉡ 상자 콕, 볼 밸브
㉢ 측도관, 자동차용 기화기
㉣ 가스레인지, 호스 밴드

166 LPG 용기에 많이 쓰이는 안전밸브는?

㉠ 파열판식 안전밸브
㉡ 가용합금식 안전밸브
㉢ 스프링식 안전밸브
㉣ 파열판식과 가용합금식 병용 안전밸브

📌 안전밸브의 작동압력

내압시험압력 × $\dfrac{8}{10}$ 이하에서 작동

167 LPG 자동차의 연료공급은 택시 트렁크 실내의 LPG 용기에서 나온 LPG는 다음 중 어떤 순서를 거쳐 엔진에 공급되는가?

㉠ 전자밸브, 여과기, 증발기, 기화기
㉡ 증발기, 여과기, 전자밸브, 기화기
㉢ 여과기, 전자밸브, 증발기, 기화기
㉣ 여과기, 증발기, 전자밸브, 기화기

정답 164. ㉠ 165. ㉣ 166. ㉢ 167. ㉢

168 1단 감압식 저압조정기의 입구압력과 출구압력이 맞는 것은?
㉮ 1.0 kg/cm²~15.6 kg/cm²와 280 mmH₂O
㉯ 0.7 kg/cm²~15.6 kg/cm²와 230~330 mmH₂O
㉰ 1.0 kg/cm²~18.6 kg/cm²와 230~330 mmH₂O
㉱ 0.7 kg/cm²~15.6 kg/cm²와 280 mmH₂O

📌 0.07~1.56MPa, 2.3~3.3kPa

169 LPG 자동차 연료장치의 용기 부착방법이 틀린 것은?
㉮ 용기는 가능한 한 차실에 가까운 위치에 부착할 것
㉯ 용기는 이동식으로 부착할 것
㉰ 누설된 액화석유가스가 차실에 들어오지 않는 구조일 것
㉱ 용기밸브, 액면표시장치 등의 돌출부 및 배관 등을 앵글 등으로 보호장치를 할 것

170 LPG 용기의 안전점검기준으로서 틀린 것은?
㉮ 용기의 부식 여부를 확인할 것
㉯ 용기 캡이 씌워져 있거나 프로텍터가 부착되어 있을 것
㉰ 밸브의 그랜드 너트를 고정핀으로 이탈을 방지한 것인가 확인할 것
㉱ 완성검사 도래 여부를 확인할 것

📌 ㉱의 경우 완성검사가 아니고 재검사기간의 도래 여부를 확인한다.

171 액화석유가스의 실량표시 증지에 기재할 사항이 아닌 것은?
㉮ 충전 연월일   ㉯ 발행기관
㉰ 가스의 무게   ㉱ 빈 용기의 무게

📌 실량표시 증지의 재료는 100 g/m²의 노랑 아트지에 코팅한 스티커이다. 충전 연월일은 충전대장에 기입한다.

172 자체 검사시설의 기준에서 액화석유가스 판매사업자가 갖추어야 할 검사시설이 아닌 것은?
㉮ 가스누설감지기   ㉯ 압력계
㉰ 온도계   ㉱ 기밀시험설비

173 가정의 LPG 사용시설 중 가스압력이 가장 높은 것은?

㉮ 가스레인지 입구의 가스압력
㉯ 1단 감압식 저압조정기의 출구압력
㉰ 1단 감압식 저압조정기의 최고폐쇄압력
㉱ 1단 감압식 저압조정기의 안전밸브 작동압력

📌 ㉮ 200~300 mmH₂O
　㉯ 230~330 mmH₂O
　㉰ 350 mmH₂O
　㉱ 560~840 mmH₂O
　※ 1mmH₂O → 10Pa

174 액화석유가스 사용시설에서 저압부 배관의 내압시험압력으로 적당한 것은?

㉮ 35 kg/cm²　　　　　　㉯ 8 kg/cm²
㉰ 10 kg/cm²　　　　　　㉱ 12 kg/cm²

📌 고압부의 내압시험압력은 30 kg/cm²

175 액화석유가스 충전사업의 용기 충전시설기준에 맞지 않는 것은?

㉮ 가스설비에 사용되는 재료는 가스의 성질, 온도 및 압력 등에 적합한 것일 것
㉯ 가스설비에 장치하는 압력계는 최고눈금이 상용압력의 1.5배 이상 3배 이하일 것
㉰ 사업소에는 표준이 되는 압력계를 2개 이상 보유할 것
㉱ 용기 보관 장소에는 가스누설경보기를 설치할 것

📌 압력계는 상용압력의 1.5배 이상 2배 이하일 것

176 액화석유가스 충전사업의 사용자 충전시설기준에 맞지 않는 잘못된 항목은?

㉮ 충전기의 충전호스의 길이는 3 m 이내로 한다.
㉯ 충전호스에 부착하는 가스주입기는 원터치형이어야 한다.
㉰ 충전기 주위에는 가스누설경보기를 설치할 것
㉱ 충전소 내 건축물의 창 등의 유리는 망입유리 또는 안전유리로 할 것

📌 충전호스의 길이는 5 m 이내로 한다.

정답　173. ㉱　174. ㉯　175. ㉯　176. ㉮

177 액화석유가스 사용시설 중 저장량이 얼마 이상이면 소형 저장탱크를 설치하여야 하는가?

㉮ 250 kg　　　　　　㉯ 500 kg
㉰ 2.5 t　　　　　　　㉱ 5.0 t

> 가능한 한 용기집합식으로 사용하지 않는 것이 좋다.

178 액화석유가스 고압설비를 기밀시험하려고 할 때 사용해서는 안 되는 가스는?

㉮ NH_3　　　　　　　㉯ CO_2
㉰ O_2　　　　　　　　㉱ N_2

> NH_3는 가연성이면서 독성이므로 기밀시험을 하는 데 사용해서는 절대 안 됨. 또한, 산소도 지연성이므로 사용할 수 없다.

179 LPG 용기에 붙은 조정기의 기능 중 옳은 것은?

㉮ 가스의 유량 조정　　　㉯ 가스의 밀도 조정
㉰ 가스의 유출압력 조정　㉱ 가스의 유속 조정

> 즉, 용기 내의 압력을 감소시켜 사용할 수 있는 압력으로 만들어 안정된 연소를 시켜 준다.

180 LPG를 공급하는 곳에 가 보니 파이프가 보온되어 있다. 어떤 가스를 공급하는 곳인가?

㉮ 생가스 공급　　　　　㉯ 공기혼합가스 공급
㉰ 변성가스 공급　　　　㉱ 암모니아가스 공급

> 생가스는 외부 열에 의해 기화되기 쉽기 때문에 보온이 필요하다.

181 LPG 도관의 색은?

㉮ 적색의 띠　　　　　　㉯ 황색의 띠
㉰ 은백색의 띠　　　　　㉱ 흑색의 띠

> LPG 탱크에는 은백색을 바른다.

정답　177. ㉮　178. ㉮　179. ㉰　180. ㉮　181. ㉮

182 액화석유가스를 이송하는 펌프에 베이퍼 로크가 생겼다. 이것을 방지하기 위한 방법으로 옳은 것은?

㉮ 펌프의 설치위치를 내린다. ㉯ 펌프의 회전수를 증가시킨다.
㉰ 탱크에 물을 뿌려 충분히 냉각시킨다. ㉱ 토출배관을 크게 한다.

> 베이퍼 로크 방지법
> ① 유효흡입양정을 고려하여 안정하게 설치한다.
> ② 펌프회전수를 줄여 유체저항을 줄인다.
> ③ 흡입배관을 짧고 굵게 하며, 매끈한 관을 사용한다.

183 프로판가스가 공기와 적당히 혼합하여 밀폐된 용기 내에 존재했다가 순간적으로 연소팽창하며 기름과 건물을 파괴했다면, 이때 순간고압은 대략 몇 기압이었을까?

㉮ 1~2기압 ㉯ 7~8기압
㉰ 12~14기압 ㉱ 15~16기압

184 액화석유가스 저장탱크와 가스충전소와의 사이에는 반드시 무엇을 설치해야 하는가?

㉮ 경계표지 ㉯ 방호벽
㉰ 물 분무장치 ㉱ 보안거리

> 방호벽이란 높이 2 m 이상 두께, 12 cm 이상의 철근 콘크리트 또는 이와 동등 이상의 강도를 가지는 구조의 벽

185 겨울철 LPG 용기에 서릿발이 생겨 가스가 잘 나오지 아니할 경우 가스를 사용하기 위한 조치로 옳은 것은?

㉮ 연탄불로 쪼인다. ㉯ 용기를 힘차게 흔든다.
㉰ 40℃ 이하의 열습포로 녹인다. ㉱ 90℃ 정도의 물을 용기에 붓는다.

> 또는 40℃ 이하의 더운물로 녹인다.

186 액화석유가스 집단공급사업의 시설기준이다. 배관을 움직이지 아니하도록 고정·부착하는 조치로서 잘못된 항목은?

㉮ 관지름이 13 mm 미만은 1 m마다 고정
㉯ 관지름이 13 mm 이상은 33 m 미만은 2 m마다

정답 182. ㉮ 183. ㉯ 184. ㉯ 185. ㉰ 186. ㉱

㉰ 관지름이 33 mm 이상은 3 m마다 고정
㉴ 관지름이 33 mm 이상은 5 m마다 고정

187 액화석유가스의 안전 및 사업관리법 시행규칙에서 사용하는 용어 설명이 잘못된 것은?
㉮ '충전용기'라 함은 액화석유가스의 충전질량이 2분의 1 이상 충전되어 있는 상태의 용기
㉯ '잔가스용기'라 함은 액화석유가스의 충전질량이 2분의 1 미만 충전되어 있는 상태의 용기
㉰ '불연재'라 함은 콘크리트, 벽돌, 기와, 모르타르, 그밖에 이와 유사한 것으로 불에 타지 않는 것
㉱ '방호벽'이라 함은 높이 5 m 이상 두께 50 cm 이상의 철근 콘크리트, 이와 동등 이상의 강도를 가지는 구조의 벽

📌 ㉱ 5 m → 2 m, 50 cm → 12 cm

188 LPG를 사용하는 저장시설에서 누설검사를 자주하여야 하는 곳은?
㉮ 용기   ㉯ 조정기
㉰ 중간밸브와 가스레인지의 이음 부분   ㉱ 가스레인지의 콕

📌 누설이 쉬운 부분은 수시로 검사를 해야 한다.

189 LPG 공급시설에서 사용하는 밸브의 종류 중 알맞은 것은?

① 게이트 밸브   ② 볼 밸브   ③ 글로브 밸브

㉮ ②, ③   ㉯ ①, ②
㉰ ③   ㉱ ①, ③

📌 빠른 속도로 완전 기밀을 유지시켜야 한다.

190 다음은 액화석유가스 충전사업의 용기 충전시설기준이다. 잘못된 것은?
㉮ 방류둑의 내측과 그 외면으로부터 5 m 이내에는 그 저장탱크의 부속설비 외의 것을 설치하지 말 것

㉯ 가스설비에는 그 설비에서 발생하는 정전기를 제거하는 조치를 할 것
㉰ 충전시설에는 그 시설로부터 누설하는 가스가 체류할 우려가 있는 장소에 가스누설경보기를 설치할 것
㉱ 전기설비는 방폭구조인 것일 것

📌 5 m → 10 m

191 액화석유가스의 집단공급 시설 중 소형 저장탱크에는 그 내용적의 몇 %까지 충전할 수 있는가?
㉮ 90 % ㉯ 80 %
㉰ 85 % ㉱ 95 %

📌 소형 저장탱크를 제외한 탱크는 내용적의 90 %까지 충전한다.

192 LPG에 관한 사항들이다. 틀리게 설명한 것은?
㉮ 물에 난용이고, 알코올, 에테르에 용해되며, 천연고무를 잘 용해한다.
㉯ 무색, 가연성이며, 증기의 비중은 공기의 약 0.6~0.9배이며, 인화의 위험이 크다.
㉰ 전기절연성이 좋고, 유동, 여과, 적하분무 및 누출시 정전기를 발생하는 일이 있다.
㉱ 연소시 공기의 공급이 부족하면 일산화탄소를 발생하여 경미한 마취성이 있다.

📌 프로판의 비중=1.52, 부탄의 비중=2

193 액화석유가스용 염화비닐호스의 기밀시험에서 얼마 이하의 압력에서 누설이 없어야 하는가?
㉮ $1\,kg/cm^2$ ㉯ $2\,kg/cm^2$
㉰ $3\,kg/cm^2$ ㉱ $4\,kg/cm^2$

📌 $2\,kg/cm^2$ 이상에서 실시하는 내압시험에 이상이 없을 것

194 튜브 게이지 액면표시장치에 설치해야 하는 것은?
㉮ 플레어스택 ㉯ 체크 밸브
㉰ 방충망 ㉱ 프로텍터

📌 충격에 의한 손상을 방지하기 위해서이다.

정답 191. ㉰ 192. ㉯ 193. ㉯ 194. ㉯

195 긴급차단변의 동력원이 아닌 것은?
㉮ 스프링식　　　　　　　　㉯ 전기식
㉰ 유압식　　　　　　　　　㉱ 공기압식

> 스프링식은 종류에는 포함되나 수동식이므로 동력원이 아니다.
> ※ 이 문제에 대한 동영상 설명이 없는 것은 촬영과정에서 누락되었음을 양해하시기 바랍니다.

196 액화 NH_3, 또는 액화염소의 소비설비의 접합은 어떤 방법이 가장 적당한가?
㉮ 나사이음　　　　　　　　㉯ 용접이음
㉰ 플랜지이음　　　　　　　㉱ 납땜이음

> 독성 가스 배관이음은 용접이음을 원칙으로 한다. 특히, Cl_2, NH_3는 이중배관으로 해야 한다.

197 LPG 저장탱크를 지하에 묻을 경우 저장탱크에 설치한 안전밸브에는 지상에서 몇 m 이상의 높이에 방출구가 있는 가스방출관을 설치해야 하는가?
㉮ 5 m　　　　　　　　　　㉯ 6 m
㉰ 7 m　　　　　　　　　　㉱ 8 m

> 지상탱크일 경우는 지상에서 5 m에 설치한다.

198 내압이 $4\sim5$ kg/cm^2 이상이고, LPG나 액화가스와 같이 저비점의 액체일 때 사용되는 터보식 펌프의 메커니컬 실 형식은?
㉮ 밸런스 실　　　　　　　　㉯ 더블 실
㉰ 아웃사이드 실　　　　　　㉱ 언밸런스 실

> 세트형식으로 구분하면 인사이드형, 아웃사이드형, 실형식으로 싱글형, 더블형, 액압을 받는 형식으로 언밸런스, 밸런스의 두 종류가 있다.

199 법 규정에 의하여 일반가스사업자는 열량, 압력 및 연소성을 측정하여야 하는데 이에 대한 설명으로 옳은 것은?
㉮ 각 측정은 일반적으로 가스홀더 출구에서 지식경제부장관이 정하는 위치, 방법으로 측정한다.
㉯ 압력 측정은 정압기의 출구에서나 도지사가 정하는 위치, 방법으로만 측정해야 한다.

정답　195. ㉮　196. ㉯　197. ㉯　198. ㉮　199. ㉮

㉰ 연소성에 있어서는 매일 3회씩 가스홀더의 출구에서 웨버지수에 대하여 가스안전공사가 정하는 방법으로 측정한다.
㉱ 열량의 측정은 매일 오전 5시부터 6시, 12시부터 오후 1시, 오후 6시 30분부터 7시까지 3회 측정하여야 한다.

> ㉯ 압력 측정은 가스홀더의 출구, 정압기 출구, 가스공급시설의 끝부분 배관에서 자기압력계로 측정
> ㉰ 연소성은 1일 2회 측정 (6 : 30~9 : 00, 17~20 : 30)
> ㉱ 열량은 1일 2회 측정

200 가스공급시설의 임시합격기준에 적합하지 않은 것은?
㉮ 도시가스의 공급이 가능할 것
㉯ 가스공급시설을 사용함에 따르는 안전 저해의 우려가 없을 것
㉰ 공공의 이익에 필요할 것
㉱ 사업자금이 충분할 것

> 도시가스사업법 시행령 제2조 참조

201 액화 프로판가스 16 kg을 −42.6°C에서 가열시키는데 도시가스 몇 kg이 소요되는가? (단, 도시가스의 발열량 : 700 kcal/kg, 프로판가스 기화열 95 kcal/kg, 효율 80 %)
㉮ 13.7 kg
㉯ 25.7 kg
㉰ 1.7 kg
㉱ 2.7 kg

> $\dfrac{16 \times 95}{700 \times 0.8} = 2.71$ kg

202 정압기에서 가스사용자가 소유하거나 점유하고 있는 토지의 경계까지에 이르는 배관은?
㉮ 본관
㉯ 공급관
㉰ 옥외 배관
㉱ 저압관

> ① 본관 : 도시가스 제조사업소의 부지경계에서 정압기까지의 배관
> ② 내관 : 사용자의 토지경계에서 연소기까지의 배관

정답 200. ㉱ 201. ㉱ 202. ㉯

203 도시가스 사용시설 중 배관에 있어서 부식방지조치에 의한 지상과 지하매몰 배관의 색깔로 맞는 것은?

㉮ 황색, 적색
㉯ 적색, 황색
㉰ 적색, 흑색
㉱ 황색, 흑색

📌 도시가스사업법 시행규칙 별표 7 '1' 배관 '나' 중 (2) 참조

204 가스계량기는 화기와 몇 m 이상의 우회거리를 유지하여야 하는가?

㉮ 1.5 m
㉯ 1.6 m
㉰ 2 m
㉱ 1.7 m

📌 도시가스 사업법 시행규칙 별표 7, '2' 가스계량기 '나' 중 (1) 참조

205 가스도매사업 제조시설에서 액화가스 저장탱크의 저장능력이 몇 t 이상이면 방류둑을 설치해야 하는가?

㉮ 500
㉯ 600
㉰ 700
㉱ 800

📌 시행규칙 별표 5, '2'의 '나' 중 (1) 참조

206 도시가스 배관장치에 설치하는 피뢰설비 규격은?

㉮ KS C 8076
㉯ KS C 9806
㉰ KS C 8006
㉱ KS C 9609

📌 KS C는 한국산업규격에서 전기에 관한 기호이다.

207 도시가스 배관에서 고압($10kg/cm^2$ 이상)이 걸리는 강관의 접합으로 쓸 수 없는 이음방법은?

㉮ 용접접합
㉯ 플랜지 접합
㉰ 기계적 접합
㉱ 나사접합

📌 강도가 큰 부분의 접합은 나사접합으로는 불가능하다.

정답 203. ㉮ 204. ㉰ 205. ㉮ 206. ㉱ 207. ㉱

208 가스계량기의 용량은 당해 도시가스 사용시설의 최대소비량의 몇 배 이상이어야 하는가?
  ㉮ 1.0
  ㉯ 1.1
  ㉰ 1.2
  ㉱ 1.3

209 수소 20 %, 메탄 50 %, 에탄 30 %의 혼합가스는 공기 중 몇 %의 폭발하한값을 가지는가? (단, 폭발한계는 수소 : 4~7.5 %, 메탄 : 5~15 %, 에탄 : 3~12.5 %)
  ㉮ 2.2
  ㉯ 3.6
  ㉰ 4
  ㉱ 5.2

> 르·샤틀리에의 공식에 따라서 산출
> $$\frac{100}{L} = \frac{20}{4} = \frac{50}{5} + \frac{30}{3} = 5 + 10 + 10 = 25$$
> $$\therefore L = \frac{100}{25} = 4\%$$

210 수소와 산소가 몇 대 몇의 부피 비일 때 격렬히 폭발하는가?
  ㉮ 2 : 1
  ㉯ 3 : 2
  ㉰ 2 : 3
  ㉱ 1 : 2

> 수소 폭명기 : $2H_2 + O_2 \rightarrow 2H_2O + 136.6$ kcal
> (수소 1몰일 때는 $H_2 + \frac{1}{2}O_2 \rightarrow H_2O + 67.8$ kcal)

211 수소는 고온, 고압의 강제 중에서 반응을 일으켜서 무엇을 생성시키는가?
  ㉮ 아세틸렌 (C_2H_2)
  ㉯ 에탄 (C_2H_6)
  ㉰ 프로판 (C_3H_8)
  ㉱ 메탄 (CH_4)

> $2H_2 + Fe_3C \rightarrow CH_4 + 3Fe$ (탈탄작용)

212 시안화수소 (HCN)에는 황산, 아황산가스 등의 안정제를 첨가하는데 그 이유는?
  ㉮ 분해 폭발하므로
  ㉯ 소량의 수분으로 중합하여 그 열로 인하여 폭발하므로
  ㉰ 산화폭발을 일으킬 우려가 있으므로
  ㉱ 시안화수소는 강한 인화성 액체이므로

정답 208. ㉰ 209. ㉰ 210. ㉮ 211. ㉱ 212. ㉯

제2편 가스 안전 관리

213 다음 중 LPG가 아닌 것은?

㉮ C_3H_8 ㉯ C_2H_6
㉰ C_3H_6 ㉱ C_4H_{10}

> LPG는 저급탄화수소 (C수 5개 이하) 중에서 C 수가 3~4개인 것이다.

214 다음 탄화수소화합물 중 동족체가 아닌 것은?

㉮ CH_4 ㉯ C_2H_4
㉰ C_3H_8 ㉱ C_5H_{12}

> ㉮, ㉰, ㉱ 는 일반식 C_mH_{2n+2} 인 알칸족 (파라핀계)이고 ㉯는 일반식 C_mH_{2n} 인 알칸족 (올레핀계)이다.

215 프로판의 완전연소식을 나타낸 것이다. ( ) 안에 알맞은 계수를 순서대로 나타낸 것은?

$$C_3H_8 + (\ )O_2 \rightarrow (\ )CO_2 + (\ )H_2O + Q\,\text{kcal}$$

㉮ 2 · 3 · 4 ㉯ 1 · 2 · 3
㉰ 5 · 3 · 4 ㉱ 3 · 4 · 5

> 탄화수소의 완전연소 일반식에 대입해 보면 된다.
> $$C_mH_n + \left(m + \frac{n}{4}\right)O_2 \rightarrow (m)CO_2 + \left(\frac{n}{2}\right)H_2O$$

216 C_4H_{10} 은 C_3H_8 에 비하여 연소에 필요한 산소량이 몇 배인가?

㉮ 같다. ㉯ 1.5배
㉰ 1.3배 ㉱ 1.2배

> 완전연소식을 정리하여 보면,
> $C_4H_{10} + 6.5\,O_2 \rightarrow 4\,CO_2 + 5\,H_2O$
> $C_3H_8 + 5\,O_2 \rightarrow 3\,CO_2 + 4H_2O$ 이므로 C_4H_{10} 은 1몰당 6.5몰의 산소가 필요하고 C_3H_8 은 1몰당 5몰의 산소가 필요하다.
> 몰비 = 부피비이므로 $\frac{6.5}{5} = 1.35$ 배

정답 213. ㉯ 214. ㉯ 215. ㉰ 216. ㉰

217 C₃H₈의 위험도는?

㉮ 2.5 ㉯ 3.5
㉰ 4.5 ㉱ 5.5

$$H = \frac{U-L}{L} = \frac{9.5-2.1}{2.1} = 3.5238$$

218 C₃H₈과 C₄H₁₀의 대기압하에서의 비점이 각각 맞는 것은?

㉮ −0.5℃, −42.1℃ ㉯ −42.1℃, −0.5℃
㉰ −33.3℃, −180℃ ㉱ −180℃, −33.3℃

219 SNG에 대한 설명으로 맞는 것은?

㉮ SNG는 각 부생가스로 고로가스가 주성분이다.
㉯ SNG는 대체 천연가스 또는 합성 천연가스를 말한다.
㉰ SNG는 순수 천연가스를 말한다.
㉱ SNG는 각종 도시가스의 총칭이다.

220 가정용 LPG의 최종압력과 최대폐쇄압력은?

㉮ 조정압력 1 kg/cm² 이하, 폐쇄압력 1.5 kg/cm²
㉯ 조정압력 700 mmHg 이하, 폐쇄압력 800 mmHg
㉰ 조정압력 450±30 mmH₂O, 폐쇄압력 500 mmH₂O
㉱ 조정압력 280±50 mmH₂O, 폐쇄압력 350 mmH₂O

221 C₃H₈의 발열량이 26000 kcal/m³일 때 발열량 5000 kcal/m³로 희석하려면 몇 m³의 공기가 필요한가?

㉮ 3.8 m³ ㉯ 4.2 m³
㉰ 5.1 m³ ㉱ 5.5 m³

$$\frac{2600 \text{ kcal}}{(1+x)\text{m}^3} = 5000 \text{ kcal/m}^3$$
$$\therefore x = \frac{26000}{5000} - 1 = 4.2 \text{ m}^3$$

정답 217. ㉯ 218. ㉯ 219. ㉯ 220. ㉱ 221. ㉯

222 LPG 조정기를 사용하여 2단 감압으로 가스를 공급하려고 한다. 장점이 될 수 없는 것은?

㉮ 공급압력이 안정하다. ㉯ 중간배관이 가늘어도 지장이 없다.
㉰ 연소기구에 적당한 압력으로 공급된다. ㉱ 재액화의 우려가 있다.

> 2단 감압방식의 단점
> ① 설비가 복잡하다.
> ② 조정기 수가 많아서 점검개소가 많다.
> ③ 부탄은 재액화의 문제가 있다.
> ④ 검사방법이 복잡하고 시설의 압력이 높다.

223 LPG 소비설비에서 공기로 희석하는 목적은?

㉮ 재액화 방지 및 발열량 조절 ㉯ 연소범위 조절 및 착화온도 조절
㉰ 독성 방지 및 인화점 조절 ㉱ 성분 조절 및 폭발범위 조절

> 재액화를 방지하기 위해서는 공기로 희석한다.

224 LPG 사용시설에 기화기를 사용할 경우 장점이 아닌 것은?

㉮ 한랭시에도 가스의 공급이 순조롭다. ㉯ 가스의 조성이 일정하다.
㉰ 기화량의 가감이 쉽다. ㉱ 재액화를 방지할 수 있다.

225 다음 식은 탄화수소의 완전연소식이다. ( ) 안에 알맞은 것은?

$$\langle 반응식 \rangle \ C_mH_n + (\quad)O_2 \rightarrow {}_mCO_2 + \frac{n}{2}H_2O$$

㉮ n ㉯ $\dfrac{n}{2}$

㉰ $m + \dfrac{n}{4}$ ㉱ m

> $C_mH_n + (\quad)O_2 \rightarrow {}_mCO_2 + \dfrac{n}{2}H_2O$

226 저압조정기의 안전장치 작동개시압력은?

㉮ 700 ± 140 mmH$_2$O ㉯ 350 ± 50 mmH$_2$O
㉰ 280 ± 50 mmH$_2$O ㉱ 500 ± 200 mmH$_2$O

정답 222. ㉱ 223. ㉮ 224. ㉱ 225. ㉰ 226. ㉮

> 분출개시압력 : 560~840 mmH₂O
> 작동표준압력 : 700 mmH₂O
> 작동정지압력 : 504~840 mmH₂O

227 LPG 배관에서 저압배관 설계요소가 아닌 것은?
㉮ 최대가스 유량 ㉯ 유효압력 강하
㉰ 마찰손실 ㉱ 관의 길이

> $Q = K\sqrt{\dfrac{D^5 \cdot H}{S \cdot L}}$ 에 의거해 ㉮, ㉯, ㉱ 외에도 관경을 고려해야 한다.

228 가스배관 내의 압력 손실요인 중 틀린 것은?
㉮ 배관의 입상에 의한 손실 ㉯ 마찰 저항에 의한 손실
㉰ 유량에 의한 손실 ㉱ 밸브, 플랜지 등 계수에 의한 손실

229 가스배관의 경로 선정 방법이 아닌 것은?
㉮ 최단거리로 할 것 ㉯ 구부러지거나 오르내림이 적을 것
㉰ 은폐, 매설을 할 것 ㉱ 가능한 한 옥외에 설치할 것

> 건물 내부나 기초 밑에 설치하지 말고 노출 시공하는 것을 원칙으로 한다.

230 가스공급을 위한 시설로 필요 없는 것은?
㉮ 가스홀더 ㉯ 압송기
㉰ 정적기 ㉱ 정압기

> 공급시설에는 가스발생설비, 가스정제설비, 가스저장설비(저장탱크, 가스홀더), 압송기, 배송기, 정압기, 본관, 공급관 등이 있다.

231 가스배관 내에 흐르는 도시가스의 성분이 아닌 것은?
㉮ CH_4 ㉯ C_3H_8
㉰ CO_2 ㉱ CO

정답 227. ㉰ 228. ㉰ 229. ㉰ 230. ㉰ 231. ㉰

232 가스의 배관에 설치되는 계량기가 하는 일은?

㉮ 시간별 가스사용량의 증감에 따라 가스압력을 공급량에 알맞게 조정한다.
㉯ 공급지역의 증가에 따른 가스의 부족압력을 충당한다.
㉰ 제조공장에서 정제된 가스를 저장한다.
㉱ 가스의 사용량을 눈금에 의해 알 수 있도록 되어 있다.

233 정압기를 사용압력별로 분류한 것이 아닌 것은?

㉮ 저압 정압기
㉯ 중압 정압기
㉰ 고압 정압기
㉱ 초고압 정압기

> 고압 정압기 : 고압 → 중압으로
> 중압 정압기 : 중압 → 저압으로
> 저압 정압기 : 저압 → 사용압력으로

234 가스압송기에 사용되는 송풍기가 아닌 것은?

㉮ 터보 송풍기
㉯ 루츠 송풍기
㉰ 왕복 피스톤 송풍기
㉱ 팬식 송풍기

> 터보 송풍기는 블로어라고도 하며, 보기 외에도 기동날개형 회전 압송기가 있다.

235 중압가스 공급방법에 관한 설명이 잘못된 것은?

㉮ 게이지 압력 2500 g/cm^{2}을 초과하는 압력으로 공급한다.
㉯ 압송시설비 및 동력비가 많이 든다.
㉰ 압송기 → 지구정압기 → 수요자의 순으로 공급한다.
㉱ 소구경으로 광범위한 지역에 균일한 가스를 보낼 수 있다.

236 원거리지역에 대량의 가스를 공급하기 위해 쓰이는 가스공급방식은?

㉮ 저압 공급
㉯ 중압 공급
㉰ 고압 공급
㉱ 초고압 공급

237 정압기 중에서 구조기능이 가장 우수하여 많이 사용되며, 중압관 내의 압력이 변해도 항상 자동 작동하여 저압측의 공급 압력에 변동을 주지 않도록 되어 있는 정압기는 ?
㉮ 레이놀즈 정압기   ㉯ 엠코 정압기
㉰ 서비스 정압기   ㉱ 다이어프램식 정압기

238 도시가스의 공급지역이 넓어 수요가 증가함으로써 가스압력이 부족하게 될 때 사용되는 공급시설은 ?
㉮ 가스홀더   ㉯ 압송기
㉰ 정압기   ㉱ 가스계량기

239 정압기를 용도별로 분류한 것이 아닌 것은 ?
㉮ 기정압기   ㉯ 지구 정압기
㉰ 공급자 전용 정압기 ㉱ 수요자 전용 정압기

240 가스정압기의 관리방법으로 잘못된 것은 ?
㉮ 불순물을 제거하기 위해 3개월에 1회, 원거리에 있는 것은 1년에 1회 정도 분해청소를 실시한다.
㉯ 정압기 내의 압력을 조정할 때에는 정압기를 가동한 채로 행한다.
㉰ 정압기 내부의 동결을 방지하기 위해 면포, 펠트 등으로 방한시공을 한다.
㉱ 자동기록압력계의 차트를 대체하기 위해 차례로 순회하며 작업한다.

241 가스홀더의 압력을 이용하여 가스를 공급하며, 가스 제조공장과 공급지역이 가깝거나 공급면적이 좁을 때 적당한 가스공급방법은 ?
㉮ 저압 공급   ㉯ 중압 공급
㉰ 고압 공급   ㉱ 초고압 공급

242 저압 LPG 배관의 내부에 흐르는 가스압력은 ?
㉮ $0.2\ kg/cm^2$ 미만   ㉯ $0.1\sim2\ kg/cm^2$ 미만
㉰ $2\ kg/cm^2$ 이하   ㉱ $3\ kg/cm^2$ 이하

정답 237. ㉮   238. ㉯   239. ㉰   240. ㉯   241. ㉯   242. ㉮

📌 고압 : 2 kg/cm² 이상의 기화된 LPG
중압 : 0.1 kg/cm² 이상 2 kg/cm² 미만
저압 : 0.1 kg/cm² 미만

243 LPG용 배관시설비의 완성검사방법에 해당되지 않는 것은?
㉮ 내압시험　　　　　　　　㉯ 수압시험
㉰ 가스치환　　　　　　　　㉱ 기밀시험

📌 ㉮, ㉰, ㉱ 외에도 기능검사가 있다.

244 액화석유가스 사용시설의 저압 부분의 배관은 몇 kg/cm² 이상의 압력으로 하는 내압시험에 합격한 것이어야 하는가?
㉮ 8 kg/cm² 이상　　　　　㉯ 26 kg/cm²
㉰ 15 kg/cm² 이상　　　　㉱ 3 kg/cm² 이상

📌 고압부는 30 kg/cm² 이상이고, 저압부에서 호스는 2 kg/cm² 이상이다.

245 LPG를 사용할 중앙집중 배관 시공을 위해 고려할 사항 중 아닌 것은?
㉮ 배관 내의 압력 손실　　　㉯ 외관검사
㉰ 용기의 크기 및 필요　　　㉱ 감압방식의 결정 및 조정기의 선정

246 조정기의 목적은?
㉮ 유량 조절　　　　　　　　㉯ 발열량 조절
㉰ 가스의 유출압력 조절　　㉱ 가스의 유속 조절

247 LPG 저장탱크에 꼭 부착해야 할 부속품이 아닌 것은?
㉮ 안전밸브　　　　　　　　㉯ 긴급차단밸브
㉰ 온도계　　　　　　　　　㉱ 역지밸브

📌 액화가스에는 압력계, 온도계가 필수이고 압축가스에는 압력계가 필수이다. 이송설비에서 보기에 주어진 것들은 모두 필요한 것이다.

정답　243. ㉯　244. ㉮　245. ㉯　246. ㉰　247. ㉱

248 수중에 부유하는 탱크에 밸브가 달려 있으며, 탱크 내의 승강과 더불어 밸브가 상하로 움직여 압력을 조정하는 정압기는 ?
㉮ 레이놀즈 정압기 ㉯ 엠코 정압기
㉰ 수요자 정압기 ㉱ 부종형 정압기

249 LPG 배관에서 저압배관의 가스유량 계산식은 ? [단, Q : 가스유량 (m³/h), S : 가스비중, L : 관의 길이 (m), H : 허용압력 손실 (수주 (mm)), D : 관의 안지름 (cm), K : 유량계수(폴의 정수 0.707)]

㉮ $Q = K\sqrt{\dfrac{SL}{D^5 H}}$ ㉯ $Q = L\sqrt{\dfrac{D^5 S}{KH}}$

㉰ $Q = K\sqrt{\dfrac{D^5 H}{SL}}$ ㉱ $Q = H\sqrt{\dfrac{D^5 K}{SL}}$

250 문제에서 초압을 P_1 kg/cm² · a, 종압을 P_2 kg/cm² · a, K : 콕의 계수 (52.31)일 때 중 · 고압 배관의 유량 계산식은 ?

㉮ $Q = K\dfrac{\sqrt{(P_2 - P_1) \cdot D^5}}{S \cdot L}$ ㉯ $Q = K\sqrt{\dfrac{(P_1 - P_2) \cdot D^5}{S \cdot H \cdot L}}$

㉰ $Q = K\dfrac{\sqrt{D^5(P_1^2 - P_2^2)}}{S \cdot L}$ ㉱ $Q = K\sqrt{\dfrac{D^5(P_2^2 - P_1^2)}{S \cdot L}}$

251 LPG 기구에서 LPG의 분출량 Q m³/h을 구하는 식은 어느 것인가 ? [단, Q : 노즐에서의 가스분출량 (m³/h), D : 노즐의 지름 (mm), h : 노즐 직전의 가스압력 (mm 수주), d : 가스의 비중]

㉮ $Q = 0.009 d^2 \sqrt{\dfrac{h}{D}}$ ㉯ $Q = 0.005 D^2 \sqrt{\dfrac{d}{h}}$

㉰ $Q = 0.009 D^2 \sqrt{\dfrac{h}{d}}$ ㉱ $Q = 0.008 d^2 \sqrt{\dfrac{D}{h}}$

정답   248. ㉱   249. ㉰   250. ㉰   251. ㉰

252 용량 500 L인 액산탱크에 액산을 넣어 방출밸브를 개방하여 12시간 방치했더니, 탱크 내의 액산이 4.8 kg이 방출되었다. 이때, 액산의 증발잠열을 50 kcal/kg이라 하면 1시간당 탱크에 침입하는 열량은 몇 kcal인가?

㉮ 10 kcal ㉯ 20 kcal
㉰ 30 kcal ㉱ 40 kcal

> $Q = W \cdot r = 4.8\,\text{kg} \times 50\,\text{kcal/kg}$
> $= 240\,\text{kcal/12h}$
> 이것을 1시간 단위로 하면 $\dfrac{240}{12} = 20\,\text{kcal}$

253 LPG 사용시설의 배관 중 호스의 길이는 어느 정도인가? (단, 공업용, 가정용은 제외한다.)

㉮ 1 m 이내 ㉯ 2 m 이내
㉰ 3 m 이내 ㉱ 4 m 이내

254 LPG를 소규모 소비시설시 용기수량을 결정하는 조건이 아닌 것은?

㉮ 최대소비수량 ㉯ 용기본수
㉰ 용기의 종류 ㉱ 용기에서의 가스 발생 능력

> 소비세대수, 평균가스 소비율 등도 필요하다.

255 조정기의 표준압력은?

㉮ 200 mmH$_2$O ㉯ 280 mmH$_2$O
㉰ 420 mmH$_2$O ㉱ 350 mmH$_2$O

> 범위는 ±50이며, 350 mmH$_2$O는 최대 폐쇄

256 염소의 재해방지용으로 사용되는 흡수제가 될 수 없는 것은?

㉮ 석회수 ㉯ 탄산나트륨
㉰ 수산화나트륨 ㉱ 탄산칼슘

> 석회수 = 소석회 [Ca(OH)$_2$]

정답 252. ㉯ 253. ㉰ 254. ㉯ 255. ㉯ 256. ㉱

257 고압가스 용기에 사용되지 않는 안전밸브는?

㉮ 가용전 ㉯ 파열판식 안전밸브
㉰ 스프링식 안전밸브 ㉱ 중추식 안전밸브

> 고압장치에 사용되는 안전장치에는 안전밸브, 파열판, 바이패스 밸브, 자동제어장치 등이 있다.

258 용기의 제조, 수리의 기술상 기준을 설명한 것이다. 틀리는 것은?

㉮ 용기 동판의 최대두께와 최소두께와의 차이는 평균 두께의 20 % 이하로 하여야 한다.
㉯ 용기의 재료에는 스테인리스강 또는 알루미늄합금 등을 사용한다.
㉰ 초저온용기는 오스테나이트계의 스테인리스강으로 제조하여야 한다.
㉱ 이음매 없는 용기의 탄소의 함유량은 0.33 % 이하여야 한다.

> 무계목용기 : C : 0.55 %, P : 0.04 %, S : 0.05 %

259 저장탱크 내의 가스용량은 사용온도에서 그 내용적의 ( ) %를 초과하지 아니하여야 한다. ( ) 내에 알맞은 것은?

㉮ 95 ㉯ 90
㉰ 85 ㉱ 80

> 소형 저장탱크는 내용적 85 %를 초과하지 않도록 한다.

260 고온, 고압의 수소와 작용시키면 화합하여 암모니아를 생성하게 하는 가스는?

㉮ 질소 ㉯ 탄소
㉰ 염소 ㉱ 메탄

> $N_2 + 3H_2 \rightarrow 2NH_3$

261 다음 가스 중 공기보다 무거운 것은?

㉮ 메탄 ㉯ 프로판
㉰ 암모니아 ㉱ 헬륨

정답 257. ㉱ 258. ㉱ 259. ㉯ 260. ㉮ 261. ㉯

제 2 편 가스 안전 관리

> 📌 비중
> ㉮ 메탄 (CH_4) : $16 \div 29 = 0.55$ ㉯ 프로판 (C_3H_8) : $44 \div 29 = 1.52$
> ㉰ 암모니아 (NH_3) : $17 \div 29 = 0.58$ ㉱ 헬륨 (He) : $4 \div 29 = 0.14$

262 고압가스라 함은 압축가스인 경우에는 압력이 상용온도 또는 35℃에서 몇 게이지 압력 이상을 말하는가?

㉮ 10 kg/cm^2 ㉯ 20 kg/cm^2
㉰ 30 kg/cm^2 ㉱ 40 kg/cm^2

> 📌 고압가스 첨가
> ① 아세틸렌가스는 상용온도에서 0 kg/cm^2 이상
> ② 액화가스는 상용온도 또는 35℃에서 2 kg/cm^2 이상
> ③ 액화브롬화메탄, 액화산화에틸렌, 액화시안화수소는 상용온도에서 10 kg/cm^2 이상

263 제1종 보호시설에 속하지 않는 것은?

㉮ 학교   ㉯ 병원
㉰ 주택   ㉱ 아동 50명을 수용하는 유치원

> 📌 주택은 제2종 보호시설임.

264 고압가스 용기의 재료에 사용되는 강의 성분 중 탄소, 인, 황의 함유량은 제한되어 있다. 그 이유로 옳은 것은?

㉮ 황은 적열취성의 원인이 된다.
㉯ 탄소량이 증가하면 인장강도는 감소하나, 충격값은 내려간다.
㉰ 탄소량이 많으면 인장강도는 감소하고, 충격값은 증가한다.
㉱ 인 (P)은 될 수 있는 대로 많은 것이 좋다.

> 📌 탄소량이 증가하면 인장강도는 증가한다. P (인)은 상온취성의 원인이 되며, C (탄소)는 저온취성의 원인이 된다.

265 고압가스에는 압축가스, 용해가스, 액화가스가 있는데, 다음 중 액화가스가 아닌 것은?

㉮ LPG   ㉯ 아세틸렌
㉰ 암모니아   ㉱ 이산화탄소

정답 262. ㉮ 263. ㉰ 264. ㉮ 265. ㉯

📌 ① 압축가스 : 헬륨, 수소, 네온, 질소, 산소 등
② 용해가스 : 아세틸렌
③ 액화가스 : 암모니아, 염소, 프로판, 부탄, 에틸렌 등

266 아세틸렌 제조설비에 관한 다음 사항 중 틀린 것은?

㉮ 아세틸렌에 접촉하는 부분에는 동 함유량이 60 % 이상 70 % 이하의 것이 허용된다.
㉯ 아세틸렌 충전용 교체밸브는 충전장소와 격리하여 설치한다.
㉰ 아세틸렌 충전용 지관에는 탄소 함유량 0.1 % 이하의 강을 사용한다.
㉱ 압축기와 충전장소 사이에는 방호벽을 설치한다.

📌 구리 함유량이 62 % 미만이어야 한다.

267 산소에 관한 설명 중 옳은 것은?

㉮ 물질을 잘 태우는 가연성 가스이다.
㉯ 유지류에는 접촉하면 발화한다.
㉰ 가스로서 용기에 충전할 때는 250 kg/cm^2으로 충전한다.
㉱ 폭발범위가 비교적 큰 가스이다.

📌 ㉮ 산소는 조연성 (지연성) 가스
㉰ 용기 충전시는 120 kg/cm^2이고 최고충전압력은 150 kg/cm^2이다.
㉱ 지연성 가스이므로 폭발범위와는 무관

268 고압장치 중에 역류방지밸브 또는 역화방지장치를 설치해야 할 곳으로 옳은 것은?

㉮ 가연성 가스를 압축하는 압축기와 충전용 주관과의 사이에 역류방지밸브
㉯ 아세틸렌을 압축하는 압축기의 유분리기와 고압건조기와의 사이에 역화방지장치
㉰ 가연성 가스를 압축하는 압축기와 오토클레이브와의 사이에 역류방지밸브
㉱ 암모니아 또는 메탄올의 합성통이나 정제통과 압축기와의 사이 배관에 역화방지장치

📌 ㉯ 역화방지장치 → 역류방지밸브
㉰ 역류방지밸브 → 역화방지장치
㉱ 역화방지장치 → 역류방지밸브

269 확관에 의하여 관을 부착하는 관판의 관 구멍 중심 간의 거리는 관 바깥지름의 몇 배 이상으로 하는가?

㉮ 1.25배 ㉯ 1.5배
㉰ 1.75배 ㉱ 2배

📌 고압가스안전관리법 시행규칙 별표 12의 2 중 '나'의 (8)의 (가)

270 스테이를 부착하지 않는 판의 두께는?

㉮ 8 mm 미만 ㉯ 10 mm 미만
㉰ 13 mm 미만 ㉱ 15 mm 미만

📌 고압가스안전관리법 시행규칙 별표 12의 2 중 '나'의 (5) 참조

271 두께 8 mm 미만의 판에 펀칭가공으로 구멍을 뚫은 경우에는 그 가장자리를 몇 mm 이상 깎아야 하는가?

㉮ 1.5 ㉯ 3
㉰ 8 ㉱ 12

📌 가스로 뚫을 경우 3 mm 이상으로 함.

272 고압가스 제조장치의 정기점검항목을 설명한 것 중 옳은 것은?

㉮ 냉각수의 수질을 검사한다.
㉯ 상용압력 이상의 압력으로 기밀시험을 한다.
㉰ 압축기에 이상 진동이 생기지 않는지 조사한다.
㉱ '출입 금지' 등의 안전표시가 파손된 것을 조사한다.

📌 기밀시험압력 (용기의 경우)
① 초저온용기, 저온용기 : $F_P \times 1.1$
② 아세틸렌용기 : $F_P \times 1.8$
③ 기타 : 최고충전압력 이상

273 공기 액화분리장치의 폭발원인이 아닌 것은?

㉮ 공기 중에 있는 산화질소, 이산화질소 등 질소화합물의 혼입
㉯ 압축기용 윤활유의 분해에 따른 탄화수소의 생성

정답 269. ㉮ 270. ㉮ 271. ㉮ 272. ㉯ 273. ㉱

㉰ 공기취입구로부터 아세틸렌 혼입
㉱ 액체공기 중의 오존 (O_3) 불혼입

> 액체공기 중에 O_3 (오존)이 혼입될 때 폭발의 원인이 된다.

274 고압가스용 호스 제조설비가 아닌 것은?
㉮ 압축성형설비　　㉯ 고무배합설비
㉰ 용접설비　　㉱ 가공설비

> ㉮, ㉯, ㉱ 외에도 조립설비, 절단설비 등이 있다.

275 용기의 안전밸브는 몇 ℃ 이상이 되면 밸브 속의 얇은 금속판이 파열되는가?
㉮ 40℃　　㉯ 50℃
㉰ 70℃　　㉱ 200℃

> 긴급차단장치는 110℃ 이상이 되면 자동적으로 작동할 수 있도록 한다. 일반적으로는 용기에는 70℃ 전후이다.

276 암모니아 용기에 표시하는 문자로 옳은 것은?
㉮ 독　　㉯ 연
㉰ 독 · 연　　㉱ 독성 가스

> 가연성 및 독성 가스에 각각 표시하는 '연' 및 '독'자는 적색으로 한다. 다만, 수소는 백색으로 한다.

277 고압가스 저장기술상 기준에 대한 설명으로 틀린 것은?
㉮ 충전용기에는 전락 · 전도 및 충격을 방지하는 조치를 할 것
㉯ 시안화수소의 저장은 용기에 충전한 후 30일을 초과하지 말 것 (단, 시안화수소의 순도는 98% 미만임)
㉰ 산소를 저장하는 곳의 주위에는 연소되기 쉬운 물질을 두지 아니할 것
㉱ 독성 가스의 저장은 통풍이 잘 되는 곳에 할 것

> 시안화수소는 60일 이상 저장하지 말 것 (단, 98% 이상이고 착색되지 않는 것은 제외)

정답 274. ㉰　275. ㉰　276. ㉰　277. ㉯

278 가연성 가스의 제조설비 중 전기설비는 방폭 성능을 가지는 구조로 해야 하는데, 이로부터 제외된 가스는?
㉮ 브롬화메탄 ㉯ 프로판
㉰ 수소 ㉱ 메탄

📌 브롬화메탄, 암모니아는 제외

279 고압가스 용기부속품을 제조하여 시판할 때 꼭 명기해야 할 사항이 아닌 것은?
㉮ 제조자명 또는 그 약호 ㉯ 무게
㉰ TP ㉱ 재질의 두께

📌 부속품 기호
① AG : 아세틸렌용기 부속품
② PG : 압축가스용기 부속품
③ LG : 액화가스용기 부속품
④ LT : 저온, 초저온용기 부속품
⑤ LPG : 액화가스를 제외한 액화석유가스용기 부속품

280 압축산소가스를 도관에 의하여 수송할 경우 그 도관에 설치할 설비는?
㉮ 온도계, 압력계 ㉯ 안전밸브, 압력계
㉰ 온도계, 유량계 ㉱ 안전밸브, 온도계

📌 액화가스에는 안전밸브, 압력계, 온도계를 설치해야 한다.

281 압력용기의 충전구가 왼쪽나사로 되어 있는 것은?
㉮ 이산화탄소 ㉯ 산소
㉰ 프로판가스 ㉱ 질소가스

📌 가연성 가스는 모두 왼나사이나 암모니아와 브롬화메탄은 오른나사이다.

282 고압가스 긴급차단장치의 작동온도는?
㉮ 100℃ ㉯ 110℃
㉰ 150℃ ㉱ 200℃

정답 278. ㉮ 279. ㉱ 280. ㉯ 281. ㉰ 282. ㉯

> 긴급차단장치의 조작은 저장탱크에서 5 m 이상 떨어진 수 개소 (보통 3개소 이상)의 위치 어느 곳에서나 조작할 수 있도록 하며, 가용합금을 달아 유체 또는 주위의 온도 상승으로 110℃가 되면 작동한다.

283 고압가스의 밸브 (valve)를 열 때는 어떻게 해야 하는가 ?
㉮ 빨리 연다. ㉯ 천천히 연다.
㉰ 천천히 열다 빨리 연다. ㉱ 유류를 발라서 잘 열리게 한 후 연다.

> 밸브를 갑작스럽게 열면 위험하다.

284 산소압축기에 사용되는 실린더 윤활제는 무엇인가 ?
㉮ 황산 ㉯ 없음
㉰ 물 ㉱ 기름

> 산소압축기의 윤활유는 물이나 10 % 이하의 글리세린 수용액을 사용한다.

285 제조자 또는 수리자가 긴급차단장치를 제조 또는 수리하였을 때 수압시험방법은 ?
㉮ KS B 2304 ㉯ KS B 0004
㉰ KS B 2108 ㉱ KS B 0014

286 고압가스의 탱크 또는 고압장치의 배관설비에서 상온의 온도일 때 액화가스의 압력이 얼마 이상 되는 것을 처리할 수 있는가 ?
㉮ 1 kg/cm^2 ㉯ 2 kg/cm^2
㉰ 3 kg/cm^2 ㉱ 4 kg/cm^2

287 다음 고압가스 중 비점이 높은 것부터 순서대로 나열된 것은 ?
㉮ $R-12$, $R-22$, NH_3 ㉯ $R-12$, NH_3, $R-22$
㉰ $R-22$, $R-12$, NH_3 ㉱ NH_3, $R-12$, $R-22$

> 비점
> ① $R-12$: $-29.8℃$ ② NH_3 : $-33.3℃$ ③ $R-22$: $-40.8℃$

정답 283. ㉯ 284. ㉰ 285. ㉮ 286. ㉯ 287. ㉯

288 액화가스를 충전하는 용기의 경우, 그 내부 액면요동 방지를 위하여 설치해야 하는가?
㉮ 방파판　　　　　　　　㉯ 액면계
㉰ 온도계　　　　　　　　㉱ 압력계

289 방류둑의 구조를 설명한 것 중 옳지 않은 것은?
㉮ 방류둑의 재료는 철근 콘크리트, 철근, 흙 또는 이들을 조합하여 만든다.
㉯ 철근 콘크리트, 철근은 수밀성 콘크리트를 사용한다.
㉰ 성토는 수평에 대하여 40° 이하의 기울기로 하여 다져 쌓는다.
㉱ 방류둑의 높이는 당해 가스의 액 두압에 견디어야 한다.

📌 40° → 45°

290 저장설비나 가스설비를 수리 하거나 청소를 할 때 가스치환을 생략할 수 있는 조건으로 적합하지 않은 항은?
㉮ 설비 등의 내용적이 2 m³ 이하일 경우
㉯ 작업원이 설비 내부로 들어가지 않고 작업을 할 경우
㉰ 화기를 사용하지 아니하는 작업일 경우
㉱ 간단한 청소, 개스킷의 교환이나 이와 유사한 경미한 작업일 경우

📌 2m³ → 1m³

291 내용적이 500 L 미만인 용접용기의 방사선검사는 동일한 조건의 용기를 1조로 하여 그 조에서 임의로 채취한 몇 개의 용기에 대하여 실시하는가?
㉮ 1　　　　　　　　㉯ 2
㉰ 3　　　　　　　　㉱ 4

📌 단, 200 L 이상인 용기로서 이 규정에 의하여 채취한 용기에 대하여 실시함이 부적당할 때는 용기마다 실시한다.

292 인체용 에어로졸 제품의 용기에 기재할 사항 중 틀린 것은?
㉮ 특정 부위에 계속하여 장시간 사용하지 말 것
㉯ 가능한 한 인체에서 30 cm 이상 떨어져서 사용할 것
㉰ 온도 40℃ 이상의 장소에 보관하지 말 것
㉱ 사용 후 불 속에 버리지 말 것

정답　288. ㉮　289. ㉰　290. ㉮　291. ㉮　292. ㉯

293
방류둑에는 승강을 위한 계단, 사다리를 출입구 둘레 몇 m마다 1개 이상을 두어야 하는가?

㉮ 30 ㉯ 40
㉰ 50 ㉱ 60

> 50 m마다 1개씩 사다리를 설치하고 50 m 미만일 때, 2개 이상 분산 설치

294
이음매 없는 용기의 제조수리 시설기준이 아닌 것은?

㉮ 단조설비 ㉯ 세척설비
㉰ 자동밸브 탈착기 ㉱ 조립설비

> 그 밖에도 접합설비, 쇼트브라스팅 및 도장설비, 용기내부 건조 설비 등

295
내용적 20 L 미만의 용접용기의 내용연한은 몇 년간인가?

㉮ 1년 ㉯ 2년
㉰ 5년 ㉱ 10년

> 내용연한
> ① 자동차용 용기 : 당해 차량의 차량기간
> ② 내용적 125 L 미만의 용기부품 : 제조 수입시 검사받은 날로부터 2년이 경과하여 당해 용기의 재검사를 받을 때까지의 기간

296
가연성 가스를 취급하는 곳의 방폭구조와 관계없는 것은?

㉮ 내압 방폭구조 ㉯ 안전증 방폭구조
㉰ 방축 방폭구조 ㉱ 유입 방폭구조

> 이외에 내압(耐壓) 방폭구조, 본질 안전증 방폭구조

297
안전관리자의 직무범위에 해당되지 않는 것은?

㉮ 가스공급시설의 안전유지
㉯ 안전관리규정의 시행
㉰ 사업장의 기술적인 사항 교육
㉱ 사업소의 종사자에 대한 안전관리를 위한 필요한 지휘감독

> 고압가스안전관리법 시행령 제13조 ① 참조

정답 293. ㉰ 294. ㉱ 295. ㉱ 296. ㉰ 297. ㉰

298 다음 중 고압가스의 분출에 대해 정전기가 가장 발생하기 쉬운 것은?
㉮ 가스가 충분히 건조되어 있는 경우
㉯ 가스 속에 액체나 고체의 미립자가 있을 때
㉰ 가스의 분자량이 작은 경우
㉱ 가스가 습한 경우

299 독성 가스의 제해제에 대한 설명으로 맞지 않는 것은?
㉮ 시안화수소에는 수산화나트륨 수용액이 쓰인다.
㉯ 염소는 수산화나트륨 수용액에 쓰인다.
㉰ 암모니아에는 소석회가 쓰인다.
㉱ 아황산가스에는 수산화나트륨 수용액이 쓰인다.

> 📌 암모니아의 제해제는 물

300 '제1종' 보호시설에 속하지 않는 것은?
㉮ 학교, 병원, 백화점
㉯ 수용정원 300인 이상의 교회
㉰ 수용정원 20인 이상의 아동복지시설
㉱ 인화성 물질의 저장소

> 📌 제1종 보호시설
> ① 사람을 수용하는 사실상 독립된 단일건물의 연면적 $1000m^2$ 이상의 건축물 (학교, 병원)
> ② 수용능력 300인 이상의 공연장, 공회당, 교회
> ③ 수용능력 20인 이상의 아동복지시설
> ④ 지정문화재 건축물

301 다음 가스 중 가연성이면서 유독한 것은?
㉮ NH_3
㉯ H_2
㉰ CH_4
㉱ N_2

> 📌 가연성 가스이면서 독성인 가스는 암모니아, 일산화탄소, 벤젠, 산화에틸렌, 염화수소, 브롬화메탄, 시안화수소 등

정답 298. ㉯ 299. ㉰ 300. ㉱ 301. ㉮

302 아세틸렌에 관한 다음 사항 중 틀린 것은?

㉮ 아세틸렌은 공기보다 가볍고 무색인 가스이다.
㉯ 아세틸렌은 구리, 은, 수은 및 그 합금과 폭발성의 화합물을 만든다.
㉰ 폭발범위는 수소보다 좁다.
㉱ 공기와 혼합되지 아니하여도 폭발하는 수가 있다.

> 아세틸렌의 폭발범위 : 2.5~81 %, 수소의 폭발범위 : 4~75 %

303 다음 중 가연성 가스로만 묶여진 것은?

㉮ 아세틸렌, 프로필렌, 에탄 ㉯ 황화수소, 산소, 포스겐
㉰ 부탄, 염소, 질소 ㉱ 염화비닐, 시안화수소, 암모니아

> ① 가연성 가스 : 아세틸렌, 수소, 메탄, 프로판
> ② 조연성 가스 : 산소, 염소, 불소, 공기
> ③ 불연성 가스 : 질소, 이산화탄소, 헬륨, 프레온

304 내용적이 2500 L인 암모니아 충전용기를 만들 때 부식 여유 수치로 적당한 것은?

㉮ 2 mm ㉯ 3 mm
㉰ 4 mm ㉱ 5 mm

> 부식 여유 수치 (암모니아)
> ① 내용적 1000 L 이하 → 1 mm
> ② 내용적 1000 L 초과 → 2 mm

305 일반 고압가스 제조시설기준 중 처리 및 저장능력 10000 kg 이하인 저장설비 및 처리설비를 지하에 설치하는 경우의 안전거리로 옳은 것은? (단, 제1종 보안시설인 경우)

㉮ 독성 가스인 경우 17 m ㉯ 산소인 경우 12 m
㉰ 가연성 가스인 경우 12 m ㉱ 기타의 가스인 경우 4 m

> 지하에 설치하는 경우는 법적 안전거리의 $\frac{1}{2}$을 유지한다.

제 2 편 가스 안전 관리

306 용기 신규검사 종목이 아닌 것은?
㉮ 질량검사 ㉯ 내압시험
㉰ 충격시험 ㉱ 용착금속 인장시험

　📌 고압가스 안전관리법 시행규칙 별표 26 참조

307 반응장치와 사용도의 연결이 잘못된 것은?
㉮ 탑식 반응기 – 에틸렌, 벤젠의 제조, 벤졸의 염소
㉯ 관식 반응기 – 에틸알코올 제조, 합성용 가스의 제조
㉰ 축열식 반응기 – 아세틸렌의 제조, 에틸렌의 제조
㉱ 유동층식 접촉반응기 – 석유개질

　📌 관식 반응기 – 에틸렌의 제조, 염화비닐의 제조

308 가스설비에서 개방검사의 가스치환에 관한 설명이 맞는 것은?
㉮ 가연성 가스일 때는 불활성 가스로 치환하여 잔류가스가 폭발하한계 이하이어야 한다.
㉯ 독성 가스일 때는 질소로 치환하여 가스 농도가 허용 농도 이하이어야 한다.
㉰ 산소일 때는 공기로 치환하여 산소 농도가 21 % 이하이어야 한다.
㉱ 질소와 다른 불활성 가스일 때는 공기로 치환하여 산소 농도가 18 % 이하이어야 한다.

　📌 ① 가연성 가스 – 폭발하한계의 $\frac{1}{4}$
　　② 독성 가스 – 허용 농도 이하
　　③ 산소 – 18 % 이상~22 % 이하

309 에어로졸 제조시 다음의 기준에 적합한 용기를 사용하여야 한다. 틀린 것은?
㉮ 용기는 13 kg/cm² 이상의 압력으로 행하는 가압시설에 합격한 것일 것
㉯ 내용적이 80 cm³을 초과하는 용기에 그 용기의 제조자의 명칭이 명시되어 있을 것
㉰ 내용적이 30 cm³인 용기는 에어로졸의 제조에 사용된 일이 없는 것일 것
㉱ 내용적이 300 cm³ 이상인 용기검사에 합격한 것일 것

　📌 내용적이 100 cm³를 초과하는 용기는 그 용기의 제조자 명칭이 명시됨.

정답 306. ㉮　307. ㉯　308. ㉯　309. ㉯

310 물 분무장치는 저장탱크의 외면에서 몇 m 이상 떨어진 위치에서 조작되어야 하는가?

㉮ 27　　　　　　　　　　㉯ 22
㉰ 20　　　　　　　　　　㉱ 15

> 물 분무장치 − 15 m
> 살수장치 − 5 m
> 온도상승 방지장치 − 20 m

311 고압설비 중 안전밸브가 필요 없는 곳은?

㉮ 실린더 내부　　　　　　㉯ 반응관
㉰ 저장탱크 상부　　　　　㉱ 압축기 각단 토출구

> ㉯, ㉰, ㉱ 외에 고압가스 수송도관, 감압밸브 뒤 반응탑에 안전밸브 설치

312 신규검사에 합격된 용기의 각인 사항과 기호의 연결이 올바르게 된 것은?

㉮ 최고충전압력 : FP　　　㉯ 내용적 : TW
㉰ 내압시험압력 : FP　　　㉱ 용기의 질량 : TW

> ㉯ 내용적 (V, 단위는 L)
> ㉰ 내압시험압력 (TP, 단위는 kg/cm^2)
> ㉱ 용기의 질량 (W, 단위는 kg)

313 압축가스의 충전량은 어디에 표준을 두는가?

㉮ 용기의 두께　　　　　　㉯ 용기의 크기
㉰ 질량　　　　　　　　　㉱ 압력

314 다음 내용 중 틀린 것은?

㉮ 연소란 가연성 물질이 산소와 작용하여 산화물을 생성하는 반응이다.
㉯ 연소범위는 일반적으로 공기 중에서 산소 중에서보다 넓다.
㉰ 열전도도의 단위는 cal/cm · s · ℃이다.
㉱ 아세틸렌의 자연발화온도는 수소의 자연발화온도보다 높다.

> 아세틸렌의 자연발화온도는 수소의 발화온도보다 낮다.

정답 310. ㉱　311. ㉮　312. ㉮　313. ㉱　314. ㉱

제 2 편 가스 안전 관리

315 다음 내용 중 맞는 것은?

㉮ 용기재검사 때 용기의 합격기준은 용기내용적의 10 % 이하에서 증가하는 것은 합격으로 한다.
㉯ 아세틸렌용기의 내압시험압력은 최고충전압력의 5/3배이다.
㉰ 용기의 최고충전압력은 내압시험압력보다 높다.
㉱ LPG와 아세틸렌의 용기는 용접용기를 주로 사용한다.

> ㉮ 10 % 이하 → 6 % 이하
> ㉯ C_2H_2의 $TP = FP \times 3$
> ㉰ 최고충전압력은 내압시험압력보다 높을 수 없다.

316 2개 이상의 탱크를 동일한 차량에 고정하여 운반할 때 충전관에 설치하는 것이 아닌 것은?

㉮ 온도계　　　　　　　　㉯ 안전밸브
㉰ 압력계　　　　　　　　㉱ 긴급차단밸브

> 충전관에는 안전밸브, 압력계, 긴급차단밸브를 설치한다.

317 수소는 피로갈롤을 사용한 오르자트법에 의한 시험에서 순도 몇 % 이상이어야 하는가?

㉮ 97.3　　　　　　　　㉯ 98.5
㉰ 99　　　　　　　　　㉱ 99.5

> 산소 : 99.5 % 이상
> 아세틸렌 : 98 % 이상

318 산소저장능력이 25000 m³인 저장설비와 제2종 보호시설과의 안전거리는 몇 m 이상을 유지하여야 하는가?

㉮ 9 m　　　　　　　　㉯ 11 m
㉰ 14 m　　　　　　　㉱ 16 m

> 제1종 보호시설과는 16 m이다.

정답 315. ㉱　316. ㉮　317. ㉯　318. ㉯

319 독성이 극히 강하고 환원성이 강하며 불완전연소에 의하여 생성되는 가스는?
㉮ CO_2　　　　　　　　　　㉯ CH_4
㉰ CO　　　　　　　　　　　㉱ LPG

320 아세틸렌가스의 용해 충전시 다공물질의 재료가 될 수 없는 것은?
㉮ 규조토, 석면, 목탄　　　　　㉯ 석회, 산화철
㉰ 탄화마그네슘, 다공성 플라스틱　㉱ Al, 기와, 슬레이트

321 다음 중 가연성 가스 제조장치의 기밀시험에 사용되는 기체는?
㉮ 아세틸렌　　　　　　　　　㉯ 산소
㉰ 암모니아　　　　　　　　　㉱ 질소

322 시안화수소의 허용농도는 몇 ppm인가?
㉮ 0.01　　　　　　　　　　㉯ 0.25
㉰ 10　　　　　　　　　　　㉱ 25

323 다음 희가스 중 공기 중에서 존재량이 큰 것부터 나열된 것은?
㉮ 아르곤 – 네온 – 헬륨　　　㉯ 아르곤 – 헬륨 – 네온
㉰ 헬륨 – 아르곤 – 네온　　　㉱ 헬륨 – 네온 – 아르곤

📌　Ar : 0.93 %　Ne : 0.0018 %
　　He : 0.0005 % 공기 중에 존재

324 조정기의 종류와 그 성질, 사용 등에 관한 설명으로 틀리는 것은?
㉮ 이단감압식 2차 조정기 : 단단감압식 저압조정기 대신으로 사용할 수 없다.
㉯ 단단감압식 저압조정기 : 2차용 조정기를 설치하는 경우에 사용하는 것으로 중압식보다 이점이 많다.
㉰ 이단감압식 일차조정기 : 이단감압 방식의 일차용으로 사용되는 것으로 중압조정기라고도 한다.

정답　319. ㉰　320. ㉱　321. ㉱　322. ㉰　323. ㉮　324. ㉯

㉣ 단단감압식 일차조정기 : 일반소비자의 생활용 이외의 용도에 사용되고 조정압력의 종류가 많다.

325 조정기 표시 사항이 아닌 것은?

㉮ R ㉯ Q
㉰ P ㉣ S

> R : 조정압력   Q : 용량   P : 입구압력
> ※ 이 문제에 대한 동영상 설명이 없는 것은 촬영과정에서 누락되었음을 양해하시기 바랍니다.

326 독성 가스의 가스설비에 관한 배관 중 2중관으로 하여야 하는 대상가스로만 된 것은?

㉮ 염소, 암모니아, 염화메탄, 포스겐
㉯ 황화수소, 이황산가스, 에틸벤젠, 브롬화메탄
㉰ 산화에틸렌, 시안화수소, 아세틸렌, 염화메탄
㉣ 포스겐, 염소, 석탄가스, 아세트알데히드

> SO_2, Cl_2, $COCl_2$, H_2S, NH_3, HCN, C_2H_4O, CH_3Cl → 이중배관

327 상용압력 200 kg/cm²의 고압설비로 내압시험 및 기밀시험을 할 때 각각 상용압력이 1.5배, 1.1배로 실시한 것의 안전밸브는 얼마 이하에서 작동하여야 하는가?

㉮ 220 kg/cm² ㉯ 230 kg/cm²
㉰ 240 kg/cm² ㉣ 250 kg/cm²

> $200 \times 1.5 \times 0.8 = 240$

328 용기 신규검사에 합격된 용기 부속품 기호 중 압축가스를 충전하는 용기 부속품의 각인은?

㉮ AG ㉯ PG
㉰ LG ㉣ LT

> AG : C_2H_2 부속품
> LG : 액화가스 부속품
> LT : 저온·초저온가스의 부속품

정답 325. ㉣ 326. ㉯ 327. ㉯ 328. ㉮

329 고압가스 제조시설 중 안전밸브를 설치하려고 한다. 이때, 도관의 최대지름부 단면적이 100 mm² 이고 최소지름의 단면적이 40 mm² 였다면 안전밸브의 분출면적은 최소 얼마로 해야 하는가?

㉮ 10 mm² ㉯ 20 mm²
㉰ 30 mm² ㉱ 50 mm²

> 최대지름부 단면적의 $\frac{1}{10}$ 이상이 되도록 한다.

330 공기액화 분리장치의 폭발방지대책으로 미흡한 것은?

㉮ 장치 내에 여과기를 설치한다.
㉯ 장치는 1년에 1회 정도 사염화탄소 용제로 세척한다.
㉰ 압축기의 윤활유는 양질의 것으로 충분히 냉각시키며, 물과 기름은 반드시 잘 섞이도록 해야 한다.
㉱ 공기취입구 부근에서는 카바이드 취급작업을 피하고 아세틸렌 용접작업을 하지 않는다.

331 폭발등급 3등급이 아닌 것은?

㉮ 수소 ㉯ 아세틸렌
㉰ 일산화탄소 ㉱ 이황화탄소

> 폭발등급 3등급 : H_2, C_2H_2, CS_2, 수성 가스

332 폭발 1등급의 안전간격은?

㉮ 안전간격이 0.4 mm 이하의 가스 ㉯ 안전간격이 0.4~0.6 mm 이상의 가스
㉰ 안전간격이 0.6 mm 이상의 가스 ㉱ 안전간격이 0.4 mm 이상의 가스

333 다음 프로판가스의 위험도는 얼마인가?

㉮ 31.4 ㉯ 3.3
㉰ 0.9 ㉱ 17.7

> C_3H_8 (2.1~9.5)
> $H = \dfrac{H-L}{L} = \dfrac{9.5-2.1}{2.1} = 3.3$

334 가스 중 독성이 가장 강한 것은?
㉮ HCN
㉯ 포스겐
㉰ 암모니아
㉱ 일산화탄소

📌 $COCl_2$ 0.1 ppm

335 가연성 가스가 각각 또는 그들의 합과 산소와의 비가 98 % : 2 % 또는 2 % : 98 % 이상일 때 압축이 금지되어 있는 가연성 가스는?
㉮ H_2, C_2H_2, C_2H_4
㉯ 수소, C_2H_2, N_2
㉰ CO_2, C_2H_4, C_2H_2
㉱ CO_2, Cl_2, C_2H_2

336 저장탱크에 관한 설명으로 틀린 것은?
㉮ 저장탱크 외부에는 은백색 도료를 바르고 주위에서 보기 쉽도록 '액화석유가스' 또는 'LPG'를 주서로 표시할 것
㉯ 전기설비는 방폭성능을 가지는 구조일 것
㉰ 저장탱크에는 환형 유리판 액면계를 설치하여야 한다.
㉱ 액면계가 유리제일 때에는 그 파손을 방지하는 장치를 설치하고 저장탱크와 유리제관 게이지를 접속하는 상하배관에는 자동식 또는 수동식의 스톱 밸브를 설치할 것

337 가스방출관의 위치는 설치지상과 저장탱크의 정상부에서 몇 m의 높이인가?
㉮ 지상에서 5 m의 높이, 정상부에서 2 m의 높이 중 높은 위치
㉯ 지상에서 4 m의 높이, 정상부에서 4 m 높이 중 높은 위치
㉰ 지상에서 5 m의 높이, 정상부에서 5 m 높이 중 높은 위치
㉱ 지상에서 5 m의 높이, 정상부에서 3 m 높이 중 높은 위치

338 최고충전압력(FP)이 150 kg/cm²인 산소용기의 기밀시험압력은?
㉮ 150 kg/cm²
㉯ 180 kg/cm²
㉰ 200 kg/cm²
㉱ 224 kg/cm²

정답 334. ㉯ 335. ㉮ 336. ㉰ 337. ㉮ 338. ㉮

339 내부용적이 25000 L인 액화산소 저장탱크의 저장능력은? (단, 비중은 1.14로 본다.)
㉮ 24780 kg
㉯ 25650 kg
㉰ 26460 kg
㉱ 27520 kg

$W = 0.9 \times 1.14 \times 25000$

340 저장탱크 주위에는 보안벽을 설치해야 한다. 어떤 경우일 때 설치하지 않아도 되는가?
㉮ 보안거리가 유지되는 경우
㉯ 사업소가 복잡한 경우
㉰ 저장탱크 주위에 모래가 있는 경우
㉱ 저장탱크 주위에 포말소화기가 있는 경우

보안거리를 유지할 때, 자동제어장치를 설치할 때

341 밸브용 보조 캡은 어느 정도의 타격에 견딜 수 있어야 하는가?
㉮ 10 kg·m
㉯ 15 kg·m
㉰ 20 kg·m
㉱ 25 kg·m

342 LPG 용기 (5000 L 이상)로서 돌출한 부속품이 아닌 것은?
㉮ 프로텍터
㉯ 부속배관
㉰ 긴급차단장치
㉱ 압력계

343 자동차 충전용 주입기는 어떤 형인가?
㉮ 투터치형
㉯ 원터치형
㉰ 평행형
㉱ 클링커형

344 산소 또는 천연메탄을 수송하기 위한 도관과 이에 접속하는 압축기 (산소를 압축하는 압축기에서는 물을 내부 윤활제로 사용하는 것에 한한다.)와의 사이에는 무엇을 설치하는가?
㉮ 액면계
㉯ 드레인 세퍼레이터
㉰ 압력계
㉱ 역화방지기

정답 339. ㉯ 340. ㉮ 341. ㉯ 342. ㉱ 343. ㉯ 344. ㉯

345 역류방지밸브를 설치하는 배관이 아닌 것은?
㉮ 가연성 가스를 압축하는 압축기와 충전용 주관과의 사이 배관
㉯ 아세틸렌을 압축하는 압축기의 유분리기와 고압건조기와의 사이 배관
㉰ 암모니아 또는 메탄올의 합성통이나 정제통과 압축기와의 사이 배관
㉱ 아세틸렌 충전용 지관

📌 ㉱ — 역화방지장치

346 다음 설명 중 틀린 것은?
㉮ 자동제어장치를 설치하는 경우에는 보안전력장치를 설치할 것
㉯ 저장탱크에는 온도의 상승을 방지하는 장치를 설치할 것
㉰ 독성 가스의 제조설비에는 당해 가스가 누설될 때의 흡수장치 또는 재해장치를 설치할 것
㉱ 자동제어장치는 반응설비에 설치하는 것은 제외한 반응설비에 설치하는 것에 한한다.

347 가연성 가스 저장탱크의 출구에는 무엇을 설치하는가?
㉮ 역류방지장치 ㉯ 역화방지장치
㉰ 드레인 세퍼레이터 ㉱ 액단계

348 위험표지의 식별거리는?
㉮ 30 m ㉯ 20 m
㉰ 10 m ㉱ 5 m

📌 30 m — 위험표지의 식별거리

349 운반용기의 가연성 가스 및 산소의 내용적은 몇 L를 초과하지 못하는가?
㉮ 8000 L ㉯ 10000 L
㉰ 15000 L ㉱ 18000 L

📌 독성 : 12000 L (예외 : NH₃)
　가연성 및 산소 : 18000 L (예외 : LPG)

350 임계온도가 −50℃인 액화가스를 충전하기 위한 용기로서 단열재로 피복하여 용기 내의 가스온도가 상용의 온도를 초과하지 아니하도록 조치한 용기는?
㉮ 저온용기　　　　　　　　　　㉯ 초저온용기
㉰ 심리스 용기　　　　　　　　　㉱ 심 용기

351 고압가스를 운반하는 차량의 경계표시의 크기는 어떻게 정하는가?
㉮ 직사각형인 경우에는 가로치수는 차체 폭의 30 % 이상, 세로치수는 가로치수의 20 % 이상 정사각형의 경우는 그 면적을 600 cm^2 이상으로 한다.
㉯ 직사각형인 경우에는 가로치수는 차체 폭의 20 % 이상, 세로치수는 가로치수의 30 % 이상 정사각형의 경우는 그 면적을 600 cm^2 이상으로 한다.
㉰ 직사각형인 경우에는 가로치수는 차체 폭의 30 % 이상, 세로치수는 가로치수의 20 % 이상 정사각형의 경우는 그 면적을 400 cm^2 이상으로 한다.
㉱ 직사각형인 경우에는 가로치수는 차체 폭의 20 % 이상, 세로치수는 가로치수의 30 % 이상 정사각형의 경우는 그 면적을 400 cm^2 이상으로 한다.

352 냉장고 수리를 하기 위하여 아세틸렌 용접작업 중 산소가 떨어지자 산소에 연결된 호스를 뽑아 얼마 남지 않은 것으로 생각되는 LPG 용기에 연결하여 용접 토치에 불을 붙이자 LPG 용기가 폭발하였다. 원인으로 추정되는 것은?
㉮ 용접 열에 의한 폭발
㉯ 호스 속의 산소 또는 아세틸렌의 역화에 의한 폭발
㉰ 아세틸렌과 LPG가 혼합된 후에 역화에 의한 폭발
㉱ 아세틸렌 누출에 의한 폭발

353 어떤 탱크의 체적이 0.5 m^{3}이고, 이때의 온도가 25℃이다. 탱크 내에 분자량 24인 이상기체 10 kg이 들어있을 때 이 탱크의 압력은 몇 kg/cm^{2}인가? (단, 대기압 : 1.033 kg/cm^{2}으로 한다.)
㉮ 19 kg/cm^2　　　　　　　　　㉯ 21 kg/cm^2
㉰ 25 kg/cm^2　　　　　　　　　㉱ 27 kg/cm^2

$PV = GRT$ ∴ $P = \dfrac{GRT}{V} = \dfrac{10 \times 848/24 \times 298}{0.5 \times 10^4} = 21.05 \text{ kg/cm}^2$

정답　350. ㉰　351. ㉱　352. ㉯　353. ㉮

354 안전진단을 위하여 LPG 저장탱크 내부를 정기점검을 하려고 한다. 준비작업 순서로 옳은 것은?

> 1. 기체상태의 LPG를 방출·폐기한다.
> 2. 물로 치환한다.
> 3. 액체상태의 LPG를 날려보낸다.
> 4. 맨홀을 연다

㉮ 2 - 4 - 1 - 3 ㉯ 3 - 1 - 4 - 2
㉰ 1 - 4 - 3 - 2 ㉱ 1 - 2 - 4 - 3

355 염소의 특징으로 맞지 않는 것은?

㉮ 상온에서 액화시킬 수 있다. ㉯ 수분과 반응하고 철을 부식시킨다.
㉰ 독성 가스이다. ㉱ 가연성 가스이다.

📌 염소는 독성, 지연성이다.

356 물질의 최소 발화에너지에 영향을 주는 요인이 아닌 것은?

㉮ 발화 지연시간 ㉯ 증기의 농도
㉰ 온도 ㉱ 용기의 크기

357 최고충전압력이 180 kg/cm² 인 산소용기의 내압시험압력은?

㉮ 300 kg/cm² ㉯ 380 kg/cm²
㉰ 460 kg/cm² ㉱ 540 kg/cm²

📌 180 × 5/3 = 300
압축가스용기 내압시험은 최고충전압력의 5/3배이다.

358 다음의 가스 중 가연성이면서 독성이 아닌 것은?

㉮ NH_3 ㉯ CO
㉰ HCN ㉱ CH_4

정답 354. ㉯ 355. ㉱ 356. ㉮ 357. ㉮ 358. ㉱

359 다음 비파괴검사 방법으로 재료 내부의 결함을 검사할 수 없는 것은?

㉮ 방사선 투과시험 ㉯ 초음파검사
㉰ 형광침투검사 ㉱ 음향방출시험

> 자기탐상법, 형광침투법은 비파괴검사 중 외부결함만 검사가 가능하다.

360 산소용기에 압축산소가 35℃에서 150 kg/cm² (게이지 압력) 충전되어 있다가 용기온도가 0℃로 저하되면 압력은 몇 kg/cm² (게이지 압력)가 되는가?

㉮ 103 kg/cm² ㉯ 113 kg/cm²
㉰ 123 kg/cm² ㉱ 133 kg/cm²

> $\dfrac{151}{308} = \dfrac{x}{273}$ 에서
> $x = 133.8$
> 게이지 압력 $= x - 1.033 = 132.8 ≒ 133$

361 용기의 도색 및 표시에서 그 밖의 가스용기 외부 표면에 도색하여야 할 색깔은?

㉮ 회색 ㉯ 검정색
㉰ 흰색 ㉱ 파란색

362 도시가스 또는 액화석유가스의 사용시설에 당해 배관의 내용적이 10 L 이하인 경우 기밀시험 압력의 최소 유지 시간으로 맞는 것은?

㉮ 2분 ㉯ 5분
㉰ 10분 ㉱ 24분

10 L 이하	10 L 초과 50 L 미만	50 L 초과
5분	10분	24분

363 LNG의 도시가스 원료의 특징 중 틀린 것은?

㉮ LNG를 기화시킨 후에는 도시가스 원료로서의 사용법, 정제설비가 필요하지 않고 환경문제가 있는 천연가스와 똑같다.

정답 359. ㉰ 360. ㉱ 361. ㉮ 362. ㉯ 363. ㉱

㉯ LNG의 수입기지로서 저온저장설비 등과 수입설비와 기화시키기 위한 기화장치가 필요하다.
㉰ 초저온의 액체이기 때문에 설비재료의 선택과 그 취급 주의가 중요하다.
㉱ 냉열 이용이 불가능하다.

364 독성가스를 저장탱크에 충전할 때 적정 충전량은?

㉮ 저장탱크 내용적의 80 % 이하 ㉯ 저장탱크 내용적의 90 % 이하
㉰ 저장탱크 내용적의 95 % 이하 ㉱ 저장탱크 내용적의 100 %

> 소형탱크일 경우에만 내용적의 85 %이다.

365 냉동장치 운전 중 수액기의 액면계 유리에 기포가 생기는 원인은?

㉮ 수액기 내의 오일이 저장되어 있다.
㉯ 응축기 내의 응축된 냉매액의 온도가 수액기가 설치된 기계실 온도보다 높다.
㉰ 냉각수 온도가 기계실 온도와 비교하여 매우 낮다.
㉱ 수액기 내의 공기가 혼입되어 있다.

366 지하에 매설된 프로판-공기형 도시가스 배관의 누출부위를 수리하려 할 때 맨 먼저 조치할 사항은? (단, 굴착이 끝난 상태로 가정한다.)

㉮ 가스 검지기로 검지해 본 다음 비눗물로 누출 부위를 확인한다.
㉯ 성냥으로 불을 켜본다.
㉰ 중간 밸브를 잠그고 누출된 가스를 배기한다.
㉱ 불을 붙인 채 수리한다.

367 수소의 성질 중 폭발, 화재 등의 재해 발생 원인이 아닌 것은?

㉮ 가벼운 기체압으로 가스누출을 하기 쉽다.
㉯ 고온, 고압에서 강에 대해 탈탄작용을 일으킨다.
㉰ 공기가 혼합된 경우 폭발범위가 4~75 %이다.
㉱ 증발잠열로 수분이 동결하여 밸브나 배관을 폐쇄시킨다.

368 가정용 가스보일러에서 발생하는 중독사고는 배기가스의 어떤 성분에 의하여 발생되는 것인가?

㉮ CH_4
㉯ CO_2
㉰ CO
㉱ C_3H_8

> 불완전 연소로 인한 CO 발생. CO는 독성, 가연성

369 차량에 혼합 적재할 수 없는 가스끼리 짝지어져 있는 것은?

㉮ 프로판, 부탄
㉯ 염소, 아세틸렌
㉰ 프로필렌, 프로판
㉱ 시안화수소, 에탄

370 액화가스 등의 액체가 과열상태로 되면 액체가 증발하여 순간적으로 다량의 증기가 되어 장치를 파괴한다. 이때의 폭발형태를 무엇이라 하는가?

㉮ 증기폭발
㉯ 분해폭발
㉰ 분진폭발
㉱ 중합폭발

> 증기폭발 (블레브 현상) 이때 발생하는 불꽃 덩어리를 파이어볼이라 한다.

371 고압가스 용기의 재료에 사용되는 강재의 성분 중에 함유된 탄소, 인, 황의 함유량에 대한 설명으로 적합한 것은?

㉮ 탄소량이 증가할수록 인장강도는 증가하나 충격값은 내려간다.
㉯ 인이 많으면 고압에서 폭발성 가스를 발생한다.
㉰ 탄소량이 많으면 수소취성을 일으킨다.
㉱ 황은 적열취성을 일으킨다.

> 인 : 상온취성, 탄소 : 저온취성, 황 : 적열취성

372 LNG 저장탱크의 용착 금속부 영향부에 응력부식 균열이 발생하는 경우가 있는데 그 원인이라고 생각되는 것은?

㉮ H_2 등 황화합물의 영향
㉯ 수분의 영향
㉰ NO_2 등 질소화합물의 영향
㉱ 탄소의 영향

정답 368. ㉰ 369. ㉯ 370. ㉮ 371. ㉱ 372. ㉮

제 2 편 가스 안전 관리

373 액화석유가스의 누출에 관한 다음 기술 중 올바른 것은?

㉮ 누출시는 엷은 갈색의 가스로 쉽게 발견할 수 있다.
㉯ 공기보다 무거워 천장 등과 같은 곳에 고이기 쉽다.
㉰ 누출한 부분의 온도가 급격히 저하하여 이슬, 서리가 부착하여 누출개소를 발견할 수 있다.
㉱ 빛의 굴절률이 공기와 같으므로 누출하는 장소에 아지랑이와 같은 현상이 생기므로 누출을 발견할 수 있다.

✎ 액체의 증발잠열로 인해 주위온도가 낮아진다.

374 도시가스 사용시설에 실시하는 기밀시험압력으로 맞는 것은?

㉮ 최고사용압력의 3배 또는 10 kPa
㉯ 최고사용압력의 1.1배 또는 8.4 kPa
㉰ 최고사용압력의 1.5배 또는 10 kPa
㉱ 최고사용압력의 1.8배 또는 8.4 kPa

375 저장탱크에 액화석유가스를 충전할 때에는 정전기를 제거한 후 저장탱크 내용적의 (①)%를 넘지 않도록 충전하고, 소형 저장탱크는 그 내용적의 (②)%를 초과하지 않도록 해야 한다. ( ) 안에 각각 알맞은 것은?

㉮ ① : 90 % ② : 85 %   ㉯ ① : 90 % ② : 90 %
㉰ ① : 85 % ② : 90 %   ㉱ ① : 85 % ② : 85 %

376 고압가스 충전용기를 차량에 적재 운반할 때의 설명으로 옳지 않은 것은?

㉮ 충돌을 예방하기 위하여 고무링을 씌운다.
㉯ 전용 운반차량에 세워서 운반한다.
㉰ 충전용기는 눕혀서 운반할 수 없다.
㉱ 충격을 방지하기 위하여 가마니를 준비한다.

✎ 액화가스는 세워서 운반하고 압축가스는 눕혀서 운반해야 한다.

정답 373. ㉰   374. ㉯   375. ㉮   376. ㉰

377 방류둑의 구조기준으로 적합하지 않은 것은?

㉮ 방류둑 내에 고인 물을 외부로 배출할 수 있도록 한다.
㉯ 방류둑의 재료는 철근콘크리트, 철근, 금속, 흙 또는 이들을 혼합하여야 한다.
㉰ 방류둑은 액밀한 것이어야 한다.
㉱ 방류둑 성토 및 부분의 폭은 50 cm 이상으로 한다.

> 방류둑 폭 30 cm 이상

378 고압가스장치를 운전하는 도중에 이상이 발견되어 운전을 정지하고 수리를 하고자 한다. 안전관리상 유의사항이 아닌 것은?

㉮ 안전밸브 작동 ㉯ 가스의 치환
㉰ 장치 내 가연성가스 농도 측정 ㉱ 배관의 차단 확인

379 내용적이 4000 L인 용기에 액화암모니아를 저장할 때 저장능력은 얼마인가? (단, 암모니아 정수는 1.86이다.)

㉮ 7440 kg ㉯ 3476 kg
㉰ 2930 kg ㉱ 2151 kg

> $\dfrac{4000}{1.86} = 2151$

380 액화석유가스 안전 및 사업관리법상 내압시험압력이 40 kg/cm^{2}인 경우 안전밸브의 작동압력은 얼마인가?

㉮ 24 kg/cm^2 ㉯ 30 kg/cm^2
㉰ 32 kg/cm^2 ㉱ 36 kg/cm^2

> $40 \times 0.8 = 32$

381 공기액화분리기 내에 설치된 액화산소통 내의 액화산소 5 L 중 탄화수소의 탄소의 질량이 몇 mg을 넘을 때에는 그 공기액화분리기의 운전을 중지하고 액화산소를 방출하여야 하는지 그 기준값으로 맞는 것은?

㉮ 5 mg ㉯ 50 mg
㉰ 100 mg ㉱ 500 mg

정답 377. ㉱ 378. ㉮ 379. ㉱ 380. ㉰ 381. ㉱

382 아세틸렌가스를 2.5 MPa의 압력으로 압축할 때 사용되는 희석제가 아닌 것은?
㉮ 질소　　　　　　　　　　㉯ 메탄
㉰ 일산화탄소　　　　　　　㉱ 아세톤

383 산소 중 가연성 가스의 용량이 전용량의 몇 %인 것은 압축할 수 없는가?
㉮ 2 % 이상　　　　　　　　㉯ 3 % 이상
㉰ 4 % 이상　　　　　　　　㉱ 5 % 이상

📌 산소와 가연성 가스는 상대적으로 4 % 이상시 압축할 수 없다.
　H_2, C_2H_2, C_2H_4은 2 % 이상 시

384 고압가스 용기용 밸브의 가스충전구의 나사방향이 왼나사로 된 것은?
㉮ 수소　　　　　　　　　　㉯ 산소
㉰ 질소　　　　　　　　　　㉱ 염소

📌 가연성 가스는 왼나사

385 다음 중 기체 연소 형태가 아닌 것은?
㉮ 확산 연소　　　　　　　　㉯ 증발 연소
㉰ 혼합기 연소　　　　　　　㉱ 전1차 연소

386 대기압 35℃에서 산소가스 16 m³를 용기 50 L의 용기에 150기압으로 충전하고자 하면 몇 개의 용기가 필요한가?
㉮ 1개　　　　　　　　　　　㉯ 2개
㉰ 3개　　　　　　　　　　　㉱ 4개

📌 $\dfrac{16}{0.05 \times 150} = 2.1$
∴ 용기 수는 3개가 필요하다.

정답 382. ㉰　383. ㉰　384. ㉮　385. ㉯　386. ㉰

387 고압가스 일반 충전용기는 충전가스의 종류에 따라서 용기의 색을 달리한다. 다음 중 가연성 가스 및 독성가스의 종류와 충전용기의 색이 잘못 연결된 것은?

㉮ 아세틸렌가스 – 황색 ㉯ 암모니아가스 – 백색
㉰ 탄산가스 – 갈색 ㉱ 수소 – 주황색

> 📌 탄산가스는 청색용기

388 다음 중 기체의 연소 형태가 아닌 것은?

㉮ 확산연소 ㉯ 증발연소
㉰ 혼합기연소 ㉱ 전1차연소

389 용기의 각인 순서에 관한 것으로 옳은 것은?

㉮ 가스명칭 – 용기번호 – 제조자명칭 – 내용적
㉯ 가스명칭 – 제조자명칭 – 용기번호 – 내용적
㉰ 제조자명칭 – 내용적 – 용기번호 – 가스명칭
㉱ 제조자명칭 – 가스명칭 – 용기번호 – 내용적

390 내용적 58 L인 LPG용기에 프로판을 충전할 때 최대충전량은 몇 kg으로 하면 되는가?

㉮ 20 kg ㉯ 25 kg
㉰ 30 kg ㉱ 35 kg

> 📌 $\dfrac{58}{2.35} = 25$

391 압력용기 및 저장탱크의 용접부 기계시험의 종류로 맞지 않는 것은?

㉮ 이음매 인장시험 ㉯ 표면 굽힘 시험
㉰ 방사선 투과시험 ㉱ 충격시험

392 스테인리스강에서 18-8은 무엇의 함량을 의미하는가?

㉮ Ni-Cr 함량 ㉯ Ni-Zn 함량

정답 387. ㉰ 388. ㉯ 389. ㉱ 390. ㉯ 391. ㉰ 392. ㉰

㉰ Cr-Ni 함량   ㉱ Cr-Zn 함량

> 18 %의 크롬, 8 %의 니켈

393 냉동기의 냉매설비는 진동, 충격, 부식 등으로 냉매가스가 누출되지 않도록 조치하여야 한다. 조치방법이 아닌 것은?
㉮ 주름관을 사용한 방진 조치
㉯ 냉매설비 중 돌출부위에 대한 적절한 방호조치
㉰ 냉매가스가 누출될 우려가 있는 장소에 대한 부식 방지조치
㉱ 냉매설비 중 냉매가스가 누출될 우려가 있는 곳에 차단밸브 설치

394 액화가스의 정의에 대하여 바르게 설명한 것은?
㉮ 대기압에서 비점이 0℃ 이하인 것
㉯ 대기압에서 비점이 상용의 온도 이상인 것
㉰ 가압, 냉각 등의 방법으로 액체 상태로 되어 있는 것
㉱ 일정한 압력으로 압축되어 있는 것

395 안전성 평가 실시시 적용하는 안전성평가 기법으로 옳지 않은 것은?
㉮ 체크리스트 기법   ㉯ 사건수 분석기법
㉰ 토양 분석기법   ㉱ 작업자 실수 분석기법

396 정전기를 억제하기 위한 방법이 아닌 것은?
㉮ 접지(grounding)시킨다.
㉯ 접촉 전위치가 크게 재료를 선택한다.
㉰ 정전기의 중화 및 전기가 잘 통하는 물질을 사용한다.
㉱ 가능한 한 습도를 높여 조습을 행한다.

397 지하에 설치하는 지역 정압기 시설의 조작을 안전하고 확실하게 하기 위하여 필요한 조명도는?
㉮ 100 lux   ㉯ 150 lux
㉰ 200 lux   ㉱ 250 lux

정답 393. ㉱   394. ㉰   395. ㉰   396. ㉯   397. ㉯

398 저장설비 또는 가스설비의 수리 및 청소시 지켜야 할 안전사항으로 옳지 않은 것은?

㉮ 안전관리인 중에서 작업 책임자를 선정, 감독한다.
㉯ 공기 중의 산소농도가 10 % 이상이어야 한다.
㉰ 내부가스를 불활성 가스로 치환한다.
㉱ 수리를 끝낸 후에 그 설비가 정상으로 작동하는 것을 확인한 후 충전작업을 한다.

> 산소농도는 18 % 이상 시 작업 가능

399 산소용기에 압축산소가 35℃에서 150 kg/cm² (게이지 압력) 충전되어 있다가 용기온도가 0℃로 저하했을 때의 압력 (게이지 압력)은?

㉮ 103 kg/cm²   ㉯ 113 kg/cm²
㉰ 123 kg/cm²   ㉱ 133 kg/cm²

400 공기액화 분리장치에 아세틸렌가스가 혼입되면 안되는 이유는?

㉮ 배관에서 동결되어 배관을 막아 버리므로
㉯ 질소와 산소의 분리를 어렵게 만들므로
㉰ 분리된 산소가 순도를 나빠지게 하므로
㉱ 분리기 내 액체산소 탱크에 들어가 폭발하기 때문에

401 고압가스 충전용기의 차량운반시 '운반책임자'가 동승해야 하는 경우로서 잘못된 것은?

㉮ 압축 가연성 가스 – 용적 300 m³ 이상
㉯ 압축 조연성 가스 – 용적 600 m³ 이상
㉰ 액화 가연성 가스 – 질량 3000 kg 이상
㉱ 액화 조연성 가스 – 질량 5000 kg 이상

> 지연성 가스는 600m³, 6000 kg 이상 시 해당

PART 03
가스설비

① 고압장치의 종류
② 고압장치의 요소
③ 고압가스 저장탱크
④ 안전밸브와 고압장치 재료
⑤ 저온장치
⑥ 가스설비
* 기출문제와 예상문제

03 가스설비

1 고압장치의 종류

1.1 압축기

(1) 압축기 이론

① 피스톤 압출량 : 이론적인 값이며, 단위시간에 이론적으로 토출시킬 수 있는 압축기의 피스톤 체적이다.

㉮ 왕복동식의 경우

$$V = \frac{\pi}{4} D^2 \cdot L \cdot N \cdot R \cdot 60$$

여기서, V : 1시간당 피스톤 압출량 (m^3/h), D : 실린더의 안지름 (m)
L : 피스톤의 행정 (m), N : 기통 수, R : 압축기의 매분 회전수 (rpm)

㉯ 회전식의 경우

$$V = \frac{\pi}{4} \cdot (D^2 - d^2) \cdot t \cdot R \cdot 60$$

여기서, V : 1시간의 피스톤 압출량 (m^3/h), t : 회전피스톤의 가스압축 부분의 두께 (m)
R : 회전피스톤의 1분간의 표준회전수 (rpm), D : 피스톤 기통의 안지름 (m)
d : 회전피스톤의 바깥지름 (m)

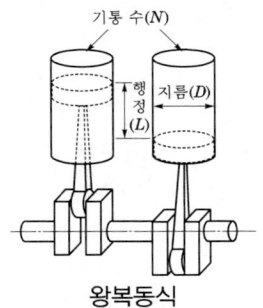
왕복동식

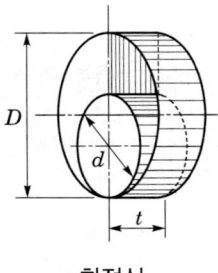
회전식

제 3 편 가스설비

① $\frac{\pi}{4}$=약 0.785이므로 $V=0.785D^2 \cdot L \cdot N \cdot R \cdot 60$의 식으로 계산하면 간단하다.
② 문제에서 보통 D, L은 mm 단위로 주어지므로 V의 값이 m^3/h 단위일 때는 반드시 mm를 m로 환산하여 계산해야 한다 (1 mm=0.001 m).
③ 보통 산식에서 rpm의 기초 'R'을 'N'으로 사용하는데, 이것은 약속기호이므로 어느 것으로 하여도 관계없다.

② 체적효율(ηV) : 부피효율 : 용적효율이라고도 하며, 이것은 이론적인 피스톤 압출량과 실제적인 피스톤 압출량과의 비율이다.

$$\eta V = \frac{\text{실제적인 흡입가스량}}{\text{이론적인 피스톤 압출량}}$$

㉮ 흡입효율(ηV_s) = $\dfrac{\text{실제적인 흡입가스량(kg/h, } m^3/h)}{\text{이론적인 흡입가스량(kg/h, } m^3/h)}$

㉯ 토출효율(ηV_d) = $\dfrac{\text{토출된 상태의 흡입된 상태의 부피}}{\text{흡입된 가스의 실제부피}}$

① 실제적인 피스톤 압출량(V_s) : $V_s = V \cdot \eta V$
② ηV는 클수록 좋다 ($\eta V < 1$).
③ 체적효율이 나빠지는 요인 : 상부 틈새가 클수록, 압축비가 클수록, 기통 체적이 작을수록, 회전수가 빠를수록, 체적효율이 나빠진다.

③ 왕복동 압축기의 소요동력과 효율

㉮ 압축효율 (η_C) = $\dfrac{\text{이론동력(이론상 가스압축에 필요로 하는 동력)}(N)}{\text{지시동력(실제로 가스압축시 필요로하는 동력)}(N')}$

※ 회전수가 빠른 압축기일수록 피스톤의 저항으로 인하여 η_C는 작아진다.

㉯ 기계효율 (η_m) = $\dfrac{\text{지시동력}(N')}{\text{축동력(압축기의 운전에 필요로 하는 동력)}(N_s)}$

✿ 효율과 동력 관계
$N' = \dfrac{N}{\eta_C}$, $N_s = \dfrac{N'}{\eta_m} = \dfrac{N}{\eta_C \cdot \eta_m}$

④ 가스의 압축방식

㉮ 등온압축 : $PV^n=$ 일정. 압축하는 동안 가해지는 열량을 방출하는 상태에서

압축 전후의 온도 차가 없도록 하는 압축방식이다. 그러나 실제로는 불가능한 압축이며, 일량, 온도 상승이 최소가 된다.

$$P_1 V_1^2 = P_2 V_2^n \ (n=1)$$

$$\frac{P_2}{P_1} = \frac{V_1}{V_2}$$

여기서, P_1 : 압축 전의 가스압력 (kg/cm² · a),
P_2 : 압축 후의 가스압력 (kg/cm² · a),
V_1 : 압축 전의 체적 (m³), V_2 : 압축 후의 체적 (m³)

㉯ 단열압축 : 실린더를 완전하게 열전연하고, 가스 압축 중에 열이 외부로 방출되지 않게 해서 압축하는 방법이며, 소요일량, 온도의 상승, 압력의 상승 비율이 가장 크나 실제적으로 불가능한 압축이다.

$$P_1 V_1^k = P_2 V_2^k \ (k = C_P/C_V)$$

※ 단열압축일량

$$W_1 = \frac{R}{R-1}(T_2 - T_1) = \frac{r}{r-1} P_1 V_1 \left\{ \left(\frac{P_2}{P_1}\right) \frac{r-1}{r} - 1 \right\}$$

여기서, r : 단열지수 (C_P/C_V), R : 가스정수 ($\frac{848}{분자량}$ kg · m/kg · K)
T_2 : 압축 후 가스의 절대온도(K), T_1 : 압축 전 가스의 절대온도(K)

㉰ 폴리트로프압축 : 실제적인 압축방식이며, 등온압축과 단열압축의 중간형태의 압축방식으로 압축 중에 가해지는 열량, 온도의 상승, 압력의 상승은 중간이나 단열압축으로 취급한다.

$$P_1 V_1^n = P_2 V_2^n$$
$$1 < n < \frac{C_p}{C_v}$$

여기서, C_P : 정압비열, C_V : 정적비열, C_P/C_V : 비열비
n : 폴리트로픽지수

㉱ 등온효율 = $\dfrac{등온압축일량}{단열압축일량}$ = $\dfrac{등온압축일량}{폴리트로프 압축일량}$

✿ 압축방식의 비교

비교 \ 방식	등온	폴리트로픽	단열
PV^n의 지수값	$n=1$	$1<n<k$	$n=k=C_P/C_V$
압축일량 압축열량	소	중	대
압축 후 가스의 온도	저	중	고

⑤ 압축비

㉮ 1단압축일 때

$$r = \frac{P_2}{P_1}$$

여기서, r : 압축비, P_2 : 토출 절대압력 (kg/cm² · a)
P_1 : 흡입 절대압력 (kg/cm² · a)

㉯ 다단압축일 때

$$r = \sqrt[z]{\frac{P_e}{P_1}}$$

여기서, r : 각 단의 압축비, Z : 단수
P_e : 최종압력 (kg/cm² · a) 또는 최종절대압력
P_1 : 흡입압력 (kg/cm² · a) 또는 최초절대압력

㉰ 피스톤력 : 토출행정 때에 실린더 내에서의 가스압력에 의해 피스톤에 가해진 힘을 말한다.

$$P = P_n F_n \times 10^4$$

여기서, P : 피스톤력 (kg), P_n : n 단의 토출력 (kg/cm²)
F_n : n 단의 피스톤의 유효면적 (m²)

✿ 압력 손실을 고려할 때 압축비

$r = k \cdot \sqrt[z]{\dfrac{P_e}{P_1}}$ (k=압력 손실의 크기 ≒ 1.10)

⑥ 토출가스온도 : 최초온도 10℃, 압력 1 kg/cm² · a, 공기 (k=1) 1 m³을 15 kg/cm² · a의 압력으로 올리며, 1단에서 5 kg/cm² · a까지 올리고 중간 냉각하여 15 kg/cm² · a의 압력으로 압축한다.

㉮ 다단압축

$$T_2 = T_1 \cdot \left(\frac{P_2}{P_1}\right)^{\frac{k-1}{k}} = (273+10)\left(\frac{15}{1}\right)^{\frac{1.4-1}{1.4}}$$

$$= 283 \times 15^{\frac{1.4-1}{1.4}} = 613.5 \text{ K} = 340℃$$

㉯ 2단압축 (1단에서 단열압축 때의 토출온도)

$$T_2 = T_1 \cdot \left(\frac{P_2}{P_1}\right)^{\frac{k-1}{k}} = (273+10)\left(\frac{15}{1}\right)^{\frac{1.4-1}{1.4}}$$

$$= 283 \times 5^{\frac{1.4-1}{1.4}} = 448 \text{ K} = 175℃$$

㉰ 2단압축 (최초의 온도 10℃까지 냉각한 후 2단에서 15 kg/cm² · a까지 압축)

$$T_3 = T_2 \cdot \left(\frac{P_3}{P_2}\right)^{\frac{k-1}{k}} = (273+10)\left(\frac{15}{5}\right)^{\frac{1.4-1}{1.4}}$$

$$= 283 \times 3^{\frac{1.4-1}{1.4}} = 387 \text{ K} = 114℃$$

요점정리

❖ **토출가스 온도의 상승요인**

$$T_2 = T_1\left(\frac{P_2}{P_1}\right)^{\frac{k-1}{k}}$$

① 흡입가스 온도(T_1)가 높을수록 ┐
② 압축비 $\left(\frac{P_2}{P_1}\right)$가 클수록 ├ 토출가스 온도가 상승한다.
③ 비열비(k)가 클수록 ┘

⑦ 압축기를 냉각할 때 얻는 효과

㉮ 체적효율이 증가한다.

㉯ 압축효율이 증가되어 동력이 감소한다.

㉰ 윤활기능이 향상되고 적당한 점도가 유지된다.

㉱ 윤활유의 열화나 탄화를 막는다.

㉲ 피스톤링 축수부 등 습품 부품의 수명을 유지시킨다.

⑧ 다단압축과 압축비의 영향

㉮ 다단압축의 채용 목적과 압축비의 영향

1단으로 고압축비를 얻고자 할 때 압축비가 크면 다음과 같은 영향이 미치므로 압축기를 몇 개의 단으로 나누어서 압축하며, 각 단의 사이에는 중간냉각기를 설치한다.

[압축비가 클 때의 영향]
- 압축일량이 커지므로 토출가스 온도가 상승
- 실린더 과열로 오일 탄화
- 압축기 과열로 체적효율 감소
- 체적효율 감소로 압축기의 능력 저하

④ 다단압축 채용 때의 장점
  ㉠ 소요일량의 절감
  ㉡ 중간냉각으로 온도의 상승을 피할 수 있다.
  ㉢ 힘의 평형을 이룬다.
  ㉣ 압축비가 작아지며, 효율(압축효율, 체적효율)이 증가한다.

✿ **중간냉각기**
각 단에서 발생하는 열을 제거하여 다음 단 압축기의 과열운전을 피한다.

⑨ 압축사이클
  ㉮ 흡입행정
    ㉠ 피스톤의 상사점에서 토출밸브는 닫히고 피스톤의 하향운동에 따라서 흡입밸브는 열리기 시작한다 (이때, 실제로 가스흡입은 없다).
    ㉡ 피스톤이 B점까지 하강하는 동안 클리어런스 내의 가스가 팽창하여 실제의 흡입압력까지 감압할 때까지는 가스의 흡입작용이 없고 '유효행정'이다.
    ㉢ 피스톤이 B점 → C점까지는 가스가 실린더 내로 흡입된다. 이렇게 하여 하사점에서 흡입밸브는 닫히고 흡입행정은 끝난다.
  ㉯ 압축행정
    ㉠ 피스톤이 하사점(C)에 있을 때 흡입밸브는 닫히고 토출밸브는 열린다.
    ㉡ 피스톤 C → D로 상승하는 동안 실린더 내의 가스압력은 점차 상승한다.
    ㉢ D점에서 소요의 토출압력에 도달하면 토출밸브는 열리기 시작하며, 압축가스는 토출된다.

㉣ D → A까지 이르는 동안 압축가스는 일정한 압력으로 토출되어 상사점에 오면 압축행정이 끝나게 된다.

① **이론 사이클의 경우(효율 100 %)**
구동원에서 일을 전달받아서 피스톤을 작동함으로써 가스를 흡입하고 압축하여 외부로 내보내는 일에만 쓰이고 피스톤 상부에 간극이 없으며, 압축후의 압력은 항상 일정
- 흡입행정 4 → 1 (소요일 : $4-1-x_1-0$)
- 압축행정 1 → 2 (소요일 : $1-2-x_2-x_1$)
- 토출행정 2 → 3 (소요일 : $2-3-0-x_1$)

② **유휴행정은 작을수록 체적효율이 커진다.**

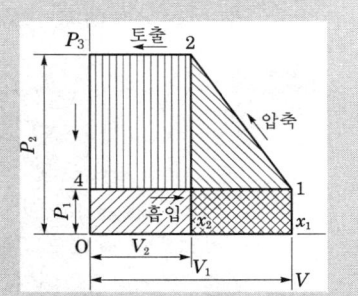

(2) 압축기의 종류

① 용적형 : 일정용적의 실린더 내에 기체를 흡입하고, 흡입구를 닫아서 기체의 용적을 줄임으로써 승압시켜서 토출구로 압출한다.

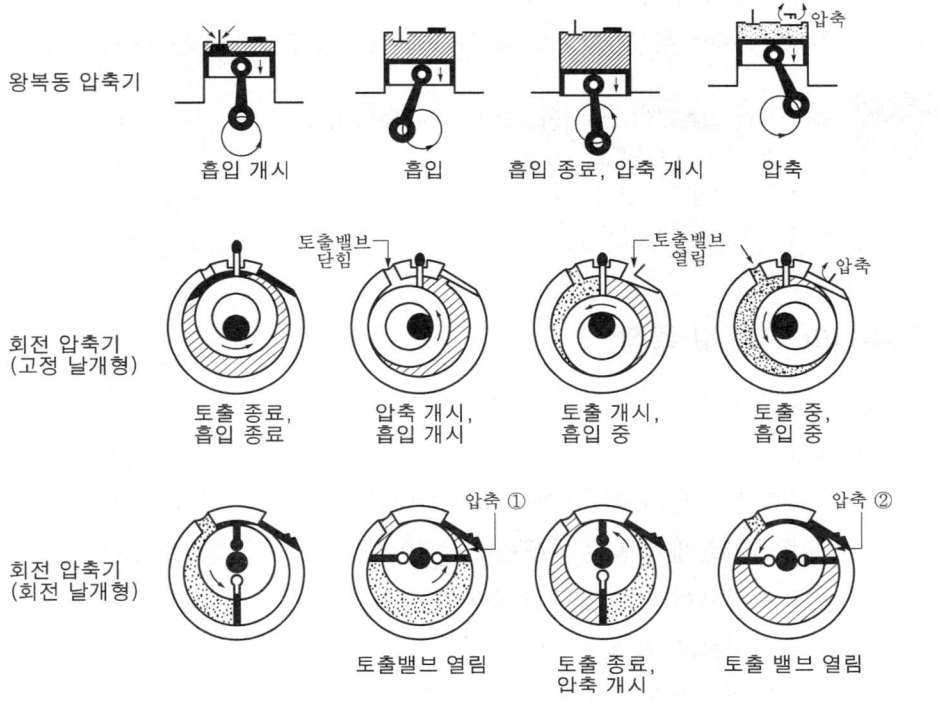

㉮ 회전식 : 로터의 회전에 의하여 일정용적 내의 기체를 압축하며 로터의 형태에 따라 나사형, 베인형의 고정익, 회전익형, 루츠형이 있다.
㉯ 왕복식 : 피스톤의 왕복운동에 의해 가스를 압축한다.
㉰ 다이어프램형 : 격막의 상하 운동으로 기체를 압축한다.

① 압력의 구분 (토출압력 기준)
- $0.1\,kg/cm^2$ ($1000\,mmH_2O$) 미만 : 팬
- $0.1\,kg/cm^2$ 이상 $1\,kg/cm^2$ 미만 : 블로어
- $1\,kg/cm^2$ 이상 : 압축기

② 사용 용도별 구분
- 배풍기 : 대기압 부근의 흡입압력으로 배풍한다.
- 진공압축기 : 대기압보다 상당히 낮은 압력에서 압축하여 진공상태를 얻는 것
- 통풍기 : 통풍 목적의 팬

② 터보형 : 기계적인 에너지를 회전에 의하여 기체의 압력과 속도에너지로 전환하고 압력을 높인다. 원심식과 축류식이 있다.
㉮ 원심식 : 케이싱 내의 임펠러가 회전하면 기체가 원심력의 작용에 의해 임펠러의 중심부에서 흡입되어 외부에 토출되고, 그 때 압력과 속도에너지를 얻는다.
㉯ 축류식 : 선박, 항공기의 프로펠러처럼 축방향으로 흡입하고 축방향으로 토출한다.

✿ 원심식 압축기의 분류 (임펠러의 출구간을 기준)
- $90°$: 레이디얼형
- $90°$ 이상 : 다익형
- $90°$ 이하 : 터보형

(3) 압축기의 구조 및 특징

① 왕복동식 압축기
㉮ 특징
   ㉠ 윤활유식 (급유식) 또는 무급유식이다.
   ㉡ 토출가스에 맥동이 발생한다.
   ㉢ 토출압력에 의한 용량의 변화가 적다.
   ㉣ 용적형으로 쉽게 고압이 형성된다.
   ㉤ 용량의 조절범위가 넓다 (0~100 %).

제1장 ● 고압장치의 종류

ⓑ 압축효율이 높다.
ⓢ 접촉부가 많아서 소음, 진동이 많다.
ⓞ 저속회전에 사용한다.
ⓩ 가격이 고가이며 설치면적이 넓다.
ⓒ 반드시 흡입, 토출밸브가 필요하다.
ⓚ 압축작용이 단속적이다.

㉯ 왕복동 압축기의 용량제어법
　㉠ 연속적인 용량제어법
　　• 흡입밸브를 폐쇄하는 방법
　　• 타임 밸브 제어에 의한 방법
　　• 흡입밸브 개방에 의한 방법
　　• 회전수를 변경하는 방법
　　• 바이패스 밸브로 압축가스를 흡입측에 복귀시키는 방법

① 흡입측 서비스 밸브　⑨ 샤프트실
② 토출측 서비스 밸브　⑩ 다스트실
③ 토출 밸브　　　　　⑪ 윤활유 흡입구
④ 흡입 밸브　　　　　⑫ 윤활유 펌프
⑤ 실린더　　　　　　⑬ 밸런스 웨이트
⑥ 피스톤 링　　　　　⑭ 내기어식 윤활유 펌프
⑦ 볼베어 링　　　　　⑮ 패킹
⑧ 샤프트실(室)　　　⑯ 소음실

　㉡ 단계적인 용량제어법
　　• 클리어런스 밸브로 부피효율을 낮추는 방법 (수동으로 부하에 따라 단계적으로 실린더의 클리어런스를 증감하여 용량을 조절한다.)
　　• 흡입밸브를 개방하는 방법 (수동, 유압, 공기압에 의해 부하에 따라 차례로 흡입밸브를 개방한다.)

㉰ 왕복동 압축기의 부품 구성
　㉠ 실린더와 압축기의 본체 : 실린더는 조밀하고 고급주철로 만들며 실린더와 피스톤의 간극은 지름의 1/1000 정도가 보통이다.
　㉡ 피스톤 및 피스톤링 : 고급주철로 만들고 피스톤 핀은 보통 표면강화하여 표면만이 단단한 종류의 강으로 만들어지며, 흡입밸브는 실린더 헤드(cylinder head)에 설치한다.
　㉢ 커넥팅 로드(connecting rod) : 커넥팅 로드는 피스톤 연결봉으로 단강 또는 주강이다. 단면은 H자형으로 만들고, 견고하고 가볍게 만드는 경우가 많다.
　㉣ 크랭크축(crank shaft) : 소형은 주강제의 것이 많으나 단강제를 많이 사용하고, 크랭크축도 축수가 이완되면 크랭크축을 파손하는 원인이 된다. 또한, 패킹(packing)이 마모한 때의 몰딩작업은 열로 인하여 축에 균열이나 휨이 생기는 수가 있으며, 이로 인하여 축이 절손하는 일이 있으므로 주의해야 한다.

제3편 가스설비

ⓜ 밸브 (valve) : 밸브는 압축기의 심장이다. 밸브가 불량하면 압축기의 능률이 현저하게 악화된다. 가장 많이 사용되는 밸브는 포핏밸브 (poppet valve), 플레이트 밸브 (plate valve), 리드 밸브 (reed valve)가 있다.

ⓗ 크랭크 케이스 (crank case) : 고급주철로 만들며, 내부의 점검을 용이하게 할 수 있는 동시에 축수 조절을 용이하게 할 수 있는 핸드볼을 설치한 것도 있다. 크랭크 케이스의 하부는 보통 윤활유 탱크로 유면계를 설치한다.

ⓢ 축봉장치 (shaft seal) : 크랭크축이 크랭크 케이스를 통과하는 부분에는 크랭크 케이스 내의 가스가 외부로 누출하지 못하게 하는 장치이다.

㉣ 흡입·토출밸브의 구비조건
  ㉠ 개폐시 지연이 없고 작동이 경쾌할 것
  ㉡ 충분한 통과면적을 가지고 유체의 저항이 적을 것
  ㉢ 운전 중 분해하는 경우가 없을 것
  ㉣ 파손이 적을 것

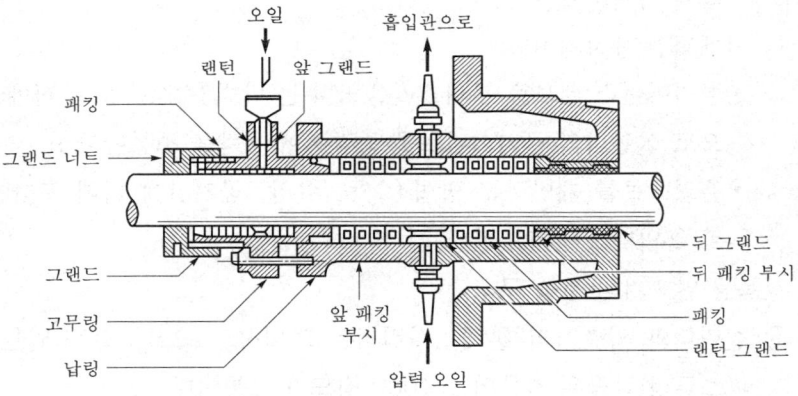

> **✿ 왕복동식 압축기의 각종 구분**
> ① 압축방식
>   • 단동식 : 한쪽에서만 압축, 복동식 : 양쪽에서 압축
> ② 단수
>   • 1단 : 소요압력까지 1단으로 압축, 2단 : 소요압력까지 2단으로 압축, 다단 : 소요압력까지 다단압축
> ③ 윤활방식
>   • 강제급유식 : 기어펌프 사용, 비밀급유식 : 축(샤프트)을 이용, 실린더 윤활식 실린더 무윤활식

④ 작동방법
- 직결형 : 커플링 구동식, 감속형 : 밸브, 감속기 등 사용

⑤ 설치방법
- 정치식, 교반식

⑥ 형태(실린더)
- 수직형 : 입형, 수평형 : 횡형

② 회전식 압축기

회전식 압축기는 왕복식과 달리 흡입밸브가 없으며, 따라서 회전방향이 일정해야 한다.

㉮ 특징

㉠ 회전날개형과 고정날개형 압축기가 있다.
㉡ 용적 (부피)형이며, 기름윤활방식으로서 소용량이며 널리 쓰인다.
㉢ 왕복압축기에 비교하면 부품수가 적고 흡입밸브가 없어 구조가 간단하다.
㉣ 고압축비를 얻으며, 베인의 회전에 의해 압축하여 고진공을 얻을 수 있다.
㉤ 크랭크 케이스 내는 고압이므로 마찰부의 가공에 내마모성이 있어야 한다.
㉥ 직결구동이 용이하고, 압축작용이 연속적이다.

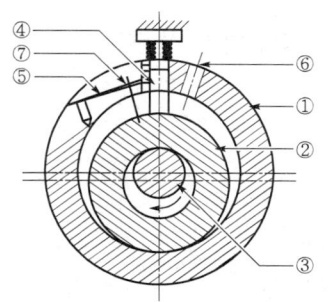 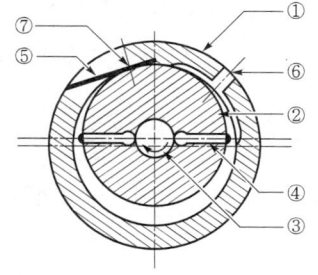

① 실린더 ② 회전자 ③ 회전축 ④ 블레이드
⑤ 토출밸브 ⑥ 흡입구 ⑦ 토출구

① 실린더 ② 회전자 ③ 편심축 ④ 베인
⑤ 토출밸브 ⑥ 흡입구 ⑦ 토출구

㉯ 종류별 특징

㉠ 고정날개형 : 회전자가 편심으로 조립되고 편심축의 회전에 의하여 원통형 회전자가 실린더의 벽을 밀착하면서 회전하는 것이며, 고압, 저압 사이를 차단하는 블레이드 (blade)는 실린더의 홈 속에서 스프링 또는 가스의 압력으로 회전자에 밀착하고 있다. 편심된 회전자가 돌면 냉매가스는 블레이드의 우측 공간에 흡입되어 압축되고, 블레이드 반대쪽으로 토출된다.

구 분	왕복식	회전식
회전방향	무관	일정
압축작용	단속적	연속적
회전수	저속	고속
진동	크다	작다
체적효율	나쁘다	좋다
흡입밸브	있다	없다 (흡입구가 있다)

　　ⓛ 회전날개형 : 회전자가 축과 동심으로 조립되어 회전자와 실린더가 편심이 되어 있고, 회전자의 홈에 두 개 이상의 베인(vane)이 삽입되어 있으며, 이 베인은 유압, 가스압, 스프링 원심력에 의하여 실린더 내의 벽면에 밀착하여 회전자의 회전에 따라 지름방향으로 운동한다.

③ 원심식 터보 압축기

　㉮ 특징

　　㉠ 유량이 크므로 고정면적을 작게 차지한다.

　　ⓛ 고속회전이 가능하므로 모터 회전축에 직결하여 사용할 수 있다.

　　㉢ 연속 토출로 맥동이 적다.

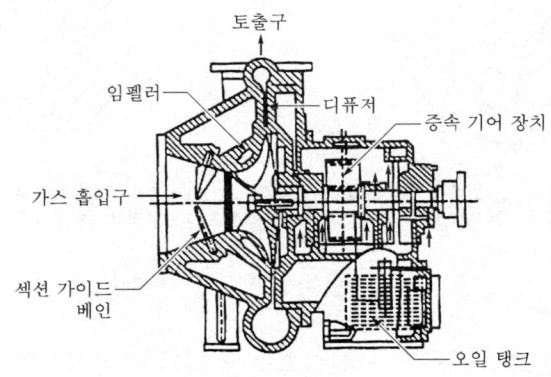

원심식 압축기의 구조

ⓔ 윤활유가 불필요하므로 기체에 기름의 혼합이 적다.
　　ⓜ 압축비가 적어 효율이 낮다.
　　ⓗ 다단식은 압축비를 높일 수 있으나 설비비가 고가이다.
　　ⓢ 용량의 조정범위는 비교적 좁고 (70~100 %) 어려운 편이다.
　　ⓞ 운전 중 서징현상에 대하여 주의해야 한다.

✿ 원심식 도면 해설
그림과 같이 회전축상에 임펠러를 설치하고 축을 1000~8000 rpm으로 고속 회전시키면 가스는 축방향에서 임펠러에 흡입되어 임펠러 안의 베인 사이를 통과하게 되며, 이때 원심력에 의하여 가스의 속도가 증가하여 임펠러에서 나온다. 임펠러 주위에는 고정된 디퓨저가 있어서 가스가 그곳에 들어가면 속도가 압력으로 변하게 되므로 압축이 되는 것이다.

　ⓝ 용량 제어방법
　　㉠ 속도제어로 조정 : 변속이 가능한 원동기로 구동되는 경우에는 회전수를 바꿈으로써 다음의 법칙에 따라 변화시킨다.

$$Q \propto N,\ H \propto N^2,\ KW \propto N^3$$

　　㉡ 토출밸브에 의한 조정 : 토출관에 설치한 개도를 조절함으로써 송풍량을 조정하는 방법이다.
　　㉢ 흡입밸브에 의한 조정 : 흡입관에 설치한 개도를 조절함으로써 송풍량을 조정하는 방법이다. 주로 대기압을 흡입하는 압축기에 많이 사용한다.
　　㉣ 베인 컨트롤에 의한 방법 : 임펠러의 입구에 방사선상으로 놓인 베인의 각도를 조정함으로써 임펠러의 유입각도를 바꾸면 특성을 변화시킬 수 있다.
　　㉤ 바이패스에 의한 조정 : 토출관로의 도중에 바이패스관로를 설치하고 토출풍량의 일부를 흡입에 복귀시키거나 또는 대기에 방출한다.

④ 축류압축기
　㉮ 동익과 정익의 조합형태로서 다음의 세 구간으로 구성된다.
　　㉠ 증속구간 : 흡입구에서 익열 전까지
　　㉡ 증가구간 : 익열에서의 에너지 증가
　　㉢ 감속구간 : 익열 후의 디퓨저에서 토출구까지

㉯ 특징
  ㉠ 동익(가동익)식인 경우 날개의 각도 조절에 의하여 축동력을 일정하게 한다.
  ㉡ 효율이 나쁘다.
  ㉢ 압축비가 작아서 공기조화 설비용으로 사용된다.

✿ **축류압축기의 날개 배열**

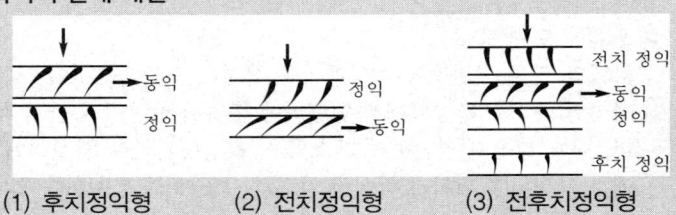

(1) 후치정익형   (2) 전치정익형   (3) 전후치정익형

㉰ 베인의 배열
  ㉠ 후치정익형 : 축방향으로 유입하고 동익에 의해 굽혀지며, 후치정익에 의해 축방향으로 돌려서 유입하는 형식이다.
     ※ 1단 팬에 많이 사용한다.
  ㉡ 전치정익형 : 축방향으로 유입되나 최초의 놓여진 전치정익에 의해 동익의 회전방향과 역방향으로 흐름을 굽히고 동익에 의해 축방향으로 되돌려 준다(방출된다).
     ※ 효율은 낮고 압력은 높다.
  ㉢ 전후치정익형 : 축방향으로 유입한 전치정익에서 회전방향으로 굽히고 동익에서 다시 동익방향으로 굽혀진 양만을 정익에서 원형으로 되돌리는 형식이다.

✿ **축류압축기의 반동도**
  ① 후치정익형 : 80~100 %
  ② 전치정익형 : 100~120 %
  ③ 전후치정익형 : 40~60 %

⑤ 나사압축기 (스크루압축기)
  ㉮ 특징
    ㉠ 나사압축기라고도 하며, 용적 (부자)형이다.
    ㉡ 흡입, 압축, 토출의 3행정을 가지고 있다.
    ㉢ 오일리스 압축기로 개발된 것으로 무급유식 또는 급유식이나 효율은 일반적

으로 낮다.
ⓔ 고속회전이므로 기체에 맥동이 없고 연속적이며, 경량, 중용량 및 대용량까지 적당하다.
ⓜ 기초설치면적이 작고 기계적 접속부는 베어링뿐이지만 증폭장치를 가진 경우에는 터보압축기보다 베어링이 많다.
ⓗ 토출압력에 의한 용량 변화가 적고 (70~100 %) 소음방지장치가 필요하며, 토출압력은 30 kg/cm²이다.
ⓢ 암 (female) 및 수 (male)의 치형을 가진 두 개의 모터의 맞물림에 의해 압축한다.

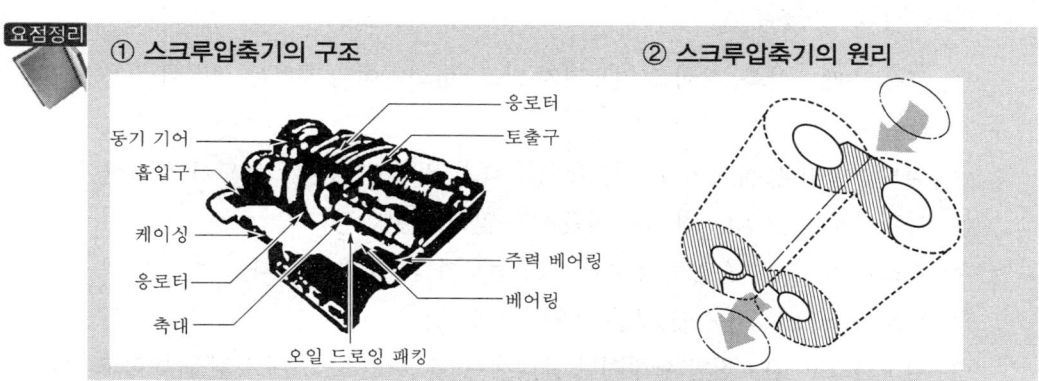

㉯ 행정의 원리

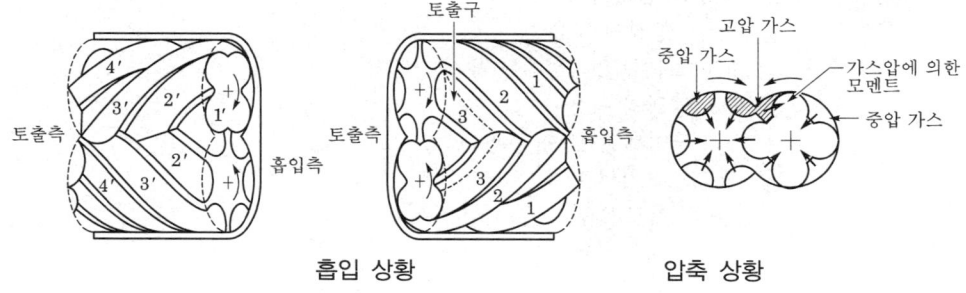

흡입 상황   압축 상황

㉠ 흡입행정 : 로터의 회전에 따라 케이싱에 의해 형성된 공간은 $(1'-1') \rightarrow (2'-2') \rightarrow (3'-3')$로 증대하고, 접촉과는 전혀 관계없는 공간$(4'-4')$이 된다 (흡입과정 완료).
㉡ 압축행정 : 로토의 회전에 따라서 $(1-1) \rightarrow (2-2) \rightarrow (3-3)$으로 압축되고

토출구에서 송출된다. 이와 같은 압축과정이 각 치형의 조합마다 행해지며, 전체적으로 볼 때 거의 연속적으로 압축된다.

⑥ 다이어프램식 압축기

임펠러에서 토출된 가스는 다이어프램에 의하여 다음 단의 임펠러에 흡입되는 압축기이다. 즉, 격막의 상하운동으로 기체를 압축한다.

다이어프램식 압축기는 부식성 유체의 압송이나 불활성 기체(He, Ne, Ar 등)의 압송에 사용한다.

(4) 압축기의 윤활유

① 고온일 때 : 산화, 중합을 일으키지 않고, 탄화하여 부착하는 성질이 작은 오일을 사용한다.
② 점도 : 마찰을 적게 하고, 실 작용을 하기 위하여 적당한 점도가 필요하다.
③ 아황산가스 (SO_2) : 가스에 침윤하지 않고 수분함량이 없는 것
④ 수소가스 (H_2) : 순광물성 기름으로 점도가 높은 것이 좋다.
⑤ 산소가스(O_2) : 유지인 것을 사용하지 말 것
⑥ 염소가스 (Cl_2) : 진한 황산이나 글리세린 (60 % + 30 %)에 사탕을 더하고 120℃로 용해해서 10 %의 그래화이트 또는 활석을 혼합한 것이다.

✿ **주요가스의 윤활유**
① 공기 : 양질의 광유
② SO_2 : 화이트유 (정제된 용제 터빈유)
③ H_2 : 양질의 광유
④ O_2 : 글리세린 10 % 수용액 (물)
⑤ C_2H_2 : 양질의 광유
⑥ LPG : 식물성유

1.2 펌프 (pump)

(1) 펌프의 분류

① 터보식 펌프

㉮ 원심펌프 (센트리퓨걸펌프) : 임펠러에 흡입된 물이 축과 직각방향으로 토출되면서 벌류트 케이싱 내에 유도되어 버텍스 체임버에서 운동에너지를 압력에너지로 변환시켜서 토출하는 형식이다.

㉠ 특징
- 원심력에 의하여 액체를 이송한다.
- 용량에 비하여 설치면적이 작고 소형이다.
- 액의 맥동이 없고 흡입·토출밸브가 없다.
- 펌프에 충분히 액을 채워야 한다.
- 고양정에 적합하다.
- 캐비테이션, 서징현상 등이 발생하기 쉽다.

㉡ 원심펌프의 구조와 기본요소
- 양수장치 : 흡입관, 송출관, 풋밸브 (foot valve), 게이트밸브

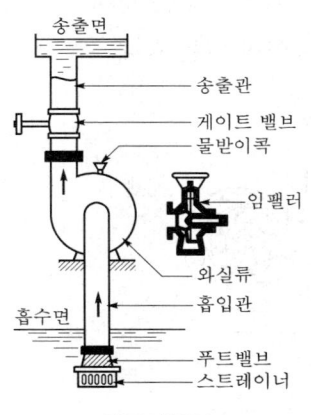

펌프계통도

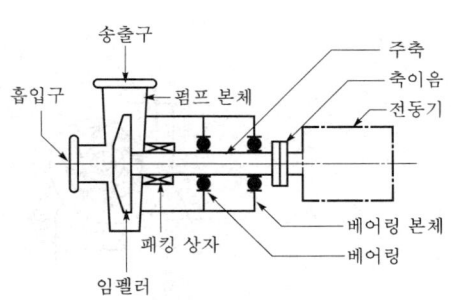

원심펌프의 구성요소

> ① **펌프와 압축기의 차이**
> - 펌프 : 액체를 이송
> - 압축기 : 기체를 이송
>
> ② **펌프의 종별 분류**
> - 터보식 : 센트리퓨걸 (원심)펌프, 사류펌프, 축류펌프
> - 용적식 : 왕복펌프, 회전펌프
> - 특수펌프 : 재생펌프, 제트펌프, 기포펌프, 수격펌프
>
> ③ **펌프의 구비조건**
> - 고온·고압에 견딜 것
> - 작동이 확실하고, 조작·보수가 용이할 것
> - 급격한 부하의 변동에 대응할 것
> - 저부하·고부하에서도 효율이 양호할 것
> - 병렬운전에 지장이 없을 것
> - 회전식은 고속에 안전할 것
> - 누설이 없고 고장이 적을 것

ⓒ 구성요소 : 회전차 (임펠러), 펌프 본체, 안내 깃 (가이드 베인), 와류실, 주축, 축이음, 베어링 본체, 패킹상자, 베어링

ⓔ 원심펌프의 분류
- 안내 깃 (가이드 베인)의 유무에 따른 분류
  - 벌류트펌프 : 임펠러 외주에 가이드 베인이 없는 형태
  - 터빈펌프 : 임펠러 외주에 가이드 베인이 있는 형태

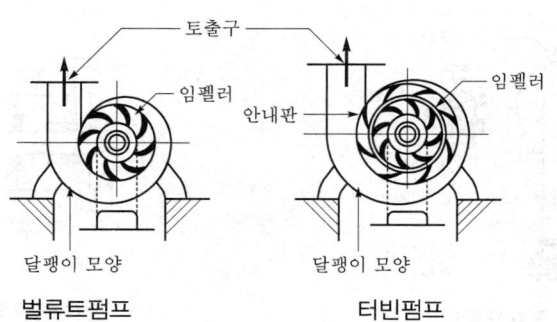

벌류트펌프   터빈펌프

※ 벌류트펌프의 프라이밍(priming) : 펌프를 운전할 때 액이 충만하지 않으면 공회전하여 펌프작업이 이루어지지 않는다. 이때, 액을 채우는 작업이다 (터빈펌프에도 사용된다).

- 흡입구에 의한 분류
  - 단흡입펌프 : 회전자의 한쪽에서만 흡입되는 펌프
  - 양흡입펌프 : 펌프의 양쪽에서 흡입되는 펌프

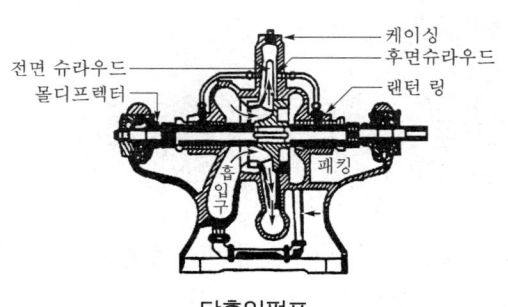
단흡입펌프

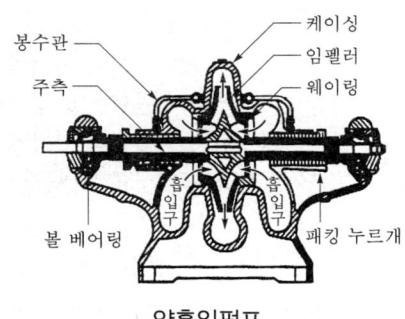
양흡입펌프

- 단 (스테이지)수에 의한 분류
  - 단단펌프 : 펌프 한 대에 임펠러 1개를 단 것
  - 다단펌프 : 임펠러를 여러 개를 같은 축에 배치하여, 1단에서 나온 액체는 제 2단에서 흡입되고, 이하 순차적으로 다음 단에 연결되는 것을 말한다.
- 임펠러의 모양에 따른 분류
  - 반경류형 : 액체가 임펠러 속을 지날 때 유적 (流跡)이 거의 축과 수직인 평면 내를 반지름 방향으로 흐르도록 되어 이다.
  - 혼류형 : 깃 입구에서 출구에 이르는 사이에 반지름 방향과 축방향과의 유동이 조합되어 있다.
- 케이싱에 의한 분류 : 상하분할형, 분할형, 원통형, 배럴형

① **벌류트펌프의 특징**
- 토출량이 크며, 저점도의 액체에 적당하다.
- 저양정 시동때 물이 필요하다 (프라이밍이 필요하다).

② **터빈펌프의 특징**
- 고양정을 얻기 위해 단수를 가감할 수 있다.
- 고양정, 저점도의 액체에 적당하다.
- 대용량에 적합하다.

> ③ 펌프의 임펠러를 설계할 때의 주의사항
> - 마찰 손실을 적게 하려면
>   - 깃의 통로길이를 짧게 할 것
>   - 깃의 매수를 적게 할 것
>   - 임펠러의 내외면을 매끈하게 할 것
> - 손실 헤드를 적게 하려면
>   - 통로의 단면적을 급변하지 않도록 할 것
>   - 깃의 곡선을 완만하게 할 것
>   - 깃의 매수를 많게 하여 곡률반지름을 크게 할 것

㈏ 사류펌프 : 임펠러에서 나온 물의 흐름이 축에 대하여 비스듬히 나온다. 임펠러에서 물의 흐름을 안내 깃에 유도하여 회전방향 성분을 축방향 성분으로 바꾸어서 토출하는 형태와 벌류트 케이싱에 유도하는 형식이 있다.

㈐ 축류펌프 : 임펠러에서 나오는 물의 흐름이 축방향으로 나오는 펌프이다. 임펠러에서 물을 안내 깃에 유도하여 회전방향 성분을 축방향으로 변화시켜 수력손실을 적게 하여 축방향으로 토출한다.

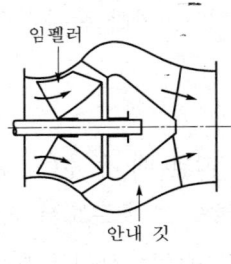
사류펌프

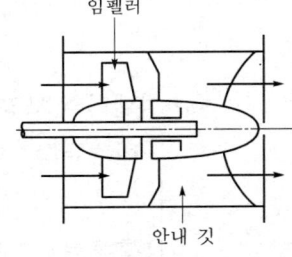
축류펌프

② 왕복펌프 : 실린더 내의 피스톤 또는 플런저를 왕복시켜서 밸브의 개폐와 피스톤의 왕복으로 액을 흡입하여 토출하는 것

㈎ 피스톤펌프 : 피스톤에 패킹 (실라인)과 밸브가 붙어 있는 것

㈏ 플런저펌프 : 실라인이 펌프 본체에 고정되어 왕복운동을 하는 플런저에는 실이 붙어 있지 않다. 패킹 교환이 용이하고 고압을 얻기 쉽다.

㈐ 다이어프램펌프 : 특수유체, 슬러그 (불순물)가 많이 함유된 물도 이송하기 쉬우며, 고무나 테플론 등의 막을 상하로 움직여서 토출한다. 슬러그를 함유한 액체에도 마모·폐쇄되지 않으며, 그랜드 패킹이 없어 누설을 방지한다.

제 1 장 고압장치의 종류

✿ 왕복펌프의 구조

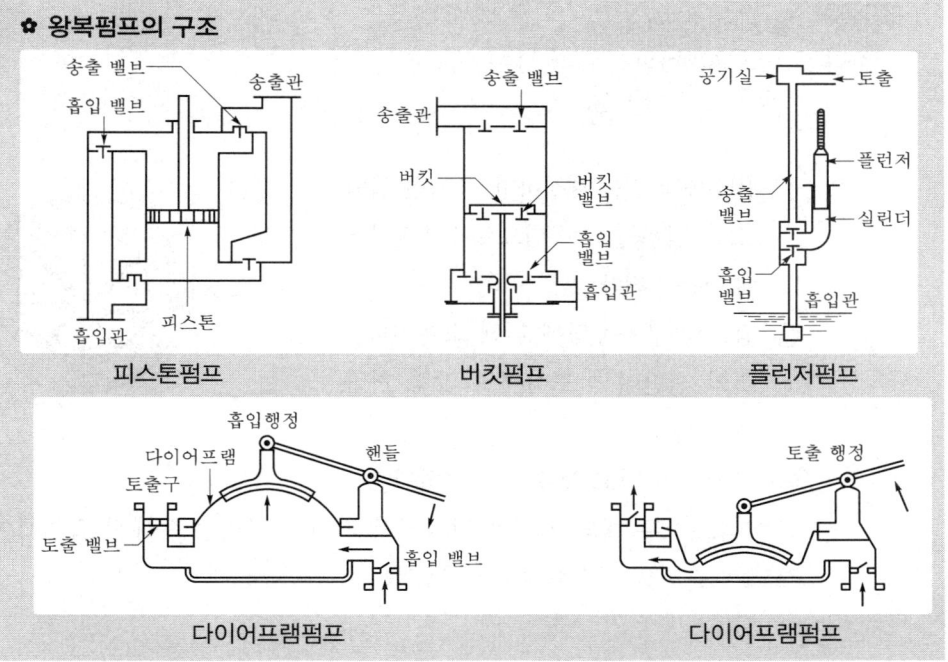

㉣ 장·단점
  ㉠ 장점
    • 소형으로 고압, 고점도의 유체에 적당하다.
    • 토출량이 일정하므로 정량 토출할 수 있다.
    • 회전수가 변하여도 토출압력의 변화는 적다.
    • 수송량을 가감할 수 있어 흡입양정이 크다.
  ㉡ 단점
    • 밸브의 그랜드가 고장 나기 쉽다.
    • 단속적으로 송출하므로 맥동이 일어나기 쉽다.
    • 고압으로 액의 성질이 변하기 쉽다.
    • 진동이 있고 설치면적이 크다.
③ 회전펌프 : 날개의 회전에 따라서 생기는 원심력을 이용하여 흡입·송출밸브 없이 본체 (케이싱)와 임펠러 사이에 유체가 밀려나가서 송출된다.
  ㉮ 베인펌프 (사절판펌프) : 편심한 회전 롤에 베인 (깃)을 붙여서 회전력에 의해 토출한다.

제3편 가스설비

 ✿ **베인펌프의 용량**
① 송출압력 : 20~175 kg/cm^2
② 효율 : 70~85 %

㉠ 10수매의 깃을 내장하며, 적당한 압력 포드, 캠 링을 사용함으로써 송출압력에 맥동이 적다.
㉡ 펌프의 구동동력에 비해 소형이다.
㉢ 깃의 선단이 마모하여도 압력 저하가 적다.
㉣ 고장률이 적고 보수가 용이하다.

㉯ 기어펌프 : 두 개의 기어가 맞물려서 기어가 열리는 쪽에서 흡입하여 닫히는 쪽으로 토출하는 펌프이다 (기어펌프).

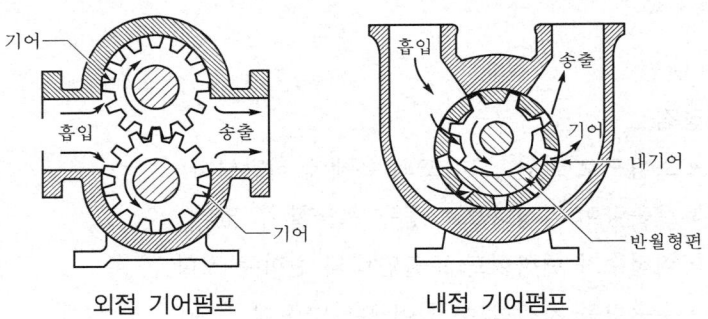

외접 기어펌프   내접 기어펌프

 ✿ **기어펌프의 용량**
① 송출압력 : 100 kg/cm^2 이상   ② 송출량 : 3~100 m^3/h
③ 전양정 : 35~45 m   ④ 효율 : 70~80 %

㉰ 나사펌프 (스크루펌프) : 1개의 나사축 (원동축)에 다른 나사축 (종동축)을 1~2개를 물리게 하여 케이싱 속에 봉하고 회전시킴으로써 (서로 다른 방향으로) 한 쪽의 나사홈 속의 액체를 다른 쪽의 나사산으로 밀어내게 되어 있는 형태이다.

제1장 ● 고압장치의 종류

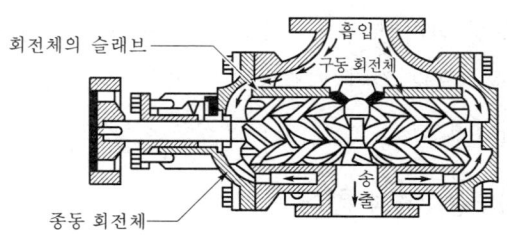

스크루펌프

 ✿ **나사펌프의 종류** (나사 수에 따라서)
① 1개 : 모이노펌프
② 2개 : 큄비펌프
③ 3개 : 이모펌프

    ㉣ 회전펌프의 특징 및 사용상 주의할 점
      ㉠ 특징
- 고점도액의 이송에 적합하다.
- 고압에 적합하고 토출압력이 변하여도 토출량은 크게 변하지 않는다.
- 구조가 간단하고 청소, 분해가 용이하다.

      ㉡ 사용상 주의점
- 액의 점도에 따른 회전수와 소요동력의 선정을 적절히 할 것
- 점도가 큰 것은 회전수가 적고 소요동력이 커진다.
- 점도가 큰 액의 흡입측 저항을 가능한 한 작게 할 것
- 점도가 작은 것은 원심펌프를 사용하는 것이 좋다.
- 고압을 사용할 때에는 반드시 안전밸브를 사용할 것

④ 기타 펌프
    ㉮ 분사펌프 (제트펌프) : 노즐을 통하여 고속으로 분사된 유체에 의하여 흡입된 유체가 펌프로 송출된다.
- 장점 : 소음이 없고, 설치가 간단하다.

    ㉯ 기포펌프 : 압축기로 압축공기를 양수관의 아래쪽에서 구멍으로 분출시켜 수면을 올리는 방법이다.

    ㉰ 수격펌프 : 펌프나 압축기 없이 유체의 위치에너지를 이용한 것으로서 높은 위치의 물을 흘려보내다가 급격히 폐쇄시킬 때 고압이 발생하는 워터 해머를 이용한 것으로 낙차의 50배까지 양수할 수 있다.

- 장점 : 지형상 낙차만 있으면 양수가 가능하므로 경제적이다. 고장이 없고 수명이 반영구적으로 길다.
㉣ 가찰펌프 (재생펌프)

(2) 펌프 사용시 발생되는 이상 현상

① 캐비테이션 (cavitation)
  ㉮ 캐비테이션의 발생조건
    ㉠ 관 속을 유동하고 있는 물속의 어느 부분이 고온도 (高溫度)일수록 포화증기압에 비례해서 상승할 때
    ㉡ 펌프의 물이 과속 (過速)으로 인하여 유량이 증가할 때
    ㉢ 펌프와 흡수면 (吸水面) 사이의 수직거리가 너무 부적당하게 길 때
  ㉯ 캐비테이션 발생에 따른 여러 가지 현상
    ㉠ 양정곡선과 효율곡선의 저하
    ㉡ 소음 (noise)과 진동 (vibration)
    ㉢ 깃에 대한 침식 (侵蝕)
      - 유효 흡입양정 (NPSH) : 펌프의 입구에서 전압력이 그 수온에 상당하는 증기압력에서 어느 정도 높은가 표시
  ㉰ 펌프의 캐비테이션 방지법
    ㉠ 펌프의 설치높이를 될 수 있는 대로 낮추어 흡입양정을 짧게 한다.
    ㉡ 수직축 (立軸)펌프를 사용하고, 임펠러를 수중 (水中)에 완전히 잠기게 한다.
    ㉢ 흡입배관계는 될 수 있는 대로 관지름을 굵게 하거나 굽힘을 적게 한다.
    ㉣ 펌프의 회전수를 낮추어 흡입 비교회전도를 적게 한다.
    ㉤ 양흡입 (兩吸入)펌프를 사용한다.
    ㉥ 두 대 이상의 펌프를 사용한다.

> **요점정리** ✿ **캐비테이션**
> 물이 관 속을 유도하고 있을 때 물속의 어느 부분의 정압이 그 때 물의 온도에 해당하는 증기압 이하로 되면 부분적으로 증기가 발생하는 현상이다.

② 수격작용 (water hammering) : 펌프에서 물을 압송하고 있을 때 정전 등으로 급히 펌프가 멈추거나 수량조절밸브를 급해 폐쇄할 때, 관 속의 유속이 급속히 변화하면 물에 의한 심한 압력의 변화가 생긴다. 이 현상을 수격작용이라고 한다.

㉮ 수관(水管) 속의 압축파(壓縮波)의 전파속도

$$a = \sqrt{\dfrac{K/\rho}{1 + \dfrac{K}{E} \cdot \dfrac{D}{\sigma}}} \text{ (m/s)}$$

여기서, a : 음속(전파속도) (m/s),
K : 물의 체적탄성계수 (kg/m^2),
ρ : 물의 밀도 (kg · s^2/m^2),
E : 관의 종탄성계수 (kg/m^2),
D : 관의 안지름 (m), σ : 관벽의 두께 (m)

㉯ 수격작용의 방지법

㉠ 관(管) 속의 유속을 낮게 한다 (단, 관지름을 크게 할 것).
㉡ 펌프에 플라이 휠(fly wheel)을 설치하여 펌프의 속도가 급격히 변화하는 것을 막는다 (관성모멘트의 원리).
㉢ 조압수조(調壓水槽) : 서지탱크를 관선에 설치한다 (자동).
㉣ 밸브는 펌프 송출구 가까이에 설치하고, 밸브는 적당히 제어한다.

(3) 펌프의 회전수

① 전동기의 동기속도 (N)

$$N = \dfrac{f}{\dfrac{P}{2}} \times 60 = \dfrac{120f}{P} \text{ (rpm)}$$

여기서, f : 주파수, P : 극수

② 펌프의 회전수 (R)

$$R = N\left(1 - \dfrac{S}{100}\right) = \dfrac{120f}{P}\left(1 - \dfrac{S}{100}\right)$$

3상 유도전동기의 동기속도 (rpm)

극수	2	4	6	8	10	12	14	16	18	20
주파수 60Hz	3600	1800	1200	900	720	600	514	450	400	360

① 우리나라의 전원주파수 f는 60Hz이다.
② S는 펌프운전 때 생기는 부하에 의한 미끄럼률(%)이다.

(4) 펌프의 소요동력과 상사의 법칙

① 소요동력

㉮ 마력 (PS 또는 HP) = $\dfrac{\gamma \cdot Q \cdot H}{75\eta}$

㉯ 동력 (kW) = $\dfrac{\gamma \cdot Q \cdot H}{102\eta}$

여기서, Q : 유량 (m³/s), H : 전양정 (m), γ : 액의 비중량 (kg/m³), η : 펌프의 효율 ($\eta < 1$)

※ Q (m³/min)일 때는 kW = $\dfrac{\gamma \cdot Q \cdot H}{102 \cdot \eta \cdot 60}$ 으로 하며 다음과 같이 약식으로 나타낼 수 있다.

kW = $\dfrac{\gamma \cdot Q \cdot H}{102 \cdot \eta \cdot 60}$ 에서 유체가 물일 때 $\gamma = 1000$ kg/m³이고

이때의 유량 Q를 (m³/min) 단위로 할 때

kW = $\dfrac{1000 \cdot Q \cdot H}{102 \times 60 \times \eta} = 0.613\, Q \cdot H$

② 상사의 법칙 : 구조가 서로 상사한 두 개의 펌프는 성능곡선도 서로 상사이다. 이때의 관계를 표현하는 법칙이며 회전수에 따라 다음과 같이 변화한다.

펌프의 회전수, 토출량, 전양정, 축동력, 효율과의 관계

회전수	토출량	전양정	축동력	효율
(변화 전) 회전수 N의 경우	Q	H	P	η
(변화 후) 회전수 N'의 경우	Q'	H'	P'	η'

㉮ 유량 : 회전수에 비례한다. $Q' = Q \times \left(\dfrac{N'}{N}\right)$

㉯ 양정 : 회전수의 자승에 비례한다. $H' = H\left(\dfrac{N'}{N}\right)^2$

㉰ 동력 : 회전수의 3승에 비례한다. $P' = P\left(\dfrac{N'}{N}\right)^3$

※ 단, $\eta = \eta'$로서 효율은 변함없는 것으로 한다.

(5) 비교회전도 (비속도)

한 임펠러를 형상과 운전상태를 상사하게 유지하면서 그 크기를 바꾸어 단위송출유량에서 단위일정 (1m)으로 되게 할 때, 그 임펠러에 최대로 적합한 회전수를 원래의 임펠러의 비교회전도라고 한다.

$$N_s = \frac{N\sqrt{Q}}{\left(\dfrac{H}{i}\right)^{3/4}}$$

여기서, N_s : 비교회전도, Q : 유량 (m^3/min), i : 펌프의 단수
N : 회전수 (rpm), H : 양정 (m)

요점정리

✿ **터보식 펌프의 N_s 범위**
① 센트리퓨걸펌프 : 100~600 m^3/min · m · rpm
② 사류펌프 : 500~1300 m^3/min · m · rpm
③ 축류펌프 : 120~2000 m^3/min · m · rpm

(6) 왕복펌프의 토출체적

$$Q = \frac{\pi}{4}D^2 \cdot S \cdot N \cdot n$$

여기서, Q : 토출체적 (m^3/min), D : 실린더 지름 (m),
S : 피스톤의 행정 (m), N : 기통수, n : 회전수 (rpm)

2 고압장치의 요소

2.1 고압가스 용기

(1) 용접용기

강판을 롤링, 성형하여 용접하여 제작한다.

C_3H_8, C_2H_2 등 비교적 저압가스용으로 사용된다.

① 화학성분 : 탄소강이 쓰이며 CPS 비율은 다음과 같다.

성 분	C(탄소)	P(인)	S(황)
함량(%)	0.33% 이하	0.04% 이하	0.05% 이하

② 제작방법
  ㉮ 용접용기 : 강판을 원상으로 압착하여 2개를 상·하로 하여 둘레를 용접한 형태
  ㉯ 이음매없는 용기 : 강판을 롤러에 감아서 몸통부(동판)를 만들고 양단의 경판을 조립하여 용접한 형태

③ 용접용기의 장점
  ㉮ 강판이 저렴하므로 제작비가 싸다.
  ㉯ 판재를 사용하므로 용기의 형태수치를 자유로이 선택한다.
  ㉰ 두께의 공차가 적다 (용기의 두께공차는 ±20% 이하).

(2) 이음매 없는 용기

이음 부분이 없는 것으로서 특수 제작되며 O_2, H_2 등 압력이 높은 압축가스, 액화 CO_2 등 상온에서 높은 증기압을 가지는 가스, Cl_2 등 맹독성이며 부식성이 큰 가스 등에 사용된다.

성 분	C(탄소)	P(인)	S(황)
함량(%)	0.55% 이하	0.04% 이하	0.05% 이하

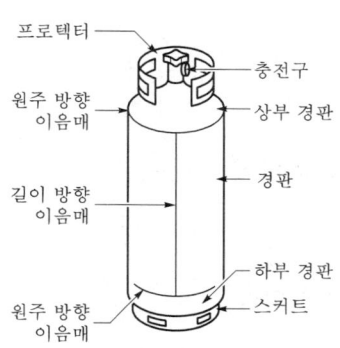
용접용기의 각부 명칭 (LPG용)

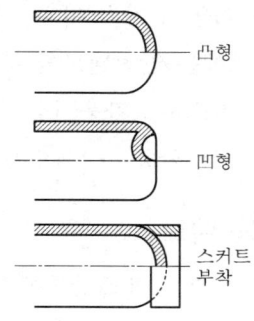
무계목의 저부 형태

② 재질과 형상

㉮ Cl_2, NH_3 등 비교적 저압인 것 : 탄소강

㉯ O_2, H_2 등 비교적 고압인 것 : 망간강

㉰ 형상은 가늘고 길며, 저부형태란 凸형, 凹형, 스커트형이 있다.

2.2 용기용 밸브

(1) 밸브의 구조

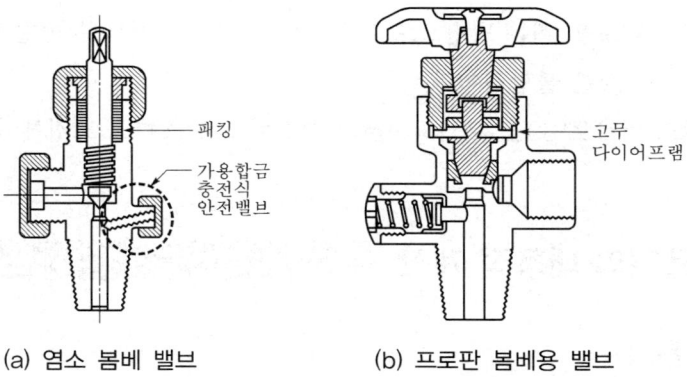

(a) 염소 봄베 밸브　　(b) 프로판 봄베용 밸브

① 구조 : 패킹식, 오일링식, 백시트식, 다이어프램식의 4종류
② 밸브의 표시 : 제조자명 및 약호, 제조연월, 중량, 내압시험압력
③ 충전구의 나사방향

㉮ 가연성 가스 : 왼나사 (단, NH_3, CH_3Br은 제외)

㉯ 가연성 가스 이외 : 오른나사
④ 밸브에는 안전밸브를 부착한다 (위 그림에서).
  ㉮ 염소용 : 가용전식 (65~68 %에서 용융)
  ㉯ 프로판용 : 스프링식 (내압시험압력×8/10 이하에서 작동)

(2) LPG용 밸브

그랜드 너트의 개폐방향에 따라 왼나사, 오른나사가 있다.

① 개폐방향이 왼나사인 것은 그랜드 너트 육각부에 V자 홈을 만든다.
② 그랜드 너트 고정방법
  ㉮ 금속접착제로 고정하는 방법 (그랜드 너트 육각부에 '적색'으로 표시한다.)
  ㉯ 본체와 그랜드 너트 사이에 구멍을 뚫어서 핀으로 고정
③ 충전구는 왼나사로 되어 있다.
④ 안전밸브는 스프링식 안전밸브이며, 내압시험의 80 % 이하에서 분출한다.
⑤ 밸브의 내압시험은 용기의 내압시험압력 이상에서 실시한다.
⑥ 밸브의 기밀시험압력은 공기, 불활성 가스로 행하며 용기의 최고충전압력 이상에서 실시한다.
⑦ 밸브의 기능검사
  ㉮ 핸들의 회전이 원활한 것 (그핀들이 굽은 것은 불합격이다.)
  ㉯ 그랜드 너트를 빼는 방향으로 100 kg·m의 회전력으로 돌릴 때 그랜드 너트가 돌아가는 것은 불합격이다.
  ㉰ 그랜드 너트로 80±200 kg·m의 회전력으로 조이고 고정해야 한다.

2.3 용기의 내용적 계산

(1) 압축가스 용기

$$V = M/P$$

여기서, V : 용기의 내용적 (L 또는 m^3), M : 대기압으로 환산한 가스 부피 (L 또는 m^3)
P : 35℃에서의 최고충전압력 (kg/cm^2)

(2) 액화가스 용기

$$V = G \cdot C$$

여기서, V : 용기의 내용적 (L), G : 가스의 질량 (kg), C : 가스의 정수 (C_3H_8 : 2.35)

2.4 용기의 두께 계산 (용접용기)

(1) 동 판

$$t = \frac{PD}{200SE - 1.2P} + C$$

(2) 접시형 경판

$$t = \frac{PDW}{200SE - 0.2P} + C$$

(3) 반타원체형 경판

$$t = \frac{PDV}{200SE - 0.2P} + C$$

여기서, t : 두께 (단위 : mm)의 수치

P : 아세틸렌가스 용기는 최고충전압력 (단위 : MPa)의 1.62배의 압력, 그 밖의 용기는 최고충전압력 (단위 : MPa)의 수치

D : 동판은 동체의 내경, 접시형 경판은 그 중앙만곡부 내면의 반지름, 반타원체형 경판은 반타원체 내면의 장축부 길이에 각각 부식여유의 두께를 더한 길이 (단위 : mm)의 수치

W : 접시형 경판의 형상에 따른 계수로서 다음 산식에 의해 계산된 수치

$\frac{3+\sqrt{n}}{4}$ (n은 경판 중앙만곡부 내경과 경판둘레의 단곡부 내경의 비)

V : 반타원체형 경판의 형상에 의한 계수로서 다음의 산식에 의해 계산된 수치

$\frac{2+m^2}{6}$ (m은 반타원체형 내면의 장축부와 단축부의 길이의 비)

S : 재료의 허용응력 (단위 : N/mm²) 수치

E : 동체의 길이 이음매 또는 경판중앙부 이음매의 용접효율 수치

C : 부식여유의 두께 (단위 : mm)의 수치로서 다음 표와 같다.

용기의 종류		부식여유의 수치 (mm)
암모니아를 충전하는 용기	내용적이 1000 L 이하인 것	1
	내용적이 1000 L를 초과한 것	2
염소를 충전하는 용기	내용적이 1000 L 이하인 것	3
	내용적이 1000 L를 초과한 것	5

2.5 용기의 각종시험

(1) 내압시험

용기를 설정된 내압에 견딜 수 있는지의 여부를 항구증가율로써 판정한다.
① 내압시험압력

㉮ 일반적인 용기 : 최고충전압력 × $\frac{5}{3}$ 배

㉯ 아세틸렌 용기 : 최고충전압력 × 3배

㉰ 설비의 경우 : 상용압력 × 1.5배

② 수조식 내압시험

㉮ 용기를 수조에 넣고 수압으로 가압한다.

㉯ 수압에 의해 용기가 팽창함에 따라 그 팽창된 용적만큼 물이 압축되어 팽창계(브레드)에 나타난다. 이것을 '전증가량'이라고 한다.

㉰ 용기 내부의 수압을 제거한 다음 용기의 영구팽창 때문에 팽창계의 물이 수조로 완전히 돌아가지 않고 팽창계에 남게 되는데, 이 남은 물의 양을 '항구증가량'이라고 한다.

㉱ 이런 조작에 의해 얻어진 항구증가량과 전증가량의 백분율을 항구증가율이라고 한다.

③ 비수조식 내압시험 : 대형 용기나 특수형상 또는 수조식에서 어려운 경우에 사용되는데, 용기를 수조 속에 넣지 않고 용기에 직접 내압시험압력으로 수압을 가해 용기 내에 최초수압 이전에 들어간 물의 양과의 차가 전증가량이 되고, 수압제거 때에도 수압 이전의 수량보다 조금 덜 빠지고 남아 있는 잔량이 영구증가량이므로 계산하면 영구증가율을 낼 수 있다. 그러나 이때 압입된 물은 내압시험압력으로 가압되므로 압축계수를 사용해서 수량을 보정해야 하며, 이때의 온도 또한 중요하다.

(2) 기밀시험

용기가 규정 사용 압력에서 누설이 발생되는지의 여부를 사용 전에 사용압력 이상으로 기압(질소 등 불활성 가스)에 의하여 확인하는 방법이다.

① 방법
  ㉮ 기밀시험은 기압으로 하는 것을 원칙으로 한다.
  ㉯ 시험기체는 주로 공기를 사용하나 재검사일 경우에는 잔류가스가 가연성 가스일 경우에는 공기와 혼합하여 폭발우려가 있으므로 질소, 불연성가스를 사용한다.
  ㉰ 시험압력 이상의 기체를 압입하여 1분 이상 유지하고 비눗물을 발라 기포의 발생여부로 판별한다.
  ㉱ 중·소형 용기의 시험은 용기를 수조에 담아 기포의 발생으로 측정한다.

② 시험압력
  ㉮ 초저온 및 저온용기 : 최고충전압력(FP)×1.1배
  ㉯ 아세틸렌 용기 : 최고충전압력×1.8배
  ㉰ 기타 용기 : 최고충전압력 이상

2.6 용기의 검사와 표시방법

(1) 용기검사

① 신규검사 : 화학성분검사, 인장강도, 충격, 압궤, 연신율, 굴곡용접부, X-검사, 파열, 기밀, 내압시험 등
② 재검사 : 음향검사, 외관검사, 내부조명검사, 질량검사, 내압시험
③ 재검사기간

용기의 종류		신규검사 후 경과연수		
형 태		15년 미만	15년 이상 20년 미만	20년 이상
용접용기	500 L 이상	5년마다	2년마다	1년마다
	500 L 미만	3년마다	2년마다	1년마다
이음매없는 용기 또는 복합재료용기	500 L 이상	5년마다		
	500 L 미만	신규검사 후 경과연수가 10년이하인 것은 5년마다, 10년을 초과한 것은 3년마다		

(2) 합격용기의 각인방법

용기제조자는 용기검사에 합격한 용기에 용기 및 그 부속품의 어깨 부분 또는 프로텍터 부분 등 보기 쉬운 곳에 다음 사항을 명확히 각인할 것 다만, 각인하기 곤란한 용기 및 그 부속품은 다른 금속판에 각인한 것을 용기 및 그 부속품에 부착하는 것으로 갈음할 수 있다.

① 용기의 경우
　㉮ 용기 제조업자의 명칭 또는 약호
　㉯ 충전하는 가스의 명칭

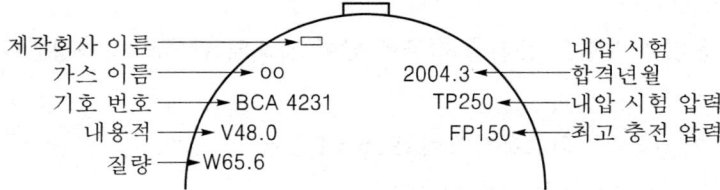

　㉰ 용기의 번호
　㉱ 내용적 (기호 : V, 단위 : L)
　㉲ 초저온용기 외의 용기는 밸브 및 부속품 (분리할 수 있는 것에 한한다.)을 포함하지 아니한 용기의 질량 (기호 : W, 단위 : kg)
　㉳ 아세틸렌가스 충전용기는 ㉲의 질량에 용기의 다공질물, 용제 및 밸브의 질량을 합한 질량 (기호 : TW, 단위 : kg)
　㉴ 내압시험에 합격한 연월
　㉵ 내압시험압력 (기호 : TP, 단위 : MPa)
　㉶ 압축가스를 충전하는 용기는 최고충전압력 (기호 : FP, 단위 : MPa)
　㉷ 내용적이 500 L를 초과하는 용기에는 동판의 두께 (기호 : t, 단위 : mm)
　㉸ 충전량 (g) (납붙임 또는 접합용기에 한한다.)

② 용기부속품의 경우
　㉮ 부속품 제조업자의 명칭 또는 약호, 이 규정에 의한 부속품의 기호와 번호
　㉯ 질량 (기호 : W, 단위 : kg)
　㉰ 부속품검사에 합격한 연월
　㉱ 내압시험압력 (기호 : TP, 단위 : MPa)

㉻ 용기종류별 부속품의 기호
　㉠ 아세틸렌가스를 충전하는 용기의 부속품 : AG
　㉡ 압축가스를 충전하는 용기의 부속품 : PG
　㉢ 액화석유가스 외의 액화가스를 충전하는 용기의 부속품 : LG
　㉣ 액화석유가스를 충전하는 용기의 부속품 : LPG
　㉤ 초저온 용기 및 저온용기의 부속품 : LT

3 고압가스 저장탱크

3.1 구성요소

동체와 경판으로 구성되며 안전밸브, 유체의 출입구 드레인 장치, 액면계, 온도계 등을 설치한다.

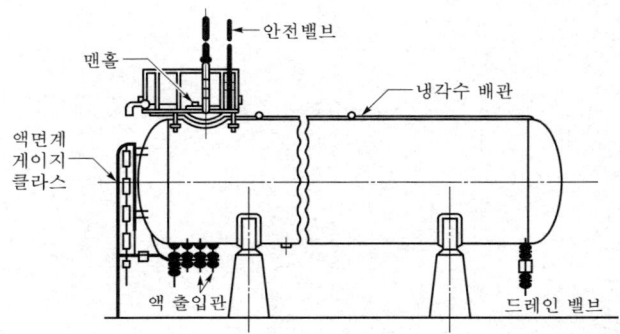

(1) 설치방법에 따라서

① 횡형 (수평설치형)
② 종형 (수직설치형)

(2) 동판은 압력의 구분에 따라서 접시형, 타원형, 반구형이 있다.

(3) 특 징

① 원통형 용기의 일반적인 특징 (동일용량의 동일압력 하에서 구형 탱크와 비교)
  ㉮ 두께가 두꺼우므로 중량은 무거우나 제작상 굽힘, 가공, 용접, 조립 등이 용이하다.
  ㉯ 운반 등이 용이하다.
  ㉰ 치수범위가 넓다 (지름 2.7 cm, 길이 12 m까지 있다).
② 횡형과 종형의 장·단점
  ㉮ 횡형 : 강도상, 설치상, 안전성이 뛰어나므로 설치 예가 종형보다 많다. 단, 설

치면적이 크다.
   ㉯ 종형 : 높이가 높아지면 풍압, 지진 등에 의한 굽힘모멘트를 받기 때문에 관두께를 두껍게 해야 한다. 설치면적이 작으므로 설치상 이점이 있으나 저장물질 중에 침전물이나 이물질이 고이는 경우에는 저부에 드레인을 용이하게 할 수 있는 구조이어야 한다.

(4) 용도

구형 저장탱크에 비하여 소형에 쓰인다.

(5) 지지방법

지점의 위치는 일반적으로 $A = 0.4R < 0.2L$이 되도록 설정한다. 새들의 스냅각은 $\theta = 120 \sim 150°$ 정도의 값을 취한다. 용기의 사용온도가 높은 경우에는 열팽창에 의한 응력이 생기지 않도록 새들의 한쪽은 고정하고 다른 쪽 롤러로 받거나 또는 슬라이드하도록 하여야 한다. 또, 용기를 직접 콘크리트 기초 위에 놓는 경우는 동판의 부식을 고려하여 두께 6 mm 이상의 시트판을 중개하여 설치한다.

3.2 구형 저장탱크

대용량에서는 원통형보다 구형으로 사용하며, 산소, 수소, 메탄 등 쉽게 액화되지 않는 최저온가스를 저장할 때는 2중각 구형 저장탱크, 2중각 구면 지붕형 탱크 등도 사용한다.

(1) 구조화의 특징

① 구조 : 구면상으로는 성형된 강판을 설치장소에 용접하여 구형으로 구조하고, 수개의 강관제 지주로 지지하여 지반기초에 설치
② 부속품 : 맨홀, 저장가스 출입구, 안전밸브, 압력계, 온도계, 특히 액체일 때는 액면계를 설치한다. 그 밖에 운전, 보존용으로 지상에서 탱크의 정상부까지의 계단, 내부 보안용 사다리, 액면계 시감시용 사다리 등을 설치
③ 구형 탱크의 이점 (특징)
   ㉮ 고압저장탱크로서 건설비가 싸다. 동일용량의 기체 또는 액체를 동일압력 및 재료에서 저장하는 경우 구형은 표면적이 가장 작고 강도가 높다.

㉯ 기초공사가 단순하며 용이하다.
㉰ 보존면에서 완성시 충분한 용접검사 및 내압기밀시험을 하므로 누설이 완전히 방지된다.
㉱ 형태가 아름답다.

(2) 구형 탱크의 종류

① 단각식 (單殼式)
　㉮ 상온이나 −30℃ 전후까지의 저온범위에서 사용
　㉯ 저온저장탱크의 경우 보통 냉동장치를 부속하여 탱크 내의 온도와 압력을 조절한다.
　㉰ 외면에 충분한 단열재를 장치하고, 동결을 방지하기 위한 방습조치도 필요하다.
　㉱ 저장탱크의 각부분 (껍질)의 재료
　　㉠ 상온부근 : 용접용 압연강재, 보일러용 압연강재, 고장력강 등
　　㉡ 저온 (−30℃ 전후) : 2.5 % Ni강, 3.5 % Ni강 등을 쓴다.

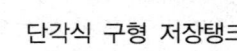

단각식 구형 저장탱크

② 2중각식
　㉮ 내구는 저온용 강재, 외구는 보통 강판을 사용하며, 내외구간에는 진공 또는 건조공기, 질소 등을 넣고 보냉재를 충전한다.
　㉯ 단열성이 높으므로 −50℃ 이하의 저온에서 액화가스를 저장하는데 적합하다.
　㉰ 내측 탱크재료 : 스테인리스강, 알루미늄, 9 %의 Ni강이 사용된다.

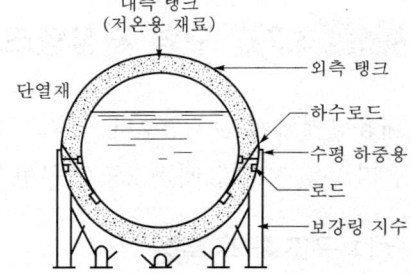

③ 구면 지붕형 (돔루프) 저장탱크 : 산소, 질소 또는 LPG, LNG와 같은 액화가스를 대량으로 저장하는 경우에는 구면 지붕형 저장탱크가 사용된다. 이와 같은 저장탱크에는 구형 저장탱크와 같이 단각식과 2중각식이 있다. 단각식은 일반적으로 암모니아, LPG 등 비교적 액화하기 쉬운 액화가스의 저장탱크, 2중각은 산소, 질소, LNG 등 특히 저온을 필요로 하는 것의 저장탱크로서 사용재료도 구형 저장탱크의 경우와 대략 같다.

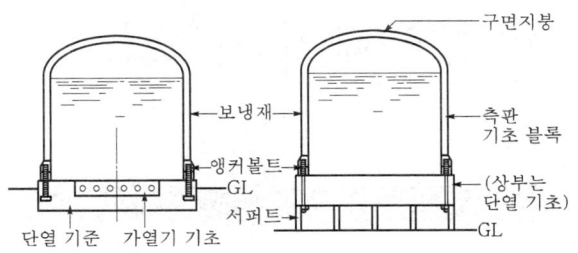
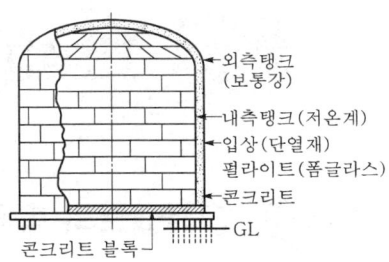

3.3 저장설비의 계산

(1) 안전공간

액화가스의 부피팽창(온도 상승에 기인)을 고려하여 기상부를 확보하는 것으로서 법 규정상 10 % 이상을 유지한다.

$$\text{안전공간} = \frac{V - V_1}{V} \times 100$$

여기서, V : 저장설비의 부피 (L), V_1 : 충전된 액의 부피 (L)

(2) 저장능력의 산정식

① 용기일 때

$$G = \frac{V}{C}$$

여기서, G : 질량 (kg), V : 부피 (L), C : 가스에 따른 충전상수

② 압축가스탱크 (m^3)

$$Q = (10P + 1)V_1$$

여기서, Q : 저장능력(m^3), P : 35℃에서 최고충전압력(MPa), V_1 : 저장설비의 부피(m^3)

③ 액화가스의 저장능력 (kg)

$$W = 0.9dV_2$$

여기서, W : 저장능력 (kg), d : 상용온도에서 액화가스의 비중 (kg/L)
V : 저장설비의 부피 (L)

4 안전밸브와 고압장치 재료

4.1 안전밸브의 종류와 특징

(1) 스프링식 안전밸브

① 일반적으로 가장 널리 쓰인다.
② 용기 내의 압력이 설정값을 초과하면 스프링을 밀어내어 가스를 분출시키고 정상으로 회복되면 스프링의 힘에 의해 분출구가 닫힌다.

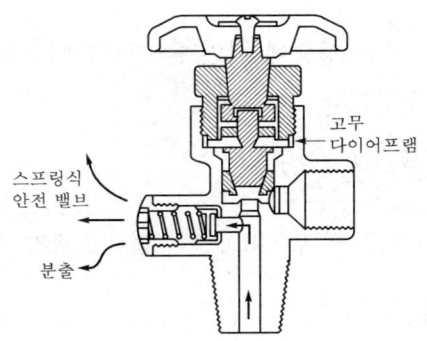

스프링식 안전밸브의 구조

(2) 파열판식 (박판식) 안전밸브

용기 내의 압력이 급격히 상승할 때 용기 내의 가스를 배출한다 (한 번 작동하고 난 뒤 다시 교체하여야 한다).

① 특징
  ㉮ 구조가 간단하고 취급, 점검이 용이하다.
  ㉯ 스프링식보다 토출용량이 많아 압력 상승이 급격히 변하는 곳에 적당하다.
  ㉰ 밸브 시트의 누설이 없다.
  ㉱ 슬러지 함유 (괴상 함유), 부식성 유체에도 사용이 가능하다.

② 재료
  박판은 사용하는 유체에 대하여 내식성을 가지며, 사용온도에서는 안정되어 크리프

나 피로에 견디어 강도가 분산되지 않아야 하며, Al, STS 강 등이 쓰인다 (납이나 플라스틱을 라이닝한 것도 쓰인다).

(3) 중추식 안전밸브

밸브 장치에 무게가 있는 추를 달아서 설정 압력이 되면 추를 밀어 올리는 힘이 크게 되므로 장치 내의 고압 가스가 분출된다.

(4) 가용전식 안전밸브

설정온도에서 용기 내의 온도가 규정온도 이상이면 녹아서 용기 내의 전체 가스를 배출한다. 용융온도는 다음과 같다.
① 일반적인 것 : 75℃ 이하
② 염소용 : 65~68℃
③ 아세틸렌용 : 105℃ ± 5℃
④ 긴급차단용 : 110℃

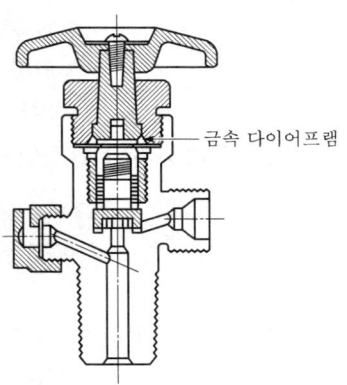

설치 예 : 산소용기용

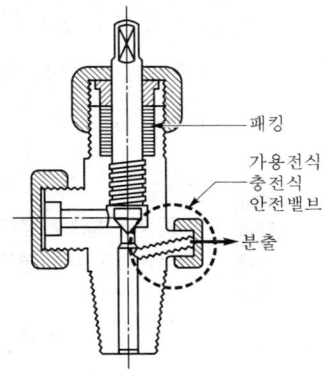

설치 예 : 염소가스용

4.2 안전밸브의 조건 및 구경

(1) 안전밸브의 조건

① 안전밸브는 작동이 확실하고 누설되지 않을 것
② 작동압력이 설정된 점에서 민감하게 작동할 수 있을 것
③ 안전밸브의 작동압력은 내압시험압력 × $\dfrac{8}{10}$ 이하에서 작동할 것

(2) 안전밸브의 최소구경

① 압축기용 안전밸브의 분출면적

$$a = \dfrac{W}{230P\sqrt{\dfrac{M}{T}}}$$

여기서, a : 분출부의 유효면적 (cm^2), W : 1시간 내에 분출하여야 할 가스의 양 (kg/h)
P : 안전밸브의 분출압력 ($kg/cm^2 \cdot abs$), M : 가스의 분자량
T : 압력 P에서 가스의 절대온도 (K)

② 압력용기의 안전밸브 구경

$$d = C\sqrt{\left(\frac{D}{100}\right)\left(\frac{L}{100}\right)}$$

여기서, d : 안전밸브의 분출 최고구경 (mm), D : 용기의 바깥지름 (mm)
L : 용기의 길이 (mm), C : 가스의 정수 $\left(35\sqrt{\frac{1}{P}}\right)$, P : 기밀시험압력 (MPa)

③ 도관용 안전밸브의 단면적

도관에 설치하는 안전밸브의 분출면적은 도관 최대지름부 단면적의 1/10배 이상이어야 한다.

> **예** 도관의 최소지름이 50 mm 이고 최대지름이 100 mm인 경우, 이 도관에 안전밸브를 설치하려면 분출면적은 최소한 몇 cm^2인가?
>
> **해설** 최대지름 단면적 $= \dfrac{\pi D^2}{4} = \dfrac{3.14 \times 10^2}{4} = 78.5\ cm^2$
>
> $\therefore\ 78.5 \times \dfrac{1}{10} = 7.85\ cm^2$
>
> ※ 주의 : 지름과 단면적을 혼동하지 말 것

4.3 고압장치 재료

(1) 고압장치 재료

① 안전율 = $\dfrac{인장강도}{허용능력}$: 재료의 기준강도가 허용응력의 몇 배 값이 되는가 하는 안전도

② 순금속 : 상온에서 고체, 결정구조, 전기열의 양도체, 광택, 연성과 전성이 큼, 비중이 큼.

③ 합금 : 강도, 경도 증가, 내산, 내열성 증가, 용융점, 전도율 저하, 전연성 감소

(2) 용어정리

① 강도 : 외력 (압축, 인장, 휨 등)에 대한 재료의 저항력
  (Ni > Fe > Cu > Al > Zn > Sn > Pb)
② 경도 : 금속 표면이 외압에 저항하는 성질, 인장강도에 비례
③ 인성 : 질기고 끈기 있는 성질
④ 피로 : 재료에 인장과 압축하중을 오랜 시간 연속적으로 작용시키면 그 응력이 인장강도보다 작은 경우에도 파괴되는 현상
⑤ 취성 : 부스러지는 성질 (↔ 인성)
⑥ 연성 : 선으로 늘릴 수 있는 성질 (Au > Ag > Al > Cu > Pt > Pb > Zn > Fe > Ni)
⑦ 전성 : 얇은 판으로 넓게 퍼지는 성질
⑧ 크리프 (creep) : 고온에서 긴 외력을 장시간 걸어 놓으면 시간의 경과에 따라 변형이 증대되는 현상

(3) 탄소강 (Fe과 C 주성분. Mn, Si, P, S)에서 원소의 영향

① C (0.03~1.7 %)

구 분	인장강도	경도	인성	연성	담금질성	용융점
탄소량 많을 때	크다	크다	작다	작다	양호	낮다

② Mn : 적열취성 제거 (MnS 화합) 점성증가, 고온가공성 향상, 강도, 경도, 인성 증가
③ Si : 강도 · 경도 증가, 유동성 증가, 연신율 · 충격치 저하
④ P : 상온취성, 경도 · 강도 증가, 연신율 저하
⑤ S : 적열취성, 인장강도 · 연신율 · 충격치 저하
⑥ Cu : 강도 · 경도 · 내식성 증가

(4) 금속재료의 열처리

금속을 적당한 온도로 가열한 후 적당한 속도로 냉각하여 조직을 조정하거나 내부응력을 제거하는 등 적당한 조직으로 만들어 목적하는 성질 및 상태를 얻기 위한 조직

① 담금질 (quenching)
  ㉮ 강의 경도, 강도 증가를 위해 오스테나이트 조직에서 마텐자이트 조직을 얻는 것
  ㉯ 담금질 균열 방지책

　　　　㉠ 급격한 냉각 방지
　　　　㉡ 가능한 유랭
　　　　㉢ 온도차, 직각부분이 적도록
　　　　㉣ 스케일 제거
　　㉰ 질량 효과 (mass effect) : 가열한 강을 담금질 할 때 표면은 빠르게, 내부는 느리게 냉각되어 재료의 안팎에 열처리 효과의 차이가 생기는 현상. 질량이 적을수록 증가
② 뜨임 (termpering)
　　㉮ 강의 인성을 증가시키고 내부변형을 제거하기 위하여 적당한 온도로 가열하여 냉각 (서랭)시키는 열처리
　　㉯ 저온 뜨임 : 경도 요구, 150℃
　　　고온 뜨임 : 인성, 탄성 요구, 500~600℃
③ 풀림 (annealing) : 조직을 균일하게 하고 내부응력의 제거, 재료의 연화 등을 위해 열처리
④ 불림 (normaluzing) : 조직의 미세화, 기계적 성질을 향상시켜 표준강을 얻기 위함.

(5) 금속재료의 부식 : 전식, 건식, 습식

① 부식의 종류
　㉮ 습식 (수분 존재하)의 원인
　　　㉠ 이종 금속의 접촉
　　　㉡ 금속재료의 조성, 조직의 불균일
　　　㉢ 재료 표면상태의 불균일
　　　㉣ 재료의 응력상태
　　　㉤ 부식액 조성, 유동상태의 불균일
　㉯ 건식 (수분이 없는 상태하)의 원인
　　　㉠ 고온가스 부식 (산화, 황화, 할로겐화)
　　　㉡ 용융점 및 용융 금속에 의한 부식
② 부식의 형태
　㉮ 전면부식 : 전면이 균일하게 부식
　㉯ 국부부식 : 특정 부분이 부식되는 현상

㉰ 선택부식 : 합금에서 특정 성분만 부식

㉱ 입계부식 : 결정립계가 선택적으로 부식

③ 부식속도에 영향을 주는 인자 : pH, 온도, 유동상태, 용존이온, 부식액의 조성, 금속재료의 조성, 표면상태, 응력상태, 유속

④ 방식법

㉮ 부식 환경 처리에 의한 방식 (유해물질 제거, 부식액 농도 pH 저하)

㉯ 인히비터 (부식 억제제)에 의한 방식

㉰ 피복에 의한 방식 (도금, 표면처리, 라이닝)

㉱ 전기 방식

⑤ 가스에 의한 부식

㉮ 산화 : 상온에서도 수분 존재하에서는 부식된다.

내산화성 증대 원소 : Si, Al, Cr

㉯ 황화 : H_2S가 Fe, Ni를 심하게 부식시킨다.

㉰ 침탄 : CO의 강재 침식

침탄 방지 금속 : Si, Al, Ti, V

㉱ 카르보닐화 : CO의 고온·고압에서 Ni, Fe, CO 등과 휘발성의 카르보닐 생성

$Ni + 4\,CO \rightarrow Ni(CO)_4$

$Fe + 5\,CO \rightarrow Fe(CO)_5$

방지조건 : Cu, Cu − Mn, Ag, Al 등으로 라이닝

㉲ 질화 : 고온·고압에서 질소 취급시 질화되어 강을 취화시킴.

내질화성 원소 : Ni

㉳ 수소취성 : 강재로부터 C를 빼앗아 탈탄작용을 일으킴. 고온·고압시 현저

$Fe_3C + 2\,H_2 \rightarrow CH_4 + 3\,Fe$

수소취성 방지금속 : Cr, Mo, W, Ti, V

㉴ 바나듐 어택 : V_2O_5에 의해 고온 부식

㉵ 암모니아에 의한 질화, 착이온 형성 : 구리, 은, 아연과 착이온 생성

㉶ 아세틸라이트 생성 :

$C_2H_2 + 2\,Cu \rightarrow Cu_2C_2 + H_2$: 구리 62 % 미만의 강 사용

⑥ 수분에 의한 침식

㉮ 염소 : $Cl_2 + H_2O \rightarrow HCl\ +\ HClO$

㉯ 이산화황 : $SO_2 + H_2O \rightarrow H_2SO_3$
  (황노점 부식) $H_2HO_3 + 1/2\,O_2 \rightarrow H_2SO_4$
  내식성 강한 원소 : Ti, 내산도기, 유리, 염화비닐, 폴리프로필렌 수지

(6) 저온취성

탄소강 등 대부분 금속은 저온으로 되면 인장강도, 항복점, 경도 등은 증가하나 신장, 단면 수축률, 충격치는 온도 저하와 더불어 감소하고, 어느 온도 이하에서는 거의 0으로 되어 소성 변형 능력을 잃어 극히 취약해지는 현상

- 저온 취성에 강한 재료 : 구리, 구리합금, 니켈, 니켈합금, 알루미늄, 알루미늄 합금, 18-8 스테인리스 강

5 저온장치

5.1 공기액화 분리장치

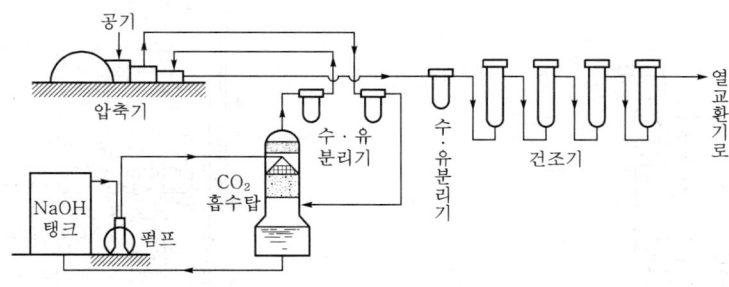

공기건조 계통도

(1) 공기액화 분리장치의 폭발원인

① C_2H_2 혼입시
② O_3 혼입시
③ NO, NO_2 혼입시
④ 열분해로 인한 탄화수소 생성시

(2) 겔 건조기

① SiO_2, Al_2O_3, 소바비드 등의 건조제를 사용한다.
② 수분은 제거하나 이산화탄소는 제거하지 못한다.
③ 수분을 흡수한 건조제는 가열시켜 재생한다 (수분이 장치 내로 들어가면 응고되어 배관을 폐쇄시키고 동시에 부식의 원인이 되므로 제거해야 한다).

(3) 이산화탄소 흡수탑

① 공기청정탑이라고도 한다.
② 원료 공기 중에 이산화탄소가 존재하면 저온장치에 들어가 이산화탄소가 고형 (드라이아이스)이 되어 밸브 및 배관을 폐쇄하여 장애를 일으킨다.
③ 이산화탄소 흡수탑에서 흡수제로는 일반적으로 NaOH 수용액이 쓰인다.

$$\frac{2NaOH}{80g} + \frac{CO_2}{44g} \rightarrow Na_2CO_3 + H_2O$$

$$\frac{80}{44} = 1.82 \, (CO_2 \, 1\,g \text{ 제거시 가성소다가 약 } 1.82\,g \text{ 필요하다.})$$

(4) 정류탑

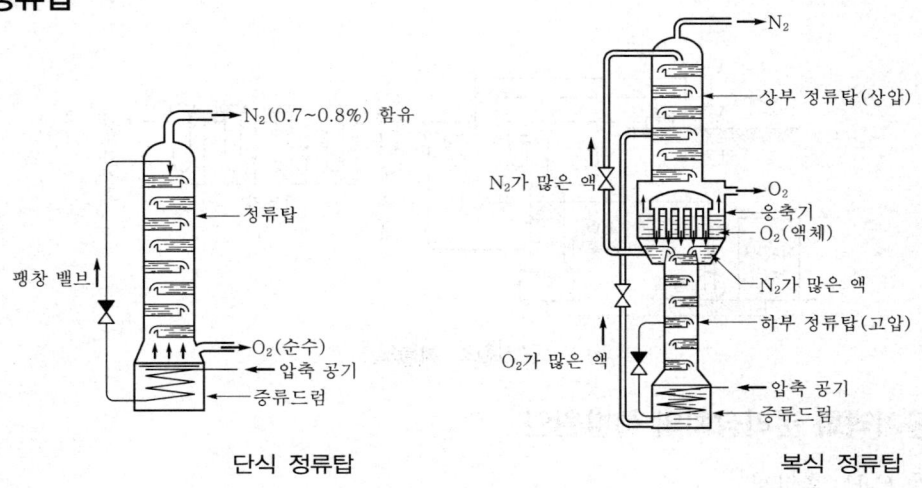

단식 정류탑 　　　　　　　　　복식 정류탑

※ 단식 정류탑으로만 사용할 때 고순도의 질소나 산소를 얻을 수 없는 단점이 있다.
※ 응축기에서는 상부탑의 액체 산소의 증발잠열로 하부탑 상부에 있는 질소를 액화시킨다.

(5) 린데식과 클로드식 장치

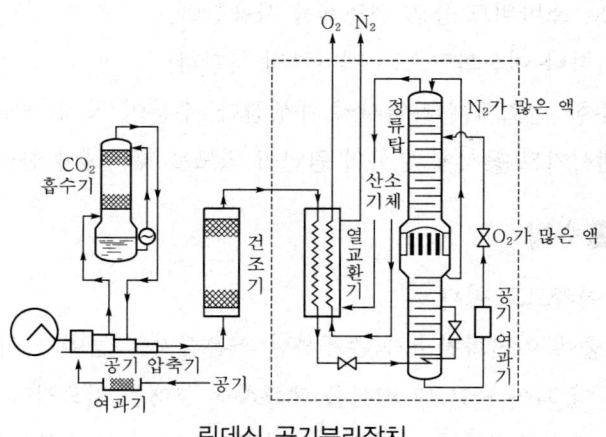

린데식 공기분리장치

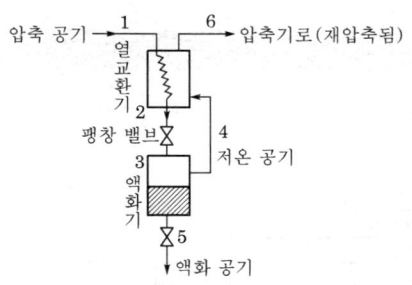 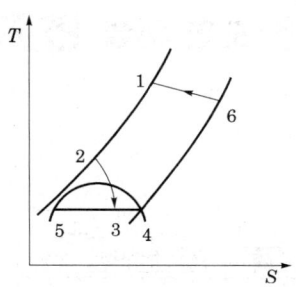

린데식 액화장치

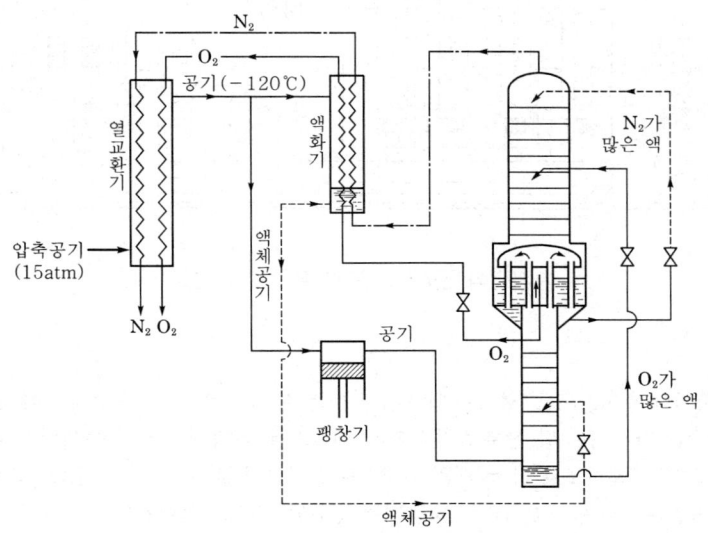

클로드식 정류장치

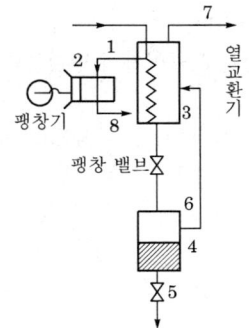 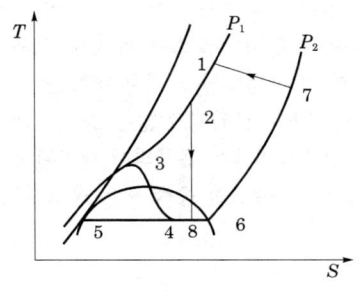

클로드식 액화장치

5.2 도면 해설

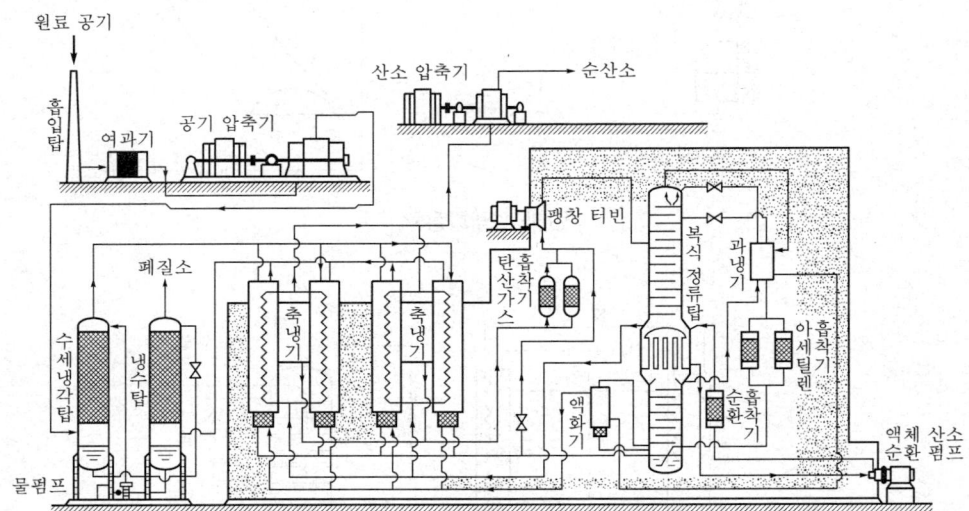

저압식 공기액화분리 플랜트 계통도

도면 해설
1. 공기압축기에서 5kg/cm^2 정도로 압축된 공기는 수세냉각탑에서 냉수에 의해 냉각된다 (온도가 상승된 냉수는 다시 냉수탑 상부로 들어가서 폐질소에 의해 냉각되어 수세냉각탑으로 재순환된다).
2. 냉각된 공기는 2회 1조로 된 두 개의 축랭기로 들어가서 불순질소와 순산소에 의해 냉각되어 수분과 CO_2를 빙결분리하여 −170℃로 냉각되어 정류탑 하부로 들어간다.
3. 축랭기 중간에서는 −120~−130℃ 정도의 공기는 CO_2를 함유하고 있으므로 탄산가스 흡착기로 가서 CO_2가 제거된 후 축랭기 하부에 공기와 혼합되어 −150~−140℃가 되어 팽창기로 들어간다.
4. 팽창기를 나온 공기는 −190℃가 되어 상부탑으로 들어간다.
5. 탑 상부에서 분리된 질소는 과랭기, 액화기를 거쳐 축랭기로 들어가서 빙결분리된 CO_2와 수분을 기화시켜 같이 냉수탑을 거쳐 대기 중으로 방출된다.
6. 축랭기에서 빙결분리되지 않은 CO_2는 탄산가스 흡착기에서, C_2H_2는 아세틸렌흡착기에서, 탄화수소는 순환흡착기에서 흡착되어 제거된다.
   ※ 축랭기 : 불순물을 응축 또는 응고시켜 분리하는 장치

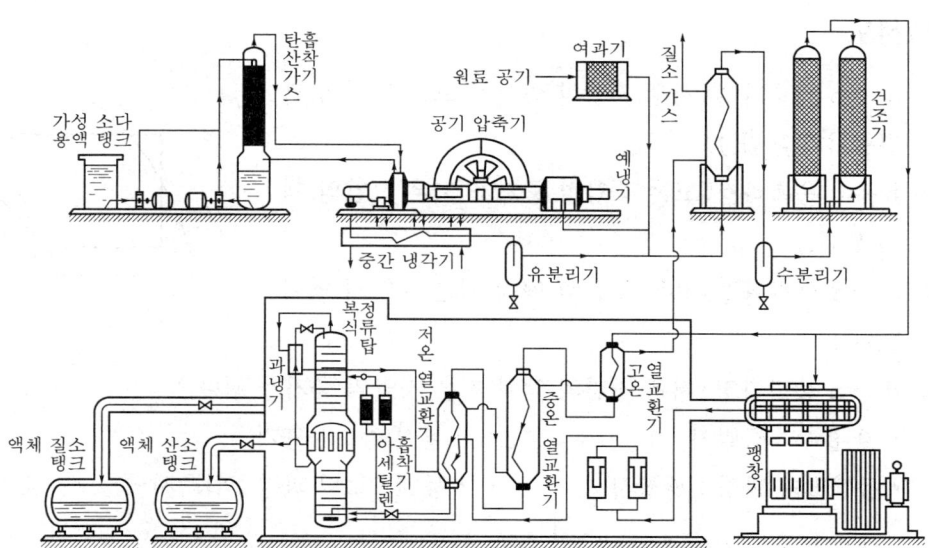

고압식 액체산소분리 플랜트 계통도

도면 해설
1. 가성소다 수용액의 농도는 8 %를 사용한다.
2. 탄산가스 흡수기로는 2단으로 압축된 15~20 kg/cm² 의 공기가 들어가서 CO_2가 제거된다.
3. CO_2 흡수탑을 나온 공기는 150~200 kg/cm² (총 4단 압축)로 압축되어 유분리기를 거쳐 예냉기에서 N_2 기체가 열 교환된다.
4. 겔 건조기에서 수분이 제거된 공기는 일부는 팽창기로 일부는 고온 → 중온 → 저온 열교환기를 거쳐 탑 하부로 들어간다.

5.3 냉동사이클

(1) 냉동기 원리

① 압축과정 : 증발기에서 기화된 가스를 응축되기 좋은 조건으로 만든다.
② 응축과정 : 압축된 고온 고압의 가스의 열을 외부 공기 또는 냉각수에 방출하고 액화된다.
③ 팽창과정 : 고온 고압의 액을 저온 저압의 액으로 만든다.
④ 증발과정 : 저온 저압의 액이 증발되면서 주위의 열을 흡수한다.

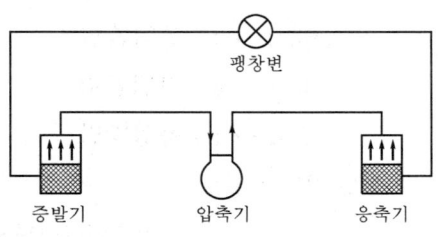

(2) PI선도

① a → b 압축과정 (저온 저압의 증기가 고온 고압의 과열증기가 된다.)
② b → c 응축과정 (고온 고압의 증기가 고온 고압의 액이 된다.)
③ c → d 팽창과정 (고온 고압의 액이 저온 저압의 액이 된다.)
④ d → a 증발과정 (저온 저압의 액이 저온 저압의 증기가 된다.)
  - 열 흡수 : 증발기
  - 열 방출 : 응축기
  - 등엔탈피 과정 : 팽창시
  - 등엔트로피 과정 : 압축시
  - 냉동기 효율 $C.O.P = \dfrac{a-d}{b-a}$

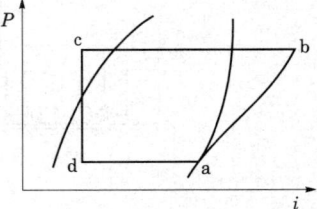

(3) 효율의 종류

① 냉동기 효율(성적계수) $= \dfrac{T_2}{T_1 - T_2} = \dfrac{Q_2}{Q_1 - Q_2}$

② 열펌프 효율 $= \dfrac{T_2}{T_1 - T_2} = \dfrac{Q_2}{Q_1 - Q_2}$

③ 열효율 $= \dfrac{T_2}{T_1 - T_2} = \dfrac{Q_2}{Q_1 - Q_2}$

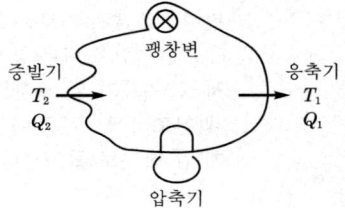

(4) 선도의 종류

① $P-v$ 선도
  ㉮ 1 → 2 : 단열팽창
  ㉯ 2 → 3 : 등압흡열
  ㉰ 3 → 4 : 단열압축
  ㉱ 4 → 1 : 등압방열

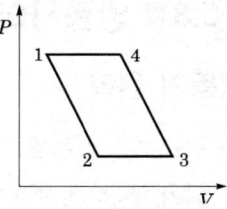

② $T-s$ 선도
  ㉮ 4 → 1 : 등온압축 (방출열량)
  ㉯ 2 → 3 : 등온팽창 (흡입열량)

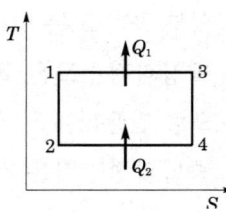

6 가스설비

6.1 LPG 소비설비

(1) LPG 용기

① 탄소강으로 제작한 용접용기 (계목용기)이다.
② 재질은 C, P, S 비율이 적합하고 사용 중 견딜 수 있는 연성·점성·강도가 있으며, 충분한 내식성, 내마모성이 있을 것
③ 회색으로 도장하며 스프링식 안전밸브를 사용한다.
④ 용기에 관한 압력 ┌ 내압시험 : 30 kg/cm^2, 기밀시험 : 18 kg/cm^2
　　　　　　　　　　└ 안전밸브 작동압력 : 24 kg/cm^2 이하 (30×0.8=24)
⑤ 용기 내의 LPG 충전량 계산식

$$G = \frac{V}{C}$$

여기서, G : 충전질량 (kg), C : 충전상수 (C_3H_8 = 2.35, C_4H_{10} = 2.05)
　　　　V : 용기 내용적 (L)

(2) LPG 설비의 완성검사

① 완성검사 항목 : 내압시험, 기밀시험, 가스치환, 기능검사의 4종목
　㉮ 내압시험 : 물을 사용하므로 '수압시험'이라고도 하며, 시험압력은 충전용기 ↔ 조정기 사이의 배관 : 30 kg/cm^2, 조정기 ↔ 중간밸브 사이의 배관 : 8 kg/cm^2 로 실시한다. 용기접속용 호스 : 2 kg/cm^2 (호스 길이 3 m 미만)
　㉯ 기밀시험 : 공기, 질소 등 불활성 가스를 사용하여 누설의 유무를 확인한다.
　㉰ 가스치환 : 기밀시험 후 공기, 질소 등을 퍼지하고 다시 가스로 치환한다.
　㉱ 기능검사 : 각 소비설비의 상태가 정상인가를 확인하는 것이다.

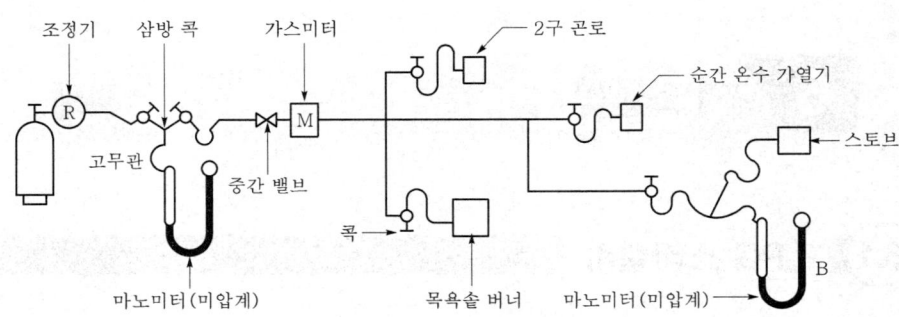

소규모 소비설비의 기능검사

② 검사내용
  ㉮ 자동교체식은 정상 작동이 되는지 확인할 것
  ㉯ 조정기의 폐쇄압력은 350 mmH$_2$O 이하일 것
  ㉰ 조정압력은 수주 230~330 mmH$_2$O 범위이고 자동교체식은 255~330 mmH$_2$O
  ㉱ 연소기의 연소상태가 정상일 것
  ㉲ 누설이 없을 것
③ 검사방법
  ㉮ 고무관, 삼방 콕, 가스미터 접속 A의 폐쇄압력은 350 mmH$_2$O 이하인가 확인한다.
  ㉯ 마노미터 B는 230~330 mmH$_2$O 범위인가 확인한다.

(3) 조정기 (레귤레이터)

① 기능
  ㉮ 용기 내의 압력과 무관하게 연소하기 적당한 압력으로 감압하여 '유출압력 조절'로 안정된 연소를 도모한다.
  ㉯ 가스의 소비량에 대응하여 공급압을 조절하고 소비가 중단되면 가스를 차단한다.
② 종류
  ㉮ 단단 감압식 저압조정기, 단단 감압식 준저압조정기
  ㉯ 2단 감압식 1차 조정기, 2단 감압식 2차 조정기
  ㉰ 자동교체식 일체형 조정기, 자동교체식 분리형 조정기
③ 조정기의 사용상태
  ㉮ 단단 감압식 조정기
    ㉠ 저압조정기 : 가정, 소량소비자에서 조정기 1개로 감압하는 것

ⓒ 준저압조정기 : 음식점 등에서 다량 보시할 때 조정기 1개로 감압하는 것

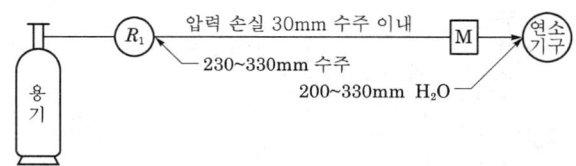

단단 감압식 저압조정기

㉯ 2단 감압식 조정기

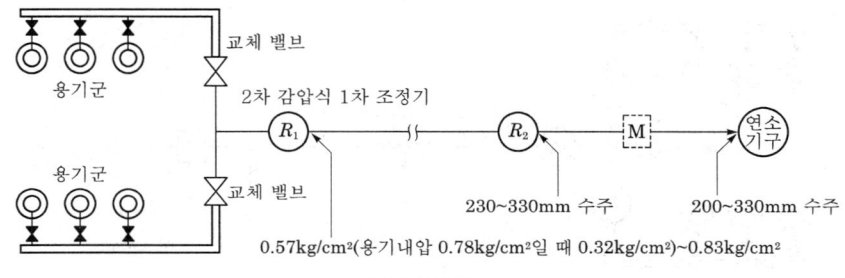

2단 감압식

㉠ 장점
- 입상배관에 의한 압력 손실을 보정할 수 있다.
- 배관이 길어도 공급압력이 안정된다.
- 중간배관의 지름이 작아도 된다.
- 각 연소기구에 알맞은 압력으로 공급이 가능하다.
- 조정기의 동결을 방지하는데 도움이 된다.

ⓒ 단점
- 설비가 복잡하다.
- 조정기 수가 많아서 점검개소가 많다.
- 부탄은 재액화의 문제가 있다.
- 검사방법이 복잡하고 시설의 압력이 높아서 이음방식에 주의해야 한다.

㉰ 자동교체식 조정기 : 사용측과 예비측의 2개열 용기군을 확보하고 사용측의 압력이 낮아져서 가스량이 부족해지면 자동으로 예비측의 용기로 전환하여 정상적인 가스공급을 유지한다.

㉠ 분리형 : 2단 감압방식이며, 2단 1차 기능과 자동교체 기능을 동시에 발휘한다.

ⓒ 일체형 : 2차측 조정기 1개로써 각 연소기구의 사용압력을 일체로 조정해 준다.

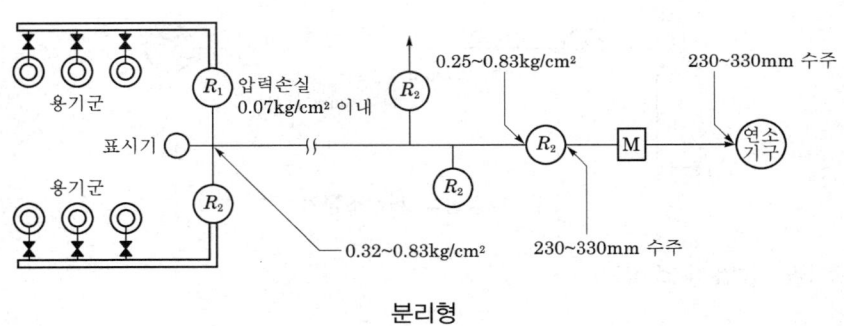

분리형

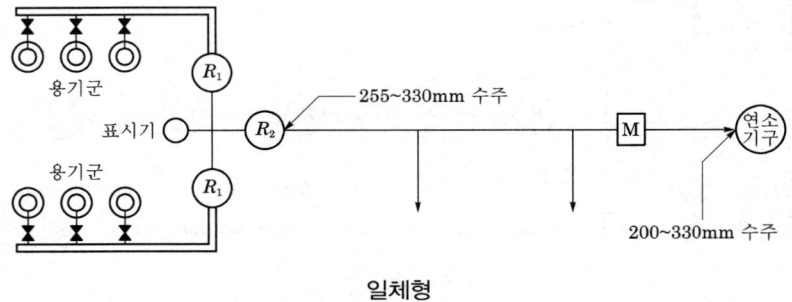

일체형

(4) 가스계량기 (gas meter)

① 소비처로 공급되는 가스의 체적을 측정하는 데 사용한다.

　㉮ 선정할 때 고려할 사항

　　㉠ 사용 최대유량에 적합한 계량용량일 것 (법규상 최대유량 이상)

　　㉡ 반드시 LPG용일 것

　　㉢ 사용 중 기차 변화가 없고 정확하게 계측할 수 있을 것

　　㉣ 내압, 내열성이 있으며 기밀성, 내구성이 좋을 것

　　㉤ 부착이 간단하고 유지, 관리가 용이할 것

　㉯ 감도유량 : 가스미터가 작동 개시하는 최소유량으로서, 일반가정용은 3 L/h 미터, 계량법상의 LPG용 가스미터는 15 L/h 이하이다.

　㉰ 가스미터의 표시사항

　　㉠ L/rev : 계량실의 1주기 체적

　　㉡ MAX00 m^3/h : 사용 최대유량이 시간당 00 m^3임을 뜻함.

　㉱ 설치 높이 : 건물 외부에 1.6 m 이상 2 m 이내로 수직, 수평 설치, 밴드로 고정

(5) 기화기 (Vaporizer)

① 공업용 부탄을 소비할 때 : 부탄은 비점이 높고 증기압이 낮기 때문에 기화기가 필요함.
② 프로판을 대량 사용할 때 : 기화속도를 빠르게 하는 장점이 있다.

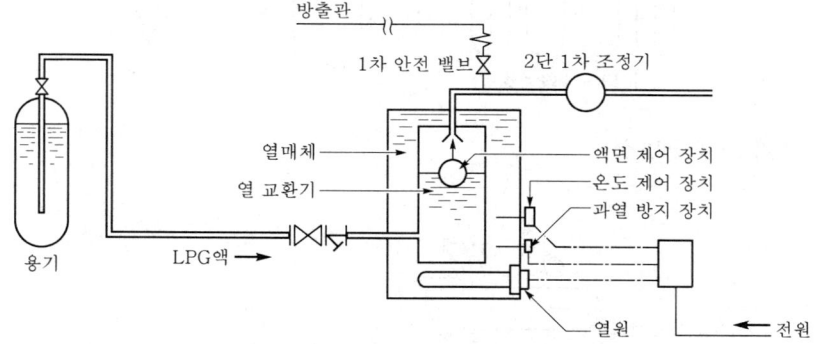

㉮ 열교환기 (기화부) : 액상의 LPG를 열교환에 의하여 기화시키는 부분이다.
㉯ 열매 온도 제어장치 : 열 매체의 온도를 일정한 범위로 유지한다.
㉰ 과열 방지 장치 : 열 매체가 이상 과열하면 히터로의 공급이 정지된다.
㉱ 일류 방지 장치 : LPG액이 액상을 유출하는 것을 방지하는 장치이다.
㉲ 압력조정기 : 기화되어 나온 가스를 소비목적에 따라서 일정한 압력으로 조절한다.
㉳ 안전밸브 : 기화장치의 내압이 이상 상승할 때 장치 내의 가스를 외부로 방출한다.

(6) 소비시설

① 자연기화방식 : 용기 내의 LPG를 대기 중의 열을 흡수하여 기화시키는 가장 간단한 형태로서 특징은 다음 그림과 같다.

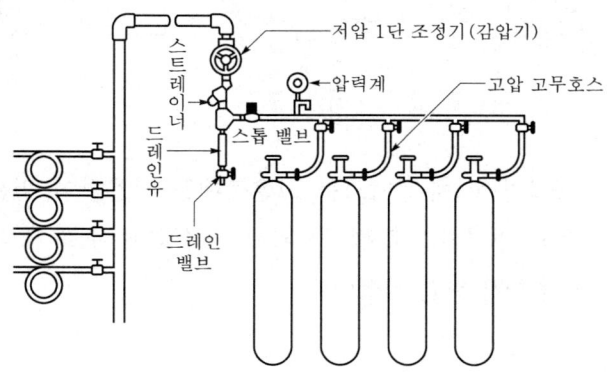

② 강제기화방식 : 대량 소비처에서 부탄을 사용할 경우에 기화기를 사용하여 강제로 기화시키는 장치이다.

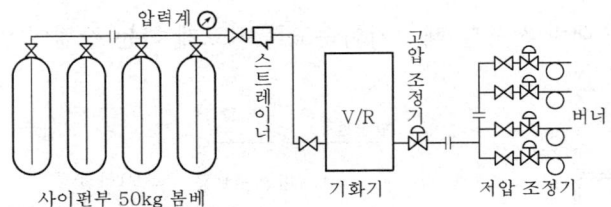

㉮ 생가스 공급방식

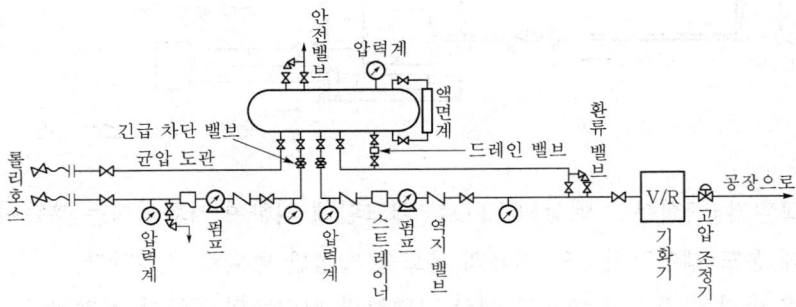

㉯ 혼합가스 공급방식 : 상압증류장치에 의한 제조공정

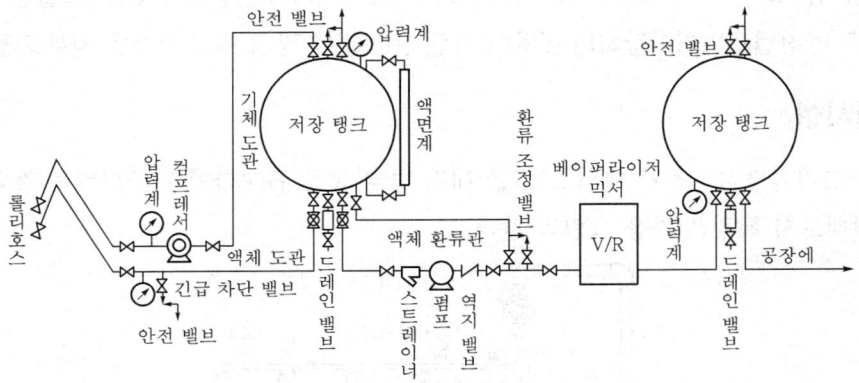

㉰ 변성가스 공급방식 : 부탄가스를 고온촉매를 사용하여 열분해한 다음, 이것을 CH_4, CO 등의 경질가스로 변성시켜서 공급한다. 주로 재액화를 방지하거나 특수용도로 사용하기 위한 방식이다.

제6장 가스설비

6.2 LPG 배관설비 및 계산식

(1) 배관지름의 결정

① 저압배관

$$Q = K\sqrt{D^5 \frac{H}{SL}} \qquad D = 5\sqrt{\frac{Q^2 SL}{K^2 H}}$$

여기서, Q : 가스유량 (m^3/h), D : 관의 안지름 (cm), H : 허용압력 손실 (mmH_2O)
S : 가스의 비중(공기=1), L : 관의 길이 (m), K : 유량계수(폴의 정수 0.707)

② 중·고압배관

$$Q = K\sqrt{(P_1^2 - P_2^2)\frac{D^5}{SL}}$$

Q, D, S, L : 저압배관의 경우와 같다.

여기서, P_1 : 초압 ($kg/cm^2 \cdot a$), P_2 : 종압 ($kg/cm^2 \cdot a$), K : 유량계수 (콕의 계수 52.31)

(2) 노즐에서 LPG의 분출량

$$Q = 0.009 D^2 \sqrt{\frac{H}{S}}$$

여기서, Q : 분출가스 (m^3/h), D : 노즐의 지름 (mm)
S : 가스의 비중 (프로판 : 1.52, 부탄 : 2)
H : 노즐의 직전의 가스압 (mmH_2O, 보통 280)

(3) 배관의 입상에 의한 압력 손실

$$h = 1.293(1 - S)H$$

여기서, h : 가스의 압력 손실 (mmH_2O), S : 가스의 비중, H : 입상높이 (m)

(4) LPG의 배관의 압력 손실

① 마찰저항에 의한 압력 손실
② 입상배관에 의한 압력 손실 : 가스의 하중에 의해 손실 발생
(CH_4, H_2 등 비중이 1보다 작으면 압력이 상승된다.)
③ 밸브, 엘보 등 부속물에 의한 압력 손실

6.3 LPG 제조 및 부대설비

(1) 제조설비

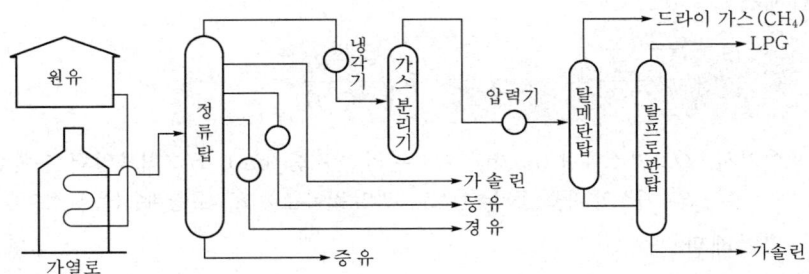

(2) 저장설비

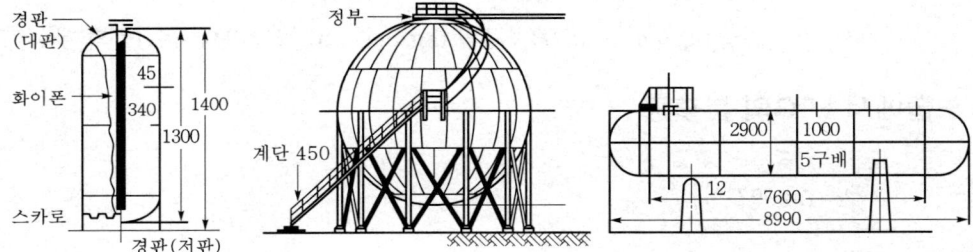

(3) 공급설비

① 용기에 의한 공급방식 : 가정용이나 소량소비처에 사용되며, 10 kg, 20 kg, 50 kg의 용기 또는 2 t 정도의 컨테이너가 사용되기도 한다. 수송은 편리하나 값이 비싸며 수송비가 많아진다.

② 탱크에 의한 방법 : 공장 등 대량소비처에 사용되며, 설비가 복잡해진다.

(4) 이송설비

① 차압방식 : 탱크로리와 저장탱크의 액상부를 직접 연결하여 액면의 차에 의한 중력차, 온도에 의한 압력 차를 이용하여 차압으로 이송하는 방식이다.

② 액펌프를 이용한 방식
　㉮ 균압관이 없는 경우

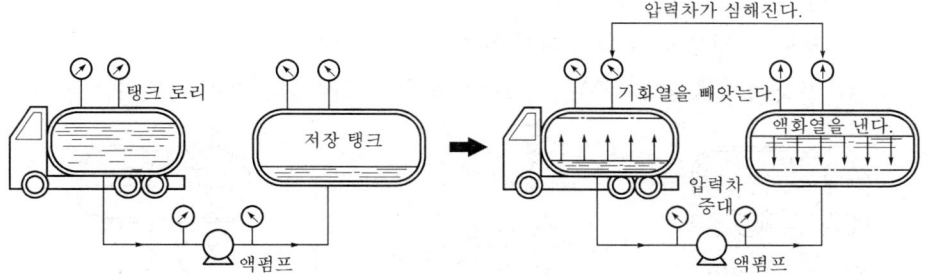

㉯ 균압관이 있는 경우

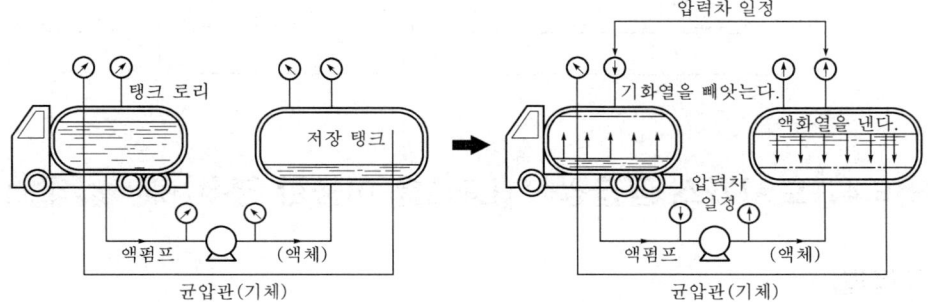

㉰ 액펌프를 사용할 때의 장·단점
  ㉠ 장점
    • 재액화현상이 일어나지 않는다.
    • 드레인현상이 일어나지 않는다.
  ㉡ 단점
    • 충전시간이 길다.
    • 잔가스 회수가 불가능하다.
    • 비점이 낮고 가압된 상태이므로 베이퍼 로크 현상이 일어나 누설의 원인이 된다.
③ 압축기를 이용한 방식
  ㉮ 장점
    ㉠ 펌프에 비해 충전시간이 짧다.
    ㉡ 압축기를 사용하기 때문에 베이퍼 로크 현상이 생기지 않는다.
    ㉢ 사방밸브를 이용하면 가스의 이송방향을 변경할 수 있다.

㉯ 단점
  ㉠ 부탄의 경우 저온에서 재액화현상이 일어난다.
  ㉡ 압축기의 오일 (기름)이 탱크에 들어가 드레인의 원인이 된다.

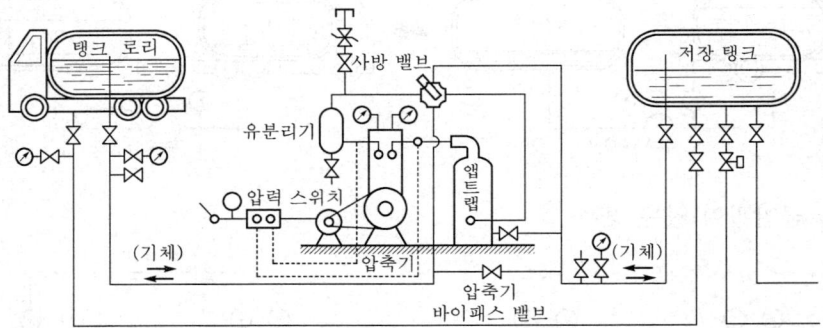

6.4 도시가스 공급방식 (LPG를 이용한 경우)

(1) 직접법

LPG를 그대로 혹은 공기를 혼합시킨 상태로 공급하는 방법이다.

① 생가스 공급방식 : 액상의 LPG를 기화시켜 일정한 압력으로 조절하여 수용자에게 보내는 간단한 방법이다.

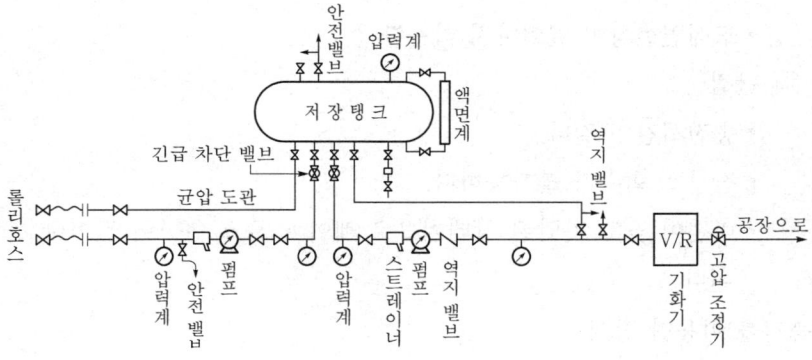

  ㉮ 기화방법 : 자연기화방법, 강제기화방법이 있다.
  ㉯ 특징 : 설비기구, 구조가 간단하고 설비비가 저렴하고 유지·관리도 용이하다.
② 공기혼합가스 공급방식 : 에어 다이루트 가스 (air dilute gas) 공급방식이라 하는데, 액상의 LPG를 기화시킨 것에 일정비율의 공기를 혼합시켜 공급하는 방식이다.

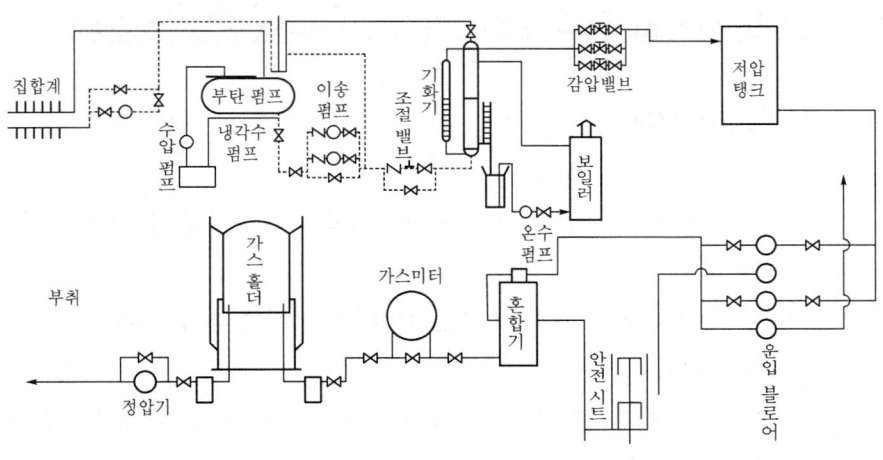

공기혼합방식

(2) 간접법

LP 생가스를 다른 도시가스에 혼합하는 방법으로 발열량이 조절이나 피크 타임 때의 공급부족을 보충하는 데 사용한다.

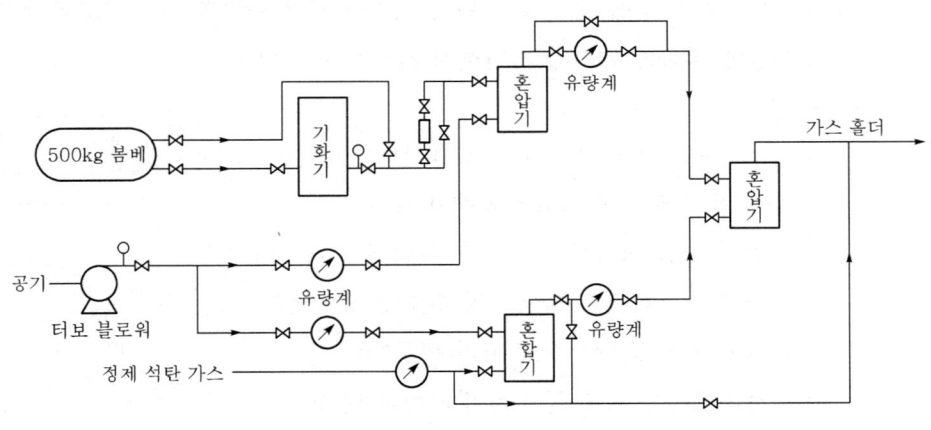

간접혼합방식에 의한 공급계열

(3) 개질법 (변성법)

LPG를 다른 도시가스에 혼입하면 혼합방법에 한계가 있다. 한계 이상에서는 LPG를 변성하여 그 조성을 석탄가스에 가까운 개질가스로 만들 필요가 있다. 개질(변성) 방식은 LPG를 변성한 개질가스를 혼입하는 방식이다.

6.5 도시가스 공급설비

(1) 가스홀더 (gas holder)

① 기능
  ㉮ 가스 수요의 시간적 변동에 대하여 제조자가 충당할 수 없는 가스량의 공급을 확보한다.
  ㉯ 정전, 도관공사 등 제조나 공급설비의 일시적 중단에 대하여 어느 정도 공급량을 확보한다.
  ㉰ 조성이 변동하는 제조가스를 넣어 혼합하고 공급가스의 성분, 열량, 연소성 등의 성질을 균일화한다.
  ㉱ 홀더를 소비지역 근처에 설치하여 피크시의 공급, 수소효과를 얻는다.

② 가스홀더의 분류
  - 저압식 가스홀더 – 유수식, 무수식
  - 중·고압식 가스홀더 – 원통형, 구형

  ㉮ 유수식 : 물탱크 내에 가스를 띄워서 가스를 출입구에 따라서 가스탱크가 상승하고 수봉에 의하여 외기와 차단해서 가스를 저장한다.
    ㉠ 특징
      - 제조설비가 저압인 경우에 사용한다.
      - 구형 홀더에 비해 유효가동량이 많다.
      - 대량의 물을 필요로 하므로 기초설비가 커진다.
      - 가스가 건조하면서 물탱크의 수분을 흡수한다.
      - 압력이 가스탱크의 수에 따라 변동한다.
      - 한랭지에서는 물의 동결을 방지해야 한다.

  ㉯ 무수식 : 실린더상의 외통과 그 내면에 따라 상하면은 피스톤 및 저판, 옥근판으로 구성된다. 가스는 피스톤의 아래에 저장되고 제조 가스량의 증감에 따라서 피스톤이 오르내린다. 무수식의 특징은 다음과 같다.
      - 물탱크가 없으므로 기초가 간단하고 기초설비가 절약된다.
      - 유수식에 비해 작동 중의 가스압이 거의 일정하다.
      - 저장가스를 건조한 상태로 저장할 수 있다.
      - 구형 홀더에 비하여 유효가동량이 크다.

㉰ 구형 가스홀더의 특징과 명칭

㉠ 구형은 일정한 용량의 기체를 저장하는데, 가장 합리적인 형으로 표면적이 작아서 다른 가스홀더에 비해 단위저장 가스량당 사용강제량이 적다.

㉡ 부지면적과 기초공사비가 적다.

㉢ 가스를 건조상태로 저장할 수 있다.

㉣ 가스의 송출에 가스홀더의 압력을 이용할 수 있다.

㉤ 움직이는 부분이 없기 때문에 롤러(roller) 간격, 실(seal) 상황 등의 감시를 필요로 하지 않고 관리가 용이하다.

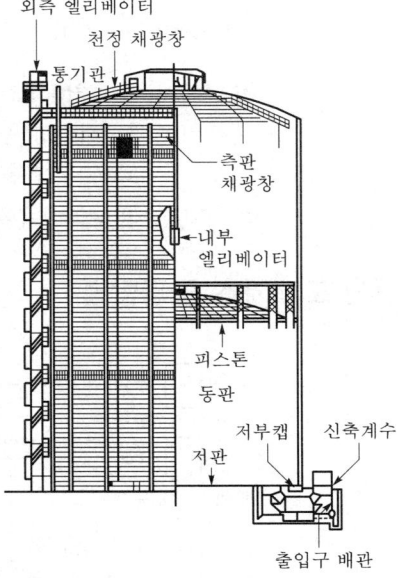

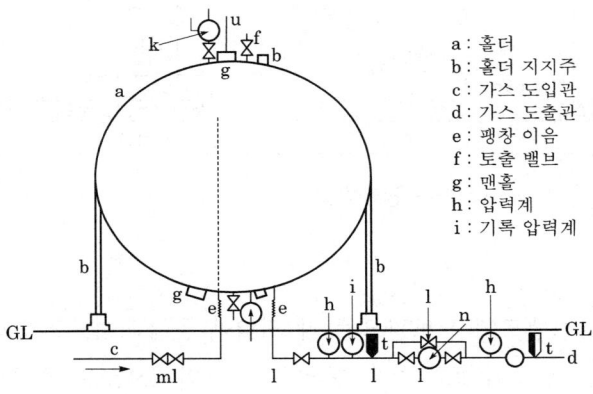

a : 홀더
b : 홀더 지지주
c : 가스 도입관
d : 가스 도출관
e : 팽창 이음
f : 토출 밸브
g : 맨홀
h : 압력계
i : 기록 압력계
j : 경보장치부 압력계
k : 안전 밸브
l : 스톱 밸브
m : 체크 밸브
n : 정압기
o : 오리피스 유량계
p : 온도계 정착구
t : 온도계
u : 피뢰침

③ 가스홀더의 용량 결정

㉮ 가스제조량이 공급량보다 적은 시간에는 홀더에서 가스를 보충 공급받아 공급한다.

㉯ 반대현상일 때는 저장하는 가동용량을 유지할 수 있는 가스홀더량을 보유해야 한다.

㉰ 제조가스량은 일정하므로 다음과 같이 가스홀더량의 가동용량을 계산할 수 있다.

$$S \times a = \frac{t}{24} \times M + \Delta H$$

여기서, M : 최대제조능력 (m^3/day), S : 최대공급량 (m^3/day), a : t시간의 공급량
t : 시간당 공급량이 제조능력보다 많은 시간 (h)
ΔH : 가스홀더의 가동용량 (m^3/h)

※ 공칭용량 H는 가동용량보다 20~30 % 큰 용량을 필요로 한다.

(2) 도시가스 공급방법

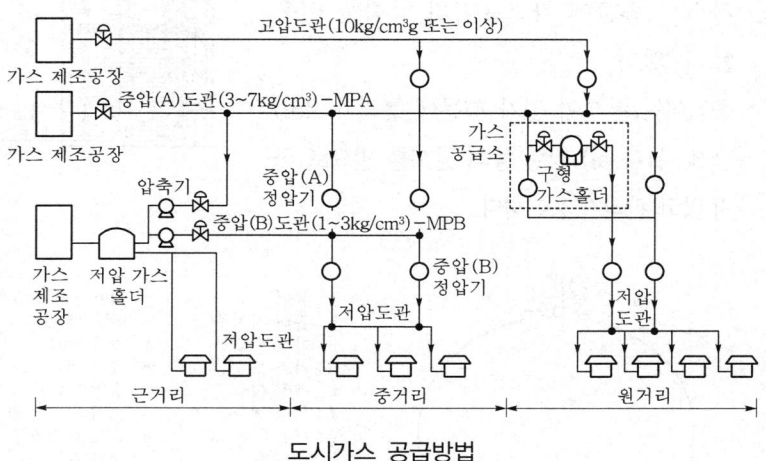

도시가스 공급방법

(3) 압송기

도시가스는 일반적으로 가스탱크에서 도관으로 각 지역에 공급되며, 그 압력은 가스홀더의 압력보다 낮다. 즉, 가스의 수요가 적은 경우에는 그 압력으로도 충분하나 공급지역이 넓어 수요가 많은 경우에는 가스의 압력이 부족하여 압송기를 사용해서 공급해 준다. 이것을 압송기라고 한다.

(4) 정압기 (거버너 : governor)

가스를 공급할 때 고압방식, 중압방식, 저압방식의 채용은 수송능력의 증대 및 가스홀더 등 공급설비의 효율적인 운용을 꾀하는 데 있으며, 가스의 공급압력이 극히 제한 된 영역에서 고압에서 중압으로, 중압에서 저압으로 감압하여 사용기구에 맞는 적당한 압력으로 감압하고 공급하기 위하여 사용되는 것이 정압기이다. 정압기는 가스가 통과하는 배관의 적당한 곳에 설치하며, 1차 압력 및 부하유량의 변동에 관계없이 2차 압력

을 일정한 압력으로 유지하는 기능을 가지고 있다. 즉, 시간별 가스 수요량의 변동에 따라 공급압력을 소요압력으로 조정한다.

① 작동원리

㉮ 직동식 정압기

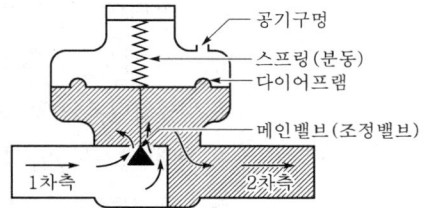

㉠ 설정압력이 유지될 때 : 다이어프램에 걸려 있는 2차 압력과 스프링의 힘이 평형상태를 유지하면서 메인 밸브는 움직이지 않고 일정량의 가스가 메인 밸브를 경유하여 2차 측으로 가스를 공급한다.

㉡ 2차측 압력이 높을 때 : 2차측 가스수요량이 상승하나, 이때 다이어프램을 들어 올리는 힘이 증가하여 스프링의 힘에 이기고 다이어프램에 직결된 메인 밸브를 위쪽으로 움직여 가스의 유량을 제한하므로 설정압력이 2차 압력을 유지하도록 작동한다.

㉢ 2차측 압력이 낮을 때 : 2차측 사용량이 증가하여 2차 압력이 설정압력 이하로 떨어질 경우 스프링의 힘이 다이어프램을 받치고 있는 힘보다 커서 다이어프램에 연결된 메인 밸브를 열리게 하여 가스의 유량이 증가하게 되며, 2차 압력을 설정압력으로 유지하도록 작동한다.

㉯ 파일럿 로딩형 정압기

㉠ 2차 압력이 설정압력으로 되어 있는 경우 (평형상태) : 파일럿 다이어프램에 가해지는 2차 압력과 파일럿 스프링의 힘이 평형하기 때문에 파일럿 밸브는 항상 일정한 열림상태를 유지한다.

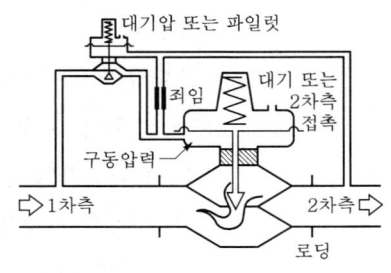

따라서, 파일럿계에서는 일정량의 가스가 흐르고 파일럿과 교축(죄임) 사이의 구동압력은 일정압력을 유지하며, 본체 다이어프램에 걸리는 압력과 본체 스프링의 힘이 평형한 위치에서 밸브는 정지되어 있으며, 일정량의 가스가 본체밸브를 경유하여 2차측으로 흐른다.

㉡ 2차 압력이 설정압력 이상으로 된 경우 : 2차측의 사용량이 감소하면 2차 압력이 설정 압력 이상으로 상승한다. 이 경우, 파일럿 다이어프램을 밀어 올리는 힘이 파일럿계에 공급하는 가스량을 감소한다.

이에 따라 구동압력이 저하하고 본체 스프링의 힘이 본체 다이어프램을 밀어 올리는 힘보다 커지고 본체 밸브를 아래쪽으로 내려 가스의 유량을 제어하고 2차 압력을 설정압력으로 되돌리도록 작동한다.

ⓒ 2차 압력이 설정압력보다 낮은 경우 : 2차 압력이 설정압력 이하로 저하한다. 이 경우, 파일럿 밸브를 아래로 움직여 파일럿계에 공급하는 가스량을 증가시킨다. 이때, 교축에 의해 구동압력이 2차측으로 도피되는 것이 제한되기 때문에 구동압력이 상승하고 본체 다이어프램을 밀어 올리는 힘이 본체 스프링의 힘보다 커지면 본체 밸브를 위로 움직여 가스의 유량을 증가하여 2차 압력이 설정압력까지 회복되도록 작동한다.

㉰ 파일럿 언로딩형 정압기

㉠ 2차 압력이 설정압력으로 되는 경우 (평형상태) : 파일럿 다이어프램에 걸리는 2차 압력과 파일럿 스프링의 힘이 평형되어 있기 때문에 파일럿 밸브는 움직이지 않고 파일럿계에 일정량의 가스가 흐른다. 이때문에 구동압력은 일정하고 본체 다이어프램에 가해지는 압

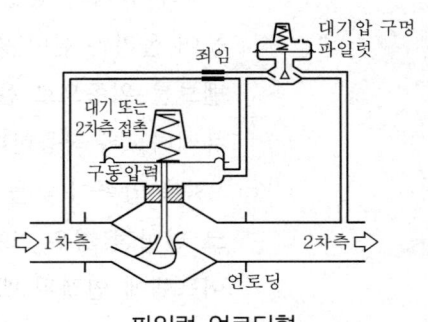

파일럿 언로딩형

력과 본체 스프링의 힘이 평행하기 때문에 본체 밸브를 경유하여 2차측으로 흐른다.

㉡ 2차 압력이 설정압력 이상으로 될 경우 : 2차측의 가스사용량이 감소하면 2차 압력이 설정압력 이상으로 상승하지만, 이때의 파일럿 밸브를 위쪽으로 작동시켜 파일럿계를 흐르는 가스의 유량을 제어한다.

이에 따라 구동압력이 상승하여 본체 다이어프램을 밀어 올리는 힘이 본체 스프링의 힘보다 크게 되어 본체 밸브를 위쪽으로 움직여 가스의 유량을 제어하여 2차 압력을 설정 압력으로 되돌리는 작동을 한다.

㉢ 2차 압력이 설정압력보다 낮아지는 경우 : 2차측의 사용압력이 증가하면 2차 압력이 설정압력 이하로 낮아진다. 이 경우, 파일럿 스프링의 힘이 파일럿 다이어프램을 밀어 올리는 힘보다 크면 파일럿 밸브를 아래쪽으로 낮추는데 따라서 파일럿계에 흐르는 가스의 유량이 증가한다. 이때, 1차 압력은 교축(죄임)으로 제어되므로 구동압력이 낮아지고, 본체 스프링의 힘이 본체 다이어프램을 밀어

붙이는 힘보다 크게 되어 본체 밸브를 아래쪽으로 낮추어 가스의 유량을 증가시킴으로써 2차 압력을 설정압력까지 회복하도록 작동한다.

② 정압기의 구조에 의한 구분

종 류	특 징	사용압력
피셔식	로딩형 정특성, 동특성이 양호하다. 비교적 콤팩트하다.	고압중압 A 중압 A중압, 중압 중압 중압, 저압
액슬-플로어식	변칙 언로딩 정특성, 동특성이 양호하다. 고차압이 될수록 특성 양호 극히 콤팩트하다.	위와 같다.
레이놀즈식	언로딩형 정특성은 극히 좋으나 안정성이 부족하다. 다른 것에 비하여 크다.	정압 저압 저압 저압
KRF식	레이놀즈식과 같다.	레이놀즈식과 같다.

㉮ 피셔(fisher)식 정압기

㉠ 2차측 부하가 없어 2차 압력이 상승할 때 : 2차 압력이 상승하여 파일럿의 공급밸브가 닫히고 배출밸브는 열려 다이어프램의 구동압력이 저하하기 때문에 메인 밸브는 스프링의 힘에 의하여 닫혀 있게 된다.

㉡ 2차측 부하가 발생하여 2차 압력이 저하할 때 : 2차 압력 조절관으로 연결된 파일럿 상부의 압력도 내려간다. 그러면 파일럿 하부의 스프링이 작동하여 상하가 함께 움직이는 파일럿 다이어프램을 위쪽으로 밀어 올린다. 그러면 공급밸브가 열림과 동시에 배출밸브는 닫히고 1차측 압력이 공급밸브에서 주 다이어프램 하부에 도입되어 구동압력이 상승하여 정압기 본체의 스프링의 힘에 견디어 메인 밸브를 위쪽으로 밀어 올린다. 그리하여 가스는 메인 밸브에서 2차측으로 흘러 가스 수요를 충당한다.

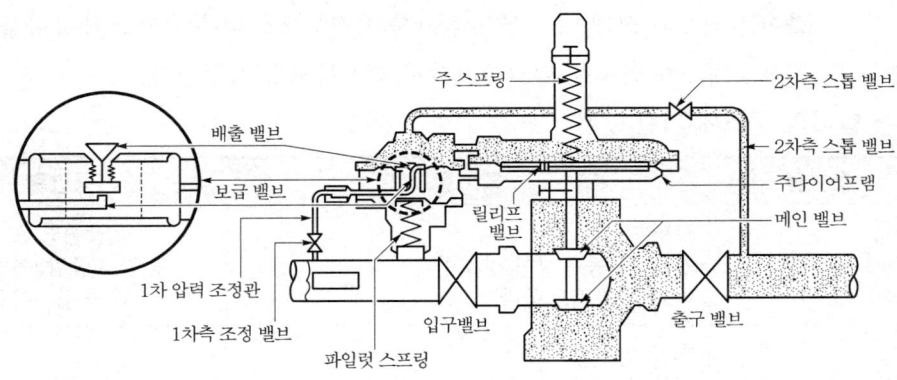

피셔식 정압기의 작동상황 플로 차트

항 목	상 황		비 고
수용가의 가스사용 상황	사용량 증가 ↓	사용량 감소 ↓	
2차 압력	저 하 ↓	상 승 ↓	
파일럿 다이어프램	올라간다 ↓	내려간다 ↓	정압기 2차 압력의 설정은 스프링의 조정으로 한다.
파일럿 다이어프램 공급밸브, 배출밸브	닫 힌 다 열 린 다 ↓	열 린 다 닫 힌 다 ↓	
구동압력	상 승 ↓	저 하 ↓	
메인밸브	열 린 다	닫 힌 다	

㉯ 레이놀즈(Reynolds)식 정압기

㉠ 2차측의 부하가 전혀 없을 때 (저압 보조정압기는 폐지상태) : 중압 보조정압기는 구동압력 (중간압력)이 450~500 mmH$_2$O로 설정되어 있으므로, 이 압력이 조절관을 경유하여 조동 볼(oxalic ball)의 다이어프램 아래쪽에 가해져 정압기를 밀어 올려 메인밸브를 닫는다.

제 6 장 · 가스설비

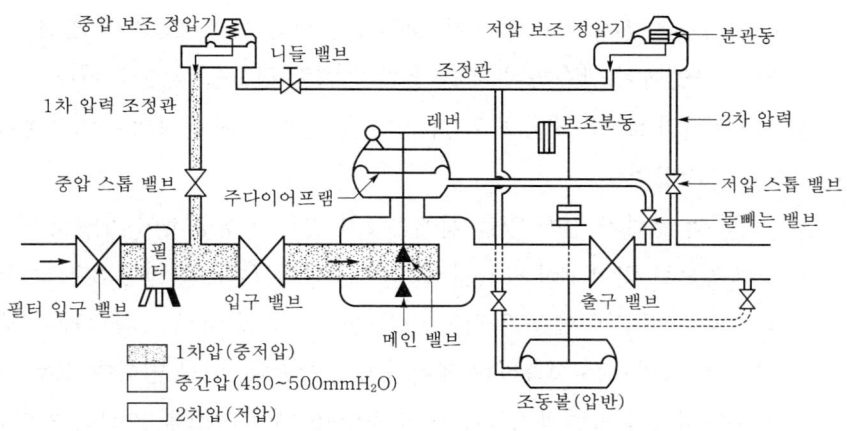

레이놀즈 정압기의 작동상황 플로차트

항 목	상 황		비 고
수용가의 가스 사용 상황	사용량 증가 ↓	사용량 감소 ↓	
2차 압력	저 하 ↓	상 승 ↓	
저압보조압기의 열림	증 대 ↓	내려간다 ↓	
중간압력	저하한다 ↓	열 린 다 ↓	설정압력은 분동(分銅)으로 조정·설정압력은 450~500 mmH₂O
보조압력 내의 다이어프램	약해진다 ↓	강해진다 ↓	
램을 밀어 올리는 힘	내려간다 ↓	올라간다 ↓	
보조압력 내의 다이어프램의 위치	내려간다 ↓	올라간다 ↓	
조봉(내려뜨리는 철봉), 레버, 메인 밸브의 위치, 메인밸브의 열림 정도	증 대	사용량 증가	

ⓒ 2차측에 부하가 발생하여 2차 압력이 저하할 때 : 저압 보조정압기가 작동하여 조동 볼 내의 가스가 2차측에 흐르기 시작한다. 이때, 중압 보조정압기도 작동하나 조동 볼과의 사이에 니들 밸브에 의한 조리개가 있어서 유량이 제한되므로 조절관의 중앙압력이 저하하여 조동 볼의 다이어프램이 하강하게 되어 레버를 내려 메인 밸브가 열린다.

ⓒ 부하가 감소하여 2차 압력이 상승하면 저압 보조정압기의 열림 정도가 작아져 중간압력이 상승하여 메인 밸브의 열림 정도를 낮추게 한다.
ⓓ 2차 압력의 설정은 저압 보조정압기에 올려놓는 작은 분동의 수로 조절한다.
㉑ A.F.C식 정압기
ⓐ 2차측의 부하가 전혀 없을 때에는 2차 압력이 상승하여 파일럿 다이어프램이 아래쪽으로 밀어내려 파일럿 밸브가 닫히게 된다. 그러면 2차 압력이 고무 슬리브와 보디 사이에 도입되어 이때문에 고무 슬리브 상류측과의 차압이 없어져 고무 슬리브는 수축하여 게이지에 밀착한다. 이로 인하여 고무 슬리브는 하류측에서 1차 압력과 2차 압력의 차압을 받아 가스를 완전히 차단한다.

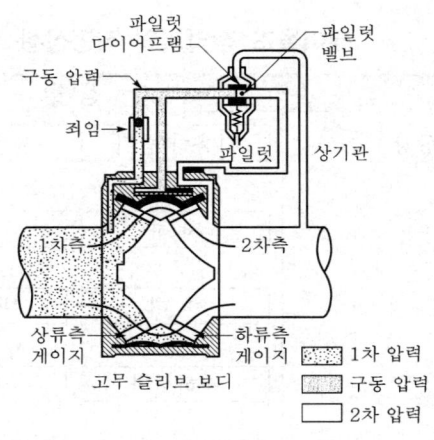

고무 슬리브 보디

ⓑ 2차측에 부하가 발생하여 2차 압력이 저하하면 파일럿 스프링이 작동하여 파일럿 다이어프램을 위쪽으로 밀어 올린다. 이에 의하여 파일럿 밸브가 열리면서 작동압력은 2차 측으로 빠지게 된다. 이때, 1차측에서 가스가 흘러 들어오나 조리개로 제한하게 되어 있으므로 작동압력이 저하되어 고무 슬리브 내외에 압력차가 생겨서 고무 슬리브가 바깥 쪽에 확장되어 가스가 흐른다.
부하가 감소하여 2차 압력이 상승하면 파일럿 다이어프램이 아래쪽에 밀어내려져 파일럿 밸브의 열림 정도가 감소하여 작동압력의 빠짐부가 작아지므로 작동압력은 상승하게 된다. 이에 의해서 고무 슬리브 내외의 차압이 감소하여 고무 슬리브가 수축하므로 가스유로가 축소하여 가스량이 감소하게 된다.

A.F.V식 정압기 작동상황 플로 차트

항 목	상 황		비 고
수용가의 가스사용 상황	사용량 증가	사용량 감소	
2차 압력	저 하	상 승	정압기 2차 압력의 설정은 스프링의 조정으로 한다.
파일럿 밸브의 열림 정도	증 대	내려간다	
구동압력	저하한다	열 린 다	
	약 해 진 다	강 해 진 다	

③ 정압기의 특성
　㉮ 정특성 : 정상상태에서의 유량과 2차 압력의 관계
　㉯ 동특성 : 부하의 변화가 큰 곳에 사용되는 정압기에 대해 중요한 특성이다. 부하의 변동에 대한 응답의 신속성과 안정성이 모두 요구된다.
　㉰ 유량 특성 : 밸브와 유량과의 관계
　㉱ 사용 최대차압 및 작동 최소차압
④ 직동식과 파일럿의 특성 비교
⑤ 정압기의 부속설비
　㉮ 불순물 제거장치 (필터) : 배관 내의 먼지가 이동하여 정압기의 메인 밸브나 보조 정압기의 노즐 등에 부착하여 작동불량 원인이 되는 것을 방지하기 위한 것이다.
　㉯ 이상압력 상승 방지장치 : 정압기의 고장으로 인하여 1차측의 가스가 2차측에 유입하여 2차측 배관의 압력이 상승하면 연소불량, 가스미터 파손, 배관 누설 등 위험한 상태로 되므로 이를 방지하기 위해 사용한다.
　㉰ 자동승압장치 : 가스수요량이 단기간에 증가하여 피크시 배관 말단의 압력이 현저히 저하할 때 자동승압시킨다.

(5) 부취제

① 액체주입식 부취설비 : 가스량의 변동에 대응하기 쉽다.

   ㉮ 펌프 주입방식 : 규모가 큰 장치에 적합하며, 소용량의 다이어프램 펌프에 의하여 부취제를 직접 가스 중에 주입한다.

   ㉯ 적하 주입방식 : 간단한 형태로, 부취제 주입을 가스압으로 조절하며 중력에 의하여 부취제를 가스 중에 적하한다. 유량의 변동이 적은 소규모의 부취제에 많이 쓰인다.

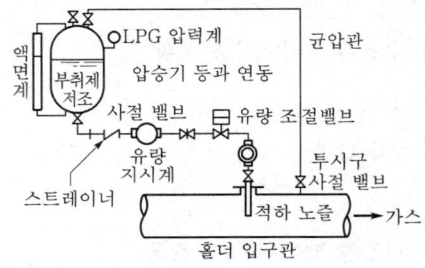

적하주입방식

② 증발식 부취설비

   ㉮ 부취제의 증기를 가스류에 혼합하는 방식으로 동력이 필요 없고 설비가 싸다.

   ㉯ 설치장소는 압력과 온도의 변화가 작고, 관 내의 유속이 큰 것이 바람직하다.

   ㉰ 부취제 첨가율을 일정하게 유지하기 어렵고 변동이 적은 소규모 부취에 쓰인다.

   ㉱ 바이패스 증발방식이 대표적이다.

   ㉲ 부취 조절 범위가 제한된다.

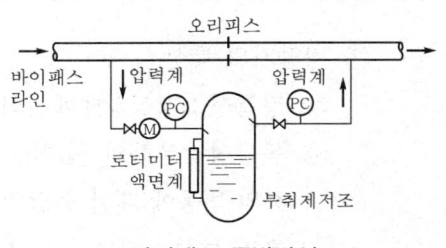

바이패스 증발방식

(6) 웨버지수와 연소속도지수

① 웨버지수 : 가스의 발열량을 비중의 평방근으로 나눈 것으로서 가스의 연소성 판단에 중요한 수치이다.

$$W_I = \frac{H_g}{\sqrt{d}}$$

여기서, H_g : 도시가스의 총발열량 (kcal/m^3), d : 도시가스의 공기에 대한 비중 (공기=1)

② 연소속도 (C_p)

$$C_p = k \frac{1.0H_2 + 0.6(CO + C_mH_n) + 0.3CH_4}{d}$$

여기서, H_2 : 가스 중의 수소함량(Vol, %), CO : 가스 중의 일산화탄소함량(Vol, %)
C_mH_n : 가스 중의 메탄을 제외한 탄화수소함량 (Vol, %)
CH_4 : 가스 중의 메탄의 함량 (Vol, %), d : 가스의 비중
k : 가스 중의 산소함량에 따른 정수

③ 연소속도의 종류 : A, B, C의 3종류가 있다.

연소속도의 종류	연소속도의 범위
A	$13.5 + 0.002041\ W_I$ 이상 $40.8 + 0.004082\ W_I$ 이하
B	$19.5 + 0.004859\ W_I$ 이상 $30.5 + 0.009397\ W_I$ 이하
C	$17.1 + 0.007558\ W_I$ 이상 $40.5 + 0.014535\ W_I$ 이하

(7) 연소기의 입력 (input) 조정

$$I = 0.011 D^2 \times K \times W_I \times \sqrt{P}$$

여기서, I : 입력 (kcal/h), W_I : 웨버지수, D : 노즐의 구멍지름 (mm)
P : 가스압력 (mmH$_2$O), K : 유량계수 (약 0.8)

사용하는 가스가 결정되면 웨버지수와 가스압력은 정해져 있으므로 변경시킬 수 있는 것은 노즐 구멍지름 (D)뿐이다. 이 노즐 구멍지름의 변경은 변경 전·후 가스의 웨버지수, 가스압력에 따라 다음 식으로 계산할 수 있다.

$$\frac{D_1}{D_2} = \frac{\sqrt{W_{I2}\sqrt{P_2}}}{\sqrt{W_{I1}\sqrt{P_1}}}$$

제3편 기출문제와 예상문제

01 터보형 펌프가 아닌 것은?
- ㉮ 원심펌프
- ㉯ 사류펌프
- ㉰ 축류펌프
- ㉱ 플런저 펌프

> 플런저는 왕복펌프 (용적식)

02 가스배관설비에서 중요한 문제는 진동인데 진동원인이라 할 수 없는 것은?
- ㉮ 파이프의 구배
- ㉯ 안전밸브의 분출
- ㉰ 변, 플랜지, 개스킷, 배관 부속물
- ㉱ 유체의 내부 압력

03 실린더 내경 20 mm, 행정 150 mm, 피스톤 수 6개의 압축기에 4극 전동기가 직결되었다. 이론토출량을 계산하면? (단, 회전수는 1750 rpm)
- ㉮ 2967.3 m³/h
- ㉯ 3450 m³/h
- ㉰ 1567.7 m³/h
- ㉱ 3985.2 m³/h

> $\dfrac{\pi D^2}{4} LNR \times 60 = \dfrac{3.14 \times (0.2)^2 \times 0.15 \times 6 \times 1750 \times 60}{4} = 2967.3 \text{ m}^3/\text{h}$

04 빙점 이하의 낮은 온도에서 사용되는 강관은?
- ㉮ SPLT
- ㉯ SPPH
- ㉰ SPPS
- ㉱ SPS

> SPLT : 저온 배관용 탄소강관

05 밀폐형 압축기의 장점이 아닌 것은?
- ㉮ 소형이며 경량이다.
- ㉯ 누설의 염려가 적다.
- ㉰ 압축기 회전수의 가감이 가능하다.
- ㉱ 과부하 운전이 가능하다.

> 밀폐형 모터와 압축기가 동일 케이스에 들어 있으므로 분해하기가 힘들다.

정답 1. ㉱ 2. ㉰ 3. ㉮ 4. ㉮ 5. ㉰

06 25℃의 순수한 물 50 kg을 10분 동안에 0℃까지 냉각하려 할 때, 최저 몇 냉동톤의 냉동기를 써야 하겠는가? (단, 손실은 흡수열량의 25 %이고 한국, 일본 냉동톤으로 할 것)

㉮ 1.53 RT ㉯ 1.98 RT
㉰ 0.47 RT ㉱ 2.13 RT

$$\frac{50 \times 1 \times 25 \times 1.25}{3320} = 0.47 \text{ RT}$$

07 유체를 일정한 방향으로 흐르게 하며, 역류하는 것을 방지하기 위해 사용되는 밸브는?

㉮ 게이트밸브 ㉯ 글로브밸브
㉰ 체크밸브   ㉱ 슬루스밸브

08 압축기의 윤활에 관한 설명 중 맞는 것은?

① 수소 압축기의 윤활에는 광유가 사용된다.
② 아세틸렌 압축기의 윤활에는 물이 사용된다.
③ 암모니아 압축기의 윤활에는 진한 황산이 사용된다.

㉮ ①, ③ ㉯ ③
㉰ ②   ㉱ ①

09 배관의 호칭 중 스케줄 번호는 무엇을 기준으로 하여 부여하는가?

㉮ 관안지름   ㉯ 관바깥지름
㉰ 관길이   ㉱ 관두께

$$\text{sch No.} = 10 \times \frac{P(\text{사용응력})}{S(\text{허용응력})}$$

정답 6. ㉰ 7. ㉰ 8. ㉱ 9. ㉱

제 3 편 가스설비

10 보온재의 구비조건으로 맞지 않는 것은?
㉮ 열전도율이 작을 것
㉯ 흡습, 흡수성이 클 것
㉰ 비중이 적고 적당한 강도가 있을 것
㉱ 시공이 용이할 것

> 수분 흡수시 열전도가 커지며 균열이 일어날 수 있다.

11 설치하는데 넓은 장소를 차지하며 응력을 수반하나 고압에 잘 견디어 고온 고압용 옥외배관에 많이 사용되는 신축 이음쇠는?
㉮ 벨로스형
㉯ 슬리브형
㉰ 루프형
㉱ 스위블형

12 액화가스의 충전량 계산방법 중 옳은 것은?
㉮ 최고충전량은 용기 내용적에 반비례하고, 가스 고유의 충전정수에 비례한다.
㉯ 최고충전량은 용기 내용적에 비례하고, 외부온도에 반비례한다.
㉰ 최고충전량은 용기 내용적에 비례하고, 가스 고유의 충전정수에 반비례한다.
㉱ 최고충전량은 용기 내용적에 반비례하고, 외부압력에 비례한다.

> $w = \dfrac{V}{C}$ (여기서, w : 충전량 (kg), V : 내용적 (L), C : 충전정수)

13 왕복식 압축기의 (운전 중) 점검사항이 아닌 것은?
㉮ 누설이 없는가?
㉯ 이상고온은 아닌가?
㉰ 작동음에 이상은 없는가?
㉱ 흡입 토출밸브의 개폐상태 확인

14 초저온 냉동기에는 몇 번의 냉동유가 사용되는가?
㉮ 90번
㉯ 300번
㉰ 150번
㉱ 200번

> 점도가 낮은 것이 저온에 적합하다. 번호가 클수록 점도가 낮다 (묽다).

정답 10. ㉯ 11. ㉰ 12. ㉰ 13. ㉱ 14. ㉮

15 액화석유가스 용기저장소의 시설기준 중 틀린 것은?
㉮ 용기 저장실을 설치하고 보기 쉬운 곳에 경계표시를 설치한다.
㉯ 용기저장실 주위의 5 m (우회거리) 이내에 화기취급을 하지 아니한다.
㉰ 용기저장실 내에는 분리형 가스 누설경보기를 설치한다.
㉱ 용기저장실의 전기시설은 방폭구조의 것이어야 하며 전기스위치는 용기 저장실 외부에 설치한다.

📌 2 m 이내 화기 금지

16 특정 설비의 범위에 해당되지 않는 것은?
㉮ 저장탱크 ㉯ 저장탱크의 안전밸브
㉰ 조정기 ㉱ 저장탱크의 긴급차단장치

📌 조정기는 가스 용 기구

17 잔가스용기라 함은 가스의 충전질량이 얼마가 충전되어 있는 것을 말하는가?
㉮ 3분의 1 이하 ㉯ 3분의 1 미만
㉰ 2분의 1 이하 ㉱ 2분의 1 미만

📌
• 충전용기 : 충전량의 $\frac{1}{2}$ 이상 충전
• 잔가스용기 : 충전량의 $\frac{1}{2}$ 미만 충전

18 고압장치에서의 체크밸브는 어떠한 역할을 하는가?
㉮ 저압으로 내린다. ㉯ 유체의 역류를 막는다.
㉰ 감압의 정도를 조절한다. ㉱ 압력, 온도, 액면 등의 제어에 쓰인다.

19 아세틸렌의 정성시험에 사용되는 시약은?
㉮ 구리암모니아 시약 ㉯ 질산은 시약
㉰ 발연황산 시약 ㉱ 피로갈롤 시약

📌 C_2H_2 정성시험 : 0.1 % $AgNO_3$ 시약

정답 15. ㉯ 16. ㉰ 17. ㉱ 18. ㉯ 19. ㉯

20 화학 공정도에서 오른쪽 그림은 무엇을 표시하는가?

㉮ 게이트식 안전밸브
㉯ 압력조절용 밸브
㉰ 앵글밸브
㉱ 압력감소용 밸브

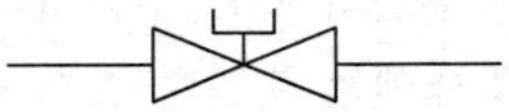

21 독성 가스 검지방법 중 암모니아수로 검지하는 가스는?

㉮ 아황산가스 (SO_2)   ㉯ 시안화수소 (HCN)
㉰ 암모니아 (NH_3)   ㉱ 일산화탄소 (CO)

22 공기액화 분리장치에서 폭발의 원인이 아닌 것은?

㉮ 공기취입구에 아세틸렌의 침입
㉯ 윤활유 분해에 의한 탄화수소의 생성
㉰ 산화질소 (NO), 이산화질소 (NO_2) 혼입
㉱ 공기 중의 산소 혼합

📌 공기 중의 오존 (O_3)이 혼입되면 폭발의 원인이 됨.

23 윤활유 선택시 유의할 점에 대한 다음 설명 중 틀린 것은?

㉮ 사용기체와 화학반응을 일으키지 않을 것
㉯ 점도가 적당할 것
㉰ 인화점이 낮을 것
㉱ 전기·전열내력이 클 것

📌 윤활유는 인화점이 높은 것이 안전하다.

24 CO_2 가스를 분석하기 위하여 KOH 용액에 통과시켜 정량하였다. 이 방법은 무슨 방법인가?

㉮ 연소법   ㉯ 추출법
㉰ 흡수법   ㉱ 적정법

📌 KOH 용액은 CO_2 가스의 흡수제로 쓰인다.

25 냉동기의 냉매로 사용될 수 있는 가스로만 짝지어진 것은?
  ㉮ 수소, 암모니아, 프레온
  ㉯ 탄산가스, 질소, 암모니아
  ㉰ 프레온, 암모니아, 탄산가스
  ㉱ 프로판, 에틸렌, 일산화탄소

26 산소제조장치에서 건조제로 주로 쓰이는 물질이 아닌 것은?
  ㉮ NaOH
  ㉯ Al_2O_3
  ㉰ AgCl
  ㉱ 소바비드

27 가스검지법의 시험지에 따른 검지 가스명이 잘못된 것은?
  ㉮ KI 전분지 → H_2S
  ㉯ 염화제일구리 → C_2H_2
  ㉰ 염화팔라듐지 → CO
  ㉱ 초산벤젠지 → HCN

  ✒ Cl_2 가스 : KI 전분지

28 공기액화 분리장치의 보안에 관한 설명 중 옳은 것의 번호로만 된 것은?

> ① 원료공기 중에 포함된 미량의 가연성 가스가 장치의 폭발원인이 되는 경우가 많다.
> ② 공기압축기의 윤활유는 비점이 낮은 것일수록 좋다.
> ③ 정기적으로 장치 내부를 불연성 세제로 세척할 필요가 있다.

  ㉮ ①, ②   ㉯ ②, ③   ㉰ ①, ③   ㉱ ①, ②, ③

  ✒ 비점이 높은 것이 좋다.

29 앵글밸브 또는 콕을 알맞게 도시한 기호는?
  ㉮ 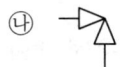   ㉯
  ㉰   ㉱

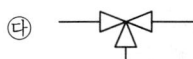

30 펌프의 체적효율을 η_v, 기계효율 η_m, 수격효율을 η_h라 할 때 펌프의 전효율 η을 구하는 식은?

㉮ $\eta = \eta_v \times \eta_m \times \eta_h$
㉯ $\eta = \eta_v \times \eta_m \div \eta_h$
㉰ $\eta = \eta_v \div \eta_m \div \eta_h$
㉱ $\eta = \eta_v \div \eta_m \times \eta_h$

📌 전효율 = 체적효율×기계효율×수격효율

31 왕복동 압축기 용량 조정방법 중 단계적으로 조절하는 방법에 해당되는 것은?

㉮ 클리어런스 밸브에 의해 용적효율을 낮추는 방법
㉯ 흡입 주밸브를 폐쇄하는 방법
㉰ 타임드 밸브 제어에 의한 방법
㉱ 회전수를 변경하는 방법

📌 ㉯, ㉰, ㉱ 는 연속적 조절방법

32 펌프의 토출구 및 흡입구에서 압력계의 바늘이 흔들리는 동시에 유량이 감소되는 현상은?

㉮ 공동현상 (캐비테이션)
㉯ 맥동현상 (서징)
㉰ 수격작용
㉱ 진동현상

📌 서징 현상은 터보펌프에서만 일어나는 현상이다.

33 다음 펌프 중 터보(turbo)형 펌프가 아닌 것은?

㉮ 원심 펌프
㉯ 사류펌프
㉰ 축류 펌프
㉱ 플런저 펌프

📌 터보형
 • 원심식 : 토출 방향이 축과 직각
 • 사류식 : 토출 방향이 축과 비스듬하다.
 • 축류식 : 토출 방향이 축과 나란히 토출된다.

34 압축기의 클리어런스가 클 경우에 대한 설명으로 틀린 것은?

㉮ 냉동능력이 감소한다.
㉯ 체적효율이 저하한다.
㉰ 압축기가 과열한다.
㉱ 토출가스 온도가 저하한다.

📌 배출되지 못하고 통극에 남아 있던 가스가 재압축이 되므로 과열된다.

정답 30. ㉮ 31. ㉮ 32. ㉯ 33. ㉱ 34. ㉱

35 사용압력이 40 kg/cm² 인 관의 허용응력이 10 kg/mm² 일 때 스케줄 번호 (sch No.)는?

㉮ 40 ㉯ 80
㉰ 120 ㉱ 160

📌 sch No. = $10 \times \dfrac{P}{S} = 10 \times \dfrac{40}{10} = 40$. 관두께를 나타낸다.

36 2단 압축기에서 저압 압축기 흡입압력이 0.8 kg/cm² · abs이고, 고압 압축기 토출압력이 20 kg/cm² 일 때, 저압 압축기의 토출압력 (절대압력)은 얼마가 가장 이상적인가?

㉮ 4kg/cm² ㉯ 3kg/cm²
㉰ 6kg/cm² ㉱ 2kg/cm²

📌 2단 압축기 중간단 압력
$P_m = \sqrt{P_1 \times P_e}$ (P_1 : 1단 흡입압력, P_e : 최종토출압력)
∴ $P = \sqrt{0.8 \times 20} = 4\text{kg/cm}^2 \cdot a$

37 다단압축을 하는 목적은?

㉮ 압축일과 체적효율을 증가 ㉯ 압축일 증가와 체적효율을 감소
㉰ 압축일 감소와 체적효율을 증가 ㉱ 압축일과 체적효율 감소

📌 다단압축의 목적
① 소요동력 감소
② 이용효율 증대
③ 힘의 평형 유지

38 서징 현상을 설명한 글 중 옳지 않은 것은?

㉮ 터보 냉동기에서 응축압력이 심히 높을 때에 일어난다.
㉯ 회전식 압축기에서 고진공 운전시에 일어나며 심히 불규칙적으로 일어난다.
㉰ 터보 냉동기에서 일어나는 현상으로 진동이나 소리가 날 때도 있다.
㉱ 터보 냉동기 등 불안정한 운전상태에서 발생하며 상당히 규칙적으로 주기적으로 일어난다.

📌 서징 현상은 원심식 (터보) 압축기에서 일어나는 현상

정답 35. ㉮ 36. ㉮ 37. ㉰ 38. ㉯

39 압축기에 설치하는 안전변의 최소구경은?
㉮ 냉매가스의 비체적에 비례한다.
㉯ 냉매가스의 비중에 비례한다.
㉰ 토출가스 온도에 비례한다.
㉱ 피스톤 압출량의 제곱근에 비례한다.

$$a = \frac{W}{230P\sqrt{\frac{M}{T}}} = \frac{\pi}{4}d^2$$

40 열팽창이나 진동을 흡수하여 부분적인 응력이 집중되지 않도록 신축이음 부속품을 사용한다. 특히, 고압배관에 적당한 신축이음은?
㉮ 벨로스형   ㉯ 스위블형
㉰ 슬리브형   ㉱ 루프형

신축이음 : 열응력을 흡수하는 이음

41 펌프의 비속도 공식은? (단, N_s : 비속도, N : 회전수, Q : 유량 (m³/min), H : 양정 (m), z : 펌프 단수)

㉮ $N_s = \dfrac{N\sqrt{Q}}{\left(\dfrac{H}{z}\right)^{\frac{3}{4}}}$ ㉯ $N_s = \dfrac{N\sqrt{Q}}{\left(\dfrac{z}{H}\right)^{\frac{3}{4}}}$

㉰ $N_s = \dfrac{\left(\dfrac{z}{H}\right)^{\frac{3}{4}}}{N\sqrt{Q}}$ ㉱ $N_s = \dfrac{Q\sqrt{N}}{\left(\dfrac{H}{z}\right)^{\frac{3}{4}}}$

42 고압배관용 탄소강관의 KS 규격 기호는?
㉮ SPP   ㉯ SPPS
㉰ SPPH   ㉱ SPHT

• SPP : 배관용 탄소강관
• SPPS : 압력배관용 탄소강관

정답   39. ㉱   40. ㉱   41. ㉮   42. ㉰

43 다음 중 전자밸브를 작동시켜 주는 원리는?
- ㉮ 냉매압력
- ㉯ 영구자석의 철심의 힘
- ㉰ 전류에 의한 자기작용
- ㉱ 전자밸브 내의 소형 전동기

> 전자변 : 솔레노이드 밸브 코일에 전류가 흐르면 자기작용이 생긴다.

44 저온 액체저장에서 전열현상으로서 가장 적당하지 않은 것은?
- ㉮ 단열재를 직접 통한 열전도
- ㉯ 외면으로부터의 열복사
- ㉰ 연강, 파이프를 통한 열전도
- ㉱ 밸브 등에 의한 열전도

> 단열재를 충전한 공간에 남아 있는 가스분자의 열전도

45 모세관의 압력 강하가 가장 큰 것은?
- ㉮ 지름이 가늘고 길이가 길수록
- ㉯ 지름이 굵고 길이가 짧을수록
- ㉰ 지름은 상관없고 길이가 길수록
- ㉱ 지름은 상관없고 길이가 짧을수록

> 압력 강하는 길이에 비례하고 지름에 반비례한다.

46 관 또는 용기 내의 압력이 규정 한도를 초과하지 않도록 하기 위해 보일러나 압력용기 등에 설치하는 밸브는?
- ㉮ 감압밸브
- ㉯ 온도조절밸브
- ㉰ 안전밸브
- ㉱ 게이트밸브

> 안전밸브 : 내압의 이상 상승시 가스를 신속히 분출시킨다.

47 가스관의 지하 매설용으로 가장 적당한 관의 종류는?
- ㉮ 강관
- ㉯ AL관
- ㉰ 주철관
- ㉱ 비닐관

> 내식성, 내마모성이 강하다 - 주철관

정답 43. ㉰   44. ㉮   45. ㉮   46. ㉰   47. ㉰

48 배관의 부식 방지를 위해 사용되는 도료가 아닌 것은?

㉮ 광명단 ㉯ 알루미늄
㉰ 산화철 ㉱ 석면

> ① 광명단 : 연단을 아마인유로 조합한 것
> ② 산화철 도료 : 도막이 부드럽다.
> ③ 알루미늄 도료 : 수분, 습기에 강하다.
> ④ 합성수지 도료 : 증기관, 보일러 도장용

49 가스관 작업시 파이프 렌치(pipe wrench)에 대한 설명 중 맞지 않는 것은?

㉮ 관 조립 작업, 관 자체를 회전시킬 경우 사용한다.
㉯ 가스관을 절단하는 데 사용한다.
㉰ 용도에 따라 강력급과 보통급이 있다.
㉱ 지름이 200 mm 이상인 경우 체인 파이프 렌치를 사용한다.

> ① 파이프 리머 : 관 절단, 거스러미 제거
> ② 파이프 바이스 : 관을 고정시키는 데 사용

50 저온 장치를 구성하는 재료로서 적당하지 않은 것은?

㉮ LPG 저장 탱크 내조 : 18-8 스테인리스 강
㉯ -15℃로 되는 열교환기 : 강관
㉰ 액체산소 저장탱크의 내조 : 18-8 스테인리스 강
㉱ 액체질소 저장탱크의 단열재 : 양모

> 액체질소 저장탱크의 단열재는 보통 단열재로 사용되는 석면, 탄산 마그네시아, 초자연 바라이트 등이다.

51 고압가스 제조장치의 일상 점검항목으로 옳지 않은 것은?

㉮ 회전기계, 고압밸브, 관 접속구 등에 의한 가스의 누설을 점검한다.
㉯ 안전밸브의 작동시험을 실시한다.
㉰ 압력계, 온도계, 유량계 등의 이상 유무를 조사한다.
㉱ 압축기의 진동, 음향 등에 주의한다.

> 누설, 진동, 소음이나 각 계기의 이상 유무를 점검한다.

52 유체의 저항은 크나 유량 조절용으로 적합한 것은?
㉮ 글로브밸브　　　　　　　　㉯ 슬루스밸브
㉰ 체크밸브　　　　　　　　　㉱ 전동밸브

> 유량 조절용 : 글로브밸브
> - 슬루스밸브 : 유체저항이 적다. 유량 조절에는 부적합. 횡주관에서 드레인이 고인 곳에 적합하다.
> - 체크밸브 : 유체의 흐름을 한쪽으로 흐르게 함.
> - 앵글밸브 : 유체의 흐름을 직각으로 바꿀 때 적합함.
> - 니들밸브 : 극히 유량이 적거나 고압일 때, 미소한 유량 조절 가능

53 냉동장치의 기기 중 직접 압축기를 정지시켜 보호역할을 하는 것은?
㉮ OPS　　　　　　　　　　　㉯ 안전두
㉰ TEV　　　　　　　　　　　㉱ EPR

> 유압 차단 스위치 : 유압 저하시 작동

54 금속재료 중 저온재료로 적당하지 않은 것은?
㉮ 탄소강　　　　　　　　　　㉯ 황동
㉰ 9% 니켈강　　　　　　　　㉱ 18-8 스테인리스 강

> 탄소는 저온에서 취성(깨지는 성질)을 가진다.

55 다음 성분 중 취성의 원인이 아닌 것은?
㉮ C　　　　　　　　　　　　㉯ Mn
㉰ P　　　　　　　　　　　　㉱ S

> C : 정온취성, P : 상온취성, S : 적열취성의 원인이다.

정답　52. ㉮　53. ㉮　54. ㉮　55. ㉯

56 압력의 증가에 따라 고무링이 더욱더 관벽에 밀착되어 누수를 방지하는 이음은?
㉮ 소켓 접합　　　　　　　　　㉯ 플랜지 접합
㉰ 기계적 접합　　　　　　　　㉱ 빅토리 접합

> 관 끝에 고무링을 끼우고 가단 주철제의 칼라를 볼트로 조이는 방식. 관 내 압력이 높아지면 고무링은 더욱 밀착된다. 기계적 접합과 같이 가요성이 있다.

57 다음은 경질 염화비닐관에 관한 설명이다. 옳지 않은 것은?
㉮ 전기 절연성이 크고 열전도율이 철의 1/320이다.
㉯ 폴리에틸렌관보다 단단하여 저온에 이용
㉰ 내식, 내산, 내약품성이 크다.
㉱ 가공이 쉽고 시공비가 적게 든다.

> 폴리에틸렌 (PE)관이 염화비닐 (PVC)보다 더 저온에서 사용할 수 있다.

58 펌프의 실제송출유량을 Q, 펌프 내부에서의 누설유량을 0.60, 임펠러 속을 지나는 유량을 1.60이라 할 때 펌프의 체적효율은?
㉮ 37.5 %　　　　　　　　　㉯ 40 %
㉰ 60 %　　　　　　　　　　㉱ 62.3 %

> $\dfrac{1.6 - 0.6}{1.6} \times 100 = 62.5$

59 방폭구조의 종류가 아닌 것은?
㉮ 내압 (內壓) 방폭구조　　　　㉯ 내압 (耐壓) 방폭구조
㉰ 접지 방폭구조　　　　　　　㉱ 유입방폭구조

> 그 밖의 안전중, 본질 안전중 등이 있다.

60 가연성 가스저장실에는 소화기를 설치하게 되어 있는데, 이때 사용되는 소화제는?
㉮ 물　　　　　　　　　　　　㉯ 모래
㉰ 질산나트륨　　　　　　　　㉱ 중탄산소다

> 백색 분말의 중탄산소오다 분말 소화기

정답 56. ㉱　57. ㉯　58. ㉱　59. ㉰　60. ㉱

61 주철관을 용도별로 분류한 것이 아닌 것은?

㉮ 수도용   ㉯ 배수용
㉰ 난방용   ㉱ 가스용

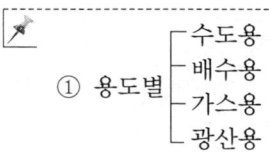
① 용도별 ┌ 수도용
         ├ 배수용
         ├ 가스용
         └ 광산용

② 재질별 ┌ 일반보통주철관
         ├ 고급주철관
         └ 구상흑연주철관

62 LPG 압력조정기 중에서 자동 교체식 조정기의 도시기호는?

㉮ Ⓡ   ㉯ Ⓡ
㉰ ▭   ㉱ ⊸⚬⊸

63 압축비에 대한 설명 중 잘못된 것은?

㉮ 압축비가 적어지면 체적효율은 커진다.
㉯ 응축압력이 같을 때 압축비가 적으면 압축기의 능력은 커진다.
㉰ 흡입압력이 일정할 때 압축비가 크면 토출가스 온도는 상승한다.
㉱ 압축비가 적어지면 냉매 순환량(Kg/h) 당의 소요동력은 증대한다.

📌 압축비가 크게 운전될 때 소요동력이 증가하게 된다.

64 수소의 순도는 피로갈롤 또는 하이드로술파이드 시약을 사용한 오르자트법에 의해서 몇 % 이상이어야 하는가?

㉮ 98.5 % 이상   ㉯ 90 % 이상
㉰ 90.5 % 이상   ㉱ 99.5 % 이상

📌 품질검사(1일 1회 이상)
• O_2 : 99.5 % 이상
• H_2 : 98.5 % 이상
• C_2H_2 : 98 % 이상

정답 61. ㉰   62. ㉱   63. ㉱   64. ㉮

65 NH₃ 입형 저속 압축기의 운전 조작순서로 옳게 된 것은?

```
① 흡입밸브를 열었다 닫는다.    ② 토출밸브를 연다.
③ 바이패스를 연다             ④ 바이패스를 닫는다.
⑤ 흡입밸브를 닫는다.          ⑥ 압축기를 기동한다.
```

㉮ ① – ⑥ – ③ – ⑤ – ④ – ②   ㉯ ① – ③ – ⑤ – ⑥ – ④ – ②
㉰ ① – ② – ③ – ⑥ – ④ – ⑤   ㉱ ① – ③ – ⑥ – ② – ④ – ⑤

66 용접접합의 티 (tee)를 나타낸 그림은?

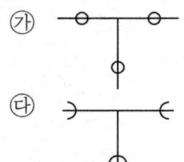
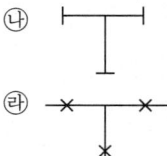

67 관의 접속상태 중 관이 앞으로 수직으로 구부러져 오는 관은?

68 강관의 접합방법이 아닌 것은?
㉮ 나사이음   ㉯ 압축이음
㉰ 용접이음   ㉱ 플랜지이음

> 나사이음 – 곡관길이 산출
> 용접이음 $l = 2\pi R \dfrac{\theta}{360}$
> 플랜지 이음 $= R\theta \times 0.01745$

69 고압가스배관에 대한 다음 설명 중 맞지 않는 것은?
㉮ 고압이므로 조직이 안전성이 있는 재료를 사용
㉯ 고압 고온이므로 크리프 강도는 낮은 재료를 사용
㉰ 내식성이 높은 재료를 사용
㉱ 고온에서 변형이 적은 재료를 사용

정답 65. ㉱ 66. ㉱ 67. ㉯ 68. ㉯ 69. ㉯

📌 크리프 강도가 높은 재료가 좋다. 크리프 (creep)란 일정온도 이상에서 재료에 하중이 가해 질 때 시간의 경과와 더불어 변형이 증대하는 현상

70 피스톤의 행정용량 $V_s = 0.0024\ m^3$, 매분 회전수 160 rpm의 압축기로 1시간에 토출구를 통하는 가스량이 90 kg/h, 토출 가스 1 kg을 흡입상태로 환산한 체적이 0.189 m^3일 때 토출효율은 얼마인가?

㉮ 72.4 % ㉯ 73.8 %
㉰ 75.7 % ㉱ 87.5 %

📌 토출효율 $= \dfrac{\text{실제 토출량}}{\text{이론 토출량}} \times 100$

$= \dfrac{90}{0.0024 \times 160 \times 60 \div 0.189} \times 100 = 73.83\ \%$

71 유량 측정 방법에는 직접법과 간접법이 있다. 다음 중 직접법에 해당되는 것은?

㉮ 습식 가스미터 ㉯ 피토튜브
㉰ 오리피스미터 ㉱ 벤투리미터

📌 피토관, 오리피스, 벤투리 : 간접식

72 다음 중 고압장치의 배관계에 생기는 응력의 종류라고 볼 수 없는 것은?

㉮ 열팽창에 의한 응력 ㉯ 내압에 의한 응력
㉰ 펌프 압축기 등의 진동에 의한 응력 ㉱ 용접에 의한 응력

📌 펌프, 압축기 등에 의해서는 배관에 진동이 생길 수 있다.

73 압축기의 윤활에 관한 다음 설명 중 옳은 것은?

㉮ 수소 압축기의 윤활에는 광유가 쓰인다.
㉯ 암모니아 압축기의 윤활에는 물이 쓰인다.
㉰ 암모니아 압축기의 윤활에는 농황산이 쓰인다.
㉱ 산소 압축기의 윤활유에는 머신유가 쓰인다.

📌 산소압축기 : 물 또는 10 % 이하의 묽은 글리세린수
• 염소압축기 − 진한 황산   • 공기압축기 − 양질의 광유

정답 70. ㉯ 71. ㉮ 72. ㉰ 73. ㉮

- 아세틸렌 압축기 – 양질의 광유
- 이산화유황 압축기 – 정제된 용제 터빈유
- LPG 압축기 – 식물성유
- 에틸클로라이드 압축기 – 화이트유

74 강관의 특징이 아닌 것은?
㉮ 연관, 주철관에 비해 무겁다.
㉯ 시공이 비교적 용이하다.
㉰ 항장력이 크다.
㉱ 충격에 강하고 휘어지는 성질이 크다.

📌 주철관보다 내식성이 작고 사용연한이 짧다.

75 파이프 이음에서 ─┤┌─┐├─ 가 뜻하는 것은?
㉮ 유니온나사 이음
㉯ 팽창 이음
㉰ 파이프나사 이음
㉱ 감온통

76 고압설비에 압력계를 설치하려고 한다. 사용압력이 200 kg/cm² 라면, 게이지의 최고눈금은 다음의 어떤 것이 가장 좋은가?
㉮ 200~250 kg/cm²
㉯ 300~400 kg/cm²
㉰ 450~650 kg/cm²
㉱ 700~800 kg/cm²

77 다단 압축의 목적에 들지 않는 것은?
㉮ 가스의 온도상승을 피하기 위하여
㉯ 힘의 평형을 달리하기 위하여
㉰ 이용효율을 증가시키기 위하여
㉱ 압축일량의 절약을 위하여

📌 힘의 평형을 유지하기 위해서

78 오토클레이브에 관한 설명 중 틀린 것은?
㉮ 광범위한 액체도 취급하므로 재질은 비교적 스테인리스강 등을 사용한다.
㉯ 고온 고압에서는 부식작용이 강하므로 반응계의 부식성에 주의할 필요가 있다.
㉰ 압력은 일반적으로 증기압력식 압력계로 측정한다.
㉱ 오토클레이브는 교료의 유무 혹은 방법에 따라 정치형, 교반형, 진탕형, 가스교반형 등이 있다.

📌 압력계는 부르동관 압력계가 사용된다.

정답 74. ㉮ 75. ㉯ 76. ㉯ 77. ㉯ 78. ㉰

79 냉매액이 팽창밸브 통과시 변하지 않는 것은?
- ㉮ 압력
- ㉯ 온도
- ㉰ 엔탈피
- ㉱ 체적

> 증기의 교축시 엔트로피는 증가하나 엔탈피는 일정하다. 온도와 압력 강하

80 다음 중 고온용 배관 보온 재료는?
- ㉮ 우모페트
- ㉯ 거품 폴리스틸렌
- ㉰ 규산칼슘
- ㉱ 탄산마그네슘

> 고온용 무기질 보온재
> - 펄라이트 (650℃)
> - 규산칼슘 (30~650℃)
> - 세라믹 파이버 (1200~1300℃)

81 파이프 커터로 강관을 절단하면 안지름이 축소된다. 이를 깎아내는 공구는?
- ㉮ 파이프 벤더
- ㉯ 파이프 렌치
- ㉰ 파이프 바이스
- ㉱ 파이프 리머

> ㉱ 리머 : 절단 후 생기는 거스러미 (비트) 제거
> ㉰ 바이스 : 관 공작시 고정하는 데 사용
> ㉯ 렌치 : 각이 없는 파이프를 나사이음으로 접합시 풀거나 조이는 데 사용
> ㉮ 벤더 : 관을 굽히는 데 사용. 45°, 90°

82 다음 중 폭발한계의 범위가 가장 좁은 것은?
- ㉮ 프로판
- ㉯ 암모니아
- ㉰ 수소
- ㉱ 아세틸렌

> - C_3H_8 (2.1~9.5 %)
> - NH_3 (15~28 %)
> - H_2 (4~75 %)
> - C_2H_2 (2.5~81 %)

제 3 편 가스설비

83 냉동톤 (1RT)의 설명으로 옳은 것은 ?

㉮ 0℃ 물 1 t을 24시간에 0℃ 얼음으로 만드는 능력
㉯ 액체 1 t 을 24시간에 급속 동결시키는 데 필요한 능력
㉰ 25℃ 물 1 t을 48시간에 −10℃ 얼음으로 만드는 능력
㉱ 콘택트 프리저 (냉동고)가 1시간 동안에 동결할 수 있는 능력

$$\frac{1000 \times 79.68}{24} = 3320 \text{ kcal/h (1 RT)}$$

84 원심 압축기의 구동능력을 240 kW라고 하면 이 냉동장치의 법정 냉동능력은 ?

㉮ 100 RT   ㉯ 150 RT
㉰ 200 RT   ㉱ 250 RT

원심식은 구동력이 1.2 kW = 1 RT
$$\frac{240}{1.2} = 200$$

85 팽창조인트에서 나사이음은 어느 것인가 ?

팽창조인트
㉮ 플랜지이음 ㉯ 나사이음 ㉰ 턱걸이이음 ㉱ 용접이음

86 다음 중 플렉시블 호스 (flexible hose) 도시법은 ?

㉮ 고압호스 ㉯ 벨로스형 신축이음 ㉱ 저압호스

87 다음 중 압축기 보호를 위한 장치가 아닌 것은?

㉮ 가용전 ㉯ 안전헤드
㉰ 안전밸브 ㉱ 유압보호 스위치

📌 가용전은 녹아서 가스를 분출시키는 것이므로 압축기를 토출가스 온도의 영향을 받지 않는 곳에 설치한다 (응축기용).

88 왕복식 압축기의 간극용적에 대한 설명 중 옳은 것은?

㉮ 피스톤이 하사점에 있을 때 가스가 차지하는 체적
㉯ 상사점과 하사점 사이의 체적
㉰ 피스톤이 상사점에 있을 때 가스가 차지하는 체적
㉱ 실린더의 전체적

📌 통극 또는 클라이런스라 한다.

89 축봉장치 (shaft seal)의 역할로서 부적당한 것은?

㉮ 냉매 누설 방지 ㉯ 오일 누설 방지
㉰ 외기 침입 방지 ㉱ 전동기의 슬립 (slip) 방지

📌 축봉부는 축이 케이싱을 관통하는 부분

90 흡입압력이 대기압과 같으며 최종압력이 15kg/cm² · G의 4단 공기압축기의 압축비는? (단, 대기압은 1 kg/cm²로 한다.)

㉮ 2 kg/cm² ㉯ 4 kg/cm²
㉰ 8 kg/cm² ㉱ 16 kg/cm²

📌 $\sqrt[4]{\dfrac{P_2}{P_1}} = \sqrt[2]{\dfrac{16}{2}} = 2 \text{ kg/cm}^2$

91 펌프의 캐비테이션 발생에 따라 일어나는 현상이 아닌 것은?

㉮ 소음과 진동이 생긴다. ㉯ 깃에 대한 침식이 생긴다.
㉰ 토출량, 양정, 효율이 점차 증가한다. ㉱ 심하면 양수 불능의 원인이 된다.

📌 양정과 효율이 떨어지며 운전 불능 상태가 된다.

정답 87. ㉮ 88. ㉰ 89. ㉱ 90. ㉮ 91. ㉰

92 압축기의 이론 사이클에서 압축시의 정미(正味) 소요일량은?

㉮ $1-2-x_2-x_1$
㉯ $4-1-x_1-0$
㉰ $2-3-0-x_2$
㉱ $1-2-3-4$

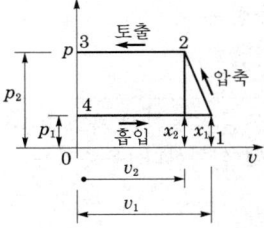

93 액화석유가스 이송용 플런저 펌프의 베이퍼 로크 방지 방법이 아닌 것은?

㉮ 실린더 라이너의 외부를 냉각한다.
㉯ 펌프의 설치위치를 낮춘다.
㉰ 토출배관을 크게 하여 유속을 줄인다.
㉱ 흡입배관을 크게 하고, 단열처리를 하여 둔다.

📌 흡입관을 단열조치한다.

94 자연발화의 열의 발생속도에 관한 설명으로 틀린 것은?

㉮ 초기온도가 높은 쪽이 일어나기 쉽다.
㉯ 표면적이 작을수록 일어나기 쉽다.
㉰ 발열량이 큰 쪽이 일어나기 쉽다.
㉱ 촉매물질이 존재하면 반응속도가 빨라진다.

95 다음 펌프 중 시동하기 전에 프라이밍이 필요한 펌프는?

㉮ 기어 펌프   ㉯ 원심펌프
㉰ 축류 펌프   ㉱ 왕복펌프

📌 프라이밍 : 펌프에 물을 채우는 것

96 금속재료의 열처리에서 소입(quenching)이란?

㉮ 금속재료를 가열한 후 로 속에서 서서히 냉각하는 조치
㉯ 금속재료를 가열한 후 공기 중에서 자연히 냉각하는 조작
㉰ 금속재료를 낮은 온도로 가열 후 냉각하는 조작
㉱ 금속재료를 가열한 후 물이나 기름 속에 넣어서 급랭하는 조작

정답 92. ㉮   93. ㉰   94. ㉱   95. ㉯   96. ㉱

97 직관의 마찰저항을 나타내는 식은? (단, f : 관마찰계수, g : 중력가속도, l : 직관길이, d : 관지름, r : 비중량, v : 유속)

㉮ $R = f \cdot \dfrac{d}{l} \cdot \dfrac{v^2}{2g} \cdot r$ ㉯ $R = f \cdot \dfrac{l}{d} \cdot \dfrac{v^2}{2g} \cdot r$

㉰ $R = f \cdot \dfrac{d}{l} \cdot \dfrac{v}{2g} \cdot r$ ㉱ $R = r \cdot \dfrac{l}{d} \cdot \dfrac{v}{2g} \cdot r$

98 최고사용압력이 40 kg/cm², 허용응력이 10 kg/mm²일 때 스케줄 번호는 얼마인가?

㉮ 10 ㉯ 20
㉰ 30 ㉱ 40

📌 sch No. $= \dfrac{P}{S} \times 10 \begin{bmatrix} \text{사용압력}(\text{kg/cm}^2) \\ \text{허용압력}(\text{kg/mm}^2) \end{bmatrix}$

99 고온 고압의 관 플랜지 이음시 사용되는 패킹의 재료로 가장 적합한 것은?

㉮ 가죽 ㉯ 석면
㉰ 테플론 ㉱ 구리

100 다음 중 액화석유가스 사용시설의 기밀시험 압력으로 옳은 것은 어느 것인가? (단, 사용시설 압력이 330~3000 mmH₂O는 제외)

㉮ 420 mmH₂O ㉯ 420~840 mmH₂O
㉰ 840~1000 mmH₂O ㉱ 1080 mmH₂O

📌 준저압 조정기 : 3500 mmH₂O

101 강관의 용접접합에 전기용접을 많이 이용하는 이유는?

㉮ 응용범위가 넓다 ㉯ 용접속도가 빠르고 변형도 적다.
㉰ 박판용접에 적당하다. ㉱ 가열 조절이 자유롭다.

102 압축기의 압축동력을 최소로 줄이기 위하여 대기압으로 15 kg/cm² 게이지까지 2단 압축하는 경우 중간압력을 얼마로 하는 것이 좋은가?

㉮ 2 kg/cm² 게이지 ㉯ 3 kg/cm² 게이지
㉰ 4 kg/cm² 게이지 ㉱ 5 kg/cm² 게이지

정답 97. ㉯ 98. ㉱ 99. ㉯ 100. ㉰ 101. ㉯ 102. ㉯

> 2단 압축기의 중간단 압력
> $P_m = \sqrt{P_1 \times P_2} = \sqrt{1 \times (15+1)} = 4 \text{ kg/cm}^2$
> ∴ 3 kg/cm² 게이지

103 다음은 가스 검지법에 관한 설명이다. 틀린 것은?
㉮ 염소 가스누설 검지에 묽은 염산을 쓴다.
㉯ 산소배관 가스누설 검지에 식염수를 쓴다.
㉰ 유화수소 가스누설 검지에 초산염지를 쓴다.
㉱ 일산화탄소 가스누설 검지에 염화팔라듐지를 쓴다.

> 염소가스 누설 검사지 : KI 전분지 (요오드화칼륨) - 청색으로 변한다.

104 부탄의 폭발하한이 1.6 %이다. MSA 폭발계의 측정치로 50 %를 가리킨다면 공기 중에 얼마의 부탄이 포함되어 있는가?
㉮ 50 %
㉯ 1.6 %
㉰ 0.8 %
㉱ 80 %

> 폭발하한일 때 100 %를 가리킨다.

105 아세틸렌가스를 사용하는 장치에 사용할 수 있는 재료는?
㉮ 은
㉯ 수은
㉰ 구리
㉱ 크롬강

> $C_2N_2 + 2Cu \rightarrow Cu_2C_2 + H_2$ 구리 아세틸라이트
> Cu, Ag, Hg은 아세틸렌가스와 금속 아세틸라이트를 만들며, 이것은 폭발성이 큰 물질이다.

106 다음 중 가스중독의 원인이 되는 가스가 아닌 것은?
㉮ 일산화탄소
㉯ 염소
㉰ 이산화유황
㉱ 메탄

> 가스 중독의 원인이 되는 것은 독성 가스이다.

정답 103. ㉮ 104. ㉰ 105. ㉱ 106. ㉱

107 160 g의 산소와 4 g의 수소를 혼합하여 완전히 반응시켰을 때 몇 g의 물이 생성되는가?

㉮ 4 g
㉯ 18 g
㉰ 32 g
㉱ 36 g

> $O_2 + 2H_2 \rightarrow 2H_2O$
> 32 g : 4 g = 36 g

108 내압이 4~5 kg/cm² 이상이고, LPG나 액화가스와 같이 저비점의 액체일 때 사용되는 터보식 펌프의 메커니컬 형식은?

㉮ 밸런스 실
㉯ 더블 실
㉰ 아웃사이드 실
㉱ 언밸런스 실

109 고압가스 제조장치의 재료에 대한 설명으로 틀린 것은?

㉮ 암모니아 합성탑 내통의 재료로는 18-8 스테인리스강을 사용한다.
㉯ 상온 고압의 수소용기는 보통강을 사용한다.
㉰ 저온 취성이 문제되는 곳은 탄소강을 사용한다.
㉱ 수분이 없는 염소가스에는 보통강을 사용한다.

> 탄소강은 저온에서 취성을 일으킨다.

110 LPG 공급시설과 사용시설에서 사용하는 밸브의 종류로 알맞은 것은?

① 게이트밸브   ② 볼밸브   ③ 글로브밸브

㉮ ②, ③
㉯ ①, ②
㉰ ③
㉱ ①, ③

111 LPG를 사용하는 가정시설에서 누설검사를 자주 하여야 하는 것은?

㉮ 용기
㉯ 조정기
㉰ 중간밸브와 가스레인지의 이음부분
㉱ 가스레인지의 콕

> 누설이 쉬운 이음부분

정답 107. ㉱ 108. ㉮ 109. ㉰ 110. ㉮ 111. ㉰

112 다음 가스 중 고압가스의 제조장치에서 누설하고 있는 것을 그 냄새로 알 수 있는 것은?
㉮ 일산화탄소　　㉯ 이산화탄소
㉰ 염소　　㉱ 아르곤

> 염소는 황록색의 유독한 기체이다.

113 시안화수소는 장시간 저장하지 못한다. 그 이유와 관계있는 것은?
㉮ 분해폭발　　㉯ 산화폭발
㉰ 중합폭발　　㉱ 기타 일반폭발

> 시안화수소(HCN) : 2% 수분과 중합 폭발

114 다음 중 안전밸브 분출 최소면적을 구하는 공식은? (단, a : 분출부의 유효면적 (cm^2), W : 안전밸브에서 1시간 동안 분출해야 할 양 (kg), P : 안전밸브 작동압력 (kg/cm^2), M : 가스의 분자량, T : 분출직전의 가스의 절대온도이다.)

㉮ $a = \dfrac{230P\sqrt{\dfrac{M}{T}}}{W}$　　㉯ $a = \dfrac{W\sqrt{\dfrac{M}{T}}}{230P}$

㉰ $a = \dfrac{W}{230P\sqrt{\dfrac{M}{T}}}$　　㉱ $a = \dfrac{M}{230P\sqrt{\dfrac{W}{T}}}$

> 도관에 설치시는 도관 최대지름부 단면적의 1/10 이상

115 기계 기능에 관해 가장 옳은 것은?
㉮ 부르동관식 압력계는 가장 일반적인 압력계로서 금속의 탄성을 이용한 것이다.
㉯ 산소의 압력계 조정기는 다른 가스의 것으로 유용 또는 공용으로 해도 좋다.
㉰ 마노미터는 저압배관의 내압시험용으로 흔히 사용한다.
㉱ 조정기의 공급가스의 압력은 용기내의 가스 압력 및 소비량의 영향으로 변한다.

> 부르동관식 : 2차 압력계로 가장 널리 쓰인다.

기출문제와 예상문제

116 배관의 전응력이 일어나는 원인이 아닌 것은?
㉮ 열팽창에 의한 응력
㉯ 배관재료 (보온재 포함) 및 파이프 내의 유체의 무게에 의한 응력
㉰ 파이프 내를 흐르는 유체의 압력 변화에 의한 응력
㉱ 용접에 의한 응력

117 LPG 저장탱크의 정상부와 지면과의 거리는?
㉮ 20 cm ㉯ 40 cm
㉰ 60 cm ㉱ 80 cm

📌 저장탱크 지하설치시

118 암모니아 합성원료 가스 중 수소 (H_2)를 분석하는 데 쓰이는 분석계는?
㉮ 열전도율식 ㉯ 적외선식
㉰ 밀도식   ㉱ 반응열쇠

119 강도와 두께가 같은 재료로서 원통형 용기를 제조하였을 때 내압성능에 관하여 맞는 것은?
㉮ 지름이 작을수록 강하다.   ㉯ 지름이 클수록 강하다
㉰ 지름이 같으면 길수록 강하다. ㉱ 지름과 길이에 관계없다.

120 다음 기기 중에서 가스유량을 측정할 수 있는 기구는?
㉮ 뷰렛   ㉯ 피에조미터
㉰ 이젝터 ㉱ 오리피스미터

📌 오리피스 : 차압식 유량계

121 용기 증명서가 있는 내용적 50 L의 용접 프로판 용기에 충전된 것이 저장 중에 파열되었다. 다음 사항 중 틀린 것은?
㉮ 안전밸브를 장치해야 하는 개소를 막았다.

정답 116. ㉰ 117. ㉰ 118. ㉮ 119. ㉮ 120. ㉱ 121. ㉰

281

㉯ 저장 중 용기의 온도가 48℃가 되었다.
㉰ 충전 후 60일이 경과되었다.
㉱ 전회의 용기검사로부터 4년 경과된 용기에 충전하였다.

📌 충전용기는 40℃ 이하를 유지시킨다.

122 기기의 수리시설 기준이 아닌 것은?
㉮ 용접설비 ㉯ 공작설비
㉰ 압력측정기구 및 전기측정기구 ㉱ 누설검사 설비

123 고압배관의 진동원인이 되지 않는 것은?
㉮ 펌프 및 압축기의 진동에 의한 것
㉯ 파이프 내부에 흐르는 유체의 온도 변화에 의한 것
㉰ 파이프 굽힘에 의해 생기는 힘의 영향
㉱ 안전밸브 분출에 의한 영향

📌 진동은 온도 변화와는 무관하다.

124 공기 액화 분리장치에 있어서 폭발의 원인이 되지 않는 것은?
㉮ 원료 공기 취입구의 위치 ㉯ 압축기의 내부 윤활유의 품질
㉰ 아세틸렌 필터의 성능 ㉱ 정류판의 효율

📌 윤활유 분해로 탄화수소 생성시 폭발의 원인이 된다.

125 고압 차단스위치가 하는 역할은?
㉮ 이상고압이 되었을 때 주회로를 차단하여 압축기를 정지시킨다.
㉯ 증발기 내의 이상고압을 방지하기 위한 것이다.
㉰ 응축기의 고압 상승을 방지하기 위하여 냉각수 펌프의 모터회로를 차단한다.
㉱ 수액기 내부의 이상고압 상승을 방지하기 위한 안전장치이다.

📌 고압 차단스위치 : 이상고압을 차단하여 정지시킨다.

정답 122. ㉰ 123. ㉯ 124. ㉮ 125. ㉮

126 기기의 제조 기술상 기준이 있어서 기기의 배관은 누설 시험압력 이상으로 행하는 누설시험에 합격하여야 하는데, 프레온 21의 경우 누설시험압력으로 가장 적합한 것은?

㉮ 고압측 4.0 kg/cm^2, 저압측 2.4 kg/cm^2
㉯ 고압측 4.2 kg/cm^2, 저압측 2.0 kg/cm^2
㉰ 고압측 84.0 kg/cm^2, 저압측 56.0 kg/cm^2
㉱ 고압측 80.0 kg/cm^2, 저압측 40.0 kg/cm^2

127 유체의 문자기호가 잘못된 것은?

㉮ 공기 : A
㉯ 가스 : G
㉰ 증기 : W
㉱ 기름 : O

📌 공기 : Air, 가스 : Gas, 증기 : Steam, 기름 : oil

128 안전밸브의 점검사항이 아닌 것은?

㉮ 가스분출 파이프의 지름
㉯ 분출전개 압력
㉰ 분출정지 압력
㉱ 안전밸브의 누설

📌 가스 분출 파이프의 지름은 규격품으로 정해지는 것이고 점검사항은 아니다.

129 터보 압축기의 운전 중 갑자기 이상진동이 발생하여 압축기를 정지시켰는데, 다음 중 그 원인이 될 수 없는 것은?

㉮ 회전체에 기름, 먼지 등이 부착되어 있었다.
㉯ 리비린스와 회전체가 접촉한 흔적이 있었다.
㉰ 케이싱에 다량의 드레인이 고여 있었다.
㉱ 주 베어링용 메탈이 파손되어 있었다.

130 밸브에서 유체의 역류를 방지하기 위해서 사용되는 것은?

㉮ 게이트밸브
㉯ 안전밸브
㉰ 체크밸브
㉱ 앵글밸브

📌 체크밸브 : 역류 방지 밸브

정답 126. ㉮ 127. ㉰ 128. ㉮ 129. ㉮ 130. ㉰

제 3 편 가스설비

131 고온 고압하에서 수소를 사용하는 장치의 공장의 재질은 일반적으로 어느 재료를 사용하는가?
㉮ 탄소강　　　　　　　　　㉯ 크롬강
㉰ 조강　　　　　　　　　　㉱ 실리콘강

📌 고온 고압에서는 수소취성을 일으킬 우려가 있으므로 Cr강을 사용한다.

132 가용전의 역할은?
㉮ 토출가스 과열에 의한 압축기의 파손방지
㉯ 과열로 인한 이상고압에 의한 응축기의 파손방지
㉰ 유분리기에서 이상과열에 의한 윤활유의 열화방지
㉱ 증발기에서 냉매가 증발하는 온도를 너무 높지 않게 조정

133 재료의 용도로서 적합하지 않은 것은?
㉮ 액체산소 저장탱크 – 알루미늄
㉯ 수분이 없는 액화염소 저장탱크 – 보통강
㉰ 암모니아 저장탱크 – 구리
㉱ 상온, 고압의 수소 저장탱크 – 보통강

📌 NH_3, C_2H_2, H_2S : 구리나 구리합금을 사용할 수 없는 가스

134 암모니아 가스의 저장용 탱크로 적합한 재질은?
㉮ 구리합금　　　　　　　　㉯ 순수구리
㉰ 알루미늄합금　　　　　　㉱ 철합금

135 도시가스의 부취제가 아닌 것은?
㉮ TBM　　　　　　　　　㉯ DMS
㉰ MMA　　　　　　　　　㉱ THT

📌 • DMS : 디메틸술파이드
　• TBM : 터셔어리부틸메캅탄
　• THT : 테트라하이드로티오펜

정답　131. ㉯　132. ㉯　133. ㉰　134. ㉱　135. ㉰

136 유체가 난류상태로 흐르고 있는 경우 관내에 흐르는 유체의 압력 손실에 대한 설명이다. 틀린 것은?

㉮ 마찰계수에 비례한다. ㉯ 지름에 비례한다.
㉰ 길이에 비례한다. ㉱ 속도의 제곱에 비례한다.

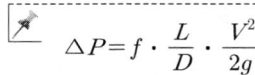 $\triangle P = f \cdot \dfrac{L}{D} \cdot \dfrac{V^2}{2g}$

∴ 지름에 반비례, 관길이에 비례, 속도의 제곱에 비례, 마찰계수에 비례

137 파열판(탭튜어디스크)에 관한 사항으로 적합하지 않은 것은?

㉮ 한 번 작동하면 새로운 박판과 교체할 필요가 없다.
㉯ 부식성 유체, 괴상물질을 함유한 유체에도 적합하다.
㉰ 스프링식 안전밸브와 같은 밸브시트 누설은 없다.
㉱ 내부구조가 간단하므로 취급점검이 용이하다.

 파열판은 한 번 작동한 후 교체할 필요가 있다.

138 압축기 실린더부의 내부 윤활제에 대한 설명 중 옳은 것으로만 짝지어진 것은?

① 산소압축기에는 머신유를 사용한다.
② 염소압축기에는 농황산을 사용한다.
③ 아세틸렌 압축기에는 양질의 광유를 사용한다.
④ 공기압축기에는 광유를 사용한다.

㉮ ①, ② ㉯ ①, ③
㉰ ①, ②, ③ ㉱ ②, ③, ④

① 산소압축기의 윤활제 : 물, 10% 묽은 글리세린
② 염소압축기의 윤활제 : 농황산
③ 아세틸렌 압축기의 윤활제 : 양질의 광유
④ 공기압축기의 윤활제 : 양질의 광유

정답 136. ㉯ 137. ㉮ 138. ㉱

139 금속에 대한 설명 중 틀린 것은?

㉮ 수소는 환원성 가스이므로 고온 고압에서 수소취성이 있어 강을 취화시킨다.
㉯ 크롬강은 고온도에서 산소의 산화에 견딘다.
㉰ 고온 고압의 일산화탄소는 강과 화합하여 부식시킨다.
㉱ 아세틸렌은 강, 은에는 영향을 주지 않는다.

140 수로 10 m는 알코올 기둥으로 몇 m가 되어야 밑면이 같은 압력이 되는가? (단, 알코올의 밀도는 0.78 g/cm³으로 본다.)

㉮ 16.8 m ㉯ 7.8 m
㉰ 10.84 m ㉱ 12.84 m

> 0.78 g/cm³ (알코올의 밀도)이므로 ∴ $\dfrac{10}{0.78} = 12.82$ m

141 대기압하에서 8 L의 부피를 차지하는 어떤 기체를 압축하여 4 atm으로 하였을 때의 기체의 부피는?

㉮ 1 L ㉯ 2 L
㉰ 3 L ㉱ 4 L

> $PV = P_1V_1$ 에서, $1 \times 8 = 4 \times V$
> ∴ $V = 2$ L

142 시한화수소 (HCN) 제법 중 앤드루소법에서 사용되는 주원료는?

㉮ 일산화탄소와 암모니아 ㉯ 포름아미드와 물
㉰ 에틸렌과 암모니아 ㉱ 암모니아와 메탄

143 오르자트 (Orsat) 법에 의해 맨 먼저 분석되어야 하는 기체는?

㉮ O_2 ㉯ CO_2
㉰ CO ㉱ N_2

144 LPG를 이송하는 펌프에 베이퍼 로크가 생기는 것을 방지하기 위한 방법으로 옳은 것은?

㉮ 펌프의 설치위치를 높인다.　　㉯ 흡입배관의 관경을 크게 한다.
㉰ 탱크를 냉각시킨다.　　㉱ 펌프의 회전속도를 빠르게 한다.

> 📌 베이퍼 로크
> ① 펌프 설치 위치를 낮춘다.
> ② 흡입배관 관경을 크게 한다.
> ③ 회전속도를 낮춘다.
> ④ 흡입관을 충분히 단열 조치한다.

145 용기의 내용적 35 L에 내압시험압력 30 kg/cm²의 수압을 걸었더니 내용적이 35.24 L로 증가하였고 압력을 제거하여 대기압으로 하였더니 용적은 35.02 L가 되었다. 이 용기의 항구증가량은 얼마인가? 또 이 용기는 내압시험에 합격할 수 있는가?

㉮ 8.3 %, 합격　　㉯ 1.6 %, 합격
㉰ 8.3 %, 불합격　　㉱ 1.6 %, 불합격

> 📌 영구증가율 = $\dfrac{영구증가율}{전증가량} \times 100 = \dfrac{0.02}{0.24} \times 100 = 8.3\ \%$
> ∴ 10 % 이하이면 내압시험에 합격이므로 합격이다.

146 고압가스 분출시 정전기가 가장 발생되기 쉬운 경우는?

㉮ 가스가 충분히 건조되어 있을 경우
㉯ 가스 속에 액체나 고체의 미립자가 있을 경우
㉰ 가스 분자량이 작은 경우
㉱ 가스 비중이 큰 경우

147 LPG의 발열량은 24000 kcal/m³이다. 발열량이 6000 kcal/m³이 되도록 희석하려면 몇 m³의 공기가 필요한가?

㉮ 9 m³　　㉯ 7 m³
㉰ 5 m³　　㉱ 3 m³

> 📌 $\dfrac{24000}{1+x} = 6000$　∴ $x = 3\ \text{m}^3$

정답　144. ㉯　145. ㉮　146. ㉯　147. ㉱

148 엔진의 지시계나 가스의 폭발 등과 같이 급격히 변화하는 압력 측정에 가장 적합한 것은?
㉮ 수은압력계   ㉯ 피스톤형 압력계
㉰ 피에조 전기압력계   ㉱ 부르동관식 압력계

149 고압가스 용기에 부착되는 안전밸브가 아닌 것은?
㉮ 가용전식   ㉯ 스프링식   ㉰ 파열판식   ㉱ 레버식

150 1단 감압식 저압조정기(LPG용)의 입구압력과 조정압력이 맞는 것은?
㉮ $1.0\,kg/cm^2 \sim 15.6\,kg/cm^2$와 $280\,mmH_2O$
㉯ $0.7\,kg/cm^2 \sim 15.6\,kg/cm^2$와 $230 \sim 330\,mmH_2O$
㉰ $1.0\,kg/cm^2 \sim 18.6\,kg/cm^2$와 $230 \sim 330\,mmH_2O$
㉱ $0.7\,kg/cm^2 \sim 15.6\,kg/cm^2$와 $280\,mmH_2O$

📌 $0.07 \sim 1.56\,MPa$, $2.3 \sim 3.3\,kPa$

151 다음 가스 압력계 중 1차 압력계인 것은?
㉮ 자유 피스톤형 압력계   ㉯ 부르동관식 압력계
㉰ 피에조 전기 압력계   ㉱ 링밸런스 압력계

📌 ㉯, ㉰, ㉱ 는 2차 압력계

152 가스 분석법으로 적당하지 않은 것은?
㉮ 가스의 연소방법   ㉯ 가스의 흡수방법
㉰ 가스의 용적 측정법   ㉱ 가스의 중량 측정

153 알코올 온도계의 일반적 측정범위는?
㉮ $-150 \sim 500\,℃$ ㉯ $-100 \sim 100\,℃$
㉰ $-50 \sim 300\,℃$ ㉱ $-35 \sim 700\,℃$

정답 148. ㉰ 149. ㉱ 150. ㉯ 151. ㉮ 152. ㉱ 153. ㉯

154 공기 10 kg을 20℃에서 120℃까지 가열하는 데 필요한 열량은 몇 kcal인가? (단, 공기의 정압비열 C_p = 0.24 kcal/kg·℃이다.)

㉮ 24 kcal   ㉯ 240 kcal
㉰ 2400 kcal   ㉱ 2.4 kcal

> $Q = C_p \times m \times \triangle t = 0.24 \times 10 \times (120-20) = 240$ kcal

155 CO를 취급하는 배관 내부에는 일반적으로 금속라이닝을 한다. 이때, 적합한 라이닝 재질은?

㉮ Ag   ㉯ Al
㉰ Cr   ㉱ Ni

> CO는 금속과 고온, 고압에서 카르보닐을 만들므로 Al으로 라이닝을 해서 방지한다.

156 다음 밸브 중 유체의 역류를 방지하기 위해서 사용되는 것은?

㉮ 게이트밸브   ㉯ 안전밸브
㉰ 체크밸브   ㉱ 앵글밸브

157 고압장치에는 안전밸브가 필요한데, 그 형식에 맞지 않는 것은?

㉮ 피스톤식   ㉯ 중추식
㉰ 스프링식   ㉱ 박판식

> 안전밸브의 종류 : 스프링식, 가용전식, 파열판식, 중추식

158 강재의 크리프에 관한 다음 기술 중 틀린 것은?

㉮ 크리프 속도는 하중이 증가하면 커진다.
㉯ 고온으로 되어도 탄성한계 내의 하중을 걸어 놓으면 크리프는 생기지 않는다.
㉰ 강재의 크리프는 350℃ 이상의 경우 고려할 필요가 있다.
㉱ 일정 하중을 받는 크리프 속도는 고온으로 될수록 커진다.

159 플랜지이음의 안전밸브 기호는?

㉮ —▷◁— ㉯ —┤▷◁├—

㉰ —○▷◁○— ㉱ —▷◁—

160 파이프 이음매 부품의 약도법에서 납땜 표시는?

㉮ —⊂— ㉯ —○—

㉰ —‖— ㉱ —✕—

> ㉮ : 턱걸이이음 ㉰ : 플랜지이음 ㉱ : 용접이음

161 황동의 탈 아연 부식은 어느 형태의 부식에 속하는가?

㉮ 전면부식 ㉯ 국부부식
㉰ 선택부식 ㉱ 입계부식

> 합금 중 어느 한 성분만 부식하는 것 : 선택부식

162 고압가스 제조장치의 정기 점검항목을 기술한 것이다. 중요 검사항목이 잘못된 것은?

㉮ 상용압력 이상의 압력으로 기밀시험을 한다.
㉯ 압축기를 분해해 주요부품의 치수를 확인한다.
㉰ 압축기의 이상 진동 여부를 조사한다.
㉱ 반응탑의 내부 부식상황을 조사한다.

163 두께 8 mm 미만의 판에 펀칭가공으로 구멍을 뚫은 경우에는 그 가장자리를 몇 mm 이상 깎아야 하는가?

㉮ 0.7 mm ㉯ 0.9 mm
㉰ 1.5 mm ㉱ 2 mm

164 고압가스 제조장치의 재료에 대한 설명이다. 틀린 것은?

㉮ 암모니아 합성탑 내통의 재료에는 18-8 스테인리스강을 사용한다.
㉯ 상온 상압의 수소용기로는 보통강을 사용한다.

정답 159. ㉯ 160. ㉯ 161. ㉰ 162. ㉯ 163. ㉰ 164. ㉰

㉰ 저온취성이 문제되는 곳은 탄소강을 사용한다.
㉱ 수분이 없는 염소가스에는 보통강을 사용한다.

> 📌 탄소는 저온취성의 원인이 된다.
> 취성 : 깨지는 성질
> P : 상온취성, S : 적열취성

165 수소, 산소, 질소의 가스는 충전시 대개 얼마의 압력으로 하는가?
㉮ 약 150 kg/cm^2 ㉯ 약 120 kg/cm^2
㉰ 약 180 kg/cm^2 ㉱ 약 200 kg/cm^2

> 📌 11.8 MPa

166 산소배관에서 종종 연소사고가 발생한다. 그 원인이 아닌 것은?
㉮ 윤활유의 미스트가 산소기류에 동반되어 이음매 밸브 등에 융착하는 경우
㉯ 배관 내부에 철분 세척제 등의 찌꺼기가 존재하는 경우
㉰ 개스킷의 재질이 가연성인 경우
㉱ 배관재질, 부속품 재료에 구리합금을 사용한 경우

167 도시가스 제조설비의 상호간에 차단장치를 설치하지 않아도 되는 것은?
㉮ 가스발생설비   ㉯ 가스정제설비
㉰ 압송기   ㉱ gas 분석기기

> 📌 차단장치
> ① 가스발생설비   ② 가스정제설비   ③ 압송기

168 고압가스 용기의 재료에 탄소, 인, 유황의 함유량이 제한되어 있는데, 그 이유 중 틀린 것은?
㉮ 탄소량이 많으면 충격치가 감소하기 때문이다.
㉯ 인이 많으면 취성이 생기므로 적어야 한다.
㉰ 유황은 유화철이 되어 강을 약하게 한다.
㉱ 유황에 수분이 함유되면 강을 부식시킨다.

> 📌 ① 탄소 : 저온취성   ② 인 : 상온취성   ③ 황 : 적열취성

정답 165. ㉯   166. ㉱   167. ㉱   168. ㉱

169 용기의 파열사고 원인이 아닌 것은?
㉮ 용기의 내압력 부족
㉯ 용기 내압의 상승
㉰ 용기 내에서 폭발성 혼합가스에 의한 발화
㉱ 안전밸브의 작동

170 다음 중 아세틸렌 용기에 충전하는 다공성 물질이 아닌 것은?
㉮ 폴리에틸렌　　　　　　㉯ 규조토
㉰ 탄산마그네슘　　　　　㉱ 다공성 플라스틱

> 다공물질 : 석면, 목탄, 규조토, 다공성 플라스틱, 탄산마그네슘

171 배관에 온도의 변화에 의한 길이의 변화에 대비하여 설치하는 장치는?
㉮ 역류방지장치　　　　　㉯ 역화방지장치
㉰ 자동제어장치　　　　　㉱ 완충장치

172 화학공장에서 새어나온 어떤 유독가스를 신속하게 현장에서 검지정량하는 방법 중의 하나는?
㉮ 전위적정법　　　　　　㉯ 흡광 광도법
㉰ 검지관법　　　　　　　㉱ 적정법

173 가스 크로마토그래프에서 운반용 가스 (캐리어 가스)로 사용하지 않는 것은?
㉮ H_2　　　　　　　　　㉯ He
㉰ N_2　　　　　　　　　㉱ O_2

> 운반용 가스 (캐리어 가스)로는 비활성 기체를 사용한다.

174 에탄의 폭발하한이 1.6 %이다. 공기 중에 에탄이 0.8 %일 때 MSA로 측정되는 양은 몇 %인가?
㉮ 3.2 %　　　　　　　　㉯ 50 %
㉰ 1.6 %　　　　　　　　㉱ 100 %

정답　169. ㉱　170. ㉮　171. ㉱　172. ㉰　173. ㉱　174. ㉱

175 가스분석시 이산화탄소 흡수제로 가장 많이 사용되는 것은?
   ㉮ KCl   ㉯ Ca(OH)$_2$
   ㉰ KOH   ㉱ NaCl

   📌 CO$_2$ 흡수제 : NaOH 또는 KOH

176 공기 액화 분리장치의 폭발원인이 될 수 없는 것은?
   ㉮ 공기취입구에서의 아르곤 흡입
   ㉯ 공기취입구에서 아세틸렌 흡입
   ㉰ 공기 중 질소화합물 (NO, NO$_2$) 혼입
   ㉱ 압축기 윤활유의 분해에 의한 탄화수소의 생성

   📌 공기 취입구에서 오존 (O$_3$)의 혼입시 폭발원인이 됨.

177 한 개의 봉 양단을 1000 kg의 힘으로 인장하면 봉 내부에 생기는 응력은 얼마인가? (단, 봉의 지름은 40 mm이다.)
   ㉮ 68.4 kg/cm^2 ㉯ 73.8 kg/cm^2
   ㉰ 79.6 kg/cm^2 ㉱ 86.4 kg/cm^2

   📌 응력 = $\dfrac{\text{힘}}{\text{단면적}}$

   $\dfrac{1000}{\frac{\pi}{4}(4)^2}$ = 79.6 kg/cm^2

178 350℃ 이하에서 사용하는 관으로 주로 암모니아 배관, 화학공장의 고압 등에 사용하는 관은?
   ㉮ SPP   ㉯ SPPS
   ㉰ SPPH   ㉱ SPHT

   📌 고압배관용 탄소강 강관 : SPPH

179 압력배관용 탄소강관의 기호는?
   ㉮ SPLT   ㉯ SPP
   ㉰ SPPS   ㉱ SGP

정답 175. ㉰ 176. ㉮ 177. ㉰ 178. ㉰ 179. ㉰

> - SPP : 배관용 탄소강 강관
> - 흑관 : 아연도금하지 않은 관
> - 백관 : 아연도금관 (내식성 부여)
> - SPPS : 38에서 38은 최저인장강도

180 관의 지름이 크거나 가스압력이 높은 경우에 쓰이며 가끔 재조립할 필요가 있을 때 편리한 배관 이음 방법은?

㉮ 용접이음 ㉯ 신축이음
㉰ 플랜지이음 ㉱ 나사이음

> 플랜지 : 수시로 분해 가능

181 다음 중 압축기와 관계없는 효율은?

㉮ 체적효율 ㉯ 기계효율
㉰ 압축효율 ㉱ 슬립효율

> 슬립효율은 회전수와 관계 된다.

182 Freon-11의 화학기호는?

㉮ CCl_2F_2 ㉯ CCl_3F
㉰ $CHClF_2$ ㉱ CCl_3F_2

> ㉮ R-12
> ㉰ R-22
> ㉱ 메탄계이므로 분자식이 틀렸다.

183 부식량은 크지만 대처하기 쉬운 부식은?

㉮ 선택부식 ㉯ 전면부식
㉰ 입계부식 ㉱ 국부부식

> ① 전면부식 : 전면에서 부식 ② 국부부식 : 일정 부분에서 부식
> ③ 선택부식 : 합금 중 일정 성분에서 부식 ④ 입계부식 : 선택입자에서 부식

184 용기 파열사고의 원인이 아닌 것은?
- ㉮ 용기의 내압력 부족
- ㉯ 용기 내압의 상승
- ㉰ 용기 내에서 폭발성 혼합가스에 의한 발화
- ㉱ 안전밸브의 작동

> 안전밸브는 용기 내 압력의 이상 상승시 작동하여 사고를 막는다.

185 가스기기의 보온에 관해 잘 설명한 것은?
- ㉮ 피시공체에는 스터드 볼트, 와이어, 철망 등으로 느슨하게 고정한다.
- ㉯ 시공 후 보온재의 무게, 진동으로 인한 피시공체로부터의 이탈은 생각하지 않아도 무방하다.
- ㉰ 보랭재는 가능하면 금속성인 것을 사용한다.
- ㉱ 보랭공사의 외장에는 모르타르, 플라스터 등을 사용하며, 특히 외장재의 크랙에 주의해야 한다.

186 냉동기에서 압축기의 기능이라 할 수 없는 것은?
- ㉮ 냉매를 순환시킨다.
- ㉯ 응축기에 냉각수를 순환시킨다.
- ㉰ 냉매의 응축을 돕는다.
- ㉱ 저열원을 고열원으로 만든다.

187 패킹이 없고 벨로스 또는 다이어프램을 사용한 밸브는?
- ㉮ 앵글밸브
- ㉯ 팩리스밸브
- ㉰ 팩크트밸브
- ㉱ 플로트밸브

188 파이프의 이음에 있어서 오른쪽 그림은 어느 이음인가?
- ㉮ 나사이음
- ㉯ 플랜지이음
- ㉰ 용접이음
- ㉱ 턱걸이이음

> ㉮    ㉰    ㉱

제3편 가스설비

189 배관에서 지름이 다른 관을 연결하는 데 사용하는 부속은?
㉮ 엘보　　　　　　　㉯ 게이트변
㉰ 소켓　　　　　　　㉱ 리듀서

190 수중에서도 작업이 가능하며 이음부가 다소 구부러져도 물이 새지 않는 주철관의 이음법은?
㉮ 소켓이음　　　　　㉯ 기계식 이음
㉰ 다이톤이음　　　　㉱ 빅토릭 이음

> 수중작업 : 기계식 이음

191 압축기에 성에가 생겼을 때 원인은?
㉮ 압축비가 높다.　　㉯ 냉매가 부족하다.
㉰ 액을 흡입했다.　　㉱ 유압이 낮아진다.

192 냉동기에 사용되는 냉매 중 간접냉매는?
㉮ 탄산가스　　　　　㉯ 염화칼슘
㉰ 프레온가스　　　　㉱ 아황산가스

> 간접냉매 : 브라인이라고도 하며 염화칼슘, 염화마그네슘, 염화나트륨 등이 사용된다.

193 가스 파이프라인 및 안전변의 도시기호는?
㉮ ─ G ─ ▷◁　　　　㉯ ─ W ─ ▷⊗◁
㉰ ─ S ─ ▷◁　　　　㉱ ─ O ─ ▷⊗◁

194 다음 파이프관의 이음 도시 중 막힘 플랜지형 기호는?
㉮ ─┤　├─　　　　　㉯ ───┤
㉰ ──╫──　　　　　㉱ ────┤├

정답　189. ㉱　190. ㉯　191. ㉰　192. ㉯　193. ㉮　194. ㉱

195 기계효율에 대한 설명으로 옳은 것은?

㉮ 실제로 가스를 압축하는 데 필요한 동력을 압축기를 운전하는 데 필요한 동력으로 나눈 값이다.
㉯ 이론상 가스를 압축하는 데 필요한 동력을 실제로 가스를 압축하는 데 필요한 동력으로 나눈 값이다.
㉰ 이론상 가스를 압축하는 데 필요한 동력을 압축기로 운전하는 데 필요한 동력으로 나눈 값이다.
㉱ 압축기를 운전하는 데 필요한 동력을 실제로 가스를 압축하는 데 필요한 동력으로 나눈 값이다.

기계효율 $(\eta_m) = \dfrac{\text{실제동력}}{\text{축동력}}$

196 압축기의 관리방법으로 틀린 것은?

㉮ 장기 정지시는 사용한 오일을 교환한다.
㉯ 냉각관은 6개월에 1회 이상 분해하여 무게를 재어 20 % 이상 감소하면 교환한다.
㉰ 변, 압력계, 조정기 등은 자주 점검한다.
㉱ 가연성 가스, 유독성 가스의 누설에 주의하며, 가스 검출기를 휴대하여 점검한다.

197 탄산마그네슘 보온재에 관한 설명 중 옳은 것은?

㉮ 350℃ 이하의 온도를 취급하는 관 탱크 등의 보온재에 이용
㉯ 염기성 마그네슘 85 %, 석면 15 %를 섞은 보온재이다.
㉰ 염기성 마그네슘 75 %, 석면 25 %를 섞은 보온재이다.
㉱ 400℃ 이하의 온도를 취급하는 관의 보온재에 이용

198 냉동기 배관 LPG 탱크용 배관 등의 빙점 이하의 온도에서만 사용되며 두께를 스케줄 번호로 나타내는 강관의 KS 기호는?

㉮ SPP ㉯ SPA
㉰ SPLT ㉱ SPHT

SPLT : 저온 배관용 탄소강관

정답 195. ㉮ 196. ㉯ 197. ㉰ 198. ㉰

199 무기질 보온재료가 아닌 것은?
㉮ 석면　　㉯ 코르크
㉰ 규조토　㉱ 암면

> 코르크는 유기질 재료

200 금속배관, 공기배관 등에 많이 쓰이는 패킹의 재료 중 가장 적당한 것은?
㉮ 고무　　　㉯ 석면 조인트
㉰ 합성수지　㉱ 금속

201 팽창변을 통하여 증발기에 유입되는 냉매액의 엔탈피를 F, 증발기 출구 엔탈피를 A, 포화액의 엔탈피 G라 할 때 팽창변을 통과한 곳에서 증기로 된 냉매의 양의 계산식으로 옳은 것은?

㉮ $\dfrac{A-F}{A-G}$　　㉯ $\dfrac{F-G}{A-G}$

㉰ $\dfrac{F-G}{A-F}$　　㉱ $\dfrac{A-G}{F-G}$

202 압축과정에서 등엔트로피 변화는?
㉮ 등온변화　㉯ 등적변화
㉰ 등압변화　㉱ 단열변화

> 단열변화 : 등엔트로피 변화

203 배관용으로 가장 많이 사용되는 밸브로서 유체의 흐름에 따른 관내 마찰저항이 손실이 적고, 찌꺼기(drain)가 체류해서는 안 되며 난방용 배관에 적합하고 유량 조절용으로 부적합한 밸브는?
㉮ 게이트밸브　㉯ 스톱밸브
㉰ 체크밸브　　㉱ 안전밸브

정답　199. ㉯　200. ㉮　201. ㉰　202. ㉱　203. ㉮

204 보기와 같은 도시기호는 무엇인가?

㉮ 캡 ㉯ 플러그
㉰ 줄이개 ㉱ 부싱

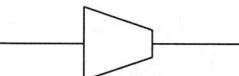

205 도시기호 중 봉합밸브는?

㉮ ─▷│─ ㉯ ─▷⊖◁─
㉰ ─▷╥◁─ ㉱ ─▷◁─

> ㉰는 다이어프램 밸브

206 체크밸브에 관한 설명으로 잘못된 것은?

㉮ 리프트식은 수직배관에만 쓰인다.
㉯ 스윙은 수평, 수직배관 어느 곳에나 쓰인다.
㉰ 체크밸브는 유체의 역류를 방지한다.
㉱ 스윙식의 몸체 구조는 게이트밸브와 비슷하다.

> • 스윙식 : 수평, 수직관
> • 리프트식 : 수평관

207 열동력 장치에서 분사식 응축기를 나타낸 것은?

㉮ 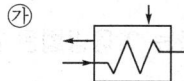   ㉯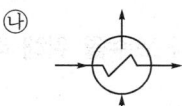

㉰ 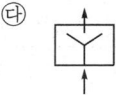   ㉱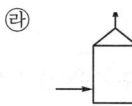

> ㉯ 분리기
> ㉰ 냉각기 또는 열교환기
> ㉱ 증발기

정답 204. ㉱ 205. ㉰ 206. ㉮ 207. ㉮

208 2줄 나사의 피치가 0.75 mm일 때, 이 나사의 리드는 몇 mm인가?

㉮ 1.5 mm ㉯ 0.75 mm
㉰ 3 mm   ㉱ 3.75 mm

> 리드 = 줄수 × 피치 = 2 × 0.75 = 1.5 mm

209 ─▷◁─ 는 무엇을 나타낸 것인가?

㉮ 스톱밸브   ㉯ 다이어프램 밸브
㉰ 체크밸브   ㉱ 앵글밸브

210 단면이 3 cm × 4 cm인 사각기둥이 있다. 여기에 걸리는 하중이 3600 kg이면, 이때 발생하는 응력은 얼마인가?

㉮ 300 kg/cm²   ㉯ 360 kg/cm²
㉰ 900 kg/cm²   ㉱ 1200 kg/cm²

> $\dfrac{3600 \text{ kg}}{(3 \times 4) \text{ cm}^2} = 300 \text{ kg/cm}^2$

211 체적효율 값이란?

㉮ 실제냉매순환량 + 이론냉매순환량   ㉯ 실제냉매순환량 − 이론냉매순환량
㉰ 실제냉매순환량 ÷ 이론냉매순환량   ㉱ 실제냉매순환량 × 이론냉매순환량

212 대구경관의 점검이나 보수를 위해 배관을 해체할 경우에 사용하는 이음방법은?

㉮ 플랜지이음   ㉯ 플레어이음
㉰ 압축이음   ㉱ 슬리브이음

> 분해 보수가 필요한 부분은 플랜지이음으로 한다.

213 왕복동 압축기에서 피스톤이 상사점에 오면 냉매의 압력은?

㉮ 알 수 없다.   ㉯ 제일 적다.
㉰ 제일 높다.   ㉱ 절대 진공이다.

> 반대로 하사점에 있을 때는 제일 낮다.

정답 208. ㉮ 209. ㉯ 210. ㉮ 211. ㉰ 212. ㉮ 213. ㉰

214 수소이온농도를 표시하는 식 중 산성을 표시하는 것은?

㉮ $OH^{-1} + H^+ = 10^{-14}$ ㉯ $OH^{-1} > H^+$
㉰ $OH^{-1} < H^+$ ㉱ $OH^{-1} = H^+$

> 📌 HO^{-1} : 염기성, H^+ : 산성

215 고온, 고압가스 배관재료에 요구되는 사항과 관계없는 것은?

㉮ 높은 크리프 강도   ㉯ 조직의 안전성
㉰ 내식성   ㉱ 내마모성

216 길이 50 m의 강관을 섭씨 20℃에서 직관으로 설치하였으나 사용할 때 관의 온도가 80℃가 된다. 이때의 관의 팽창량은 얼마인가? (단, 열팽창계수 $a = 0.12 \times 10^{-5}/℃$)

㉮ 0.36 mm   ㉯ 3.6 mm
㉰ 36 mm   ㉱ 360 mm

> 📌 $l = L \times a \times \Delta t = 50000 \times 0.0000012 \times (80-20) = 3.6$ mm

217 외경 100 mm, 두께 14 mm 강관의 수평회전 용접에서 산소압력 1.5 kg/cm² 일 때 아세틸렌의 압력은 몇 kg/cm² 정도가 적당한가?

㉮ 0.15 kg/cm²   ㉯ 1.5 kg/cm²
㉰ 3.0 kg/cm²   ㉱ 3.5 kg/cm²

> 📌 산소압력의 0.1배 정도로 한다.

218 다음 기호는 어떤 밸브를 나타낸 것인가?

㉮ 볼밸브
㉯ 글로브밸브
㉰ 수동밸브
㉱ 앵글밸브

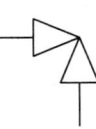

정답 214. ㉰   215. ㉱   216. ㉯   217. ㉮   218. ㉱

제 3 편 가스설비

219 350~450℃의 배관에 사용하는 탄소강관으로서 과열증기관 등의 배관에 적합한 관은?
㉮ SPPH ㉯ SPHT
㉰ SPLT ㉱ SPPW

📌 ・SPHT : 고온용 탄소강관   ・SPLT : 저온용 탄소강관

220 냉매의 비열비가 큰 것과 가장 관계가 있는 것은?
㉮ 워터재킷 ㉯ 플래시 가스
㉰ 오일 포밍 현상 ㉱ 에멀션 현상

📌 비열비가 큰 기체는 토출가스 온도가 높으므로 압축기를 수랭시킨다.

221 다음 밸브 기호 중 체크밸브 나사이음은?

📌 ㉯ 플랜지 ㉰ 납땜 ㉱ 용접

222 나사용 패킹에 가장 적합한 재료는?
㉮ 페인트 ㉯ 고무
㉰ 석면 ㉱ 규조토

📌 ㉮ 액체 실 (seal) 작용

223 관의 이음 도시기호 중 나사이음에 사용되는 부싱은 다음 중 어느 것인가?

📌 관경이 다른 관 연결시

정답 219. ㉯ 220. ㉮ 221. ㉮ 222. ㉮ 223. ㉮

224 접촉식 방법의 온도 측정을 하는 온도계가 아닌 것은?
㉮ 서미스터 온도계 ㉯ 광고온도계
㉰ 압력 온도계 ㉱ 금속저항 온도계

> 광고온도계는 빛의 밝기를 이용한 비접촉 방식이다.

225 펌프에서 캐비테이션 현상이 있을 때 펌프에 미치는 영향 중 틀리는 것은?
㉮ 소음 발생 ㉯ 진동 발생
㉰ 임펠러 손상 ㉱ 축동력 감소

> 동력이 증대된다.

226 다음 배관 이음 중 유니언(union)이음은?
㉮ ——|—— ㉯ ——|—— ——|——
㉰ ——|||—— ㉱ ——|#—— ——|◁——

> 압력 강하와 함께 온도도 내려간다.

227 열전도가 좋아 급유관이나 냉각, 가열관으로 사용되나 고온에서 강도가 떨어지는 파이프는?
㉮ 강관 ㉯ 플라스틱관
㉰ 주철관 ㉱ 동관

228 플레어 이음은 구경 얼마 이하에서 사용하는가?
㉮ 10 mm ㉯ 15 mm
㉰ 20 mm ㉱ 25 mm

229 전자밸브를 나타낸 것은?

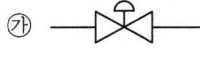 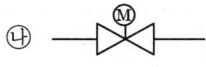
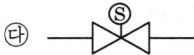 

> ㉯는 전동밸브

정답 224. ㉯ 225. ㉱ 226. ㉰ 227. ㉱ 228. ㉯ 229. ㉰

230 왕복 압축기에 실린더 수 Z, 직경 D, 실린더 행정 L, 매분 회전수 N 일 때 이론적 피스톤 압출량의 산출식으로 옳은 것은? (단, $V=$ m³/h)

㉮ $V = D^2 \cdot L \cdot Z \cdot N \cdot 60$ 　　㉯ $V = 15\pi \cdot Z \cdot D^2 \cdot L \cdot N$

㉰ $V = \dfrac{\pi D^2}{4} L \cdot Z \cdot N \cdot 60$ 　　㉱ $V = \dfrac{\pi D^2}{4} \cdot L \cdot W \cdot N$

231 운전 중에 있는 암모니아 압축기의 압력계가 고압은 8 kg/cm², 저압은 진공도 100 mmHg를 나타내고 있다. 이 압축기의 압축비는?

㉮ 약 7 　　㉯ 약 8
㉰ 약 9 　　㉱ 약 10

$\dfrac{P_2}{P_1} = \dfrac{9.033}{1.033 \times (1 - \dfrac{100}{760})} \fallingdotseq 10$

232 28°C의 어떤 액체 18.2 m³을 4시간 동안에 7°C로 냉각하는 데 필요한 열량은 냉동톤으로 얼마인가? (단, 사용액체의 비중과 비열은 각각 0.7, 0.8이다.)

㉮ 5 RT 　　㉯ 16.12 RT
㉰ 14.78 RT 　　㉱ 15.75 RT

$\dfrac{18200 \times 0.7 \times 0.8 \times (28-7)}{4 \times 3320} = 16.116 \fallingdotseq 16.12$ RT

1RT = 3320 kcal/h

233 구리관에 대한 다음 글 중 틀린 것은?

㉮ 열간 일반법으로 만들어진 이음매 없는 파이프이다.
㉯ 내식성, 좌굴성은 낮다.
㉰ 외경×두께로서 호칭한다.
㉱ 부식에 의한 다른 물질의 혼입 염려가 없어 위생설비 배관에 좋다.

내식성, 굴곡성이 우수하다.

정답 230. ㉰　231. ㉱　232. ㉯　233. ㉯

234 메커니컬 조인트 (기계적 접합)의 부속품 사용 순서가 맞는 것은?

  A : 볼트, 너트   B : 주철제 누름링   C : 고무링

㉮ C – B – A 　　　　　㉯ A – B – C
㉰ C – A – B 　　　　　㉱ A – C – B

235 슬리브의 용접이음 표시는?

㉮ —||·······||—　　　　　㉯ —|·······|—
㉰ —)·······(—　　　　　㉱ —✕·······✕—

236 압축기의 운전 개시 전 주의사항이 아닌 것은?
㉮ 압축기에 부착된 볼트, 너트 등의 조임상태 점검
㉯ 냉각수 계통의 밸브를 열어 냉각수의 순환상태 점검
㉰ 무부하상태에서 공회전시켜 이상 유무 확인 점검
㉱ 실린더 주유기의 급유상태와 유량조절상태 점검

📌 유량 조절은 운전 후 점검

237 다음 보기에서 고압가스설비의 운전지침에 기재하여야 할 것 중 적당한 것은?

① 화재, 누설, 지진시의 조치방법
② 두께의 계산방법
③ 안전밸브의 토출량 계산방법
④ 온도, 압력 등의 운전관리 범위값

㉮ ①, ②　　　　　㉯ ②, ③
㉰ ③, ④　　　　　㉱ ①, ④

📌 이외에 진동, 소음, 누설 여부를 확인한다.

정답 234. ㉮　235. ㉱　236. ㉱　237. ㉱

238 고압장치의 사용압력이 150 kg/cm² 일 때 안전밸브의 작동압력은 ?
  ㉮ 120 kg/cm² ㉯ 165 kg/cm²
  ㉰ 180 kg/cm² ㉱ 225 kg/cm²

  📌 150×1.5×0.8 = 180 kg/cm²

239 관 끝부분 표시방법 중 용접식 캡을 나타낸 것은 ?
  ㉮ ————┤│ ㉯ ————┤
  ㉰ ————◯   ㉱ ————◗

240 액화석유가스 고압설비를 기밀시험하려고 할 때 사용해서는 안되는 가스는 ?
  ㉮ Ar   ㉯ CO₂
  ㉰ O₂   ㉱ N₂

  📌 기밀시험시 불활성 가스 사용

241 압축기를 가동할 때 흡입지변은 반드시 서서히 열어야 하는데, 그 이유는 ?
  ㉮ 오일 포밍을 방지하기 위하여   ㉯ 불응축 가스 침입을 방지하기 위하여
  ㉰ 액 흡입을 방지하기 위하여   ㉱ 플래시 가스 발생을 방지하기 위하여

  📌 액 압축 방지

242 압축기 보호장치 중 고압차단 스위치 (HPS)는 정상적인 고압에 몇 kg/cm² 정도 높게 조절하는가 ?
  ㉮ 1 kg/cm²   ㉯ 4 kg/cm²
  ㉰ 10 kg/cm² ㉱ 25 kg/cm²

  📌 • 안전밸브 : 정상고압+5 kg/cm²
     • 고압차단 S/W : 정상고압+4 kg/cm²
     • 안전두 : 정상고압+3 kg/cm²

243 왕복동 압축기의 부품이 아닌 것은?

㉮ 크랭크 축　　　　　　　　㉯ 연결봉
㉰ 실린더　　　　　　　　　　㉱ 노즐

> 노즐은 가스가 분사되는 부분이다.

244 다음 중 저온재료로 부적당한 것은?

㉮ 주철　　　　　　　　　　　㉯ 황동
㉰ 9% 니켈　　　　　　　　　㉱ 18-8 스테인리스강

> 저온에 강한 재질 : Ni 합금, AL합금, Cu 합금

245 펌프에서 유량을 $Q[m^3/min]$, 양정을 $H[m]$, 회전 $N[rpm]$이라 할 때 비교회전도 N_s를 구하는 식은?

㉮ $N_s = \dfrac{Q\sqrt{N}}{H^{3/4}}$　　　　　㉯ $N_s = \dfrac{N\sqrt{Q}}{H^{3/4}}$

㉰ $N_s = \dfrac{N\sqrt{Q}}{N^{3/4}}$　　　　　㉱ $N_s = \dfrac{NQ^2}{H^{3/4}}$

> 비교회전도 : 모양을 유지하고 크기를 변화시켰을 때 동일 유량과 양정을 낼 때의 회전수를 원래 회전수와 비교한 값

246 2단 왕복식 압축기의 중간 냉각기 (워터재킷)의 냉각수량이 감소하였을 때의 영향으로 틀린 것은 어느 것인가?

㉮ 흡입가스량이 감소한다.　　　　㉯ 압축은 단열압축에 가깝게 된다.
㉰ 단위용량당의 소비동력이 적게 된다.　㉱ 실린더 내의 가스온도가 상승한다.

> 과열운전으로 소비동력이 증대된다.

247 보온재료의 구비조건으로 틀린 것은?

㉮ 안전 사용온도가 높아야 한다.　　㉯ 열전도율이 낮아야 한다.
㉰ 흡습성이 없어야 한다.　　　　　㉱ 부피와 비중이 커야 한다.

> 밀도가 작아야 한다.

정답　243. ㉱　244. ㉮　245. ㉯　246. ㉰　247. ㉱

248 다음 그림의 $P-v$ 선도 개략도에서 단열변화를 나타내는 선은?

㉮ ①
㉯ ②
㉰ ③
㉱ ④

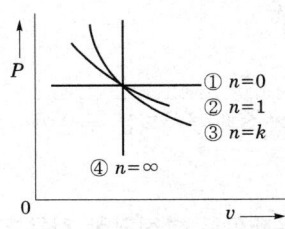

① $n=0$
② $n=1$
③ $n=k$
④ $n=\infty$

📌 ②는 실제적인 압축

249 200 A 강관의 지름을 B(inch) 호칭으로 지름을 표시하면?

㉮ 4 B ㉯ 6 B
㉰ 8 B ㉱ 10 B

📌 $\dfrac{200}{25.4} = 7.87 = 8\, B$
※ 1 inch = 2.54 cm

250 게이트 밸브를 나타내는 기호는?

㉮ ─▷◁─   ㉯ ─▷●◁─
㉰ ─▷◁─   ㉱ ─⊗─

📌 게이트밸브 = 슬루스밸브

251 압축기의 다단압축의 목적으로 틀린 것은?

㉮ 소요열량을 절약할 수 있다.
㉯ 힘의 평형을 이룰 수 있다.
㉰ 중간 냉각으로 온도 상승을 피할 수 있다.
㉱ 압축비가 커지며 이용효율을 증가시킨다.

📌 압축비를 줄여서 효율을 높인다.

정답 248. ㉰ 249. ㉰ 250. ㉮ 251. ㉱

252 용접작업의 순서를 바르게 나열한 것은?

㉮ 모재 → 청정 → 예열 → 검사 → 용접   ㉯ 모재 → 청정 → 예열 → 용접 → 검사
㉰ 모재 → 예열 → 청정 → 검사 → 용접   ㉱ 모재 → 청정 → 용접 → 검사 → 예열

> 모재에 녹이나 이물질이 있으면 용접작업이 용이하지 않다.

253 단열재 선정시 고려해야 할 사항 중 옳은 것은?

㉮ 밀도가 크고 경량일 것   ㉯ 저온에 있어서의 강도는 작을수록 좋다.
㉰ 습온성이 아닐 것   ㉱ 안전 사용온도 범위가 좁을수록 좋다.

> 밀도는 작을 것 저온에서 강도가 클 것 안전 사용온도 범위가 넓을 것

254 파이프에 흐르는 유체의 기호 표시 중 틀린 것은?

㉮ 공기 (V)   ㉯ 가스 (G)
㉰ 물 (W)   ㉱ 기름 (O)

> 공기 (A), 증기 (V)

255 원심식 압축기의 회전속도를 1.2배로 증가시키면 몇 배의 동력이 필요한가?

㉮ 약 1.2배   ㉯ 약 1.4배
㉰ 약 1.7배   ㉱ 약 2.0배

> 동력은 회전수 3승에 비례하므로 $(1.2)^3 = 1.72$

256 캐비테이션은 펌프의 성능을 저하시키며 효율도 저하시킨다. 이러한 캐비테이션을 방지하는 방법은?

㉮ 흡상의 경우 펌프의 설치위치를 수면으로부터 멀리한다.
㉯ 수직축의 펌프를 선택한다.
㉰ 흡입관의 지름을 작게 한다.
㉱ 양흡입을 단흡입으로 고치고 굽힘 곡률을 적게 한다.

> • 설치 위치를 낮춘다.
> • 흡입관 지름을 크게 한다.
> • 양흡입 또는 직렬로 2개 이상 사용

252. ㉯   253. ㉰   254. ㉮   255. ㉰   256. ㉯

257 실린더 내경 200 mm, 피스톤 행정 200 mm, 기통수 2, 회전수 300 rpm인 압축기의 압출량은? (소수점 이하 반올림할 것)
㉮ 187 m³/h ㉯ 226 m³/h
㉰ 292 m³/h ㉱ 325 m³/h

$$Q = \frac{\pi}{4}D^2LNR \times 60 = \frac{\pi}{4}(0.2)^2 \times 0.2 \times 2 \times 300 \times 60 = 226 \text{ m}^3/\text{h}$$

258 온도 측정용 계기는?
㉮ 벤투리계 ㉯ 열전대
㉰ 마이크로미터 ㉱ 유 (U)자관

금속의 열기전력 차를 이용하여 온도를 측정한다.

259 실린더 내경 200 mm, 피스톤 행정 150 mm, 매분 회전수 300 rpm인 수평 1단 단동 압축기의 압축행정에 의한 1분간의 압축량은?
㉮ 0.7 m³/min ㉯ 1.4 m³/min
㉰ 1.8 m³/min ㉱ 2.8 m³/min

$$Q = \frac{\pi}{4}(0.2)^2 \times 0.15 \times 300 = 1.4 \text{ m}^3/\text{min}$$

260 왕복식 압축기의 회전수를 N [rpm], 피스톤의 행정률 S [m]일 때 피스톤의 평균속도 V_m [m/s]를 나타내는 식은?
㉮ $\dfrac{\pi \cdot S \cdot N}{60}$ ㉯ $\dfrac{S \cdot N}{60}$
㉰ $\dfrac{S \cdot N}{30}$ ㉱ $\dfrac{S \cdot N}{120}$

261 압축기의 토출변이 누설하면 어떻게 되는가?
㉮ 실린더 냉각 ㉯ 토출가스 온도 상승
㉰ 냉동능력 증가 ㉱ 윤활유 냉각

흡입변이나 토출변 누설시 압축기가 과열되고 가스 온도가 상승한다.

정답 257. ㉯ 258. ㉯ 259. ㉯ 260. ㉰ 261. ㉯

262 유량을 측정하는 데 사용하는 계기가 아닌 것은?
- ㉮ 피토관 (Pitot tube)
- ㉯ 오리피스
- ㉰ 아네로이드계
- ㉱ 벤투리계

📌 ㉰는 압력계

263 LPG용 기어펌프에서 공간 부분의 단면적 2 cm², 기어의 폭이 10 cm, 기어치수 12개, 축 회전수 200 rpm, 효율 0.7일 때 실제유량은 얼마인가?
- ㉮ 1180 cm³/s
- ㉯ 560 cm³/s
- ㉰ 1140 cm³/s
- ㉱ 1120 cm³/s

📌 $Q = \dfrac{AbZN}{n} = \dfrac{2 \times 10 \times 12 \times 200}{60} \times 0.7 = 560 \text{ cm}^3/\text{s}$

264 도시가스에서 많이 쓰이는 콕의 재질로 적당하지 않은 것은?
- ㉮ 청동
- ㉯ 황동
- ㉰ 스테인리스강
- ㉱ 주철

📌 주철은 취성이 크기 때문에 약간의 충격만 받게 되어도 깨지므로 콕의 재질로는 부적합하다.

265 공기액화장치의 이산화탄소 흡수탑에서 1 g의 이산화탄소 제거에 NaOH 몇 g이 필요한가?
- ㉮ 1.8 g
- ㉯ 2.6 g
- ㉰ 3.5 g
- ㉱ 4.7 g

📌 $\dfrac{2\text{NaOH}}{80\text{g}} + \dfrac{\text{CO}_2}{44\text{g}} \rightarrow \text{Na}_2\text{CO}_3 + \text{M}_2\text{O}$ ∴ $\dfrac{80}{44} = 1.8 \text{ g}$

266 고압가스 제조설비의 이상 압력 상승에 의한 파괴를 방지하기 위하여 설치하는 안전장치에 관한 설명 중 옳은 것은?
- ㉮ 가용전은 급격한 압력 상승을 방지하기 위한 장치이다.
- ㉯ 스프링식 안전밸브는 내부압력이 규정압력 이하로 내려가면 누설하지 않을 것

㉰ 펌프에 대한 액체의 압력이 이상상승하는 것을 방지하는 데에는 파열판이 사용된다.
㉱ 파열판의 작동압력 (토출압력)은 계산에 의해 추정하는 방법 외에는 없다.

📌 작동정지압력은 작동압력의 8/10 이상

267 배관용 주철관의 특징을 열거한 것 중 잘못된 것은?
㉮ 내구력이 크다
㉯ 내식성이 강해 지하매설에 적합하다.
㉰ 내충격성과 굴요성이 크다.
㉱ 다른 관에 비해 강도가 크다.

📌 주철관은 충격에 약하고 굴요성이 없다.

268 원심 압축기에 사용되는 냉매의 이상적인 구비조건은?
㉮ 가스의 비중량이 클 것
㉯ 가스의 비체적이 클 것
㉰ 활성가스일 것
㉱ 비열비가 클 것

📌 원심력에 의해 압축작용이 이루어지므로 밀도, 즉 비중량이 큰 것이 효율이 크다.

269 일산화탄소는 상온에서 염소와 반응하여 무엇을 생성하는가?
㉮ 포스겐
㉯ 카르보닐
㉰ 카르복실산
㉱ 사염화탄소

📌 $CO + Cl_2 \rightarrow COCl_2$ (포스겐)

270 내경 10 cm의 파이프에 플랜지이음을 하였다. 이 파이프 내에 50 kg/cm²의 압력을 걸었을 때 볼트 1개에 걸리는 힘을 400 kg 이하로 하고 싶다면 볼트의 수는 최소한 몇 개가 소요되겠는가?
㉮ 6개
㉯ 8개
㉰ 10개
㉱ 12개

📌 $\dfrac{\pi D^2}{4} \times P = 0.875 \times (10)^2 \times 50 = 3925$ kg

$\dfrac{3925}{400} = 9.8 ≒ 10$개

271 압축비에 대한 설명 중 알맞은 것은?

㉮ 고압 압력계가 나타내는 압력을 저압 압력계가 나타내는 압력으로 나눈 값에다 1을 더한 값이다.
㉯ 흡입압력이 동일할 때 압축비가 클수록 토출가스 온도는 저하한다.
㉰ 압축비가 작아지면 소요동력이 증가한다.
㉱ 응축압력이 동일할 때 압축비가 작아지면 소요동력은 감소한다.

📌 압축비가 커지면 소요동력은 증가한다.

272 다음은 가연성 고압가스 압축기의 정지시 주의사항이다. 순서를 보아 최후에 취하여야 할 항목은?

㉮ 최종 스톱밸브를 잠근다.
㉯ 냉각수 주입밸브를 잠근다.
㉰ 드레인 밸브, 조정밸브를 열고 각 단의 압력저하를 확인한 후 원흡입밸브를 잠근다.
㉱ 전동기 스위치를 내린다.

📌 주철관은 강관보다 내식성이 우수하다.

273 산화제에 의한 폭발원인이 되는 물질이 아닌 것은?

㉮ 액체산소　　　　　　　㉯ 발연질산
㉰ 농질소　　　　　　　　㉱ 니트로메탄

📌 질소는 불연성, 미동성 치환성 가스이다.

274 송수량 12 m³/min, 전양정 45 m인 벌류트 펌프의 회전수를 100 rpm에서 1100 rpm으로 변화시킨 경우 펌프의 축동력은? (단, 펌프의 효율은 80 %이다.)

㉮ 159.72 PS　　　　　　㉯ 199.65 PS
㉰ 9583.2 PS　　　　　　㉱ 11979 PS

📌 $Hp' = Hp \times (회전수비)^3$
축동력은 회전수 3승에 비례한다.
$$\frac{12000 \times 45}{75 \times 60 \times 0.8} \times \left(\frac{1100}{1000}\right)^3 = 199.65 \text{ PS}$$

정답　271. ㉱　272. ㉱　273. ㉰　274. ㉯

275 배관용 탄소강관의 관 내외면에 아연도금한 이유는?
- ㉮ 외관상 깨끗하게 하기 위해
- ㉯ 내마모성의 증대
- ㉰ 내충격성의 증대
- ㉱ 부식 방지

📌 아연도금한 백관은 수도용이며 부식 방지의 목적이 있다.

276 펌프의 토출구 및 흡입구에서 압력계의 바늘이 흔들리는 동시에 유량이 감소되는 현상을 무엇이라고 하는가?
- ㉮ 서징현상
- ㉯ 맥동현상
- ㉰ 수격현상
- ㉱ 베이퍼 로크

📌 진동소음 발생과 동시에 지침이 심하게 흔들린다.

277 LPG 액화가스와 같이 저비점의 액체용 펌프에서 쓰이는 펌프의 축봉장치는?
- ㉮ 싱글 실
- ㉯ 더블 실
- ㉰ 언밸런스 실
- ㉱ 밸런스 실

278 다음 중 공기파이프의 도시기호는?
- ㉮ ─────
- ㉯ ── A ── A ──
- ㉰ ── S ── S ──
- ㉱ ─·─·─·─·─·─

📌 · S : 수증기   · ─ ─ ─ ─ : 폐쇄된 배관

279 다음 재료 중 상온에서 취성이 가장 큰 것은?
- ㉮ 알루미늄
- ㉯ 구리
- ㉰ 강
- ㉱ 주철

📌 C 함유량이 많은 주철이 취성이 크다.

280 다음 중 양모나 우모를 사용한 피복재료로서 방습피복한 보랭용 (-60℃) 또는 곡면의 시공에 사용되는 것은?

정답 275. ㉱ 276. ㉮ 277. ㉱ 278. ㉯ 279. ㉱ 280. ㉮

㉮ 펠트 ㉯ 코르크
㉰ 기포성 수지 ㉱ 압연

281 냉동기에 사용하는 윤활유의 구비조건으로서 틀린 것은?
㉮ 불순물을 함유하지 않을 것 ㉯ 인화점이 상당히 높을 것
㉰ 냉매와 분리되지 않을 것 ㉱ 응고점이 낮을 것

📌 화학적으로 안정할 것

282 유로의 신속한 개폐에 사용되며 주로 가스용으로 쓰이는 것은?
㉮ 슬루스밸브 ㉯ 글로브밸브
㉰ 스톱밸브 ㉱ 콕밸브

📌 90° 개폐

283 압축기의 압축비가 커지면 어떤 현상이 일어나겠는가?
㉮ 압축비가 커지면 용적효율이 증가한다.
㉯ 압축비가 커지면 용적효율이 저하한다.
㉰ 압축비가 커지면 소요동력이 작아진다.
㉱ 압축비와 용적효율은 아무런 관계가 없다.

📌 용적효율= 체적효율

284 배관에서 4 방향으로 나누어 보낼 때 쓰이는 부속품은?
㉮ 리듀서 ㉯ 소켓
㉰ 크로스 ㉱ 엘보

285 열펌프에 관한 사항으로 올바른 것은?
㉮ 물펌프와 같이 받아들인 열량과 버리는 열량이 동일하다.
㉯ 물펌프와 마찬가지로 압력을 낮게 하는 목적으로 동력이 소비된다.
㉰ 난방용으로 사용되면 물펌프와 같이 소비되는 동력은 쓸 데 없게 된다.
㉱ 열을 낮은 곳에서 높은 곳으로 이동시키므로 냉동기를 열펌프라 한다.

정답 281. ㉰ 282. ㉱ 283. ㉯ 284. ㉰ 285. ㉱

📌 냉동장치의 압축기로 증발기 (저온)의 가스를 흡입하여 응축기 (고온)로 보낸다.

286 다음 펌프 중 왕복식 펌프에 속하지 않는 것은?
㉮ 플런저펌프　　　㉯ 피스톤펌프
㉰ 다이어프램펌프　㉱ 기어펌프

📌 기어펌프 : 회전식

287 윤활유 선택시 주의할 점으로 틀린 것은?
㉮ 사용가스의 화학반응을 일으키지 않을 것
㉯ 인화점이 높을 것
㉰ 정제도가 높고 잔류탄소의 양이 적을 것
㉱ 점도가 적당하고 유화성이 작을 것

📌 황에 대하여 강할 것

288 가스용기인 원통의 강도에서 얇은 것과 두꺼운 것으로 나누어지고 판의 두께가 안지름의 몇 %인 것까지를 얇은 원통이라 하는가?
㉮ 10 %　　　㉯ 15 %
㉰ 20 %　　　㉱ 25 %

289 펌프 설치 배관에서 수격작용 (water hammering)을 방지하기 위한 대책으로 옳지 않은 것은?
㉮ 관경을 크게 하여 유속을 낮춘다.
㉯ 펌프에 관성 모멘트를 부여, 급격한 유속 변화를 막는다.
㉰ 조압수조 (surge tank)를 관선에 설치한다.
㉱ 밸브를 펌프 송출구로부터 먼 곳에 설치하고 개폐를 급격히 조작한다.

📌 밸브를 펌프 가까이에 설치하여 유량을 조절한다.

290 배관의 중간이나 밸브 및 각종 기기의 접속 및 보수 점검을 위하여 관의 해체, 교환시 필요한 부품은?

㉮ 플랜지 ㉯ 소켓
㉰ 밴드 ㉱ 바이패스관

291 최고사용압력이 100 kg/cm², 허용응력이 25 kg/mm²인 압력배관용 탄소강관의 스케줄 번호 (sch No.)는 얼마인가?
㉮ 30 ㉯ 40
㉰ 60 ㉱ 80

$$10 \times \frac{P(사용압력)}{S(허용압력)} = 10 \times \frac{100}{25} = 40$$

292 SPPS - 38은 관의 표시법 중 무엇을 의미하는가?
㉮ 압력배관용 탄소강관이며 최저인장강도 38 kg/cm² 이상이다.
㉯ 배관용 탄소강관이며 최저인장강도 38 kg/cm² 이하이다.
㉰ 압력배관용 탄소강관이며 최고인장강도 38 kg/cm² 이상이다.
㉱ 배관용 탄소강관이며 인장강도 38 kg/cm² 이상이다.

293 관 결합 방식 표시방법 중 그림이 나타내는 것은?
㉮ 용접식
㉯ 플랜지식
㉰ 턱걸이식
㉱ 유니언식

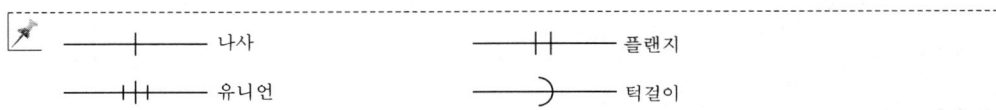

294 파이프 렌치의 크기를 표시한 것은?
㉮ 호칭밸브
㉯ 최소로 물릴 수 있는 관의 지름
㉰ 사용할 수 있는 최대의 관을 물릴 때의 전길이
㉱ 조를 맞대 이을 때의 전길이

295 배관재료 부식 방지를 위하여 사용하는 도료가 아닌 것은?
㉮ 래커   ㉯ 아스팔트
㉰ 페인트   ㉱ 아교

> 아교는 접착제이다.

296 증기압축식 냉동장치의 주요 구성요소가 아닌 것은?
㉮ 압축기   ㉯ 흡수기
㉰ 응축기   ㉱ 팽창밸브

> 압축기 – 응축기 – 팽창변 – 증발기 (증기압축기 4대 구성요소)

297 3단 압축기의 2단 안전밸브가 작동하였다. 이 경우 점검항목으로 적절한 것은?
㉮ 1단 흡입밸브의 점검   ㉯ 1단 토출밸브의 점검
㉰ 2단 토출밸브의 점검   ㉱ 3단 흡입, 토출밸브의 점검

> 중간 압력이 높은 것은 다음 단 압축기 불량이 원인이다.

298 다음과 같은 도시기호의 밸브 명칭은?
㉮ 글로브밸브
㉯ 안전밸브
㉰ 체크밸브
㉱ 볼밸브

299 암모니아 수랭식 응축기에서 다음과 같은 조건일 때 열관류율은? (단, 냉각관의 두께=3.0 mm, 재질의 열전도율=40 kcal/m·h·℃, 표면 열전달률=3000 kcal/m·h·℃ (양측 같음), 부착물의 두께=0.2 mm, 부착물의 열전도율=0.8 kcal/m·h·℃인 경우)
㉮ $1008 \text{ kcal/m}^2 \cdot h \cdot ℃$ ㉯ $998 \text{ kcal/m}^2 \cdot h \cdot ℃$
㉰ $988 \text{ kcal/m}^2 \cdot h \cdot ℃$ ㉱ $978 \text{ kcal/m}^2 \cdot h \cdot ℃$

> $\dfrac{1}{K} = \dfrac{1}{3000} + \dfrac{0.003}{40} + \dfrac{0.0002}{0.8} + \dfrac{1}{3000}$
> $K = 1008 \text{ kcal/m}^2 \cdot h \cdot ℃$

300 저압 압축기로서 대용량을 취급할 수 있는 압축기의 형식은?
㉮ 왕복동식 ㉯ 원심식
㉰ 회전식 ㉱ 흡수식

301 회전자 둘레에 고정 안내 깃이 있는 펌프는?
㉮ 터빈펌프 ㉯ 벌류트펌프
㉰ 프로펠러펌프 ㉱ 축류펌프

> 원심식에서 안내 깃 유무에 따라 있는 것이 터빈, 없는 것이 벌류트펌프

302 압축기 용량 제어방법의 채택 목적이 아닌 것은?
㉮ 냉동능력 증대 ㉯ 경제적인 운전 실현
㉰ 경부하 기동 및 운전 ㉱ 압축기 보호

> 수요에 맞는 가스량 공급

303 배관재료의 선정에서 일반적 조건과 관계가 없는 것은?
㉮ 유체의 온도 ㉯ 유체의 종류
㉰ 유체의 비열 ㉱ 관 재료의 경제성

304 내경 30 cm의 관 속에 물이 흐른다. 물의 평균속도가 10 m/s이라면, 이때 유량은 몇 m³/s인가?
㉮ 0.6065 m³/s ㉯ 0.7065 m³/s
㉰ 0.8065 m³/s ㉱ 0.9065 m³/s

> $Q = A \times V$
> $\dfrac{3.14 \times 0.3^2}{4} \times 10 = 0.7065$ m³/s

정답 300. ㉯ 301. ㉮ 302. ㉮ 303. ㉰ 304. ㉯

PART 04
연소공학

① 연소와 연료
② 폭발과 폭굉
③ 연소 계산과 고압가스의 특성
④ 연소공학 핵심정리
  ✻ 기출문제와 예상문제

연소공학

1 연소와 연료

1.1 연소

(1) 연소의 정의

연소란 가연성 물질이 산소와 반응하여 빛과 열을 얻는 화학적 반응을 말한다.
① 가연성 물질 + 지연성 + 점화원 = 연소 (빛과 열을 수반)
② 가연성 물질 + 지연성 = 연소화합물 (발열반응)

  ※ **연소에 의한 빛**
  500℃ 부근, 적열상태
  1000℃ 이상, 백열상태

색 깔	온 도	색 깔	온 도
암적색	700℃	황적색	1100℃
적 색	850℃	백적색	1300℃
휘적색	950℃	휘백색	1500℃

(2) 연소의 3요소

① 가연성 물질 : 고체, 액체, 기체로 구분되며 기체인 경우 가연성 가스라고 한다.
② 산소 공급원 : 공기 중의 산소, 순산소 등 자신은 연소하지 않고 가연성 물질의 연소를 돕는 조연성 (지연성)이다.

  ※ **가연성 물질이 될 수 없는 것**
  ① 주기율표의 0족 원소 (불활성 원소)
  ② 흡열반응원소 (예 $N_2 + \frac{1}{2}O_2 \rightarrow N_2O - 19.5\,kcal$)
  ③ 이미 산소와 화합하여 더 이상 화합할 여지가 없는 원소

③ 점화원 : 활성화 에너지를 주는 것 착화원
> 예 화기, 전기불꽃, 정전기불꽃, 마찰열, 충격, 고열물, 단열압축, 산화열 등이 있다.

※ 가연성 물질이 되기 쉬운 것
① 연소열이 많은 것
② 열전도율이 작은 것
③ 활성화 에너지가 작은 것

(3) 연소반응속도가 빨라지는 요인

① 분자의 충돌횟수가 많을수록
② 활성화 에너지가 작을수록
③ 반응온도가 높을수록 (10℃ 상승에 따라서 2배씩 증가)

(4) 인화점과 발화점

① 인화점 : 공기 중에서 가연성 물질에 점화원 (불씨, 불꽃)을 접촉시켰을 때 연소하는 최저온도
② 발화점 : 불씨가 없이 연소가 일어나는 최저온도 (착화점), 발열량이 크고, 반응활성속도가 클수록 저하
  ㉮ 인화점과 발화점은 낮을수록 위험하다.
  ㉯ 탄화수소에서 착화점은 탄소수가 많은 분자일수록 낮아진다.
  ㉰ 최소점화에너지 : 가스가 발화하는 데 필요한 최소에너지로서 가스의 압력과 온도, 조성에 따라서 다르다.

※ 발화점에 영향을 주는 인자
① 가연성 가스와 공기의 혼합비   ② 발화가 생기는 공간의 형태와 크기
③ 가열속도와 지속시간   ④ 기벽의 재질과 촉매효과
⑤ 점화원의 종류와 에너지 투여법

※ 주요가스의 착화점
① 프로판 : 460~520℃   ② 부탄 : 430~510℃
③ 아세틸렌 : 400~440℃   ④ 일산화탄소 : 637~658℃
⑤ 수소 : 580~590℃   ⑥ 가솔린 : 210~300℃
⑦ 에틸렌 : 500~519℃   ⑧ 메탄 : 615~682℃

(5) 가연성 물질의 연소형태

① 기체연소 : 발염연소, 확산염소
② 액체연소 : 증발연소
③ 고체연소
  ㉠ 표면연소 : 목탄, 코크스, 금속분 등
  ㉡ 분해연소 : 목재(가연성 가스가 발생한 후에 연소), 석탄, 종이, 플라스틱
  ㉢ 증발연소 : 황, 나프탈렌, 휘발유, 등유, 경유 등
  ㉣ 자기연소 : 내부연소(산소화합물질의 경우), TNT, 피크린산, 니트로글리세린

1.2 연 료

(1) 연료의 구비조건

① 발열량이 클 것
② 매연이 적고 공해요인이 없을 것
③ 점화가 쉽고 완전연소가 될 것
④ 저장, 운반, 취급이 쉽고 경제적일 것

(2) 연료의 종류

- 주성분 : C, H
- 불순물 : S, W (수분), A (회분), N, O 등
- 고체연료 1차 : 원유
          2차 : 연탄, 코크스, 조개탄, 숯, 갈탄 등
- 액체원료 1차 : 원유
          2차 : 휘발유, 등유, 경유, 중유 등
- 기체연료 1차 : 유전가스, 탄전가스
          2차 : 석유 열분해가스, 석탄가스, 수성가스

① 고체연료 : 주성분인 탄소 외에 회분과 수분을 함유한다 (약 5000 kcal/kg).

$$\text{연료비} = \frac{\text{고정탄소}(\%)}{\text{휘발유}(\%)} \text{ (탄화도가 커짐에 따라 증가)}$$

$$\text{기공률} = (1 - \frac{\text{겉보기비중}}{\text{참비중}}) \times 100 \text{ (코크스가 크다.)}$$

  ㉠ 수분이 존재할 때

㉠ 점화가 어렵고 흰 연기가 발생한다.
㉡ 수분의 기화로 연소를 나쁘게 한다.
㉢ 불완전연소로 열효율이 저하된다.
㉣ 통기 및 통풍불량의 원인이 된다.

㈏ 휘발분이 존재할 때
 ㉠ 연소할 때 그을음이 발생한다.
 ㉡ 점화는 쉬우나 발열량이 저하된다.

㈐ 탄소가 존재할 때
 ㉠ 발열량이 증가하고 매연이 감소한다.
 ㉡ 청색단염이 발생한다.
 ㉢ 열효율은 증가하나 연소속도 (점화)가 늦어진다.

㈑ 회분이 존재할 때
 ㉠ 발열량이 저하되어 연료가치가 떨어진다.
 ㉡ 클링커 발생으로 통풍이 저하된다.
 ㉢ 연소를 나쁘게 하며 열효율이 저하된다.

㈒ 공업원소를 분석할 때 : C, H, O, N, S의 중량비로 표시한다.

㈓ 착화온도는 ┌ 발열량이 클수록
      ├ 분자구조가 복잡할수록 ┐ 낮아진다.
      ├ 산소량이 증가할수록 ┘
      └ 압력이 높을수록

② 액체연료 : C, H가 주성분이며 비중은 0.78~0.97 정도이다 (약 11000 kcal/kg).

㈎ 비중이 크면 발열량은 감소한다.

㈏ 액체연료에서는 탄소 수가 많으면 발열량은 감소한다.

$$A.P.I도 = \frac{141.5}{(60°F/60°F)} - 131.5$$

15℃ 비중 $d = dt + 0.00065(t-15)$

㈐ 점도에 따라 중유는 A, B, C로 구분한다.

㈑ 인화점 : 연소될 수 있는 최저온도 (중유가 높다.)
 (가솔린 : $-20 \sim -40℃$, 경유 : $50 \sim 70℃$)

㈒ 유동점은 응고점보다 2.5℃ 정도 높다 (A 중유 : $-10℃$)

$$옥탄가 = \frac{이소옥탄}{이소옥탄 + 노르말헵탄} \times 100$$

(옥탄가가 높을수록 노킹을 일으키지 않는다.)

③ 기체연료 : 연소효율이 높고 점화소화가 용이하다 (주성분 C, H).

㉮ 천연가스 : 유전가스, 탄전, 수용성으로 천연적으로 발생하는 가스로서 가연성인 것 (습성 : 석유계, 건성 : 메탄이 주성분)

㉯ LNG : 액화천연가스, 메탄이 주성분

㉰ LPG : 석유정제의 부산물로서 프로판, 부탄이 주성분

㉱ 오일가스 : 나프타를 주원료로 열분해, 접촉분해, 부분연소 등으로 만들어진다 (N_2, C_2H_4, CO, C_mH_m 등).

㉲ 석탄계 가스 : 석탄을 건류할 때 발생되는 가스 (CH_4, H_2, CO 등)

㉳ 수성가스 : 무연탄이나 코크스를 수증기와 작용시켜 생성한다 (H_2, CO).

㉴ 고로가스 : 제철의 용광로에서 부산물로 발생되는 가스 (CO_2, CO, N_2 등)

㉵ 오프가스 : 석유정제 폐가스 (접촉분해, 개질, 상압정류 때 발생)와 석유화학 폐가스 (C_2H_4, C_3H_6를 제조할 때)를 말한다.

㉶ 도시가스 : CH_4이 주성분이며, H_2 탄화수소물 등을 혼합시킨다.

2. 폭발과 폭굉

2.1 폭발과 폭굉

(1) 폭 발

격렬한 연소의 한 형태로서 급격한 압력의 발생, 해방의 결과로서 격렬한 음향과 폭풍을 수반하는 팽창현상을 말한다.

(2) 가스폭발의 종류

① 화학적 폭발 : 폭발성 혼합가스에 점화할 때, 화약이 폭발할 때

화학폭발의 예 : $H_2 + \frac{1}{2}O_2 \rightarrow H_2O + 68 \text{ kcal}$: 수소 폭명기 (2 : 1)

② 압력폭발 : 고압가스 용기, 보일러의 폭발
③ 분해폭발 : 가압하에서 아세틸렌, 산화에틸렌, 히드라진 등

① C_2H_2의 희석제 : 분해폭발 방지 목적
   C_2H_4, CO, CH_4, N_2, H_2, C_3H_8
② C_2H_4O의 분해폭발 : 액상에서는 안전하나 기상 (3~80 %)에서 분해폭발이 일어나므로 액상으로 유지하기 위하여 용기 상부에 45℃ 이상, 4 kg/cm² 이상으로 가압한다 (가압매체 : N_2, CO_2).

④ 중합폭발 : HCN, C_2H_4O 등 (중합열은 발열반응이다.)

① C_2H_4의 중합방지제 : N_2, CO_2, 수증기
② HCN의 중합방지제 : SO_2, H_2SO_4, 구리, 구리망, P_2O_5, $CaCl_2$, P (인) 등

⑤ 촉매폭발 : 수소, 염소 등에 직사일광을 쬘 때 염소 폭명기

산소 없이 분해폭발을 일으키는 물질 : C_2H_2, C_2H_4O, N_2H_4

(3) 폭굉

데토네이션이라고 하며, 가스 중의 음속보다는 화염 전파속도가 큰 경우이다.

① 마하 수 : 3~5배

② 파면압력 : 초압의 10~50배

③ 폭파속도 : 폭굉이 전하는 속도 1000~3500 m/s (정상 연소속도는 0.03~10 m/s)

④ DID (폭굉유도거리) : 완만한 연소가 폭굉으로 발전하는 거리로서 짧을수록 위험하다.

  ※ DID가 짧아지는 요인
  - 정상 연소속도가 큰 혼합가스일수록
  - 관 속에 장애물이 있거나 관지름이 작을수록
  - 고압일수록
  - 점화원의 에너지가 강할수록

연소와 폭굉압력의 전파

2.2 폭발등급과 폭발범위

(1) 폭발에 영향을 주는 인자

온도, 압력, 용기의 모양과 크기, 조성 (폭발범위 %)

(2) 폭발등급과 안전간격

① 소염 : 온도, 압력, 조성의 세 가지 조건이 갖추어져도 용기가 작으면 발화하지 않고, 부분적으로 발화하여도 화염이 전파되지 않고 도중에 꺼져 버리는 현상

② 안전간격 : 화염이 틈새를 통하여 바깥쪽 (B)의 폭발성 혼합가스까지 전달되는가를 측정할 때 화염이 전달되지 않는 한계의 틈새이다.

※ 안전간격의 측정
틈새는 8개의 블록 게이지를 끼워서 조정해 게이지 폭 10 mm, 길이 30 mm 틈새의 깊이로 내부 A와 화염이 틈새를 통하여 외부로 전달되는가의 여부를 압력계 또는 들창으로 본다.

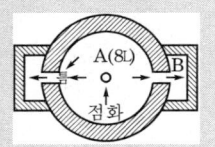

③ 폭발등급 : 안전간격에 따라서 구분한다.
   ㉮ 1급 : 안전간격이 0.6 mm 이상인 가스 (CO, CH_4, C_3H_8, NH_3, n-부탄, 벤젠, 가솔린)
   ㉯ 2급 : 안전간격이 0.6 mm 미만, 0.4 mm 이상인 가스 (에틸렌, 석탄가스)
   ㉰ 3급 : 안전간격이 0.4 mm 미만인 가스 (수소, 수성가스, 아세틸렌, 이황화탄소)
   ※ 급수가 클수록 (3급 > 2급 > 1급) 위험하다.

H_2, C_2H_2은 3등급에 속하나 안전간격은 0.1 mm이다.

(3) 폭발범위와 위험도

① 폭발범위 : 가연성 가스와 공기의 혼합가스에 대한 연소가 가능한 가연성 가스의 용량 백분율 (Vol %)

① 폭발범위 = 연소범위 = 가연범위 = 폭발한계 = 연소한계 = 가연한계
② 가연성 가스의 폭발범위 : 압력이 높을수록 넓어진다 (단, CO + 공기는 좁아진다).

② 폭발범위의 측정 : 전기불꽃을 사용한다. ϕ50 mm, 길이 1.5 m의 수평유리관에 가연성 가스와 공기의 혼합가스를 1 atm으로 넣고 전기불꽃으로 실험한다.
③ 위험도 : 클수록 위험하며, 하한계가 낮고 상한과 하한의 차이가 클수록 커진다.

$$H = \frac{U-L}{L}$$ 여기서, H : 위험도, U : 폭발한계 상한, L : 폭발한계 하한

C_2H_2의 위험도는 ?

해설 ● 폭발범위가 2.5~81 %이므로, $H = \dfrac{81-2.5}{2.5} = 31.4$

주요가스의 위험도
C_2H_2 : 31.4, C_3H_8 : 3.3, NH_3 : 0.9, H_2 : 17.7, CH_4 : 2

2.3 연소성에 따른 가스의 분류

(1) 가연성 가스

공기 중에서 연소할 수 있는 가스로서 고압가스 법규상 폭발한계치로 규정한다.

① 규정 : 폭발한계의 하한이 10 % 이하이거나, 또는 상한과 하한의 차이가 20 % 이상인 가스이다.

> **예** 아세틸렌 (C_2H_2), 산화에틸렌 (C_2H_4O), 수소 (H_2), 일산화탄소 (CO), 프로판 (C_3H_8) 등

② 주요 가연성 가스의 폭발한계는 다음과 같다.

- ㉮ 아세틸렌 (C_2H_2) : 2.5~81 %
- ㉯ 산화에틸렌 (C_2H_4O) : 3~80 %
- ㉰ 수소 (H_2) : 4~75 %
- ㉱ 일산화탄소 (CO) : 12.5~74 %
- ㉲ 아세트알데히드 (CH_3CHO) : 4.1~55 %
- ㉳ 에테르 [$(C_2H_5)_2O$] : 1.9~48 %
- ㉴ 이황화탄소 (CS_2) : 1.25~44 %
- ㉵ 황화수소 (H_2S) : 4.3~45 %
- ㉶ 시안화수소 (HCN) : 6~41 %
- ㉷ 에틸렌 (C_2H_4) : 3.1~32 %

③ 기타 [탄화수소계] 가스

- ㉮ 프로판 : 2.1~9.5 %
- ㉯ 에탄 : 3~12.5 %
- ㉰ 메탄 : 5~15 %
- ㉱ 부탄 : 1.8~8.4 %

① **암모니아 (NH_3)** 15~28 %, 브롬화메탄 (CH_3BR) 13.5~14.5 %, 이 두 가지는 '하한 10 % 이하, 또는 상한과 하한의 차이 20 % 이상'의 규정에는 해당되지 않지만 가연성 가스로 취급된다.

② **수소 (H_2)**는 공기 중에서는 4~75 %이나 '염소' 중의 폭발한계는 5.5~89 %로서 직사 일광에 의하여 다음과 같은 염소 폭명기'를 만든다.
$$H_2 + Cl_2 \rightarrow 2\,HCl + 44\,kcal$$

(2) 지연성 가스 (조연성 가스)

가연성 가스의 연소를 도와 주는 가스로서 산소, 공기, 염소, N_2O (아산화질소), 초산가스 등이 있다.

(3) 불연성 가스

불이 타지 않는 가스로서 질소, 이산화탄소와 불활성 가스 (He, Ar, Ne, Xe, Kr, Rn 등) 가 있다.

2.4 고압가스의 사고 분류

① 고압용기가 파열, 분출, 분진한다.
② 지연성, 가연성 가스가 공기 또는 다른 가스와 혼합되어 폭발할 때 고장난 용기의 밸브에서 분출하는 가스에 인화된다.
③ 독성, 질식성 가스가 누설하면 중독, 질식한다.
④ 저온가스에 의해 동상을 고온가스에 의해 화상을 입는다.
⑤ 용기의 무게에 의하여 취급 부주의로 부상을 입는다.
⑥ 용기 내 가스의 물리적, 화학적인 변화에 의하여 폭발사고를 일으킨다.

고압가스설비 (용기, 저장탱크, 배관 등)는 항상 40℃ 이하로 유지해야 하며, 직사광선, 빗물을 피하는 것이 바람직하다.

2.5 고압가스 용기의 파열사고

사용도수가 많은 용기, 노후화된 용기, 부식된 용기, 관리 부주의 등으로 파열하여 폭발, 화염과 파편에 의한 재해를 일으킨다.
① 용기의 내압 (耐壓) 부족
② 용기검사의 태만, 부실, 기피
③ 용기의 압력 상승
④ 용기 재질의 불량
⑤ 용접용기의 용접상의 결함, 이면용접의 불이행
⑥ 용기밸브의 불법 혼용

용기 재질의 CPS 비율

재질 \ 형태	용접용기	무계목용기
C (탄소)	0.33 % 이하	0.55 % 이하
P (인)	0.04 % 이하	0.04 % 이하
S (황)	0.05 % 이하	0.05 % 이하

⑦ 충격, 낙하, 타격, 전도, 전락 등
⑧ 사제용기의 불법 사용
⑨ 가스의 과충전
⑩ 가열, 일광, 주위의 화재에 의한 온도의 상승
⑪ 균열, 내부에 이물질이나 오일 오염 등

2.6 가스 분출과 분진사고

① 밸브, 안전밸브, 충전구 등에 타격을 줄 때 분출하여 분출할 때의 압력, 인화된 화염 등으로 중화상을 입는다.
② 용기의 전도, 전락시 밸브의 절손 등을 방지하기 위해서는 캡을 씌우고 용기를 수송 중에는 로프로 결속한다.

① 5 L 이상의 용기는 전도, 전락에 의한 밸브의 손상을 방지하기 위한 조치(캡, 프로텍터)를 강구해야 한다.
② 용기에 가스를 충전할 때
  • 압축가스 : 최고충전압력 이하
  • 액화가스 : 최대충전량 이하로 충전

2.7 가스 중량에 대한 주의사항

(1) 공기보다 가벼운 가스
수소, 아세틸렌 등은 통풍이 잘 되면 실외로 날아간다.

(2) 공기보다 무거운 가스
강제 통풍시설이 필요하다.
① 가연성 가스 : 지면에 체류하므로 화기가 있으면 폭발한다.
② 독성 가스 : 염소, 포스겐 등 인체, 동·식물의 중독사를 유발한다.

(3) 가스누설경보기의 설치
① 작동 : 가연성 가스는 폭발하한의 1/4 이하, 독성 가스는 허용농도 이하에서 작동해야 한다.
② 설치위치 : 공기보다 가벼운 가스실은 천장 쪽 30 cm 부근에, 공기보다 무거운 가스실은 바닥 쪽 30 cm 부근에 설치한다.

통풍시설
① 통풍구의 크기 : 바닥면적 $1\ m^2$에 대하여 $300\ cm^2$ 이상 (즉, 바닥면적의 3 %), 2개 이상을 설치
② 강제통풍 능력 : 바닥면적 $1\ m^2$ 당 $0.5\ m^3/min$ 이상
③ 배기가스 중의 가스농도가 0.5 % 이상일 때 가스누설 장소를 정밀조사, 보수할 것

2.8 고압가스 용기와 밸브의 안전관리

(1) 용기의 구분
① 용접용기(계목용기) : 주로 압력이 낮은 가스, 액화가스를 충전한다.
　　LPG, NH_3, C_2H_2, C_2H_4 등

용접용기의 두께공차는 평균값의 20% 이하일 것.

② 이음매 없는 용기(무계목용기) : 주로 압력이 높은 가스, 압축가스, 초저온 액화가스 등을 충전한다.

 아산소, 수소, 질소, 아르곤, 액화 CO_2, 액화 Cl_2 등

> **요점정리 이음매 없는 용기의 제조법**
> ① 에르하르트식 ② 만네스만식 ③ 강판의 조합방식

(2) 밸브의 안전사항

① 충전구나사 : 오른나사로 하는 것을 원칙으로 한다.

※ 가연성 가스는 왼나사로 하며, 왼나사임을 표시하기 위하여 그랜드 너트에 V자 홈을 판다.

> ① 가연성 가스 중 「NH_3」와 「CH_3Br(브롬화메탄)」은 오른나사로 정한다.
> ② 그랜드 너트에 적색 페인트를 칠하는 경우 : 그랜드 너트는 스핀들 누설을 방지하는 것이며, 항상 완전하게 조여져 있는 상태에서 회전되지 않아야 한다. 페인트칠로 회전 여부를 알 수 있다.

② 밸브누설의 종류
  ㉠ 본체누설 : 밸브 본체의 결함(균열, 부착불량 등)에 의함.
  ㉡ 시트누설(충전구누설) : 밸브를 닫았을 때 시트 패킹을 통하여 충전구 쪽으로 누설되는 형태
  ㉢ 패킹누설(스핀들누설) : 충전구를 차단하고 밸브를 열면 스핀들과 그랜드 너트 사이로 누설되는 형태

(3) 용기보관상 주의사항

① 도장 : 방청도장(하도) → 건조 → 색도장(상도) → 건조
② 가스누설 : 정기적으로 검사(비눗물 등 발포액 사용)할 것.
③ 공병은 항상 닫아서 수분의 침입을 방지할 것.
④ 혼합저장 금지 : 가연성, 산소, 독성 가스는 구분하여 설치할 것.
⑤ 습기와 수분, 직사일광 등을 피할 것.
⑥ 충전용기와 잔 가스용기는 구분하여 보관할 것.
⑦ 충격, 화재, 온도의 상승 등에 주의할 것.

충전용기와 잔 가스용기
① 충전용기 : 충전압력, 충전질량이 전체량의 $\frac{1}{2}$ 이상 충전된 용기
② 잔 가스용기 : 충전량이 전체량의 $\frac{1}{2}$ 미만 들어 있는 용기

(4) 가스사고 방지상 주의사항

① 산소밸브, 조정기에 유지류가 묻어 있을 때 : 사염화탄소(CCl_4)로 세척한다(산소와 유지류의 혼합은 폭발원인이다.)
② 밸브에 얼음이 붙어 있을 때 : 40℃ 이하의 온수나 열습포로 녹여 준다(화기에 의한 가열은 금물).
③ 밸브의 개폐 조작 : 서서히 하며, 핸들이 없는 것은 10인치 이하의 몽키스 패너를 사용하여 조작한다.
④ 가스를 사용한 후 $\frac{1}{3}$ 기압(게이지) 정도(약 5PSIG) 남기고 밸브를 닫는다(개방한 상태로 방치하면 수분의 침입 원인).
⑤ 산소의 불법사용(페인트, 스프레이어, 엔진 청소 등) 금지

통가스설비의 사고원인
① 용기의 결함   ② 가스누설   ③ 밸브의 불량
④ 기구의 연결 불량 ⑤ 밸브개폐의 조작 미숙 ⑥ 저장법의 불량
⑦ 밸브수리 부주의로 분출 ⑧ 조정기의 접속 착오 ⑨ 재검사의 태만 등

제3장 연소 계산과 고압가스의 특성

3 연소 계산과 고압가스의 특성

3.1 연소 계산

(1) 발열량

완전연소할 때 발생하는 열량 (액체, 고체 : kcal/kg, 기체 : kcal/m^3)

① 고위발열량 : 수증기의 증발잠열을 포함한 열량 (총발열량)

$$8100\,C + 34000(H - O/8) + 2500\,S$$

$$H_h(\text{고}) = H_l(\text{저}) + 600(9H + W)$$

② 저위발열량 : 수증기의 증발잠열을 뺀 열량 (진발열량)

$$8100\,C + 28600\,H - 4250\,O + 2500\,S - 600\,W$$

$$H_l(\text{저}) = H_h(\text{고}) - 600(9H + W)$$

(2) 발열량 계산

① $C\ +\ O_2 \rightarrow CO_2\ +\ 97200\ \text{kcal/kmol}$ [완전연소일 때]

  1 kmol 1 kmol 1 kmol

  12 kg   32 kg   44 kg

  1 kg $\dfrac{32}{12}$ kg $\dfrac{44}{12}$ kg $\dfrac{97200}{12}$ kg

② $C\ +\ \dfrac{1}{2}O_2 \rightarrow CO\ +\ 29400\ \text{kcal}$ [불완전연소일 때]

  $CO\ +\ \dfrac{1}{2}O_2 \rightarrow CO_2\ +\ 67800\ \text{kcal/kmol}$

③ $H_2\ +\ \dfrac{1}{2}O_2 \rightarrow H_2O\ +\ 68000\ \text{kcal/kmol}$

  2 kg   16 kg   18 kg

  22.4 m^2 11.2 m^2 22.4 m^2

  $H_2\ +\ \dfrac{1}{2}O_2 \rightarrow H_2O\ +\ 3050\ \text{kcal/Nm}^3$

  $3050 - 480 = 2570\ \text{kcal/Nm}^3$

④ S + O₂ → SO₂ + 80000 kcal/kmol
  32kg 32kg 64kg

※ 기체연료의 연소

CH₄ + 2 O₂ → CO₂ + 2 H₂O + 9530 kcal/Nm³

2 C₂H₂ + 5 O₂ → 4 CO₂ + 2 H₂O + 14080 kcal/Nm³

C₃H₈ + 5 O₂ → 3 CO₂ + 4 H₂O + 24370 kcal/Nm³

2 C₄H₁₀ + 13 O₂ → 8 CO₂ + 10 H₂O + 32010 kcal/Nm³

(3) 공기량

① 산소량

$$W : \frac{32}{12} + \frac{16}{2}\left(H - \frac{O}{8}\right) + \frac{32}{32}S = 2.67\,C + 8\left(H - \frac{O}{8}\right) + S \text{ kg/kg}$$

$$V : \frac{22.4}{12} + \frac{11.2}{2}\left(H - \frac{O}{8}\right) + \frac{22.4}{32}S = 1.87\,C + 5.6\left(H - \frac{O}{8}\right) + 0.7S \text{ m}^3/\text{kg}$$

$$V : \frac{\text{산소몰수}}{\text{가연성 몰수}} = \text{Nm}^3/\text{Nm}^3$$

② 공기량

- 체적으로 구할 때 $8.89\,C + 26.67\,H + 3.33\,S \text{ Nm}^3/\text{kg}$
- 중량으로 구할 때 : $11.49\,C + 34.5\,H + 4.35\,S \text{ kg/kg}$

③ 기체연료의 이론공기량

$$O_2 = \frac{1}{2}H_2 + \frac{1}{2}CO + 2\,CH_4 + 3\,C_2H_4 + 5\,C_3H_8 + 12/2\,C_4H_{10} - O_2$$

$$\text{이론공기량} = \frac{O_2}{0.21} \text{ Nm}^3/\text{Nm}^3$$

④ 실제공기량

$A/A_o = m(\text{공기비})$ 여기서, A_o : 이론공기량, A : 실제공기량

$$\text{공기비} = 1 + \frac{\text{과잉공기량}}{\text{이론공기량}}$$

실제공기량 = 이론공기량 × 공기비

과잉공기 = 실제공기 − 이론공기

※ 기체가 연소할 때 생성되는 수증기량
$H_2 + 2CH_4 + 4C_3H_8 + 5C_4H_{10} = Nm^3/Nm^3$
액체, 고체가 연소할 때 생성되는 수증기량
$11.2H + 1.25W = Nm^3/kg$

※ CO_2max (이산화탄소 최대량 : 이론공기량으로 완전연소시켰을 때 최대값이 된다.)

$$CO_2max = \frac{21 \times CO_2}{21 - O_2}$$

$$공기비(m) = \frac{실제공기량(A)}{이론공기량(A_0)} = \frac{CO_2max}{CO_2} = \frac{21}{21 - O_2} = \frac{N_2}{N_2 - 3.76 O_2}$$

(4) 발열량 계산

$$C + O_2 \rightarrow CO_2 + 97200 \text{ kcal/kmol} \left(\frac{97200}{12} = 8100 \text{ kcal/kg}\right)$$

$$H_2 + \frac{1}{2} \rightarrow H_2O(액) + 68000 \text{ kcal/kmol} \left(\frac{68000}{2} = 34000 \text{ kcal/kg}\right)$$

$$(기) + 57200 \text{ kcal/kmol} \left(\frac{57200}{2} = 28600 \text{ kcal/kg}\right)$$

$$S + O_2 \rightarrow SO_2 + 80000 \text{ kcal/kmol} \left(\frac{80000}{32} = 2500 \text{ kcal/kg}\right)$$

① $C_3H_8 + 5O_2 \rightarrow 3CO_2 + 4H_2O + 530 \text{ kcal/mol}$

㉮ C_3H_8 1 Nm^3의 발열량

$$\left(\frac{530}{22.4}\right) \times 1000 = 23660 = 24000 \text{ kcal/Nm}^3$$

㉯ C_3H_8 1 kg의 발열량

$$\left(\frac{530}{44}\right) \times 1000 = 12045 = 12000 \text{ kcal/kg}$$

② 탄화수소 연소식

$$C_mH_n + \left(m + \frac{n}{4}\right)O_2 \rightarrow mCO_2 + \frac{n}{2}H_2O$$

※ 기체연료의 연소

㉮ $H_2 + \frac{1}{2}O_2 = H_2O(기체) + 3050 \text{ kcal/Nm}^3$ 수소

㉯ $CO + \frac{1}{2}O_2 + CO_2 + 3035 \text{ kcal/Nm}^3$ 일산화탄소

㉰ $CH_4 + 2O_2 = CO_2 + 2H_2O(기체) + 9530 \text{ kcal/Nm}^3$ 메탄

㉱ $2C_2H_2 + 5O_2 = 4CO_2 + 2H_2O(기체) + 14080 \text{ kcal/Nm}^3$ 아세틸렌

㉲ $C_2H_4 + 3O_2 = 2CO_2 + 2H_2O(기체) + 15280 \text{ kcal/Nm}^3$ 에틸렌

㉳ $2C_2H_6 + 7O_2 = 4CO_2 + 6H_2O(기체) + 16810 \text{ kcal/Nm}^3$ 에탄

㉴ $C_3H_8 + 5O_2 = 3CO_2 + 4H_2O(기체) + 24370 \text{ kcal/Nm}^3$ 프로필렌

㉵ $2C_3H_6 + 9O_2 = 6CO_2 + 6H_2O(기체) + 22540 \text{ kcal/Nm}^3$ 프로판

㉶ $C_4H_8 + 6O_2 = 4CO_2 + 4H_2O(기체) + 29170 \text{ kcal/Nm}^3$ 부틸렌

㉷ $2C_4H_{10} + 13O_2 = 8CO_2 + 10H_2O(기체) + 32010 \text{ kcal/Nm}^3$ 부탄

㉸ $2C_6H_6 + 15O_2 = 12CO_2 + 6H_2O(기체) + 34960 \text{ kcal/Nm}^3$ 벤졸증기

3.2 중요한 고압가스의 기본특성

(1) 산소 (O_2)

① 생물체의 호흡에 필수이며 연료의 연소에 필요하다.

② 가연성 물질과 반응하여 폭발할 수 있다.

    ●예 $H_2 + \dfrac{1}{2}O_2 \rightarrow H_2O + 68.3 \text{kcal}$ (550℃에서 수소 폭명기)

    즉, 수소는 가연성 물질이며 산소에 의해 강력히 연소(폭발)하며, 수소 1 mol당 68.3 kcal의 열을 발생한다.

③ 순산소 중에서는 철, 알루미늄 등도 연소되며, 금속산화물을 만든다.

④ 자신은 스스로 연소하지 않는 조연성이다.

⑤ 오일과 혼합하면 산화력이 증가하여 강력히 연소한다.

산소기구는 금유라고 표기된 것을 사용하고 오일과 접촉시키지 않는다 (CCl_4로 세척). 산소압축기 윤활유로는 물이나 10 % 이하의 묽은 글리세린 수용액을 사용한다.

(2) 수소 (H_2)

① 가벼워서 확산하기 쉬우며 작은 틈새로 잘 방산한다.

② 고온, 고압에서 강재, 기타 금속을 투과한다.

　　예) $2H_2 + Fe_3C \rightarrow CH_4 + 3Fe$ (탈탄작용, 수소취성)

③ 산소 또는 공기와 혼합하여 격렬하게 폭발한다.

④ 환원성이 강하므로 금속산화물의 환원에 의한 제련에 쓰인다.

　　예) $CuO + H_2 \rightarrow Cu + H_2O$ (수소는 산화구리 CuO에서 산소를 얻어서 자신은 산화되며, 산화구리는 산소를 잃고 환원된다.)

⑤ 할로겐원소와 격렬히 반응하여 할로겐화수소를 만든다.

　　예) HCl (염화수소), HF (플루오르화수소)

- 산화 : H_2를 잃거나 산소를 얻음.
- 환원 : H_2를 얻거나 산소를 잃음.
※ 할로겐원소 : F, Cl, Br, I 등

(3) 아세틸렌 (C_2H_2)

① 가연성 가스 중 폭발한계가 가장 넓은 (2.5~81 %) 가스로서 순수한 것은 무취이나 불순물 때문에 악취가 나는 것이 보통이다.

② 산소와 혼합하여 3300℃까지의 고온을 얻을 수 있으므로 용접에 사용된다.

③ 열이나 충격에 의해 분해폭발이 일어나므로 주의해야 한다.

　　예) $C_2H_2 \rightarrow 2C + H_2$ (분해폭발 : 110℃, 1.5 atm)

④ 용기에 충전할 때는 단독으로 가압충전할 수 없으며 용해충전한다.

　　예) 아세틸렌은 아세톤에 부피로 약 25배 용해되며, 따라서 용기에 다공성 물질 (석면, 목탄) 등을 충전하고 아세톤을 침윤시킨 다음 여기에 아세틸렌을 용해시켜 충전한다.

C_2H_2은 희석제를 첨가했더라도 2.5 MPa 이상 압축할 수 없으며, 충전할 때에는 15℃에서 1.5MPa 이하로 하고 충전 후 24시간 정치시켜야 한다.

(4) 염소 (Cl_2)

① 강한 자극성의 맹독성 가스이며 공기보다 무거운 황록색 가스이다.

② 조연성이 있으며 활성이 크다 (금속과 반응하여 금속염화물을 생성).

③ 수소와 반응하여 직사광선을 촉매로 격렬히 폭발한다.

> **예** 염소 폭명기 : $H_2 + Cl_2 \rightarrow 2HCl + 44\,kcal$

④ 건조한 상태에서는 금속부식성은 없으나 수분을 혼합할 때 산을 생성하여 금속을 부식시킨다.

$Cl_2 + H_2O \rightarrow HCl(염산) + HClO(차아염소산)$

(5) 암모니아 (NH_3)

① 상온, 상압에서 자극성 냄새를 가진 무색의 기체이다.
② 물에 잘 용해한다(약 800배 용해하여 암모니아수를 생성).
③ 임계온도가 높아서 액화가 용이하므로 용기에 액체상태로 충전한다 (임계온도 : 133℃, 임계압력 : 111.3 atm이며, 임계온도가 낮은 가스일수록 액화시키기 어렵다.)
④ 액화암모니아가 기화할 때 다량의 열을 흡수하므로 냉동장치의 냉매로 사용된다.
⑤ 연소할 때 황백색의 불꽃을 내면서 탄다.

※ 이상 5가지 가스는 고압가스 관계법규에 의하여 '특정고압가스'로 정해진다.

냉매 : 냉동장치 내에서 순환하면서 열을 운반하는 매개체이다.

(6) 질소 (N_2)

① 공기 중에서 체적으로 약 78 %를 차지한다.
② 고온에서 금속과 화합하여 금속질화물을 만든다.
③ 극히 고온에서는 산소와 혼합하여 산화질소 (NO)를 생성한다.
④ 비점이 −196℃로 낮으며, 극저온의 급속냉동장치에 쓰인다.
⑤ 수소와 더불어 암모니아의 합성원료이다 ($N_2 + 3H_2 \rightarrow 2NH_3$).

(7) 일산화탄소 (CO)

① 환원성이 강하며 금속산화물을 환원한다.
② 철, 니켈 등의 철족과 반응하여 금속카르보닐을 생성한다.

예 $Fe + 5CO \rightarrow Fe(CO)_5$: 철카르보닐

$Ni + 4CO \rightarrow Ni(CO)_4$: 니켈카르보닐

③ 공기 중에서 연소가 잘 된다.

④ 포스겐의 원료이다 (촉매 : 활성탄, $CO + Cl_2 \rightarrow COCl_2$).

카르보닐화 방지책 : Ag, Cu, Al 라이닝

(8) 시안화수소 (HCN)

① 소량의 수분혼합에도 중합폭발을 일으킨다.

② 극히 유독 (10 ppm)하며 용기에 충전 후 60일 이내에 다른 용기에 옮겨서 충전해야 한다 (순도는 98 % 이상을 요구한다).

HCN 중합억제제 : 황산, 아황산가스, 구리, 동망, 염화칼슘, 오산화인, 인산 등

(9) 기타 가스

① 아황산가스 (SO_2) : 허용농도 5 ppm의 독성 가스이다.

② 포스겐 (염화카르보닐 : $COCl_2$) : 극히 유독하다 (허용농도 0.1 ppm).

③ 황화수소 (H_2S) : 독성, 가연성이며 연소할 때 아황산가스를 발생한다.

④ 염화수소 (HCl) : 독성 (5 ppm)이며 물에 섞여 염산이 된다.

⑤ 산화에틸렌 (C_2H_4O) : 독성 (50 ppm), 가연성 (폭발범위 3~80 %)이며, 산이나 알칼리에 혼합할 때 중합폭발성이 있고, 기체상태에서는 분해폭발성이 있다.

C_2H_4O은 액상으로는 안정하나 기체상태에는 분해폭발을 하므로 용기 내에 45℃에서 0.4MPa 이상의 N_2, CO_2를 봉입하여 액상으로 유지시킨다.

4 연소공학 핵심정리

4.1 고위발열량과 저위발열량

(1) 액체, 고체

① 고위발열량

$$8100\,C + 34000\left(H - \frac{O}{8}\right) + 2500\,S \text{ (kcal/kg)}$$

㉮ 고위발열량(H_h : 총발열량) : 연료가 연소될 때 연소가스 중에 수증기의 응축잠열을 포함한 열량

㉯ $H_h = H_l + H_S = H_l + 600(9H + W)$

② 저위발열량

$$8100\,C + 28600\left(H - \frac{O}{8}\right) + 2500\,S \text{ (kcal/kg)}$$

㉮ 저위발열량(H_l : 진발열량) : 연료가 연소될 때 연소가스 중에서 수증기의 응축잠열을 뺀 열량

㉯ $H_l = H_h - H_S = H_h - 600(9H + W)$

(2) 기 체

$$H_h = H_l + 480(H_2 + 2\,CH_4 + 4\,C_3H_8 + 5\,C_5H_{10} \cdots)\text{ kcal/Nm}^3$$

4.2 산소량

(1) 액체, 고체

① V(부피) : $1.87\,C + 5.6\left(H - \dfrac{O}{8}\right) + 0.7\,S\ (\text{m}^3/\text{kg})$

② W(질량) : $2.67\,C + 8\left(H - \dfrac{O}{8}\right) + S\ (\text{kg/kg})$

(2) 기 체

$$\frac{1}{2}H_2 + \frac{1}{2}CO + 2CH_4 + 2\frac{1}{2}C_2H_2 + 5C_3H_8 + 6\frac{1}{2}C_4H_{10} - O_2 \ (Nm^3/Nm^3)$$

4.3 공기량

(1) 액체, 고체

① V(부피) : $8.89\,C + 26.67\,H + 3.33S \ (m^3/kg)$
② W(질량) : $11.49\,C + 34.5\,H + 4.35 \ (kg/kg)$

(2) 기 체

$$\frac{O_2}{0.21} \ (Nm^3/Nm^3)$$

4.4 연소 생성 수증기량

(1) 액체, 고체

$11.2H + 1.25\,W \ (m^3/kg)$
$1.25 \times (9H + W) \ (m^3/kg)$

(2) 기 체

$H_2 + 2CH_4 + 4C_3H_8 + 5C_4H_{10} \ (Nm^3/Nm^3)$

4.5 공기비 (m)

$$m = \frac{\text{실제공기량}}{\text{이론공기량}}\frac{A}{A_o} = 1 + \frac{\text{과잉공기}}{A_o}$$
$$= \frac{CO_{2\max}}{CO_2} = \frac{21}{21 - O_2} = \frac{N_2}{N_2 - 3.76\,O_2}$$

$A = mA_o$, 과잉공기율 $\% = (m-1) \times 100$

4.6 연소가스량

(1) 이론연소가스량

$$G_o = (1 - 0.21)A_o + 생성가스량$$

여기서, G_{od} : 이론건연소가스량
G_w : 이론습연소가스량 → 생성수증기차

(2) 실연소가스량

$$G + (m - 0.21)A_o + 생성가스량$$

여기서, G_d : 실연소가스량
G_w : 실제습연소가스량 → 생성수증기차

※ $G - G_o$ = 과잉공기

4.7 탄산가스최대량

$$CO_{2max} = \frac{21\,CO_2}{21 - O_2} \text{ (완전연소시)}$$

$$= \frac{21(CO_2 + CO)}{21 - O_2 + 0.395\,CO} \text{ (불완전연소시)}$$

※ 이론공기량으로 연소시 최대가 된다.

4.8 착화온도

- 발열량이 클수록 감소한다.
- 분자구조가 복잡할수록 감소한다.
- 산소량 증가시 감소한다.
- 압력이 높을 때 감소한다.

(1) 탄소량 증가시

① 액체, 기체 연료의 발열량 감소, 매연 증가
② 고체연료는 발열량 증가, 매연 감소

(2) 발화점에 영향을 미치는 인자

온도, 압력, 조성, 용기의 크기 및 형태 (탄화수소에서 탄소수 증가시 감소한다.)

(3) 연소 반응속도

① 활성화 에너지가 작을수록 빨라진다.
② 분자의 충돌횟수가 많을수록, 반응온도가 높을수록 (10℃ 상승에 따라서 2배씩 증가) 빨라진다.

4.9 연료의 시험방법

(1) 고 체

① 시료 채취 : 계통 시료 채취, 층별 시료 채취, 이단 시료 채취
② 수분 측정 : (석탄 107±2℃, 코크스 150±5℃) 감량된 무게로 측정
③ 석탄 : 고정탄소 % = 100 − (수분 % + 회분 % + 휘발유 %) → 항습베이스
④ 코크스 : 고정탄소 %
⑤ 원소 분석 : 탄소, 황, 질소, 인, 수소, 산소

(2) 액 체

① 황분 측정법 : 램프식 (용량법, 중량법), 봄브식, 연소관식 (공기법, 산소법)
② 인화점 : 팬스키미아텐스식, 아벨펜스키식, 클리브랜식, 타크식. 산화에 의한 온도 상승을 측정
③ 착화점 : 산화에 의한 탄산가스 생성을 측정. 산화에 의한 중량 변화를 측정

(3) 기 체

① 비중 측정 : 유출법, 문젠시링법, 라이트법
  [유출법] 그레이엄의 법칙 : 유출속도는 밀도의 제곱근에 반비례한다. 즉, 유출시간은 가스밀도의 제곱근에 비례한다.
② 시료 채취
  ㉮ 1차 여과기 : 내열성이 좋고 제진효과가 좋은 아람단이나 카보런덤
  ㉯ 2차 여과기 : 계기직전에 석면, 면, 유리솜

4.10 연료의 특징

(1) 고체연료의 특징

① 장 점
- ㉮ 연소시 분무 등으로 인한 소음이 없다.
- ㉯ 역화 또는 폭발 등 사고가 없다.
- ㉰ 수송이 편리하다.
- ㉱ 화염에 의한 국부가열을 일으키지 않는다.

② 단 점
- ㉮ 사용 전 전처리가 필요하다.
- ㉯ 발열량이 낮다.
- ㉰ 연소시 다량의 공기가 필요하다.
- ㉱ 연소 후 잔재물이 남는다.
- ㉲ 연소 조절이 곤란하고 큰 열손실을 필요로 한다.
- ㉳ 연소시 매연 발생이 많다.

(2) 액체연료의 특징

① 장 점
- ㉮ 연소효율 및 열효율이 높다.
- ㉯ 저장 및 운반이 용이하다.
- ㉰ 저장 중의 변질이 적다.
- ㉱ 회분이 거의 없다.
- ㉲ 점화, 소화 및 연소의 조절과 계량, 기록이 비교적 용이하다.
- ㉳ 균일한 품질의 것을 구할 수 있다.

② 단 점
- ㉮ 화재, 역화 등의 위험이 크며 연소 온도가 높기 때문에 국부가열을 일으키기 쉽다.
- ㉯ 사용 버너의 종류에 따라서는 연소시에 소음을 발생한다.
- ㉰ 중질유는 많은 황분을 함유하고 있어 연소시 SO_2를 발생시킨다.

(3) 기체연료의 특징

① 장 점
- ㉮ 연소 조절이 용이하다.
- ㉯ 적은 과잉 공기로 완전연소가 된다.
- ㉰ 연소효율이 높다.
- ㉱ 회분 및 매연 등의 오염물 생성량이 거의 없다.
- ㉲ 황 성분이 거의 없다.
- ㉳ 발열량이 매우 높다.

② 단점
- ㉮ 저장이 곤란하다.
- ㉯ 설비 및 연료가 많이 든다.
- ㉰ 다른 연료에 비해 방사열이 적다.

4.11 연소의 형태

(1) 표면연소

고체연료인 목탄, 코크스, 석탄 등이 고온이 되면 고체 표면이 빨갛게 빛을 내면서 반응하는 연소를 말한다.

(2) 분해연소

장작, 석탄, 중유 등이 열분해하여 발생한 증기와 함께 연소 초기에 불꽃을 내면서 반사하는 연소를 말한다.

(3) 증발연소

액체연료인 휘발유, 등유, 알코올, 벤젠 등이 기화하여 증기가 되어 연소하는 반응이다.

(4) 확산연소

기체연료인 프로판 가스, LPG 등이 공기의 확산에 의하여 반응하는 연소로 증발연소와 분해연소가 여기에 속한다.

(5) 자기연소 (내부연소)

니트로글리세린 등은 공기 중 산소를 필요로 하지 않고, 분자 자신 속의 산소에 의하여 연소하는 반응이다.

(6) 혼합가스연소

기체연료와 공기를 알맞은 비율로 혼합 (AFR)하여 혼합기에 넣어 연소하는 반응이다. AFR (Air Fuel Ratio, 공기연료비)은 공기와 연료의 혼합비율을 말한다.

4.12 연료의 특성

- 수분이 많은 연료 : 점화가 어렵고 열효율이 떨어진다.
- 회분이 많은 연료 : 발열량이 낮고 클링커 발생으로 통풍력 저하
- 휘발분이 많은 연료 : 점화는 쉬우나 발열량 저하
- 고정탄소가 많은 연료 : 발열량이 높고 매연 감소, 연소속도가 늦어진다.

(1) 공기비가 클 때 연소에 미치는 영향

① 연소실 내의 연소온도가 저하한다.
② 통풍력이 강하여 배기가스에 의한 열손실이 많아진다.
③ 연소가스 중에 SO_3의 함유량이 많아져서 저온부식이 촉진된다.
④ 연소가스 중에 NO_2의 발생량이 심하여 대기오염이 유발된다.

(2) 공기비가 작을 때 연소에 미치는 영향

① 불완전연소가 되어 매연 발생이 심하다.
② 미연소에 의한 열손실이 증가한다.
③ 미연소 가스로 인한 폭발사고가 일어나기 쉽다.

(3) 발화점에 영향을 미치는 인자

온도, 압력, 조성, 용기의 크기 및 형태

(4) 연소온도에 영향을 미치는 인자

연료의 저위발열량, 공기비, 산소농도, 열전달계수

(5) 예혼합연소 (혼합기연소)

가연성 기체를 미리 공기와 혼합시켜 연소하는 방식

(6) 내부연소 (자기연소)

외부로부터 산소 공급이 없더라도 자체 산소를 이용하여 연소하는 형태

(7) 폭 발

격렬한 연소의 한 형태로서 급격한 압력의 발생, 해방의 결과로서 격렬한 음향과 폭풍을 수반하는 팽창현상

(8) 폭 연

충격파가 음속보다 느린 경우, 가솔린과 공기혼합물이 1/300초 내에 완전연소하는 경우 압력은 수 기압 정도이며 폭굉으로 발전할 수 있음.

(9) 폭 굉

데토네이션이라고 하며, 가스 중의 음속보다도 화염전파속도가 큰 경우 (마하수 : 3~5배, 압력 : 15~40 atm, 폭파속도 : 1000~3500 m/s)

(10) 폭굉유도거리 (DID)

완만한 연소가 폭굉으로 발전하는 거리이다. 짧을수록 위험하다 (정상연소속도가 클수록, 관 속에 장애물이 있거나 지름이 작을수록, 고압일수록, 점화원의 에너지가 강할수록 짧아진다.)

4.13 단위 해설

(1) 연소율 (kg/m² · h)

화격자 단위면적에서 1시간 동안에 연소시킬 때의 중량으로, 화격자 부하율이라고도 한다.

(2) 열발생률 (kcal/m³·h)

열손실 용적당 1시간에 발생하는 열량이며, 연소시 열부하 또는 열발생률이라고도 한다.

(3) 화격자 열발생률 (kcal/m²·h)

화격자 단위면적당 발생하는 열량

(4) 보일러용량 (kg/g)

단위시간당 발생시킬 수 있는 최대증발량

(5) 보일러효율

$$\eta = \frac{G_a(h_2 - h_1)}{G_f \times H_l} = \frac{539\, G_e}{G_f \times H_l}$$

여기서, G_f : 시간당 연료소비량 (kg/h), H_l : 저위발열량 (kcal/h),
G_a : 시간당 증기발생량 (kg/h), G_e : 상당증발량 (kg/h)

(6) 전열면 열부하 (kcal/m²·h)

전열면 1 m²당 시간당 통과열량

(7) 보일러마력

급수온도 37.8℃, 압력 4.9 kg/cm²에서 1시간에 13.6 kg의 증기를 발생시키는 능력. 상당증발량으로 환산시 15.65 kg/h

※ 보일러마력 : $\dfrac{G}{15.65}$

보일러효율 : $\eta = \eta_c \times \eta_h$

(η_c : 연소효율, η_h : 전열효율)

(8) 화재, 소화

A급	일반화재	백색	주수, 알카리
B급	유류화재	황색	포말소화기, 분말
C급	전기, 가스	청색	분말소화기
D급	금속화재	×	건조사
LPG 화재시 – 중탄산소다, 분말소화기			

4.14 냉동사이클

(1) $P-i$ 선도

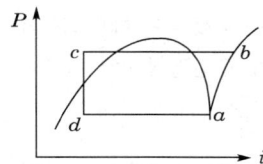

① a → b : 압축과정 (저온 저압의 증기가 고온 고압의 과열증기가 된다.)
② b → c : 응축과정 (고온 고압의 증기가 고온 고압의 액이 된다.)
③ c → d : 팽창과정 (고온 고압의 액이 저온 저압의 액이 된다.)
④ d → a : 증발과정 (저온 저압의 액이 저온 저압의 증기가 된다.)

※ 열-흡수 : 증발기
  열-방출 : 응축기
  등엔탈피과정 : 팽창시
  등엔트로피과정 : 압축시

  냉동기효율 $COP = \dfrac{a-c}{b-a}$

(2) $P-V$ 선도

① 1 → 2 : 단열팽창
② 2 → 3 : 등온흡열
③ 3 → 4 : 단열압축
④ 4 → 1 : 등압방출

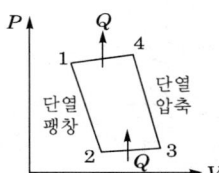

(3) 랭킨사이클

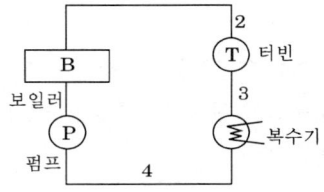

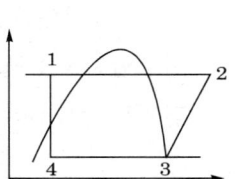

$$\eta = \dfrac{h_2 - h_3}{h_2 - h_4} \times 100$$

> 예) 30 kg/cm²의 건조포화증기를 배기압 0.5 kg/cm²까지 작용시키는 랭킨사이클에서 이론적 효율은 얼마인가?
>
> 해설)
> - 건조포화증기의 엔탈피 : 670 kcal/kg
> - 0.5 kg/cm²의 포화수의 엔탈피 : 81 kcal/kg
> - 0.5 kg/cm²의 단열팽창시킨 증기의 엔탈피 : 513 kcal/kg
> - 효율 = $\dfrac{670-513}{670-81}$

(4) 오토사이클

$$\eta = 1 - \left(\dfrac{1}{\varepsilon}\right)^{k-1}$$

> 예) 오토사이클에서 압축비가 5일 때 열효율은 몇 %인가? (단, 비열비 : 1.4, 압축비 : 5)
>
> 해설)
> - $1 - \left(\dfrac{1}{5}\right)^{1.4-1} = 0.475 = 47.5\%$

(5) 냉동기 성적계수

$$\dfrac{T_2}{T_1 - T_2} = \dfrac{Q_2}{Q_1 - Q_2} = \dfrac{Q_2}{A_w}$$

(6) 열펌프 성적계수

$$\dfrac{T_1}{T_1 - T_2} = \dfrac{Q_1}{Q_1 - Q_2} = \dfrac{Q_1}{A_w}$$

(7) 열효율

$$\dfrac{T_1 - T_2}{T_1} = \dfrac{Q_1 - Q_2}{Q_1} = \dfrac{A_w}{Q_1}$$

여기서, Q_1 : 증발기에서 흡수한 열량(kcal), Q_2 : 응축기에서 방출한 열량(kcal)
A_w : 압축기에서 소비한 열량, T_1 : 증발온도(K), T_2 : 응축온도(K)

- 단열압축시 : 엔트로피 일정
- 단열팽창시 : 엔탈피 일정

$$\dfrac{C_p}{C_v} = K, \ C_p = C_v + AR$$

4.15 전 열

열의 이동을 전열이라고 한다. 단위시간에 열이 이동하는 양, 즉 전열량은 온도차에 비례하고 열저항에 반비례한다. 열은 온도차에 의해 이동하고, 열의 이동에는 저항이 있으며, 이 저항을 이겨내고 열이 이동하기 위해 온도차가 필요하다.

$$Q \propto \frac{\Delta t}{W}$$

여기서, Q : 전열량, Δt : 온도차, W : 열저항

(1) 전도 (conduction)

고체 내부에서의 열의 이동을 말한다.

① 열전도율 (λ : kcal/m·h·℃) : 1변이 1 m의 입방체의 4면을 단열하여 나머지 2변을 온도차 1℃로 할 때 1시간 동안 양면간을 흐르는 열량

② 시간당 전열량 (kcal/h) : 전열면적 (m^2)과 온도차 (℃)에 비례하고 길이 (두께 : m)에 반비례한다.

$$Q = \lambda \cdot F \cdot \frac{t_1 - t_2}{l}$$

여기서, Q : 시간당 전열량 (kcal/h), t_1 : 고체의 고온측의 온도 (℃), l : 길이 (m)
F : 전열면적 (m^2), t_2 : 고체의 저온측의 온도 (℃)

$$\lambda = \frac{Q \times l}{F \times (t_1 - t_2)} = \frac{kcal/h \times m}{m^2 \times ℃} = kcal/m \cdot h \cdot ℃$$

(2) 전 달

유체와 고체간의 열의 이동

① 열전달률 (표면전열률, 격막계수, α : kcal/m^2·h·℃) : 1변 1 m의 표면에 1℃의 유체와의 사이에 1시간 동안 전달되는 열량

② 시간당 전열량 (kcal/h) : 전열면적 (m^2)과 온도차 (℃)에 비례한다.

$$Q = \alpha \cdot F \cdot (t_0 - t_1) \text{에서 } \alpha = \frac{l}{F \cdot (t_0 - t_s)} = kcal/m^2 \cdot ℃$$

여기서, Q : 시간당 전열량 (kcal/h), t_0 : 유체의 온도 (℃), F : 전열면적 (m^2)
α : 열전달률 (α : kcal/m^2·h·℃), t_1 : 고체 표면의 온도 (℃)

(3) 통 과

고체를 사이에 둔 유체간의 열의 이동

① 열통과율 (열관류율, 전열계수 : K, kcal/m² · h · ℃) : 고체를 사이에 둔 양 유체간의 평균온도차가 1℃인 경우 1 m²의 면적에 1시간 동안 통과하는 열량

② 시간당 전열량 (kcal/h) : 전열면적 (m²)과 온도차 (℃)에 비례한다.

$$Q = K \cdot F \cdot \Delta_{tm}$$

$$K = \frac{Q}{F \cdot \Delta_{tm}} = \text{kcal/m}^2 \cdot h \cdot ℃$$

여기서, Q : 시간당 전열량 (kcal/h), K : 열통과율 (kcal/m² · h · ℃)
Δ_{tm} : 평균온도차 (℃)

[평균온도차 (Δt_m)]

- 산술평균온도차

$$\frac{\Delta_1 + \Delta_2}{2} \left(\frac{\Delta_1}{\Delta_2} < 3 \text{ 일 때 사용된다.} \right)$$

- 대수평균온도차(MTD : Mean Temperature Degree)

$$\text{MTD} = \frac{\Delta_1 - \Delta_2}{2.3 \log \frac{\Delta_1}{\Delta_2}} \left(\left(\frac{\Delta_1}{\Delta_2} \right) > 3 \text{ 일 때 사용된다.} \right)$$

(4) 이상기체의 내부에너지는 온도만의 함수

- $dH = C_p \, dT$
- $dU = C_v \, dT \, (C_p = C_v + AR)$

4.16 안전관리체계

SMS (Safety Management System)는 안전관리 활동 전반에 존재하는 위해 요인을 찾아내 그 성격을 분석 평가하고 사전에 필요한 조치를 강구함으로써 사고를 근원적으로 예방하기 위한 제도이다.

(1) 안전성 평가서

공정위험 특성, 잠재위험의 종류, 사고빈도 최소화 및 사고시의 피해 최소화 대책, 안전성 평가 세부내용, 안전성 평가 수행자 명단

(2) 안전운전계획

안전운전지침서, 설비점검 검사 및 보수·유지계획 및 지침서 안전작업허가, 협력업체 안전관리계획, 종사자 교육 계획, 자체검사 및 사고조사 계획, 변경요소 관리 계획

(3) 안전성 평가기법

① 체크리스트법 : 공정 및 설비의 오류, 결함상태, 위험상황 등을 작성하여 경험적으로 비교함으로써 위험성을 정성적으로 파악하는 기법

② 결함수 분석(FAT ; Fault Tree Analysis)기법 : 사고를 일으키는 장치의 이상이나 운전자 실수의 조합을 연역적으로 분석하는 정량적 평가기법이다.

③ 사건수 분석(ETA ; Event Tree Analysis)기법 : 초기 사건으로 알려진 특정한 장치의 이상이나 운전자의 실수로부터 발생되는 잠재적인 사고결과를 평가하는 정량적 평가기법이다.

④ 상대 위험순위 결정(Dow And Indices)기법 : 설비에 존재하는 위험에 대하여 구체적으로 상대 위험순위를 지표화하여 그 피해 정도를 나타내는 상대적 위험순위를 정하는 안전성 평가기법을 말한다.

⑤ 작업자 실수 분석(HEA ; Human Error Analysis)기법 : 설비 운전원, 정비보수원, 기술자 등의 작업에 영향을 미칠만한 요소를 평가하여 그 실수의 원인을 파악하고 추적하여 정량적으로 실수의 상대적 순위를 결정하는 안전성 평가기법을 말한다.

⑥ 사고 예상질문 분석(WHAT-IF)기법 : 공정에 잠재하고 있으면서 원하지 않는 나쁜 결과를 초래할 수 있는 사고에 대하여 예상질문을 통해 사전에 확인함으로써 그 위험과 결과 및 위험을 줄이는 방법을 제시하는 정성적 안전성 평가기법을 말한다.

⑦ 위험과 운전 분석(Hazard And Operability Studies)기법 : 위험과 운전 분석 기법은 공정에 존재한 위험 요소들과 공정의 효율을 떨어뜨릴 수 있는 운전상의 문제점을 찾아내어 그 원인을 제거하는 정성적인 안전성 평가기법을 말한다.

⑧ 이상 위험도 분석(Failure Modes, Effects, and Criticality Analysis)기법 : 이상 위험도 분석 기법은 공정 및 설비 고장의 형태 및 영향, 고장 형태별 위험도 순위 등을 결정하는 기법을 말한다.

⑨ 원인결과 분석(Cause-Consequence Analysis, CCA)기법 : 원인결과 분석 기법은 잠재된 사고의 결과와 이러한 사고의 근본적인 원인을 찾아내고 사고 결과와 원인의 상호관계를 예측·평가하는 정량적 안전성 평가기법을 말한다.

4.17 소화설비

(1) 포말소화기 : 외통과 내통으로 구성된다.

① 외통 : 중탄산나트륨(중조, $NaHCO_3$) 용액 + 기포안정제
② 내통 : 황산알루미늄[$Al_2(SO_4)_3$] 용액
$$6NaHCO_3 + Al_2(SO_4)_3 \rightarrow 3Na_2SO_4 + 2Al(OH)_3 + 6CO_2 + 18H_2O$$
③ 기포 : pH 7.4의 중성기포로서 기물 손상이 없다.
④ 성능 : 방사시간 1분 정도, 방사거리 10m 정도
⑤ 적용 : 목재, 섬유류 등의 일반화재와 유류화재에 사용

(2) 분말소화기

① 사용도가 가장 광범위하다.
② 건조된 중탄산나트륨 분말을 내부에 충전하였으며, 가스나 전기(고압) 시설의 화재에 안전하게 쓰인다.
③ 방사시간은 1~3분 정도, 방사거리 10m 내외이다.

(3) 이산화탄소소화기

① 공기보다 1.52배 무거운 CO_2를 액상으로 충전하여 사용하며, 인화성 액체, 부전도성의 소화가 필요한 전기설비의 초기 화재, 모타, 기계류의 화재에 쓰인다.
② 방사시간은 수십 초로서 초기화재나 소형 화재에 쓰이고 방사거리는 2m 정도이다.

 요점정리
① **화재시 가스의 사고유형**
  • 압축가스 : 화재 → 용기의 가열 → 내부가스 팽창 → 압력의 증가 → 폭발
  • 액화가스 : 화재 → 액체 가열 → 증발 격심 → 기체의 부피 급증 → 압력 증가 → 폭발
② **화재의 분류**
  • A급 : 일반화재-백색으로 나타낸다.
  • B급 : 유류화재-황색으로 나타낸다.
  • C급 : 전기화재-청색으로 나타낸다.
  • D급 : 금속화재-색 규정 없음.

4.18 안전을 위한 설비

(1) 방폭구조

가연성 가스 설비 중 전기설비에서 발생하는 전기스파크로 인한 폭발을 방지하기 위하여 설비한다.

① 압력(壓力) 방폭구조 : 용기 내부에 공기, 질소 등의 보호기체를 압입하여 내부에 압력을 유지함으로써 폭발성 가스가 외부에서 침입하지 못하도록 한 구조이다.

② 내압(耐壓) 방폭구조 : 전폐구조로서 용기 내에서 폭발성 가스가 폭발하여도 압력에 견디고, 내부의 폭발화염이 외부로 전해지지 않도록 하는 구조이다.

③ 유입(油入) 방폭구조 : 전기기기의 불꽃, 아크가 발생하는 부분을 절연유에 격납하여 폭발가스에 점화되지 않도록 한 구조이다.

④ 안전증 방폭구조 : 운전 중 불꽃, 아크, 과열이 발생하면 안 되는 부분에 이들이 발생하지 않도록 구조상 또는 온도의 상승에 대하여 안전성을 높인 구조이다.

① **방폭구조를 하지 않아도 되는 가연성 가스** : $NH_3(15\sim28\%)$와 $CH_3Br(13.5\sim14.5\%)$의 두 가지는 폭발하한계가 낮지 않고 범위도 좁아서 방폭구조를 하지 않는다.
② **내압(內壓)과 내압(耐壓)을 구분할 것.**
③ **본질 안전증 방폭구조** : 안전증 방폭구조를 개량한 구조로서 운전 중, 사고시에 발생하는 불꽃, 아크, 열에 의하여 폭발성 가스에 점화될 우려가 없음이 점화시험으로 확인된 구조

(2) 방호벽

고압가스 설비의 운전 중에 발생하는 사고가 다른 설비로 영향을 끼치지 못하도록 안전하게 설계된 칸막이 벽이다.

제품종류	높이	두께	구 조	비 고
철근콘크리트	2m	12cm	지름 9mm 이상의 철근을 가로, 세로 40cm 이하의 간격으로 배근, 결속	–
콘크리트 블록	2m	15cm	철근콘크리트제와 같은 구조로 하고 블록 공동부에 콘크리트 모르타르를 채운 구조	
후강판	2m	6mm	30mm×30mm의 앵글강을 가로, 세로 40cm 이하의 간격으로 용접 보강	1.8m 이하의 간격으로 지주 세움.
박강판	2m	3.2mm	–	위와 같음.

① **방호벽** : 높이 2m 이상, 두께 12cm 이상의 철근콘크리트 제품과 동등 이상의 강도를 가진 규격이어야 한다.
② **설치 장소**
- 압축기와 9.8MPa 이상의 충전장소, 충전용기 보관소 사이
- 압축기와 C_2H_2 충전장소, 충전용기 보관소 사이
- LPG 저장탱크와 충전장소 사이
- 저장시설의 기화설비 주위
- 용기보관실의 벽
- 특정고압가스 보관실의 벽(300kg⟨60m^3⟩ 이상일 때)

(3) 2중배관

독성가스의 누설에 의한 사고를 방지하기 위하여 설비하며 그 대상가스는 다음과 같다. (8 가지)
- SO_2(아황산가스)   · Cl_2(염소)   · $COCl_2$(포스겐)   · H_2S(황화수소)
- NH_3(암모니아)   · C_2H_4O(산화에틸렌)   · HCN(시안화수소)   · CH_3Cl(염화메탄)

※ 내층관의 바깥지름과 외층관의 안지름은 1.2배의 배율이다. 즉, 외층관의 안지름 = 내층관의 바깥지름 × 1.2 이상

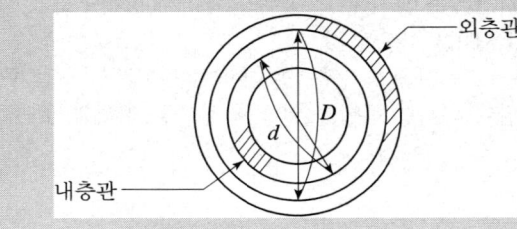

D : 외층관 안지름
d : 내층관 바깥지름
$D \geq d \times 1.2$

(4) 긴급차단장치

① 저장탱크에 접속된 배관에서 유체의 온도, 주위온도의 상승 등으로 사고발생의 위험 또는 오조작 등으로 액상의 가스가 유출될 위험에 있을 때 신속하게 차단한다.
② 설치위치 : 가연성, 독성 저장탱크로 액상의 가스를 송출 또는 이입하거나 이들을 겸용으로 하는 배관 중에 설치
③ 조작위치 : 5m 이상(고압가스 특정제조는 10m 이상) 이격
④ 작동 : 가용합금을 부착하여 유체 또는 주위온도가 110℃ 이상이 되면 자동으로 작동한다.
⑤ 종류
  ㉮ 외장형 : 액배관으로 저장탱크에 가까운 곳으로서 주밸브 외측에 설치하는 배관접

속형이다.

㉯ 내장형 : 탱크의 내면에 내장되는 저조내장형이다.

⑥ 작동원리

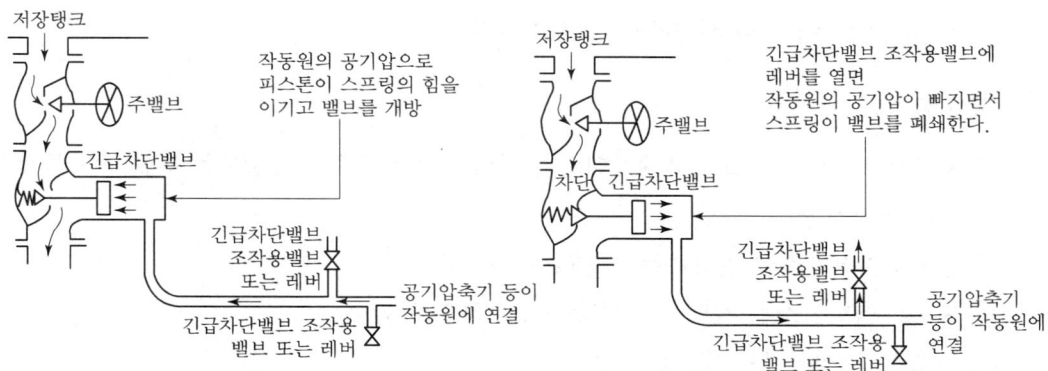

① **작동원의 종류** : 공기압, 유압, 수동식(스프링식), 전기(보안전력장치 사용)의 네 가지가 있으며, 공기압식과 유압식이 주로 쓰인다.
② **작동레버** : 3곳 이상 설치
③ **설치대상 용량** : 저장탱크 내용적 5,000*l* 이상일 때
④ **긴급차단장치의 기밀성능**
  • 부착상태 : ϕ1.4mm의 구경에서 누출되는 가스량 이상의 누설이 없을 것.
  • 분리상태 : N_2, 공기 등으로 차압 5kg/cm^{2}에서 3분간 누설량이 1*l* 미만일 것.
⑤ 긴급차단장치는 저장탱크의 주밸브와 겸용으로 사용하면 안 된다.

(5) 고압설비의 안전장치

안전밸브, 바이패스 밸브, 파열판, 자동제어장치 등이 있다.

① 안전밸브 : 내압시험압력의 80% 이하에서 작동할 것
② 바이패스 밸브
  ㉠ 고압측의 고압가스를 저압측으로 바이패스시키는 구조
  ㉡ 작동압력 : 규정압력을 넘을 때 작동한다.
  ㉢ 바이패스량 : 펌프배관 내의 1시간의 유량으로 결정
③ 파열판
  ㉠ 반응설비로서 이상 반응이 예상되는 설비에 설치
  ㉡ 파열압력 : 내압시험압력 이하
  ㉢ 안전밸브와 병행으로 설치할 때에는 안전밸브 작동압력 이상에서 작동

④ 자동제어 장치
   ㉠ 압축기, 펌프의 토출측 압력을 검출하여 흡입량을 자동적으로 제한하거나 차단하는 구조
   ㉡ 규정압력이 넘을 때 자동으로 제어한다.

(6) 방류둑

① 저장탱크의 액화가스가 액체상태로 누설되어 다른 곳으로 유출되는 것을 방지하기 위하여 설치한다.
② 용량 : 저장능력에 해당하는 전량(100%)이다.
   ※ 단, 액화산소는 저장능력 상당용적의 60%로 한다.
③ 구조
   • 정상부 폭 : 30cm 이상
   • 성토기울기 : 45° 이하
   • 재료 : 철근, 철근콘크리트, 금속, 흙으로 구성

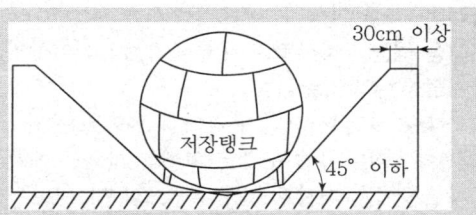

④ 계단, 사다리 : 50m마다 계단, 사다리, 출입구를 1개 이상 설치하며, 전 둘레가 50m 미만일 때는 분산해서 2개 설치한다.
⑤ 대상 : 독성 저장탱크 : 5t 이상
   • 가연성 저장탱크 : 1,000t 이상(특정제조설비는 500t 이상)
   • 산소저장탱크 : 1,000t 이상

> **방류둑의 구비조건**
> ① 액밀구조일 것.
> ② 액이 체류한 표면적이 작을 것(대기접촉량이 적어야 기화량이 적다.).
> ③ 높이에 상당하는 액두압에 견딜 것
> ④ 배관이 관통할 때는 누설방지, 부식방지 조치
> ⑤ 금속재료는 방식, 방청 조치
> ⑥ 가연성, 독성 또는 가연성 산소는 혼합배치 금지

제 4 편 기출문제와 예상문제

01 열정산을 할 때에 어떤 온도를 기준으로 하는가?

㉮ 대기온도　　　　　　　　　㉯ 실내온도
㉰ 외기온도　　　　　　　　　㉱ 상온

📌 열정산을 할 때에는 외기온도가 기준이 된다.

02 다음 중 열효율(熱效率) 향상대책이라고 볼 수 없는 것은?

㉮ 손실열을 적게 한다.
㉯ 장치의 설계조건과 운전조건이 합치되도록 한다.
㉰ 전열량이 증대되는 방안을 강구한다.
㉱ 단속적인 조업을 행하여 축열(畜熱)에 의한 손실을 적게 한다.

📌 단속적인 조업은 열효율 향상대책이 아니다.

03 등유($C_{10}H_{20}$)를 연소시킬 때 필요한 이론공기량(Nm^3/kg)은 다음 수치 중 어느 값에 가장 가까운가?

㉮ 11.4 Nm^3/kg　　　　　　㉯ 12.5 Nm^3/kg
㉰ 10.2 Nm^3/kg　　　　　　㉱ 13.6 Nm^3/kg

📌 $C_mH_n + \left(m + \dfrac{n}{4}\right)O_2 \rightarrow mCO_2 + \dfrac{n}{2}H_2O$

$C_{10}H_{20} + 15 O_2 \rightarrow 10 CO_2 + 10 H_2O$

140 kg　　15 × 22.4 m^3

$\dfrac{15 \times 22.4}{140 \times 0.21} = 11.4\ Nm^3/kg$

04 황 1kg을 완전연소시키는 데 필요한 산소의 양(Nm^3/kg)은?

㉮ 3.33 Nm^3/kg　　　　　　㉯ 0.7 Nm^3/kg
㉰ 3.43 Nm^3/kg　　　　　　㉱ 2.63 Nm^3/kg

정답　1. ㉰　2. ㉱　3. ㉮　4. ㉯

> S + O₂ → SO₂
> 32 kg 22.4 m³
> $\dfrac{22.4}{32} = 0.7 \ Nm^3/kg$

05 연료 1 kg에 대한 이론공기량 (Nm³)을 구하는 식은?

㉮ $\dfrac{1}{0.21}(1.867C + 5.60H - 0.7O + 0.7S)$

㉯ $\dfrac{1}{0.21}(1.767C + 5.60H - 0.7O + 0.7S)$

㉰ $\dfrac{1}{0.21}(1.867C + 5.80H - 0.7O + 0.7S)$

㉱ $\dfrac{1}{0.21}(1.867C + 5.60H - 0.7O + 0.8S)$

> • $C + O_2 \rightarrow CO_2$ $\dfrac{22.4}{12} = 1.867 \ Nm^3/kg$
> • $H_2 + \dfrac{1}{2}O_2 \rightarrow H_2O$ $\dfrac{11.2}{2} = 5.6 \ Nm^3/kg$
> • $S + O_2 \rightarrow SO_2$ $\dfrac{22.4}{32} = 0.7 \ Nm^3/kg$
> ∴ 산소량 : $1.867C + 5.6\left(H - \dfrac{O}{8}\right) + 0.7S$
> ∴ 공기량 : $\dfrac{1}{0.21}(1.867C + 5.6H - 0.7O + 0.7S)$

06 1차 공기는 어디에서 공급하는가?

㉮ 송풍기   ㉯ 버너
㉰ 연료   ㉱ 노내

> 1차 공기 : 일반적으로 기체 또는 액체연료는 버너에서 공급하고, 고체연료는 화격자 밑에서 직접 화상으로 공급한다.

07 다음은 액체연료에 대한 설명이다. 잘못된 것은?

㉮ 발열량이 크고 품질이 균일하다.
㉯ 연소효율이 크며 연소가 쉽고 조절이 용이하다.
㉰ 연소온도가 높아 국부적인 과열이 되기 쉬워 화재 및 역화 등의 사고가 발생하기 쉽다.

정답 5. ㉮   6. ㉯   7. ㉱

㉣ 사용하는 버너에 따라 소음이 발생하고 저장·운반이 불편할 뿐만 아니라 저장 중 변질이 되기 쉽다.

📌 액체연료는 저장·운반이 용이하고 점화, 소화 및 연소의 조절이 용이하다.

08 수소와 산소의 확산속도비는?
㉮ 4 : 1
㉯ 1 : 8
㉰ 16 : 1
㉱ 8 : 16

📌 그레이엄의 확산속도의 법칙 : 확산속도는 그 분자량(밀도)의 제곱근에 반비례한다.

09 산화염에 대한 설명으로 적합한 것은?
㉮ 산소 부족으로 일산화탄소 등의 미연분을 포함한 화염
㉯ 공기비를 너무 크게 하여 불꽃 중에 과잉 산소가 포함된 화염
㉰ 수소가 새파란 불꽃을 내며 연소하는 화염
㉱ 이론공기만으로 완전 연소되었을 때의 화염

📌 ㉮는 환원염이다.

10 정상적인 상태에서 연소속도가 제일 빠르게 될 수 있는 것은?
㉮ 이론공기만으로 연소할 때
㉯ 연료와 공기와의 혼합 확산속도가 빠를 때
㉰ 연료의 환원 반응속도가 빠를 때
㉱ 새로운 산소와 연소가스층과의 교체속도가 빠를 때

📌 연소속도에 영향을 끼치는 인자 ; 가연성 물질의 종류, 산화제의 종류, 가연성 물질과 산화제의 혼합비, 미연소가스의 밀도, 열전도율, 비열, 화염온도

11 가스발생로에서 나온 발생로가스 1 Nm^{3}을 완전연소하는 데 필요한 공기량은? (단, 이 가스는 수분을 포함하지 않으며, 성분은 가스분석기를 사용하여 분석하였더니 다음과 같았다.)

CO_2 (3.0 %), CO (25.2 %), CH_4 (4 %), H_2 (12.5 %), N_2 (55.3 %)

정답 8. ㉮ 9. ㉯ 10. ㉱ 11. ㉰

㉮ 1.24 Nm³ ㉯ 1.26 Nm³
㉰ 1.28 Nm³ ㉱ 1.34 Nm³

> 가연성분 : CO, CH₄, H₂
> $$\frac{0.5 \times (0.252 + 0.125) + 2 \times 0.04}{0.21} = 1.28 \text{ Nm}^3$$

12 황 (S) 1 kg을 이론공기량으로 연소시킬 경우 발생하는 연소가스량은 몇 Nm³/kg인가?

㉮ 0.70 Nm³/kg ㉯ 2.33 Nm³/kg
㉰ 2.63 Nm³/kg ㉱ 3.33 Nm³/kg

> S + O₂ → SO₂
> 32 kg 22.4 m³
> ① SO₂량 : $\frac{22.4}{32} = 0.7$ Nm³/kg   ② 공기량 : $\frac{0.7}{0.21} = 3.33$ Nm³/kg
> 3.33 × 0.79 = 2.63
> 2.63 + 0.7 = 3.33 Nm³/kg

13 이론습연소가스량과 이론건연소가스량의 관계를 바르게 나타낸 것은?

㉮ $G_{od} = G_{ow} - (9H + W)$ ㉯ $G_{od} = G_{ow} + (9H + W)$
㉰ $G_{ow} = G_{od} - 1.25(9H + W)$ ㉱ $G_{ow} = G_{od} + 1.25(9H + W)$

> H₂O : 22.4 m³, 18 kg
> $\frac{22.4}{18} \fallingdotseq 1.25$ Nm³/kg
> ∴ 습연소가스량 = 건연소가스량 + 1.25(9H + W)

14 연소가스량에 대한 식 중 옳은 것은? (단, 이론연소가스량 : G_o, 과잉공기비 : m, 이론공기량 : A_o)

㉮ $G = G_o + (m-1)A_o$ ㉯ $G = G_o + (m+1)A_o$
㉰ $G_o = G + (m-1)A_o$ ㉱ $G_o = G + (m+1)A_o$

> $G = G_o + (m-1)A_o$
> 여기서, G : 실제연소가스량, G_o : 이론연소가스량
> m : 공기비, A_o : 이론공기량

정답 12. ㉱ 13. ㉱ 14. ㉮

15 프로판 1 kg의 발열량을 계산하면 몇 kcal인가?

$$C + O_2 \rightarrow CO_2 + 97.0 \text{ kcal} \quad H_2 \frac{1}{2}O_2 \rightarrow H_2O + 57.6 \text{ kcal}$$

㉮ 약 7900kcal/kg　　　　　㉯ 약 9500 kcal/kg
㉰ 약 11900kcal/kg　　　　㉱ 약 15700 kcal/kg

 $(97 \times 3 + 57.6 \times 4) \times \dfrac{1}{44} \times 10^3 = 11850 \text{ kcal/kg}$

16 다음과 같은 성분의 액체연료가 있다. 연소효율을 95 %라고 하면 저발열량은 얼마인가?

$$C\,(84\,\%),\ H\,(14\,\%),\ O\,(0.5\,\%),\ S\,(1.2\,\%),\ N\,(0.3\,\%)$$

㉮ 10000 kcal/kg　　　　　㉯ 10200 kcal/kg
㉰ 10400 kcal/kg　　　　　㉱ 10600 kcal/kg

$H_k : 8100\,C + 34000\left(H - \dfrac{O}{8}\right) + 2500\,S \quad H_l : 8100\,C + 28600\left(H - \dfrac{O}{8}\right) + 2500\,S$

$H_2 + O \rightarrow H_2O + 68000 \text{ kcal} \ (H_k)$
$H_2 + O \rightarrow H_2O + 57200 \text{kcal} \ (H_L)$
$[57200 = 68000 - (600 \times 18)]$

$\therefore\ 8100 \times 0.84 + 28600\left(0.14 - \dfrac{0.005}{8}\right) + 2500 \times 0.012 \times 0.95 = 10279.12 \text{ kcal/kg}$

17 탄소의 진(저위) 발열량은?

$$2C + O_2 \rightarrow 2CO + 58800 \text{ kcal},$$
$$2CO + O_2 \rightarrow 2CO_2 + 135300 \text{kcal}$$

㉮ 7990 kcal/kg　　　　　㉯ 8088 kcal/kg
㉰ 8610 kcal/kg　　　　　㉱ 8975 kcal/kg

 $(58800 + 135300) \times \dfrac{1}{24} = 8087.5 \text{ kcal/kg}$

18 표준상태에서 고발열량과 저발열량의 차이는 얼마인가?

㉮ 9600 kcal/g
㉯ 9720 kcal/g · mol
㉰ 80 cal/g
㉱ 539 kcal/g · mol

> $18 \times 539 ≒ 9{,}720$ cal/g · mol

19 연도가스를 분석한 결과 (CO_2) = 14.2 %, (O_2) = 4.5 %, (CO) = 0 %일 때 (CO_2)$_{max}$는?

㉮ 12.4
㉯ 13.6
㉰ 15.8
㉱ 18.1

> $(CO_2)_{max} = \dfrac{21 CO_2}{21 - O_2} = \dfrac{21 \times 14.2}{21 - 4.5} = 18.1$

20 다음 조성의 수성가스가 연소할 때 필요한 공기량은 약 몇 Nm^3/Nm^3인가? (단, 공기율은 1.25이고, 사용공기는 건조하다.)

> **조성비** CO_2 = 4.5 %, CO = 45 %, N_2 = 11.7 %, O_2 = 0.8 %, H_2 = 38 %

㉮ 0.21 Nm^3/Nm^3
㉯ 0.97 Nm^3/Nm^3
㉰ 1.22 Nm^3/Nm^3
㉱ 2.42 Nm^3/Nm^3

> 가연성은 CO와 H_2이다.
> $\dfrac{0.5 \times 0.83 - 0.008}{0.21} \times 1.25 = 2.42 \; Nm^3/Nm^3$

21 다음 보온재 중 무기질 보온재가 아닌 것은?

㉮ 코르크
㉯ 석면
㉰ 탄산마그네슘
㉱ 규조토

> 코르크는 유기질이다.

22 연소반응에서 연소의 고발열량과 진발열량과의 뜻의 차이는?

㉮ 연소물질에 따라 고발열량과 진발열량이라 한다.

㉯ 연소로 생긴 물을 실제기체로 생각하는 것이다.
㉰ 연소로 인해 생긴 물을 기체로 보느냐 또는 액체로 보느냐에 따라서 생기는 잠열의 차이다.
㉱ 연소열과는 무관한 것이다.

23 기체연료의 연소에서 다른 연료보다 과잉공기가 적게 드는 이유는?
㉮ 확산으로 혼합이 용이하다.　㉯ 열전도도가 크다.
㉰ 착화온도가 낮다.　㉱ 착화가 용이하다.

24 황분 3.5 %인의 중유 1 t을 연소시키면 SO_2는 몇 kg이 발생하는가? (단, 황의 원자량은 32이다.)
㉮ 35 kg　㉯ 64 kg
㉰ 70 kg　㉱ 105 kg

> $S + O^2 \rightarrow SO_2$
> 32 kg …… 22.4 m³ (64 kg)
> $2 \times 1000 \times 0.035 = 70$ kg

25 4.2 lb/h의 연료를 공급하여 10 HP의 일을 하는 내연기관이 있다. 연료 1 lb당 10000 BTU의 열량이 나온다면 이 기관의 효율은?
㉮ 60.6 %　㉯ 52.3 %
㉰ 45.2 %　㉱ 30.3 %

> $\dfrac{10 \times 632 \times 3.968}{4.2 \times 10000} \times 100 = 60.6$ % (1HP = 632 kcal/h)

26 C_3H_8 1 Nm³을 연소했을 때의 건연소가스량 (m³)은 다음 수치 중 어느 것에 가장 가까운가? (단, 공기 중의 산소는 21 %이다.)
㉮ 21.8 Nm³/Nm³　㉯ 20.8 Nm³/Nm³
㉰ 19.4 Nm³/Nm³　㉱ 22.4 Nm³/Nm³

> $\left(\dfrac{5}{0.21} \times 0.79\right) + 3 = 21.8$ Nm³/Nm³

정답 23. ㉮　24. ㉰　25. ㉮　26. ㉮

제4편 연소공학

27 927℃에서 기체분자의 평균속도는 27℃ 때의 몇 배인가?
㉮ 2배   ㉯ 4배
㉰ 6배   ㉱ 8배

📌 기체분자의 평균속도는 절대온도에 비례한다.
$$\frac{(273+927)}{(273+27)} = 4 \quad \therefore \quad 4배$$

28 연소할 때의 실제공기량 A와 이론공기량 A_o 사이에는 $A = mA_o$의 등식이 성립된다. 이 식에서 m는 무엇인가?
㉮ 과잉공기계수   ㉯ 연소효율
㉰ 공기압력계수   ㉱ 공기의 열전도율

📌 과잉공기계수 (공기비)
$$m = \frac{A(실제공기량)}{A_o(이론공기량)}$$

29 수소와 연소용 산소 및 연소가스 (몰)의 k·mol 관계 중 옳은 것은?
㉮ 1 : 1 : 1   ㉯ 2 : 1 : 2
㉰ 1 : 2 : 1   ㉱ 2 : 1 : 3

📌 $2H_2 + O_2 \rightarrow 2H_2O$
 2 : 1 : 2

30 연료의 가연성분 원소에 속하지 않는 것은?
㉮ 탄소   ㉯ 질소
㉰ 수소   ㉱ 황

📌 가연성분 : C, H, S

31 중유를 선택할 때 주의해야 할 사항으로 틀리는 것은?
㉮ 비중이 작은 것이 좋다.   ㉯ 황분이 적은 것이 좋다.
㉰ 점도가 큰 것이 좋다.   ㉱ 균질의 중유가 좋다.

📌 점도나 비중이 작은 것이 좋다.

정답 27. ㉯ 28. ㉮ 29. ㉯ 30. ㉯ 31. ㉰

32 중유의 성질에 대한 설명 중 옳지 않은 것은?

㉮ 중유의 황분은 온도가 높아질수록 적어진다.
㉯ 중유의 비중은 온도가 높아질수록 적어진다.
㉰ 중유의 점도는 온도가 높아질수록 낮아진다.
㉱ 중유의 인화점은 비중이 클수록 높아진다.

> 📌 황분은 온도에 따라 변하는 것이 아니다.

33 기체연료의 장점이 아닌 것은?

㉮ 누설되더라도 유해한 가스가 존재하지 않는다.
㉯ 연소의 조절 및 점화, 소화가 간단하다.
㉰ 연소효율이 높고 소량의 과잉공기로 완전연소가 가능하다.
㉱ 연료 및 연소용 공기도 예열되어 고온을 얻을 수 있다.

> 📌 기체연료의 단점
> ① 단위용적당 발열량이 극히 적고 가격이 비싸다.
> ② 누출되기 쉽고, 폭발위험이 크다.
> ③ 수송이나 저장이 불편하다.

34 다음 중 석탄의 공업분석 항목은?

㉮ 수분, 회분, 탄소, 수소   ㉯ 회분, 탄소, 수소, 질소
㉰ 수분, 회분, 휘발분, 고정탄소   ㉱ 회분, 황, 산소, 고정탄소

> 📌 ① 석탄의 공업분석 항목 : 수분, 회분, 휘발분, 고정탄소
> ② 원소분석 : C, H, O, S, N

35 메탄(CH_4), 일산화탄소(CO) 및 수증기(H_2O)의 생성열을 각각 −17.9kcal, −94.1kcal/mol 및 −57.7kcal/mol로 했을 때 메탄의 연소열은 얼마가 되는가?

㉮ 97.5 kcal   ㉯ 102 kcal
㉰ 176.4 kcal   ㉱ 191.6 kcal

> 📌 $CH_4 + 2O_2 \rightarrow CO_2 + 2H_2O$
> $94.1 \times (57.7 \times 2) - 17.9 = 191.6$ kcal

정답 32. ㉮ 33. ㉮ 34. ㉰ 35. ㉱

36 공기 1 kg의 0℃와 100℃ 사이의 내부에너지의 차는? (단, 공기의 정적비열은 0.17 kcal/kg·℃이다.)
  ㉮ 0.17 kcal   ㉯ 1.7 kcal
  ㉰ 17 kcal   ㉱ 170 kcal

> 📌 내부에너지는 온도만의 함수이다.
> ∴ 0.17 × 100 = 17 kcal

37 석탄에서 수분과 회분을 제거한 나머지를 무엇이라 하는가?
  ㉮ 휘발분과 고정탄소라 한다.   ㉯ 고정탄소라 한다.
  ㉰ 휘발분이라 한다.   ㉱ 고정탄소와 코크스라 한다.

> 📌 ① 연료비 = $\dfrac{고정탄소}{휘발분}$
> ② 연료비의 증가 → 발열량의 증가 → 착화온도 높아진다.
> • 석탄 : 고정탄소 (%) = 100{수분 (%) + 회분 (%) + 휘발분 (%)}

38 연료관리에 대한 설명으로 옳은 것은?
  ㉮ 연료의 저장 및 처리, 가공을 말한다.
  ㉯ 연료의 운반부터 가공까지를 말한다.
  ㉰ 원료의 선택과 구입을 연료관리의 한계로 한다.
  ㉱ 연료의 선택과 구입에서 운반, 저장 및 처리, 가공까지를 포함한다.

> 📌 연료의 구비조건 : 발열량이 클 것, 위험성이 적을 것, 취급이 용이할 것, 경제적일 것

39 연료원의 단위 표시 중 틀린 것은?
  ㉮ kcal/kg   ㉯ cal/g
  ㉰ g/cm³   ㉱ BTU/lb

> 📌 g/cm^3는 밀도의 단위이다.

40 액체연료를 고체연료와 비교하였을 때 장점에 속하지 않는 것은?
  ㉮ 연소효율과 열효율이 높다.
  ㉯ 품질이 일정하고, 단위중량당 발열량이 높다.

정답 36. ㉰ 37. ㉮ 38. ㉱ 39. ㉱ 40. ㉰

㉰ 역화의 위험성이 적다.
㉱ 점화 및 소화, 연소 조절이 용이하다.

> 📌 액체연료의 단점
> ① 연소온도가 높아서 국부과열을 일으킬 우려가 있다.
> ② 화재, 역화 등의 위험이 크다.
> ③ 수입에 의존한다.
> ④ 버너의 종류에 따라서는 연소할 때 소음이 발생한다.

41 연료비를 옳게 나타낸 것은?

㉮ $\dfrac{휘발분}{고정탄소}$ ㉯ $\dfrac{고정탄소}{산소}$

㉰ $\dfrac{휘발분}{회분}$ ㉱ $\dfrac{고정탄소}{휘발분}$

> 📌 연료비 $= \dfrac{고정탄소(\%)}{휘발분(\%)}$
> 탄화도가 커짐에 따라 연료비와 발열량이 증가한다.

42 석탄의 탄화도가 클수록 변화하는 것으로 틀린 설명은?

㉮ 착화온도가 높아진다.
㉯ 고정탄소가 증가하여 발열량이 높아진다.
㉰ 인화점이 낮아진다.
㉱ 연료비가 증가하고 연소속도가 늦어진다.

> 📌 탄화도 : 탄화도는 연료가 땅 속에 매몰된 정도로 탄화도가 클수록 탄소가 많다.
> 아탄 < 갈탄 < 역청탄 < 무연탄 < 흑탄
> [탄화도가 클 때]
> ① 고정탄소는 증가하고 산소량은 감소한다. ② 수분 휘발분이 감소한다.
> ③ 연소속도가 늦어지고 착화온도가 높아진다. ④ 연료비가 증가한다.

43 중유의 성상과 관련이 없는 것은?

㉮ 비중 ㉯ 점도
㉰ 인화점 ㉱ 연료비

> 📌 연료비 ← 고체연료

정답 41. ㉱ 42. ㉰ 43. ㉱

44 이론공기량 $A_o = 7.00$ Nm³, 이론연소가스량 $G_o = 7.50$ Nm³, 실제연소가스량 $G = 8.00$ Nm³일 때 실제 공급된 공기량은 얼마인가?

㉮ 6.5 ㉯ 7.5
㉰ 8.5 ㉱ 9.5

> $A = 7 + (8 - 7.5)$
> ∴ 과잉공기 $= A - A_o = G - G_o$

45 환열실의 전열면적 $F[\text{m}^2]$와 전열량 (kcal/h) 사이에는 어떠한 관계가 있는가? (단, V는 총괄열전달계수이고 Δt_m은 산술평균 온도차이다.)

㉮ $Q = FV\Delta t_m$ ㉯ $F = Q\Delta t_m$
㉰ $V = QF\Delta t_m$ ㉱ $Q = F\Delta t_m$

> 전열량 $Q = FV\Delta t_m$ [kcal/h]
> 여기서, F : 전열면적 (m²), V : 총괄열전달계수 (kca/m² h·℃),
> Δt_m : 산술평균 온도차 (℃)

46 C 중유를 때고 있을 때 그을음이 많이 나오기 때문에 원인을 체크하고 있다. 다음 방법 중 틀린 것은?

㉮ 화염이 닿고 있지 않은가? ㉯ 풍력이 부족한가?
㉰ 소실의 온도가 너무 높지 않은가? ㉱ 소실의 열부하가 많지 않은가?

> 열손실 온도가 너무 낮을 때 매연 발생

47 연소관리에서 연소배기가스를 분석하는 직접적인 목적은?

㉮ 노내압의 조절 ㉯ 연소열량 계산
㉰ 매연농도의 산출 ㉱ 공기비 계산

> • 공기비가 클 경우 : 연소온도 저하. 통풍력이 강하여 배기가스에 의한 열손실 증대. 연소가스 중에 SO_3의 양이 증대되어 저온부식 촉진. 연소가스 중에 NO_2의 발생이 심하여 대기오염 유발
> • 공기비가 작을 경우 : 불완전 연소에 의한 매연 발생 극심. 미연소에 의한 열손실 증가. 미연소 가스에 의한 폭발사고의 발생 위험성 증가

정답 44. ㉯ 45. ㉮ 46. ㉰ 47. ㉱

48 LPG의 단점이 아닌 것은?

㉮ 공기보다 비중이 커서 인화 폭발의 위험이 크다.
㉯ 황분이 극히 적고 발열량이 낮다.
㉰ 완전연소에는 비교적 많은 공기가 필요하다.
㉱ 연소속도가 완만하여 특수 연소용기가 필요하다.

> LPG : 습성 천연가스나 제유소의 분해가스를 분리하여 액화시킨 것으로 C_3, C_4의 혼합가스로 이루어져 있다.

49 고체연료를 구입할 때 검수사항이 아닌 것은?

㉮ 공업 분석 및 습분
㉯ 입도 및 발열량
㉰ 옥탄가 및 세탄가
㉱ 수분 보정

> 옥탄가 및 세탄가는 액체 연료
> 옥탄가 = $\dfrac{\text{이소옥탄}}{\text{이소옥탄} + \text{노르말헵탄}} \times 100$
> 옥탄가가 높을수록 노킹을 일으키지 않는다.

50 수성가스의 생성반응은 무슨 반응인가?

㉮ 산화반응
㉯ 환원반응
㉰ 발열반응
㉱ 흡열반응

> 수성가스 : 무연탄이나 코크스를 수증기와 작용시켜 CO와 H_2를 생성
> $C + H_2O \longrightarrow CO + H_2$
> 1100 ℃

51 고체연료의 시료 채취방법 세 가지에 해당하지 않는 것은?

㉮ 층별 시료 채취
㉯ 계통 시료 채취
㉰ 단위 시료 채취
㉱ 이단 시료 채취

> 고체연료의 시료 채취 방법
> ① 2단 시료 채취 : 로트(lot)를 몇 개의 부분으로 나누어 각 부분에서 1차 시료를 채취하고 1차 시료 중에서 몇 개의 단위시료를 취하여 2차 시료로 하는 방법
> ② 층별 시료 채취 : 로트를 몇 개의 부분으로 나누어 각 부분에서 무작위로 시료를 채취하는 방법
> ③ 계통 시료 채취 : 단위시료를 시간적 또는 양적으로 일정한 간격을 두고 채취하는 방법

정답 48. ㉯ 49. ㉰ 50. ㉱ 51. ㉰

52 점도의 단위는?
㉮ kg/Nm² · ℃, m/g
㉯ kg/cm, cm²/℃
㉰ g/cm · sec, cm²/s
㉱ g/cm · s², cm · s² · ℃

- 절대점도 : g/cm · s (=Poise)
- 동점도 : cm²/s (=Stokes)

53 연소속도에 미치는 요인이 아닌 것은?
㉮ 반응계의 온도
㉯ 산소와의 혼합비
㉰ 촉매
㉱ 발열량

연소속도에 영향을 끼치는 인자 : 가연성 물질의 종류, 산화제의 종류, 가연성 물질과 산화제의 혼합비, 미연소가스의 열전도율, 밀도, 비열, 화염온도

54 연료의 연소속도(반응속도)는 활성화 에너지가 클수록 어떻게 되는가?
㉮ 빨라진다.
㉯ 느려진다.
㉰ 관계없다.
㉱ 처음에 빨라졌다 차차 느려진다.

활성화 에너지는 반응에 필요한 최소의 에너지로 활성화 에너지가 작을수록 반응이 쉬운 것을 뜻하며, 연소속도도 빨라진다.

55 연소온도에 미치는 중요요인이 아닌 것은?
㉮ 반응계의 온도
㉯ 산소의 농도
㉰ 공기비
㉱ 연료의 발열량

반응계의 온도는 연소속도에 영향을 준다.

56 연소의 특성 중 고정탄소가 많을 경우에는 어떤 현상이 일어나는가?
㉮ 열손실을 초래한다.
㉯ 연소효과가 나쁘다.
㉰ 발열량이 낮아진다.
㉱ 매연 발생이 적다.

고정탄소가 증가할 때 : 발열량 증가. 매연 감소. 연소할 때 청색단염, 열효율의 증가, 점화가 늦다.

정답 52. ㉰ 53. ㉱ 54. ㉯ 55. ㉮ 56. ㉱

57 다음과 같은 조성의 액체연료에 대한 이론공기량은 몇 Nm^3/kg인가?

C=0.65kg, H=0.12kg, O=0.05kg, S=0.05kg, N=0.12kg

㉮ $8.89\ Nm^3/kg$ ㉯ $7.42\ Nm^3/kg$
㉰ $11.42\ Nm^3/kg$ ㉱ $8.98\ Nm^3/kg$

📌 공기량 (Nm^3/kg)
$$8.89C + 26.7\left(H - \frac{O}{8}\right) + 3.33S = 8.89 \times 0.65 + 26.7\left(0.12 - \frac{0.05}{8}\right) + 3.33 \times 0.05$$
$$= 8.98\ Nm^3/kg$$

58 중유 1 kg을 연소시켰을 때 생성되는 수증기의 양 (Nm^3/kg-중유)은 다음 중 어느 것에 가장 가깝겠는가? (단, 중유의 수소함량은 11%로 하고 기타 수분은 없는 것으로 한다.)

㉮ $0.50\ Nm^3/kg$ ㉯ $0.75\ Nm^3/kg$
㉰ $1.00\ Nm^3/kg$ ㉱ $1.23\ Nm^3/kg$

📌 $H_2 + \frac{1}{2}O_2 \to H_2O$
$11.2 \times 0.11 = 1.23\ Nm^3/kg$

59 수소 $\frac{h}{2}$ kmol이 연소하는 데 필요한 이론산소량은?

㉮ $\frac{0}{4}$ kmol   ㉯ $\frac{0}{2}$ kmol
㉰ $\frac{h}{4}$ kmol   ㉱ $\frac{h}{2}$ kmol

📌 $11.2\ \times\ 0.11\ =\ 1.23\ Nm^3/kg$
$\frac{h}{2}$ kmol $\frac{h}{4}$ kmol

60 일산화탄소 1 Nm^3을 연소시키는 데 필요한 공기량 (Nm^3)은 얼마인가?

㉮ $\frac{1}{0.233}$ ㉯ $\frac{1}{0.232} \times \frac{1}{2}$
㉰ $\frac{1}{0.21}$ ㉱ $\frac{1}{0.21} \times \frac{1}{2}$

정답 57. ㉱ 58. ㉱ 59. ㉰ 60. ㉱

$$CO + \frac{1}{2}O_2 \rightarrow CO_2$$

공기량 : $\dfrac{\frac{1}{2}}{0.21} = \dfrac{1}{2 \times 0.21}$

61 연료의 연소시 일어나는 반응이라고 볼 수 없는 것은?

㉮ 산화반응 ㉯ 환원반응
㉰ 열분해반응 ㉱ 혼합반응

> 연료가 연소할 때 일어나는 반응 : 산화반응, 환원반응, 열분해반응

62 질소산화물의 발생원인은?

㉮ 연소실의 온도가 높다. ㉯ 연료의 불완전연소
㉰ 연료 중에 질소분의 연소 ㉱ 연료에 회분이 많다.

> 질소산화물(NO_x)의 발생원인 : NO, NO_2 → 연소할 때 공기 중의 질소와 산소가 반응하여 생성되는데, 연소 온도가 높고 과잉공기량이 많으면 발생량이 증가한다.

63 미분탄연소의 단점을 설명한 것으로 틀린 것은?

㉮ 소요동력이 크다.
㉯ 폭발의 위험이 많다.
㉰ 설비비 및 보수비 또는 유지비가 많이 든다.
㉱ 화격자연소에 비하여 작은 연소실을 필요로 한다.

> 미분탄은 200 mesh 체를 통과하는 석탄으로 큰 연소실을 필요로 한다.

64 저위발열량이 9750 kcal/kg인 중유를 연소시키는 10 t/h의 증기보일러에 적합한 버너의 용량은 몇 L/h인가? (단, 비중 : 0.915, 보일러효율 : 88 %)

㉮ 550.3 L/h ㉯ 686.6 L/h
㉰ 604.2 L/h ㉱ 628.2 L/h

> $\dfrac{10 \times 1000 \times 539}{9750 \times 0.88 \times 0.915} = 686.6 \text{ L/h}$

정답 61. ㉱ 62. ㉮ 63. ㉱ 64. ㉯

65 기체연료시험법 중 라이트식 비중측정법의 관계식으로 옳은 것은? (단, S : 시료가스의 비중, T_s : 시료가스의 유출시간, T_a : 공기의 유출시간)

㉮ $S = T_1^2/T_a^2$
㉯ $S = T_s/T_a$
㉰ $S = 1 - T_s/T_a$
㉱ $S = 1 - (T_s/T_a)^2$

> 📌 시료가스비중 = $\dfrac{(\text{시료가스 유출시간})^2}{(\text{공기 유출시간})^2}$

66 중유의 탄소수비가 증가함에 따라 발열량의 변화는?

㉮ 감소한다.
㉯ 증가한다.
㉰ 무관하다.
㉱ 초기에 증가하다 차츰 감소한다.

> 📌 액체연료 : 탄소량이 많아질수록 비중이 커지고 발열량이 감소한다.

67 도시가스의 일반적인 품질에 대한 설명이다. 그 중 제일 부적합한 것은?

㉮ 유독성분 (특히 CO)은 되도록 적은 편이 좋다.
㉯ 유기황이나 종합성이 많은 불안정한 탄화수소는 많은 편이 좋다.
㉰ 적당한 연소속도를 얻기 위해 H_2는 비교적 큰 편이 좋다.
㉱ 가스의 비중은 낮은 편이 좋다.

> 📌 황은 대기오염과 부식의 원인이 되어서 적은 것이 좋으며, 불안정한 탄화수소는 완전연소가 되지 않는다.

68 다음 반응식 중에서 흡열반응을 나타내는 것은?

㉮ $S + O_2 \rightarrow SO_2$
㉯ $H_2 + \dfrac{1}{2}O_2 \rightarrow H_2O$
㉰ $CH_4 + 2O_2 \rightarrow CO_2 + 2H_2O$
㉱ $C + CO_2 \rightarrow 2CO$

> 📌 $C + H_2O \rightarrow CO_2 + 2H_2O$의 반응은 코크스에 고온의 수증기를 작용시키는 반응이므로 열을 필요로 하는 흡열반응이다.

69 1 Nm³의 메탄(CH_4) 가스를 공기를 사용하여 연소시키려고 한다. 단, 상온은 15℃로 하고 메탄가스의 고위발열량(H_h)은 9500 kcal/Nm³, 물의 증발잠열은 482 kcal/Nm³, 연소가

스의 평균전압비열 (C_{pm})은 0.34 kcal/Nm³·℃일 때 이론연소온도 (t_0)는?

㉮ 2401.5℃
㉯ 2450.5℃
㉰ 2551.5℃
㉱ 2655.5℃

> $CH_4 + 2O_2 \rightarrow CO_2 + 2H_2O + 9500$ kcal/Nm³
> $Q = GC_{pm}\Delta T$
> $9500 - 482 \times 2 = 8536$ kcal
> $\dfrac{2}{0.21} = 9.52$ (이론공기량)
> $9.52 \times 0.79 + 3 = 10.52$ (연소가스량)
> $\Delta T = \dfrac{Q}{GC_{pm}} = \dfrac{8536}{10.52 \times 0.34} = 2396.5$
> $2396.5 + 15 = 2401.5$ ℃

70 석탄을 완전연소시키는 데 필요한 조건 중에서 틀린 것은?

㉮ 공기를 적당히 공급하고 가연가스와 잘 혼합시킨다.
㉯ 연료를 착화온도 이하의 온도로 유지시킨다.
㉰ 공기를 예열하고 통풍력을 좋게 한다.
㉱ 가연가스는 완전연소하기 이전으로 냉각시키지 않는다.

> 완전연소조건
> ① 연소에 필요한 충분한 양의 공기 공급
> ② 연소반응에 필요한 시간 동안 체류할 수 있도록 충분한 넓이의 연소실 확보
> ③ 반응이 완전히 진행될 수 있도록 적절한 연소실의 온도 유지
> ④ 질이 좋은 연료의 사용
> ⑤ 연료와 공기를 잘 혼합시켜 연소
> ⑥ 일시에 많은 양의 연료를 공급하지 말고 일정량씩 균일한 속도로 연료 공급
> ⑦ 연료 및 공기를 적절히 예열

71 댐퍼의 설치목적이 아닌 것은?

㉮ 통풍력을 조절한다.
㉯ 가스의 흐름을 차단한다.
㉰ 가스의 흐름을 전환한다.
㉱ 가스가 틈새로 새어나가는 것을 방지한다.

> 댐퍼 : 통풍력 조절, 열가스의 흐름 차단, 열가스의 흐름 전환

정답 70. ㉯ 71. ㉱

72 물의 증발열은 물 1 mol에 대해 몇 kcal/mol이 되는가?

㉮ 1 kcal/mol ㉯ 4 kcal/mol
㉰ 7 kcal/mol ㉱ 10 kcal/mol

📌 $18 \times 600 \times 10^{-3} ≒ 10$ kcal/mol

73 연료의 발열량이 H_l이고 피열물에 준 열량이 Q_p일 때 열효율 E_t를 표시한 식으로 옳은 것은?

㉮ $E_t = \dfrac{Q_p}{H_l}$ ㉯ $E_t = 1 - \dfrac{Q_p}{H_l}$

㉰ $E_t = H_l - Q_p$ ㉱ $E_t = \dfrac{Hl}{H_l - Q_p}$

📌 열효율 = $\dfrac{\text{유효하게 작용된 열량}}{\text{발열량}}$

74 두께 25 mm인 철판의 넓이 1 m²마다의 전열량이 매시 1000 kcal가 되려면 양면의 온도차는 얼마여야 하는가? (단, 철판의 열전도율은 50kcal/m·h·℃이다.)

㉮ 0.1℃ ㉯ 0.5℃
㉰ 1.0℃ ㉱ 5.0℃

📌 열전도량 $Q = \lambda \times \dfrac{A}{D} \times \Delta T$ (kcal/h)

여기서, λ : 열전도율(kcal/m·h·℃) [A : 전열면적(m²) D : 두께(m) ΔT : 온도차(℃)]

$1000 = 50 \times \dfrac{1}{0.025} \times \Delta T$ ∴ 0.5℃

75 공기는 부피 기준 21 %의 산소와 79 %의 질소로 되어 있다. 공기가 표준대기압하에 있을 때, 질소의 분압은 몇 mmHg인가?

㉮ 400 mmHg ㉯ 600 mmHg
㉰ 700 mmHg ㉱ 800 mmHg

📌 $760 \times 0.79 = 600.4$ mmHg

정답 72. ㉱ 73. ㉮ 74. ㉯ 75. ㉯

76 C 중유 2 kg을 연소시켰을 때 생성되는 수증기의 양은 몇 Nm^3/kg인가? (단, C 중유의 수소함량은 11 %이며 기타 수준은 없는 것으로 한다.)

㉮ $1.0\ Nm^3/kg$ ㉯ $1.5\ Nm^3/kg$
㉰ $2.0\ Nm^3/kg$ ㉱ $2.46\ Nm^3/kg$

> $1.25\,(9H+W) = 1.25 \times 9 \times 0.11 = 1.24$
> $1.24 \times 2 = 2.46\ Nm^3/kg$

77 온도 20℃에서 순 프로판의 증기압 $P_P = 8.38\ kg/cm^2$, 순 부탄의 증기압 $P_B = 2.05\ kg/cm^2$, 포화액상 중의 프로판의 mol분율을 $x = 0.5$라고 할 때 전압은 얼마가 되는가? (단, 라울의 법칙이 성립되는 것으로 한다.)

㉮ $3.075\ kg/cm^2$ ㉯ $4.19\ kg/cm^2$
㉰ $5.21\ kg/cm^2$ ㉱ $10.43\ kg/cm^2$

> $8.38 \times 0.5 + 2.05 \times 0.5 = 5.21\ kg/cm^2$

78 LPG의 물리적 성질로 맞지 않는 것은?

㉮ 무색투명하고 알코올 및 에테르에 잘 용해된다.
㉯ 물에 잘 녹으며 동식물기름, 석유류 또는 천연고무를 잘 녹인다.
㉰ 액체상태에서 기체상태로 될 때의 체적은 약 250배 정도가 된다.
㉱ 액체일 때의 비중은 물보다 가볍고 기체일 때의 비중은 공기보다 무겁다.

79 아보가드로수는 1 mol당 6.02×10^{23}이다. 수소 3 mol과 질소 1 mol이 반응하여 전부 암모니아가 되었다면 생성된 암모니아의 분자수는 대략 얼마가 되는가?

㉮ 6.02×10^{23}개 ㉯ 1.204×10^{24}개
㉰ 1.806×10^{24}개 ㉱ 1.204×10^{23}개

> $3\,H_2 + N_2 \rightarrow 2\,NH_3$
> $\therefore\ 2 \times 6.02 \times 10^{23} = 1.204 \times 10^{24}$개

80 1 kg 중에 2.9 g의 포화수증기를 함유한 공기 (1atm)를 등온에서 100 atm까지 압축하면 공기 중의 포화수증기량은 공기 1 kg 중 대략 얼마가 되는가?

㉮ 0.01 g ㉯ 0.029 g
㉰ 2.9 g   ㉱ 29 g

$\dfrac{2.9}{100} = 0.029$ g

81 연소생성물 (CO₂, N₂) 등의 농도가 높아지면 연소속도에 미치는 영향은?
㉮ 연소속도가 빨라진다. ㉯ 연소속도가 저하한다.
㉰ 연소속도에는 변화가 없다. ㉱ 처음에는 저하되나 후에는 빨라진다.

가연성분과 산소와의 접촉을 방해한다.

82 연돌에 의한 통풍력은?
㉮ 연돌높이의 자승에 비례한다. ㉯ 연돌높이의 평방근에 비례한다.
㉰ 연돌높이에 반비례한다. ㉱ 연돌높이에 비례한다.

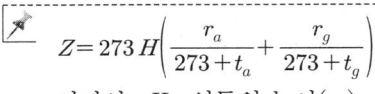

여기서, H : 연돌의 높이(m)
Z : 연돌의 통풍력 (mmH₂O)

83 매연의 발생원인에 관한 설명으로 틀린 것은?
㉮ 통풍력이 부족할 때 ㉯ 연소실의 체적이 작을 때
㉰ 석탄 중에 황분이 많을 때 ㉱ 무리하게 연소시킬 때

매연의 발생원인
① 연료의 질 저하
② 연소장치의 결함 : 연소실 내의 온도 저하, 과습, 과소한 용적
③ 취급자의 연소기술 미숙 : 연료와 공기의 혼합 부적합, 무리한 연소, 통풍 불량, 공기 과다·과소
㉰는 대기오염의 원인이다.

84 송풍기의 정압이 88 mmH₂O에서 유속이 380 m/min이고, 송풍량이 330 m³/min이 되도록 가동시킨 결과 6.5 PS의 동력이 소요되었다. 이때의 송풍기 모터의 회전수는 400 rpm인 것

을 회전수를 500 rpm으로 상승시킬 경우 ① 송풍량 (m³/min), ② 정압 (mmH₂O), ③ 동력 (PS)의 값으로 각각 맞는 것은?

㉮ ① 412.5 ② 137.5 ③ 12.7 ㉯ ① 422.5 ② 148.5 ③ 13.5
㉰ ① 430.5 ② 150.5 ③ 14.7 ㉱ ① 435.5 ② 151.5 ③ 15.5

- 송풍량 $= 330 \times \left(\dfrac{500}{400}\right) = 412.5 \text{ m}^3/\text{min}$
- 정압 $= 88 \times \left(\dfrac{500}{400}\right)^2 = 137.5 \text{ mmH}_2\text{O}$
- 동력 $= 6.5 \times \left(\dfrac{500}{400}\right)^3 = 12.7 \text{ PS}$

85 보일러를 1시간 동안 가동하는 데 소모되는 B-C유는 250 L이다. 이곳에 설치하여야 할 송풍기 축마력 (PS)은 어느 정도이어야 하는가? (단, 풍압은 450 mmH₂O, 송풍기효율은 75 %, B-C유의 비중은 0.95 kg/L, 연료의 소요공기량은 12 Nm³/kg이며, 연소용 공기는 전부 송풍기에 의존한다.)

㉮ 5.3 PS ㉯ 6.3 PS
㉰ 7.3 PS ㉱ 8.3 PS

$250 \times 0.95 \times 12 = 2,850 \text{ Nm}^3/\text{h}$

$\dfrac{2,850 \times 450}{75 \times 0.75 \times 3,600} = 6.3 \text{ PS}$

86 산화염을 옳게 설명한 것은?

㉮ 이론공기량으로 완전연소시켰을 때의 화염
㉯ 공기의 비를 너무 크게 하여 연소가스 중에 산소가 포함된 상태의 화염
㉰ 산소의 부족으로 일산화탄소와 같은 미연분을 포함한 화염
㉱ 수소가 파란 불꽃을 내며 연소하는 화염

㉰-환원염

87 고체 및 액체 연료의 이론공기량 (A_o)의 체적을 구하는 식은?

㉮ $A_o = 8.89\,\text{C} + 26.7\,\text{H} - 3.33(\text{O} - \text{S})$ (Nm³/kg)
㉯ $A_o = 8.89\,\text{C} + 26.7\,\text{H} - (\text{H} - \text{O}) + 3.33\,\text{S}$ (Nm³/kg)
㉰ $A_o = 8.89\,\text{C} - 26.7(\text{H} - \text{O}) + 3.33$ (Nm³/kg)
㉱ $A_o = 8.89\,\text{C} - 26.7\,\text{H} - 3.33(\text{O} - \text{S})$ (Nm³/kg)

정답 85. ㉯ 86. ㉯ 87. ㉮

88 다음과 같은 조성의 석탄을 완전연소시키기 위한 이론공기량은 얼마인가?

> C : 35 %, H : 2 %, O : 15 %, S : 1 %

㉮ 2.15 Nm³/kg   ㉯ 3.15 Nm³/kg
㉰ 4.15 Nm³/kg   ㉱ 5.15 Nm³/kg

$$8.89\,C + 26.7\left(H - \frac{O}{8}\right) + 3.33\,S$$
$$= 8.89 \times 0.35 + 26.7\left(0.02 - \frac{0.15}{8}\right) + 3.33 \times 0.01 = 3.17 \text{ Nm}^3/\text{kg}$$

89 공기비 (m)를 구하는 식으로 옳지 않은 것은? (단, A : 실제공기량, A_o : 이론공기량, P : 과잉공기량)

㉮ $m = \dfrac{A}{A_o}$ ㉯ $m = 1 + \dfrac{A - A_o}{A_o}$

㉰ $m = 1 - \dfrac{A - A_o}{A_o}$ ㉱ $m = 1 + \dfrac{P}{A_o}$

공기비 = $\dfrac{\text{실제공기량}}{\text{이론공기량}}$ = $1 + \dfrac{\text{과잉공기량}}{\text{이론공기량}}$

90 다음 연료 중 착화온도가 가장 높은 연료는?

㉮ 중유   ㉯ 목재
㉰ 역청탄   ㉱ 무연탄

착화온도
중유 : 550℃, 목재 : 300℃ 이하, 역청탄 : 400℃, 무연탄 : 450~500℃
탄화도가 커질수록 착화온도가 높아진다.

91 가스연료와 공기의 흐름이 난류일 때의 연소상태로서 옳은 것은?

㉮ 화염의 윤곽이 명확하게 보인다.
㉯ 층류일 때보다 완전연소가 안 된다.
㉰ 층류일 때보다 연소가 잘 되며 화염이 짧아진다.
㉱ 난류일 때에는 열효율이 저하된다.

정답 88. ㉯   89. ㉰   90. ㉯   91. ㉰

📌 분자운동이 활발하므로 산소와 접촉이 잘 된다.

92 일산화탄소(CO)의 발생원인이 아닌 것은?
- ㉮ 통풍력이 과대할 경우
- ㉯ 통풍력이 부족한 경우
- ㉰ 연소실의 온도가 낮은 경우
- ㉱ 연소실의 온도가 높은 경우

📌 완전연소가 될 수 있는 조건 – ㉮, ㉯, ㉰의 경우는 불완전 연소가 일어난다.

93 연소실 온도 t_f를 옳게 표시한 것은? (단, η : 연소효율, H_l : 저발열량, Q_i : 연료의 현열 및 연소용 공기열 보유열, Q_l : 방사, 전도 및 대류 등에 따르는 열손실, G : 연소가스량, C_{pm} : 연소가스의 평균정압비열)

- ㉮ $t_f = \dfrac{\eta H_l + Q_i - Q_l}{G \cdot C_{pm}}$ (℃)
- ㉯ $t_f = \dfrac{G \cdot C_{pm}}{\eta H_l + Q_i - Q_l}$ (℃)
- ㉰ $t_f = \dfrac{C_{pm} + Q_i - Q_l}{G \cdot \eta H_l}$ (℃)
- ㉱ $t_f = \dfrac{G \cdot C_{pm}}{Q_i - Q_l}$ (℃)

📌 연료나 공기가 가지고 있던 열량은 더해서 계산하고 손실열은 빼 준다.

94 가스의 성질을 설명한 것으로 옳은 것은?

> ① 폭발범위가 넓은 것은 위험하다.
> ② 안전간격이 큰 것일수록 위험하다.
> ③ 압력이 높아지면 일반적으로 폭발범위가 넓어진다.
> ④ 연소속도가 빠른 것일수록 안전하다.
> ⑤ 가스비중이 큰 것은 낮은 곳에 체류할 위험이 있다.

- ㉮ ①, ②, ③
- ㉯ ①, ③, ⑤
- ㉰ ②, ③, ④
- ㉱ ③, ④, ⑤

📌 ① 안전간격이 작은 것일수록 위험하다.
② 연소속도가 빠른 것일수록 위험하다.

정답 92. ㉱ 93. ㉮ 94. ㉯

95 점화원에 대한 설명으로 옳은 것은?

㉮ 정전기에 의한 방전은 점호원이 될 수 없다.
㉯ 금속의 충격에 의한 불꽃은 점화원이 될 수 없다.
㉰ 전기기기의 불꽃은 점화원이 될 수 없다.
㉱ 수증기는 점화원이 될 수 없다.

> 점화원 : 화기, 전기불꽃, 정전기불꽃, 마찰열, 충격, 고열물, 단열압축, 산화열

96 연소의 3요소는?

㉮ 가연물, 산소, 열
㉯ 가연물, 빛, 이산화탄소
㉰ 가연물, 공기, 산소
㉱ 가연물, 산소, 점화원

> 연소의 3요소 : 가연성 물질, 지연성 물질, 점화원

97 착화온도가 낮아지는 이유가 아닌 것은?

㉮ 산소농도가 높다.
㉯ 발열량이 많다.
㉰ 압력이 높다.
㉱ 분자구조가 간단하다.

> 분자구조가 간단할수록 착화온도가 높아진다.

98 연소를 잘 시키는 요인에 대한 설명으로 틀린 것은?

㉮ 산소와의 접촉을 잘 시킬수록 연소가 잘 일어난다.
㉯ 화학적 친화력이 클수록 연소가 잘 된다.
㉰ 온도가 상승하면 보통 연소가 잘 된다.
㉱ 열전도율이 높을수록 연소가 잘 된다.

> 열전도율이 낮을수록 연소가 잘 된다.

99 회분이 연소에 미치는 영향에 대해서 서술한 것 중 틀린 것은?

㉮ 재는 연소실의 온도를 높인다.
㉯ 재는 통풍에 지장을 주어서 연소효과를 낮게 한다.
㉰ 보일러 벽이나 내화벽돌에 부착해서 침식한다.
㉱ 용융온도가 낮은 재는 클링커를 작용시켜서 통풍을 방해한다.

정답 95. ㉱ 96. ㉱ 97. ㉱ 98. ㉱ 99. ㉮

📌 회분이 존재할 때 : 발열량의 저하로 연료가치가 떨어진다. 클링커 발생으로 통풍 저하, 연소를 나쁘게 하여 열효율 저하

100 나프타에 대한 설명 중 틀린 것은?
㉮ 중유에서 분리된 가정용 연료이다.
㉯ 비점 범위에 따라 경질과 중질로 분류한다.
㉰ 가솔린의 비점 범위의 유분을 말한다.
㉱ 경질 나프타는 열분해되어 석유화학의 원료가 된다.

📌 나프타(naphtha)는 원유를 상압증류한 것으로 비점의 범위에 따라 130도 기준으로 경질과 중질로 구분된다.

101 기체연료의 연소성에 대한 장단점을 설명한 것으로 틀린 것은?
㉮ 다른 연료에 비해 방사열이 많다.　　㉯ 수송, 저장이 불편하다.
㉰ 적은 과잉공기로 완전연소가 된다.　　㉱ 연소 조절이 용이하다.

📌 기체연료
① 장점 : 연소효율이 높고 적은 과잉공기로 완전연소 가능. 저발열량의 원료로도 고온을 얻을 수 있다.
② 단점 : 단위용적당 발열량이 극히 적고 가격이 비싸다. 누출되기 쉽고, 폭발 위험이 크다. 수송, 저장이 불편하다.

102 LPG의 비중은 도시가스에 비해 몇 배 정도 무거운가?
㉮ 1.5배　　　　　　　　　　　㉯ 1.7배
㉰ 2배　　　　　　　　　　　　㉱ 3배

📌 $\dfrac{C_3H_8}{CH_4} = \dfrac{44}{16} ≒ 3배$

103 오일가스란 석유를 열분해시켜 무엇을 첨가하여 제조한 것인가?
㉮ 탄소　　　　　　　　　　　㉯ 산소
㉰ 질소　　　　　　　　　　　㉱ 수소

📌 오일가스 : 나프타를 주원료로 열분해, 접촉분해, 부분연소 등으로 만들어진다. 발열량은 3000~10000 kcal/Nm³

정답 100. ㉮   101. ㉮   102. ㉱   103. ㉱

104 연도가스 분석결과 $CO_2 = 14.5\,\%$, $O_2 = 8.2\,\%$일 때 과잉공기계수 m은 얼마인가?

㉮ 1.25   ㉯ 1.34
㉰ 1.41   ㉱ 1.66

$$m = \frac{N_2}{N_2 - 3.760\,O_2}$$

$$\therefore \frac{77.3}{77.3 - 3.76 \times 8.2} = 1.66$$

105 보일러효율이 60 %인 경우 발열량 5000 kcal/kg인 석탄 150kg을 연소시켰을 때 손실 열량은 몇 kcal인가?

㉮ 200000kcal   ㉯ 300000kcal
㉰ 400000kcal   ㉱ 500000kcal

손실량 : $5000 \times 150 \times 0.4 = 300000$ kcal

106 연소 관리에서 과잉공기량은 배기가스에 의한 열손실량 (L_s), 불완전연소에 의한 열손실량 (L_i), 연사에 의한 열손실량 (L_c) 및 열복사에 의한 열손실량 (L_r) 중에서 최소가 되게 조절하여야 할 것은?

㉮ L_i ㉯ $L_s + L_r$
㉰ $L_s + L_i$ ㉱ $L_i + L_c$

연소 관리할 때 손실 중에서 현재의 미연분에 의한 손실 (연사손실)과 불완전 연소에 의한 손실에 주의한다.

107 프로판가스 1 Nm^3를 공기과잉률 1.1로 완전연소시켰을 때 전 연소가스량은 몇 Nm^3가 되겠는가?

㉮ 11.9 Nm^3 ㉯ 18.6 Nm^3
㉰ 24.2 Nm^3 ㉱ 29.4 Nm^3

$C_3H_8 + 5O_2 \rightarrow 3CO_2 + 4H_2O$

$\dfrac{5}{0.21} = 23.81$ (이론공기량)

$(m - 0.21)A_o + 3 = (1.1 - 0.21) \times 23.81 + 3 = 24.2$ Nm^3

정답   104. ㉱   105. ㉯   106. ㉰   107. ㉰

108 C_3H_8 1 Nm³을 연소했을 때의 습연소가스량 (Nm³)은 얼마인가? (단, 공기 중의 산소는 21 %이다.)

㉮ 21.8 Nm³
㉯ 24.8 Nm³
㉰ 25.8 Nm³
㉱ 27.8 Nm³

$$(1-0.21)A_o + 7 = (1-0.21) \times \frac{5}{0.21} + 7 = 25.8 \text{ Nm}^3$$

109 연료 관리의 범위가 아닌 사항은?

㉮ 연료의 선택과 구입
㉯ 연료의 운반과 하역
㉰ 연료의 저장과 배분
㉱ 연료의 연소와 발열

연료의 연소와 발열 → 연소 관리

110 고체연료의 탄화도에 대한 설명 중 탄화도가 클수록 미치는 영향으로 틀린 것은?

㉮ 고정탄소가 증가한다.
㉯ 발열량이 저하한다.
㉰ 착화온도가 높아진다.
㉱ 완전연소가 되므로 매연 발생이 감소된다.

탄화도가 클 때
① 고정탄소는 증가하고 산소량은 감소한다.
② 수분휘발분이 감소한다.
③ 연소속도가 늦어지고 착화온도가 높아진다.
④ 연료비가 증가한다.

111 연료비를 기준으로 하여 분류한 것은?

㉮ 석탄과 아탄과의 구별
㉯ 석탄의 팽창성
㉰ 석탄의 점결성
㉱ 석탄의 기공성

탄화도가 클수록 연료비가 좋다.
신탄 < 아탄 < 갈탄 < 역청탄 < 무연탄

112 연료의 주성분은?

㉮ 탄소, 수소
㉯ 탄소, 수소, 황
㉰ 황, 탄소, 염소
㉱ 수소, 황, 염소

> 연료는 일반적으로 탄소, 수소, 산소로 구성되어 있고 그 밖에 질소, 황 및 할로겐화물 등의 불순물이 포함되어 있으나 이 중 가연성분은 C, H, S이며 주성분은 C, H이다.

113 다음 용어의 해설 중 틀린 것은?

㉮ 1 센티푸아즈 (cP)는 3.6 kg/m·h와 같은 양이다.
㉯ Reynolds 수란 유체가 직관을 흐를 때 난류인지 층류인지를 추정하는 무차원수이다.
㉰ 층류란 유체의 흐름이 완만하며 유체의 각 입자가 흐름의 방향과 평행하게 진행하는 것을 말한다.
㉱ 난류란 유체의 흐름이 빠르며 유체의 각 입자가 흐름의 방향과 수직하게 진행하는 것을 말한다.

> ① 절대점도 (Poise=g/cm·s) : μ (포아즈)
> ② 동점도 (stokes=cm^2/s) : ν (스토크스)
> ③ $R_e = \dfrac{DV\rho}{\mu} = \dfrac{DV}{\nu}$, $R_e < 2300$: 층류

114 착화열을 적절하게 표현한 것은?

㉮ 연료가 착화해서 발생하는 전 열량
㉯ 외부로부터 열을 받지 않아도 스스로 연소하여 발생하는 열량
㉰ 연료 1kg이 착화 연소하여 나오는 총발열량
㉱ 연료를 최초의 온도로부터 착화온도까지 가열하는 데 소요되는 열량

> 착화열 : 연료를 최초의 온도로부터 착화온도까지 가열하는 데 소요되는 열량

115 기체연료의 연소방법은?

㉮ 증발연소　　　　　　　　㉯ 표면연소
㉰ 분해연소　　　　　　　　㉱ 확산연소

> 연소의 종류
> ① 표면연소 – 고체 (코크스, 목탄, 숯)　② 증발연소 – 액체 (경유)
> ③ 분해연소 – 액체, 고체　　　　　　 ④ 확산연소 – 기체

정답　113. ㉱　114. ㉱　115. ㉱

116 연소온도에 대한 설명으로 잘못된 것은 ?

㉮ 연소용 공기 중 산소농도가 높아지면 이론연소온도가 높아진다.
㉯ 공기비가 커지면 연소가스량이 증가하므로 이론연소온도에는 별 차이가 생기지 않는다.
㉰ 발열량이 커지면 연소가스량도 많아지므로 이론연소온도에는 별 차이가 생기지 않는다.
㉱ 실제의 연소온도는 완전연소가 곤란하고 발생한 열이 노벽 등에 흡수되므로 이론연소온도보다 낮아지는 것이 보통이다.

> 공기비가 커지면 열손실도 커지고 가스온도도 낮아진다.

117 석탄화의 진행순서를 맞게 설명한 것은 ?

㉮ 아탄 → 역청탄 → 저탄 → 무연탄
㉯ 저탄 → 아탄 → 역청탄 → 무연탄
㉰ 저탄 → 아탄 → 무연탄 → 역청탄
㉱ 무연탄 → 역청탄 → 아탄 → 저탄

> 아탄 → 갈탄 → 역청탄 → 무연탄 → 흑연

118 탄화도가 높은 무연탄의 착화온도는 어떻게 되는가 ?

㉮ 높아진다.
㉯ 낮아진다.
㉰ 훨씬 높아진다.
㉱ 훨씬 낮아진다.

> 탄화도가 증가하면 휘발분이 감소하므로 착화온도는 높아진다. 무연탄 : 440~510℃

119 코크스에 대한 설명과 관계가 먼 것은 ?

㉮ 코크스화하는 석탄 중 단단한 것이 생성되는 것을 강점결탄이라 한다.
㉯ 석탄을 저온건류했을 때 생성되는 잔류물을 반성 코크스라 한다.
㉰ 점결탄을 주성분으로 한 원료탄을 가열한 것이다.
㉱ 석탄의 액체연료를 혼합하여 단단하게 뭉쳐 놓은 것이다.

> 점결탄을 주성분으로 하는 원료탄을 공기를 차단하고 가열하여 1000℃ 내외에서 건류하여 얻어지는 2차 연료이다. 매연이 적고 불꽃이 짧으며 화염온도가 높다.

정답 116. ㉯ 117. ㉯ 118. ㉮ 119. ㉱

120 풍화작용을 일으키는 요인이 아닌 것은?

㉮ 휘발분이 많을수록   ㉯ 석탄이 새로울수록
㉰ 수분이 많을수록   ㉱ 외기온도가 낮을수록

📌 풍화작용 : 석탄이 공기 중의 산소와 반응하여 산화해서 변질되는 현상

121 연소효율 E_c를 옳게 표시한 식은? (단, H_l : 진발열량, L_w : 노에 흡수된 손실, L_s : 배기가스의 현열손실, L_c : 연사손실, L_l : 불완전연소에 따른 손실)

㉮ $E_c = \dfrac{H_l - L_c - L_w}{H_l} \times 100\%$ ㉯ $E_c = \dfrac{H_l - L_c - L_r}{H_l} \times 100\%$

㉰ $E_c = \dfrac{H_l - L_c - L_l}{H_l} \times 100\%$ ㉱ $E_c = \dfrac{H_l - L_c - L_s}{H_l} \times 100\%$

📌 연소효율 = $\dfrac{(진발열량 - 연사손실 - 불완전연소에\ 따른\ 손실)}{진발열량}$

전열효율 = $\dfrac{발생열량 - 손실효율}{발생열량}$

∴ 전효율 = 연소효율 × 전열효율

122 C_3H_8 1 Nm³을 연소했을 때의 건연소가스량(m³)은? (단, 공기 중의 산소는 21%이다.)

㉮ 21.8 Nm³/Nm³   ㉯ 20.8 Nm³/Nm³
㉰ 19.4 Nm³/Nm³   ㉱ 22.4 Nm³/Nm³

📌 $C_3H_8 + 5\,O_2 \rightarrow 3\,CO_2 + 4\,H_2O$

$\dfrac{5}{0.21} \times 0.79 + 3 = 21.8\ \text{Nm}^3/\text{Nm}^3$

123 C 중유 1 kg을 완전연소시켰을 때 생성되는 수증기의 양(Nm³/kg-중유)은 다음 중 어느 값에 가장 가까운가? (단, 중유의 수소함량은 14%이고 수분은 0.1%로 한다.)

㉮ 1.44 Nm³/kg   ㉯ 1.59 Nm³/kg
㉰ 1.68 Nm³/kg   ㉱ 1.74 Nm³/kg

📌 H_2 : 0.14 g, H_2O : 0.001 kg

$1.25 \times (9H + W) = 1.25 \times (9 \times 0.14 + 0.001) = 1.59\ \text{Nm}^3/\text{kg}$

정답 120. ㉱ 121. ㉰ 122. ㉮ 123. ㉯

124 건조공기를 써서 다음 조성의 수성가스를 연소시킬 때 공기량 (Nm^3/Nm^3)은 얼마인가? (단, 여기서 공기과잉률은 1.30이다.)

CO_2 (4.5 %), O_2 (0.2 %), CO (38.0 %), H_2 (52.0 %), N_2 (5.3 %)

㉮ 1.95 Nm^3/Nm^3 ㉯ 2.77 Nm^3/Nm^3
㉰ 3.67 Nm^3/Nm^3 ㉱ 4.09 Nm^3/Nm^3

가연성분 : CO, H_2
$$\left\{\frac{0.5 \times (0.38 + 0.52) - 0.002}{0.21}\right\} \times 1.3 = 2.77 \text{ Nm}^3/\text{Nm}^3$$

125 고로가스의 주성분은?

㉮ CO_2와 CO ㉯ O_2와 CH_4
㉰ H_2와 N_2 ㉱ CO와 N_2

고로가스 (용광로 가스)
- 용광로에서 철광석을 용융시킬 때 코크스가 연소해서 배출되는 가스이다.
- 주성분 : CO (27 %), CO_2 (15 %), N_2 (57 %)

126 발생로가스의 주성분은?

㉮ CO, H_2 ㉯ CH_4, N_2
㉰ CO_2, N_2 ㉱ CO, N_2

발생로 가스
- 원료인 석탄, 코크스 등을 화상에 넣고 공기 또는 수증기 혼합기체를 공급하여 불완전 연소시켜 일산화탄소 (CO)를 함유한 가스이다.
- 주성분 : CO (25.4 %), N_2 (55.8 %), H_2 (13 %)

127 온도가 높고 압력이 커질수록 연소속도는 어떻게 되는가?

㉮ 커진다. ㉯ 작아진다.
㉰ 불변이다. ㉱ 상관없다.

온도가 높고 압력이 커질수록 연소속도는 빨라진다.

128 연소배기가스의 CO_2 함유량을 측정하는 이유는?

㉮ 산화염 및 환원염의 판정을 위하여
㉯ 연소가스량을 계산하기 위하여
㉰ 공기비를 조절하여 열효율을 높이기 위하여
㉱ 연료소비량을 구하기 위하여

> 📌 CO_2 함유량이 적은 것은 불완전연소가 되고 있다는 것이다. 즉, 공기가 부족한 것이다.

129 연돌의 통풍력을 구하는 식으로 옳은 것은? (단, H : 연돌의 높이, r_a : 대기의 비중량, r_g : 가스의 비중량, t_a : 외기의 온도, t_g : 가스의 평균온도, Z : 연돌의 통풍력)

㉮ $Z = 273H \left(\dfrac{r_a}{273+t_a} - \dfrac{r_g}{273+t_g} \right)$ [mmH$_2$O]

㉯ $Z = 273H \left(\dfrac{r_g}{273+t_g} - \dfrac{r_a}{273+t_a} \right)$ [mmH$_2$O]

㉰ $Z = 273H \left(\dfrac{r_a}{273+t_g} - \dfrac{r_g}{273+t_a} \right)$ [mmH$_2$O]

㉱ $Z = 273H \left(\dfrac{r_g}{273+t_a} - \dfrac{r_a}{273+t_g} \right)$ [mmH$_2$O]

> 📌 연돌의 통풍력
> $$Z = 273H \left(\dfrac{r_a}{273+t_a} - \dfrac{r_g}{273+t_g} \right) \text{ [mmH}_2\text{O]}$$
> 여기서, H : 연돌의 높이 (m), r_a : 대기의 비중량, t_a : 외기의 온도
> r_g : 가스의 비중량, t_g : 가스의 평균온도

130 동점도란 액체의 절대점도를 같은 온도에서 그 액체의 ( )로 나눈 값으로, 그 단위를 스토크스라 한다. 다음 중 괄호 안에 들어갈 말은?

㉮ 체적   ㉯ 용량
㉰ 밀도   ㉱ 흐르는 시간

> 📌 동점도 $\nu = \dfrac{\mu}{\rho}$ (cm^2/s = stokes)

정답 128. ㉰ 129. ㉮ 130. ㉰

131 동점도의 단위는? (단위 : St)
㉮ s/cm
㉯ cm/s
㉰ s/cm²
㉱ cm²/s

① 절대점도 μ : g/cm·s = poise
② 동점도 ν : cm²/s = stokes

132 실제공기에 대한 다음 설명 중 옳은 것은?
㉮ 완전연소에 필요한 공기보다 많은 공기
㉯ 1차 공기에 대한 2차 공기
㉰ 연료가 연소하기에 필요로 하는 이론공기보다 많은 공기
㉱ 노내에 실제로 투입되는 공기

㉰ – 과잉공기

133 다음 식 중 $(CO_2)_{max}$을 구하는 식은?

㉮ $\dfrac{(CO_2)}{100-\dfrac{(O_2)}{0.21}} \times 100$

㉯ $\dfrac{(CO_2)}{100-\dfrac{(CO_2)}{0.21}} \times 100$

㉰ $\dfrac{0.21(O_2)}{0.21-(CO_2)} \times 100$

㉱ $\dfrac{(CO_2)}{(CO_2)-(O_2)} \times 100$

$(CO_2)_{max} = \dfrac{CO_2}{이론공기량} \times 100$

$= \dfrac{CO_2}{100-\dfrac{O_2}{0.21}} \times 100$

134 $(CO_2)_{max}$ %는 공기비가 어떤 때를 말하는가?
㉮ $m = 0$
㉯ $m = 2$
㉰ $m = 1$
㉱ 아무 관계도 없다.

$m = \dfrac{(CO_2)_{max}}{CO_2}$

135 가연성 가스의 발화점에 영향을 주는 인자가 아닌 것은?

㉮ 공기 또는 산소 등 지연성 가스와의 혼합비율
㉯ 가스를 넣은 용기의 재질, 형상, 크기
㉰ 온도를 높이는 속도와는 관계없다.
㉱ 반응속도와 반응열의 대소

> 발화점에 영향을 주는 인자
> ① 가연성 가스와 공기의 혼합비
> ② 발화가 생기는 공간의 형태와 크기
> ③ 가열속도와 지속시간
> ④ 기벽의 재질과 촉매효과
> ⑤ 점화원의 종류와 에너지 투여법

136 고체연료가 가열되어 외부에서 점화하지 않아도 연소를 지속할 수 있는 최저온도는?

㉮ 최적온도
㉯ 연소온도
㉰ 인화온도
㉱ 착화온도

> 착화점 (발화점) : 불씨가 없이 연소가 일어나는 최저온도

137 수소가 산소와 반응하여 물이 되면 몇 배의 무게로 되는가?

㉮ 6배
㉯ 7배
㉰ 8배
㉱ 9배

> $H_2 + \frac{1}{2}O_2 \rightarrow H_2O$
>   2 g   18 g
> ∴ $\frac{18}{2} = 9$배

138 가연성 물질에서 매연이 발생되는 경우는?

㉮ 탄화수소는 산소가 충분하여 완전연소를 할 때
㉯ 코크스는 공기가 충분하여 완전연소를 할 때
㉰ 탄화수소는 산소가 부족하여 불완전연소를 할 때
㉱ 목탄이 공기가 부족하여 불완전연소를 할 때

정답   135. ㉰   136. ㉱   137. ㉱   138. ㉰

139 인화점에 대한 설명으로 적당한 것은?
㉮ 목재 등에 불이 붙는 최저온도
㉯ 액체연료가 가연성 증기를 발생하는 최저온도를 말한다.
㉰ 고체연료에 착화하는 최저온도를 말한다.
㉱ 공기의 존재 하에서 연료를 가열하여 불씨를 대지 않고 연소가 개시되는 최저온도

> 인화점 : 가연성 액체의 액면 부근에 인화하기에 충분한 농도의 증기를 발산하는 최저온도

140 착화온도에 대한 설명 중 다음에서 틀리는 것은?
㉮ 착화온도는 발열량이 높을수록 높아진다.
㉯ 착화온도는 분자구조가 복잡할수록 낮아진다.
㉰ 착화온도는 산소의 농도가 짙을수록 낮아진다.
㉱ 착화온도는 압력이 낮을수록 높아진다.

> 착화온도는 발열량이 높을수록 낮아진다.

141 원소분석에서 정량할 수 없는 것은?
㉮ 수소분   ㉯ 휘발분
㉰ 질소분   ㉱ 탄소분

> 공업분석 항목 : 수분, 회분, 휘발분, 고정탄소

142 액체연료의 수분 측정방법을 옳게 나타낸 것은? [단, G : 유출수량 (mL, mg), W : 시료의 양 (mL, mg)]
㉮ 수분 (%) = $(1-G)W \times 100$ ㉯ 수분 (%) = $(G/W) \times 100$
㉰ 수분 (%) = $G/(1-W) \times 100$ ㉱ 수분 (%) = $W/G \times 100$

143 A 공장의 연도가스를 분석해 본 결과 다음과 같은 용적 조성을 얻었다. 이 연도가스의 평균분자량은?

> CO_2 : 18.4 %, N_2 : 79.0 %, O_2 : 2.6 %

㉮ 80.96 ㉯ 83.2
㉰ 22.12 ㉱ 31.048

> $44 \times 0.184 + 28 \times 0.79 + 32 \times 0.026 = 31.048$

144 열전도율은 일반적으로 λ로 표시하고 있다. 다음 중 열전도율의 단위는?
㉮ kcal/kg · ℃ ㉯ kcal/m² · h · ℃
㉰ kcal/m · h · ℃ ㉱ kcal/m · ℃

> - kcal/kg · ℃ : 비열
> - kcal/m² · h · ℃ : 열전달률, 통과율, 관류율, 전열계수
> - kcal/m · h · ℃ : 열전도율
> ① 전열량 = $\lambda \times \dfrac{A}{D} \times \Delta T_m$ (λ : 열전도율)
> ② 열관류율 (K)
> $\dfrac{1}{K} = \dfrac{1}{a_1} + \dfrac{D_1}{\lambda_1} + \dfrac{D_2}{\lambda_2} + \cdots + \dfrac{1}{a_2}$
> (a_1, a_2 : 열전달률, λ_1, λ_2 : 열전도율, D_1, D_2 : 두께)

145 이론연소온도 t_r을 옳게 나타낸 것은? (단, Q는 연료와 공기의 현열)

㉮ $t_r = \dfrac{H_l}{G_{cpm}}$ ㉯ $t_r = \dfrac{H_l + Q}{G_{cpm}}$

㉰ $t_r = \dfrac{H_l - Q}{G_{cpm}}$ ㉱ $t_r = \dfrac{Q}{G_{cpm}}$

> 이론연소온도 $t_r = \dfrac{H_l + Q}{G_{cpm}}$ (여기서, Q : 연료와 공기의 현열)

146 석탄의 각 성분에 대한 설명으로 바르지 않은 것은?
㉮ 휘발분 : 착화점이 낮고 긴 불꽃이 일어난다.
㉯ 고정탄소 : 발열량이 많고 매연 발생이 적다.
㉰ 회분 : 저급탄일수록 많고 발열량과 관계가 없다.
㉱ 수분 : 저급탄일수록 많고 발열량이 많다.

> 수분이 존재할 때 : 점화가 어렵고 흰 연기 발생. 수분의 기화로 연소를 나쁘게 한다. 통기 및 통풍 불량. 불완전연소로 연소율 저하

정답 144. ㉱ 145. ㉯ 146. ㉱

147 연소의 종류 중 화염이 없는 연소는?

㉮ 증발연소 ㉯ 분해연소
㉰ 표면연소 ㉱ 확산연소

> 코크스나 숯은 보통의 연소온도에서 증발하지 않으므로 산소나 이산화탄소 등의 산소화합물 가스의 확산에 의하여 그 표면상에서 연소반응을 일으키는 연소로, 증발도 열분해도 없이 연료 표면이 직접 연소반응하는 것이다.

148 표면연소에 대한 설명으로 가장 적절한 것은?

㉮ 오일의 표면에서 오일이 기화하여 일어나는 연소
㉯ 화염의 표면에서 산소와의 결합으로 일어나는 연소
㉰ 적열 코크스나 숯의 표면에 산소가 접촉하여 일어나는 연소
㉱ 고체연료가 화염을 정상적으로 내면서 연소하는 것

149 다음 성분들은 원소분석법에 의한 성분들이다. 저온부식의 원인이 되는 것은?

㉮ 황   ㉯ 탄소
㉰ 수소   ㉱ 질소

> 저온부식 : 황이 연소하여 아황산가스가 되는데 (S+O₂ → SO₂), 그 일부는 과잉산소가 존재하면 무수황산 (SO₃)이 되어 연소가스 중의 수증기와 결합하여 황산가스 (SO₃ + H₂O → H₂SO₄)가 된다. 이것이 장치의 저온부에 접촉하면 부식을 일으킨다.

150 액체연료의 1로트 (lot)에 대한 설명 중 잘못된 것은?

㉮ 같은 사람이 채취한 것   ㉯ 같은 배치에서 생성된 것
㉰ 같은 탱크의 재고품   ㉱ 같은 탱크에서 꺼낸 것

> 로트 (lot) : 품위를 결정하기 위해 시료량을 채취하는 단위량

151 석탄을 분석한 결과 휘발분이 35.6 %, 회분이 23.2 %, 수분이 2.4 %일 때 이 석탄의 연료비는 얼마인가?

㉮ 1.03 %   ㉯ 1.06 %
㉰ 1.09 %   ㉱ 1.14 %

정답 147. ㉰ 148. ㉰ 149. ㉮ 150. ㉮ 151. ㉰

> 연료비 = 고정탄소/휘발분   ∴ $\frac{38.8}{35.6} = 1.09\%$

152 수분량을 정량하고자 할 때 시료를 건조기에 두고 가열하려면 온도는 몇 ℃가 되어야 하겠는가?
㉮ 107±2℃ ㉯ 98±2℃
㉰ 105±5℃ ㉱ 120±5℃

> 수분증발량 = 감량무게/시료무게 × 100 (건조기에서 107±2℃로 60분 동안 가열)

153 유동점 (중유)이란?
㉮ 응고점 −2.5℃ ㉯ 유동점은 점도와 같다.
㉰ 응고점 +2.5℃ ㉱ 응고점은 유동점과 같다.

> 유동점 : 액체가 움직일 수 있는 최저온도(= 응고점 + 2.5℃ 정도)

154 노즐로부터의 분사량과 유압과의 관계는?
㉮ 유압의 평방근에 비례한다. ㉯ 유압의 제곱에 비례한다.
㉰ 유압의 평방근에 반비례한다. ㉱ 유압의 제곱에 반비례한다.

> 노즐의 인풋량 $I = 0.011 \cdot D^2 \cdot K \cdot W\sqrt{P}$

155 유류연소장치의 과잉공기율 (%)은?
㉮ 20~30 % ㉯ 10~20 %
㉰ 5~25 % ㉱ 30 %

156 매연 발생의 주된 원인이 아닌 것은?
㉮ 연소실 가열 ㉯ 통풍력 부족
㉰ 연소기술 미숙 ㉱ 불순물 혼입

> 연소실 온도가 낮을 때 매연이 발생한다. 이외에 통풍력이 부족하거나 과대할 때, 연소실 용적이 작을 때, 무리하게 연소시킬 때 등이다.

정답 152. ㉮ 153. ㉰ 154. ㉮ 155. ㉮ 156. ㉮

157 탄소 C/12 kmol을 완전연소시키는 데 필요한 산소량은 몇 kmol인가?

㉮ CO kmol
㉯ 2C kmol
㉰ 22.4/12 kmol
㉱ C/12 kmol

> $C + O_2 \rightarrow CO_2$
> 　 1 : 1

158 다음과 같은 부피 조성의 연소가스가 있다. 산소의 mol분율은 얼마인가?

$CO_2 (13.1\%), O_2 (7.7\%), N_2 (79.2\%)$

㉮ 7.7
㉯ 0.77
㉰ 0.077
㉱ 0.792

> 부피 % = 몰 % = 압력 %

159 탄화수소계 성분 중에서 발열량이 가장 큰 것은?

㉮ 메탄 (CH_4)
㉯ 에탄 (C_2H_6)
㉰ 에틸렌 (C_2H_4)
㉱ 벤젠 (C_6H_6)

> 탄소 수 증가에 따라 발열량 증가

160 벙커 C유의 황분이 3.6이다. 공기비 1.4로 연소시켰을 때 연소가스 중의 SO_2 함량은? (단, 이론연소가스량은 11.0 Nm^3/kg 연료, 이론공기량은 10.5 Nm^2/kg, 연료 S의 원자량은 32로 한다.)

㉮ 0.15 %
㉯ 0.16 %
㉰ 0.17 %
㉱ 0.18 %

> 이론연소량 + 과잉공기량 = 실제연소량
> $11 + (1.4 - 1) \times 10.5 = 15.2$
> $\dfrac{\frac{22.4 \times 0.036}{32}}{15.2} \times 100 = 0.17\%$

정답 157. ㉱　158. ㉰　159. ㉱　160. ㉰

161 가연성 가스의 발화점에 영향을 주는 인자가 아닌 것은?

㉮ 공기 또는 산소 등 지연성 가스와의 혼합비
㉯ 가열시간 또는 온도를 높이는 속도
㉰ 반응속도와 반응열의 대소
㉱ 용기 속의 충전물의 재질, 크기, 형상

162 폭발 용어 설명에서 DID에 대한 것으로 옳은 것은?

㉮ 최초의 완만한 연소가 격렬한 폭굉으로 발전할 때까지의 거리
㉯ 폭발등급을 나타낼 때의 안전간격을 나타내는 거리
㉰ 어느 온도에서 가열하기 시작하여 발화에 이르기까지 시간 또는 거리
㉱ 폭굉이 전하는 속도

> DID (폭굉유도거리) : 완만한 연소가 폭굉으로 발전하는 거리로서 짧을수록 위험하다.

163 공기비에 영향을 주는 요소가 아닌 것은?

㉮ 연소실의 크기 ㉯ 연료의 성질
㉰ 연소장치 ㉱ 연소방법

> 연소실의 크기는 배기가스의 온도에 영향을 주는 요소이다.

164 고체 및 액체연료의 연료 생성 SO_2량을 구하는 식은?

㉮ $4.31 \times S$ (Nm^3) ㉯ $3.33 \times S$ (Nm^3)
㉰ $0.7 \times S$ (Nm^3) ㉱ $4.31 \times S$ (kg)

> $S + O_2 \rightarrow SO_2$에서 $\dfrac{22.4}{32} = 0.7$ Nm^3/kg

165 연소가스량 중 O_2를 옳게 표시한 것은? (단, 건·배기 중의 농도, A : 실제공기량, A_0 : 이론공기량, G : 습연소가스량, G' : 건연소가스량, G_o : 이론습연소가스량)

㉮ $O_2 = \dfrac{0.21(m-1)A}{G_o} \times 100$ ㉯ $O_2 = \dfrac{0.21(m-1)A_o}{G_1} \times 100$

㉰ $O_2 = \dfrac{0.21(m-1)A_o}{G} \times 100$ ㉱ $O_2 = \dfrac{0.21(m-1)A_o}{G'} \times 100$

정답 161. ㉱ 162. ㉮ 163. ㉮ 164. ㉰ 165. ㉱

166 단위중량당 발열량이 가장 큰 것은?

㉮ O ㉯ H_2
㉰ CO ㉱ S

> H : 34000 kcal/kg (H_h), 28600 kcal/kg (H_l)
> CO : 2400 kcal/kg $\left(CO + \dfrac{1}{2}O_2 \rightarrow CO_2 + 6780 kcal\right)$
> S : 2500 kcal/kg,
> C : 8100 kcal/kg

167 연도 높이가 40 m이고, 배기가스의 평균온도가 260℃, 대기온도가 25℃일 때 통풍력은 얼마인가? (단, 대기의 비중량은 1.295이고 가스비중량이 1.423 kg/m³이다.)

㉮ 14.6 mmAq ㉯ 18.3 mmAq
㉰ 16.4 mmAq ㉱ 13.8 mmAq

> $Z = 273H\left(\dfrac{r_a}{273+t_a} - \dfrac{r_g}{273+t_g}\right)$
> $\therefore Z = 273 \times 40 \times \left(\dfrac{1.295}{273+25} - \dfrac{1.423}{273+260}\right) = 18.30$ mmH$_2$O

168 과잉공기에 대한 설명으로 틀린 것은? (단, m은 공기비, A_o는 이론공기량, A는 실제공기량이다.)

㉮ 과잉공기란 실제공기량에서 완전연소에 필요한 이론공기량을 뺀 값을 말한다.
㉯ $m = 1 + \dfrac{과잉공기량}{이론공기량}$
㉰ $m = A_o/A$
㉱ 이론공기량−과잉공기량 = 1차공기량 + 2차공기량

> 공기비(m)
> $m = \dfrac{실제공기량}{이론공기량} \dfrac{A}{A_o} = 1 + \dfrac{과잉공기량}{이론공기량}$
> 과잉공기량 = 실제공기량 − 이론공기량

169 과잉공기가 지나칠 때 나타나는 현상 중 틀린 것은?

㉮ 연소실 온도가 저하되고 완전연소가 곤란

㉯ 배기가스에 의한 열손실의 증가
㉰ 배기가스의 온도가 높아지고 매연이 증가
㉱ 열효율이 감소되고 연료소비량이 증가

> 공기비가 커지면 열손실도 커지고 가스온도도 낮아진다.

170 클링커 생성에 의한 장해에 대한 설명으로 잘못된 것은?
㉮ 화격자의 간격을 막아 통풍 저항을 증가시킨다.
㉯ 클링커가 부착되면 노벽을 손상시키며 보일러 전열면의 전열을 방해하여 보일러효율이 저하된다.
㉰ 클링커를 제거하기 위해 화구를 여는 시간이 길면 찬 공기의 침입이 많아진다.
㉱ 화격자를 과열시켜 연소온도가 높아진다.

> 회분이 존재할 때
> ① 발열량 저하로 연료가치가 떨어진다.
> ② 클링커 발생으로 통풍이 저하
> ③ 연소속도를 나쁘게 하며, 열효율 저하

171 W[kg] 수증기 속에 함유되어 있는 산소의 양(kg)을 구하는 식은?
㉮ $\dfrac{W}{9}$ ㉯ $\dfrac{W}{8}$
㉰ $\dfrac{2}{9}W$ ㉱ $\dfrac{8}{9}W$

> $\dfrac{16}{18}W = \dfrac{8}{9}W$

172 다음 가스 중 폭발범위에 들어 있는 혼합가스는?
㉮ 수소 1.5%, 공기 98.5%   ㉯ 일산화탄소 18%, 공기 82%
㉰ 암모니아 50%, 공기 50% ㉱ 메탄 60%, 공기 40%

> H_2(4~75%), CO(12.5~74%), NH_3(15~28%), CH_4(5~15%)

173 연소에 관한 설명 중 잘못된 것은?
㉮ 연소범위는 동일 가스라도 온도, 압력에 따라 다르다.

정답 170. ㉱ 171. ㉱ 172. ㉯ 173. ㉰

㉯ 착화온도란 일반적으로 산화반응이 일어나기 위한 최저온도이다.
㉰ 연소의 화염온도는 혼합비에 관계없이 동일 연료에 대해서는 일정하다.
㉱ 공기 중의 산소농도가 높게 되면 연소속도는 크게 된다.

174 연소가 일어나는 요인이 아닌 것은?
㉮ 온도
㉯ 혼합가스의 종류
㉰ 산소
㉱ 압력

> 온도, 압력, 조성

175 다음 보기에서 ( ) 속에 들어갈 말은?

> 폭굉이란 가스 속의 (　)보다도 (　)가 큰 것으로 선단의 압력파에 의해 파괴작용을 일으킨다.

㉮ 음속, 폭발속도
㉯ 연소, 폭발속도
㉰ 화염온도, 충격파
㉱ 폭발속도, 음속

176 연소에서 유효수소를 옳게 나타낸 것은?
㉮ $H - \dfrac{O}{8}$
㉯ $H - \dfrac{C}{8}$
㉰ $O - \dfrac{H}{8}$
㉱ $O - \dfrac{C}{8}$

> 유효수소 $= H - \dfrac{O}{8}$ ($\dfrac{O}{8}$: 탈 수 없는 수소)
>
> $H_2 + \dfrac{1}{2}O_2 \rightarrow H_2O$
> 2 kg   16 kg
> 1 kg   8 kg

177 탄소 1 kg을 연소시키는 데 필요한 공기량은?
㉮ 8.89 Nm³, 12.49 kg
㉯ 12.49 Nm³, 8.89 kg
㉰ 8.89 Nm³, 11.59 kg
㉱ 11.59 Nm³, 8.89 kg

$$C + O_2 \rightarrow CO_2$$
12 kg 32 kg 22.4 m³

$$\frac{22.4}{12 \times 0.21} = 8.89 \text{ Nm}^3/\text{kg}$$

$$\frac{32}{12 \times 0.23} = 11.59 \text{ kg/kg}$$

178 ㉮~㉱ 까지의 가스를 각각 1 Nm³씩 연소시키려고 할 때 필요한 이론산소량 및 생성연소 가스량 (CO_2, H_2O)으로 틀린 것은?

구 분	이론산소량 (Nm³)	이론연소가스량 (Nm³)	
		CO_2	H_2O
㉮ CO	0.5	1	—
㉯ CH_4	2	1	2
㉰ C_2H_4	3	2	2
㉱ C_2H_2	2.5	2	2

$$C_2H_2 + 2.5 O_2 \rightarrow 2 CO_2 + H_2O$$

179 폭발에 관련된 가스의 성질에 대한 설명으로 틀린 것은?

㉮ 폭발범위가 넓은 것은 위험하다.
㉯ 압력이 높게 되면 일반적으로 폭발범위가 넓어진다.
㉰ 가스의 비중이 큰 것은 낮은 곳에 고일 염려가 있다.
㉱ 연소속도가 클수록 안전하다.

연소속도가 클수록 위험하다.

180 연소한계에 대한 설명으로 옳은 것은?

㉮ 연소하는 가스와 공기와의 혼합비율
㉯ 착화온도의 상한과 하한
㉰ 물질이 탈 수 있는 최저온도
㉱ 완전연소가 될 때의 산소공급 한계

연소한계=염소범위=폭발범위 : 가연성 가스의 공기 중 용량 백분율

정답 178. ㉱ 179. ㉱ 180. ㉮ 181. ㉯

181 가연성 물질을 공기로 연소시키는 경우에 공기 중의 산소를 높게 하면 연소속도와 발화온도는 어떻게 되는가?

㉮ 연소속도는 크게 되고, 발화온도도 크게 된다.
㉯ 연소속도는 크게 되고, 발화온도도 낮게 된다.
㉰ 연소속도는 낮게 되고, 발화온도도 크게 된다.
㉱ 연소속도는 낮게 되고, 발화온도도 낮게 된다.

182 메탄가스에 대한 설명 중 맞는 것은?

㉮ 공기 중에 메탄가스 30%가 함유된 혼합기체에 점화하면 폭발한다.
㉯ 수분을 함유한 메탄은 금속을 급격히 부식시킨다.
㉰ 고온도에서 수증기와 작용하면 일산화탄소와 수소를 생성한다.
㉱ 메탄의 폭발범위는 5~25%이다.

> $CH_4 + H_2O \rightarrow CO + 3H_2$ CH_4 : 폭발범위 (5~15%)

183 폭발범위가 큰 것에서 작은 순서로 이루어진 것은?

㉮ 프로판 – 아세틸렌 – 수소 – 일산화탄소
㉯ 프로판 – 수소 – 아세틸렌 – 일산화탄소
㉰ 수소 – 아세틸렌 – 일산화탄소 – 프로판
㉱ 아세틸렌 – 수소 – 일산화탄소 – 프로판

> $C_2H_2(2.5 \sim 81\%) > C_2H_4(3 \sim 80\%) > H_2(4 \sim 75\%) > CO(12.5 \sim 74\%) > C_3H_8(2.1 \sim 9.5\%)$

184 CH_4 및 H_2를 주성분으로 한 기체연료는?

㉮ 고로가스 ㉯ 발생로가스
㉰ 수성가스 ㉱ 석탄가스

> ㉮ 고로가스 (N_2, CO)
> ㉯ 발생로가스 (CO, N_2)
> ㉰ 수성가스 (CO, H_2)
> ㉱ 석탄가스 : H_2(51%), CH_4(32%), CO(8%)

정답 182. ㉰   183. ㉱   184. ㉱

185 프로판에 부탄의 함유량이 많아지면 발열량은 어떻게 되는가?

㉮ 커진다. ㉯ 줄어든다.
㉰ 일정하다. ㉱ 온도와 압력에 관계없다.

> 탄소 수 증가에 따라 발열량은 커진다.
> - C_3H_8 : 530 kcal/mol · C_4H_{10} : 700 kcal/mol

186 절대점도를 측정하는 계산식으로 옳은 것은?

㉮ 절대점도 = $\dfrac{시간}{길이}$ ㉯ 절대점도 = $\dfrac{길이}{시간}$

㉰ 절대점도 = $\dfrac{질량}{길이 \times 시간}$ ㉱ 절대점도 = $\dfrac{길이}{질량 \times 시간}$

> - 절대점도 (μ) : g/cm·s = Poise
> - 동점도 (ν) = cm^2/s = stokes
> - $\nu = \dfrac{\mu}{\rho}$

187 성분가스와 흡수제의 연결이 잘못된 것은?

㉮ O_2 – 알칼리성 피로갈롤 용액 ㉯ CO – 암모니아성 염화제일구리 용액
㉰ CO_2 – 수산화칼륨 용액 ㉱ C_mH_n – 발연질산

> C_mH_n – 발연황산

188 연소할 때 불꽃이 황적색이었다면 이때 온도는 약 몇 ℃인가?

㉮ 500℃ ㉯ 700℃
㉰ 1100℃ ㉱ 1500℃

연소불꽃	온도(℃)
암적색	700℃
백적색	1300℃
적색	850℃
휘백색	1500℃
휘적색	950℃
황적색	1100℃

정답 185. ㉮ 186. ㉰ 187. ㉱ 188. ㉰

제 4 편 연소공학

189 보통 가연성 물질의 위험성은 무엇을 기준으로 구분하는가?

㉮ 착화점 ㉯ 인화점
㉰ 연소범위 ㉱ 연소점

> 인화점 : 공기 중에서 가연물에 점화원을 접촉할 때 연소하는 최저온도

190 가스압이 높아질 때의 하한값 및 상한값의 변화 중 옳은 것은?

㉮ 하한값은 크게 변하지 않으나 상한값은 넓어진다.
㉯ 상한값은 크게 변하지 않으나 하한값은 넓어진다.
㉰ 상한값과 하한값이 모두 넓어진다.
㉱ 상한값과 하한값이 모두 좁아진다.

> 압력이 커질 경우 폭발범위는 넓어지는데, 주로 상한값이 커진다.

191 상온 부근에서 온도가 10℃ 상승할 때 반응속도는 얼마씩 증가하는가?

㉮ 2~3배 ㉯ 3~4배
㉰ 4~5배 ㉱ 5~6배

> ① 온도가 10℃ 상승할 때 반응속도는 2배 증가
> ② 온도가 20℃ 상승할 때 반응속도는 2^2배 증가

192 C_mH_n 1 Nm³가 연소해서 생기는 H_2O의 양 (Nm³)은?

㉮ $\dfrac{n}{4}$ ㉯ $\dfrac{n}{2}$
㉰ n ㉱ $2n$

> 탄화수소 연소시
> $$C_mH_n + \left(m + \dfrac{n}{4}\right)O_2 \rightarrow mCO_2 + \dfrac{n}{2}H_2O$$

193 LPG의 성분을 조성하는데 주체가 되지 않는 것은?

㉮ 프로필렌 ㉯ 부탄
㉰ 메탄 ㉱ 프로판

> LPG 주성분 : 탄소 수 3~4개 (프로판, 프로필렌, 부탄, 부틸렌, 부타디엔)

정답 189. ㉮ 190. ㉮ 191. ㉮ 192. ㉯ 193. ㉰

194 LPG가 증발할 때에 흡수하는 열을 무엇이라고 하는가?
㉮ 현열 ㉯ 잠열
㉰ 융해열 ㉱ 화학반응열

195 온도가 높고 압력이 커질수록 연소속도는 어떻게 되는가?
㉮ 커진다. ㉯ 작아진다.
㉰ 불변이다. ㉱ 상관없다.

196 석탄공업 분석에서 수분정량을 구하는 식으로 옳은 것은?

㉮ 수분(%) = $\dfrac{시료 - 건조감량}{시료} \times 100$

㉯ 수분(%) = $\dfrac{시료 - 건조감량}{건조감량} \times 100$

㉰ 수분(%) = $\left(\dfrac{건조감량}{시료량} \times 100\right) - 휘발분(\%)$

㉱ 수분(%) = $\dfrac{건조감량}{시료량} \times 100$

> 수분(%) = $\dfrac{건조감량}{시료량} \times 100$
> $107 \pm 2℃$, 60분 동안

197 과잉공기에 대한 설명 중 틀린 것은? (단, m은 공기비, A_o는 이론공기량, A는 실제공기량이다.)

㉮ 과잉공기란 실제공기량에서 완전연소에 필요한 이론공기량을 뺀 값을 말한다.

㉯ $m = 1 + \dfrac{과잉공기량}{이론공기량}$

㉰ $m = A_o / A$

㉱ 이론공기량 + 과잉공기량 = 1차 공기량 + 2차 공기량

> 공기비 = $\dfrac{실제공기량}{이론공기량}$

정답 194. ㉯ 195. ㉮ 196. ㉱ 197. ㉰

제 4 편 연소공학

198 연료가 연소할 때 일어나는 반응이라고 볼 수 없는 것은?
㉮ 산화반응　　　　　　　　　㉯ 환원반응
㉰ 열분해반응　　　　　　　　㉱ 혼합반응

199 폭굉유도거리(DID)가 짧아지는 요인으로 옳지 않은 것은?
㉮ 정상 연소속도가 큰 혼합가스일 때　　㉯ 관지름이 가늘수록
㉰ 압력이 낮을수록　　　　　　　　　　㉱ 점화원의 에너지가 클수록

> DID가 짧아지는 요인
> ① 정상 연소속도가 큰 혼합가스일수록
> ② 관 속에 장애물이 있거나 관지름이 작을수록
> ③ 고압일수록
> ④ 점화원의 에너지가 강할수록

200 가장 발화하기 쉬운 조성을 가진 공기와의 혼합가스로 비교한 경우, 안전간격이 넓은 것부터 차례로 나열된 것은?
㉮ 수소 > 에틸렌 > 프로판　　　㉯ 에틸렌 > 수소 > 프로판
㉰ 수소 > 프로판 > 에틸렌　　　㉱ 프로판 > 에틸렌 > 수소

> 안전간격과 폭발등급
> ① 1급 (0.6mm 이상)
> ② 2급 (0.4mm 이상, 0.6mm 미만) : C_2H_4, 석탄가스
> ③ 3급 (0.4mm 미만) : H_2, C_2H_2, 수성 가스, CS_2

201 연소열이 완전연소로서 발열량을 나타낼 때의 생성물이 아닌 것은?
㉮ H_2O　　　　　　　　　　㉯ CO_2
㉰ SO_2　　　　　　　　　　㉱ O_2

> 가연성분은 C, H, S이다.

정답 198. ㉱　199. ㉰　200. ㉱　201. ㉱

202 다음 기술 중 □ 안에 적당한 어구를 보기에서 골라 그 번호를 기입하여라.

> 폭발이라고 일반적으로 부르는 현상은 A의 형태에서도 격심한 B를 의미한다. 그러나, C 중에서도 특히 격심한 경우를 D 또는 E라 부른다. 폭굉이라고 부르는 것은 가스 중의 F보다도 G편이 큰 경우이고, 이때 파면선단에는 H라는 절대적인 압력의 파가 발생하고 격심한 I 작용을 발생하는 원인이 된다.
>
> ① 폭발　　② 연소　　③ 가열　　④ 화염온도　　⑤ 복사
> ⑥ 폭굉　　⑦ 음속　　⑧ 폭속　　⑨ 음파　　　⑩ 충격파
> ⑪ 파괴　　⑫ 유도거리　⑬ 한계지름　⑭ 데토네이션

㉮ A-③, B-③, C-⑥, D-①, E-⑦, F-⑭, G-⑩, H-⑧, I-⑪
㉯ A-⑥, B-②, C-⑦, D-⑫, E-⑭, F-⑧, G-④, H-①, I-⑬
㉰ A-②, B-②, C-①, D-⑥, E-⑭, F-⑦, G-⑧, H-⑩, I-⑪
㉱ A-②, B-⑤, C-①, D-⑥, E-①, F-⑦, G-⑨, H-⑪, I-⑭

📌 A-②, B-②, C-①, D-⑥, E-⑭, F-⑦, G-⑧, H-⑩, I-⑪

---

203 프로판 (C_3H_8) 1kg의 이론배기가스량은 얼마가 되는가?

㉮ $11.34\,Nm^3$　　㉯ $13.14\,Nm^3$
㉰ $13.41\,Nm^3$　　㉱ $14.31\,Nm^3$

📌 $\dfrac{5\times22.4}{44\times0.21}=12.1\,Nm^3/kg$

이론배기가스량 $=(1-0.21)A_o +$ 생성가스량
$=(1-0.21)\times12.1+\dfrac{7\times22.4}{44}=13.14\,Nm^3$

---

204 실제배기가스를 구하는 식으로 옳은 것은? (단, C_i : 이론배기가스, A_i : 이론공기, m : 공기비이다.)

㉮ $G=\dfrac{G_i+(m-1)}{A_i}$　　㉯ $G=\dfrac{G_i-(m-1)}{A_i}$
㉰ $G=G_i+(m-1)A_i$　　㉱ $G=G_i-(m-1)A_i$

정답 202. ㉰　203. ㉯　204. ㉰

205 배기가스 중의 수증기량을 옳게 나타낸 것은? (단, H: 수소, W: 수분이다.)

㉮ $W_g = 5.6H + 1.25W$
㉯ $W_g = 11.2H + 1.25H$
㉰ $W_g = 5.6H - 1.25W$
㉱ $W_g = 11.2H - 1.25W$

206 메탄이 다음과 같이 불완전연소했을 때의 발열량은 메탄 1mol에 대해 얼마인가? (단, CH_4, CO, C_2, H_2O의 생성열은 각각 17.9 kcal, 26.4 kcal, 94.1 kcal, 57.8 kcal이다.)

$$2\,CH_4 + 2\,O_2 \rightarrow CO + CO_2 + H_2O + 3\,H_2 + Q$$

㉮ 173.4 kcal/mol
㉯ 142.5 kcal/mol
㉰ 115.6 kcal/mol
㉱ 71.2 kcal/mol

$\dfrac{1}{2}(26.4 + 9.41 + 57.8 - 2 \times 17.9) = 71.2$ kcal/mol

207 탄소 (C) 1 kg을 완전연소시켰을 때 발생된 연소가스 (CO_2)량은 얼마인가?

㉮ 2.667 kg
㉯ 3.667 kg
㉰ 1.14 kg
㉱ 8.89 kg

$\dfrac{44}{12} = 3.667$ kg

208 탄소 1 kg이 불완전연소할 때 발생되는 열량을 나타낸 식은?

㉮ $C + \dfrac{1}{2}O_2 = CO + 2430$ kcal/kg
㉯ $C + \dfrac{1}{2}O_2 = CO - 2430$ kcal/kg
㉰ $C + \dfrac{1}{O_2} = CO_2 + 8100$ kcal/kg
㉱ $C + \dfrac{1}{O_2} = CO_2 - 8100$ kcal/kg

209 건연소가스량 중 CO_2를 옳게 표시한 것은? (단, G': 실제 건연소가스량, G: 실제습연소가스량)

㉮ $CO_2 = \dfrac{1.867C}{G}$
㉯ $CO_2 = \dfrac{1.867C}{G'}$
㉰ $CO_2 = \dfrac{1.867C}{G_1}$
㉱ $CO_2 = \dfrac{1.867C}{G - G'}$

210 연소방정식 S+O$_2$ ⇌ SO$_2$에서 발생열량은 얼마인가?

㉮ 57600 kcal ㉯ 68000 kcal
㉰ 80000 kcal ㉱ 97200 kcal

> S+O$_2$ → SO$_2$+80000 kcal
> $\frac{80000}{21}$ = 2500 kcal/kg

211 불완전연소 상태일 때의 공기비 (m)는?

㉮ $m > 1$ ㉯ $m = 0$
㉰ $m = 1$ ㉱ $m < 1$

> $m > 1$ → 과잉연소, $m < 1$ → 불완전연소

212 다음 열화학식을 이용하여 메탄의 생성열을 구하면 그 값은 얼마인가?

> C+O$_2$ → CO$_2$+94.1 kcal ·················· ①식
> H$_2$ + $\frac{1}{2}$O$_2$ → H$_2$O (g)+57.8 kcal ·················· ②식
> CH$_4$+2 O$_2$ → CO$_2$+2 H$_2$O (g)+191.8 kcal ······ ③식

㉮ 17.9kcal ㉯ 30.3kcal
㉰ 191.8kcal ㉱ 285.8kcal

> 94.1+2×57.8−191.8 = 17.9kcal

PART 05
계측기기

1. 계측과 단위
2. 측정기기
3. 유량계와 가스분석계
4. 자동제어와 가스미터
5. 계측기기 핵심정리
   ※ 기출문제와 예상문제

05 계측기기

1. 계측과 단위

1.1 계측의 목적

조업 조건의 안정, 설비의 효율적 이용과 안전관리, 인원 절감

1.2 계측기의 구비조건

내구성, 신뢰성, 경제성, 연속성, 보수성

1.3 계측단위

(1) 기본단위

길이 (m), 무게 (kg), 시간 (s), 온도 (K), 전류 (A), 물질량 (mol), 광도 (cd)

(2) 유도단위

넓이 (m^2), 체적 (m^3), 가속도 (m/s^2), 속도 (m/s), 일 (kg·m), 열량 (kcal), 유량 (m^3/s)

(3) 보조단위

10^1 (데카), 10^2 (헥토), 10^3 (킬로), 10^6 (메가), 10^{-1} (데시), 10^{-3} (밀리), 10^{-6} (미크로)

※ 오차 = 측정값 - 진실값 (+는 측정값이 큰 것, -는 작은 것)

① 기차 : 계량기의 오차

    기차 $E = I - Q$ 여기서, I : 표시량, Q : 진실값

② 사용공차는 검정공차의 1.5~2배

1.4 기 타

(1) 습 도

$$P = P_g + P_w$$

여기서, P : 습가스의 전압, P_g : 가스의 분압, P_w : 수증기의 분압

(2) 절대습도

건조공기 1 kg에 대한 수증기의 질량

$$H_2O \text{ kg/(dry gas) kg} = \frac{습가스\ 중의\ 수분}{습가스\ 중의\ 건가스} = kg/kg$$

(3) 상대습도

포화수증기량과 습가스 수증기와의 중량비

$$상대습도\ \% = \frac{rW:\ 습가스\ 중의\ 습도(kg/m^3)}{rS:\ 포화\ 습가스의\ 수분(kg/m^3)} \times 100$$

① 온도가 상승하면 상대습도는 증가한다.
② 상대습도가 100 %가 되면 물방울이 생긴다.
③ 노점온도 : 공기 중의 수분이 응축되는 온도

(4) 점 도

① 뉴턴의 점성법칙

$$f = \mu \times S \times d_v over d_y$$

여기서, f : 마찰력, μ : 점도 g/cm·s (푸아즈), S : 경계면적

$$d_v over d_y : \frac{속도}{정지면에서의\ 거리} : 속도기울기$$

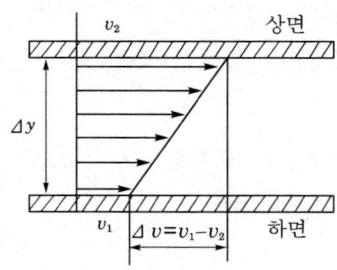

② $\frac{1}{100}$ Poise는 1 centipoise

③ 기체 및 액체가 흐를 때 정지면에서는 이동하지 않으나 정지면에서 떨어짐에 따라 유층의 속도는 빨라진다.

(5) 유동도

점도의 반대 개념으로 사용되며 얼마나 흐르기 쉬운가를 결정하는 척도이다.

$\Phi = \frac{1}{\mu}$ 여기서, Φ : 유동도, μ : 점도

(6) 동점도

$S.t = \dfrac{g/cm \cdot s}{g/cm^3} = cm^2/s$ (스토크스)

대표적인 물리량의 단위와 차원

양	공학단위	SI 단위	MLT 계	FLT 계
길이	mm	m	[L]	[L]
질량	kgf·s²/m	kg	[M]	[FL⁻¹T²]
시간	s	s	[T]	[T]
면적	m²	m²	[L²]	[L²]
체적	m³	m³	[L³]	[L³]
속도	m/s	m/s	[LT⁻¹]	[LT⁻¹]
가속도	m/s²	m/s²	[LT⁻²]	[LT⁻²]
각속도	rad/s	rad/s	[T⁻¹]	[T⁻¹]
비중량	kgf/m³	kg/m²·s²	[ML⁻²T⁻²]	[FL⁻³]
밀도	kgf·s²/m⁴	kg/m³	[ML⁻³]	[FL⁻⁴T²]
운동량	kgf·s	kg·m/s	[MLT⁻¹]	[FT]
힘, 무게	kgf	N, kg·m/s²	[MLT⁻²]	[F]
토크	kgf·m	kg·m/s²	[ML²T²]	[FL]
압력 (응력)	kgf/cm²	Nm²(Pa), bar	[ML⁻¹T²]	[FL⁻²]
에너지일	kgf·m	J, N·m, kg·m²/s²	[ML²T⁻²]	[FL]
동력	kgf·m/s	W, kg·m²/s³	[ML²T⁻³]	[FLT⁻¹]
점성계수	kgf·s/m²	N·s/m²	[ML⁻¹T⁻¹]	[FL⁻²T]
동점성계수	m²/s	m²/s	[L²T⁻¹]	[L²T⁻¹]
온도	℃, K	℃, K	[T]	[T]
공학기체상수	m/K	kJ/kg·K	[LT⁻¹]	[LT⁻¹]

(7) 차원식

① M.L.T. : 절대 (물리)단위
② F.L.T. : 중력 (공학)단위

여기서, M : 질량, F : 힘, L : 길이, T : 시간

질 량	길 이	시 간	힘
kgfs$^2 \cdot$ m	m	s	kgf

③ 1 kg = 1 kg (m)

④ 1 kg (m) = $\frac{1}{9.8}$ kgf $\cdot$ s^2/m, FL^{-1}T^2

1.5 힘 (force)

$[F] = [MLT^{-2}]$

① 절대단위 $\left(\frac{MKS}{SI}\right)$ 1 N = 1 kg $\cdot$ m/s^2

   CGS = 1 dyne = 1 g $\cdot$ 1 cm/s^2
   $= 10^{-3}$ kg $\cdot$ 10^{-2} m/s^2
   $= 10^{-5}$ kg $\cdot$ m/s^2

② 공학단위 1 kgf = 9.8 N = 9.8 × 10^5 dyne

1.6 압 력

$P = \dfrac{F}{A}$ ∴ $\dfrac{F}{L^2} = FL^{-2} \Rightarrow ML^{-1}T^{-2}$

① 절대단위 : MKS, SI, CGS

   1 Pa = 1 N/m^2

② 공학단위 – 1기압

   1 kgf/cm^2 = 9.8 × 10^4 Pa = 98 kPa

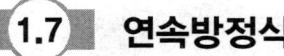

1.7 연속방정식

유체유동에 있어서 ①의 단면에 유입되는 유체의 질량과 ②의 단면에 유출되는 질량이 보존되는 법칙 (질량 보존의 법칙)

(1) 질량 유동률 (m)

시간에 따른 질량의 변화량 : kg · m/s (질량 m을 시간 t에 대해 미분한 것)

$$\rho_1 A_1 V_1 = \rho_2 A_2 V_2 = m$$

(2) 중량 유동률 (G)

시간에 따른 중량의 변화량 : kgf/s (중량 G를 시간 t에 대해 미분한 것)

$$r_1 A_1 V_1 = r_2 A_2 V_2 = G$$

(3) 체적유량 Q (m³/s)

비압축성 유체의 흐름에서는 ρ가 일정하므로 $\rho_1 = \rho_2$, $r_1 = r_2$가 된다.

$$Q = A_1 V_1 = A_2 V_2$$

2 측정기기

2.1 온도계

(1) 습 도

구분 ┬ 접촉식 : 저온 측정
     └ 비접촉식 (광고온도계, 방사온도계, 색온도계) : 고온 측정

① 수은온도계 : 응답성이 빠르며 −35℃에서 360℃까지 측정한다.
② 알코올 온도계 : 저온용으로 −100~100℃
③ 베크만 온도계 : 5~6℃ 사이를 0.01℃까지 측정이 가능하며, 초정밀용이다.
④ 바이메탈식 온도계 : 열팽창계수가 다른 두 금속을 사용하여 휘어지는 것을 이용 (−50~500℃ : 자동제어용)
⑤ 압력식 온도계 : 온도에 따른 체적의 변화를 압력으로 변화시켜 측정한다. 액체봉입식, 증기압식, 기체압식이 있으며 극저온에 사용한다.
⑥ 전기저항온도계 : 온도가 상승할 때 전기저항이 증가하는 현상을 이용. Pt, Ni, Cu 등을 사용한다 (−200~500℃ 측정).

액체팽창식 온도계   가스팽창식 온도계   고체팽창식 온도계

⑦ 열전대온도계 : 두 가지 금속의 기전력을 이용
　㉮ PR (백금, 백금로듐) : 0~1600℃
　㉯ CA (크루멜, 알루멜) : −20~1200℃

㉓ IC (철, 콘스탄탄) : $-20 \sim 800℃$
㉔ CC (구리, 콘스탄탄) : $-180 \sim 350℃$

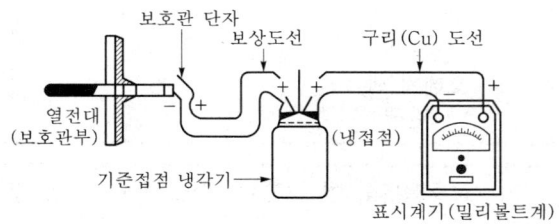

⑧ 제게르콘 온도계 : 내열성 금속산화물로 만든 삼각추로 연화되는 모양으로 측정한다 (600~2000℃ 측정). 종류 59종

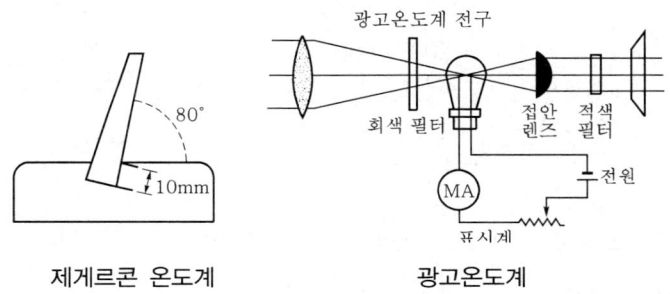

　　　　제게르콘 온도계　　　　　　광고온도계

⑨ 서모컬러 온도계 : 온도에 따라 색이 변하는 물질을 표면에 칠하여 온도의 변화를 측정
⑩ 광고온도계 : 고온의 물체에 방사되는 적외선의 휘도를 전구 필라멘트의 휘도와 비교하여 측정 (700~3000℃)
⑪ 방사온도계 : 물체로부터 나오는 전 방사에너지를 측정하여 온도로 변화시킨다 (이동 물체 50~3000℃).

$$Q = 4.88 \cdot \varepsilon \cdot (T/100)^4 \text{ kcal/m}^2 \cdot h$$

여기서, ε : 방사율, T : 절대온도

⑫ 광전관식 온도계 : 광고온도계를 자동화한 것 (700℃ 이상).
⑬ 색온도계 : 고열체를 보면서 필터를 조절하여 합치시켜 측정한다 (750℃ 이상).

온도와 색과의 관계

온도(℃)	색	온도(℃)	색
600	어두운 색	1500	눈부신 황백색
800	붉은색	2000	매우 눈부신 흰색
1000	오렌지 색	2500	푸른 기가 있는 흰색
1200	노란색		

종류			측정온도 범위(℃)	정도(℃)	응답	비고
접촉식 온도측정	유리온도계		−100 ~ 600	1 (0.01)	빠르다	시험실용
	압력온도계		−100 ~ 600	2 (0.5)	느리다	비교적 안가, 원격지시 50m
	열전온도계		−200 ~ 1600 (−250 ~ 2500)	1 (0.05)	느리다 (빠르다)	공업계측용으로 적합하다.
	저항 온도계	금속저항	−200 ~ 600 −250 ~ 1100	0.1 (0.001)	느리다 (빠르다)	공업계측용으로 적합하다.
		서미스터	−100 ~ 300 (−250 ~ 1100)	1 (0.1)	빠르다	부성(負性)을 가지고 있다.
비접촉식 온도측정	방사 이용 온도계	광고 온도계	700 ~ 3000 (200 ~ 3000 이상)	5 (0.5)	빠르다	1파장의 방사에너지 측정
		방사 온도계	50 ~ 3000 (3000 이상)	10 (1)		전파장의 방사에너지 측정
		색온도계	700 ~ 3000 이상	10		고온체의 색을 측정

2.2 압력계

① U자관 압력계 : 양 액면의 높이의 차로 측정한다(10~2000 mmH₂O, 정도 0.5 mmH₂O).

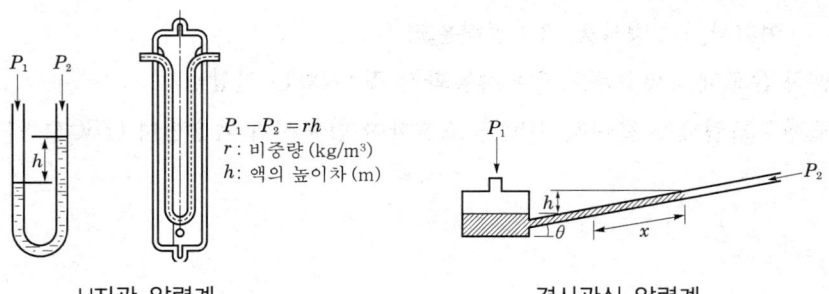

U자관 압력계   경사관식 압력계

$P_1 - P_2 = rh$
r : 비중량 (kg/m³)
h : 액의 높이차 (m)

② 경사관식 압력계 : 한쪽 관은 단면적을 크게 하고 다른 쪽은 작게 하여 눈금을 확대하여 읽을 수 있다 (정밀용 10~50 mmH₂O, 정도 ± 0.05 mmH₂O).

$$P_1 = P_2 + r \cdot x \cdot \sin\theta$$

여기서, P_2 : 가는 관 압력, r : 비중량, θ : 경사각

x : 차이가 나는 경사면 경사 길이

③ 링 밸런스식 압력계 : 내부에 액을 절반 넣고, 하부에 추를 붙여 차압에 의해 회전되어 지침이 표시된다 (25±3000 mmAq 봉입액 : 기름, 수은).

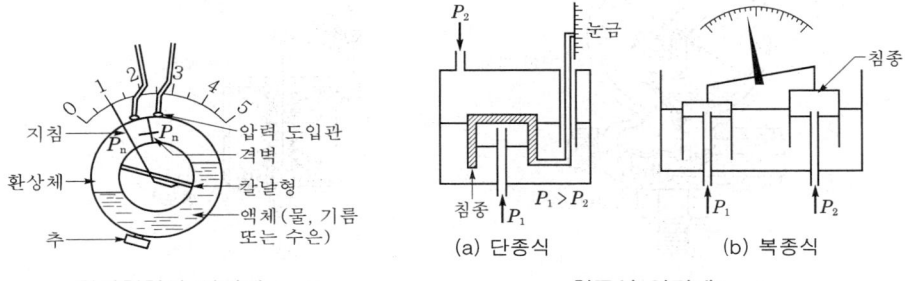

환상천칭식 압력계   침종식 압력계

④ 침종식 압력계 : 침종을 봉하고 다른 한 쪽을 개방시켜 압력차를 측정한다(100mmH₂O 이하의 기체압 측정).
⑤ 분동식 압력계 : 램의 중량+분동중량한 것을 램의 단면적 A로 나누어서 측정하며, 검정용 압력계로 사용한다 (범위 5000 kg/cm², 정도 0.005 kg/cm²).
⑥ 부르동관 압력계 : 가장 널리 쓰이는 것이며, 압력이 가해지면 지침이 회전하여 압력을 지시한다 (25~1000 kg/cm², 정도 ±1~2 %).

$$P\,[\mathrm{kg/cm^2}] = W\,[\mathrm{kg}]/A\,[\mathrm{cm^2}]$$

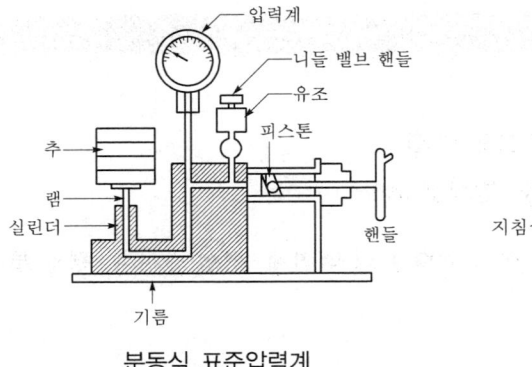
분동식 표준압력계

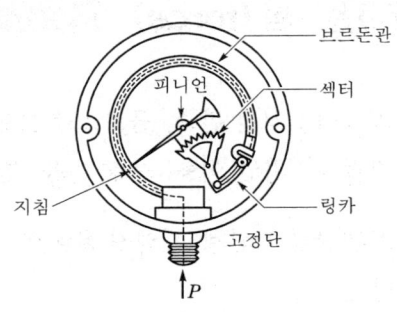
부르동관 압력계

⑦ 다이어프램 압력계 : 고무, 양은, 인청동, 스테인리스 등 탄성체 박판이 사용되며 부식성 액체나 먼지를 함유한 액체 또는 점도가 높은 액체에 적합하다 (200~500 mmH₂O).
⑧ 벨로스 압력계 : 금속 벨로스의 신축을 이용하는 것으로 스프링과 조합되어 있다 (0.01~10 kg/cm², 재질 : 인청동, 스테인리스).
⑨ 아네로이드식 압력계 : 주로 기압 측정용이며, 스프링의 변위를 확대시켜 지침을 나타낸다 (온도 보정, 기록용으로 사용).

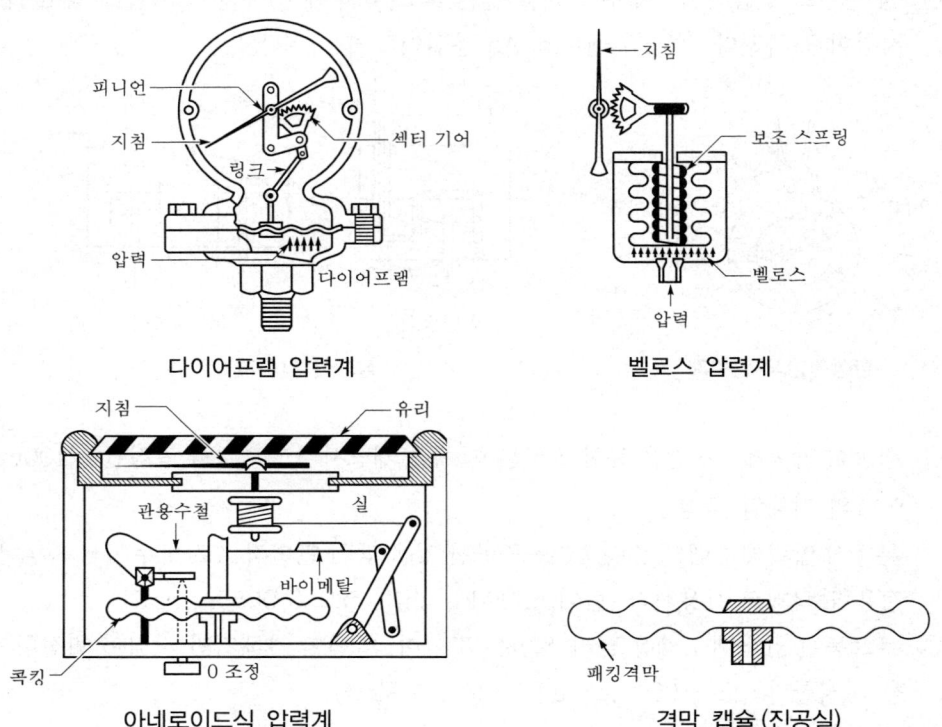

2.3 힘 (force)

직접식 : 직접 관측, 플로트에 의한 방법
간접식 : 차압 이용, 음향 이용, 방사선 이용

① 유리관식 액면계 (게이지 글라스) : 원형 유리 액면계, 평형 반사식, 평형 투시식이 있다.

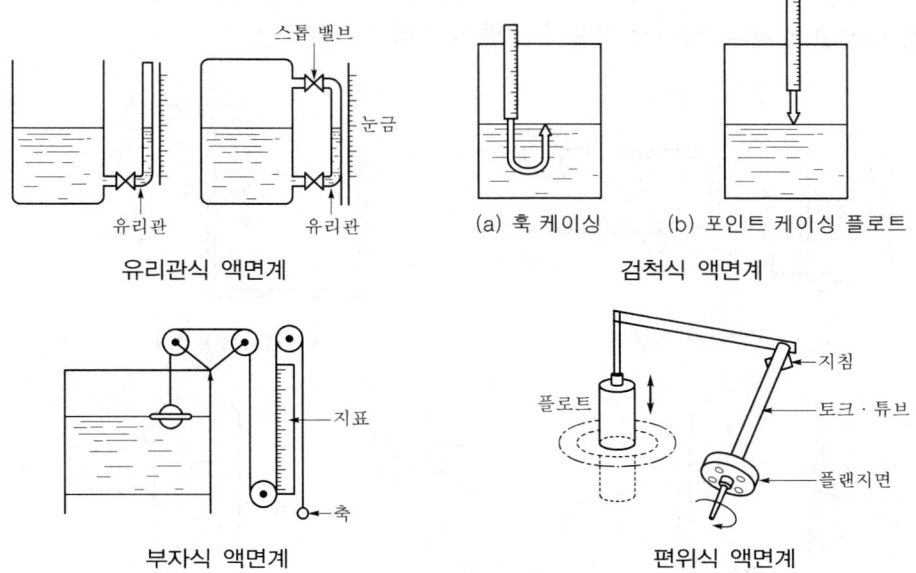

유리관식 액면계 검척식 액면계

부자식 액면계 편위식 액면계

② 검척식 액면계 : 직관식이라고도 하며, 액면의 높이를 직접 자로 측정하는 것이다.
③ 부자식 액면계 : 플로트(float)를 액면에 직접 띄워서 플로트의 움직임을 직접 지시하거나 변환시켜 전송한다 (고압 밀폐탱크용 0.35~4.5 m).
④ 편위식 액면계 : 일면 디스플레이스먼트 액면계라고 하며, 플로트의 부력에 의해 토크튜브의 회전각이 변해 액위를 지시하는 방법이다 (0.5~500 mmH₂O).
⑤ 차압식 액면계 : 기준수위의 압력과 측정액면과의 압력차로 측정한다.

$$H = \frac{\rho_m - \rho}{\rho} \times h$$

여기서, H : 측정범위
ρ_m : 마노미터 측정액의 밀도
ρ : 측정액의 밀도
h : 양 각의 높이차

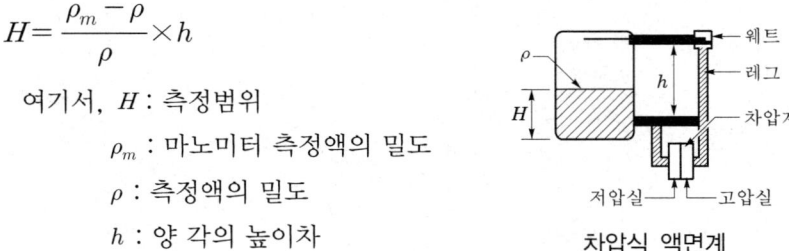

차압식 액면계

⑥ 기포식 액면계 : 탱크 속에 관을 삽입하고 압축공기를 보내어 압축공기와 액면이 같다고 인정하여 측정하며, 퍼지식 액면계라고도 한다.
⑦ 저항전극식 액면계 : 액면지시용보다는 경보용으로 이용한다.
⑧ 초음파식 액면계 : 음의 반사를 이용하는 방법이다.

⑨ 방사선식 액면계 : 밀폐탱크나 부식성 액체탱크에 사용하며, r선 등의 방사선 투과력을 이용한 것이다 (방사선 강도가 액면에 따라 달라진다.).

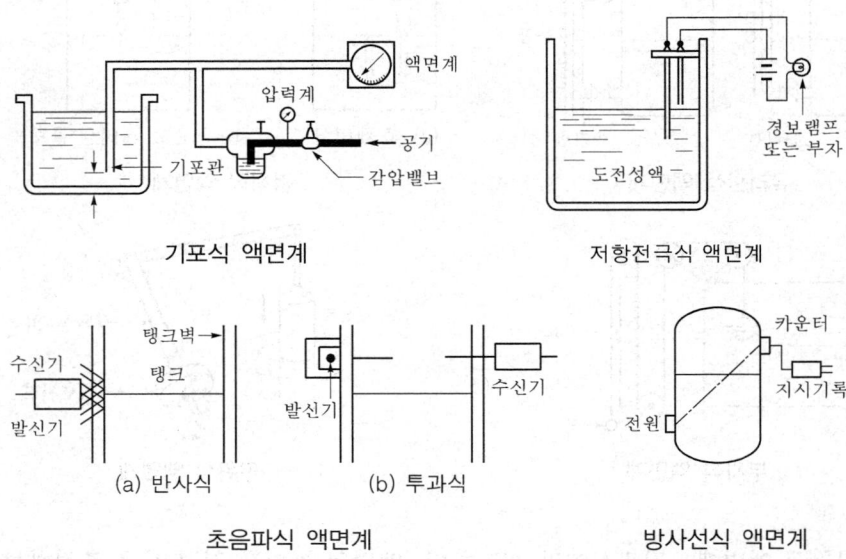

기포식 액면계   저항전극식 액면계

초음파식 액면계   방사선식 액면계

3 유량계와 가스분석계

3.1 유량계

(1) 연속의 법칙

그림 ①에서의 유량과 ②에서의 유량은 같다. ①의 유량 $A_1 \times V_1 = A_2 \times V_2$, ②의 유량은 지름을 이용할 때 $V_2 = D_1/D_2 \times V_1$이 된다.

(2) 베르누이 정리

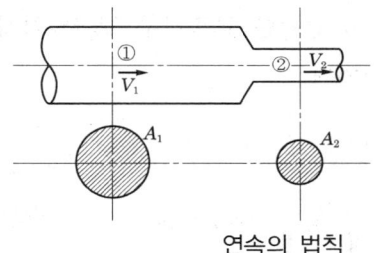

V_1, V_2 : 유속 (m/s)
A_1, A_2 : 단면적 (m²)

연속의 법칙

①에서의 유체에너지나 ②지점의 에너지는 같다.

$$H = h_1 + \frac{P_1}{r} + \frac{V_1^2}{2g}$$

$$H = h_2 + \frac{P_1}{r} + \frac{V_2^2}{2g}$$

여기서, H : 전수두 (m)

$\dfrac{P_1}{r}, \dfrac{P_2}{r}$: 압력수두

h_1, h_2 : 위치수두

$\dfrac{V_1^2}{2g}, \dfrac{V_2^2}{2g}$: 속도수두

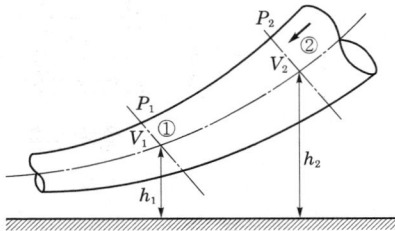

- 차압식 유량계 : 오리피스, 플로 노즐, 벤투리
- 유속식 유량계 : 피토관, 열선식 유량계
- 용적식 유량계 : 오벌 유량계, 루츠식 가스미터, 로터리 피스톤
- 면적식 유량계 : 플로트형, 피스톤형, 로터미터 이외의 와류식

① 오리피스 유량계 : 설치가 쉽고 값이 싸서 경제적이나 압력 손실이 크고 내구성이 부족하다.

㉮ 코너 탭 (conner tap) : 교축 기구 바로 직전과 직후에 차압을 취출하는 방식이며, 평균 압력을 취출하도록 되어 있다.

㉯ 베너 탭 (vana tap) : 가장 많이 사용되는 방식으로 교축기구를 중심으로 유입측은 배관내경(D)만큼의 거리에서, 유출 때에는 가장 낮은 압력이 되는 위치($0.2 \sim 0.8D$)에서 취출하는 방식이다.

㉰ 플랜지 탭 (flange tap) : 이 방식은 교축기구로부터 각각 25 mm 전후의 위치에서 차압을 취출하는 방식이다.

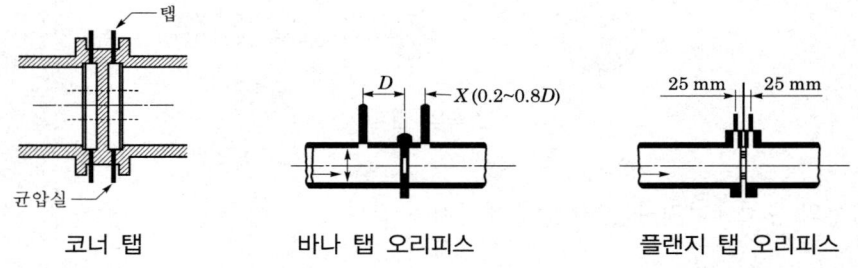

코너 탭   바나 탭 오리피스   플랜지 탭 오리피스

② 플로 노즐 유량계 : 노즐의 교축을 완만하게 하여 압력 손실을 줄인 것으로 내구성이 있다 ($50 \sim 300 \text{ kg/cm}^2$: 고압 측정).

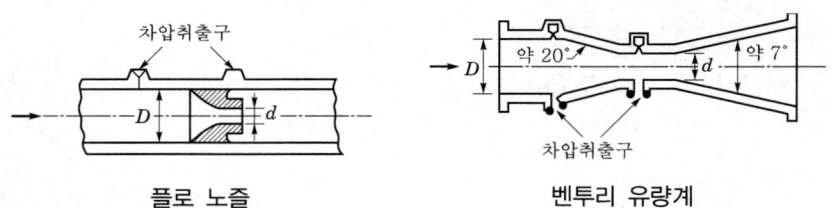

플로 노즐   벤투리 유량계

③ 벤투리 유량계 : 경사가 완만한 관에 의하여 교축되므로 압력 손실이 적고 값이 비싸다.
※ $d/D = 0.25 \sim 0.5$ 정도로 한다.

※ 차압식 유량계의 압력 손실 계산 (오리피스, 플로 노즐, 벤투리)

$$Q = \frac{\pi d^2}{4} \times \frac{C}{\sqrt{1-m^2}} \times \sqrt{2g\frac{r'-r}{r}} \times 3600$$

여기서, Q : 유량 (m³/s)
　　　　H : 마노미터 눈금값 (m)
　　　　d : 오리피스 지름 (m)
　　　　r : 비중 (물)
　　　　r' : 비중 (수은)
　　　　C : 유속계수
　　　　m : 개구비 $\left(\frac{d_2}{D_2}\right)$
　　　　g : 중력가속도 (m/s²)

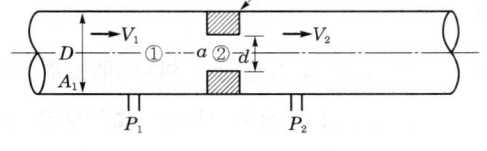

※ 압력 손실이 큰 순서 : 오리피스 > 플로 노즐 > 벤투리

④ 피토관 유량계 : 압력차로 유속을 측정하여 유량을 측정하는 방식이다.

$$Q = A \times \sqrt{2gH}$$

여기서, Q : 유량 (m³/s)
　　　　A : 단면적 (m²)
　　　　g : 중력가속도 (m/s²)
　　　　H : 수주높이 (m)

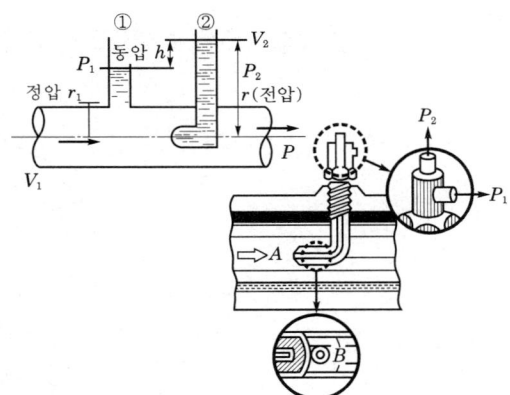

⑤ 열선식 유량계 : 관선에 전열선을 두고 유속에 의한 온도 변화로 유량을 측정하는 방식이다.
⑥ 오벌 유량계 : 액체 측정용이며, 두 개의 기어 회전자가 유체의 출입에 의해 회전한다.
⑦ 루츠 유량계 : 회전자가 접속된 상태에서 유입측과 유출측의 압력에 의해 회전한다.
⑧ 가스미터 유량계 : 드럼의 회전수가 유량을 지지한다 (가스용).

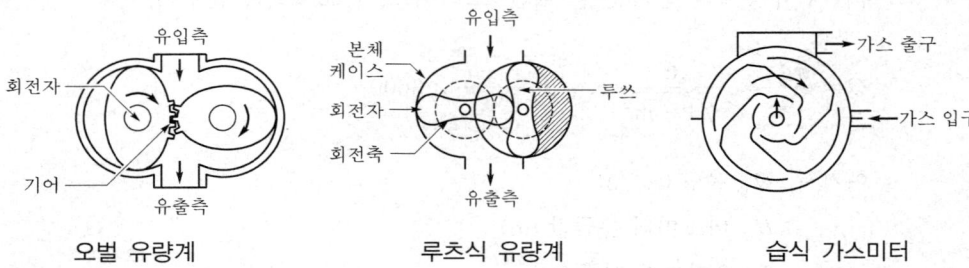

| 오벌 유량계 | 루츠식 유량계 | 습식 가스미터 |

⑨ 와류식 유량계 : 원주 배후에 생기는 소용돌이의 발생 수를 세어서 유속을 측정한다 (압력 손실이 적으면 측정범위가 넓다).

$$S.t = \frac{f \cdot d}{V}$$

여기서, $S.t$: R_e가 500~10000 범위에서는 0.2
d : 원주지름 (m), f : 매초, F : 유속 (m/s)

※ $R_e = \dfrac{Dev}{\mu} = \dfrac{dv}{v}$ 여기서, R_e : 레이놀즈 수, d : 관안지름 (cm)
v : 유속 (cm/s), μ : 유체의 점도 (g/cm·s)
ρ : 유체의 밀도 (g/cm³), ν : 동점성계수 $= \mu/\rho$ (cm²/s)

※ R_e = 층류 < 2300 < 난류

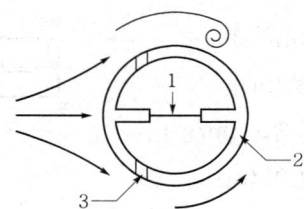

1 : 측온 저항선
2 : 보상용 저항선
3 : 도압선

와류식 유량계

⑩ 전자유량계 : 패러데이의 전자유도법칙을 이용한다.

3.2 가스분석계

종류
- 화학적 가스분석계 : 오르자트 분석계, 연소식 O_2계, 자동화학 CO_2계
- 물리적 가스분석계 : 열전도율법, 밀도법, 적외선흡수법, 자화율법, 가스 크로마토그래피법 등

가스분석계의 종류

구 분		측정법	측정대상	선택성	정량범위	비 고
화학적 가스 분석계	A	자동 오르자트법	적당한 흡수액에 쉽게 흡수되는 기체 (CO_2, CO, O_2)	○	0.5~50 % 정도	자동화학식 CO_2계, 가열 자동측정식 미연 연소가스계 (CO+H_2계), 연소식 O_2계
	A	연소열법	H_2, CO, C_2H_2 등의 가연성 기체 및 산소	○	10^{-2}~25 % 정도	
물리적 가스 분석계	B	밀도법	어느 정도 밀도가 다른 두 성분 또는 두 성분이라 간주되는 혼합기체 (연료가스 중의 CO_2)	×	1~100 %	라너렉스계 라우탈계
	B	열전도율법	어느 정도 열전도율이 다른 두 성분 또는 두 성분으로 볼 수 있는 혼합기체 (연료가스 중의 CO_2)	×	0.01~100 %	전기선 CO_2계
	B	가스크로마 토그래피법	기체 및 비점 300℃ 이하의 액체	◎	몰비 0.1~100 %	간헐 자동측정식
	C	도전율법	물 또는 용액에 녹아서 도전율이 달라지는 기체	○	1ppm~100 %	저농도 가스 측정
	C	세라믹법	O_2 가스	○	0.1ppm~100 %	지르코니아식
	D	자화율법	주로 O_2 가스	◎	0.1~100 %	자기식 산소계
	E	적외선 흡수법	단원자 분자, 대칭성 2원자 분자 (H_2, O_2, N_2) 이외의 가스	◎	10ppm~100 %	

[주] A : 화학반응을 이용한 분석법 　　　　B : 물성 정수 측정에 의한 분석법
　　　C : 전기적 성질을 이용한 분석법 　　　D : 자기적 성질을 이용한 분석법
　　　E : 광학적 성질을 이용한 분석법 　　　◎ : 선택성이 우수하다.
　　　○ : 선택성이 좋다. 　　　　　　　　　× : 선택성이 나쁘다.

① 오르자트 가스분석계

　　※ 측정순서 $CO_2 \rightarrow O_2 \rightarrow CO$

　　　• CO_2 흡수액 : 30 % 수용액 (KOH)

　　　• O_2 흡수액 : 알칼리성 피로갈롤 용액

- CO 흡수액 : 암모니아성 염화제일구리 용액
② 자동화학식 CO_2계 : 오르자트 분석계와 같다.
③ 연소식 O_2계 : 가연성 가스와 산소를 촉매와 연소시켜 반응열이 O_2 농도에 비례하는 것을 이용 (촉매 : 팔라듐계)
④ 열전도율형 CO_2계 : CO_2가 공기보다 열전도율이 작은 것을 이용하는 것으로, 백금선의 온도 상승으로 전기저항이 증가되므로 전압을 측정하여 CO_2 농도를 알 수 있다.
⑤ 밀도식 CO_2계 : CO_2 밀도가 공기보다 크다는 것을 이용한 것이다.

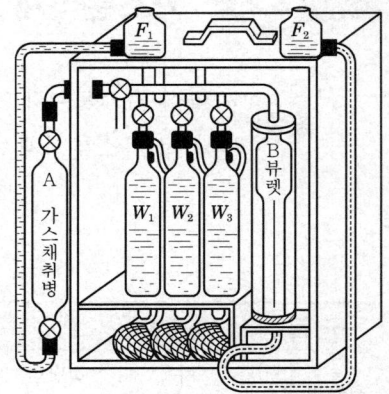

오르자트 가스분석계

⑥ 가스 크로마토그래피 분석계 : SO_2와 NO_2를 제외한 다른 성분은 분석이 가능하다. 활성탄 등의 흡착제를 채운 관을 통과하는 가스의 이동속도 차를 이용하여 분석한다.
  ※ 캐리어 가스 : H_2, N_2, Ar (자동분석이 가능하며 연구실용과 공업용으로 사용한다.)
⑦ 적외선 가스분석계 : H_2, N_2, O_2 등과 같은 이원자 분자를 제외한 대부분의 가스는 적외선에 대해 고유한 파장을 낸다. 이 파장의 흡수 에너지만큼 압력차가 생기는 것을 전기용량으로 변화시켜 가스의 농도를 지시한다.
⑧ 자기식 O_2계 : 산소가 다른 가스에 비해 강자성체이므로 흡인력을 이용하여 측정한다.
⑨ 세라믹 O_2계 : 지르코니아 (ZrO_2)가 원료인 세라믹은 온도를 높이면 산소이온만 통과시킨다. 이 성질을 이용하여 파이프 내의 기전력을 측정하여 O_2 농도를 지시한다.

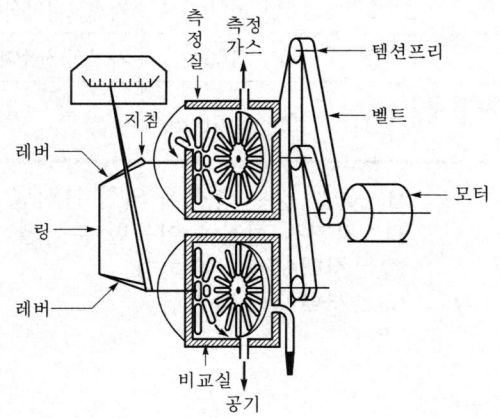

라다네스 CO_2계의 구조

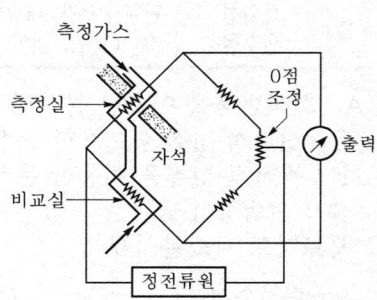

자기식 O_2계의 원리

4 자동제어와 가스미터

4.1 자동제어

(1) 개 요

제어대상을 가감, 검출부로 검출된 제어량을 목표값과 비교, 잔류편차를 제거, 목표값에 일치시키는 행위

(2) 자동제어의 이점

① 작업능률이 향상된다.
② 제품의 균질화, 품질의 향상을 기할 수 있다.
③ 작업에 따른 위험 부담이 감소한다.
④ 사람이 할 수 없는 힘든 조작도 할 수 있다.
⑤ 인건비가 절약된다.

(3) 제어의 3요소

검출부 → 조절부 → 조작부

(4) 제어계의 구성 (블록선도)

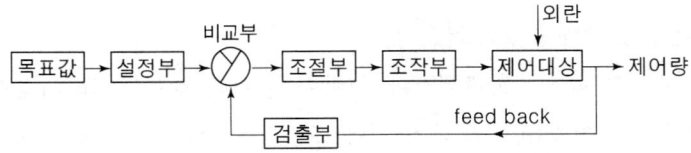

(5) 제어방법

① 정치제어 : 목표값이 변화하지 않고 일정한 값을 갖는 제어방식
② 추치제어 : 목표값이 변화하는 제어방식
  ㉮ 프로그램 제어 : 순서대로 전해진 제어방식 (미리 결정된 일정한 프로그램에 따라 수행)

㉯ 비율제어 : 비율 관계를 유지하면서 변화하는 제어방식 (목표치가 어느 다른 양과 일정한 비율로 변화하는 제어방식)

㉰ 캐스케이드 제어 : 2개의 제어계를 조합하여 1차 제어장치에서 제어량을 측정, 명령을 말하면 2차 제어계에서 이 명령을 바탕으로 제어량을 조절하여 작동을 하는 것

(6) 기 타

① 블록선도란 제어계의 구조와 동작 특성과의 관계를 나타내는 선도
② 외란 : 제어계의 상태를 혼란하게 하는 외적 작용

(7) 프로세스 제어 시스템

프로세스는 운전방식에 따라 연속식 프로세스와 배치식 프로세스로 구분된다.

① 연속식 프로세스 : 장기간 연료와 에너지를 공급하여 연속적으로 제품을 생산하는 것으로 석유정제, 석유화학 등이 그 예이다.

※ 연속식 프로세스는 피드백(feed back) 제어가 주로 사용되지만 제어정밀도의 향상을 위해 피드 포워드(feed forward) 제어를 가하는 것도 있다.

② 배치식 프로세스 : 비교적 단기간을 일주기로 하는 단위시간마다 미리 정해진 일련의 조작을 가하여 제품을 만들어내는 것으로, 다품종 소량생산에 적합하며 파인케미컬 식품공업 등에 응용된다.

※ 배치식 프로세스에는 시퀀스(Sequence) 제어가 많이 이용된다.

㉮ 피드백 제어 : 프로세스에 외란이 들어가 목표치와 제어량의 사이에 차이가 생기면 그 차를 판단하여 제어장치에서 조작량이 변한다. 그 결과 제어량이 변하여 목표치에 일치하도록 제어된다.

㉯ 피드 포워드 제어 : 프로세스에 외란이 들어간 경우에 그 외란이 검출 가능하며 그 영향이 제어량에 나타나기 전에 그것을 부정하는 조작을 하여 외란 제어량의 영향을 미연에 방지하는 것이다.

㉰ 시퀀스 제어 : 미리 정해진 조작순서에 따라 차례로 자동적으로 조작을 하는 것으로 마이크로프로세서를 사용하여 임의의 시퀀스를 간단하게 프로그래밍할 수 있는 것이다.

4.2 불연속 동작

(1) ON-OFF 동작

조작량이 2개인 동작 제어계로 간단하다.

(2) 다위치 동작

3개 이상의 정해진 값 중 하나를 취하는 방식이다.

(3) 단속도 동작

일정한 속도로 정과 역 방향으로 번갈아 작동하는 방식이다.

4.3 연속동작

(1) 비례동작 (P)

조작량이 편차에 비례하여 변화하는 제어동작이다 (잔류편차가 있고 부하 변화가 적은 장치에 적합하다).

(2) 적분동작 (I)

조작량이 편차의 시간 적분에 비례하는 제어동작이다 (잔류편차 제거 조작 힘이 강함. 안전성 결여, 진동 응답속도가 느림).

(3) 미분동작 (D)

조작량이 편차의 시간 미분값에 비례하는 제어동작이다 (단속으로 쓰이지 않고 제어계가 안정되고 시간 지연이 적다).

(4) 비례적분동작 (PI)

잔류편차 제거는 할 수 있다. 반면 부하가 크면 출력이 증가하여 안정성이 나쁘게 되어 진동이 일어난다.

(5) 비례미분동작 (PD)

비례동작을 신속화 · 안정화하기 위함.

(6) 비례적분미분동작 (PID)

I동작으로 잔류편차를 제거하고 D동작으로 응답을 빠르게 하는 동작 (대표적인 연속 동작)이다.

[보일러의 자동제어]

① sequence control : 제어동작이 공식적으로 미리 정해진 순서에 따라 진행 (보일러 점화 및 소화시 적용)된다.

② feedback control : 보일러 자동제어의 기본으로 결과에 따라 원인을 가감 (보일러 운동 중에 적용)

③ 자동연소제어 (A.C.C)

④ 급수제어 (F.W.C) → 보일러의 수위, 급수량

⑤ 증기온도제어 (S.T.C) → 과열 증기 온도 → 전열량

4.4 가스미터

소비하는 가스미터의 체적 측정을 위하여 사용된다.

(1) 실측식

① 건식
  ㉮ 막식
  ㉯ 회전자식 : 루츠식, (대용량)로터리식, 오벌식
② 습식
  기준 습식 가스미터 (0.2~3000 m³/h)

(2) 추량식

델타, 터빈, 벤투리, 오리피스

(3) 구비조건

① 정확하게 계량할 것
② 내구성이 클 것
③ 소형이며 용량이 클 것
④ 감도가 예민할 것
⑤ 보수, 수리가 용이할 것
⑥ 구조가 간단할 것

(4) 계량능력

m^3/h로 표시. 압력 손실 (LPG : 0.30 kPa, 도시가스 : 0.15 kPa)

(5) 검정검사

외관검사, 구조검사, 기차검사

(6) 기 차

$$E = \frac{I - Q}{I}$$

여기서, E : 기차 [%], I : 미터 지시량, Q : 기준기 지시량

유 량	검정공차
최대유량의 1/5 미만	±2.5 %
최대유량의 1/5 이상 4/5 미만	±1.5 %
최대유량의 4/5 이상	±2.5 %

(7) 사용공차는 ± 4 % 이내

(8) 감도유량

가스미터가 작동될 수 있는 최소유량
가정용 막식 : 3 L/h

(9) l/rev

계량실 1주기당 체적

(10) MAX

○○ m³/h

(11) 설치 높이

1.6 m 이상 2 m 이내 수평·수직으로 설치 (30 m³/h 미만에 해당)

(12) 기밀시험 : 10 kPa

[설치기준]

① 화기와 2 m 우회거리 유지
② 저압전선 중 절연조치된 것 10 cm, 절연조치 안된 것 30 cm, 전기접속기 30 cm, 전기 계량기, 개폐기, 안전기 60 cm 이상 유지
③ 통풍이 양호한 곳, 검침이 용이한 곳
④ 일광, 눈, 비에 접촉하지 않게 수직·수평으로 설치

(13) 가스미터 크기 선정

① 소형 (15호 미만)은 최대 사용량이 가스미터 용량의 60 %가 되도록 한다.
② 최대 통과량이 80 % 초과시 1등급 더 큰 가스미터를 사용한다.

(14) 고장현상

① 부동 : 지침이 작동하지 않는 상태 (파손, 밸브 탈착, 시트 누설 등)
② 불통 : 가스가 미터를 통과하지 않는 현상
③ 기차 불량 : 사용공차 (±4 %)를 넘어서는 기차 불량
④ 감도 불량 : 가스미터가 측정한 감도만큼 흘려보내는데 지침이 작동하지 않는 현상

(15) 가스미터의 종류별 특징

구 분	막식 가스미터
장 점	① 값이 싸다. ② 설치 후 유지관리에 시간을 요하지 않는다.
단 점	대용량의 것은 설치면적이 크다.
일반적 용도	일반수용가
용량범위	1.5~100 m³/h

구 분	습식 가스미터
장 점	① 계량이 정확하다. ② 사용 중에 기차의 변동이 크지 않다.
단 점	① 사용 중에 수위 조정 등의 관리가 필요하다. ② 설치면적이 크다.
일반적 용도	기준기, 실험실용
용량범위	$0.2 \sim 3000 \text{ m}^3/\text{h}$

구 분	Roots미터
장 점	① 대유량의 가스 특정에 적합하다. ② 중압가스의 계량이 가능하다. ③ 설치면적이 작다.
단 점	① 스트레이너 설치 및 설치 후에 유지관리가 필요하다. ② 소유량($0.5\text{m}^3/\text{h}$)의 것은 부동의 우려가 있다.
일반적 용도	대수용가
용량범위	$100 \sim 5000 \text{ m}^3/\text{h}$

4.5 gas chromatography (G.C)

(1) chromatography의 개념

복합성분의 시료가 칼럼의 고정상과의 상호 · 물리 · 화학적 작용에 의하여 고정상에 침출 · 흡착 등의 차이로 분리되는 현상을 이용하는 방법

(2) gas chromatography

이동상이 기체이고 칼럼 충전물의 흡착성을 이용하는 것

① 장점 : 대부분의 기체 성분의 혼합물과 휘방 성분의 혼합물을 이량 성분까지도 신속하게 분리하여 정성분석을 할 수 있으며, 다른 분석법에 비하여 장치가 간편하므로 광범위하게 활용된다.

② G.C의 구조

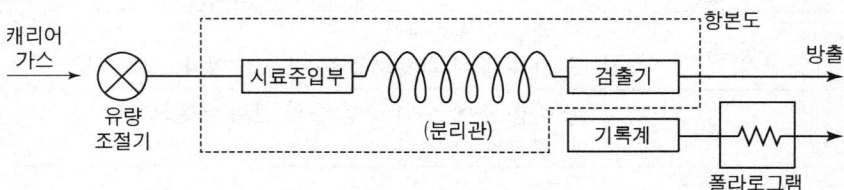

(3) 캐리어 가스
주입된 시료를 칼럼과 검출기 등으로 이동시켜주는 운반 가스. He, Ne, Ar 등 시료나 용매에 반응하지 않는 불활성 가스로 순도가 높고, 검출기에 적합해야 하며 저가이어야 한다.

(4) 시료 주입부
칼럼에 주입되는 시료는 신속히 주입되어야 하며, 주입부의 온도는 시료가 신속히 기화할 수 있도록 높아야 한다.

(5) 칼 럼
관의 재질도는 구리, 스테인리스 스틸, 알루미나, 유리 등이 사용되며 분리 효율은 칼럼의 내경이 작고 길수록 좋다. 일반적으로 칼럼의 길이는 3~5피트, 50피트까지 사용이 가능하다. 칼럼 물질로는 활성탄, 활성 알루미나, 실리카 겔 등이 사용되며, 크기와 모양이 균일해야 하고, 주입부에 비해 온도는 2℃ 정도 낮은 것이 좋다.

(6) 검출기
검출기는 칼럼을 통해 나오는 시료의 성분과 양을 감지하는 장치로 감도가 좋고, 소음이 없으며 광범위한 반응을 보여야 한다. 또한 온도나 유속의 변화에 민감하지 않은 게 좋다.
① 열전도도 검출기 (TCD) : 캐리어 가스와 시료와의 열전도도 차를 금속 필라멘트의 저항 변화로 나타내며 일반적으로 사용되는 검출기로 구조 취급 방법이 쉽고, 거의 모든 성분을 검출할 수 있으나 감도가 낮다 (100 ppm까지 감지).
② 불꽃 (수소) 이온화 검지기 : 수소와 공기로 불꽃을 만들어 시료를 태워 이온을 방출시켜 단위시간에 발생하는 이온의 수를 측정 (10 g)하는데 10 ppm까지 측정한다. 벤젠, 페놀, 탄화수소 등을 분석하며 TCD보다 복잡하고 비싸다.
③ 전자 포획 검출기 (ECD) : 방사선으로 캐리어 가스가 이온화되고, 생긴 자유전자를 시료성분이 포획함으로 인해 이온전류가 감소하는 것을 이용한다. ECD의 감응은 선택적

이며 할로겐 및 과산화물, 퀴논, 니트로지 등 전기음성도가 큰 작용기에 감응이 좋고, 탄화수소는 감도가 나쁘다. 염소 화합물인 살충제 검출과 정량에 사용된다.

(7) 칼럼의 효율

이론단수로 경정하며 칼럼의 효율을 비교하기 위해 용질, 용매, 온도 시료의 양을 고정하여야 한다.

① 이론단수

$$N = 16 \times \left(\frac{T_e}{W_b}\right)^2$$

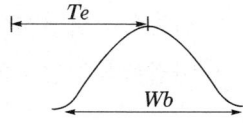

② HETP : 이론단수에 대한 상당 높이 시료가 이동상과 고정상 간에 평형에 도달하는 데 필요한 칼럼의 길이

$$이론단높이 = \frac{칼럼\ 길이}{N}$$

5 계측기기 핵심정리

5.1 온도계

- 접촉식 : 열팽창식, 압력식, 열전대, 저항식, 제게르콘, 서모컬러
- 비접촉식 : 방사온도계, 광전관식, 광고온도계, 색온도계 (고온 측정)

(1) 열팽창식

수은온도계 (-35~360℃), 알코올 온도계 (저온용), 베크만 온도계 (정밀 측정용), 바이메탈 온도계 (열팽창계수가 다른 금속을 사용 → 온도조절용, 자동계 이용)

(2) 압력식

구성 : 감온부, 도입부, 감압부 (원격 측정용)

(3) 전기저항식

① 온도 상승시 전기저항이 증대되는 현상 이용 (서미스터 : 반대)
② $R = R_0(1 + at)$
  여기서, R : t℃에서의 저항, R_0 : 0℃에서의 저항, a : 저항온도계수
③ 저항온도계수 : 서미스터 > Ni > Cu > Pt

(4) 열전대온도계

① 온도 변화에 의한 열기전력차 이용 (제베크 효과)

PR	-, +	백금, 백금로듐
CA	+, -	크루멜, 알루멜
IC	+, -	철, 콘스탄탄
CC	+, -	동, 콘스탄탄

※ 측정온도 : PR > CA > IC > CC
※ 열기전력 : IC > CC > CA > PR

② 열전대온도계의 특징 : 고온 측정용, 전원 불필요, 원격 측정

③ 주의사항 : 단자의 극성 일치, 지시계 0점 조정, 삽입구 냉기 침입 방지
④ 보상도선 : Cu, Cu-Ni
⑤ 보호관 : 카보런덤관 (가장 고온) → 자성관 (1700℃) > 석영관 (1000℃) > 동관

(5) 제게르콘
내열성 금속삼각추로 연화되는 모양으로 측정. 59종

(6) 서모컬러
열 전파속도 및 열의 분포 측정

(7) 광고온도계
화상의 위도와 비교 온도 측정

(8) 방사온도계
스테판 – 볼츠만의 법칙

(9) 광전관식
응답이 빠르다.

(10) 색온도계

5.2 압력계

- 1차압력계 : 액주식, 기준분동식
- 2차압력계 : 부르동관, 밸로스, 다이어프램, 전기식

(1) 경사관식
저압을 정밀하게 측정. $P_1 - P_2 = rX\sin\theta$

(2) 부르동관식
가장 널리 사용. 눈금은 최고사용압력의 1.5배~2배

(3) 다이어프램

부식성 액체와 먼지를 함유한 액체, 점도가 높은 액체에 적합하다.

(4) 전기식

가장 기록이 용이하고, 원격 측정이 가능하다.

(5) 분동식 압력계

① 1차 압력계로 2차 압력계의 교정, 보정용
② P (압력) = 중량 (kg)/단면적 (cm^2)
③ 오차 = 측정치 − 진실치, 오차율 = [(측정치 − 진실치) / 진실치]×100

5.3 액면계

- 직접식 : 플로트식
- 간접식 : 차압, 음향, 방사선 이용

(1) 부자식

고온, 고압, 고압밀폐 탱크형, 지시·경보 용이

(2) 차압식

고온, 고압, 고점도 유체, 개방탱크 겸용

(3) 방사선식

고온, 고압, 고점도, 부식성 유체, 대유량

5.4 유량계

① 차압식 : 오리피스, 플로 노즐, 벤투리
② 유속식 : 피토관, 열선식
③ 용적식 : 오벌 유량계, 루츠식, 가스미터, 로터리 피스톤

④ 면적식 : 플로트형, 피스톤형, 로터미터
⑤ 와류식
⑥ 전자식

(1) 차압식

① 유량은 차압의 제곱근에 비례한다.
② 압력 손실 : 오리피스 > 플로 노즐 > 벤튜리
③ 오리피스 유량공식

$$Q = \frac{\pi d^2}{4} \times \frac{C}{\sqrt{1-m^2}} \times \sqrt{2g\frac{r'-r}{r} \times H \times 3600}$$

여기서, Q : 유량 (m^3/h), d : 오리피스 지름 (m)
C : 유속계수, m : 개구비 (d_2/D_2)
H : 마노미터 눈금치 (m), r : 비중, r' : 마노미터액의 비중

(2) 유속식 : 피토관 유량

$$Q = A \times \sqrt{2gH}$$

(3) 용적식

관내 일정 용적에 유체를 흘려보내서 유량 측정

(4) 면적식

로터미터가 대표적

(5) 전자식

패러데이 전자유도 법칙 이용

5.5 가스분석계

- 화학적 : 오르자트 분석계, 연소식 O_2계, 미연소계, 자동화학 CO_2계
- 물리적 : 열전도율법, 밀도법, 적외선흡수법, 자화율법, 가스 크로마토그래피법

(1) 오르자트 가스분석계

시료가스에 흡수제를 공급, 흡수 전후의 용적 차를 산정

① 측정 순서 : $CO_2 > O_2 > CO$

② 흡수액

㉮ CO_2 흡수액 : 30 % KOH 용액

㉯ O_2 흡수액 : 알칼리성 피로갈롤 용액

㉰ CO 흡수액 : 암모니아성 염화제1동 용액

㉱ N_2 : 흡수제를 쓰지 않고 나머지 양으로 정량

(2) 자동화학식 CO_2계

분석시 흡수제는 오르자트와 같다. 단, 연소적정에 의한 방법으로 선택성이 좋다.

(3) 연소식 O_2계

시료가스의 가연성분을 연소시켜 발생되는 발생 열을 산정

(4) 미연소계 (H_2 + CO계)

(5) 열전도율식 CO_2계

CO_2가 공기보다 열전도율이 작다는 점을 이용

(6) 밀도식 CO_2계

CO_2 밀도가 공기보다 크다는 점을 이용

(7) 가스 크로마토그래피법

흡착제 (활성탄, 실리카 겔)를 채운 칼럼에 시료가스를 통과시켜 각 성분의 이동속도의 차를 이용하여 각 성분을 분리한다 (분리능력 및 선택성이 우수. 1대의 분석기로 전 성분의 분석이 가능하며 실험·시험용에 적합하다. 응답이 늦고 구조가 복잡하다). → G·C의 구조

① 캐리어 가스 (운반기체) : N_2, He, Ne, Ar 등 비활성 가스

② 칼럼 (분리관) : 활성탄, 활성 알루미나, 실리카 겔

③ 검출기 (디텍터)

㉮ TCD (열전도도 검출기) : 일반적 감도 낮다.

㉯ FID (불꽃 또는 수소이온화 검출기) : 탄화수소 감도 좋다.

㉰ ECD (전자 포착 검출기) : 할로겐 등에 감도 좋고 탄화수소 감도는 나쁘다.

제5편 기출문제와 예상문제

01 우리나라 계량법의 기본단위는 모두 몇 종으로 되어 있는가?
㉮ 4종 ㉯ 5종
㉰ 6종 ㉱ 7종

> 기본단위 (7종) : 길이 (m), 질량 (kg), 시간 (s), 전류 (A), 광도 (cd), 물질량 (mole), 온도 (K)

02 유도단위에 속하지 않는 것은?
㉮ 압력 ㉯ 열량
㉰ 습도 ㉱ 비열

> ① 유도단위 : 넓이, 체적, 가속도, 속도, 일, 열량, 유량 등
> ② 특수단위 : 비중, 습도, 내화도, 입도

03 비접촉식 온도계에 속하는 것은?
㉮ 열전온도계 ㉯ 압력온도계
㉰ 저항온도계 ㉱ 광고온도계

04 수은을 봉입한 유리온도계의 사용범위는?
㉮ $-50℃ \sim 150℃$ ㉯ $-35℃ \sim +360℃$
㉰ $0℃ \sim 200℃$ ㉱ $-55℃ \sim 650℃$

05 기본단위에 속하지 않는 것은?
㉮ 길이 ㉯ 시간
㉰ 열량 ㉱ 온도

> 열량은 유도단위

정답 1. ㉱ 2. ㉰ 3. ㉱ 4. ㉯ 5. ㉰

제 5 편 계측기기

06 특수단위에 속하지 않는 것은?
- ㉮ 입도
- ㉯ 습도
- ㉰ 비중
- ㉱ 밀도

> 밀도는 유도단위

07 유도단위에 속하는 것은?
- ㉮ 전류
- ㉯ 비중
- ㉰ 소음
- ㉱ 내화도

> 전류는 기본단위, 비중과 내화도는 특수단위

08 기포식 액면계에서 기포관 내의 공기압(gauge압)이 326 mmH$_2$O인 경우 액면의 높이를 구한다면? (단, 액의 비중량은 725 kgf/m^{3}로 한다.)
- ㉮ 150 mm
- ㉯ 250 mm
- ㉰ 350 mm
- ㉱ 450 mm

> $H = \dfrac{326}{725} \times 10^3 = 450$ mm $\left(H = \dfrac{P}{r}\right)$

09 바이메탈식 온도계에 대한 설명으로 맞지 않는 것은?
- ㉮ 바이메탈은 온도의 측정보다는 온도의 자동조절이나 여러 가지 계기의 온도보상장치에 많이 쓰인다.
- ㉯ 압력용기 내의 온도 측정이 곤란하고 지시값의 직독이 곤란하다.
- ㉰ 구조가 간단하고 보수가 용이하며 갱년 변화가 적다.
- ㉱ 100℃ 이하의 것은 황동과 3% Ni강이 사용된다.

10 계량 계측기기는 정확·정밀해야 하는데, 이를 확보하기 위한 제도 중에서 계량법상 강제규정이 아닌 것은?
- ㉮ 검정제도
- ㉯ 정기검사
- ㉰ 수시검사
- ㉱ 비교검사

> 계량 계측기기의 정확도를 유지하기 위해서 계량법상 강제 규정을 둔다. : 검정제도, 정기검사, 수시검사, 비교 교정검사

정답 6. ㉱ 7. ㉰ 8. ㉱ 9. ㉯ 10. ㉱

11 1차 제어장치가 제어량을 측정하여 제어명령을 발하고 2차 제어장치가 이 명령을 바탕으로 제어량을 조절하는 측정제어와 가장 가까운 것은?

㉮ 캐스케이드 제어   ㉯ 프로그램 제어
㉰ 정치제어   ㉱ 비율제어

> 📌 제어방법
> ① 정치제어 : 목표값의 변화가 없는 제어
> ② 추치제어 : 목표값이 변화하는 측정 제어
> • 추정제어 : 임의 시간적으로 변화
> • 프로그램 제어 : 순서대로 정해진 제어방식
> • 비율제어 : 비율관계를 유지하면서 변화하는 제어방식
> ③ 캐스케이드 제어 : 2개의 제어계가 조합 (시간 지연이 크거나 제어계의 구조가 복잡한 경우 사용)

12 원인을 알 수 없는 오차로서 측정 때마다 측정값이 일정하지 않고 분포현상을 일으키는 것은?

㉮ 계통적인 오차   ㉯ 과오에 의한 오차
㉰ 계량기오차   ㉱ 우연오차

> 📌 ① 우연오차 (accidental-errors) : 흩어짐의 원인이 되는 오차로 측정실 기온의 미소 변동, 공기의 동요, 측정대의 진동, 조명도의 변화, 관측자 주위의 동요 등 그 발생 원인이 명확하지 않은 여러 종류의 잡다한 원인이 정 (正) 또는 부 (負)로 측정값을 변동시켜 이러한 오차가 일어난다.
> ② 우연오차의 특징 : 원인을 알 수 없으며 제거할 수도 없다.

13 액체봉입식 압력온도계의 봉입액으로 사용되지 않는 것은?

㉮ 수은   ㉯ 알코올
㉰ 아닐린   ㉱ 프레온

> 📌 압력식 온도계
> ① 고온측정 : 액체 > 증기 > 기체
> ② 봉입물질
> • 액체 – 수은, 알코올, 아닐린
> • 기체 – He, Ne, N_2, H_2
> • 증기 – 프레온, 에틸에테르, 톨루엔

정답   11. ㉮   12. ㉱   13. ㉱

14 온도계의 설치위치로 가장 적당한 곳은?

㉮ 1
㉯ 2
㉰ 3
㉱ 4

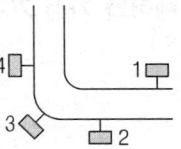

15 증기압력식 온도계의 봉입액으로 사용되지 않는 액체는?

㉮ 프레온   ㉯ 에틸에테르
㉰ 벤젠   ㉱ 아닐린

16 물체의 형상 변화를 이용하여 온도를 측정하는 것은?

㉮ 제게르콘   ㉯ 광고온도계
㉰ 열전온도계   ㉱ 색온도계

> 제게르콘 : 규석질, 점토질의 분말을 혼합·성형한 삼각추
> ① 용도 : 내화물의 내화도 측정
> ② 종류 : 59종. SK 022 (600℃)–SK 42 (2000℃)
> ③ 최고사용온도 : 2000℃

17 열전대의 종류 중 상용 사용한도 온도가 200~300℃인 열전대는?

㉮ CC   ㉯ PR
㉰ CA   ㉱ IC

> 열전대의 종류
> ① 백금 – 백금라듐 (PR) : 0℃~1600℃
> ② 크루멜 – 알루멜 (CA) : −20℃~1200℃
> ③ 철 – 콘스탄탄 (IC) : −20℃~800℃
> ④ 구리 – 콘스탄탄 (CC) : −200℃~350℃

18 열전대 중에서 가장 고온을 측정할 수 있는 것은?

㉮ PR   ㉯ CC
㉰ IC   ㉱ CA

정답 14. ㉰ 15. ㉰ 16. ㉮ 17. ㉮ 18. ㉮

19 백금 – 로듐 열전온도계의 특성 중 틀린 것은?

㉮ 고온 측정에 사용된다.
㉯ 산화분위기에 약하고 환원분위기에 강하다.
㉰ 금속증기에 극히 약하다.
㉱ 가스에 침식 받을 위험이 크므로 보호관은 기밀 유지가 필요하다.

① PR은 산화분위기에 강하고 환원분위기에 약하다.
② CA, IC는 산화에 약하고 환원에 강하다.
③ CC는 수분에 강함.

20 열전대에 쓰이는 금속 중 그 극성이 음극(-)인 것은?

㉮ Pt ㉯ Fe
㉰ Cu ㉱ chromel

PR (백금-백금로듐)에서 P가 (-), R이 (+)이다.

21 온도계 중에서 보상도선이 필요한 온도계는?

㉮ 열전온도계 ㉯ 저항온도계
㉰ 표면온도계 ㉱ 서미스터 (thermistor)

보상도선이란 열전대 단자에서 냉접점에 이르는 도선이 긴 경우 비싼 열전대 대신에 사용되는 금속선으로 동선, 구리-니켈 합금선이 사용된다.

22 평균유속이 5 m/s인 파이프에 20 L/s의 유량이 흐르도록 하려면 이 파이프의 지름을 몇 mm로 해야 하는가?

㉮ 64 mm ㉯ 68 mm
㉰ 71 mm ㉱ 76 mm

$\dfrac{0.02}{5} = \dfrac{\pi}{4}D^2$ ∴ $D = 71$ mm

23 공기 제어방식의 장점을 열거한 것 중 틀리는 것은?

㉮ 배관이 용이하다. ㉯ 위험성이 없다.
㉰ 보수가 비교적 쉽다. ㉱ 신호 전달이 빠르다.

정답 19. ㉯ 20. ㉮ 21. ㉮ 22. ㉰ 23. ㉱

24 0°C에서의 저항이 100Ω이고 저항온도계수가 0.0025인 저항온도계를 어떤 노 안에 삽입하였을 때 저항이 180Ω이 되었다면 이 노 안의 온도는 몇 °C인가?

㉮ 125°C ㉯ 148°C
㉰ 320°C ㉱ 192°C

📌 $R = R_0(1 + at)$
여기서, R : t°C 때의 저항, R_0 : 0°C 때의 저항, a : 저항계수, t : 온도(°C)
$100(1 + 0.0025 \times t) = 180$
∴ $\dfrac{180 - 100}{100 \times 0.0025} = 320$°C

25 다음 압력계 중 탄성변형의 원리를 이용한 압력계는?

㉮ U자관 압력계 ㉯ 부르돈관 압력계
㉰ 경사관 압력계 ㉱ 환상천평식 압력계

📌 • 환상천평식 압력계는 링 밸런스식
• 탄성변형의 원리 : 탄성체의 변형은 압력이 비례한다 (Hooke 법칙).

26 다이어프램 압력계를 설명한 것으로 틀린 것은?

㉮ 연소로의 드래프트(draft)계로써 보통 사용한다.
㉯ 다이어프램으로는 고무, 양은, 인청동, 스테인리스 등의 박판이 사용된다.
㉰ 측정이 가능한 범위는 공업용으로는 10~300 mmAq이다.
㉱ 이 압력계의 형태에는 다이어프램의 변위를 측정하는 이른바 다이어프램 캡슐형의 것도 있다.

📌 다이어프램 압력계 : 측정이 가능한 범위는 20~5000 mmAq이다.

27 다음 압력계 중 정도가 가장 좋은 것은?

㉮ 침종식 압력계 ㉯ 환상차압 천칭식 압력계
㉰ 경사관식 압력계 ㉱ 단관식 압력계

📌 경사관식 압력계 : 미세한 압력 측정에 사용한다.

28 압력계의 지시눈금판은 최고사용압력에서 몇 배까지 지시할 수 있는 압력계를 사용하여야 하는가?

㉮ 1~1.5배 ㉯ 1~2배
㉰ 1.5~2배 ㉱ 2~3.5배

29 용적식 유량계에 속하는 것은?
㉮ 피토관 ㉯ 습식 가스미터
㉰ 로터미터 ㉱ 오리피스미터

📌 ㉮ 피토관 : 유속계, ㉰ 로터미터 : 면적식, ㉱ 오리피스 : 차압식

30 국제미터원기 (백금-이리듐 합금)로 표시된 1 m의 길이는 온도 몇 ℃에서 나타내는 값인가?
㉮ 20℃ ㉯ 15℃
㉰ 20℃ ㉱ 25℃

📌 15℃, 760 mmHg 기준. 20℃는 공업표준온도

31 부르동관 압력계에 대하여 다음과 같이 정압시험을 하였다. 이 중 옳은 시험법과 합격의 기준을 기술한 것은?

㉮ 최대압력에서 30분간 지속하여 기차가 $\pm \frac{1}{2}$눈금 이하가 되어야 하며, 왕복의 차가 $\frac{1}{2}$눈금 이하이어야 한다.

㉯ 최대압력에서 72시간 지속할 때 크리프 현상은 $\frac{1}{2}$눈금 이하가 되어야 한다.

㉰ 온도 100℃의 항온에서 최대압력의 약 $\frac{2}{3}$의 압력을 가하여 30분간 방치한 후 표시도시험을 한다.

㉱ 상온에서 최대압력의 약 $\frac{1}{2}$의 압력을 가한 채 1500회/분, 약 ±0.3 mm의 상하단현 진동을 24시간 가한 후 표시도시험을 한다.

📌 부르동관 압력계 정압시험은 최대압력하에서 72시간 지속할 때 크리프 현상은 왕복의 차가 $\frac{1}{2}$눈금 이하이어야 한다. 압력계의 최소눈금의 $\frac{1}{2}$ 이상 차이가 나면 교환하여야 한다.

32 미세한 압력 측정용 계측기기는?
㉮ 경사식 액주압력계 ㉯ 분동식 압력계

㉰ 액주압력계 ㉱ 부르동관 압력계

> • 부르동관 압력계는 측정범위가 넓다.
> • 경사식 액주압력계 : 약간의 변화에도 액주의 변화가 크므로 정도가 높으며 미세한 압력의 측정 등 비교적 저압의 경우에 사용한다.

33 다음 압력계 중에서 고압력 측정에 사용되는 것은?
㉮ 다이어프램식 압력계 ㉯ 링 밸런스식 압력계
㉰ 벨로스식 압력계 ㉱ 부르동관식 압력계

> 부르동관 압력계 ($1000\,kg/cm^2$까지 측정이 가능)

34 그림과 같은 경사관 압력계에서 P_1의 압력을 나타내는 식으로 옳은 것은? (단, r : 액체의 비중량임.)
㉮ $P_1 = P_2/rx$
㉯ $P_1 = P_2 rx \cos\theta$
㉰ $P_1 = P_2 + rx \tan\theta$
㉱ $P_1 = P_2 + rx \sin\theta$

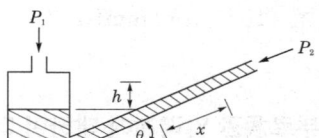

35 다음 가스분석계 중 연구실에서 사용되는 것은?
㉮ 열전도율식 CO_2계 ㉯ 세라믹식 O_2계
㉰ 가스 크로마토그래피 ㉱ 자동화학식 CO_2계

36 연소가스 중 CO와 H_2 분석에 사용되는 것은?
㉮ 과잉공기계 ㉯ 질소가스계
㉰ 미연 연소가스계 ㉱ 탄소가스계

37 열량 단위는 다음 중 어느 단위에 속하는가?
㉮ 기본단위 ㉯ 유도단위
㉰ 특수단위 ㉱ 보조단위

> 유도단위 : 넓이, 체적, 가속도, 속도, 일, 열량, 유량 등

38 압력의 보조 계량단위는?

㉮ gr/cm² ㉯ bar
㉰ atm ㉱ mmHg

> 1기압 = 1.01325 bar

39 열과 가장 가까운 단위 기호는?

㉮ 캘빈 (K) ㉯ 와트 (W)
㉰ 줄 (J) ㉱ 다인 (dyne)

> 1cal = 4.2 J

40 계량계측기의 사용공차는 대부분 사용에 따라 정도(精度)가 변하지 않는 것을 제외하고는 보통 검정공차의 몇 배에 해당하는가?

㉮ 2배 ㉯ 3배
㉰ 4배 ㉱ 5배

> 사용공차는 검정공차의 1.5~2배

41 다음 계량단위 중 유도단위가 아닌 것은?

㉮ 비중 ㉯ 유량 (L/h)
㉰ 속도 (m/s) ㉱ 면적 (m²)

> 비중은 특수단위

42 편차의 크기와 지속시간에 비례하여 응답하는 제어동작은?

㉮ P동작 ㉯ D동작
㉰ I동작 ㉱ PID동작

43 다음 액면계 중 직접법에 해당되는 것은?

㉮ 파지식 ㉯ 차압식
㉰ 초음파식 ㉱ 부자식

정답 38. ㉯ 39. ㉰ 40. ㉮ 41. ㉮ 42. ㉮ 43. ㉱

44 아네로이드형 지시압력계의 검정공차는 그 표시량의 눈금에 접하는 1눈의 값의 2분의 1이다. 이때의 사용공차는 얼마인가?

㉮ 1눈의 값의 2분의 1 ㉯ 1눈의 값의 1분의 1
㉰ 1눈의 값의 4분의 1 ㉱ 1눈의 값의 4분의 3

📌 사용공차는 검정공차의 1.5~2배일 것

45 그림에서 수직관 속에 비중이 0.9인 기름이 흐르고 있다. 여기에 그림에서와 같이 액주계를 설치하였을 때 압력계의 지시값은 얼마인가?

㉮ 0.01 kg/cm^2
㉯ 0.1 kg/cm^2
㉰ 0.001 kg/cm^2
㉱ 1.0 kg/cm^2

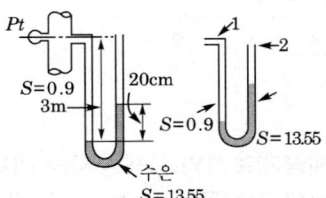

📌 $P_1 + 0.9 \times 3 = P_2 + 13.55 \times 0.2$
$P_2 - P_1 = (13550 \times 0.2 - 900 \times 3) = 10$
∴ $10 \text{ kg/m}^2 = 0.001 \text{ kg/cm}^2$

46 진공계의 종류에 해당되지 않는 것은?

㉮ 맥로드(Mcloed)형 진공계 ㉯ 열전도형 진공계
㉰ 전리(電離) 진공계 ㉱ 음향식 진공계

📌 진공계 : 맥로드형 진공계, 열전도율형 진공계, 전리 진공계

47 유체가 흐를 때 인접한 두 층의 상대운동에 저항하는 마찰력(f)과 경계면적(s), 기울기 $\left(\dfrac{du}{dy}\right)$, 점성계수($\mu$)와의 관계식으로 옳은 것은?

㉮ $f = \mu \times s \times \dfrac{du}{dy}$ ㉯ $f = s \text{ over } \mu \times \dfrac{du}{dy}$

㉰ $f = \mu \times \dfrac{1}{s} \times \dfrac{du}{dy}$ ㉱ $f = \dfrac{1}{\mu \cdot s} \times \dfrac{du}{dy}$

48 안지름 14 cm인 관에 물이 가득 흐를 때 피토관으로 측정한 유속이 7 m/s이었다면 이때의 유량은 약 몇 kg/s인가?

㉮ 39 kg/s ㉯ 108 kg/s
㉰ 433 kg/s ㉱ 1077.2 kg/s

$\dfrac{3.14}{4} \times 0.14^2 \times 7 \times 1,000 = 107.7$ kg/s (여기서, 1000을 곱하는 이유는 물의 유량이 m^3로 계산되므로 물의 비중량이 1000 kg/m^3이기 때문이다.)

49 차압식 유량계로 유량을 측정하는데 관로 중에 설치한 조리개기구(오리피스) 전후의 차압이 1936 mmH$_2$O일 때 유량이 22 m^3/h이었다. 차압이 1024 mmH$_2$O일 때 유량은?

㉮ 41.6 m^3/h ㉯ 32 m^3/h
㉰ 16 m^3/h ㉱ 11.6 m^3/h

유량은 차압의 제곱근에 비례하므로 $\sqrt{1936} : 22 = \sqrt{1024} : x$
$x = 22 \times \sqrt{\dfrac{1024}{1936}} = 16$ m^3/h

50 차압식 유량계의 압력 손실의 크기를 표시한 것 중 옳은 것은?

㉮ 플로 노즐 > 벤투리관 > 오리피스 ㉯ 벤투리관 > 플로 노즐 > 오리피스
㉰ 오리피스 > 벤투리관 > 플로 노즐 ㉱ 오리피스 > 플로 노즐 > 벤투리관

제작비는 반대. 즉 벤투리 > 플로 노즐 > 오리피스

51 지름 5 cm의 파이프를 써서 매시 4t의 물을 공급하는 수도관이 있다. 이 수도관에서의 물의 속도는 몇 m/s인가?

㉮ 0.24 m/s ㉯ 2.8 m/s
㉰ 8.1 m/s ㉱ 0.56 m/s

$Q = A \times V$에서 $V = \dfrac{Q}{A} = \dfrac{4}{\dfrac{3.14}{4} \times 0.05^2 \times 3600} = 0.566$ m/s

52 피토관을 사용할 때의 주의사항이 아닌 것은?

㉮ 유속이 5 m/s 이상인 기체는 측정이 곤란하다.
㉯ 더스트(dust), 미스트(mist) 등이 많은 유체는 부적당하다.

㉰ 피토관의 두부를 흐름에 대하여 평행으로 붙인다.
㉱ 흐름에 대하여 충분한 강도를 가져야 한다.

> 유속이 5 m/s 이하인 기체는 사용할 수 없다.

53 유체의 동압으로 임펠러 (impeller)를 회전시켜서 적산과 순간시 유량을 측정하는 유량계는?
㉮ 면적식 유량계 ㉯ 임펠러식 유량계
㉰ 전자유량계 ㉱ 용적식 유량계

54 오리피스 유량계의 특징이 아닌 것은?
㉮ 제작비가 비싸다. ㉯ 정도가 높다.
㉰ 압력 손실이 크다. ㉱ 설치장소 전후에 곡선부가 필요하다.

> 오리피스 유량계 특징 : ① 제작비가 싸다. ② 구조간단 ③ 제작이나 장착 용이 ④ 좁은 장소에 설치 가능 ⑤ 유체의 압력손실이 가장 크다. ⑥ 침전물 생성 우려 ⑦ 베루누이 정리 이용

55 유량의 단위를 나타낸 것은?
㉮ kg/m^2 ㉯ kg/m^3
㉰ m^3/s ㉱ m/cm

56 가정용 수도미터에 사용하는 유량계는?
㉮ 임펠러식 ㉯ 용적식
㉰ 면적식 ㉱ 유속식

> 가정용 수도미터 회전축에 직각으로 여러 개의 날개를 부착시켜 차압에 의해 회전하면서 적산 유량을 측정하는 임펠러식 유량계가 쓰인다.

57 차압식 유량계에서 압력차가 처음보다 2배 커지고 관의 지름이 1/2배로 되었다면 나중 유량 (Q_2)과 처음 유량 (Q_1)의 관계로 옳은 것은? (단, 나머지 조건은 모두 동일하다.)
㉮ $Q_2 = 1.412 Q_1$ ㉯ $Q_2 = 0.707 Q_1$
㉰ $Q_2 = 0.3535 Q_1$ ㉱ $Q_2 = \dfrac{1}{4} Q_1$

정답 53. ㉯ 54. ㉮ 55. ㉰ 56. ㉮ 57. ㉰

📌 $Q \propto D^2$ (유량은 지름의 제곱에 비례), $Q \propto \sqrt{P}$ (유량은 차압의 평방근에 비례)
$\left(\dfrac{1}{2}\right)^2 \times \sqrt{2} = 0.3535$ 배
∴ $Q_2 = 0.3535 Q_1$

58 피측정체의 밝기와 온도를 알고 있는 표준체의 밝기를 비교함으로써 온도를 측정하는 계기는?
㉮ 광고온도계 ㉯ 방사온도계
㉰ 서미스터 온도계 ㉱ 저항온도계

📌 광고온도계
① 특징
- 구조가 간편, 정도 우수 (±5℃)
- 측정거리에 따른 오차가 적다.
- 개인차가 크다.
- 시간 지연이 크다.
- 연속 측정 및 이동 물질의 측정이 곤란하다.
② 측정범위 : 700~3000℃

59 다음 내용 중 틀린 것은?
㉮ 제게르콘은 내화도를 표시하며 SK 26 이상이 공업요로에서의 내화물에 속한다.
㉯ 서모컬러 (thermo color)는 도료의 일종으로 미측정물의 표면에 도포하여 그 점의 온도 변화를 감시한다.
㉰ 서미스터 (thermistor)는 온도계수가 현저히 크고 강도가 좋은 편이다.
㉱ 광전관 고온계는 응답시간이 느리기 때문에 이동 물체를 측정하는 것은 곤란하다.

📌 광전관식 온도계는 광고온도계의 자동식이며 응답시간이 빠르고 이동 물체를 측정하는 것이 가능하다.

60 방사고온계는 어느 이론을 이용한 것인가?
㉮ 제베크 효과 ㉯ 펠티에 효과
㉰ 스테판 – 볼츠만 법칙 ㉱ 윈 – 프랑크의 법칙

📌 방사온도계 – 스테판 볼츠만의 법칙 적용 : 흑체 방사되는 에너지는 절대온도의 4승에 비례

61 노벽의 온도를 복사온도계로 측정할 때 주의해야 할 사항 중 틀린 것은?
㉮ 냉접점온도를 보정해야 한다.
㉯ 측온체의 측도에 따라 보정한다.

㈐ 계기에 따라 거리계수가 있으므로 설치에 주의해야 한다.
㈑ 노벽과 온도계 사이에 수증기, CO_2, 연기가 있으며, 방사에너지를 흡수하므로 오차가 생긴다.

📌 냉접점 ← 열전대온도계

62 다음의 공식은 유체가 단위시간에 흐르는 유량을 질량으로 환산하는 공식이다. 여기서 F는 무엇을 뜻하는가?

$$G = \rho Q = \rho v F \, [\text{kg/h}]$$

㉮ 유체의 평균유속 ㉯ 유체의 밀도
㉰ 유체의 단위체적당 무게 ㉱ 유체가 흐르는 관로의 단면적

📌 $G = \rho Q = \rho V F$
여기서, G : 유량 (kg/h), ρ : 유체의 밀도 (kg/m^3), Q : 부피유량 (m^3/h)
V : 유체의 평균유속 (m/h), F : 유체가 흐르는 관로의 단면적 (m^2)

63 유로의 측심부 속도를 측정하고 유로 단면에서의 평균속도를 구하려면 관계수 ($U/U_{\max}$)를 알아야 한다. 이런 순서를 거쳐야 하는 유량계는?

㉮ 오리피스 ㉯ 로터미터
㉰ 피토관 ㉱ 습식 가스미터

📌 피토관 : 유속식 유량계

64 어느 연도 (duct) 내를 가스가 흐르고 있다. 피토관으로 측정하였더니 동압은 10 mmH$_2$O, 유속은 15 m/s이었으며, 연도의 밸브를 열고 동압을 측정한 결과 20 mmH$_2$O가 되었다면 이때의 유속은 약 몇 m/s인가? (단, 중력가속도 $g = 9.8$ m/s^{2}이다.)

㉮ 21.2 ㉯ 14.2
㉰ 40.2 ㉱ 38.9

📌 ① 유량은 차압의 제곱근에 비례 ② 유속은 차압의 제곱근에 비례 ($Q = AV$)
$\sqrt{10} : 15 = \sqrt{20} : x$ ∴ 21.2 m/s

65 관로의 유속을 피토관으로 측정할 때 마노미터의 수주의 높이가 40 cm이었다. 이때, 유속은 몇 m/s인가?

㉮ 2.8　　　　　　　　　　㉯ 1.25
㉰ 7.84　　　　　　　　　 ㉱ 1.8

> $V=\sqrt{2gH}=\sqrt{2\times 9.8\times 0.4}=2.8$ m/s

66 상온, 상압의 공기유속을 피토관으로 측정하였더니 그 동압(P)은 100 mmAq이었다. 유속은 다음 중 어느 것인가? (단, 비중량 $r=1.3$ kg/m³)

㉮ 3.2 m/s　　　　　　　 ㉯ 12.3 m/s
㉰ 38.8 m/s　　　　　　　㉱ 50.5 m/s

> $V=\sqrt{2gH}=\sqrt{2g\Delta P/r}=\sqrt{2\times 9.8\times 100/1.3}=38.8$ m/s

67 압력식 온도계에 속하지 않는 것은?

㉮ 고체팽창식 온도계　　　㉯ 기체팽창식 온도계
㉰ 액체팽창식 온도계　　　㉱ 가스압력식 온도계

> 고체팽창식 온도계 : 고체의 선팽창계수의 차를 이용한다.

68 바이메탈 온도계에 대한 설명으로 옳지 않은 것은?

㉮ 온도의 자동조절이나 여러 가지 계기의 온도보상장치에 많이 쓰인다.
㉯ 구조가 간단하고 보수가 용이하며 경련 변화가 적다.
㉰ 측정 조작이 간단하고 숙련이 필요하지 않다.
㉱ 압력용기 내의 온도 측정이 곤란하고 지시값의 직독이 곤란하다.

> 바이메탈 온도계 : 열팽창계수가 다른 두 금속이 휘어지는 것을 이용한다.
>   ① 범위 : -50~500℃　　② 정도 : ±2℃
>   ③ 내구성 우수, 온도 조절, 자동 제어에 사용

69 기준접점을 가지고 있는 온도계는?

㉮ 압력식 온도계　　　　　㉯ 바이메탈 온도계
㉰ 저항식 온도계　　　　　㉱ 열전대온도계

> 열전대온도계 : 피측정체의 온도 변화에 따른 열전대의 열기전력차를 이용
>   ① 제베크 효과 : 도체에 열을 가하면 전류가 흐른다.
>   ② 구성부분 : 열전대, 보호관, 보상도선, 두 접합점, 지시계

정답　66. ㉰　67. ㉮　68. ㉱　69. ㉱

70 $\nu = 0.0101 \text{cm}^2/\text{s}$인 물이 안지름 20 mm인 관 속을 흐를 때 임계속도는?

㉮ 23.4 cm/s   ㉯ 16.8 cm/s
㉰ 14.3 cm/s   ㉱ 11.7 cm/s

> 임계속도는 R_e(레이놀즈 수)가 2300일 때의 속도를 말한다.
> $2300 = \dfrac{2 \times V}{0.0101}$
> ∴ $V = 11.7$ cm/s

71 가스의 비중을 이용하여 분석할 수 있는 가스는?

㉮ O_2 ㉯ H_2
㉰ CO_2 ㉱ NO_2

> 밀도식 CO_2계 : 공기보다 CO_2가 무거운 점 이용

72 열전대온도계가 구비해야 할 사항을 설명한 것으로 틀린 것은?

㉮ 열전대는 측정하고자 하는 곳에 정확히 삽입하여 삽입한 구멍을 통하여 냉기가 들어가지 않게 한다.
㉯ 보호관 선택 및 유지·관리에 주의한다.
㉰ 단자의 +, -와 보상도선의 -, +를 결선해야 한다.
㉱ 주위의 고온체로부터의 복사열의 영향으로 인한 오차가 생기지 않도록 주의해야 한다.

> 열전대온도계를 사용할 때의 주의사항
>   ① 단자의 극성을 일치 ② 지시계 0점 조정 ③ 삽입구에 냉기가 침입하는 것 방지

73 보호관으로 사용되는 재료의 최고사용온도가 높은 것으로부터 낮은 것으로 열거한 것 중 맞는 사항은?

㉮ 석영관 > 자성관 > 구리관   ㉯ 석영관 > 구리관 > 자성관
㉰ 자성관 > 석영관 > 구리관   ㉱ 구리관 > 자성관 > 석영관

> 자성관 : 1700℃, 석영관 : 1000℃, 동관 : 650℃

74 온도 15℃, 기압 760 mmHg인 대기 속의 풍속을 피토관으로 측정하였더니, 전압(全壓)이 대기압보다 52 mmAq 높았다. 이때, 풍속은 얼마인가? (단, 피토관의 속도계수 $C = 0.9$, 공기의 기체상수 $R = 29.27$ m/K이다.)

정답 70. ㉱ 71. ㉰ 72. ㉰ 73. ㉰ 74. ㉯

㉮ 16.4 m/s ㉯ 25.9 m/s
㉰ 32.6 m/s ㉱ 36.5 m/s

$V = C\sqrt{2g \times \dfrac{\Delta P}{r}} = 0.9\sqrt{2 \times 9.8 \times \dfrac{52}{r}}$

$r = \dfrac{P}{RT} = \dfrac{1.033 \times 10^4}{29.27 \times 288} = 1.23$

∴ $V = 25.9$ m/s

75 O_2가 다른 가스와 비교하여 강한 상자성체(常磁性體)이기 때문에 자장에 대하여 흡인되는 특성을 가지고 있는 것을 이용한 분석계는?

㉮ 자기식 O_2계 ㉯ 연소식 O_2계
㉰ H_2=CO계 ㉱ 밀도식 CO_2계

자기식 O_2계 : O_2의 자성을 이용
자화율은 절대온도에 반비례하며 가동부분이 없고 시료가스 중 가연성분이 포함되면 사용이 곤란하다.

76 전기식 CO_2계라고도 부르며 연소가스의 CO_2 분석에 널리 사용되는 분석계는?

㉮ 세라믹식 O_2계 ㉯ 연소식 O_2계
㉰ H_2+CO계 ㉱ 열전도율형 CO_2 분석계

열전도율형 CO_2 분석계 : CO_2는 공기보다 열전도율이 작다. 시료가스 중 H_2가 침입하면 오차가 발생하므로 지시를 낮춘다.

77 대칭 이원자 분자 및 Ar 등의 단원자 분자를 제외하고는 거의 대부분의 가스를 분석할 수 있는 가스분석법은?

㉮ 적외선흡수법 ㉯ 도전율법
㉰ 열전도율법 ㉱ 밀도법

78 피토관에 의한 유속 측정은 $V = \sqrt{2g(P_1 - P_2)/r}$ 의 공식을 이용한다. 이때 P_1, P_2는?

㉮ 동압과 전압을 뜻한다. ㉯ 전압과 정압을 뜻한다.
㉰ 정압과 동압을 뜻한다. ㉱ 동압과 유체압을 뜻한다.

정답 75. ㉮ 76. ㉰ 77. ㉮ 78. ㉯

> P_1 = 전압, P_2 = 정압
> 전압 − 정압 = 동압

79 가스분석계는 통상온도 및 압력 등의 계기와 비교하여 다음과 같은 특징이 있다. 이 중 틀린 것은?

㉮ 적정한 시료가스의 채취장치가 필요하다.
㉯ 선택성에 대한 고려가 항상 필요 없다.
㉰ 시료가스의 온도 및 압력의 변화로 측정오차를 일으킬 우려가 있다.
㉱ 계기의 교정에는 화학분석에 의해 검정된 표준 시료가스를 이용한다.

80 안지름 400 mm, 오리피스 지름 160 mm인 표준 오리피스로 공기의 유량을 측정하여 압력차 240 mmH₂O를 얻었다. 온도가 25°C, 대기압이 752 mmHg, 하류의 게이지 압력이 126 mmHg일 때 유량은 몇 m^3/h인가?

㉮ 1257 m^3/h
㉯ 2324 m^3/h
㉰ 3156 m^3/h
㉱ 4307 m^3/h

> $\theta = \dfrac{\pi d^2}{4} \cdot \dfrac{C}{\sqrt{1-m^2}} \times \sqrt{2g \dfrac{r_s - r}{r} \times H} \times 3600$ 에서
>
> m(개구비) $= \dfrac{d^2}{D^2} = \dfrac{160^2}{400^2} = 0.16$
>
> r(공기밀도) = STP 상태를 현 상태로 고치면 1.36 g/L [kg/m³]
>
> $\dfrac{3.14 \times 0.16^2}{4} \times \dfrac{1}{\sqrt{1-0.16^2}} \times \sqrt{2 \times 9.8 \times \dfrac{10^3 - 1.36}{1.36} \times 0.24} \times 3600$
> $= 4307.369 \text{ m}^3/\text{h}$

81 가스의 열전도율이 가장 큰 가스는?

㉮ CO
㉯ CO_2
㉰ H_2
㉱ N_2

82 보일러의 자동제어가 아닌 것은?

㉮ 연소제어
㉯ 온도제어
㉰ 급수제어
㉱ 위치제어

정답 79. ㉯ 80. ㉱ 81. ㉰ 82. ㉱

📌 보일러의 자동제어
① 자동연소제어 (A.C.C) : automatic combustion control
② 급수제어 (F.W.C) : feed water control
③ 증기온도제어 (S.T.C) : stream temperature control

83 보일러의 자동제어 중 시퀀스 제어 (sequence control)에 의한 것은?
㉮ 자동점화소화 ㉯ 증기압력제어
㉰ 온수온도제어 ㉱ 수위제어

📌 sequence control : 정해진 순서에 따라 작동. 보일러의 점화 및 소화시 작동

84 보일러를 자동제어 하는 목적이 아닌 것은?
㉮ 압력이나 온도가 일정한 증기를 얻기 위하여 ㉯ 보다 경제적으로 증기를 얻기 위하여
㉰ 인건비 절감을 위하여 ㉱ 연료를 절약하기 위하여

85 자동제어계의 구성부분이 될 수 없는 것은?
㉮ 제어부 ㉯ 검출부
㉰ 조작부 ㉱ 조절부

📌 검출 → 조절 → 조작

86 액면 측정방식이 아닌 것은?
㉮ 다이어프램식 ㉯ 정전용량식
㉰ 음향식 ㉱ 환상천칭식

📌 환상천칭식은 링 밸런스식으로 압력계의 종류이다.

87 다음 가스분석 방법 중 물성정수를 이용한 것이 아닌 것은?
㉮ 밀도법 ㉯ 적외선흡수법
㉰ 열전도율법 ㉱ 가스 크로마토그래피법

📌 적외선흡수법은 광학적 성질을 이용한 것

정답 83. ㉮ 84. ㉱ 85. ㉮ 86. ㉱ 87. ㉯

88 다음 중 가스 채취장치의 2차 필터로 사용하는 재료로 적당하지 않은 것은?

㉮ 면 ㉯ 석면
㉰ 유리솜 ㉱ 철망

- 1차 필터 : 카보런덤, 아람단
- 2차 필터 : 석면, 유리솜, 면

89 물리적 가스분석법이 아닌 것은?

㉮ 자기식 ㉯ 자동 오르자트 분석법
㉰ 열전도율식 ㉱ 적외선 흡수식

자동 오르자트 분석법은 화학적 방법

90 다음 가스분석장치 중 수소가 혼입할 때 가장 큰 영향을 받는 것은?

㉮ 오르자트 가스분석장치 ㉯ 밀도식 CO_2계
㉰ 세라믹식 O_2계 ㉱ 열전도율형 CO_2계

열전도율형 CO_2계는 CO_2가 공기보다 열전도율이 작다는 점을 이용하는 것으로 시료가스 중 열전도율이 큰 H_2가 침입하면 오차가 발생한다.

91 공기압식 신호전달방식에서 전송거리는 최대 몇 m 정도인가?

㉮ 50 m ㉯ 100 m
㉰ 150 m ㉱ 200 m

공기압식 조절기 : 전송길이가 100~150 m이다.

92 다음은 자동제어의 기본선도(block diagram)이다. 이 중 검출부는 어느 것인가?

㉮ F부
㉯ D부
㉰ A부
㉱ C부

A : 입력부, B : 조절부, C : 조작부, D : 비교조절, E : 제어대상, F : 검출부

93 다음 설명 중 틀린 것은?

㉮ 물의 삼중점은 273.16 K이다.
㉯ 로터미터는 면적식 유량계이다.
㉰ 공기압식 조절계에서는 관로 저항으로 인한 송전 지연이 생길 수 있다.
㉱ 링겔만 매연농도표는 1도에서 5도까지 5장이 있다.

📌 링겔만 매연농도표는 0도에서 5도까지 6장이 있다.

94 가스 비중을 이용하는 가스분석계는?

㉮ 도전율식 CO_2계 ㉯ 열전도율식 CO_2계
㉰ 지르코니아식 O_2계 ㉱ 밀도식 CO_2계

📌 밀도식 CO_2계 : CO_2(44)가 공기 (29)보다 밀도가 크다는 점을 이용

95 적외선 가스분석계의 특징으로 틀린 것은?

㉮ 선택성이 뛰어난다.
㉯ 대상범위가 좁다.
㉰ 저농도의 분석에 적합하다.
㉱ 측정가스의 더스트 방지나 탈습에는 충분한 배려가 필요하다.

📌 적외선 가스분석계는 사용범위가 넓다.

96 가스분석계인 자동화학식 CO_2계에 대한 원리를 설명한 것으로 틀린 것은?

㉮ 오르자트식 (Orsat)식 가스분석계와 같이 CO_2를 흡수액에 흡수시켜서 이것에 의한 시료가스 용액의 감소를 측정하고 CO_2 농도를 지시한다.
㉯ 피스톤 운동으로 일정한 용적의 시료가스가 KOH 용액 중에 분출되어 CO_2는 여기서 용액에 흡수되지 않는다.
㉰ 조작은 모두 자동화되어 있다.
㉱ 흡수액을 고려하면 O_2 및 CO의 분석계로도 사용할 수 있다.

97 일정량의 측정가스와 H_2 등 가연성 가스를 혼합하고, 이 혼합가스에 촉매를 넣고 연소시키는 분석계는?

정답 93. ㉱ 94. ㉱ 95. ㉯ 96. ㉯ 97. ㉮

㉮ 연소식 O_2계   ㉯ 자기식 O_2계
㉰ H_2+CO계   ㉱ 세라믹식 O_2계

> 연소식 O_2계 : 발생열은 산소의 농도에 비례한다. 촉매 – Pd (팔라듐)계

98 CO, CO_2, CH_4 등 대부분의 분자가 각각 특유의 적외선 흡수 스펙트럼을 가지고 있는 것을 이용한 분석계는?

㉮ H_2+CO_2계   ㉯ 적외선 가스분석계
㉰ 자기식 O_2계   ㉱ 연소식 O_2계

> • 적외선식 가스분석계 : 시료가스의 적외선 흡수 유무를 이용
> • 적외선을 흡수하지 않는 가스는 단원자 분자와 대칭성 이원자 분자이다.

99 측온저항체로 사용되지 않는 것은?

㉮ Pt   ㉯ Ni
㉰ Cu   ㉱ Cr

100 광고온도계의 사용상의 주의점이 아닌 것은?

㉮ 광학계의 먼지, 상처 등을 수시로 점검한다.
㉯ 정밀한 측정을 위하여 시야의 중앙에 목표점을 두고 측정하는 위치의 각도를 변경하며 여러 번 측정한다.
㉰ 피측정체와의 사이에 연기나 먼지 등이 적게 주의한다.
㉱ 1000℃ 이하에서는 필라멘트의 시간 지연이 있으므로 미리 그 온도 부근의 전류를 흘러 보내는 것이 좋다.

> 광고온도계 : 연속 측정 및 이동 물체의 측정이 곤란

101 보석에 쓰는 특수용도의 계량단위 1캐럿은?

㉮ 200 g   ㉯ 200 mg
㉰ 500 mg   ㉱ 500 g

> 1캐럿 : 200 mg, 1돈 : 3.75 g

102 CGS 단위계를 설명한 말 중 옳은 것은?
㉮ 길이, 질량, 시간의 기본단위가 cm, g, s인 단위계이다.
㉯ 단위값이 크기 때문에 실용적으로 쓰기 쉽다.
㉰ 미국과 영국의 법정 계량단위이다.
㉱ 물리학, 학술적으로 쓰기에 적합한 단위계이다.

103 중력단위계에 있어서 기본단위는?
㉮ cm, g, s ㉯ m, kgf, s
㉰ M, T, s ㉱ M, kg, W

✈ FLT (중력단위계) kgf, m, s

104 직접계량방법의 하나인 것은?
㉮ 질량과 밀도로서 부피를 측정한다.
㉯ 천칭과 분동을 사용하여 질량을 측정한다.
㉰ 시간과 간 거리로 속도를 측정한다.
㉱ 물의 부력에 의하여 비중, 밀도를 측정한다.

✈ 직접계량방법 : 측정량을 동일한 종류의 표준량과 직접 비교하여 그 값을 결정하는 것이다.

105 부피를 정밀하게 측정하기 위해 질량을 측정하고 밀도로 나누었을 때의 측정방법은?
㉮ 이중칭량법 ㉯ 간접측정법
㉰ 비교측정법 ㉱ 직접측정법

✈ 간접계량방법 : 물체 상태의 양을 측정하는 경우 일정한 관계가 있는 다른 물리량에 옮겨 치환량을 측정한 후 그것에 관계되는 물리적인 법칙이나 정의에 의하여 환산해서 그 대상물의 양을 측정하는 방법이다.

106 로터미터 액체용 부자 재료로 사용되는 것은?
㉮ 인바 ㉯ 합성수지
㉰ 포금 ㉱ 주철

정답 102. ㉮ 103. ㉯ 104. ㉯ 105. ㉯ 106. ㉰

> ① 로터미터 액체용 부자 재료 : 포금, 스테인리스강
> ② 로터미터 기체용 부자 재료 : 합성수지
> ※ 인바는 바이메탈 온도계의 재료이다.

107 탄성압력계의 일반 교정에 쓰이는 시험기는 ?
㉮ 기준분동식 압력계　　　　　㉯ 정밀압력계
㉰ 격막식 압력계　　　　　　　㉱ 침종식 압력계
> 기준분동식 압력계는 교정용으로 쓰인다.

108 벨로스식 압력계에서 벨로스의 재질로 사용되는 것은 ?
㉮ 스프링강　　　　　　　　　㉯ 인청동 및 스테인리스강
㉰ 고무　　　　　　　　　　　㉱ 양은
> 벨로스 압력계 : $0.01 \sim 10 \, \text{kg/cm}^2$

109 유체주(流體柱)에 해당하는 압력의 정확한 표현식은 ? (단, h는 유체주의 높이, P는 유체주의 해당압력, ρ는 유체의 밀도, g는 중력가속도, g_c는 중력의 환산계수이며, 각 양은 통일된 단위이다.)
㉮ $P = h\rho$　　　　　　　　　㉯ $P = hg$
㉰ $P = h\rho g$　　　　　　　　㉱ $P = h\rho \dfrac{g}{g_c}$
> $H = \dfrac{P}{r} \rightarrow P = rH$
> $\therefore \ P = h\rho g / g_c$

110 계량 계측기기 교정이란 ?
㉮ 계량 계측기의 지시값과 차를 구하여 주는 것
㉯ 계량 계측기의 지시값을 진실값과 일치하도록 수정하여 주는 것
㉰ 계량 계측기를 수리하여 지시값과 진실값과의 차가 없도록 하여 주는 것
㉱ 계량 계측기의 지시값과 표준기의 지시값의 차를 구하여 주는 것
> 교정은 측정값을 표준기에 일치시키는 것이다.

정답　107. ㉮　108. ㉯　109. ㉱　110. ㉯

111 기본단위를 정수배하거나 정수분하여 얻어지는 단위는?

㉮ 보조단위 ㉯ 유도단위
㉰ 특수단위 ㉱ 절대단위

> 보조단위
> Mega (M) = 10^6 kilo (k) = 10^3 centi (c) = 10^{-2}
> milli (m) = 10^{-3} micro (μ) = 10^{-6} nano (n) = 10^{-9}

112 공업상의 표준온도는?

㉮ 0℃ ㉯ 물의 삼중점
㉰ 15℃ ㉱ 20℃

> 공업표준온도는 20℃이다.

113 다음 단위에서 유도단위가 아닌 것은?

㉮ 광도 (cd) ㉯ 밀도 (kg/m^3)
㉰ 농도 (%) ㉱ 조도 (lux)

> 광도 (cd)는 기본단위

114 큰 눈금의 수치매김에 대하여 나열한 것이다. 제일 부적당한 것은?

㉮ 0, 1, 2, 3, 4, 5 ……   ㉯ 0, 2, 4, 6, 8 ……
㉰ 0, 3, 6, 9, 12, 16 ……   ㉱ 0, 5, 10, 15, 20, 25 ……

115 가스 농도를 이동속도의 차를 이용하여 분석하는 가스분석계는?

㉮ 자화율법 ㉯ 자동 오르자트 분석법
㉰ 연소열법 ㉱ 가스 크로마토그래피법

116 건습구습도계에서 정확한 습도 측정을 위해서 필요한 통풍속도는?

㉮ 3~5 m/s ㉯ 5~10 m/s
㉰ 1~2 m/s ㉱ 8~15 m/s

정답 111. ㉮ 112. ㉱ 113. ㉮ 114. ㉰ 115. ㉯ 116. ㉮

📌 습구의 온도는 감온부 주위의 풍속의 영향을 많이 받으므로 정확한 습도 측정을 위해서 3~5 m/s 통풍이 필요하다.

117 열량의 단위가 아닌 것은?
㉮ dyne ㉯ erg
㉰ 와트초 ㉱ Joule

📌 dyne은 힘의 단위. $1\,N = 10^5\,dyne\,(g \cdot cm/s^2)$

118 오리피스 유량계의 특징이다. 잘못된 것은?
㉮ 제작비가 비싸다. ㉯ 정도가 높다.
㉰ 압력 손실이 크다. ㉱ 설치장소의 전후에 곡선부가 필요하다.

119 자동제어에 관한 설명 중 틀린 것은?
㉮ 조작량이란 제어장치에 의해서 제어대상을 직접 제어하는 양
㉯ 블록선도(block diagram)란 온도와 압력에 관한 선도이다.
㉰ 외란이란 제어계의 상태를 혼란하게 하는 외적 작용
㉱ 피드백(feed back)이란 결과(출력)를 원인(압력) 쪽으로 순환시켜 항상 압력과 출력과의 편차를 수정시키는 동작

📌 블록선도(block diagram)란 제어계의 구조와 동작 특성과의 관계를 나타낸 선도이다.

120 제어계와 직접 관련이 없는 장치는?
㉮ 조절장치 ㉯ 조작장치
㉰ 검출장치 ㉱ 기록장치

📌 검출 → 조절 → 조작
기록계나 지시계는 제어계에 직접적으로 속하지 않는다.

121 프로세스 제어의 난이 정도를 표시하는 값으로서 L(dead time)과 T(time constant)의 비, 즉 $\dfrac{L}{T}$이 사용되는데, 이 값이 작을 경우 어떠한가?

정답 117. ㉮ 118. ㉮ 119. ㉯ 120. ㉱ 121. ㉰

㉮ P 동작조절기를 쓴다.　　　　　㉯ PD 동작조절기를 쓴다.
㉰ 제어가 쉽다.　　　　　　　　　㉱ 제어가 어렵다.

> 여기서, L : 낭비시간, T : 시정수
> $\dfrac{L}{T}$ 이 커지면 제어가 곤란해지며 작아지면 제어가 쉽다.

122 순간유량계에 속하지 않는 것은?
㉮ 오벌 (oval)　　　　　　　　　㉯ 오리피스 (orifice)
㉰ 노즐 (nozzle)　　　　　　　　㉱ 벤투리 (venturi)

> 오벌 (oval) 유량계는 적산식이다.

123 지름 50 cm인 파이프 속을 어떤 유체가 2 m/s의 속도로 20 km 떨어진 곳까지 이송된다고 할 때 이 파이프에서의 손실수두는? (단, 관과 유체와의 마찰계수는 0.03이다.)
㉮ 245 m　　　　　　　　　　　㉯ 264 m
㉰ 298 m　　　　　　　　　　　㉱ 432 m

> $H = \lambda \times \dfrac{L}{D} \times \dfrac{V^2}{2g} = 0.03 \times \dfrac{20000}{0.5} \times \dfrac{2^2}{2 \times 9.8} = 245$ m

124 광전관식 온도계의 특징이 아닌 것은?
㉮ 온도의 연속 기록이 가능하다.　　㉯ 구조가 간단하다.
㉰ 이동 물체의 측정이 가능하다.　　㉱ 응답성이 빠르다.

> • 광고온도계 : 휘도 사용
> • 측정범위 : 700~3000℃
> • 광전관식 온도계는 광고온도계를 자동화한 것으로 정도가 높다.

125 다음 중 압력계가 아닌 것은?
㉮ 기압계　　　　　　　　　　　㉯ 경사관식 압력계
㉰ 전기저항 압력계　　　　　　　㉱ 플로트식 압력계

> 플로트식 액면계

정답　122. ㉮　123. ㉮　124. ㉯　125. ㉱

제 5 편 계측기기

126 기본단위로부터 물리학 법칙과 약속에 의해 만들어진 단위?
㉮ 특수단위   ㉯ 유도단위
㉰ 특수용도 보조단위   ㉱ 보조단위

127 휘어진 면 위로 공기가 흐를 때 압력이 생긴다. 이것과 가장 관계가 깊은 것은?
㉮ 정유체압   ㉯ 표면장력
㉰ 베르누이 정리   ㉱ 파스칼의 원리

> ① 정유압 : 정지된 상태에서 유체가 갖는 압력
> ② 표면장력 : 액체표면이 가진 장력
> ③ 베르누이 정리 : 유체가 넓은 관에서 좁은 관으로 갈 때 '압력에너지는 감소되나, 속도에너지는 증가한다.' 즉, 속도에너지 + 압력에너지 = 항상 일정하다.
> ④ 파스칼의 원리 : 유체에 가해진 압력은 전 유체에 동일하게 전달된다 (각 면에 수직으로 작용한다).

128 차압식 유량계에 대한 설명 중 틀린 것은?
㉮ 관로에 오리피스, 플로 노즐, 벤투리 등을 설치한다.
㉯ 유량은 차압의 평방근에 비례한다.
㉰ 레이놀즈 수가 10^5이어야 한다.
㉱ 정도는 좋으나 온도, 압력의 범위가 좁다.

> 정도가 0.5~3%로 좋으며, 온도, 압력에 대해 광범위하게 사용된다.

129 오차가 적은 것은?
㉮ 정확도가 높다.   ㉯ 정밀도가 높다.
㉰ 정확도와 정밀도가 아무 관계없다.   ㉱ 감도는 일정하나 정도가 높다.

> • 정확 : 진실값과 거의 같다. → 정도가 좋다 (오차가 적다.)
> • 정밀 : 눈금의 변위 → 감도가 좋다.

130 우연오차와 관계가 깊은 것은?
㉮ 편위   ㉯ 보정
㉰ 산포   ㉱ 부주의

> 측정값이 일정하지 않고 분포 (산포) 현상을 일으키는 것이다.

정답 126. ㉯ 127. ㉰ 128. ㉱ 129. ㉮ 130. ㉰

131 계량기에서 감도가 좋으면 어떠한 변화가 오는가?
㉮ 측정범위가 좁아진다.
㉯ 측정시간이 짧아진다.
㉰ 폭넓게 사용할 수 있고 편리하다.
㉱ 측정범위가 넓어지고 정도가 좋다.

132 탄성체의 변형을 이용하여 압력을 측정하는 압력계는?
㉮ U자관형 압력계이다.
㉯ 토리첼리(Torricelli)관형 압력계이다.
㉰ 환상천칭형(ring manometer)이다.
㉱ 부르동(Bourdon)관형 압력계이다.
📌 탄성체의 변형은 압력에 비례한다(훅의 법칙).

133 물탱크에서 $h = 10$ m, 오리피스의 지름이 10 cm일 때 오리피스의 유출속도(V)와 유량(Q)은 얼마인가?
㉮ $V=14$ m/s, $Q=0.11$ m³/s
㉯ $V=9.9$ m/s, $Q=0.15$ m³/s
㉰ $V=15.4$ m/s, $Q=0.52$ m³/s
㉱ $V=20.3$ m/s, $Q=0.24$ m³/s
📌 $V = \sqrt{2gH} = \sqrt{2 \times 9.8 \times 10} = 14$ m/s
$Q = AV = \frac{\pi}{4}D^2 V = \frac{\pi}{4}(0.1)^2 \times 14 = 0.11$ m³/s

134 제어장치 중 기본입력과 검출부 출력의 차를 조작부에 신호로 전하는 부분은?
㉮ 조절부
㉯ 검출부
㉰ 비교부
㉱ 제어부
📌 검출 → 조절 → 조작

135 열전대온도계의 원리를 옳게 설명한 것은?
㉮ 2종 금속의 열기전력을 이용한다.
㉯ 금속의 전기저항이 온도에 의해 변화하는 것을 이용한다.
㉰ 금속의 열전도를 이용한다.
㉱ 금속과 비금속 사이의 유도기전력을 이용한다.

정답 131. ㉮   132. ㉱   133. ㉮   134. ㉮   135. ㉮

> ① 열전대온도계 : 피측정체의 온도 변화에 따른 열전대의 열기전력 차 이용
> ② 제베크 효과 : 도체에 열을 가하면 전류가 흐른다.

136 다음 온도계 중 가장 고온용으로 사용되는 것은?

㉮ 저항식 온도계　　㉯ 광고온도계
㉰ 열전온도계　　　㉱ 바이메탈 온도계

> 광고온도계 (비접촉식) : 700~3000℃

137 이동거리의 압력을 미소하게 측정할 수 있는 압력계는?

㉮ 표준분동식　　　㉯ 침종식
㉰ 공업용 피스톤형　㉱ 경사식

> 침종식 (100 mmH₂O 이하도 가능)

138 탄성식 압력계 중 주로 저압이나 미압 및 차압의 측정에 적합한 압력계는?

㉮ 부르동관식　　　㉯ 다이어프램식
㉰ 벨로스식　　　　㉱ 바이메탈식

> 벨로스 압력계 : 저압용, 제어용

139 공업용 액면계가 갖추어야 할 조건 중 가장 옳지 않은 것은?

㉮ 연속 측정이 가능하고, 고압·고온에 잘 견디어야 한다.
㉯ 지시기록 또는 원격 측정이 가능하고 부식성이 있어야 한다.
㉰ 액면의 상·하 한계보를 간단히 할 수 있거나 적용이 용이한 분석이어야 한다.
㉱ 자동제어장치에 적용이 가능하고, 값이 싸며, 보수가 용이하여야 한다.

140 다음 mesh (체) 중에서 가장 작은 구멍으로 된 메시는?

㉮ 20 mesh　　　　㉯ 40 mesh
㉰ 80 mesh　　　　㉱ 100 mesh

> 숫자가 클수록 단위면적당 구멍의 개수가 많은 것이다 (메시는 1 in₂의 면적당 구멍의 숫자를 나타낸다).

정답 136. ㉯　137. ㉯　138. ㉰　139. ㉯　140. ㉱

141 보일러 액면의 위치를 육안으로 직접 판별할 수 있는 계측기는?

㉮ 파지식 ㉯ 부자식
㉰ 차압식 ㉱ 평형반사식

142 정확한 온도정점을 구하기 위한 온도의 정점 중에서 국제 실용 온도 정점에 해당되지 않는 것은?

㉮ 물의 3중점 ㉯ 금의 응고점
㉰ 산소의 비점 ㉱ 납의 응고점

> 📌 물의 3중점 (0.01℃), 금의 응고점 (1064℃), 산소의 비점 (−182.96℃), 아연의 응고점 (419.58℃), 은의 응고점 (961.93℃)

143 바이메탈식 온도계에 대한 설명으로 옳지 않은 것은?

㉮ 바이메탈은 온도의 측정보다는 온도의 자동조절이나 여러 가지 계기의 온도보상장치에 많이 쓰인다.
㉯ 압력용기 내의 온도측정이 곤란하고 지시값의 직독이 곤란하다.
㉰ 구조가 간단하고 보수가 용이하며 갱년 변화가 적다.
㉱ 100℃ 이하의 것은 황동과 3 % Ni 강이 사용된다.

144 대칭성 이원자 분자 및 Ar 등의 단원자 분자를 제외하고는 거의 대부분 가스를 분석할 수 있으며, 선택성이 우수하고 연속 분석이 가능한 가스분석법은?

㉮ 적외선법 ㉯ 음향법
㉰ 열전도율법 ㉱ 도전율법

145 700 mmHg는 몇 psi인가?

㉮ 13.54 psi ㉯ 15.07 psi
㉰ 17.15 psi ㉱ 19.22 psi

> 📌 $14.7 \times \dfrac{700}{760} = 13.539$

정답 141. ㉱ 142. ㉱ 143. ㉯ 144. ㉮ 145. ㉮

146 어떤 가스가 실린더 속 지름 5 cm의 피스톤에 갇혀 있다. 피스톤 위에는 분동이 놓여 있다. 피스톤과 분동의 질량은 모두 3.63 kg이다. 그 장소의 중력가속도는 9.9 m/s²이고 대기압은 1기압이다. 가스의 압력 (kgf/cm²)은 ? (단, 피스톤과 실린더 사이의 마찰은 없다고 가정한다.)

㉮ $1.22 \, \text{kgf/cm}^2$
㉯ $12.2 \, \text{kgf/cm}^2$
㉰ $1.03 \, \text{kgf/cm}^2$
㉱ $10.3 \, \text{kgf/cm}^2$

📌 $1.033 + \dfrac{3.63}{\dfrac{\pi}{4}(5)^2} = 1.22 \, \text{kgf/cm}^2$

147 습식 가스미터의 원리는 어떤 형태에 속하나 ?

㉮ 피스톤 로터리 (piston rotary)
㉯ 다이어프램 (diaphragm)형
㉰ 오벌 (oval)형
㉱ 드럼 (drum)형

148 차압식 유량계에서 압력차가 처음보다 2배 커지고 관의 지름이 $\dfrac{1}{2}$ 배로 되었다면, 나중 유량 (Q_2)과 처음 유량 (Q_1)의 관계로 옳은 것은 ? (단, 나머지 조건은 모두 동일하다.)

㉮ $Q_2 = 1.4142 Q_1$
㉯ $Q_2 = 0.707 Q_1$
㉰ $Q_2 = 0.3535 Q_1$
㉱ $Q_2 = \dfrac{1}{4} Q_1$

📌 $\sqrt{2} \times \left(\dfrac{1}{2}\right)^2 = 0.3535$

149 다음 설명 중 틀린 것은 ?

㉮ 목표값이 미리 정해진 시간적 변화를 할 경우의 추치 (追値)제어를 정치제어라고 한다.
㉯ 이 위치동작은 반응속도가 빠른 프로세스에서 시간 지연이 크고 부하 변화가 크며, 또 빈도가 높은 경우에 적합하다.
㉰ 1차 제어장치가 제어량을 측정하여 제어명령을 발하고, 2차 제어장치가 이 명령을 바탕으로 제어량을 조절하는 것을 캐스케이드 제어라고 한다.
㉱ 편차의 정부 (+, −)에 의해 조작신호가 최대, 최소가 되는 제어동작을 온·오프동작이라고 한다.

150 가스의 상자성 (常磁性)을 이용하여 만든 가스분석계는?

㉮ CO_2 가스계 ㉯ CO_2 가스계
㉰ 가스 크로마토그래피 ㉱ O_2 가스계

> O_2 가스계 : O_2의 자성을 이용

151 어느 가열로에 물체를 가열하고 있다. 노벽의 온도가 피열물보다 높을 때 광고온도계로 피열물을 측정하면 지시값은 실제물체의 온도보다 높아진다. 그 이유는?

㉮ 광고온도계의 작동에 이상이 생김으로써 오차가 크기 때문이다.
㉯ 피열물이 노에 의해서 국부적으로 파열되기 때문이다.
㉰ 노벽의 고온으로 인하여 지시온도가 높아진다.
㉱ 노벽의 고온복사열이 피열물에 반사하기 때문이다.

> 스테판 볼츠만의 법칙 : 흑체에서 방출되는 복사에너지는 흑체의 절대온도의 4승에 비례한다.

152 관로의 마찰손실수두는 관 속의 유속과는 다음 중 어떤 관계가 있는가?

㉮ 손실수두는 속도와 관계가 없다.
㉯ 손실수두는 속도와 직선 비례한다.
㉰ 손실수두는 속도와 미끄럼계수와 상관관계가 있다.
㉱ 손실수두는 속도의 제곱에 비례한다.

> $H = \lambda \dfrac{L}{D} \cdot \dfrac{V^2}{2g}$

153 온도 15℃, 기압 760 mmHg인 대기 속의 풍속을 피토관으로 측정하였더니, 전압(全壓)이 대기압보다 52 mmAq 높았다. 이때, 풍속은? (단, 피토관의 속도계수 $C = 0.9$, 공기의 기체상수 $R = 29.27$ m/K이다.)

㉮ 16.4 m/s ㉯ 28.8 m/s
㉰ 32.6 m/s ㉱ 36.5 m/s

> $V = 0.9 \sqrt{2 \times 9.8 \times \dfrac{52}{1.23}}$
> 여기서, $\left(r = \dfrac{P}{RT} = \dfrac{1.033 \times 10^4}{29.27 \times (273+15)} = 1.23 \right)$

정답 150. ㉱ 151. ㉱ 152. ㉱ 153. ㉯

154 오르자트 분석장치 속에는 암모니아성 염화제일구리 용액이 들어 있는 흡수 페트가 들어 있는데, 이것은 어느 것을 측정할 수 있는가?

㉮ O_2
㉯ CO
㉰ CO_2
㉱ N_2

📌 $CO_2 \to O_2 \to CO$

155 개방형 마노미터로 측정한 용기의 압력은 150 mmH₂O였다. 용기의 절대압력은?

㉮ 150 kg/m^2
㉯ 150 kg/m^2
㉰ 151.033 kg/m^2
㉱ 10480 kg/m^2

📌 $1.033 \times 10^4 + 150 = 10480 \text{ kg/m}^2$

156 압력 측정에 사용하는 액체에 필요한 특성으로서 옳지 않은 것은?

㉮ 모세관현상이 클 것
㉯ 점성이 작을 것
㉰ 열팽창계수가 작을 것
㉱ 일정한 화학성분을 가질 것

📌 모세관현상이 크면 오차가 발생한다.

157 부르동관 압력계에 대한 설명 중 틀린 것은?

㉮ 구조가 간단하고 사용이 간편하다.
㉯ 최고측정 가능 압력이 100 atm까지 되어 측정범위가 넓다.
㉰ 증기를 응축시키지 않고 직접 측정할 수 없다.
㉱ 전송장치로 원격지시, 기록이 가능하다.

📌 • 부르동관 압력계 : 훅의 법칙 이용
• 측정범위 : 25~1000 kg/cm^2
• 정확도 : ±1~3%

158 상온, 상압의 공기유속을 피토관으로 측정하였더니 그 동압(P)은 100 mmAq이었다. 유속은 얼마인가? (단, 비중량 $r = 1.3 \text{ kg/m}^3$)

㉮ 3.2 m/s
㉯ 12.3 m/s
㉰ 38.8 m/s
㉱ 50.5 m/s

📌 $V = \sqrt{2gH} = \sqrt{2g\Delta P/r}$ ∴ $V = \sqrt{2 \times 9.8 \times 100/1.3} = 38.8 \text{ m}$

159 다음 온도계 중에서 가장 낮은 온도를 측정할 수 있는 것은?
㉮ 유리제 온도계　　　　　　㉯ 증기팽창식 온도계
㉰ 저항온도계　　　　　　　　㉱ 색온도계
📌 알코올을 넣으면 −80℃까지도 측정 가능

160 백금 측온 저항체의 0 (℃)에서의 저항값으로 쓰이지 않는 것은?
㉮ 25 Ω　　　　　　　　　　㉯ 50 Ω
㉰ 100 Ω　　　　　　　　　　㉱ 150 Ω
📌 25 Ω, 50 Ω, 100 Ω, 200 Ω

161 0.001 mm를 측정할 수 있는 길이계는?
㉮ 표준 마이크로미터　　　　㉯ 버니어부 마이크로미터
㉰ 하이트 게이지　　　　　　㉱ 버니어 캘리퍼스
📌 표준 마이크로미터는 0.01 mm까지 측정할 수 있다.

162 반도체로서 니켈, 망간, 코발트, 철 및 구리 등의 금속산화물을 조합하여 압축·소결시킨 온도계는?
㉮ 유리제 온도계　　　　　　㉯ 저항식 온도계
㉰ 서미스터　　　　　　　　　㉱ 열전온도계
📌 서미스터 (전기저항식) : 300℃까지 측정 가능. 저항 온도계수가 큼.

163 유체의 와류를 이용하여 유량을 측정하는 유량계는?
㉮ 오벌 유량계　　　　　　　㉯ 델타 유량계
㉰ 로터리 피스톤 유량계　　　㉱ 로터미터
📌 ① 오벌 유량계 (용적식)　② 로터리 피스톤 유량계 (용적식)　③ 로터미터 (면적식)

164 바이메탈 온도계의 특징이 아닌 것은?
㉮ 정도가 높다.
㉯ 온도의 변화에 대하여 응답이 빠르다.

정답　159. ㉮　160. ㉱　161. ㉯　162. ㉰　163. ㉯　164. ㉮

㉰ 기구가 간단하다.
㉱ 온도 자동조절이나 온도 보정장치에 이용된다.

> 바이메탈 온도계 : 열팽창계수가 다른 두 금속의 휘어지는 성질을 이용. 정도는 ±2℃이다.

165 외기의 온도가 10℃이고, 표면온도 50℃인 관의 표면에서 방사에 의한 열전달률은 대략 몇 kcal/m² h · ℃인가? (단, 관의 방사율은 0.8. 완전 흑체로 간주할 것)
㉮ 0.24　　　　　　　　　　　　㉯ 1.43
㉰ 4.26　　　　　　　　　　　　㉱ 4.36

> 방사온도계 방사량
> ① $Q = 4.88\,\varepsilon \times \left(\dfrac{T}{100}\right)^4 = 4.88\,\varepsilon\left[\left(\dfrac{T_2}{100}\right)^4 - \left(\dfrac{T_1}{100}\right)^4\right] = 4.88 \times 0.8\left[\left(\dfrac{323}{100}\right)^4 - \left(\dfrac{283}{100}\right)^4\right]$
> $= 174.52\,\text{kcal} \div 40 = 4.36$
> ② 50℃ − 10℃ = 40℃이므로 온도 40℃로 나누어 주어야 한다.

166 400~500℃의 온도를 저항온도계로 측정하기 위해서 사용해야 할 저항소자는?
㉮ 서미스터 (thermistor)　　　　㉯ 백금선 (白金線)
㉰ Ni선 (nickel선)　　　　　　　㉱ 구리선 (銅線)

167 피토관 (Pitot tube)은 어느 것에 해당하는가?
㉮ 압력계　　　　　　　　　　　㉯ 고도계
㉰ 온도계　　　　　　　　　　　㉱ 유속계

168 비접촉식 온도계에 속하는 것은?
㉮ 열전대　　　　　　　　　　　㉯ 저항온도계
㉰ 바이메탈 온도계　　　　　　㉱ 복사온도계

> 비접촉식 온도계 = 방사온도계, 광고온도계, 색온도계

169 초대형 지하탱크의 액면을 측정하기에 적합한 액면계는?
㉮ 게이지 글라스식 액면계　　　㉯ 부자형 액면계

정답　165. ㉱　166. ㉯　167. ㉱　168. ㉱　169. ㉯

㉰ 전기량 검출형 액면계　　　　　㉱ 초음파형 액면계

📌 게이지 글라스식 액면계 (지상탱크), 부자형 액면계 (지하탱크)

170 다음 액주계에서 r, r_1이 비중을 표시할 때 압력 P_X는?

㉮ $P_X = r_1 h + rl$
㉯ $P_X = r_1 h - rl$
㉰ $P_X = r_1 l - rh$
㉱ $P_X = r_1 l + rh$

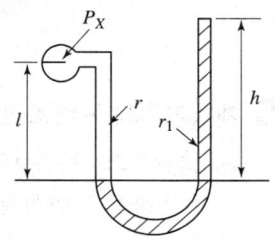

📌 $P_X + rl = r_1 h$
∴ $P_X = r_1 h - rl$

171 측정자 자신의 과실로 생기는 오차는?

㉮ 우연오차　　　　　　　　㉯ 과오에 의한 오차
㉰ 계량기오차　　　　　　　㉱ 계통적인 오차

📌 과오에 의한 오차 : 측정자가 부주의 눈금을 잘못 읽거나 기록을 잘못하는 등의 측정과정에서 과실로 일어나는 오차

172 보정값에 대한 내용 중 맞는 것은?

㉮ 진실값－측정값　　　　　㉯ 측정값－진실값
㉰ $\dfrac{측정값 - 진실값}{진실값}$　　㉱ $\dfrac{진실값 - 측정값}{진실값}$

📌 보정값 = 진실값 － 측정값

173 계통적인 오차에서 평균값과 진실값과의 차를 무엇이라고 하는가?

㉮ 오차　　　　　　　　　　㉯ 측정값
㉰ 편위　　　　　　　　　　㉱ 산포

📌 계통적인 오차의 원인
① 측정기 자신에 의한 오차 (기차)　② 측정자의 습관 등에 의한 오차
③ 온도나 습도 등 환경조건에 의한 팽창 등으로 인한 오차

정답　170. ㉯　171. ㉯　172. ㉮　173. ㉰

174 사용공차와 검정공차가 같은 것은?
- ㉮ 비중계
- ㉯ 오일계량기
- ㉰ 온도계
- ㉱ 수도미터

📌 사용공차와 검정공차가 같은 것은 비중계, 밀도계이다.

175 계측기기의 구비조건에 해당하지 않는 것은?
- ㉮ 설치장소 및 주위의 조건에 대한 내구성이 있을 것
- ㉯ 유연하고 가변성일 것
- ㉰ 정도가 높고 구조가 간단하며 그 취급이 용이할 것
- ㉱ 원거리 지시 및 기록이 가능하며 연속적일 것

📌 계측기기의 구비 조건 : 신뢰성, 내구성, 연속성, 경제성, 간편성

176 압력 측정에 사용되는 액체에 필요한 특성이다. 틀린 것은?
- ㉮ 일정한 화학성분을 가질 것
- ㉯ 모세관현상이 작을 것
- ㉰ 점성이 클 것
- ㉱ 열팽창계수가 적을 것

📌 점성이 작아야 한다.

177 그림과 같은 액면계에서 가장 정확한 표현식은? (단, ρ는 액의 밀도, g는 중력가속도, g_c : 중력환산계수)

- ㉮ $P = H'\rho \dfrac{c}{g_c}$
- ㉯ $P = H\rho \dfrac{g}{gc}$
- ㉰ $P = H''\rho \dfrac{g}{g_c}$
- ㉱ $P = (H - H')\rho \dfrac{g}{g_c}$

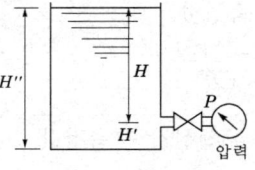

178 물이나 기름의 유리관식 액면계에서 정확히 읽을 액면계의 위치는?
- ㉮ 메니스커스의 하단부
- ㉯ 적당한 부분
- ㉰ 메니스커스의 상단부
- ㉱ 메니스커스의 중간부

정답 174. ㉮ 175. ㉯ 176. ㉰ 177. ㉯ 178. ㉮

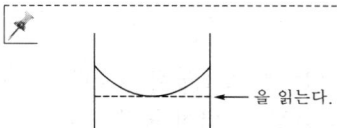 을 읽는다.

179 서미스터 온도계의 장점이 아닌 것은?

㉮ 온도계수는 절대온도의 자승에 비례한다.
㉯ 온도계수는 다른 금속에 비하여 현저히 작다.
㉰ 국부적인 온도 측정이 가능하다.
㉱ 측정에 시간 지연이 적다.

> 서미스터 온도계
> ① 저항값이 음 (−)의 값이다. ② 극소온도 측정 ③ 응답이 빠름.
> ④ 재연성 결여   ⑤ 수분에 약함.
> ⑥ 저항온도계수가 큼 − 백금의 약 10배 (서미스터 > Ni > Cu > Pt)

180 서미스터 (thermistor)에 관한 설명으로 틀린 것은?

㉮ 온도 변화에 따라서 저항값이 크게 변하는 반도체로 Ni, Co, Mn, Fe 및 Cu 등의 금속산화물을 혼합하여 만든 것이다.
㉯ 서미스터는 넓은 온도범위 내에서 온도계수가 일정하다.
㉰ 25℃에서 서미스터 온도계수는 약 −2∼6%/℃의 매우 큰 값으로서 백금선의 약 10배이다.
㉱ 측정온도 범위는 −100∼300℃이며 측온부를 작게 제작할 수가 있어 시간 지연이 매우 적다.

181 보일러 수송관의 유속을 측정하기 위해 다음과 같이 피토관을 설치하였다. 이때의 유속은 얼마인가?

㉮ $V = \sqrt{g \Delta h}$
㉯ $V = \sqrt{2g \Delta h}$
㉰ $V = \sqrt{2g \Delta H}$
㉱ $V = \sqrt{2g \Delta h^2}$

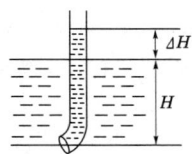

> 여기서, ΔH : 동압, H : 정압, 전압 : $\Delta H + H$
> 피토관은 동압을 측정하는 것이므로 $V = \sqrt{2g \Delta H}$

182 대표적인 조절동작의 종류는?
- ㉮ 공기식 조절동작, 전기식 조절동작
- ㉯ on-off 동작, P동작, I동작, D동작
- ㉰ open-loop 동작, closed-loop 동작
- ㉱ 연속 동작, 간헐적 동작

183 제어계의 난이도가 큰 경우 적합한 제어동작은?
- ㉮ 헌팅동작
- ㉯ PID동작
- ㉰ PD동작
- ㉱ ID동작

> PID동작 : I동작으로 잔류편차 제거, D동작으로 응답을 빠르게 함.

184 가스분석방법 중 CO_2의 농도를 측정할 수 없는 방법은?
- ㉮ 열전도율법
- ㉯ 적외선법
- ㉰ 자기법
- ㉱ 도전율법

> 자기법 : 자기식 O_2계 - O_2의 자성을 이용

185 액면계 중에서 직접적으로 자동제어가 어려운 것은?
- ㉮ 유리관식 액면계
- ㉯ 부력검출식 액면계
- ㉰ 부자식 액면계
- ㉱ 압력검출식 액면계

186 헬륨의 가스정수(gas constant)는 211.9 kg·m/kg·K이고, 정압비열 C_p는 1.25 kcal/kg·K이다. 이 가스의 정적비열 C_v의 근사값으로서 합당한 것은?
- ㉮ 1.72 kcal/kg·K
- ㉯ 1.21 kcal/kg·K
- ㉰ 0.76 kcal/kg·K
- ㉱ 1.52 kcal/kg·K

> $C_p = C_v + AR$에서, $1.25 = C_v + \frac{1}{427} \times 211.9$ ∴ $C_v = 0.76 \text{kcal/kg} \cdot °K$

187 가스 크로마토그래피로 가스를 분석할 때 사용되는 캐리어 가스가 아닌 것은?
- ㉮ H_2
- ㉯ N_2
- ㉰ Ar
- ㉱ SO_2

정답 182.㉯ 183.㉯ 184.㉰ 185.㉮ 186.㉰ 187.㉱

📌 흡착제(활성탄, 실리카 겔)를 채운 칼럼에 시료가스를 통과시켜 각 가스의 이동속도를 이용하여 각 성분을 분리한다. 실험·시험용에 적합하며 응답이 늦고 구조가 복잡하다.

188 계측의 목적 중 틀린 것은?
㉮ 작업인원을 증가시킨다.
㉯ 장치의 안전운전을 한다.
㉰ 조업 및 제품 품질을 높여 생산액을 증가시킨다.
㉱ 조업조건을 안전하게 한다.

📌 계측제어의 목적 : 안전한 운전, 효율적 사용, 인건비 절감, 품질 향상

189 계량단위의 요건 중 틀린 것은?
㉮ 정확한 기준이 있을 것
㉯ 사용하기 편리하고 알기 쉬울 것
㉰ 보편적이고 확고한 기반을 가진 안정된 원기가 있을 것
㉱ 대부분의 계량단위가 60진법으로 되어 있다.

📌 대부분의 계량단위는 10진법으로 되어 있다.

190 물 삼중점의 열역학적 온도를 기준으로 하여 기본단위로 정한 것은?
㉮ 온도   ㉯ 길이
㉰ 시간   ㉱ 전류

📌 물의 삼중점 : 273.16 K (0.01℃)

191 조절계의 제어동작 중 제어편차에 비례한 제어동작은 잔류편차(offset)가 생기는 결점이 있는데, 다음 중 이 잔류편차를 없애기 위한 제어동작은?
㉮ 비례동작   ㉯ 미분동작
㉰ 두위치동작   ㉱ 적분동작

📌 I (적분)동작 : 잔류편차 제거, 조작 힘이 강함 (안정성 결여).

정답 188. ㉮ 189. ㉱ 190. ㉮ 191. ㉱

192 온도가 20℃에서 상대습도가 65 %인 공기의 압력을 불변으로 유지해서 온도를 21.5℃로 할 때의 그 공기의 상대습도는 얼마가 되는가?

㉮ 59 %
㉯ 58 %
㉰ 57 %
㉱ 56 %

온도 (℃)	물의 포화증기압 (mmHg)
20	17.54
21	18.65
22	19.83
23	21.07

현재 수증기분압 : $17.54 \times 0.65 = 11.4$

21.5℃ 포화증기압 : $18.65 + \left(\dfrac{19.83 - 18.65}{2}\right) = 19.24$

∴ 상대습도 $= \dfrac{11.4}{19.24} \times 100 = 59\ \%$

193 국제단위계 (SI)에서 기본량은?

㉮ 길이, 질량, 시간, 전류, (열역학) 온도, 물질량, 광도
㉯ 길이, 힘, 시간, 전압, (열역학) 온도, 물질량, 광도
㉰ 길이, 질량, 시간, 전기저항, (열역학) 온도, 물질량, 광도
㉱ 길이, 질량, 시간, 전압, (열역학) 온도, 물질량, 광속

기본단위 (7종) : 길이 (m), 질량 (kg), 시간 (s), 전류 (A), 온도 (K), 물질량 (mol), 광도 (cd)

194 오르자트 가스분석기로 배기가스를 분석할 때 가스분석의 순서로 옳은 것은?

㉮ O_2, CO, CO_2
㉯ CO_2, O_2, CO
㉰ CO, O_2, CO_2
㉱ CO, CO_2, O_2

195 가스분석법 중 O_2 측정에 사용할 수 없는 분석법은?

㉮ 자화율법
㉯ 적외선흡수법
㉰ 세라믹법
㉱ 자동 오르자트법

O_2는 대칭성 이원자 분자이므로 적외선흡수법으로 분석할 수 없다.

정답 192. ㉮ 193. ㉮ 194. ㉯ 195. ㉯

196 오르자트 가스분석계로 가스를 분석할 때의 온도는 어느 정도가 적당한가?

㉮ 10~15℃   ㉯ 15~20℃
㉰ 20C 이상   ㉱ 16~20℃

📌 가스분석시 가스분석실의 온도는 16~20℃로 유지하는 것이 가장 적합하다. 15℃ 이하가 되면 흡수제의 성능이 저하된다.

197 CO+H₂ 분석계란?

㉮ 과잉공기계   ㉯ CO_2계
㉰ 미연가스계   ㉱ 질소가스계

📌 방식이 연소식과 같으며 시료가스에 산소를 공급시켜서 분석한다. 미연가스계의 촉매는 팔라듐계이다.

198 유량의 단위는 어느 것인가?

㉮ kg/m^2 ㉯ kg/m^3
㉰ m^3/s ㉱ m/cm

📌 $Q = A \times V = m^2 \times m/s = m^3/s$

199 차압식 유량계에서 조리개 전후의 압력차가 처음보다 2배만큼 커졌을 때 유량은 어떻게 변하는가? (단, 다른 조건은 모두 같으며 Q_1, Q_2는 각각 처음과 나중의 유량을 나타낸다.)

㉮ $Q_2 = \sqrt{2}\, Q_1$ ㉯ $Q_2 = Q_1$
㉰ $Q_2 = 4\, Q_1$ ㉱ $Q_2 = 2\, Q_1$

📌 유량은 차압의 제곱근에 비례

200 지름 100 mm인 관로에서 물의 평균속도가 2 m/s이다. 이때, 유량은 몇 kg/s가 되겠는가? (단, 물의 비중량은 1000 kg/m³이다.)

㉮ 0.157 kg/s   ㉯ 62.8 kg/s
㉰ 15.7 kg/s   ㉱ 6.28 kg/s

📌 $1000 \times \dfrac{3.14 \times 0.1^2}{4} \times 2 = 15.7 \text{ kg/s}$

정답 196. ㉱   197. ㉰   198. ㉰   199. ㉮   200. ㉰

제5편 계측기기

201 관로에 설치된 오리피스 전후의 압력차는?
- ㉮ 유량의 자승에 비례한다.
- ㉯ 유량의 평방근에 비례한다.
- ㉰ 유량의 자승에 반비례한다.
- ㉱ 유량의 평방근에 반비례한다.

202 가스분석계인 물리적 가스분석계에 대한 설명으로 맞지 않는 것은?
- ㉮ 가스의 열전도율을 이용한 것
- ㉯ 가스의 밀도 및 전도를 이용한 것
- ㉰ 빛의 간섭을 이용한 것
- ㉱ 용액흡수제를 사용한 것

  📌 ㉱는 화학적 분석계이다.

203 압력식 온도계에 사용되지 않는 액체는?
- ㉮ 알코올
- ㉯ 수은
- ㉰ 물
- ㉱ 아닐린

  📌 압력식 온도계 봉입액
  - 액체봉입식 : 수은, 알코올, 아닐린
  - 증기압식 : 프레온, 아닐린, 에틸에테르, 톨루엔
  - 기체압식 : H_2, Ne, N_2, He

204 힘의 보조단위는?
- ㉮ dyne (다인)
- ㉯ kg (킬로그램)
- ㉰ N (뉴턴)
- ㉱ bar (바)

  📌 1 dyne $(g \cdot cm/s^2) = 10^{-5}$ N

205 피토관은 유속이 어느 정도일 때 사용되는가?
- ㉮ 1 m/s 이상
- ㉯ 3 m/s 이상
- ㉰ 4 m/s 이상
- ㉱ 5 m/s 이상

  📌 피토관 : 유속이 5 m/s 이하인 경우에는 측정이 곤란하다.

정답 201. ㉮ 202. ㉱ 203. ㉰ 204. ㉮ 205. ㉱

206 가스분석계의 측정법 중 전기적 성질을 이용한 것은?
- ㉮ 세라믹법
- ㉯ 자동 오르자트법
- ㉰ 자화율법
- ㉱ 가스 크로마토그래피법

> 세라믹법 : 지르코니아 (ZrO_2)를 주원료로 한 세라믹은 온도를 높여주면 산소 이온만 통과

207 고속의 유체 측정이나 고압유체의 유량 측정에 가장 적합한 교축기구는?
- ㉮ 플로 노즐
- ㉯ 벤투리
- ㉰ 피토관
- ㉱ 오리피스

> 플로 노즐은 고압이나 또는 R_e 수가 클 때

208 벤투리관에서 얻은 압력차 ΔP와 흐르는 유체의 체적유량 θ (m³/s)와의 관계로 적당한 것은? (단, K는 정수, r : 유체비중량, g : 중력가속도)

- ㉮ $\theta = K\sqrt{2g \cdot \Delta P overr}$
- ㉯ $\theta = K\sqrt{\dfrac{r}{P \cdot 2g}}$
- ㉰ $\theta = K\sqrt{\dfrac{\Delta P \cdot r}{2g}}$
- ㉱ $\theta = K\sqrt{\dfrac{\Delta P \cdot g}{r}}$

209 유속 5/s의 물속에 피토관을 세울 때 수주의 높이는?
- ㉮ 12.7 m
- ㉯ 1.27 m
- ㉰ 127 m
- ㉱ 2.54 m

> $\dfrac{5^2}{2 \times 9.8} = 1.27$ m

210 가장 많이 쓰이는 압력계에서 일반적으로 나타나는 압력은 다음 공식 중 어느 것에 해당되는가?
- ㉮ 절대값 – 대기압
- ㉯ 대기압 – 절대압
- ㉰ 절대압 – 진공
- ㉱ 절대압 + 대기압

> 압력계에 나타나는 압력은 gauge압
> 절대압 = 대기압 + 게이지압
> 게이지압 = 절대압 – 대기압

정답 206. ㉮ 207. ㉮ 208. ㉮ 209. ㉯ 210. ㉮

211 1 bar는 몇 N/m² 인가?
㉮ $10^3 \, N/m^2$
㉯ $10^4 \, N/m^2$
㉰ $10^5 \, N/m^2$
㉱ $10^6 \, N/m^2$

📌 1 bar = $10^5 \, N/m^2$ [Pa]

212 다음의 압력 크기 중 값이 다른 것은?
㉮ 1 psi
㉯ 0.71 lb/ft²
㉰ 0.0703 kg/cm²
㉱ 2.036×25.4 mmHg

📌 1 psi = 0.0703 kg/cm² = 2.036 × 25.4 mmHg

213 개방형 마노미터로 측정한 공기의 압력이 350 mmH₂O였다면 공기의 절대압력은?
㉮ 10660 kg/m²
㉯ 10670 kg/m²
㉰ 10680 kg/m²
㉱ 10690 kg/m²

📌 $(1.033 + 0.035) \times 10^4 = 10680 \, kg/m^2$

214 명판에 Ni 500이라고 씌어 있는 측온저항체의 100℃에서의 저항값은 몇 Ω 인가? (단, Ni의 온도계수는 +0.0067이다.)
㉮ 535 Ω
㉯ 635 Ω
㉰ 735 Ω
㉱ 835 Ω

📌 $R = R_0(1+at)$
여기서, R : t℃의 저항값, R_0 : 0℃의 저항값, a : 온도계수, t : 온도(℃)
∴ $R = 500 + 500 \times 0.0067 \times 100 = 835 \, Ω$

215 계측과 제어의 목적을 나열한 것 중 적당하지 않은 것은?
㉮ 조업조건의 단순화
㉯ 조업조건의 안정화
㉰ 조업조건의 고효율화
㉱ 조업조건의 안전위생관리

정답 211. ㉰ 212. ㉯ 213. ㉰ 214. ㉱ 215. ㉮

216 오리피스 (orifice), 벤투리관 (venturi tube) 및 노즐 (nozzle)에 의한 유량 측정법을 써서 유량을 구할 때 관계있는 것은?

㉮ 유로의 교축기구 전후의 압력차
㉯ 유로의 교축기구 전후의 온도차
㉰ 유로의 교축기구 입구에 가해지는 압력차
㉱ 유로의 교축기구 전후의 온도와 압력차

217 관로의 유속을 피토관으로 측정할 때 마노미터 수주의 높이가 40 cm이었다. 이때 유속은 몇 m/s인가?

㉮ 2.8 m/s   ㉯ 1.25 m/s
㉰ 7.84 m/s   ㉱ 1.8 m/s

$\sqrt{2 \times 9.8 \times 0.4} = 2.8$ m/s

218 안지름 14 cm인 관에 물이 가득 흐를 때 피토관으로 측정한 유속은 7 m/s이었다면 이때의 유량은 약 몇 kg/s인가?

㉮ 39 kg/s   ㉯ 108 kg/s
㉰ 433 kg/s   ㉱ 1077.2 kg/s

$Q = AV = \dfrac{\pi}{4}(0.14)^2 \times 7 \times 1000 = 108$ kg/s

219 아르키메데스의 부력의 원인을 이용한 액면 측정 방정식은?

㉮ 차압식 액면계   ㉯ 부자식 액면계
㉰ 기포식 액면계   ㉱ 편위식 액면계

220 자동제어장치 중 공기압회로가 유압회로보다 좋은 점을 설명한 것으로 틀린 것은?

㉮ 공기압축기 등의 공기발생장치의 사양이 직접 회로 설계에 영향을 받아 충분한 공기량과 압력을 공급하기 좋다.
㉯ 배관 길이는 유압회로에 비하여 효율에는 영향을 주지 않는다.
㉰ 각종 기기의 취부 위치가 작동에 영향을 주지 않는다.
㉱ 회수관이 필요 없고 대기 중에 방출해도 좋다.

정답 216. ㉮ 217. ㉮ 218. ㉯ 219. ㉱ 220. ㉯

📌 공기압식 : 150 m 가능. 100 m 이내는 전송 지연이 없다.

221 다음 온도계 중에서 기계식 온도계에 속하지 않는 것은?
㉮ 압력식 온도계 　　㉯ 수은온도계
㉰ 바이메탈 온도계 　㉱ 서미스터

📌 서미스터는 전기저항식 온도계

222 O_2계로 사용되지 않는 가스 분석방법은?
㉮ 적외선식 　㉯ 자기식
㉰ 연소식 　　㉱ 세라믹식

📌 O_2는 대칭형 이원자 분자로 적외선식에 사용될 수 없다.

223 다음은 오르자트 가스분석장치에서 사용되는 흡수제와 여기에 흡수되는 가스를 연결한 것이다. 잘못된 것은?
㉮ KOH 30 % 용액 – CO_2　　㉯ 암모니아 염화제일구리 용액 – CO
㉰ 알칼리성 피로갈롤 용액 – O_2　㉱ 염화암모늄 7 % 용액 – CO

224 목표값이 미리 정해진 시간적 변화를 할 경우의 추치제어를 무엇이라고 하는가?
㉮ 온·오프 제어 　㉯ 캐스케이드 제어
㉰ 정치제어 　　　㉱ 비율제어

📌 ① 캐스케이드 제어 : 두 개 이상의 제어장치 조합
　② 정치제어 : 목표량이 일정

225 편차의 정 (+), 부 (−)에 의하여 조작신호가 최대, 최소가 되는 제어동작은?
㉮ 다위치동작 　㉯ 미분동작
㉰ 적분동작 　　㉱ 온·오프 동작

226 피스톤식 압력계에서 사용되는 유체는?
㉮ 물 ㉯ 수은
㉰ 알코올 ㉱ 기름

📌 피스톤식 압력계 : 탄성압력계의 일반 교정용

227 액주식 압력계에 사용되는 액체의 구비조건 중 틀린 것은?
㉮ 항상 액면은 수평을 만들 것 ㉯ 온도의 변화에 의한 밀도가 클 것
㉰ 점도, 팽창계수가 작을 것 ㉱ 모세관현상이 적을 것

📌 온도의 변화에 의한 밀도가 작아야 하고 일정한 화학성분을 가져야 한다.

228 다음 액면계 중 개방, 밀폐 양용으로 가능하며, 특히 고압밀폐탱크에 적합한 것은?
㉮ 유리관식 액면계 ㉯ 차압식 액면계
㉰ 부자식 액면계 ㉱ 초음파식 액면계

📌 부자식 액면계 : 지시 · 경보용

229 밀폐고압탱크나 부식성 탱크의 액면 측정이 제일 용이한 액면계는?
㉮ 차압식 ㉯ 플로트식 ㉰ 노즐식 ㉱ r선식

📌 방사선식 (r선식) 액면계 : 고온, 고압, 고점도, 부식성 유체, 대유량일 때 사용한다.

정답 226. ㉱ 227. ㉯ 228. ㉰ 229. ㉱

PART 06

과년도 출제문제

제 6 편 과년도 출제문제
2020년 6월 26일 시행

제1과목 연소공학

01 증기운 폭발에 영향을 주는 인자로서 가장 거리가 먼 것은?

① 혼합비
② 점화원의 위치
③ 방출된 물질의 양
④ 증발된 물질의 분율

해설 증기운 폭발에 영향을 주는 인자
 ① 점화원의 위치
 ② 방출된 물질의 양
 ③ 증발된 물질의 분율

참고 증기운 폭발(VCE : vapor cloud explosion)
(UVCE : unconfined vapor cloud explosion)
다량의 가연성가스나 인화성액체가 외부로 누출될 경우 대기 중의 공기와 혼합하여 폭발성을 가진 증기운(vapor cloud)을 형성하고 이때 점화원에 의해 점화시 fire ball(화구)를 형성하여 폭발
 ※ Fire ball에 의한 피해
  ① 공기 팽창에 의한 피해
  ② 폭풍압에 의한 피해
  ③ 복사열에 의한 피해

02 일반적인 연소에 대한 설명으로 옳은 것은?

① 온도의 상승에 따라 폭발범위는 넓어진다.
② 압력상승에 따라 폭발범위는 좁아진다.
③ 가연성가스에서 공기 또는 산소의 농도 증가에 따라 폭발범위는 좁아진다.
④ 공기 중에서 보다 산소 중에서 폭발범위는 좁아진다.

해설 연소
 ① 온도의 상승에 따라 폭발범위는 넓어진다.
 ② 압력상승에 따라 폭발범위는 넓어진다.
 ③ 공기 중에서 보다 산소 중에서 폭발범위는 넓어진다.
 ④ 가연성가스에서 공기 또는 산소의 농도 증가에 따라 폭발범위는 넓어진다.

03 최소 점화에너지(MIE)에 대한 설명으로 틀린 것은?

① MIE는 압력의 증가에 따라 감소한다.
② MIE는 온도의 증가에 따라 증가한다.
③ 질소농도의 증가는 MIE를 증가시킨다.
④ 일반적으로 분진의 MIE는 가연성가스보다 큰 에너지 준위를 가진다.

해설 최소 점화에너지(MIE)는 온도의 증가에 따라 감소한다.

04 표면연소란 다음 중 어느 것을 말하는가?

① 오일표면에서 연소하는 상태
② 고체연료가 화염을 길게 내면서 연소하는 상태
③ 화염의 외부표면에 산소가 접촉하여 연소하는 현상
④ 적열된 코크스 또는 숯의 표면 또는 내부에 산소가 접촉하여 연소하는 상태

해설 연소형태
 ① 표면연소 : 적열된 코크스 또는 숯의 표면 또는 내부에 산소가 접촉하여 연소하는 형태
 ② 분해연소 : 석탄, 목재, 종이 등의 고체 가연성물질이 열분해해서 연소하는 형태
 ③ 증발연소 : 액체의 증발에 의해 증기가 착화하여 연소. 알코올, 아테르, 나프탈렌, 파라핀, 유황
 ④ 분무연소 : 액체를 미세입자로 분무하고 공기와 혼합시켜서 연소하는 방법

01.① 02.① 03.② 04.④

503

05 등심연소 시 화염의 길이에 대하여 옳게 설명한 것은?
① 공기 온도가 높을수록 길어진다.
② 공기 온도가 낮을수록 길어진다.
③ 공기 음속이 높을수록 길어진다.
④ 공기 음속 및 공기 온도가 낮을수록 길어진다.

 등심연소(심지연소)
연료를 심지로 빨아올려 대류와 복사열에 의해 발생한 증기가 등심(심지)의 상부와 측면에서 연소하는 것. 공급되는 공기의 유속이 낮아질수록 온도가 높을수록 화염의 높이는 높아진다.(석유램프 연소)

06 이산화탄소로 가연물을 덮는 방법은 소화의 3대 효과 중 다음 어느 것에 해당하는가?
① 제거효과   ② 질식효과
③ 냉각효과   ④ 촉매효과

 소화의 3대 효과
① 질식소화 : 가연물이 연소시 산소농도를 15% 이하로 떨어뜨려 소화
② 제거소화 : 가연물을 제거하거나 가연성액체 농도를 희석시켜 소화
③ 냉각소화 : 액체 또는 고체화에 물 등을 사용하여 가연물을 냉각시켜 인화점 및 발화점 이하로 떨어뜨려 소화

07 화재와 폭발을 구별하기 위한 주된 차이는?
① 에너지 방출속도   ② 점화원
③ 인화점   ④ 연소한계

08 완전연소의 구비조건으로 틀린 것은?
① 연소에 충분한 시간을 부여한다.
② 연료를 인화점 이하로 냉각하여 공급한다.
③ 적정량의 공기를 공급하여 연료와 잘 혼합한다.
④ 연소실 내의 온도를 연소 조건에 맞게 유지한다.

 완전연소 구비조건
① 연료와 공기의 혼합을 촉진시킨다.
② 연소실 내의 온도를 높게 유지한다.
③ 연료와 공기의 온도를 높게 유지한다.
④ 충분한 시간과 공간이 필요하다.
⑤ 적당한 공기를 공급한다.

09 위험성평가기법 중 공정에 존재하는 위험요소들과 공정의 효율을 떨어뜨릴 수 있는 운전상의 문제점을 찾아내어 그 원인을 제거하는 정성적인 안전성평가기법은?
① What-if   ② HEA
③ HAZOP   ④ FMECA

 안전성평가기법 : 기업활동 전반을 시스템으로 보고, 시스템 운영규정을 작성 시행하여 사업장에서의 사고예방을 위한 모든 형태의 활동 및 노력을 효과적으로 수행하기 위한 체계적이고 종합적인 안전관리 체계를 의미한다.
(1) **적용대상**
① 석유정제사업자의 고압가스시설로서 저장능력이 100톤 이상인 시설
② 석유화학공업자의 고압가스시설로서 저장능력이 100톤 이상인 시설, 1일 처리능력이 1만m³ 이상
③ 비료생산업자의 고압가스시설로서 저장능력이 100톤 이상인 시설, 1일 처리능력이 10만m³ 이상
④ 철강생산업자의 고압가스시설로서 1일 처리능력이 10만m³ 이상인 시설
(2) **평가방법**
① 체크리스트(checklist)기법 : 공정 및 설비의 오류, 결함상태, 위험상황 등을 목록화한 형태로 작성하여 경험적으로 비교함으로써 위험성을 정성적으로 파악하는 기법
② 상대위험순위결정(dow and mond indices) 기법 : 설비에 존재하는 위험에 대하여 수치적으로 상대위험순위를 지표화하여 그 피해정도를 나타내는 상대적 위험순위를 정하는 기법

③ 작업자 실수 분석(human error analysis, HEA)기법 : 설비의 운전원, 정비보수원, 기술자 등의 작업에 영향을 미칠만한 요소를 평가하여 그 실수의 원인을 파악하고 추적하여 정량적으로 실수의 상대적 순위를 결정하는 기법
④ 사고예상질문분석(What-if)기법 : 공정에 잠재하고 있으면서 원하지 않은 나쁜 결과를 초래할 수 있는 사고에 대하여 예상질문을 통해 사전에 확인함으로써 그 위험과 결과 및 위험을 줄이는 방법을 제시하는 정성적 평가기법
⑤ 위험과 운전 분석(hazard and operability analysis, HAZOP)기법 : 공정에 존재하는 위험요소들과 공정의 효율을 떨어뜨릴 수 있는 운전상의 문제점을 찾아내어 그 원인을 제거하는 정성적 기법
⑥ 결함수 분석(fault tree analysis)기법 : 사고를 일으키는 장치의 이상이나 운전자 실수의 조합을 연역적으로 분석하는 정량적 기법
⑦ 사건수 분석(event tree analysis)기법 : 초기사건으로 알려진 특정한 장치의 이상이나 운전자의 실수로부터 발생되는 잠재적인 경과를 평가하는 정량적 기법
⑧ 원인결과 분석(cause-consequence analysis, CCA)기법 : 잠재된 사고의 결과와 이러한 사고의 근본적인 원인을 찾아내고 사고결과와 원인의 상호관계를 예측·평가하는 정량적 평가기법
⑨ 이상위험도 분석(failure modes, effects and criticality analysis, FMECA)기법 : 공정 및 설비의 고장의 형태 및 영향, 고장형태별 위험도 순위 등을 결정하는 기법

10 폭굉유도거리(DID)에 대한 설명으로 옳은 것은?
① 관경이 클수록 짧다.
② 압력이 낮을수록 짧다.
③ 점화원의 에너지가 약할수록 짧다.
④ 정상연소 속도가 빠른 혼합가스일수록 짧다.

 폭굉유도거리가 짧아지는 조건
① 고압일수록
② 정상연소 속도가 큰 혼합가스일수록
③ 관 속에 방해물이 있거나 관경이 가늘수록
④ 점화원의 에너지가 클수록

11 메탄올 96g과 아세톤 116g을 함께 진공상태의 용기에 넣고 기화시켜 25℃의 혼합기체를 만들었다. 이때 전압력은 약 몇 mmHg인가? (단, 25℃에서 순수한 메탄올과 아세톤의 증기압 및 분자량은 각각 96.5mmHg, 56mmHg 및 32, 58이다.)
① 76.3　　② 80.3
③ 152.5　　④ 170.5

 $CH_3OH : 32g/mol \quad \therefore \frac{96g}{32g} = 3mol$

$CH_3COCH_3 : 58g/mol \quad \therefore \frac{116g}{58g} = 2mol$

전압력 $= 96.5 \times \frac{3}{5} + 56 \times \frac{2}{5} = 80.3 mmHg$

12 프로판 $1Nm^3$을 완전연소시키는데 필요한 이론공기량은 몇 Nm^3인가?
① 5.0　　② 10.5
③ 21.0　　④ 23.8

$C_3H_8 + 5O_2 \rightarrow 3CO_2 + 4H_2O$
44kg　　5×32kg　　3×44kg　　4×18kg
$22.4Nm^3$　$5 \times 22.4Nm^3$　$3 \times 22.4Nm^3$　$4 \times 22.4Nm^3$
$\therefore 22.4Nm^3 = 5 \times 22.4Nm^3$
$\quad 1Nm^3 = x$
$x = \frac{1Nm^3 \times 5 \times 22.4Nm^3}{22.4Nm^3} = 5Nm^3$

$A_o = \frac{O_o}{0.21} = \frac{5}{0.21} = 23.8Nm^3$

13 중유의 저위발열량이 10000kcal/kg의 연료 1kg을 연소시킨 결과 연소열은 5500kcal/kg이었다. 연소효율은 얼마인가?
① 45%　　② 55%

③ 65%   ④ 75%

연소효율 = $\dfrac{Qr}{Hl} \times 100 = \dfrac{5500}{10000} \times 100 = 55\%$

14 이상기체에 대한 설명으로 틀린 것은?
① 이상기체 상태방정식을 따르는 기체이다.
② 보일-샤를이 법칙을 따르는 기체이다.
③ 아보가드로 법칙을 따르는 기체이다.
④ 반데르 발스 법칙을 따르는 기체이다.

이상기체
① 보일-샤를이 법칙을 따르는 기체이다.
② 아보가드로 법칙을 따르는 기체이다.
③ 내부에너지는 체적에 관계없이 온도에 의해서만 결정
④ 인력과 부피 무시
⑤ 분자간의 충돌은 완전탄성체이다.
⑥ 이상기체 상태방정식을 따르는 기체이다.

15 시안화수소의 위험도(H)는 약 얼마인가?
① 5.8   ② 8.8
③ 11.8   ④ 14.8

위험도(H) = $\dfrac{U-L}{L} = \dfrac{41-6}{6} = 5.83$
※ 시안화수소 : 6~41%

16 LPG를 연료로 사용할 때의 장점으로 옳지 않은 것은?
① 발열량이 크다.
② 조성이 일정하다.
③ 특별한 가압장치가 필요하다.
④ 용기, 조정기와 같은 공급설비가 필요하다.

특별한 가압장치가 필요없다.

17 연소 반응이 일어나기 위한 필요충분조건으로 볼 수 없는 것은?
① 점화원   ② 시간
③ 공기   ④ 가연물

연소의 3대요소
① 가연물 ② 공기 중의 산소 ③ 점화원

18 다음 기체연료 중 CH_4 및 H_2를 주성분으로 하는 가스는?
① 고로가스   ② 발생로가스
③ 수성가스   ④ 석탄가스

① 석탄가스 : 석탄을 건류할 때 발생되는 가스(CO, H_2, CH_4). 발열량은 5670kcal/Nm^3
② 고로가스 : 제철의 용광로에서 부산물로 발생되는 가스(CO, H_2)
③ 수성가스 : 무연탄이나 코크스를 수증기와 작용시켜 얻음($CO+H_2$). 발열량은 2800kcal/Nm^3
④ 도시가스 : CO, H_2가 주성분이며 CH_4 등을 혼합시킨다.

19 기체연료-공기혼합기체의 최대 연소속도(대기압, 25℃)가 가장 빠른 가스는?
① 수소   ② 메탄
③ 일산화탄소   ④ 아세틸렌

분자량이 작을수록 빠르다.
① H_2(2g)   ② CH_4(16g)
③ CO(28g)   ④ C_2H_2(26g)

20 메탄 85v%, 에탄 10v%, 프로판 4v%, 부탄 1v%의 조성을 갖는 혼합가스의 공기 중 폭발하한계는 약 얼마인가?
① 4.4%   ② 5.4%
③ 6.2%   ④ 7.2%

$\dfrac{100}{L} = \dfrac{V_1}{L_1} + \dfrac{V_2}{L_2} + \dfrac{V_3}{L_3} + \cdots\cdots + \dfrac{V_n}{L_n}$

$\dfrac{100}{L} = \dfrac{85}{5} + \dfrac{10}{3} + \dfrac{4}{2.1} = 22.24$

$L = \dfrac{100}{22.24} = 4.496\%$

제2과목 가스설비

21 조정압력이 3.3kPa 이하인 액화석유가스 조정기의 안전장치 작동정지 압력은?

① 7kPa
② 5.04~8.4kPa
③ 5.6~8.4kPa
④ 8.4~10kPa

 조정압력이 3.3kPa 이하인 액화석유가스 조정기 안전장치
① 정지압력 : 504~840mmH₂O
    (5.04~8.4kPa)
② 개시압력 : 560~840mmH₂O
    (5.6~8.4kPa)
③ 표준압력 : 700mmH₂O(7kPa)

22 어떤 냉동기에서 0℃의 물로 0℃의 얼음 2톤을 만드는데 50kW·h의 일이 소요되었다. 이 냉동기의 성능계수는? (단, 물의 응고열은 80kcal/kg이다.)

① 3.7
② 4.7
③ 5.7
④ 6.7

 0℃ 물 → 0℃ 얼음
$Q = G \times r = 2 \times 1000 \times 80 = 160000$

성능계수 $= \dfrac{Q_2}{Aw} = \dfrac{160000}{50 \times 860} = 3.72$

23 가스용 폴리에틸렌 관의 장점이 아닌 것은?

① 부식에 강하다.
② 일과 열에 강하다.
③ 내한성이 우수하다.
④ 균일한 단위제품을 얻기 쉽다.

 일과 열에 약하다.

24 정압기(governor)의 기본구성 중 2차 압력을 감지하고 변동사항을 알려주는 역할을 하는 것은?

① 스프링
② 메인밸브
③ 다이어프램
④ 웨이트

 다이어프램 : 2차압력을 감지하여 그 2차압력의 변동을 메인밸브에 전달하는 부분

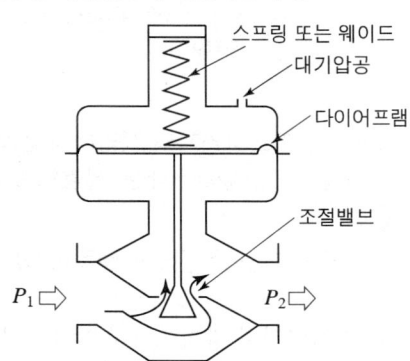

[직동식 정압기의 구조]

① 2차측 압력이 설정압력인 경우(평형상태) : 다이어프램에 작용하는 2차압력과 스프링의 힘이 같기 때문에 메인밸브가 움직이지 않고 가스가 메인밸브를 통과하여 2차측으로 들어간다.
② 2차측 압력이 설정압력 이상인 경우 : 2차측 가스 사용량이 감소하면 2차압력이 설정압력 이상으로 상승하는데 이 경우 다이어프램을 위로 밀어 올리는 힘이 스프링의 힘보다 커져서 다이어프램에 직결된 메인밸브를 위로 움직여 가스의 흐름을 제한하고 2차압력을 낮아지게 하여 2차압력을 설정압력으로 만든다.
③ 2차측 압력이 설정압력 이하인 경우 : 2차측 가스 사용량이 증가하면 2차압력이 설정압력 이하로 감소하는데 이 경우 다이어프램을 위로 밀어 올리는 힘이 스프링의 힘보다 약해져 다이어프램에 직결된 메인밸브를 아래로 움직여 밸브의 열림을 크게 하고 가스의 흐름을 증가시켜 2차압력을 설정압력까지 회복하도록 작동한다.

25 도시가스 저압배관의 설계 시 반드시 고려하지 않아도 되는 사항은?

① 허용압력손실
② 가스소비량
③ 연소기의 종류
④ 관의 길이

$$Q(\mathrm{m}^3/\mathrm{h}) = k\sqrt{\frac{p^5 \times h}{S \times L}}$$
여기서, Q : 가스소비량(m^3/h)
p : 관내경(cm)
h : 허용압력손실($\mathrm{mmH_2O}$)
L : 관길이(m)

26 일반도시가스사업자의 정압기에서 시공감리 기준 중 기능검사에 대한 설명으로 틀린 것은?

① 2차 압력을 측정하여 작동압력을 확인한다.
② 주정압기의 압력변화에 따라 예비정압기가 정상작동 되는지 확인한다.
③ 가스차단장치의 개폐상태를 확인한다.
④ 지하에 설치된 정압기실 내부에 100Lux 이상의 조명도가 확보되는지 확인한다.

지하에 설치된 정압기실 내부에 150Lux 이상의 조명도가 확보되는지 확인

27 발열량 $10500\mathrm{kcal/m^3}$인 가스를 출력 $12000\mathrm{kcal/h}$인 연소기에서 연소효율 80%로 연소시켰다. 이 연소기의 용량은?

① $0.70\mathrm{m^3/h}$ ② $0.91\mathrm{m^3/h}$
③ $1.14\mathrm{m^3/h}$ ④ $1.43\mathrm{m^3/h}$

연소기 용량 $= \dfrac{Q}{Hl \times E} = \dfrac{12000}{10500 \times 0.8}$
$= 1.428\mathrm{m^3/h}$

28 전기방식에 대한 설명으로 틀린 것은?

① 전해질 중 물, 토양, 콘크리트 등에 노출된 금속에 대하여 전류를 이용하여 부식을 제어하는 방식이다.
② 전기방식은 부식 자체를 제거할 수 있는 것이 아니고 음극에서 일어나는 부식을 양극에서 일어나도록 하는 것이다.
③ 방식전류는 양극에서 양극반응에 의하여 전해질로 이온이 누출되어 금속표면으로 이동하게 되고 음극 표면에서는 음극반응에 의하여 전류가 유입되게 된다.
④ 금속에서 부식을 방지하기 위해서는 방식전류가 부식전류 이하가 되어야 한다.

금속에서 부식을 방지하기 위해서는 방식전류가 부식전류 이상이 되어야 한다.

29 LPG를 탱크로리에서 저장탱크로 이송 시 작업을 중단해야 하는 경우로서 가장 거리가 먼 것은?

① 누출이 생긴 경우
② 과충전이 된 경우
③ 작업 중 주위에 화재 발생 시
④ 압축기 이용 시 베이퍼록 발생 시

LPG를 탱크로리에서 저장탱크로 이송 시 작업을 중단해야 하는 경우
① 누출이 생긴 경우
② 과충전 시
③ 작업 중 주위에 화재 발생 시
④ 압축기 사용 시 액압축이 일어날 때
⑤ 펌프 사용 시 베이퍼록이 일어날 때

30 터보형 펌프에 속하지 않는 것은?

① 사류 펌프   ② 축류 펌프
③ 플런저 펌프   ④ 센트리퓨걸 펌프

왕복 펌프
실린더 내의 피스톤 또는 플런저를 왕복시키고 밸브의 개폐와 연동시켜 액체를 압송
① 피스톤 펌프
  용량이 크고 압력이 낮은 경우
② 플런저 펌프
  용량이 작고 압력이 높은 경우
③ 다이어프램 펌프
  진흙이나 모래가 많은 물 또는 특수용액 등을 이동하는데 사용하고 화학 액의 이송에 주로 사용

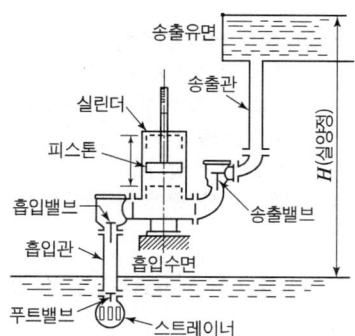

[왕복펌프의 계통도]

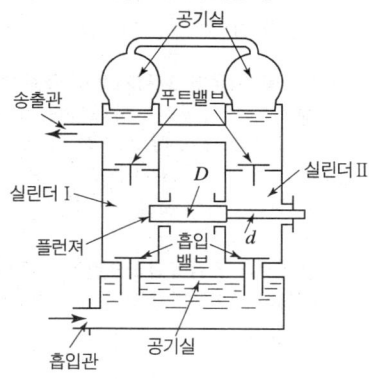

[왕복(복동식) 펌프의 구조]

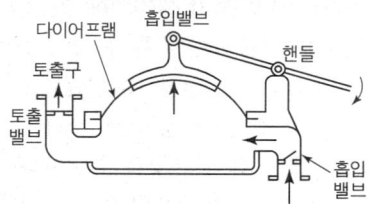

[다이어프램 펌프]

회전펌프 : ① 베인펌프(편심펌프)
② 기어펌프(치차펌프)
③ 나사펌프(스크류펌프)

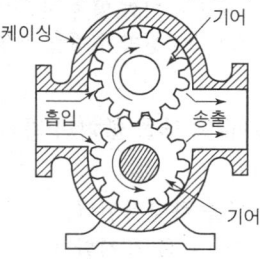

[기어펌프]

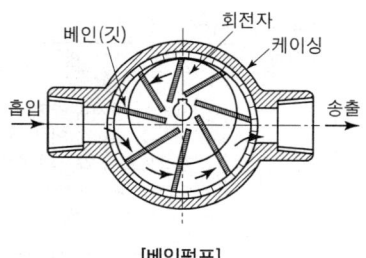

[베인펌프]

31 Loading형으로 정특성, 동특성이 양호하며 비교적 콤펙트한 형식의 정압기는?

① KRF식 정압기
② Fisher식 정압기
③ Reynolds식 정압기
④ Axial-flow식 정압기

정압기 종류별 특징

종류	특징
Fisher식	① loading형 ② 정특성, 동특성이 양호 ③ 비교적 콤펙트
Axial-flow식	① 변칙 unloading형 ② 정특성, 동특성이 양호 ③ 고차압이 될수록 특성 양호 ④ 극히 콤펙트
Reynolds식	① unloading형 ② 정특성은 극히 좋으나 안정성이 부족 ③ 다른 것에 비하여 큼
KRF식	① Reynolds식과 같음

2차압 이상 상승 원인

종류	원인
Reynolds식 정압기	① 메인밸브에 먼지가 끼어들어 cut-off 불량 ② 저압보조 정압기의 cut-off 불량 ③ 메인밸브 시트의 부조(不調) ④ 중, 저압 보조정압기 다이어프램 파손 ⑤ 바이패스 밸브류의 누설 ⑥ 2차압 조절관 파손 ⑦ oxalic ball 내에 물이 침입하였을 때 ⑧ 가스 중 수분의 동결
Fisher식 정압기	① 메인밸브에 먼지류가 끼어들어 cut-off 불량 ② 메일밸브의 밸브 폐쇄부 ③ pilot supply valve에서의 누설 ④ center 스템과 메인밸브의 접속불량 ⑤ 바이패스 밸브류의 누설 ⑥ 가스 중 수분의 동결

31. ②

2차압 이상 저하 원인

종류	원인
Reynolds식 정압기	① 정압기 능력 부족 ② 필터의 먼지류의 막힘 ③ center steam의 부조(不調) ④ 저압보조 정압기의 열림 정도 부족 ⑤ 주보조 weight의 부족 ⑥ needle valve의 열림 정도가 클 때 ⑦ 동결
Fisher식 정압기	① 정압기 능력 부족 ② 필터의 먼지류의 막힘 ③ 파일럿의 오리피스의 녹 막힘 ④ center steam의 작동불량 ⑤ stroke 조정 불량 ⑥ 주 다이어프램의 파손

32 2개의 단열과정과 2개의 등압과정으로 이루어진 가스터빈의 이상 사이클은?

① 에릭슨사이클 ② 브레이턴사이클
③ 스털링사이클 ④ 아트킨슨사이클

 브레이턴사이클 : 2개의 단열과정과 2개의 등압과정으로 이루어진 가스터빈사이클

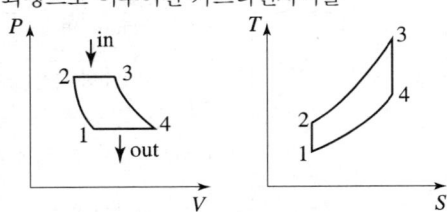

① 1 → 2 : 단열압축(등엔트로피 과정)
  엔트로피 일정 유지 상태 변화시키는 과정
② 2 → 3 : 등압과정
③ 3 → 4 : 단열팽창(등엔탈피 과정)
④ 4 → 1 : 등압과정

33 캐비테이션 현상의 발생 방지책에 대한 설명으로 가장 거리가 먼 것은?

① 펌프의 회전수를 높인다.
② 흡입 관경을 크게 한다.
③ 펌프의 위치를 낮춘다.
④ 양흡입 펌프를 사용한다.

캐비테이션 현상 방지법
① 양흡입 펌프를 사용한다.
② 펌프를 두 대 이상 설치한다.
③ 회전수를 줄인다.
④ 관경을 크게 한다.
⑤ 임펠러를 액 중에 완전히 잠기게 한다.

34 LP가스를 이용한 도시가스 공급방식이 아닌 것은?

① 직접 혼입방식   ② 공기 혼입방식
③ 변성 혼입방식   ④ 생가스 혼입방식

LP가스를 이용한 도시가스 공급방식
① 생가스 공급방식 : 기화기에 기화된 가스를 그대로 공급(부탄 재액화 방지 필요)
② 공기 혼합가스 공급방식 : 기화된 부탄에 공기를 혼합하여 공급하는 방식(부탄을 다량 소비하는 경우)
③ 변성가스 공급방식 : 부탄을 고온의 촉매로 분해하여 CO, H_2, CH_4 등의 연질가스로 변성시켜 공급

35 암모니아 압축기 실린더에 일반적으로 워터재킷을 사용하는 이유가 아닌 것은?

① 윤활유의 탄화를 방지한다.
② 압축 소요일량을 크게 한다.
③ 압축 효율의 향상을 도모한다.
④ 밸브 스프링의 수명을 연장시킨다.

압축기 실린더에 워터재킷을 사용하는 이유
① 압축 소요일량을 적게 한다.
② 압축 효율의 향상을 도모
③ 윤활유의 열화 및 탄화를 방지
④ 밸브 스프링의 수명을 연장시킨다.

36 금속재료에 대한 풀림의 목적으로 옳지 않은 것은?

① 인성을 향상시킨다.
② 내부응력을 제거한다.
③ 조직을 조대화하여 높은 경도를 얻는다.
④ 일반적으로 강의 경도가 낮아져 연화된다.

열처리
① 담금질(퀜칭) : 경도 및 강도 증가
② 뜨임(템퍼링) : 인성 증가
③ 풀림(어닐링) : 가공응력 및 내부응력 제거
④ 불림(노멀라이징) : 가공조직의 균일화, 결정립의 미세화, 기계적성질의 향상, 잔류응력 제거

37 유수식 가스홀더의 특징에 대한 설명으로 틀린 것은?
① 제조설비가 저압인 경우에 사용한다.
② 구형 홀더에 비해 유효 가동량이 많다.
③ 가스가 건조하면 물탱크의 수분을 흡수한다.
④ 부지면적과 기초공사비가 적게 소요된다.

 유수식 가스홀더의 특징
① 제조설비가 저압인 경우에 사용한다.
② 구형 홀더에 비해 유효 가동량이 크다.
③ 기초비가 많이 든다.
④ 동결방지장치가 필요하다.
⑤ 가스가 건조해 있으면 수분을 흡수한다.

38 염소가스 압축기에 주로 사용되는 윤활제는?
① 진한 황산   ② 양질의 광유
③ 식물성유   ④ 묽은 글리세린

 압축기 윤활유
① 공기, 수소, 아세틸렌 : 양질의 광유
② 염소 : 농황산(진한황산)
③ 산소 : 물 또는 10% 이하의 묽은 글리세린 수
④ LP가스 : 식물성유

39 아세틸렌가스를 2.5MPa의 압력으로 압축할 때 주로 사용되는 희석제는?
① 질소   ② 산소
③ 이산화탄소   ④ 암모니아

 아세틸렌가스를 2.5MPa의 압력으로 압축 시 희석제
① 메탄 ② 일산화탄소 ③ 에틸렌 ④ 질소

40 액화프로판 400kg을 내용적 50L의 용기에 충전 시 필요한 용기의 개수는?
① 13개   ② 15개
③ 17개   ④ 19개

$$G = \frac{V}{C}$$
$$\therefore V = G \times C = 400 \times 2.35 = 940L$$
$$\therefore \frac{940}{50} = 18.8개 \quad \therefore 19개$$

 제 3 과목   **가스안전관리**

41 암모니아 저장탱크에는 가스의 용량이 저장탱크 내용적의 몇 %를 초과하는 것을 방지하기 위한 과충전 방지조치를 강구하여야 하는가?
① 85%   ② 90%
③ 95%   ④ 98%

 과충전 방지조치 : 탱크 내용적 90% 초과시

42 고압가스 일반제조의 시설기준에 대한 설명으로 옳은 것은?
① 산소 초저온저장탱크에는 환형유리관 액면계를 설치할 수 없다.
② 고압가스설비에 장치하는 압력계는 상용압력의 1.1배 이상 2배 이하의 최고눈금이 있어야 한다.
③ 공기보다 가벼운 가연성가스의 가스설비실에는 1방향 이상의 개구부 또는 자연환기 설비를 설치하여야 한다.
④ 저장능력이 1000톤 이상인 가연성 액화가스의 지상 저장탱크의 주위에는 방류둑을 설치하여야 한다.

37.④ 38.① 39.① 40.④ 41.② 42.④

방류둑 설치
① 가연성, 산소 : 1000톤 이상
② 독성 : 5톤 이상
③ 도시가스 도매사업 : 500톤 이상

43 가스를 충전하는 경우에 밸브 및 배관이 얼었을 때의 응급조치하는 방법으로 부적절한 것은?

① 열습포를 사용한다.
② 미지근한 물로 녹인다.
③ 석유 버너 불로 녹인다.
④ 40℃ 이하의 물로 녹인다.

 배관이 얼었을 때 응급조치 방법
① 40℃ 이하의 물로 녹인다.
② 열습포를 사용한다.
③ 미지근한 물로 녹인다.

44 폭발 및 인화성 위험물 취급 시 주의하여야 할 사항으로 틀린 것은?

① 습기가 없고 양지바른 곳에 둔다.
② 취급자 외에는 취급하지 않는다.
③ 부근에서 화기를 사용하지 않는다.
④ 용기는 난폭하게 취급하거나 충격을 주어서는 아니된다.

45 일반적인 독성가스의 제독제로 사용되지 않는 것은?

① 소석회   ② 탄산소다 수용액
③ 물   ④ 암모니아 수용액

 독성가스 제독제
① 염소 : 소석회, 가성소다, 탄산소다
② 포스겐 : 가성소다, 소석회
③ 황화수소 : 가성소다, 탄산소다
④ 시안화수소 : 가성소다
⑤ 아황산가스 : 물, 가성소다, 탄산소다
⑥ 암모니아, 산화에틸렌, 염화메탄 : 다량의 물

46 고압가스안전성평가기준에서 정한 위험성평가 기법 중 정성적 평가기법에 해당되는 것은?

① Check List 기법   ② HEA 기법
③ FTA 기법   ④ CCA 기법

 문제 9번 참조
※ 정량적 평가기법
① FTA ② ETA ③ HEA ④ CCA

47 아세틸렌용 용접용기 제조 시 내압시험압력이란 최고충전압력 수치의 몇 배의 압력을 말하는가?

① 1.2   ② 1.8
③ 2   ④ 3

 내압시험압력 : 아세틸렌 $= FP \times 3$

기타 $= FP \times \dfrac{5}{3}$

기밀시험압력 : 아세틸렌 $= FP \times 1.8$
초저온 및 저온 $= FP \times 1.1$
기타 $= FP$ 이상

48 지름이 각각 8m인 LPG 지상 저장탱크 사이에 물분무장치를 하지 않은 경우 탱크 사이에 유지해야 되는 간격은?

① 1m   ② 2m
③ 4m   ④ 8m

 $l = \dfrac{D_1 + D_2}{4} = \dfrac{8+8}{4} = 4\text{m}$

49 고압가스특정제조시설에서 안전구역 안의 고압가스설비는 그 외면으로부터 다른 안전구역 안에 있는 고압가스설비의 외면까지 몇 m 이상의 거리를 유지하여야 하는가?

① 10m   ② 20m
③ 30m   ④ 50m

 고압가스특정제조시설
① 안전구역 내의 고압가스설비와 그 외면으로부터 다른 안전구역 안에 있는 고압가스설비

외면까지 30m 이상 유지
② 제조설비는 제조소 경계와 20m 이상 거리 유지
③ 가연성탱크 20만m³ 압축기와 30m 이상의 거리 유지

50 액화석유가스 자동차에 고정된 용기충전의 시설에 설치되는 안전밸브 중 압축기의 최종단에 설치된 안전밸브의 작동조정의 최소 주기는?

① 6월에 1회 이상   ② 1년에 1회 이상
③ 2년에 1회 이상   ④ 3년에 1회 이상

해설 압축기의 최종단에 설치된 안전밸브의 작동조정의 최소 주기 : 1년에 1회 이상

51 액화가스 저장탱크의 저장능력을 산출하는 식은? [단, Q : 저장능력(m³), W : 저장능력(kg), V : 내용적(L), P : 35℃에서 최고 충전압력(MPa), d : 상용온도 내에서 액화가스 비중(kg/L), C : 가스의 종류에 따른 정수이다.]

① $W = \dfrac{V}{C}$ ② $W = 0.9dV$
③ $Q = (10P+1)V$ ④ $Q = (P+2)V$

해설 저장탱크의 저장능력 산출식
① 압축가스(Q)[m³] = $(P+1)V_1$ 또는
    = $(10P+1)V_1$
② 액화가스(W)[kg] = $0.9dV_2$
③ 용기질량(G)[kg] = $\dfrac{V_3}{C}$

52 고압가스 일반제조시설에서 저장탱크 및 처리설비를 실내에 설치하는 경우의 기준으로 틀린 것은?

① 저장탱크실과 처리설비실은 각각 구분하여 설치하고 강제환기시설을 갖춘다.
② 저장탱크실의 천장, 벽 및 바닥의 두께는

20cm 이상으로 한다.
③ 저장탱크를 2개 이상 설치하는 경우에는 저장탱크실을 각각 구분하여 설치한다.
④ 저장탱크에 설치한 안전밸브는 지상 5m 이상의 높이에 방출구가 있는 가스방출관을 설치한다.

해설 저장탱크실의 천장, 벽 및 바닥의 두께는 30cm 이상으로 한다.

53 고압가스 운반차량의 운행 중 조치사항으로 틀린 것은?

① 400km 이상 거리를 운행할 경우 중간에 휴식을 취한다.
② 독성가스를 운반 중 도난당하거나 분실한 때에는 즉시 그 내용을 경찰서에 신고한다.
③ 독성가스를 운반하는 때는 그 고압가스의 명칭, 성질 및 이동 중의 재해방지를 위하여 필요한 주의사항을 기재한 서류를 운전자 또는 운반책임자에게 교부한다.
④ 고압가스를 적재하여 운반하는 차량은 차량의 고장, 교통사정, 운전자 또는 운반책임자가 휴식할 경우 운반책임자와 운전자가 동시에 이탈하지 아니한다.

해설 200km 이상 거리를 운행할 경우 중간에 휴식을 취한다.

54 초저온 용기의 재료로 적합한 것은?

① 오스테나이트계 스테인리스강 또는 알루미늄 합금
② 고탄소강 또는 Cr강
③ 마텐자이트계 스테인리스강 또는 고탄소강
④ 알루미늄 합금 또는 Ni-Cr강

해설 초저온 용기의 재료
① 9% 니켈강   ② 18-8 스테인리스강
③ 동 및 동 합금강 ④ 알루미늄 합금강

55 질소 충전용기에서 질소가스의 누출여부를 확인하는 방법으로 가장 쉽고 안전한 방법은?

① 기름 사용   ② 소리 감지
③ 비눗물 사용   ④ 전기스파크 이용

56 고압가스용 이음매 없는 용기 제조 시 탄소함유량은 몇 % 이하를 사용하여야 하는가?

① 0.04   ② 0.05
③ 0.33   ④ 0.55

 용접용기 : C   P   S
                0.33% 0.04% 0.05%
이음매 없는 용기 : C   P   S
                0.55% 0.04% 0.05%

57 포스겐가스($COCl_2$)를 취급할 때의 주의사항으로 옳지 않은 것은?

① 취급 시 방독마스크를 착용할 것
② 공기보다 가벼우므로 환기시설은 보관 장소의 위쪽에 설치할 것
③ 사용 후 폐가스를 방출할 때에는 중화시킨 후 옥외로 방출시킬 것
④ 취급장소는 환기가 잘 되는 곳일 것

 공기보다 무거우므로 환기시설은 지면에서 30cm 이내에 설치할 것

58 2단 감압식 1차용 액화석유가스 조정기를 제조할 때 최대 폐쇄압력은 얼마 이하로 하여야 하는가? (단, 입구압력이 0.1~1.56MPa이다.)

① 3.5kPa
② 82kPa
③ 95kPa
④ 조정압력의 2.5배 이하

 최대 폐쇄압력(정지압력)
① 1단감압 저압 조정기, 2단감압 2차용조정기, 자동교체식 일체형 조정기
 : 350mmH_2O 이하(3.5kPa 이하)
② 2단감압 1차용조정기, 자동교체식 분리형 조정기 : 0.95kg/cm^2 이하
③ 1단감압 준저압 조정기 : 조정압력의 1.25배

$1.0332kg/cm^2 = 101.325kPa$
$0.95kg/cm^2 = x$

$$x = \frac{0.95kg/cm^2 \times 101.325kPa}{1.0332kg/cm^2} = 95kPa$$

59 폭발예방 대책을 수립하기 위하여 우선적으로 검토하여야 할 사항으로 가장 거리가 먼 것은?

① 요인분석   ② 위험성 평가
③ 피해예측   ④ 피해보상

 폭발예방 대책을 수립하기 위하여 우선적으로 검토하여야 할 사항
① 위험성 평가 ② 피해예측 ③ 요인분석

60 특정설비에 대한 표시 중 기화장치에 각인 또는 표시해야 할 사항이 아닌 것은?

① 내압시험압력
② 가열방식 및 형식
③ 설비별 기호 및 번호
④ 사용하는 가스의 명칭

제 4 과목　가스계측

61 가스미터의 원격계측(검침) 시스템에서 원격계측방법으로 가장 거리가 먼 것은?

① 제트식   ② 기계식
③ 펄스식   ④ 전자식

 가스미터의 원격계측방법
① 기계식 ② 전자식 ③ 펄스식

62 외란의 영향으로 인하여 제어량이 목표치 50L/min에서 53L/min으로 변하였다면 이 때 제어편차는 얼마인가?

① +3L/min ② −3L/min
③ +6.0%   ④ −6.0%

 제어편차 = 50 − 53L/min = −3L/min

63 He 가스 중 불순물로서 N_2 : 2%, CO : 5%, CH_4 : 1%, H_2 : 5%가 들어있는 가스를 가스크로마토그래피로 분석하고자 한다. 다음 중 가장 적당한 검출기는?

① 열전도검출기(TCD)
② 불꽃이온화검출기(FID)
③ 불꽃광도검출기(FPD)
④ 환원성가스검출기(RGD)

 가스크로마토그래피
① 캐리어가스 : H_2, He, N_2, Ar (**수헬질아**)
② 부품 및 성분 : 컬럼(분리관), 기록계, 압력계, 항온조, 유량조절기, 가스샘플
③ 충진제 : 활성탄, 실리카겔, 소바비드, 뮬레큘러시브
④ 분리가 잘 안될 때 : 시료주입구 온도 높인다.

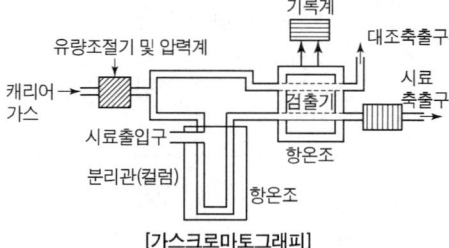
[가스크로마토그래피]

⑤ 종류
 ㉠ FID(수소이온화검출기)
  ⓐ 전극간의 전기 전도도가 증대하는 것을 이용
  ⓑ 탄화수소에 감도가 최고이다.(프로판, 부탄, 프로필렌) 등
  ⓒ H_2, O_2, CO, CO_2, SO_2 등은 감도가 적다.
  ⓓ 무기 가스나 물에 거의 응답하지 않음
 ㉡ TCD(열전도도형검출기)
  ⓐ 금속필멘트의 저항변화를 이용하는

것
  ⓑ 일반적으로 가장 널리 사용
 ㉢ ECD(전자포획이온화검출기)
  ⓐ 이온전류가 감소하는 것을 이용
  ⓑ 할로겐 및 산화물에서는 감도가 최고이다.
 ㉣ FPD(염광광도 검출기) : 황화합물이나 인화합물 검출

64 초음파 유량계에 대한 설명으로 틀린 것은?

① 압력손실이 거의 없다.
② 압력은 유량에 비례한다.
③ 대구경 관로의 측정이 가능하다.
④ 액체 중 고형물이나 기포가 많이 포함되어 있어 정도가 좋다.

 초음파 유량계의 특징
① 압력손실이 거의 없다.
② 압력은 유량에 비례한다.
③ 대구경 관로의 측정이 가능하다.

65 접촉식 온도계의 종류와 특징을 연결한 것 중 틀린 것은?

① 유리 온도계 – 액체의 온도에 따른 팽창을 이용한 온도계
② 바이메탈 온도계 – 바이메탈이 온도에 따라 굽히는 정도가 다른 점을 이용한 온도계
③ 열전대 온도계 – 온도 차이에 의한 금속의 열상승 속도의 차이를 이용한 온도계
④ 저항 온도계 – 온도 변화에 따른 금속의 전기저항 변화를 이용한 온도계

 열전대 온도계 : 두 금속의 열기전력을 이용하여 측정(제백효과)

66 습식가스미터 특징에 대한 설명으로 옳지 않은 것은?

① 계량이 정확하다.
② 설치 공간이 작다.

③ 사용 중에 기차의 변동이 거의 없다.
④ 사용 중에 수위 조정 등의 관리가 필요하다.

 가스미터의 특징

막식 가스미터 (저부대가)	기차습식 가스미터 (기계수면실)	루츠식 (대중적소스)
① 저가이다. ② 부착 후 유지관리에 시간을 요하지 않는다. ③ 대용량은 설치면적이 크다. ④ 가정용 ⑤ 1.5~200m³/h	① 기차변동이 거의 없다. ② 계량이 정확하다. ③ 수위조정 등의 관리 필요 ④ 설치면적이 크다. ⑤ 실험실용 ⑥ 0.2~3000m³/h	① 대유량가스 측정 적합 ② 중압가스계량 가능 ③ 설치면적 적다. ④ 소유량에서는 부동의 우려 ⑤ 스트레이너 설치 후 유지관리 필요 ⑥ 대량수요가(공업용) ⑦ 100~5000m³/h

67 다음 가스 분석법 중 흡수분석법에 해당되지 않는 것은?

① 헴펠법 ② 게겔법
③ 오르자트법 ④ 우인클러법

흡수분석법
① 오르자트법
  ㉠ CO_2 : KOH 30% 수용액
  ㉡ O_2 : 알칼리성 피롤카롤용액
  ㉢ CO : 암모니아성 염화제1동용액
② 헴펠법
  ㉠ CO_2 : KOH 30% 수용액
  ㉡ C_mH_n : 발연황산 25%
  ㉢ O_2 : 알칼리성 피롤카롤용액
  ㉣ CO : 암모니아성 염화제1동용액
③ 게겔법
  ㉠ CO_2 : KOH 30% 주용액
  ㉡ C_2H_2 : 옥소수은칼륨용액
  ㉢ C_3H_6 : 87% 황산
  ㉣ C_2H_4 : 취소수용액
  ㉤ O_2 : 알칼리성 피롤카롤용액
  ㉥ CO : 암모니아성 염화제1동용액

68 아르키메데스의 원리를 이용하는 압력계는?

① 부르동관 압력계 ② 링밸런스식 압력계
③ 침종식 압력계 ④ 벨로우즈식 압력계

아르키메데스의 원리 : 유체 속에 잠겨있는 물체에는 물체의 부피와 같은 부피의 유체 무게 만큼의 부력이 작용한다.
① 침종식 압력계 ② 편위식 액면계

69 되먹임제어에 대한 설명으로 옳은 것은?

① 열린 회로제어이다.
② 비교부가 필요 없다.
③ 되먹임이란 출력신호를 입력신호로 다시 되돌려 보내는 것을 말한다.
④ 되먹임제어시스템은 선형제어시스템에 속한다.

피드백제어(되먹임제어) : 출력측의 신호를 입력측으로 되돌려 다시 되돌려 보내는 것
시컨스제어 : 처음 정해진 순서에 의해 제어의 각 단계를 제어

70 계측에 사용되는 열전대 중 다음 [보기]의 특징을 가지는 온도계는?

> • 열기전력이 크고 저항 및 온도계수가 작다.
> • 수분에 의한 부식에 강하므로 저온측정에 적합하다.
> • 비교적 저온의 실험용으로 주로 사용한다.

① R형 ② T형
③ J형 ④ K형

열전대 온도계
① 백금 - 백금로듐(PR) - R형
  ㉠ 산화성 분위기에 가장 강하다.
  ㉡ 금속증기에 침식 된다.
  ㉢ 환원성 분위기에 약하다.
  ㉣ 열전대 온도계 중 가장 고온 측정 (0~1600℃)
  ㉤ 백금(+극) 87%, 로듐(-극)13%
② 크로멜 - 알루멜(CA) - K형
  ㉠ 산화성분위기에 약하다.

ⓒ 온도는 0~1200℃
ⓔ 크로멜(Ni90%+Cr10%), 알루멜
   (Ni94%+Mn2.5%+Al2.0%+Fe0.5%)
③ 철 - 콘스탄탄(IC) – J형
 ㉠ 환원성 분위기에 강하다.
 ㉡ 온도는 -20~350℃
④ 동-콘스탄탄(Cu55%+Ni45%) – T형
 ㉠ 수분에 의한 내식성이 크다.
 ㉡ 열전대 온도계 중 가장 저온 측정
 ㉢ 온도는 -200~850℃

71 평균유속이 3m/s인 파이프를 25L/s의 유량이 흐르도록 하려면 이 파이프의 지름을 약 몇 mm로 해야 하는가?

① 88mm   ② 93mm
③ 98mm   ④ 103mm

$Q = A \times V = \dfrac{\pi D^2}{4} \times V$

$D = \sqrt{\dfrac{4Q}{\pi V}} = \sqrt{\dfrac{4 \times 0.025}{3.14 \times 3}}$
$= 0.1047\text{m} \times 1000\text{mm/m} = 104.71\text{mm}$

72 전기저항식 습도계의 특징에 대한 설명 중 틀린 것은?

① 저온도의 측정이 가능하고, 응답이 빠르다.
② 고습도에 장기간 방치하면 감습막이 유동한다.
③ 연속기록, 원격측정, 자동제어에 주로 이용된다.
④ 온도계수가 비교적 작다.

 전기저항식 온도계의 특징
① 온도계수가 크다.
② 저온도의 측정이 가능하다.
③ 응답이 빠르다.
④ 연속기록, 원격측정, 자동제어에 주로 이용
⑤ 고습도에 장기간 방치 시 감습막이 유동한다.

73 여과기(strainer)의 설치가 필요한 가스미터는?

① 터빈가스미터   ② 루트가스미터
③ 막식가스미터   ④ 습식가스미터

 문제 66번 참조

74 가스보일러에서 가스를 연소시킬 때 불완전연소로 발생하는 가스에 중독될 경우 생명을 잃을 수도 있다. 이때 이 가스를 검지하기 위하여 사용하는 시험지는?

① 연당지   ② 염화파라듐지
③ 하리슨씨 시약   ④ 질산구리벤젠지

 시험지명 및 변색상태

검지가스	시험지	변색상태
암모니아	적색리트머스시험지	
염소	KI전분지	청색
시안화수소	질산구리벤젠지	
일산화탄소	염화파라듐지	흑색
황화수소	연당지(초산벤젠지)	
포스겐	하리슨 시험지	심등색(오렌지색)
아세틸렌	염화제1동착염지	적색
아황산가스	암모니아적신형겊	흰연기

75 Block 선도의 등가변화에 해당하는 것만으로 짝지어진 것은?

① 전달요소 결합, 가합점 치환, 직렬 결합, 피드백 치환
② 전달요소 치환, 인출점 치환, 병렬 결합, 피드백 결합
③ 인출점 치환, 가합점 결합, 직렬 결합, 피드백 결합
④ 전달요소 이동, 가합점 결합, 직렬 결합, 피드백 결합

 블록선도의 등가변화
① 전달요소 치환   ② 인출점 치환
③ 병렬 결합   ④ 피드백 결합

76 가스센서에 이용되는 물리적 현상으로 가장 옳은 것은?

① 압전효과   ② 조셉슨효과

③ 흡착효과 ④ 광전효과

 가스센서에 이용되는 물리적 현상 : 흡착효과

77 실측식 가스미터가 아닌 것은?
① 터빈식   ② 건식
③ 습식   ④ 막식

 추측식 가스미터 : 오리피스, 터빈, 선근치식, 피토우관

78 전극식 액면계의 특징에 대한 설명으로 틀린 것은?
① 프로브 형성 및 부착위치와 길이에 따라 정전용량이 변화한다.
② 고유저항이 큰 액체에는 사용이 불가능하다.
③ 액체의 고유저항 차이에 따라 동작점의 차이가 발생하기 쉽다.
④ 내식성이 강한 전극봉이 필요하다.

79 반도체 스트레인 게이지의 특징이 아닌 것은?
① 높은 저항   ② 높은 안정성
③ 큰 게이지 상수 ④ 낮은 피로수명

 반도체 스트레인 게이지의 특징
① 높은 피로수명 ② 높은 안정성
③ 높은 저항   ④ 큰 게이지 상수

80 헴펠(Hempel)법에 의한 분석순서가 바른 것은?
① $CO_2 \rightarrow C_mH_n \rightarrow O_2 \rightarrow CO$
② $CO \rightarrow C_mH_n \rightarrow O_2 \rightarrow CO_2$
③ $CO_2 \rightarrow O_2 \rightarrow C_mH_n \rightarrow CO$
④ $CO \rightarrow O_2 \rightarrow C_mH_n \rightarrow CO_2$

제 6 편 과년도 출제문제
2020년 8월 22일 시행

제 1 과목 연소공학

01 연소열에 대한 설명으로 틀린 것은?
① 어떤 물질이 완전연소할 때 발생하는 열량이다.
② 연료의 화학적 성분은 연소열에 영향을 미친다.
③ 이 값이 클수록 연료로서 효과적이다.
④ 발열반응과 함께 흡열반응도 포함한다.

 연소열 : 발열반응만 포함이 된다.

02 연소가스량 $10m^3/kg$, 비열 $0.325 kcal/m^3 \cdot ℃$인 어떤 연료의 저위 발열량이 $6700 kcal/kg$이었다면 이론 연소온도는 약 몇 ℃인가?
① 1962℃ ② 2062℃
③ 2162℃ ④ 2262℃

 이론 연소온도 $= \dfrac{Hl}{GC} = \dfrac{6700}{10 \times 0.325}$
$= 2061.53℃$

03 황(S) 1kg이 이산화황(SO_2)으로 완전 연소할 경우 이론산소량(kg/kg)과 이론공기량(kg/kg)은 각각 얼마인가?
① 1, 4.31 ② 1, 8.62
③ 2, 4.31 ④ 2, 8.62

$$S + O_2 \to SO_2$$
32kg 32kg 64kg
1kg x $x = \dfrac{1kg \times 32kg}{32kg} = 1kg(O_o)$

$A_o = \dfrac{1kg}{0.232} = 4.31kg$

04 메탄 60v%, 에탄 20v%, 프로판 15v%, 부탄 5v%인 혼합가스의 공기 중 폭발하한계(v%)는 약 얼마인가? (단, 각 성분의 폭발하한계는 메탄 5.0v%, 에탄 3.0v%, 프로판 2.1v%, 부탄 1.8v%로 한다.)
① 2.5 ② 3.0
③ 3.5 ④ 4.0

$$\dfrac{100}{L} = \dfrac{V_1}{L_1} + \dfrac{V_2}{L_2} + \dfrac{V_3}{L_3} + \cdots + \dfrac{V_n}{L_n}$$
$$\dfrac{100}{L} = \dfrac{60}{5} + \dfrac{20}{3} + \dfrac{15}{2.1} + \dfrac{5}{1.8} = 28.59$$
$$L = \dfrac{100}{28.59} = 3.497\%$$

05 기체연료의 확산연소에 대한 설명으로 틀린 것은?
① 확산연소는 폭발의 경우에 주로 발생하는 형태이며 예혼합연소에 비해 반응대가 좁다.
② 연료가스와 공기를 별개로 공급하여 연소하는 방법이다.
③ 연소형태는 연소기기의 위치에 따라 달라지는 비균일 연소이다.
④ 일반적으로 확산과정은 화학반응이나 화염의 전파과정보다 늦기 때문에 확산에 의한 혼합속도가 연소속도를 지배한다.

 예혼합연소에 비해 반응대가 넓다.

06 프로판 가스의 분자량은 얼마인가?
① 17 ② 44
③ 58 ④ 64

 $C_3H_8 : 12 \times 3 + 8 = 44g$

01.④ 02.② 03.① 04.③ 05.① 06.②

07 0℃, 1기압에서 C_3H_8 5kg의 체적은 약 몇 m^3인가? (단, 이상기체로 가정하고, C의 원자량은 12, H의 원자량은 1이다.)

① 0.6 ② 1.5
③ 2.5 ④ 3.6

$44kg = 22.4m^3$
$5kg = x$
$x = \dfrac{5kg \times 22.4m^3}{44kg} = 2.545m^3$

08 다음 [보기]의 성질을 가지고 있는 가스는?

> [보기]
> • 무색, 무취, 가연성기체
> • 폭발범위 : 공기 중 4~75vol%

① 메탄 ② 암모니아
③ 에틸렌 ④ 수소

① 메탄 : 5~15vol%
② 암모니아 : 15~28vol%
③ 에틸렌 : 3.1~32vol%

09 공기비가 적을 경우 나타나는 현상과 가장 거리가 먼 것은?

① 매연발생이 심해진다.
② 폭발사고 위험성이 커진다.
③ 연소실 내의 연소온도가 저하된다.
④ 미연소로 인한 열손실이 증가한다.

공기비가 적을 때
① 매연발생이 심해진다.
② 미연소로 인한 열손실이 증가한다.
③ 폭발사고 위험성이 커진다.

10 1atm, 27℃의 밀폐된 용기에 프로판과 산소가 1:5 부피비로 혼합되어 있다. 프로판이 완전연소하여 화염의 온도가 1000℃가 되었다면 용기 내에 발생하는 압력은 약 몇 atm인가?

① 1.95atm ② 2.95atm
③ 3.95atm ④ 4.95atm

$1C_3H_8 + 5O_2 \rightarrow 3CO_2 + 4H_2O$
$P_1V_1 = n_1R_1T_1$
$P_2V_2 = n_2R_2T_2$
$\therefore P_2 = \dfrac{P_1 \times n_2 \times T_2}{n_1 \times T_1}$
$= \dfrac{1 \times 7 \times (273+1000)}{6 \times (273+27)}$
$= 4.983atm$

11 기체상수 R을 계산한 결과 1.987이었다. 이때 사용되는 단위는?

① cal/mol · K ② erg/kmol · K
③ Joule/mol · K ④ L · atm/mol · K

기체상수 값
① 0.082L · atm/mol · K
② 848kg · m/kmol · K
③ 1.987cal/mol · K
④ 8.314Joule/mol · K

12 분진폭발과 가장 관련이 있는 물질은?

① 소맥분 ② 에테르
③ 탄산가스 ④ 암모니아

분진폭발 : 소맥분, 석탄가루, 황가루, 알루미늄분, 마그네슘분 등

13 폭굉이란 가스 중의 음속보다 화염 전파속도가 큰 경우를 말하는데 마하수 약 얼마를 말하는가?

① 1~2 ② 3~12
③ 12~21 ④ 21~30

폭굉속도 : 1000~3500m/sec
마하수 : 330m/sec

14 다음 중 자기연소를 하는 물질로만 나열된 것은?

① 경유, 프로판
② 질화면, 셀룰로이드
③ 황산, 나프탈렌
④ 석탄, 플라스틱(FRP)

연소형태
① 표면연소 : 코크스, 목탄, 숯
② 분해연소 : 석탄, 목재, 종이, 플라스틱
③ 증발연소 – 액체 : 알코올, 아테르등
          – 고체 : 나프탈렌, 파라핀(양초)
④ 자기연소 : TNT, 피크린산, 질화면, 셀룰로이드 등
⑤ 확산연소 : 기체연료의 연소(수소, 메탄, 아세틸렌 등)

15 가연물의 위험성에 대한 설명으로 틀린 것은?

① 비등점이 낮으면 인화의 위험성이 높아진다.
② 파라핀 등 가연성 고체는 화재 시 가연성 액체가 되어 화재를 확대한다.
③ 물과 혼합되기 쉬운 가연성 액체는 물과 혼합되면 증기압이 높아져 인화점이 낮아진다.
④ 전기전도도가 낮은 인화성 액체는 유동이나 여과 시 정전기를 발생하기 쉽다.

16 정전기를 제어하는 방법으로서 전하의 생성을 방지하는 방법이 아닌 것은?

① 접속과 접지(Bonding and Grounding)
② 도전성 재료 사용
③ 침액파이프(Dip pipes) 설치
④ 첨가물에 의한 전도도 억제

정전기를 제어하는 방법으로 전하의 생성을 방지하는 방법
① 접속과 접지
② 도전성 재료 사용
③ 침액파이프(Dip pipes) 설치
④ 첨가물에 의한 전도도 증가

17 어떤 반응물질이 반응을 시작하기 전에 반드시 흡수하여야 하는 에너지의 양을 무엇이라 하는가?

① 점화에너지   ② 활성화에너지
③ 형성에너지   ④ 연소에너지

18 연료의 발열량 계산에서 유효수소를 옳게 나타낸 것은?

① $\left(H + \dfrac{O}{8}\right)$ ② $\left(H - \dfrac{O}{8}\right)$
③ $\left(H + \dfrac{O}{16}\right)$ ④ $\left(H - \dfrac{O}{16}\right)$

이론산소량 $= 1.867C + 5.6\left(H - \dfrac{O}{8}\right) + 0.7S$

이론공기량 $= 8.89C + 26.67\left(H - \dfrac{O}{8}\right) + 3.31S$

19 표준상태에서 기체 $1m^3$은 약 몇 몰인가?

① 1   ② 2
③ 22.4   ④ 44.6

$1m^3 = 1000L$
$1mol = 22.4L$
$x = 1000L$
$x = \dfrac{1mol \times 1000L}{22.4L} = 44.6mol$

20 다음 중 열전달계수의 단위는?

① kcal/h   ② $kcal/m^2 \cdot h \cdot ℃$
③ $kcal/m \cdot h \cdot ℃$ ④ kcal/℃

열전달율 = 열관류율 = 열통과율 : $kcal/m^2h℃$
열전도율 : $kcal/mh℃$

제 2 과목　가스설비

21 조정기 감압방식 중 2단 감압방식의 장점이 아닌 것은?

① 공급압력이 안정하다.
② 장치와 조작이 간단하다.
③ 배관의 지름이 가늘어도 된다.
④ 각 연소기구에 알맞은 압력으로 공급이 가능하다.

해설 **2단 감압방식의 장점**
① 공급압력이 일정하다.
② 중간 배관이 가늘어도 된다.
③ 배관 입상에 의한 압력강하 보정
④ 각 연소기구에 알맞은 압력으로 공급이 가능

22 지하 도시가스 매설배관에 Mg과 같은 금속을 배관과 전기적으로 연결하여 방식하는 방법은?

① 희생양극법　　② 외부전원법
③ 선택배류법　　④ 강제배류법

해설 **전기방식법**
① 유전양극법 : 양극재료로 유효전위치가 큰 마그네슘을 사용한다.

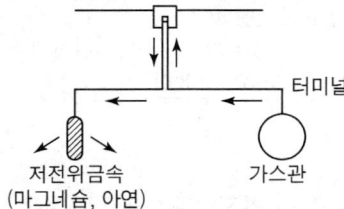

장점	단점
㉠ 시공이 단순	㉠ 강한 전식에는 무력하다.
㉡ 소규모설비에 경제적	㉡ 대규모설비 시는 시설비가 많이 든다.
㉢ 다른 매설 금속체에 방해 작용 없음	㉢ 정기적으로 양극을 보충할 필요가 있다.
㉣ 과방식의 염려가 없음	㉣ 전류조절이 불가능하다.
	㉤ 방식 범위가 좁다.

② 외부전원법 : 외부의 직류전원 장치로부터 강제로 지중에 설치한 전극을 통하여 매설관에 흘려 대상 금속의 표면을 음극화하는 방식이다.

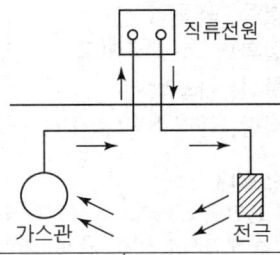

장점	단점
㉠ 전극수명이 길다.	㉠ 초기 시공비가 많이 든다.
㉡ 방식범위가 넓다.	㉡ AC전원이 필요하다.
㉢ 대형설비에는 전원장치수를 적게 할 수 있다.	㉢ 강력한 다른 매설체 간섭의 우려가 있다.
㉣ 전압, 전류 조정이 가능하다.	㉣ 과방식이 될 수 있고 전원이 없는 경우는 전지, 충전지 등을 필요로 한다.

③ 선택배류법 : 땅 속에 금속과 전철의 레일을 전선으로 접속한 것으로 정류기가 설치되어 있다. 전식은 방지하는데 사용하며 레일의 전기는 시시각각 변화하므로 방식효과를 항상 얻는다고 볼 수 없다.

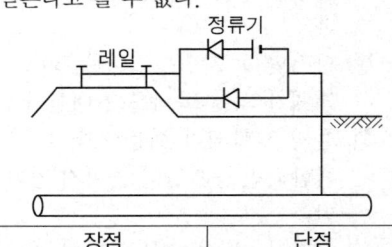

장점	단점
㉠ 전철의 전류를 활용할 수 있으므로 별도의 유지비가 필요없다.	㉠ 다른 매설 금속체의 간섭 우려가 있다.
㉡ 시공비가 별도로 들지 않는다.	㉡ 과방식의 우려가 있다.
㉢ 전철의 운행 동안에는 자연히 방식된다.	㉢ 전철의 휴지기간 또는 레일 전위가 높은 경우에 효과가 없다.

④ 강제배류법 : 외부전원법과 선택배류법을 종합한 방식으로 외부전원법의 애노드(양극)를 레일에 치환한 방법이다.

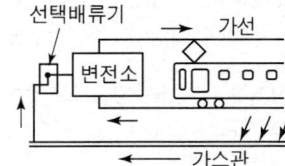

장점	단점
㉠ 전압, 전류 조정이 용이하며 효과가 좋다. ㉡ 전철의 휴지기간에도 방식이 가능하고 간섭 작용이 없다.	㉠ 전원이 별도로 필요 ㉡ 전철의 신호장애에 관한 검토가 필요 ㉢ 다른 매설 금속체의 간섭 우려가 있다. ㉣ 비교적 고가이다.

23 고압가스 설비 내에서 이상기체가 발생한 경우 긴급이송 설비에 의하여 이송되는 가스를 안전하게 연소시킬 수 있는 안전장치는?

① 벤트스택　　② 플레어스택
③ 인터록기구　　④ 긴급차단장치

플레어스택 : 고압가스설비 내에서 이상 사태 발생 시 긴급이송설비에 의해 이송되는 가스를 안전하게 연소시킬 수 있는 안전장치
복사열 : 4000kcal/m²h 이하

24 도시가스시설에서 전기방식효과를 유지하기 위하여 빗물이나 이물질의 접촉으로 인한 절연의 효과가 상쇄되지 아니하도록 절연 이음매 등을 사용하여 절연한다. 절연조치를 하는 장소에 해당되지 않는 것은?

① 교량횡단 배관의 양단
② 배관과 철근콘크리트구조물 사이
③ 배관과 배관지지물 사이
④ 타 시설물과 30cm 이상 이격되어 있는 배관

절연조치를 하는 장소
① 교량횡단 배관의 양단
② 배관과 배관지지물 사이
③ 배관과 철근콘크리트구조물 사이
④ 배관 절연부 양측
⑤ 밸브 스테이션

25 원심펌프를 병렬로 연결하는 것은 무엇을 증가시키기 위한 것인가?

① 양정　　② 동력
③ 유량　　④ 효율

직렬연결 : 양정 증가, 유량 일정
병렬연결 : 유량 증가, 양정 일정

26 저온장치에서 저온을 얻을 수 있는 방법이 아닌 것은?

① 단열교축팽창　　② 등엔트로피팽창
③ 단열압축　　④ 기체의 액화

저온장치에서 저온을 얻을 수 있는 방법
① 단열교축팽창　　② 등엔트로피팽창
③ 기체의 액화

27 두께 3mm, 내경 20mm, 강판에 내압이 2kgf/cm²일 때, 원주방향으로 강관에 작용하는 응력은 약 몇 kgf/cm²인가?

① 33.3　　② 64.66
③ 93.3　　④ 126.7

원주방향 $(G_1) = \dfrac{PD}{2t} = \dfrac{P(D-2t)}{2t}$
$= \dfrac{2 \times (20 - 2 \times 0.3)}{2 \times 0.3}$
$= 64.66 \text{kgf/cm}^2$

28 용적형 압축기에 속하지 않는 것은?

① 왕복 압축기　　② 회전 압축기
③ 나사 압축기　　④ 원심 압축기

용적형 압축기
① 왕복 압축기 ② 회전 압축기 ③ 나사 압축기

29 비교회전도 175, 회전수 3000rpm, 양정 210mm인 3단 원심펌프의 유량은 약 몇 m³/min인가?

① 1　　② 2
③ 3　　④ 4

$Ns = \dfrac{N \times \sqrt{Q}}{\left(\dfrac{H}{n}\right)^{\frac{3}{4}}}$

$$\sqrt{Q} = \frac{Ns \times \left(\frac{H}{n}\right)^{\frac{3}{4}}}{N}$$

$$Q = \left[\frac{Ns \times \left(\frac{H}{n}\right)^{\frac{3}{4}}}{N}\right]^2 = \left[\frac{175 \times \left(\frac{210}{3}\right)^{\frac{3}{4}}}{3000}\right]^2$$

$$= 1.9928 \, m^3/min$$

30 고압고무호스의 제품성능 항목이 아닌 것은?

① 내열성능 ② 내압성능
③ 호스부성능 ④ 내이탈성능

 고압고무호스의 제품성능 항목
① 내압성능
② 내이탈성능
③ 호스부성능

31 이중각식 구형저장탱크에 대한 설명으로 틀린 것은?

① 상온 또는 −30℃ 전후까지의 저온의 범위에 적합하다.
② 내구에는 저온 강재, 외구에는 보통 강판을 사용한다.
③ 액체산소, 액체질소, 액화메탄 등의 저장에 사용된다.
④ 단열성이 아주 우수하다.

 이중각식 구형저장탱크

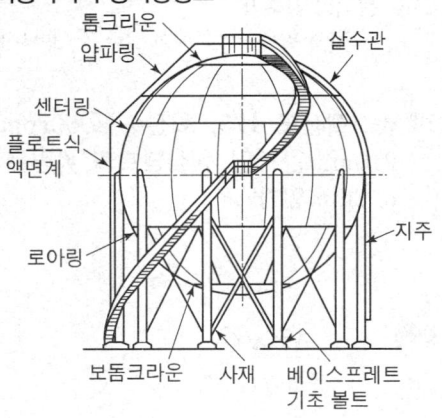

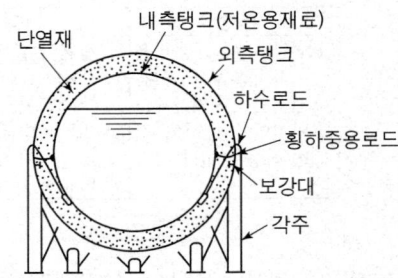

[특징] ① 상온 또는 −50℃ 이하의 저온에서 액화가스를 저장하는데 적합하다.
② 액체산소, 액체질소, 액화메탄, 액화에틸렌 등의 저장에 사용된다.
③ 단열성이 아주 우수하다.
④ 내구는 스테인레스강, 알루미늄, 9% 니켈강 등을 사용한다.

32 저온(T_2)으로부터 고온(T_1)으로 열을 보내는 냉동기의 성능계수 산정식은?

① $\dfrac{T_2}{T_1}$　② $\dfrac{T_2}{T_1 - T_2}$

③ $\dfrac{T_1}{T_1 - T_2}$　④ $\dfrac{T_1 - T_2}{T_1}$

 성능계수 $= \dfrac{T_2}{T_1 - T_2} = \dfrac{Q_2}{Q_1 - Q_2}$

열펌프 $= \dfrac{T_1}{T_1 - T_2} = \dfrac{Q_1}{Q_1 - Q_2}$

효율 $= \dfrac{T_1 - T_2}{T_1} = \dfrac{Q_1 - Q_2}{Q_1}$

33 액화석유가스를 소규모 소비하는 시설에서 용기수량을 결정하는 조건으로 가장 거리가 먼 것은?

① 용기의 가스 발생능력
② 조정기의 용량
③ 용기의 종류
④ 최대 가스 소비량

 용기수량을 결정하는 조건
① 용기의 가스 발생능력

② 최대 가스 소비량
③ 용기의 종류

34 LPG 용기 충전시설의 저장설비실에 설치하는 자연환기설비에서 외기에 면하여 설치된 환기구의 통풍가능면적의 합계는 어떻게 하여야 하는가?

① 바닥면적 $1m^2$마다 $100cm^2$의 비율로 계산한다.
② 바닥면적 $1m^2$마다 $300cm^2$의 비율로 계산한다.
③ 바닥면적 $1m^2$마다 $500cm^2$의 비율로 계산한다.
④ 바닥면적 $1m^2$마다 $600cm^2$의 비율로 계산한다.

통풍가능면적 : $1m^2$당 $300cm^2$
통풍능력면적 : $1m^2$당 $0.5m^3/min$

35 정압기를 사용압력 별로 분류한 것이 아닌 것은?

① 단독사용자용 정압기
② 중압 정압기
③ 지역 정압기
④ 지구 정압기

정압기 사용압력별 분류
① 지구 정압기
② 지역 정압기
③ 단독사용자용 정압기

36 액화사이클 중 비점이 점차 낮은 냉매를 사용하여 저비점의 기체를 액화하는 사이클은?

① 린데 공기 액화사이클
② 가역가스 액화사이클
③ 캐스케이드 액화사이클
④ 필립스 공기 액화사이클

가스액화사이클
① 캐스케이드 액화사이클 : 비점이 점차 낮은 냉매를 사용하여 저비점의 기체를 액화하는 사이클로 NH_3, C_2H_4, CH_4, N_2 순으로 액화
② 필립스 공기 액화사이클 : 실린더 중에 피스톤과 보조피스톤이 있고 수소나 헬륨을 냉매로 한 효율적인 냉동방식
③ 캐피쟈 공기 액화사이클 : 축냉기를 사용하여 냉각과 동시에 수분과 탄산가스 제거
④ 린데 공기 액화사이클 : 줄-톰슨 효과를 이용하여 수분과 탄산가스 제거

37 추의 무게가 5kg이며, 실린더의 지름이 4cm일 때 작용하는 게이지 압력은 약 몇 kg/cm^2인가?

① 0.3   ② 0.4
③ 0.5   ④ 0.6

$$P = \frac{W+W'}{A} + P_1$$
$$= \frac{5kg}{0.785 \times 4^2 cm^2} = 0.398 kg/cm^2$$

38 시안화수소를 용기에 충전하는 경우 품질검사 시 합격 최저 순도는?

① 98%   ② 98.5%
③ 99%   ④ 99.5%

시안화수소 품질검사 시 합격 순도 : 98% 이상

39 용적형(왕복식) 펌프에 해당하지 않는 것은?

① 플런저 펌프   ② 다이어프램 펌프
③ 피스톤 펌프   ④ 제트 펌프

용적식 펌프
① 왕복식 펌프 : 피스톤 펌프, 플런저 펌프, 다이어프램 펌프
② 회전식 펌프 : 베인펌프(편심), 기어펌프(치차), 나사펌프(기어)

40 조정기의 주된 설치목적은?
　① 가스의 유속조절　② 가스의 발열량조절
　③ 가스의 유량조절　④ 가스의 압력조절

제3과목 가스안전관리

41 고압가스 저장탱크를 지하에 묻는 경우 지면으로부터 저장탱크의 정상부까지의 깊이는 최소 얼마 이상으로 하여야 하는가?
　① 20cm　② 40cm
　③ 60cm　④ 1m

 고압가스 저장탱크를 지하에 묻는 경우 지면으로부터 저장탱크의 정상부까지의 깊이 : 60cm 이상

42 동일 차량에 적재하여 운반이 가능한 것은?
　① 염소와 수소　② 염소와 아세틸렌
　③ 염소와 암모니아　④ 암모니아와 LPG

 촉매폭발 : 직사일광에 의한 폭발
　① 염소와 암모니아
　② 염소와 수소
　③ 염소와 아세틸렌

43 고압가스 제조 시 압축하면 안되는 경우는?
　① 가연성가스(아세틸렌, 에틸렌 및 수소를 제외) 중 산소용량이 전용량의 2%일 때
　② 산소 중의 가연성가스(아세틸렌, 에틸렌 및 수소를 제외)의 용량이 전용량의 2%일 때
　③ 아세틸렌, 에틸렌 및 수소 중의 산소용량이 전용량의 3%일 때
　④ 산소 중 아세틸렌, 에틸렌 및 수소의 용량 합계가 전용량의 1%일 때

 압축금지
　① 가연성가스 중 산소용량이 전용량의 4% 이상 시
　② 산소 중 가연성가스의 용량이 전용량의 4% 이상 시
　③ 에틸렌, 수소, 아세틸렌 용량이 전용량의 2% 이상 시
　④ 산소 중 에틸렌, 수소, 아세틸렌 용량이 전용량의 2%일 때

44 액화석유가스의 특성에 대한 설명으로 옳지 않은 것은?
　① 액체는 물보다 가볍고, 기체는 공기보다 무겁다.
　② 액체의 온도에 의한 부피변화가 작다.
　③ LNG보다 발열량이 크다.
　④ 연소 시 다량의 공기가 필요하다.

액화석유가스의 특징
　① 연소 시 다량의 공기가 필요하다.
　② 연소범위가 좁다.
　③ 발화온도가 높다.
　④ 연소속도가 느리다.
　⑤ LNG보다 발열량이 크다.
　⑥ 액체는 물보다 가볍고, 기체는 공기보다 무겁다.
　⑦ 액체의 온도에 의한 부피변화가 크다.

45 자기압력기록계로 최고사용압력이 중압인 도시가스배관에 기밀시험을 하고자 한다. 배관의 용적이 15m^3일 때 기밀 유지시간은 몇 분 이상이어야 하는가?
　① 24분　② 36분
　③ 240분　④ 360분

자기압력기록계로 기밀시험압력 유지시간
　① 저압, 중압
　　㉠ 1m^3 미만 : 24분
　　㉡ 1m^3 이상 10m^3 미만 : 240분
　　㉢ 10m^3 이상 300m^3 미만 : 24×분
　　　(단, 1440분을 초과 시 1440분으로 할 수

있다.)
② 고압
  ㉠ 1m³ 이상 : 48분
  ㉡ 1m³ 이상 10m³ 미만 : 480분
  ㉢ 10m³ 이상 300m³ 미만 : 48×분
    (단, 2880분을 초과 시 2880분으로 할 수 있다.)

46 차량에 고정된 탱크 운행 시 반드시 휴대하지 않아도 되는 서류는?

① 고압가스 이동계획서
② 탱크 내압시험 성적서
③ 차량등록증
④ 탱크용량 환산표

 차량에 고정된 탱크 운행 시 반드시 휴대하여야 하는 서류
① 차량운행일지
② 용량환산표(탱크테이블)
③ 운전면허증
④ 고압가스 이동계획서
⑤ 자격증

47 이동식부탄연소기와 관련된 사고가 액화석유가스 사고의 약 10% 수준으로 발생하고 있다. 이를 예방하기 위한 방법으로 가장 부적당한 것은?

① 연소기에 접합용기를 정확히 장착한 후 사용한다.
② 과대한 조리기구를 사용하지 않는다.
③ 잔가스 사용을 위해 용기를 가열하지 않는다.
④ 사용한 접합용기는 파손되지 않도록 조치한 후 버린다.

48 액화석유가스사용시설의 시설기준에 대한 안전사항으로 다음 ( ) 안에 들어갈 수치가 모두 바르게 나열된 것은?

> • 가스계량기와 전기계량기와의 거리는 (㉠) 이상, 전기점멸기와의 거리는 (㉡) 이상, 절연조치를 하지 아니한 전선과의 거리는 (㉢) 이상의 거리를 유지할 것
> • 주택에 설치된 저장설비는 그 설비 안의 것을 제외한 화기 취급장소와 (㉣) 이상의 거리를 유지하거나 누출된 가스가 유동되는 것을 방지하기 위한 시설을 설치할 것

① ㉠ 60cm, ㉡ 30cm, ㉢ 15cm ㉣ 8m
② ㉠ 30cm, ㉡ 20cm, ㉢ 15cm ㉣ 8m
③ ㉠ 60cm, ㉡ 30cm, ㉢ 15cm ㉣ 2m
④ ㉠ 30cm, ㉡ 20cm, ㉢ 15cm ㉣ 2m

유지거리
① 절연조치를 하지 않은 전선 : 15cm 이상
② 절연조치를 한 전선 : 10cm 이상
③ 접속기, 점멸기, 굴뚝 : 30cm 이상
④ 안전기, 계량기, 개폐기, 콘센트 : 60cm 이상

49 독성가스 용기 운반 등의 기준으로 옳은 것은?

① 밸브가 돌출한 운반용기는 이동식 프로텍터 또는 보호구를 설치한다.
② 충전용기를 차에 실을 때에는 넘어짐 등으로 인한 충격을 고려할 필요가 없다.
③ 기준 이상의 고압가스를 차량에 적재하여 운반할 경우 운반책임자가 동승하여야 한다.
④ 시·도지사가 지정한 장소에서 이륜차에 적재할 수 있는 충전용기는 충전량이 50kg 이하이고 적재 수는 2개 이하이다.

50 독성가스이면서 조연성가스인 것은?

① 암모니아   ② 시안화수소
③ 황화수소   ④ 염소

독성이며 가연성가스
벤젠, 사안화수소, 황화수소, 일산화탄소, 이황화탄소, 염화메탄, 산화에틸렌

51 다음 각 용기의 기밀시험 압력으로 옳은 것은?
① 초저온가스용 용기는 최고 충전압력의 1.1배의 압력
② 초저온가스용 용기는 최고 충전압력의 1.5배의 압력
③ 아세틸렌용 용접용기는 최고 충전압력의 1.1배의 압력
④ 아세틸렌용 용접용기는 최고 충전압력의 1.6배의 압력

 내압시험압력(TP) : 아세틸렌= $FP \times 3$
　　　　　　　　기타= $FP \times \dfrac{5}{3}$
기밀시험압력(AP) : 아세틸렌= $FP \times 1.8$
　　　　　　　　초저온 및 저온= $FP \times 1.1$
　　　　　　　　기타= FP 이상

52 LPG용 가스렌지를 사용하는 도중 불꽃이 치솟는 사고가 발생하였을 때 가장 직접적인 사고 원인은?
① 압력조정기 불량
② T관으로 가스누출
③ 연소기의 연소불량
④ 가스누출자동차단기 미작동

53 고압가스용 이음매 없는 용기에서 내용적 50L인 용기에 4MPa의 수압을 걸었더니 내용적이 50.8L가 되었고 압력을 제거하여 대기압으로 하였더니 내용적이 50.02L가 되었다면 이 용기의 영구증가율은 몇 %이며, 이 용기는 사용이 가능한지를 판단하면?
① 1.6%, 가능　② 1.6%, 불능
③ 2.5%, 가능　④ 2.5%, 불능

 영구증가율= $\dfrac{\text{영구증가량}}{\text{전증가량}} \times 100$
　　　　　= $\dfrac{0.02}{0.8} \times 100 = 2.5\%$
① 전증가량= $50.8 - 50 = 0.8$
② 영구증가량= $50.02 - 50 = 0.02$
∴ 10% 이하가 합격이므로 사용가능

54 산소와 함께 사용하는 액화석유가스 사용시설에서 압력조정기와 토치 사이에 설치하는 안전장치는?
① 역화방지기　② 안전밸브
③ 파열판　　　④ 조정기

55 아세틸렌을 2.5MPa의 압력으로 압축할 때 첨가하는 희석제가 아닌 것은?
① 질소　　② 에틸렌
③ 메탄　　④ 황화수소

 아세틸렌을 2.5MPa의 압력으로 압축 시 희석제
① 메탄　② 에틸렌　③ 질소　④ 일산화탄소

56 LPG 충전기의 충전호스의 길이는 몇 m 이내로 하여야 하는가?
① 2m　　② 3m
③ 5m　　④ 8m

 가정용 LPG 호스의 길이 : 3m 이내
LPG 충전기의 충전호스의 길이 : 5m 이내
압축천연가스 충전기 호스의 길이 : 8m 이내

57 염소 누출에 대비하여 보유하여야 하는 제독제가 아닌 것은?
① 가성소다 수용액　② 탄산소다 수용액
③ 암모니아 수용액　④ 소석회

 제독제
① 염소 : 소석회, 가성소다, 탄산소다
② 포스겐 : 가성소다, 소석회

③ 황화수소 : 가성소다, 탄산소다
④ 시안화수소 : 가성소다
⑤ 아황산가스 : 물, 가성소다, 탄산소다
⑥ 암모니아, 산화에틸렌, 염화메탄 : 다량의 물

58 가스설비가 오조작되거나 정상적인 제조를 할 수 없는 경우 자동적으로 원재료를 차단하는 장치는?

① 인터록기구　　② 원료제어밸브
③ 가스누출기구　④ 내부반응 감시기구

 인터록기구 : 가스설비가 오조작되거나 정상적인 제조를 할 수 없는 경우 자동적으로 원재료를 차단하는 장치

59 도시가스 사업법에서 정한 가스 사용시설에 해당되지 않는 것은?

① 내관
② 본관
③ 연소기
④ 공동주택 외벽에 설치된 가스계량기

 배관의 분류
① 본관 : 도시가스제조시 사업소의 부지경계에서 정압기까지 이르는 배관
② 공급관 : 본관에서 분기하여 수용자가 소유한 토지경계까지 이르는 배관
③ 내관 : 수요자의 토지경계에서 연소기까지 이르는 배관
④ 사용자 공급관 : 공급관 중 토지경계에서 계량기 전단밸브에 이르는 배관

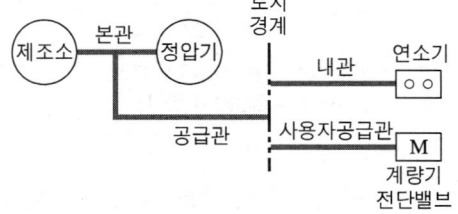

60 도시가스 사용시설에서 입상관은 환기가 양호한 장소에 설치하며 입상관의 밸브는 바닥으로부터 몇 m 이내에 설치하는가?

① 1m 이상~1.3m 이내
② 1.3m 이상~1.5m 이내
③ 1.5m 이상~1.8m 이내
④ 1.6m 이상~2m 이내

제 4 과목　　**가스계측**

61 다음 중 기본단위가 아닌 것은?

① 길이　　　　② 광도
③ 물질량　　　④ 압력

 기본단위
① 길이 ② 질량 ③ 시간 ④ 물질량 ⑤ 온도
⑥ 광도

62 기체크로마토그래피를 이용하여 가스를 검출할 때 반드시 필요하지 않는 것은?

① Column　　　　② Gas Sampler
③ Carrier gas　　 ④ UV detector

 기체크로마토그래피를 이용하여 가스 검출 시 반드시 필요한 것
① 컬럼　② 캐리어가스　③ 가스샘플
④ 유량조절기　⑤ 항온조

63 적분동작이 좋은 결과를 얻기 위한 조건이 아닌 것은?

① 불감시간이 적을 때
② 전달지연이 적을 때
③ 측정지연이 적을 때
④ 제어대상의 속응도(速應度)가 적을 때

적분동작이 좋은 결과를 얻기 위한 조건
① 제어대상의 속응도가 클 때
② 전달지연이 적을 때
③ 측정지연이 적을 때
④ 불감시간이 적을 때

64 보상도선의 색깔이 갈색이며 매우 낮은 온도를 측정하기에 적당한 열전대 온도계는?

① PR 열전대　　② IC 열전대
③ CC 열전대　　④ CA 열전대

열전대 온도계 : 두 금속의 열기전력을 이용하여 측정(제백효과)
① 백금 - 백금로듐(PR) - R형
　㉠ 산화성 분위기에 가장 강하다.
　㉡ 금속증기에 침식 된다.
　㉢ 환원성 분위기에 약하다.
　㉣ 열전대 온도계 중 가장 고온 측정 (0~1600℃)
　㉤ 백금(+극) 87%, 로듐(-극)13%
② 크로멜 - 알루멜(CA) - K형
　㉠ 산화성분위기에 약하다.
　㉡ 온도는 0~1200℃
　㉢ 크로멜(Ni90%+Cr10%), 알루멜 (Ni94%+Mn2.5%+Al2.0%+Fe0.5%)
③ 철 - 콘스탄탄(IC) - J형
　㉠ 환원성 분위기에 강하다.
　㉡ 온도는 -20~350℃
④ 동-콘스탄탄(Cu55%+Ni45%) - T형
　㉠ 수분에 의한 내식성이 크다.
　㉡ 열전대 온도계 중 가장 저온 측정
　㉢ 온도는 -200~850℃

65 측정기의 감도에 대한 일반적인 설명으로 옳은 것은?

① 감도가 좋으면 측정시간이 짧아진다.
② 감도가 좋으면 측정범위가 넓어진다.
③ 감도가 좋으면 아주 작은 양의 변화를 측정할 수 있다.
④ 측정량의 변화를 지시량의 변화로 나누어 준 값이다.

측정기의 감도 : 감도가 좋으면 아주 작은 양의 변화를 측정할 수 있다.

66 가스누출 확인 시험지와 검지가스가 옳게 연결된 것은?

① KI 전분지 - CO
② 연당지 - 할로겐가스
③ 염화파라듐지 - HCN
④ 리트머스시험지 - 알칼리성가스

시험지명 및 변색상태

검지가스	시험지	변색상태
암모니아	적색리트머스시험지	청색
염소	KI전분지	
시안화수소	질산구리벤젠지	
일산화탄소	염화파라듐지	흑색
황화수소	연당지(초산벤젠지)	
포스겐	하리슨 시험지	심등색(오렌지색)
아세틸렌	염화제1동착염지	적색
아황산가스	암모니아적신헝겊	흰연기

67 시료 가스를 각각 특정한 흡수액에 흡수시켜 흡수 전후의 가스체적을 측정하여 가스의 성분을 분석하는 방법이 아닌 것은?

① 적정(適定)법　　② 게겔(Gockel)법
③ 헴펠(Hempel)법　　④ 오르자트(Orsat)법

흡수분석법
① 오르자트법 ② 헴펠법 ③ 게겔법

68 가연성가스 누출검지기에는 반도체 재료가 널리 사용되고 있다. 이 반도체 재료로 가장 적당한 것은?

① 산화니켈(NiO)
② 산화주석(SnO_2)
③ 이산화망간(MnO_2)
④ 산화알루미늄(Al_2O_3)

가연성가스 누출검지기에 가장 적당한 반도체 재료는 산화주석(SnO_2)이다.

69 접촉식 온도계 중 알코올 온도계의 특징에 대한 설명으로 옳은 것은?

① 열전도율이 좋다.
② 열팽창계수가 적다.
③ 저온측정에 적합하다.

④ 액주의 복원시간이 짧다.

알콜온도계 : −100℃
수은온도계 : −35~360℃
베크만온도계 : 0.01~150℃(미소온도 측정)

70 계량이 정확하고 사용 중 기차의 변동이 거의 없는 특징의 가스미터는?

① 벤투리미터
② 오리피스미터
③ 습식가스미터
④ 로터리피스톤식미터

습식가스미터
① 기차변동이 거의 없다.
② 계량이 정확하다.
③ 수위조절 등의 관리가 필요하다.
④ 설치면적이 크다.

71 전기저항식 습도계의 특징에 대한 설명으로 틀린 것은?

① 자동제어에 이용된다.
② 연속기록 및 원격측정이 용이하다.
③ 습도에 의한 전기저항의 변화가 적다.
④ 저온도의 측정이 가능하고, 응답이 빠르다.

전기저항식 습도계의 특징
① 자동제어에 이용
② 연속기록 및 원격측정이 용이
③ 저온도의 측정이 가능하고, 응답이 빠르다.
④ 습도에 의한 전기저항의 변화가 크다.

72 FID 검출기를 사용하는 기체크로마토그래피는 검출기의 온도가 100℃ 이상에서 작동되어야 한다. 주된 이유로 옳은 것은?

① 가스소비량을 적게 하기 위하여
② 가스의 폭발을 방지하기 위하여
③ 100℃ 이하에서는 점화가 불가능하기 때문에
④ 연소 시 발생하는 수분의 응축을 방지하기 위하여

73 가스시험지법 중 염화제일구리 착염지로 검지하는 가스 및 반응색으로 옳은 것은?

① 아세틸렌 − 적색
② 아세틸렌 − 흑색
③ 할로겐화물 − 적색
④ 할로겐화물 − 청색

문제 66번 참조

74 탄성식 압력계에 속하지 않는 것은?

① 박막식 압력계
② U자관형 압력계
③ 부르동관식 압력계
④ 벨로오즈식 압력계

탄성식 압력계
① 부르동관식 압력계
② 벨로오즈식 압력계
③ 격막식(박막식) 압력계 = 다이어프램 압력계

75 도시가스 사용압력이 2.0kPa인 배관에 설치된 막식가스미터의 기밀시험 압력은?

① 2.0kPa 이상   ② 4.4kPa 이상
③ 6.4kPa 이상   ④ 8.4kPa 이상

막식가스미터의 기밀시험 압력
 : 840mmH$_2$O(8.4kPa)

76 가스계량기의 검정 유효기간은 몇 년인가? (단, 최대유량 10m³/h 이하이다.)

① 1년   ② 2년
③ 3년   ④ 5년

최대유량 10m³/h 이하인 가스계량기의 검정 유효기간은 5년이다.

77 습한 공기 200kg 중에 수증기가 25kg 포함되어 있을 때의 절대습도는?

① 0.106   ② 0.125
③ 0.143   ④ 0.171

절대습도 $= \dfrac{Pa}{P-Pa} = \dfrac{25}{200-25} = 0.1428$

78 계측기의 원리에 대한 설명으로 가장 거리가 먼 것은?

① 기전력의 차이로 온도를 측정한다.
② 액주높이로부터 압력을 측정한다.
③ 초음파속도 변화로 유량을 측정한다.
④ 정전용량을 이용하여 유속을 측정한다.

계측기의 원리
① 초음파속도 변화로 유량측정
② 액주높이로부터 압력측정
③ 기전력의 차이로 온도측정

79 전기 저항식 온도계에 대한 설명으로 틀린 것은?

① 열전대 온도계에 비하여 높은 온도를 측정하는데 적합하다.
② 저항선의 재료는 온도에 의한 전기저항의 변화(저항 온도계수)가 커야 한다.
③ 저항 금속재료는 주로 백금, 니켈, 구리가 사용된다.
④ 일반적으로 금속은 온도가 상승하면 전기 저항값이 올라가는 원리를 이용한 것이다.

80 평균유속이 5m/s인 배관 내에 물의 질량유속이 15kg/s이 되기 위해서는 관의 지름이 약 몇 mm로 해야 하는가?

① 42   ② 52
③ 62   ④ 72

$Q = \rho VA = \rho \times V \times \dfrac{\pi D^2}{4}$

$D^2 = \dfrac{4Q}{\rho \times V \times \pi}$

$D = \sqrt{\dfrac{4 \times 15}{1000 \times 5 \times 3.14}}$
$= 0.06182\text{m} = 61.82\text{mm}$

제 6 편 과년도 출제문제
2020년 9월 CBT 시행

> 본 문제는 복원 기출문제입니다. 실제 문제와 다를 수 있으니 양해바랍니다.

제1과목 연소공학

01 상용의 상태에서 가연성가스가 체류해 위험하게 될 우려가 있는 장소를 무엇이라 하는가?

① 0종 장소 ② 1종 장소
③ 2종 장소 ④ 3종 장소

 0종 : 상용상태에서 하한 이상인 장소
1종 : 상용상태에서 체류하여 위험우려장소
2종 : 파손, 오조작, 환기불량 등으로 위험우려 장소

02 메탄(CH_4)의 공기 중에서의 비중은 약 얼마인가?

① 0.55 ② 0.65
③ 0.75 ④ 0.85

 $\dfrac{16}{29} = 0.551$

03 가연성 물질의 인화 특성에 대한 설명으로 틀린 것은?

① 증기압을 높게 하며 인화위험이 커진다.
② 연소범위가 넓을수록 인화위험이 커진다.
③ 비점이 낮을수록 인화위험이 커진다.
④ 최소점화에너지가 높을수록 인화위험이 커진다.

 최소점화에너지가 낮을 때 인화 위험이 크다.

04 가스의 분류는 연소특성에 따라 4A부터 13A까지 구분한다. 여기에서 숫자 4 또는 13이 의미하는 것은?

① 밀도계수 ② 기체상수
③ 연소속도 ④ 웨버지수

 웨버지수 $WI = \dfrac{H}{\sqrt{d}}$
가스의 총 발열량 H를 가스비중의 제곱근으로 나눈 값. 클수록 연소속도가 빠르다.

05 정상동작 상태에서 주변의 폭발성 가스 또는 증기에 점화시키지 않고 점화시킬 수 있는 고장이 유발되지 않도록 한 방폭구조는?

① 특수방폭구조 ② 비점화방폭구조
③ 본질안전방폭구조 ④ 몰드방폭구조

 비점화구조 : 점화시키지 않는 구조

06 다음 중 열역학 제2법칙에 대한 설명이 아닌 것은?

① 열은 스스로 저온체에서 고온체로 이동할 수 없다.
② 효율이 100%인 열기관을 제작하는 것은 불가능하다.
③ 자연계에 아무런 변화도 남기지 않고 어느 열원의 열을 계속해서 일로 바꿀 수 없다.
④ 에너지의 한 형태인 열과 일은 본질적으로 서로 같고, 열은 일로, 일은 열로 서로 전환이 가능하며, 이 때 열과 일 사이의 변환에는 일정한 비례관계가 성립한다.

 일이 열로, 열이 일로 전환된다는 것은 제1법칙이다.

07 메탄가스 $2m^3$을 완전 연소시키는 데 필요한 공기량은 표준상태에서 몇 m^3인가?(단, 산

 1.② 2.① 3.④ 4.④ 5.② 6.④

소는 공기 중에 20v% 함유한다.)

① 5 ② 10
③ 15 ④ 20

 두 배의 산소가 필요하므로 $\dfrac{2 \times 2}{0.2} = 20$

08 메탄 80V%, 프로판 5V%, 에탄 15V%인 혼합가스의 공기 중 폭발하한계는 얼마인가?

① 2.1% ② 3.3%
③ 4.5% ④ 5.1%

 르샤트리에공식
$\dfrac{100}{L} = \dfrac{80}{5} + \dfrac{5}{2.1} + \dfrac{15}{3} = 4.28\%$

09 BLEVE(Boiling Liquid Expanding Vapour Explosion)현상에 대한 설명으로 가장 옳은 것은?

① 물이 점성의 뜨거운 기름 표면 아래서 끓을 때 연소를 동반하지 않고 over flow되는 현상
② 물이 연소유(oil)의 뜨거운 표면에 들어갈 때 발생되는 over flow 현상
③ 탱크바닥에 물과 기름의 에멀젼이 섞여있을 때 기름의 비등으로 인하여 급격하게 over flow되는 현상
④ 과열 상태의 탱크에서 내부의 액화가스가 분출, 기화되어 착화되었을 때 폭발적으로 증발하는 현상

 블레브현상 : 액화가스 탱크폭발현상

10 다음 연소범위에 대한 설명 중 틀린 것은?

① 수소가스의 연소범위는 약 4~75v%이다.
② 가스의 온도가 높아지면 연소범위는 좁아진다.
③ 아세틸렌은 자체분해폭발이 가능하므로

연소상한계를 100%로도 볼 수 있다.
④ 연소범위는 가연성 기체의 공기와의 혼합에 있어 점화원에 의해 연소가 일어날 수 있는 범위를 말한다.

 온도상승시 연소범위는 넓어진다.

11 메탄의 위험도 근사 값으로 옳은 것은?

① 1 ② 2
③ 3 ④ 4

 위험도 $= \dfrac{15-5}{5} = 2$

12 가정용 프로판에 대한 설명으로 옳은 것은?

① 공기보다 가볍다.
② 완전연소하면 탄산가스만 생성된다.
③ 상온에서 액화시킬 수 없다.
④ 1몰의 프로판을 완전 연소하는데 5몰의 산소가 필요하다.

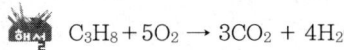 $C_3H_8 + 5O_2 \rightarrow 3CO_2 + 4H_2O$

13 중유의 저위 발열량이 10000kcal/kg의 연료 1kg을 연소시킨 결과 연소열 7500 kcal/kg이었다. 이 경우의 연소효율은 몇 %인가?

① 65 ② 75
③ 85 ④ 95

 연소효율 $= \dfrac{연소열량}{저위발열량}$
$= \dfrac{7500}{10,000} \times 100 = 75\%$

14 목탄, 코크스 등이 연소하는 경우 다음 중 어느 경우에 해당되는가?

① 분해연소 ② 표면연소
③ 자기연소 ④ 증발연소

표면연소 : 불꽃없이 고체 표면에서의 연소

15 외부로부터 불씨를 접촉하여 연소를 개시할 수 있는 최저 온도로서 가연성증기를 발생할 수 있는 온도를 무엇이라고 하는가?

① 자연발화점　② 착화점
③ 인화점　　　④ 발화점

 인화점 : 점화원이 있을 때 연소 가능한 최저온도

16 다음 연소 및 폭발에 대한 설명으로 틀린 것은?

① 연소는 산소와 가연성 물질과의 반응에 의해서 일어난다.
② 연소반응과 직접적인 관계가 없는 불연성 가스에는 질소, 아르곤, 헬륨 등이 있다.
③ 폭발이란 압력의 변화를 수반하는 파열 또는 팽창되는 현상이다.
④ 가연성가스에는 이산화탄소, 수소, 암모니아, 이산화질소, 오존 등이 있다.

 이산화탄소, 이산화질소, 오존은 가연성이 아니다.

17 0℃, 1atm에서 $10m^3$의 다음 조성을 가지는 기체연료의 이론 공기량은 약 몇 m^3인가?

 H_2 10%, CO 15%, CH_4 25%, N_2 50%

① 8.7　　② 16.8
③ 20.6　　④ 29.8

 $CH_4 + 2O_2 \rightarrow CO_2 + 2H_2O$
$0.5 \times 1 + 0.5 \times 1.5 + 2 \times 2.5 = 6.25$
$A_o = \dfrac{6.25}{0.21} = 29.761 m^3$

18 가연성 혼합기체가 폭발범위 내에 점화원으로 작용할 수 있는 정전기의 방지대책으로 틀린 것은?

① 접지를 실시한다.
② 제전기를 사용하여 대전된 물체를 전기적 중성 상태로 한다.
③ 습기를 제거하여 가연성 혼합기가 수분과 접촉하지 않도록 한다.
④ 인체에서 발생하는 정전기를 방지하기 위하여 방전복 등을 착용하여 정전기 발생을 제거한다.

 수분은 정전기를 흡수한다.

19 과잉공기량이 지나치게 많을 때 나타나는 현상으로 틀린 것은?

① 배기가스 온도의 상승
② 연료소비량 증가
③ 연소실 온도 저하
④ 배기가스에 의한 열 손실 발생

 과잉공기가 많을 때 배기가스온도, 연소실온도 등이 낮아진다.

20 연소부하율에 대하여 가장 옳게 설명한 것은?

① 연소실의 단위체적당 열발생률
② 연소실의 염공면적당 입열량
③ 연소혼합기의 분출속도와 연소속도와의 비율
④ 연소실의 염공면적과 입열량의 비율

 연소부하율 $kcal/m^3$

제 2 과목   가스설비

21 가스 배관의 구경을 산출하는데 필요한 것으로만 짝지어진 것은?

보기: ㉠ 가스유량 ㉡ 배관길이 ㉢ 압력손실 ㉣ 배관재질 ㉤ 가스의 비중

① ㉠, ㉡, ㉢, ㉣   ② ㉡, ㉢, ㉣, ㉤
③ ㉠, ㉡, ㉢, ㉤   ④ ㉠, ㉡, ㉣, ㉤

 관경 $D^5 = \dfrac{Q^2 SL}{H}$

여기서, Q : 유량, S : 비중, L : 길이, H : 압력손실

22 동관용 공구 중 동관 끝을 나팔형으로 만들어 압축이음시 사용하는 공구로서 가장 적당한 것은?

① 익스펜더   ② 사이징 툴
③ 플레어링 툴   ④ 리머

 플레어링 : 관끝을 넓히는 작업. 관끝을 넓힌 후 니플 끝에 밀착시킨 후 너트로 조여 준다.

23 흡입압력이 $3kg/cm^2 \cdot a$인 3단 압축기가 있다. 각단의 압축비를 3이라 할 때 제3단의 토출압력은 약 몇 $kg/cm^2 \cdot a$이 되는가?

① 27   ② 49
③ 63   ④ 81

 $3 \times 3 \times 3 \times 3 = 81$

압축비 = $\dfrac{\text{토출압력}}{\text{흡입압력}}$

24 고체내부에 국부적으로 형성된 변형에너지가 급격히 방출하면서 발생되는 탄성파 또는 이와 유사한 파를 탐촉자로 탐지하여 분석함으로써 배관, 압력용기 및 구조물의 상태를 검사하는 방법은?

① 음향방출시험검사   ② 초음파탐상검사
③ 와전류탐상검사   ④ 방사선투과검사

 음향방출 : 탄성파

25 용기에 산소가 충전되어 있다. 이 용기의 온도가 15℃일 때 압력은 $150kg/cm^2 \cdot a$이다. 이 용기가 직사광선을 받아서 용기의 온도가 40℃로 상승하였다면 이 때의 압력은 몇 $kg/cm^2 \cdot a$이 되겠는가?

① 125   ② 143
③ 163   ④ 186

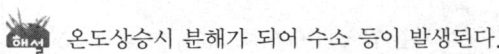 $\dfrac{150}{288} = \dfrac{P}{313}$ ∴ $P = 163$

26 도시가스 원료의 접촉분해공정에서 반응온도가 상승하면 일어나는 현상으로 옳은 것은?

① CH_4, CO가 많고 CO_2, H_2가 적은 가스 생성
② CH_4, CO가 많고 CO, H_2가 많은 가스 생성
③ CH_4, H_2가 많고 CO_2, CO가 적은 가스 생성
④ CH_4, H_2가 적고 CO_2, CO가 많은 가스 생성

 온도상승시 분해가 되어 수소 등이 발생된다.

27 펌프의 토출량이 $6m^3/min$이고, 송출구의 안지름이 20cm일 때 유속은 약 몇 m/s인가?

① 1.46   ② 2.74
③ 3.18   ④ 4.54

$\dfrac{3.14 \times 0.2^2}{4} \times V \times 60 = 6$

∴ $V = 3.18$

28 LPG 기화장치 중 여러 개의 fin tube로 된 판넬로 구성되며 해수를 가열원으로 사용하

여 직접 LNG를 기화시키는 기화기는?
① SMV(Submerged Vaporizer)
② ORV(Open Rack Vaporizer)
③ IFV(Intermediate Fluid Vaporizer)
④ AHV(Atmospheric-heated Vaporizer)

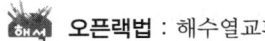 오픈랙법 : 해수열교환기

29 황동(Brass)과 청동(Bronze)은 구리와 다른 금속과의 합금이다. 각각 무슨 금속인가?
① 주석, 인 ② 알루미늄, 아연
③ 아연, 주석 ④ 알루미늄, 납

 구리＋아연＝황동구리＋청동＝주석

30 강의 열처리에서 뜨임(tempering)을 하는 주목적은?
① 담금질에 의한 잔류응력을 제거하고, 적당한 인성을 부여하기 위하여
② 강의경도를 증진시키고 인성을 줄이기 위하여
③ 내부에서 생긴 응력을 제거하고 표준조직을 만들기 위하여
④ 강철의 비중을 줄이고 전기저항, 잔류자기를 증가시키며 연신율을 감소시키기 위하여

 뜨임 : 잔류응력 제거, 적당한 인성 부여
풀림 : 잔류응력 제거, 강도 증가

31 저온, 고압 재료로 사용되는 특수강의 구비조건이 아닌 것은?
① 크리프 강도가 적을 것
② 접촉 유체에 대한 내식성이 클 것
③ 고압에 대하여 기계적 강도를 가질 것
④ 저온에서 재질의 노화를 일으키지 않을 것

 크리이프 강도 : 시간이 경화함에 따라 변형이 없는 성질

32 갈바니 부식에 대한 설명으로 틀린 것은?
① 이종금속 접촉부식이라고도 한다.
② 전위가 낮은 금속표면에서 방식이 된다.
③ 전위가 낮은 금속표면에서 양극반응이 진행된다.
④ 두 종류의 금속이 접촉에 의해서 일어나는 부식이다.

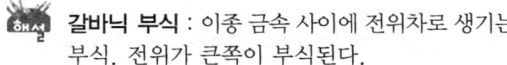 갈바닉 부식 : 이종 금속 사이에 전위차로 생기는 부식. 전위가 큰쪽이 부식된다.

33 도시가스용 부취제가 갖추어야 할 조건이 아닌 것은?
① 배관을 부식시키지 않을 것
② 화학적으로 안정된 것일 것
③ 보통 존재하는 냄새와는 명확하게 구별될 것
④ 물에 잘 용해되고, 토양에 대한 투과성이 적을 것

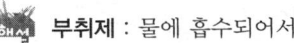 부취제 : 물에 흡수되어서는 안된다.

34 직동식 정압기의 기본구성요소가 아닌 것은?
① 다이어프램 ② 스프링
③ 메인밸브 ④ 플로우트

 플로우트는 부자이다.

35 고압가스 장치의 운전을 정지하고 수리할 때 유의할 사항으로 가장 거리가 먼 것은?
① 가스의 치환
② 안전밸브 작동
③ 장치 내의 가스분석
④ 배관차단 확인

 안전밸브 : 정기검사 사항

28.② 29.③ 30.① 31.① 32.② 33.④ 34.④ 35.②

36 지하 도시가스 매설배관에 Mg과 같은 금속을 배관과 전기적으로 연결하여 방식하는 방법은?
① 희생양극법 ② 외부전원법
③ 선택배류법 ④ 강제배류법

 희생양극법 : Mg이 소모된다.

37 아세틸렌 충전 중의 압력은 2.5MPa 이하이어야 한다. 이 때 첨가하는 희석제가 아닌 것은?
① 질소   ② 에틸렌
③ 메탄   ④ 이산화탄소

 일산화탄소는 희석제

38 loading 형으로 정특성, 동특성이 양호하며 비교적 콤펙트한 형식의 정압기는?
① KRF식 정압기
② Fisher식 정압기
③ Axial-flow식 정압기
④ Reynolds식 정압기

 피셔식 : 정특성, 동특성이 우수하다.

39 단열을 한 배관에 작은 구멍을 내고 이 관에 압력이 있는 액체를 흐르게 하면 유체가 작은 구멍을 통할 때 유체의 압력이 하강함과 동시에 온도가 변화하는 현상을 무엇이라고 하는가?
① 베르누이의 효과 ② 주울-톰슨 효과
③ 토리첼리 효과   ④ 도플러의 효과

 주울-톰슨 효과 : 소공 통과시 압력저하와 함께 온도가 내려가는 현상

40 압축가스를 충전하는 용접용기에서 최고충전압력이란?

① 상용압력 중 최고 압력
② 내압시험압력의 1.1배의 압력
③ 기밀시험압력의 5/3배의 압력
④ 35℃의 온도에서 그 용기에 충전할 수 있는 가스의 압력 중 최고 압력

 F.P : 최고충전압력은 35℃가 기준이다.

제 3 과목   가스안전관리

41 충전설비 중 액화석유가스의 안전을 확보하기 위하여 필요한 시설 또는 설비에 대하여는 작동상황을 주기적으로 점검, 확인하여야 한다. 충전설비의 경우 점검주기는?
① 1일 1회 이상   ② 2일 1회 이상
③ 일주일 1회 이상 ④ 10일 1회 이상

 작동상황은 매일 확인

42 액화석유가스의 안전관리 및 사업법상 전문교육의 주기 및 횟수로 옳은 것은?
① 신규종사 후 3월 이내 및 그 후 1년이 되는 해마다 1회
② 신규종사 후 6월 이내 및 그 후 1년이 되는 해마다 1회
③ 신규종사 후 6월 이내 및 그 후 2년이 되는 해마다 1회
④ 신규종사 후 6월 이내 및 안전관리 환경변화로 안전교육을 실시할 필요가 있다고 지식경제부장관이 지정하는 때

관련법규 규정

43 아세틸렌의 발연황산 시약을 사용한 오르잣트법에 의한 품질 검사의 기준에서 순도는 몇 % 이상 되어야 하는가?

36.① 37.④ 38.② 39.② 40.④ 41.① 42.④ 43.①

① 98　　　　　② 98.5
③ 99　　　　　④ 99.5

 순도 : 산소 99.5%, 수소 98.5%, 아세틸렌 98%

44 저장량 15톤의 액화산소 저장탱크를 지하에 설치할 경우 인근에 위치한 연면적 300m²인 교회와 몇 m 이상의 거리를 유지하여야 하는가?
① 6　　　　　② 7
③ 12　　　　　④ 14

 교회 : 제1종 보호시설
지하시설 = $14m \times \dfrac{1}{2} = 7m$

45 내용적이 30000L인 액화산소 저장탱크의 저장능력은 몇 kg인가?(단, 비중은 1.14이다.)
① 27520　　　② 30780
③ 31780　　　④ 31920

 $0.9 \times 30000 \times 1.14 = 30780kg$

46 시안화수소를 저장하는 때에는 1일 1회 이상 다음 중 무엇으로 가스의 누출 검사를 실시하는가?
① 질산구리벤젠지　② 묽은 질산은 용액
③ 묽은 황산 용액　④ 염화파라듐지

 질산벨젠지가 누설시 청색으로 변한다.

47 가스의 종류와 용기도색의 구분이 잘못된 것은?
① 액화염소 : 황색
② 액화암모니아 : 백색
③ 에틸렌(의료용) : 자색
④ 싸이크로프로판(의료용) : 주황색

 염소용기는 갈색

48 액화석유가스 수송 배관의 온도는 항상 몇 ℃ 이하를 유지하여야 하는가?
① 30　　　　　② 35
③ 40　　　　　④ 50

 40℃ : 자연유지온도

49 아세틸렌가스 또는 압력이 9.8MPa 이상인 압축가스를 용기에 충전하는 시설에서 방호벽을 설치하지 않아도 되는 경우는?
① 압축기와 그 충전장소 사이
② 충전장소와 긴급차단장치 조작 장소 사이
③ 압축기와 그 가스충전용기 보관 장소 사이
④ 충전장소와 그 충전용 주관밸브 조작밸브 사이

 충전장소와 용기보관 장소 사이에 설치해야 한다.

50 특정 설비에는 설계온도를 표기하여야 한다. 이 때 사용되는 설계온도의 기호는?
① HT　　　　　② DT
③ DP　　　　　④ TP

 DP : 설계압력　　DT : 설계온도

51 내용적이 50L인 가스용기에 내압시험압력 3.0MPa의 수압을 걸었더니 용기의 내용적이 50.5L로 증가하였고 다시 압력을 제거하여 대기압으로 하였더니 용적이 50.002L가 되었다. 이 용기의 영구증가율을 구하고 합격인가, 불합격인가 판정한 것으로 옳은 것은?
① 0.2%, 합격　　② 0.2%, 불합격
③ 0.4%, 합격　　④ 0.4%, 불합격

 $\dfrac{0.002}{0.5} \times 100 = 0.4\%$
10% 이하이므로 합격이다.

52 다음 독성가스와 그 제독제가 옳지 않게 짝지어진 것은?

① 아황산가스 : 물
② 포스겐 : 소석회
③ 황화수소 : 물
④ 염소 : 가성소다 수용액

 황화수소제독제 : 가성소다, 탄산소다

53 차량에 고정된 독성가스 탱크의 내용적은 몇 L를 초과하지 않아야 하는가?(단, 액화암모니아는 제외한다.)

① 1000   ② 3000
③ 12000 ④ 18000

 독성 12000L 가연성 18000L 초과금지

54 가스용품을 제조한 자는 판매전에 시·도지사의 검사를 받아야 하며 이에 대한 검사는 설계단계검사와 생산단계검사로 구분된다. 다음 생산단계검사에 대한 검사주기의 기준으로 옳은 것은?

① 종합공정검사 대상 가스용품에 대한 수시품질검사는 1년에 1회 이상 실시한다.
② 생산공정검사 대상 가스용품에 대한 공정확인심사는 6개월에 1회 실시한다.
③ 생산공정검사 대상 가스용품에 대한 정기품질검사는 1개월에 1회 실시한다.
④ 제품확인검사 대상 가스용품에 대한 상시 샘플검사는 2개월에 1회 실시한다.

 관련법규

55 액화석유가스 자동차용 충전시설의 충전호스의 설치기준으로 옳은 것은?

① 충전호스의 길이는 5m 이내로 한다.
② 충전호스에 과도한 인장력을 가하여도 호스와 충전기는 안전하여야 한다.
③ 충전호스에 부착하는 가스주입기는 더블터치형으로 한다.
④ 충전기와 가스주입기는 일체형으로 하여 분리되지 않도록 하여야 한다.

 호스길이는 짧을수록 안전하다.

56 액화석유가스 사용시설의 가스계량기 설치장소에 대한 기준으로 틀린 것은?

① 가스계량기는 화기와 2m 이상의 우회거리를 유지하는 곳에 설치하여야 한다.
② 가스계량기는 수시로 환기가 가능한 장소에 설치하여야 한다.
③ 가스계량기와 전기계량기와의 거리는 30cm 이상의 거리를 유지하여야 한다.
④ 가스계량기를 격납상자 내에 설치하는 경우에는 설치 높이의 제한을 하지 아니한다.

 가스미터와 전기미터는 60cm 유지

57 다음 [보기] 중 용기 제조자의 수리범위에 해당하는 것을 모두 옳게 나열된 것은?

보기
㉠ 용기몸체의 용접
㉡ 용기부속품의 부품교체
㉢ 초저온용기의 단열재 교체
㉣ 아세틸렌용기 내의 다공질물 교체

① ㉠, ㉡   ② ㉢, ㉣
③ ㉠, ㉡, ㉢   ④ ㉠, ㉡, ㉢, ㉣

 용기제조법 : 용기에 대한 모든 것이 해당된다.

58 고압가스 충전기의 운반기준으로 틀린 것은?

① 가연성가스 또는 산소를 운반하는 차량에는 소화설비 및 재해발생방지를 위한 응급조치에 필요한 자재 및 공구 등을 휴대할 것

② 염소와 아세틸렌, 암모니아 또는 수소는 동일 차량에 적재하여 운반하지 아니할 것
③ 가연성가스와 산소를 동일 차량에 적재하여 운반하는 때에는 그 충전용기와 밸브가 마주보도록 할 것
④ 충전용기와 소방기본법이 정하는 위험물과는 동일 차량에 적재하여 운반하지 아니할 것

 밸브가 마주보지 않도록 해야 한다.

59 공정에 존재하는 위험요소들과 공정의 효율을 떨어뜨릴 수 있는 운전상의 문제점을 찾아내고 그 원인을 제거하는 정성적인 안전성 평가기법은?

① 결함수 분석기법(FTA)
② 작업자실수 분석기법(HEA)
③ 이상위험도 분석기법(FMECA)
④ 위험과 운전 분석기법(HAZOP)

 위험 및 운전평가 : 정성적 기법

60 고압가스 냉동제조시설의 냉동능력 합산기준으로 틀린 것은?

① 냉매가스가 배관에 의하여 공통으로 되어 있는 냉동설비
② 냉매계통을 달리하는 2개 이상의 설비가 1개의 규격품으로 인정되는 설비 내에 조립되어 있는 것
③ 4원(元) 이상의 냉동방식에 의한 냉동설비
④ 모터 등 압축기의 동력설비를 공통으로 하고 있는 냉동설비

 다원사이클은 따로 계산한다.

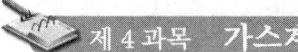

제 4 과목　가스계측기기

61 가스크로마토그래피를 이용하여 가스를 검출할 때 반드시 필요하지 않은 것은?

① Column　　② Gas Sampler
③ Carrier gas　④ UV detector

 컬럼 GC(분리)는 시료채취기(샘플러), 운반가스(캐리어가스) 등이 필요하고 UV(자외선)은 관계없다.

62 MAX $1.0m^3/h$, $0.5L/rev$로 표기된 가스미터가 시간당 50회전하였을 경우 가스 유량은?

① $0.5m^3/h$　② $25L/h$
③ $25m^3/h$　④ $50L/h$

 $0.5 \times 50 = 25$

63 가스압력조정기(Regulator)의 역할에 대한 설명으로 가장 옳은 것은?

① 용기 내로의 역화를 방지한다.
② 가스를 정제하고 유량을 조절한다.
③ 용기 내의 압력이 급상승할 경우 정상화한다.
④ 공급되는 가스의 압력을 연소기구에 적당한 압력까지 감압시킨다.

 조정기는 분출압력조정

64 습식가스미터의 특징에 대한 설명으로 옳은 것은?

① 계량이 정확하다.
② 설치 면적이 작다.
③ 사용 중 가치의 변동이 크다.
④ 고압가스의 계량에 적합하다.

 습식 : 검정용

65 가스누출 확인 시험지와 검지가스가 옳게 연결된 것은?
① KI 전분지 – CO
② 연당지 – 할로겐 가스
③ 염화파라듐지 – HCN
④ 리트머스시험지 – 알칼리성가스

 암모니아(알카리성) : 적 리트머스가 청변

66 가스의 굴절율 차이를 이용하여 가연성 가스의 농도를 측정하는 검출기는?
① 안전등형   ② 간섭계형
③ 열선형   ④ 검지관형

 간섭계형 : 빛의 굴절 이용

67 압력계의 눈금이 1.2MPa을 나타내고 있으며 대기압이 720mmHg일 때 절대압력은 약 몇 kPa인가?
① 129.6   ② 1296
③ 12960   ④ 129600

 $(1.2 \times 10^3) + \left(101 \times \dfrac{720}{760}\right) = 1296$

68 헴펠식 분석장치를 이용하여 가스 성분을 정량하고자 할 때 흡수법에 의하지 않고 연소법에 의해 측정하여야 하는 가스는?
① 수소   ② 이산화탄소
③ 산소   ④ 일산화탄소

 헴펠식 CO_2 – 탄화수소 – O_2 – CO

69 가스미터는 측정방식에 따라 실측식과 추량식으로 구별한다. 다음 중 추량식 가스미터가 아닌 것은?
① 회전자형   ② 오리피스형
③ 터빈형   ④ 벤투리형

 회전식은 적산식이다.

70 전기저항 온도계에서 측온 저항체의 공칭저항치라고 하는 것은 몇 ℃의 온도일 때 저항소자의 저항을 의미하는가?
① –273℃   ② 0℃
③ 5℃   ④ 21℃

 0℃ : 저항치 기준 온도

71 산소 농도를 측정할 때 기전력을 이용하여 분석하는 계측기기는?
① 세라믹 O_2계   ② 연소식 O_2계
③ 자기식 O_2계   ④ 밀도식 O_2계

 세라믹 : 산소이온만 통과시킨다.(기전력 발생)

72 다음 중 탄성식 압력계가 아닌 것은?
① 분동식 압력계
② 격막식 압력계
③ 벨로우즈식 압력계
④ 부르돈관식 압력계

 분동식 : 팽창수축은 일어나지 않는다.

73 오리피스로 유량을 측정하는 경우 압력차가 2배로 변했다면 유량은 몇 배로 변하겠는가?
① 1배   ② $\sqrt{2}$ 배
③ 2배   ④ 4배

 유량은 차압의 제곱근에 비례한다.

74 표준전구의 필라멘트 휘도와 복사에너지의 휘도를 비교하여 온도를 측정하는 온도계는?
① 광고온도계
② 복사온도계
③ 색온도계
④ 더미스터(thermister)

 광고온도계 : 전구밝기는 비교한다.

65.④　66.②　67.②　68.①　69.①　70.②　71.①　72.①　73.②　74.①

75 다음 중 감도에 대한 설명으로 틀린 것은?
  ① 감도는 측정량의 변화에 대한 지시량의 변화의 비로 나타낸다.
  ② 감도가 좋으면 측정시간이 길어진다.
  ③ 감도는 측정 결과에 대한 신뢰도의 척도이다.
  ④ 감도가 좋으면 측정범위는 좁아진다.

 감도 : 지시량의 변화

76 다음 그림과 같은 자동제어 방식은?

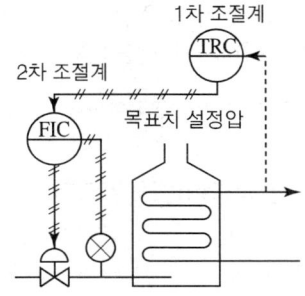

  ① 피드백제어   ② 시퀀스제어
  ③ 캐스케이드제어 ④ 프로그램제어

 1차 조절계가 신호를 받아 2차로 연계된 방식은 케스케이드

77 가스미터 출구측 배관을 수직배관으로 설치하지 않는 가장 큰 이유는?
  ① 설치면적을 줄이기 위하여
  ② 화기 및 습기 등을 피하기 위하여
  ③ 수분응축으로 밸브의 동결을 방지하기 위하여
  ④ 검침 및 수리 등의 작업이 편리하도록 하기 위하여

 수직배관의 경우 하부에 수분이 고일 수 있다.

78 가스미터 선정시 고려할 사항으로 틀린 것은?
  ① 가스의 최대사용유량에 적합한 계량능력인 것을 선택한다.
  ② 가스의 기밀성이 좋고 내구성이 큰 것을 선택한다.
  ③ 사용시 기차가 커서 정확하게 계량할 수 있는 것을 선택한다.
  ④ 내열성, 내압성이 좋고 유지관리가 용이한 것을 선택한다.

 기차가 적어야 한다.

79 피드백(Feed back)제어에 대한 설명으로 틀린 것은?
  ① 다른 제어계보다 판단·기억의 논리기능이 뛰어나다.
  ② 입력과 출력을 비교하는 장치는 반드시 필요하다.
  ③ 다른 제어계보다 정확도가 증가된다.
  ④ 제어대상 특성이 다소 변하더라도 이것에 의한 영향을 제어할 수 있다.

 피드백 : 검출하여 되돌린다.

80 피토관에 의한 유속측정은 다음의 식을 이용한다. 이 때 P_1, P_2는 각각 무엇을 의미하는가?

$$V = \sqrt{\frac{2g(P_1 - P_2)}{p}}$$

  ① 동압과 전압   ② 전압과 정압
  ③ 정압과 동압   ④ 동압과 유체압

 피토관은 동압측정이다.
동압=전압-정압

제 6 편 과년도 출제문제
2021년 3월 CBT 시행

> 본 문제는 복원 기출문제입니다. 실제 문제와 다를 수 있으니 양해바랍니다.

제 1 과목 연소공학

01 가연성 혼합기체가 폭발범위 내에 있을 때 점화원으로 작용할 수 있는 정전기의 방지대책으로 틀린 것은?

① 접지를 실시한다.
② 제전기를 사용하여 대전된 물체를 전기적 중성 상태로 한다.
③ 습기를 제거하여 가연성 혼합기가 수분과 접촉하지 않도록 한다.
④ 인체에서 발생하는 정전기를 방지하기 위하여 방전복 등을 착용하여 정전기 발생을 제거한다.

 정전기의 방지대책
① 접지를 한다.
② 상대습도를 70% 이상으로 한다.
③ 제전기를 사용하여 대전된 물체를 전기적 중성 상태로 한다.
④ 공기를 이온화 한다.
⑤ 인체에서 발생하는 정전기를 방지하기 위하여 방전복 등을 착용하여 정전기 발생 제거

02 질소와 산소를 같은 질량으로 혼합하였을 때 평균분자량은 약 얼마인가? (단, 질소와 산소의 분자량은 각각 28, 32 이다.)

① 28.25   ② 28.97
③ 29.87   ④ 30.45

 질소몰분율 = $\dfrac{\left(\dfrac{50}{28}\right)}{\left(\dfrac{50}{28}+\dfrac{50}{32}\right)}=0.533$

$n=1-0.533=0.467$

∴ 평균분자량 $= 28 \times 0.533 + 32 \times 0.467$
$= 29.868g$

03 물질의 화재 위험성에 대한 설명으로 틀린 것은?

① 인화점이 낮을수록 위험하다.
② 발화점이 높을수록 위험하다.
③ 연소범위가 넓을수록 위험하다.
④ 착화에너지가 낮을수록 위험하다.

 발화점이 낮을수록 위험하다.

04 다음 중 중합폭발을 일으키는 물질은?

① 히드라진   ② 과산화물
③ 부타디엔   ④ 아세틸렌

 중합폭발
① HCN   ② C_2H_4O
③ C_4H_6(부타디엔)

05 상온, 상압하에서 메탄-공기의 가연성 혼합기체를 완전 연소시킬 때 메탄 1kg을 완전연소시키기 위해서는 공기 몇 kg이 필요한가?

① 4   ② 17.3
③ 19.4   ④ 64

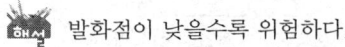
$CH_4 + 2O_2 \rightarrow CO_2 + 2H_2O$
16kg 2×32kg
1kg x

$x=\dfrac{1\times 2\times 32kg}{16kg}=4kg$

$A_o=\dfrac{O_o}{0.232}=\dfrac{4}{0.232}=17.24kg$

06 위험성평가기법 중 공정에 존재하는 위험요소들과 공정의 효율을 떨어뜨릴 수 있는 운전

상의 문제점을 찾아내어 그 원인을 제거하는 정성적인 안전성평가기법은?

① What-if ② HEA
③ HAZOP   ④ FMECA

 HAZOP : 공정에 존재하는 위험요소들과 공정의 효율을 떨어뜨릴 수 있는 운전상의 문제점을 찾아내어 그 원인을 제거하는 정성적인 안전성평가기법

07 다음 중 연소가스와 폭발등급이 바르게 짝지어진 것은?

① 수소 - 1등급   ② 메탄 - 1등급
③ 에틸렌 - 1등급 ④ 아세틸렌 - 1등급

 폭발등급
① 1등급(0.6mm초과) : 아세톤, 가솔린, 벤젠, 일산화탄소, 암모니아, 에탄, 메탄, 프로판, 부탄
② 2등급(0.4mm초과~0.6mm이하) : 에틸렌, 석탄가스
③ 3등급(0.4mm이하) : 수소, 수성가스, 아세틸렌, 이황화탄소

08 공기 중에서 폭발하한계 값이 가장 낮은 가스는?

① 수소   ② 메탄
③ 부탄   ④ 일산화탄소

 폭발한계
① 부탄 : 1.8~8.4%
② 수소 : 4~75%
③ 메탄 : 5~15%
④ 일산화탄소 : 12.5~74%

09 일산화탄소(CO) $10Sm^3$를 완전연소시키는 데 필요한 공기량은 약 몇 Sm^3인가?

① 17.2   ② 23.8
③ 35.7   ④ 45.0

해설
$$2CO + 1O_2 \rightarrow 2CO_2$$
$$2 \times 22.4m^3 \quad 22.4m^3$$
$$10 \quad\quad x$$

$$x = \frac{10 \times 22.4}{2 \times 22.4} = 5m^3$$

$$A_o = \frac{O_o}{0.21} = \frac{5}{0.21} = 23.8m^3$$

10 가정용 연료가스는 프로판과 부탄가스를 액화한 혼합물이다. 이 혼합물이 30℃에서 프로판과 부탄의 몰비가 5:1로 되어 있다면 이 용기 내의 압력은 약 atm 인가? (단, 30℃에서의 증기압은 프로판 9000mmHg이고, 부탄은 2400mmHg이다.)

① 2.6   ② 5.5
③ 8.8   ④ 10.4

 압력 $= \left(\frac{5}{6} \times 9000 + \frac{1}{6} \times 2400\right)$
$= 7900mmHg$
∴ $1atm = 760mmHg$
$\quad x \quad = 7900mmHg$

$$x = \frac{1atm \times 7900mmHg}{760mmHg} = 10.4atm$$

11 연료온도와 공기온도가 모두 25℃인 경우 기체연료의 이론화염온도가 옳게 표시된 것은?

① 수소 - 2252℃
② 메탄 - 3122℃
③ 일산화탄소 - 4315℃
④ 프로판 - 5123℃

12 상온, 상압하의 수소가 공기와 혼합하였을 때 폭발범위는 몇 % 인가?

① 4.0 ~ 75.1%   ② 2.5 ~ 81.0%
③ 10.0 ~ 42.0% ④ 1.8 ~ 7.8%

 폭발 범위
① 아세틸렌 : 2.5~81%
② 부탄 : 1.8~8.4%

③ 프로판 : 2.1~9.5%
④ 에탄 : 3~12.5%
⑤ 수소 : 4~75%
⑥ 암모니아 : 15~28%
⑦ 일산화탄소 : 12.5~74%

13 10℃의 공기를 단열 압축하여 체적을 1/6로 하였을 때 가스의 온도는 약 몇 K 인가? (단, 공기의 비열비는 1.4이다.)

① 580K　　② 585K
③ 590K　　④ 595K

$T_2 = T_1 \times \left(\dfrac{V_2}{V_1}\right)^{K-1}$
$= (273+10) \times \left(\dfrac{6}{1}\right)^{1.4-1} = 579.49°K$

14 증발연소 시 발생하는 화염을 무엇이라 하는가?

① 산화화염　　② 표면화염
③ 확산화염　　④ 환원화염

증발연소 시 발생하는 화염 : 확산화염

15 다음 중 가연성 물질이 아닌 것은?

① 프로판　　② 부탄
③ 암모니아　④ 사염화탄소

가연성 물질
① 프로판　　② 부탄
③ 암모니아　④ 수소
⑤ 아세틸렌　⑥ 에탄
⑦ 메탄 등

16 어떤 용기 중에 들어있는 1kg의 기체를 압축하는데 1281kg 일이 소요되었으며 도중에 3.7kcal의 열이 용기외부로 방출되었다. 이 기체 1kg 당 내부 에너지의 변화값은 약 몇 kcal인가?

① 0.7kcal/kg　　② -0.7kcal/kg
③ 1.4kcal/kg　　④ -1.4kcal/kg

내부에너지 변화량
$= \dfrac{1281 kg}{427 kg \cdot m/kcal} = 3.7kcal$
$= -0.7kcal$ (방출)

17 탄화수소계 연료에서 연소시 검댕이가 많이 발생하는 순서를 바르게 나타낸 것은?

① 파라핀계 > 올레핀계 > 벤젠계 > 나프탈렌계
② 나프탈렌계 > 벤젠계 > 올레핀계 > 파라핀계
③ 벤젠계 > 나프탈렌계 > 파라핀계 > 올레핀계
④ 올레핀계 > 파라핀계 > 나프탈렌계 > 벤젠계

탄화수소계 연료에서 검댕이가 많이 발생하는 순서
나프탈렌계 > 벤젠계 > 올레핀계 > 파라핀계

18 고열원 T_1, 저열원 T_2 인 카르노사이클의 열효율을 옳게 나타낸 것은?

① $\eta_c = \dfrac{T_1 - T_2}{T_1}$　② $\eta_c = \dfrac{T_1 - T_2}{T_2}$
③ $\eta_c = \dfrac{T_2 - T_1}{T_1}$　④ $\eta_c = \dfrac{T_2 - T_1}{T_2}$

카르노사이클의 열효율 $= \dfrac{T_2 - T_1}{T_1}$

19 연소속도에 영향을 주는 요인이 아닌 것은?

① 화염온도
② 가연물질의 종류
③ 지연성물질의 온도
④ 미연소가스의 열전도율

연소속도에 영향을 주는 요인
① 화염온도
② 가연물질의 종류
③ 미연소가스의 열전도율

13.① 14.③ 15.④ 16.② 17.② 18.① 19.③

20 정적변화인 때의 비열인 정적비열(C_v)와 정압변화인 때의 비열인 정압비열(C_p)의 일반적인 관계로 알맞은 것은?

① $C_p > C_v$
② $C_p < C_v$
③ $C_p = C_v$
④ C_p와 C_v는 일반적인 관계가 없다.

 정적비열과 정압비열의 관계
$C_p > C_v$

제 2 과목 가스설비

21 $-5℃$에서 열을 흡수하여 $35℃$에 방열하는 역카르노 싸이클에 의해 작동하는 냉동기의 성능계수는?

① 0.125
② 0.15
③ 6.7
④ 9

 냉동기의 성능계수
$= \dfrac{Q_2}{A_w} = \dfrac{T_2}{T_1 - T_2}$
$= \dfrac{(273 + -5)}{(273+35)-(273+ -5)} = 6.7$

22 최고 사용온도가 $100℃$, 길이(l)가 $10m$인 배관을 상온($15℃$)에서 설치하였다면 최고 온도로 사용시 팽창으로 늘어지는 길이는 약 몇 mm 인가? (단, 선팽창계수는 a는 $12 \times 10^{-6} m/m℃$ 이다.)

① 5.1 mm
② 10.2 mm
③ 102 mm
④ 204 mm

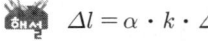
 $\Delta l = \alpha \cdot k \cdot \Delta t$
$= 12 \times 10^{-6} m/m℃ \times (100-15)℃$
$= 0.0102 m \times 1000mm/1m$
$= 10.2 mm$

23 이음매 없는 용기 제조시 재료시험 항목이 아닌 것은?

① 인장시험
② 충격시험
③ 압궤시험
④ 기밀시험

 이음매 없는 용기 제조시 재료시험 항목
① 인장시험
② 충격시험
③ 압궤시험
④ 내압시험
⑤ 외관검사

24 LPG와 공기를 일정한 혼합비율로 조절해 주면서 가스를 공급하는 Mixing System 중 벤투리식이 아닌 것은?

① 원료 가스압력 제어방식
② 전자밸브 개폐방식
③ 공기흡입 조절방식
④ 열량 제어방식

 믹싱시스템중 벤투리식
① 공기흡입 조절방식
② 전자밸브 개폐방식
③ 원료 가스압력 제어방식

25 LP가스의 연소방식 중 분젠식 연소방식에 대한 설명으로 틀린 것은?

① 일반가스기구에 주로 적용되는 방식이다.
② 연소에 필요한 공기를 모두 1차 공기에서 취하는 방식이다.
③ 염의 길이가 짧다.
④ 염의 온도는 $1300℃$ 정도 이다.

 분젠식 연소방식 : 연소에 필요한 1차 공기를 일부분을 흡입하고 연소불꽃주의에서 확산에 의한 2차 공기를 위해서 연소시키는 방법으로 가스렌지, 온수기 등에 사용

26 상온, 상압에서 수소용기의 파열 원인으로 가장 거리가 먼 것은?

① 과충전
② 용기의 균열
③ 용기의 취급불량
④ 수소취성

수소취성은 고온, 고압상태에서 발생

27 원유, 중유, 나프타 등의 분자량이 큰 탄화수소 원료를 고온(800 ~ 900℃)으로 분해하여 고열량의 가스를 제조하는 방법은?

① 열분해 프로세스
② 접촉분해 프로세스
③ 수소화분해 프로세스
④ 대체 천연가스 프로세스

 가스 제조 방식
① 열분해 프로세스 : 원유, 중유, 나프타 등의 분자량이 큰 탄화수소 원료를 고온 800~900℃로 분해하여 고열량 가스제조
② 접촉분해 프로세스 : 사용온도 400~800℃에서 탄화수소와 수증기와 반응 H_2, CO, CH_4, C_2H_2등의 저급 탄화수소로 전환

28 지하 도시가스 매설배관에 Mg 과 같은 금속을 배관과 전기적으로 연결하여 방식하는 방법은?

① 희생양극법 ② 외부전원법
③ 선택배류법 ④ 강제배류법

 희생양극법 : 지하 도시가스 매설배관에 Mg 과 같은 금속을 배관과 전기적으로 연결하여 방식하는 방법

29 외경과 내경의 비가 1.2미만인 경우 배관 두께 계산식은? (단, t는 배관의 두께 수치 [mm], P는 상용압력의 수치[MPa], D는 내경에서 부식여유에 해당하는 부분을 뺀 부분의 수치[mm], f는 재료의 인장강도 규격최소치[N/mm^2], C는 관내면의 부식여유의 수치[mm], s는 안전율을 나타낸다.)

① $t = \dfrac{PD}{(2f/s - P)} + C$

② $t = \dfrac{PD}{(2f/s + P)} + C$

③ $t = \dfrac{Ps}{(2f/s - P)} + C$

④ $t = \dfrac{Ps}{(2f/s + P)} + C$

 외경과 내경의 비가 1.2 미만
$t = \dfrac{PD}{\left(\dfrac{2f}{s} - P\right)} + C$

30 황화수소(H_2S)에 대한 설명으로 틀린 것은?

① 알칼리와 반응하여 염을 생성한다.
② 발화온도가 약 450℃ 정도로서 높은 편이다.
③ 습기를 함유한 공기 중에서 대부분 금속과 작용한다.
④ 각종 산화물을 환원시킨다.

31 부취제인 EM(Ethyl Mercaptan)의 냄새는?

① 하수구 냄새 ② 마늘 냄새
③ 석탄가스 냄새 ④ 양파 썩는 냄새

 부취제
① THT(테드라히드로티오펜) : 석탄가스냄새
② TBM(터시어리부틸메르캅탄) : 양파썩는 냄새
③ DMS(디메칠썰파이드) : 마늘냄새
[참고] 취기의 강도 : TBM > THT > DMS

32 프로판의 비중을 1.5라 하면 입상 50m 지점에서의 배관의 수직방향에 의한 압력손실은 약 몇 mmH$_2$O인가?

① 12.9   ② 19.4
③ 32.3   ④ 75.2

 $H = 1.293(S-1)h$

$$= 1.293(1.5-1) \times 50$$
$$= 32.32 \, mmH_2O$$

33 도시가스에서 액화가스가 기화되고 다른 물질과 혼합되지 아니한 경우에 중압의 범위는?

① 0.1MPa 미만
② 0.1MPa 이상 1MPa 미만
③ 1MPa 이상
④ 10MPa 이상

 도시가스 압력
① 저압 : 0.1MPa 미만
② 중압 : 0.1MPa이상 1MPa미만
③ 고압 : 1MPa이상

34 압축기에서 발생할 수 있는 과열의 원인이 아닌 것은?

① 증발기의 부하가 감소했을 경우
② 가스량이 부족할 때
③ 윤활유가 부족할 때
④ 압축비가 증대할 때

압축기 과열의 원인
① 부하증대시   ② 가스량부족시
③ 윤활유부족시   ④ 압축비증대시

35 가스액화 분리장치 구성기기 중 터보 팽창기의 특징에 대한 설명으로 틀린 것은?

① 처리가스에 윤활유가 혼입되지 않는다.
② 회전수는 10000 ~ 20000rpm 정도이다.
③ 처리가스량은 10000m³/h 정도이다.
④ 팽창비는 약 2 정도이다.

 터보 팽창기의 특징
① 처리가스량은 10000m³/h 정도이다.
② 회전수는 10000~20000rpm 정도이다.
③ 처리가스에 윤활유가 혼입되지 않는다.

36 다음 중 재료에 대한 비파괴 검사 방법이 아닌 것은?

① 타진법   ② 초음파탐상시험법
③ 인장시험법   ④ 방사선투과시험법

 비파괴 검사법
① RT : 방사선투과법
② PT : 침투탐상법
③ MT : 자분탐상법
④ UT : 초음파탐상법
⑤ VT : 육안검사법   ⑥ LT : 누설검사법
⑦ ET : 와류검사법   ⑧ 설파프린트법
⑨ 전위차법   ⑩ 타진법

37 양정 H는 20m, 송수량 Q는 0.25m³/min, 펌프효율 η는 0.65인 2단 터빈 펌스의 축동력은 약 몇 kW인가?

① 1.26   ② 1.37
③ 1.57   ④ 1.72

$$KW = \frac{r \times Q \times H}{102 \times E \times 60}$$
$$= \frac{1000 \times 0.25 \times 20}{102 \times 0.65 \times 60} = 1.256 kW$$

38 펌프에서 발생하는 수격작용 방지방법으로 틀린 것은?

① 펌프에 플라이휠을 설치한다.
② 조압수조를 설치한다.
③ 관내 유속을 빠르게 한다.
④ 밸브를 송출구에 설치하고, 적당히 제어한다.

수격작용 방지방법
① 관내 유속을 느리게 한다.
② 밸브를 송출구 가까이 설치하고, 적당히 제어한다.
③ 조압수조를 설치한다.
④ 펌프에 플라이휠을 설치한다.
⑤ 관의 기울기를 준다.

33.② 34.① 35.④ 36.③ 37.① 38.③

39 카플러 안전기구와 과류차단안전기구가 부착된 콕은?

① 호스콕
② 퓨즈콕
③ 상자콕
④ 주물연소기용 노즐콕

 카플러 안전기구와 과류차단안전기구가 부착된 콕 : 상자콕

40 다음 중 마크로셀 부식이 아닌 것은?

① 토양의 용존염류에 의한 부식
② 콘크리트/토양 부식
③ 토양의 통기차에 의한 부식
④ 이종금속의 접촉 부식

 마크로셀 부식
① 이종금속의 접촉 부식
② 토양의 통기차에 의한 부식

 제3과목 가스안전관리

41 다음 중 독성가스의 제독제로 사용되지 않는 것은?

① 가성소다 수용액 ② 탄산소다 수용액
③ 물   ④ 암모니아수

 독성가스의 제독제
① 물   ② 가성소다
③ 탄산소다 ④ 소석회

42 연소기에서 역화(Flash Back)가 발생하는 경우를 바르게 설명한 것은?

① 가스의 분출속도보다 연소속도가 느린 경우
② 부식에 의해 염공이 커진 경우
③ 가스압력의 이상 상승시
④ 가스량이 과도할 경우

 역화의 원인
① 부식에 의해 염공이 커진 경우
② 가스의 분출속도보다 연소속도가 빠른 경우
③ 가스량 과소시
④ 가스압력 이상 저하시

43 매몰 용접형 볼밸브에 대한 설명으로 옳은 것은?

① 가스 유로를 볼로 개폐하는 구조인 것으로 한다.
② 개폐용 핸들 휠은 열림 방향이 시계바늘 방향이다.
③ 볼밸브의 퍼지관의 구조는 소켓에 고정시켜 소켓용접한 것으로 한다.
④ 294.2N의 힘으로 90°회전시켰을 때 1/2 이 개폐되는 구조로 한다.

매몰 용접형 볼밸브 : 가스 유로를 볼로 개폐하는 구조인 것

44 용기내장형 가스 난방기용으로 사용하는 부탄 충전용기에 대한 설명으로 옳지 않은 것은?

① 용기 몸통부의 재료는 고압가스 용기용 강판 및 강대 이다.
② 프로텍터의 재료는 KS D 3503 SS400의 규격에 적합하여야 한다.
③ 스커트의 재료는 KS D 3533 SG295 이상의 강도 및 성질을 가져야 한다.
④ 넥크링의 재료는 탄소함유량이 0.48% 이하인 것으로 한다.

45 고압가스제조자 또는 고압가스판매자가 실시하는 용기의 안전점검 및 유지관리기준으로 틀린 것은?

① 용기는 도색 및 표시가 되어 있는지의 여부를 확인 할 것
② 용기캡이 씌워져 있거나 프로텍터가 부착되어 있는지의 여부를 확인할 것
③ 용기의 재검사기간의 도래여부를 확인할 것
④ 유통 중 열영향을 받았는지 여부를 점검하고, 열영향을 받은 용기는 재도색할 것

46 타공사로 인하여 노출된 도시가스배관을 점검하기 위한 점검통로의 설치기준에 대한 설명으로 틀린 것은?

① 점검통로의 폭은 80cm 이상으로 한다.
② 가드레일은 90cm 이상의 높이로 설치한다.
③ 배관 양 끝단 및 곡관은 항상 관찰이 가능하도록 점검 통로를 설치한다.
④ 점검 통로는 가스배관에서 가능한 한 멀리 설치하는 것을 원칙으로 한다.

> **해설** 점검통로의 설치기준
> ① 점검 통로는 가스배관에서 가능한 가까이 설치하는 것을 원칙으로 한다.
> ② 배관 양 끝단 및 곡관은 항상 관찰이 가능하도록 점검 통로 설치
> ③ 가드레일은 90cm 이상의 높이로 설치한다.
> ④ 점검통로의 폭은 80cm 이상으로 한다.

47 가스도매사업의 가스공급시설의 설치기준에 따르면 액화가스저장탱크의 저장능력이 얼마 이상일 때 방류둑을 설치하여야 하는가?

① 100톤   ② 300톤
③ 500톤   ④ 1000톤

> **해설** 방류둑을 설치
> ① 가연성, 산소 : 1000Ton 이상
> ② 독성 : 5Ton 이상
> ③ 가스도매사업 : 500Ton 이상

48 다음 중 동일 차량에 적재하여 운반할 수 없는 가스는?

① Cl_2 와 C_2H_2 ② C_2H_4 와 HCN
③ C_2H_4 와 NH_3 ④ CH_4 와 C_2H_2

> **해설** 적재운반 금지
> ① Cl_2 와 C_2H_2
> ② Cl_2 와 H_2
> ③ Cl_2 와 NH_3

49 가스의 폭발 상한계에 영향을 주는 요인으로 가장 거리가 먼 것은?

① 온도   ② 가스의 농도
③ 산소의 농도   ④ 부피

> **해설** 가스의 폭발 상한계에 영향을 주는 요인
> ① 온도
> ② 가스의 농도
> ③ 산소의 농도

50 염소의 성질에 대한 설명으로 틀린 것은?

① 화학적으로 활성이 강한 산화제이다.
② 녹황색의 자극적인 냄새가 나는 기체이다.
③ 습기가 있으면 철 등을 부식시키므로 수분과 격리시켜야 한다.
④ 염소와 수소를 혼합하면 냉암소에서도 폭발하여 염화수소가 된다.

> **해설** 염소의 성질
> ① 수소와 혼합하여 염소 폭명기가 되어 격렬한 폭광을 일으킨다.
> ② 상온에서 물에 용해되면 소량의 염산 및 차아염소산을 생성하여 살균, 표백작용을 한다.
> ③ 수분을 함유하면 철등의 금속과 반응 부식 발생 (온도 120℃ 이상)
> ④ 비점 −34℃ 이하, 6~8atm 이상의 압력을 가하면 쉽게 액화한다.
> ⑤ 상온에서 강한 자극성 냄새가 나는 황록색 기체이다.

51 다음 중 고압가스 충전용기 운반시 운반책임자의 동승이 필요한 경우는? (단, 독성가스는 허용농도가 100만분의 200을 초과한 경우이다.)

① 독성압축가스 100m³ 이상
② 가연성압축가스 100m³ 이상
③ 가연성액화가스 1000kg 이상
④ 독성액화가스 500kg 이상

 운반책임자의 동승기준

성질	압축가스	액화가스
독성	100m³ 이상	1000kg 이상
가연성	300m³ 이상	3000kg 이상
조연성	600m³ 이상	6000kg 이상

52 고압가스일반제조시설에서 운전 중의 1일 1회 이상 점검항목이 아닌 것은?

① 가스설비로부터의 누출
② 안전밸브 작동
③ 온도, 압력, 유량 등 조업조건의 변동 상황
④ 탑류, 저장탱크류, 배관 등의 진동 몇 이상음

안전밸브 작동 : 6개월에 1회 이상

53 도시가스 사용시설에서 연소기 설치기중에 대한 설명으로 틀린 것은?

① 개방형 연소기를 설치한 실에는 급기구 또는 배기통을 설치한다.
② 가스온풍기와 배기통의 접합은 나사식이나 플랜지식 또는 밴드식 등으로 한다.
③ 배기통의 재료는 스테인리스 강판이나 내열, 내식성 재료를 사용한다.
④ 밀폐형 연소기는 급기통·배기통과 벽과의 사이에 배기가스가 실내에 들어올 수 없도록 밀폐하여 설치한다.

54 고압가스 일반제조시설에서 가연성가스 제조시설의 고압가스설비 외면으로부터 산소제조시설의 고압가스 설비까지의 거리는 몇 m 이상으로 하여야 하는가?

① 5m   ② 8m
③ 10m   ④ 20m

 설비거리
① 가연성가스 제조시설과 고압가스설비와의 거리 : 5m 이상
② 가연성가스 제조시설과 화기 취급 장소와의 거리 : 8m 이상
③ 산소제조시설과 고압가스설비와의 거리 : 10m 이상

55 다음 중 밀폐식 보일러에서 사고원인이 되는 사항에 대한 설명으로 가장 거리가 먼 내용은?

① 전용보일러시실에 보일러를 설치하지 아니한 경우
② 설치 후 이음부에 대한 가스누출 여부를 확인하지 아니한 경우
③ 배기통이 수평보다 위쪽으로 향하도록 설치한 경우
④ 배기통과 건물의 외벽사이에 기밀이 완전히 유지되지 않는 경우

 밀폐식 보일러에서 사고원인
① 설치 후 이음부에 대한 가스누출 여부를 확인하지 아니한 경우
② 배기통이 수평보다 위쪽으로 향하도록 설치한 경우
③ 배기통과 건물의 외벽사이에 기밀이 완전히 유지되지 않는 경우

56 자동차 용기 충전시설에서 충전용 호스의 끝에 반드시 설치하여야 하는 것은?

① 긴급차단장치   ② 가스누출경보기
③ 정전기 제거장치 ④ 인터록 장치

 자동차 용기 시설에서 충전용 호스의 끝에 반드시 설치하여야 되는 것 : 정전기 제거장치

57 내용적 1500L, 내압시험 압력 50MPa인 차량에 고정된 탱크의 안전유지 기준에 대한 설명으로 틀린것은?

① 고압가스를 충전하거나 그로부터 가스를 이입 받을 때에는 차량정지목을 설치하여야 하나 주변 상황에 따라 이를 생략할 수 있다.
② 차량에 고정된 탱크에는 안전밸브가 부착되어야 하며, 안전밸브는 40MPa이하의 압력에서 작동되어야 한다.
③ 차량에 공정된 탱크에 부착되는 밸브, 부속배관 및 긴급차단장치는 50MPa 이상의 압력으로 내압시험을 실시하고 이에 합격된 제품이어야 한다.
④ 긴급차단장치는 원격조작에 의하여 작동되고 차량에 고정된 탱크 외면의 온도가 100℃ 일 때에 자동으로 작동되어야 한다.

 긴급차단장치는 원격조작에 의하여 작동되고 차량에 고정된 탱크 외면의 온도가 110℃ 일 때에 자동으로 작동되어야 한다.

58 액화가스를 충전하는 탱크의 내부에 액면 요동을 방지하기 위하여 설치하는 장치는?

① 방호벽 ② 방파판
③ 방해판 ④ 방지판

 방파판 : 탱크내부의 액면 요동 방지

59 압력 0.3MPa, 온도 100℃에서 압력용기 속에 수증기로 포화된 공기가 밀봉되어 있다. 이 기체 100L중에 포함된 산소는 몇 mol 인가? (단, 이상기체의 법칙이 성립하며, 공기 중 산소는 21v%로 한다.)

① 1.37 ② 2.37
③ 3.57 ④ 6.54

 1[kmole]에 대한 체적
$$v_0 = \frac{RT}{P} = \frac{0.287 \times (273.15 + 100)}{0.3 \times 10^3}$$
$= 0.357 \text{m}^3/\text{kmole}$
(단, 공기의 기체상수 $R = 0.297 \text{kJ/kg} \cdot \text{K}$)
$v_1 = \frac{V}{v_o} = \frac{0.1}{0.357} = 0.28 \text{mole}/0.21$
$= 1.33 \text{mole}$

60 아세틸렌가스 또는 압력이 9.8MPa 이상인 압축가스를 용기에 충전하는 시설에서 방호벽을 설치하지 않아도 되는 경우는?

① 압축기와 그 충전장소 사이
② 충전장소와 긴급차단장치 조작 장소 사이
③ 압축기와 그 가스충전용기 보관 장소 사이
④ 충전장소와 그 충전용 주관밸브 조작밸브 사이

 방호벽 설치
① 용기 보관실벽
② 기화 설비 주위
③ 압축기와 그 충전 장소사이
④ 압축기와 그 가스충전용기 보관 장소 사이
⑤ 충전장소와 그 충전용 주관밸브 조작밸브 사이
⑥ 충전장소와 충전용기 보관 장소와의 사이

제 4 과목 가스계측기기

61 화씨[℉]와 섭씨[℃]의 온도눈금 수치가 일치하는 경우의 절대온도[K]는?

① 201 ② 233
③ 313 ④ 345

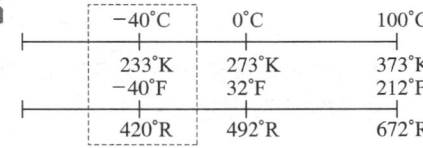

62 국제 단위계(SI단위)중 압력단위에 해당되는 것은?

① Pa ② bar
③ atm ④ kgf/cm^2

 국제 단위계(SI단위)중 압력단위
Pa, kPa, MPa

63 50mL의 시료가스를 CO_2, O_2, CO 순으로 흡수시켰을 때 이 때 남은 부피가 각각 32.5mL, 24.2mL, 17.8mL이었다면 이들 가스의 조성 중 N_2의 조성은 몇 % 인가? (단, 시료 가스는 CO_2, O_2, CO, N_2 로 혼합되어 있다.)

① 24.2% ② 27.2%
③ 34.2% ④ 35.6%

 N_2의 조성

① $CO_2 = \dfrac{50-32.5}{50} \times 100 = 35\%$

② $O_2 = \dfrac{32.5-24.2}{50} \times 100 = 16.6\%$

③ $CO = \dfrac{24.2-17.8}{50} = 12.8\%$

$N_2 = 100 - (35+16.6+12.8) = 35.6$

64 도시가스 제조소에 설치된 가스누출검지경보장치는 미리 설정된 가스농도에서 자동적으로 경보를 울리는 것으로 하여야 한다. 이 때 미리 설정된 가스 농도란?

① 폭발 하한계 값
② 폭발 상한계 값
③ 폭발 하한계의 1/4 이하 값
④ 폭발 하한계의 1/2 이하 값

 미리 설정된 가스 농도 : 폭발하한계의 1/4 이하 값

65 접촉식 온도계 중 알코올 온도계의 특징에 대한 설명으로 옳은 것은?

① 저온측정에 적합하다.
② 열팽창계수가 작다.
③ 열전도율이 좋다.
④ 액주의 복원시간이 짧다.

 알콜 온도계
① 저온측정에 적합
② 표면장력이 작다.
③ 열팽창계수가 크다.
④ 열전도율이 나쁘다.

66 운동하는 유체의 에너지법칙을 이용한 유량계는?

① 면적식 ② 용적식
③ 차압식 ④ 터빈식

 운동하는 유체의 에너지법칙을 이용한 유량계 : 차압식 유량계

67 다음 중 터빈미터의 특징이 아닌 것은?

① 스월(Swirl)의 영향을 전혀 받지 않는다.
② 정밀도가 높고 압력손실이 적다.
③ 오염물에 의한 영향이 크다.
④ 소용량에서 대용량까지 유량측정의 범위가 넓다.

 터빈미터의 특징
① 스월(Swirl)의 영향을 받는다.
② 정밀도가 높고 압력손실이 적다.
③ 오염물에 대한 영향이 크다.
④ 소용량에서 대용량까지 유량측정의 범위가 넓다.

68 주로 기체연료의 발열량을 측정하는 열량계는?

① Richter 열량계 ② Scheel 열량계
③ Junker 열량계 ④ Thomson 열량계

 주로 기체연료의 발열량 측정
① 시그마식 열량계
② 윤켈스식 열량계

62.① 63.④ 64.③ 65.① 66.③ 67.① 68.③

69 잔류편차(off-set)는 제거되지만 제어시간은 단축되지 않고 급변할 때 큰 진동이 발생하는 제어기는?
① P 제어기　　② PD 제어기
③ PI 제어기　　④ on-off 제어기

 PI 제어기 : 잔류편차는 제거되지만 제어시간은 단축되지 않고 급변할 때 큰 진동이 발생

70 다음 중 차압식 유량계에 해당하지 않는 것은?
① 벤튜리 유량계　　② 로터미터 유량계
③ 오리피스 유량계　　④ 플로노즐

 차압식 유량계
　① 벤튜리 유량계
　② 플로우노즐
　③ 오리피스 유량계

71 초음파식 액위계에서 사용하는 초음파의 주파수는?
① 1kHz 이상　　② 20kHz 이상
③ 100kHz 이상　　④ 200kHz 이상

 초음파식 액위계에서 사용하는 초음파 주파수 : 20kHz 이상

72 다음 중 가스관리용 계기에 포함되지 않는 것은?
① 유량계　　② 온도계
③ 압력계　　④ 탁도계

 가스관리용 계기
　① 온도계　② 압력계　③ 유량계

73 다음 중 회전자식 가스미터는?
① 막식미터　　② 루트미터
③ 벤투리미터　　④ 델타미터

회전자식 가스미터 : 루트미터

74 시안화수소(HCN)가스 누출 시 검지지와 변색상태로 옳은 것은?
① 염화파라듐지 – 흑색
② 염화제일등 착염지 – 적색
③ 연당지 – 흑색
④ 초산(질산) 구리벤젠지 – 청색

 시험지명 및 변색상태

암모니아	적색리트머스시험지	
염소	KI전분지	청색
시안화수소	질산구리벤젠지	
일산화탄소	염화파라듐지	흑색
황화수소	연당지	
포스겐	하리슨시험지	심등색
아세틸렌	염화제1동착염지	적색
아황산가스	암모니아 적신헝겊	흰연기

75 가스 자기성(磁氣性)을 이용하여 검출하는 분석기기는?
① 가스크로마토그래피　　② SO_2계
③ O_2계　　④ CO_2계

 가스 자기성을 이용하여 검출하는 분석기 : O_2계

76 다이어프램 압력계의 측정범위로 가장 옳은 것은?
① 20~5000mmH$_2$O
② 1000~10000mmH$_2$O
③ 1~10kg/cm^2
④ 10~100kg/cm^2

 다이어프램 압력계의 측정범위
　20~5000mmH$_2$O

77 다음 [그림]과 같은 자동제어 방식은?

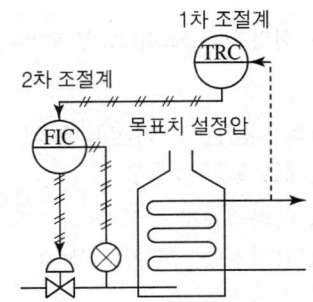

① 피드백제어　　② 시퀀스제어
③ 캐스케이드제어　④ 프로그램제어

78 불꽃 광도 검출기(FPD)에 대한 설명으로 옳은 것은?

① 감도안정에 시간이 걸리고 다른 검출기보다 나쁘다.
② 탄화수소(C, H)는 전혀 감응하지 않는다.
③ 가장 널리 사용하는 검출기이다.
④ 시료는 검출하는 동안 파괴되지 않는다.

　불꽃 광도 검출기 : 탄화수소(C, H)는 전혀 감응하지 않는다.

79 시료 가스 채취 장치를 구성하는데 있어 다음 설명 중 틀린 것은?

① 일반 성분의 분석 및 발열량·비중을 측정할 때, 시료 가스 중의 수분이 응축될 염려가 있을 때는 도관가운데에 적당한 응축액 트랩을 설치한다.
② 특수 성분을 분석할 때, 시료 가스 중의 수분 또는 기름성분이 응축되어 분석 결과에 영향을 미치는 경우는 흡수장치를 보온하든가 또는 적당한 방법으로 가온한다.
③ 시료 가스에 타르류, 먼지류를 포함하는 경우는 채취관 또는 도관 가운데에 적당한 여과기를 설치한다.
④ 고온의 장소로부터 시료 가스를 채취하는 경우는 도관 가운데에 적당한 냉각기를 설치한다.

80 자동제어장치의 검출부에 대한 설명으로 옳은 것은?

① 목표치를 주피드백 신호와 같은 종류의 신호로 교환하는 부분이다.
② 제어대상에 대한 작용신호를 전달하는 부분이다.
③ 제어대상으로부터 제어에 필요한 신호를 나타내는 부분이다.
④ 기준입력과 주피드백 신호와의 차이에 의해서 조작부에 신호를 송출하는 부분이다.

　검출부 : 제어대상으로부터 제어에 필요한 신호를 나타내는 부분이다.
　조작량 : 제어대상에 가해주는 양
　목표치(값) : 외부에서 주어진 값

제 6 편 과년도 출제문제
2021년 5월 CBT 시행

제1과목 연소공학

01 가연물과 그 연소형태를 짝지어 놓은 것 중 옳은 것은?

① 알루미늄 박 – 분해연소
② 목재 – 표면연소
③ 경유 – 증발연소
④ 휘발유 – 확산연소

 연소형태
① 표면연소 : 코크스, 목탄, 금속분, 숯
② 분해연소 : 석탄, 목재, 종이, 플라스틱
③ 증발연소 : 알콜, 에테르, 경유, 등유, 휘발유
④ 자기연소 : TNT, 피크린산
⑤ 확산연소 : 수소, 메탄

02 실제기체가 이상기체에 가까워지기 위한 조건으로 옳은 것은?

① 고온, 저압 상태
② 저온, 저압 상태
③ 고온, 고압 상태
④ 분자량이 크거나 비체적이 클 때

 실제기체가 이상기체에 가까워지기 위한 조건

실제기체 $\dfrac{고온, 저압}{저온, 고압}$ 이상기체

03 가스의 연소속도에 영향을 미치는 인자에 대한 설명 중 틀린 것은?

① 연소속도는 주변 온도가 상승함에 따라 증가한다.
② 연소속도는 이론혼합기 근처에서 최대이다.
③ 압력이 증가하면 연소속도는 급격히 증가한다.
④ 산소농도가 높아지면 연소범위가 넓어진다.

 가스의 연소속도에 영향을 미치는 인자
① 압력이 증가하면 연소속도는 급격히 감소한다.
② 산소농도가 높아지면 연소범위가 넓어진다.
③ 연소속도는 이론혼합기 근처에서 최대이다.
④ 연소속도는 주변 온도가 상승함에 따라 증가한다.

04 다음 중 연료의 가연 성분 원소가 아닌 것은?

① 유황   ② 질소
③ 수소   ④ 탄소

 불연성분 : 질소, 탄산가스, 헬륨, 네온, 아르곤 등

05 압력이 0.1MPa, 체적이 $3m^3$인 273.15K의 공기가 이상적으로 단열압축되어 그 체적이 1/3으로 되었다. 엔탈피의 변화량은 약 몇 kJ인가? (단, 공기의 기체상수는 0.287 kJ/kg · K, 비열비는 1.4이다.)

① 480   ② 580
③ 680   ④ 780

 엔탈피변화(단열압축)

$\Delta h = GC_P(T_2 - T_1) = \dfrac{P_1 V_1}{RT_1}C_P(T_2 - T_1)$

$(\because C_P - C_V = R)$

$= \dfrac{0.1 \times 10^3 \times 3}{0.287 \times 273.15} \times 1.0045(423.88 - 273.15)$

$= 579.4 kJ$

1.③ 2.① 3.③ 4.② 5.②

가스산업기사

$$C_P - \frac{C_P}{k} = R \quad (\because k = \frac{정압비열}{정적비열} = \frac{C_P}{C_V} = 1.4)$$

$$C_P \left(1 - \frac{1}{1.4}\right) = 0.287$$

$C_P = 1.0045 \text{kJ/kg} \cdot \text{K}$

$T_1 V_1^{k-1} = T_2 V_2^{k-1}$

$$T_2 = T_1 \left(\frac{V_1}{V_2}\right)^{k-1} = 273.15 \left(\frac{3}{1}\right)^{1.4-1} = 423.88 \text{K}$$

V_2 체적은 V_1 체적을 1/3 단열압축된 체적

06 다음 중 폭발방지를 위한 안전장치가 아닌 것은?
① 안전밸브 ② 가스누출경보장치
③ 방호벽   ④ 긴급차단장치

 폭발방지를 위한 안전장치
① 안전밸브
② 가스누출경보장치
③ 긴급차단장치

07 기체연료 중 공기와 혼합기체를 만들었을 때 연소 속도가 가장 빠른 것은?
① 수소   ② 메탄
③ 프로판   ④ 톨루엔

 연소속도가 빠른 순서 : 분자량이 작을수록 연소속도는 빠름.
① 수소(H_2) : 2g
② 메탄(CH_4) : 12+4 = 16g
③ 프로판(C_3H_8) : 12×3+8 = 44g
④ 톨루엔($C_6H_5CH_3$)
   : 12×6+5+12+3 = 92g

08 아세틸렌을 일정 압력 이상으로 압축하면 위험하다. 이때의 폭발 형태는?
① 산화폭발 ② 중합폭발
③ 분해폭발 ④ 분진폭발

 $C_2H_2 \rightarrow 2C + H_2 + 54.2 \text{kcal}$

09 화염전파에 대한 설명으로 틀린 것은?
① 연료와 공기가 혼합된 혼합기체안에서 화염이 전파하여 가는 현상을 말한다.
② 가연가스와 미연가스의 경계를 화염면이라 한다.
③ 연소파는 화염면 전후에 압력파가 있으며, 전파속도는 음속을 넘는다.
④ 데토네이션파(Detonation Wave)와 연소파(Combustion Wave)로 크게 나눌 수 있다.

10 증기 속에 수분이 많을 때 일어나는 현상은?
① 건조도가 증가된다.
② 증기엔탈피가 증가된다.
③ 증기배관에 수격작용이 방지된다.
④ 증기배관 및 장치부식이 발생된다.

 용기속에 수분이 많을 때 일어나는 현상 : 증기배관 및 장치부식이 발생한다.

11 이상기체가 담겨 있는 용기를 가열하면 이 용기 내부의 압력과 온도의 변화는 어떻게 되는가? (단, 부피변화는 없다고 가정한다.)
① 압력증가, 온도상승
② 압력증가, 온도일정
③ 압력일정, 온도상승
④ 압력일정, 온도일정

이상기체가 담겨 있는 용기를 가열하면 이 용기 내의 압력과 온도 : 압력증가, 온도증가

12 가연성 가스의 위험성에 대한 설명으로 틀린 것은?
① 폭발범위가 넓을수록 위험하다.
② 폭발범위 밖에서는 위험성이 감소한다.
③ 온도나 압력이 증가할수록 위험성이 증가한다.
④ 폭발범위가 좁고 하한계가 낮은 것은 위험

성이 매우 적다.

 폭발범위가 넓고, 하한계가 낮은 것은 위험성이 매우 크다.

13 이산화탄소로 가연물을 덮는 방법은 소화의 3대 효과 중 다음 어느 것에 해당하는가?

① 제거효과   ② 질식효과
③ 냉각효과   ④ 촉매효과

질식효과 : CO_2로 가연물을 얻는 방법

14 부탄 10kgdmf 완전연소시키는데 필요한 이론산소량은 약 몇 kg인가?

① 29.8   ② 31.2
③ 33.8   ④ 35.9

C_4H_{10} + $6.5O_2$ → $4CO_2$ + $5H_2O$
58kg   6.5×32kg   4×44kg   5×18kg
22.4m³   6.5×22.4   4×22.4   5×22.4
58kg = 6.5×32kg
10kg = x
$x = \dfrac{10kg \times 6.5 \times 32kg}{58kg} = 35.86kg$

15 어떤 가역 열기관이 300℃에서 500kcal 열을 흡수하여 일을 하고 100℃에서 열을 방출한다고 할 때 열기관이 한 최대 일(Work)은 얼마인가?

① 175kcal   ② 188kcal
③ 218kcal   ④ 232kcal

16 고체연료의 성질에 대한 설명 중 옳지 않은 것은?

① 수분이 많으면 통풍불량의 원인이 된다.
② 휘발분이 많으면 점화가 쉽고, 발열량이 높아진다.
③ 회분이 많으면 연소를 나쁘게 하여 열효율

이 저하된다.
④ 착화온도는 산소량이 증가할수록 낮아진다.

 휘발분이 많으면 점화가 쉽고, 발열량이 낮아진다.

17 다음 각 화재의 분류가 잘못된 것은?

① A급-일반화재   ② B급-유류화재
③ C급-전기화재   ④ D급-가스화재

 화재의 분류
① A급화재(일반화재) : 목재, 종이, 백색
② B급화재(유류및가스) : 황색
③ C급화재(전기) : 청색
④ D급화재(금속) : Al분, Mg분, 무색

18 어떤 혼합가스가 산소 10mol, 질소 10mol, 메탄 5mol을 포함하고 있다. 이 혼합가스의 비중은 약 얼마인가? (단, 공기의 평균분자량은 29이다.)

① 0.88   ② 0.94
③ 1.00   ④ 1.07

 혼합가스의 비중
$(32 \times 0.4 + 28 \times 0.4 + 16 \times 0.2) = 27.2g$
∴ $\dfrac{27.2}{29} = 0.937$

19 인화성물질이나 가연성가스가 폭발성 분위기를 생성할 우려가 있는 장소 중 가장 위험한 장소 등급은?

① 1종 장소   ② 2종 장소
③ 3종 장소   ④ 4종 장소

 위험장소
① 0종 장소 : 인화성물질이나 가연성가스가 폭발성 분위기를 생성할 우려가 있는 장소
② 1종 장소 : 상용상태에서 종종 가연성 가스체류로 위험한 장소

③ 2종 장소 : 설비사고로 파손 오조작 경우만 누설 위험

20 설치장소의 위험도에 대한 방폭구조의 선정에 관한 설명 중 틀린 것은?
① 0종 장소에서는 원칙적으로 내압방폭구조를 사용한다.
② 2종 장소에서 사용하는 전선관용 부속품은 KS에서 정하는 일반품으로서 나사접속의 것을 사용할 수 있다.
③ 두 종류 이상의 가스가 같은 위험장소에 존재하는 경우에는 그 중 위험등급이 높은 것을 기준으로 하여 방폭 전기기기의 등급을 선정하여야 한다.
④ 유압방폭구조는 1종 장소에서는 사용을 피하는 것이 좋다.

 0종 장소에서 원칙적으로 안전증방폭 구조 사용

 제 2 과목 가스설비

21 압축기에서 다단 압축을 하는 주된 목적은?
① 압축일과 체적효율 감소
② 압축일과 체적효율 증가
③ 압축일 증가와 체적효율 감소
④ 압축일 감소와 체적효율 증가

 다단 압축의 목적
① 소요일량을 줄일 수 있다.
② 가스의 온도상승을 피할 수 있다.
③ 힘의 평형이 유지된다.
④ 압축일감소와 체적 효율 증가

22 다음 중 보일러 입구 또는 실내 저압 배관부에 주로 사용되는 호스는?

① 염화비닐호스 ② 저압 고무호스
③ 고압 고무호스 ④ 금속플렉시블호스

 보일러 입구 또는 실내 저압 배관에 주로 사용되는 호스 : 금속플렉시블호스

23 압축기 운전 개시 전에 주의하여야 할 사항은?
① 압력조정밸브는 천천히 잠그고 주밸브를 열어 압력을 조정한다.
② 냉각수 밸브를 닫고 워터자켓 내부의 물을 드레인 한다.
③ 드레인 밸브를 1단에서 다음 단으로 서서히 잠근다.
④ 압력계, 압력조절밸브, 드레인밸브를 전개하여 지시 압력의 이상 유무를 확인한다.

 압축기 운전 개시 전 압력계, 압력조절밸브, 드레인밸브를 전개하여 지시 압력의 이상 유무 확인

24 안지름 10cm의 파이프를 플랜지에 접속하였다. 이 파이프 내에 $40\,kgf/cm^2$의 압력으로 볼트 1개에 걸리는 힘을 $400\,kgf$ 이하로 하고자 할 때 볼트수는 최소 몇 개 필요한가?
① 5개   ② 8개
③ 12개 ④ 15개

 $P = \dfrac{WZ}{A}$

$Z = \dfrac{P \times A}{W} = \dfrac{40 \times 0.785 \times 10^2}{400} = 7.85\,개$

∴ 8개

25 용기 부속품에 대한 표시 사항으로 옳은 것은?
① 압축가스를 충전하는 용기의 부속품 : PG
② 초저온 용기 부속품 : LG
③ 저온용기 부속품 : LG

④ 아세틸렌 가스를 충전하는 용기의 부속품 : APG

 용기 부속품기호
① AG : 아세틸렌 가스를 충전하는 용기 부속품
② PG : 압축가스를 충전하는 용기 부속품
③ LT : 초저온및 저온용기를 충전하는 용기 부속품
④ LPG : 액화석유가스를 충전하는 용기 부속품
⑤ LG : 액화석유가스외의 가스를 충전하는 용기 부속품

26 다음 지상형 탱크 중 내진설계 적용대상 시설이 아닌 것은?
① 고법의 적용을 받는 10톤 이상의 아르곤 탱크
② 도법의 적용을 받는 3톤 이상의 저장탱크
③ 액법의 적용을 받는 3톤 이상의 액화석유가스 저장탱크
④ 고법의 적용을 받는 3톤 이상의 암모니아 탱크

 지상형 탱크 중 내진설계 적용대상
① 도법의 적용을 받는 3톤 이상의 저장탱크
② 고법의 적용을 받는 10톤 이상의 아르곤 탱크
③ 액법의 적용을 받는 3톤 이상의 액화석유가스 저장탱크

27 직경 500mm의 강재로 된 둥근 막대가 8000kgf의 인장 하중을 받을 때의 응력은?
① $2kgf/mm^2$
② $4kgf/mm^2$
③ $6kgf/mm^2$
④ $8kgf/mm^2$

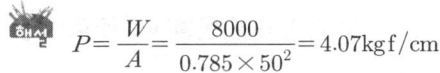

$$P = \frac{W}{A} = \frac{8000}{0.785 \times 50^2} = 4.07 kgf/cm^2$$

28 펌프에서 발생하는 현상인 캐비테이션(Cavitation)으로 인한 결과가 아닌 것은?
① 기계 손상
② 정압 증가
③ 진동
④ 소음

 캐비네이션 결과(영향)
① 소음 ② 진동 ③ 기계손상

29 배관용접부의 비파괴 검사인 자분탐상시험을 한 경우 결함자분모양의 길이가 몇 mm를 초과한 경우에 불합격으로 하는가?
① 3
② 4
③ 5
④ 6

 자분탐상시험을 한 경우 결함자분모양의 길이가 4mm를 초과한 경우 불합격으로 한다.

30 LPG 탱크로리에서 지하저장탱크로 LPG를 이송하는 방법 중 빠르게 잔가스를 회수할 수 있고 베이퍼록 현상이 생기지 않는 방법은?
① 압축기에 의한 방법
② 펌프에 의한 방법
③ 차압에 의한 방법
④ 중력에 의한 방법

 LPG 이송지 베이터 록이 생기지 않는 방법 : 압축기에 의한 방법

31 왕복동식 압축기의 흡입구 토출구에서 압력계의 바늘이 흔들리면서 유량이 감소되는 현상은?
① 공동현상
② 히스테리시스현상
③ 수격현상
④ 맥동현상

 펌프의 현상
① 맥동현상(서징현상) : 압축기의 흡입구 토출구에서 압력계의 바늘이 흔들리면서 유량이 감소되는 현상
② 캐비테이션현상(공동현상) : 유수중의 어느 부분의 정압이 그때 물의 온도에 해당하는 증기압이하로 되어 물이 증발을 일으키고 수중에 용입되어 있던 공기가

낮은 압력으로 인하여 기포가 발생하는 현상
③ 수격작용 : 펌프에서 물 압송시 정전 등으로 급히 펌프가 멈추거나 수량조절밸브를 급히 폐쇄할 때, 관내유속이 급속히 변화하면 물에 의한 심한 압력변화가 생겨 관벽을 치는 현상

32 정압기 설치에 대한 설명으로 가장 거리가 먼 것은?
① 출구에는 수분 및 불순물 제거 장치를 설치한다.
② 출구에는 가스 압력측정 장치를 설치한다.
③ 입구에는 가스 차단장치를 설치한다.
④ 정압기의 분해점검 및 고장을 대비하여 예비정압기를 설치한다.

 정압기 설치
① 입구에는 수분 및 불순물 제거장치를 설치한다.
② 출구에는 가스 압력 측정 장치를 설치한다.
③ 입구에는 가스 차단장치를 설치
④ 정압기 분해점검은 2년에 1회이상, 고장을 대비하여 예비정압기를 설치한다.

33 동일한 가스 입상배관에서 프로판가스와 부탄가스를 흐르게 할 경우 가스자체의 무게로 인하여 입상관에서 발생하는 압력손실을 서로 비교하면? (단, 부탄의 비중은 2, 프로판의 비중은 1.5이다.)
① 프로판이 부탄보다 약 2배 정도 압력손실이 크다.
② 프로판이 부탄보다 약 4배 정도 압력손실이 크다.
③ 부탄이 프로판보다 약 2배 정도 압력손실이 크다.
④ 부탄이 프로판보다 약 4배 정도 압력손실이 크다.

 부탄이 프로판보다 약 2배 정도 압력손실이 크다.

34 냉간가공과 열간가공을 구분하는 기준이 되는 온도는?
① 끓는 온도　　② 상용 온도
③ 재결정 온도　　④ 섭시 0도

 재결정 온도 : 냉간가공과 열간가공을 구분하는 기준

35 지름이 150mm, 행정 100mm, 회전수 800rpm, 체적효율 85%인 4기통 압축기의 피스톤 압출량은 몇 m³/h인가?
① 10.2　　② 28.8
③ 102　　④ 288

$$Q = \frac{\pi D^2}{4} LNRE$$
$$= 0.785 \times 0.15^2 \times 0.1 \times 800 \times 4 \times 0.85 \times 60$$
$$= 288.25 m^3/h$$

36 고압식 액체산소 분리장치에서 원료 공기는 압축기에 흡입되어 몇 atm 정도까지 압축되는가?
① 80~140　　② 110~150
③ 150~200　　④ 180~230

 고압식 액체산소 분리장치에서 원료 공기는 압축기에 흡입되어 150~200atm 정도까지 압축

37 산소 압축기의 내부 윤활제로 주로 사용되는 것은?
① 물　　② 유지류
③ 석유류　　④ 진한 황산

내부 윤활제(압축기윤활유)
① 산소 : 물 또는 10% 이하의 묽은 글리세린수
② 공기, 수소, 아세틸렌 : 양질의 광유
③ 염소 : 농황산
④ LP가스 : 식물성유

38 전기방식 조치대상 시설로서 전기방식을 하지 않아도 되는 배관은?
① 지중에 설치하는 폴리에틸렌 피복강관
② 지중에 설치하는 강제 강관
③ 지중에 설치하는 폴리에틸렌 관
④ 수중에 설치하는 강제 강관

 전기방식 조치대상 시설로서 전기방식을 하지 않아도 되는 배관 : 지중에 설치하는 폴리에틸렌 관

39 정압기의 부속설비 중 조정기 전단에 설치되어 배관내의 먼지 등을 제거하는 설비는?
① 필터   ② 이상압력통보설비
③ 동결방지장치   ④ 긴급차단장치

 조정기 전단에 설치되어 배관내의 먼지 등을 제거하는 설비 필터

40 압력 22.5MPa로 내압시험을 하는 용기에 아세틸렌가스가 아닌 압축가스를 충전할 때 그 최고 충전압력은 몇 MPa인가?
① 12.5   ② 13.5
③ 14.0   ④ 15.0

압축가스 최고 충전압력 : 13.5MPa

제 3 과목   가스안전관리

41 다음 독성가스별 제독제 및 제독제 보유량의 기준이 잘못 연결된 것은?
① 염소 : 소석회 − 620kg
② 포스겐 : 소석회 − 200kg
③ 아황산가스 : 가성소다수용액 −530kg
④ 암모니아 : 물 − 다량

 제독제 보유량
① 염소 ┌ 소석회 : 620kg
       ├ 가성소다 : 670kg
       └ 탄산소다 : 870kg
② 포스겐 ┌ 가성소다 : 390kg
         └ 소석회 : 360kg
③ 황화수소 ┌ 가성소다 : 1140kg
           └ 탄산소다 : 1500kg
④ 아황산가스 ┬ 물
             ├ 가성소다 : 530kg
             └ 탄산소다 : 700kg
⑤ 암모니아
  산화에틸렌 ─ 다량의 물
  염화메탄

42 냉동용기에 표시된 각인기호 및 단위로서 틀린 것은?
① 냉동능력 : RT
② 원동기소요전력 : kW
③ 최고사용압력 : DP
④ 내압시험압력 : AP

냉동용기에 표시된 각인기호
① 냉동능력 : RT
② 원동기소요전력 : kW
③ 최고사용압력 : DP
④ 내압시험압력 : TP
⑤ 기밀시험압력 : AP

43 고압가스시설의 안전을 확보하기 위한 고압가스설비 설치 기준에 대한 설명으로 틀린 것

은?
① 아세틸렌 충전용 교체밸브는 충전하는 장소에서 격리하여 설치한다.
② 공기액화분리기에 설치하는 피트는 양호한 환기구조로 한다.
③ 에어졸 제조시설에는 과압을 방지할 수 있는 수동 충전기를 설치한다.
④ 고압가스설비는 상용압력의 1.5배 이상의 압력으로 내압시험을 실시하여 이상이 없어야 한다.

44 용기에 의한 고압가스 판매의 시설기준으로 틀린 것은?
① 보관할 수 있는 고압가스량이 $300m^3$이 넘는 경우에는 보호시설과 안전거리를 유지해야 한다.
② 가연성가스, 산소 및 독성가스의 저장실은 각각 구분하여 설치한다.
③ 용기보관실의 지붕은 불연성재질의 가벼운 것으로 설치한다.
④ 가연성가스 충전용기 보관실의 주위 8m 이내에는 화기가 없어야 한다.

 가연성가스 충전용기 보관실의 주위 2m 이내에는 화기취급금지

45 암모니아에 대한 설명으로 틀린 것은?
① 강한 자극성이 있고 무색이며 물에 잘 용해된다.
② 붉은 리트머스 시험지에 접촉하면 푸른색으로 변한다.
③ 20℃에서 $2.15kgf/cm^2$ 이상으로 압축하면 액화된다.
④ 고온에서 마그네슘과 반응하여 질화마그네슘을 만든다.

 암모니아
① 상온에서 8.46atm이 되면 쉽게 액화한다.
② 강한 자극성이 있고 무색이며 물에 잘 용해된다.
③ 고온에서 마그네슘과 반응하여 질화마그네슘을 만든다.
④ 붉은 리트머스 시험지에 접촉하면 푸른색으로 변한다.
⑤ 증발잠열이 크므로 대형 냉매에 사용
⑥ 허용농도는 25PPM이하이고 폭발범위는 15~28%이다.

46 공기 중 폭발범위가 가장 넓은 가스는?
① 수소   ② 아세트알데히드
③ 에탄   ④ 산화에틸렌

 폭발범위
① 수소 : 4~75%
② 아세트알데히드 : 4.1~55%
③ 에탄 : 3.0~12.5%
④ 산화에틸렌 : 3~80%

47 도로 밑 도시가스배관 직상단에는 배관의 위치, 흐름방향을 표시한 라인마크(Line Mark)를 설치(표시)하여야 한다. 직선 배관인 경우 라인마크의 최소 설치간격은?
① 25m   ② 50m
③ 100m   ④ 15m

 직선 배관인 경우 라인마크의 최소 설치간격 : 50m

48 방폭전기기기의 용기에서 가스연성가스가 폭발할 경우 그 용기가 폭발압력에 견디고, 접합면, 개구부 등을 통하여 외부의 가연성가스에 인화되지 않도록 한 구조는?
① 압력방폭구조   ② 내압방폭구조
③ 유입방폭구조   ④ 안전증방폭구조

 방폭구조
① 내압방폭구조 : 용기내부에서 가연성 가스의 폭발이 발생할 경우 그 용기가 폭발

압력에 견디고 접합면 개구부등을 통하여 외부의 가연성가스에 인화되지 않도록 한 구조
② 압력방폭구조 : 용기내부에 보호가스를 압입하여 내부압력을 유지함으로서 가연성가스가 용기내부로 유입되지 않도록 한 구조

49 다음 [보기]의 특징을 가지는 가스는?

> - 약산성으로 강한 독성, 가연성, 폭발성이 있다.
> - 순수한 액체는 안정하나 소량의 수분에 급격한 중합을 일으키고 폭발할 수 있다.
> - 살충용 훈증제, 전기도금, 화학물질 합성에 이용된다.

① 아크릴로니트릴 ② 불화수소
③ 시안화수소   ④ 브롬화메탄

 시안화수소
① 살충제, 전기도금, 화학물질 합성에 이용
② 순수한 액체는 안정하나 소량의 수분에 급격한 중합을 일으키고 폭발할 수 있다.
③ 약산성으로 강한 독성, 가연성, 폭발성이 있다.
④ 아세틸렌과 반응하여 아크릴로 니트릴을 만들 수 있다.
⑤ 무색이고, 복숭아 냄새가 난다.

50 프로판가스의 폭발 위험도는 약 얼마인가?

① 3.5   ② 12.5
③ 15.5   ④ 20.2

 프로판가스의 위험도
$H = \dfrac{U-L}{L} = \dfrac{9.5-2.1}{2.1} = 3.52$

51 아세틸렌을 용기에 충전할 때 다음 물질 중 침윤제로 사용되는 것은?

① 아세톤   ② 벤젠
③ 케톤   ④ 알데히드

 아세틸렌 침윤제 : 아세톤, DMF

52 도시가스 공급시 판넬(Panel)에 의한 가스냄새농도 측정에서 냄새판정을 위한 시료의 희석배수가 아닌 것은?

① 100배   ② 500배
③ 1000배 ④ 4000배

 도시가스 공급시 판넬에 의한 가스냄새농도 측정에서 냄새판정을 위한 시료의 희석배수
① 500배 ② 1000배 ③ 4000배

53 고압가스 설비의 수리 등을 할 때의 가스치환에 대한 설명으로 옳은 것은?

① 가연성 가스의 경우 가스의 농도가 폭발하한계의 1/2에 도달할 때까지 치환한다.
② 가스 치환 시 농도의 확인 관능법에 따른다.
③ 불활성 가스의 경우 산소의 농도가 16% 이상에 도달할 때까지 공기로 치환한다.
④ 독성가스의 경우 독성가스의 농도가 TLV-TWA 기준농도 이하로 될 때까지 치환을 계속한다.

54 고압가스를 운반하는 차량의 안전 경계표지 중 삼각기의 바탕과 글자색은?

① 백색바탕 - 적색글씨
② 적색바탕 - 황색글씨
③ 황색바탕 - 적색글씨
④ 백색바탕 - 청색글씨

 고압가스를 운반하는 차량의 안전경계 표지 적색바탕에 황색글씨

55 가스배관 내진설계기준에서 고압가스 배관의 지진해석 시 적용사항에 대한 설명으로 틀

린 것은?
① 지반운동의 수평 2축방향 성분과 수직방향 성분을 고려한다.
② 지반을 통한 파의 방사조건을 적절하게 반영한다.
③ 배관-지반의 상호작용 해석 시 배관의 유연성과 변형성을 고려한다.
④ 기능수행수준 지진해석에서 배관의 거동은 거물형으로 가정한다.

56 고압가스특정제조설비에는 비상전력설비를 설치하여야 한다. 다음 중 가스누출검지경보장치에 설치하는 비상전력 설비가 아닌 것은?
① 타처공급전력 ② 자가발전
③ 엔진구동발전 ④ 축전기장치

 가스누출검지 경보장치에 설치하는 비상전력 설비
① 자가발전
② 축전기장치
③ 타처공급전력

57 LPG 자동차 용기 충전시설에 설치되는 충전호스에 대한 기준으로 틀린 것은?
① 충전호스의 길이는 5m이내 이어야 한다.
② 정전기 제거장치를 설치해야 한다.
③ 가스 주입구는 원터치형으로 한다.
④ 호스에 과도한 인장력이 가해졌을 때 긴급차단장치가 작동해야 한다.

 **LPG 자동차 용기 충전시설에 설치하는 충전호스**
① 호스에 과도한 인장력이 가해졌을 때 세이프리 카플러가 작동
② 가스 주입구는 원터치형으로 한다.
③ 정전기 제거장치를 설치해야 한다.
④ 충전호스의 길이는 5m 이내 이어야 한다.
⑤ 충전기 주의에는 가스누설 경보기 설치

58 차량에 고정된 2개 이상을 서로 연결한 이음매 없는 용기의 운반차량에 반드시 설치하지 않아도 되는 것은?
① 역류방지밸브 ② 검지봉
③ 압력계 ④ 긴급탈압밸브

 이음매 없는 용기의 운반차량에 반드시 설치
① 역류방지밸브
② 검지통
③ 압력계

59 도시가스 사업자가 가스시설에 대한 안전성평가서를 작성할 때 반드시 포함하여야 할 사항이 아닌 것은?
① 절차에 관한 사항
② 결과조치에 관한 사항
③ 품질보증에 관한 사항
④ 기법에 관한 사항

 안전성평가서 작성 시 포함
① 기법에 관한 사항
② 결과조치에 관한 사항
③ 절차에 관한 사항

60 고압가스 특정제조시설에서 사업소 밖의 가연성가스 배관을 노출하여 설치 시 다음 시설과 지상배관과의 수평거리를 가장 멀리하여야 하는 시설은?
① 도로 ② 철도
③ 병원 ④ 주택

 수평거리
① 철도, 도로 : 1m 이상
② 주택 : 10m 이상
③ 고압가스 : 20m 이상
④ 병원, 학교 : 30m 이상
⑤ 유형 문화재 : 50m 이상

제 4 과목 가스계측기기

61 다음 중 가스크로마토그래피의 구성요소가 아닌 것은?

① 분리관(칼럼)   ② 검출기
③ 유속조절기   ④ 단색화 장치

 가스크로마토그래피의 구성요소
① 분리관(칼럼) ② 유량조절기
③ 압력계   ④ 항온조
⑤ 검출기

62 어떤 가스의 유량을 시험용 가스미터로 측정하였더니 50m³/h 이었다. 같은 가스를 기준 가스미터로 측정하였을 때의 유량이 52m³/h 이었다면 이 시험용 가스미터의 기차는?

① +2.0%   ② -2.0%
③ 14.0%   ④ -4.0%

 기차 $= \dfrac{50-52}{52} \times 100 = -3.84\%$

63 가스압력조정기(Regulator)의 역할에 대한 설명으로 가장 옳은 것은?

① 용기 내로의 역화를 방지한다.
② 가스를 정제하고 유량을 조절한다.
③ 용기 내의 압력이 급상승할 경우 정상화한다.
④ 공급되는 가스의 압력을 연소기구에 적당한 압력까지 감압시킨다.

 가스압력조정기 : 공급되는 가스의 압력을 연소 기구에 적당한 압력까지 감압시킨다.

64 생성열을 나타내는 표준 온도로 사용되는 온도는?

① 0℃   ② 4℃
③ 25℃   ④ 35℃

 생성열을 나타내는 표준 온도 : 25℃

65 검지관식 가스검지기에 대한 설명으로 틀린 것은?

① 검지기는 검지관과 가스채취기 등으로 구성된다.
② 검지관은 내경 2~4mm의 구리관을 사용한다.
③ 검지관 내부에 시료가스가 송입되면 검지제와의 반응으로 변색한다.
④ 검지관은 한번 사용하면 다시 사용할 수 없다.

66 출력이 목표치와 비교되어 제어편차를 수정하는 과정이 없는 제어는?

① 폐회로(Closed loop)제어
② 개회로(Open loop)제어
③ 프로그램(Program)제어
④ 피드백(Feedback)제어

 개회로 : 출력이 목표치와 비교되어 제어편차를 수정하는 과정이 없는 제어

67 다음 중 비례제어(P동작)에 대한 설명으로 가장 옳은 것은?

① 비례대의 폭을 좁히는 등 오프셋은 극히 작게 된다.
② 조작량은 제어편차의 변화 속도에 비례한 제어동작이다.
③ 제어편차와 지속시간에 비례하는 속도로 조작량을 변화시킨 제어조작이다.
④ 비례대의 폭을 넓히는 등 제어동작이 작동할 때는 비례 동작이 강하게 되며, 피드백 제어로 되먹임 된다.

P동작(비례동작) : 조작량은 제어편차의 변화 속도에 비례한 제어동작이다.

68 가스미터를 검정하기 위하여는 표준(기준)미터를 갖추고 가스미터 시험에 적합한 유량범위를 가지고 있어야 한다. 다음 중 옳은 규격은?
① 시험미터를 최소유량부터 최대유량까지 3 포인트 유량 시험이 가능할 것
② 시험미터를 최소유량부터 최대유량까지 5 포인트 유량 시험이 가능할 것
③ 시험미터를 최소유량부터 최대유량까지 7 포인트 유량 시험이 가능할 것
④ 시험미터를 최소유량부터 최대유량까지 10포인트 유량 시험이 가능할 것

 가스미터 시험에 적합한 유량범위 : 시험미터를 최소유량부터 최대유량까지 7포인트 유량 시험이 가능할 것

69 일반적으로 사용되는 진공계중 정밀도가 가장 좋은 것은?
① 격막식 탄성 진공계
② 열음극 전리 진공계
③ 맥로드 진공계
④ 피라니 진공계

 열음극 전리 진공계 : 정밀도가 가장 좋음

70 막식가스미터에서 다음 [보기]과 같은 원인은 어떤 고장인가?

[보기]
- 계량막이 신축하여 계량실 부피가 변화
- 막에서의 누설, 밸브와 밸브시트 사이에서의 누설
- 패킹부에서의 누설

① 부동　　② 불통
③ 기차불량　　④ 감도불량

 기차불량
① 계량막이 신축하여 부피가 변함
② 막에서의 누설, 밸브와 밸브시트 사이에서의 누설
③ 패킹부에서의 누설

불통
① 날개 조절기등의 납땜이 떨어진 경우
② 회전자베어링의 마모에 의한 접촉시
③ 밸브와 밸브시트가 타르, 수분 등에 의해 고착 또는 동결시

부동
① 감속 또는 지시 장치의 기어물림 불량
② 지시장치의 톱니바퀴 불량
③ 계량막의 파손, 밸브의 탈락, 밸브와 밸브시트 사이에서 누설

71 가스분석방법 중 연소분석법이 아닌 것은?
① 폭발법　　② 완만연소법
③ 분별연소법　　④ 증발연소법

 연소분석법
① 폭발법　② 완만연소법　③ 분별연소법

72 계측에 사용되는 열전대 중 다음 [보기]의 특징을 가지는 온도계는?

[보기]
- 열기전력이 크고 저항 및 온도계수가 작다.
- 수분에 의한 부식이 강하므로 저온측정에 적합하다.
- 비교적 저온의 실험용으로 주로 사용한다.

① R형　　② T형
③ J형　　④ K형

 T형
① 열기전력이 크고 저항 및 온도계수가 적다.
② 수분에 의한 부식성이 강하므로 저온측정에 적합
③ 주로 저온의 실험용으로 사용

73 가스크로마토그래피 캐리어가스의 유량이 70mL/min에서 어떤 성분시료를 주입하였더니 주입점에서 피크까지의 길이가 18cm이었다. 지속용량이 450mL라면 기록지의 속도는 약 몇 cm/min인가?

① 0.28　　② 1.28
③ 2.8　　　④ 3.8

$1\text{min} = 70\text{ml}$
$x = 450\text{ml}$　　$x = 6.42$분
∴ $\dfrac{18\text{cm}}{6.42\text{분}} = 2.8\text{cm/분}$

74 비접촉식 온도계의 특징으로 옳지 않은 것은?

① 내열성 문제로 고온측정이 불가능하다.
② 움직이는 물체의 온도측정이 가능하다.
③ 물체의 표면온도만 측정 가능하다.
④ 방사율의 보정이 필요하다.

 비접촉식 온도계의 특징
① 고온측정기능(700~3000℃)
② 움직이는 물체의 온도측정 가능
③ 방사율 보정가능
④ 물체의 표면온도만 측정 가능

75 압력의 단위를 차원(dimension)을 바르게 나타낸 것은?

① MLT　　② ML^2T^2
③ M/LT^2　　④ M/L^2T^2

 압력의 단위 차원 : M/LT^2

76 헴펠법 가스분석법에서 CO_2의 흡수제는?

① 발연 황산
② 피로갈를 알칼리 용액
③ NH_4CH
④ KOH

 헴펠법
① CO_2 : KOH 30% 수용액
② C_mH_n : 발연황산 25%
③ O_2 : 알카리성 피롤카롤 용액
④ CO : 암모니아성 염화제1동 용액

77 대칭 이원자 분자 및 Ar 등의 단원자 분자를 제외한 거의 대부분의 가스를 분석할 수 있으며 선택성이 우수하고 연속분석이 가능한 가스분석 방법은?

① 적외선법　　② 반응열법
③ 용액전도율법　　④ 열전도율법

 적외선법 : 대칭 이원자 분자 및 Ar 등의 단원자 분자를 제외한 거의 대부분의 가스를 분석할 수 있으며 선택성이 우수하고 연속분석이 가능

78 물리적 가스 분석계에 해당하지 않는 것은?

① 가스의 화학반응을 이용하는 것
② 가스의 열전도율을 이용하는 것
③ 가스의 자기적 성질을 이용하는 것
④ 가스의 광학적 성질을 이용하는 것

 물리적 가스 분석계
① 가스의 열전도율을 이용하는 것
② 가스의 자기적 성질을 이용하는 것
③ 가스의 광학적 성질을 이용하는 것

79 다음 중 시퀀셜제어(sequential control)에 해당되지 않는 것은?

① 교통신호등의 신호제어
② 승강기의 작동제어
③ 자동판매기의 작동제어
④ 피드백에 의한 유량제어

 시퀀셜제어
① 자동판매기의 작동제어
② 승강기의 작동제어
③ 교통신호등의 신호제어
④ 에스컬레이터의 작동제어

80 dial gauge는 다음 중 어느 측정 방법에 속하는가?

① 비교측정　　② 절대측정
③ 변위측정　　④ 직접측정

해설 다이어 게이지는 비교측정법에 해당

제 6 편 과년도 출제문제
2021년 9월 CBT 시행

> 본 문제는 복원 기출문제입니다. 실제 문제와 다를 수 있으니 양해바랍니다.

제1과목 연소공학

01 상용의 상태에서 가연성가스가 체류해 위험하게 될 우려가 있는 장소를 무엇이라 하는가?
① 0종 장소   ② 1종 장소
③ 2종 장소   ④ 3종 장소

위험장소
① 0종 장소 : 상용의 상태에서 가연성가스의 농도가 연속해서 폭발 하한계 이상으로 되는 장소
② 1종 장소
  ㉠ 상용상태에서 가연성가스가 체류하여 위험하게 될 우려가 있는 장소
  ㉡ 정비, 보수 또는 누설 등으로 인하여 종종 가연성가스가 체류하여 위험하게 될 우려가 있는 장소
③ 2종 장소
  ㉠ 환기장치에 이상이나 사고가 발생한 경우 가연성가스가 체류하여 위험하게 될 우려가 있는 장소
  ㉡ 1종 장소 주변 또는 인접한 실내에서 위험한 농도의 가연성 가스가 종종 침입할 우려가 있는 장소

02 가연성 물질의 인화 특성에 대한 설명으로 틀린 것은?
① 증기압을 높게 하면 인화위험이 커진다.
② 연소범위가 넓을수록 인화위험이 커진다.
③ 비점이 낮을수록 인화위험이 커진다.
④ 최소점화에너지가 높을수록 인화위험이 커진다.

최소점화에너지가 적을수록 인화의 위험이 커진다.

03 폭발한계(폭발범위)에 영향을 주는 요인으로 가장 거리가 먼 것은?
① 온도   ② 압력
③ 산소량   ④ 발화지연시간

폭발한계에 영향을 주는 요인
① 온도   ② 조성
③ 압력   ④ 산소

04 다음 가스가 같은 조건에서 같은 질량이 연소할 때 발열량(kcal/kg)이 가장 높은 것은?
① 수소   ② 메탄
③ 프로판   ④ 아세틸렌

발열량
① 수소의 연소열 : 68.3kcal/mol
  2g   = 68.3kcal/mol
  1000g/kg = x
  $x = \dfrac{1000g/kg \times 68.3kcal/mol}{2g}$
  = 34150kcal/kg
② 프로판의 연소열 : 530.6kcal/mol
  44g   = 530.6kcal/mol
  1000g/kg = x
  $x = \dfrac{1000g/kg \times 530.6kcal/mol}{44g}$
  = 12059kcal/kg
③ 메탄의 연소열 : 191.7kcal/mol
  16g   = 191.7kcal/mol
  1000g/kg = x
  $x = \dfrac{1000g/kg \times 191.7kcal/mol}{16g}$
  = 11981.25$kcal/kg$
④ 아세틸렌의 연소열 : 301.5kcal/mol
  26g   = 301.5kcal/mol
  1000g/kg = x
  $x = \dfrac{1000g/kg \times 301.5kcal/kg}{26g}$
  = 11596.15kcal/kg

1.② 2.④ 3.④ 4.①

가스산업기사

05 화염의 색에 따른 불꽃의 온도가 낮은 것에서 높은 것의 순서로 바르게 나타낸 것은?

① 암적색→황적색→적색→백적색→휘백색
② 암적색→적색→백적색→황적색→휘백색
③ 암적색→백적색→적색→황적색→휘백색
④ 암적색→적색→황적색→백적색→휘백색

 불꽃의 온도
암적색(700℃) → 적색(850℃) → 황적색(1100℃) → 백적색(1300℃) → 휘백색(1500℃)

06 다음 중 시강특성에 해당하지 않는 것은?

① 부피   ② 온도
③ 압력   ④ 몰분율

 시강특성
① 온도 ② 압력 ③ 몰분율

07 공업적으로 액체연료 연소에 가장 효율적인 연소방법은?

① 액적연소   ② 표면연소
③ 분해연소   ④ 분무연소

 공업적으로 액체연료 연소에 가장 효율적인 연소방법은 분무연소이다.

08 76mmHg, 23℃에서 수증기 100m³의 질량은 얼마인가? (단, 수증기는 이상기체 거동을 한다고 가정한다.)

① 0.74kg   ② 7.4kg
③ 74kg   ④ 740kg

 $PV = GRT$에서 $G = \dfrac{PV}{RT}$

$$G = \dfrac{\dfrac{76}{760} \times 10332\text{kg/m}^2 \times 100\text{m}^3}{\dfrac{848}{18} \times (273+23)} = 7.4\text{kg}$$

여기서 $R = \dfrac{848}{M}$ 이고

$1\text{atm} = 1.0332\text{kg/cm}^2 = 760\text{mmHg}$
$\qquad\quad = 10332\text{kg/m}^2$

09 연소속도 지배 인자로만 바르게 나열한 것은?

① 산소와의 혼합비, 산소농도, 반응계 온도
② 웨버지수, 기체상수, 밀도계수
③ 착화에너지, 기체상수, 밀도계수
④ 발열반응, 웨버지수, 기체상수

 연소속도 지배 인자
① 산소와의 혼합지
② 산소농도
③ 반응계 온도

10 연료와 공기를 인접한 2개의 분출구에서 각각 분출시켜 양자의 계면에서 연소를 일으키는 형태는?

① 분무연소   ② 확산연소
③ 액면연소   ④ 예혼합연소

 확산연소(수소, 메탄) : 연료와 공기를 인접한 2개의 분출구에서 각각 분출시켜 양자의 계면에서 연소를 일으키는 형태

11 다음 중 폭굉유도거리(DID)가 짧아지는 요인은?

① 압력이 낮을수록
② 관의 직경이 작을수록
③ 점화원의 에너지가 작을수록
④ 정상 연소속도가 느린 혼합가스일수록

 폭굉유도거리가 짧아지는 요인
① 고압일수록
② 정상 연소속도가 큰 혼합가스일수록
③ 관속에 방해물이 있거나 관경이 가늘수록
④ 점화원의 에너지가 클수록

12 폭굉을 일으킬 수 있는 기체가 파이프 내에 있을 때 폭굉방지 및 방호에 대한 설명으로 옳지

않은 것은?
① 파이프의 지름대 길이의 비는 가급적 작도록 한다.
② 파이프 라인에 오리피스 같은 장애물이 없도록 한다.
③ 파이프 라인에 장애물이 있는 곳은 가급적이면 축소한다.
④ 공정 라인에서 회전이 가능하면 가급적 완만한 회전을 이루도록 한다.

 파이프 라인에 장애물이 있는 곳은 가급적이면 확대한다.

13 다음 반응 중 화학폭발의 원인과 관련이 가장 먼 것은?
① 압력폭발 ② 중합폭발
③ 분해폭발 ④ 산화폭발

 화학폭발
① 산화폭발 : $C_3H_8 + 5O_2 \rightarrow 3CO_2 + 4H_2O$
  $CH_4 + 2O_2 \rightarrow CO_2 + 2H_2O$
② 분해폭발 : $C_2H_2 \rightarrow 2C + H_2$
  C_2H_4O
③ 중합폭발 : C_2H_4O, HCN

14 다음 가스 중 비중이 가장 큰 것은?
① 메탄 ② 프로판
③ 염소 ④ 이산화탄소

 비중이 큰 순서
① 염소(Cl_2)
  : $35.5 \times 2 = 71g \div 29 = 2.448$
② 프로판(C_3H_8)
  : $12 \times 3 + 8 = 44g \div 29 = 1.52$
③ 탄산가스 (CO_2)
  : $12 + 16 \times 2 = 44g \div 29 = 1.52$
④ 메탄(CH_4)
  : $12 + 4 = 16g \div 29 = 0.55$

15 고체연료의 탄화도가 높은 경우 발생하는 현상이 아닌 것은?
① 휘발분이 감소한다.
② 수분이 감소한다.
③ 연소속도가 빨라진다.
④ 착화온도가 높아진다.

 고체연료의 탄화도가 높은 경우 발생하는 현상
① 휘발분이 감소한다.
② 수분이 감소한다.
③ 연소속도가 느려진다.
④ 착화온도가 높아진다.

16 산소가 20°C, $5m^3$의 탱크 속에 들어 있다. 이 탱크의 압력이 $10kgf/cm^2$이라면 산소의 질량은 약 몇 kg 인가? (단, 기체상수 R은 $848 kg \cdot m/kmol \cdot K$ 이다.)
① 0.65 ② 1.6
③ 55   ④ 65

 $PV = GRT$에서 $G = \dfrac{PV}{RT}$
$G = \dfrac{10 \times 10^4 kg/m^2 \times 5m^3}{\dfrac{848}{32} \times (273 + 20)} = 65 kg$

17 용기내부에서 폭발성 혼합가스의 폭발이 일어날 경우에 용기가 폭발압력에 견디고 외부의 폭발성 분위기에 불꽃이 전파되는 것을 방지하도록 한 방폭구조는?
① 압력방폭구조 ② 내압방폭구조
③ 유입방폭구조 ④ 안전증방폭구조

 방폭구조
① 내압방폭구조 : 용기내부에서 폭발성 혼합가스의 폭발이 일어날 경우에 용기가 폭발압력에 견디고 외부의 가연성 가스에 점화되지 않도록 한 구조
② 유입방폭구조 : 용기내부에 기름을 주입하여 불꽃, 아크 또는 고온발생 부분이 기름속에 잠기게 함으로써 기름면 위에 존재하는 가연성가스에 인화되지 않도록 한 구조

③ 압력방폭구조 : 용기내부에 보호가스를 압입하여 내부압력을 유지함으로서 가연성 가스가 용기 내부로 유입되지 않도록 한 구조

18 등심연소 시 화염의 길이에 대하여 옳게 설명한 것은?

① 공기 온도가 높을수록 길어진다.
② 공기 온도가 낮을수록 길어진다.
③ 공기 유속이 높을수록 길어진다.
④ 공기 유속 및 공기온도가 낮을수록 길어진다.

 등심연소 시 화염의 길이 : 공기 온도가 높을수록 길어진다.

19 가연성가스의 폭발범위에 대한 설명으로 옳은 것은?

① 폭굉에 의한 폭풍이 전달되는 범위를 말한다.
② 폭굉에 의하여 피해를 받는 범위를 말한다.
③ 공기 중에서 가연성가스가 연소할 수 있는 가연성가스의 농도범위를 말한다.
④ 가연성가스와 공기의 혼합기체가 연소하는데 있어서 혼합기체의 필요한 압력범위를 말한다.

 가연성가스의 폭발범위 : 공기 중에서 가연성가스가 연소할 수 있는 가연성가스의 농도범위

20 1kg의 공기를 20℃, 1kgf/cm² 인 상태에서 일정 압력으로 가열 팽창시켜 부피를 처음의 5배로 하려고 한다. 이때 필요한 온도 상승은 약 몇 ℃인가?

① 1172 ② 1292
③ 1465 ④ 1561

 $\dfrac{P_1 V_1}{T_1} = \dfrac{P_2 V_2}{T_2}$

∴ $T_2 = \dfrac{T_1 \times P_2 \times V_2}{P_1 \times V_1}$

$= \dfrac{(273+20) \times 1 \times 5}{1 \times 1} = 1465°K$

°K = ℃ + 273 이므로
℃ = 1465 - 273 = 1192℃
1192 - 20 = 1172

제 2 과목 가스설비

21 배관의 스케줄 번호를 정하기 위한 식은? (단, P는 사용압력[kg/cm²], S는 허용응력 [kg/mm²]이다.)

① $10 \times \dfrac{P}{S}$ ② $10 \times \dfrac{S}{P}$
③ $1{,}000 \times \dfrac{P}{S}$ ④ $1{,}000 \times \dfrac{S}{P}$

 스케줄 번호
$= \dfrac{P}{S} \times 10 \,(P : \text{kg/cm}^2,\ S : \text{kg/mm}^2)$
$= \dfrac{P}{S} \times 1000 \,(P : \text{kg/cm}^2,\ S : \text{kg/cm}^2)$

22 역화방지 장치를 설치할 장소로 옳지 않은 곳은?

① 가연성가스를 압축하는 압축기와 오토크레이브사이
② 아세틸렌 충전용지관
③ 가연성가스를 압축하는 압축기와 저장탱크사이
④ 아세틸렌의 고압건조기와 충전용교체밸브사이

 역화방지 장치 설치위치
① 가연성가스를 압축하는 압축기와 오토크레이브와의 사이

② 아세틸렌의 고압건조기와 충전용교체밸브사이
③ 수소화염 또는 산소, 아세틸렌 화염 사용시설
④ 아세틸렌 충전용지관

23 탄소강을 냉간 가공하였을 경우 나타나는 성질로 틀린 것은?

① 인장강도 증가   ② 단면 수축률 감소
③ 피로한도 증가   ④ 경도 감소

 탄소강의 냉간 가공시 나타나는 성질
① 경도 증가   ② 단면 수축률 감소
③ 피로한도 증가   ④ 인장강도 증가

24 배관 내의 마찰저항에 의한 압력손실에 대한 설명으로 옳지 않은 것은?

① 관내경의 5승에 반비례한다.
② 유속의 제곱에 비례한다.
③ 관의 길이에 반비례한다.
④ 유체점도가 크면 압력손실이 커진다.

 배관 내의 마찰저항에 의한 압력손실

$$Q = k\sqrt{\frac{D^5 h}{S \cdot L}} \rightarrow Q^2 = k^2 \times \frac{D^5 \times h}{S \times L}$$

$$h = \frac{Q^2 \times S \times L}{K^2 \times D^5}$$

① 유량의 제곱에 비례한다.(Q)
② 가스비중에 비례한다.(S)
③ 관 길이에 비례한다.(L)
④ 유량계수 제곱에 반비례한다.(K)
⑤ 관내경에 5승에 반비례한다.(D)

25 도시가스 제조에서 사이크링식 접촉분해(수증기개질)법에 사용하는 원료에 대한 설명으로 옳은 것은?

① 천연가스에서 원유에 이르는 넓은 범위의 원료를 사용할 수 있다.
② 석탄 또는 코크스만 사용할 수 있다.
③ 메탄만 사용할 수 있다.
④ 프로판만 사용할 수 있다.

 사이크링식 접촉분해법에 사용하는 원료
천연가스에서 원유에 이르는 넓은 범위의 원료 사용

26 작동이 단속적이고 송수량을 일정하게 하기 위하여 공기실을 장치할 필요가 있는 펌프는?

① 치차펌프   ② 원심펌프
③ 축류펌프   ④ 왕복펌프

 왕복펌프 : 작동이 단속적이고 송수량을 일정하게 하기 위하여 공기실 설치

27 프로판 20kg 이 내용적 50l 의 용기에 들어 있다. 이 프로판을 매일 0.5m3 씩 사용한다면 약 며칠을 사용할 수 있겠는가? (단, 25℃, 1atm 기준이며, 이상기체로 가정한다.)

① 22   ② 31
③ 35   ④ 45

$$PV = \frac{WRT}{M}$$
$$V = \frac{WRT}{PM}$$
$$= \frac{20 \times 1000 \times 0.082 \times (273+25)}{1 \times 44}$$
$$= 11107.27l = 11.107 m^3 / 0.5 m^3 / h$$
$$= 22.21h$$

28 프로판의 비중을 1.5로 하면 입상관의 높이가 20m인 경우 압력손실은 몇 mmH₂O 인가?

① 1.293   ② 12.93
③ 129.3   ④ 1,293

$$H = 1.293(S-1)h$$
$$= 1.293(1.5-1) \times 20 = 12.93$$

29 원심압축기의 특징에 대한 설명으로 옳은 것은?

① 효율이 높다.
② 무 급유식이다.
③ 기체의 비중에 큰 영향을 받지 않는다.
④ 감속장치가 필요하다.

 원심압축기의 특징
① 무 급유식이다.
② 효율이 낮다.
③ 감속장치가 불필요하다.
④ 기체의 비중에 큰 영향을 받는다.

30 다음 중 금속피복 방법이 아닌 것은?

① 용융도금법   ② 클래딩법
③ 전기도금법   ④ 희생양극법

 금속피복 방법
① 전기도금법 ② 클래딩법 ③ 용융도금법

31 펌프의 공동현상(Cavitation)방지법으로 틀린 것은?

① 흡입양정을 짧게 한다.
② 양흡입 펌프를 사용한다.
③ 흡입 비교 회전도를 크게 한다.
④ 회전차를 물속에 완전히 잠기게 한다.

 공동현상(캐비테이션현상)방지법
① 펌프의 설치위치를 낮춘다.
② 관경을 크게 한다.
③ 임펠라를 액중에 완전히 잠기게 한다.
④ 흡입측 손실 수두를 줄인다.
⑤ 양흡입 펌프를 사용한다.
⑥ 흡입양정을 짧게 한다.

32 관내부의 마찰계수가 0.02, 길이 100m, 관의 내경 40mm, 평균유속 1m/s, 중력가속도 9.8m/s² 일 때 마찰에 의한 수두손실은 약 몇 m 인가?

① 0.012   ② 0.102
③ 2.55   ④ 10.2

 마찰에 의한 수두손실

$$HL = \frac{\lambda l V^2}{2gd}$$

$$= \frac{0.02 \times 100 \times 1^2}{2 \times 9.8 \times 0.04} = 2.55$$

33 총 발열량이 10000kcal/Sm³, 비중이 1.2인 도시가스의 웨버지수는?

① 8333   ② 9129
③ 10954   ④ 12000

 웨버지수 $= \dfrac{Hg}{\sqrt{d}} = \dfrac{10000}{\sqrt{1.2}} = 9128.7$

34 고압가스 냉동장치의 용어에 대한 설명으로 옳은 것은?

① 냉동능력 : 증발기에서 흡수하는 열량(kcal/h)
② 체적냉동효과 : 압축기 입구에서 증기(건포화증기)의 체적당 흡열량(kcal/m³)
③ 냉동효과 : 1kg의 냉매가 증발기에서 흡수하는 열량(kcal/kg)
④ 냉동톤 : 0℃의 물 1톤을 0℃ 얼음으로 냉동시키는 능력

 용어설명
① 냉동효과
③ 냉동능력
④ 냉동톤 : 1kg의 냉매가 증발기에서 흡수하는 열량(kcal/kg)
0℃의 물 1톤을 24시간에 0℃ 얼음으로 냉동시키는 힘이다.

35 다음 중 어떤 성분을 많이 함유하고 있는 탄소강이 적열취성을 일으키는가?

① B   ② P
③ Si   ④ S

S(황) : 적열 취성 원인(800~900℃)

P(인) : 상온취성, 청열취성 원인
(200~300℃)
B(붕소) : 담금질성 개선
Si(규소) : 강의 고온가공성을 좋게 한다. 용융금속의 유동성증가

36 증기압축기 냉동사이클에서 교축과정이 일어나는 곳은?

① 압축기 ② 응축기
③ 팽창밸브 ④ 증발기

 증기압축기 냉동사이클에서 교축과정이 일어나는 곳 : 팽창밸브(팽창면)

37 부탄의 C/H 중량비는 얼마인가?

① 3 ② 4
③ 4.5 ④ 4.8

 C_4H_{10}의 $\frac{C}{H}$ 비는 $\frac{4 \times 12}{10} = 4.8$

38 LNG 인수기지에서 사용되고 있는 기화기 중 간헐적으로 평균수요를 넘을 경우 그 수요를 충족(Peak Saving용) 시키는 목적으로 주로 사용하는 것은?

① Open rack vaporizer
② Intermediate fluid vaporizer
③ 전기 가압식 기화기
④ Submerged vaporizer

 Submerged vaporizer : 간헐적으로 평균수요를 넘을 경우 그 수요를 충족시키는 목적으로 주로 사용

39 버너의 불꽃을 감지하여 정상적인 연소 중에 불꽃이 꺼졌을 때 신속하게 가스를 차단하여 생가스 누출을 방지하는 장치로서 불꽃의 도전성에 의한 정류성을 이용하여 불꽃을 감지하는 방식으로 대용량의 연소기에 사용하는 방식의 연소안전장치는?

① 열전대식 ② 플레임로드식
③ 광전식 ④ 바이메탈식

 플레임로드 : 버너의 불꽃을 감지하여 정상적인 연소 중에 불꽃이 꺼졌을 때 신속하게 가스를 차단하여 생가스 누출을 방지하는 장치로 대용량의 연소기에 사용

40 가연성가스를 충전하는 차량에 고정된 탱크 및 용기에 부착되어 있는 안전밸브의 작동압력으로 옳은 것은?

① 내압시험 압력의 10분의 8이하
② 내압시험 압력의 1.5배 이하
③ 상용압력의 10분의 8이하
④ 상용압력의 1.5배 이하

 안전밸브 작동압력 = 내압시험압력 × $\frac{8}{10}$ 배 이하

제 3 과목 가스안전관리

41 가연성가스의 위험성에 대한 설명으로 틀린 것은?

① 온도, 압력이 높을수록 위험성이 커진다.
② 폭발한계 밖에서는 폭발의 위험성이 적다.
③ 폭발한계가 넓을수록 위험하다.
④ 폭발한계가 좁고 하한이 낮을수록 위험성이 적다.

 가연성가스의 위험성
① 폭발한계가 넓고 하한이 낮을수록 위험성이 크다.
② 폭발한계 밖에서는 위험성이 적다.
③ 온도, 압력이 높을수록 위험성이 커진다.

42 액화석유가스 설비의 가스안전사고 방지를 위한 기밀시험시 사용이 부적합한 가스는?
① 공기 ② 탄산가스
③ 질소 ④ 산소

 기밀시험용 가스
① 공기 ② 질소 ③ 탄산가스

43 독성가스의 처리설비로서 1일 처리능력이 15000m³인 저장시설과 21m 이상 이격하지 않아도 되는 보호시설은?
① 학교
② 도서관
③ 수용능력이 15인 이상인 아동복지시설
④ 수용능력이 300인 이상인 교회

 수용능력이 20인 이상인 아동복지시설, 심신장애자 복지시설

44 고압가스안전관리법의 공급자의 안전점검기준에 따라 공급자는 가스 공급시 마다 해당시설에 대한 점검을 실시하고 주기적으로 정기점검을 실시하여야 한다. 이때 정기점검을 실시한 후 작성한 기록은 몇 년간 보존하여야 하는가?
① 2년 ② 3년
③ 5년 ④ 영구

 정기점검 실시한 후 작성한 기록은 2년간 보존한다.

45 아세틸렌가스 충전 시 희석제로 적합한 것은?
① N_2 ② C_3H_8
③ SO_2 ④ H_2

 아세틸렌가스 희석제
① 메탄 ② 일산화탄소
③ 에틸렌 ④ 질소

46 에어졸의 충전 기준에 적합한 용기의 내용적은 몇 L 미만이어야 하는가?
① 1 ② 2
③ 3 ④ 5

 에어졸 충전 기준에 적합한 용기의 내용적은 1L 미만

47 우리나라는 1970년부터 시범적으로 동부 이촌동의 3,000가구를 대상으로 LPG/AIR 혼합방식의 도시가스를 공급하기 시작하였다. LPG에 AIR를 혼합하는 주된 이유는?
① 가스의 가격을 올리기 위해서
② 재액화를 방지하고 발열량을 조정하기 위해서
③ 공기로 LPG 가스를 밀어내기 위해서
④ 압축기로 압축하려면 공기를 혼합해야 하므로

 LPG에 AIR를 혼합하는 주된 이유
① 재액화를 방지
② 발열량을 조정
③ 누설시 손실이나 체류방지
④ 연소효율증대
⑤ 소요공기량 보충

48 액화석유가스 집단공급사업 허가 대상인 것은?
① 70개소 미만의 수용자에게 공급하는 경우
② 전체 수용가구수가 100세대 미만인 공동주택의 단지 내인 경우
③ 시장 또는 군수가 집단공급사업에 의한 공급이 곤란하다고 인정하는 공공주택단지에 공급하는 경우
④ 고용주가 종업원의 후생을 위하여 사원주택·기숙사 등에게 직접 공급하는 경우

 액화석유가스 집단공급 사업허가 대상
전체수용가구수가 100세대 미만인 공동주택의 단지 내인 경우

49 메탄이 주성분인 가스는?
① 프로판가스 ② 천연가스
③ 나프타가스 ④ 수성가스

 천연가스 주성분 : 메탄
LPG의 주성분 : 프로판

50 용기의 종류별 부속품의 기호로서 틀린 것은?
① 아세틸렌 : AG ② 압축가스 : PG
③ 액화가스 : LP ④ 초저온 및 저온 : LT

용기의 종류별 부속품 기호
① AG : 아세틸렌 가스를 충전하는 용기 부속품
② PG : 압축가스를 충전하는 용기 부속품
③ LT : 초저온 및 저온가스를 충전하는 용기 부속품
④ LPG : 액화석유가스를 충전하는 용기 부속품
⑤ LG : 액화석유가스외의 가스를 충전하는 용기 부속품

51 가스보일러의 급배기방식 중 연소용 공기는 옥내에서 취하고, 연소배기가스는 배기용 송풍기를 사용하여 강제로 옥외로 배출하는 방식은?
① 자연급·배기식
② 자연배기식(CF식)
③ 강제배기식(FE식)
④ 강제급배기식 (FF식)

급배기 방식에 따른 분류
① 개방형 : 급기실내, 배기실내로 배출 (가스렌지, 캐비넷히터)
② 반밀폐형 : 급기실내, 배기실외로 배출 (자연배기식(CF), 강제배기식(FE))
③ 밀폐형 : 급기실외, 배기실외로 배출 (강제급배기식(FF))

52 다음 중 분해폭발을 일으키는 가스가 아닌 것은?

① 아세틸렌 ② 에틸렌
③ 산화에틸렌 ④ 메탄가스

 분해폭발을 일으키는 가스
① 아세틸렌 ② 산화에틸렌 ③ 에틸렌

53 시안화수소의 충전 시 주의사항의 기준으로 틀린 것은?
① 용기에 충전하는 시안화수소의 순도는 99% 이상 이어야 한다.
② 아황산가스 또는 황산을 안정제로 첨가하여야 한다.
③ 충전한 용기는 24시간 이상 정치하여야 한다.
④ 질산구리벤젠시험지로 1일 1회 이상 가스누출검사를 한다.

 용기에 충전하는 시안화수소의 순도는 98% 이상 이어야 한다.

54 자연기화 방식에 의한 가스발생 설비를 설치하여 가스를 공급할 때 피크 시의 평균가스 수요량은 얼마인가? (단, 1月은 30일로 한다.)

[보기]
- 공급세대수 : 140세대
- 피크월(월) 세대당 평균가스 수요량 : 27kg/月
- 피크일(일)율 : 120%
- 최고 피크시 (時)율 : 25%
- 피크시(시)율 : 16%

① 12kg/시 ② 24kg/시
③ 32kg/시 ④ 44kg/시

 피크시 평균가스 소비량 $= \dfrac{1.2 \times 140 \times 27}{30}$

55 저장량이 각각 1,000톤인 LP가스 저장탱크 2기에서 발생할 수 있는 사고와 상해 발생 Mechanism으로 적절하지 않은 것은?

① 누출 → 화재 → BLEVE → Fireball → 복사열 → 화상
② 누출 → 증기운확산 → 증기운폭발 → 폭발과압 → 폐출열
③ 누출 → 화재 → BLEVE → Fireball → 화재확대 → BLEVE
④ 누출 → 증기운확산 → BLEVE → Fireball → 화상

56 밸브가 돌출한 용기를 용기보관소에 보관하는 경우 넘어짐 등으로 인한 충격 및 밸브의 손상을 방지하기 위한 조치를 하지 않아도 되는 용기의 내용적의 기준은?

① 1L 이하 ② 3L 이하
③ 5L 이하 ④ 10L 이하

 넘어짐방지 조치를 하지 않아도 되는 용기내용적 : 5L 이하

57 저장탱크에 의한 액화석유가스저장소에서 지상에 설치하는 저장탱크 및 그 받침대에는 외면으로부터 몇 m 이상 떨어진 위치에서 조작할 수 있는 냉각장치를 설치하여야 하는가?

① 2m ② 5m
③ 8m ④ 10m

 살수냉각장치 : 5m 이상
물분무장치 : 15m 이상

58 지상에 설치된 저장탱크 중 저장능력 몇 톤 이상인 저장탱크에 폭발방지장치를 설치하여야 하는가?

① 10톤 ② 20톤
③ 50톤 ④ 100톤

 폭발방지장치 설치 : 저장능력 10톤 이상 시

59 다음 가스용품 중 합격표시를 각인으로 하여야 하는 것은?

① 배관용밸브
② 전기절연이음관
③ 강제혼합식가스버너
④ 금속플렉시블호스

 가스용품 중 합격표시를 각인으로 하여야 하는 것은 배관용밸브이다.

60 차량에 고정된 탱크로 고압가스를 운반할 때의 기준으로 틀린 것은?

① 차량의 앞뒤 보기 쉬운 곳에 각각 붉은 글씨로 "위험고압가스"라는 경계표시를 하여야 한다.
② 수소 및 산소탱크의 내용적은 1만 8천L 를 초과하지 아니하여야 한다.
③ 염소탱크의 내용적은 1만 5천L 를 초과하지 아니하여야 한다.
④ 액화가스를 충전하는 탱크는 그 내부에 방파판 등을 설치한다.

 염소탱크의 내용적은 1만 2천L 를 초과하지 말아야 한다.

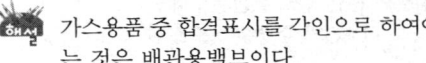

제 4 과목 가스계측

61 다음 중 추량식 가스미터는?

① 막식 ② 오리피스식
③ 루트식 ④ 습식

가스미터의 종류
① 실측식 : ㉠ 건식 ┬ 막식 ┬ 그로바식
                              └ 독립내기식
                   └ 회전식 ┬ 루츠식
                              ├ 오벌식
                              └ 로터리식
           ㉡ 습식
② 추측식(추량식) : ㉠ 오리피스 ㉡ 터빈
                   ㉢ 벤튜리 ㉣ 선근차식 ㉤ 피토우관

62 열전대에 대한 설명 중 틀린 것은?

① R열전대의 조성은 백금과 로듐이며 내열성이 강하다.
② K열전대는 온도와 기전력의 관계가 거의 선형적이며 공업용으로 널리 사용된다.
③ J열전대는 철과 콘스탄탄으로 구성되며 산에 강하다.
④ T열전대는 저온 계측에 주로 사용된다.

해설 열전대
① PR(R열전대) : 백금과 로듐이며 내열성이 강하다.
산화성분 위기에 강한다.
② CA(K열전대) : 크로멜, 알루멜이며 온도와 가전력의 관계가 거의 선형적이며 공업용으로 널리 사용, 산화성 분위기에 약하다.
③ IC(J열전대) : 철과 콘스탄탄, 환원성 분위기에 강하다.
④ CC(T열전대) : 동과 콘스탄탄, 수분에 의한 내식성이 강하다. 저온계측에 사용

63 다음의 제어동작 중 비례 적분동작을 나타낸 것은?

①   ②
③ ④
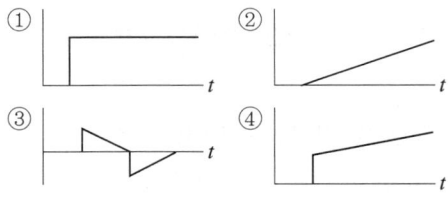

64 다음 중 비중이 가장 큰 가스는?

풀이 : 분자량이 큰 것이 비중이 크다.
① CH_4 ② O_2
③ C_2H_2 ④ CO

해설 비중이 큰 순서
① CH_4(메탄) : $12+4=16g \div 29g = 0.55$
② O_2(산소) : $16 \times 2 = 32g \div 29g = 1.10$
③ C_2H_2(아세틸렌)
: $12 \times 2 + 2 = 26g \div 29g = 0.896$
④ CO(일산화탄소)
: $12+16=28g \div 29g = 0.965$

65 Block 선도의 등가변화에 해당하는 것만으로 짝지어진 것은?

① 전달요소 결합, 가합점 치환, 직렬 결합, 피드백 치환
② 전달요소 치환, 인출점 치환, 병렬 결합, 피드백 결합
③ 인출점 치환, 가합점 결합, 직렬 결합, 병렬 결합
④ 전달요소 이동, 가합점 결합, 직렬 결합, 피드백 결합

해설 블록선도의 등가변화에 해당
① 피드백 결합 ② 병렬 결합
③ 인출점 치환 ④ 전달요소 치환

66 막식가스미터에서 계량막이 신축하여 계량식 부피가 변화하거나 막에서의 누출, 밸브시트에서의 누출 등이 원인이 되어 발생하는 고장의 형태는?

① 감도불량 ② 기차불량
③ 부동 ④ 불통

해설 가스미터의 고장 및 원인
① 기차불량 : 부품의 마모등에 의해 기차가 변화하는 경우 계량법에 규정된 사용공차 ±4%를 넘어서는 현상
㉠ 계량막이 신축하여 부피가 변화하는 경우
㉡ 밸브와 밸브시트 사이 또는 막패킹부에서 수선
㉢ 회전부분의 마찰저항 증가에 의한 진동
② 부동 : 가스는 가스미터를 통과하나 미터 지침이 작동하지 않는 현상
㉠ 감속 또는 지시장치의 기어 물림 불량
㉡ 지시장치의 톱니바퀴 불량
㉢ 계량막의 파손, 밸브의 탈락 밸브와 밸브시트 사이에서의 누설
③ 불통 : 가스가 가스미터를 통과하지 않는

고장
㉠ 날개 조절기능의 납땜이 떨어진 경우
㉡ 회전자 베어링의 마모에 의한 접촉 시
㉢ 밸브와 밸브시트가 타르수분등에 의해 고착 또는 동결 시

67 비례적분미분 제어동작에서 큰 시정수가 있는 프로세스제어 등에서 나타나는 오버슈트(Over Shoot)를 감소시키는 역할을 하는 동작은?

① 적분 동작　② 미분 동작
③ 비례 동작　④ 뱅뱅 동작

 미분동작 : 큰 시정수가 있는 프로세스제어 등에서 나타나는 오우버슈트를 감소시키는 역할

68 신호의 전송방법 중 유압전송 방법의 특징에 대한 설명으로 틀린 것은?

① 조직력이 크고 전송지연이 적다.
② 전송거리가 최고 300m 이다.
③ 파이럿 밸브식과 분사관식이 있다.
④ 내식성, 방폭이 필요한 설비에 적당하다.

 유압식 전송방법 특징
① 사용조작 압력은 $0.2 \sim 1 kg/cm^2$ 이다.
② 신호전달거리는 150~300m
③ 인화의 위험성이 있다.
④ 파이럿 밸브식과 분사관식이 있다.
⑤ 조작력이 크고 전송지연이 적다.

69 다음 중 가스분석방법이 아닌 것은?

① 흡수분석법　② 연소분석법
③ 용량분석법　④ 기기분석법

 가스분석방법
① 흡수분석법 : 오르자트법, 헨펠법, 게겔법
② 연소분석법 : 폭발법, 완만연소법, 분별연소법
③ 기기연소법 : 가스크로마트그래피, 질량분석법, 적외선분광분석법

70 아황산가스의 흡수제 및 중화제로 사용되지 않는 것은?

① 가성소다　② 탄산소다
③ 물　④ 염산

 흡수제 및 중화제
① 염소 : 소석회, 가성소다, 탄산소다
② 포스겐 : 가성소다, 소석회
③ 황화수소 : 가성소다, 탄산소다
④ 아황산가스 : 물, 가성소다, 탄산소다
⑤ 암모니아, 산화에틸렌, 염화메탄 : 다량의 물

71 파이프나 조절밸브로 구성된 계는 어떤 공정에 속하는가?

① 유동공정　② 1차계 액위공정
③ 데드타임공정　④ 적분계 액위공정

파이프나 조절밸브로 구성된 계 : 유동공정

72 다음 중 분리 분석법은?

① 광흡수분석법　② 전기분석법
③ Polarography　④ Chromatography

분리분석법 : 크로마트그래피

73 다음 중 기본단위가 아닌 것은?

① 길이　② 광도
③ 물질량　④ 밀도

기본단위 : 온도, 길이, 질량, 시간, 광도, 몰질량

74 가스미터에 0.3L/rev의 표시가 의미하는 것은?

① 사용최대 유량이 0.3L이다.
② 계량실의 1주기 체적이 0.3L이다.
③ 사용최소 유량이 0.3L이다.
④ 계량실의 흐름속도가 0.3L이다.

0.3l/rev : 계량실의 1주기체적이 0.3l이다.

75 초산납을 물에 용해하여 만든 가스 시험지는?
① 리트머스지 ② 연당지
③ KI-전분지 ④ 초산벤젠지

 시험지명 및 변색상태
① 황화수소 : 연당지, 흑색, 초산납 10g을 물 90ml로 용해한다.
② 포스겐 : 하리슨시험지, 심등색, P-디메틸, 아니노벤즈, 알데히드 및 디텔아민 1g을 CCl₄ 10ml에 용해제조
③ 일산화탄소 : 염화파라듐지, 흑색, PdCl₂ 0.2%액에 침투건조 시킨후 5% 초산에 침투시킨다.
④ 염소 : KI전분지, 청색

76 계통적 오차(ststematic error)에 해당되지 않는 것은?
① 계통오차 ② 환경오차
③ 이론오차 ④ 우연오차

계통적오차
① 이론오차 ② 환경오차 ③ 계통오차

77 벤투리 유량계의 특성에 대한 설명으로 틀린 것은?
① 내구성이 좋다.
② 압력손실이 적다.
③ 침전물의 생성우려가 적다.
④ 좁은 장소에 설치할 수 있다.

벤투리 유량계의 특성
① 구조가 복잡하고 교환이 어렵다.
② 압력손실이 가장 적다.
③ 가격이 비싸다.
④ 정밀도가 좋고 내구성이 좋다.
⑤ 침전물생성 우려가 없고 대형이다.

78 부르동관 압력계의 호칭크기를 결정하는 기준은?
① 눈금판의 바깥지름(mm)
② 눈금판의 안지름(mm)
③ 지침의 길이(mm)
④ 바깥틀의 지름(mm)

 브르동관 압력계 호칭크기 : 눈금판의 바깥지름

79 온도 25℃, 기압 760mmHg 인 대기 속의 풍속을 피토관으로 측정하였더니 전압(전압)이 대기압보다 40mmH₂O 높았다. 이때 풍속은 약 몇 m/s 인가? (단, 피스톤 속도계수(C)는 0.9, 공기의 기체상수(R)은 29.27 kgf·m/kg·K이다.)
① 17.2 ② 23.2
③ 32.2 ④ 37.4

 풍속 $V = C\dfrac{\sqrt{2g\Delta P}}{r}$

$= \sqrt{2 \times 9.8 \times \dfrac{40}{1.184}}$

$= 23.16 \text{m/sec}$

$r = \dfrac{P}{RT} = \dfrac{\dfrac{760}{760} \times 10332 \text{kg/m}^2}{29.27 \times (273+25)}$

$= 1.184 \text{kg/m}^3$

80 플로트(Float)형 액위(Level)측정 계측기기의 종류에 속하지 않는 것은?
① 도르래식 ② 차동변압식
③ 전기저항식 ④ 다이어프램식

 플로트형 액위측정 계측기기
① 차동변압식
② 도르래식
③ 전기저항식

제 6 편 과년도 출제문제

2022년 3월 CBT 시행

> 본 문제는 복원 기출문제입니다. 실제 문제와 다를 수 있으니 양해바랍니다.

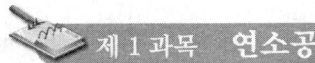

01 가스의 폭발범위에 영향을 주는 요인이 아닌 것은?

① 온도 ② 조성
③ 압력 ④ 비중

 폭발범위에 영향을 주인 요소
① 온도 : 온도가 높아지면 연소범위가 넓어 진다.
② 조성 : 가연성가스와 지연성가스의 혼합 비율이 폭발범위에 있을 것
③ 압력 : 압력이 높아지면 상한값이 증가하 여 폭밤위가 넓어진다.
④ 용기의 크기와 형태 : 용기의 크기가 작으 면 발화되지 않는다.
⑤ 불연성 가스 : 불연성 가스가 증가할수록 폭발범위가 좁아진다.

02 공기 중에서 연소하한값이 가장 낮은 가스는?

① 수소 ② 부탄
③ 아세틸렌 ④ 에틸렌

 연소범위

가스의 종류	연소범위
수소(H_2)	4~75%
부탄(C_4H_{10})	1.9~8.5%
아세틸렌(C_2H_2)	2.5~81%
에틸렌(C_2H_4)	3.1~32%

03 액체 프로판(C_3H_8) 10kg이 들어 있는 용기에 가스미터가 설치되어 있다. 프로판 가스가 전부 소비되었다고 하면 가스미터에서의 계량값은 약 몇 m^3로 나타나 있겠는가? (단, 가스미터에서의 온도와 압력은 각각 $T=15℃$와 $P_g=200mmHg$이고 대기압은 0.101 MPa이다.)

① 5.3 ② 5.7
③ 6.1 ④ 6.5

 체적의 계산(대기압 상태)
① $PV=GRT$
   P : 압력[kPa], V : 체적[m^3],
   G : 질량[kg], T : 절대온도[K]
② R : 기체상수, $R=\dfrac{8.314}{M}$[kJ/kg °K]
③ $PV=GRT$
   $V=\dfrac{GRT}{P}$
   $=\dfrac{10\times\dfrac{8.314}{44}\times(273+15)}{0.101\times10^3}$
   $=5.3880m^3$

04 불활성화에 대한 설명으로 틀린 것은?

① 가연성 혼합가스에 불활성가스를 주입하여 산소의 농도를 최소산농도 이하로 낮게 하는 공정이다.
② 인너트 가스로는 질소, 이산화탄소 또는 수증기가 사용된다.
③ 인너팅은 산소농도를 안전한 농도로 낮추기 위하여 인너트 가스를 용기에 처음 주입하면서 시작한다.
④ 일반적으로 실시되는 산소농도의 제어점은 최소산소농도보다 10% 낮은 농도이다.

 불활성화(deactivation)
① 촉매 반응에서 주요 작용이 점차 상실되는 반응이다.
② 일반적으로 실시되는 산소농도의 제어점은 산소농도 10%이다.

05 열역학 제1법칙을 바르게 설명한 것은?

① 제2종 영구기관의 존재가능성을 부인하는 법칙이다.
② 열은 다른 물체에 아무런 변화도 주지 않고, 저온 물체에서 고온 물체로 이동하지 않는다.
③ 열평형에 관한 법칙이다.
④ 에너지 보존법칙 중 열과 일의 관계를 설명한 것이다.

 열역학 법칙
① 열역학 0법칙 : 열평형 법칙
  온도가 서로 다른 물체를 접촉시키면 열의 이동으로 인하여 동일한 상태에 놓아둔 두 물체 사이에는 온도차가 없어지며 열평형을 이룬다.
② 열역학 1법칙 : 열에너지 보존 법칙
  에너지 전환과정에서 에너지는 절대 소멸되거나 생성되지 않는다.
③ 열역학 2법칙 : 엔트로피 법칙
  ㉠ 계의 엔트로피는 증가할 수도 있고 감소할 수도 있다.
  ㉡ 제2종 영구기관은 존재할 수 없다.
  ㉢ 제2종 영구기관 : 입력과 출력이 같은 효율이 100%인 기관을 말한다.
③ 열역학 3법칙 : 절대 영점에서의 엔트로피 법칙

06 층류 예혼합화염의 연소 특성을 결정하는 요소로서 가장 거리가 먼 것은?

① 연료와 산화제의 혼합비
② 압력 및 온도
③ 연소실 용적
④ 혼합기의 물리·화학적 특성

 층류 예혼합화염의 연소 특성 결정 요소
① 연료와 산화제의 혼합비
② 압력 및 온도
③ 혼합기의 물리적 화학적 성질

특성 비교

난류 예혼합화염의 특징	층류 예혼합화염의 특징
• 연소 속도가 빠르다. • 화염의 두께가 두껍다. • 다량의 미연소분이 존재한다. • 휘도가 높다.	• 연소 속도가 느리다. • 화염의 두께가 얇다. • 휘도가 낮다.

07 중유의 저위발열량이 10000kcal/kg의 연료 1kg을 연소시킨 결과 연소열은 5500 kcal/kg이었다.

① 45% ② 55%
③ 65% ④ 75%

 연소효율 $= \dfrac{실제\ 발열량}{저위\ 발열량} \times 100\%$
$= \dfrac{5500}{10000} \times 100\% = 55\%$

08 다음 [보기]는 가스의 화재 중 어떤 화재에 해당하는가?

[보기]
─ 고압의 LPG가 누출 시 주위의 점화원에 의하여 점화되어 불기둥을 이루는 것을 말한다.
─ 누출압력으로 인하여 화염이 굉장한 운동량을 가지고 있으며 화재의 지름이 작다.

① 제트 화재(jet fire)
② 풀 화재(pool fire)
③ 플래시 화재(flash fire)
④ 인퓨전 화재(infusion fire)

제트화재(jet fire) : 고압의 LPG누출시 주위의 점화원에 의하여 점화원에 의하여 점화되어 불기둥을 이루는 것을 말한다.
플래시화재(flash fire) : 대량의 인화성 물질이 대기 중에 급격히 유출될 경우 증기운이 형성되어 점화원 접촉하면 순시간에 모든 가연물이 발화되는 것을 말한다.
풀 화재(pool fire) : 인화성 액체가 저장탱

5.④ 6.③ 7.② 8.①

크 배관으로부터 누출될 때 액체 풀(pool)이 형성되어 점화원과 접촉하면 화재가 발생하는 현상이다.

09 BLEVE 현상이 일어나는 경우는?
① 비점 이상에서 저장되어 있는 휘발성이 강한 액체가 누출되었을 때
② 비점 이상에서 저장되어 있는 휘발성이 약한 액체가 누출되었을 때
③ 비점 이하에서 저장되어 있는 휘발성이 강한 액체가 누출되었을 때
④ 비점 이상에서 저장되어 있는 휘발성이 약한 액체가 누출되었을 때

 BLEVE 현상
가연성 액화가스 저장탱크에 가연성 가스가 국부적으로 가열되면 탱크내 액체의 부피가 급격하게 팽창되어 액체가 누출되어 파이어볼(fire ball)을 만드는 현상이다.

10 메탄올 96g과 아세톤 116g을 함께 진공상태의 용기에 넣고 기화시켜 25℃의 혼합기체를 만들었다. 이 때 전압력은 약 몇 mmHg인가? (단, 25℃에서 순수한 메탄올과 아세톤의 증기압 및 분자량은 각각 96.5mmHg, 56mmHg 및 32, 58이다.)
① 76.3   ② 80.3
③ 152.5   ④ 170.5

 전압력
$$P = \left(P_A + \frac{n_A}{n_A + n_B}\right) + \left(P_B \times \frac{n_B}{n_A + n_B}\right)$$
$$= \left(96.5 \times \frac{3}{3+2}\right) + \left(56 \times \frac{2}{3+2}\right)$$
$$= 80.3$$

메탄올 몰(mol) 수
$$= \frac{W}{M} = \frac{96}{CH_3OH}$$
$$= \frac{96}{12 + (1 \times 3) + 16 + 1} = 3$$

아세톤 몰(mol) 수
$$= \frac{W}{M} = \frac{116}{CH_3COCH_3}$$
$$= \frac{116}{12 + (1 \times 3) + 12 + 16 + 12 + (1 \times 3)} = 2$$

11 다음 중 조연성 가스에 해당하지 않는 것은?
① 공기   ② 염소
③ 탄산가스   ④ 산소

 불연성 가스
① 자기 자신은 연소하지 않고 가연성 가스의 연소를 도와 주진 않는 가스 이다.
② 이산화탄소(CO_2) : 불연성 가스

12 폭굉이 발생하는 경우 파면의 압력은 정상연소에서 발생하는 것보다 일반적으로 얼마나 큰가?
① 2배   ② 5배
③ 8배   ④ 10배

 파면 압력은 정상압력보다 2배이다.(폭굉의 경우)

13 과열증기의 온도가 350℃일 때 과열도는? (단, 이 증기의 포화온도는 573K이다.)
① 23K   ② 30K
③ 40K   ④ 50K

 과열도 = 과열증기 - 포화
= (273 + 350)K - 573K = 50

14 온도 30℃, 압력 740mmHg인 어떤 기체 342mL를 표준상태(0℃, 1기압)로 하면 약 몇 mL가 되겠는가?
① 300   ② 316
③ 350   ④ 390

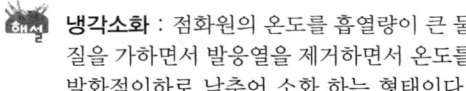

$$\frac{P_1V_1}{T_1} = \frac{P_2V_2}{T_2}$$

$$\frac{740 \times 342}{273+30} = \frac{760 \times V_2}{270+0}, \quad V_2 = 300.02$$

15 화재는 연소반응이 계속하여 진행하는 것으로 이 경우에 반응열이 주위의 가연물에 전해지는데, 이 때 흡열량이 큰 물질을 가함으로서 화염중의 반응열을 제거시켜 연소반응을 완만하게 하면서 정지시키는 소화방법은?

① 냉각소화
② 희석소화
③ 화염의 불안정화에 의한 소화
④ 연소억제에 의한 소화

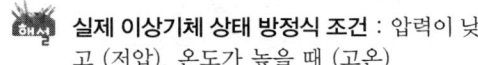 **냉각소화** : 점화원의 온도를 흡열량이 큰 물질을 가하면서 반응열을 제거하면서 온도를 발화점이하로 낮추어 소화 하는 형태이다.

16 실제가스가 이상기체 상태방정식을 만족하기 위한 조건으로 옳은 것은?

① 압력이 낮고, 온도가 높을 때
② 압력이 높고, 온도가 낮을 때
③ 압력과 온도가 낮을 때
④ 압력과 온도가 높을 때

실제 이상기체 상태 방정식 조건 : 압력이 낮고 (저압), 온도가 높을 때 (고온)

17 용기의 한 개구부로부터 퍼지가스를 가하고 다른 개구부로부터 대기 또는 스크레버로 혼합가스를 용기에서 축출시키는 공정은?

① 압력 퍼지   ② 스위프 퍼지
③ 사이펀 퍼지 ④ 진공 퍼지

퍼지의 종류(Purge Gas)
설비내 남아 있는 가스를 중성화하여 불활성 처리하는 것을 퍼지라 한다.

18 다음 중 자기연소를 하는 물질로만 나열된 것은?

① 경유, 프로판
② 질화면, 셀롤로이드
③ 황산, 나프탈렌
④ 석탄, 플라스틱(FRP)

 자기연소
① 제5류 위험물 (자기반응성물질) 이다.
② 제5류 위험물의 종류 : 유기과산화물, 질산에스테르류, 니트로화합물, 아조화합물, 디아조화합물, 히드라진 유도체, 히드록실아민, 히드록실아민염류, 질화면,셀룰노이드

19 소화의 원리에 대한 설명으로 틀린 것은?

① 가연성 가스나 가연성 증기의 공급을 차단시킨다.
② 연소 중에 있는 물질에 물이나 냉각제를 뿌려 온도를 낮춘다.
③ 연소 중에 있는 물질에 공기를 많이 공급하여 혼합기체의 농도를 높게 한다.
④ 연소 중에 있는 물질의 표면에 불활성가스를 덮어 씌워 가연성 물질과 공기의 접촉을 차단시킨다.

 ① : 가연물 차단(제거소화)
② : 물이나 냉각제 뿌린다(냉각소화)
④ : 가스를 덮어 가연성 물질과 공기의 접촉 차단(질식소화)

20 가연성 물질을 공기로 연소시키는 경우에 공기 중의 산소농도를 높게 하면 연소속도와 발화온도는 어떻게 되는가?

① 연소속도는 느리게 되고, 발화온도는 높아진다.
② 연소속도는 빠르게 되고, 발화온도는 높아진다.
③ 연소속도는 빠르게 되고, 발화온도는 낮아진다.

④ 연소속도는 느리게 되고, 발화온도는 낮아진다.

 연소속도는 공기중의 산소농도가 클수록 연소속도가 빨라지고 발화온도는 낮아져서 위험하다.

제 2 과목 가스설비

21 펌프용 윤활유의 구비 조건으로 틀린 것은?
① 인화점이 낮을 것
② 분해 및 탄화가 안 될 것
③ 온도에 따른 점성의 변화가 없을 것
④ 사용하는 유체와 화학반응을 일으키지 않을 것

 펌프용 윤활유의 구비조건
① 취급가스와 화학반응을 일으키지 말 것
② 응고점이 낮고 인화점이 높을 것
③ 점도가 알맞고 항유화성이 클 것
④ 수분 및 산 등의 분수물이 적을 것
⑤ 열에 대한 안전성이 높아 쉽게 열분해 되지 않을 것

22 펌프에서 일어나는 현상으로 유수 중에 그 수온의 증기압보다 낮은 부분이 생기면 물이 증발을 일으키고 기포를 발생하는 현상을 무엇이라고 하는가?
① 베이퍼로크 현상   ② 수격 작용
③ 서징 현상   ④ 공동 현상

 cavitation(공동현상)
펌프의 날개가 고속으로 회전하면 날개의 부근에서 유속이 증가하면 미세한 기포들이 발생하게 되는 현상이다

 cavitation(공동현상) 방지법
① 펌프의 회전수를 낮추어 흡입 비교회전도를 적게 한다.
② 양흡입 펌프를 사용한다.

23 용량이 50kg/h인 LPG용 2단 감압식 1차용 조정기의 입구압력(MPa)의 범위는 얼마인가?
① 0.07~1.56
② 0.1~1.56
③ 0.3~1.56
④ 조정압력 이상~1.56

 2단 감압식 1차 조정기 입구 압력
① 100kg/h 이하 용량 : 0.1~1.56MPa
② 100kg/h 초과 용량 : 0.3~1.56MPa

24 LP가스 집합공급설비의 배관설계 시 기본사항에 해당되지 않는 것은?
① 사용목적에 적합한 기능을 가질 것
② 사용상 안전할 것
③ 고장이 적고 내구성이 있을 것
④ 가스 사용자의 선택에 따를 것

 배관 설계시 기본사항
① 사용목적에 적합한 기능을 가질 것
② 사용상 안전하고 고장이 적고 내구성이 있을 것

25 가스의 비중에 대한 설명으로 가장 옳은 것은?
① 비중의 크기는 kg/cm^2로 표시한다.
② 비중을 정하는 기준 물질로 공기가 이용된다.
③ 가스의 부력은 비중에 의해 정해지지 않는다.
④ 비중은 기구의 염구(炎口)의 형에 의해 변화한다.

 기체의 비중(S)
$$= \frac{기체밀도 \text{ 또는 } 비중량}{STP상태의 \text{ 공기밀도 또는 비중량}}$$

26 액화석유가스 공급시설에 사용되는 기화기(vaporizer) 설치의 장점으로 가장 거리가

21.① 22.④ 23.② 24.④ 25.② 26.②

먼 것은?
① 가스 조성이 일정하다.
② 공급 압력이 일정하다.
③ 연속 공급이 가능하다.
④ 한랭시에도 공급이 가능하다.

 기화기 설치시 장점
① 한랭 시에도 가스 공급이 가능하다.
② 가스 조성이 일정하다
③ 연속 공급이 가능하다
④ 기화량을 가감할 수 있다.
⑤ 설치 면적이 작아진다.

27 왕복형 압축기의 장점에 관한 설명으로 옳지 않은 것은?
① 쉽게 고압을 얻을 수 있다.
② 압축효율이 높다.
③ 용량조절의 범위가 넓다.
④ 고속 회전하므로 형태가 작고, 설치면적이 적다.

 왕복형 압축기 특징
① 쉽게 고압을 얻을 수 있다.
② 용량조정 범위가 넓고 조정이 쉽다.
③ 토출압력에 의한 용량변화가 적다.
④ 저속회전으로 형태가 크고 설치 면적이 크다.
⑤ 가격이 고가 이다.
⑥ 압축효율이 높고 보수가 어렵다.

28 금속 재료에서 어느 온도 이상에서 일정하중이 작용할 때 시간의 경과와 더불어 그 변형이 증가하는 현상을 무엇이라고 하는가?
① 크리프   ② 시효경과
③ 응력부식 ④ 저온취성

 크리프(creep)현상 : 재료가 일정한 온도 이상으로 하중이 작용했을 때 시간의 경과함에 따라 변형이 갑자기 커지는 현상으로 때로는 파단이 나타나는 현상이다.

29 도시가스용 가스냉난방기에는 운전 상태를 감시하기 위하여 재생기에 무엇을 설치하여야 하는가?
① 과압방지장치   ② 인터로크
③ 온도계   ④ 냉각수 흐름 스위치

 가스 냉난방기 운전 상태 감지 : 재생기 온도계 설치

30 최종 토출압력이 $80kgf/cm^2 \cdot g$인 4단 공기 압축기의 압축비는 얼마인가? (단, 흡입압력은 $1kgf/cm^2 \cdot a$이다.)
① 2   ② 3
③ 4   ④ 5

 각 단에서의 압축비
① $\gamma = \sqrt[z]{\dfrac{P_2}{P_1}} = \sqrt[4]{\dfrac{80+1}{1}} = 3$
② γ : 압축비, Z : 단축비, P_1 : 흡입압력, P_2 : 토출압력

31 전기방식 중 희생양극법의 특징으로 틀린 것은?
① 간편하다.
② 양극의 소모가 거의 없다.
③ 과방식의 염려가 없다.
④ 다른 매설금속에 대한 간섭이 거의 없다.

 유전양극법(희생양극법)의 특징
① 비교적 간편하며 가격이 저가 이다
② 과방식의 염려가 없다
③ 다른 매설금속에 대한 장애가 거의 없다.
④ 애노드는 부식하고 케소드는 방식되므로 양극의 소모가 발생하므로 보충할 것

32 안지름 100mm, 길이 400m인 주철관이 유속 2m/s로 물이 흐를 때의 마찰손실수두는 약 몇 m인가? (단, 마찰계수 λ는 0.04이다.)
① 32.7   ② 34.5

③ 40.2　　　　④ 45.3

$$h_L = f \times \frac{l}{d} \times \frac{V^2}{2g}$$
$$= 0.04 \times \frac{400}{0.1} \times \frac{2^2}{2 \times 9.8} = 32.6530$$

33 압축기의 압축비에 대한 설명으로 옳은 것은?

① 압축비는 고압측 압력계의 압력을 저압측 압력계의 압력으로 나눈 값이다.
② 압축비가 적을수록 체적효율은 낮아진다.
③ 흡입압력, 흡입온도가 같으면 압축비가 크게 될 때 토출가스의 온도가 높게 된다.
④ 압축비는 토출가스의 온도에는 영향을 주지 않는다.

 압축기의 압축비
① 압축비가 적을수록 체적효율이 높아진다.
② 압축비가 높으면 토출가스의 온도가 상승한다.
③ 압축비 $\gamma = \sqrt[z]{\dfrac{P_2(\text{최종 토출압력})}{P_1(\text{흡입 절대압력})}}$
④ 압축비가 높으면 토출측 가스량이 줄어든다.

34 카르노 사이클 기관이 27℃와 −33℃사이에서 작동될 때 이 냉동기의 열효율은?

① 0.2　　　　② 0.25
③ 4　　　　　④ 5

$$\eta = \frac{AW}{Q_1} = \frac{T_1 - T_2}{T_1}$$
$$= \frac{(273+27)-(273-33)}{273+687} \times 100\%$$
$$= 20\%$$

35 일반소비기기용 지구정압기로 널리 사용되며 구조와 기능이 우수하고 정특성이 좋지만 안전성이 부족하고 크기가 다른 것에 비하여 대형인 정압기는?

① 피셔식　　　　② AFV식
③ 레이놀즈식　　④ 서비스식

 레이놀즈식 정압기(KRF식)
① 정특성은 뛰어나다.
② 안정성이 부족하며 다른 것에 비교 하면 크다.

36 고압배관에서 진동이 발생하는 원인으로 가장 거리가 먼 것은?

① 펌프 및 압축기의 진동
② 안전밸브의 작동
③ 부품의 무게에 의한 진동
④ 유체의 압력 변화

 고압 배관 진동의 원인
① 펌프 및 압축기의 진동
② 유체의 압력변화에 의한 진동
③ 안전밸브 작동에 의한 진동
④ 관의 굴곡에 의해 발생하는 힘의 의한 진동
⑤ 안전밸브 및 체크밸브 작동에 의한 진동
⑥ 바람, 지진 등에 의한 진동

 배관계에서 생기는 응력의 원인
① 열팽창에 의한 응력
② 내압에 의한 응력
③ 냉간가공에 의한 응력
④ 용접에 의한 응력
⑤ 배관재료의 무게(파이프 및 보온재 포함) 및 파이프 속을 흐르는 유체의 무게에 의한 응력
⑥ 배관 부속물, 밸브, 플랜지 등에 의한 응력

배관에서 발생되는 진동의 원인
① 펌프, 압축기에 의한 영향
② 관내를 흐르는 유체의 압력변화에 의한 영향
③ 관의 굴곡에 의해 생기는 힘의 영향
④ 안전밸브 및 체크밸브 작동에 의한 영향
⑤ 바람, 지진 등에 의한 영향

37 LPG 저장탱크를 지하에 묻을 경우 저장탱크실 상부 윗면으로부터 저장탱크 상부까지의

33.③　34.①　35.③　36.③　37.④

깊이는 몇 cm 이상으로 하여야 하는가?

① 10cm ② 30cm
③ 50cm ④ 60cm

 저장탱크 지하매설
지면에서 저장탱크 정상부 까지 매설 깊이 : 60cm 이상

38 고압가스 설비에 설치하는 압력계의 최고 눈금은?

① 상용압력의 2배 이상, 3배 이하
② 상용압력의 1.5배 이상, 2배 이하
③ 내압시험 압력의 1배 이상, 2배 이하
④ 내압시험 압력의 1.5배 이상, 2배 이하

 고압가스 설비 압력계 : 상용압력의 1.5배 이상 2배 이하 (최고눈금)

39 조정압력이 3.3kPa 이하이고 노즐 지름이 3.2mm 이하인 일반용 LP가스 압력조정기의 안전장치 분출용량은 몇 L/h 이상이어야 하는가?

① 100 ② 140
③ 200 ④ 240

 안전장치 분출용량
① 노즐지름 3.2mm 이하 : 140L/h 이상 (조정압력 3.3kpa 이하)
② 노즐지름 3.2mm 초과 : $Q = 1.44D$

40 가스 분출 시 정전기가 가장 발생하기 쉬운 경우는?

① 다성분의 혼합가스인 경우
② 가스 중에 액체나 고체의 미립자가 섞여 있는 경우
③ 가스의 분자량이 적은 경우
④ 가스가 건조해 있을 경우

 정전기의 원인
가스 중에 고체의 미립자가 접촉, 마찰, 충돌, 이온흡착에 의해 정전기가 증가한다.

제3과목 가스안전관리

41 고압가스 저장설비의 내부수리를 위하여 미리 취하여야 할 조치의 순서로 올바른 것은?

 보기
① 작업계획을 수립한다.
② 산소농도를 측정한다.
③ 공기로 치환한다.
④ 불연성 가스로 치환한다.

① ① → ② → ③ → ④
② ① → ③ → ② → ④
③ ① → ② → ④ → ③
④ ① → ④ → ③ → ②

 ① 작업계획 수립 → ② 불연성 가스로 치환 → ③ 공기로 치환 → ④ 산소농도 측정

42 고압가스 안전관리법상 가스저장탱크 설치 시 내진설계를 하여야 하는 저장탱크는? (단, 비가연성 및 비독성인 경우는 제외한다.)

① 저장능력이 5톤 이상 또는 500m³ 이상인 저장탱크
② 저장능력이 3톤 이상 또는 300m³ 이상인 저장탱크
③ 저장능력이 2톤 이상 또는 200m³ 이상인 저장탱크
④ 저장능력이 1톤 이상 또는 100m³ 이상인 저장탱크

 저장탱크 및 압력용기

종류	가연성, 독성	비가연성, 비독성
압축가스	500m³	1000m³
액화가스	5000kg	10000kg

43 다음 액화가스 저장탱크 중 방류둑을 설치하여야 하는 것은?

① 저장능력이 5톤인 염소 저장탱크
② 저장능력이 8백톤인 산소 저장탱크

③ 저장능력이 5백톤인 수소 저장탱크
④ 저장능력이 9백톤인 프로판 저장탱크

 방류둑 설치 대상
① 고압가스 특정제조 저장탱크
  ㉠ 가연성 가스 : 저장능력 500ton 이상
  ㉡ 독성가스 : 저장능력 5ton 이상
  ㉢ 산소 : 저장능력 1000ton 이상
② 고압가스 일반제조 저장탱크
  ㉠ 고압가스 일반 제조시설 : 가연성 및 산소의 액화가스 저장능력이 1000톤 이상일 때 방류둑을 설치한다.
  ㉡ 저장능력이 5톤 이상의 독성가스 저장탱크 주위에 방류둑을 설치한다.
③ 냉동제조시설 : 독성가스를 냉매로 하는 수액기의 내용적이 10000L 이상일 때 방류둑을 설치한다.
④ 액화석유가스 저장시설 : 1000ton 이상

44 고압가스 저장시설에서 가스누출 사고가 발생하여 공기와 혼합하여 가연성, 독성가스로 되었다면 누출된 가스는?

① 질소   ② 수소
③ 암모니아   ④ 이산화황

 가연성 및 독성가스
염화메탄, 브롬화메탄, 산화에틸렌, 시안화수소, 트리메틸아민, 아크릴알데히드, 아크릴로니트릴, 모노메틸아민, 트리메틸아민, 아크릴알데히드, 암모니아, 벤젠, 황화수소, 일산화탄소, 이황화탄소

45 액화석유가스용 용기 잔류가스 회수장치의 성능 중 기밀성능의 기준은?

① 1.56MPa 이상의 공기 등 불활성 기체로 5분간 유지하였을 때 누출 등 이상이 없어야 한다.
② 1.56MPa 이상의 공기 등 불활성 기체로 10분간 유지하였을 때 누출 등 이상이 없어야 한다.
③ 1.86MPa 이상의 공기 등 불활성 기체로 5분간 유지하였을 때 누출 등 이상이 없어야 한다.
④ 1.86MPa 이상의 공기 등 불활성 기체로 10분간 유지하였을 때 누출 등 이상이 없어야 한다.

 기밀성능 기준
1.86MPa 이상의 공기 등 불활성 기체로 10분간 유지하였을 때 누출 등 이상이 없어야 한다.

46 독성가스의 식별조치에 대한 설명 중 틀린 것은? (단, 예 : 독성가스 (○○)제조시설, 독성가스 (○○) 저장소)

① (○○)에는 가스 명칭을 노란색으로 기재한다.
② 문자의 크기는 가로, 세로 10cm 이상으로 하고 30m 이상의 거리에서 식별 가능하도록 한다.
③ 경계표지와는 별도로 게시한다.
④ 식별표지에는 다른 법령에 따른 지시사항 등을 병기 할 수 있다.

 적색으로 표시한다.

47 일반용기의 도색 표시가 잘못 연결된 것은?

① 액화염소 : 갈색
② 아세틸렌 : 황색
③ 수소 : 자색
④ 액화암모니아 : 백색

 수소 : 주황색

48 고압가스 안전성 평가기준에서 정한 위험성 평가 기법 중 정성적 평가에 해당되는 것은?

① check list 기법   ② HEA 기법
③ FTA 기법   ④ CCA 기법

안전성 평가 기법
① 정성적 평가 기법

㉠ 사고예상질문 분석(WHAT-IF)기법 : 나쁜 결과를 초래할 수 있는 사고에 대하여 예상질문을 통해 미리 확인함으로써 위험을 줄이는 방법을 제시 한다.
㉡ 체크리스트기법(checklist)
㉢ 위험과 운전분석(Hazard And Operablity Studies, HOZOP)기법
② 정량적 평가 기법
㉠ 작업자 실수 분석(Human Error Ananlysis, HEA)기법 : 작업에 영향을 미칠만한 요소를 평가하여 실수의 원인을 파악, 추적하여 실수의 순위를 결정한다.
㉡ 결함분석기법(Fault Tree Analysis, FTA)기법
㉢ 사건수분석 기법(Event Tree Analysis, ETA)기법
③ 기타 안전성 평가 기법
㉠ 이상위험도 분석(FMECA)기법
㉡ 상대위험순위 결정(Dow And Mond Indices)기법 : 설비에 존재하는 위험에 대하여 수치적으로 위험 순위를 지표화하여 그 피해정도를 위험순위로 정한다.

49 다음 [보기]의 폭발범위에 대한 설명으로 옳은 것만으로 나열된 것은?

[보기]
① 일반적으로 온도가 높으면 폭발범위는 넓어진다.
② 가연성가스와 공기 혼합가스에 질소를 혼합하면 폭발범위는 넓어진다.
③ 일산화탄소와 공기 혼합가스의 폭발범위는 압력이 증가하면 넓어진다.

① ①　　② ③
③ ②, ③　　④ ①, ②, ③

 연소범위=폭발범위
① 가연성가스와 공기 혼합가스에 질소를 혼합하면 폭발범위는 좁아진다.
② 일산화탄소와 공기 혼합가스의 폭발범위는 예외적으로 압력이 증가하면 좁아진다.

50 냉동기를 제조하고자 하는 자가 갖추어야 할 제조설비가 아닌 것은?
① 프레스 설비　② 조립 설비
③ 용접 설비　④ 도막 측정기

 냉동기 제조설비
프레스 설비, 조립 설비, 용접설비, 압력용기, 제조설비, 공작기계설비, 건조설비, 조립설비 등이 있다.

51 액화석유가스의 안전관리 및 사업법에 의한 액화석유가스의 주성분에 해당되지 않는 것은?
① 액화된 프로판　② 액화된 부탄
③ 기화된 프로판　④ 기화된 메탄

 "액화석유가스"란 프로판이나 부탄을 주성분으로 한 가스를 액화(液化)한 것[기화(氣化)된 것을 포함한다]을 말한다.

52 가연성가스의 저장능력이 15000m³일 때 제1종 보호시설과의 안전거리 기준은?
① 17m　② 21m
③ 24m　④ 27m

 고압가스 제조(특정제조·일반제조 또는 용기 및 차량에 고정된 탱크 충전)의 시설·기술·검사·감리 및 정밀안전점검기준

구분	처리능력 및 저장능력	제1종보호시설	제2종보호시설
산소의 처리설비 및 저장설비	1만 이하	12m	8m
	1만 초과 2만 이하	14m	9m
	2만 초과 3만 이하	16m	11m
	3만 초과 4만 이하	18m	13m
	4만 초과	20m	14m
독성가스 또는 가연성 가스의 처리설비 및 저장설비	1만 이하	17m	12m
	1만 초과 2만 이하	21m	14m
	2만 초과 3만 이하	24m	16m
	3만 초과 4만 이하	27m	18m

49.① 50.④ 51.④ 52.②

구분	처리능력 및 저장능력	제1종보호시설	제2종보호시설
그 밖의 가스의 처리설비 및 저장설비	4만 초과 5만 이하	30m	20m
	5만 초과 99만 이하	30m (가연성가스 저온저장 탱크는 $\frac{3}{25} \times \sqrt{X+10,000}$ m)	20m (가연성가스 저온저장탱크는 $\frac{2}{25} \times \sqrt{X+10,000}$ m)
	99만 초과	30m (가연성가스 저온저장탱크 는 120m)	20m (가연성가스 저온저장탱크는 80m)
	1만 이하	8m	5m
	1만 초과 2만 이하	9m	7m
	2만 초과 3만 이하	11m	8m
	3만 초과 4만 이하	13m	9m
	4만 초과	14m	10m

[비고]
1. 위 표중 각 처리능력 및 저장능력란의 단위 및 X는 1일간의 처리능력 또는 저장능력으로서 압축가스의 경우에는 m^3, 액화가스의 경우에는 kg으로 한다.
2. 한 사업소에 2개 이상의 처리설비 또는 저장설비가 있는 경우에는 그 처리능력별 또는 저장능력별로 각각 안전거리를 유지하여야 한다.

53 특정 설비에는 설계온도를 표기하여야 한다. 이 때 사용되는 설계온도의 기호는?
① HT ② DT
③ DP ④ TP

① DT : 설계온도
② DP : 설계 압력
③ TP : 내압시험압력

54 고압가스 제조자가 가스용기 수리를 할 수 있는 범위가 아닌 것은?
① 용기 부속품의 부품 교체 및 가공
② 특정설비의 부품 교체
③ 냉동기의 부품 교체
④ 용기밸브의 적합한 규격 부품으로 교체

 용기 부속품의 부품교체 및 가공 : 고압가스 특정제조자

55 가연성 가스용 충전용기 보관실에 등화용으로 휴대할 수 있는 것은?
① 가스라이터
② 방폭형 휴대용 손전등
③ 촛불
④ 카바이드등

 가연성가스 용기보관장소에는 방폭형 휴대용손전등외의 등화를 휴대하고 들어가지 아니할 것

용기보관장소
① 용기보관장소는 그 경계를 명시하고, 외부에서 보기 쉬운 곳에 경계표지를 설치할 것
② 가연성가스 및 산소의 충전용기보관실은 불연재료를 사용하고 지붕은 가벼운 재료로 할 것
③ 가연성가스의 용기보관실은 그 가스가 누출된 때에 체류하지 아니하도록 통풍구를 갖추고, 통풍이 잘되지 아니하는 곳에는 강제통풍시설을 설치하여야 하며, 독성가스의 용기보관실은 누출하는 가스의 확산을 적절하게 방지할 수 있는 구조로 할 것
④ 독성가스 및 공기보다 무거운 가연성가스의 용기보관실에는 가스누출검지경보장치를 설치하여야 하며 독성가스의 경우에는 흡입장치와 연동시켜 중화 설비에 이송시키는 설비를 갖출 것

용기의 보관기준 : 용기보관장소에 용기를 보관하는 때에는 다음의 기준에 적합하게 할 것
① 충전용기와 잔가스용기는 각각 구분하여 용기보관장소에 놓을 것
② 가연성가스 · 독성가스 및 산소의 용기는 각각 구분하여 용기보관장소에 놓을 것
③ 용기보관장소에는 계량기 등 작업에 필요한 물건외에는 이를 두지 아니할 것
④ 용기보관장소의 주위 2m 이내에는 화기 또는 인화성물질이나 발화성물질을 두지 아니할 것
⑤ 충전용기는 항상 40℃ 이하의 온도를 유지하고, 직사광선을 받지 아니하도록 조치할 것
⑥ 충전용기(내용적이 5l 이하의 것을 제외

한다)에는 넘어짐 등에 의한 충력 및 밸브의 손상을 방지하는 등의 조치를 하고 난폭한 취급을 하지 아니할 것
⑦ 가연성가스 용기보관장소에는 방폭형 휴대용손전등 외의 등화를 휴대하고 들어가지 아니할 것

56 고압가스특정제조시설 내의 특정가스 사용시설에 대한 내압시험 실시기준으로 옳은 것은?

① 상용압력의 1.25배 이상의 압력으로 유지시간은 5~20분으로 한다.
② 상용압력의 1.25배 이상의 압력으로 유지시간은 60분으로 한다.
③ 상용압력의 1.5배 이상의 압력으로 유지시간은 60분으로 한다.
④ 상용압력의 1.5배 이상의 압력으로 유지시간은 60분으로 한다.

 내압시험
① 상용압력의 1.5배 이상
② 유지시간 : 5~20분

57 도시가스 품질검사의 방법 및 절차에 대한 설명으로 틀린 것은?

① 검사방법은 한국산업표준에서 정한 시험방법에 따른다.
② 품질검사 기관으로부터 불합격 판정을 통보받은 자는 보관 중인 도시가스에 대하여 폐기조치를 한다.
③ 일반도시가스사업자가 도시가스제조사업소에서 제조한 도시가스에 대해서 월 1회 이상 품질검사를 실시한다.
④ 도시가스충전사업자가 도시가스충전사업소의 도시가스에 대해서 분기별 1회 이상 품질검사를 실시한다.

 도시가스에 대하여 품질 보정 등의 조치를 강구할 것

58 도시가스사용시설에 설치하는 중간밸브에 대한 설명으로 틀린 것은?

① 가스사용시설에는 연소기 각각에 대하여 퓨즈콕 등을 설치한다.
② 2개 이상의 실로 분기되는 경우에는 각 실의 주배관마다 배관용 밸브를 설치한다.
③ 중간밸브 및 퓨즈콕 등은 당해 가스사용시설의 사용압력 및 유량에 적합한 것으로 한다.
④ 배관이 분기되는 경우에는 각각의 배관에 대하여 배관용 밸브를 설치한다.

 주배관에 배관용 밸브을 설치한다.(분기되는 경우)

59 고압가스의 분출 또는 누출의 원인이 아닌 것은?

① 과잉 충전
② 안전밸브의 작동
③ 용기에서 용기밸브의 이탈
④ 용기에 부속된 압력계의 파열

 과잉충전 : 폭발의 원인

60 가스냉난방기에 설치하는 안전장치가 아닌 것은?

① 가스압력스위치
② 공기압력스위치
③ 고온재생기 과열방지장치
④ 급수조절장치

 안전장치
① 가스압력 스위치
② 공기압력 스위치
③ 과열방지장치
④ 저온 동결방지장치
⑤ 과압방지장치

제4과목 가스계측기기

61 차압식 유량계로 차압을 취출하는 방법 중 다음 그림과 같은 구조인 것은?

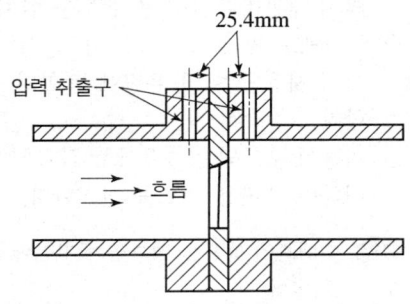

① 코너탭 ② 축류탭
③ $D \cdot \dfrac{O}{2}$ 탭 ④ 플랜지탭

> **플랜지탭**(flange tap)
> 교축기구로부터 차압 취출 위치가 각각 25mm 전후인 곳에 차압을 취출하는 방식으로 비교적 75mm 이하의 작은 관에 적용한다.

62 목표치가 미리 정해진 시간적 순서에 따라 변할 경우의 추치제어 방법의 하나로서 가스크로마토그래피의 오븐 온도제어 등에 사용되는 제어방법은?

① 정격치제어 ② 비율제어
③ 추종제어 ④ 프로그램제어

> **프로그램제어** : 목표치가 미리 정해진 계획에 따라 시간적 순서에 따라 변할 경우의 제어를 말한다.

63 액면 상에 부자(浮子)의 변위를 여러 가지 기구에 의해 지침이 변동되는 것을 이용하여 액면을 측정하는 방식은?

① 플로트식 액면계
② 차압식 액면계
③ 정전용량식 액면계
④ 퍼지식 액면계

> **플로트식(부자)액면계의 특징**
> ① 원리와 구조가 간단하다.
> ② 고압, 고온에서도 사용이 가능하다.

64 가스 누출 시 사용하는 시험지의 변색 현상이 옳게 연결된 것은?

① C_2H_2 : 염화제일동 착염지 → 적색
② H_2S : 전분지 → 청색
③ CO : 염화팔라듐지 → 적색
④ HCN : 하리슨씨시약 → 황색

> **팔라듐관 연소분석법 사용 촉매**
> 팔라듐 석연 및 흑연, 백금, 실리카 겔

65 분별연소법 중 팔라듐관 연소분석법에서 촉매로 사용되지 않는 것은?

① 구리 ② 팔라듐흑연
③ 백금 ④ 실리카겔

> **가스 누설 검색지의 변색**
>
> | 가스명 | 검색지 | 색깔(변색) |
> |---|---|---|
> | 암모니아(NH_3) | 붉은 리트머스 시험지 | 청색 |
> | 염소(Cl_2) | KI 전분지 | 청색 |
> | 포스겐($COCl_2$) | 하리슨 시약 | 오렌지색 |
> | 아세틸렌(C_2H_2) | 염화제1동 착염지 | 적색 |
> | 일산화탄소(CO) | 염화 파라듐지 | 검정색 |
> | 황화수소(H_2S) | 연당지 (초산납 시험지) | 검정색 |
> | 시안화수소 (HCN) | 질산구리벤제시 (초산벤젠) | 청색 |
> | 아황산가스 (SO_2) | 암모니아 형겊 | 흰연기 발생 |
> | 프로판(C_3H_8) | 비눗물 | 기포 발생 |

66 가스분석법 중 흡수분석법에 속하는 것은?

① 폭발법 ② 적정법
③ 흡광광도법 ④ 게겔법

 **흡수분석법**
① 시료가스를 특수한 흡수액에 흡수시켜 채취관-도관-포집부의 과정을 걸쳐 흡수 전후의 체적차를 가지고 가스 성분을 분석하는 방법이다.
② 오르사트법, 게겔법, 헴펠법

67 감도에 대한 설명으로 옳지 않은 것은?
① 측정량의 변화에 민감한 정도를 나타낸다.
② 지시량 변화/측정량 변화로 나타낸다.
③ 감도의 표시는 지시계의 감도와 눈금나비로 표시한다.
④ 감도가 좋으면 측정시간은 짧아지고 측정범위는 좁아진다.

계측기기
① 감도 : 계측기의 측정량의 변화에 대한 민감한 정도를 말한다.
② 지시계의 확대율이 커지면 감도는 좋아진다.
③ 감도가 좋으면 측정시간이 길어지고 측정범위는 좁아진다.

68 가스미터의 종류 중 실측식에 해당되지 않는 것은?
① 터빈식　　② 건식
③ 습식　　　④ 회전자식

가스미터의 종류
① 실측식(직접식) ② 건식가스미터
③ 습식가스미터 ④ 추량식(간접식)

69 액주식 압력계에 사용되는 액주의 구비조건으로 옳지 않은 것은?
① 점도가 낮을 것
② 혼합 성분일 것
③ 밀도변화가 적을 것
④ 모세관현상이 적을 것

액주식 압력계
① 온도변화에 따른 밀도변화가 작아야 한다.
② 점도 및 팽창계수가 작아야 한다.
③ 모세관현상이 작아야 한다.
④ 단일성분이어야 한다.
⑤ 액주 높이를 정확히 읽을 수 있어야 한다.

70 건습구 습도계의 특징에 대한 설명으로 틀린 것은?
① 구조가 간단하다.
② 통풍상태에 따라 오차가 발생한다.
③ 원격측정, 자동기록이 가능하다.
④ 물이 필요 없다.

건습구 습도계의 특징
① 휴대가 편리하고 가격이 저가 이다.
② 구조 및 취급이 간단하다.
③ 물이 필요로 한다.
④ 통풍상태에 따라 오차가 발생한다.

71 황화합물과 인화합물에 대하여 선택성이 높은 검출기는?
① 불꽃이온 검출기(FID)
② 열전도도 검출기(TCD)
③ 전자포획 검출기(ECD)
④ 염광광도 검출기(FPD)

 염광광도 검출기(FPD) : 유기인, 유황화합물을 선택적으로 검출한다.

72 와류 유량계(vortex flow meter)에 대한 설명으로 옳지 않은 것은?
① 액체, 가스, 증기 모두 측정 가능한 범용형 유량계이지만, 증기 유량계측에 주로 사용되고 있다.
② 계장 cost 까지 포함해서 total cost가 타 유량계와 비교해서 높다.
③ Orifice 유량계 등과 비교해서 높은 정도

를 가지고 있다.
④ 압력손실이 적다.

해설 와류식(vortex)유량계의 특징
① 원리, 구조가 간단하다.
② 액체, 기체 및 증기에 이르기까지 각종 유체를 같은 유량계로 측정할 수 있다.
③ 출력 신호는 체적 유량에 비례하며, pulse 출력도 직접 얻을 수 있다.
④ Rangeability가 크고, 정도가 높다.
⑤ Orifice phate에 비하여 압력 손실이 적다.
⑥ Slurry가 포함된 유체나 부착성이 있는 유체에는 사용할 수 없다.
⑦ 유속분포의 영향을 받는다.

73 막식 가스미터에서 미터의 지침의 시도(示度)에 변화가 나타나지 않는 고장으로서 계량막 밸브와 밸브 시트의 틈 사이 패킹부 등의 누출로 인하여 발생하는 고장은?
① 불통   ② 부동
③ 기차불량 ④ 감도불량

해설 막식 가스미터의 고장
① 부동 : 가스는 가스미터를 통과하지만 가스미터의 지침이 작동하지 않는 고장이다.
② 발생원인 : 계량막의 파손
  ㉠ 밸브의 탈락
  ㉡ 밸브와 밸브시트 사이의 누설
  ㉢ 지시장치의 기어의 불량
③ 고장의 종류 : 부동, 불통, 누설, 기차불량, 감도불량, 이물질로 인한 불량
④ 감도 불량 : 계량막 밸브와 밸브시트 틈 사이의 누설

74 니켈 저항 측온체의 측정온도 범위는?
① −200∼500℃   ② −100∼300℃
③ 0∼120℃   ④ −50∼150℃

해설 니켈 저항 측온체 : −50∼150℃

75 헴펠(Hempel)법에 의한 가스분석 시 성분분석의 순서는?
① 일산화탄소 → 이산화탄소 → 탄화수소 → 산소
② 일산화탄소 → 산소 → 이산화탄소 → 탄화수소
③ 이산화탄소 → 탄화수소 → 산소 → 일산화탄소
④ 이산화탄소 → 산소 → 일산화탄소 → 탄화수소

해설 헴펠법
① CO_2 − 30% KOH 용액
② C_mH_n − 25% 발연황산
③ CO − 암모니아성 염화 제1구리 용액
④ O_2 − 피로가롤 용액

76 기체 크로마토그래피(gas chromatography)의 특성에 해당하지 않는 것은?
① 연속분석이 가능하다.
② 여러 가지 가스 성분이 섞여 있는 시료가스 분석에 적당하다.
③ 분리 능력과 선택성이 우수하다.
④ 적외선 가스 분석계에 비해 응답속도가 느리다.

해설 가스 크로마토그래피(gas chromatography)의 특징
① 시료를 운반가스에 의하여 각 성분의 크로마토그램을 이용하여 유기화합물에 대한 정성 및 정량분석에 사용된다.
② 시료의 확산속도에 의한 불활성가스를 사용한다.
③ 여러가지 가스 성분이 섞여 있는 시료 가스 분석에 적당하다.
④ 분리능력과 선택성이 우수하다
⑤ 적외선 가스 분석계에 비해 응답속도가 느리다.
⑥ 같은 가스의 연소 측정이 불가능하다.

77 다음 단위 중 유량의 단위가 아닌 것은?

① m^3/s　　② ft^3/h
③ L/s　　④ m^2/min

 유량의 단위 : m^3/s, ft^3/h, L/s

78 용적식(容積式) 유량계에 해당하는 것은?
① 오리피스식　　② 루츠식
③ 벤투리식　　④ 피토관식

 용적식 유량계
① 오벌 기어식 유량계
② 루츠 유량계
③ 로터리 피스톤식 유량계
④ 원판형 유량계

79 다음 중 계측기기의 측정 방법이 아닌 것은?
① 편위법　　② 영위법
③ 대칭법　　④ 보상법

 계측기 측정법
편위법, 영위법, 치환법, 보상법

80 기준 가스미터의 지시량이 $380m^3/h$이고, 시험대상인 가스미터의 유량이 $400m^3/h$이라면 이 가스미터의 오차율은 얼마인가?
① 4.0%　　② 4.2%
③ 5.0%　　④ 5.2%

 오차 $= \dfrac{측정값 - 참값}{참값} \times 100\%$
$= \dfrac{400 - 380}{400} \times 100\% = 5\%$

본 문제는 복원 기출문제입니다. 실제 문제와 다를 수 있으니 양해바랍니다.

제6편 과년도 출제문제
2022년 5월 CBT 시행

제1과목 연소공학

01 다음 중 최소발화에너지(MIE)에 영향을 주는 요인 중 MIE의 변화를 가장 작게 하는 것은?

① 가연성 혼합 기체의 압력
② 가연성 물질 중 산소의 농도
③ 공기 중에서 가연성 물질의 농도
④ 양론 농도하에서 가연성 기체의 분자량

최소발화에너지 낮아지는 조건
① 가연성 혼합기체의 압력이 높을수록 최소 점화 에너지가 낮아진다.
② 가연성 물질 중 산소의 농도가 높을수록 최소 점화 에너지가 낮아진다.
③ 공기중에서 가연성 물질의 농도가 높을수록 최소 점화 에너지가 낮아진다.

02 압력방폭구조의 기호는 어느 것인가?

① d   ② o
③ I   ④ p

방폭구조
① 내압방폭구조 : d
② 유입방폭구조 : o
③ 압력방폭구조 : p
④ 본질안전 방폭구조 : I
⑤ 특수방폭구조 : s

03 다음 중 일반기체상수의 단위를 바르게 나타낸 것은?

① $kgf \cdot m/kg \cdot K$
② $kcal/kmol$
③ $kgf \cdot m/kmol \cdot K$
④ $kcal/kg \cdot ℃$

$PV = GRT$
$R = \dfrac{P \times V}{G \times T} = \dfrac{10332 kgf/cm^2 \times 22.4 m^3}{1 kmol \times 273 K}$
$= 847.75 kg_f m/kmol\, K$

04 가스시설의 위험장소에 설치된 전기설비가 누출된 가스의 점화원이 되는 것을 방지하기 위하여 행하는 방폭성능을 가진 전기기기를 선정하기 위한 위험장소의 등급 중 다음 내용에 해당하는 것은?

보기
상용상태에서 가연성가스가 체류해 위험하게 될 우려가 있는 장고, 정비보수 또는 누출 등으로 인하여 종종 가연성가스가 체류하여 위험하게 될 우려가 있는 장소

① 0종 장소   ② 1종 장소
③ 2종 장소   ④ 3종 장소

방폭지역의 종류
① 0종 장소 : 위험 분위기가 직속적으로 존재하는 장소로 저장용기 내부, 장치 및 배관의 내부 등
② 1종 장소 : 상용의 상태에서 위험 분위기가 존재하기 쉬운 장소
③ 2종 장소 : 이상상태 하에서 위험분위가 짧은 시간 동안 존재할 수 있는 장소

05 다음 가스 중 공기와 혼합될 때 폭발성 혼합가스를 형성하지 않는 것은?

① 아르곤   ② 도시가스
③ 암모니아   ④ 일산화탄소

① 0족 원소는 가연물이 될 수 없다.
② 0족 원소 : He, Ne, Ar, Kr, Xe, Rn

1.④ 2.④ 3.③ 4.② 5.①

06 $CO_2(g)$ 및 $H_2O(L)$의 생성열은 각각 94.1 kcal/mol 및 68.3kcal/mol이고, $CH_4(g)$ 1mol의 연소열은 212.8kcal/mol이다. CH_4 1mol의 생성열은 몇 kcal/mol인가?

① -17.9 ② 17.9
③ -43.7 ④ 43.7

① $CH_4 + 2O_2 \rightarrow CO_2 + 2H_2O + Q$
$212.8 = 94.1 + (2 \times 68.3) + Q$
$Q = -17.9$
② 생성열 $-Q = -17.9$, $Q = 17.9$

07 가스의 연료로서 주로 LNG와 LPG가 사용된다. 천연가스의 일반적인 연소 특성에 대한 설명으로 옳은 것은?

① 지연성가스이다.
② 폭발범위가 넓다.
③ 화염전파속도가 늦다.
④ 연소 시 많은 공기가 필요하다.

천연가스의 일반적인 원칙
① 가연성 가스 이다.
② 공기량이 적게 필요하다
③ 폭발범위가 좁다.
④ 화염전파속도(연소속도)가 늦다.

08 최초의 완만한 연소가 격렬한 폭굉으로 발전할 때까지의 거리를 폭굉유도거리(DID)라 하는데 폭굉유도거리가 짧아지는 원인이 아닌 것은?

① 정상연소 속도가 큰 혼합가스일수록
② 관속에 방해물이 있을 때
③ 관지름이 가늘수록
④ 압력이 낮을수록

폭굉유도거리가 짧아지는 경우
① 정상 연속 속도가 큰 혼합가스일수록
② 관속에 방해물이 있을 때
③ 관지름이 가늘수록
④ 고압일수록
⑤ 점화원 에너지가 강할수록

09 폭굉에 대한 설명으로 옳은 것은?

① 전파속도가 약 500m/s으로 빠른 편이다.
② 전파에 필요한 에너지는 충격파에너지이다.
③ 폭발 시 압력은 초기압력의 약 2배 이상이다.
④ 주로 개방된 공간에서 발생된다.

폭굉
① 폭굉의 전파속도 약 1000~3500m/s이다.
② 압력상승은 초기 압력의 20배 이다.
③ 전파에 필요한 에너지는 충격파에너지 이다.

10 다음 [보기] 중 산소농도가 높을 때의 연소의 변화에 대하여 올바르게 설명한 것으로만 나열한 것은?

> ① 연소속도가 느려진다.
> ② 화염온도가 높아진다.
> ③ 연료 kg 당의 발열량이 높아진다.

① ① ② ②
③ ①, ② ④ ②, ③

공기 중 산소농도 증가
①연소속도가 빨라진다.
②화염온도가 높아진다.

11 프로판 $1Sm^3$를 완전 연소시키는데 필요한 이론공기량은 몇 Sm^3인가?

① 5.0 ② 10.5
③ 21.0 ④ 23.8

이론 공기량
① $A_0 = \dfrac{O_o}{0.21} = \dfrac{5}{0.21} = 23.8095$
② 프로판 이론 산소량 (O_o)
$O_o = \dfrac{5 \times 22.4}{22.4} = 5$

③ 프로판의 완전 연소 반응식
$C_3H_8 + 5CO_2 \rightarrow 3CO_2 + 4H_2O$
22.4 : 5×22.4
44kg : 5×32

12 난류확산화염에서 유속 또는 유량이 증대할 경우 시간이 지남에 따라 화염의 높이는 어떻게 되는가?

① 높아진다.
② 낮아진다.
③ 거의 변화가 없다.
④ 어느 정도 낮아지다가 높아진다.

 난류확산 화염 : 화염의 길이는 유속에 거의 영향을 받지 않는다.

13 가정용 프로판에 대한 설명으로 옳은 것은?

① 공기보다 가볍다.
② 완전연소하면 탄산가스만 생성된다.
③ 상온에서는 액화시킬 수 없다.
④ 1몰의 프로판을 완전 연소하는데 5몰의 산소가 필요하다.

 프로판의 특징
① 가정용 연료로 사용하는 것은 프로판을 주성분으로 한다.
② 프로판, 부탄이 주성분이다.
③ 무색, 무취이다.
④ 공기보다 무겁다.
⑤ $C_3H_8 + 5CO_2 \rightarrow 3CO_2 + 4H_2O$
1mol   5mol
44kg   5×32kg

14 열분해를 일으키기 쉬운 불안전한 물질에서 발생하기 쉬운 연소로 열분해로 발생한 휘발분이 자기점화온도보다 낮은 온도에서 표면 연소가 계속되기 때문에 일어나는 연소는?

① 분해연소   ② 그을음연소
③ 분무연소   ④ 증발연소

 그을음(soot) : 연료가 불완전연소하는 동안 발생하는 미소분말 물질이다.

15 연소범위(폭발범위)에 대한 설명으로 틀린 것은?

① 상한치와 하한치의 값을 가지고 있다.
② 연소범위가 좁으면 좁을수록 위험하다.
③ 연소에 필요한 혼합가스의 농도를 말한다.
④ 연소범위의 하한치는 활성화 에너지의 영향을 받는다.

 연소범위가 넓을수록 위험하다.

16 공기 중 폭발하한값이 가장 낮은 가스는?

① 프로판   ② 벤젠
③ 부탄   ④ 에탄

 ① 프로판 : 2.2~9.5vol%
② 벤젠 : 1.4~7.1vol%
③ 부탄 : 1.9~8.5vol%
④ 에탄 : 3.0~12.5vol%

17 대기압 상태에서 분해폭발을 일으키는 물질이 아닌 것은?

① 아세틸렌   ② 산화에틸렌
③ 시안화수소   ④ 히드라진

 중합폭발 : 시안화수소, 염화비닐

18 아세틸렌(C_2H_2, 연소범위:2.5~81%)의 연소범위에 따른 위험도는?

① 30.4   ② 31.4
③ 32.4   ④ 33.4

 위험도
$$H = \frac{U-L}{L} = \frac{상한 - 하한}{하한}$$
$$= \frac{81-2.5}{2.5} = 31.4$$

12.③ 13.④ 14.② 15.② 16.② 17.③ 18.②

19 증기운 폭발에 영향을 주는 인자로서 가장 거리가 먼 것은?

① 방출된 물질의 양   ② 증발된 물질의 분율
③ 점화원의 위치   ④ 혼합비

 증기운 폭발 영향 인자
① 누출물질의 량
② 이동거리
③ 착화지연 시간
④ 폭발효율
⑤ 누출빈도
⑥ 점화원의 위치

20 CO_2는 고온에서 다음과 같이 분해한다. 3000K, 1atm에서 CO_2의 60%가 분해한다면 표준상태에서 11.2L의 CO_2를 일정압력에서 3000K로 가열했다면 전체 혼합기체의 부피는 약 몇 L인가?

〈보기〉
$$2CO_2 \rightarrow 2CO + O_2$$

① 160   ② 170
③ 180   ④ 190

① $2CO_2 \rightarrow 2CO + O_2$
   2×22.4 3×22.4
   11.2×0.6
② 반응 :
$$X = \frac{(3 \times 22.4) \times (11.2 \times 0.6)}{2 \times 22.4} = 10.08$$
③ 반응전 : $X = 11.2 \times 0.4 = 4.48$
④ $(10.08 + 4.48) \times \dfrac{3000}{273} = 160$

 **제 2 과목 가스설비**

21 다음 각 펌프의 특징에 대한 설명으로 틀린 것은?

① 터빈 펌프는 고양정, 저점도의 액체에 적당하다.
② 볼류트 펌프는 저양정 시동 시 물이 필요하다.
③ 회전식 펌프는 연속회전하므로 토출액의 맥동이 적다.
④ 축류 펌프는 캐비테이션을 일으키지 않는다.

 축류펌프의 특징
① 임펠러에서 나온 물의 흐름이 축방향으로 나오는 펌프로 저양정, 대용량이 요하는 곳에 사용한다.
② 축류펌프의 유량감소에 의한 캐비테이션이 발생하기 쉽다.

22 정압기의 부속품 중 2차 압력의 변화와 가장 밀접한 관계가 있는 것은?

① 조정핸들   ② 다이어프램
③ 압력게이지   ④ 밸브

 다이어프램 : 정압기 2차 압력의 설정 상태에 따라 움직인다.

23 원심펌프의 회전수가 1200rpm일 때 양정 15m, 송출유량 2.4m/min, 축동력 10PS이다. 이 펌프를 2000rpm으로 운전할 때의 양정(H)은 약 몇 m가 되겠는가? (단, 펌프의 효율은 변하지 않는다.)

① 41.67   ② 33.75
③ 27.78   ④ 22.72

$$\frac{H_2}{H_1} = \left(\frac{N_2}{N_1}\right)^2$$
$$\frac{H_2}{15} = \left(\frac{2000}{1200}\right)^2, \quad H_2 \fallingdotseq 41.67$$

24 저온장치에 대한 설명으로 옳은 것은?

① 냉동기의 성적계수는 냉동효과와 압축기에 의해 가해진 일과의 비이다.

② 1냉동톤이란 0℃의 순수한 물 1톤을 24시간에 0℃의 얼음으로 만드는데 흡수하는 열량으로서 3600kcal/h이다.
③ 공기의 액화에 있어서 압력을 크게 하면 액화율은 나쁘게 된다.
④ 냉매로서는 증발잠열이 크고 임계온도가 높고 비체적이 큰 것이 좋다.

 냉동기 성적계수
$$COR_R = \frac{\text{전온체에서 흡수한 열량}}{\text{공급된 일}}$$
$$= \frac{Q_2}{AW}$$
냉동기의 성적계수는 전온체에서 흡수한 열량 즉 냉동효과와 압축기에 의해 가해진 공급된 일 과의 비이다.

25 냉동사이클에 의한 압축냉동기의 작동 순서로서 옳은 것은?
① 증발기 → 압축기 → 응축기 → 팽창밸브
② 팽창밸브 → 응축기 → 압축기 → 증발기
③ 증발기 → 응축기 → 압축기 → 팽창밸브
④ 팽창밸브 → 압축기 → 응축기 → 증발기

 압축냉동기 작동 순서 : ① 증발기 → ② 압축기 → ③ 응축기 → ④ 팽창밸브

26 프와송의 비가 0.2일 때 프와송의 수는 얼마인가?
① 2   ② 5
③ 20   ④ 50

 푸아송비 : $V = \frac{e_2}{e_1} = \frac{1}{m}$
$0.2 = \frac{1}{m}, \ m = 5$
e_1 : 세로변형, e_2 : 가로변형
m : 푸아송수

27 강의 열처리 중 불균일한 조직을 균일한 표준화된 조직으로 하기 위한 방법은?
① 담금질(quenching)
② 뜨임(tempering)
③ 불림(normalizing)
④ 풀림(annealing)

 소중(불림, normaliging) : 불림을 행하면 강의 조직이 정상화되고 부서지기 쉬운 것이 강하게 변한다.

28 저온장치용 금속재료에서 온도가 낮을수록 감소하는 기계적 성질은?
① 인장강도   ② 연신율
③ 항복점   ④ 경도

 온도가 낮아지면서 감소하는 성질
연신율, 충격치, 용융점, 통전도

29 펌프의 운전 중 공동현상(cavitation)을 방지하는 방법으로 적합하지 않은 것은?
① 펌프의 회전수를 늦춘다.
② 흡입양정을 크게 한다.
③ 양흡입 펌프 또는 두 대 이상의 펌프를 사용한다.
④ 손실수두를 적게 한다.

 **cavitation(공동현상) 방지법**
① 펌프의 회전수를 낮추어 흡입 비교회전도를 적게 한다.
② 양흡입 펌프를 사용한다.

30 고압가스용기의 충전구에 대한 설명으로 옳은 것은?
① 가연성 가스의 경우 대개 오른나사이다.
② 충전가스가 암모니아인 경우 왼나사이다.
③ 가스 충전구는 반드시 나사형이어야 한다.
④ 가연성 가스의 경우 대개 왼나사이다.

 **충전구 나사 방향**
① 가연성 가스

㉠ 왼나사
㉡ 오른나사 (암모니아, 브롬화메탄)
② 기타 가스 : 오른나사

31 발열량 10500kcal/m³인 가스를 출력 12000kcal/h인 연소기에서 연소효율 80%로 연소시켰다. 이 연소기의 용량은?
① 0.7m³/h   ② 0.91m³/h
③ 1.4m³/h   ④ 1.43m³/h

 보일러 열효율
$\eta = \dfrac{Q}{G_f \times H_l} \times 100$
$0.8 = \dfrac{12000}{G_f \times 10500}$, $G_f = 1.4285$

32 역화방지장치의 구조가 아닌 것은?
① 소염소자   ② 역류방지장치
③ 헛불방지장치   ④ 방출장치

 헛불방지장치 : 공연소 방지장치
온수기, 보일러 등의 연소기구내에 물이 없으면 가스밸브가 닫혀있고 물이 있을 때만 열리는 장치이다.

33 가스용품의 수집검사 대상에 해당되지 않는 것은?
① 불특정 다수인이 많이 사용하는 제품
② 가스사고 발생 가능성이 높은 제품
③ 동일제품으로 생산실적이 많은 제품
④ 전년도 수집검사 결과 문제가 없었던 제품

 가스용품 수집 검사 대상
전년도 수집검사 결과 문제가 있었던 제품이다.

34 증기압축 냉동기에서 냉매의 엔탈피가 일정하게 유지되는 부분은?
① 팽창밸브   ② 압축기
③ 응축기   ④ 증발기

 증기 압축 냉동기
① 압축기 : 저온,저압의 기체상 냉매를 흡입하여 응축기로 보내는 냉매순환력을 한다.
② 응축기 : 고온,고압의 기체상 냉매를 열교환시켜 응축, 액화 시킨다.
③ 팽창밸브 : 고온, 고압의 냉매를 교축작용에 의해 증발을 일으킬 수 있게 한다.
④ 증발기 : 냉매온도와 압력을 일정하게 유지하여 냉동을 한다.

35 내압시험압력 및 기밀시험압력의 기준이 되는 압력으로서 사용상태에서 해당설비 등의 각부에 작용하는 최고사용압력을 의미하는 것은?
① 설계압력   ② 표준압력
③ 상용압력   ④ 설정압력

 상용압력 : 오랫동안 안전하게 사용 할 수 있는 압력으로 내압시험압력 및 기밀시험압력의 기준이 되는 압력이다.

36 LP가스 수입기지 플랜트를 기능적으로 구별한 설비시스템에서 "고압저장설비"에 해당하는 것은?

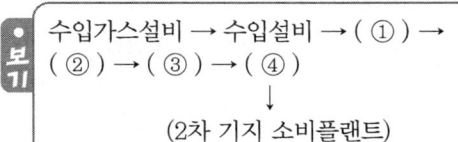

① ㉠   ② ㉡
③ ㉢   ④ ㉣

 ㉠ 수입설비 → ㉡ 저온저장설비 → ㉢ 이송설비 → ㉣ 고압저장설비 → ㉤ 출하설비

37 아세틸렌가스를 온도에 불구하고 2.5MPa의 압력으로 압축할 때 주로 사용되는 희석제

는?
① 질소   ② 산소
③ 이산화탄소   ④ 암모니아

 희석제 : 질소, 메탄, 일산화탄소 또는 에틸렌등의 희석제를 첨가할 것

38 원심펌프는 송출구 지름을 흡입구 지름보다 작게 설계한다. 이에 대한 설명으로 틀린 것은?

① 회전차에서 빠른 속도로 송출된 액체를 갑자기 넓은 와류실에 넣게 되면 속도가 떨어지기 때문이다.
② 에너지 손실이 커져서 펌프효율이 저하되기 때문이다.
③ 대형펌프 또는 고양정의 펌프에 적용된다.
④ 흡인구 지름보다 와류실을 크게 설계한다.

 원심펌프 : 와류실을 통과하는 사이에 압력 에너지로 수력손실이 없도록 변환하여 토출한다.

39 전기방식시설의 시공방법에서 외부전원법인 경우 전위측정용 터미널 설치간격은?

① 300m 이내   ② 500m 이내
③ 700m 이내   ④ 900m 이내

 전위 측정 터미널 설치 기준
① 희생양극법, 배류법 : 300m 이내
② 외부전원법 : 500m 이내

40 흡수식 냉동기의 구성요소가 아닌 것은?

① 압축기   ② 응축기
③ 증발기   ④ 흡수기

 냉동기 구성요소
① 증기 압축식 냉동기 : 압축기, 응축기, 증발기, 팽창밸브
② 흡수식 냉동기 : 발생기, 응축기, 증발기, 흡수기

제3과목 가스안전관리

41 자기압력기록계로 최고사용압력이 중압인 도시가스배관에 기밀시험을 하고자 한다. 배관의 용적이 15m³일 때 기밀유지시간은 몇 분 이상이어야 하는가?

① 24분   ② 36분
③ 240분   ④ 360분

 내압, 기밀 및 가스누출시험
① $24 \times 15 = 360[min]$
② 저압, 중압 : 1~10m³ 미만 : 240분(기밀유지 시간)
③ 저압, 중압 : 10~300m³ 미만 : $24 \times V$분 (다만, 1,440분을 초과한 경우는 1440분)

42 압축산소를 충전하는 내용적 50리터 이음매 없는 용기의 검사 시 실시하는 검사 항목이 아닌 것은?

① 음향검사
② 외부 및 내부 외관검사
③ 영구팽창 측정시험
④ 단열성능시험

 초전온용기 검사 항목
① 단열성능시험
② 대상가스 : 액화아르곤, 액화질소, 액화산소

43 내용적이 50L인 용기에 프로판가스를 충전하는 때에는 얼마의 충전량(kg)을 초과할 수 없는가? (단, 충전상수 C는 프로판의 경우 2.35이다.)

① 20   ② 20.4
③ 21.3   ④ 24.4

 $W[kg] = \dfrac{V[L]}{C}$, C : 충전상수

$W[kg] = \dfrac{V[L]}{C} = \dfrac{50}{2.35} = 21.276kg$

44 용기의 각인에 대한 설명으로 옳은 것은?

① V는 가스 중량으로 단위는 kg이다.
② W는 밸브, 부속품을 제외한 용기의 질량이고, 단위는 kg이다.
③ TP는 용기의 최고충전압력이고, 단위는 MPa이다.
④ FP는 용기의 내압시험압력이고, 단위는 MPa이다.

① V : 내용적[L]
② TP : 내압시험압력(MPa)
③ FP : 최고충전압력(MPa)

45 다음 각 가스 관련 용어에 대한 설명으로 틀린 것은?

① 가연성가스란 공기 중에서 연소하는 가스로서 폭발한계의 하한이 10퍼센트 이하인 것과 폭한계의 상한과 하한의 차가 20퍼센트 이상인 것을 말한다.
② 독성가스란 공기 중에 일정량 이상 존재하는 경우 인체에 유해한 독성을 가진 가스로서 LC_{50} 허용농도가 100만분의 5000 이하인 것을 말한다.
③ 액화가스란 가압, 냉각 등의 방법에 의하여 액체상태로 되어있는 것으로서 대기압에서의 끓는점이 40도 이상 또는 상용온도 이상인 것을 말한다.
④ 압축가스란 일정한 압력에 의하여 압축되어 있는 가스를 말한다.

"액화가스"란 가압(加壓)·냉각 등의 방법에 의하여 액체상태로 되어 있는 것으로서 대기압에서의 끓는 점이 섭씨 40도 이하 또는 상용 온도 이하인 것을 말한다.

46 내용적이 30000L인 액화산소 저장탱크의 저장능력은 몇 kg인가? (단, 비중은 1.14이다.)

① 27520
② 30780
③ 31780
④ 31920

$W = 0.9dV = 0.9 \times 1.14 \times 30000$
$= 30780$

47 액화석유가스 사업자 등과 시공자 및 액화석유가스 특정사용자의 안전관리에 관계되는 업무를 하는 자는 시·도지사가 실시하는 교육을 받아야 한다. 다음 교육대상자의 교육내용에 대한 설명으로 틀린 것은?

① 액화석유가스 배달원으로 신규 종사하게 될 경우 특별교육을 1회 받아야 한다.
② 액화석유가스 특정사용시설의 안전관리책임자로 신규 종사하게 될 경우 산업통상자원부장관이 별도로 지정한 내용이 없는 경우 6개월 이내 전문교육을 1회 받아야 한다.
③ 액화석유가스를 연료로 사용하는 자동차의 정비작업에 종사하는 자가 한국가스안전공사에 실시하는 액화석유가스 자동차 정비 등에 관한 전문교육을 받은 경우에는 별도로 특별교육을 받을 필요가 없다.
④ 액화석유가스 충전시설의 충전원으로 신규종사하게 될 경우 6개월 이내 전문교육을 1회 받아야 한다.

액화석유가스의 안전관리및사업법 시행규칙 별표 22 (안전교육 실시방법)

나. 특별교육	(1) 액화석유가스 사용자동차 운전자	신규 종사 시 1회
	(2) 액화석유가스 운반자동차 운전자와 액화석유가스 배달원	
	(3) 액화석유가스 충전시설의 충전원	
	(4) 「건설산업기본법 시행령」 제7조에 따른 제1종 또는 제2종 가스시설시공자 중 「자동차관리법」에 따른 자동차정비업 또는 자동차폐차업자의 사업소에서 액화석유가스를 연료로 사용하는 자동차의 액화석유가스연료계통 부품의 정비작업 또는 폐차작업에 직접 종사하는 자	

48 액화석유가스 수송 배관의 온도는 항상 몇 ℃ 이하를 유지하여야 하는가?
① 30　　　② 35
③ 40　　　④ 50

 40℃ 이하를 유지할 것

49 다음 중 독성이면서 가연성인 가스는?
① 일산화탄소, 황화수소, 시안화수소
② 일산화탄소, 황화수소, 아황산가스
③ 일산화탄소, 염화수소, 시안화수소
④ 일산화탄소, 염화수소, 아황산가스

 가연성 및 독성가스
염화메탄, 브롬화메탄, 산화에틸렌, 시안화수소, 트리메틸아민, 아크릴알데히드, 아크릴니트릴, 모노메틸아민, 트리메틸아민, 아크릴알데히드, 암모니아, 벤젠, 황화수소, 일산화탄소, 이황화탄소

50 다음 중 역류방지밸브의 설치 장소가 아닌 것은?
① C_2H_2고압건조기와 충전용 교체밸브 사이
② 가연성 가스압축기와 충전용 주관 사이
③ C_2H_2을 압축하는 압축기의 유분리기와 고압건조기 사이
④ NH_3, CH_3OH 합성탑 또는 정제탑과 압축기 사이

 역화 방지 밸브 설치 장소
① 가연성 가스를 압축하는 압축기와 오토클레이브사이
② 아세틸렌 충전용 지관
③ 아세틸렌 고압건조기와 충전용 교체 밸브 사이

51 고압가스 특정제조의 시설에서 설비사이의 거리 기준에 대하여 옳게 설명한 것은?
① 안전구역 안의 고압가스 설비는 그 외면으로부터 다른 안전구역 안에 있는 고압가스 설비의 외면까지 20m 이상의 거리를 유지한다.
② 제조설비의 외면으로부터 그 제조소의 경계까지 20m 이상의 거리를 유지한다.
③ 가연성가스 저장탱크는 그 외면으로부터 처리능력이 20만 m^3이상인 압축기까지 20m 이상을 유지한다.
④ 하나의 안전관리체계로 운영되는 2개 이상의 제조소가 한사업장에 공존하는 경우에는 20m 이상의 안전거리를 유지한다.

 고압가스 특정제조 시설
① 고압가스제조설비~고압가스제조설비 : 30m 이상
② 제조설비~제조서 경계 : 20m 이상
③ 가연성 탱크~압축기 : 30m 이상
④ 2개 이상의 제조소가 한 산업장에 공존 : 30m 이상

52 물질의 위험정도를 나타내는 지표로 공기중에서 액체를 가열하는 경우 액체표면에서 증기가 발생하여 그 증기에 착화원을 접근하면 연소가 되는 최저의 온도를 무엇이라 하는가?
① 최소점화에너지　② 발화점
③ 착화점　　　　　④ 인화점

 인화점 : 점화원 존재하에 연소할 수 있는 최저 온도를 말한다.
발화점 : 점화원 존재 없이 연소할 수 있는 최저 온도를 말한다.

53 액화석유가스 자동차 용기 충전의 시설기준으로 옳지 않은 것은?
① 충전호스에 부착하는 가스주입기는 투터치형으로 한다.
② 충전기의 충전호스의 길이는 5m 이내로 한다.
③ 충전호스에 과도한 인장력이 가해졌을 때

충전기와 가스 주입기가 분리될 수 있는 안전장치를 설치한다.
④ 충전기 주위에는 정전기 방지를 위하여 충전 이외의 필요 없는 장비는 시설을 금한다.

 액화석유가스 충전호스에 부착하는 가스 주입기는 원터치형으로 한다.

54 다음 가스의 공기 중 연소범위로 틀린 것은?

① 수소 : 4~75%
② 아세틸렌 : 2.5~81%
③ 암모니아 : 15~28%
④ 2.1~42%

 에틸렌 연소범위 : 3.1~32vol%

55 액화석유가스용 강제용기 검사설비 중 내압시험 설비의 가압 능력은?

① 0.5MPa 이상   ② 1MPa 이상
③ 2MPa 이상   ④ 3MPa 이상

내압시험설비 : 가압압력 3MPa 이상

56 액화 프로판을 내용적이 4700L인 차량에 고정된 탱크를 이용하여 운행 시의 기준으로 적합한 것은? (단, 폭발방지장치가 설치되지 않았다.)

① 최대 저장량이 2000kg 이므로 운반책임자 동승이 필요 없다.
② 최대 저장량이 2000kg 이므로 운반책임자 동승이 필요 하다.
③ 최대 저장량이 5000kg 이므로 200km 이상 운행 시 운반책임자 동승이 필요 하다.
④ 최대 저장량이 5000kg 이므로 운행거리에 관계없이 운반책임자 동승이 필요 없다.

 운반책임자 동승기준

가스의 종류		기준
액화가스	가연성 가스	3000kg 이상
	독성가스	1000kg 이상
	조연성 가스	6000kg 이상
압축가스	가연성 가스	300m³ 이상
	독성가스	100m³ 이상
	조연성가스	600m³ 이상

57 일정 기준 이상의 고압가스를 적재 운반시에는 운반책임자가 동승한다. 다음 중 운반책임자의 동승기준으로 틀린 것은?

① 가연성 압축가스 : 300m³ 이상
② 조연성 압축가스 : 600m³ 이상
③ 가연성 액화가스 : 4000kg 이상
④ 조연성 액화가스 : 6000kg 이상

 비독성 가스

가스의 종류		기준
압축가스	가연성가스	300m³ 이상
	조연성가스	6000m³ 이상
액화가스	가연성가스	3000kg이상(납붙임 및 접합용기2000kg 이상)
	조연성가스	6000kg 이상

58 다음 [보기]에서 설명하는 비파괴 검사 방법은?

> 표면의 미세한 균열, 작은 구멍, 슬러그 등을 검출할 수 있으며, 철 및 비철 재료에 모두 적용되며 전원이 없는 곳에서도 이용할 수 있다.

① 음향검사   ② 침투탐상검사
③ 자분탐상검사   ④ 초음파검사

 ① 침투검사 : 내부 검출이 불가능하다.
② 내부검사 : 방사선 검사, 초음파검사

59 고압가스 일반제조 시설에서 액화가스의 배관에 반드시 설치하여야 하는 장치는?

① 압력계, 안전밸브 ② 스톱밸브
③ 들인 세퍼레이터 ④ 온도계, 압력계

 ① 압력계 : 압축가스 배관
② 압력계, 온도계 : 액화가스 배관

60 LPG 압력조정기를 제조하고자 하는 자가 반드시 갖추어야 할 검사설비가 아닌 것은?

① 유량측정설비
② 과류차단성능시험설비
③ 내압시험설비
④ 기밀시험설비

 LPG압력조정기 검사 설비
① 유량측정설비 ② 내압시험설비
③ 기밀시험설비 ④ 저온시험설비

제 4 과목   가스계측기기

61 오리피스 유량계의 측정원리로 옳은 것은?

① 하이젠-포아제의 원리
② 패닝의 법칙
③ 아르키메데스의 원리
④ 베르누이의 원리

 차압식 유량계 : 베르누이 정리를 이용하여 유량을 측정한다.
종류 : 벤츄리미터(venturi meter)
오리피스미터(oriffice meter)
프로노즐(flow-nozzle)

62 잔류편차(offset)가 없고 응답상태가 좋은 조절동작을 위한 가장 적절한 제어기는?

① P 제어기   ② PI 제어기
③ PD 제어기 ④ PID 제어기

 PID 동작(비례적분미분동작) : 가장 안정하며 잔류편차 제거 및 응답속도 향상

63 열기전력은 크지만 저항 및 온도계수는 작고 수분에 의한 부식에 강하므로 저온용으로 주로 사용되는 열전대는?

① 구리-콘스탄탄 ② 크로멜-알루멜
③ 니켈-구리   ④ 백금-백금로듐

 CC(구리-콘스탄탄) : T형
수분에 의한 부식이 강하므로 저온 측정에 적합하다.

64 피드백 자동제어계에서 목표값과 제어량이 같을 때 불필요한 것은?

① 비교부   ② 조작부
③ 검출부   ④ 피드백 요소

 피드백제어(feedback control) : 입력과 출력을 비교하는 장치이다.

65 다음 중 탄성 압력계의 종류가 아닌 것은?

① 다이어프램(diaphragm) 압력계
② 벨로스(bellows) 압력계
③ 부르동(bourdon) 압력계
④ 시스턴(cisterm) 압력계

탄성식 압력계 : 부르동과 압력계, 벨로우즈식 압력계, 다이어프램식

66 화학공장에서 누출된 유독가스를 신속하게 현장에서 검지 정량하는 방법은?

① 전위적정법   ② 흡광광도법
③ 검지관법   ④ 적정법

검지관법 : 내경이 2~4mm이며 좁은 지역 가스누출에 사용한다.

67 가스미터에 다음과 같이 표시되어 있었다. 다음 중 그 의미에 대한 설명으로 가장 옳은 것은?

> 0.6[L/rev], MAX 1.8[m³/h]

① 기준실 10주기 체적이 0.6L, 사용 최대 유량은 시간당 1.8m³이다.
② 계량실 1주기 체적이 0.6L, 사용 감도 유량은 시간당 1.8m³이다.
③ 기준실 10주기 체적이 0.6L, 사용 감도 유량은 시간당 1.8m³이다.
④ 계량실 1주기 체적이 0.6L, 사용 최대 유량은 시간당 1.8m³이다.

 체적 : 0.6L, 유량 : 1.8m³

68 나프탈렌의 분석에 가장 적당한 분석방법은?
① 요오드적정법
② 중화적정법
③ 가스크로마토그래피법
④ 흡수평량법

가스 크로마토그래피(gas chromatography)
① 시료를 운반가스에 의하여 각 성분의 크로마토그램을 이용하여 유기화합물에 대한 정성 및 정량분석에 사용된다.
② 시료의 확산속도에 의한 불활성가스를 사용한다.

69 길이 3.09mm인 물체를 마이크로미터로 측정하였더니 3.01mm이었다. 오차율은 약 몇 %인가?
① +2.59%   ② −2.59%
③ +2.70%   ④ −2.70%

 오차 = $\dfrac{측정값 - 참값}{참값} \times 100\%$
= $\dfrac{3.01 - 3.09}{3.09} \times 100\% = -2.58\%$

70 가스크로마토그래피에서 열전도도 검출기에 대한 설명으로 틀린 것은?

① 구조가 비교적 간단하다.
② 선형감응범위가 넓다.
③ 검출 후에도 용질을 파괴하지 않는다.
④ 감도가 아주 뛰어나다

열전도도 검출기(TCD)
① 가스크로마토그래피의 검출기 중 선형 감응 범위가 크고, 유기 및 무기화학종 모두에 감응하고, 검출 후에도 용질이 파괴되지 않으나, 감도가 비교적 낮다.
② 캐리어가스와 시료와의 열전도도 차를 금속 필라멘트의 저항 변화로 나타내며 일반적으로 사용되는 검출기로 구조 취급방법이 쉽고, 거의 모든 성분을 검출할 수 있으나 감도가 낮다(100 ppm 까지 감지)

71 비례제어기는 60℃에서 100℃사이의 온도를 조절하는데 사용된다. 이 제어기로 측정된 온도가 81℃에서 89℃로 될 때의 비례대(proportionalband)는?
① 10%   ② 20%
③ 30%   ④ 40%

 비례대 = $\dfrac{\Delta 측정}{\Delta 조절} = \dfrac{89-81}{100-60}$
= $0.2 \times 100\% = 20\%$

72 다음 중 피드백(feedback)제어에서 외란의 원인이 될 수 없는 것은?
① 가스의 공급압력
② 가스의 공급온도
③ 저장탱크의 주위온도
④ 가스의 공급속도

외란
① 외란이 작용하면 제어량이 변하므로 제어편차가 발생한다.
② 가스의 공급압력, 가스의 공급온도, 저장탱크의 주위온도, 목표값 변경

73 열기전력을 이용한 열전온도계에서 열기전력을 이용하는 법칙이 아닌 것은?

① 균일온도의 법칙　② 균일회로의 법칙
③ 중간금속의 법칙　④ 중간온도의 법칙

해설 **열전온도계** : 제백(seeback)효과를 이용한 것이다.

74 다음 각 유독가스별 검지법이 바르게 짝지어 진 것은?

① 시안화수소 – 연당지
② 포스겐 – 해리슨 시험지
③ 아세틸렌 – 염화팔라듐지
④ 일산화탄소 – 염화 제1동 착염지

해설 가스 누설 검색지의 변색

가스명	검색지	색깔(변색)
암모니아(NH_3)	붉은 리트머스 시험지	청색
염소(Cl_2)	KI 전분지	청색
포스겐($COCl_2$)	해리슨 시약	오렌지색
아세틸렌(C_2H_2)	염화제1동 착염지	적색
일산화탄소(CO)	염화 파라듐지	검정색
황화수소(H_2S)	연당지 (초산납 시험지)	검정색
시안화수소 (HCN)	질산구리벤제시 (초산벤젠)	청색
아황산가스 (SO_2)	암모니아 형겊	흰연기 발생
프로판(C_3H_8)	비눗물	기포 발생

75 다음 중 계량의 기본이 되는 단위가 아닌 것은?

① 전류　② 온도
③ 물질량　④ 광도

해설 기본단위

기본량	SI 기본단위	
	명칭	기호
길이	미터 metre	m
질량	킬로그램 kilogram	kg
시간	초 second	s
전류	암페어 ampere	A
열역학 온도	켈빈 kelivin	K
물질량	몰 mole	mol
광도	칸델라 candela	cd

76 계통적 오차 제거 방법이 아닌 것은?

① 외부적인 조건을 표준 조건으로 유지한다.
② 진동, 충격 등을 제거한다.
③ 측정자의 부주의로 인해 오차가 생기지 않도록 주의한다.
④ 제작 시부터 생긴 기차를 보정한다.

해설 **계통적 오차** : 참값에서 일정하게 벗어난 정도의 오차를 말한다.

77 재현성이 좋기 때문에 상대습도계의 감습소자로 사용되며 실내의 습도조절용으로도 많이 이용되는 습도계는?

① 모발 습도계　② 냉각식 습도계
③ 저항식 습도계　④ 건습구 습도계

해설 모발습도계
① 실내 습오 조절용으로 사용된다.
② 한냉지역에서 편리하다.
③ 점도가 나쁘다.
④ 모발의 유효 기간 2년이다.

78 가스분석법 중 하나인 게겔(Gockel)법의 흡수액으로 잘못 연결된 것은?

① 아세틸렌 – 옥소수은칼륨용액
② 에틸렌 – 취화수소(HBr)
③ 프로필렌 – 87% KOH 용액
④ 산소 – 알칼리성 피로갈롤 용액

해설 게겔의 법칙
① 이산화탄소 : 33% 수용액
② 아세틸렌 : 옥소수은 칼륨 용액
③ 프리필렌과 노르말부탄 : 87%(H_2SO_4)
④ 산소 : 알칼리성 피로가롤 용액

79 신호의 전송방법 중 공기압 전송에 대한 설명으로 틀린 것은?

① 방폭 및 내열성이 우수하다.
② 자동제어에 용이하다.

③ 조작부의 동특성이 양호하다.
④ 신호전송의 시간지연이 짧다.

 공기압식 신호전송의 특징
① 전송시 기간지연이 있다.
② 방폭 및 내구성이 우수하다.
③ 자동제어에 용이하다.
④ 조작부의 동특성이 양호하다.

80 가연성가스 누출검지기에는 반도체 재료가 널리 사용되고 있다. 이 반도체 재료로 가장 적당한 것은?

① 산화니켈(NiO)
② 산화알루미늄(Al_2O_3)
③ 산화주석(SnO_2)
④ 이산화망간(MnO_2)

 가연성 가스 누출 검지기 반도체 재료 : 산화주석, 산화아연

제 6 편 과년도 출제문제
2022년 9월 CBT 시행

> 본 문제는 복원 기출문제입니다. 실제 문제와 다를 수 있으니 양해바랍니다.

제 1 과목 연소공학

01 점화지연(Ignition delay)에 대한 설명으로 틀린 것은?
① 혼합기체가 어떤 온도 및 압력 상태하에서 자기점화가 일어날 때까지 약간의 시간이 걸린다는 것이다.
② 온도에도 의존하지만 특히 압력에 의존하는 편이다.
③ 자기점화가 일어날 수 있는 최저온도를 점화온도(Ignition temperature)라 한다.
④ 물리적 점화지연과 화학적 점화지연으로 나눌 수 있다.

 점화지연이나 착화지연이라고 하며 연소하는데 까지의 거리는 시간과 온도에 크게 의존한다.

02 정압하에서 30℃의 기체가 100℃로 되었을 때의 부피는 최초 부피의 몇 배가 되는가?
① 1.23배   ② 1.52배
③ 2.23배   ④ 2.52배

① $\dfrac{V_1}{T_1} = \dfrac{V_2}{T_2}$
② $\dfrac{V_1}{273+30} = \dfrac{V_2}{273+100}$
$V_2 = 1.23\,V_1$

03 다음 혼합가스 중 폭굉이 가장 잘 발생되기 쉬운 것은?
① 수소-공기   ② 수소-산소
③ 아세틸렌-공기   ④ 아세틸렌-산소

 아세틸렌 + 산소 : 3.5 92vol% 으로 연소범위가 가장 넓어서 폭굉이 발생하기 쉽다.

04 폭굉(Detonation)이란 가스 중의 (㉠)보다도 (㉡)[이]가 큰 것으로 선단의 압력파에 의해 파괴작용을 일으킨다. 빈 칸에 알맞은 말은 다음 중 어느 것인가?
① ㉠ 연소 ㉡ 화염의 전파속도
② ㉠ 음속 ㉡ 화염의 전파속도
③ ㉠ 화염온도 ㉡ 충격파
④ ㉠ 화염의 전파속도 ㉡ 음속

 폭굉의 정의 : 음속 < 화염의 전파속도

05 수소의 연소하한계는 4v%이고, 연소상한계는 75v%이다. 수소가스의 위험도는 얼마인가?
① 0.95   ② 4
③ 17.75   ④ 75

 수소의 위험도
$$H = \dfrac{U-L}{L} = \dfrac{상한 - 하한}{하한}$$
$$= \dfrac{75-4}{4} = 17.75$$

06 어떤 혼합가스의 조성이 CO : 15%, H_2 : 30%, CH_4 : 55%일 때 혼합가스의 연소하한계(LFL) 값은 얼마인가? (단, 각 가스의 연소한계는 CO : 12.5~74%, H_2 : 4~75%, CH_4 : 5~15%이다.)
① 5.08%   ② 6.38%
③ 18.70%   ④ 22.07%

1.② 2.① 3.④ 4.② 5.③ 6.①

$$\frac{100}{L} = \frac{V_1}{L_1} + \frac{V_2}{L_2} + \frac{V_3}{L_3}$$
$$\frac{100}{L} = \frac{15}{12.5} + \frac{30}{4} + \frac{55}{5}$$
$$L = 5.076\%$$

07 산소 없이도 자기분해 폭발을 일으키는 가스가 아닌 것은?
① 프로판　　② 아세틸렌
③ 산화에틸렌　④ 히드라진

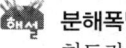 **분해폭발** : 아세틸렌, 산화에틸렌, 에틸렌, 히드라진

08 버너 출구에서 가연성 기체의 유출속도가 연소속도보다 큰 경우 불꽃이 노즐에 정착되지 않고 꺼져버리는 현상을 무엇이라 하는가?
① boil over　　② flash back
③ blow off　　④ back fire

 블로우 오프(blow off) : 불꽃에 대한 공기의 움직임이 세어지면 불꽃이 노즐에 정착되지 않고 꺼져버리는 현상이다.

09 일반적으로 온도가 10℃ 상승하면 반응속도는 약 2배 빨라진다. 40℃의 반응온도를 100℃로 상승시키면 반응속도는 몇 배 빨라지는가?
① 2^6　　② 2^5
③ 2^4　　④ 2^3

 $2 \times 2 \times 2 \times 2 \times 2 \times 2 = 2^6$배 빨라진다.
① $^{40}C \rightarrow {}^{50}C$: 2배
② $^{50}C \rightarrow {}^{60}C$: 2배
③ $^{60}C \rightarrow {}^{70}C$: 2배
④ $^{70}C \rightarrow {}^{80}C$: 2배
⑤ $^{80}C \rightarrow {}^{90}C$: 2배
⑥ $^{90}C \rightarrow {}^{100}C$: 2배

10 분진폭발은 가연성 분진이 공기 중에서 분산되어 있다가 점화원이 존재할 때 발생한다. 분진폭발이 전파되는 조건과 다른 것은?
① 분진은 가연성이어야 한다.
② 분진은 적당한 공기를 수송할 수 있어야 한다.
③ 분진은 화염을 전파할 수 있는 크기의 분포를 가져야 한다.
④ 분진의 농도는 폭발범위를 벗어나 있어야 한다.

 분진의 농도는 폭발범위(연소범위) 내에 있어야 한다.

11 연소폭발을 방지하기 위한 방법이 아닌 것은?
① 가연성물질의 제거
② 조연성물질의 혼입차단
③ 발화원의 소거 또는 억제
④ 불활성 가스 제거

 연소폭발 방지법
① 가연성 물질 제거
② 조연성물질의 혼입차단
③ 발화원의 제거 또는 억제
④ 불활성 가스의 혼입

12 연료의 저발열량과 고발열량의 차이는 연료 중 어느 성분 때문인가?
① 탄소　　② 유황
③ 수소　　④ 산소

 ① 고위발열량 - 저위발열량 = 수소, 수분의 함유량 차이이다.
② 고위발열량 : 연소할 때 발생하는 전체 발열량이다.
③ 저위발열량 : 총발열량에서 수소, 수분에 의한 증발잠열을 제외한 발열량 이다.

13 프로판과 부탄이 각각 50% 부피로 혼합되어

있을 때 최소산소농도(MOC)의 부피 %는? (단, 프로판과 부탄의 연소하한계는 각각 2.2v%, 1.8v%이다.)

① 1.9% ② 5.5%
③ 11.4% ④ 15.1%

 혼합가스 폭발범위 하한계

① $\dfrac{100}{L} = \dfrac{V_1}{L_1} + \dfrac{V_2}{L_2}$

$\dfrac{100}{L} = \dfrac{50}{2.2} + \dfrac{50}{1.8}$

$L = 1.98\,\text{vol}\%$

② 최소산소농도(MOC)

$= \text{하한계}(LFL) \times \dfrac{\text{산소몰수}}{\text{연료몰수}}$

$= 1.98 \times \dfrac{5(\text{mol}) \times 0.5(50\%) + 6.5(\text{mol}) \times 0.5(50\%)}{1(\text{mol}) \times 0.5(50\%) + 1(\text{mol}) \times 0.5(50\%)}$

$= 11.385$

③ 프로판, 부탄의 완전연소 반응식

㉠ $C_3H_8 + 5O_2 \rightarrow 3CO_2 + 4H_2O$
1mol(연료) 5mol(산소)

㉡ $C_4H_{10} + 6.5CO_2 \rightarrow 4CO_2 + 5H_2O$
1mol(연료) 6.5mol(산소)

14 대기 중에 대량의 가연성 가스나 인화성 액체가 유출되어 발생 증기가 대기 중의 공기와 혼합하여 폭발성인 증기운을 형성하고 착화 폭발하는 현상은?

① BVEVE ② UVCE
③ jet fire ④ flash over

 UVCE(Unconfinned Vapor Cloud Explosion)
자유공간 증기운 폭발로 정의 하며 개방된 대기 중에서 발생한다.

15 층류 예혼합 화염의 특징이 아닌 것은?

① 연소속도가 난류 예혼합 화염에 비해 느리다.
② 화염의 두께가 난류 예혼합 화염에 비해 두껍다.

③ 청색을 띤다.
④ 난류 예혼합 화염보다 휘도가 낮다.

 특성 비교

난류 예혼합화염의 특징	층류 예혼합화염의 특징
• 연소 속도가 빠르다. • 화염의 두께가 두껍다. • 다량의 미연소분이 존재한다. • 휘도가 높다.	• 연소 속도가 느리다. • 화염의 두께가 얇다. • 휘도가 낮다.

16 이상기체의 성질에 대한 설명 중 틀린 것은?

① 기체 분자 간 인력이나 반발력이 존재한다.
② 분자의 충돌로 총 운동에너지가 감소되지 않은 완전 탄성체이다.
③ 0K에서 부피는 0이어야 하며, 평균 운동에너지는 절대온도에 비례한다.
④ 이상기체 상태방정식은 높은 온도, 낮은 압력 조건에서 실제가스에 비교적 잘 적용된다.

 이상기체의 성질

① 기체 분자간 인력이나 반발력은 작용하지 않는다.
② 이상기체는 액화되지 않는다.

17 고체 가연물을 연소시킬 때 나타나는 연소형태를 순서대로 바르게 나열한 것은?

① 표면연소 – 증발연소 – 분해연소
② 표면연소 – 분해연소 – 증발연소
③ 증발연소 – 분해연소 – 표면연소
④ 증발연소 – 표면연소 – 분해연소

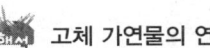 **고체 가연물의 연소 형태**

① 증발연소 : 가연성증기가 증발하여 연소한다.
② 분해연소 : 먼전 열분해된 가스가 연소한다.
③ 표면연소 : 증기 발생 과정을 생략하고 고체 표면에서 산소반응하여 연소한다.

18 다음 중 연소의 정의에 대하여 가장 잘 설명한 것은?

① 탄화수소가 공기 중의 산소와 화합하는 현상
② 탄소, 수소 등의 가연성 물질이 산소와 화합하여 열과 빛을 발하는 현상
③ 연료 중의 탄소와 산소가 화합하는 현상
④ 이산화탄소와 수증기를 생성하기 위한 연료의 화학반응

 연소의 정의 : 어떤 물질이 산소화 급격히 반응하여 빛과 열을 발생하는 발열반응이다.

19 다음 중 프로판의 완전연소 반응식을 옳게 나타낸 것은?

① $C_3H_8 + 2O_2 \rightarrow 3CO + 4H_2O$
② $C_3H_8 + 5O_2 \rightarrow 3CO + 4H_2O$
③ $C_3H_8 + 3O_2 \rightarrow 3CO + 4H_2O$
④ $C_3H_8 + \dfrac{9}{2}O_2 \rightarrow 3CO + 2H_2O$

 탄화수소(C_mH_n)의 완전연소 반응식

① $C_mH_n + (m + \dfrac{n}{4})O_2 \rightarrow mCO_2 + \dfrac{n}{2}H_2O$

② $C_3H_8 + \left(3 + \dfrac{8}{4}\right)CO_2 \rightarrow 3CO_2 + \left(\dfrac{8}{2}\right)H_2O$

20 소형가열로, 열처리로 등 비교적 소규모의 가열장치에 사용되며 공기압을 높일수록 무화 공기량이 저감되는 버너는?

① 고압기류식 버너   ② 저압기류식 버너
③ 유압식 버너   ④ 선회식 버너

 저압기류식 버너
고압 기류식 보다는 많은 공기량이 필요로 하며 무화용 공기량은 전 이론공기량의 30~50%를 사용한다.

제 2 과목 가스설비

21 시간당 66400kcal를 흡수하는 냉동기의 용량은 몇 냉동톤인가?

① 20   ② 24
③ 28   ④ 32

 냉동톤(RT)
① 1RT : 24시간 동안 0℃ 물 1톤 (1,000kg)을 0℃ 얼음으로 만드는 능력이다.
② 물의 융해열 : 79.68 kcal/kg
③ 1RT = 79.68kcal/kg × 1000kg/24hr
     = 79680kcal/24hr
     = 3320kcal/hr
④ 1 : 3320 = X : 66400
   $X = \dfrac{1 \times 66400}{3320} = 20RT$

22 다음 제조법 중 가장 높은 압력을 사용하는 것은?

① 암모니아 합성   ② 폴리에틸렌 합성
③ 메탄올 합성   ④ 오일 가스화

 ① 암모니아 합성법(고압합성) : 600~1000kgf/cm²
② 폴리에틸렌 합성(고압법) : 1000~4000kgf/cm²
③ 메탄올 합성 : 200~300kgf/cm²
④ 오일가스화 : 100~150kgf/cm²

23 연소기의 분류 중 연소 시 1차 공기의 혼합비율과 혼합방식에 의한 분류가 아닌 것은?

① 개방식   ② 분젠식
③ 적화식   ④ 전1차 공기식

 연소시 1차 공기와 2차 공기의 혼합비율에 따른 분류
① 적화식   ② 세미분젠식
③ 분젠식   ④ 전1차 공기식

24 도시가스 배관공사 시 주의사항으로 틀린 것은?
① 현장마다 그 날의 작업공정을 정하여 기록한다.
② 작업현장에는 소화기를 준비하여 화재에 주의한다.
③ 현장 감독자 및 작업원은 지정된 안전모 및 완장을 착용한다.
④ 가스의 공급을 일시 차단할 경우에는 사용자에게 사전 통보하지 않아도 된다.

 가스의 공급을 일시 차단할 경우에는 사용자에게 사전 통보하여야 한다.

25 전기방식시설의 유지관리를 위해 전위 측정용 터미널을 설치하였다. 다음 중 적당한 것은?
① 희생양극법 – 배관길이 300m 이내 간격
② 외부전원법 – 배관길이 400m 이내 간격
③ 선택적 배류법 – 배관길이 400m 이내 간격
④ 강제배류법 – 배관길이 500m 이내 간격

 전위 측정 터미널 설치 기준
① 희생약극법, 배류법 : 300mn 이내
② 외부전원법 : 500m 이내

26 다음 [그림]은 카르노 냉동사이클을 표시한 것이다. 열을 방출하여 등온압축을 하는 과정은?

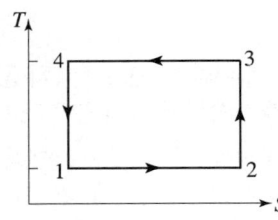

① 1-2 과정　　② 2-3 과정
③ 3-4 과정　　④ 4-1 과정

① $3 \to 4$: 등온압축
② $2 \to 3$: 단열압축
③ $2 \to 1$: 등온팽창
④ $1 \to 4$: 단열팽창

27 유량조절이 정확하고 용이하며 기밀도가 커서 기체의 배관에 주로 사용되는 밸브는?
① 글로브밸브　　② 체크밸브
③ 게이트밸브　　④ 안전밸브

 글로브 밸브(Glove valve) : 유량의 조절이 필요한 곳에 사용하는 유량조절 밸브이다.

28 20층인 아파트에서 1층의 가스 압력이 1.8kPa일 때, 20층에서의 압력은 약 몇 kPa인가? (단, 20층까지의 고저차는 60m, 가스의 비중은 0.65, 공기의 비중량은 1.3kgf/m³이다.)
① 1　　② 2
③ 3　　④ 4

 압력 계산
① 20층 압력 = 1층 압력 − 압력손실
　　　　　 = 1.8 − (−0.273)
　　　　　 = 2.073kPa
② 입상 배관에 의한 압력손실
　$h = 1.293(S-1)H = 1.3(S-1)H$
　　= 1.3(0.65−1) × 60
　　= −27.3mmH₂O ÷ 100 = −0.273kPa
③ 1kPa = 100mmH₂O

29 도시가스 수요가 증가함으로써 가스 압력이 부족하게 될 때 사용하는 가스공급 시설은?
① 가스홀더　　② 압송기
③ 정압기　　　④ 가스계량기

 압송기 : 공급지역이 넓거나 또는 수요량이 공급량보다 많을 때에 가스 압력이 낮아지는 것을 방지하여 압송기가 고압으로 가스를 송출 한다.

30 다음 중 가스 용기재료의 구비조건으로 가장 거리가 먼 것은?

① 충분한 강도를 가질 것
② 무게가 무거울 것
③ 가공 중 결함이 생기지 않을 것
④ 내식성을 가질 것

 용기 재료의 구비조건
① 저온, 사용온도에 견디는 연성, 전성강도를 가질 것
② 가볍고 충분한 강도를 가질 것
③ 내식성, 마모성을 가질 것
④ 가공성, 용접성이 좋을 것
⑤ 가공 중 결함이 생기지 않을 것

31 50kg의 프로판(비중 : 1.53)이 용기에 충전되어 있다. 이 프로판가스는 최소 몇 L의 부피가 되겠는가? (단, 프로판 정수는 2.35이다.)

① 213.6 ② 200.8
③ 193.4 ④ 117.5

① $W[kg] = \dfrac{V[L]}{C}$, C : 충전상수
② $W[kg] = \dfrac{V[L]}{C}$
$50 = \dfrac{V}{2.35}$, $V = 50 \times 2.35 = 117.5L$

32 액화석유가스용 압력조정기 중 1단 감압식 준저압조정기 조정압력은?

① 2.3kPa~3.3kPa
② 5kPa~30kPa 이내에서 제조자가 설정한 기준압력의 ±20%
③ 57kPa~83kPa
④ 0.032MPa~0.083MPa

 액화석유가스 압력조정기의 종류에 따른 입구압력 및 조정압력

종류	입구압력 (MPa)	조정압력(kPa)
1단감압식저압조정기	0.07~1.56	2.30~3.30
1단감압식 준저압조정기	0.1~1.56	5.0~30.0 이내에서 제조사가 설정한 기준압력의 ±20%
2단감압식 1차용조정기 (용량 100kg/h 이하)		
2단감압식 1차용조정기 (용량 100kg/h 초과)	0.3~1.56	57.0~83.0
2단감압식 2차용저압조정기	0.01~0.1 또는 0.025~0.1	2.30~3.30
2단감압식 2차용준저압조정기	조정압력 이상~0.1	5.0~30.0 내에서 제조사가 설정한 기준압력의 ±20%
자동절체식 일체형압조정기	0.1~1.56	2.55~3.30
자동절체식일체형 준저압조정기	0.1~1.56	5.0~30.0 내에서 제조사가 설정한 기준압력의 ±20%
그밖의 압력조정기	조정압력 이상~1.56	5kPa를 초과하는 압력범위에서 상기 압력조정기의 종류에 따른 조정압력에 해당하지 않는 것에 한하며, 제조사가 설정한 기준압력의 ±20%일 것

33 왕복동식 압축기에서 압축기의 흡입온도 상승의 원인이 아닌 것은?

① 흡입밸브 불량에 의한 역류
② 전단 냉각기의 능력 저하
③ 전단의 쿨러 과냉
④ 관로에 수열이 있을 경우

 왕복동식 압축기의 흡입온도상승 원인
① 흡입밸브 불량에 의한 분류
② 전단 냉각기의 능력 저하
③ 관로에 수열이 있을 경우
흡입 온도의 저하 원인
① 전단의 쿨러 과냉의 경우
② 바이패스(by-pass) 순환량이 많은 경우

 토출 온도 상승 원인
① 토출밸브 불량에 의한 역류
② 흡입밸브 불량에 의한 고온가스 흡입
③ 압축비 증가
④ 전단냉각기 불량에 의한 고온가스 흡입

34 지표면의 비저항보다 깊은 곳의 비저항이 낮은 경우 적용하는 양극설치방법은?

① 희생양극법 ② 천매전극법

③ 선택배류법 ④ 심매전극법

유전양극법(희생양극법)의 특징
① 비교적 간편하며 가격이 저가 이다
② 과방식의 염려가 없다
③ 다른 매설금속에 대한 장애가 거의 없다.
④ 애노드는 부식하고 케소드는 방식되므로 양극의 소모가 발생하므로 보충할 것
⑤ 전위 분포가 거의 균일하게 되어있다.
⑥ 깊이는 배관의 깊이와 거의 같다.

심매전극법(deep well)
① 부식방지를 위해 내소모성 금속을 (+)극에 접속하여 토양에 매설하고 (-)극을 지하매설 상수용 강관에 연결하여 관부식을 방지한다.
② 깊이는 45~60m이며 천매전극법 보다 더 깊다.
③ 전위분포가 차이가 많이 나며 비저항이 낮은 지하에 알맞다.

천매전극법(shallow bed)
① 부식방지를 위해 내소모성 금속을 (+)극에 접속하여 토양에 매설하고 (-)극을 지하매설 상수용 강관에 연결하여 관부식을 방지한다.
② 깊이는 2m 이다.
③ 전위분포가 차이가 많이 나며 비저항이 높은 지하에 알맞다.

선택배류법
전철공급전류의 일부가 누설되어 상수용강관등에 유입되면 부식이 진행되므로 누설전류를 전철 변전소로 다시 보내는 설비이다.

35 도시가스 제조 원료가 가지는 특성으로 가장 거리가 먼 것은?
① 파라핀계 탄화수소가 적다.
② C/H비가 적다.
③ 유황분이 적다.
④ 비점이 낮다.

도시가스 제조원료의 특징
① 파라핀계 탄화수소가 많으며 화학적으로 안정한 구조이다
② 연료용 가스로 사용한다.
③ 카본석출이 적다.

36 자동절체식 조정기를 사용할 때의 이점을 가장 잘 설명한 것은?
① 가스소비 시 압력변동이 적다.
② 수동절체방식보다 가스 발생량이 크다.
③ 용기 교환시기가 짧고 계획배달이 가능하다.
④ 수동절체방식보다 용기설치 본수가 많다.

자동절체식 조정기
① 전체용기의 수량이 수동절체식보다 적어도 된다.
② 용기 내의 잔 가스가 없어질 때 까지 소비된다.
③ 자동절체(교체)식은 복잡하다.
④ 단단 감압식 조정기보다 배관의 압력손실을 크게 해야 한다.
⑤ 잔류액이 거의 없어질 때 까지 가스를 소비 할 수 있다.

37 도시가스 배관을 설치하고 나서 그 지역에 대규모로 주택이 들어서거나 주택 및 인구가 증가되면서 피크 시 가스 공급압력이 저하되게 이를 방지하기 위하여 인근 배관과 상호연결을 하여 압력저하를 방지하는 공급방식은?
① 압력 보충 배관 설계
② 송출압 보충 배관 설계
③ 저압 보충망 배관 설계
④ 환산망 배관 설계

환산망배관 설계 : 압력저하를 방지하는 공급방식이다.

38 스프링 안전밸브에 대한 설명으로 틀린 것은?
① 설정압력 이상이 되면 서서히 개방(open)된다.
② 저장탱크 또는 용기에서 주로 사용된다.
③ 고압가스의 양을 결정하여 이 양을 충분히 분출시킬 수 있는 지름이어야 한다.
④ 한번 작동하면 밸브 전체를 교환하여야 한

다.

스프링식 안전밸브
① 일정 압력 이하로 내려가면 가스 분출이 정지되는 구조이며 재사용이 가능한 안전밸브이다.
② 스프링의 압력을 이용하여 밸브가 작동한다.

39 금속의 내부응력을 제거하고 가공경화된 재료를 연화시켜 결정하고 상온가공을 용이하게 할 목적으로 하는 열처리는?
① 담금질   ② 불림
③ 뜨임   ④ 풀림

소중(불림, normaliging) : 불림을 행하면 강의 조직이 정상화되고 부서지기 쉬운 것이 강하게 변한다.
소둔(풀림, annealing) : 가열한후 공기가 아닌 노속에서 서서히 냉각시키며 인장강도는 저하되며 내부응력을 제거 한다.
소입(담금질, quenching) : 서서히 냉각하며 냉수, 온도, 기름에는 급냉시키는 공정을 하며 취성, 강도, 경도가 증가한다.
소려(뜨임, tempering) : 담금질한 강을 다시 가열하여 공기중에서 냉각하는 공정을 하며 내부응력제거, 취성이 감소한다.

40 용접부 내부 결함 검사에 가장 적합한 방법으로서 검사 결과의 기록이 가능한 검사방법은?
① 자분검사   ② 침투검사
③ 방사선투과검사   ④ 누설검사

방사선 투과검사 : X선이나 γ선을 투과하여 결함의 유무를 확인하는 공정이며 용접부 결함 검사에 가장 적합하다.

제3과목 가스안전관리

41 탱크로리로부터 저장탱크에 LPG를 주입(注入)할 경우 다음 중 이송작업 기준을 준수하며 작업을 하여야 하는 자는?
① 충전원   ② 안전관리자
③ 운반책임자   ④ 운반자동차 운전자

LPG 주입 및 충전 작업〈고압가스안전관리법 시행규칙 제50조 관련 별표30〉
① 하역작업 완료 후에는 안전관리자와 운반책임자가 함께 가스체류여부, 작업완료상태 등 제반상태를 확인·점검한다.
② 자동차 충전작업
충전소내의 저장탱크로 부터 LPG를 자동차에 충전하는 작업으로 안전관리책임자의 관리하에 다음 절차에 의하여 실시한다.

42 고압가스 안전성 평가기준에서 정성적 위험성 평가분석방법이 아닌 것은?
① 체크리스트(checklist) 기법
② 위험과 운전분석(HAZOP) 기법
③ 사고예상 질문분석(WHAT-IF) 기법
④ 원인 결과 분석(CCA) 기법

안전성 평가 기법
① 정성적 평가 기법
　㉠ 사고예상질문 분석(WHAT-IF)기법
　　: 나쁜 결과를 초래할 수 있는 사고에 대하여 예상질문을 통해 미리 확인함으로써 위험을 줄이는 방법을 제시 한다.
　㉡ 체크리스트기법(checklist)
　㉢ 위험과 운전분석 기법
　　(Hazard And Operablity Studies, HOZOP)
② 정량적 평기 기법
　㉠ 작업자 실수 분석 기법
　　(Human Error Ananlysis, HEA)
　　: 작업에 영향을 미칠만한 요소를 평

39.④ 40.③ 41.② 42.④

가하여 실수의 원인을 파악, 추적하여 실수의 순위를 결정한다.
ⓒ 결함분석기법
(Fault Tree Analysis, FTA)
ⓒ 사건수분석 기법
(Event Tree Analysis, ETA)

③ 기타 안전성 평가 기법
㉠ 이상위험도 분석(FMECA)기법
ⓒ 상대위험순위 결정(Dow And Mond Indices)기법 : 설비에 존재하는 위험에 대하여 수치적으로 위험 순위를 지표화하여 그 피해정도를 위험순위로 정한다.

43 고압가스 일반제조시설 중 저장탱크에 가스를 얼마 이상 저장하는 것에는 가스방출장치를 설치해야 하는가?
① $3m^3$ ② $5m^3$
③ $10m^3$ ④ $15m^3$

 고압가스 일반제조시설 저장탱크
① $5m^3$ 이상의 가스 저장 시설 : 가스방출장치를 설치한다.
② 탱크 용량 5000L 이상 : 긴급 차단장치를 설치한다.
③ $5m^3$ = 5000L

44 가연성가스를 압축하는 압축기와 충전용 주관 사이에는 무엇을 설치하는가?
① 역류방지밸브 ② 역화방지장치
③ 유분리기 ④ 액분리기

 역류방지 밸브 설치
① 가연성 가스를 압축하는 압축기와 충전용 주관과의 사이
② 아세틸렌을 압축하는 압축기의 유분리기와 고압건 조기와의 사이
③ 암모니아 또는 메탄올의 합성탑 및 정제답과 압축기와의 사이의 배관

역화 방지 장치 설치
① 가연성 가스를 압축하는 압축기와 오토클레이브와의 사이

② 아세틸렌의 고압건조기와 충전용 교체밸브 사이의 배관
③ 아세틸렌 충전용 지관

45 다음 중 용기의 각인 표시 기호로 틀린 것은?
① 내용적 : V
② 내압시험압력 : TP
③ 최고충전압력 : HP
④ 동판 두께 : t

 FP : 최고 충전압력

46 지름이 10m인 구형가스 홀더의 최고사용압력이 5.0MPa일 때 압축가스 저장능력은 몇 m^3인가?
① 2940 ② 3140
③ 24704 ④ 26704

 저장능력 계산
$Q = (10P+1)V$
$= (10 \times 5 + 1) \times 523.5987$
$= 26703.533$

구형 저장탱크 내용적
$V = \frac{4}{3}\pi r^3 = \frac{\pi}{6}d^3 = \frac{\pi}{6} \times 10^3$
$= 523.5987$

47 액화가스의 고압가스설비 등에 부착되어 있는 스프링식 안전밸브는 상용의 온도에서 그 고압가스설비 등 내의 액화가스의 상용의 체적이 그 고압가스설비 등 내의 내용적의 몇 %까지 팽창하게 되는 온도에 대응하는 그 고압가스설비 등 내의 압력에서 작동하는 것으로 하여야 하는가?
① 90% ② 92%
③ 95% ④ 98%

 과압안전장치(안전밸브) 작동압력
액화가스의 가스설비 등에 부착되어 있는 스프링식 안전밸브는 상용의 온도에서 해당 가

스설비 등 안의 액화가스의 상용의 체적이 해당 가스설비 등 안의 내용적의 98 %까지 팽창하게 되는 온도에 대응하는 해당 가스설비 등 안의 압력에서 작동하는 것으로 한다.

48 고압가스 냉동제조시설의 냉동능력 합산 기준으로 틀린 것은?

① 냉매가스가 배관에 의하여 공통으로 되어 있는 냉동설비
② 냉매계통을 달리하는 2개 이상의 설비가 1개의 규격품으로 인정되는 설비 내에 조립되어 있는 것
③ 4원(元) 이상의 냉동방식에 의한 냉동설비
④ 모터 등 압축기의 동력설비를 공통으로 하고 있는 냉동설비

 냉동능력 합산 기준
① 냉매가스가 배관에 의하여 공통으로 되어 있는 냉동설비
② 냉매계통을 달리하는 2개 이상의 설비가 1개의 규격품으로 인정되는 설비 내에 조립되어 있는 것(Unit형의 것)
③ 2원(元) 이상의 냉동방식에 의한 냉동설비
④ 모터 등 압축기의 동력설비를 공통으로 하고 있는 냉동설비
⑤ 브라인(Brine)을 공통으로 사용하고 있는 2개 이상의 냉동설비(브라인 중 물과 공기는 포함하지 아니한다)

49 중형 가스온수보일러는 보일러의 전가스소비량이 총발열량 기준으로 얼마의 것을 말하는가?

① 70kW 초과 232.6kW 이하인 것
② 80kW 초과 332.6kW 이하인 것
③ 90kW 초과 432.6kW 이하인 것
④ 100kW 초과 532.6kW 이하인 것

 중형 가스온수 보일러
① 보일러의 전 가스소비량이 총발열량기준 (15℃, 1기압의 총발열량 기준, 특별히 규정한 경우를 제외하고 이하 같다)으로 70kW(6만kcal/h) 초과 232.6kW(20만kcal/h) 이하인 것
② 보일러의 가스사용압력이 3.3lPa 이하인 것

50 질소 충전용기에서 질소의 누출여부를 확인하는 방법으로 가장 쉽고 안전한 방법은?

① 비눗물을 사용
② 기름을 사용
③ 전기스파크를 사용
④ 소리를 감지

 비눗물, 누출 검사액등을 이용하여 검사하는 방법으로 누출되면 거품이 발생하므로 쉽게 확인할 수 있다.

51 산소의 품질검사에 사용하는 시약으로 맞는 것은?

① 동-암모니아 시약
② 발연황산 시약
③ 브롬 시약
④ 피로갈롤 시약

품질 검사 기준

종류	검사 시약	검사법	순도
산소	동, 암모니아	오르잣드법	99.5%
수소	피로카로 하이드로설파이드	오르잣드법	98.5%
아세틸렌	발연황산	오르잣드법	98%
	브롬	뷰렛법	
	질산	정성시험	

52 저장탱크에 액화가스를 충전할 때 저장탱크 내용적의 최대 몇 %까지 채워야 하는가?

① 85% ② 90%
③ 95% ④ 98%

 저장탱크 액화가스 충전량
① 저장탱크의 내용적의 90% 넘지 아니하도록 충전한다.
② 소형 저장탱크의 경우 85% 넘지 아니하도록 충전한다.

가스산업기사

53 다음 중 액화가스의 안전 및 사업법상 검사대상이 아닌 콕은?
① 퓨즈콕
② 상자콕
③ 주물연소기용 노즐콕
④ 호스콕

 ① 사업법상 검사대상 품목
　퓨즈콕, 상자콕, 주물연소기용 노즐콕
② 연소기에 퓨즈콕, 상자콕등의 안전장치를 설치한다.
③ 호스는 T형 연결을 금지한다.

54 아세틸렌가스를 온도에 관계없이 2.5MPa의 압력으로 압축할 때에 첨가해야 할 희석제로서 옳지 않은 것은?
① 에틸렌　　② 메탄
③ 이소부탄　④ 일산화탄소

 희석제 : 질소, 메탄, 일산화탄소 또는 에틸렌 등의 희석제를 첨가할 것

55 LPG 지상 저장탱크 주위에 방류둑을 설치해야 하는 저장탱크의 크기는?
① 500톤 이상　　② 1000톤 이상
③ 1500톤 이상　　④ 2000톤 이상

 방류둑 설치 대상
① 고압가스 특정제조 저장탱크
　㉠ 가연성 가스 : 저장능력 500ton 이상
　㉡ 독성가스 : 저장능력 5ton 이상
　㉢ 산소 : 저장능력 1000ton 이상
② 고압가스 일반제조 저장탱크
　㉠ 고압가스 일반 제조시설 : 가연성 및 산소의 액화가스 저장능력이 1000톤 이상일 때 방류둑을 설치한다.
　㉡ 저장능력이 5톤 이상의 독성가스 저장탱크 주위에 방류둑을 설치한다.
③ 냉동제조시설 : 독성가스를 냉매로 하는 수액기의 내용적이 10000L 이상일 때 방류둑을 설치한다.
④ 액화석유가스 저장시설 : 1000ton 이상

⑤ 도시가스 도매사업 : 500ton 이상
⑥ 일반도시가스 사업 : 1000ton 이상

56 고압가스 일반제조시설에서 저장탱크 및 처리설비를 실내에 설치하는 경우에 대한 설명으로 틀린 것은?
① 저장탱크실 및 처리설비실은 천장, 벽 및 바닥의 두께가 30cm 이상인 철근콘크리트로 만든 실로서 방수처리가 된 것으로 한다.
② 저장탱크 및 처리설비실은 각각 구분하여 설치하고 자연통풍시설을 갖춘다.
③ 저장탱크의 정상부와 저장탱크실 천장과의 거리는 60cm 이상으로 한다.
④ 저장탱크에 설치한 안전밸브는 지상 5m 이상의 높이에 방출구가 있는 가스방출관을 설치한다.

 사고 예방을 위해 저장탱크 및 처리설비실은 각각 구분하여 설치하고 강제통풍시설을 갖추어야 한다.

57 액화석유가스의 성분 중 프로판의 성질에 대한 설명으로 틀린 것은?
① 착화온도는 약 450~550℃ 정도이다.
② 끓는점은 약 -42.1℃이다.
③ 임계온도는 약 96.8℃ 정도이다.
④ 증기압은 21℃에서 28.4kPa 정도이다.

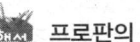 프로판의 증기압 : 740kPa(20℃)

58 저장탱크에 의한 액화석유가스 사용시설에서 배관이음부와 절연조치를 한 전선과의 이격거리는?
① 10cm 이상　　② 20cm 이상
③ 30cm 이상　　④ 60cm 이상

 액화석유가스 배관이음부 안전거리
　① 배관이음부~전기계량기 및 전기 개폐

기 : 60cm 이상
② 배관이음부~전기점멸기 및 전기접속기 : 30cm 이상
③ 배관이음부~미절연 전선 : 15cm 이상
④ 배관이음부~절연전선 : 10cm 이상

59 아세틸렌용 용접용기 제조 시 내압시험압력이란 최고사용압력 수치의 몇 배의 압력을 말하는가?

① 1.2
② 1.5
③ 2
④ 3

① **최고충전압력** : 15℃에서 용기에 충전할 수 있는 가스의 압력 중 최고압력을 말한다.
② **기밀시험압력** : 최고충전압력의 1.8배의 압력을 말한다.
③ **내압시험압력** : 최고충전압력수치의 3배의 압력을 말한다.

60 아세틸렌가스를 용기에 충전하는 장소 및 충전용기 보관장소에는 화재 등에 의한 파열을 방지하기 위하여 무엇을 설치해야 하는가?

① 방화설비
② 살수장치
③ 냉각수펌프
④ 경보장치

살수장치 설치
저장탱크, 가스 설비 및 자동차에 고정된 탱크의 이입 · 충전장소에는 소화를 위하여 살수장치 · 물분무장치 또는 이와 같은 수준 이상의 소화능력을 가지는 설비를 설치한다.

제 4 과목 가스계측기기

61 HCN 가스의 검지반응에 사용하는 시험지와 반응색이 옳게 짝지어진 것은?

① KI전분지 - 청색
② 초산벤젠지 - 청색
③ 염화팔라듐지 - 적색
④ 염화 제일구리착염지 - 적색

가스 누설 검색지의 변색

가스명	검색지	색깔(변색)
암모니아(NH₃)	붉은 리트머스 시험지	청색
염소(Cl₂)	KI 전분지	청색
포스겐(COCl₂)	하리슨 시약	오렌지색
아세틸렌(C₂H₂)	염화제1동 착염지	적색
일산화탄소(CO)	염화 파라듐지	검정색
황화수소(H₂S)	연당지 (초산납 시험지)	검정색
시안화수소(HCN)	질산구리벤제시 (초산벤젠)	청색
아황산가스(SO₂)	암모니아 형겊	흰연기 발생
프로판(C₃H₈)	비눗물	기포 발생

62 다음 가스분석법 중 흡수분석법에 해당되지 않는 것은?

① 헴펄법
② 게겔법
③ 오르사트법
④ 우인클러법

흡수 분석법
① 시료가스를 특수한 흡수액에 흡수시켜 채취관-도관-포집부의 과정을 걸쳐 흡수 전후의 체적차를 가지고 가스 성분을 분석하는 방법이다.
② 오르사트법, 게겔법, 헴펄법

63 어느 수용가에 설치한 가스미터의 기차를 측정하기 위하여 지시량을 보니 $100m^3$을 나타내었다. 사용공차를 +4%로 한다면 이 가스미터에는 최소 얼마의 가스가 통과되었는가?

① $40m^3$
② $80m^3$
③ $96m^3$
④ $104m^3$

사용공차
① 수용가에 부착되어 있는 사용 중인 가스미터의 오차의 최대 한도 이다
② 사용공차=허용기차±4%
③ 지시량 : 100-4=96

㉠ +4% 의미 : 4% 만큼 크게 계상되었다. (100 − 4 = 96)
㉡ −4% 의미 : 4% 만큼 작게 계상되었다. (100 − 4 = 104)

64 일반적으로 장치에 사용되고 있는 부르동관 압력계 등으로 측정되는 압력은?

① 절대압력 ② 게이지압력
③ 진공압력 ④ 대기압

 부르동관 압력 : 게이지 압력 측정

65 사용 온도범위가 넓고, 가격이 비교적 저렴하며, 내구성이 좋으므로 공업용으로 가장 널리 사용되는 온도계는?

① 유리 온도계 ② 열전대 온도계
③ 바이메탈 온도계 ④ 반도체 저항온도계

 열전대 온도계
① 열전대를 측온체로 사용하여 열기전력을 온도로 나타낸다.
② 제백효과(Seebeck effect)
열전대의 끝에 온도차를 주면 온도차에 의해 열기전력이 발생하는 현상이다.

66 추종제어에 대한 설명으로 옳은 것은?

① 목표치가 시간에 따라 변화하지만 변화의 모양이 미리 정해져 있다.
② 목표치가 시간에 따라 변화하지만 변화의 모양은 예측할 수 없다.
③ 목표치가 시간에 따라 변하지 않지만 변화의 모양이 일정하다.
④ 목표치가 시간에 따라 변하지 않지만 변화의 모양이 불규칙하다.

 추치 제어 : 목표치가 시간에 따라 변화하는 제어이다.
추종제어 : 목표치가 시간적(임의적)으로 변화하는 경우의 제어이다.
프로그램제어 : 목표치의 변화가 미리 정해져 있어 계획에 따라서 시간적으로 변화하는

제어이다.
비율제어 : 목표치가 다른 것과 비율에 따라 변화하는 제어이다.

67 다음 중 막식 가스미터는?

① 글로버식 ② 루츠식
③ 오리피스식 ④ 터빈식

 막식 가스미터 : 독립내기식, 루트식, 오발식, 그로바식

68 오르사트 가스분석기에서 가스의 흡수 순서로 옳은 것은?

① $CO \rightarrow CO_2 \rightarrow O_2$
② $CO_2 \rightarrow CO \rightarrow O_2$
③ $O_2 \rightarrow CO_2 \rightarrow CO$
④ $CO_2 \rightarrow O_2 \rightarrow CO$

 오르쟈트(orsat)

차례	분석가스	흡수제
이산화탄소	CO_2	수산화칼륨(KOH) 30% 수용액
산소	O_2	알카리성 피로가롤 용액, 황인, 치아황산소다
일산화탄소	CO	암모니아성 염화제1구리 용액 산성 염화제1구리 용액

69 산화철, 산화주석 등은 350℃ 전후에서 가연성가스를 통과시키면 표면에 가연성가스가 흡착되어 전기전도도가 상승하는 성질을 이용하여 가스 누출을 검지하는 방법은?

① 반도체식 ② 접촉연소식
③ 기체열전도도식 ④ 적외선흡수식

 반도체식 가스누출 검지기
① 가스의 변화에 안정적이다.
② 대출력이 발생한다.
③ 오랫동안 안전성이 뛰어나다.
④ 반도체 소자의 출력은 가스농도에 의하여 얻어지므로 증폭하지 않아도 소형부저등이 울린다.

70 다음 중 SI 단위의 보조단위는 어느 것인가?
① 밀도 ② 면적
③ 속도 ④ 평면각

 SI 보조 단위(무차원) : 각도(평면각), 입체각

71 가스크로마토그래피에서 이상적인 검출기의 구비조건으로 가장 거리가 먼 것은?
① 적당한 감도를 가져야 한다.
② 모든 용질에 대한 감응도가 비슷하거나 선택적인 감응을 보여야 한다.
③ 일정 질량 범위에 걸쳐 직선적인 감응도를 보여야 한다.
④ 유속을 조절하여 감응시간을 빠르게 할 수 있어야 한다.

 가스 크로마토그래피(gas chromatography)
① 시료와 반응하지 않은 불활성 이어야 한다.
② 기체 확산을 최소로 할 것
③ 순도가 높고 구입이 쉬울 것
④ 가격이 저가 일 것

72 흡수법에 사용되는 각 성분가스와 그 흡수액으로 짝지어진 것 중 틀린 것은?
① 이산화탄소 - 수산화칼륨 수용액
② 산소 - 수산화칼륨+피로갈롤 수용액
③ 일산화탄소 - 염화칼륨 수용액
④ 중탄화수소 - 발연황산

 헴펠법
① CO_2 - 30% KOH 용액
② C_mH_n - 25% 발연황산
③ CO - 암모니아성 염화 제1구리 용액
④ O_2 - 피로갈롤 용액

73 상대습도가 0이라 함은 어떤 뜻인가?
① 공기 중에 수증기가 존재하지 않는다.
② 공기 중에 수증기가 760mmHg 만큼 존재한다.
③ 공기 중에 포화상태의 습증기가 존재한다.
④ 공기 중에 수증기압이 포화증기압보다 높음을 의미한다.

 ① **상대습도 0** : 공기 중에서 수증기가 존재하지 않는다.
② 상대습도가 낮으면 공기중에 수증기가 적다는 의미이며 상대습도가 높다면 수증기 많아서 물방울 잘 생긴다는 의미이다.

74 액면계의 구비조건으로 틀린 것은?
① 내식성이 있을 것
② 고온, 고압에 견딜 것
③ 구조가 복잡하더라도 조작이 용이할 것
④ 지시, 기록 또는 원격 측정이 가능할 것

 액면계의 구비조건
① 내식성이 있을 것
② 지시, 기록 또는 원격측정이 가능할 것
③ 고온, 고압에 견딜 것
④ 연속측정이 가능할 것
⑤ 자동제어장치에 적용이 가능할 것

75 다음 중 유체의 밀도 측정에 이용되는 기구는?
① 피크로미터(Pycno meter)
② 벤투리미터(Venturi meter)
③ 오리피스미터(Orifice meter)
④ 피토관(Pitot tube)

 피크노미터(pycnometer)
액체의 비중을 측정하기 위한 기구이다.

76 기체 크로마토그래피(gas chromatography)에 대한 설명으로 틀린 것은?
① 기체 - 액체크로마토그래피(GLC)가 대표적인 기기이다.

② 최근에는 열린관 컬럼(column)을 주로 사용한다.
③ 시료를 이동시키기 위하여 흔히 사용되는 기체는 헬륨가스이다.
④ 시료의 주입은 반드시 기체이여야 한다.

 기체-고체 크로마토그래피 : 흡착성 고체분말 시료 분석에 사용한다.
기체-액체 크로마토그래피 : 적당한 담체에 고정상 액체 시료 분석에 사용한다.

77 진동이 발생하는 장치의 진동을 억제시키는 데 가장 효과적인 제어동작은?
① D동작　② P동작
③ I동작　④ 뱅뱅 동작

 D 동작 : 단독으로 하지 않고 비례동작과 함께 하며 진동이 제어되어 빨리 안정된다.

78 계량, 계측기의 교정이라 함은 무엇을 뜻하는가?
① 계량, 계측기의 지시값과 표준기의 지시값과의 차이를 구하여 주는 것
② 계량, 계측기의 지시값을 평균하여 참값과의 차이가 없도록 가산하여 주는 것
③ 계량, 계측기의 지시값과 참값과의 차를 구하여 주는 것
④ 계량, 계측기의 지시값을 참값과 일치하도록 수정하는 것

 계측기기 교정 : 지시값이 참값과 일치하도록 수정한다.

79 가스미터의 종류 중 정도(정확도)가 우수하여 실험실용 등 기준기로 사용되는 것은?
① 막식 가스미터　② 습식 가스미터
③ Roots 가스미터　④ Orifice 가스미터

 습식 가스미터(wet gas meter) 특징
① 계량이 정확하다.
② 수위조정이 필요하다.
③ 설치공간이 크다.
④ 유량 계측(계량)이 정확하다.
⑤ 사용 중 기차의 변동이 거의 없다.

80 열전도형 진공계의 종류가 아닌 것은?
① 전리 진공계　② 피라니 진공계
③ 서미스터 진공계　④ 열전대 진공계

 전리진공계 : 방전 전리 현상을 이용한 진공계이다.
맥로우드 수은 진공계 : 액주를 이용한 진공계이다.

본 문제는 복원 기출문제입니다. 실제 문제와 다를 수 있으니 양해바랍니다.

제 6 편 과년도 출제문제
2023년 3월 CBT 시행

제 1 과목 연소공학

01 메탄 70%, 에탄 20%, 프로판 8%, 부탄 1%로 구성되는 혼합가스의 공기 중 폭발하한계는 약 몇 v%인가? (단, 메탄, 에탄, 프로판, 부탄의 폭발하한계치는 각각 5.0, 3.0, 2.1, 1.9 이다.)

① 3.5 ② 4
③ 4.5 ④ 5

$$\frac{100}{L} = \frac{V_1}{L_1} + \frac{V_2}{L_2} + \frac{V_3}{L_3} \cdots \frac{V_n}{L_n}$$

$$\frac{100}{L} = \left(\frac{70}{5} + \frac{20}{3} + \frac{8}{2.1} + \frac{1}{1.9}\right)$$

$$\frac{100}{L} = 25$$

$$L = \frac{100}{25} = 4$$

02 다음 연소에 대한 설명 중 옳은 것은?

① 착화온도와 연소온도는 항상 같다.
② 이론연소온도는 실제연소온도보다 높다.
③ 일반적으로 연소온도는 인화점보다 상당히 낮다.
④ 연소온도가 그 인화점보다 낮게 되어도 연소는 계속 된다.

 이론연소온도는 실제연소온도보다 높다.

03 시안화수소를 장기간 저장하지 못하는 주된 이유는?

① 산화폭발 ② 분해폭발
③ 중합폭발 ④ 분진폭발

중합폭발 : ① 시안화수소 ② 산화에틸렌
분해폭발 : ① 아세틸렌 ② 산화에틸렌
촉매폭발 : ① 염소와 수소
　　　　　② 염소와 아세틸렌
　　　　　③ 염소와 암모니아

04 이상기체에 대한 설명으로 틀린 것은?

① 아보가드로의 법칙에 따른다.
② 압력과 부피의 곱은 온도에 비례한다.
③ 온도에 대비하여 일정한 비열을 가진다.
④ 기체분자간의 인력은 일정하게 존재하는 것으로 간주한다.

 이상기체
① 기체 분자상호간에 작용하는 인력과 분자의 크기도 무시되며 분자간의 충돌은 완전탄성체로 이루어진다.
② 보일-샬의 법칙을 만족한다.
③ 아보가드로 법칙에 따른다.
④ 온도에 관계없이 비열비가 일정하다.
⑤ 내부에너지는 체적에 관계없이 온도에 의해서만 결정된다.
⑥ 내부에너지는 줄의 법칙성립

05 기체연료의 연소에서 일반적으로 나타나는 연소의 형태는?

① 확산연소 ② 증발연소
③ 분무연소 ④ 액면연소

 기체연료의 연소상태
① 확산연소 : 수소, 메탄 등
② 예혼합연소 : 역화의 위험이 있다.

06 0℃, 1atm에서 2L의 산소와 0℃, 2atm에서 3L의 질소를 혼합하여 1L로 하면 압력은 몇 atm이 되는가?

1.② 2.② 3.③ 4.④ 5.① 6.④

① 1　　　　　② 2
③ 6　　　　　④ 8

 $PV = P_1V_1 + P_2V_2$

$P = \dfrac{P_1V_1 + P_2V_2}{V} = \dfrac{1 \times 2 + 2 \times 3}{1} = 8$

07 가스연료의 연소에 있어서 확산염을 사용할 경우 예혼합염을 사용하는 것에 비해 얻을 수 있는 장점이 아닌 것은?

① 역화의 위험이 있다.
② 가스량의 조절범위가 크다.
③ 가스의 고온 예열이 가능하다.
④ 개방 대기 중에서도 완전연소가 가능하다.

 확산염을 사용할 경우 예혼합염을 사용하는 것에 비해 얻을 수 있는 장점
　① 가스의 고온 예열이 가능하다.
　② 가스량의 조절범위가 크다.
　③ 역화의 위험이 없다.

08 $(CO_2)max\ \%$는 공기비(m)가 어떤 때를 말하는가?

① 0　　　　　② 1
③ 2　　　　　④ ∞

 $(CO_2)max\ \%$는 공기비가 1일 때를 말함

09 폭발과 관련한 가스의 성질에 대한 설명으로 틀린 것은?

① 연소속도가 큰 것일수록 위험하다.
② 인화온도가 낮을수록 위험성은 커진다.
③ 안전간격이 큰 것일수록 위험성이 있다.
④ 가스의 비중이 크면 낮은 곳으로 모여 있게 된다.

 폭발과 관련한 가스의 성질
　① 안전간격이 작은 것일수록 위험성이 있다.
　② 연소속도가 큰 것일수록 위험하다.
　③ 가스의 비중이 크면 낮은 곳으로 모여 있게 된다.

10 오토사이클에서 압축비(c)가 10일 때 열효율은 약 몇 %인가? (단, 비열비[k]는 1.4이다.)

① 58.2　　　　② 60.2
③ 62.2　　　　④ 64.2

 열효율 $= 1 - \left(\dfrac{1}{\epsilon}\right)K-1 = 1 - \left(\dfrac{1}{10}\right)^{1.4-1}$
$= 60.189\%$

11 폭발에 대한 용어 중 DID에 대하여 가장 잘 나타낸 것은?

① 어느 온도에서 가열하기 시작하여 발화에 이를 때까지의 시간을 말한다.
② 폭발등급 표시 시 안전간격을 나타낼 때의 거리를 말한다.
③ 최초의 완만한 연소가 격렬한 폭굉으로 발전할 때까지의 거리를 말한다.
④ 폭굉이 전파되는 속도를 의미한다.

 DID(폭굉유도거리) : 최초의 완만한 연소가 격렬한 폭굉으로 발전할 때까지의 거리

12 폭발범위(폭발한계)에 대한 설명으로 옳은 것은?

① 폭발범위 내에서만 폭발한다.
② 폭발상한계에서만 폭발한다.
③ 폭발상한계 이상에서만 폭발한다.
④ 폭발하한계 이하에서만 폭발한다.

 폭발범위 : 폭발범위내에서만 폭발한다.

13 아세틸렌 가스의 위험도(H)는 약 얼마인가?

① 21　　　　　② 23
③ 31　　　　　④ 33

 아세틸렌 가스 위험도
$(H) = \dfrac{u - L}{L} = \dfrac{81 - 2.5}{2.5} = 31.4$

14 완전연소의 필요조건에 관한 설명으로 틀린 것은?

① 연소실의 온도는 높게 유지하는 것이 좋다.
② 연소실 용적은 장소에 따라서 작게 하는 것이 좋다.
③ 연료의 공급량에 따라서 적당한 공기를 사용하는 것이 좋다.
④ 연료는 되도록 인화점 이상 예열하여 공급하는 것이 좋다.

 완전연소의 필요조건
① 연료는 되도록 인화점 이상 예열하여 공급하는 것이 좋다.
② 연료의 공급량에 따라서 적당한 공기를 사용하는 것이 좋다.
③ 연소실 용적은 크게 하는 것이 좋다.
④ 연소실의 온도는 고온도 분위기

15 가연성가스의 연소에 대한 설명으로 옳은 것은?

① 폭굉속도는 보통 연소속도의 10배 정도이다.
② 폭발범위는 온도가 높아지면 일반적으로 넓어진다.
③ 혼합가스의 폭굉속도는 1000m/s 이하이다.
④ 가연성 가스와 공기의 혼합가스에 질소를 첨가하면 폭발 범위의 상한치는 크게 된다.

① 폭굉속도는 보통 연소속도의 3~10배 정도이다.
② 폭발범위는 온도가 높아지면 일반적으로 넓어진다.
③ 혼합가스의 폭굉속도는 1000~3500 m/sec

16 메탄의 완전연소 반응식을 옳게 나타낸 것은?

① $CH_4 + 2O_2 \rightarrow CO_2 + 2H_2O$
② $CH_4 + 3O_2 \rightarrow 2CO_2 + 2H_2O$
③ $CH_4 + 3O_2 \rightarrow 2CO_2 + 3H_2O$
④ $CH_4 + 5O_2 \rightarrow 3CO_2 + 4H_2O$

 완전연소 반응식
① $CH_4 + 2O_2 \rightarrow CO_2 + 2H_2O$(메탄)
② $C_3H_8 + 5O_2 \rightarrow 3CO_2 + 4H_2O$(프로판)
③ $C_2H_2 + 2.5O_2 \rightarrow 2CO_2 + H_2O$(아세틸렌)
④ $C_4H_{10} + 6.5O_2 \rightarrow 4CO_2 + 5H_2O$(부탄)

17 아세톤, 톨루엔, 벤젠이 제4류 위험물로 분류되는 주된 이유는?

① 분해 시 산소를 발생하여 연소를 돕기 때문에
② 니트로기를 함유한 폭발성 물질이기 때문에
③ 공기보다 밀도가 큰 가연성 증기를 발생시키기 때문에
④ 물과 접촉하여 많은 열을 방출하여 연소를 촉진시키기 때문에

 공기보다 밀도가 큰 가연성 증기를 만들기 때문에
① 공기 : $\dfrac{29g}{22.4} = 1.295$
② 아세톤(CH_3COCH_3) = $\dfrac{58g}{22.4l} = 2.589g/l$
③ 톨루엔($C_6H_5CH_3$) = $\dfrac{92\,g}{22.4l} = 4.107g/l$
④ 벤젠(C_6H_6) = $\dfrac{78\,g}{22.4l} = 3.482g/l$

18 고위발열량과 저위발열량의 차이는 연료의 어떤 성분 때문에 발생하는가?

① 유황과 질소
② 질소와 산소
③ 탄소와 수분
④ 수소와 수분

 $\underset{(저위발열량)}{Hl} = \underset{(고위발열량)}{Hh} - 600(9H + W)$
$600(9H + W) = Hh - Hl$
∴ 수소성분값이 크기 때문에 가장 큰 영향 받음

19 0℃, 1기압에서 C_3H_8 5kg의 체적은 약 몇 m^3 인가? (단, 이상기체로 가정하고, C의 원자량은 12, H의 원자량은 1이다.)

① 0.63 ② 1.54
③ 2.55 ④ 3.67

 44 kg = 22.4 m^3
5 kg = x
$x = \dfrac{5kg \times 22.4 m^3}{44 kg} = 2.545 m^3$

20 일산화탄소와 수소의 부피비가 3 : 7인 혼합가스의 온도 100℃, 50atm 에서의 밀도는 약 몇 g/L인가? (단, 이상기체로 가정한다.)

① 16 ② 18
③ 21 ④ 23

 $x = \dfrac{PM}{RT} = \dfrac{50 \times (28 \times 0.3 + 2 \times 0.7)}{0.082 \times (273 + 100)}$
$= 16.02 \, g/l$

제 2 과목   가스설비

21 금속 플렉시블 호스의 제조기준에의 적합여부에 대하여 실시하는 생산단계검사의 검사 종류별 검사항목이 아닌 것은?

① 구조검사 ② 치수검사
③ 내압시험 ④ 기밀시험

 금속 플렉시블 호스의 제조기준에의 적합여부에 대하여 실시하는 생산단계검사의 검사 종류별 검사항목
① 구조검사 ② 치수검사 ③ 기밀시험

22 천연가스의 비점은 약 몇 ℃인가?

① -84   ② -162
③ -183 ④ -192

 비점
① 아세틸렌 : -84℃
② 천연가스(도시가스) : -162℃
③ 산소 : -183℃
④ 질소 : -196℃
⑤ 수소 : -253℃
⑥ 프로판 : -42.1℃
⑦ 부탄 : -0.5℃
⑧ 아르곤 : -186℃

23 다음 중 회전펌프가 아닌 것은?

① 기어펌프 ② 나사펌프
③ 베인펌프 ④ 제트펌프

회전펌프 : ① 베인펌프 ② 기어펌프 ③ 나사펌프
특수펌프 : ① 마찰펌프 ② 제트펌프 ③ 기포펌프 ④ 수격펌프

24 LPG 저장탱크에 관한 설명으로 틀린 것은?

① 구형탱크는 지진에 의한 피해방지를 위해 2종으로 한다.
② 지상탱크는 단열재를 사용한 2중 구조로 하여 진공시키면 LPG도 저장할 수 있다.
③ 탱크 재료는 고장력강으로 제작된다.
④ 지하암반을 이용한 저장시설에서는 외부에서 압력이 작용되고 있다.

25 도시가스제조 원료의 저장 설비에서 액화가스(LPG) 저장방법으로 옳은 것은?

① 가압식저장법, 저온식(냉동식)저장법
② 고온저압식저장법, 저온식(냉동식)저장법
③ 가압식저장법, 고온증발식저장법
④ 고온저압식저장법, 예열증발식저장법

 액화가스 저장법
① 가압식저장법 ② 저온식(냉동식)저장법

26 접촉분해프로세스로 도시가스 제조 시 일정 온도, 압력하에서 수증기와 원료 탄화수소와의 중량비(수증기비)를 증가시키면 일어나는 현상은?

① CH_4가 많고 H_2가 적은 가스가 발생한다.
② CO의 변성반응이 촉진된다.
③ CH_4가 많고 CO가 적은 가스가 발생한다.
④ CH_4의 수증기 개질을 억제한다.

 접촉분해프로세스로 도시가스 제조 시 일정 온도, 압력하에서 수증기와 원료 탄화수소와의 수증기비를 증가시키면 일어나는 현상 : CO의 변성반응이 촉진된다.

27 터보 압축기에 주로 사용되는 밀봉장치 형식이 아닌 것은?

① 테프론 시일   ② 메카니컬 시일
③ 레비린스 시일   ④ 카본 시일

 터보 압축기 주로 사용되는 밀봉장치
① 메카니컬 시일
② 레비린스 시일
③ 카본 시일

28 정압기의 작동원리에 대한 설명으로 틀린 것은?

① 직동식에서 2차 압력이 설정압력보다 높은 경우는 다이어프램을 들어 올리는 힘이 증가한다.
② 파일럿식에서 2차 압력이 설정압력보다 높은 경우는 파일럿 다이어프램을 밀어 올리는 힘이 스프링과 작용하여 가스량이 감소한다.
③ 직동식에서 2차 압력이 설정압력보다 낮은 경우는 메인밸브를 열리게 하여 가스량을 증가시킨다.
④ 파일럿식에서 2차 압력이 설정압력보다 낮은 경우는 다이어프램에 작용하는 힘과 스프링 힘에 의해 가스량이 감소한다.

 파일럿식에서 2차 압력이 설정압력보다 낮은 경우는 다이어프램에 작용하는 힘과 스프링 힘에 의해 가스량이 증가

29 고압장치 배관에 발생된 열응력을 제거하기 위한 이음이 아닌 것은?

① 루프형   ② 슬라이드형
③ 벨로우즈형   ④ 플랜지형

 열응력을 제거하기 위한 이음
① 루우프형 ② 슬리이브형 ③ 벨로우즈형
④ 스위블형 ⑤ u형벤드 ⑥ 상온스프링

30 LPG 충전소 내의 가스사용시설 수리에 대한 설명으로 옳은 것은?

① 화기를 사용하는 경우에는 설비내부의 가연성 가스가 폭발하한계 1/4 이하인 것을 확인하고 수리한다.
② 충격에 의한 불꽃에 가스가 인화할 염려는 없다고 본다.
③ 내압이 완전히 빠져 있으면 화기를 사용해도 좋다.
④ 볼트를 조일 때는 한 쪽만 잘 조이면 된다.

 ① 볼트를 조일 때는 대각선 방향으로 조인다.
② 내압이 완전히 빠져 있어도 화기를 사용하면 안 된다.
③ 충격에 의한 불꽃에 가스가 인화될 염려가 있다.

31 황동(Brass)과 청동(Bronze)은 구리와 다른 금속과의 황금이다. 각각 무슨 금속인가?

① 주석, 인   ② 알루미늄, 아연
③ 아연, 주석   ④ 알루미늄, 납

 황동 = 구리 + 아연
청동 = 구리 + 주석

32 펌프에서 발생하는 수격현상의 방지법으로 틀린 것은?

① 관내의 유속 흐름 속도를 가능한 적게 한다.
② 서지(surge) 탱크를 관내에 설치한다.
③ 플라이 휠을 설치하여 펌프의 속도가 급변하는 것을 막는다.
④ 밸브는 펌프 주입구에 설치하고 밸브를 적당히 제어한다.

수격작용방지법
① 관내의 유속을 가능한 적게 한다.
② 서지탱크를 관내에 설치한다.
③ 플라이 휠을 설치하여 펌프의 속도가 급변하는 것을 막는다.
④ 관의 굴곡을 피한다.

33 일반가스의 공급선에 사용되는 밸브 중 유체의 유량조절은 용이하나 밸브에서 압력 손실이 커 고압의 대구경 밸브로서는 부적합한 밸브는?

① 게이트(Gate)밸브　② 글로브(Glove)밸브
③ 체크(Check)밸브　④ 볼(Ball)밸브

① **글로우브밸브** : 유량조절이 용이하고 압력손실이 크다.
② **게이트밸브** : 일반 난방배관용, 유량조절용 부적합
③ **체크밸브** : 유체의 역류방지

34 황산염 환원 박테리아가 번식하는 토양에서 부식방지를 위한 방식전위는 얼마 이하가 적당한가?

① -0.8V　　② -0.85V
③ -0.9V　　④ -0.95V

황산염 환원 박테리아가 번식하는 토양에서 부식방지를 위한 방식전위 : -0.95V

35 고압가스장치 금속재료의 기계적 성질 중 어느 온도 이상에서 재료에 일정한 하중을 가한 순간에 변형을 일으킬 분만 아니라 시간의 경과와 더불어 변형이 증대하고 때로 파괴되는 경우가 있다. 이러한 현상을 무엇이라고 하는가?

① 피로 한도　　② 크리프(Creep)
③ 탄성계수　　④ 충격치

크리프현상 : 350℃ 이상에서 재료에 일정한 하중을 가할 때 시간의 경과와 더불어 변형이 증대하는 현상

36 공기액화 분리장치에 들어가는 공기 중 아세틸렌가스가 혼입되면 안 되는 주된 이유는?

① 산소와 반응하여 산소의 증발을 방해한다.
② 응고되어 돌아다니다가 산소 중에서 폭발할 수 있다.
③ 파이프 내에서 동결되어 파이프가 막히기 때문이다.
④ 질소와 산소의 분리작용을 방해하기 때문이다.

공기액화 분리장치에 들어가는 공기 중 아세틸렌가스가 혼입되면 안 되는 주된 이유 : 응고되어 돌아다니다가 산소 중에서 폭발할 수 있다.

37 공기액화 분리장치에서 산소를 압축하는 왕복동 압축기의 1시간당 분출가스량이 6000kg이고, 27℃에서의 안전밸브 작동압력이 8MPa라면 안전밸브의 유효분출 면적은 약 몇 cm^2 인가?

① 0.52　　② 0.75
③ 0.99　　④ 1.26

$$A = \frac{W}{230P\sqrt{\dfrac{M}{T}}}$$
$$= \frac{6000}{230 \times 81.0332 \times \sqrt{\dfrac{32}{273+27}}}$$
$$= 0.985 cm^2$$

38 메탄가스에 대한 설명으로 옳은 것은?
① 공기 중에 30%의 메탄가스가 혼입된 경우 점화하면 폭발한다.
② 담청색의 기체로서 무색의 화염을 낸다.
③ 고온에서 수증기와 작용하면 일산화탄소와 수소를 생성한다.
④ 올레핀계탄화수소로서 가장 간단한 형의 화합물이다.

 고온에서 수증기와 작용하면 일산화탄소와 수소 생성
$CH_4 + 2H_2O \rightarrow CO + 4H_2$

39 다음 중 조정압력이 57~83kPa 일 때 사용되는 압력 조정기는?
① 2단감압식 1차용조정기
② 2단감압식 2차용조정기
③ 자동절체식 일체형준저압조정기
④ 1단감압식 준저압조정기

 조정기압력

조정기	입구압력	조정압력
2단감압식1차조정기	1.0~15.6 kg/cm²	0.57~0.83 kg/cm²
자동교체식분리형	1.0~15.6 kg/cm²	0.32~0.83 kg/cm²
1단저압조정기	0.7~15.6 kg/cm²	230~330 mmH₂O
2단2차용조정기	0.23~3.5 kg/cm²	230~330 mmH₂O
자동교체식일체형	1.0~15.6 kg/cm²	255~330 mmH₂O
일단준저압조정기	1.0~15.6 kg/cm²	500~3000 mmH₂O

0.57kg/cm²~0.83kg/cm²(57~83kPa)
230mmH₂O~330mmH₂O(2.3~3.3kPa)

40 강관 이음재 중 구경이 서로 다른 배관을 연결시킬 때 주로 사용되는 것은?
① 엘보
② 리듀서
③ 티
④ 소켓

 ① 엘보 : ② 레듀샤 :
③ 티 : ④ 소켓 :

제 3 과목   가스안전관리

41 액화석유가스 사용시설에 관경 20mm인 가스배관을 노출하여 설치할 경우 배관이 움직이지 않도록 고정장치를 몇 m 마다 설치하여야 하는가?
① 1m   ② 2m
③ 3m   ④ 4m

 배관의 고정
① 관경이 13mm 미만 : 1m 마다
② 관경이 13mm 이상 33mm 미만 : 2m 마다.
③ 관경이 33mm 이상 : 3m 마다

42 프로판(C_3H_8)과 부탄(C_4H_{10})이 동일한 물(mol)비로 구성된 LP가스의 폭발하한이 공기 중에서 1.8v%라면 높이 2m, 넓이 9m², 압력 1atm, 온도 20℃인 주방에 최소 몇 g의 가스가 유출되면 폭발할 가능성이 있는가? (단, 이상기체로 가정한다.)
① 405   ② 593
③ 688   ④ 782

$PV = \dfrac{WRT}{M}$

$W(g) = \dfrac{PVM}{RT}$

$= \dfrac{1atm \times 324l \times (44 \times 0.5 + 58 \times 0.5)}{0.082 \times (273 + 20)}$

$= 687.75\ g$

$V(cm^3) = 2m \times 9m^2 \times 0.018$
$= 0.324m^3 \times 1000l/m^3$
$= 324l$

43 도시가스 사업자는 가스공급시설을 효율적으로 안전관리하기 위하여 도시가스 배관망을 전산화하여야 한다. 전산화 내용에 포함되지 않는 사항은?

① 배관의 설치도면
② 정압기의 시방서
③ 배관의 시공자, 시공연월일
④ 배관의 가스흐름방향

 전산화 내용 포함
① 배관의 설치도면
② 정압기시방서
③ 배관의 시공자, 시공년월일

44 사고를 일으키는 장치의 고장이나 운전자 실수의 상관관계를 연역적으로 분석하는 위험성 평가 기법은?

① 체크리스트(Check list)법
② 위험과 운전분석기법(HAZOP)
③ 결함수분석기법(FTA)
④ 사건수분석기법(ETA)

 FTA(결함수분석기법) : 사고를 일으키는 장치의 고장이나 운전자 실수의 상관관계를 연역적으로 분석

45 물분무장치 등은 저장탱크의 외면에서 몇 m 이상 떨어진 위치에서 조작이 가능하여야 하는가?

① 5m   ② 10m
③ 15m   ④ 20m

 저장탱크 외면에서 조작거리
① 살수장치 : 5m 이상
② 물분무장치 : 15m 이상

46 포스핀(PH_3)의 저장과 취급 시 주의사항에 대한 설명으로 가장 거리가 먼 것은?

① 환기가 양호한 곳에서 취급하고 용기는 40℃ 이하를 유지한다.
② 수분과의 접촉을 금지하고 정전기발생 방지시설을 갖춘다.
③ 가연성이 매우 강하여 모든 발화원으로부터 격리한다.
④ 방독면을 비치하여 누출 시 착용한다.

 포스핀가스는 맹독성 가스이므로 방독면을 착용하고 취급

47 압력이 몇 MPa 이상인 압축가스를 용기에 충전하는 경우 압축기와 가스 충전용기 보관 장소 사이의 벽을 방호벽 구조로 하여야 하는가?

① 8.7   ② 9.8
③ 10.8   ④ 11.7

 압력이 9.8MPa 이상인 압축가스를 용기에 충전하는 경우 압축기와 가스충전용기 보관 장소 사이의 벽을 방호벽 구조로 한다.

48 고압가스의 운반기준에서 동일 차량에 적재하여 운반할 수 없는 것은?

① 염소와 아세틸렌 ② 질소와 산소
③ 아세틸렌과 산소 ④ 프로판과 부탄

 동일차량에 적재하여 운반할 수 없는 것
① 염소와 수소
② 염소와 아세틸렌
③ 염소와 암모니아

49 고압가스제조시설로서 정밀안전점검을 받아야 하는 노후시설은 최초의 완성검사를 받은 날부터 얼마를 경과한 시설을 말하는가?

① 7년   ② 10년
③ 15년   ④ 20년

 고압가스 노후시설로서 정밀안전점검을 받아야 하는 노후시설은 최초의 완성검사를 받은 날부터 15년이 경과한 시설

50 주택은 제 몇 종 보호시설로 분류되는가?
  ① 제0종   ② 제1종
  ③ 제2종   ④ 제3종

 제2종 보호시설
  ① 주택
  ② 연면적이 $100m^2$ 이상 $1000m^2$ 미만

51 아세틸렌 용기의 다공성물질 검사방법에 해당하지 않는 것은?
  ① 진동시험   ② 부분가열시험
  ③ 역화시험   ④ 파괴시험

 아세틸렌 용기의 다공성물질 검시방법
  ① 부분가열시험 ② 진동시험 ③ 역화시험

52 부탄가스의 완전연소방정식을 다음과 같이 나타낼 때 화학양론 농도(Cst)는 몇 %인가? (단, 공기 중 산소는 21%이다.)

$$C_4H_{10} + 6.5O_2 \rightarrow 4CO_2 + 5H_2O$$

  ① 1.8%   ② 3.1%
  ③ 5.5%   ④ 8.9%

 화학양론농도
$= \dfrac{1}{1+x} \times 100 = \dfrac{1}{1+30.95} \times 100$
$= 3.129\%$
$x = \dfrac{6.5}{0.21} = 30.95$

53 다음 합격용기 등의 각인사항의 기호 중 용기의 내압시험압력을 표시하는 기호는?
  ① TW   ② TP
  ③ TV   ④ FP

 용기의 각인
  ① TP : 내압시험압력
  ② FP : 최고충전압력
  ③ W : 용기질량
  ④ V : 내용적

54 다음 독성가스 중 공기보다 가벼운 가스는?
  ① 황화수소   ② 암모니아
  ③ 염소   ④ 산화에틸렌

 계산값이 1보다 작으면 공기보다 가벼운 가스
  ① H_2S(황화수소) :
    $2 + 32 = 34g \div 29g = 1.174$
  ② NH_3(암모니아) :
    $14 + 3 = 17g \div 29g = 0.586$
  ③ Cl_2(염소) :
    $35.5 \times 2 = 71g \div 29g = 2.448$
  ④ C_2H_4O(산화에틸렌) :
    $1 \times 2 + 4 + 16 = 44g \div 29g = 1.52$

55 아세틸렌가스를 용기에 충전하는 장소 및 충전용기 보관 장소에는 화재 등에 의한 파열을 방지하기 위하여 무엇을 설치해야 하는가?
  ① 방화설비   ② 살수장치
  ③ 냉각수펌프   ④ 경보장치

 살수장치 : 아세틸렌가스를 용기에 충전하는 장소 및 충전용기 보관 장소에는 화재 등에 의한 파열을 방지하기 위해 살수장치 설치

56 고압가스 특정제조시설 중 배관의 누출확산 방지를 위한시설 및 기술기준으로 옳지 않은 것은?
  ① 시가지, 하천, 터널 및 수로 중에 배관을 설치하는 경우에는 누출가스의 확산방지 조치를 한다.
  ② 사질토 등의 특수성 지반(해저 제외) 중에 배관을 설치하는 경우에는 누출가스의 확산방지조치를 한다.
  ③ 고압가스의 온도와 압력에 따라 배관의 유지관리에 필요한 거리를 확보한다.

④ 독성가스의 용기보관실은 누출되는 가스의 확산을 적절하게 방지할 수 있는 구조로 한다.

 고압가스 특정제조시설 중 배관의 누출확산 방지를 위한시설 및 기술기준
① 독성가스의 용기보관실은 누출되는 가스의 확산을 적절하게 방지할 수 있는 구조로 한다.
② 사질토 등의 특수성 지반 중에 배관을 설치하는 경우에는 누출가스의 확산방지조치를 한다.
③ 시가지, 하천, 터널 및 수로 중에 배관을 설치하는 경우에는 누출가스의 확산방지조치를 한다.

57 고압가스제조자 또는 고압가스판매자가 실시하는 용기의 안전점검 및 유지관리 사항에 해당되지 않는 것은?
① 용기의 도색상태
② 용기관리 기록대장의 관리상태
③ 재검사기간 도래여부
④ 용기밸브의 이탈방지 조치여부

 용기의 안전점검 및 유지관리 사항
① 재검사기간 도래여부
② 용기밸브의 이탈방지 조치여부
③ 용기의 도색상태

58 시안화수소 충전작업의 기준으로 틀린 것은?
① 용기에 충전하는 시안화수소는 순도가 98% 이상이어야 한다.
② 용기에 충전하는 시안화수소는 아황산가스 또는 황산 등의 안정제를 첨가한 것이어야 한다.
③ 시안화수소를 충전한 용기는 충전 후 24시간 정치하고, 그 후 1일 1회 이상 질산구리벤젠 등의 시험지로 가스의 누출검사를 하여야 한다.
④ 순도가 99% 이상으로서 착색된 것은 충전 후 60일이 경과되기 전에 다른 용기에 옮겨 충전하지 않아도 된다.

 순도가 98% 이상으로서 착색된 것은 충전 후 60일이 경과되기 전에 다른 용기에 옮겨 충전하지 않아도 된다.

59 차량에 고정된 탱크의 내용적에 대한 설명으로 틀린 것은?
① 액화천연가스 탱크의 내용적은 1만8천L을 초과할 수 없다.
② 산소 탱크의 내용적은 1만8천L을 초과할 수 없다.
③ 염소 탱크의 내용적은 1만2천L을 초과할 수 없다.
④ 암모니아 탱크의 내용적은 1만2천L을 초과할 수 없다.

 탱크 내용적
① 가연성, 산소 : $18000l$ 이하(LPG제외)
② 독성 : $12000l$ 이하(암모니아 제외)

60 독성가스와 중화제(흡수제)가 잘못 연결된 것은?
① 암모니아-다량의 물
② 염소-소석회
③ 시안화수소-탄산소다 수용액
④ 황화수소-가성소다 수용액

중화제
① 염소
㉠ 소석회 ㉡ 가성소다 ㉢ 탄산소다
② 황화수소 : ㉠ 가성소다 ㉡ 탄산소다
③ 포스겐 : ㉠ 가성소다 ㉡ 소석회
④ 시안화수소 : ㉠ 가성소다
⑤ 아황산가스
㉠ 물 ㉡ 가성소다 ㉢ 탄산소다
⑥ 암모니아, 산화에틸렌, 염화메탄 : 다량의 물

제 4 과목 가스계측

61 유기 화합물의 분리에 가장 적합한 기체크로마토그래피의 검출기는?

① FID ② FPD
③ ECD ④ TCD

  FID(수소이온화검출기)
① 유기화합물의 분리에 가장 적합
② 탄화수소에서 감도가 최고
③ 무기가스나 물에 거의 응답하지 않음
FPD(염광광도검출기)
① 황화합물이나 인화합물 검출
TCD(열전도형 검출기)
① 금속 필라멘트의 저항변화 이용
② 일반적으로 가장 널리 사용

62 다음은 가연성가스 검지법 중 접촉연소법 검지회로이다. 보상소자는 어느 부분인가?

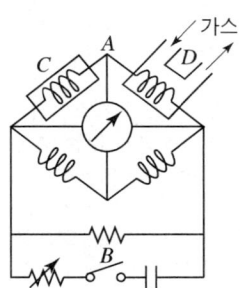

① A ② B
③ C ④ D

63 다음 중 바이메탈 온도계에 사용되는 변환 방식은?

① 기계적 변환 ② 광학적 변환
③ 유도적 변환 ④ 전기적 변환

  바이메탈 온도계에 사용되는 변환 방식
기계적 변환

64 다음 중 계통오차가 아닌 것은?

① 계기오차 ② 환경오차
③ 과오오차 ④ 이론오차

  계통오차
① 이론오차 ② 계기오차 ③ 환경오차

65 기체크로마토그래피에 대한 설명으로 틀린 것은?

① 액체크로마토그래피보다 분석 속도가 빠르다.
② 컬럼에 사용되는 액체 정지상은 휘발성이 높아야 한다.
③ 운반기체로서 화학적으로 비활성인 헬륨을 주로 사용한다.
④ 다른 분석기기에 비하여 감도가 뛰어나다.

  기체크로마토그래피
① 컬럼에 사용하는 액체 정지상은 휘발성이 낮아야 한다.
② 다른 분석기에 비해 감도가 뛰어나다.
③ 운반기체로서 화학적으로 비활성인 헬륨을 주로 사용
④ 액체크로마토그래피보다 분석 속도가 빠르다.

66 분별 연소법을 사용하여 가스를 분석할 경우 분별적으로 완전 연소시키는 가스는?

① 수소, 탄화수소
② 이산화탄소, 탄화수소
③ 일산화탄소, 탄화수소
④ 수소, 일산화탄소

  분별 연소법을 이용 가스분석 시 분별적으로 완전연소시키는 가스 : 수소, 일산화탄소

67 다음 가스 중 검지관에 의한 측정농도의 범위 및 검지한도로서 틀린 것은?

① C_2H_2 : 0~0.3%, 10[ppm]
② H_2 : 0~1.5%, 250[ppm]
③ CO : 0~0.1%, 1[ppm]
④ C_3H_8 : 0~0.1%, 10[ppm]

 검지관의 검지한도
① Cl_2(염소) : 0.1PPM 이하
② HCN(시안화수소) : 0.2PPM 이하
③ H_2S(황화수소) : 0.5PPM 이하
④ CO(일산화탄소) : 1PPM 이하
⑤ C_2H_2(아세틸렌) : 10PPM 이하
⑥ NH_3(암모니아) : 5PPM 이하
⑦ C_2H_4O(산화에틸렌) : 10PPM 이하
⑧ C_3H_8(프로판) : 100PPM 이하
⑨ H_2(수소) : 250PPM 이하
⑩ O_2(산소) : 1000PPM 이하
⑪ CS_2(이황화탄소) : 5PPM 이하

68 10호의 가스미터로 1일 4시간씩 20일간 가스미터가 작동하였다면 이 때 총 최대 가스 사용량은 얼마인가? (단, 압력차수주는 $30mmH_2O$이다.)

① 400L ② 800L
③ $400m^3$ ④ $800m^3$

 최대 가스 사용량 $= 4 \times 20 \times 10 = 800\ m^3$

69 차압식 유량계에서 압력차가 처음보다 2배 커지고 관의 지름이 1/2로 되었다면, 나중 유량(Q_2)과 처음 유량(Q_1)과의 관계로 옳은 것은? (단, 나머지 조건은 모두 동일하다.)

① $Q_2 = 0.25Q_1$ ② $Q_2 = 0.35Q_1$
③ $Q_2 = 0.71Q_1$ ④ $Q_2 = 1.41Q_1$

$$\frac{Q_2}{Q_1} = \frac{\frac{\pi}{4} \times 0.5^2 \times 14\sqrt{2}}{\frac{\pi}{4} \times 1^2 \times 14\sqrt{1}}$$
$$Q_2 = Q_1 \times 0.5^2 \times \sqrt{2} = 0.3535 Q_1$$

70 다음 중 추량식 가스미터로 분류되는 것은?
① 습식형 ② 루트형
③ 막식형 ④ 터빈형

 추량식 가스미터
① 오리피스 ② 터빈 ③ 벤튜리
④ 피토우관 ⑤ 선근차식

71 막식 가스미터 고장의 종류 중 부동(不動)의 의미를 가장 바르게 설명한 것은?
① 가스가 크랭크축이 녹슬거나 밸브와 밸브시트가 타르(tar)접착 등으로 통과하지 않는다.
② 가스의 누출로 통과하나 정상적으로 미터가 작동하지 않아 부정확한 양만 측정된다.
③ 가스가 미터는 통과하나 계량막의 파손, 밸브의 탈락 등으로 미터지침이 작동하지 않는 것이다.
④ 날개나 조절기에 고장이 생겨 회전장치에 고장이 생긴 것이다.

 부동 : 가스가 가스미터는 통과하나 미터침이 작동하지 않는 현상
① 감속 또는 지시장치의 기어물림 불량
② 지시장치의 톱니바퀴 불량
③ 계량막의 파손, 밸브의 탈락, 밸브와 밸브시트 사이에서의 누설

72 진동이 일어나는 장치의 진동을 억제시키는데 가장 효과적인 제어동작은?
① 뱅뱅 동작 ② 미분동작
③ 비례 동작 ④ 적분 동작

 미분동작
① 진동이 일어나는 장치의 진동을 억제시키는데 가장 효과적
② 편차가 변화하는 속도에 비례하여 조작량 가감

73 다음 중 오리피스, 플로노즐, 벤투리미터 유량계의 공통적인 특징에 해당하는 것은?

① 압력강하 측정
② 직접 계량
③ 초음속 유체만 유량 계측
④ 직관부 필요 없음

오리피스, 플로우노즐, 벤튜리미터 공통적인 특징 : 압력강하 측정

74 초음파 레벨 측정기의 특징으로 옳지 않은 것은?

① 측정대상에 직접 접촉하지 않고 레벨을 측정할 수 있다.
② 부식성 액체나 유속이 큰 수로의 레벨도 측정할 수 있다.
③ 측정범위가 넓다.
④ 고온, 고압의 환경에서도 사용이 편리하다.

초음파 레벨 측정기의 특징
① 고온, 고압의 환경에서도 사용이 곤란하다.
② 측정범위가 넓다.
③ 부식성 액체나 유속이 큰 수로의 레벨도 측정
④ 측정대상에 직접 접촉하지 않고 레벨을 측정

75 아르케메데스 부력의 원리를 이용한 액면계는?

① 기포식 액면계
② 차압식 액면계
③ 정전용량식 액면계
④ 편위식 액면계

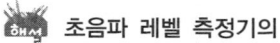 아르케메데스 부력의 원리를 이용한 액면계
편위식 액면계

76 MAX 2.0[m³/h], 0.6[L/rev]라 표시되어 있는 가스미터가 1시간당 40회전 하였다면 가스유량은?

① 12[L/hr] ② 24[L/hr]
③ 48[L/hr] ④ 80[L/hr]

 $0.6 l/rev$: 계량실 1주기 체적이 $0.6 l$이다.
$0.6 \times 40 = 24 l/h$

77 진공에 대한 폐관식 압력계로서 표준진공계로 사용되는 것은?

① 맥라우드 진공계 ② 피라니 진공계
③ 서미스터 진공계 ④ 전리 진공계

진공에 대한 폐관식 압력계로서 표준진공계로 사용 : 맥라우드 진공계

78 오리피스관이나 노즐과 같은 조임기구에 의한 가스의 유량 측정에 대한 설명으로 틀린 것은?

① 측정하는 압력은 동압의 차이다.
② 유체의 점도 및 밀도를 알고 있어야 한다.
③ 하류측과 상류측의 절대압력의 비가 0.75 이상이어야 한다.
④ 조임기구의 재료의 열팽창계수를 알아야 한다.

79 2차 압력계이며, 탄성을 이용하는 대표적인 압력계는?

① 부르돈관 압력계
② 자유피스톤형 압력계
③ 마크레오드식 압력계
④ 피스톤식 압력계

 2차 압력계이며 탄성압력계의 대표적
브르돈관 압력계

80 전기저항 온도계의 온도 검출용 측온저항체의 재료로 비례성이 좋으나, 고온에서 산화되며, 사용 온도 범위가 0~120℃ 정도인 것은?

① 백금
② 니켈
③ 구리
④ 서미스터(thermistor)

 구리 : 전기저항 온도계의 온도 검출용 측온저항체의 재료로 비례성이 좋으나, 고온에서 산화되며, 사용 온도 범위가 0~120℃ 정도이다.

본 문제는 복원 기출문제입니다. 실제 문제와 다를 수 있으니 양해바랍니다.

제 6 편 과년도 출제문제
2023년 5월 CBT 시행

제 1 과목 연소공학

01 완전가스의 성질에 대한 설명으로 틀린 것은?

① 보일-샤를의 법칙을 만족한다.
② 아보가드로의 법칙에 따른다.
③ 비열비는 온도에 의존한다.
④ 기체의 분자력과 크기는 무시된다.

 완전가스의 성질
① 보일-샬의 법칙을 만족한다.
② 아보가드로의 법칙을 만족한다.
③ 기체분자상호간에 작용하는 인력과 분자의 크기도 무시되며, 분자간의 충돌은 완전탄성체로 이루어진다.
④ 내부에너지는 체적에 관계없이 온도에 의해서만 결정된다.
⑤ 온도에 관계없이 비열비가 일정하다.
⑥ 내부에너지는 줄의 법칙이 성립된다.

02 물의 비열 1, 수증기의 비열 0.45, 100℃에서의 증발 잠열이 539kcal/kg 일 때 110℃ 수증기의 엔탈피는? (단, 기준 상태는 0℃, 1atm의 물이며 비열의 단위는 kcal/kg·℃이다.)

① 539kcal/kg ② 639kcal/kg
③ 643.5kcal/kg ④ 653.5kcal/kg

 과열증기 엔탈피
= 건포화 증기엔탈피 + $C \times \Delta t$
= $639 + 0.45 \times (110 - 100)$
= 643.5 kcal/kg

03 메탄 60v%, 에탄 20v%, 프로판 15v%, 부탄 5v%인 혼합가스의 공기 중 폭발하한계(v%)는 약 얼마인가? (단, 각 성분의 폭발하한계는 메탄 5.0v%, 에탄 3.0v%, 프로판 2.1v%, 부탄 1.8v%로 한다.)

① 2.5 ② 3.0
③ 3.5 ④ 4.0

$\dfrac{100}{L} = \dfrac{V_1}{L_1} + \dfrac{V_2}{L_2} + \dfrac{V_3}{L_3} \cdots \dfrac{V_n}{L_n}$

$\dfrac{100}{L} = \left(\dfrac{60}{5} + \dfrac{20}{3} + \dfrac{15}{2.1} + \dfrac{5}{1.8}\right)$

$\dfrac{100}{L} = 28.58$

∴ $L = \dfrac{100}{28.58} = 3.498\%$

04 압력 1atm, 온도 20℃에서 공기 1kg의 부피는 약 몇 m³인가? (단, 공기의 평균분자량은 29이다.)

① 0.42 ② 0.62
③ 0.75 ④ 0.83

$PV = \dfrac{WRT}{M}$

$V = \dfrac{WRT}{PM}$

$= \dfrac{1000 \times 0.082 \times (273 + 20)}{1 \times 29}$

$= 828.48 \, l = 0.83 \, m^3$

05 다음 중 폭굉(detonation)의 화염전파속도는?

① 0.1~10m/s ② 10~100m/s
③ 1000~3500m/s ④ 5000~10000m/s

연소속도 : 0.1~10m/sec
폭굉속도 : 1000~3500m/sec

1.③ 2.③ 3.③ 4.④ 5.③

643

06 $CO_{2max}[\%]$는 어느 때의 값을 말하는가?

① 실제공기량으로 연소시켰을 때
② 이론공기량으로 연소시켰을 때
③ 과잉공기량으로 연소시켰을 때
④ 부족공기량으로 연소시켰을 때

 $CO_{2max}[\%]$: 이론공기량으로 연소시켰을 때

07 다음 연료 중 착화온도가 가장 낮은 것은?

① 벙커 C유 ② 목재
③ 무연탄   ④ 탄소

착화온도
① 메탄 : 615~682℃
② 프로판 : 460~520℃
③ 부탄 : 430~510℃
④ 아세틸렌 : 400~440℃
⑤ 수소 : 580~590℃
⑥ 건조목재 : 280~300℃
⑦ 목탄 : 250~320℃
⑧ 석탄 : 330~450℃
⑨ 에틸렌 ; 500~519℃
⑩ 일산화탄소 : 637~658℃

08 95℃의 온수를 100kg/h 발생시키는 온수보일러가 있다. 이 보일러에서 저위발열량이 45MJ/Nm³인 LNG를 1m³/h 소비할 때 열효율은 얼마인가? (단, 급수의 온도는 25℃이고, 물의 비열은 4.184KJ/kg·K이다.)

① 60.07%   ② 65.08%
③ 70.09%   ④ 75.10%

열효율 $= \dfrac{100 \times 4.18 \times (95-25)}{45 \times 1000} \times 100$
$= 65.02\%$

09 층류 연소속도 측정법 중 단위화염 면적 당 단위시간에 소비되는 미연소 혼합기체의 체적을 연소속도로 정의하여 결정하며, 오차가 크지만 연소속도가 큰 혼합기체에 편리하게 이용되는 측정 방법은?

① Slot 버너법
② Bunsen 버너법
③ 평면 화염 버너법
④ Soap Bubble 버너법

분젠버너법 : 단위화염 면적 당 단위시간에 소비되는 미연소 혼합기체의 체적을 연소속도로 정의하여 결정하며, 오차가 크지만 연소속도가 큰 혼합기체에 편리하게 이용되는 측정법

10 다음 연료 중 고위발열량과 저위발열량이 같은 것은?

① 일산화탄소   ② 메탄
③ 프로판   ④ 석유

일산화탄소 : 고위발열량과 저위발열량이 같음

11 다음 연소반응식 중 불완전 연소에 해당하는 것은?

① $S + O_2 \rightarrow SO_2$
② $2H_2 + O_2 \rightarrow 2H_2O$
③ $CH_4 + \dfrac{5}{2}O_2 \rightarrow CO + 2H_2O + O_2$
④ $C + O_2 \rightarrow CO_2$

불완전연소 반응식은 분수를 찾으면 됨

12 증기운 폭발(UVCE)의 특징에 대한 설명으로 옳은 것은?

① 증기운의 크기가 커지면 점화 확률도 커진다.
② 증기운의 재해는 화재보다 폭발이 보통이다.
③ 폭발효율은 BLEVE 보다 크다.
④ 증기와 공기와의 난류혼합은 폭발의 충격을 감소시킨다.

증기운 폭발의 특징 : 증기운의 크기가 커지면 점화 확률도 커진다.

13 저발열량이 46MJ/kg인 연료 1kg 을 완전 연소시켰을 때 연소가스의 평균 정압비열이 1.3kJ/kg·K이고, 연소가스량은 22kg이 되었다. 연소 전의 온도가 25℃이었을 때 단열 화염온도는 약 몇 ℃인가?

① 1341　　　② 1608
③ 1633　　　④ 1728

$$T_2 = \frac{H_l}{G_s \cdot C_p} + T_1$$
$$= \frac{46 \times 10^6}{22 \times 1.3 \times 10^3} + (273 + 25)$$
$$= 1906.36\,K$$
$$t_2 = 1906.39\,K - 273 = 1633.39\,℃$$

14 상온, 상압하에서 프로판이 공기와 혼합하는 경우 폭발범위는 약 몇 %인가?

① 1.9~8.5　　　② 2.2~9.5
③ 5.3~14　　　④ 4.0~75

폭발범위
① 프로판 : 2.2~9.5%
② 수소 : 4~75%
③ 아세틸렌 : 2.5~81%
④ 부탄 : 1.8~8.4%
⑤ 메탄 : 5~15%
⑥ 에탄 : 3~12.5%

15 다음 중 이상연소 현상인 리프팅(Lifting)의 원인이 아닌 것은?

① 버너 내의 압력이 높아져 가스가 과다 유출할 경우
② 가스압이 이상 저하한다든지 노즐과 콕크 등이 막혀 가스량이 극히 적게 될 경우
③ 공기조절장치(damper)를 너무 많이 열었을 경우
④ 버너가 낡고 염공이 막혀 염공의 유효면적이 적어져 버너 내압이 높게 되어 분출속도가 빠르게 되는 경우

리프팅(선화)의 원인
① 가스압력이 높은 경우
② 버너내의 압력이 높아져 가스가 과다 유출된 경우
③ 댐퍼(공기조절장치)를 너무 많이 열었을 경우
④ 버너 낡고 염공이 막혀 염공의 유효면적이 적어져 버너 내압이 높게 되어 분출속도가 빠르게 되는 경우
⑤ 노즐구경이 큰 경우

16 불완전연소에 의한 매연, 먼지 등을 제거하는 집진장치 중 건식 집진장치가 아닌 것은?

① 백필터　　　② 사이클론
③ 멀티클론　　　④ 사이클론 스크리버

건식 집진장치
① 관성력식　② 중력침강식
③ 싸이클론식　④ 멀티클론식
⑤ 여과식　⑥ 전기식(코트렐집진장치)

17 점화원이 될 우려가 있는 부분을 용기 안에 넣고 불활성 가스를 용기 안에 채워 넣어 폭발성 가스가 침입하는 것을 방지하는 방폭구조는?

① 압력방폭구조　　　② 안전증방폭구조
③ 유입방폭구조　　　④ 본질방폭구조

방폭구조
① 내압방폭구조(d) : 용기 내부에서 가연성 가스의 폭발이 발생할 경우 그 용기가 압력에 견디고 접합변, 개구부 등을 통하여 외부의 가연성 가스에 인화되지 않도록 한 구조
② 유입방폭구조(o) : 용기내부에 기름을 주입하여 불꽃 아크 또는 고온 발생 부분이 기름 속에 잠기게 함으로서 기름 면 위에 존재하는 가연성가스에 인화되지 않도록 한 구조
③ 압력방폭구조 : 용기 내부에 보호가스를 압입하여 내부의 압력을 유지함으로서 가연성가스가 용기내부로 유입되지 않도록 한 구조

④ 안전증방폭구조 : 정상운전 중에 가연성 가스의 점화원이 될 전기불꽃, 아크 또는 고온 부분등의 발생을 방지하기 위하여 기계적, 전기적, 구조상 또는 온도상승에 대하여 특히 안전도를 증가시킨 구조

18 가스의 반응속도에 대한 설명으로 틀린 것은?
① 반응속도상수는 온도와 관계가 없다.
② 반응속도상수는 아레니우스법칙으로 표시할 수 있다.
③ 반응은 원자나 분자의 충돌에 의해 이루어진다.
④ 반응속도에 영향을 미치는 요인에는 온도, 압력, 농도 등이 있다.

가스의 반응속도
① 반응속도 상수는 온도와 관계가 있다.
② 반응속도상수는 아레니우스법칙으로 표시할 수 있다.
③ 반응은 원자나 분자의 충돌에 의해 이루어진다.
④ 반응속도에 영향을 미치는 요인에는 온도, 압력, 농도 등이 있다.

19 다음 중 열역학 제2법칙에 대한 설명이 아닌 것은?
① 열은 스스로 저온체에서 고온체로 이동할 수 없다.
② 효율이 100%인 열기관을 제작하는 것은 불가능하다.
③ 자연계에 아무런 변화도 남기지 않고 어느 열원의 열을 계속해서 일로 바꿀 수 없다.
④ 에너지의 한 형태인 열과 일은 본질적으로 서로 같고, 열은 일로, 일은 열로 서로 전환이 가능하며, 이때 열과 일 사이의 변환에는 일정한 비례관계가 성립한다.

열역학 제2법칙
① 자연계에 아무런 변화도 남기지 않고 어느 열원의 열을 계속해서 일로 바꿀 수 있다.
② 효율이 100%인 열기관을 제작하는 것은 불가능하다.
③ 열은 스스로 저온체에서 고온체로 이동 할 수 없다.

20 다음 가연물과 일반적인 연소형태를 짝지어 놓은 것 중 틀린 것은?
① 니트로글리세린-확산연소
② 코크스-표면연소
③ 등유-증발연소
④ 목재-분해연소

자기연소 : 니트로셀룰로오스, TNT, 니트로글리세린, 피크린산

제 2 과목 가스설비

21 왕복동식 압축기의 특징에 대한 설명으로 틀린 것은?
① 압축효율이 높다.
② 용량조절이 쉽다.
③ 설치면적이 크다.
④ 저압용으로 적합하다.

왕복압축기의 특징
① 압축효율이 높다.
② 용량조절이 쉽다.
③ 설치면적이 크다.
④ 고압을 얻을 수 있다.
⑤ 기체의 송출에 맥동이 있으므로 방지장치 필요
⑥ 저속회전이며, 형태가 크고, 중량이 무겁고, 고가이다.

22 단면적이 $300mm^2$인 봉을 매달고 $600kg$의 추를 그 자유단에 달았더니 이 봉에 생긴 응력은 재료의 허용인장응력에 도달하였다. 이 봉의 인장강도가 $400kg/cm^2$이라면 안전율은 얼마인가?

① 1 ② 2
③ 3 ④ 4

 안전율 = $\dfrac{\text{인장강도}}{\text{허용응력}} = \dfrac{400 \text{kg/cm}^2}{\left(\dfrac{600\text{kg}}{3\text{cm}^2}\right)} = 2$

23 보일러, 난방기, 가스렌지 등에 사용되는 과열방지장치의 검지부 방식에 해당되지 않는 것은?

① 바이메탈식 ② 액체팽창식
③ 퓨즈메탈식 ④ 전극식

 보일러, 난방기, 가스렌지 등에 사용되는 과열방지장치의 검지부 방식
① 액체팽창식 ② 퓨즈메탈식 ③ 바이메탈식

24 기화기에 의해 기화된 LPG에 공기를 혼합하는 목적으로 가장 거리가 먼 것은?

① 발열량 조절 ② 재액화 방지
③ 압력 조절 ④ 연소효율 증대

 공기혼합목적
① 재액화방지 ② 발열량 조절
③ 연소효율증대 ④ 소용공기량 보충

25 정압기의 유량특성에서 메인밸브의 열량(스트로그리프트)과 유량의 관계를 말하는 유량특성에 해당되지 않는 것은?

① 직선형 ② 2차형
③ 3차형 ④ 평방근형

 유량특성에 해당
① 2차형 ② 평방근형 ③ 직선형

26 불탱크에 저장된 액화프로판(C_3H_8)을 시간당 50kg씩 기체로 공급하려고 증발기에 전열기를 설치했을 때 필요한 전열기의 용량은 몇 kW인가? (단, 프로판의 증발열은 3740 cal/gmol, 온도변화는 무시하고, 1cal는 1.163×10^{-6} kW 이다.)

① 0.217 ② 2.17
③ 0.494 ④ 4.94

 1 cal = 4.186 J
1 mol (44 g) = 3340 cal/mol
$5 \times 1000 \text{ g} = x$
$x = \dfrac{50000 \text{ g} \times 3340}{44 \text{ g}} = \dfrac{4250000}{3600}$
$= 1180.56 \text{ cal}$
∴ 1 cal = 4.186 J
$1180.56 = x$
$x = \dfrac{1180.56 \times 4.186 \text{ J}}{1 \text{ cal}}$
∴ 1 kW = 1000 W 이므로
$\dfrac{4941.8 \text{ W}}{1000 \text{ W/kg}} = 4.94 \text{ kW}$

27 압축기에서 압축비가 커지면 발생하는 현상으로 틀린 것은?

① 소요 동력이 증가한다.
② 실린더 내의 온도가 상승한다.
③ 토출 가스의 양이 증가한다.
④ 체적 효율이 저하한다.

 압축기에서 압축비가 커지면 발생하는 현상
① 윤활유의 열화 및 탄화
② 체적 효율이 저하한다.
③ 토출가스의 온도가 상승한다.
④ 소요동력이 증가한다.

28 나사펌프의 특징에 대한 설명으로 틀린 것은?

① 고점도액의 이송에 적합하다.
② 고압에 적합하다.
③ 흡입양정이 크고 소음이 적다.
④ 구조가 간단하고 청소, 분해가 용이하다.

 나사펌프의 특징
① 소음이 크다.
② 고압에 적합하다.
③ 구조가 간단하고 청소, 분해가 용이하다.
④ 고점도액의 이송에 적합하다.

29 갈바니 부식에 대한 설명으로 틀린 것은?

① 이중금속 접촉부식이라고도 한다.
② 전위가 낮은 금속표면에서 방식이 된다.
③ 전위가 낮은 금속표면에서 양극반응이 진행된다.
④ 두 종류의 금속이 접촉에 의해서 일어나는 부식이다.

 갈바니 부식
① 전위가 높은 금속표면에서 방식이 된다.
② 두 종류의 금속이 접촉에 의해서 일어나는 부식이다.
③ 전위가 낮은 금속표면에서 양극반응이 진행된다.
④ 이중금속 접촉부식이라고도 한다.

30 압력조정기의 다이어프램에 사용하는 고무의 재료는 전체 배합성분 중 NBR의 성분의 함량이 몇 % 이상이어야 하는가?

① 50%   ② 85%
③ 90%   ④ 99%

 압력조정기의 다이어프램에 사용하는 고무의 재료는 전체 배합성분 중 NBR의 성분의 함량이 50% 이상이어야 한다.

31 다음 중 터보형 펌프에 속하지 않는 것은?

① 센트리퓨걸 펌프 ② 사류 펌프
③ 축류 펌프   ④ 플런저 펌프

터보형 펌프
① 원심펌프   ② 터빈펌프
③ 볼류트펌프(센트리퓨걸 펌프)
④ 사류 펌프   ⑤ 축류 펌프

32 배관의 규격기호와 그 용도 및 사용조건에 대한 설명으로 틀린 것은?

① SPPS는 350℃ 이하의 온도에서 압력 9.8N/mm^2 이하에 사용한다.
② SPPH는 350℃ 이하의 온도에서 압력 9.8N/mm^2 이하에 사용한다.
③ SPLT는 빙점 이하의 특히 낮은 온도의 배관에 사용한다.
④ SPPW는 정수두 100m 이하의 급수배관에 사용한다.

 SPPH(고압배관용탄소강) : 사용압력이 100kg/cm^2 이상 시 사용
[참고] 100kg/cm^2 = 98N

33 다음 중 신축이음의 종류가 아닌 것은?

① 루프형   ② 슬리브형
③ 스위블형   ④ 플랜지형

신축이음의 종류
① 루우프형   ② 슬리이브형(슬라이드형)
③ 벨로우즈형 ④ 스위블형
⑤ 상온스프링 ⑥ u형벤드

34 탄소강에 각종 원소를 첨가하면 특수한 성질을 가진다. 다음 중 각 원소의 영향을 바르게 연결한 것은?

① Ni - 내마열성 및 내식성 증가
② Cr - 인성 및 저온충격저항 증가
③ Mo - 고온에서 인장강도 및 경도 증가
④ Cu - 전자기성 및 경화능력 증가

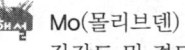 Mo(몰리브덴) : 뜨임취성방지, 고온에서 인장강도 및 경도 증가

35 도시가스 배관에 대한 설명으로 옳지 않은 것은?

① 폭 8m 이상의 도로에는 1.2m 이상 매설한다.
② 배관 접합은 원칙적으로 용접에 의한다.
③ 지하매설 배관 재료는 주철관으로 한다.
④ 지상배관의 표면 색상은 황색으로 한다.

지하매설 배관 : PE관 또는 PLP관 사용

29.② 30.① 31.④ 32.② 33.④ 34.③ 35.③

36 레이놀드(Reynolds)식 정압기의 특징인 것은?

① 로딩형이다.
② 콤팩트하다.
③ 정특성, 동특성이 양호하다.
④ 정특성은 극히 좋으나 안정성이 부족하다.

 레이놀드식 정압기의 특징
① 정특성은 극히 좋고, 안정성이 있다.
② 정특성, 동특성이 양호하다.
③ 콤팩트하다.
④ 로딩형이다.

37 국내에서 주로 사용되는 저장탱크에서 초저온의 LNG와 직접 접촉하는 내부 바닥 및 벽체에 주로 사용되는 재료는?

① 멤브레인 ② 합금주철
③ 탄소강   ④ 알루미늄

 초저온의 직접 접촉하는 내부 바닥 및 벽체에 주로 사용 : 맴브레인

38 20℃, 120atm의 산소 100kg이 들어있는 용기의 내용적은 약 몇 m³인가? (단, 산소의 가스정수는 26.5로 한다.)

① 0.34 ② 0.52
③ 0.63 ④ 0.77

 $PV = GRT$
$V = \dfrac{GRT}{P}$
$= \dfrac{100 \times 26.5 \times (273+20)}{120 \times 1.0332 \times 10^4 \text{kg/cm}^2}$
$= 0.626 \text{ m}^3$

39 직경이 각각 4m 와 8m 인 2개의 액화석유가스 저장탱크가 인접해 있을 경우 두 저장 탱크 간에 유지하여야 할 거리는 몇 m 이상인가?

① 1m ② 2m
③ 3m ④ 4m

 유지거리$(D) = \dfrac{D_1 + D_2}{4} = \dfrac{4+8}{4} = 3\text{m}$

40 공기액화 분리장치에서 탄산가스를 제거하기 위한 물질은?

① 실리카겔   ② 염화칼슘
③ 활성알루미늄 ④ 수산화나트륨

 $2NaOH + CO_2 \rightarrow Na_2CO_3 + H_2O$
NaOH(가성소다 = 수산화나트륨)

제3과목 가스안전관리

41 차량에 고정된 탱크에 의하여 가연성 가스를 운반할 때 비치하여야 할 소화기의 종류와 최소 수량은? (단, 소화기의 능력단위는 고려하지 않는다.)

① 분말소화기 1개 ② 분말소화기 2개
③ 포말소화기 1개 ④ 포말소화기 2개

 차량에 고정된 탱크에 의하여 가연성 가스를 운반 시 비치하여야 할 소화기의 종류와 최소 수량 : 분말소화기 2개

42 용기 및 특정설비의 재검사기간의 기준으로 옳은 것은?

① 제조된 지 16년이 경과된 47L 용접용기는 2년마다 재검사를 받아야 한다.
② 용기에 부착되지 아니한 용기부속품은 3년마다 재검사를 받아야 한다.
③ 1993년에 신규검사를 받은 600L 복합재료용기는 3년 마다 재검사를 받아야 한다.
④ 제조된 지 20년이 경과된 차량에 고정된

탱크는 2년 마다 재검사를 받아야 한다.

 제조된 지 16년이 경과된 47L 용접용기는 2년마다 재검사를 받아야 한다.

43 고압가스 충전용기의 운반기준으로 틀린 것은?

① 가연성가스 또는 산소를 운반하는 차량에는 소화설비 및 재해발생방지를 위한 응급조치에 필요한 자재 및 공구 등을 휴대할 것
② 염소와 아세틸렌, 암모니아 또는 수소는 동일 차량에 적재하여 운반하지 아니할 것
③ 가연성가스와 산소를 동일 차량에 적재하여 운반하는 때에는 그 충전용기와 밸브가 마주보도록 할 것
④ 충전용기와 소방기본법이 정하는 위험물과는 동일 차량에 적재하여 운반하지 아니할 것

 가연성가스와 산소를 동일 차량에 적재하여 운반하는 때에는 그 충전용기와 밸브가 마주보지 않도록 할 것

44 고압가스 저장에 대한 기술 기준으로 틀린 것은?

① 충전용기는 항상 40℃ 이하의 온도를 유지할 것
② 가연성가스를 저장하는 곳에 방폭용 휴대용 손전등 외의 등화를 휴대하지 아니할 것
③ 산화에틸렌의 저장탱크에는 45℃에서 그 내부가스의 압력이 0.4MPa 이상이 되도록 탄산가스를 충전할 것
④ 시안화수소의 저장은 용기에 충전한 후 90일을 초과하지 아니할 것

 고압가스 저장에 대한 기술 기준
① 시안화수소의 저장은 용기에 충전한 후 60일을 초과하지 말 것
② 산화에틸렌의 저장탱크에는 45℃에서 그 내부가스의 압력이 $4kg/cm^2(0.4MPa)$ 이상이 되도록 탄산가스를 치환할 것
③ 가연성가스를 저장하는 곳에 방폭용 휴대용 손전등 외의 등화를 휴대하지 아니할 것
④ 충전용기는 항상 40℃ 이하의 온도를 유지할 것

45 방폭전기 기기의 구조별 표시방법으로 옳은 것은?

① 내압방폭구조 : P
② 유입방폭구조 : a
③ 안전증 방폭구조 : e
④ 본질안전 방폭구조 : ba

 방폭전기 기기의 구조별 표시방법
① 내압방폭구조 : d
② 유입방폭구조 : o
③ 압력방폭구조 : p
④ 본질안전 방폭구조 : ia 또는 ib
⑤ 안전증 방폭구조 : e
⑥ 특수방폭구조 : s

46 1일 처리능력이 $60000m^3$인 가연성가스 저온저장탱크와 제2종 보호시설과의 안전거리의 기준은?

① 20.0m   ② 21.2m
③ 22.0m   ④ 30.0m

 안전거리 $= \dfrac{3}{25}\sqrt{x+10000}$ (제1종)

$= \dfrac{2}{25}\sqrt{x+10000}$ (제2종)

$= \dfrac{2}{25}\sqrt{60000+10000}$

$= 21.16\,m$

47 가스보일러의 안전장치에 해당하지 않는 것은?

① 소화안전장치   ② 과충전방지장치

③ 과열방지장치   ④ 저가스압차단장치

 가스보일러의 안전장치
① 소화안전장치
② 과열방지장치
③ 저가스압차단장치

48 아세틸렌의 성질에 대한 설명으로 옳은 것은?

① 고체 아세틸렌보다 액체 아세틸렌이 안정하다.
② 흡열화합물이므로 압축하면 분해폭발을 일으킨다.
③ 융점(-81℃)과 비점(-84℃)이 비슷하여 승화하지 않고 용해한다.
④ 15℃ 상태에서 물에는 용해되지 않고, 아세톤 1L에 약 25배가 용해된다.

 아세틸렌의 성질
① 흡열화합물이므로 압축하면 분해폭발을 일으킨다.
② 액체 아세틸렌보다 고체 아세틸렌이 안전하다.
③ 융점-81℃과 비점-84℃이 비슷하고 고체아세틸렌은 융해하지 않고 승화한다.
④ 무색의 기체로 약간 에테르 향기가 있고 불순물로 인하여 특이한 냄새가 난다.
⑤ 물에는 1배(동배), 벤젠에는 4배, 알콜에는 6배, 석유에는 2배, 아세톤에는 25배 용해
⑥ 구리, 은, 수은 등의 금속과 화합 시 폭발성 물질인 아세틸라이드 생성

49 내용적 50L의 LPG 용기에 프로판을 충전할 때 최대 충전량은 몇 kg 인가? (단, 프로판의 충전정수는 2.35이다.)

① 19.15   ② 21.28
③ 32.62   ④ 117.5

 $G = \dfrac{V}{C} = \dfrac{50}{2.35} = 21.28kg$

50 차량에 고정된 탱크의 충전시설에서 가연성 가스 충전시설의 고압가스설비는 그 외면으로부터 다른 가연성가스 충전시설의 고압가스설비와 안전거리 이상을 유지하도록 하고 있다. 그 거리는 몇 m 이상이어야 하는가?

① 2m   ② 3m
③ 5m   ④ 7m

 유지거리
① 가고 : 5m(가연성가스 충전시설과 다른 고압가스 설비와의 거리)
② 가화 : 8m(가연성가스와 화기취급장소와의 거리)
③ 산고 : 10m(산소제조시설과 고압가스설비와의 거리)

51 다음 중 휴대용 부탄가스렌지의 올바른 사용방법은?

① 바람의 영향을 줄이기 위해서 텐트 안에서 사용한다.
② 효율을 높이기 위해서 두 대를 나란히 연결하여 사용한다.
③ 사용하는 그릇은 렌지의 삼발이보다 폭이 좁은 것을 사용한다.
④ 렌지를 운반 중에는 용기를 렌지 내부에 안전하게 보관한다.

휴대용 부탄가스렌지의 올바른 사용법
사용하는 그릇은 렌지의 삼발이보다 폭이 좁은 것 사용

52 고압가스 특정제조시설에 설치되는 가스누출 검지경보장치의 설치기준에 대한 설명으로 옳은 것은?

① 경보농도는 가연성가스의 경우 폭발한계의 1/2 이하로 하여야 한다.
② 검지에서 발신까지 걸리는 시간은 경보농도의 1.2배 농도에서 보통 20초 이내로 한다.

③ 경보기의 정밀도는 경보농도 설정치에 대하여 가연성 가스용은 ±25% 이하이어야 한다.
④ 검지경보장치의 경보정밀도는 전원의 전압 등 변동이 ±20% 정도일 때에도 저하되지 아니하여야 한다.

 가스누출 검지경보장치의 설치기준
① 경보농도는 가연성가스의 경우 폭발한계의 1/4 이하로 하여야 한다.
② 검지에서 발신까지 걸리는 시간은 경보농도의 1.6배 농도에서 보통 60초 이내로 한다.
③ 경보기 정밀도는 경보농도 설정치에 대하여 가연성 가스용은 ±25% 이하이어야 한다.
④ 검지경보장치의 경보정밀도는 전원의 전압 등 변동이 ±10% 정도일 때에도 저하되지 아니하여야 한다.

53 액화염소 142g을 기화시키면 표준상태에서 몇 L의 기체염소가 되는가? (단, 염소의 원자량은 35.5이다.)
① 22.4　　② 44.8
③ 67.2　　④ 89.6

71 g = 22.4 l
142 g = x
$x = \dfrac{142\,g \times 22.4\,l}{71\,g} = 44.8\,l$

54 정전기제거 또는 발생방지 조치에 대한 설명으로 틀린 것은?
① 대상물을 접지시킨다.
② 상대습도를 높인다.
③ 공기를 이온화시킨다.
④ 전기저항을 증가시킨다.

 정전기 발생방지
① 접지를 한다.
② 공기를 이온화한다.
③ 상대습도를 70% 이상

55 프레온냉매가 실수로 눈에 들어갔을 경우 눈세척에 주로 사용하는 약품으로 적당한 것은?
① 바셀린　　② 희붕산용액
③ 농피크린산용액　　④ 유동파라핀

 프레온냉매가 실수로 눈에 들어갔을 경우 눈세척에 주로 사용하는 약품 : 희붕산용액

56 고압가스용기, 특정설비 등은 수리자격별로 수리범위가 제한되어 있다. 다음 중 수리자격별 수리범위로 틀린 것은?
① 저장능력 50톤의 액화석유가스용 저장탱크 제조자는 해당 제품의 부속품 교체 및 가공이 가능하며 필요한 경우 단열재를 교체할 수 있다.
② 액화산소용 초저온용기 제조자는 해당 용기에 부착되는 용기부속품을 탈부착할 수 있으며 용기몸체의 용접도 가능하다.
③ 열처리설비를 갖춘 용기 전문검사기관에서는 LPG용기의 프로텍터, 스커트 교체가 가능하다.
④ 저장능력이 50톤인 석유정제업자의 석유정제시설에서 고압가스를 제조하는 자는 해당 저장시설의 단열재 교체가 가능하다.

 저장능력이 100톤인 석유정제업자의 석유정제시설에서 고압가스를 제조하는 자는해당 저장시설의 단열재 교체가 가능

57 차량에 고정된 탱크로 고압가스를 운반하는 차량의 운반기준으로 적합하지 않은 것은?
① 후부취출식 외의 저장탱크는 저장탱크 후면과 차량 뒷 범퍼와의 수평거리가 20cm 이상 유지하여야 한다.
② 액화가스 중 가연성가스, 독성가스 또는 산소가 충전된 탱크에는 손상되지 아니하

는 재료로 된 액면계를 사용한다.
③ 액화가스를 충전하는 탱크에는 그 내부에 방파판을 설치한다.
④ 2개 이상의 탱크를 동일한 차량에 고정하여 운반하는 경우에는 탱크마다 탱크의 주밸브를 설치한다.

 후부취출식 외의 저장탱크는 저장탱크 후면과 차량 뒷 범퍼와의 수평거리가 30cm 이상 유지

58 일반도시가스 정압기실 경계책의 설치기준에 대한 설명으로 틀린 것은?
① 높이 1.5m 이상의 철책 또는 철망으로 경계책을 설치한다.
② 경계책 주위에는 외부사람의 무단출입을 금하는 내용의 경계표지를 부착(설치)한다.
③ 철근콘크리트로 지상에서 6m 이상의 높이에 설치된 정압기는 경계책을 설치한다.
④ 도로의 지하에 설치되어 사람 또는 차량통행에 지장을 주는 정압기는 경계 표지를 설치하고 경계책 설치를 생략한다.

59 고압가스 제조, 저장, 판매, 수입 시 독성가스 배관용 밸브의 검사대상에 해당되지 않는 것은?
① 볼밸브   ② 글로브밸브
③ 콕   ④ 앵글밸브

 독성가스배관용 밸브의 검사대상
① 글로우브밸브 ② 콕 ③ 볼밸브

60 최고사용압력이 고압인 가스혼합기, 가스정제설비, 배송기, 압송기 그 밖에 공급시설의 부대설비는 그 외면으로부터 사업장의 경계까지 얼마 이상의 거리를 유지하여야 하는가?

① 3m   ② 10m
③ 20m   ④ 30m

 안전거리
① 최고사용압력이 고압인 가스혼합기, 가스정제설비, 배송기, 압송기 그 밖에 공급시설의 부대설비는 그 외면으로부터 사업장의 경계까지의 거리 : 20m 이상, 중압 : 10m 이상, 저압 : 5m 이상
② 가스혼합기, 가스정제설비, 배송기, 압송기 그 밖에 가스공급시설의 부대설비는 그 외면으로부터 경계까지의 거리가 3m 이상
③ 비상공급시설은 그 외면으로부터 제1종 보호시설까지의 거리가 15m 이상 제2종은 10m 이상이 되도록 할 것

제 4 과목 가스계측

61 실제 길이가 3.0cm인 물체를 측정하여 2.95m를 얻었다 이때 오차는 얼마인가?
① $+0.05\text{cm}$ ② -0.05cm
③ $+1.67\%$ ④ -1.67%

 오차$= (3-2.95) = 0.05$ cm
부호는 ⊖값이 됨. 실제길이는 3cm인데 측정값은 2.95cm 짧아졌기 때문에

62 가스분석계 중 화학반응을 이용한 측정 방법은?
① 연소열법   ② 열전도율법
③ 적외선흡수법 ④ 가시광선분산법

 가스분석계 중 화학반응을 이용한 측정 방법 : 연소열법

63 액위(level)측정 계측기기의 종류 중 액체용 탱크에 많이 사용되는 사이트글라스(Sight

Glass)의 단점에 해당하지 않는 것은?
① 측정범위가 넓은 곳에서 사용이 곤란하다.
② 동결방지를 위한 보호가 필요하다.
③ 파손되기 쉬우므로 보호대책이 필요하다.
④ 내부설치시 요동(Turbulance)방지를 위해 Stilling Chamber 설치가 필요하다.

 사이트글라스의 단점
① 파손되기 쉬우므로 보호대책이 필요하다.
② 동결방지를 위한 보호가 필요하다.
③ 측정범위가 넓은 곳에서 사용이 곤란하다.

64 프로세스계 내에 시간지연이 크거나 외란이 심할 경우 조절계를 이용하여 설정점을 작동시키게 하는 제어방식은?
① sequence 제어 ② cascade 제어
③ program 제어   ④ feed back 제어

케스케이드 제어 : 프로세스계 내에 시간지연이 크거나 외란이 심할 경우 조절계를 이용하여 설정점을 작동시키게 하는 제어방식
피드백제어 : 출력측의 신호를 입력측으로 되돌려 정정동작을 행아는 제어
시퀀스제어 : 처음 정해진 순서에 의해 제어의 각 단계를 제어

65 어떤 비례 제어기가 50℃에서 100℃ 사이에 온도를 조절하는데 사용되고 있다. 만일 이 제어기기가 측정한 온도가 84℃에서 90℃일 때 비례대(Propotional band)는 약 얼마인가?
① 10%   ② 11%
③ 12%   ④ 13%

비례대 $= \dfrac{90-84}{100-50} \times 100 = 12\%$

66 막식 가스미터에서 이물질로 인한 불량이 생기는 원인으로 가장 거리가 먼 것은?

① 크랭크축에 이물질이 들어가 회전부에 윤활유가 없어진 경우
② 밸브와 시트 사이에 점성물질이 부착된 경우
③ 연동기구가 변형된 경우
④ 계량기의 유리가 파손된 경우

 막식 가스미터에서 이물질로 인한 불량이 생기는 원인
① 연동기구가 변형된 경우
② 밸브와 시트 사이에 점성물질이 부착된 경우
③ 크랭크축에 이물질이 들어가 회전부에 윤활유가 없어진 경우

67 유황분 정량시 표준용액으로 적절한 것은?
① 수산화나트륨   ② 과산화수소
③ 초산   ④ 요오드칼륨

 유황분 정량시 표준용액 : 수산화나트륨(가성소다)

68 가스크로마토그래피의 주요 구성 요소가 아닌 것은?
① 분리관(컬럼)   ② 검출기
③ 기록계   ④ 흡수액

 가스크로마토그래피의 주요 구성 요소
① 검출기 ② 분리관(컬럼) ③ 기록계

69 다음 중 포스겐 가스의 검지에 사용되는 시험지는?
① 리트머스 시험지
② 하리슨 시험지
③ 기록계
④ 염화제일구리 착염지

 시험지
① 포스겐 : 하리슨 시험지
② 암모니아 : 적색리트머스 시험지
③ 황화수소 : 연당지
④ 아세틸렌 : 염화제1동착염지

70 스텝(step)과 응답이 그림처럼 표시되는 요소를 무엇이라 하는가?

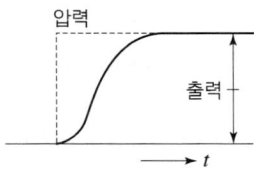

① 일차지연요소 ② 낭비시간요소
③ 적분요소   ④ 고차지연요소

71 도시가스 사용시설에 대하여 실시하는 내압시험에서 내압시험을 공기 등의 기체로 하는 경우 압력을 일시에 시험압력까지 올리지 아니하여야 한다. 이에 대한 설명으로 옳은 것은?

① 먼저 상용압력의 50%까지 승압하고, 그 후에는 상용압력의 10%씩 단계적으로 승압한다.
② 먼저 상용압력의 50%까지 승압하고, 그 후에는 상용압력의 20%씩 단계적으로 승압한다.
③ 먼저 상용압력의 80%까지 승압하고, 그 후에는 상용압력의 10%씩 단계적으로 승압한다.
④ 먼저 상용압력의 80%까지 승압하고, 그 후에는 상용압력의 20%씩 단계적으로 승압한다.

 먼저 상용압력의 50%까지 승압하고, 그 후에는 상용압력의 10%씩 단계적으로 승압한다.

72 H_2와 O_2 등에는 감응이 없고, 탄화수소에 대한 감응이 가장 좋은 검출기는?

① 열전도도(TCO) 검출기
② 불꽃이온화(FID) 검출기
③ 전자포획(ECD) 검출기
④ 열이온(TID) 검출기

 FID(불꽃이온화검출기=수소이온화검출기)
① H_2와 O_2 등에는 감응이 없다.
② 탄화수소에 서 감도가 최고이다.(프로판, 부탄, 프로필렌 등)
③ 전극간의 전기 전도도가 증대하는 것 이용
④ 무기가스나 물에 거의 응답하지 않음

73 전자유량계는 다음 중 어느 법칙을 이용한 것인가?

① 쿨롬의 전자유도법칙
② 오옴의 전자유도법칙
③ 패러데이의 전자유도법칙
④ 주물의 전자유도법칙

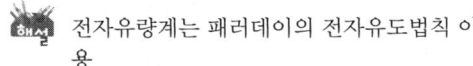 전자유량계는 패러데이의 전자유도법칙 이용

74 산소(O_2) 중에 포함되어 있는 질소(N_2) 성분을 가스크로마토그래피로 정량하고자 한다. 다음 방법 중 옳지 않은 것은?

① 열전도도검출기(TCD)를 사용한다.
② 산소의 피크가 질소의 피크보다 먼저 나오도록 컬럼을 선택한다.
③ 캐리어가스는 헬륨을 쓰는 것이 바람직하다.
④ 산소제거트랩(Oxygen trap)을 사용하는 것이 좋다.

 산소 중에 포함되어 있는 질소 성분을 가스크로마토그래피로 정량 시 방법
① 산소제거트랩을 사용하는 것이 좋다.
② 캐리어가스는 헬륨을 쓰는 것이 바람직하다.
③ 열전도도검출기를 사용한다.

75 오리피스로 유량을 측정하는 경우 압력차가 4배로 증가하면 유량은 몇 배로 변하는가?

① 2배 증가   ② 4배 증가
③ 8배 증가   ④ 16배 증가

$Q = \sqrt{P} \Rightarrow Q = \sqrt{4}$
$Q = 2$배증가

76 다음 중 탄성식 압력계가 아닌 것은?
① 벨로우즈식 압력계
② 다이어프램식 압력계
③ 부르동관 압력계
④ 링벨런스식 압력계

 탄성식 압력계
① 브르돈관식 압력계
② 벨로우즈식 압력계
③ 다이어프램식 압력계

77 다음 중 대수용가(100~5000m³/h)에 적당한 가스미터는?
① 막식 가스미터
② 습식 가스미터
③ 건식 가스미터
④ 루트식 가스미터

 루트식 가스미터
① 대량수요가능(100~5000m³/h)
② 중압가스계량 가능
③ 설치면적이 적다.
④ 소유량에서는 부동이 우려가 있다.
⑤ 스트레이너 설치 후 유지관리 필요

78 다이어프램 압력계의 특징에 해당되지 않는 것은?
① 미소한 압력을 측정하기 위한 압력계이다.
② 부식성 유체의 측정이 가능하다.
③ 과잉압력으로 파손되면 그 위험성은 커진다.
④ 감도가 높고 응답성이 좋다.

 다이어프램 압력계의 특징
① 미소압력 측정가능
② 부식성유체 측정가능
③ 온도의 영향을 받는다.

④ 측정의 응답속도가 빠르다.
⑤ 이상 압력으로 파손되어도 위험성이 적다.

79 측정기의 감도에 대한 일반적인 설명으로 옳은 것은?
① 감도가 좋으면 측정시간이 짧아진다.
② 감도가 좋으면 측정범위가 넓어진다.
③ 감도가 좋으면 아주 작은 양의 변화를 측정할 수 있다.
④ 감도가 높고 응답성이 좋다.

 감도 : 감도가 좋으면 아주 작은 양의 변화를 측정할 수 있다.

80 다음 중 습식 가스미터의 형태는?
① 루프형
② 오벌형
③ 피스톤 로터리형
④ 드럼형

 습식 가스미터의 형태 : 드럼형

제 6 편   과년도 출제문제

2023년 9월 CBT 시행

본 문제는 복원 기출문제입니다. 실제 문제와 다를 수 있으니 양해바랍니다.

제 1 과목   연소공학

01 다음 중 실제 공기량(A)를 나타낸 식은? (단, m은 공기비, A_o는 이론 공기량이다.)

① $A = m + A_o$ ② $A = m \cdot A_o$
③ $A = A_o - m$ ④ $A = m/A_o$

  실제공기량 $= m \times A_o$

공기비$(m) = \dfrac{A}{A_o}$

이론공기량$(A_o) = \dfrac{A}{m}$

02 주된 소화효과가 질식효과에 의한 소화기가 아닌 것은?

① 분말 소화기   ② 포말 소화기
③ 산, 알칼리 소화기 ④ CO_2 소화기

  질식효과에 대한 소화효과
① CO_2 소화기
② 분말 소화기
③ 포말 소화기

03 표준상태에서 질소가스의 밀도는 몇 g/L인가?

① 0.97   ② 1.00
③ 1.07   ④ 1.25

  질소가스밀도 $= \dfrac{M}{22.4} = \dfrac{28}{22.4} = 1.25 g/l$

04 다음 중 연소의 3요소에 해당되지 않는 것은?

① 산소   ② 정전기 불꽃

③ 질소   ④ 수소

  연소의 3요소
① 가연물(수소)
② 산소
③ 점화원(정전기불꽃)

05 부탄가스 $1m^3$를 완전연소 시키는데 필요한 이론 공기량은 약 몇 m^3인가?

① 20   ② 31
③ 40   ④ 51

$C_4H_{10} + 6.5O_2 \rightarrow 4CO_2 + 5H_2O$
$22.4\ m^3 \quad 6.5 \times 22.4\ m^3$
$1\ m^3 \qquad x$

$x = \dfrac{1\ m^3 \times 6.5 \times 22.4 m^3}{22.4\ m^3} = 6.5\ m^3$

$\therefore A_o = \dfrac{O_o}{0.21} = \dfrac{6.5}{0.21} = 30.95 m^3$

06 메탄을 공기비 1 : 1로 완전연소시키고자 할 때 메탄 $1Nm^3$당 공급해야 할 공기량은 약 몇 Nm^3인가?

① 2.2   ② 6.3
③ 8.4   ④ 10.5

$CH_4 + 2O_2 \rightarrow CO_2 + 2H_2O$
$22.4\ m^3 \quad 2 \times 22.4\ m^3$
$1\ m^3 \qquad x$

$x = \dfrac{1\ m^3 \times 2 \times 22.4 m^3}{22.4\ m^3} = 2\ m^3$

$A_o = \dfrac{O_o}{0.21} = \dfrac{2}{0.21} = 9.52 m^3$

$\therefore A = m \times A_o = 1.1 \times 9.52$
$\qquad = 10.472\ m^3$

1.② 2.③ 3.④ 4.③ 5.② 6.④

07 다음 반응식을 이용하여 메탄(CH_4)의 생성열을 구하면?

> (1) $C + O_2 \rightarrow CO_2$,
> $\Delta H = -97.2 \text{kcal/mol}$
> (2) $H_2 + 1/2 O_2 \rightarrow H_2O$,
> $\Delta H = -57.6 \text{kcal/mol}$
> (3) $CH_4 + 2O_2 \rightarrow CO_2 + 2H_2O$,
> $\Delta H = -194.4 \text{kcal/mol}$

① $\Delta H = -20 \text{kcal/mol}$
② $\Delta H = -18 \text{kcal/mol}$
③ $\Delta H = 18 \text{kcal/mol}$
④ $\Delta H = 20 \text{kcal/mol}$

 $CH_4 + 2O_2 \rightarrow CO_2 + 2H_2O$
$-194.4 \quad -97.2 \quad -2 \times 57.6$
$\therefore \{97.2 + (-2) \times 57.6 - (-194.4)\}$
$= -18 \text{kcal/mol}$

08 가연물에 대한 설명으로 옳은 것은?

① 0족 원소들은 모두 가연물이다.
② 가연물은 산화반응 시 흡열반응을 일으킨다.
③ 질소와 산소가 반응하여 질소산화물을 만들므로 질소는 가연물이다.
④ 가연물은 산화 반응 시 발열반응이 일어나므로 열을 축적하는 물질이다.

 가연물 : 산화 반응 시 발열반응이 일어나므로 열을 축적하는 물질

09 다음 중 착화온도가 가장 높은 것은?

① 메탄　　　　② 가솔린
③ 프로판　　　④ 아세틸렌

 착화온도
① 메탄 : 615~682℃
② 가솔린 : 300~330℃
③ 프로판 : 460~520℃
④ 아세틸렌 : 400~440℃

⑤ 부탄 : 430~510℃
⑥ 수소 : 580~590℃

10 기체 연료 중 천연가스에 대한 설명으로 옳은 것은?

① 주성분은 메탄가스로 탄화수소의 혼합가스이다.
② 상온, 상압에서 LPG보다 액화하기 쉽다.
③ 발열량이 수성가스에 비하여 작다.
④ 누출 시 폭발위험성이 적다.

 **천연가스** : 주성분은 메탄가스로 탄화수소의 혼합가스이다.

11 다음 중 층류 연소 속도의 측정법으로 널리 이용되는 방법이 아닌 것은?

① 슬롯 버너법　　② 비누거품법
③ 평면화염 버너법　④ 단일화염핵법

 층류 연소 속도의 측정법
① 비누거품법
② 평면화염 버너법
③ 슬롯 버너법

12 다음 폭발 원인에 따른 종류 중 물리적 폭발은?

① 산화폭발　　② 분해폭발
③ 촉매폭발　　④ 압력폭발

 화학적 폭발
① 산화폭발　② 분해폭발　③ 촉매폭발

13 다음 이상기체에 대한 설명 중 틀린 것은?

① 이상기체는 분자 상호간의 인력을 무시한다.
② 이상기체에 가까운 실제기체로는 H_2, He 등이 있다.
③ 이상기체는 분자 자신이 차지하는 부피를 무시한다.

④ 저온, 고압일수록 이상기체에 가까워진다.

 고온, 저압일수록 이상기체에 가까워진다.

14 메탄 50v%, 에탄 25v%, 프로판 25v%가 섞여 있는 혼합기체의 공기 중에서의 연소하한계(v%)는 얼마인가? (단, 메탄, 에탄, 프로판의 연소하한계는 각각 5v%, 3v%, 2.1v% 이다.)

① 2.3
② 3.3
③ 4.3
④ 5.3

$$\frac{100}{L} = \frac{V_1}{L_1} + \frac{V_2}{L_2} + \frac{V_3}{L_3} \cdots \frac{V_n}{L_n}$$
$$\frac{100}{L} = \left(\frac{50}{5} + \frac{25}{3} + \frac{25}{2.1}\right)$$
$$\frac{100}{L} = 30.23$$
$$\therefore L = \frac{100}{30.23} = 3.3$$

15 완전연소의 구비조건 중 틀린 것은?

① 연소에 충분한 시간을 부여한다.
② 연료를 인화점 이하로 냉각하여 공급한다.
③ 적정량의 공기를 공급하여 연료와 잘 혼합한다.
④ 연소실내의 온도를 연소조건에 맞게 유지한다.

 완전연소의 구비조건
① 연소실내의 온도를 연소조건에 맞게 유지한다.
② 적정량의 공기를 공급하여 연료와 잘 혼합한다.
③ 연소에 충분한 시간을 부여한다.
④ 연소실 용적을 크게 한다.

16 연소에서 유효수소를 옳게 나타낸 것은?

① $H - \dfrac{C}{8}$
② $O - \dfrac{C}{8}$
③ $O - \dfrac{H}{8}$
④ $H - \dfrac{O}{8}$

 유효수소값 $= \left(H - \dfrac{O}{8}\right)$

17 가스의 폭발범위에 대한 설명으로 옳은 것은?

① 가스의 온도가 높아지면 폭발범위는 좁아진다.
② 폭발상한과 폭발하한의 차이가 작을수록 위험도는 커진다.
③ 압력이 1atm보다 낮아질 때 폭발범위는 큰 변화가 생긴다.
④ 고온, 고압 상태의 경우에 가스압이 높아지면 폭발범위는 넓어진다.

 가스의 폭발범위
① 고온, 고압 상태의 경우에 가스압이 높아지면 폭발범위는 높아진다.
② 압력이 높으면 폭발범위는 넓어진다.
③ 폭발하한과 상한의 차가 클수록 위험도는 커진다.
④ 가스의 온도가 높아지면 폭발범위는 넓어진다.

18 분진 폭발의 위험성을 방지하기 위한 방법으로 잘못된 것은?

① 분진의 산란이나 퇴적을 방지하기 위하여 정기적으로 분진을 제거한다.
② 분진의 취급 방법을 건식법으로 한다.
③ 분진이 일어나는 근처에 습식의 스크레버 장치를 설치한다.
④ 환기장치는 공정별로 단독집진기를 사용한다.

 분진 폭발의 위험성을 방지하기 위한 방법
① 분진의 취급 방법을 습식법으로 한다.
② 분진이 일어나는 근처에 습식 스크레버 장치 설치
③ 환기장치는 공정별로 단독집진기를 사용

한다.
④ 분진의 산란이나 퇴적을 방지하기 위해 정기적으로 분진 제거

19 LPG에 대한 설명 중 틀린 것은?
① 포화탄화수소화합물이다.
② 휘발유 등 유기용매에 용해된다.
③ 상온에서는 기체이나 가압하면 액화된다.
④ 액체 비중은 물보다 무겁고, 기체 상태에서는 공기보다 가볍다.

 액체 비중은 물보다 가볍고(0.508), 기체 상태의 비중은 공기보다 무겁다.(1.52)

20 파라핀계 탄화수소에서 탄소의 수가 증가함에 따른 변화에 대한 설명으로 틀린 것은?
① 발열량($kcal/m^3$)은 커진다.
② 발열온도는 낮아진다.
③ 연소속도는 느려진다.
④ 폭발하한계는 높아진다.

 파라핀계 탄화수소에서 탄소의 수가 증가함에 따른 변화
① 폭발하한계는 낮아진다.
② 발화온도 낮아진다.
③ 연소속도 느려진다.
④ 발열량은 커진다.

제 2 과목 가스설비

21 원심펌프의 양수원리에 대한 설명으로 옳은 것은?
① 회전차의 원심력을 이용한다.
② 익형 날개차의 양력과 원심력을 이용한다.
③ 익형 날개차의 양력을 이용한다.
④ 회전차의 케이싱과 회전차사이의 마찰력을 이용한다.

 원심펌프의 양수원리 : 회전차의 원심력을 이용

22 고압가스 제조설비의 가연성가스 저장탱크에 설치하는 안전밸브의 가스 방출관의 설치 위치는?
① 지면으로부터 3m 이상 또는 저장탱크의 정상부로부터 3m의 높이 중 높은 위치
② 지면으로부터 3m 이상 또는 저장탱크의 정상부로부터 2m 높은 위치
③ 지상으로부터 5m 이상 또는 저장탱크의 정상부로부터 2m의 높이 중 높은 위치
④ 지상으로부터 5m 이하의 높이에 설치하고 저장탱크의 주위에 마른 모래를 채울 것

 안전밸브의 가스 방출관의 설치 위치
지상으로부터 5m 이상 또는 저장탱크의 정상부로부터 2m의 높이 중 높은 위치

23 증기압축 냉동사이클에서 냉매가 순환되는 경로를 옳게 나타낸 것은?
① 압축기 → 증발기 → 팽창밸브 → 응축기
② 증발기 → 압축기 → 응축기 → 팽창밸브
③ 증발기 → 응축기 → 팽창밸브 → 압축기
④ 압축기 → 응축기 → 증발기 → 팽창밸브

 냉동사이클 순환경로
압축기 → 응축기 → 팽창밸브 → 증발기 → 압축기 → 응축기

24 전기방식방법 중 희생양극법의 특징에 대한 설명으로 틀린 것은?
① 시공이 간단하다.
② 단거리 배관에 경제적이다.
③ 과방식의 우려가 없다.
④ 방식효과 범위가 넓다.

희생양극법의 특징
① 방식효과 범위가 좁다.
② 과방식의 우려가 없다.
③ 시공이 간단하다.
④ 단거리 배관에 경제적이다.

25 강의 열처리 방법 중 오스테나이트 조직을 마텐자이트 조직으로 바꿀 목적으로 0℃ 이하로 처리하는 방법은?

① 담금질 ② 불림
③ 심냉 처리 ④ 염욕 처리

 심냉 처리 : 스테나이트 조직을 마아텐자이트 조직으로 바꿀 목적으로 0℃ 이하로 처리하는 방법(심냉처리 = 서브제로처리)

26 다음 중 특정고압가스이면서 그 성분이 독성가스인 것으로 나열된 것은?

① 액화암모니아, 액화염소
② 액화염소, 액화질소
③ 액화암모니아, 액화석유가스
④ 산소, 수소

 특정고압가스이면서 성분이 독성인 가스
① 액화암모니아 ② 액화염소

27 외경(D)이 216.3mm, 구경 두께 5.8mm인 200A의 배관용 탄소강관이 내압 9.9kgf/cm²을 받았을 경우에 관에 생기는 원주방향 응력은 약 몇 kgf/cm²인가?

① 88 ② 175
③ 263 ④ 351

 원주방향 응력
$= \dfrac{P(D-2t)}{2t} = \dfrac{9.9 \times (21.6 - 2 \times 0.58)}{2 \times 0.58}$

28 암모니아 압축기 실린더에 일반적으로 워터재킷을 사용하는 이유가 아닌 것은?

① 압축 효율의 향상을 도모한다.
② 윤활유의 탄화를 방지한다.
③ 밸브 스프링의 수명을 연장한다.
④ 압축 소요일량을 크게 한다.

 일반적으로 워터재킷을 사용하는 이유
① 압축 소요일량을 작게 한다.
② 밸브 스프링의 수명을 연장시킨다.
③ 윤활유의 열화 및 탄화 방지
④ 압축 효율의 향상 도모

29 실린더의 지름이 10cm, 행정거리가 20cm, 회전수가 1000rpm인 왕복 압축기의 토출량은 약 몇 m³/h인가? (단, 압축기의 체적효율은 70%이다.)

① 46 ② 56
③ 66 ④ 76

 압축기 토출량 $= \dfrac{\pi D^2}{4} LNRE$
$= 0.785 \times 0.1^2 \times 0.2 \times 1000 \times 0.7 \times 60$
$= 65.94 \, m^3/h$

30 용기 동판의 최대 두께와 최소 두께와의 차이는 평균두께의 몇 % 이하로 하는가?

① 10 ② 15
③ 20 ④ 30

 용기 동판의 최대 두께와 최소 두께와의 차이는 평균두께의 20% 이하

31 토양 중의 배관의 방식전위는 포화황산동 기준전극으로 기준하여 얼마 이하이어야 하는가? (단, 황산염환원박테리아가 번식하지 않는 토양이다.)

① -0.85V ② -0.95V
③ -1.05V ④ -1.15V

 토양 중의 배관의 방식전위는 포화황산동 기준전극으로 기준하여 -0.85V 이하

32 다음 중 신축조인트 방법이 아닌 것은?

① 슬립-온(Slip-On)형
② 루프(Loop)형
③ 슬라이드(Slide)형
④ 벨로우즈(Bellows)형

 신축조인트 방법
① 루우프형
② 슬리이브형(슬라이드형)
③ 벨로우즈형
④ 스위블형
⑤ 상온스프링
⑥ u형밴드

33 내용적이 500L, 압력이 12MPa이고, 용기 본수는 120개일 때 압축가스의 저장능력은 몇 m^3 인가?

① 3260   ② 5230
③ 7260   ④ 7580

 압축가스의 저장능력(Q)
$= (10P+1)V_1$
$= (120+1)\,0.5 \times 120$
$= 7260\,m^3$

[참고] $1\,MPa = 10\,kg/cm^2$

34 일산화탄소에 의한 카르보닐을 생성시키지 않는 금속은?

① 코발트(Co)   ② 철(Fe)
③ 크롬(Cr)   ④ 니켈(Ni)

 일산화탄소에 의한 카보닐 생성
① CO ② Fe ③ Ni

35 배관을 통한 도시가스의 공급에 있어서 압력을 변경하여야 할 지점마다 설치되는 설비는?

① 압송기(壓送器)   ② 정압기(Governor)
③ 가스전(栓)   ④ 홀더(Holder)

 도시가스의 공급에 있어서 압력을 변경하여야 할 지점마다 설치되는 설비 : 정압기

36 다음 [보기]는 수소의 성질에 대한 설명이다. 옳은 것만으로 나열된 것은?

① 공기와 혼합된 상태에서의 폭발범위는 4.0~65% 이다.
② 무색, 무취, 무미이므로 누출되었을 경우 색깔이나 냄새로 알 수 없다.
③ 고온, 고압하에서 강(鋼)중의 탄소와 반응하여 수소취성을 일으킨다.
④ 열전달율이 아주 낮고, 열에 대하여 불안정하다.

① ①, ②   ② ①, ③
③ ②, ③   ④ ②, ④

 수소가스의 성질
① 열전달율이 아주 높고, 열에 대해 안정하다.
② 공기와 혼합된 상태에서의 폭발범위는 4~75% 이다.
③ 모든 기체 중에서 비중이 가장 적고, 확산속도가 가장 빠르다.
④ 수소는 산소, 불소, 염소와 반응하여 격렬한 폭발을 일으켜 폭명기형성
⑤ 수소는 고온에서 금속산화물을 환원시키는 성질이 있다.
⑥ 고온, 고압하에서 강 중의 탄소와 반응하여 수소취성을 일으킨다.
⑦ 무색, 무취, 무미이므로 누출되었을 경우 색깔이나 냄새로 알 수 없다.

37 터보식 펌프 중 사류펌프의 비교회전도 ($m^3/min \cdot m \cdot rpm$)범위를 가장 옳게 나타낸 것은?

① 50~100   ② 100~600
③ 500~1200   ④ 120~2000

 비교회전도
① 원심펌프 : 100~600m^3/min·m·rpm
② 사류펌프 : 500~1200m^3/min·m·rpm
③ 축류펌프 : 1200~2000m^3/min·m·rpm

38 캐비테이션 현상의 발생 방지책에 대한 설명으로 가장 거리가 먼 것은?

① 펌프의 회전수를 높인다.
② 흡입 관경을 크게 한다.
③ 펌프의 위치를 낮춘다.
④ 양흡입 펌프를 사용한다.

 캐비테이션 방지책
① 펌프의 회전수를 줄인다.
② 흡입 관경을 크게 한다.
③ 펌프의 설치위치를 낮춘다.
④ 양흡입 펌프 사용
⑤ 임펠러를 액 중에 완전히 잠기게 한다.

39 지름 20mm, 표점거리 150mm의 연강재 시험편을 인장시험한 결과 표점거리 180mm가 되었다. 이 때 연신율은 몇 %인가?

① 10   ② 15
③ 20   ④ 25

 연신율 $= \dfrac{180-150}{180} \times 100 = 20\%$

40 캐스케이드 액화사이클에 사용되는 냉매가 아닌 것은?

① 암모니아(NH_3)   ② 에틸렌(C_2H_4)
③ 메탄(CH_4)   ④ 액화질소($L-N_2$)

 캐스케이드 액화사이클에 사용되는 냉매
① 암모니아 ② 메탄 ③ 에틸렌

제 3 과목 가스안전관리

41 가연성가스 저온저장탱크가 압력에 의해 파괴되는 것을 방지하기 위한 부압파괴방지설비가 아닌 것은?

① 진공안전밸브

② 다른 저장탱크 또는 시설로부터의 가스도입배관
③ 압력과 연동하는 긴급차단장치를 설치한 냉동제어설비
④ 압력과 연동하는 역류방지장치를 설치한 송기설비

 부압파괴방지설비
① 압력과 연동하는 긴급차단장치를 설치한 냉동제어설비
② 다른 저장탱크 또는 시설로부터의 가스도입배관
③ 진공안전밸브

42 액화석유가스의 저장설비와 화기취급 장치와의 사이에는 몇 m 이상의 우회거리를 유지하여야 하는가?

① 3m   ② 5m
③ 8m   ④ 10m

 액화석유가스의 저장설비와 화기취급 장치와의 사이에는 8m 이상의 우회거리 가스계량기와 용기 보관 장소 주의는 2m 이상의 우회거리 유지

43 압축가스 $10m^3$가 충전된 용기를 차량에 적재하여 운반할 때 비치하여야 할 소화설비의 기준으로 옳은 것은?

① 분말소화제 B-2 이상
② 분말소화제 B-3 이상
③ 분말소화제 BC용
④ 분말소화제 ABC용

 압축가스 $10m^3$가 충전된 용기를 차량에 적재하여 운반 시 비치하여야 할 소화설비 : 분말소화제 B-3 이상

44 프로판가스의 폭굉 범위(vol%) 값에 가장 가까운 것은?

① 2.2~9.5   ② 2.7~36

③ 3.2~37   ④ 4.0~75

 폭굉 범위
① 프로판 : 2.5~42.5%
② 수소 : 15~90%
③ 메탄 : 6.3~53%
④ 아세틸렌 : 3.5~92%

45 도시가스배관을 지하에 설치 시 되메움 재료는 3단계로 구분하여 포설한다. 이 때 "침상재료"라 함은?

① 배관침하를 방지하기 위해 배관하부에 포설하는 재료
② 배관에 적용하는 하중을 분산시켜주고 도로의 침하를 방지하기 위해 포설하는 재료
③ 배관기초에서부터 노면까지 포설하는 배관주위 모든 재료
④ 배관에 작용하는 하중을 수직방향 및 횡방향에서 지지하고 하중을 기초 아래로 분산하기 위한 재료

 침상재료 : 배관에 작용하는 하중을 수직방향 및 횡방향에서 지지하고 하중을 기초 아래로 분산하기 위한 재료

46 다음 중 LPG 용기 밸브 안전장치로서 가장 널리 사용되고 있는 형식은?

① 파열판식   ② 스프링식
③ 중추식   ④ 완전수동식

 LPG용기안전장치 : 스프링식
수소, 산소 : 파열판식
아세틸렌, 염소 : 가용전식

47 고압가스 충전용기의 운반기준 중 틀린 것은?

① 운반 중의 충전용기는 항상 40℃ 이하로 유지하여야 한다.
② 독성가스 탱크의 내용적은 1만 2천L를 초과하지 않아야 한다.
③ 염소와 아세틸렌은 동일 차량에 적재하여 운반할 수 있다.
④ 가연성가스와 산소를 동일 차량에 적재하여 운반할 때는 그 충전용기의 밸브가 서로 마주보지 아니하도록 적재한다.

 충전용기의 운반기준
① 가연성가스와 산소를 동일 차량에 적재하여 운반 시 그 충전용기의 밸브가 서로 마주보지 아니하도록 적재
② 염소와 아세틸렌은 동일 차량에 적재하여 운반할 수 없다.
③ 독성가스 탱크의 내용적은 12000*l*를 초과하지 않아야 한다.
④ 운반 중의 충전용기는 항상 40℃ 이하로 유지

48 염소가스 취급에 대한 설명 중 옳은 것은?

① 독성이 강하여 흡입하면 호흡기가 상한다.
② 재해제로는 소석회 등이 사용된다.
③ 염소압축기의 윤활유는 진한 황산이 사용된다.
④ 산소와는 염소폭명기를 일으키므로 동일 차량에 적재를 금한다.

 산소와는 염소폭명기를 일으키므로 동일 차량에 적재를 금한다.

49 고압가스용기(공업용)의 외면에 도색하는 가스 종류별 색상이 바르게 짝지어진 것은?

① 액화석유가스-회색   ② 수소-백색
③ 액화염소-황색   ④ 아세틸렌-회색

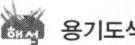 **용기도색(공업용)**
<u>청탄산</u> 산녹에서 황아체 안주삼아 <u>수주잔</u>
  ①   ②   ③   ④
높이 들고 백암산 바라보니 <u>염소는 갈색</u>으로
          ⑤   ⑥
보이고 <u>쥐들</u>은 <u>기타</u>를 치더라.
        ⑦   ⑧

① 탄산가스 : 청색 ② 산소 : 녹색
③ 아세틸렌 : 황색 ④ 수소 : 주황
⑤ 암모니아 : 백색 ⑥ 염소 : 갈색
⑦ 질소 : 쥐색(회색) ⑧ 기타

50 수소의 확산속도는 동일조건에서 산소의 확산속도에 비하여 몇 배 빠른가?
① 2배　　　② 4배
③ 8배　　　④ 16배

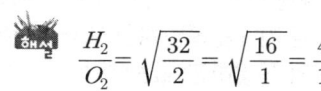
$$\frac{H_2}{O_2} = \sqrt{\frac{32}{2}} = \sqrt{\frac{16}{1}} = \frac{4}{1}$$
∴ 1 : 4

51 이동식부탄연소기와 관련된 사고가 액화석유가스 사고의 약 10% 수준으로 발생하고 있다. 이를 예방하기 위한 방법으로 잘못된 것은?
① 연소기에 접합용기를 정확히 장착한 후 사용한다.
② 과대한 조리기구를 사용하지 않는다.
③ 잔가스 사용을 위해 용기를 가열하지 않는다.
④ 사용한 접합용기를 파손되지 않도록 조치한 후 버린다.

 이동식부탄사고방지법
① 잔가스 사용을 위해 용기를 가열하지 않는다.
② 과대한 조리기구를 사용하지 않는다.
③ 연소기에 접합용기를 정확히 장착 후 사용

52 차량에 고정된 탱크 운행 시 반드시 휴대하지 않아도 되는 서류는?
① 고압가스 이동계획서
② 탱크 내압시험 성적서
③ 차량등록증
④ 탱크용량 환산표

 차량에 고정된 탱크 운행 시 반드시 휴대
① 차량운행일지　② 용량 환산표
③ 운전면허증　　④ 이동계획서
⑤ 자격증

53 각 저장탱크의 저장능력이 20톤인 암모니아 저장탱크 2기를 지하에 인접하여 매설할 경우 상호간에 몇 m 이상의 이격거리를 유지하여야 하는가?
① 0.3m　　　② 0.6m
③ 1m　　　　④ 1.2m

54 독성인 액화가스 저장탱크 주위에는 합산 저장 능력이 몇 톤 이상일 경우 방류둑을 설치하여야 하는가?
① 2　　　② 3
③ 5　　　④ 10

 방류둑 설치
① 가연성, 산소 : 1000Ton 이상
② 특정제조 : 500Ton 이상
③ 독성 : 5Ton 이상

55 내용적이 10,000L인 액화산소 저장탱크의 저장능력은? (단, 액화산소의 비중은 1.04이다.)
① 6225kg　　　② 9360kg
③ 9615kg　　　④ 10400kg

$W(\text{kg}) = 0.9 d V_2$
$= 0.9 \times 1.04 \times 10000 = 9360 \text{ kg}$

56 액화석유가스 저장탱크에 가스를 충전할 때 액체부피가 내용적의 90%를 넘지 않도록 규제하는 가장 큰 이유는?
① 액체팽창으로 인한 압력상승을 방지하기 위하여
② 온도상승으로 인한 탱크의 취약방지를 위하여
③ 동적팽창으로 인한 온도상승 방지를 위하여
④ 탱크내부의 부압(negative pressure) 발생 방지를 위하여

 가스를 충전 시 액체부피가 내용적의 90%를 넘지 않도록 규제하는 가장 큰 이유 : 액체팽창으로 인한 압력상승을 방지하기 위해

57 용기 내부에서 가연성가스의 폭발할 경우 그 용기가 폭발압력에 견디고 접합면, 개구부 등을 통하여 외부의 가연성가스에 인화되지 아니하도록 한 구조는?

① 내압방폭구조 ② 유입방폭구조
③ 압력방폭구조 ④ 특수방폭구조

방폭구조
① 내압방폭구조 : 용기 내부에서 가연성가스의 폭발이 발생 시 그 용기가 폭발압력에 견디고 접합면, 개구부 등을 통하여 외부의 가연성가스에 인화되지 않도록 한 구조
② 유입방폭구조 : 용기 내부에 기름을 주입하여 불꽃, 아크 또는 고온발생부분이 기름 속에 잠기게 함으로써 기름 면 위에 존재하는 가연성가스에 인화되지 않도록 한 구조
③ 압력방폭구조 : 용기 내부에 보호가스를 압입하여 내부압력을 유지함으로서 가연성가스 용기내부로 유입되지 않도록 한 구조

58 다음 독성가스 중 허용농도가 가장 낮은 가스는?

① 암모니아 ② 염소
③ 산화에틸렌 ④ 포스겐

허용농도(숫자가 작을수록 맹독성가스이다.)
① 암모니아 : 25PPM 이하
② 염소 : 1PPM 이하
③ 산화에틸렌 : 50PPM 이하
④ 포스겐 : 0.1PPM 이하
⑤ 시안화수소 : 10PPM 이하
⑥ 일산화탄소 : 50PPM 이하

59 다음의 액화가스를 이음매 없는 용기에 충전할 경우 그 용기에 대하여 음향검사를 실시하고 음향이 불량한 용기는 내부조명검사를 하지 않아도 되는 것은?

① 액화프로판 ② 액화암모니아
③ 액화탄산가스 ④ 액화염소

내부조명검사를 하지 않아도 되는 것
액화프로판

60 메탄 70%, 에탄 20%, 프로판 10%로 구성된 혼합가스의 공기 중 폭발하한계(v%)값은? (단, 각 성분의 폭발하한계는 메탄 5.0, 에탄 3.0, 프로판 2.1이다.)

① 3.5 ② 3.9
③ 4.5 ④ 4.9

$$\frac{100}{L} = \frac{V_1}{L_1} + \frac{V_2}{L_2} + \frac{V_3}{L_3} \cdots \frac{V_n}{L_n}$$

$$\frac{100}{L} = \left(\frac{70}{5} + \frac{20}{3} + \frac{10}{2.1}\right)$$

$$\frac{100}{L} = 25.42$$

$$L = \frac{100}{25.42} = 3.93$$

제 4 과목 가스계측

61 가스미터 선정 시 고려할 사항으로 틀린 것은?

① 가스의 최대사용유량에 적합한 계량능력인 것을 선택한다.
② 가스의 기밀성이 좋고 내구성이 큰 것을 선택한다.
③ 사용 시 기차가 커서 정확하게 계량할 수 있는 것은 선택한다.
④ 내열성, 내압성이 좋고 유지관리가 용이한 것을 선택한다.

가스미터를 선정할 때 시 고려할 사항
① 사용 시 기차가 작아서 정확하게 계량할 수 있을 것
② 내열성, 내압성이 좋고 유지관리가 용이한 것을 선택한다.
③ 가스의 기밀성이 좋고 내구성이 큰 것을

선택한다.
④ 가스의 최대사용유량에 적합한 계량능력인 것을 선택한다.

62 혼합물의 구성 성분을 분리하는 분리관의 분리기능에 가장 큰 영향을 미치는 것은?
① 시료의 용량
② 고정상 담체의 입자크기
③ 담채에 부착되는 액체의 양
④ 분리관의 모양과 배치

> **해설** 분리관의 분리기능에 가장 큰 영향을 미치는 것 : 담채에 부착되는 액체의 양

63 다음 중 보상도선과 기준접점을 이용하는 온도계는?
① 바이메탈 온도계   ② 압력 온도계
③ 베크만 온도계   ④ 열전대 온도계

> **해설** 열전대 온도계 : 보상도선과 기준접점을 이용, 열기전을 이용
> [종류]
> ㉠ PR(백금-백금로듐)
>   ⓐ 온도는 0~1600℃ 이다.
>   ⓑ 산화성 분위기에 가장 강하다.
>   ⓒ 금속증기에 침식
>   ⓓ 백금 87%(+극), 백금로듐 13%(-극)
> ㉡ CA(크로멜-알루멜)
>   ⓐ 온도는 0~1200℃
>   ⓑ 산화성 분위기에 노화가 빠르다.
>   ⓒ 크로멜(Ni 90%+크롬 10%)
>   ⓓ 알루멜(Ni94%+Mn(2.5%)+Al(2.0%)+Fe(0.5%))
> ㉢ CC(동-콘스탄탄)
>   ⓐ 온도는 -200~350℃
>   ⓑ 수분에 의한 내식성이 크다.
>   ⓒ 콘스탄탄(Cu55%+Ni45%)
> ㉣ IC(철-콘스탄탄)
>   ⓐ 온도는 -20~850℃
>   ⓑ 환원성 분위기에 강하다.

64 회전자형 및 피스톤형 가스미터를 제외한 건식가스미터의 경우 검정증인의 올바른 표시 위치는?
① 외부함
② 전면판
③ 눈금지시부 및 상판의 접합부
④ 본관의 보기 쉬운 부분 및 부관의 출입구

> **해설** 건식가스미터의 경우 검정증인의 올바른 표시위치 : 눈금지시부 및 상판의 접합부

65 바이메탈온도계의 특징에 대한 설명으로 틀린 것은?
① 히스테리시스 오차가 발생한다.
② 온도변화에 대한 응답이 빠르다.
③ 온도조절 스위치로 많이 사용한다.
④ 작용하는 힘이 작다.

> **해설** 바이메탈온도계의 특징
> ① 작용하는 힘이 크다.
> ② 온도조절 스위치로 많이 사용
> ③ 온도변화에 대한 응답이 빠르다.
> ④ 히스테리시스 오차가 발생한다.

66 배관의 유속을 피토관으로 측정할 때 마노미터의 수주 높이가 30cm이었다. 이때 유속은 약 몇 m/s인가?
① 0.76   ② 2.4
③ 7.6   ④ 24.2

> **해설** $V = \sqrt{2gh} = \sqrt{2 \times 9.8 \times 0.3} = 2.42 \text{m/sec}$

67 연소분석법 중 2종 이상의 동족 탄화수소와 수소가 혼합된 시료를 측정할 수 있는 것은?
① 폭발법, 완만 연소법
② 분별 연소법, 완만 연소법
③ 파라듐관 연소법, 산화구리법
④ 산화구리법, 완만 연소법

연소분석법 중 2종 이상의 동족 탄화수소와 수소가 혼합된 시료를 측정할 수 있는 것
① 산화구리법
② 파라듐관 연소법

68 차압식 유량계로 유량을 측정하였더니 교축기구 전후의 차압이 20.25Pa일 때 유량이 25m³/h이었다. 차압이 10.50Pa 일 때의 유량은 약 몇 m³/h인가?
① 13　　② 18
③ 23　　④ 28

 $Q_1 = \sqrt{P_1} = Q_2 \times \sqrt{P_2}$
$Q_2 = \dfrac{Q_1 \times \sqrt{P_1}}{\sqrt{P_2}} = \dfrac{25 \times \sqrt{10.5}}{\sqrt{20.25}}$
$= 18 m^3/h$

69 액면 조절을 위한 자동제어의 구성으로 가장 적당한 것은?
① 조작기 → 전송기 → 액면계 → 조절기 → 밸브
② 조절기 → 전송기 → 조작기 → 밸브 → 조절기
③ 밸브 → 액면계 → 전송기 → 조절기 → 조절기
④ 액면계 → 전송기 → 조절기 → 조작기 → 밸브

 액면 조절을 위한 자동제어의 구성
액면계 → 전송기 → 조절기 → 조작기 → 밸브

70 기준 입력과 주피드백량의 차로서 제어동작을 일으키는 신호는?
① 기준입력 신호　② 조작 신호
③ 동작 신호　　④ 주피드백 신호

 동작 신호 : 기준 입력과 주피드백량의 차로서 제어동작을 일으키는 신호

71 다음 [그림]은 불꽃이온화 검출기(FID)의 구조를 나타낸 것이다. ①~④의 명칭으로 부적당한 것은?

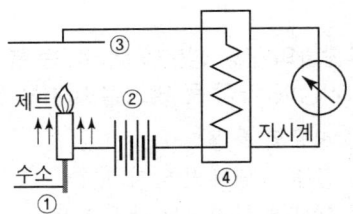

① ①시료가스　② ②직류전압
③ ③전극　　　④ ④가열부

72 다음 중 용적식 유량계에 해당되지 않는 것은?
① 루트식　　② 피스톤식
③ 오벌식　　④ 로터리피스톤식

 용적식 유량계
① 습식 ② 오우벌식 ③ 루트식
④ 로터리피스톤 ⑤ 로터리베인

73 스프링 저울에 의한 무게 측정은 어느 방법에 속하는가?
① 치환법　　② 보상법
③ 영위법　　④ 편위법

 스프링 저울에 의한 무게 측정법 : 편위법

74 염화파라듐 시험지로 검지할 수 있는 가스는?
① H_2S　　② CO
③ HCN　　④ $COCl_2$

 시험지명 및 변색상태
① H_2S(황화수소) : 연당지, 흑색변
② CO(일산화탄소) : 염화파라듐지, 흑색변
③ HCN(시안화수소) : 질산구리벤젠지, 청색
④ $COCl_2$(포스겐) : 하리슨시험지, 심등색

68.② 69.④ 70.③ 71.④ 72.② 73.④ 74.②

75 습도계의 종류와 [보기]의 내용이 바르게 연결된 것은?

보기
㉠ 저습도의 측정이 가능하다.
㉡ 물이 필요하다.
㉢ 구조 및 취급이 간단하다.
㉣ 연속기록, 원격측정, 자동제어에 이용된다.

① 저항온도계식 건습구습도계 - ㉠, ㉡
② 광전관식 노점계 - ㉠, ㉢
③ 전기저항식 습도계 - ㉡, ㉣
④ 건습구 습도계 - ㉡, ㉢

 건습구온도계
① 물이 필요하다.
② 구조 및 취급이 간단하다.

76 가스시험지법 중 염화제일구리 착염지로 검지하는 가스 및 반응색으로 옳은 것은?

① 아세틸렌 - 적색
② 아세틸렌 - 흑색
③ 할로겐화물 - 적색
④ 할로겐화물 - 청색

 시험지명 및 변색상태

암모니아	적색리트머스시험지	청색
염소	KI전분지	청색
시안화수소	질산구리벤젠지	청색
일산화탄소	염화파라듐지	흑색
황화수소	연당지	흑색
포스겐	하리슨시험지	심등색 (오렌지색)
아세틸렌	염화제1동 착염지	적색
아황산가스	암모니아 적신헝겊	흰연기

77 다음 중 유체에너지를 이용하는 유량계는?

① 터빈유량계   ② 전자기유량계
③ 초음파유량계   ④ 열유량계

 유체에너지를 이용하는 유량계 : 터빈유량계

78 다음 중 실측식 가스미터가 아닌 것은?

① 다이어프램식 가스미터
② 와류식 가스미터
③ 회전자식 가스미터
④ 습식 가스미터

 실측식 가스미터
① 건식
 ㉠ 막식 : 그로바식, 독립내기식
 ㉡ 회전식 : 루츠식, 오벌식, 로터리식
② 습식

79 제어 동작에 따른 분류 중 연속되는 동작은?

① On-Off 동작   ② 다위치 동작
③ 단속도 동작   ④ 비례 동작

 연속동작
① P동작(비례동작) : 잔류편차 남는 동작
② I동작(적분동작) : 잔류편차 남지 않는 동작
③ D동작(미분동작) : 편차변화속도 비례하여 조작량가감

80 MAX $1.0m^3/h$, $0.5L/rev$로 표기된 가스미터가 시간당 50회전하였을 경우 가스 유량은?

① $0.5m^3/h$ ② $25L/h$
③ $25m^3/h$ ④ $50L/h$

 $0.5l/rev$: 계량실 1주기 체적이 $0.5l$이다.
$0.5 \times 50 = 25l/h$

제6편 과년도 출제문제
2024년 2월 CBT 시행

제1과목 연소공학

01 다음 중 증기의 상태 방정식이 아닌 것은?
① Van der Waals식
② Lennard-Jones식
③ Clausius식
④ Berthelot식

 ① 반데르바알스식(실제기체상태방정식)
③ 액의 증기압
④ 실제기체방정식[부피]
② 물리학의 분자동력학

02 완전기체에서 정적비열(C_v), 정압비열(C_p)의 관계식을 옳게 나타낸 것은? (단, R은 기체상수이다.)
① $C_p/C_v = R$
② $C_p - C_v = R$
③ $C_v/C_p = R$
④ $C_p + C_v = R$

 정압비열과 정적비열의 차는 각 가스의 정수에 대한 값. 정압 비열이 크다.

03 다음 중 연료비에 관한 공식이 올바른 것은?
① $\dfrac{고정탄소}{휘발분}$
② $\dfrac{1-고정탄소}{휘발분}$
③ $\dfrac{휘발분}{고정탄소}$
④ $\dfrac{1-휘발분}{고정탄소}$

 탄화도가 큰 것이 연료비가 크다.
아탄-갈탄-역청탄-무연탄(12 이상)

04 공기비가 적을 경우 나타나는 현상과 가장 거리가 먼 것은?
① 매연발생이 극심해진다.
② 폭발사고 위험성이 커진다.
③ 연소실내의 연소온도가 저하된다.
④ 미연소로 인한 열손실이 증가한다.

 공기비가 클 때 전체적인 온도가 저하한다.

05 단열 가역변화에서의 엔트로피(entropy) 변화는?
① 증가
② 감소
③ 불변
④ 일정하지 않다.

 가역단열팽창인 경우 부피가 증가하면서 온도가 낮아지면 엔트로피도 따라서 낮아지므로 변하지 않는 것이다.

06 일반적으로 가연성 기체, 액체 또는 고체가 대기 중에서 연소를 하는 경우 4가지 연소형식으로 대별된다. 다음 중 일반적인 연소형식이 아닌 것은?
① 증발연소
② 확산연소
③ 표면연소
④ 폭발연소

 4대연소: 분해, 표면, 증발, 확산연소이다.

07 상온, 상압하에서 메탄-공기의 가연성 혼합기체를 완전 연소시킬 때 메탄 1kg을 완전연소시키기 위해서는 공기 몇 kg이 필요한가?
① 4
② 17.3
③ 19.04
④ 64

 $CH_4 + 2O_2 \rightarrow CO_2 + 2H_2O$
16kg + 64kg → 44kg + 36kg
$\dfrac{64}{16 \times 0.232} = 17.3$

1.② 2.② 3.① 4.③ 5.③ 6.④ 7.②

08 가스의 연소에 대한 설명으로 옳은 것은?

① 부탄이 완전연소하면 일산화탄소 가스가 생성된다.
② 부탄이 완전연소하면 탄산가스와 물이 생성된다.
③ 프로판이 불완전연소하면 탄산가스와 불소가 생성된다.
④ 프로판이 불완전연소하면 탄산가스와 규소가 생성된다.

 CO_2와 H_2O가 발생한다.

09 메탄올 96g과 아세톤 116g을 함께 진공상태의 용기에 넣고 기화시켜 25℃의 혼합기체를 만들었다. 이 때 전압력은 약 몇 mmHg인가? (단, 25℃에서 순수한 메탄올과 아세톤의 증기압 및 분자량은 각각 96.5mmHg, 56mmHg, 및 32, 58이다.)

① 76.3   ② 80.3
③ 152.5 ④ 170.5

 분자량. 메탄올 $CH_3OH[32]$,
아세톤$(CH_3)_2CO[58]$

$$96.5 \times \frac{\frac{96}{32}}{\frac{96}{32}+\frac{116}{58}} + 56 \times \frac{\frac{116}{58}}{\frac{96}{32}+\frac{116}{58}} = 80.3$$

10 다음 중 연소의 정의로 가장 적절한 표현은?

① 물질이 산소와 결합하는 모든 현상
② 물질이 빛과 열을 내면서 산소와 결합하는 현상
③ 물질이 열을 흡수하면서 산소와 결합하는 현상
④ 물질이 열을 발생하면서 산소와 결합하는 현상

 연소 = 가연성 + 지연성(빛과 열 동시수반)

11 증기 속에 수분이 많을 때 일어나는 현상은?

① 건조도가 증가된다.
② 증기엔탈피가 증가된다.
③ 증기배관에 수격작용이 방지된다.
④ 증기배관 및 장치부식이 발생된다.

 수분 존재시 부식이 발생된다.

12 탄소 2kg을 완전연소시켰을 때 발생된 연소가스(CO_2)의 양은 얼마인가?

① 3.66kg   ② 7.33kg
③ 8.89kg   ④ 12.34kg

 $C + O_2 \rightarrow CO_2$
12kg + 32kg → 44kg
12 : 44 = 2 : x ∴ $x = 7.33$

13 다음 중 자기연소를 하는 물질로만 나열된 것은?

① 경유, 프로판
② 질화면, 셀룰로이드
③ 황산, 나프탈렌
④ 석탄, 플라스틱(FRP)

14 가로, 세로, 높이가 각각 3m, 4m, 3m인 방에 약 몇 L의 프로판 가스가 누출되면 폭발될 수 있는가? (단, 프로판가스의 폭발범위는 2.2~9.5%이다.)

① 510   ② 610
③ 710   ④ 810

 $(3 \times 4 \times 3) \times 1000 \times 0.022 = 792$

15 메탄올(g), 물(g) 및 이산화탄소(g)의 생성열은 각각 50kcal, 60kcal 및 95kcal이다. 이 때 메탄올의 연소열은?

① 120kcal   ② 145kcal
③ 165kcal   ④ 180kcal

$$CH_3OH + 1\frac{1}{2}O_2 \rightarrow CO_2 + 2H_2O$$
$$50 \qquad\qquad 95 \qquad 60 \times 2$$
$$95 + 2 \times 60 - 50 = 165$$

16 기체 연료를 미리 공기와 혼합시켜 놓고 점화해서 연소하는 것으로 혼합기만으로도 연소할 수 있는 연소방식은?

① 확산연소　　② 예혼합연소
③ 증발연소　　④ 분해연소

 예혼합연소 : 연료와 공기를 미리 혼합시켜 연소

17 방폭구조 및 대책에 관한 설명이 아닌 것은?

① 방폭대책에는 예방, 국한, 소화, 피난 대책이 있다.
② 가연성가스의 용기 및 탱크 내부는 제2종 위험 장소이다.
③ 분진처리장치의 호흡작용이 있는 경우에는 자동분진 제거 장치가 필요하다.
④ 내압 방폭구조는 내부폭발에 의한 내용물 손상으로 영향을 미치는 기기에는 부적당하다.

 항상 하한 이상인 용기. 탱크내부는 0종장소이다.

18 안전간격에 대한 설명 중 틀린 것은?

① 안전간격은 방폭전기기기 등의 설계에 중요하다.
② 한계직경은 가는 관 내부를 화염이 진행할 때 도중에 꺼지는 한계의 직경이다.
③ 두 평행판 간의 거리를 화염이 전파하지 않을 때까지 좁혔을 때 그 거리를 소염거리라고 한다.
④ 발화의 제반조건을 갖추었을 때 화염이 최대한으로 전파되는 거리를 화염일주라고 한다.

 화염일주한계 : 표준용기틈새를 통해 화염이 내부에서 외부로 전파되는 것을 방지할 수 있는 최대 틈새

19 다음은 자연발화온도(Autoignition temperature : AIT)에 영향을 주는 요인 중에서 증기의 농도에 관한 사항이다. 가장 올바른 것은?

① 가연성 혼합기체의 AIT는 가연성 가스와 공기의 혼합비가 1 : 1일 때 가장 낮다.
② 가연성 증기에 비하여 산소의 농도가 클수록 AIT는 낮아진다.
③ AIT는 가연성 증기의 농도가 양론 농도보다 약간 높을 때가 가장 낮다.
④ 가연성 가스와 산소의 혼합비가 1 : 1일 때 AIT는 가장 낮다.

 발화온도는 반응이 일어날 수 있는 농도보다 약간 높을 때 점화가 쉽다.

20 연소관리에 있어서 배기가스를 분석하는 가장 큰 목적은?

① 노내압 조절　　② 공기비 계산
③ 연소열량 계산　④ 매연농도 산출

 완전연소 여부를 알 수 있다.

제 2 과목　가스설비

21 냉동설비에 사용되는 냉매가스의 구비조건으로 옳지 않은 것은?

① 안전성이 있어야 한다.
② 증기의 비체적이 커야 한다.
③ 증발열이 커야 한다.
④ 응고점이 낮아야 한다.

증발압력은 적당히 높고 비체적은 적어야 한다.

22 산소 압축기의 윤활제로서 물을 사용하는 주된 이유는?

① 산소는 기름을 분해하므로
② 기름을 사용하면 실린더 내부가 더러워지므로
③ 압축산소에 유기물이 있으면 산화력이 커서 폭발하므로
④ 산소와 기름은 중합하므로

 산소는 석유류, 유지류와 혼합시 폭발한다.

23 다음 중 정특성, 동특성이 양호하며 중압용으로 주로 사용되는 정압기는?

① Fisher식 정압기
② KRF식 정압기
③ Reynolds식 정압기
④ ARF식 정압기

 피셔식 : 로딩형으로 정특성, 동특성이 양호하다.
레이놀드식은 정특성이 우수하고 중·저압용이다.

24 전기방식에 대한 설명으로 틀린 것은?

① 전해질 중 물, 토양, 콘크리트 등에 노출된 금속에 대하여 전류를 이용하여 부식을 제어하는 방식이다.
② 전기방식은 부식 자체를 제거할 수 있는 것이 아니고 음극에서 일어나는 부식을 양극에서 일어나도록 하는 것이다.
③ 방식전류는 양극에서 양극반응에 의하여 전해질로 이온이 누출되어 금속표면으로 이동하게 되고 음극 표면에서는 음극반응에 의하여 전류가 유입되게 된다.
④ 금속에서 부식을 방지하기 위해서는 방식 전류가 부식 전류 이하가 되어야 한다.

 방식전류가 부식전류보다 커야 한다.

25 압축 산소용 용기의 체적이 50L이고 충전압력이 12MPa인 경우 저장능력은 몇 m^3가 되는가?

① 5.50　　② 6.05
③ 8.10　　④ 8.50

 $10 \times 12 \times 0.05 = 6$

26 냉동사이클에 의한 압축냉동기의 작동 순서로서 옳은 것은?

① 증발기→압축기→응축기→팽창밸브
② 팽창밸브→응축기→압축기→증발기
③ 증발기→응축기→압축기→팽창밸브
④ 팽창밸브→압축기→응축기→증발기

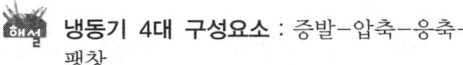 **냉동기 4대 구성요소** : 증발-압축-응축-팽창

27 대용량의 액화가스저장탱크 주위에는 방류둑을 설치하여야 한다. 방류둑의 설치목적으로 옳은 것은?

① 불순분자가 저장탱크에 접근하는 것을 방지하기 위하여
② 액상의 가스가 누출될 경우 그 가스를 쉽게 방류시키기 위하여
③ 빗물이 저장탱크주위로 들어오는 것을 방지하기 위하여
④ 액상의 가스가 누출된 경우 그 가스의 유출을 방지하기 위하여

방류둑 : 액유출방지

28 리듀서(reducer)와 부싱(bushing)을 사용하는 방법으로 옳은 것은?

① 직선배관에서 90° 혹은 45° 방향으로 떠나갈 때의 연결
② 지름이 다른 관을 연결시킬 때
③ 배관의 끝부분을 마무리할 때
④ 주철관을 납으로 연결시킬 수 없는 장소에

 부싱, 레듀샤 : 직경이 다른 관을 연결하는 부품(용접식, 나사식, 소켓식 등)

레듀샤   부싱

29 액화석유 저장탱크를 2개 이상 인접하여 설치하는 경우에는 탱크상호간 최소 유지거리는 얼마인가?

① 30cm 이상   ② 60cm 이상
③ 1m 이상   ④ 2m 이상

 두 직경을 합산한 길이의 1/4 이나 1m 중 큰 거리 유지

30 다음 [보기]의 특징을 가지는 조정기는?

보기
- 일반사용자 등이 LPG를 생활용 이외의 용도에 공급하는 경우에 한하여 사용한다.
- 장치 및 조작이 간단하다.
- 배관이 비교적 굵게 되며 압력조정이 정확하지 않다.

① 1단 감압식 저압조정기
② 2단 감압식 준저압조정기
③ 2단 감압식 1차조정기
④ 자동절체식 조정기

 준저압조정기 : 가정용보다 조정압력이 높은 업소용

31 강철 중에 함유되어 있는 5가지 성분 원소는?

① Sn, Pb, Cd, Ag, Fe
② C, N, S, He, P
③ C, Si, Mn, P, S
④ Cr, Ni, Mo, V, Hg

 강철 : Fe(철)속에 탄소, 규소, 망간, 인, 황 등이 포함되어 있다.

32 압축기의 윤활에 대한 설명으로 옳은 것은?

① 수소 압축기에는 광유가 쓰인다.
② 염소 압축기에는 물이 쓰인다.
③ LP가스 압축기에는 농황산이 쓰인다.
④ 아세틸렌 압축기에는 물이 쓰인다.

양질의 광유 : 공기, 수소, 아세틸렌등의 압축기 윤활유

33 양정 24m, 송출유량 0.56m³/min, 효율 65%인 원심펌프로 물을 이송할 경우의 소요 전력은 약 몇 kW인가?

① 1.4   ② 2.4
③ 3.4   ④ 4.4

$$kW = \frac{\gamma QH}{102 \times \eta} = \frac{1000 \times 0.56 \times 24}{102 \times 60 \times 0.65} = 3.37$$

34 도시가스의 제조시 사용되는 부취제의 주 목적은?

① 냄새가 나게 하는 것
② 발열량을 크게 하기 위한 것
③ 응결되지 않게 하기 위한 것
④ 연소 효율을 높이기 위한 것

부취제 : 저농도에서 냄새식별이 확실할 것

35 산소를 취급할 때 주의사항으로 틀린 것은?

① 액체충전 시에는 불연성 재료를 밑에 깔

것
② 가연성가스 충전용기와 함께 저장하지 말 것
③ 고압가스 설비의 기밀시험용으로 사용하지 말 것
④ 밸브의 나사부분에 그리이스(Grease)를 사용하여 윤활시킬 것

 산소는 석유나 유지류 사용시 폭발의 위험이 있다.

36 비파괴검사 방법 중 표면결함을 주로 시험하는 방법은?

① 방사선투과시험　② 초음파탐상시험
③ 자분탐상시험　　④ 음향탐상시험

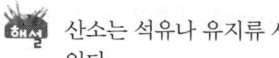 표면검사 : 형광침투법, 자분탐상법, 나머지는 내부결함검사

37 증기압축기 냉동사이클에서 교축과정이 일어나는 곳은?

① 압축기　　　　② 응축기
③ 팽창밸브　　　④ 증발기

 팽창면 = 고압에서 저압으로 감압

38 정압기의 설치에 대한 설명으로 틀린 것은?

① 정압기는 설치 후 2년에 1회 이상 분해 점검을 실시한다.
② 정압기 입구에 가스압력 이상상승 방지장치를 설치한다.
③ 정압기 출구에는 가스의 압력을 측정 · 기록하는 장치를 설치한다.
④ 정압기 입구에는 불순물제거 장치를 설치한다.

 압력상승방지장치는 출구측에 있다.

39 메탄염소화에 의해 염화메탈(CH₃Cl)을 제조할 때 반응 온도는 얼마 정도로 하는가?

① 100℃　　　　② 200℃
③ 300℃　　　　④ 400℃

 $CH_4 + Cl_2 \rightarrow CH_3Cl + HCl$

40 다음 중 LP가스의 성분이 아닌 것은?

① 프로판　　　　② 부탄
③ 메탄올　　　　④ 프로필렌

 LPG : 탄소수가 3~4개인 탄화수소

제 3 과목　가스안전관리

41 냉동설비에는 안전을 확보하기 위하여 액면계를 설치하여야 한다. 가연성 또는 독성가스를 냉매로 사용하는 수액기에 사용할 수 없는 액면계는?

① 환형유리관액면계
② 정전용량식액면계
③ 편위식액면계
④ 회전튜브식액면계

 독성가스 액면계는 환형유리관을 사용해서는 안된다.

42 다음 중 고압가스 제조자가 수리할 수 있는 수리범위에 해당되는 것은?

| 보기 | ① 용기밸브의 부품교체
② 특정설비의 부품교체
③ 냉동기의 부품교체 |

① ①　　　　　　② ①, ②
③ ②, ③　　　　④ ①, ②, ③

43 고압가스안전관리법상 용기를 강으로 제조할 경우 성분의 함유량이 제한되어 있다. 다음 중 제한된 강의 성분이 아닌 것은?
① 탄소 ② 인
③ 황 ④ 마그네슘

해설 취성의 원인이 되는 C.P.S는 제한된다.

44 공기 중에서 수소의 폭발범위(v%)는?
① 3~80% ② 2.5~81%
③ 4.0~75% ④ 12.5~74%

45 다음 중 압력방폭구조의 표시방법은?
① p ② d
③ ia ④ s

해설 d : 내압 s : 특수 p : 압력
ia, ib : 본질안전증방폭구조

46 특정설비의 부품을 교체할 수 없는 수리자격자는?
① 용기제조자 ② 특정설비제조자
③ 고압가스제조자 ④ 검사기관

47 지중 또는 수중에 설치된 양극금속과 매설배관을 전선으로 연결하여 양극금속과 매설배관 사이의 전지작용에 의하여 전기적 부식을 방지하는 방법은?
① 희생양극법 ② 외부전원법
③ 직접배류법 ④ 간접배류법

해설 희생양극법 : Mg 매설

48 도로 및 도시가스배관 직상단에는 배관의 위치, 흐름방향을 표시한 라인마크(Line Mark)를 설치(표시)하여야 한다. 직선 배관인 경우 라인마크의 최소 설치간격은?
① 25m ② 50m
③ 100m ④ 150m

49 독성가스가 누출되었을 경우 이에 대한 제독조치로서 적당하지 않은 것은?
① 물 또는 흡수제에 의하여 흡수 또는 중화하는 조치
② 벤트스택을 통하여 공기 중에 방출시키는 조치
③ 흡착제에 의하여 흡착제거하는 조치
④ 집액구 등으로 고인 액화가스를 펌프 등의 이송설비로 반송하는 조치

해설 독성가스는 그대로 방출해서는 안된다.

50 최고 충전압력이 12MPa인 압축가스 용기의 내압시험 압력은 몇 MPa인가? (단, 아세틸렌 이외의 가스이며, 강제로 제조한 용기이다.)
① 16 ② 18
③ 20 ④ 25

해설 내압 T.P = FP × 5/3   12 × 5/3 = 20

51 고압가스안전관리법의 적용을 받는 고압가스의 종류 및 범위에 대한 설명 중 틀린 것은? (단, 압력은 게이지 압력이다.)
① 섭씨 35도의 온도에서 압력이 0Pa을 초과하는 액화가스 중 액화산화에틸렌가스
② 상용의 온도에서 압력이 1MPa 이상이 되는 압축가스로서 실제로 그 압력이 1MPa 이상이 되는 것 또는 섭씨 35도의 온도에서 압력이 1MPa 이상이 되는 압축가스(아세틸렌 가스 제외)
③ 상용의 온도에서 압력이 0.2MPa 이상이 되는 액화가스로서 실제로 그 압력이

0.2MPa 이상이 되는 것
④ 상용의 온도에서 압력이 0Pa 이상인 아세틸렌가스

 섭씨 15℃에서 0파스칼을 초과하는 아세틸렌가스

52 도시가스 압력조정기의 제품성능에 대한 설명 중 틀린 것은?

① 입구쪽은 압력조정기에 표시된 최대입구압력의 1.5배 이상의 압력으로 내압시험을 하였을 때 이상이 없어야 한다.
② 출구쪽은 압력조정기에 표시된 최대출구압력 및 최대 폐쇄압력의 1.5배 이상의 압력으로 내압시험을 하였을 때 이상이 없어야 한다.
③ 입구쪽은 압력조정기에 표시된 최대입구압력 이상의 압력으로 기밀시험하였을 때 누출이 없어야 한다.
④ 출구쪽은 압력조정기에 표시된 최대출구압력 및 최대 폐쇄압력의 1.5배 이상의 압력으로 기밀시험하였을 때 누출이 없어야 한다.

 출구측 기밀시험압력은 최대압력의 1.1배에서 누출이 없어야 한다.
최대유량 통과시 설정압력의 ± 20% 이내일 것

53 액화석유가스의 안전관리와 관련한 용어의 정의에 대한 설명 중 틀린 것은?

① 저장설비란 액화석유가스를 저장하기 위한 설비로서 저장탱크ㆍ소형저장탱크 및 용기 등을 말한다.
② 저장탱크란 액화석유가스를 저장하기 위하여 지상 또는 지하에 고정 설치된 탱크로서 그 저장능력이 3톤 이상인 탱크를 말한다.
③ 충전설비란 용기 또는 차량에 고정된 탱크에 액화석유가스를 충전하기 위한 설비로서 충전기와 저장탱크에 부속된 펌프ㆍ압축기를 말한다.
④ 충전용기란 액화석유가스의 충전질량의 20% 이상이 충전되어 있는 상태의 용기를 말한다.

충전용기 충전질량이 1/2 이상인 용기

54 저장탱크 설치 방법에서 저장탱크를 지하에 묻는 경우 지면으로부터 저장탱크의 정상부까지의 깊이는 최소 얼마 이상으로 하여야 하는가?

① 20cm ② 40cm
③ 60cm ④ 1m

55 가스홀더에 설치한 가스를 송출 또는 이입하기 위한 배관에는 가스홀더와 배관과의 접속부 부근에 어떤 안전장치를 설치하여야 하는가?

① 액화방지장치 ② 가스차단장치
③ 역류방지밸브 ④ 안전밸브

비상사태시 원격조작으로 차단

56 액화석유가스의 일반적인 특징으로 틀린 것은?

① LP 가스는 공기보다 무겁다.
② 액상의 LP 가스는 물보다 가볍다.
③ 기화하면 체적이 커진다.
④ 증발잠열이 적다.

LPG는 증발잠열이 크다.

57 초저온 저장탱크의 내용적이 20000L 일 때 충전할 수 있는 액체 산소량은 몇 kg인가?
(단, 상용온도에서 액화산소의 비중량은 1.14kg/L이다.)

① 16350 ② 19230
③ 20520 ④ 22800

 $0.9 \times 1.14 \times 20000 = 20520$

58 용기 및 특정설비는 신규검사 또는 재검사에 합격한 제품을 사용하여야 하며 검사에 불합격되면 파기하여야 한다. 다음 중 파기방법에 대한 설명으로 옳은 것은?

① 신규 용기는 절단 등의 방법으로 파기하여 원형으로 재가공하여 사용할 수 있도록 하여야 한다.
② 재검사에 불합격된 용기는 검사원으로 하여금 파기토록 하여야 하며 파기 후에는 파기일시, 사유 장소 등을 검사신청인에게 통지하여야 한다.
③ 재검사에 불합격된 용기는 검사장소에서 반드시 검사원으로 하여금 파기토록 하여야 하며 불가피할 경우 검사원 입회하에 해당 검사기관 직원으로 하여금 파기토록 할 수 있다.
④ 파기된 용기는 검사신청인이 인수시한(통지일로부터 1개월 이내)내에 인수하지 아니하면 검사기관이 임의로 매각 처분할 수 있다.

59 다음 중 역류방지밸브를 설치해야 하는 곳은?

① 가연성가스를 압축하는 압축기와 오토크레이브와의 사이의 배관
② 아세틸렌의 고압건조기와 충전용교체밸브사이의 배관
③ 아세틸렌 충전용 지관
④ 메탄올의 합성탑 및 정제탑과 압축기와의 사이의 배관

 암모니아, 메탄올, 합성탑은 고압이다.

60 에어졸 제조시 금속제 용기의 두께는 얼마 이상이어야 하는가?

① 0.05mm ② 0.1mm
③ 0.125mm ④ 0.2mm

제 4 과목   가스계측기기

61 외란의 영향으로 인하여 제어량이 목표치 50L/min에서 53L/min으로 변하였다면 이때 제어편차는 얼마인가?

① +3L/min ② -3L/min
③ +6.0% ④ -6.0%

 제어편차 = 목표치 - 제어량

62 제어시스템을 구성하는 각 요소가 어떻게 동작하고, 신호는 어떻게 전달되는지를 나타내는 선도는?

① 블록선도 ② 보상선도
③ 공중선도 ④ 직선선도

블록선도 = 검출 - 조절 - 조작

63 유속이 6m/s인 물 속에 피토(Pitot)관을 세울 때 수주의 높이는 약 몇 m인가?

① 0.54 ② 0.92
③ 1.63 ④ 1.83

$h = \dfrac{V^2}{2g} = \dfrac{6^2}{2 \times 9.8} = 1.837$

64 차압식 유량계 중 플로우 노즐식의 일반적인 특징에 대한 설명으로 틀린 것은?

① 압력손실이 오리피스식 보다 크다.
② 슬러지 유체의 측정에 이용된다.

③ 구조가 다소 복잡하다.
④ 고속 및 고압 유체의 측정에도 사용된다.

해설 압력손실이 큰 순서 : 오리피스 > 노즐 > 벤츄리

65 오르자트 가스 분석기에서 가스의 흡수 순서가 맞는 것은?
① $CO → CO_2 → O_2$
② $CO_2 → CO → O_2$
③ $O_2 → CO_2 → CO$
④ $CO_2 → O_2 → CO$

66 주로 기체연료의 발열량을 측정하는 열량계는?
① Richter 열량계   ② Scheel 열량계
③ Junker 열량계   ④ Thomson 열량계

해설 기체 발열량 측정 : 준커식, 헴펠식

67 다음의 제어동작 중 비례, 적분동작을 나타낸 것은?

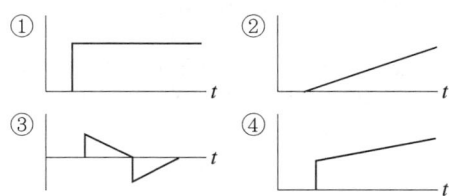

68 방사성 동위원소의 자연붕괴 과정에서 발생하는 베타입자를 이용하여 시료의 양을 측정하는 검출기는?
① ECD   ② FID
③ TCD   ④ TID

해설 E.C.D : 방사선식(전자포획)
F.I.D : 불꽃이온화식
T.C.D : 열전도율식

69 가스미터는 실축식과 추량식이 있다. 다음 중 실축식 가스미터가 아닌 것은?
① Orifice식   ② Roots식
③ 막식   ④ 습식

해설 오리피스는 차압식으로 계산이 필요하다.

70 차압식 유량계 중 벤투리식(Venturi type)에서 교축기구 전후의 관계에 대한 설명으로 옳지 않은 것은?
① 유량은 차압의 평방근에 비례한다.
② 유량은 조리개 비의 제곱에 비례한다.
③ 유량은 관지름의 제곱에 비례한다.
④ 유량은 유량계수에 비례한다.

71 가스미터 중 루트미터의 용량범위를 가장 옳게 나타낸 것은?
① $1.5 ~ 200m^3/h$ ② $0.2 ~ 3000m^3/h$
③ $10 ~ 2000m^3/h$ ④ $100 ~ 5000m^3/h$

해설 루트식 : 소형이며 대용량이다.

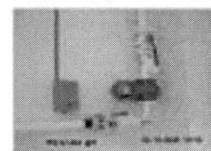

루트식 가스미터

72 가스분석법 중 하나인 게겔(Gockel)법의 흡수액으로 잘못 연결된 것은?
① 아세틸렌 – 옥소수은칼륨용액
② 에틸렌 – 취화수소(HBr)
③ 프로필렌 – 87% KOH 용액
④ 산소 – 알칼리성 피로갈롤 용액

해설 중탄화수소흡수액은 발연황산이 주로 쓰인다.

73 루트미터(Roots Meter)에 대한 설명 중 틀린 것은?
① 유량이 일정하거나 변화가 심한 곳, 깨끗하거나 건조하거나 관계없이 모든 가스 타입을 계량하기에 적합하다.
② 액체 및 아세틸렌, 바이오가스, 침전가스를 계량하는 데에는 다소 부적합하다.
③ 공업용에 사용되고 있는 이 가스미터는 칼만(KARMAN)식과 스월(SWIRL)식의 두 종류가 있다.
④ 측정의 정확도와 예상수명은 가스 흐름 내에 먼지의 과다 퇴적이나 다른 종류의 이물질 출현도에 따라 다르다.

74 다음 [보기]에서 설명하는 열전대 온도계는?

> - 열전대 중 내열성이 가장 우수하다.
> - 측정온도 범위가 0~1600℃ 정도이다.
> - 환원성 분위기에 약하고 금속 증기 등에 침식하기 쉽다.

① 백금-백금 · 로듐 열전대
② 크로멜-알루멜 열전대
③ 철-콘스탄탄 열전대
④ 동-콘스탄탄 열전대

 백금. 로듐식이 가장 고온측정용이다.

75 전자유량계는 다음 중 어떤 법칙을 이용한 것인가?
① 페러데이의 전자유도법칙
② 뉴튼의 점성법칙
③ 스테판-볼쯔만의 법칙
④ 존슨의 법칙

 전자유량계 : 기전력은 유속에 비례한다. (페레테이법칙)

76 초음파 유량계에 대한 설명으로 틀린 것은?
① 압력손실이 거의 없다.
② 압력은 유량에 비례한다.
③ 대구경 관로의 측정이 가능하다.
④ 액체 중 고형물이나 기포가 많이 포함되어 있어도 정도가 좋다.

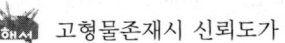 고형물존재시 신뢰도가 높지 않다.

77 도시가스 회사에서는 가스홀더에서 매주 성분분석을 하는데 다음 중 유해성분이 아닌 것은?
① H_2S ② S
③ NH_3 ④ H_2

 유해성분 : 황. 암모니아. 황화수소

78 황화합물과 인화합물에 대하여 선택성이 높은 검출기는?
① 불꽃이온 검출기(FID)
② 열전도도 검출기(TCD)
③ 전자포획 검출기(ECD)
④ 염광광도 검출기(FPD)

 열광도형은 불꽃의 광도를 분광학적으로 추정하는 방법으로 인 또는 황화합물을 선택적으로 검출한다.

79 50L 물이 들어있는 욕조에 온수기를 사용하여 온수를 넣은 결과 17분 후에 욕조의 온도가 42℃, 온수량이 150L가 되었다. 이때 온수기로부터 물에 가한 열량은 약 몇 kcal인가? (단, 가스 발열량 $5000 kcal/m^3$, 온수기의 가스 소비량 $5m^3/h$, 물의 비열 $1kcal/kg℃$, 수도 및 욕조의 최초 온도는 5℃로 한다.)
① 3700 ② 5000
③ 5550 ④ 7083

 $150 \times 1 \times (42-5) = 5550$

80 전기저항식 습도계의 특징에 대한 설명 중 틀린 것은?

① 저온도의 측정이 가능하고, 응답이 빠르다.
② 고습도에 장기간 방치하면 감습막이 유동한다.
③ 연속기록, 원격측정, 자동제어에 주로 이용된다.
④ 온도계수가 비교적 작다.

> 해설 더미스터 사용시 백금선의 10배, 온도계수가 크다.

본 문제는 복원 기출문제입니다. 실제 문제와 다를 수 있으니 양해바랍니다.

제 6 편 과년도 출제문제
2024년 5월 CBT 시행

제 1 과목 연소공학

01 압력이 0.1MPa, 체적이 3m³인 273.15K의 공기가 이상적으로 단열압축되어 그 체적이 1/3으로 되었다. 엔탈피의 변화량은 약 몇 kJ 인가? (단, 공기의 기체상수는 0.287kJ/kg · K, 비열비는 1.4 이다.)

① 480 ② 580
③ 680 ④ 780

 $\triangle h = GC_P(T_2 - T_1)$
$= 3.83 \times 1.0045(423.9 - 273.15)$
$= 579.9 KJ$
$P_1 V_1 = GRT_1$
$G = \dfrac{P_1 V_1}{RT_1} = \dfrac{0.1 \times 10^3 \times 3}{0.287 \times (273.15)} = 3.83$
$T_1 V_1^{K-1} = T_2 V_2^{K-2}$
$T_2 = \left(\dfrac{V_1}{V_2}\right)^{K-1} \times T_1$
$= (3)^{1.4-1} \times (273.15) = 423.9 K$

02 기체가 내부압력 0.05MPa, 체적 2.5m³의 상태에서 압력 1MPa, 체적이 0.3m³의 상태로 변하였을 때 1kg 당 엔탈피 변화량은 약 몇 kJ 인가? (단, 이 과정 중에 내부에너지 변화량은 일정하다.)

① 165 ② 170
③ 175 ④ 180

 $\triangle h = h_2 - h_1 KJ/kg$
$= (u_2 - u_1) + (p_2 v_2 - p_1 v_1)$
$= 0 + (1 \times 10^3 \times 0.3 - 0.05 \times 10^3 \times 2.5)$
$= 175 KJ/kg$

03 기상 폭발 발생을 예방하기 위한 대책으로 옳지 않은 것은?
① 환기에 의해 가연성 기체의 농도 상승을 억제한다.
② 집진장치 등으로 분진 및 분무의 퇴적을 방지한다.
③ 휘발성 액체를 불활성 기체와의 접촉을 피하기 위해 공기로 차단한다.
④ 반응에 의해 가연성 기체의 발생 가능성을 검토하고 반응을 억제하거나 또는 발생한 기체를 일봉한다.

 기상 폭발 발생을 예방하기 위한 대책
① 반응에 의해 가연성 기체의 발생 가능성을 검토하고 반응을 억제하거나 또는 발생한 기체를 밀봉한다.
② 휘발성 액체를 불활성 기체와의 접촉을 피하기 위해 공기로 차단한다.
③ 집진장치 등으로 분진 및 분무의 퇴적을 방지한다.
④ 환기에 의해 가연성 기체의 농도 상승을 억제한다.

04 연소폭발을 방지하기 위한 방법이 아닌 것은?
① 가연성물질의 제거
② 조연성물질의 혼입차단
③ 발화원의 소거 또는 억제
④ 불활성 가스 제거

연소폭발을 방지하기 위한 방법
① 불활성 가스를 제거하지 않는다.
② 발화원의 소거 또는 억제
③ 조연성물질의 혼입차단
④ 가연성물질의 제거

1.② 2.③ 3.③ 4.④

05 프로판 30% 및 부탄 70%의 혼합가스 $1l$가 완전연소하는데 필요한 이론 공기량은 약 몇 l 인가? (단, 공기 중 산소농도는 20%로 한다.)

① 10 ② 20
③ 30 ④ 40

$C_3H_8 + 5O_2 \rightarrow 3CO_2 + 4H_2O$
$5 \times 0.3 = 1.5$
$C_4H_{10} + 6.5O_2 \rightarrow 4CO_2 + 5H_2O$
$6.5 \times 0.7 = 4.55$
$A_o = \dfrac{1.5 + 4.55}{0.2} = 30.25\,l$

06 자연현상을 판영해주고, 열이동의 방향성을 제시해주는 열역학 법칙은?

① 제0법칙 ② 제1법칙
③ 제2법칙 ④ 제3법칙

 열역학 법칙
① 열역학 제0법칙(열평형의 법칙, 온도를 정의)
② 열역학 제1법칙(에너지 보존의 법칙) : 일은 열로 변화 시킬 수 있고 열은 일로 변환 시킬 수 있다.
③ 열역학 제2법칙(엔트로피의 법칙)
  ㉠ 자연현상을 판명해주고 열 이동의 방향성을 제시
  ㉡ 일은 열로 변환 시킬 수 있으나 열은 일로 변환 시킬 수 없다.
④ 열역학 제3법칙 : 어떤 경우라도 절대온도 $0°K(-273°C)$에 도달할 수 없다는 법칙

07 비중(60/60°F)이 0.95인 액체연료의 API 도는?

① 15.45 ② 16.45
③ 17.45 ④ 18.45

 API도 $= \dfrac{141.5}{비중} - 131.5$
$= \dfrac{141.5}{0.95} - 131.5 = 17.447$

08 밀폐된 용기 내에 1atm, 27℃ 프로판과 산소가 부피비로 1 : 5의 비율로 혼합되어 있다. 프로판이 다음과 같이 완전 연소하여 화염의 온도가 1,000℃가 되었다면 용기내에 발생하는 압력은 얼마가 되겠는가?

 $C_3H_6 + 5O_2 \rightarrow 3CO_2 + 4H_2O$

① 1.95atm ② 2.95atm
③ 3.95atm ④ 4.95atm

$P_1V_1 = n_1R_1T_1$
$P_2V_2 = n_2R_2T_2$
$\therefore P_2 = \dfrac{P_1 \times n_2 \times T_2}{n_1 \times T_1}$
$= \dfrac{1 \times 7 \times (273 + 1,000)}{6 \times (273 + 27)} = 4.95$

09 정상운전 중에 가연성가스의 점화원이 될 전기불꽃, 아크등의 발생을 방지하기 위하여 기계적, 전기적 구조상 또는 온도상승에 대해서 안전도를 증가시킨 방폭구조는?

① 내압방폭구조 ② 압력방폭구조
③ 안전증방폭구조 ④ 본질안전방폭구조

 방폭구조
① 안전증방폭구조(e) : 정상운전 중에 가연성가스의 점화원이 될 전기불꽃 아크 등의 발생을 방지하기 위하여 기계적, 전기적 구조상 또는 온도상승에 대해 안전도를 증가시킨 구조.
② 유입방폭구조(o) : 용기내부에 기름을 주입하여 불꽃, 아크 또는 고온발생부분이 기름 속에 잠기게 함으로서 기름 면 위에 존재하는 가연성가스에 인화되지 않도록 한 구조
③ 내압방폭구조(d) : 용기내부에서 가연성가스의 폭발이 발생할 경우 그 용기가 폭발압력에 견디고 접합면 개구부 등을 통하여 외부의 가연성가스에 인화되지 않도록 한 구조

④ 압력방폭구조(p) : 용기내부에 보호가스를 압입하여 내부압력을 유지함으로서 가연성가스가 용기내부로 유입되지 않도록 한 구조

10 고체연료의 착화에 대한 설명으로 옳은 것은?
① 고체연료의 착화에서 노벽온도가 높을수록 착화지연시간은 짧아진다.
② 고체연료의 착화에서 노벽온도가 낮을수록 착화지연시간은 짧아진다.
③ 고체연료의 착화에서 노벽온도가 높을수록 착화지연시간은 일정하다.
④ 고체연료의 착화에서 노벽온도와 착화지연 시간은 무관하다.

11 다음 중 보일-샤를의 법칙을 바르게 표시한 것은?
① $PV = C$(일정) ② $\dfrac{T}{PV} = C$(일정)
③ $\dfrac{PV}{T} = C$(일정) ④ $\dfrac{TV}{P} = C$(일정)

 보일-샬의 법칙
$$\dfrac{P_1V_1}{T_1} = \dfrac{P_2V_2}{T_2}$$
$$\therefore V_2 = \dfrac{P_1 \times V_1 \times T_2}{P_2 \times T_1}$$
∴ 기체의 체적은 압력에 반비례하고 절대온도에 비례한다.
$$\therefore \dfrac{PV}{T} = C \text{ (일정)}$$

12 100℃의 수증기 1kg이 100℃의 물로 응결될 때 수증기 엔트로피 변화량은 몇 kJ/K 인가? (단, 물의 증발잠열은 2,256.7kJ/kg 이다.)
① -4.87 ② -6.05
③ -7.24 ④ -8.67

 $\triangle S = \dfrac{\triangle Q}{T} = \dfrac{539.10}{(273+100)}$
$= 1.4453 \, \text{kcal}/°\text{k}$
100℃물→100℃증기
$Q = G \times r = 1 \times 539.10$
∴ $1.4453 \text{kcal}/°\text{k} \times 4.186 \text{KJ/kcal}$
$= 6.05 \text{KJ}/°\text{k}$
∴ 응결이기 때문에 ⊖부호

13 잠재적인 사고결과를 평가하는 정량적 안전성평가 기법은?
① 위험과 운전분석 ② 이상위험도분석
③ 결함수분석 ④ 사건수분석

 정량적 기법
① 결함수 분석법 ② 사건수 분석법
③ 원인결과 분석법

14 $CH_4(g) + 2O_2(g) \rightleftharpoons CO_2(g) + 2H_2O(l)$의 반응열은 약 몇 kcal 인가?

보기
$CH_4(g)$의 생성열 : -17.9kcal/g-mol
$H_2O(l)$의 생성열 : -68.4kcal/g-mol
$CO_2(g)$의 생성열 : -94kcal/g-mol

① -144.5 ② -180.3
③ -212.9 ④ -248.7

 $(-94.1 + -2 \times 68.4) - (-17.9)$
$= -213$

15 폭굉(detonation)에 대한 설명으로 옳은 것은?
① 폭속은 정상연소속도의 10배 정도이다.
② 폭굉범위는 폭발(연소)범위보다 넓다.
③ 가스 중의 연소전파속도가 음속이하로서, 파면선단에 충격파가 발생한다.
④ 폭굉의 상한계 값은 폭발(연소)의 상한계 값보다 작다.

폭굉 : 가스 중의 화염의 전파속도가 음속보다 빠른 경우의 폭발로서 파면선단에 충격파라고 하는 압력파가 생겨 격렬한 파괴 작용을 일으키는 현상

16 액체 시안화수소를 장기간 저장치 못하게 하는 이유는?

① 산화폭발하기 때문에
② 중합폭발하기 때문에
③ 분해폭발하기 때문에
④ 고결되어 장치를 막기 때문에

 시안화수소
① 중합폭발을 한다.
 (HCN, C₂H₄O, CH₂Cl)
② 무색이고 복숭아 냄새가 나는 기체로서 독성이 강하다. (10PPM 이하)
③ 오래된 시안화수소는 급격한 중합에 의해 폭발의 위험이 있으므로 충전 후 60일을 넘지 않도록 한다.
④ 시안화수소의 안정제로는 오산화인, 염화칼슘, 인산, 아황산가스, 동망, 황산

17 연소에서 사용되는 용어와 그 내용에 대하여 가장 바르게 연결된 것은?

① 폭발-정상연소
② 착화점-점화 시 최대에너지
③ 연소범위-위험도의 계산기준
④ 자연발화-불씨에 의한 최고 연소시작 온도

연소에서 사용되는 용어
① 폭발-비정상연소
② 착화점-점화시 최소에너지
③ 연소범위-위험도의 계산기준
④ 자연발화-불씨에 의한 최소 연소시작 온도

18 가연성 가스의 연소에서 산소의 농도가 증가할수록 일어나는 현상으로 옳은 것은?

① 연소속도가 늦어진다.
② 발화온도가 낮아진다.
③ 화염온도가 낮아진다.
④ 폭발범위가 넓어진다.

 연소에서 산소의 농도가 일어날수록 일어나는 현상
① 연소속도가 빨라진다.
② 폭발범위가 넓어진다.
③ 발화온도가 높아진다.
④ 화염온도가 높아진다.

19 난조가 있는 예혼합기 속을 전파하는 난류 예혼합화염은 층류 예혼합화염과 다르다. 이에 대한 설명으로 옳은 것은?

① 화염의 배후에 미연소분이 존재하지 않는다.
② 층류 예혼합화염에 비하여 화염의 휘도가 높다.
③ 난류 예혼합화염의 구조는 교란없이 연소되는 분젠화염 형태이다.
④ 연소속도는 층류 예혼합화염의 연소속도와 같은 수준이고 화염의 휘도가 낮은 편이다.

난류 예혼합화염
① 화염의 배후에 미연소분이 존재한다.
② 층류 예혼합화염에 비하여 화염의 휘도가 높다.
③ 연소속도는 층류 예혼합화염의 연소속도와 같은 수준이고 화염의 휘도가 높다.

20 폭굉유도거리(DID)에 대한 설명으로 옳은 것은?

① 관경이 클수록 짧아진다.
② 압력이 높을수록 길어진다.
③ 점화원의 에너지가 높을수록 짧아진다.
④ 폭굉유도거리라 함은 폐쇄단에서 최후 폭발파가 형성되는 위치까지의 거리이다.

제2과목 가스설비

21 공기액화사이클 중 비등점이 점차 낮은 냉매를 사용하여 낮은 비등점의 기체를 액화시키는 액화사이클을 무엇이라 하는가?

① 캐피자 액화사이클
② 다원 액화사이클
③ 린데식 액화사이클
④ 클라우드 액화사이클

해설 공기액화사이클
① 다원 액화사이클 : 비등점이 점차 낮은 냉매를 사용하여 낮은 비등점의 기체를 액화시키는 사이클
② 필립스 공기액화사이클 : 수소나 헬륨을 냉매로한 효율적인 냉동방식
③ 카피쟈의 공기액화사이클 : 공기의 압축압력은 7atm 정도 낮으며 열교환에 축냉기를 사용하여 원료공기를 냉각시킴과 동시에 원료공기중의 수분과 탄산가스를 제거하고 팽창기는 피스톤식 대신에 터빈식 팽창기 사용
④ 클라우드 공기액화사이클 : 압축기에서 압축된 가스가 열교환기로 들어가 팽창기에서 일을 하면서 단열팽창하여 가스를 액화시키는 사이클

22 다음 중 흡수식냉동기의 기본사이클에 해당하지 않는 것은?

① 흡수   ② 압축
③ 응축   ④ 증발

해설 흡수식냉동기의 4대 사이클
흡수기→재생기→응축기→증발기

23 배관 이용 방법 중 배관의 직경이 서로 다른 관을 이을 때 사용하는 부품은?

① 캡   ② 리듀서
③ 유니온   ④ 플러그

해설 직경이 서로 다른 배관 이음
① 이경티   ② 이경엘보   ③ 리듀서

24 다음 중 원심펌프의 양수 원리를 가장 바르게 설명한 것은?

① 익형 날개차의 양력을 이용한다.
② 익형 날개차의 양력과 원심력을 이용한다.
③ 회전차의 원심력을 압력에너지로 변환한다.
④ 회전차의 케이싱과 회전차 사이의 마찰력을 이용한다.

해설 원심펌프의 양수 관리
회전차의 원심력을 압력에너지로 변환한다.

25 바깥지름과 안지름의 비가 1.2 이상인 산소가스 배관의 두께를 구하는 식은 다음과 같다. 여기에서 C는 무엇을 뜻하는가? (단, t는 관두께, D는 안지름, s는 안전율, P는 상용압력, f는 재료의 인장강도 규격최소치이다.)

[보기]
$$t = \frac{D}{2}\left(\sqrt{\frac{\frac{f}{s}+P}{\frac{f}{s}-P}} - 1\right) + C$$

① 부식여유수치   ② 인장강도
③ 이음매의 효율   ④ 안전여유수치

26 용접결함의 종류 중 언더필(underfill)을 설명한 것은?

① 용접시 양 모재의 단면이 불일치되어 굽어진 상태
② 용착부족으로 용접부 표면이 주위모재의 표면보다 낮은 현상
③ 용접금속이 루트부분까지 도달하지 못했기 때문에 모재와 모재사이에 발생한 결함

④ 과잉용접으로 용접금속이 국부적으로 홈의 반대면으로 흘러 떨어진 것

해설 언더필(underfill) : 용착부족으로 용접부 표면이 주의모재의 표면보다 낮은 현상

27 펌프의 전효율 η를 구하는 식으로 옳은 것은? (단, η_v는 체적효율, η_m은 기계효율 η_h는 수력효율이다.)

① $\eta = \dfrac{\eta_m + \eta_h}{\eta_v}$

② $\eta = \eta_v \cdot \eta_m \cdot \eta_h$

③ $\eta = \eta_v + \eta_h + \eta_m$

④ $\eta = \dfrac{\eta_m \cdot \eta_h}{\eta_v}$

해설 전효율 = 체적효율 × 기계효율 × 수력효율

28 도시가스의 연소속도(Cp)를 구하는 식은? (단, K는 도시가스 중 산소함유율에 따라 정하는 정수, H_2는 가스 중의 수소의 함유율(v%), CO는 가스 중의 CO 함유율(v%), $CmHn$은 가스 중의 CH_4를 제외한 탄화수소 함유율(v%), CH_4은 가스 중의 CH_4 함유율(v%), d는 가스 비중이다.)

① $Cp = K \cdot \dfrac{1.0H_2 + 0.6(CO + CmHn) + 0.3CH_4}{\sqrt{d}}$

② $Cp = K \cdot \dfrac{1.0CH_4 + 0.6(CO) + CmHn + 0.3H_2}{\sqrt{d}}$

③ $Cp = K \cdot \dfrac{1.0CH_4 + 0.3(CO) + CmHn + 0.6H_2}{\sqrt{d}}$

④ $Cp = K \cdot \dfrac{1.0CO + 0.3CH_4 + (CmHn) + 0.6H_2}{\sqrt{d}}$

해설 도시가스의 연소속도

$Cp = K \cdot \dfrac{0.3CH_4 + 0.6(CO + CmHn) + 1.0H_2}{\sqrt{d}}$

K : 도시가스 중 산소함유율에 따라 정하는 정수

H_2 : 가스 중의 수소의 함유율
CO : 가스 중의 CO 함유율
$CmHn$: 가스 중의 CH_4를 제외한 탄화수소 함유율
CH_4 : 가스 중의 메탄의 함유율
d : 가스 비중

29 다음 [그림]은 압력조정기의 기본 구조이다. 옳은 것으로 만 나열된 것은?

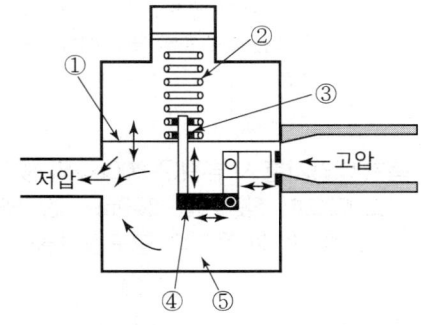

① ① 다이아프램, ② 안전장치용 스프링
② ② 안전장치용 스피링, ③ 압력조정용 스프링
③ ③ 압력조정용 스프링, ④ 레버
④ ④ 레버, ⑤ 감압식

해설 조정기 구조

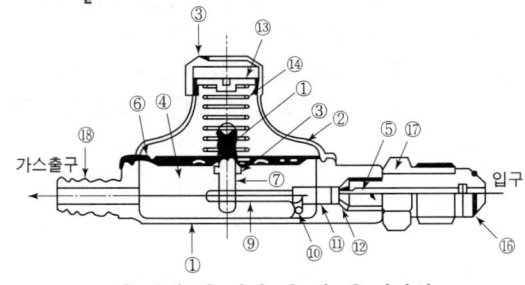

① 본체 ② 커버 ③ 캡 ④ 감압실
⑤ 가스입구(고압부) 노즐 ⑥ 격막(다이어프램)
⑦ 롯드 ⑧ 안전밸브 ⑨ 레버 ⑩ 지점 ⑪ 밸브봉
⑫ 밸브 ⑬ 조정나사 ⑭ 스프링(압력조정용)
⑮ 스프링 안전장치(압력조정용)
⑯ 링 ⑰ 접속 금구
⑱ 고무관 연결구 또는 접속상자(가스출구)

[조정기의 구조와 명칭]

27.② 28.① 29.④

30 다음 중 왕복통식(용접용 펌프)에 해당하지 않는 것은?
① 플런저 펌프 ② 다이어프램 펌프
③ 피스톤 펌프 ④ 제트 펌프

 왕복식 펌프
① 피스톤 펌프 : 비교적 용량이 크고 압력이 낮은 경우
② 플런저 펌프 : 비교적 용량이 적고 높은 경우에 사용
③ 다이어프램 펌프 : 진흙이나 모래가 많은 물 또는 특수용액 등을 이송하는데 주로 사용

31 용기 내압시험 시 뷰렛은 300ml의 용적을 가지고 있으며 전증가는 200ml, 항구증가는 15ml 일 때 이 용기의 항구증가율은?
① 5%   ② 6%
③ 7.5% ④ 8.5%

 항구증가율 = $\dfrac{\text{항구증가량}}{\text{전증가량}} \times 100$
$= \dfrac{15}{200} \times 100 = 7.5\%$

32 20층인 아파트에서 1층의 가스 압력이 1.8kPa 일 때, 20층에서의 압력은 약 몇 kPa 인가? (단, 20층까지의 고저차는 60m, 가스의 비중은 0.65, 공기의 비중량은 1.3kg/m³ 이다.)
① 1 ② 2
③ 3 ④ 4

 $H = 1.293(1-s)h = 1.293(1-0.65) \times 60$
$= 27.15 \text{mmH}_2\text{O}$
∴ $101.325\text{kPa} = 10,332\text{mmH}_2\text{O}$
$x = 27.15\text{mmH}_2\text{O}$
$x = \dfrac{101.325\text{kPa} \times 27.15\text{mmH}_2\text{O}}{10,332\text{mmH}_2\text{O}}$
$= 0.266\text{kPa}$
∴ $(1.8 + 0.266) = 2.066\text{kPa}$

33 액화산소탱크 4,000*l*에 충전할 수 있는 질량은 몇 kg 인가? (단, 상용의 온도에서 액화가스의 비중은 1.14 이다.)
① 4,104 ② 4,154
③ 5,104 ④ 5,154

 $W(\text{kg}) = 0.9dV_2 = 0.9 \times 1.14 \times 4,000l$
$= 4,104\text{kg}$

34 가스배관의 부식방지조치로서 피복에 의한 방식법이 아닌 것은?
① 아연도금 ② 도장
③ 도복장   ④ 희생양극법

 가스배관의 부식방지조치 중 피복에 의한 방식법
① 도장 ② 도복장 ③ 아연도금

35 로딩(loading)형으로 정특성, 동특성이 양호한 정압기는?
① Fisher식   ② Axial flow식
③ Reynoids식 ④ KRF식

 피셔식정압기 : 로딩형으로 정특성, 동특성이 양호한 정압기

36 가스의 성질에 대한 설명으로 옳은 것은?
① 질소는 상온에서 대단히 안정된 불연성가스로서 고온 · 고압에서도 금속과 화합하지 않는다.
② 염소는 반응성이 강한 가스이며 강에 대해서 상온의 건조 상태에서도 현저한 부식성이 있다.
③ 암모니아는 산이나 할로겐과도 잘 화합한다.
④ 산소는 액체 공기를 분류하여 제조하는 반응성이 강한 가스이며, 그 자신도 연소된다.

가스 성질
① 질소는 고온, 고압에서 금속과 화합한다.
② 염소는 상온 건조한 상태에서는 부식성이 없다.
③ 암모니아는 산이나 할로겐과도 잘 화합한다.
④ 산소는 조연성가스이기 때문에 그 자신은 연소하지 못한다.

37 용기 충전구에 "V"홈의 의미는?
① 왼나사를 나타낸다.
② 위험한 가스를 나타낸다.
③ 가연성가스를 나타낸다.
④ 독성가스를 나타낸다.

38 시간당 50,000kcal의 열을 흡수하는 냉동기의 용량은 몇 냉동톤에 해당하는가?
① 6.01 ② 15.06
③ 63.40 ④ 633.71

 1RT = 3,320kcal/h
x = 50,000kcal/h
$x = \dfrac{1RT \times 50,000\text{kcal/h}}{3,320\text{kcal/h}} = 15.06RT$

39 자연기화와 비교한 강제기화기 사용 시 특징에 대한 설명 중 틀린 것은?
① LPG 종류에 관계없이 한냉시에도 충분히 기화된다.
② 공급가스의 조성이 일정하다.
③ 기화량을 가감할 수 있다.
④ 설비장소가 커지고 설비비는 많이 든다.

 강제기화기 사용 시 특징
① 한랭시에도 충분한 가스를 연속적으로 사용할 수 있다.
② 공급가스의 조성이 일정하다.
③ 기화량 가감이 용이하다.
④ 설치면적이 적다.

40 전기방식법 중 외부전원법에 대한 설명으로 거리가 먼 것은?
① 간섭의 우려가 있다.
② 설비비가 비교적 고가이다.
③ 방식전류의 양을 조절할 수 있다.
④ 방식 효과 범위가 좁다.

 외부전원법의 특징
① 방식 효과 범위가 넓다.
② 방식전류의 양을 조절할 수 있다.
③ 설비비가 비교적 고가이다.
④ 간섭의 우려가 있다.

41 고압가스 충전용기의 운반기준 중 동일차량에 적재운반이 가능한 것은?
① 수소와 산소 ② 염소와 수소
③ 아세틸렌과 염소 ④ 암모니아와 염소

 동일차량에 적재운반 금지
① 염소와 수소
② 염소와 암모니아
③ 염소와 아세틸렌

42 아세틸렌의 충전 시 기준을 옳지 않은 것은?
① 습식아세틸렌발생기 표면은 40℃ 이하의 온도를 유지해야 한다.
② 용기 충전 중의 압력은 2.5MPa 이하로 하고, 충전 후에는 정치하여야 한다.
③ 압축 시 희석제는 질소, 메탄, 일산화탄소 등이 사용된다.
④ 용기에 충전하는 다공물질의 다공도는 75% 이상 92% 미만이어야 한다.

 아세틸렌 충전 시 기준
① 습식아세틸렌발생기 표면온도는 70℃ 이하의 온도 유지

② 용기에 충전하는 다공물질의 다공도는 75% 이상 92% 미만
③ 압축 시 희석제는 메탄, 일산화탄소, 에틸렌, 질소 등이 사용
④ 용기 충전 중의 압력은 2.5MPa 이하로 하고, 충전 후에는 정치

43 가연성가스 누출경보기 중 반도체식 경보기의 검지부는 어떤 원리를 이용한 것인가?

① 검지부 표면에 가스가 접촉하면 금속 산화물의 전기 전도도가 변화하는 원리
② 백금선이 온도상승을 일으켜 전기 저항이 변화하는 원리
③ 검지부 전류가 변화하는 원리
④ 검지부 전압이 변화하는 원리

　반도체식 경보기의 검지부 원리
　검지부 표면에 가스가 접촉하면 금속 산화물 전기 전도도가 변화하는 원리

44 다음 중 특정고압가스에 해당하는 것만으로 나열된 것은?

① 수소, 아세틸렌, 염화수소, 천연가스, 액화석유가스
② 수소, 산소, 액화석유가스, 포스핀, 디보레인
③ 수소, 염화수소, 천연가스, 액화석유가스, 포스핀
④ 수소, 산소, 아세틸렌, 천연가스, 포스핀

　특정고압가스
　① 산소　　　　② 수소
　③ 아세틸렌　　④ 천연가스
　⑤ 포스핀　　　⑥ 압축모노실란
　⑦ 압축디보레인　⑧ 액화알진
　⑨ 셀렌화수소　⑩ 디실란
　⑪ 게르만　　　⑫ 오불화비소
　⑬ 오불화인　　⑭ 삼불화인
   ⑮ 삼불화질소　⑯ 삼불화붕소
　⑰ 사불화유황　⑱ 사불화규소

45 내용적 20,000*l*의 저장탱크에 비중량이 0.8kg/*l*인 액화가스를 충전할 수 있는 양은?

① 13.6톤　　② 14.4톤
③ 16.5톤　　④ 17.7톤

　$W = 0.9dV_2 = 0.9 \times 0.8 \times 20,000$
　　$= 14,400\text{kg} = 14.4\text{Ton}$

46 도시가스 배관의 굴착으로 20m 이상 노출된 배관에 대하여 누출된 가스가 체류하기 쉬운 장소에 OH 몇 m 마다 가스 누출경보기를 설치하여야 하는가?

① 5m　　　② 10m
③ 15m　　④ 20m

　가스 누출경보기 : 20m마다 설치

47 공업용 가스용기와 도색의 구분이 바르게 연결된 것은?

① 액화석유가스-갈색
② 수소용기-백색
③ 아세틸렌용기-황색
④ 액화암모니아용기-회색

　공업 용기 도색
　청탄산 산녹에서 황아체 안주삼아 수주잔
　　①　②　　　③　　　　　④
　높이 들고 백암산 바라보니 염소는 갈색으로
　　　　　　④　　　　　⑤
　보이고 쥐들은 기타를 치더라.
　　　　　⑥　　⑦
　① 탄산가스 : 청색　② 산소 : 녹색
　③ 아세틸렌 : 황색　④ 수소 : 주황
　⑤ 암모니아 : 백색　⑥ 염소 : 갈색
　⑦ 기타 : 쥐색(회색)

48 액화석유가스 저장설비 및 가스설비는 그 외면으로부터 화기를 취급하는 장소까지 몇 m 이상의 우회거리를 두어야 하는가?

① 2　　　　② 3

③ 8　　　　　　　④ 10

 액화석유가스 저장설비 및 가스설비는 그 외면으로부터 화기를 취급하는 장소까지 8m 이상의 우회거리 유지

49 방폭전기기기의 선정기준에서 슬립링, 정류자는 어떤 방폭구조로 하여야 하는가?
① 유입방폭구조
② 내압방폭구조
③ 안전증방폭구조
④ 본질안전방폭구조

50 고압가스 충전용기를 취급하거나 보관하는 때의 기준으로 틀린 것은?
① 충전용기는 항상 40℃ 이하로 유지할 것
② 정전에 대비하여 비상초와 성냥을 비치할 것
③ 용기 보관장소에는 작업에 필요한 물건 외에는 두지 않을 것
④ 충전용기와 잔가스용기는 구분하여 보관할 것

 고압가스 충전용기 보관 기준
① 충전용기와 잔가스 용기는 각각 구분하여 용기보관 장소에 놓는다.
② 용기보관 장소 2m이내에는 화기 또는 인화성 물질이나 발화성물질을 두지 아니한다.
③ 충전 용기는 항상 40℃ 이하를 유지하고, 직사광선을 받지 않도록 할 것
④ 용기보관 장소에는 작업에 필요한 물건 외에는 두지 말 것
⑤ 가연성가스 용기보관 장소에는 방폭형휴대용 손전등 외의 등화를 휴대하고 들어가지 아니한다.

51 특수가스의 하나인 실란(SiH₄)의 주요 위험성은?
① 공기 중에 누출되면 자연발화한다.
② 태양광에 의해 쉽게 분해된다.
③ 분해 시 독성물질을 생성한다.
④ 상온에서 쉽게 분해된다.

 실란(SiH₄)의 위험성 : 공기 중에서 누출시 자연발화 한다.

52 2개 이상의 탱크를 동일한 차량에 고정하여 운반하는 경우의 기준에 대한 설명 중 틀린 것은?
① 탱크마다는 보조밸브를 설치하고 메인탱크에는 주밸브를 설치할 것
② 탱크상호간 또는 탱크와 차량과 견고하게 부착할 것
③ 충전관에는 긴급탈압밸브를 설치할 것
④ 충전관에는 안전밸브, 압력계를 설치할 것

 2개 이상의 탱크를 동일한 차량에 고정 운반하는 경우의 기준
① 탱크마다 주밸브를 설치할 것
② 탱크상호간 또는 탱크와 차량과 견고하게 부착할 것
③ 충전관에는 안전밸브, 압력계, 긴급 탈압밸브 설치

53 도시가스용 PE배관의 매몰설치 시 배관의 굴곡허용 반경은 외경의 몇 배 이상으로 하여야 하는가?
① 10　　　　　　　② 20
③ 50　　　　　　　④ 200

도시가스용 PE배관의 매몰설치 배관의 굴곡허용 반경은 외경의 20배

54 용기를 제조할 경우의 기준에 대한 설명 중 틀린 것은?
① 초저온용기는 오스테나이트계 스테인리스강 또는 알루미늄합금으로 제조한다.
② 내식성이 없는 용기에는 부식방지도장을 한다.
③ 액화석유가스용 강제용기의 스커드 형상은 용기의 길이방향에 대한 수평단면을 원

형으로 하고 하단에는 외축으로 굴곡부를 만들도록 한다.
④ 용기에는 부착된 부속품을 보호하기 위하여 프로텍터를 부착한다.

55 산화에틸렌의 제독제로 적당한 것은?
① 물 ② 가성소다 수용액
③ 탄산소다 수용액 ④ 소석회

 제독제
① 염소 : 소석회, 가성소다, 탄산소다
② 황화수소 : 가성소다, 탄산소다
③ 포스겐 : 가성소다, 소석회
④ 시안화수소 : 가성소다
⑤ 아황산가스 : 물, 가성소다, 탄산소다
⑥ 암모니아, 산화에틸렌, 염화메탄 : 다량의 물

56 액체가스를 차량에 고정된 탱크에 의해 250km의 거리까지 운반하려고 한다. 운반책임자가 동승하여 감독 및 지원을 할 필요가 없는 경우는?
① 에틸렌 : 3,000kg
② 이산화질소 : 3,000kg
③ 암모니아 : 1,000kg
④ 산소 : 6,000kg

 운반책임자 동승 기준

성 질	압축가스	액화가스
독 성	100m³ 이상	1Ton 이상
가연성	300m³ 이상	3Ton 이상
조연성	600m³ 이상	6Ton 이상

57 다음 가스 중 불연성 가스가 아닌 것은?
① 아르곤 ② 탄산가스
③ 질소 ④ 일산화탄소

 불연성 가스
① 탄산가스 ② 질소

③ 아르곤 ④ 헬륨
⑤ 네온 ⑥ 크립톤
⑦ 크세논 ⑧ 라돈

58 액화석유가스집단공급시설에서 지상에 설치하는 저장탱크의 내열구조에 대한 설명 중 틀린 것은?
① 가스설비실 및 자동차에 고정된 탱크의 이입, 충전장소에는 외면으로부터 5m 이상 떨어진 위치에서 조작할 수 있는 냉각장치를 설치한다.
② 살수장치는 저장탱크 표면적 1m²당 2l/min 이상의 비율로 계산된 수량을 저장탱크 전 표면에 분무할 수 있는 고정된 장치로 한다.
③ 소화전의 설치위치는 해당 저장탱크의 외면으로부터 40m 이내이고, 소화전의 방수방향은 저장탱크를 향하여 어느 방향에서도 방수할 수 있어야 한다.
④ 소화전은 동시에 방사를 필요로 하는 최대수량을 30분 이상 연속하여 방사할 수 있는 양을 갖는 수원에 접속되도록 한다.

 살수 장치
물분무량 :
① 내화구조 1m² 5l/min
② 준내화구조 1m² 2.5l/min

59 표준상태에서 2,000l의 체적을 갖는 부탄의 질량은?
① 4,000g ② 4,579g
③ 5,179g ④ 5,500g

58g = 22.4l
x = 2,000l
$x = \dfrac{58g \times 2,000l}{22.4l} = 5,178.57g$

60 액화석유가스집단공급시설의 점검기준에 대한 내용으로 옳은 것은?

① 충전용주관의 압력계는 매분기 1회 이상 국가표준기본법에 따른 교정을 받은 압력계로 그 기능을 검사한다.
② 안전밸브는 매월 1회 이상 설정되는 압력 이하의 압력에서 작동하도록 조정한다.
③ 물분무장치, 살수장치와 소화전은 매월 1회 이상 작동상황을 점검한다.
④ 집단공급시설 중 충전설비의 경우에는 매월 1회 이상 작동상황을 점검한다.

 점검기준 : 물분무장치, 살수장치와 소화전은 매월 1회 이상 작동상황 점검

제 4 과목   가스계측기기

61 가연성 가스검출기의 종류가 아닌 것은?
① 안전등형   ② 간섭계형
③ 광조사형   ④ 열선형

 가연성가스 검출기
① 안전등형 : 주로 탄광내에서 메탄의 농도를 측정시 사용
② 간섭계형 : 가연성가스의 굴절율차이를 이용 농도 측정
③ 열선형

62 전기저항식 온도계에서 측정저항제로 사용되지 않는 것은?
① Ni   ② Pt
③ Cu   ④ Fe

전기저항 온도계에서 측정저항체
① 백금   ② 니켈   ③ 구리

63 Roots 가스미터의 장점으로 옳지 않은 것은?
① 대유량의 가스 측정에 적합하다.
② 중압가스의 계량이 가능하다.
③ 설치 면적이 작다.
④ strainer의 설치 및 유지 관리가 필요하지 않다.

 루트가스미터의 특징
① 대유량 가스 측정
② 중압가스 계량 가능
③ 설치 면적이 적다.
④ 소유량에서는 부동의 우려가 있다.
⑤ 스트레이너 설치 후 유지 관리 필요

64 1차 제어장치가 제어량을 측정하여 제어명령을 하고, 2차 제어장치가 이 명령을 바탕으로 제어량을 조절하는 측정제어로서 옳은 것은?
① program 제어   ② 비례제어
③ 캐스케이드제어   ④ 정치제어

 제어
① 캐스케이드제어 : 1차 제어장치가 제어량을 측정하여 제어 명령을 하고 2차 제어장치가 이 명령을 바탕으로 제어량 조절
② 시컨스제어 : 미리 정해진 순서에 따라서 단계별로 진행시키는 제어
③ 피드백제어 : 출력측의 신호를 입력측으로 되돌려 정정 동작을 행하는 제어
④ 프로그램제어 : 미리 정해진 프로그램에 따라 시간적으로 목표 값이 변화하는 경우 추치 제어

65 가스미터 설치 시 입상배관을 금지하는 가장 큰 이유는?
① 겨울철 수분 응축에 따른 밸브, 밸브시트 동결방지를 위하여
② 균열에 따른 누출방지를 위하여
③ 고장 및 오차 발생 방지를 위하여
④ 계량막 밸브와 밸브시트 사이의 누출방지를 위하여

 가스미터 설치 시 입상배관을 설치하는 가장 큰 이유
겨울철 수분 응축에 의한 밸브, 밸브시트 동결방지를 위해서

66 아르키메데스의 원리를 이용한 액면측정 방식은?
① 퍼지식 ② 편위식
③ 기포식 ④ 차압식

 편위식 : 아르키메데스 원리 이용

67 도시가스로 사용하는 LNG의 누출을 감지하기 위하여 감지기는 어느 위치에 설치하여야 하는가?
① 검지기 하단은 천장면 등의 아래쪽 0.3m 이내에 부착
② 검지기 하단은 천장면 등의 아래쪽 3m 이내에 부착
③ 검지기 상단은 바닥면 등에서 위쪽으로 0.3m 이내에 부착
④ 검지기 상단은 바닥면 등에서 위쪽으로 3m 이내에 부착

68 열전대온도계를 수은온도계와 비교했을 때 갖는 장점이 아닌 것은?
① 열용량이 크다.
② 국부온도의 측정이 가능하다.
③ 측정온도의 범위가 넓다.
④ 응답속도가 빠르다.

 열전온도계를 수은온도계와 비교시 장점
① 응답속도가 빠르다.
② 수분에 의한 내식성이 강하다.
③ 측정온도 범위가 넓다.
④ 국부온도의 측정이 가능하다.

69 400m 길이의 저압본관에 시간당 200m³ 가스를 흐르도록 하려면 가스배관의 관경은 약 몇 cm가 되어야 하는가? (단, 기점, 종점간의 압력강하를 1.47mmHg, 가스비중을 0.64로 한다.)
① 12.45cm ② 15.93cm
③ 17.23cm ④ 21.34cm

$$D = 5\sqrt{\dfrac{Q, S, L}{k, h}}$$
$$= 5\sqrt{\dfrac{(200^2 \times 0.64 \times 400)}{(0.707^2 \times 19.98)}}$$
$$= 15.928\,cm$$
$$10,332\,mmH_2O = 760\,mmHg$$
$$x = 1.47\,mmHg$$
$$x = \dfrac{10,332\,mmH_2O \times 1.47\,mmHg}{760\,mmHg}$$
$$= 19.98\,mmH_2O$$

70 프로판의 성분은 가스크로마토그래피를 이용하여 분석하고자 한다. 이 때 사용하기 가장 적합한 검출기는?
① FID(flame ionization detector)
② TCD(thermal conductivity detector)
③ NDIR(non-dispersive infra-red)
④ CLD(chemiluminescence detector)

 가스크로마토 검출기
① FID(수소이온화검출기)
  ㉠ 탄화수소에서 감도가 최고이다.(프로판, 부탄 등)
  ㉡ 무기가스나 물에 거의 응답하지 않음
  ㉢ 전극간의 전기전도도가 증대하는것 이용
② FPD(염광광도검출기) : 황화합물이나 인 화합물 검출
③ TCD(열전도도검출기) : 금속필라멘트의 저항변화 이용
④ ECD(전자포획이온화검출기) : 할로겐 및 산화물에서는 감도가 최고이다.

71 온도가 60°F에서 100°F까지 비례제어된다. 측정온도가 71°F에서 75°F로 변할 때 출력 압력이 3psi에서 15psi로 도달하도록 조정될 때 비례대역(%)은?
① 5% ② 10%
③ 20% ④ 33%

비례대 = $\frac{75-71}{100-60} \times 100 = 10\%$

72 수은을 이용한 U자관 액면계에서 그림과 같이 h는 70cm일 때 P_2는 절대압으로 약 몇 kg/cm^2 인가? (단, 수은의 비중은 13.6이고, P_1은 절대압으로 $1kg/cm^2$ 이다.)

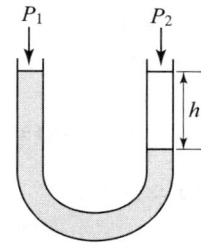

① 1.95　　② 19.5
③ 1.70　　④ 17.0

 $P_2 = P_1 + r \times h$
　　　$= 1kg/cm^2 + 13.6g/cm^3 \times 70cm(952g/cm^2)$
　　　$= 1.95kg/cm^2$

73 가스크로마토그래피에서 사용하는 검출기가 아닌 것은?

① 원자방출검출기(AED)
② 황화학발광검출기(SCD)
③ 열이온검출기(TID)
④ 열추적검출기(TTD)

74 막식가스미터에서 미터의 지침의 시도(示度)에 변화가 나타나지 않는 고장으로서 계량막 밸브와 밸브 시트의 틈 사이 패킹부 등의 누출로 인하여 발생하는 고장은?

① 불통　　② 부동
③ 기차불량　④ 감도불량

 가스미터의 고장 원인
① 불통 : 가스가 가스미터를 통과하지 않는 고장

㉠ 날개조절기 등의 납땜이 떨어진 경우
㉡ 회전자 베어링의 마모에 의한 접촉시
㉢ 밸브와 밸브시트가 타르수분 등에 의해 고착 또는 동결시
② 부동 : 가스는 가스미터를 통과하나 미터의 지침이 작동하지 않는 고장
㉠ 감속 또는 지시장치의 기어물림 불량
㉡ 지시장치 톱니바퀴 불량
㉢ 계량막의 파손, 밸브의 탈락 밸브와 밸브시트사이에서의 누설
③ 기차불량 : 부품의 마모 등에 의해 기차가 변화하는 경우 계량법에 규정된 사용공차 ±4%를 넘는 현상
㉠ 계량막이 신축하여 부피가 변화하는 경우
㉡ 회전부분의 마찰저항증가에 의한 진동

75 대기압 이하의 진공압력을 측정하는 진공계의 원리에 해당하지 않는 것은?

① 수은주를 이용하는 것
② 부력을 이용하는 것
③ 열전도를 이용하는 것
④ 전기적 현상을 이용하는 것

 진공계의 원리
① 전기적 현상을 이용하는 것
② 열전도를 이용하는 것
③ 수은주를 이용하는 것

76 100psi를 atm으로 환산하면 약 몇 atm 인가?

① 4.8　　② 5.8
③ 6.8　　④ 7.8

 1atm = 14.7PSI
　　x = 100PSI
　　x = $\frac{1atm \times 100PSI}{14.7PSI}$ = 6.8 atm

77 자동제어계의 동작순서로 옳은 것은?

① 비교→판단→검출→조작

② 조작→비교→검출→판단
③ 검출→비교→판단→조작
④ 판단→비교→검출→조작

해설 자동제어계의 동작순서
검출→비교→판단→조작

78 25℃, 1atm에서 0.21mol%의 O_2와 0.79mol%의 N_2로 된 공기혼합물의 밀도는 약 몇 kg/m^3 인가?

① 0.118　② 1.18
③ 0.134　④ 1.34

해설 $\rho = \dfrac{PM}{RT}$

$= \dfrac{1\text{atm} \times (32 \times 0.21 + 28 \times 0.79)}{0.082 \times (273 + 25)}$

$= 1.18 \text{kg/m}^3$

79 일정 부피인 2개의 통에 기체를 교대로 충만하고 배출한 횟수를 이용하여 유량을 측정하는 가스미터는?

① 습식가스미터　② 벤투리미터
③ 루트미터　　　④ 막식가스미터

80 다음 중 용적식 유량계의 형태가 아닌 것은?

① 오벌형 유량계
② 원판형 유량계
③ 피토관 유량계
④ 로터리 피스톤식 유량계

해설 용적식 유량계
① 습식　　　　② 건식
③ 오우벌식　　④ 로터리 피스톤
⑤ 로터리 베인　⑥ 원판형 유량계

제 6 편 과년도 출제문제
2024년 7월 CBT 시행

본 문제는 복원 기출문제입니다. 실제 문제와 다를 수 있으니 양해바랍니다.

제1과목 연소공학

01 다음 중 연료가 구비하여야 할 조건으로 틀린 것은?

① 발열량이 클 것
② 연소시 유해가스 발생이 적을 것
③ 공기 중에서 쉽게 연소되지 않을 것
④ 구입하기 쉽고 가격이 저렴할 것

 연료의 구비조건
① 공기 중에서 쉽게 연소할 것
② 구입하기 쉽고 가격이 저렴할 것
③ 발열량이 클 것
④ 연소시 유해가스 발생이 적을 것

02 다음 중 가스와 폭발범위가 잘못 연결된 것은?

① 메탄 : 5.3~14v%
② 에탄 : 3~12.5v%
③ 프로판 : 2.1~9.5v%
④ 부탄 : 2.7~36v%

 폭발범위
① 부탄 : 1.8~8.4%
② 프로판 : 2.1~9.5%
③ 에탄 : 3~12.5%
④ 메탄 : 5~15%
⑤ 수소 : 4~75%
⑥ 아세틸렌 : 2.5~81%
⑦ 암모니아 : 15~28%
⑧ 일산화탄소 : 12.5~74%

03 C_2H_4의 위험도는 얼마인가? (단, C_2H_4의 폭발범위는 3~32% 이다.)

① 3
② 9.7
③ 19.3
④ 32

 위험도 = $\dfrac{32-3}{3}$ = 9.67

04 $1Sm^3$의 합성가스 중의 CO와 H_2의 몰비가 1:1일 때 연소에 필요한 이론 공기량은 몇 Sm^3/Sm^3 인가?

① 0.50
② 1.00
③ 2.38
④ 4.76

 $CO + \dfrac{1}{2}O_2 \to CO_2$

$H_2 + \dfrac{1}{2}O_2 \to H_2O$ $A_o = \dfrac{0.5}{0.21} = 2.38$

05 다음 [보기]는 가연성가스의 연소에 대한 설명이다. 이 중 옳은 것으로만 나열된 것은?

[보기]
① 가연성가스가 연소하는 데에는 산소가 필요하다.
② 가연성가스가 이산화탄소와 혼합할 때 잘 연소된다.
③ 가연성가스는 혼합하는 공기의 양이 적을 때 완전 연소한다.

① ①,②
② ②,③
③ ①
④ ③

06 자연발화를 방지하는 방법으로 옳지 않은 것은?

① 통풍을 잘 시킬 것
② 저장실의 온도를 높일 것
③ 습도가 높은 것을 피할 것

1.③ 2.④ 3.② 4.③ 5.③ 6.②

④ 열이 축적되지 않게 연료의 보관방법에 주의할 것

 자연발화 방지법
① 저장실의 온도를 낮출 것
② 통풍을 잘 시킬 것
③ 열이 축적되지 않게 연료의 보관방법에 주의할 것
④ 습도가 높은 것을 피할 것

07 산소 32kg 과 질소 7kg의 혼합기체가 나타내는 전압이 10atm · a 일 때 산소의 분압은 약 몇 atm · a 인가? (단, 산소와 질소는 이상기체로 가정한다.)

① 5.5   ② 6.2
③ 7.1   ④ 8.0

 분압 = 전압 × $\dfrac{성분기체몰수}{전몰수}$

$= 10 \times \dfrac{\left(\dfrac{32}{32}\right)}{\left(\dfrac{32}{32} + \dfrac{7}{28}\right)} = 8\text{atm}$

08 기체 연료가 공기 중에서 정상연소할 때 정상연소속도의 값으로 가장 옳은 것은?

① 0.1~10m/s   ② 11~20m/s
③ 21~30m/s   ④ 31~40m/s

 정상연소속도 : 0.1~10m/sec
폭굉속도 : 1,000~3,500m/sec

09 "착화온도가 80℃ 이다"를 가장 잘 설명한 것은?

① 80℃ 이하로 가열하면 인화한다.
② 80℃로 가열해서 점화원이 있으면 연소한다.
③ 80℃ 이상 가열하고 점화원이 있으면 연소한다.
④ 80℃로 가열하면 공기 중에서 스스로 연소한다.

 착화온도가 80℃ 이다 : 80℃로 가열하면 공기 중에서 스스로 연소한다.

10 화염 사출율에 대한 설명으로 옳은 것은?

① 화염의 사출율은 연료 중의 탄소, 수소 질량비가 클수록 높다.
② 화염의 사출율은 연료 중의 탄소, 수소 질량비가 클수록 낮다.
③ 화염의 사출율은 연료 중의 탄소, 수소 질량비가 같을수록 높다.
④ 화염의 사출율은 연료 중의 탄소, 수소 질량비가 같을수록 낮다.

 화염 사출률 : 연료 중의 탄소, 수소 질량비가 클수록 높다.

11 1mol의 탄소가 불완전연소할 때 몇 mol의 일산화탄소가 생성되는가?

① $\dfrac{1}{2}$ ② 1
③ $1\dfrac{1}{2}$ ④ 2

 $C + \dfrac{1}{2}O_2 \rightarrow CO$

$1 : \dfrac{1}{2} : 1$

12 연소에서 불꽃의 전파속도가 음속보다 빠를 때를 무엇이라 하는가?

① 폭발   ② 발화
③ 전화   ④ 폭굉

 폭굉 : 가스 중의 화염의 전파속도가 음속보다 큰 경우로 파면선단에 충격파라고 하는 압력파가 생겨 격렬한 파괴작용을 일으키는 현상

13 $(CO_2)max$는 어느 때의 값인가?
① 실제 공기량으로 연소시켰을 때
② 이론 공기량으로 연소시켰을 때
③ 과잉 공기량으로 연소시켰을 때
④ 부족 공기량으로 연소시켰을 때

 $(CO_2)max\% = \dfrac{21 \times CO_2}{21 - O_2}$
(이론공기량으로 연소시킬 때)

14 CO_2는 고온에서 다음과 같이 분해한다. 3,000K, 1atm에서 CO_2의 60%가 분해한다면 표준상태에서 11.2l의 CO_2를 일정압력에서 3,000K로 가열했다면 전체 혼합기체의 부피는 약 몇 l 인가?

| 보기 | $2CO_2 \rightarrow 2CO + O_2$ |

① 160   ② 170
③ 180   ④ 190

 $2CO_2 \rightarrow 2CO + O_2$
  2   3
  11.2   x
$x = \dfrac{11.2 \times 3}{2} = 16.8 \times 0.6 = 10.08$
∴ $10.08 + 11.2 \times 0.4 = 14.56$
∴ $14.56 \times \dfrac{3,000}{273} = 160 l$

15 이상기체를 정적하에서 가열하면 압력과 온도의 변화는 어떻게 되는가?
① 압력 증가, 온도 상승
② 압력 일정, 온도 일정
③ 압력 일정, 온도 상승
④ 압력 증가, 온도 일정

 이상기체를 정적하에서 가열하면 온도와 압력은 상승한다.

16 나무는 다음 중 주로 어떤 연소형태로 연소하는가?
① 흡착연소   ② 증발연소
③ 분해연소   ④ 표면연소

 연소형태
① 표면연소 : 코크스, 목탄, 금속분, 숯
② 분해연소 : 석탄, 목재(나무), 종이, 플라스틱
③ 증발연소 : 알콜, 에테르, 등류, 경유, 나프탈렌, 송지, 장뇌
④ 자기연소 : TNT, 피크린산, 니크로셀룰로오스

17 프로판 1몰을 완전연소시키기 위하여 공기 870g을 불어 넣어 주었을 때 과잉 공기는 약 몇 % 인가? (단, 공기의 평균분자량은 29이며, 공기 중 산소는 21v%이다.)
① 9.8   ② 17.6
③ 26.0   ④ 58.6

 $C_3H_8 + 5O_2 \rightarrow 3CO_2 + 4H_2O$
$A_o = \dfrac{5}{0.21} = 23.8 \times 29 = 690.47$
∴ $\dfrac{870 - 690.47}{690.47} \times 100 = 26\%$

18 전 폐쇄 구조인 용기 내부에서 폭발성가스의 폭발이 일어났을 때 용기가 압력에 견디고 외부의 폭발성 가스에 인화할 우려가 없도록 한 방폭구조는?
① 내압 방폭구조   ② 안정증 방폭구조
③ 특수 방폭구조   ④ 유입 방폭구조

 방폭구조
① 내압방폭구조(d) : 용기내부에서 가연성 가스의 폭발이 발생할 경우 그 용기가 폭발압력에 견디고 접합면 개구부 등을 통하여 외부의 가연성가스에 인화되지 않도록 한 구조
② 유입방폭구조(o) : 용기내부에 기름을 주입하여 불꽃, 아크 또는 고온발생부분이

가스산업기사

기름 속에 잠기게 함으로서 기름 면 위에 존재하는 가연성가스에 인화되지 않도록 한 구조
③ 압력방폭구조(p) : 용기내부에 보호가스를 압입하여 내부압력을 유지함으로써 가연성가스가 용기내부로 유입되지 않도록 한 구조

19 다음 중 착화온도가 낮아지는 이유가 되지 않는 것은?

① 반응활성도가 클수록
② 발열량이 클수록
③ 산소농도가 높을수록
④ 분자구조가 단순할수록

착화온도가 낮아지는 이유
① 분자구조가 복잡할수록
② 산소농도가 높을수록
③ 발열량이 클수록
④ 반응활성도가 클수록

20 가스화재시 밸브 및 코크를 잠그는 소화 방법은?

① 질식소화   ② 냉각소화
③ 억제소화   ④ 제거소화

제거소화 : 가스화재시 밸브나 코크를 잠그는 소화 방법

 제2과목 가스설비

21 배관의 부식방지를 위한 전기방식전류가 흐르는 상태에서 자연전위와의 전위변화가 최소 몇 mV 이하 이어야 하는가?

① -100mV   ② -300mV
③ -550mV   ④ -850mV

배관 부식방지를 위한 전기방식전류가 흐르는 상태에서 자연전위와의 전위변화가 최소 -300mV 이하여야 함

22 용접용기의 제품확인(상시제품)검사 시 행하는 시험 항목이 아닌 것은?

① 외관검사   ② 내압시험
③ 방사선투과검사 ④ 고압가압시험

용접용기의 제품 확인 검사 시 행하는 시험 항목
① 방사선투과검사
② 내압시험
③ 외관검사

23 1,000rpm으로 회전하는 펌프를 3,000rpm으로 하였다. 이 경우 양정 및 소요 동력은 각각 얼마가 되는가?

① 2배, 6배   ② 3배, 9배
③ 4배, 16배 ④ 9배, 27배

$$동력 = kw \times \left(\frac{N_2}{N_1}\right)^3 = \left(\frac{3,000}{1,000}\right)^3 = 27$$
$$양정 = H \times \left(\frac{N_2}{N_1}\right)^2 = \left(\frac{3,000}{1,000}\right)^2 = 9$$

24 전기방식법 중 가스배관보다 저전위의 금속(마그네슘 등)을 전기적으로 접촉시킴으로써 목적하는 방식대상 금속자체를 음극화하여 방식하는 방법은?

① 외부전원법   ② 희생양극법
③ 배류법   ④ 선택법

희생양극법 : 가스배관보다 저전위 금속을 전기적으로 접촉시킴으로서 목적하는 방식대상 금속자체를 음극화하여 방식하는 방법
① 장점
 ㉠ 시공이 단순하다.
 ㉡ 소규모설비에는 경제적이다.
 ㉢ 다른 매설 금속체에 방해 작용이 없다.
 ㉣ 과방식의 염려가 없다.
② 단점
 ㉠ 강한전식에 무력하다.
 ㉡ 대규모 설비시는 시설비가 많이 든다.
 ㉢ 방식 범위가 좁다.

19.④ 20.④ 21.② 22.④ 23.④ 24.②

ⓔ 정기적으로 전극을 보충할 필요가 있다.
ⓜ 전류조절이 불가능하다.

25 유수식 가스홀더의 특징에 대한 설명으로 틀린 것은?

① 제조설비가 저압인 경우에 사용한다.
② 구형 홀더에 비해 유효 가동량이 많다.
③ 가스가 건조하면 물탱크의 수분을 흡수한다.
④ 부지면적과 기초공사비가 적게 소요된다.

> **유수식 가스홀더의 특징**
> ① 제조설비가 저압인 경우에 사용
> ② 구형 가스홀더에 비해 유효 가동량이 크다.
> ③ 기초비가 많이 든다.
> ④ 동결방지 장치 필요
> ⑤ 가스가 건조해 있으며 수분을 흡수한다.

26 도시가스 배관 등의 용접 및 비파괴검사 중 용접부의 외관검사에 대한 설명으로 틀린 것은?

① 보강 덧붙임은 그 높이가 모재 표면보다 낮지 않도록 하고, 3mm 이상으로 할 것
② 외면의 언더컷은 그 단면이 V자형으로 되지 않도록 하며, 1개의 언더컷 길이 및 깊이는 각각 30mm 이하 및 0.5mm 이하 일 것
③ 용접부 및 그 부근에는 균열, 아크 스트라이크, 위해하다고 인정되는 지그의 흔적, 오버랩 및 피트 등의 결함이 없을 것
④ 비드 형상이 일정하며, 슬러그, 스패터 등이 부착되어 있지 않을 것

27 외경과 내경의 비가 1.2 미만인 경우 배관의 두께 산출식은? (단, t : 배관의 두께[mm], P : 상용압력[MPa], D : 내경에서 부식여유를 뺀 수치[mm], f : 재료의 인장강도 [N/mm^2]규격 최소치이거나 항복점[N/mm^2] 규격 최소치의 1.6배, C : 관내면의 부식여유[mm], s : 안전율이다.)

① $t = \dfrac{P \cdot D}{2\dfrac{f}{s} - P} + C$

② $t = \dfrac{P \cdot D}{100\dfrac{f}{s} - P} + C$

③ $t = \dfrac{D}{2}\left(\sqrt{\dfrac{\dfrac{f}{s}+P}{\dfrac{f}{s}-P}} - 1\right) + C$

④ $t = \dfrac{D}{2}\left(\sqrt{\dfrac{2\dfrac{f}{s}+P}{2\dfrac{f}{s}-P}} - 1\right) + C$

28 LP가스의 자연기화 방식에 의한 가스발생 능력과 가장 밀접한 관계가 있는 것은?

① 외기온도-가스조성비
② 외기압력-가스조성비
③ 외기온도-피크시간
④ 외기압력-피크시간

29 도시가스 제조방법 중 수증기가 가스화제로 사용되지 않는 프로세스는?

① 부분연소 프로세스
② 수소화분해 프로세스
③ 접촉분해 프로세스
④ 열분해 프로세스

> **도시가스 제조법**
> ① 열분해공정 : 분자량이 큰 탄화수소를 800~900℃ 정도로 열분해하여 10,000kcal/m^3 정도의 가스를 제조
> ② 수소화분해공정 : 원료는 나프타 및 LPG이며 반응온도는 700~800℃, 압력은 20~60 기압이다.
> ③ 대체천연가스공정 : LPG 원유에 산소, 수

소, 수분을 반응시켜 수증기 개질 부분연소, 수첨분해 등에 의한 가스화
④ 부분연소공정 : 메탄에서 나프타까지의 탄화수소를 원료로하여 탄화수소의 분해에 필요한 열을 노내에 산소 또는 공기를 흡입시킴에 의해 원료일부를 연소시켜 2,000~3,000kcal/Nm³정도의 가스 제조

$$aC_mH_n + bH_2O \rightarrow cH_2 + dCO + eCO_2 + fCH_4 + gC + hH_2O$$

30 프로판 용기에 V : 47, TP : 31로 각인이 되어 있다. 프로판의 충전상수가 2.35일 때 충전량(kg)은?

① 10kg ② 15kg
③ 20kg ④ 50kg

　$G = \dfrac{V}{C} = \dfrac{47}{2.35} = 20\,kg$

31 직동식정압기와 비교한 파이럿식정압기의 특성에 대한 설명 중 틀린 것은?

① 대용량이다.
② 오프셋이 커진다.
③ 요구 유량제어 범위가 넓은 경우에 적합하다.
④ 높은 압력제어 정도가 요구되는 경우에 적합하다.

 파일럿 정압기의 특성
① 오프셋이 작아진다.
② 대용량이다.
③ 높은 압력제어 정도가 요구되는 경우에 적합
④ 요구유량제어 범위가 넓은 경우에 적합하다.

32 고압밸브 중 글로우브 밸브(glove valve)의 특징에 대한 설명으로 옳은 것은?

① 기밀도가 적다.
② 유량의 조절이 어렵다.
③ 유체의 저항이 크다.
④ 가스배관에 부적당하다.

 글로우브 밸브의 특징
① 유체의 저항이 크다.
② 기밀도가 좋다.
③ 가스배관에 적합
④ 유량 조절이 쉽다.

33 재료 내·외부의 결함 검사방법으로 가장 적당한 방법은?

① 침투탐상법　② 유침법
③ 초음파탐상법　④ 육안검사법

 재료의 내·외부 검사법 : 초음파탐상법

34 원심 펌프의 특징에 대한 설명으로 틀린 것은?

① 고양정에 적합하다.
② 원심력에 의하여 액체를 이송한다.
③ 가이드 베인이 있는 것을 터빈펌프라 한다.
④ 캐비테이션이나 서징현상이 발생하지 않는다.

 원심 펌프의 특징
① 캐비테이션이나 서징현상이 발생한다.
② 가이드 베인이 있는 것을 터빈펌프라 한다.
③ 가이드 베인이 없는 것을 볼류트펌프라 한다.
④ 원심력에 의하여 액체를 이송한다.
⑤ 부하변동에 대응하기 쉽다.
⑥ 고양정에 적합하다.
⑦ 병렬운전에 지장이 없어야 한다.

35 파이프 내부의 정압이 액체의 증기압 이하로 되면 증기가 발생하여 진동이 발생하는 현상을 무엇이라 하는가?

① 공동(Cavitation)현상
② 서징(Surging)현상
③ 수격(Water hammering)작용
④ 베이퍼 록(Vapor lock)현상

이상현상
① 공동현상(캐비테이션현상) : 파이프 내부의 정압이 액체의 증기압이하로 되면 증기가 발생하여 진동이 발생하는 현상
② 서징현상(맥동현상) : 송출압력과 송출유량의 주기적인 변동으로 인하여 압력계 지침이 흔들리는 현상
③ 수격작용 : 펌프이송시 정전 등으로 인하여 심한 압력변화가 생겨 유체가 관벽을 치는 현상
④ 베이퍼록현상 : 저비점 액체 이송시 펌프 입구쪽에서 액체가 끓는 현상

36 아세틸렌 용기의 다공질물 용적이 $150m^3$, 침윤잔용적이 $30m^3$일 때 다공도는 몇 %이며 관련법상 합격인지 판단하면?
① 20%로서 합격이다.
② 20%로서 불합격이다.
③ 80%로서 합격이다.
④ 80%로서 불합격이다.

 다공도(%) = $\dfrac{150-30}{150} \times 100 = 80\%$

37 산소 압축기의 내부 윤활제로 주로 사용되는 것은?
① 물   ② 유지류
③ 석유류   ④ 진한 황산

 압축기 윤활유
① 공기, 수소, 아세틸렌 : 양질의 광유
② 산소 : 물 또는 10% 이하의 묽은 글리세린수
③ 염소 : 농황산
④ LP가스 : 식물성유

38 전기방식효과를 유지하기 위하여 빗물이나 이물질의 접촉으로 인한 절연의 효과가 상쇄되지 아니하도록 절연 이음매 등을 사용하여 절연한다. 절연조치를 하는 장소에 해당되지 않는 것은?

① 교량횡단배관의 양단
② 배관과 철근콘크리트구조물 사이
③ 배관과 배관지지물사이
④ 타 시설물과 30cm 이상 이격되어있는 배관

 절연조치를 하는 장소
① 교량횡단배관의 양단
② 배관과 철근콘크리트구조물 사이
③ 배관과 배관지지물 사이

39 저온장치에서 CO_2와 수분이 존재할 때 그 영향에 대한 설명으로 옳은 것은?
① CO_2는 저온에서 탄소와 산소로 분리된다.
② CO_2는 저장장치에서 촉매 역할을 한다.
③ CO_2는 가스로서 별로 영향을 주지 않는다.
④ CO_2는 드라이아이스가 되고 수분은 얼음이 되어 배관 밸브를 막아 흐름을 저해한다.

 CO_2 : 드라이아이스를 생성 ┐ 배관 동결
수분 : 얼음이 되어 ┘ 폐쇄

40 도시가스 공급 설비에서 배관의 구경을 산정하는 식으로서 옳은 것은? (단, Q : 가스의 유량[m^3/hr], D : 배관의 구경[cm], L : 배관의 길이[m], H : 기점 압력과 말단 압력의 차이[mmH_2O], S : 가스의 비중, K : 유량계수이다.)

① $Q = K\sqrt{\dfrac{H \cdot D^5}{S \cdot L}}$

② $Q = \dfrac{1}{K}\sqrt{\dfrac{H \cdot D^5}{S \cdot L}}$

③ $Q = K\sqrt{\dfrac{H^5 \cdot D}{S \cdot L}}$

④ $Q = \dfrac{1}{K}\sqrt{\dfrac{H \cdot D^3}{S \cdot L}}$

 저압배관유량공식
$Q(m^3/h) = K\sqrt{\dfrac{D^5 \cdot h}{S \cdot L}}$

제3과목 가스안전관리

41 탱크차의 내용적이 2,000l인 것에 최초 충전 압력 2.1MPa로 충전하고자 할 때 탱크차의 최대 적재량은 몇 kg 이 되는가? (단, 충전정수는 2.1MPa에서 2.35 이다.)
① 420　② 851
③ 1,800　④ 4,700

$G = \dfrac{V}{C} = \dfrac{2{,}000}{2.35} = 851.06\,kg$

42 아세틸렌을 2.5MPa 이상으로 충전시 사용되는 희석제로 적당하지 않은 것은?
① 메탄　② 부탄
③ 질소　④ 일산화탄소

희석제
① 메탄　② 일산화탄소
③ 에틸렌　④ 질소
⑤ 수소　⑥ 프로판

43 특정고압가스 사용시설에서 과압안전장치를 설치하여야 하는 액화가스의 저장능력의 기준은? (단, 용기집합장치가 설치되어 있다.)
① 70kg 이상　② 100kg 이상
③ 250kg 이상　④ 300kg 이상

특정고압가스 사용시설에서 과압안전장치를 설치하여야 하는 액화가스 저장능력 300kg 이상

44 가스누출경보기의 설치기준으로 옳은 것은?
① 건축물 내에 설치된 경우는 그 설비군의 바닥 면 둘레 10m에 대하여 1개 이상의 비율로 설치
② 건축물 내에 설치된 경우는 그 설비군의 바닥 면 둘레 20m에 대하여 1개 이상의 비율로 설치
③ 건축물 밖에 설치된 경우는 그 설비군의 바닥 면 둘레 30m에 대하여 1개 이상의 비율로 설치
④ 건축물 밖에 설치된 경우는 그 설비군의 바닥 면 둘레 50m에 대하여 1개 이상의 비율로 설치

가스누출경보기 설치기준
① 건축물 내에 설치된 경우는 그 설비군의 바닥 면 둘레 10m에 대해 1개 이상 비율로 설치
② 건축물 밖에 설치된 경우는 누설할 가스가 체류할 우려가 있는 장소에 그 설비군의 바닥 면 둘레 20m에 대해 1개 이상 비율로 설치
③ 특수반응 설비로서 그 주위에 누설가스가 체류하기 쉬운 장소는 그 바닥 면 둘레 10m에 대하여 1개 이상의 비율로 설치
④ 가열로 등 발화원이 있는 제조설비 주위에 가스가 체류하기 쉬운 장소에는 그 바닥 면 둘레 20m에 대하여 1개 이상의 비율로 설치

45 용기내장형 가스 난방기용으로 사용하는 부탄 충전용기에 대한 설명으로 옳지 않은 것은?
① 용기 몸통부의 재료는 고압가스 용기용 강판 및 강대이다.
② 프로텍터의 재료는 KS D 3503 SS400의 규격에 적합하여야 한다.
③ 스커트의 재료는 KS D 3533 SG295 이상의 강도 및 성질을 가져야 한다.
④ 넥크링의 재료는 탄소함유량이 0.48% 이하인 것으로 한다.

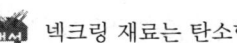
넥크링 재료는 탄소함유량이 0.33% 이하

46 도시가스의 총발열량이 10,500kcal/m^3이고 도시가스의 비중이 0.66인 경우 도시가스

의 웨베지수(WI)는?
① 6,300   ② 10,500
③ 12,925 ④ 17,500

 웨버지수 $= \dfrac{Hg}{\sqrt{d}} = \dfrac{10,500}{\sqrt{0.66}} = 12,924.6$

47 후부취출식 탱크에 있어서 탱크주밸브 및 긴급차단장치에 속하는 밸브와 뒷범퍼와의 수평거리를 몇 cm 이상 이격하여야 하는가?
① 30   ② 40
③ 50   ④ 60

 수평거리
① 조작상자 : 20cm 이상
② 저장탱크 후면과 후범퍼 : 30cm 이상
③ 주밸브 : 40cm 이상

48 LPG충전시설에 설치되는 안전밸브의 성능을 확인하기 위한 작동시험의 주기는?
① 6월에 1회 이상   ② 1년에 1회 이상
③ 2년에 1회 이상   ④ 3년에 1회 이상

 LPG충전시설에 설치되는 안전밸브의 성능을 확인하기 위한 작동시험 주기 : 1년에 1회 이상

49 다음 중 용기의 각인 표시 기호로 틀린 것은?
① 내용적 : V
② 내압시험압력 : TP
③ 최고충전압력 : HP
④ 동판 두께 : t

 용기의 각인 표시
① FP : 최고충전압력
② TP : 내압시험압력
③ AP : 기밀시험압력
④ V : 용기내용적
⑤ t : 동판두께

50 다음 중 대기에 방출되었을 때 가장 빨리 공기 중으로 확산되는 가스는?
① 부탄   ② 프로판
③ 질소   ④ 산소

 분자량이 작을수록 공기 중으로 빨리 확산된다.
① N_2(질소) : 28g
② O_2(산소) : 32g
③ C_3H_8(프로판) : 44g
④ C_4H_{10}(부탄) : 58g

51 액화석유가스 충전소 내에 설치할 수 없는 시설은?
① 충전소의 관계자가 근무하는 대기실
② 자동차의 세정을 위한 세차시설
③ 충전소에 출입하는 사람을 대상으로 한 자동판매기 및 현금자동지급기
④ 충전소의 관계자 및 충전소에 출입하는 사람을 대상으로 한 놀이방

 액화석유가스 충전소 내 설치할 수 있는 시설
① 충전소에 출입하는 사람을 대상으로 한 자동판매기 및 현금자동지급기
② 자동차의 세정을 위한 세차시설
③ 충전소의 관계자가 근무하는 대기실
④ 매점 및 사무실

52 수소의 품질 검사에 사용하는 시약으로 옳은 것은?
① 동·암모니아 시약
② 피로카롤 시약
③ 발연황산 시약
④ 브롬 시약

 품질 검사 기준
① 산소
 ㉠ 동암모니아 시약의 오르자트법
 ㉡ 순도 : 99.5% 이상
 ㉢ FP : 120kg/cm² 이상

② 수소
  ㉠ 피롤카롤 또는 하이드로썰파이드시약의 오르자트법
  ㉡ 순도 : 98.5% 이상
  ㉢ FP : 120kg/cm² 이상
③ 아세틸렌
  ㉠ 발연황산시약의 오르자트법, 브롬시약의 뷰렛법, 질산은 시약의 정성시험에 합격할 것
  ㉡ 가스충전량 3kg 이상

53 밀폐된 목욕탕에서 도시가스 순간 온수기로 목욕하던 중 의식을 잃은 사고가 발생하였다. 사고 원인을 추정할 때 가장 옳은 것은?

① 가수누출에 의한 중독
② 부취제(mercaptan)에 의한 질식
③ 산소결핍에 의한 질식
④ 이산화탄소에 의한 질식

 사고원인 : 밀폐된 공간이기 때문에 산소부족으로 인한 질식사

54 산소, 수소 및 앗틸렌의 품질검사에서 순도는 각각 얼마 이상이어야 하는가?

① 산소 : 99.5%, 수소 : 98.0%, 아세틸렌 : 98.5%
② 산소 : 99.5%, 수소 : 98.5%, 아세틸렌 : 98.0%
③ 산소 : 98.0%, 수소 : 99.5%, 아세틸렌 : 98.5%
④ 산소 : 98.5%, 수소 : 99.5%, 아세틸렌 : 98.0%

55 고압가스 저장시설에서 가스누출 사고가 발생하여 공기와 혼합하여 가연성, 독성가스로 되었다면 누출된 가스는?

① 질소   ② 수소
③ 암모니아   ④ 이산화황

 **독성 및 가연성가스**
① 암모니아   ② 산화에틸렌
③ 일산화탄소   ④ 황화수소
⑤ 벤젠   ⑥ 시안화수소

56 다음 가스의 성질에 관한 설명으로 가장 옳은 것은?

① 질소나 이산화탄소는 불활성 가스이므로 실내에 대량 누출하여도 위험성이 거의 없다.
② 염소와 산소와는 반응성이 좋으므로 동일 장소에 혼합적재하면 위험하다.
③ 산화에틸렌은 중합폭발하기 쉬우므로 취급에 주의를 해야 한다.
④ 산소와 이산화탄소와는 반응하기 쉬우므로 충전용기의 저장은 동일 장소를 피한다.

57 특정설비별 기호로서 잘못 짝지어진 것은?

① 압축가스용 : PG
② 저온 및 초저온 가스용 : LT
③ 그 밖의 가스용 : LG
④ 아세틸렌 가스용 : CG

 기호
① PG : 압력가스를 충전하는 용기 부속품
② AG : 아세틸렌가스를 충전하는 용기 부속품
③ LT : 초저온 및 저온가스를 충전하는 용기 부속품
④ LPG : 액화석유가스를 충전하는 용기 부속품
⑤ LG : 액화석유외의 가스를 충전하는 용기 부속품

58 액화석유가스 제조시설 저장탱크의 폭발방지 장치로 사용되는 금속은?

① 아연   ② 알루미늄
③ 철   ④ 구리

 액화석유가스 제조시설 저장탱크의 폭발방지 장치로 사용되는 금속 : 알루미늄

59 도시가스 공급시 판넬(Panel)에 의한 가스냄새농도측정에서 냄새판정을 위한 시료의 희석배수가 아닌 것은?

① 100배 ② 500배
③ 1,000배 ④ 4,000배

 냄새판정을 위한 시료의 희석배수
① 500배 ② 1,000배 ③ 4,000배

60 −162℃의 LNG(액비중 : 0.46, CH_4 : 90%, C_2H_6 : 10%) $1m^3$을 20℃까지 기화시켰을 때의 부피는 약 몇 m^3인가?

① 625.6 ② 635.6
③ 645.6 ④ 655.6

 $PV = \dfrac{WRT}{M}$

$V = \dfrac{WRT}{PM} = \dfrac{460 \times 0.082 \times (273+20)}{1 \times (16 \times 0.9 + 30 \times 0.1)}$

$= 635.17 \, m^3$

제 4 과목　가스계측기기

61 가스보일러의 화염온도를 측정하여 가스 및 공기의 유량을 조절하고자 한다. 이 때 가장 적당한 온도계는?

① 액체봉입유리온도계
② 저항온도계
③ 열전대온도계
④ 압력온도계

 열전대온도계(제백효과, 열기전력이용) : 가스보일러의 화염온도를 측정하여 가스 및 공기의 유량을 조절
① 종류
　㉠ 백금-백금로듐 : 0~1,600℃, 산화성분기에 강하다.
　㉡ 크로멜-알루멜 : 0~1,200℃, 산화성분기에 노화가 빠르다.
　㉢ 동-콘스탄탄 : −200~350℃, 수분에 의한 내식성이 강하다.
　㉣ 철-콘스탄탄 : −20~850℃, 환원성 분위기에 강하다.

62 측정치의 쏠림(bias)에 의하여 발생하는 오차는?

① 과오오차 ② 계통오차
③ 우연오차 ④ 상대오차

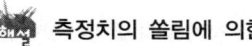 **측정치의 쏠림에 의한 오차** : 계통오차

63 2가지 다른 도체의 양끝을 접합하고 두 접점을 다른 온도로 유지할 경우 회로에 생기는 기전력에 의해 열전류가 흐르는 현상을 무엇이라고 하는가?

① 제백효과
② 스테판-볼츠만 법칙
③ 존슨효과
④ 스케링 삼승근 법칙

 제백효과 : 2가지 다른 도체의 양끝을 접합하고 두 접점을 다른 온도로 유지할 경우 회로에 의해 생기는 기전력에 의해 열전류가 흐르는 현상

64 가스는 분자량에 따라 다른 비중 값을 갖는다. 이 특성을 이용하는 가스분석기기는?

① 밀도식 CO_2 분석기기
② 자기식 O_2 분석기기
③ 광화학 발광식 NO_x 분석기기
④ 적외선식 가스분석기기

 비중의 특성을 이용한 분석기 : 밀도식 CO_2 분석기기

65 막식 가스미터에서 계량막의 파손, 밸브의 탈락, 밸브와 밸브시트 간격에서의 누설이 발생

하여 가스는 미터를 통과하나 지침이 작동하지 않는 고장형태는?
① 부동   ② 누출
③ 불통   ④ 기차불량

 가스미터의 고장원인
① 부동
  ㉠ 계량막의 파손, 밸브의 탈락, 밸브와 밸브시트사이에서 누설
  ㉡ 지시장치의 톱니바퀴의 불량
  ㉢ 감속 또는 지시장치의 기어 물림불량
② 불통
  ㉠ 날개 조절기 등의 납땜이 떨어진 경우
  ㉡ 회전자 베어링의 마모에 의한 접촉시
  ㉢ 밸브와 밸브사이트가 타르수분 등에 의해 고착 또는 동결시
③ 기차불량
  ㉠ 계량막이 신축하여 부피가 변화하는 경우
  ㉡ 회전부분의 마찰 저항증가에 의한 진동

66 일반적으로 공장자동화에 가장 많이 응용되는 제어방법은 무엇인가?
① 캐스케이드제어   ② 프로그램제어
③ 스퀀스제어   ④ 피드백제어

 스퀀스제어(시퀀스제어)
① 신호등 제어
② 엘리베이터, 에스컬레이터 제어
③ 공장자동화

67 습식가스미터와 비교한 루트미터의 특징에 해당되지 않는 것은?
① 설치면적이 적다.
② 스트레이너의 설치 및 유지관리가 필요하다.
③ 사용 중에 수위조정 등의 관리가 필요하다.
④ 대유량의 가스 측정에 적합하다.

 루트미터의 특징
① 대유량 가스 측정
② 중압가스 계량 가능
③ 설치면적이 적다.
④ 소유량에서는 부동의 우려가 있다.
⑤ 스트레이너 설치후 유지관리 필요

68 부르동관 압력계에 대한 설명으로 틀린 것은?
① 탄성을 이용한 1차 압력계로서 가장 많이 사용된다.
② 재질은 고압용에 니켈(Ni)강, 저압용에 황동, 인청동, 특수청동을 사용한다.
③ 높은 압력은 측정 가능하지만 정확도는 낮다.
④ 곡관에 압력을 가하면 곡률반경이 변화되는 것을 이용한 것이다.

 부르동관 압력계
① 탄성식 압력계로 2차 압력계의 대표적이다.
② 곡관에 압력을 가하면 곡률반경이 변화되는 것 이용
③ 높은 압력은 측정 가능하지만 정확도는 낮다.
④ 재질은 고압용에 니켈강, 저압용에 황동, 인청동, 특수청동 등을 사용한다.

69 다음 유량계측기 중 압력손실 크기 순서를 바르게 나타낸 것은?
① 전자유량계＞벤투리＞오리피스＞플로 노즐
② 벤투리＞오리피스＞전자유량계＞플로 노즐
③ 오리피스＞플로 노즐＞벤투리＞전자유량계
④ 벤투리＞플로 노즐＞오리피스＞전자유량계

 유량계 중 압력손실이 큰 순서
오리피스＞플로 노즐＞벤투리＞전자유량계

70 정확한 계량이 가능하여 기준기로 많이 사용되는 가스미터는?
① 건식가스미터
② 습식가스미터
③ 회전자식 가스미터
④ 벤투리식 가스미터

습식가스미터의 특징
① 기차변동이 거의 없다.
② 계량이 정확하다.
③ 수위조정 등의 관리 필요
④ 설치면적이 크다.
⑤ 실험실용

71 2차 지연형 계측기의 제동비가 0.8일 때 대수 감쇠율은 얼마인가?

① 8.37
② 15.28
③ 34.19
④ 41.38

 $\zeta = \dfrac{\delta}{\sqrt{4\pi^2 + \delta^2}}$

ζ : 감쇠비(제동비), δ : 대수감쇠율

$0.8 = \dfrac{\delta}{\sqrt{4\pi^2 + \delta^2}}$ $\delta = 8.3734$

72 흡수법에 사용되는 각 성분가스와 그 흡수액으로 짝지어진 것 중 틀린 것은?

① 이산화탄소-수산화칼륨 수용액
② 산소-(수산화칼륨+피로갈롤)수용액
③ 일산화탄소-염화칼륨 수용액
④ 중탄화수소-발연황산

 흡수 분석법
① 오르자트법
  ㉠ CO_2 : KOH 30% 수용액
  ㉡ O_2 : 알카리성 피롤카롤용액
  ㉢ CO : 암모니아성 염화제1동용액
② 헴펠법
  ㉠ CO_2 : KOH 30% 수용액
  ㉡ C_mH_n : 발연황산 25%
  ㉢ O_2 : 알카리성 피롤카롤용액
  ㉣ CO : 암모니아성 염화제1동용액
③ 게겔법
  ㉠ CO_2 : KOH 30% 수용액
  ㉡ C_2H_2 : 옥소수은칼륨용액
  ㉢ C_3H_6 : 87% 황산
  ㉣ C_2H_4 : 취소수용액
  ㉤ O_2 : 알카리성 피롤카롤용액
  ㉥ CO : 암모니아성 염화제1동용액

73 가스계량기의 설치에 대한 설명으로 틀린 것은?

① 화기와 2m 이상의 우화거리를 유지한다.
② 수시로 환기가 가능한 곳에 설치한다.
③ 절연조치 하지 않은 전선과는 15cm 이상의 거리를 유지한다.
④ 바닥으로부터 1.6~2.0m 이상의 높이에 수직·수평으로 설치한다.

 가스계량기
① 전선과 15cm 이상, 접속기, 점멸기, 굴뚝과는 30cm 이상, 안전기, 계량기, 개폐기, 콘센트와는 60cm 이상 유지
② 바닥으로부터 1.6m 이상 2m 이내
③ 화기와 2m 이상의 우화거리 유지
④ 수시로 환기가 가능한 곳에 설치
⑤ 부식성가스가 없는 곳
⑥ 통풍이 양호한 실외

74 비례제어기는 60℃에서 100℃ 사이의 온도를 조절하는데 사용된다. 이 제어기로 측정된 온도가 81℃에서 89℃로 될 때의 비례대(proportional band)는?

① 10%
② 20%
③ 30%
④ 40%

 비례대 $= \dfrac{89-81}{100-60} \times 100 = 20\%$

75 막식가스미터에 대한 설명으로 옳지 않는 것은?

① 가스를 일정 부피의 통 속에 넣어 충만 후 배출하여 그 횟수를 부피 단위로 환산하여 표시하는 원리이다.
② 회전수가 비교적 빨라 대용량 $100m^3/h$ 이상의 계량에 적합하다.
③ 막의 재질로는 합성고무 등이 사용된다.
④ 가스의 계량실로의 도입 및 배출은 막의 차압에 의해 생기는 밸브와 막의 연동작용

에 의해 일어난다.
- 막식가스미터는 1.5~200m³/h 미만의 계량에 적합

76 초음파의 송수파기(送受波器)에서 액면까지의 거리가 15m인 초음파 액면계에서 초음파가 수신될 때까지 0.3초가 걸렸다면 매질 중에서의 초음파의 전파속도는 약 몇 m/s인가?
① 12.5　　② 25
③ 50　　　④ 100

77 가연성가스 검지 방식으로 가장 적합한 것은?
① 격막전극식　② 정전위전해식
③ 접촉연소식　④ 원자흡광광도법
- **접촉연소식** : 가연성가스 검지 방식으로 가장 좋음

78 기체크로마토그래피에서 Carrier gas로 사용될 수 없는 것은?
① O_2　　② H_2
③ N_2　　④ He
- **캐리어가스**
  ① 수소　　② 헬륨
  ③ 질소　　④ 아르곤

79 부르동관 압력계의 종류가 아닌 것은?
① C형　　　② 수정형
③ 스파이럴형　④ 헬리컬형
- **부르돈관식 압력계의 종류**
  ① 스파이럴형　② 헬리컬형　③ C형

80 계측기의 일반적인 주요 구성으로 가장 거리가 먼 것은?
① 전달기구　② 검출기구
③ 구동기구　④ 수신기구
- **계측기의 일반적인 주요 구성**
  ① 수신기수　② 전달기구
  ③ 검출기구

제 6 편 과년도 출제문제
2025년 2월 CBT 시행

제1과목 연소공학

01 화학반응속도를 지배하는 요인에 대한 설명으로 옳은 것은?

① 압력이 증가하면 반응속도는 항상 증가한다.
② 생성물질의 농도가 커지면 반응속도는 항상 증가한다.
③ 자신은 변하지 않고 다른 물질의 화학변화를 촉진하는 물질을 부촉매라고 한다.
④ 온도가 높을수록 반응속도가 증가한다.

 화학반응속도는 온도가 10℃ 상승 시 2배 빨라진다.

02 다음 반응에서 평형을 오른쪽으로 이동시켜 생성물을 더 많이 얻으려면 어떻게 해야 하는가?

$$CO + H_2O \rightleftarrows H_2 + CO_2 + Q \text{ kcal}$$

① 온도를 높인다.   ② 압력을 높인다.
③ 온도를 낮춘다.   ④ 압력을 낮춘다.

 온도 변화에 따른 평행 이동
① 온도 증가 : 온도가 감소하는 방향인 흡열반응 쪽으로 평형 이동
② 온도 감소 : 온도가 증가하는 방향인 발열반응 쪽으로 평형 이동
③ 온도를 낮추면 오른쪽(발열반응)으로 이동시켜 생성물을 증가시킴.

03 연소범위에 대한 온도의 영향으로 옳은 것은?

① 온도가 낮아지면 방열속도가 느려져서 연소범위가 넓어진다.
② 온도가 낮아지면 방열속도가 느려져서 연소범위가 좁아진다.
③ 온도가 낮아지면 방열속도가 빨라져서 연소범위가 넓어진다.
④ 온도가 낮아지면 방열속도가 빨라져서 연소범위가 좁아진다.

 연소범위
① 온도가 높아지면 연소범위가 넓어져 폭발위험이 증가한다.
② 온도가 낮아지면 열이 발산되어 연소범위가 좁아진다.

04 안전간격에 대한 설명으로 옳지 않은 것은?

① 안전간격은 방폭전기기기 등의 설계에 중요하다.
② 한계직경은 가는 관 내부를 화염이 진행할 때 도중에 꺼지는 관의 직경이다.
③ 두 평행판간의 거리를 화염이 전파하지 않을 때까지 좁혔을 때 그 거리를 소염거리라고 한다.
④ 발화의 제반 조건을 갖추었을 때 화염이 최대한으로 전파되는 거리를 화염일주라고 한다.

 ① **화염일주** : 소염(quenching)이라고도 하며 온도, 압력 및 조성의 조건을 만족하더라도 용기 용적이 작으면 발화되지 않으며 발화하더라도 지속적으로 화염이 전파되지 않고 도중에 꺼져 버리는 현상이다.
② **안전간격과 폭발등급**
   ㉠ 안전간격이 작은 가스 : 점화에너지가 적어 폭발하기 쉬워 위험하다.
   ㉡ 안전간격이 큰 가스 : 점화에너지가 커서 폭발하기 어려워 위험이 적다.

05 상온, 상압 하에서 에탄(C_2H_6)이 공기와 혼합되는 경우 폭발범위는 약 몇 %인가?
① 3.0~10.5% ② 3.0~12.5%
③ 2.7~10.5% ④ 2.7~12.5%

 에탄(C_2H_6)의 **폭발범위** : 3.0~12.5vol%

06 폭발과 관련한 가스의 성질에 대한 설명으로 옳지 않은 것은?
① 연소속도가 큰 것일수록 위험하다.
② 인화온도가 낮을수록 위험하다.
③ 안전간격이 큰 것일수록 위험하다.
④ 가스의 비중이 크면 낮은 곳에 체류한다.

 안전간격과 폭발등급
① 안전간격이 작은 가스 : 점화에너지가 적어 폭발하기 쉬워 위험하다.
② 안전간격이 큰 가스 : 점화에너지가 커서 폭발하기 어려워 위험이 적다.

07 다음 반응식을 이용하여 메탄(CH_4)의 생성열을 계산하면?

① $C+O_2 \rightarrow CO_2$
  $\Delta H = -97.2$ kcal/mol
② $H_2 + \frac{1}{2}O_2 \rightarrow H_2O$
  $\Delta H = -57.6$ kcal/mol
③ $CH_4 + 2O_2 \rightarrow CO_2 + 2H_2O$
  $\Delta H = -194.4$ kcal/mol

① $\Delta H = -17$ kcal/mol
② $\Delta H = -18$ kcal/mol
③ $\Delta H = -19$ kcal/mol
④ $\Delta H = -20$ kcal/mol

① $CH_4 + 2O_2 \rightarrow CO_2 + 2H_2O + Q$
  $-194 \rightarrow -97.2 - (2 \times 57.6) + Q$
② $-194.4 = -97.2 - (2 \times 57.6) + Q$
  $Q = 18$
③ $\Delta H = -18$ kcal/mol

08 공기 중에서 압력을 증가시켰더니 폭발범위가 좁아지다가 고압 이후부터 폭발범위가 넓어지기 시작했다. 어떤 가스인가?
① 수소 ② 일산화탄소
③ 메탄 ④ 에틸렌

 폭발범위(연소범위)**와 압력의 관계**
① 일산화탄소 : 압력 상승 시 연소범위가 좁아진다.
② 수소 : 10기압[atm]까지는 좁아지고 그 이상의 압력에서는 연소범위가 넓어진다.

09 다음 기체 가연물 중 위험도(H)가 가장 큰 것은?
① 수소 ② 아세틸렌
③ 부탄 ④ 메탄

 ① **아세틸렌**(C_2H_2) **연소범위** : 2.5~81vol%
  위험도 $= \dfrac{U(상한) - L(하한)}{L(하한)}$
  $= \dfrac{81 - 2.5}{2.5} = 31.4$
② **수소**(H_2)**의 연소범위** : 4~75vol%
  위험도 $= \dfrac{U(상한) - L(하한)}{L(하한)}$
  $= \dfrac{75 - 4}{4} = 17.75$
③ **부탄**(C_4H_{10})**의 연소범위** : 1.8~8.4vol%
④ **메탄**(CH_4)**의 연소범위** : 5~15vol%
⑤ 연소범위가 넓을수록 위험도 값이 증가하는 것을 알 수 있다.

10 가연성 물질의 위험성에 대한 설명으로 틀린 것은?
① 화염일주한계가 작을수록 위험성이 크다.
② 최소 점화에너지가 작을수록 위험성이 크다.
③ 위험도는 폭발상한과 하한의 차를 폭발하한계로 나눈 값이다.
④ 암모니아의 위험도는 2이다.

 암모니아(NH_3)
① 연소범위 : 15 ~ 28vol%

② 위험도 = $\dfrac{U(\text{상한}) - L(\text{하한})}{L(\text{하한})}$

= $\dfrac{28-15}{15} = 0.8666$

11 다음 연료 중 착화온도가 가장 낮은 것은?

① 벙커 C유 ② 무연탄
③ 역청탄   ④ 목재

12 어떤 기체의 확산속도가 SO_2의 2배였다. 이 기체는 어떤 물질로 추정되는가?

① 수소 ② 메탄
③ 산소 ④ 질소

 그레이엄(Graham)의 확산법칙

① $\dfrac{V_1}{V_2} = \sqrt{\dfrac{d_2}{d_1}} = \sqrt{\dfrac{M_2}{M_1}}$

② 확산속도의 비는 밀도 또는 분자량의 제곱근에 반비례한다. 즉, 분자량이 작은 기체가 공간에서 확산속도가 커진다.
③ 산소의 분자량 : 32
④ 질소의 분자량 : 28
⑤ 메탄의 분자량 : 16
⑥ SO_2의 분자량 : 64
⑦ $\dfrac{V_1}{V_2} = \sqrt{\dfrac{M_2}{M_1}}$, $\dfrac{2}{1} = \sqrt{\dfrac{64}{M_1}}$, $M_1 = 16g$
⑧ 메탄의 분자량 : $M_1 = 16g$

13 다음은 폭굉의 정의에 관한 설명이다. 공란에 알맞은 용어는?

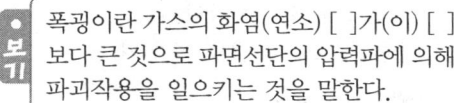
폭굉이란 가스의 화염(연소) [ ]가(이) [ ] 보다 큰 것으로 파면선단의 압력파에 의해 파괴작용을 일으키는 것을 말한다.

① 전파속도-화염온도
② 폭발파-충격파
③ 전파온도-충격파
④ 전파속도-음속

 폭굉
① 발열반응이다.
② 폭굉 : 음속 < 폭발속도 (충격파)
③ 폭연 : 음속 > 폭발속도 (충격파)
④ 짧은 시간에 에너지가 방출된다.
⑤ 충격파가 발생한다.

14 층류 연소속도에 대한 설명으로 옳은 것은?

① 미연소 혼합기의 비열이 클수록 층류 연소속도는 크게 된다.
② 미연소 혼합기의 비중이 클수록 층류 연소속도는 크게 된다.
③ 미연소 혼합기의 분자량이 클수록 층류 연소속도는 크게 된다.
④ 미연소 혼합기의 열전도율이 클수록 층류 연소속도는 크게 된다.

 층류 연소속도
① 비열이 작을수록 층류 연소속도는 증가한다.
② 밀도가 작을수록 층류 연소속도는 증가한다.
③ 열전도율이 클수록 층류 연소속도는 증가한다.
④ 분자량이 클수록 층류 연소속도는 크게 된다.

15 예혼합연소에 대한 설명으로 옳지 않은 것은?

① 난류연소속도는 연료의 종류, 온도, 압력에 대응하는 고유값을 갖는다.
② 전형적인 층류 예혼합화염은 원추상 화염이다.
③ 층류 예혼합화염의 경우 대기압에서의 화염두께는 대단히 얇다.
④ 난류 예혼합화염은 층류 화염보다 훨씬 높은 연소속도를 가진다.

 난류 연소속도는 층류 화염보다 빠르다.

16 일정량의 기체의 체적은 온도가 일정할 때 어떤 관계가 있는가? (단, 기체는 이상기체로 거동한다.)

① 압력에 비례한다. ② 압력에 반비례한다.
③ 비열에 비례한다. ④ 비열에 반비례한다.

 ① **보일의 법칙**
　　㉠ 온도가 일정할 때 기체의 부피는 압력에 반비례한다.
　　㉡ "기체의 온도를 일정하게 유지할 때 기체가 차지하는 부피는 절대압력에 반비례한다."
② **샤를의 법칙** : 일정한 압력에서 가스의 비체적은 그 온도에 비례한다.
③ **보일-샤를의 법칙** : 일정량의 기체의 부피는 압력에 반비례하고 절대온도에 비례한다.

17 1kWh의 열당량은 약 몇 kcal인가? (단, 1kcal는 4.2J이다.)

① 427　　② 576
③ 660　　④ 857

 1kWh = 860kcal = 860kcal = 3600kJ

18 폭굉유도거리(DID)가 짧아지는 요인이 아닌 것은?

① 압력이 낮을 때
② 점화원의 에너지가 클 때
③ 관 속에 장애물이 있을 때
④ 관 지름이 작을 때

폭굉유도거리(DID) 짧아지는 조건
① 압력이 높을수록 폭굉유도거리는 짧아진다.
② 점화에너지가 높을수록 유도거리가 짧아진다.
③ 관 지름이 작을 때 유도거리가 짧아진다.

19 가로, 세로, 높이가 각각 3m, 4m, 3m인 가스 저장소에 최소 몇 L의 부탄가스가 누출되면 폭발될 수 있는가? (단, 부탄가스의 폭발범위는 1.8~8.4%이다.)

① 460　　② 560
③ 660　　④ 760

 ① **저장소 부피** : $3 \times 4 \times 3 = 64\text{m}^3$
② **폭발 상한값** : $36\text{m}^3 \times \dfrac{1.8}{100}$
　　$= 0.648\text{m}^3 \times 1000 = 648\text{L}$(최소값)
③ **폭발 하한값** : $36\text{m}^3 \times \dfrac{8.4}{100}$
　　$= 3.024\text{m}^3 \times 1000 = 3024\text{L}$(최대값)

20 다음 중 액체연료의 인화점 측정 방법이 아닌 것은?

① 타그법　　② 펜스키 마르텐스법
③ 에벨펜스키법　　④ 봄브법

 인화점 측정 방법
① 밀폐식 : 에벨·펜스키식, 펜스키, 마르텐스식, 에벨식, 타그리아브식, 에리트식
② 개방식 : 클리블랜드식, 매카슨식 등이 있다.

제 2 과목　가스설비

21 축류 펌프의 특징에 대한 설명으로 틀린 것은?

① 비속도가 적다.
② 마감기동이 불가능하다.
③ 펌프의 크기가 작다.
④ 높은 효율을 얻을 수 있다.

 축류 펌프
① 터보식 펌프로서 비교적 10m 이하의 저양정, 대용량에 적합하다.
② 효율 변화가 비교적 급한 펌프이다.
③ 임펠러의 날개 부착각을 변경하여 특정 조정이 가능하므로 비속도가 크다는 것을 알 수 있다.

22 고온, 고압 하에서 수소를 사용하는 장치공정의 재질은 어느 재료를 사용하는 것이 가장 적당한가?

① 탄소강   ② 스테인리스강
③ 타프치동   ④ 실리콘강

① 내식성이 강하며 산에 잘 견디도록 강에 니켈이나 크롬 등을 많이 첨가한 스테인리스강이 좋다.
② 내수성인 금속인 크롬강(Cr)을 사용하는 것이 좋다.

23 가연성 가스 및 독성가스 용기의 도색 구분이 옳지 않은 것은?

① LPG – 회색   ② 액화암모니아 – 백색
③ 수소 – 주황색   ④ 액화염소 – 청색

가연성 및 독성가스 용기 도색 표시

가스의 종류	도 색
액화석유가스	회 색
수 소	주황색
아세틸렌	황 색
액화암모니아	백 색
액화염소	갈 색
그 밖의 가스	회 색

24 린데식 액화장치의 구조상 반드시 필요하지 않은 것은?

① 열교환기   ② 증발기
③ 팽창밸브   ④ 액화기

린데식 공기 액화 사이클
① 압축기에서 압축공기가 열교환기에 들어가 팽창밸브를 지나면서 단열팽창(줄–톰슨효과)을 한다. 이때 공기는 액화되면서 액화기에 들어가는 원리를 이용한 가스 액화 사이클이다.
② 압축기 → (압축공기) → 열교환기 → 팽창밸브(단열팽창) → 액화기(공기 액화)

25 다음 [보기] 중 비등점이 낮은 것부터 바르게 나열된 것은?

ⓐ O_2 ⓑ H_2 ⓒ N_2 ⓓ CO

① ⓑ-ⓒ-ⓓ-ⓐ   ② ⓑ-ⓒ-ⓐ-ⓓ
③ ⓑ-ⓓ-ⓒ-ⓐ   ④ ⓑ-ⓓ-ⓐ-ⓒ

비등점
① O_2 : $-183℃$ ② H_2 : $-252℃$
③ N_2 : $-196℃$ ④ CO : $-192℃$

26 원통형 용기에서 원주방향 응력은 축방향 응력의 얼마인가?

① 0.5   ② 1배
③ 2배   ④ 4배

응력
① 원주방향 응력 $\delta_x = \dfrac{W}{A} = \dfrac{PD}{2t}$
② 축방향 응력 $\delta_h = \dfrac{W}{A} = \dfrac{PD}{4t}$
③ $\dfrac{PD}{2t} > \dfrac{PD}{4t} \times 2$,
원방향 응력(2배) > 축방향 응력

27 LP가스의 연소방식 중 분젠식 연소방식에 대한 설명으로 옳은 것은?

① 불꽃의 색깔은 적색이다.
② 연소 시 1차 공기, 2차 공기가 필요하다.
③ 불꽃의 길이가 길다.
④ 불꽃의 온도가 900℃ 정도이다.

① **분젠식 버너**
 ㉠ 가스를 노즐부터 분출시켜 분출되는 가스에 의하여 주위의 공기를 연소범위 내에서 1차 공기로 흡인하여 연소에 사용하며 안정된 연소가 되면 외염을 형성한다.
 ㉡ 1차 공기 : 40~70%
 ㉢ 2차 공기 : 60~30%
② **적화식** : 연소에 필요한 공기 전부를 2차 공기를 사용하며 1차 공기는 사용하지 않는다.

22.② 23.④ 24.② 25.① 26.③ 27.②

③ **세미분젠식** : 연소범위에 도달하지 않도록 1차 공기량을 제한하여 연소하는 방식으로 적화식과 분젠식의 중간 형태이다.
④ **전1차 공기식** : 모든 공기를 1차 공기로 흡인하여 연소하는 것으로 완만한 조건에서는 2차 공기를 사용하지 않는다.

28 액화천연가스(LNG)의 탱크로서 저온수축을 흡수하는 기구를 가진 금속박판을 사용한 탱크는?

① 프리스트레스트 탱크
② 동결식 탱크
③ 금속제 이중구조 탱크
④ 멤브레인 탱크

 멤브레인 탱크
수축에 의한 변형에 강하며 선창의 공간 이용 효율이 좋다.

29 성능계수가 3.2인 냉동기가 10ton의 냉동을 하기 위하여 공급하여야 할 동력은 약 몇 kW 인가?

① 10   ② 12
③ 14   ④ 16

 냉동기 성능계수

① $COP = \dfrac{Q}{AW}$

$= \dfrac{\text{저온체에서 흡수된 열량}}{\text{공급된 열량}}$

$= \dfrac{\text{냉동능력}}{\text{공급동력}}$

② 공급동력 $= \dfrac{\text{냉동능력}}{\text{성능계수}}$

$= \dfrac{10 \times 3320[\text{kcal/h}]}{3.2}$

$= 10375[\text{kcal/h}]$

③ $1\text{kW} : 860\text{kcal} = X : 10375\text{kcal}$

$X = \dfrac{1 \times 10375}{860} = 12.063\,\text{kW}$

④ $1\text{kW} = 860\text{kcal}$,
냉동기 $1[\text{ton}] = 3320[\text{kcal/h}]$

30 가스용 PE배관을 온도 40℃ 이상의 장소에 설치할 수 있는 가장 적절한 방법은?

① 단열성능을 가지는 보호판을 사용한 경우
② 단열성능을 가지는 침상재료를 사용한 경우
③ 로캐이팅 와이어를 이용하여 단열조치를 한 경우
④ 파이프 슬리브를 이용하여 단열조치를 한 경우

 가스용 폴리에틸렌관 설치기준
① 관은 매몰하여 시공하여야 한다. 다만, 지상배관의 연결을 위하여 금속관을 사용하여 보호조치를 한 경우에는 지면에서 30cm 이하로 노출하여 시공할 수 있다.
② 관의 굴곡허용반경은 외경의 20배 이상으로 하여야 한다. 다만, 굴곡반경이 외경의 20배 미만일 경우에는 엘보를 사용한다.
③ 관의 매설위치를 지상에서 탐지할 수 있는 탐지형 보호포, 로케팅 와이어[전선(나전선은 제외한다)의 굵기는 8mm^2 이상)] 등을 설치하여야 한다.
④ 관은 온도가 40℃ 이상이 되는 장소에 설치하지 아니하여야 한다. 다만, 파이프 슬리브 등을 이용하여 단열조치를 한 경우에는 그러하지 아니하다.
⑤ 관의 시공은 폴리에틸렌융착원양성교육을 이수한 자가 실시하여야 한다.

31 가스온수기에 반드시 부착하지 않아도 되는 안전장치는?

① 소화안전장치
② 과열방지장치
③ 불완전연소방지장치
④ 전도안전장치

 ① 가스온수기 : 소화안전장치, 과열방지장치, 불완전연소방지장치
② 개방형 온수기일 경우 : 산소 결핍 안전장치가 필요하다.

32 에어졸 용기의 내용적은 몇 L 이하인가?

① 1   ② 3

③ 5   ④ 10

 에어졸 용기의 내용적 : 1L 이하

33 금속 재료에 대한 설명으로 틀린 것은?
① 탄소강은 철과 탄소를 주요 성분으로 한다.
② 탄소 함유량이 0.8% 이하의 강을 저탄소강이라 한다.
③ 황동은 구리와 아연의 합금이다.
④ 강의 인장강도는 300℃ 이상이 되면 급격히 저하된다.

 탄소강의 분류
① 저탄소강(low carbon steel, 연강) : 탄소 함유량 0.3wt% 이하
② 중탄소강(medium-carbon steel) : 탄소 함유량 0.3~0.6wt%
③ 고탄소강(high-carbon steel) : 탄소 함유량 0.6wt% 이상
④ 공구강(tool steel) : 고탄소강 중 0.77%C 이상의 탄소강을 말한다.

34 아세틸렌 용기의 다공질물 용적이 30L, 침윤 잔용적이 6L일 때 다공도는 몇 %이며 관련법 상 합격인지 판단하면?
① 20%로서 합격이다.
② 20%로서 불합격이다.
③ 80%로서 합격이다.
④ 80%로서 불합격이다.

 ① **아세틸렌의 충전**
㉠ 아세틸렌을 2.5MPa의 압력으로 압축하는 때에는 질소·메탄·일산화탄소 또는 에틸렌 등의 희석제를 첨가할 것.
㉡ 습식 아세틸렌 발생기의 표면은 70℃ 이하의 온도로 유지하여야 하며, 그 부근에서는 불꽃이 튀는 작업을 하지 아니할 것.
㉢ 아세틸렌을 용기에 충전하는 때에는 미리 용기에 다공질물을 고루 채워 다공도가 75% 이상 92% 미만이 되도록

한 후 아세톤 또는 디메틸포름아미드를 고루 침윤시키고 충전할 것.
② **다공도[%]**
㉠ 다공도 = $\dfrac{V-E}{V} \times 100$
   = $\dfrac{30-6}{30} \times 100 = 80\%$
㉡ 다공도가 80%이므로 합격이다.

35 LPG 저장탱크 2기를 설치하고자 할 경우, 두 저장탱크의 최대 지름이 각각 2m, 4m일 때 상호 유지하여야 할 최소 이격거리는?
① 0.5m   ② 1m
③ 1.5m   ④ 2m

 탱크 상호간 이격거리
① 두 저장탱크의 최대 지름을 더한 길이의 4분의 1 이상에 해당하는 거리를 유지한다.
② 두 저장탱크의 최대 지름을 더한 길이의 4분의 1이 1m 미만인 경우에는 1m 이상의 거리를 유지한다.
③ $(2+4) \times \dfrac{1}{4} = 1.5$

36 저압 가스 배관에서 관의 내경이 1/2로 되면 압력손실은 몇 배로 되는가? (단, 다른 모든 조건은 동일한 것으로 본다.)
① 4   ② 16
③ 32   ④ 64

 저압 배관 압력손실
① 저압 배관 유량 : $Q = K\sqrt{\dfrac{D^5 H}{SL}}$
② $H = \dfrac{Q^2 SL}{K^2 D^5} = \dfrac{Q^2 SL}{K^2 \left(\dfrac{1}{2}D\right)^5} = \dfrac{1}{\left(\dfrac{1}{2}\right)^5}$
   = $\dfrac{1}{2^{-5}} = 2^5 = 32$
③ $H \propto \dfrac{1}{D^5}$ 이므로,
   $H \propto \dfrac{1}{\left(\dfrac{1}{2}\right)^5}$ 배만큼 감소한다.

37 전열 온수식 기화기에서 사용되는 열매체는?
① 공기   ② 기름
③ 물   ④ 액화가스

 전열 온수식 기화기
① 열교환기 코일이 수조의 물을 가열하여 액화가스를 강제 기화시키는 방식이다.
② 열매체 : 물이다.

38 저온 수증기 개질 프로세스의 방식이 아닌 것은?
① C.R.G식   ② M.R.G식
③ Lurgi식   ④ I.C.I식

 I.C.I식 : 고온 수증기 개질 프로세스 방식

39 자동절체식 조정기 설치에 있어서 사용측과 예비측 용기의 밸브 개폐 방법에 대한 설명으로 옳은 것은?
① 사용측 밸브는 열고 예비측 밸브는 닫는다.
② 사용측 밸브는 닫고 예비측 밸브는 연다.
③ 사용측 예비측 밸브 전부를 닫는다.
④ 사용측 예비측 밸브 전부를 연다.

 자동절체식 조정기
일체형 조정기로 사용측, 예비측 밸브 전부를 연다.

40 고압가스용 기화장치에 대한 설명으로 옳은 것은?
① 증기 및 온수가열구조의 것에는 기화장치 내의 물을 쉽게 뺄 수 있는 드레인 밸브를 설치한다.
② 기화기에 설치된 안전장치는 최고 충전압력에서 작동하는 것으로 한다.
③ 기화장치에는 액화가스의 유출을 방지하기 위한 액 밀봉장치를 설치한다.
④ 임계온도가 -50℃ 이하인 액화가스용 고정식 기화장치의 압력이 허용압력을 초과하는 경우 압력을 허용압력 이하로 되돌릴 수 있는 안전장치를 설치한다.

 **기화장치 구조**
① 기화장치에는 액화가스의 유출을 방지하기 위한 액유출방지장치 또는 액유출방지기구를 설치할 것. 다만, 임계온도가 -50℃ 이하인 액화가스용 기화장치와 이동식 기화장치는 그러하지 아니한다.
② 기화통 또는 기화장치의 기체부분에는 당해 부분의 압력이 허용압력을 초과하는 경우에 즉시 그 압력을 허용압력이하로 되돌릴 수 있는 안전장치를 설치하여야 한다. 다만, 임계온도가 -50℃ 이하인 액화가스용 고정식 기화장치에는 적용하지 아니한다.
③ 기화통의 기체부분 및 증기, 온수가열식의 배관 또는 동체에는 각각 온도계(임계온도 -50C 이하인 액화가스용 기화장치는 제외)및 압력계(온수가열방식의 온수부분은 제외)를 설치하여야 한다. 다만, 다른 부분에서 온도 및 압력을 측정할 수 있는 기구의 것에는 그러하지 아니하다.
④ 증기 및 온수가열구조의 것에는 응축된 물 또는 기화장치 내에 물을 쉽게 뺄 수 있는 드레인 밸브를 설치하여야 한다.
⑤ 가연성 가스용 기화장치에 부속된 전기설비는 전기설비의 방폭성능기준의 규정에 적합하여야 한다.

기화장치 성능
① 안전장치는 내압시험의 10분의 8 이하의 압력에서 작동할 것.
② 기밀시험은 공기 또는 불활성 가스를 사용하여 가스통과부분 및 온수, 증기통과부분에 대하여 상용압력 이상의 압력으로 행하며, 각 부분에는 가스의 누출이 없을 것.
③ 내압시험은 물을 사용하는 것을 원칙으로 하며, 가스통과부분 및 온수, 증기통과부분에 대하여 상용압력의 1.5배 이상의 압력으로 행하며, 각 부분은 누수, 변형, 이상팽창이 없을 것. 다만, 기화장치의 구조상 물을 사용하는 것이 곤란한 경우에는 질소 또는 공기 등의 불활성 기체를 사용하여 상용압력의 1.25배의 압력으로 내압시험을 행할 수 있다.

 제3과목 가스안전관리

41 고압가스안전관리법에서 정하고 있는 특정 고압가스가 아닌 것은?

① 천연가스 ② 액화염소
③ 게르만 ④ 염화수소

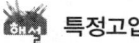 특정고압가스
① 포스핀 ② 셀렌화수소
③ 게르만 ④ 디실란
⑤ 오불화비소 ⑥ 오불화인
⑦ 삼불화인 ⑧ 삼불화질소
⑨ 삼불화붕소 ⑩ 사불화유황
⑪ 사불화규소

42 가연성 가스를 차량에 고정된 탱크에 의하여 운반할 때 갖추어야 할 소화기의 능력단위 및 비치 개수가 옳게 짝지어진 것은?

① ABC용, B-12 이상 - 차량 좌우에 각각 1개 이상
② AB용, B-12 이상 - 차량 좌우에 각각 1개 이상
③ ABC용, B-12 이상 - 차량에 1개 이상
④ AB용, B-12 이상 - 차량에 1개 이상

소화 설비

가스의 종류	약제의 종류	소화기 능력단위	소화기 개수
가연성 가스	분말 소화 약제	BC용 B-10 이상 또는 ABC용 B-12 이상	차량 좌 : 1개 이상 차량 우 : 1개 이상
산소	분말 소화 약제	BC용 B-8 이상 또는 ABC용 B-10 이상	차량 좌 : 1개 이상 차량 우 : 1개 이상

43 저장탱크의 내용적이 몇 m^3 이상일 때 가스방출장치를 설치하여야 하는가?

① $1m^3$ ② $3m^3$
③ $5m^3$ ④ $10m^3$

 가스방출장치
저장능력 5톤(가연성 또는 독성의 가스가 아닌 경우에는 10톤) 또는 $500m^3$(가연성 또는 독성의 가스가 아닌 경우에는 $1000m^3$) 이상 인 저장탱크 및 압력용기(반응·분리·정제·증류를 위한 탑류로서 높이 5m 이상인 것만을 말한다)에는 지진 발생 시 저장탱크를 보호하기 위하여 내진성능 확보를 위한 조치 등 필요한 조치를 마련하며, $5m^3$ 이상의 가스를 저장하는 것에는 가스방출장치를 설치할 것.

44 최고 사용압력이 고압이고 내용적이 $5m^3$인 도시가스 배관의 자기압력기록계를 이용한 기밀시험 시 기밀유지시간은?

① 24분 이상 ② 240분 이상
③ 300분 이상 ④ 480분 이상

① $1m^3$ 미만 : 48분
② $1m^3$ 이상 $10m^3$ 미만 : 480분
③ $10m^3$ 이상 : $48 \times V[m^3]$

45 안전성 평가는 관련 전문가로 구성된 팀으로 안전평가를 실시해야 한다. 다음 중 안전평가 전문가의 구성에 해당하지 않는 것은?

① 공정운전 전문가 ② 안전성 평가 전문가
③ 설계 전문가 ④ 기술용역 진단 전문가

 안전성 평가 수행자
안전성 평가를 수행할 때에는 안전성 평가 전문가, 설계 전문가 및 공정운전 전문가가 각각 1인 이상 참여한 전문가로 구성된 팀에 의하여 실시한다.

46 액화석유가스를 충전한 자동차에 고정된 탱크는 지상에 설치된 저장탱크의 외면으로부터 몇 m 이상 떨어져 정차하여야 하는가?

① 1 ② 3
③ 5 ④ 8

41.④ 42.① 43.③ 44.④ 45.④ 46.②

저장설비 기준
① 저장탱크에 가스를 충전하려면 가스의 용량이 상용의 온도에서 저장탱크 내용적의 90%를 넘지 아니할 것.
② 자동차에 고정된 탱크는 저장탱크의 외면으로부터 3m 이상 떨어져 정지할 것. 다만, 저장탱크와 자동차에 고정된 탱크와의 사이에 방호 울타리 등을 설치한 경우에는 그러하지 아니하다.
③ 슬립튜브식 액면계의 패킹을 주기적으로 점검하고 이상이 있으면 교체할 것.

47 도시가스 제조시설에서 벤트 스택의 설치에 대한 설명으로 틀린 것은?
① 벤트 스택 높이는 방출된 가스의 착지농도가 폭발상한계값 미만이 되도록 설치한다.
② 벤트 스택에는 액화가스가 함께 방출되지 않도록 하는 조치를 한다.
③ 벤트 스택 방출구는 작업원이 통행하는 장소로부터 5m 이상 떨어진 곳에 설치한다.
④ 벤트 스택에 연결된 배관에는 응축액의 고임을 제거할 수 있는 조치를 한다.

 그 밖의 벤트 스택
벤트 스택 이외의 벤트 스택은 다음 각 호 기준에 적합하게 설치하여야 한다.
① 벤트 스택의 높이는 방출된 가스의 착지농도(着地濃度)가 폭발하한계값 미만이 되도록 충분한 높이로 한다.
② 벤트 스택 방출구의 위치는 작업원이 정상 작업을 하는 데 필요한 장소 및 작업원이 항시 통행하는 장소로부터 5m 이상 떨어진 곳에 설치하여야 한다.
③ 벤트 스택에는 정전기 또는 낙뢰 등에 의하여 착화된 경우에는 소화할 수 있는 조치를 강구하여야 한다.
④ 벤트 스택 또는 그 벤트 스택에 연결된 배관에는 응축액의 고임을 제거 또는 방지하기 위한 조치를 하여야 한다.
⑤ 액화가스가 함께 방출되거나 급랭될 우려가 있는 벤트 스택에는 액화가스가 함께 방출되지 않는 조치를 하여야 한다.

48 고압가스 저장탱크 물분무장치의 설치에 대한 설명으로 틀린 것은?
① 물분무장치는 30분 이상 동시에 방사할 수 있는 수원에 접속되어야 한다.
② 물분무장치는 매월 1회 이상 작동상황을 점검하여야 한다.
③ 물분무장치는 저장탱크 외면으로부터 10m 이상 떨어진 위치에서 조작할 수 있어야 한다.
④ 물분무장치는 표면적 $1m^2$ 당 8L/분을 표준으로 한다.

 물분무장치 등의 조작
물분무장치 등은 당해 저장탱크의 외면으로부터 15m 이상 떨어진 안전한 위치에서 또한 방류둑을 설치한 저장탱크에 있어서 당해 방류둑의 밖에서 조작할 수 있는 것이어야 한다. 다만, 저장탱크의 주위에 예상되는 화재에 대비하여 안전한 차단장치를 설치한 경우에는 그러하지 아니하다

49 가스의 종류와 용기 도색의 구분이 잘못된 것은?
① 액화염소 : 황색
② 액화암모니아 : 백색
③ 에틸렌(의료용) : 자색
④ 사이클로프로판(의료용) : 주황색

 가연성 및 독성가스 용기 도색 표시

가스의 종류	도 색
액화석유가스	회 색
수 소	주황색
아세틸렌	황 색
액화암모니아	백 색
액화염소	갈 색
그 밖의 가스	회 색

50 가연성 가스의 폭발등급 및 이에 대응하는 내압방폭구조 폭발등급의 분류 기준이 되는 것은?
① 최대 안전틈새 범위
② 폭발범위

③ 최소 점화전류비 범위
④ 발화온도

폭발등급
① 폭발 1등급 : 안전간격 0.6mm 이상
② 폭발 2등급 : 안전간격 0.4mm~0.6mm 이하
③ 폭발 3등급 : 안전간격 0.4mm 이하

51 소형 저장탱크의 설치방법으로 옳은 것은?
① 동일한 장소에 설치하는 경우 10기 이하로 한다.
② 동일한 장소에 설치하는 경우 충전질량의 합계는 7000kg 미만으로 한다.
③ 탱크 지면에서 3cm 이상 높게 설치된 콘크리트 바닥 등에 설치한다.
④ 탱크가 손상 받을 우려가 있는 곳에는 가드레일 등의 방호조치를 한다.

소형 저장탱크
① 동일 장소에 설치하는 소형 저장탱크의 수는 6기 이하로 하고 충전질량의 합계는 5,000kg 미만이 되도록 할 것.
② 소형 저장탱크는 지진, 바람 등에 의하여 이동되지 아니하도록 설치할 것.
③ 소형 저장탱크는 그 바닥이 지면보다 5cm 이상 높게 설치된 콘크리트 바닥 등에 설치할 것. 이 경우 고정방법은 화재 등의 경우 쉽게 분리할 수 있도록 할 것.
④ 소형 저장탱크가 손상을 받을 우려가 있는 경우에는 가드레일 등의 방호조치를 할 것.
⑤ 소형 저장탱크를 설치하는 장소는 소형 저장탱크의 설치, 분리, 점검 등에 필요한 공간을 보유할 것.

52 액화가스를 차량에 고정된 탱크에 의해 250km의 거리까지 운반하려고 한다. 운반책임자가 동승하여 감독 및 지원을 할 필요가 없는 경우는?
① 에틸렌 : 3000kg
② 아산화질소 : 3000kg
③ 암모니아 : 1000kg
④ 산소 : 6000kg

① **운반책임자 동승 기준**(비독성 가스)

가스의 종류		기 준
압축가스	가연성 가스	300m³ 이상
	조연성 가스	6000m³ 이상
액화가스	가연성 가스	3000kg 이상 (납붙임 및 접합용기 2000kg 이상)
	조연성 가스	6000kg 이상

② **아산화질소**(조연성 가스) : 6000kg 이상

53 가스설비 및 저장설비에서 화재 폭발이 발생하였다. 원인이 화기였다면 관련법상 화기를 취급하는 장소까지 몇 m 이내이어야 하는가?
① 2m
② 5m
③ 8m
④ 10m

① 충전설비 및 저장설비는 그 외면으로부터 화기를 취급하는 장소 : 2m 이상 우회거리
② 가연성 가스 및 산소의 충전설비 또는 저장설비 : 8m 이상 우회거리

54 용기보관장소에 대한 설명 중 옳지 않은 것은?
① 산소 충전용기 보관실의 지붕은 콘크리트로 견고히 하여야 한다.
② 독성가스 용기보관실에는 가스누출검지 경보장치를 설치하여야 한다.
③ 공기보다 무거운 가연성 가스의 용기보관실에는 가스 누출검지경보장치를 설치하여야 한다.
④ 용기보관장소는 그 경계를 명시하여야 한다.

용기보관소
① 용기보관실의 벽은 불연재료를 사용하고, 그 지붕은 가벼운 불연재료 또는 난연재료를 사용할 것. 다만, 허가관청이 건축물의 구조로 보아 가벼운 지붕을 설치

하기가 현저히 곤란하다고 인정하는 경우에는 허가관청이 정하는 구조 또는 시설을 갖추어야 한다.
② 용기보관실 및 사무실은 한 부지 안에 구분하여 설치할 것. 다만, 해상에서 가스판매업 하려는 경우에는 용기보관실을 해상구조물 또는 선박에 설치할 수 있다.
③ 용기보관실은 누출된 가스가 사무실로 유입되지 않는 구조로 설치할 것.
④ 가연성 가스·산소 및 독성가스의 용기보관실은 각각 구분하여 설치하고, 각각의 면적은 10m² 이상으로 할 것.
⑤ 누출된 가스가 혼합될 경우 폭발하거나 독성가스가 생성될 우려가 있는 가스의 용기보관실은 별도로 설치할 것.

55 도시가스사업자는 가스공급시설을 효율적으로 안전관리하기 위하여 도시가스 배관망을 전산화하여야 한다. 전산화 내용에 포함되지 않는 사항은?
① 배관의 설치도면
② 정압기의 시방서
③ 배관의 시공자, 시공연월일
④ 배관의 가스흐름 방향

도시가스사업자는 가스공급시설을 효율적으로 관리하기 위하여 배관, 정압기 등의 설치도면, 시방서(호칭지름 및 재질 등에 관한 사항을 기재한다), 시공자, 시공연월일 등을 전산화할 것.

56 일반도시가스공급시설의 기화장치에 대한 기준으로 틀린 것은?
① 기화장치에는 액화가스가 넘쳐흐르는 것을 방지하는 장치를 설치한다.
② 기화장치는 직화식 가열구조가 아닌 것으로 한다.
③ 기화장치로서 온수로 가열하는 구조의 것은 급수부에 동결 방지를 위하여 부동액을 첨가한다.
④ 기화장치의 조작용 전원이 정지할 때에도

가스공급을 계속 유지할 수 있도록 자가발전기를 설치한다.

 기화장치
① 구조
 ㉠ 기화장치는 직화식 가열구조의 것이 아닐 것.
 ㉡ 기화장치로서 온수로 가열하는 구조의 것은 온수부에 동결 방지를 위하여 부동액을 첨가하거나 불연성 단열재로 피복할 것.
② 액유출방지장치 : 기화장치에는 액화가스의 넘쳐흐름을 방지하는 장치를 설치할 것. 다만, 기화장치 외의 가스발생설비와 병용되는 것은 그러하지 아니하다.
③ 역류방지장치 : 공기를 흡입하는 구조의 기화장치는 가스의 역류에 의하여 공기흡입공으로부터 가스가 누출되지 아니하는 구조의 것일 것.
④ 조작용 전원 정지 시의 조치 : 기화장치의 조작용 전원이 정지할 때에도 가스공급을 계속 유지할 수 있도록 자가발전기를 설치하거나 그 밖의 필요한 조치를 할 것.

 ① 기화장치 급수부(온수가열식) : 부식 방지 조치
② 기화장치 온수부(온수가열식) : 동결 방지 조치

57 고압가스 일반제조의 시설 기준에 대한 설명으로 옳은 것은?
① 초저온저장탱크에는 환형 유리관 액면계를 설치할 수 없다.
② 고압가스설비에 장치하는 압력계는 상용압력의 1.1배 이상 2배 이하의 최고눈금이 있어야 한다.
③ 공기보다 가벼운 가연성 가스의 가스설비실에는 1방향 이상의 개구부 또는 자연환기설비를 설치하여야 한다.
④ 저장능력이 1000톤 이상인 가연성 가스(액화가스)의 지상 저장탱크의 주위에는 방류둑을 설치하여야 한다.

고압가스 일반제조 시설 기준
① 초저온저장탱크에는 환형 유리관 액면계를 설치할 수 있다.
② 고압가스설비에 장치하는 압력계는 상용압력의 1.5배 이상 2배 이하의 최고눈금이 있어야 한다.
③ 공기보다 가벼운 가연성 가스의 가스설비실에는 2방향 이상의 개구부 또는 자연환기설비를 설치하여야 한다.

58 고압가스 특정제조시설에서 작업원에 대한 제독작업에 필요한 보호구의 장착훈련 주기는?

① 매 15일마다 1회 이상
② 매 1개월마다 1회 이상
③ 매 3개월마다 1회 이상
④ 매 6개월마다 1회 이상

 보호구의 보관 및 장착훈련
① 보관장소 : 독성가스가 누출할 우려가 있는 장소에 가까우면서 관리하기가 쉽고 긴급 시 독성가스에 접하지 아니하고 반출할 수 있는 장소에 보관하여야 한다.
② 보관방법 : 항상 청결하고 그 기능이 양호한 상태로 보관하여야 하며 정화통 등의 소모품은 정기적 또는 사용 후에 점검하고, 교환 및 보충하여야 한다.
③ 장착훈련 : 작업원에게는 3개월마다 1회 이상 사용훈련을 실시하고 사용방법을 숙지시킬 것.
④ 기록의 보관 : 보호구의 점검 및 변동사항 또는 보호구의 장착훈련실적을 기록·보존할 것.

59 고압가스 특정설비 제조자의 수리범위에 해당되지 않는 것은?

① 단열재 교체
② 특정설비의 부품교체
③ 특정설비의 부속품 교체 및 가공
④ 아세틸렌 용기 내의 다공질물 교체

수리자격자	수리범위
용기의 제조등록을 한 자	① 용기 몸체의 용접 ② 아세틸렌 용기 내의 다공질물 교체 ③ 용기의 스커트·프로텍터 및 넥크링의 교체 및 가공 ④ 용기 부속품의 부품 교체 ⑤ 저온 또는 초저온용기의 단열재 교체 ⑥ 초저온용기 부속품의 탈·부착

60 어떤 온도에서 압력 6.0MPa, 부피 125L의 산소와 8.0MPa, 부피 200L의 질소가 있다. 두 기체를 부피 500L의 용기에 넣으면 용기 내 혼합기체의 압력은 약 몇 MPa이 되는가?

① 2.5   ② 3.6
③ 4.7   ④ 5.6

 ① $PV = P_1V_1 + P_2V_2$
② $P \times 500 = (6 \times 125) + (8 \times 200)$,
$P = 4.7 \text{MPa}$

제 4 과목   가스계측기기

61 헴펠식 가스 분석에 대한 설명으로 틀린 것은?

① 산소는 염화구리 용액에 흡수시킨다.
② 이산화탄소는 30% KOH 용액에 흡수시킨다.
③ 중탄화수소는 무수황산 25%를 포함한 발연황산에 흡수시킨다.
④ 수소는 연소시켜 감량으로 정량한다.

 헴펠법
① CO_2 – 30% KOH 용액
② C_mH_n – 25% 발연황산
③ C_O – 암모니아성 염화 제1구리 용액
④ O_2 – 피로가롤 용액

가스산업기사

62 접촉식 온도계의 종류와 특징을 연결한 것 중 틀린 것은?

① 유리 온도계 - 액체의 온도에 따른 팽창을 이용한 온도계
② 바이메탈 온도계 - 바이메탈이 온도에 따라 굽히는 정도가 다른 점을 이용한 온도계
③ 열전대 온도계 - 온도 차이에 의한 금속의 열상승속도의 차이를 이용한 온도계
④ 저항 온도계 - 온도 변화에 따른 금속의 전기저항 변화를 이용한 온도계

열전대 온도계
① 열전대를 측온체로 사용하여 열기전력으로 온도를 나타내는 온도계이다.
② 구성 : 열전대, 보상도선, 측온접점(열접점), 기준접점(냉접점), 보호관
③ 제백 효과(Seeback effect) : 두 종의 금속으로 폐회로를 만들고 두 곳의 접합점에 온도차를 가게 하면 열기전력이 발생하여 전기가 흐르는 현상이다.

63 증기압식 온도계에 사용되지 않는 것은?

① 아닐린   ② 프레온
③ 에틸에테르   ④ 알코올

① **증기 압력식 온도계** : 감온부에 프로판, 에테르와 같은 휘발성 액체를 봉입시키고 이때 액체의 증기압과 온도 사이에 일정한 관계가 있는 것을 이용하여 온도를 측정한다.
② **액체 압력식 온도계** : 수은, 알코올 등을 액체로 사용한다.

64 다음 중 포스겐가스의 검지에 사용되는 시험지는?

① 하리슨 시험지
② 리트머스 시험지
③ 연당지
④ 염화제일구리 착염지

가스 누설 검색지의 변색

가스명	검색지	색깔(변색)
암모니아(NH_3)	붉은 리트머스 시험지	청색
염소(Cl_2)	KI 전분지	청색
포스겐($COCl_2$)	하리슨 시약	오렌지색
아세틸렌(C_2H_2)	염화제1동착염지	적색
일산화탄소(CO)	염화파라듐지	검정색
황화수소(H_2S)	연당지 (초산납 시험지)	검정색
시안화수소(HCN)	질산구리벤젠지 (초산벤젠)	청색
아황산가스(SO_2)	암모니아 형겊	흰 연기 발생
프로판(C_3H_8)	비눗물	기포 발생

65 열전대와 비교한 백금저항온도계의 장점에 대한 설명 중 틀린 것은?

① 큰 출력을 얻을 수 있다.
② 기준접점의 온도보상이 필요 없다.
③ 측정온도의 상한이 열전대보다 높다.
④ 경시변화가 적으며 안정적이다.

온도계
① 백금(Pt) 측은 저항체 온도계 : 측정범위 $-200 \sim 500℃$
② 열전대 온도계 종류 및 특성

종류	약호	측정온도
백금-백금로듐	T형	$-180 \sim 360℃$
크로멜-알루멜	I형	$-20 \sim 1200℃$
철-콘스탄탄	K형	$-20 \sim 800℃$
구리-콘스탄탄	R형	$0 \sim 1600℃$
수은 온도계		$-35 \sim 350℃$

66 막식 가스미터 고장의 종류 중 부동(不動)의 의미를 가장 바르게 설명한 것은?

① 가스가 크랭크축이 녹슬거나 밸브와 밸브 시트가 타르(tar) 접착 등으로 통과하지 않는다.
② 가스의 누출로 통과하나 정상적으로 미터가 작동하지 않아 부정확한 양만 측정된다.
③ 가스가 미터는 통과하나 계량막의 파손, 밸브의 탈락 등으로 계량기지침이 작동하지 않는 것이다.

62.③ 63.④ 64.① 65.③ 66.③

④ 날개나 조절기에 고장이 생겨 회전장치에 고장이 생긴 것이다.

 막식 가스미터 고장
① 부동 : 가스가 미터는 통과하나 계량막의 파손, 밸브의 탈락 등으로 계량기지침이 작동하지 않는 것이다.
② 떨림 : 가스가 통과할 때에 출구 측의 압력변동이 심하게 되어 가스의 연소 형태를 불안정하게 하는 고장 형태
③ 기차불량 : 설치오류, 충격, 부품의 마모 등으로 계량정밀도가 저하되는 경우
④ 불통
  ㉠ 회전장치의 고장으로 가스가 미터를 통과하지 못하는 고장이다.
  ㉡ 가스가 크랭크축이 녹슬거나 밸브와 밸브시트가 타르(tar) 접착 등으로 통과하지 않는다.
  ㉢ 날개나 조절기에 고장이 생겨 회전장치에 고장이 생긴 것이다.

67 가스 크로마토그래피에서 운반 기체(carrier gas)의 불순물을 제거하기 위하여 사용하는 부속품이 아닌 것은?
① 수분 제거 트랩(moisture trap)
② 산소 제거 트랩(oxygen trap)
③ 화학 필터(chemical filter)
④ 오일 트랩(oil trap)

 가스 크로마토그래피 운반 기체(carrier gas)의 불순물 제거
① 가스 크로마토그래피에서 운반 기체(carrier gas)의 불순물을 제거하기 위하여 트랩을 설치하여 한다.
② 산소 제거 트랩(oxygen trap)
③ 화학 필터(chemical filter)
④ 수분 제거 트랩(moisture trap)

68 염소가스를 분석하는 방법은?
① 폭발법
② 수산화나트륨에 의한 흡수법
③ 발열황산에 의한 흡수법
④ 열전도법

 염소가스 중화적정법
염소는 수산화나트륨에 의한 흡수법을 이용한다.

69 오리피스 유량계의 유량 계산식은 다음과 같다. 유량을 계산하기 위하여 설치한 유량계에서 유체를 흐르게 하면서 측정해야 할 값은? (단, C : 오리피스계수, A_2 : 오리피스 단면적, H : 마노미터 액주계 눈금, γ_1 : 유체의 비중량이다.)

$$Q = C \times A_2 \left(2gH \left[\frac{\gamma_1 - 1}{\gamma} \right] \right)^{0.5}$$

① C ② A_2
③ H ④ γ_1

 오리피스 유량계
H : 마노미터 액주계 눈금을 측정한다.
(정압과 동압의 차)

70 가스 크로마토그래피의 검출기가 갖추어야 할 구비조건으로 틀린 것은?
① 감도가 낮을 것.
② 재현성이 좋을 것.
③ 시료에 대하여 선형적으로 감응할 것.
④ 시료를 파괴하지 않을 것.

 가스 크로마토그래피(gas chromatography)의 운반 기체
① 충전물이나 시료에 대하여 불활성이고 검출기의 작동에 적합하여야 한다.
② 기체 확산을 최소 할 수 있을 것
③ 순도가 높고 구입이 쉬워야 한다.
④ 시료를 운반가스에 의하여 각 성분의 크로마토그램을 이용하여 유기화합물에 대한 정성 및 정량분석에 사용된다.
⑤ 시료의 확산속도에 의한 불활성가스를 사용한다.
⑥ 감도가 높아야 한다.

71 다음 중 편위법에 의한 계측기기가 아닌 것은?

① 스프링 저울 ② 부르동관 압력계
③ 전류계 ④ 화학천칭

해설 계측기 측정 방법
① 편위법(deflection method)
 ㉠ 물체를 저울에 올려놓고 저울의 바늘이 움직이게 되어 지식 측정으로부터 측정량을 나타내는 방법이다.
 ㉡ 부르동관 압력계, 전압계, 전류계, 스프링 저울
② 영위법(zero method)
 ㉠ 측정량과 기준량을 비교하여 값을 구하는 방법이다.
 ㉡ 천정을 이용한 질량 측정법, 휘스톤브리지, 전위차계

72 도시가스 사용압력이 2.0kPa인 배관에 설치된 막식 가스미터기의 기밀시험 압력은?

① 2.0kPa 이상 ② 4.4kPa 이상
③ 6.4kPa 이상 ④ 8.4kPa 이상

해설 기밀시험 압력: 8.4kPa 이상~1000kPa 이하

73 스팀을 사용하여 원료가스를 가열하기 위하여 [그림]과 같이 제어계를 구성하였다. 이 중 온도를 제어하는 방식은?

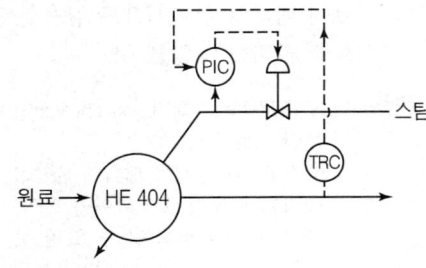

① Feedback ② Forward
③ Cascade ④ 비례식

해설 캐스케이드(cascade) 제어
① 측정제어라고도 하며, 2개의 제어계가 존재하며, 제어량을 1차 조절계로 측정하고 1차 측정값의 조작 출력으로 2차 조절계의 목표값을 설정한다.
② 시간 지연이 많은 프로세스 제어에 적합하다.

74 고속회전형 가스미터로서 소형으로 대용량의 계량이 가능하고, 가스압력이 높아도 사용이 가능한 가스미터는?

① 막식 가스미터
② 습식 가스미터
③ 루츠(roots) 가스미터
④ 로터미터

해설 루츠(roots) 가스미터
① 소용량 대용량 계측에 적합하다
② 고속회전이 가능하다.
③ 고압에서도 사용이 가능하다.

75 수평 30°의 각도를 갖는 경사 마노미터의 액면의 차가 10cm라면 수직 U자 마노미터의 액면차는?

① 2cm ② 5cm
③ 20cm ④ 50cm

해설 마노미터의 액면차
$H = 10 \times (\sin 30) = 10 \times \dfrac{1}{2} = 5cm$

76 공업용 액면계가 갖추어야 할 구비조건에 해당되지 않는 것은?

① 비연속적 측정이라도 정확해야 할 것.
② 구조가 간단하고 조작이 용이할 것.
③ 고온, 고압에 견딜 것.
④ 값이 싸고 보수가 용이할 것.

해설 공업용 액면계
연속 측정이 가능해야 할 것.

77 자동제어에서 블록선도란 무엇인가?

① 제어대상과 변수편차를 표시한다.

② 제어신호의 전달경로를 표시한다.
③ 제어편차의 증감 변화를 나타낸다.
④ 제어회로의 구성요소를 표시한다.

 자동제어 블록선도
복잡하고 다양한 자동제어계의 구동 및 동작 특성간의 상호관계 및 흐름을 통하여 제어신호의 전달경로를 알 수 있게 나타내 준다.

78 온도가 60°F에서 100°F까지 비례제어된다. 측정온도가 71°F에서 75°F로 변할 때 출력 압력이 3PSI에서 15PSI로 도달하도록 조정될 때 비례대역[%]은?

① 5% ② 10%
③ 20% ④ 33%

 **비례대역**

$$비례대역 = \frac{75-71}{100-60} \times 100 = 10\%$$

79 압력계 교정 또는 검정용 표준기로 사용되는 압력계는?

① 표준 부르동관식 ② 기준 박막식
③ 표준 드럼식 ④ 기준 분동식

 기준 분동식 압력계
① 기준 분동식 압력계는 정하중 시험기이다.
② 피스톤형 압력계라고 하며 측정 정도가 높아 교정용으로 사용한다.

80 기체 크로마토그래피에 대한 설명으로 틀린 것은?

① 액체 크로마토그래피보다 분석 속도가 빠르다.
② 칼럼에 사용되는 액체 정지상은 휘발성이 높아야 한다.
③ 운반기체로서 화학적으로 비활성인 헬륨을 주로 사용한다.
④ 다른 분석기기에 비하여 감도가 뛰어나다.

 기체 크로마토그래피
칼럼에 사용되는 액체 정시상은 휘발성이 낮아야 한다.

본 문제는 복원 기출문제입니다. 실제 문제와 다를 수 있으니 양해바랍니다.

제 6 편 과년도 출제문제
2025년 5월 CBT 시행

제 1 과목 연소공학

01 산소 32kg과 질소 28kg의 혼합가스가 나타내는 전압이 20atm이다. 이 때 산소의 분압은 몇 atm인가? (단, O_2의 분자량은 32, N의 분자량은 28이다.)

① 5   ② 10
③ 15 ④ 20

① 산소 : $\dfrac{32}{16 \times 2} = 1\text{kmol}$
② 질소 : $\dfrac{28}{14 \times 2} = 1\text{kmol}$
③ 산소 : 질소 = 1(10atm) : 1(10atm)
④ 산소(10atm) + 질소(10atm) = 20atm

02 정전기를 제어하는 방법으로서 전하의 생성을 방지하는 방법이 아닌 것은?

① 접속과 접지(bonding and grounding)
② 도전성 재료 사용
③ 침액 파이프(dip pipes) 설치
④ 첨가물에 의한 전도도 억제

전하의 생성 방지
① 금속체는 직접 접지하여 정전기 방지할 수 있다.
② 부도체 재료를 도전성 재료로 변경
③ 침액 파이프(dip pipes) 설치

03 폭발범위(폭발한계)에 대한 설명으로 옳은 것은?

① 폭발범위 내에서만 폭발한다.
② 폭발상한계에서만 폭발한다.
③ 폭발상한계 이상에서만 폭발한다.
④ 폭발하한계 이하에서만 폭발한다.

폭발범위(폭발한계)
혼합가스 중에서 가연성 가스가 폭발하는 범위를 폭발범위 또는 연소범위라 한다.

04 다음 중 공기비를 옳게 표시한 것은?

① $\dfrac{\text{실제 공기량}}{\text{이론 공기량}}$ ② $\dfrac{\text{이론 공기량}}{\text{실제 공기량}}$
③ $\dfrac{\text{사용 공기량}}{1-\text{이론 공기량}}$ ④ $\dfrac{\text{이론 공기량}}{1-\text{이론 공기량}}$

① A_0 : 이론 공기량
② A : 실제 공기량
③ A_{ex} : 과잉 공기량
④ m : 공기비
⑤ 실제 공기량 = $A_0 + A_{ex}$
⑥ 과잉 공기량 = $A = mA_0$
⑦ 과잉 공기비 : $\dfrac{A_{ex}}{A_0} = \dfrac{A - A_0}{A_0} = m - 1$
⑧ 과잉 공기율
$\dfrac{A_{ex}}{A_0} = \dfrac{A - A_0}{A_0} = (m-1) \times 100$
⑨ 공기비 : $\dfrac{A}{A_0}$

05 LP 가스의 연소 특성에 대한 설명으로 옳은 것은?

① 일반적으로 발열량이 작다.
② 공기 중에서 쉽게 연소 폭발하지 않는다.
③ 공기보다 무겁기 때문에 바닥에 체류한다.
④ 금수성 물질이므로 흡수하여 발화한다.

LP 가스의 특성
① 공기보다 무거워 누설 시 바닥에 체류한다.
② 공기 중에서 쉽게 연소한다.
③ 발열량이 크다.
④ 연소 시 다량의 공기가 필요하다.

06 가스 용기의 물리적 폭발 원인이 아닌 것은?

① 압력 조정 및 압력 방출 장치의 고장
② 부식으로 인한 용기 두께 축소
③ 과열로 인한 용기 강도의 감소
④ 누출된 가스의 점화

 화학적 폭발
가연성 가스와 공기의 혼합가스의 점화 시 화학적 폭발이 발생한다.

07 화재나 폭발의 위험이 있는 장소를 위험장소라 한다. 다음 중 제1종 위험장소에 해당하는 것은?

① 상용의 상태에서 가연성 가스의 농도가 연속해서 폭발하한계 이상으로 되는 장소
② 상용상태에서 가연성 가스가 체류해 위험하게 될 우려가 있는 장소
③ 가연성 가스가 밀폐된 용기 또는 설비의 사고로 인해 파손되거나 오조작의 경우에만 누출할 위험이 있는 장소
④ 환기장치에 이상이나 사고가 발생한 경우에 가연성 가스가 체류하여 위험하게 될 우려가 있는 장소

가스 폭발 위험 장소

가스 폭발 위험 장소	0종 장소	인화성 액체의 증기 또는 가연성 가스에 의한 폭발 위험이 지속적으로 또는 장기간 존재하는 장소	용기·장치·배관 등의 내부 등
	1종 장소	정상 작동상태에서 인화성 액체의 증기 또는 가연성 가스에 의한 폭발 위험분위기가 존재하기 쉬운 장소	맨홀·벤트·피트 등의 주위
	2종 장소	정상 작동상태에서 인화성 액체의 증기 또는 가연성 가스에 의한 폭발 위험분위기가 존재할 우려가 없으나, 존재할 경우 그 빈도가 아주 적고 단기간만 존재할 수 있는 장소	개스킷·패킹 등의 주위

08 배관 내 혼합가스의 한 점에서 착화되었을 때 연소파가 일정 거리를 진행한 후 급격히 화염 전파속도가 증가되어 1000~3500m/s에 도달하는 경우가 있다. 이와 같은 현상을 무엇이라 하는가?

① 폭발(exposion)   ② 폭굉(detonation)
③ 충격(shock)   ④ 연소(combustion)

 폭굉
① 발열반응이다.
② 폭굉 : 음속 < 폭발속도 (충격파)
③ 충격파가 발생한다.
④ 짧은 시간에 에너지가 방출된다.
⑤ 폭연 : 음속 > 폭발속도 (충격파)

09 탄소 2kg이 완전연소할 경우 이론 공기량은 약 몇 kg인가?

① 5.3   ② 11.6
③ 17.9   ④ 23.0

 ① 탄소 2kg의 이론 산소량
$$C + O_2 \rightarrow CO_2$$
12kg 32kg 44kg

② 이론 산소량 : $32 \times \dfrac{2}{12} = 5.333$

③ 이론 공기량
$$\dfrac{O_0}{0.232} = \dfrac{5.333}{0.232} = 22.98\,kg$$

10 물 250L를 30℃에서 60℃로 가열시킬 때 프로판 0.9kg이 소비되었다면 열효율은 약 몇 %인가? (단, 물의 비열은 1kcal/kg℃, 프로판의 발열량은 12000)

① 58.4   ② 69.4
③ 78.4   ④ 83.3

$$G_f = \dfrac{GC\Delta t}{H_l \eta}$$
$$0.9 = \dfrac{250 \times 1 \times (60-30)}{10800 \times \eta}$$
$$n = 69.4\%$$

11 분자의 운동상태(분자의 병진운동 · 회전운동 · 분자 내의 원자의 진동)와 분자의 집합상태(고체 · 액체 · 기체의 상태)에 따라서 달라지는 에너지는?

① 내부에너지 ② 기계적 에너지
③ 외부에너지 ④ 비열에너지

 내부에너지
① 열과 일의 합이다.
② 분자의 운동상태와 집합상태에 따라 달라진다.
③ 계가 갖는 전체 에너지를 내부에너지라 말한다.

12 미연소혼합기의 흐름이 화염 부근에서 층류에서 난류로 바뀌었을 때의 현상으로 옳지 않은 것은?

① 화염의 성질이 크게 바뀌며 화염대의 두께가 증대한다.
② 예혼합연소일 경우 화염전파속도가 가속된다.
③ 적화식 연소는 난류 확산연소로서 연소율이 높다.
④ 확산연소일 경우는 단위면적당 연소율이 높아진다.

 적화식 연소
① 가스를 그대로 대기 중에 분출하여 연소시키며, 연소에 필요한 공기는 모두 불꽃 주변에서 확산에 의해 취하게 되고, 연소과정이 아주 늦고 불꽃이 길게 늘어나 적황색을 띨 수도 있는 연소 방식이다.
② 산소의 확산속도는 연소속도나 화염 전파속도보다 느리다.
③ 연소율이 낮다.

13 방폭구조 종류 중 전기기기의 불꽃 또는 아크를 발생하는 부분을 기름 속에 넣어 유면상에 존재하는 폭발성 가스에 인화될 우려가 없도록 한 구조는?

① 내압 방폭구조 ② 유입 방폭구조
③ 안전증 방폭구조 ④ 압력 방폭구조

 방폭구조의 종류
① 압력 방폭구조 : 용기 내부에 보호가스를 압입하여 내부압력을 유지함으로써 가연성 가스가 용기 내부로 유입되지 않도록 한 구조를 압력 방폭구조라 한다.
② 유입 방폭구조 : 용기 내부에 절연유를 주입하여 불꽃 아크 또는 고온발생부분이 기름 속에 잠기게 함으로써 기름면 위에 존재하는 가연성 가스에 인화되지 않도록 한 구조를 유입 방폭구조라 한다.
③ 안전증 방폭구조 : 정상운전 중에 가연성 가스의 점화원이 될 전기불꽃 아크 또는 고온 부분 등의 발생을 방지하기 위해 기계적 전기적 구조상 또는 온도 상승에 대해 특히 안전도를 증가시킨 구조를 안전증 방폭구조라 한다.
④ 본질안전 방폭구조 : 정상 시 및 사고 시에 발생하는 전기불꽃 아크 또는 고온부로 인하여 가연성 가스가 점화되지 않는 것이 점화시험 그 밖의 방법에 의해 확인된 구조를 본질안전 방폭구조라 한다.

14 연소한계에 대한 설명으로 옳은 것은?

① 착화온도의 상한과 하한값
② 화염온도의 상한과 하한값
③ 완전연소가 될 수 있는 산소의 농도한계
④ 공기 중 연소 가능한 가연성 가스의 최저 및 최고 농도

연소한계(연소범위)
① 혼합가스 중에서 가연성 가스가 폭발하는 범위를 폭발범위 또는 연소한계라 한다.
② 연소범위 = 연소한계 = 가연범위 = 가연한계 = 폭발범위 = 폭발한계

15 CO_2 32vol%, O_2 5vol%, N_2 64vol%의 혼합기체의 평균분자량은 얼마인가?

① 29.3 ② 31.3
③ 33.3 ④ 35.3

평균분자량
① 평균분자량 $= (44 \times 0.32) + (32 \times 0.05) + (28 \times 0.63) = 33.32$
② CO_2 분자량 : 44
③ O_2 분자량 : 32
④ N_2 분자량 : 28

16 고체연료의 일반적인 연소 방법이 아닌 것은?
① 분무연소 ② 화격자연소
③ 유동층연소 ④ 미분탄연소

① **고체의 연소** : 연기연소, 분해연소, 증발연소, 표면연소
② **분무연소** : 액체 연소로 액체 입자를 분무기를 통하여 스프레이(spray)처럼 표면적을 증가시켜 산소와 혼합하여 연소한다.

17 분진폭발에 대한 설명으로 옳지 않은 것은?
① 입자의 크기가 클수록 위험성은 더 크다.
② 분진의 농도가 높을수록 위험성은 더 크다.
③ 수분 함량의 증가는 폭발 위험을 감소시킨다.
④ 가연성 분진의 난류 확산은 일반적으로 분진 위험을 증가시킨다.

분진폭발
① 가연성 고체가 일정 농도 이상 되면 공기 또는 조연성 가스 중에 분산된 상태에서 점화원에 의해 폭발하는 현상이다.
② 입자의 크기가 $100\mu m$ 이하가 되면 폭발 위험성이 높아져 위험하다.

18 방폭 구조 및 대책에 관한 설명으로 옳지 않은 것은?
① 방폭 대책에는 예방, 국한, 소화, 피난 대책이 있다.
② 가연성 가스의 용기 및 탱크 내부는 제2종 위험장소이다.

③ 분진폭발은 1차 폭발과 2차 폭발로 구분되어 발생한다.
④ 내압방폭구조는 내부 폭발에 의한 내용물 손상으로 영향을 미치는 기기에는 부적당하다.

방폭지역 구분에 관한 기술지침
폭발성 가스분위기의 생성빈도와 지속시간에 따라 다음과 같이 분류한다.
① "0종 장소(ZONE 0)"라 함은 폭발성 가스분위기가 지속적 또는 장시간 존재하는 지역을 말한다.
② "1종 장소(ZONE 1)"라 함은 정상운전 중에 폭발성 가스분위기가 생성될 수 있는 지역을 말한다.
③ "2종 장소(ZONE 2)"라 함은 정상운전 중에는 폭발성 가스분위기가 조성될 가능성이 없고, 만약 위험분위기가 발생하더라도 그 빈도가 극히 희박하고 아주 짧은 시간 존재할 수 있는 지역을 말한다.

가스 폭발 위험 장소

가스 폭발 위험 장소		
0종 장소	인화성 액체의 증기 또는 가연성 가스에 의한 폭발 위험이 지속적으로 또는 장기간 존재하는 장소	용기·장치·배관 등의 내부 등
1종 장소	정상 작동상태에서 인화성 액체의 증기 또는 가연성 가스에 의한 폭발 위험분위기가 존재하기 쉬운 장소	맨홀·벤트·피트 등의 주위
2종 장소	정상 작동상태에서 인화성 액체의 증기 또는 가연성 가스에 의한 폭발 위험분위기가 존재할 우려가 없으나, 존재할 경우 그 빈도가 아주 적고 단기간만 존재할 수 있는 장소	개스킷·패킹 등의 주위

19 다음 중 가연물의 조건으로 옳지 않은 것은?
① 열전도율이 작을 것.
② 활성화에너지가 클 것.
③ 산소와의 친화력이 클 것.
④ 발열량이 클 것.

16.① 17.① 18.② 19.②

가연물의 구비 조건
① 활성화에너지(점화에너지)가 작을 것.
② 열전도율이 작을 것.
③ 산소와 친화력이 클 것.
④ 발열량이 클 것.
⑤ 표면적이 클 것.

20 차가운 물체에 뜨거운 물체를 접촉시키면 뜨거운 물체에서 차가운 물체로 열이 전달되지만, 반대의 과정은 자발적으로 일어나지 않는다. 이러한 비가역성을 설명하는 법칙은?

① 열역학 제0법칙   ② 열역학 제1법칙
③ 열역학 제2법칙   ④ 열역학 제3법칙

 열역학 법칙
① **열역학 0법칙** : 열평형 법칙
  온도가 서로 다른 물체를 접촉시키면 열의 이동으로 인하여 동일한 상태에 놓아둔 두 물체 사이에는 온도차가 없어지며 열평형을 이룬다.
② **열역학 1법칙** : 열에너지 보존 법칙
  ㉠ 에너지 전환과정에서 에너지는 절대 소멸되거나 생성되지 않는다.
  ㉡ 에너지의 한 형태의 열과 일은 서로 같고 열은 일과 열로 서로 전환이 가능하다.
③ **열역학 2법칙** : 엔트로피 법칙
  ㉠ 계의 엔트로피는 증가할 수도 있고 감소할 수도 있다.
  ㉡ 제2종 영구기관은 존재할 수 없다.
  ㉢ 제2종 영구기관 : 입력과 출력이 같은 효율이 100%인 기관을 말한다.
  ㉣ 열은 스스로 다른 물체에 아무런 변화도 주지 않고 저온 물체에서 고온 물체로 이동하지 않는다.
  ㉤ 자연계에 아무런 변화도 남기지 않고 어느 열원의 열을 계속해서 일로 바꿀 수 없다. 즉 고온물체의 열을 계속해서 일로 바꾸려면 저온물체로 열을 버려야만 한다.
  ㉥ 효율이 100%인 열기관은 제작이 불가능하다.
  ㉦ 엔트로피의 변화는 흡수한 열에 의해 생긴다.
  ㉧ 저온계에서 고온계로 열을 이동시키

는 과정은 불가능하다라고 표현할 수도 있는 비가역성이다.
④ **열역학 3법칙**
  ㉠ 절대영점에서의 엔트로피 법칙
  ㉡ 어떠한 방법이라도 어떤 계를 절대온도 0도에 이르게 할 수 없다.

 제 2 과목   가스설비

21 최고 충전압력이 15MPa인 질소 용기에 12MPa로 충전되어 있다. 이 용기의 안전밸브 작동압력은 얼마인가?

① 15MPa   ② 18MPa
③ 20MPa   ④ 25MPa

 안전밸브 작동압력
① 내압시험압력 : 최고 충전압력 수치의 3분의 5배
  $15[MPa] \times \dfrac{5}{3} = 25[MPa]$
② 안전밸브 작동압력 : 내압시험압력의 10분의 8 이하의 압력에서 작동
③ 안전밸브 작동압력
  $25[MPa] \times \dfrac{8}{10} = 20[MPa]$

22 가연성 가스 운반 차량의 운행 중 가스가 누출할 경우 취해야 할 긴급조치 사항으로 가장 거리가 먼 것은?

① 신속히 소화기를 사용한다.
② 주위가 안전한 곳으로 차량을 이동시킨다.
③ 누출 방지 조치를 취한다.
④ 교통 및 화기를 통제한다.

 고압가스 운반 시 재해 발생 또는 확대를 방지하기 위한 조치사항
[1] 사고 발생 시 응급조치
① 가스 누출이 있는 경우에는 그 누출부분의 확인 및 수리를 할 것.
② 가스 누출 부분의 수리가 불가능한 경우

㉠ 상황에 따라 안전한 장소로 운반할 것.
㉡ 부근의 화기를 없앨 것.
㉢ 착화된 경우 용기 파열 등의 위험이 없다고 인정될 때는 소화할 것.
㉣ 독성가스가 누출한 경우에는 가스를 제독할 것.
㉤ 부근에 있는 사람을 대피시키고, 통행인은 교통통제를 하여 출입을 금지시킬 것.
㉥ 비상연락망에 따라 관계업소에 원조를 의뢰할 것.
㉦ 상황에 따라 안전한 장소로 대피할 것.
㉧ 구급조치

23 원심 압축기의 특징에 대한 설명으로 틀린 것은?

① 맥동현상이 적다.
② 용량조정범위가 비교적 좁다.
③ 압축비가 크다.
④ 윤활유가 불필요하다.

 원심식 압축기의 특징
① 무급유식 압축기로 윤활유가 불필요하다.
② 연속적으로 토출하므로 맥동현상이 적다.
③ 용량 조절범위가 좁다.
④ 높은 압축비를 얻기가 힘들며 효율이 나쁘다.

24 터보 펌프의 특징에 대한 설명으로 옳은 것은?

① 고양정이다.
② 토출량이 크다.
③ 높은 점도의 액체용이다.
④ 시동 시 물이 필요 없다.

 터보 펌프
① 비용적형 펌프로 원심 펌프, 축류 펌프, 사류 펌프 등이 있다.
② 대용량에 사용한다.

25 어떤 냉동기가 20℃의 물에서 -10℃의 얼음을 만드는데 톤당 50PSh의 일이 소요되었다. 물의 융해 열이 0kcal/kg, 얼음의 비열을 0.5kcal/kg℃라고 할 때 냉동기의 성능계수는 얼마인가? (단, 1PSh = 632.3kcal이다.)

① 3.05
② 3.32
③ 4.15
④ 5.17

 냉동기 성능계수
① $COP = \dfrac{Q}{AW}$
  $= \dfrac{저온체에서 흡수된 열량}{공급된 열량}$
  $= \dfrac{105000}{50 \times 632.2} = 3.3217$
② 물의 현열
  $Q_1 = 1000 \times 1 \times (20 - 0)$
  $= 20000\,kcal$
③ $Q_2 = 1000 \times 80 = 80000\,kcal$
④ 얼음의 현열
  $Q_3 = 1000 \times 0.5 \times [0 - (-10)]$
  $= 5000\,kcal$
⑤ $Q = Q_1 + Q_2 + Q_3$
  $= 20000 + 80000 + 5000$
  $= 105000\,kcal$
⑥ 공급된 열량(동력 소비 열량)
  $= 50 \times 632.3 = 31615\,kcal$

26 LPG 용기에 대한 설명으로 옳은 것은?

① 재질은 탄소강으로서 성분은 C : 0.33% 이하, P : 0.04% 이하, S : 0.05% 이하로 한다.
② 용기는 주물형으로 제작하고 충분한 강도와 내식성이 있어야 한다.
③ 용기의 바탕색은 회색이며 가스 명칭과 충전기한은 표시하지 아니한다.
④ LPG는 가연성 가스로서 용기에 반드시 "연"자 표시를 한다.

 LPG 용기
용기의 재료는 스테인리스강, 알루미늄합금, 탄소·인 및 황의 함유량이 각각 0.33% (이음매 없는 용기의 경우에는 0.55%) 이하, 0.04% 이하 및 0.05% 이하인 강 또는 이와 동등 이상의 기계적 성질 및 가공성 등을 갖는 것으로 할 것. 다만, 내용적이 125*l* 미만인 액화석유가스 용기를 강재로 제조하는 경우에는 KS D 3533(고압가스 용기용 강판 및 강대)의 재료 또는 이와 동등 이상의 기계적 성질 및 가공성 등을 갖는 것을 사용할 것.

27 정압기의 정상상태에서 유량과 2차 압력의 관계를 의미하는 정압기의 특성은?
① 정특성
② 동특성
③ 유량특성
④ 사용 최대 차압 및 작동 최소 차압

 정압기
① **정특성**(off set, lock up 및 shift) : 정압기의 정상상태에서 유량과 2차 압력의 관계를 말한다.
② **동특성** : 부하변동이 큰 용도에 사용되는 정압기에서 중요한 특성으로 부하변동에 대한 응답속도와 안전성의 관계를 말한다.

28 설치위치, 사용목적에 따른 정압기의 분류에서 가스도매 사업자에서 도시가스사 소유 배관과 연결되기 직전에 설치되는 정압기는?
① 저압정압기   ② 지구정압기
③ 지역정압기   ④ 단독정압기

 정압기의 용도별 종류
① 원정압기 : 제조소나 공급소에 설치한다.
② 지구정압기 : 일정한 공급지구에 가스 공급하기 위해 지구에 설치된 정압기이다.
③ 수요자 전용 정압기 : 수요자나 특수한 목적을 위해 별도로 설치된 전용의 정압기이다.

29 강의 열처리 방법 중 오스테나이트 조직을 마텐자이트 조직으로 바꿀 목적으로 0℃ 이하로 처리하는 방법은?
① 담금질   ② 불림
③ 심랭 처리   ④ 염욕 처리

 ① **소중**(불림, normalizing) : 불림을 행하면 강의 조직이 정상화되고 부서지기 쉬운 것이 강하게 변한다.
② **소둔**(풀림, annealing) : 가열한 후 공기가 아닌 노 속에서 서서히 냉각시키며 인장강도는 저하되며 내부응력을 제거한다.
③ **소입**(담금질, quenching)
  ㉠ 풀림처럼 서서히 냉각하며 냉수, 기름에 급랭시키는 공정을 말한다.
  ㉡ 취성, 강도, 경도가 크게 증가하여 마모가 적게 된다.
④ **소려**(뜨임, tempering) : 다금질한 강을 다시 가열하여 공기중에서 냉각하는 공정을 하며 내부응력 제거, 취성이 감소한다.
⑤ **심랭 처리** : 잔류 오스테나이트 조직을 마텐자이트 조직으로 바꿀 목적으로 상온에서 담금질된 강을 다시 0℃ 이하의 온도로 냉각하는 열처리 작업으로 경도 향상, 치수 변화 방지 효과 등이 있다.

30 고압가스 배관에서 발생할 수 있는 진동의 원인으로 가장 거리가 먼 것은?
① 파이프의 내부에 흐르는 유체의 온도변화에 의한 것
② 펌프 및 압축기의 진동에 의한 것
③ 안전밸브 분출에 의한 영향
④ 바람이나 지진에 의한 영향

배관계에서 발생되는 진동의 원인
① 관의 굴곡에 의해 생기는 힘에 의한 영향
② 펌프 및 압축기의 진동에 의한 것
③ 안전밸브 분출에 의한 영향
④ 바람이나 지진에 의한 영향
⑤ 파이프의 내부에 흐르는 유체의 압력에 의한 것

31 원심펌프로 물을 지하 10m에서 지상 20m 높이의 탱크에 유량 $3m^3$/min로 양수하려고 한다. 이론적으로 필요한 동력은?
① 10PS   ② 15PS
③ 20PS   ④ 25PS

펌프의 소요 동력

$$P = \frac{\gamma \times Q \times H}{76 \times 60 \times \eta}$$

$$= \frac{1000 \times 3 \times (10+20)}{75 \times 60 \times 1} = 20[PS]$$

32 전기방식시설의 유지관리를 위한 도시가스 시설의 전위측정용 터미널(T/B) 설치에 대한 설명으로 옳은 것은?

① 희생양극법에 의한 배관에는 500m 이내 간격으로 설치한다.
② 배류법에 의한 배관에는 500m 이내 간격으로 설치한다.
③ 외부전원법에 의한 배관에는 300m 이내 간격으로 설치한다.
④ 직류전철 횡단부 주위에 설치한다.

 전기방식시설 유지관리 전위측정용 터미널 설치 기준

전기방식시설의 시공은 다음 각 목의 기준에 의한다.
① 전기방식시설의 유지관리를 위한 전위측정용 터미널(T/B)은 다음 기준에 적합하게 설치한다.
　㉠ 희생양극법 또는 배류법에 의한 배관에는 300m 이내의 간격으로 설치할 것.
　㉡ 외부전원법에 의한 배관에는 500m 이내의 간격으로 설치할 것. 다만, 이미 설치된 전위측정용 터미널(T/B) 또는 배관을 이설하는 경우에는 이웃한 전위측정용 터미널(T/B)과의 설치간격을 10% 이내에서 가감하여 설치할 수 있다.
　㉢ 본관·공급관에 부속된 밸브박스와 사용자공급관 및 내관에 부속된 밸브박스 또는 입상관 절연부 등에 전위를 측정할 수 있는 인출선 등이 있는 경우에는 당해 시설을 ㉠·㉡ 규정에 의한 전위측정용 터미널로 대체할 수 있다.
　㉣ 직류전철 횡단부 주위
　㉤ 지중에 매설되어 있는 배관절연부의 양측
　㉥ 강재보호관 부분의 배관과 강재보호관. 다만, 가스배관과 보호관 사이에 절연 및 유동방지조치가 된 보호관은 제외한다.
　㉦ 타 금속구조물과 근접교차부분
　㉧ 밸브스테이션
　㉨ 교량 및 하천 횡단배관의 양단부, 다만, 외부전원법 및 배류법에 의해 설치된 것으로 횡단길이가 500m 이하인 배관과 희생양극법에 의해 설치된 것으로 횡단길이가 50m 이하인 배관은 제외한다.

33 고압가스 관련설비 중 특정설비가 아닌 것은?

① 기화장치
② 독성가스 배관용 밸브
③ 특정고압가스용 실린더 캐비닛
④ 초저온용기

 고압가스 관련설비 중 특정설비

"특정설비"란 저장탱크와 산업통상자원부령으로 정하는 고압가스 관련 설비를 말한다.
① 안전밸브·긴급차단장치·역화방지장치
② 기화장치
③ 압력용기
④ 자동차용 가스 자동주입기
⑤ 독성가스배관용 밸브
⑥ 냉동설비(일체형 냉동기 제외)를 구성하는 압축기·응축기·증발기 또는 압력용기(이하 "냉동용 특정설비"라 한다)
⑦ 특정고압가스용 실린더 캐비닛
⑧ 자동차용 압축천연가스 완속충전설비(처리능력이 시간당 18.5세제곱미터 미만인 충전설비를 말한다)
⑨ 액화석유가스용 용기 잔류가스회수장치

34 도시가스 배관 등의 용접 및 비파괴검사 중 용접부의 외관검사에 대한 설명으로 틀린 것은?

① 보강 덧붙임은 그 높이가 모재 표면보다 낮지 않도록 하고, 3mm 이상으로 할 것.
② 외면의 언더컷은 그 단면이 V자형으로 되

지 않도록 하며, 1개의 언더컷 길이 및 깊이는 각각 30mm 이하 및 0.5mm 이하일 것

③ 용접부 및 그 부근에는 균열, 아크 스트라이크, 위해하다고 인정되는 지그의 흔적, 오버랩 및 피트 등의 결함이 없을 것

④ 비드 형상이 일정하며, 슬러그, 스패터 등이 부착되어 있지 않을 것

 용접부 외관검사
① 보강덧붙임(Reinforcement of weld)은 그 높이가 모재 표면보다 낮지 않도록 하고, 3mm(알루미늄은 제외한다) 이하를 원칙으로 할 것.
② 외면의 언더컷(Undercut)은 그 단면이 V자형으로 되지 않도록 하며, 1개의 언더컷 길이 및 깊이는 각각 30mm 이하 및 0.5mm 이하이고 1개의 용접부에서 언더컷 길이의 합이 용접부 길이의 15% 이하일 것.
③ 용접부 및 그 부근에는 균열, 아크-스트라이크(arc-strike), 위해하다고 인정되는 지그(jig)의 흔적, 오버랩(overlap) 및 피트(pit) 등의 결함이 없고 또한 비드(bead) 형상이 일정하며, 슬러그(slug), 스패터(spatter) 등이 부착되어 있지 않을 것.

35 다음 중 왕복펌프가 아닌 것은?
① 피스톤(piston) 펌프
② 베인(vane) 펌프
③ 플런저(plunger) 펌프
④ 다이어프램(diaphragm) 펌프

 왕복펌프
① 소유량, 고압 송출 시 적당하다.
② 피스톤(piston) 펌프
③ 플런저(plunger) 펌프
④ 다이어프램(diaphragm) 펌프

36 다음 중 SNG에 대한 설명으로 옳은 것은?
① 순수 천연가스를 뜻한다.
② 각종 도시가스의 총칭이다.
③ 대체(합성) 천연가스를 뜻한다.
④ 부생가스로 고로가스가 주성분이다.

SNG : 대체 천연가스 또는 합성천연가스 (Substitute Natural Gas)

37 증기 압축식 냉동기에서 고온·고압의 액체 냉매를 교축작용에 의해 증발을 일으킬 수 있는 압력까지 감압시켜 주는 역할을 하는 기기는?
① 압축기   ② 팽창밸브
③ 증발기   ④ 응축기

증기 압축 냉동기
① 압축기 : 저온, 저압의 기체상 냉매를 흡입하여 응축기로 보내는 냉매를 순환하게 한다.
② 응축기 : 고온, 고압의 기체상 냉매를 열교환시켜 응축, 액화시킨다.
③ 팽창밸브 : 고온, 고압의 냉매를 교축작용에 의해 증발을 일으킬 수 있게 한다.
④ 증발기 : 냉매온도와 압력을 일정하게 유지하여 냉동을 한다.

38 가스를 충전하는 경우에 밸브 및 배관이 얼었을 때 응급조치하는 방법으로 틀린 것은?
① 석유 버너 불로 녹인다.
② 40℃ 이하의 물로 녹인다.
③ 미지근한 물로 녹인다.
④ 얼어 있는 부분에 열습포를 사용한다.

40℃ 이하의 물로 녹이거나 얼어 있는 부분에 미지근한 물로 열습포를 사용한다.

39 용기의 내압시험 시 항구증가율이 몇 % 이하인 용기를 합격한 것으로 하는가?
① 3   ② 5
③ 7   ④ 10

항구(영구)증가율
① 항구(영구)증가율
$= \dfrac{\text{항구 증가량}}{\text{전 증가량}} \times 100\%$
$= 10\%$ 이하(합격 기준)
② 내압시험 합격 기준 : 10% 이하이다.

40 고압가스 배관의 기밀시험에 대한 설명으로 옳지 않은 것은?

① 상용압력 이상으로 하되, 1MPa를 초과하는 경우 1MPa압력 이상으로 한다.
② 원칙적으로 공기 또는 불활성 가스를 사용한다.
③ 취성파괴를 일으킬 우려가 없는 온도에서 실시한다.
④ 기밀시험압력 및 기밀유지시간에서 누설 등의 이상이 없을 때 합격으로 한다.

 기밀시험
고압가스설비와 배관의 기밀시험은 다음 각 호에 따를 것.
① 기밀시험은 원칙적으로 공기 또는 위험성이 없는 기체의 압력에 의하여 실시할 것.
② 기밀시험은 그 설비가 취성 파괴를 일으킬 우려가 없는 온도에서 할 것.
③ 기밀시험압력은 상용압력 이상으로 하되, 0.7MPa를 초과하는 경우 0.7MPa 압력 이상으로 한다.

제3과목 가스안전관리

41 독성가스가 누출할 우려가 있는 부분에는 위험표지를 설치하여야 한다. 이에 대한 설명으로 옳은 것은?

① 문자의 크기는 가로 10cm, 세로 10cm 이상으로 한다.
② 문자는 30cm 이상 떨어진 위치에서도 알 수 있도록 한다.
③ 위험표지의 바탕색은 백색, 글씨는 흑색으로 한다.
④ 문자는 가로 방향으로만 한다.

 독성가스의 식별조치 및 위험표시
독성가스가 누출할 우려가 있는 부분에 게시하여야 할 위험표지는 다음 예의 문자 또는 이와 동등 이상의 효과를 표시하는 문자 등을 기재한 위험표지로 한다.
표지의 예 :

독 성 가 스 누 설 주 의 부 분

(비고)
① 문자의 크기는 가로·세로 5cm 이상으로 하고, 10m 이상 떨어진 위치에서도 알 수 있어야 한다.
② 위험표지의 바탕색은 백색, 글씨는 흑색(주위는 적색)으로 한다.
③ 문자는 가로 또는 세로로 쓸 수 있다.
④ 위험표지에는 다른 법령에 의한 지시사항 등을 병기할 수 있다.

42 용기보관장소에 고압가스용기를 보관 시 준수해야 하는 사항 중 틀린 것은?

① 용기는 항상 40℃ 이하를 유지해야 한다.
② 용기보관장소 주위 3m 이내에는 화기 또는 인화성 물질을 두지 아니한다.
③ 가연성 가스 용기보관장소에는 방폭형 휴대용 전등 외의 등화를 휴대하지 아니한다.
④ 용기보관장소에는 충전용기와 잔가스용기를 각각 구분하여 놓는다.

 용기보관장소 또는 용기 기준
① 충전용기와 잔가스용기는 각각 구분하여 용기보관장소에 놓을 것.
② 가연성 가스·독성가스 및 산소의 용기는 각각 구분하여 용기보관장소에 놓을 것.
③ 용기보관장소에는 계량기 등 작업에 필요한 물건 외에는 두지 아니할 것.
④ 용기보관장소의 주위 2m 이내에는 화기 또는 인화성 물질이나 발화성 물질을 두지 아니할 것.
⑤ 충전용기는 항상 40℃ 이하의 온도를 유지하고, 직사광선을 받지 아니하도록 조

치할 것.
⑥ 충전용기(내용적이 5L 이하인 것은 제외한다)에는 넘어짐 등에 의한 충격 및 밸브의 손상을 방지하는 등의 조치를 하고 난폭한 취급을 하지 아니할 것.
⑦ 가연성 가스 용기보관장소에는 방폭형 휴대용 손전등 외의 등화를 지니고 들어가지 아니할 것.

43 가스 관련법에서 정한 고압가스 관련 설비에 해당되지 않는 것은?

① 안전밸브   ② 압력용기
③ 기화장치   ④ 정압기

"산업통상자원부령으로 정하는 고압가스 관련 설비"란 다음 각 호의 설비를 말한다.
① 안전밸브 · 긴급차단장치 · 역화방지장치
② 기화장치
③ 압력용기
④ 자동차용 가스 자동주입기
⑤ 독성가스배관용 밸브
⑥ 냉동설비(일체형 냉동기 제외)를 구성하는 압축기 · 응축기 · 증발기 또는 압력용기(이하 "냉동용 특정설비"라 한다)
⑦ 특정고압가스용 실린더 캐비닛
⑧ 자동차용 압축천연가스 완속충전설비(처리능력이 시간당 18.5세제곱미터 미만인 충전설비를 말한다)
⑨ 액화석유가스용 용기 잔류가스회수장치

44 독성가스 저장탱크를 지상에 설치하는 경우 몇 톤 이상일 때 방류둑을 설치하여야 하는가?

① 5   ② 10
③ 50 ④ 100

 방류둑 설치 기준
① 고압가스 일반제조시설 : 가연성 및 산소의 액화가스 저장능력이 1000톤 이상일 때 방류둑을 설치한다.
② 저장능력이 5톤 이상의 독성가스 저장탱크 주위에 방류둑을 설치한다.
③ 냉동제조시설 : 독성가스를 냉매로 하는 수액기의 내용적이 10000L 이상일 때 방류둑을 설치한다.

45 차량에 고정된 탱크에 설치된 긴급차단장치는 차량에 고정된 탱크 또는 이에 접속하는 배관 외면의 온도가 몇 ℃일 때 자동적으로 작동할 수 있어야 하는가?

① 40   ② 65
③ 80   ④ 110

 차량에 고정된 탱크 및 용기 안전밸브 기준
① 가연성 가스 또는 독성가스를 충전하는 차량에 고정된 탱크 및 용기에는 안전밸브가 부착되어 있고 그 성능이 그 탱크 또는 용기의 내압시험압력의 10분의 8 이하의 압력에서 작동할 수 있는 것일 것.
② 긴급차단장치는 그 성능이 원격조작에 의하여 작동되고 차량에 고정된 탱크 또는 이에 접속하는 배관 외면의 온도가 110℃일 때에 자동적으로 작동할 수 있는 것일 것.

46 고압가스설비에 설치하는 안전장치의 기준으로 옳지 않은 것은?

① 압력계는 상용압력의 1.5배 이상 2배 이하의 최고 눈금이 있는 것일 것.
② 가연성 가스를 압축하는 압축기와 오토클레이브와의 사이의 배관에는 역화방지장치를 설치할 것.
③ 가연성 가스를 압축하는 압축기와 충전용 주관과의 사이에는 역류방지밸브를 설치할 것.
④ 독성가스 및 공기보다 가벼운 가연성 가스의 제조시설에는 가스누출검지경보장치를 설치할 것.

 경보장치
독성가스 및 공기보다 무거운 가연성 가스의 제조시설에는 가스누출검지경보장치를 설치할 것.

47 가스 배관은 움직이지 아니하도록 고정 부착하는 조치를 하여야 한다. 관경이 13mm 이상 33mm 미만의 것에는 얼마의 길이마다 고정장치를 하여야 하는가?
① 1m마다　② 2m마다
③ 3m마다　④ 4m마다

 가스 배관의 고정
① 배관은 움직이지 아니하도록 고정부착하는 조치를 한다.
② 그 관경이 13mm 미만의 것은 1m마다,
③ 13mm 이상 33mm 미만의 것은 2m마다,
④ 33mm 이상의 것은 3m마다 고정장치를 설치할 것.
⑤ 고정하지 않으면 연결부가 유동에 의해 가스 누출이 발생할 수 있다.

48 C_2H_2 가스 충전 시 희석제로 적당하지 않은 것은?
① N_2　② CH_4
③ CS_2　④ CO

 아세틸렌 가스의 희석제
질소, 수소, 메탄, 프로판, 일산화탄소, 에틸렌

49 다음 중 가연성 가스가 아닌 것은?
① 아세트알데히드　② 일산화탄소
③ 산화에틸렌　　　④ 염소

 염소(Cl_2)
① 독성가스 및 조연성 가스이다.
② 수분 존재 시 염산을 생성하여 금속의 부식이 발생한다.

50 시안화수소를 장기간 저장하지 못하는 주된 이유는?
① 중합폭발 때문에
② 산화폭발 때문에
③ 악취 발생 때문에
④ 가연성 가스 발생 때문에

 시안화수소(HCN)
① 중합은 발열반응으로서 자체적으로 반응을 촉진시켜 폭발 발생하므로 장기간 저장할 수 없다.
② 특유의 복숭아 냄새가 나는 가연성 기체이다.

51 가스설비실에 설치하는 가스누출경보기에 대한 설명으로 틀린 것은?
① 담배연기 등 잡가스에는 경보가 울리지 않아야 한다.
② 경보기의 경보부와 검지부는 분리하여 설치할 수 있어야 한다.
③ 경보가 울린 후 주위의 가스농도가 변화되어도 계속 경보를 울려야 한다.
④ 경보기의 검지부는 연소기의 폐가스가 접촉하기 쉬운 곳에 설치한다.

가스누출경보기의 기능(경보기)
① 가스의 누출을 검지하여 그 농도를 지시함과 동시에 경보를 울리는 것이어야 한다.
② 미리 설정된 가스농도(폭발한계의 1/4 이하)에서 자동적으로 경보를 울리는 것이어야 한다.
③ 경보를 울린 후에는 주위의 가스농도가 변화되어도 계속 경보를 울리며, 그 확인 또는 대책을 강구함에 따라 경보정지가 되어야 한다.
④ 담배연기 등 잡가스에는 경보를 울리지 아니하는 것이어야 한다.

가스누출경보기의 설치 개수
① 설비가 건축물 내(지붕이 있고 둘레의 1/4 이상이 벽으로 싸여 있는 장소를 말한다)에 설치된 경우에는 그 설비군의 바닥면 둘레 10m에 대하여 1개 이상의 비율로 계산한 수
② 설비가 용기보관장소, 용기저장실, 지하에 설치된 전용 저장탱크실, 지하에 설치된 전용처리설비실 및 건축물 밖에 설치된 경우에는 그 설비군의 바닥면 둘레 20m에 대하여 1개 이상의 비율로 계산한 수

52 검사에 합격한 고압가스용기의 각인사항에 해당하지 않는 것은?

① 용기제조업자의 명칭 또는 약호
② 충전하는 가스의 명칭
③ 용기의 번호
④ 기밀시험압력

해설 용기의 각인
① 용기제조업자의 명칭 또는 약호
② 충전하는 가스의 명칭
③ 용기의 번호
④ 내용적(기호 : V, 단위 : L)
⑤ 초저온용기외의 용기는 밸브 및 부속품(분리할 수 있는 것에 한함)을 포함하지 아니한 용기의 질량(기호 : W, 단위 : kg)
⑥ 아세틸렌가스 충전용기는 질량에 용기의 다공물질·용제 및 밸브의 질량을 합한 질량
⑦ 내압시험에 합격한 연월
⑧ 내압시험압력(초저온용기 및 액화천연가스 자동차용 용기는 제한다)
⑨ 최고충전압력(압축가스를 충전하는 용기, 초저온용기 및 액화천연가스 자동차용 용기에 한정)
⑩ 내용적이 500L를 초과하는 용기에는 동판의 두께(기호 : t, 단위 : mm)
⑪ 충전량[g](납붙임 또는 접합용기에 한정한다)

53 LP가스용 금속 플렉시블 호스에 대한 설명으로 옳은 것은?

① 배관용 호스는 플레어 또는 유니온의 접속 기능을 갖추어야 한다.
② 연소기용 호스의 길이는 한쪽 이음쇠의 끝에서 다른 쪽 이음쇠까지로 하며 길이허용오차는 +4%, -3% 이내로 한다.
③ 스테인리스강은 튜브의 재료로 사용하여서는 아니된다.
④ 호스의 내열성 시험은 100±2℃에서 10분간 유지 후 균열 등의 이상이 없어야 한다.

해설 가스용 금속 플렉시블 호스의 기술기준
① 호스는 튜브의 양단에 관용 테이퍼 나사를 갖는 이음쇠나 호스엔드를 접속할 수 있는 이음쇠를 플레어 이음 또는 경납땜 등으로 부착한 구조일 것.
② 튜브는 금속제로 주름가공으로 제작하여 쉽게 굽혀질 수 있는 구조로 하고 외면에는 보호피막을 입힐 것.
③ 호스는 안전성 및 내구성이 양호하여야 하며, 통상의 조작 시 사용상 지장을 주는 변형이나 파손이 되지 않는 구조일 것.
④ 호스는 이음쇠가 견고하게 부착되어 누출이 없어야 하며, 콕과 고정형 연소기의 접속을 위한 충분한 기능을 갖출 것.
⑤ 이음쇠는 플레어(flare) 또는 유니온(union)의 접속 기능을 갖출 것.

54 액화석유가스 사용시설에서 가스배관 이음부(용접이음매 제외)와 전기개폐기와는 몇 cm 이상의 이격거리를 두어야 하는가?

① 15cm   ② 30cm
③ 40cm   ④ 60cm

해설 안전거리
① 배관 이음부(용접이음매 제외)와 안전거리
② 전기계량기, 전기개폐기 : 60cm 이상
③ 굴뚝, 전기점멸기, 전기접속기 : 30cm 이상
④ 미절연전선 : 15cm 이상
⑤ 절연전선 : 10cm 이상

55 지상에 설치된 액화석유가스 저장탱크와 가스 충전장소와의 사이에 설치하여야 하는 것은?

① 역화방지기
② 방호벽
③ 드레인 세퍼레이터
④ 정제장치

해설 방호벽
지상에 설치된 저장탱크와 가스충전장소 사이에는 가스폭발에 따른 충격에 견딜 수 있는 방호벽을 설치하거나, 그 한 쪽에서 발생하는 위해요소가 다른 쪽으로 전이되는 것을 방지하기 위하여 필요한 조치를 마련할 것.

56 고압가스제조자 또는 고압가스판매자가 실시하는 용기의 안전점검 및 유지관리 사항에 해당되지 않는 것은?

① 용기의 도색 상태
② 용기관리 기록대장의 관리 상태
③ 재검사기간 도래 여부
④ 용기밸브의 이탈방지 조치 여부

 용기의 안전점검 및 유지 · 관리 기준
① 용기의 내 · 외면을 점검하여 사용할 때에 위험한 부식 · 금 · 주름 등이 있는 것인 지의 여부를 확인할 것.
② 용기는 도색 및 표시가 되어 있는지의 여부를 확인할 것.
③ 용기의 스커트에 찌그러짐이 있는지, 사용할 때에 위험하지 않도록 적정 간격을 유지하고 있는지의 여부를 확인할 것.
④ 유통 중 열영향을 받았는지의 여부를 점검할 것. 이 경우 열영향을 받은 용기는 재검사를 받아야 한다.
⑤ 용기 캡이 씌워져 있거나 프로텍터가 부착되어 있는지의 여부를 확인할 것.
⑥ 재검사기간의 도래 여부를 확인할 것.
⑦ 용기 아랫부분의 부식 상태를 확인할 것.
⑧ 밸브의 몸통 · 충전구나사 · 안전밸브에 사용에 지장을 주는 홈, 주름, 스프링의 부식 등이 있는지의 여부를 확인할 것.
⑨ 밸브의 그랜드너트가 고정핀 등에 의하여 이탈 방지를 위한 조치가 있는지 여부를 확인할 것.
⑩ 밸브의 개폐 조작이 쉬운 핸들이 부착되어 있는지 여부를 확인할 것.
⑪ 용기에는 충전가스의 종류에 맞는 용기 부속품이 부착되어 있는지 여부를 확인할 것.
⑫ 용기에 충전된 고압가스(가연성 가스 및 독성가스만 해당한다)를 판매한 자는 판매에서 회수까지 그 이력을 추적 관리하여 용기 방치 등으로 인한 안전관리에 저해되지 않도록 할 것.

57 고압가스의 제조설비에서 사용개시 전에 점검하여야 할 항목이 아닌 것은?

① 불활성 가스 등에 의한 치환 상황
② 자동제어장치의 기능
③ 가스설비의 전반적인 누출 유무
④ 배관 계통의 밸브 개폐 상황

 제조설비 등의 사용개시 전 점검사항
① 제조설비 등에 있는 내용물의 상황
② 계기류의 기능 특히 경보 및 자동제어장치의 기능
③ 안전설비의 기능
④ 각 배관 계통에 부착된 밸브 등의 개폐 상황 및 맹판의 탈착 · 부착 상황
⑤ 회전기계의 윤활유 보급 상황 및 회전구동 상황
⑥ 제조설비 등 당해 설비의 전반적인 누출 유무
⑦ 가연성 가스 및 독성가스가 체류하기 쉬운 곳의 해당 가스농도
⑧ 전기 · 물 · 증기 · 공기 등 유틸리티 시설의 준비 상황
⑨ 안전용 불활성 가스 등의 준비 상황
⑩ 그 밖에 필요한 사항의 이상 유무

58 고압가스 냉동제조의 기술기준에 대한 설명으로 옳지 않은 것은?

① 암모니아를 냉매로 사용하는 냉동제조시설에는 제독제로 물을 다량 보유한다.
② 냉동기의 재료는 냉매가스 또는 윤활유 등으로 인한 화학작용에 의하여 약화되어도 상관없는 것으로 한다.
③ 독성가스를 사용하는 내용적이 1만L 이상인 수액기 주위에는 방류둑을 설치한다.
④ 냉동기의 냉매설비는 설계압력 이상의 압력으로 실시하는 기밀시험 및 설계압력의 1.5배 이상의 압력으로 하는 내압시험에 각각 합격한 것이어야 한다.

고압가스 냉동제조의 기술기준(재료)
① 재료는 표면에 사용상 해로운 홈, 찌그러짐, 부식 등의 결함이 없어야 한다.
② 재료는 냉매가스, 흡수용액, 윤활유 또는 이들 혼합물의 작용에 의하여 열화되지

않아야 한다.
③ 냉동재료는 사용가스 및 윤활유에 대한 내식성이 커야 한다.

59 가스누출자동차단기의 제품성능에 대한 설명으로 옳은 것은?

① 고압부는 5MPa 이상, 저압부는 0.5MPa 이상의 압력으로 실시하는 내압시험에 이상이 없는 것으로 한다.
② 고압부는 1.8MPa 이상, 저압부는 8.4kPa 이상 10kPa 이하의 압력으로 실시하는 기밀시험에서 누출이 없는 것으로 한다.
③ 전기적으로 개폐하는 자동차단기는 5000회의 개폐조작을 반복한 후 성능에 이상이 없는 것으로 한다.
④ 전기적으로 개폐하는 자동차단기는 전기 충전부와 비충전금속부와의 절연저항은 1kΩ 이상으로 한다.

 ① 내압시험
 ㉠ 고압부 : 3MPa 이상
 ㉡ 저압부 : 0.3MPa 이상
② 기밀시험
 ㉠ 고압부 : 1.8MPa 이상
 ㉡ 저압부 : 8.4kPa 이상 10kPa 이하

60 $-162℃$의 LNG(액비중 : 0.46, CH_4 : 90%, C_2H_6 : 10%) $1m^3$을 $20℃$까지 기화시켰을 때의 부피는 약 몇 m^3인가?

① 592.6
② 635.6
③ 645.6
④ 692.6

 ① 평균 분자량
 $16 × 0.9 + 30 × 0.1 = 17.4$
② 액비중 : $460kg/m^3$
③ $\dfrac{V_1}{T_1} = \dfrac{V_2}{T_2}$
④ $\dfrac{\frac{460}{17.4} × 22.4}{273} = \dfrac{V_2}{(273+20)}$
 $V_2 = 635.567 m^3$

제 4 과목 가스계측기기

61 수정이나 전기석 또는 롯쉘염 등의 결정체의 특정 방향으로 압력을 가할 때 발생하는 표면 전기량으로 압력을 측정하는 압력계는?

① 스트레인 게이지
② 피에조 전기 압력계
③ 자기변형 압력계
④ 벨로즈 압력계

 피에조(Piezo) 전기 압력계
수정, 롯쉘염 등의 결정체의 특정 방향으로 압력을 가할 때 발생하는 표면에 발생하는 순간적인 입력을 측정하는 압력계이다.

62 가스 크로마토그램에서 성분 X의 보유시간이 6분, 피크 폭이 6mm이었다. 이 경우 X에 관하여 HETP는 얼마인가? (단, 분리관 길이는 3m, 기록지의 속도는 분당 15mm이다.)

① 0.83mm
② 8.30mm
③ 0.64mm
④ 6.40mm

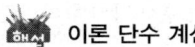 이론 단수 계산

① 이론 단수$(n) = 16\left(\dfrac{t_R}{W}\right)^2$
 t_R : 보유시간, W : 바탕선의 길이
② $HETP = \dfrac{L}{n}$
 n : 이론 단수, L : 분리관의 길이
③ 이론 단수(n)
 $= 16\left(\dfrac{t_R}{W}\right)^2 = 16 × \left(\dfrac{6 × 15}{6}\right)^2 = 3600$
④ HETP
 $= \dfrac{L}{n} = \dfrac{(3 × 10^2)}{3600} = 0.0833[cm] × 10$
 $= 0.8333[mm]$

63 두 개의 계측실이 가스 흐름에 의해 상호 보완 작용으로 밸브 시스템을 작동하여 계측실의 왕복운동을 회전운동으로 변환하여 가스량을 적산하는 가스미터는?

① 오리피스 유량계 ② 막식 유량계
③ 터빈 유량계   ④ 볼텍스 유량계

 막식 유량계
가스를 일정한 용적의 주머니 속에 넣어 배출하여 회수를 용적단위로 환산하여 적산한다.

64 점도가 높거나 점도 변화가 있는 유체에 가장 적합한 유량계는?

① 차압식 유량계   ② 면적식 유량계
③ 유속식 유량계   ④ 용적식 유량계

 용적식 유량계
① 유체의 물성치(온도, 압력 등)에 의한 영향을 거의 받지 않는다.
② 맥동의 영향이 적고 압력손실이 적다.
③ 유량계 전후의 직관길이에 영향을 받지 않는다.
④ 외부 에너지의 공급이 없어도 측정할 수 있다.
⑤ 고점도의 유체나 점도 변화가 있는 유체의 유량 측정에 적합하다.

65 니켈, 망간, 코발트 구리 등의 금속산화물을 압축, 소결시켜 만든 온도계는?

① 바이메탈 온도계
② 서미스터 저항체 온도계
③ 제겔콘 온도계
④ 방사 온도계

 서미스터(thermistor) 저항체 온도계
① 온도 변화에 따른 저항치가 크게 변하는 반도체이다.
② 사용원료는 니켈, 망간, 코발트 구리 등의 금속산화물을 압축, 소결시켜 만든 2원계 또는 3원계 합금이다.
③ 국부적인 온도 측정에 적합하다.

66 다음 [그림]과 같이 시차 액주계의 높이 H가 60mm일 때 유속(V)은 약 몇 m/s인가? (단, 비중 γ와 γ'는 1과 13.6이고, 속도계수는 1, 중력 가속도는 $9.8 m/s^2$이다.)

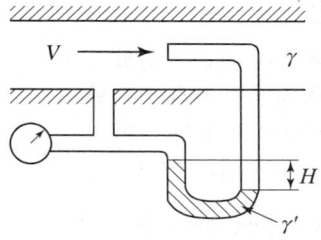

① 1.08   ② 3.36
③ 3.85   ④ 5.00

① $V = \sqrt{2gH\left(\dfrac{S_0}{S}-1\right)} = \sqrt{2gH\left(\dfrac{\gamma'}{\gamma}-1\right)}$

② $V = \sqrt{2gH\left(\dfrac{\gamma'}{\gamma}-1\right)}$

$= \sqrt{2\times 9.8\times(60\times 10^{-3})\times\left(\dfrac{13.6}{1}-1\right)}$

$= 3.849 [m/s]$

67 일반적으로 계측기는 크게 3부분으로 구성되어 있다. 이에 해당되지 않는 것은?

① 검출부   ② 전달부
③ 수신부   ④ 제어부

 계측기의 3요소
① 검출부
② 전달부
③ 수신부

68 가스 크로마토그래피(gas chromatography)를 이용하여 가스를 검출할 때 반드시 필요하지 않는 것은?

① Column   ② Gas sampler
③ Carrier gas ④ UV detector

 가스 크로마토그래피(gas chromatography) 검출
① 칼럼 및 시험은 핵심 구성요소이며 캐리어 가스 파이프라인 시스템으로 검증과 기록 장치로 이루어져 있다.
② 캐리어 가스(carrier gas) : H_2, N_2, He, Ar

69 계량에 관한 법률의 목적으로 가장 거리가 먼 것은?

① 계량의 기준을 정함
② 공정한 상거래 질서 유지
③ 산업의 선진화 기여
④ 분쟁의 협의 조정

 계량에 관한 법률
계량의 기준을 정하여 계량을 적정하게 함으로써 공정한 상거래 질서를 유지하고, 산업의 선진화 및 국민경제 발전에 기여함을 목적으로 한다.

70 400K는 몇 °R인가?

① 400   ② 620
③ 720   ④ 820

① $\dfrac{C}{100} = \dfrac{F-32}{180}$
② $K = 273 + C$
③ $R = 460 + F$
⑤ $R = 1.8K$
⑥ $R = 1.8K = 1.8 \times 400 = 720$

71 화합물이 가지는 고유의 흡수 정도의 원리를 이용하여 정성 및 정량 분석에 이용할 수 있는 분석 방법은?

① 저온분류법
② 적외선분광분석법
③ 질량분석법
④ 가스 크로마토그래피법

 기기 분석법
① 적외선분광분석법 : 진동에 의해 적외선의 흡수의 원리를 이용한 것이다.
② 전기량에 의한 적정법 : 패러데이 법칙의 원리를 이용하여 전기량을 분석하는 방법이다.
③ 저온증밀 증류법 : 증류온도 및 유출가스의 분압에서 시료가스의 조성을 구하는 방법이다.
④ 질량분석법 : 시료량이 미량으로 고농도에서 저농도까지 광범위하게 분석하는 방법이다.
⑤ 가스 크로마토그래피 : 칼럼 및 시험은 핵심 구성요소이며 캐리어 가스 파이프라인 시스템으로 검증과 기록 장치로 이루어져 있다.

72 다음 중 추량식 가스미터에 해당하지 않는 것은?

① 오리피스 미터   ② 벤투리 미터
③ 회전자식 미터   ④ 터빈식 미터

 ① **추량식**(간접식) **가스미터기** : 벤투리, 오리피스, 터빈식, 델타형
② **실측식**(직접식) **가스미터기** : 막식 가스미터, 루츠미터기, 로터리 피스톤식 미터

73 보상도선, 측온접점 및 기준접점, 보호관 등으로 구성되어 있는 온도계는?

① 복사 온도계   ② 열전대 온도계
③ 광고 온도계   ④ 저항 온도계

 열전대 온도계
① 열전대를 측온체로 사용하여 열기전력으로 온도를 나타내는 온도계이다.
② 구성 : 열전대, 보상도선, 측온접점(열접점), 기준접점(냉접점), 보호관

74 다음 압력계 중 미세압 측정이 가능하여 통풍계로도 사용되며, 감도(정도)가 좋은 압력계는?

① 경사관식 압력계
② 분동식 압력계
③ 부르동관 압력계
④ 마노미터(U자관 압력계)

 경사관식 압력계
① 압력계 중에서 감도(정도)가 가장 좋다.
② 미세압 측정이 가능하다.

75 물 100cm 높이에 해당하는 압력은 몇 Pa인가? (단, 물의 비중량은 9803N/m³이다.)
① 4901　　　② 490150
③ 9803　　　④ 980300

 압력
① $P = \gamma h = 9803[\text{N/m}^3] \times 1[\text{m}]$
$= 9803[\text{N/m}^2] = 9803[\text{Pa}]$
② 물의 비중량 〈조건〉 : $9803[\text{N/m}^3]$
③ 물의 비중량(γ)
$1000\,\text{kg/m}^3 = 9800\,\text{N/m}^3$
④ h : $100\text{cm} = 1\text{m}$이다.
⑤ $9803[\text{N/m}^2] = 9803[\text{Pa}]$
$= 9803[\text{Pa}] \div 1000$
$= 9.803[\text{kPa}] \div 1000$
$= 0.009803[\text{MPa}]$

76 다음 열전대 온도계 중 가장 고온에서 사용할 수 있는 것은?
① R형　　　② K형
③ T형　　　④ J형

 열전대의 종류 및 특성

종류	약호	측정온도
백금-백금로듐	T형	-180~360℃
크로멜-알루멜	I형	-20~1200℃
철-콘스탄탄	K형	-20~800℃
구리-콘스탄탄	R형	0~1600℃
수은 온도계		-35~350℃

77 계량기 형식 승인 번호의 표시방법에서 계량기의 종류별 기호 중 가스미터의 표시 기호는?
① G　　　② N
③ K　　　④ H

 ① H : 가스미터
② 형식 승인 번호(예) : 제 H-05-01호

78 광학적 방법인 슈리렌법(Schlieren method)은 무엇을 측정하는가?

① 기체의 흐름에 대한 속도 변화
② 기체의 흐름에 대한 온도 변화
③ 기체의 흐름에 대한 압력 변화
④ 기체의 흐름에 대한 밀도 변화

 슈리렌법(Schlieren method)
슈리렌법은 물질의 육안, 사진 등으로 관찰하는 광학적 방법이다.

79 계측기기의 측정과 오차에서 흩어짐의 정도를 나타내는 것은?
① 정밀도　　　② 정확도
③ 정도　　　④ 불확실성

 계측의 정밀도
① 정밀도(precision) : 동일 계기로 같은 물리량을 반복적으로 측정
② 정확도 : 평균값
③ 정도 : 측정값, 정확도, 정밀도 등의 전체적인 결과가 좋은 것을 말한다.

80 0℃에서 저항이 120Ω이고 저항온도계수가 0.0025인 저항 온도계를 노 안에 삽입하였을 때 저항이 210Ω이 되었다면 노 안의 온도는 몇 ℃인가?
① 200℃　　　② 250℃
③ 300℃　　　④ 350℃

 온도 변화에 따른 도체의 저항
① $R_2 = R_1[1 + a\Delta t]$, $\Delta t = t_2 - t_1$
② $\Delta t = (t_2 - t_1) = \dfrac{1}{a} \times \left(\dfrac{R_2 - R_1}{R_1}\right)$
$t_2 = 0 + \dfrac{1}{0.0025} \times \left(\dfrac{210 - 120}{120}\right)$
$= 300℃$
③ 노의 온도 = 300 + 0 = 300℃

본 문제는 복원 기출문제입니다. 실제 문제와 다를 수 있으니 양해바랍니다.

제6편 과년도 출제문제

2025년 8월 CBT 시행

제1과목 연소공학

01 연소의 난이성에 대한 설명으로 옳지 않은 것은?
① 화학적 친화력이 큰 가연물이 연소가 잘 된다.
② 연소성 가스가 많이 발생하면 연소가 잘 된다.
③ 환원성 분위기가 잘 조성되면 연소가 잘 된다.
④ 열전도율이 낮은 물질은 연소가 잘된다.

 연소
① 연소의 난이성은 산소의 친화력과 밀접한 관계가 있으며 즉 산소의 친화력이 클수록 연소가 잘된다.
② 산화성 분위기가 잘 조성되면 연소가 잘 된다.
③ 환원성 분위기가 잘 조성되면 소화가 잘 된다.

02 과열증기온도와 포화증기온도의 차를 무엇이라고 하는가?
① 포화도   ② 비습도
③ 과열도   ④ 건조도

 증기(vapour)
① 과열증기 : 압력이 일정할 때 물이 증발하기 시작할 때의 온도를 말한다.
② 포화증기 : 액체와 공존하고 평행상태에 놓인 증기를 말한다.
③ 과열도 : 과열증기온도 - 포화증기온도

03 이너트 가스(inert gas)로 사용되지 않는 것은?

① 질소   ② 이산화탄소
③ 수증기   ④ 수소

 ① **이너트 가스**(inert gas) : 다른 물질과 결합하지 않고 연소에 도움이 되지 않는 불활성 가스를 말한다.
② **수소** : 가연성 가스이다.

04 화학반응 중 폭발의 원인과 관련이 가장 먼 반응은?
① 산화반응   ② 중화반응
③ 분해반응   ④ 중합반응

 ① 중화반응 : 산과 염기가 반응하여 염과 물을 형성하는 반응으로, 예를 들면 벌에 쏘였을 때 응급처치로 묽은 암모니아수를 바른다.
② 화학폭발 반응
  ㉠ 가연성 가스와 공기의 혼합가스에 의해 점화 시 발생하는 폭발반응이다.
  ㉡ 산화폭발, 분해폭발, 중합폭발, 촉매폭발

05 상온, 상압 하에서 프로판이 공기와 혼합되는 경우 폭발범위는 약 몇 %인가?
① 1.9~8.5   ② 2.2~9.5
③ 5.3~14   ④ 4.0~75

 프로판(C_3H_8) **연소**(폭발)**범위**
2.2~9.5vol%

06 CO_2 40vol%, O_2 10vol%, N_2 50vol%인 혼합기체의 평균분자량은 얼마인가?
① 16.8   ② 17.4
③ 33.5   ④ 334.8

1.③ 2.③ 3.④ 4.② 5.② 6.④

① 분자량
  ㉠ $CO_2 : 12 + 16 \times 2 = 44$
  ㉡ $O_2 : 16 \times 2 = 32$
  ㉢ $N_2 : 7 \times 2 = 14$
② $44 \times 0.4 + 32 \times 0.1 + 28 \times 0.5 = 34.8$

07 가스를 연료로 사용하는 연소의 장점이 아닌 것은?
① 연소의 조절이 신속, 정확하며 자동제어에 적합하다.
② 온도가 낮은 연소실에서도 안정된 불꽃으로 높은 연소효율이 가능하다.
③ 연소속도가 커서 연료로서 안전성이 높다.
④ 소형 버너를 병용 사용하여 로내 온도분포를 자유로이 조절할 수 있다.

연소속도가 커서 연료로서의 안전성이 떨어진다.

08 기체상수 R을 계산한 결과 1.987이었다. 이때 사용되는 단위는?
① L · atm/mol · K ② cal/mol · K
③ erg/kmol · K   ④ Joule/mol · K

기체상수 R
① $P = 101325 [N/m^2]$
② $V = 22.4[L] = 0.0224[m^3]$
③ $n = 1[mol]$
④ $T = 273[K]$
⑤ $PV = nRT$
⑥ $R = \dfrac{PV}{nT}$
  $= \dfrac{101325 N/m^2 \times 0.0224 m^3}{1 mol \times 273 K}$
  $= \dfrac{101325 N/m^2 \times 0.0224 m^3}{1 mol \times 273 K}$
  $= 8.314 Nm/mol\,K$
  $= 8.314 J/mol\,K$
⑦ $R = 8.314 Nm/mol\,K$
  $= 8.314 J/mol\,K$
  $= 1.987 cal/mol\,K$

09 500L의 용기에 40atm·abs, 30℃에서 산소(O_2)가 충전되어 있다. 이때 산소는 몇 kg인가?
① 7.8kg ② 12.9kg
③ 25.7kg ④ 31.2kg

① $G = \dfrac{PV}{RT} = \dfrac{40 \times 500}{0.082 \times (273+30)}$
  $= 804.958 mol$
② $804.958 mol \times \dfrac{32 kg}{1 mol}$
  $= 25758.656 kg \div 1000 = 25.78 kg$

10 소화의 종류 및 주변의 공기 또는 산소를 차단하여 소화하는 방법은?
① 억제소화   ② 냉각소화
③ 제거소화   ④ 질식소화

소화
① 질식소화 : 산소농도를 15% 이하로 낮추어 연소가 불가능하게 하는 소화 방법이다.
② 냉각소화 : 점화원의 온도를 냉각시켜 발화점 이하로 내려 소화하는 방법이다.
③ 제거소화 : 가연성 물질을 제거하여 소화하는 방법이다.

11 폭굉(detonation)에 대한 설명으로 옳지 않은 것은?
① 발열반응이다.
② 연소의 전파속도가 음속보다 느리다.
③ 충격파가 발생한다.
④ 짧은 시간에 에너지가 방출된다.

① 폭굉 : 음속 < 폭발속도 (충격파)
② 폭연 : 음속 > 폭발속도 (충격파)

12 위험장소 분류 중 폭발성 가스의 농도가 연속적이거나 장시간 지속적으로 폭발한계 이상이 되는 장소 또는 지속적인 위험상태가 생성되거나 생성될 우려가 있는 장소는?
① 제0종 위험장소 ② 제1종 위험장소
③ 제2종 위험장소 ④ 제3종 위험장소

가스 폭발 위험 장소

가스 폭발 위험 장소	0종 장소	인화성 액체의 증기 또는 가연성 가스에 의한 폭발 위험이 지속적으로 또는 장기간 존재하는 장소	용기·장치·배관 등의 내부 등
	1종 장소	정상 작동상태에서 인화성 액체의 증기 또는 가연성 가스에 의한 폭발 위험분위기가 존재하기 쉬운 장소	맨홀·벤트·피트 등의 주위
	2종 장소	정상 작동상태에서 인화성 액체의 증기 또는 가연성 가스에 의한 폭발 위험분위기가 존재할 우려가 없으나, 존재할 경우 그 빈도가 아주 적고 단기간만 존재할 수 있는 장소	개스킷·패킹 등의 주위

13 불활성화 방법 중 용액에 액체를 채운 다음 용기로부터 액체를 배출시키는 동시에 증기층으로 불활성가스를 주입하여 원하는 산소농도를 만드는 퍼지방법은?

① 사이펀 퍼지   ② 스위프 퍼지
③ 압력 퍼지   ④ 진공 퍼지

 사이펀 퍼지
① 큰 저장용기를 퍼지할 때 경비를 최소화할 수 있다.
② 용기에 액체(물)를 채운다.
③ 액체가 용기로부터 배출될 때 불활성 가스를 용기의 증기공간에 주입한다.

14 BLEVE(Boiling Liquid Expanding Vapour Explosion) 현상에 대한 설명으로 옳은 것은?
① 물이 점성의 뜨거운 기름 표면 아래서 끓을 때 연소를 동반하지 않고 overflow되는 현상
② 물이 연소유(oil)의 뜨거운 표면에 들어갈 때 발생되는 overflow 현상
③ 탱크 바닥에 물과 기름의 에멀션이 섞여 있을 때 기름의 비등으로 인하여 급격하게 overflow되는 현상
④ 과열상태의 탱크에서 내부의 액화가스가 분출, 일시에 기화되어 착화, 폭발하는 현상

 블레비(BLEVE) 현상은 용기 안에 가스가 외부의 화재 및 열에 의해 팽창하여 용기가 파열되고 가스가 증발하여 폭발하는 물리적 폭발 현상이다.

비등액체팽창증기폭발(BLEVE)의 발생 단계
① 1단계 : 가연성 액체 탱크 주위 화재 발생
② 2단계 : 화재 외부열이 액체 탱크 벽 가열시킨다.
③ 3단계 : 탱크 내의 온도 및 압력 증가
④ 4단계 : 화재 및 열에 의해 탱크의 구조적 강도 손실 발생
⑤ 5단계 : 탱크 파열 발생으로 가스 증발이 일어난다.

15 액체 연료의 연소 형태와 가장 거리가 먼 것은?
① 분무연소   ② 등심연소
③ 분해연소   ④ 증발연소

① 액체 연소 : 분무연소, 등심연소, 액면연소, 증발연소
② 고체 연소 : 연기연소, 분해연소, 증발연소, 표면연소
③ 분해연소 : 종이, 목재, 석탄 등의 가연물이 고온에서 열분해되어 산소와 결합하여 표면에서 증발연소와 함께 연소된다.

16 연소한계, 폭발한계, 폭굉한계를 일반적으로 비교한 것 중 옳은 것은?
① 연소한계는 폭발한계보다 넓으며, 폭발한계와 폭굉한계는 같다.
② 연소한계와 폭발한계는 같으며, 폭굉한계보다는 넓다.
③ 연소한계는 폭발한계보다 넓고, 폭발한계는 폭굉한계보다 넓다.
④ 연소한계, 폭발한계, 폭굉한계는 같으며, 단지 연소현상으로 구분된다.

① 연소한계=폭발한계=가연한계
② 연소한계>폭굉한계

17 폭발범위가 넓은 것부터 차례로 된 것은?

① 일산화탄소＞메탄＞프로판
② 일산화탄소＞프로판＞메탄
③ 프로판＞메탄＞일산화탄소
④ 메탄＞프로판＞일산화탄소

폭발범위(연소범위)
① 일산화탄소(CO) : 12.5~74vol%
② 메탄(CH_4) : 5~15vol%
③ 프로판(C_3H_8) : 2.1~9.5vol%

18 액체공기 100kg 중에는 산소가 약 몇 kg이 들어 있는가? (단, 공기는 79mol% N_2와 21mol% O_2로 되어 있다.)

① 18.3　　② 21.1
③ 23.3　　④ 25.4

공기중 산소
① O_2의 체적비: 21%
② O_2의 중량비: 23.2%
③ 23.2×100 = 23.2

19 100℃의 수증기 1kg이 100℃의 물로 응결될 때 수증기 엔트로피 변화량은 몇 kJ/K 인가? (단, 물의 증발잠열은 2256.7kJ/kg 이다.)

① -4.87　　② -6.05
③ -7.24　　④ -8.67

엔트로피 변화량
$$S = \frac{-dQ}{T} = \frac{-2256.7}{273+100} = -6.0501$$

20 다음 연소와 관련된 식으로 옳은 것은?

① 과잉 공기비=공기비(m)-1
② 과잉 공기량=이론 공기량(A_0)+1
③ 실제 공기량=공기비(m)+이론 공기량(A_0)
④ 공기비 = (이론 산소량 / 실제 공기량) - 이론 공기량

① A_0 : 이론 공기량
② A : 실제 공기량
③ A_{ex} : 과잉 공기량
④ m : 공기비
⑤ 실제 공기량 = $A_0 + A_{ex}$
⑥ 과잉 공기량 = $A = mA_0$
⑦ 과잉 공기비 : $\frac{A_{ex}}{A_0} = \frac{A-A_0}{A_0} = m-1$
⑧ 과잉 공기율
$\frac{A_{ex}}{A_0} = \frac{A-A_0}{A_0} = (m-1) \times 100$
⑨ 공기비 : $\frac{A}{A_0}$

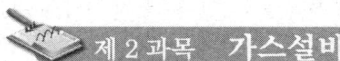

제 2 과목　가스설비

21 압축가스를 저장하는 납붙임 용기의 내압시험압력은?

① 상용압력 수치의 5분의 3배
② 상용압력 수치의 3분의 5배
③ 최고충전압력 수치의 5분의 3배
④ 최고충전압력 수치의 3분의 5배

압축가스 용기 내압시험압력

용기 종류	압축가스 용기
① 최고충전압력	35℃의 온도에서 그 용기에 충전할 수 있는 가스의 압력 중 최고압력
② 내압시험압력	최고충전압력 수치의 3분의 5배
③ 안전밸브작동압력	내압시험압력의 10분의 8 이하의 압력에서 작동
④ 기밀시험압력	최고충전압력

22 고압가스 냉동제조시설의 자동제어장치에 해당하지 않는 것은?

① 저압차단장치
② 과부하보호장치
③ 자동급수 및 살수장치
④ 단수보호장치

해설 고압가스 냉동제조시설 자동제어장치
다음 각 호에 정한 조건을 갖추고 있는 장치는 자동제어장치를 구비한 것으로 본다.
① 압축기의 고압측 압력이 상용압력을 초과할 때에 압축기의 운전을 정지하는 장치("고압차단장치"라 한다)
② 개방형 압축기인 경우는 저압측 압력이 상용압력보다 이상저하할 때 압축기의 운전을 정지하는 장치("저압차단장치"라 한다)
③ 강제윤활장치를 갖는 개방형 압축기인 경우는 윤활유 압력이 운전에 지장을 주는 상태에 이르는 압력까지 저하할 때 압축기를 정지하는 장치
④ 압축기를 구동하는 동력장치의 과부하 보호장치
⑤ 쉘형 액체 냉각기인 경우는 액체의 동결방지장치
⑥ 수랭식 응축기인 경우는 냉각수 단수 보호장치
⑦ 공랭식 응축기 및 증발식 응축기인 경우는 당해 응축기용 송풍기가 운전되지 않는 한 압축기가 운전되지 않도록 하는 연동기구
⑧ 난방용 전열기를 내장한 에어컨 또는 이와 유사한 전열기를 내장한 냉동설비에서의 과열방지장치

23 노즐에서 분출되는 가스 분출속도에 의해 연소에 필요한 공기의 일부를 흡입하여 혼합기 내에서 잘 혼합하여 염공으로 보내 연소하고 이 때 부족한 연소공기는 불꽃 주위로부터 새로운 공기를 혼입하여 가스를 연소시키며 연소실 온도가 가장 높은 방식의 버너는?

① 분젠식 버너   ② 전1차식 버너
③ 적화식 버너   ④ 세미분젠식 버너

해설 ① 분젠식 버너
㉠ 가스를 노즐부터 분출시켜 분출되는 가스에 의하여 주위의 공기를 연소범위 내에서 1차 공기로 흡인하여 연소에 사용하며 안정된 연소가 되면 외염을 형성한다.
㉡ 1차 공기 : 40~70%
㉢ 2차 공기 : 60~30%
② 적화식 : 연소에 필요한 공기 전부를 2차 공기를 사용하며 1차 공기는 사용하지 않는다.
③ 세미분젠식 : 연소범위에 도달하지 않도록 1차 공기량을 제한하여 연소하는 방식으로 적화식과 분젠식의 중간 형태이다.
④ 전1차 공기식 : 모든 공기를 1차 공기로 흡인하여 연소하는 것으로 완만한 조건에서는 2차 공기를 사용하지 않는다.

24 입구측 압력이 0.5MPa 이상인 정압기의 안전밸브 분출구경의 크기는 얼마 이상으로 하여야 하는가?

① 20A   ② 25A
③ 32A   ④ 50A

해설 정압기 안전밸브 분출부 크기
① 정압기 입구측 압력이 0.5MPa 이상인 것은 50A 이상으로 하여야 한다.
② 정압기 입구측 압력이 0.5MPa 미만인 것은 정압기의 설계유량에 따라 다음과 같은 크기로 하여야 한다.
㉠ 정압기 설계유량이 1000Nm³/h 이상인 것은 50A 이상
㉡ 정압기 설계유량이 1000Nm³/h 미만인 것은 25A 이상

25 직동식 정압기와 비교한 파일럿식 정압기의 특성에 대한 설명으로 틀린 것은?

① 대용량이다.
② 오프셋이 커진다.
③ 요구 유량제어 범위가 넓은 경우에 적합하다.
④ 높은 압력제어 정도가 요구되는 경우에 적합하다.

① **직동식 정압기** : 오프셋(offset)이 커진다.
② **파일럿식 정압기** : 오프셋(offset)이 작아진다.
③ 오프셋(offset) : 유량 변화 시 2차 압력이 변하는 것

26 도시가스 공급관에서 전위차가 일정하고 비교적 작기 때문에 전위구배가 적은 장소에 적합한 전기방식법은?
① 외부전원법　② 희생양극법
③ 선택배류법　④ 강제배류법

희생양극법(유전양극법)**의 특징**
① 비교적 간편하며 가격이 저가이다.
② 과방식의 염려가 없다
③ 타 매설물에 간섭이 거의 없으며 땅 속에 저전위 금속 마그네슘(Mg)을 매설한다.
④ 애노드는 부식하고 캐소드는 방식되므로 양극의 소모가 발생하므로 보충할 것.
⑤ 전위구배가 적은 장소에 적합하다.

27 도시가스용 압력조정기에서 스프링은 어떤 재질을 사용하는가?
① 주물　② 강재
③ 알루미늄합금　④ 다이캐스팅

스프링 재질 : 강재

28 대기 중에 10m 배관을 연결할 때 중간에 상온스프링을 이용하여 연결하려 한다면 중간 연결부에서 얼마의 간격으로 하여야 하는가? (단, 대기 중의 온도는 최저 -20℃, 최고 30℃이고, 배관의 열팽창계수는 7.2×10^{-5}/℃이다.)
① 18mm　② 24mm
③ 36mm　④ 48mm

상온 스프링(cold spring)
① 길이=자유팽창량의 $\frac{1}{2}$로 한다.

② $\Delta L = L\alpha \Delta t$
$= (10 \times 1000) \times (7.2 \times 10^{-5})$
$\times (30+20) \times \frac{1}{2}$
$= 18mm$

29 압축기의 종류 중 구동모터와 압축기가 분리된 구조로서 벨트나 커플링에 의하여 구도오디는 압축기의 형식은?
① 개방형　② 반밀폐형
③ 밀폐형　④ 무급유형

압축기의 분류
① 개방형 압축기 : 압축기와 전동기가 분리되어 있는 구조이다.
② 밀폐형 압축기 : 압축기와 전동기가 하나의 용기 내에 내장되어 있다.

30 물 수송량이 6000L/min, 전양정이 45m, 효율이 75%인 터빈 펌프의 소요 마력은 약 몇 kW인가?
① 40　② 47
③ 59　④ 68

펌프 소요동력
$P = \dfrac{\gamma \times Q \times H}{102 \times 60 \times \eta}$
$= \dfrac{1000 \times (6000 \times 10^{-3}) \times 45}{102 \times 60 \times 0.75}$
$= 58.823 kW$
γ : 물의 비중량 : $1000 kg/m^3$

31 고압장치의 재료로 구리관의 성질과 특징으로 틀린 것은?
① 알칼리에는 내식성이 강하지만 산성에는 약하다.
② 내면이 매끈하여 유체저항이 적다.
③ 굴곡성이 좋아 가공이 용이하다.
④ 전도 및 전기절연성이 우수하다.

구리관(동관)
① 내식성, 내충격성이 좋다.
② 가공이 쉽고 시공이 용이하다.
③ 열전도율이 크다.
④ 전기가 잘 통한다.

32 원심펌프를 병렬로 연결하는 것은 무엇을 증가시키기 위한 것인가?
① 양정
② 동력
③ 유량
④ 효율

 펌프의 운전
① 펌프 병렬 연결 : 유량 증가
② 펌프 직렬 연결 : 양정 증가(토출 양정 증가, 유량 일정)

33 배관에는 온도 변화 및 여러 가지 하중을 받기 때문에 이에 견디는 배관을 설계해야 한다. 외경과 내경의 비가 1.2 미만인 경우 배관의 두께는 식

$$t[mm] = \frac{PD}{2\frac{f}{s} - P} + C$$

에 의하여 계산된다. 기호 P의 의미로 옳게 표시된 것은?
① 충전압력
② 상용압력
③ 사용압력
④ 최고충전압력

 배관 두께
① 외경과 내경의 비가 1.2 미만

$$t = \frac{PD}{2\frac{f}{s} - P} + C$$

P : 상용압력[MPa]
t : 배관의 두께[mm]
D : 배관의 내경[mm]
f : 최소인장강도[N/mm^2]
s : 안전율
C : 부식여유[mm]

② 외경과 내경의 비가 1.2 이상

$$t = \frac{D}{2}\left(\sqrt{\frac{\frac{f}{s}+P}{\frac{f}{s}-P}} - 1\right) + C$$

D : 안지름(내경에서 부식여유에 상당하는 부분을 뺀 부분의 수치)[mm]
P : 배관의 상용압력
C : 부식여유수치[mm]
f : 최소 인장강도
s : 안전율

34 액화석유가스 사용시설에서 배관의 이음매와 절연조치를 한 전선과는 최소 얼마 이상의 거리를 두어야 하는가?
① 10cm
② 15cm
③ 30cm
④ 40cm

 배관의 이음부 이격거리
① 배관의 이음부(용접 제외) ↔ 전기계량기 및 전기 폐기 : 60cm 이상
② 배관의 이음부(용접 제외) ↔ 전기점멸기 및 전기접속기 : 30cm 이상
③ 배관의 이음부(용접 제외) ↔ 절연전선 : 10cm 이상
④ 배관의 이음부(용접 제외) ↔ 절연조치를 하지 않은 전선 : 15cm 이상
⑤ 배관의 이음부(용접 제외) ↔ 단열조치를 하지 않은 굴뚝(배기통 포함) : 15cm 이상

35 천연가스 중앙공급 방식의 특징에 대한 설명으로 옳은 것은?
① 단시간의 정전이 발생하여도 영향을 받지 않고 가스를 공급할 수 있다.
② 고압공급 방식보다 가스 수송능력이 우수하다.
③ 중앙 공급배관(강관)은 전기방식을 할 필요가 없다.
④ 중압배관에서 발생하는 압력감소의 주된 원인은 가스의 재응축 때문이다.

도시가스 중앙공급방식
① 가스제조소에서 압송기를 사용하여 중압의 가스를 송출하고 공급지역에 설치된 지구정압기로 공급압력을 저압으로 조정하여 수용가에 공급하는 방식이다.
② 가스공급량 대량 또는 공급지역이 넓어 저압공급방식보다 도관 설치비용을 절감할 수 있을 때 적용하는 방식이다.
③ 정전, 고장 등 발생 시 안정성 있게 공급할 수 있으며 중압도관을 경제적으로 설계할 수 있다.

36 고압가스설비의 운전을 정지하고 수리할 때 일반적으로 유의하여야 할 사항이 아닌 것은?

① 가스 치환작업
② 안전밸브 작동
③ 장치 내부 가스 분석
④ 배관의 차단

 고압가스 냉동제조의 시설 · 기술 · 검사 기준
① 점검기준
안전장치 중 압축기의 최종단에 설치한 안전장치는 1년에 1회 이상, 그 밖의 안전밸브는 2년에 1회 이상 조정을 하여 고압가스설비가 파손되지 않도록 적절한 압력 이하에서 작동이 되도록 할 것.

 가스설비의 점검 · 수리 · 청소 및 철거 요령
① 제조설비 등의 사용 개시 전 점검사항
㉠ 제조설비 등에 있는 내용물의 상황
㉡ 계기류의 기능, 특히 인터록(interlock), 긴급용 시퀀스, 경보 및 자동제어장치의 기능
㉢ 긴급차단 및 긴급방출장치, 통신설비, 제어설비, 정전기 방지 및 제거설비 그 밖에 안전설비의 기능
㉣ 각 배관계통에 부착된 밸브 등의 개폐상황 및 맹판의 탈착 · 부착 상황
㉤ 회전기계의 윤활유 보급상황 및 회전구동상황
㉥ 제조설비 등 당해 설비의 전반적인 누출 유무
㉦ 가연성 가스 및 독성가스가 체류하기 쉬운 곳의 당해 가스농도
㉧ 전기, 물, 증기, 공기 등 유틸리티 시설의 준비상황
㉨ 안전용 불활성 가스 등의 준비상황
㉩ 비상전력 등의 준비상황
㉪ 그 밖에 필요한 사항의 이상 유무

37 액화석유가스(LPG) 20kg 용기를 재검사하기 위하여 수압에 의한 내압시험을 하였다. 이때 전증가량이 200mL, 영구증가량이 20mL였다면 영구증가율과 적합 여부를 판단하면?

① 10%, 합격   ② 10%, 불합격
③ 20%, 합격   ④ 20%, 불합격

 항구(영구)증가율
① 항구(영구)증가율
$= \dfrac{\text{항구 증가량}}{\text{전 증가량}} \times 100\%$
② 항구(영구)증가율
$= \dfrac{\text{항구 증가량}}{\text{전 증가량}} \times 100\%$
$= \dfrac{20[\text{mL}]}{200[\text{mL}]} \times 100 = 10\%$
③ 합격 기준 : 10% 이하이므로 내압시험에 합격이다.

38 배관 설계 시 고려하여야 할 사항으로 가장 거리가 먼 것은?

① 가능한 한 옥외에 설치할 것.
② 굴곡을 적게 할 것.
③ 은폐하여 매설할 것.
④ 최단거리로 할 것.

 가스배관 설계 고려할 사항 4요소
① 최단거리로 할 것.
② 구부러지거나 오르내림을 적게 할 것.
③ 은폐하거나 매설을 피할 것.
④ 가능한 한 옥외에 할 것.
⑤ 암기법 : 최단, 직선, 노출, 옥외로 한다.

 은폐하거나 매설하면 가스 누설 시 체류하게 되어 위험하게 된다.

39 도시가스 배관의 내진설계 기준에서 일반도시가스사업자가 소유하는 배관의 경우 내진 1등급에 해당되는 압력은 최고 사용압력이 얼마의 배관을 말하는가?

① 0.1MPa ② 0.3MPa
③ 0.5MPa ④ 1MPa

　해설　① 내진 특등급 : 7MPa 이상
　　　　　② 내진 1등급 : 0.5MPa 이상
　　　　　③ 내진 2등급 : 기타

40 정압기의 이상감압에 대처할 수 있는 방법이 아닌 것은?

① 저압배관의 loop화
② 2차측 압력 감시장치 설치
③ 정압기 2계열 설치
④ 필터 설치

　해설　정압기 필터 : 입구측에 수분 및 불순물 제거 장치

제 3 과목　가스안전관리

41 일반도시가스사업소에 설치된 정압기 필터 분해 점검에 대하여 옳게 설명한 것은?

① 가스공급 개시 후 매년 1회 이상 실시한다.
② 가스공급 개시 후 2년에 1회 이상 실시한다.
③ 설치 후 매년 1회 이상 실시한다.
④ 설치 후 2년에 1회 이상 실시한다.

　해설　**정압기 기술기준**
　　① 환상 배관망에 설치되는 정압기 중 1개 이상의 정압기에는 다른 정압기의 안전밸브보다 작동압력을 낮게 설정하여 이상압력이 발생할 때 위해의 우려가 없는 안전한 장소에서 도시가스를 우선적으로 방출할 수 있도록 할 것.
　　② 정압기는 설치 후 2년에 1회 이상 분해점검을 실시하고 1주일에 1회 이상 작동상황을 점검하며, 필터는 가스공급개시 후 1개월 이내 및 가스공급개시 후 매년 1회 이상 분해점검을 실시할 것.
　　③ 도시가스사업자는 정압기의 안전을 확보하기 위하여 그 설비의 작동상황을 주기적으로 점검하고, 이상이 있을 때에는 지체 없이 보수 등 필요한 조치를 할 것.

42 가연성 가스 저장탱크 및 처리설비를 실내에 설치하는 기준에 대한 설명 중 틀린 것은?

① 저장탱크와 처리설비는 구분 없이 동일한 실내에 설치한다.
② 저장탱크 및 처리설비가 설치된 실내는 천장·벽 및 바닥의 두께가 30cm 이상인 철근콘크리트로 한다.
③ 저장탱크의 정상부와 저장탱크실 천장과의 거리는 60cm 이상으로 한다.
④ 저장탱크에 설치한 안전밸브는 지상 5m 이상의 높이에 방출구가 있는 가스방출관을 설치한다.

　해설　**저장탱크 및 처리설비를 실내에 설치 기준**
　　① 저장탱크실과 처리설비실은 각각 구분하여 설치하고 강제통풍시설을 갖출 것.
　　② 저장탱크실 및 처리설비실은 천장·벽 및 바닥의 두께가 30cm 이상인 철근콘크리트로 만든 실로서 방수처리가 된 것일 것.
　　③ 가연성 가스 또는 독성가스의 저장탱크실과 처리설비실에는 가스누출검지경보장치를 설치할 것.
　　④ 저장탱크의 정상부와 저장탱크실 천장과의 거리는 60cm 이상으로 할 것.
　　⑤ 저장탱크를 2개 이상 설치하는 경우에는 저장탱크실을 각각 구분하여 설치할 것.
　　⑥ 저장탱크 및 그 부속시설에는 부식방지 도장을 할 것.
　　⑦ 저장탱크실 및 처리설비실의 출입문은 각각 따로 설치하고, 외부인이 출입할 수 없도록 자물쇠 채움 등의 조치를 할 것.
　　⑧ 저장탱크실 및 처리설비실을 설치한 주위에는 경계표지를 할 것.
　　⑨ 저장탱크에 설치한 안전밸브는 지상 5m 이상의 높이에 방출구가 있는 가스방출관을 설치할 것.

43 액화석유가스 충전시설에서 가스산업기사 이상의 자격을 선임하여야 하는 저장능력의 기준은?

① 30톤 초과 ② 100톤 초과
③ 300톤 초과 ④ 500톤 초과

 안전관리자의 자격과 선임인원
(제5조 제3항 관련) [별표 1] 〈개정 2014.7.21〉

시설 구분	저장능력 또는 수용가 수	선임구분	
		안전관리자의 구분 및 선임인원	자격
액화 석유 가스 충전 시설	저장능력 500톤 초과	안전관리총괄자 : 1명	
		안전관리부총괄자 : 1명	
		안전관리책임자 : 1명 이상	가스산업기사 이상의 자격을 가진 자
		안전관리원 : 2명 이상	가스기능사 이상의 자격을 가진 자 또는 한국가스안전공사가 산업통상자원부장관의 승인을 받아 실시하는 충전시설안전관리자양성교육이수자(이하 "충전시설안전관리자양성교육이수자"라 한다)
	저장능력 100톤 초과 500톤 이하	안전관리총괄자 : 1명	
		안전관리부총괄자 : 1명	
		안전관리책임자 : 1명 이상	가스기능사 이상의 자격을 가진 자
		안전관리원 : 2명 이상	가스기능사 이상의 자격을 가진 자 또는 충전시설안전관리자양성교육이수자
	저장능력 100톤 이하	안전관리총괄자 : 1명	
		안전관리부총괄자 : 1명	
		안전관리책임자 : 1명 이상	가스기능사 이상의 자격을 가진 자 또는 현장실무 경력이 5년 이상인 충전시설안전관리자양성교육이수자
		안전관리원 : 1명 이상	가스기능사 이상의 자격을 가진 자 또는 충전시설안전관리자양성교육이수자
	저장능력 30톤 이하 (자동차용기 충전시설에만 해당한다)	안전관리총괄자 : 1명	
		안전관리책임자 : 1명 이상	가스기능사 이상의 자격을 가진 자 또는 충전시설안전관리자양성교육이수자

44 LPG 사용시설에서 용기보관실 및 용기집합설비의 설치에 대한 설명으로 틀린 것은?

① 저장능력이 100kg을 초과하는 경우에는 옥외에 용기보관실을 설치한다.
② 용기보관실의 벽, 문, 지붕은 불연재료로 하고 복층구조로 한다.
③ 건물과 건물 사이 등 용기보관실 설치가 곤란한 경우에는 외부인의 출입을 방지하기 위한 출입문을 설치한다.
④ 용기집합설비의 양단 마감조치 시에는 캡 또는 플랜지로 마감한다.

 LPG 사용시설에서 용기보관실 및 용기집합설비의 설치 기준
불연성 재료 또는 난연성 재료를 사용한 가벼운 지붕을 설치할 것. 다만, 건축물의 구조로 보아 가벼운 지붕을 설치하기가 현저히 곤란한 경우로서 허가관청이 정하는 구조 또는 시설을 갖춘 경우에는 그러하지 아니하다.

45 고정식 압축도시가스 이동식 충전차량 충전시설에 설치하는 가스누출검지경보장치의 설치위치가 아닌 것은?

① 개방형 피트 외부에 설치된 배관 접속부 주위
② 압축가스설비 주변
③ 개별 충전설비 본체 내부
④ 펌프 주변

 가스누출검지경보장치
① 가스누출검지경보장치는 누출된 가스를 검지하여 경보를 울리면서 자동으로 가스 통로를 차단하는 구조일 것.
② 자동적으로 긴급차단 신호를 발하는 농도 설정치는 1.25퍼센트 이하의 값일 것.

③ 가스누출검지경보장치는 다음 장소에 설치할 것.
  ㉠ 압축설비 주변
  ㉡ 압축가스설비 주변
  ㉢ 개별 충전설비 본체 내부
  ㉣ 밀폐형 피트 내부에 설치된 배관접속(용접접속을 제외한다)부 주위
  ㉤ 펌프 주변

46 소비자 1호당 1일 평균 가스소비량이 1.6 kg/day이고, 소비호수 10호인 경우 자동절체조정기를 사용하는 설비를 설계하면 용기는 몇 개 정도 필요한가? (단, 표준가스발생능력은 1.6kg/h이고, 평균가스소비율은 60%, 용기는 2계열 집합으로 사용한다.)

① 8개 ② 10개
③ 12개 ④ 14개

해설 필요 용기 개수

① 개수 = $\dfrac{\text{최대 가스 소비량}}{\text{용기 1개당 가스 발생능력}}$

= $\dfrac{\text{1호당 평균 가스소비량} \times \text{세대수} \times \text{소비율}}{\text{용기 1개당 가스 발생능력}}$

② 개수 = $\dfrac{1.6\text{kg/day} \times 10 \times 0.6}{1.6\text{kg/h}}$ = 6개

③ 2계열 용기 개수 : $6 \times 2 = 12$개

47 저장탱크의 맞대기 용접부 기계시험 방법이 아닌 것은?

① 비파괴시험 ② 이음매 인장 시험
③ 표면 굽힘 시험 ④ 측면 굽힘 시험

해설 용접부 기계시험
① 시험의 종류 등
  ㉠ 이음매인장시험
  ㉡ 표면굽힘시험(모재의 두께가 19mm 미만인 용접부 및 열간끼워맞춤방식 외의 방식으로 층성동체의 층성재의 길이이음매로 분류된 용접을 하는 경우의 그 용접부를 제외한다. 다만, 모재 서로간 또는 모재와 용접금속부의 굽힘특성이 현저하게 다른 용접부에

대하여는 가로표면굽힘시험으로 할 수 있다.
  ㉢ 측면굽힘시험(모재의 두께가 19mm 미만인 용접부, 열간끼워맞춤방식에 의한 층성동체의 층성재의 길이이음매로 분류된 용접부 및 안전확보상 지장이 없다고 인정되는 재료에 속하는 용접부를 제외한다.
  ㉣ 이면굽힘시험(층성동체의 원주이음매에 속한 용접부를 제외한다). 다만, 모재의 두께가 19mm 이상인 맞대기 양면용접부는 표면굽힘시험에, 모재 서로간 또는 모재와 용착금속부의 굽힘특성이 현저하게 다른 용접부는 가로이면굽힘시험에 의할 수 있다.
  ㉤ 충격시험(성체온도 0℃ 미만의 용접부에 한하며 오스테나이트계 스테인리스강 및 비철금속에 속하는 것을 제외한다)

참고 비파괴 검사
음향검사, 침투검사, 자분검사, 방사선 투과검사, 초음파검사, 와류검사, 전위차법, 설퍼프린트(sulphur print)법

48 고압가스안전관리법에 의한 LPG 용접 용기를 제조하고자 하는 자가 반드시 갖추지 않아도 되는 설비는?

① 성형설비 ② 원료혼합설비
③ 열처리설비 ④ 세척설비

해설 용기제조설비
용접설비, 열처리설비, 부식방지도장설비(세척설비, 도장설비), 각인기, 자동밸브탈착기, 용기내부건조설비 및 진공흡입설비, 단조설비 또는 성형설비, 그 밖에 당해 용기제조에 필요한 설비 및 기구

49 가스위험성 평가에서 위험도가 큰 가스부터 작은 순서대로 바르게 나열된 것은?

① C_2H_6, CO, CH_4, NH_3
② C_2H_6, CH_4, CO, NH_3
③ CO, CH_4, C_2H_6, NH_3
④ CO, C_2H_6, CH_4, NH_3

위험도(H)
① 일산화탄소(CO) 연소범위 : 12.5~74vol%

$$위험도 = \frac{U(상한) - L(하한)}{L(하한)}$$
$$= \frac{74 - 12.5}{12.5} = 4.92$$

② 메탄(CH_4)의 연소범위 : 5~15vol%

$$위험도 = \frac{U(상한) - L(하한)}{L(하한)}$$
$$= \frac{15 - 5}{5} = 2$$

③ 에탄(C_2H_6)의 연소범위 : 3~12.5vol%

$$위험도 = \frac{U(상한) - L(하한)}{L(하한)}$$
$$= \frac{12.5 - 3}{3} = 3.17$$

④ 암모니아(NH_3)의 연소범위 : 15~28vol%

$$위험도 = \frac{U(상한) - L(하한)}{L(하한)}$$
$$= \frac{28 - 15}{15} = 0.9$$

⑤ 연소범위가 넓을수록 위험도 값이 증가하는 것을 알 수 있다.

50 저장능력이 20톤인 암모니아 저장탱크 2기를 지하에 인접하여 매설할 경우 상호간에 최소 몇 m 이상의 이격거리를 유지하여야 하는가?

① 0.6m ② 0.8m
③ 1m   ④ 1.2m

 저장탱크를 2개 이상 인접하여 설치하는 경우에는 상호간에 1m 이상의 거리를 유지할 것.

51 고압가스의 운반기준에서 동일 차량에 적재하여 운반할 수 없는 것은?

① 염소와 아세틸렌   ② 질소와 산소
③ 아세틸렌과 산소   ④ 프로판과 부탄

 고압가스 운반 등의 기준(제50조 관련)
독성가스 외의 고압가스의 용기에 의한 운반기준

① 경계표시
충전용기(납붙임 또는 접합용기에 충전하여 포장한 것을 포함한다. 이하 같다)를 차량에 적재하여 운반하는 때에는 그 차량의 앞뒤 보기 쉬운 곳에 각각 붉은 글씨로 "위험고압가스"라는 경계표시와 전화번호를 표시할 것.

② 밸브의 손상 방지
밸브가 돌출한 충전용기는 고정식 프로텍터 또는 캡을 부착시켜 밸브의 손상을 방지하는 조치를 하고 운반할 것.

③ 용기의 취급
㉠ 충전용기를 운반하는 때에는 넘어짐 등으로 인한 충격을 방지하기 위하여 충전용기를 단단하게 묶을 것.
㉡ 충전용기를 차에 싣거나 차에서 내릴 때에는 충격을 받지 아니하도록 주의하여 취급하여야 하며, 충격을 완화하기 위하여 고무판·가마니 등을 차량 등에 갖추고 이를 사용할 것.
㉢ 운반 중의 충전용기는 항상 40℃ 이하를 유지할 것.

④ 혼합적재의 금지
㉠ 염소와 아세틸렌·암모니아 또는 수소는 동일차량에 적재하여 운반하지 아니할 것.
㉡ 가연성 가스와 산소를 동일차량에 적재하여 운반하는 때에는 그 충전용기의 밸브가 서로 마주보지 아니하도록 적재할 것.
㉢ 충전용기와「위험물 안전관리법」이 정하는 위험물과는 동일차량에 적재하여 운반하지 아니할 것.

52 독성가스가 누출되었을 경우 이에 대한 제독조치로서 적당하지 않은 것은?

① 물 또는 흡수제에 의하여 흡수 또는 중화하는 조치
② 벤트 스택을 통하여 공기 중에 방출시키는 조치
③ 흡착제에 의하여 흡착 제거하는 조치
④ 집액구 등으로 고인 액화가스를 펌프 등의 이송설비로 반송하는 조치

제독 조치
제독 조치는 다음의 방법이나 이와 동등 이상의 작용을 하는 조치 중 한 가지 또는 두 가지 이상인 것을 선택하여 한다.
① 물이나 흡수제로 흡수 또는 중화하는 조치
② 흡착제로 흡착 제거하는 조치
③ 저장탱크 주위에 설치된 유도구로 집액구·피트 등으로 고인 액화가스를 펌프 등의 이송설비로 안전하게 제조설비로 반송하는 조치
④ 연소설비(플레어 스택, 보일러 등)에서 안전하게 연소시키는 조치

벤트 스택 : 대기중으로 가스를 안전하게 방출시킨다.

53 폭발 방지 대책을 수립하고자 할 경우 먼저 분석하여야 할 사항으로 가장 거리가 먼 것은?
① 요인 분석 ② 위험성 평가 분석
③ 피해 예측 분석 ④ 보험 가입 여부 분석

 폭발 방지 대책
① 요인 분석
② 위험성 평가 분석
③ 피해 예측 분석

54 가연성 가스 또는 산소를 운반하는 차량에 휴대하여야 하는 소화기로 옳은 것은?
① 포말소화기 ② 분말소화기
③ 화학포소화기 ④ 간이소화기

 ① 가연성 가스 또는 산소를 운반하는 차량에는 다음 기준에 따라 소화설비 및 재해발생방지를 위한 응급조치에 필요한 자재 및 공구 등을 휴대하고, 매월 1회 이상 점검하여 항상 정상적인 상태로 유지할 것.
㉠ 충전용기 등을 차량에 적재하여 운반하는 경우(질량 5kg 이하의 고압가스를 운반하는 경우는 제외)에 대하는 소화설비는 표1에 기재된 소화기로서 신속하게 사용할 수 있는 위치에 비치할 것.

② 〈표1. 소화설비〉

가스의 종류	약제의 종류	소화기 능력단위	소화기 개수
가연성 가스	분말 소화 약제	BC용 B-10 이상 또는 ABC용 B-12 이상	차량 좌 : 1개 이상 차량 우 : 1개 이상
산소	분말 소화 약제	BC용 B-8 이상 또는 ABC용 B-10 이상	차량 좌 : 1개 이상 차량 우 : 1개 이상

55 용기에 의한 액화석유가스 사용시설의 기준으로 틀린 것은?
① 가스저장실 주위에 보기 쉽게 경계표시를 한다.
② 저장능력이 250kg 이상인 사용시설에는 압력이 상승한 때를 대비하여 과압안전장치를 설치한다.
③ 용기는 용기집합설비의 저장능력이 300kg 이하인 경우 용기, 용기밸브 및 압력조정기가 직사광선, 빗물 등에 노출되지 않도록 한다.
④ 내용적 20L 이상의 충전용기를 옥외에서 이동하여 사용하는 때에는 용기운반손수레에 단단히 묶어 사용한다.

 액화석유가스 사용시설의 시설·기술·검사 기준
① 용기집합설비를 설치하고, 그 저장능력이 100kg을 초과하는 경우 용기는 옥외에 설치된 용기보관실 안에 설치할 것.
② 용기, 용기밸브 및 압력조정기는 직사광선, 눈 또는 빗물로부터의 위해를 막기 위한 적절한 조치를 할 것.

56 발연황산시약을 사용한 오르자트법 또는 브롬시약을 사용한 뷰렛법에 의한 시험으로 품질검사를 하는 가스는?
① 산소 ② 암모니아
③ 수소 ④ 아세틸렌

품질 검사 기준

종류	검사 시약	검사법	순도
산소	동, 암모니아	오르자트법	99.5%
수소	피로카로 하이드로설파이드	오르자트법	98.5%
아세틸렌	발연황산	오르자트법	98%
	브롬	뷰렛법	
	질산	정성시험	

57 고압가스 저장설비에 설치하는 긴급차단장치에 대한 설명으로 틀린 것은?

① 저장설비의 내부에 설치하여도 된다.
② 동력원(動力源)은 액압, 기압, 전기 또는 스프링으로 한다.
③ 조작 버튼(button)은 저장설비에서 가장 가까운 곳에 설치한다.
④ 간단하고 확실하며 신속히 차단되는 구조라야 한다.

 긴급차단장치

① 가연성 가스 또는 독성가스의 저장탱크(내용적 5천 l 미만의 것을 제외)에 부착된 배관(액상의 가스를 송출 또는 이입하는 것에 한하며, 저장탱크와 배관과의 접속부분을 포함)에는 그 저장탱크의 외면으로부터 5m 이상 떨어진 위치에서 조작할 수 있는 긴급차단장치를 설치할 것.
② 다만, 액상의 가연성 가스 또는 독성가스를 이입하기 위하여 설치된 배관에는 역류방지밸브로 갈음할 수 있다.

58 고압가스 일반제조시설의 배관 설치에 대한 설명으로 틀린 것은?

① 배관은 지면으로부터 최소한 1m 이상의 깊이에 매설한다.
② 배관의 부식 방지를 위하여 지면으로부터 30cm 이상의 거리를 유지한다.
③ 배관설비는 상용압력의 2배 이상의 압력에 항복을 일으키지 아니하는 두께 이상으로 한다.
④ 모든 독성가스는 2중관으로 한다.

 2중관으로 하여야 하는 독성가스
포스겐, 염소, 염화메탄, 암모니아, 황화수소, 시안화수소, 아황산가스

59 고압가스 운반 중 가스 누출 부분에 수리가 불가능한 사고가 발생하였을 경우의 조치로서 가장 거리가 먼 것은?

① 상황에 따라 안전한 장소로 운반한다.
② 부근의 화기를 없앤다.
③ 소화기를 이용하여 소화한다.
④ 비상연락망에 따라 관계업소에 원조를 의뢰한다.

고압가스 운반 시 재해 발생 또는 확대를 방지하기 위한 조치사항
[1] 사고 발생 시 응급조치
 ① 가스 누출이 있는 경우에는 그 누출부분의 확인 및 수리를 할 것.
 ② 가스 누출 부분의 수리가 불가능한 경우
  ㉠ 상황에 따라 안전한 장소로 운반할 것.
  ㉡ 부근의 화기를 없앨 것.
  ㉢ 착화된 경우 용기 파열 등의 위험이 없다고 인정될 때는 소화할 것.
  ㉣ 독성가스가 누출한 경우에는 가스를 제독할 것.
  ㉤ 부근에 있는 사람을 대피시키고, 통행인은 교통통제를 하여 출입을 금지시킬 것.
  ㉥ 비상연락망에 따라 관계업소에 원조를 의뢰할 것.
  ㉦ 상황에 따라 안전한 장소로 대피할 것.
  ㉧ 구급조치

60 공기액화분리기의 운전을 중지하고 액화산소를 방출해야 하는 경우는?

① 액화산소 5L 중 아세틸렌의 질량이 1mg을 넘을 때
② 액화산소 5L 중 아세틸렌의 질량이 5mg을 넘을 때
③ 액화산소 5L 중 탄화수소의 탄소의 질량이 5mg을 넘을 때

④ 액화산소 5L 중 탄화수소의 탄소의 질량이 50mg을 넘을 때

공기액화분리기 산소 취급 사항
① 액화산소는 1일 1회 이상 분석한다.
② 액화산소 5L 중 아세틸렌의 질량이 5mg 또는 탄화수소의 탄소 질량이 500mg을 넘을 때에는 그 공기액화분리기의 운전을 중지하고 액화산소를 방출한다.

제 4 과목 가스계측기기

61 열전도율식 CO_2 분석계 사용 시 주의사항 중 틀린 것은?

① 가스의 유속을 거의 일정하게 한다.
② 수소가스(H_2)의 혼입으로 지시값을 높여준다.
③ 셀의 주위 온도와 측정가스의 온도를 거의 일정하게 유지시키고 과도한 상승을 피한다.
④ 브리지의 공급 전류의 점검을 확실하게 한다.

열전도율형 CO_2계(열전도율을 이용한 방법)
① 열전도율을 이용한 방법으로 탄산가스의 열전도율이 작다.
② 열전도율이 큰 수소가 혼입되면 지시값이 낮아져 측정오차의 영향이 크다.

62 가스 분석에서 흡수분석법에 해당하는 것은?

① 적정법   ② 중량법
③ 흡광광도법   ④ 헴펠법

흡수분석법
① 가스의 성분을 분석하는 방법으로 시료가스를 특정한 흡수액에 흡수시켜 흡수 전후의 체적차를 사용하여 분석한다.
② 흡수분석법 종류
 ㉠ 오르자트(Orsat)법
 ㉡ 헴펠(Hempel)법
 ㉢ 게겔법

63 용적식 유량계의 특징에 대한 설명 중 옳지 않은 것은?

① 유체의 물성치(온도, 압력 등)에 의한 영향을 거의 받지 않는다.
② 점도가 높은 액의 유량 측정에는 적합하지 않다.
③ 유량계 전후의 직관길이에 영향을 받지 않는다.
④ 외부 에너지의 공급이 없어도 측정할 수 있다.

용적식 유량계
① 고점도의 유체나 점도 변화가 있는 유체의 유량 측정에 적합하다.
② 맥동의 영향이 적고 압력손실이 적다.

64 물체는 고온이 되면, 온도 상승과 더불어 짧은 파장의 에너지를 발산한다. 이러한 원리를 이용하는 색온도계의 온도와 색과의 관계가 바르게 짝지어진 것은?

① 800℃ - 오렌지색
② 1000℃ - 노란색
③ 1200℃ - 눈부신 황백색
④ 2000℃ - 매우 눈부신 흰색

색온도계
① 800℃ - 적색
② 1000℃ - 오렌지색
③ 1200℃ - 노란색(황색)
④ 1500℃ - 눈부신 황백색

65 전자유량계는 다음 중 어느 법칙을 이용한 것인가?

① 쿨롱의 전자유도법칙
② 옴의 전자유도법칙
③ 패러데이의 전자유도법칙

④ 줄의 전자유도법칙

전자유량계
① 기전력을 이용하여 유량을 산출한다.
② 패러데이의 전자유도법칙 : 유도 기전력의 크기는 코일을 지나는 자속의 매초 변화량과 코일의 권수에 비례한다.

66 막식 가스미터의 고장에 대한 설명으로 틀린 것은?

① 부동 : 가스미터기를 통과하지만 계량되지 않는 고장
② 떨림 : 가스가 통과할 때에 출구 측의 압력 변동이 심하게 되어 가스의 연소 형태를 불안정하게 하는 고장 형태
③ 기차불량 : 설치오류, 충격, 부품의 마모 등으로 계량정밀도가 저하되는 경우
④ 불통 : 회전자 베어링 마모에 의한 회전저항이 크거나 설치 시 이물질이 기어 내부에 들어갈 경우

불통 : 회전장치의 고장으로 가스가 미터를 통과하지 못하는 고장이다.

67 다음 중 람베르트-비어의 법칙을 이용한 분석법은?

① 분광광도법
② 분별연소법
③ 전위차적정법
④ 가스 크로마토그래피법

① **분광도광법** : 흡수한 빛의 정도를 측정하여 빛의 세기를 측정하는 방법으로 분광측정이라 한다.
광원 → 파장선택 → 시료 → 빛 검출
② **Lambert-Beer 법칙** : 빛이 물질을 통과할 때 빛은 일정한 비율로 흡수되는 관계를 설명한 것으로 Lambert 법칙과 Beer의 법칙을 조합한 법칙이다.

68 내경 50mm의 배관으로 평균유속 1.5m/s의 속도로 흐를 때의 유량[m^3/h]은 얼마인가?

① 10.6 ② 11.2
③ 12.1 ④ 16.2

유량

① $Q = AV = \left(\dfrac{\pi}{4}d^2\right) \times V$

② $Q = \left(\dfrac{\pi}{4}d^2\right) \times V$

$= \dfrac{\pi}{4} \times (50 \times 10^{-3})^2 \times 1.5$

$= 0.00294\,[m^3/s] \times 3600$

$= 10.584\,[m^3/h]$

69 전압 또는 전력증폭기, 제어밸브 등으로 되어 있으며 조절부에서 나온 신호를 증폭시켜, 제어대상을 작동시키는 장치는?

① 검출부   ② 전송기
③ 조절기   ④ 조작부

① **조작부** : 제어대상에 대하여 작용을 걸어오는 부분으로 조작신호를 증폭시켜 조작량으로 전환시켜 제어대상을 작동시키는 장치이다.
② **검출부** : 제어량의 현상을 알기 위한 목표치이다.

70 유리제 온도계 중 알코올 온도계의 특징으로 옳은 것은?

① 저온 측정에 적합하다.
② 표면장력이 커 모세관 현상이 적다.
③ 열팽창계수가 작다.
④ 열전도율이 좋다.

알코올 온도계
① 저온 측정에 적합하다.
② 모세관 내에서 알코올의 열팽창을 이용한다.
③ 열전도율이 나쁘다.

71 가스 크로마토그래피의 운반 기체(carrier gas)가 구비해야 할 조건으로 옳지 않은 것은?

① 비활성일 것. ② 확산속도가 클 것.
③ 건조할 것.   ④ 순도가 높을 것.

> **가스 크로마토그래피(gas chromatography)의 운반 기체**
> ① 충전물이나 시료에 대하여 불활성이고 검출기의 작동에 적합하여야 한다.
> ② 기체 확산을 최소화할 수 있을 것.
> ③ 순도가 높고 구입이 쉬워야 한다.
> ④ 시료를 운반가스에 의하여 각 성분의 크로마토그램을 이용하여 유기화합물에 대한 정성 및 정량분석에 사용된다.
> ⑤ 시료의 확산속도에 의한 불활성 가스를 사용한다.

72 다음 가스계량기 중 간접 측정 방법이 아닌 것은?

① 막식 계량기   ② 터빈 계량기
③ 오리피스 계량기 ④ 볼텍스 계량기

> 막식 계량기는 직접식 가스분석기이다.

73 유량 측정에 대한 설명으로 옳지 않은 것은?

① 유체의 밀도가 변할 경우 질량 유량을 측정하는 것이 좋다.
② 유체가 액체일 경우 온도와 압력에 의한 영향이 크다.
③ 유체가 기체일 때 온도나 압력에 의한 밀도의 변화는 무시할 수 없다.
④ 유체의 흐름이 층류일 때와 난류일 때의 유량 측정 방법은 다르다.

> **유량 측정** : 유체가 기체일 경우 온도와 압력에 영향이 매우 크다.

74 가스누출 검지경보장치의 기능에 대한 설명으로 틀린 것은?

① 경보농도는 가연성 가스인 경우 폭발하한계의 1/4 이하 독성가스인 경우 TLV-TWA 기준농도 이하로 할 것.
② 경보를 발신한 후 5분 이내에 자동적으로 경보정지가 되어야 할 것.
③ 지시계의 눈금은 독성가스인 경우 0~TLV-TWA 기준농도 3배 값을 명확하게 지시하는 것일 것.
④ 가스검지에서 발신까지의 소요시간은 경보농도의 1.6배 농도에서 보통 30초 이내일 것.

> **가스누출경보장치의 설치기준**
> ① 경보농도는 검지경보장치의 설치장소, 주위의 분위기 온도에 따라 가연성 가스는 폭발한계의 1/4 이하, 독성가스는 허용농도 이하로 할 것.(다만, 암모니아를 실내에서 사용하는 경우에는 50ppm으로 할 수 있다.)
> ② 경보기의 정밀도는 경보농도 설정치에 대하여 가연성 가스용에 있어서는 ±25% 이하, 독성가스용에 있어서는 ±30% 이하로 할 것.
> ③ 검지경보장치의 검지에서 발신까지 걸리는 시간은 경보농도의 1.6배 농도에서 보통 30초 이내일 것. 다만, 검지경보장치의 구조상 또는 이론상 30초가 넘게 걸리는 가스(암모니아, 일산화탄소 또는 유사한 가스)에 있어서는 1분 이내로 한다.
> ④ 경보를 발신한 후에는 원칙적으로 분위기 중 가스농도가 변화하여도 계속 경보를 울리고, 그 확인 또는 대책을 강구함에 따라 경보정지가 되어야 할 것.

75 다음 중 접촉식 온도계에 해당하는 것은?

① 바이메탈 온도계 ② 광고온계
③ 방사온도계   ④ 광전관온도계

> **접촉식 온도계**
> ① 열팽창을 이용한 것 : 유리제 봉입식 온도계, 바이메탈 온도계, 압력식 온도계
> ② 전기 저항을 이용한 것 : 전기 저항체 온도계
> ③ 열기전력을 이용한 것 : 열전대 온도계

76 가스 크로마토그래피에서 사용하는 검출기가 아닌 것은?

① 원자방출 검출기(AED)
② 황화학발광 검출기(SCD)
③ 열추적 검출기(TTD)
④ 열이온 검출기(TID)

 ① 열전도도 검출기(TCD) : 캐리어 가스와 시료와의 열전도도 차를 금속 필라멘트의 저항 변화로 나타내며 일반적으로 사용되는 검출기로 구조 취급방법이 쉽고, 거의 모든 성분을 검출할 수 있으나 감도가 낮다.(100ppm까지 감지)
② 수소염이온화 검출기
③ 전자폭획형 검출기
④ 불꽃광형 검출기
⑤ 알칼리 열이온화 검출기
⑥ 황화학발광 검출기(SCD)
⑦ 열이온 검출기(TID)
⑧ 원자방출 검출기(AED)

77 산소 64kg과 질소 14kg의 혼합기체가 나타내는 전압이 10기압이면 이 때 산소의 분압은 얼마인가?

① 2기압   ② 4기압
③ 6기압   ④ 8기압

 산소의 분압
① 전체 질량 : 64+14=78
② 78kg : 10atm=64kg : X
   X=8.205atm

78 열전대 온도계의 일반적인 종류로서 옳지 않은 것은?

① 구리-콘스탄탄   ② 백금-백금
③ 방사온도계   ④ 광전관온도

 방사온도계 : 비접촉식 온도계로 고온물체의 방사에너지량 및 파장분포를 이용하여 온도 측정하는 온도계이다.

79 전기저항 온도계에서 측온 저항체의 공칭저항치라고 하는 것은 몇 ℃의 온도일 때 저항소자의 저항을 의미하는가?

① -273℃   ② 0℃
③ 5℃   ④ 21℃

 전기저항식 온도계 : 측온 저항치의 저항치를 이용하여 온도 측정하는 것으로 0℃의 온도일 때 저항소자의 저항을 의미한다.

80 대용량 수요처에 적합하며 100~5000m³/h의 용량범위를 갖는 가스미터는?

① 막식 가스미터   ② 습식 가스미터
③ 마노미터   ④ 루츠미터

 루츠미터(roots meter)
① 소형으로 대용량 계측에 적합하다.
② 고압에서도 사용이 가능하다.
③ 대규모 수용가에 적합하다.

가스산업기사 필기

초판 발행	2009년 6월 2일
개정2판 발행	2010년 7월 15일
개정3판 발행	2011년 2월 25일
개정4판 발행	2012년 3월 10일
개정5판 발행	2013년 1월 10일
개정6판 발행	2014년 1월 25일
개정7판 발행	2015년 2월 25일
개정8판 발행	2016년 2월 10일
개정9판 발행	2017년 2월 10일
개정10판 발행	2018년 3월 10일
개정11판 발행	2019년 1월 15일
개정12판 발행	2021년 2월 25일
개정13판 발행	2022년 1월 10일
개정14판 발행	2023년 1월 10일
개정15판 발행	2024년 1월 15일
개정16판 발행	2025년 1월 10일
개정17판 발행	2026년 1월 10일

우수회원인증

| 닉네임 | |
| 신청일 | |

필히 (**파랑, 빨강**)볼펜 사용. **화이트** 사용 금지

지은이 ▪ 가스연구회
펴낸이 ▪ 홍세진
펴낸곳 ▪ 세진북스

주소 ▪ (우)10207 경기도 고양시 일산서구 산율길 56(구산동 145-1)
전화 ▪ 031-924-3092
팩스 ▪ 031-924-3093
홈페이지 ▪ http://www.sejinbooks.kr

출판등록 ▪ 제 315-2008-042호(2008.12.9)
ISBN ▪ 979-11-5745-774-8 13570

값 ▪ **35,000원**

▪ 이 책의 출판권은 도서출판 세진북스가 가지고 있습니다.
▪ 이 책의 일부 또는 전체에 대한 무단 복제와 전재를 금합니다.

세진북스에는 당신과 나 그리고 우리의 미래가 있습니다.